DIE GRUNDLEHREN DER

MATHEMATISCHEN WISSENSCHAFTEN

IN EINZELDARSTELLUNGEN MIT BESONDERER BERÜCKSICHTIGUNG DER ANWENDUNGSGEBIETE

HERAUSGEGEBEN VON

J. L. DOOB · E. HEINZ · F. HIRZEBRUCH
E. HOPF · H. HOPF · W. MAAK · W. MAGNUS
F. K. SCHMIDT · K. STEIN

GESCHÄFTSFÜHRENDE HERAUSGEBER

B. ECKMANN UND B. L. VAN DER WAERDEN
ZÜRICH

BAND 2

SPRINGER-VERLAG
BERLIN · GÖTTINGEN · HEIDELBERG · NEW YORK
1964

THEORIE UND ANWENDUNG DER UNENDLICHEN REIHEN

VON

DR. KONRAD KNOPP †
ORD. PROFESSOR DER MATHEMATIK AN DER
UNIVERSITÄT TÜBINGEN

FÜNFTE BERICHTIGTE AUFLAGE

MIT 14 TEXTFIGUREN

SPRINGER-VERLAG
BERLIN · GÖTTINGEN · HEIDELBERG · NEW YORK
1964

Library of Congress Catalog Card Number 64—8759

Printed in Germany

ISBN 3-540-03138-3 Springer-Verlag Berlin Heidelberg New York
ISBN 0-387-03138-3 Springer-Verlag New York Heidelberg Berlin

2141/3140-54321

Aus dem Vorwort zur ersten Auflage.

Ausgangspunkt, Umrisse und Ziel einer Lehre von den unendlichen Reihen liegen nicht fest. Auf der einen Seite kann die gesamte höhere Analysis als ein Anwendungsfeld ihrer Theorie angesehen werden, weil alle Grenzprozesse — einschließlich Differentiation und Integration — auf die Untersuchung unendlicher Zahlenfolgen oder Reihen zurückgehen; auf der anderen Seite, in einem strengsten, aber darum auch engsten Sinne, gehören in ein Lehrbuch der unendlichen Reihen nur deren Definition, die Handhabung der damit verbundenen Symbolik und die Konvergenztheorie.

Unter Beschränkung auf diese Teile behandeln die „Vorlesungen über Zahlen- und Funktionenlehre", Band I, Abteilung 2, von A. PRINGSHEIM unsern Gegenstand. Es konnte nicht die Absicht sein, mit dem vorliegenden Buche etwas Ähnliches zu bieten.

Meine Ziele waren andere: Alle Betrachtungen und Untersuchungen der höheren Analysis zusammenzufassen, bei denen die unendlichen Reihen im Vordergrund des Interesses stehen, möglichst voraussetzungsfrei, von den ersten Anfängen an, aber fortführend bis an die ausgedehnte Front der gegenwärtigen Forschung, und alles dies möglichst lebendig und leicht faßlich, doch selbstverständlich ohne den geringsten Verzicht auf Exaktheit, dargestellt, um so dem Studierenden eine bequeme Einführung und einen reichen Einblick in das vielgestaltige und fesselnde Stoffgebiet zu geben, — das schwebte mir vor.

Aber der Stoff wuchs unter den Händen und widersetzte sich der Gestaltung. Um etwas Handlich-Brauchbares zu schaffen, mußte darum das Gebiet beschränkt werden. Dabei setzte unvermeidlich eine gewisse Willkür ein, deren Walten nun die Form des Buches und damit seinen Wert bestimmt. Doch leiteten mich immer die Erfahrungen, die ich im Unterricht gesammelt — das gesamte Stoffgebiet habe ich mehrfach in Vorlesungen und Übungen an den Universitäten Berlin und Königsberg behandelt —, und die Zwecke, für die das Buch bestimmt sein soll: *Es soll dem Studierenden bei den Vorlesungen eine zuverlässige und gründliche Hilfe bieten und gleichzeitig zur Durcharbeitung des ganzen Stoffes im Selbststudium geeignet sein.*

Dies letzte lag mir besonders am Herzen und mag die Form der Darstellung begreiflich machen. Da es, besonders für die jüngeren Semester, im allgemeinen leichter ist, eine rein mathematische Deduktion nachzuprüfen, als das Zwangsläufige des Gedankenzusammenhanges zu erkennen, habe ich mich stets bei den *begrifflichen Schwierigkeiten* länger aufgehalten und sie durch mannigfache Erläuterungen zu beheben versucht. Und ist mir dadurch auch viel Raum für Sachliches verloren gegangen, so hoffe ich doch, daß es der Lernende mir danken wird.

Für unumgänglich habe ich es gehalten, mit einer Einführung in die Lehre von den reellen Zahlen zu beginnen, damit die ersten Konvergenztatsachen auf einem soliden Boden wachsen. Hieran schließt sich eine schon ziemlich weitführende Theorie der Zahlenfolgen und endlich die eigentliche Lehre von den unendlichen Reihen, die dann gleichsam in zwei Stockwerken aufgebaut wird, einem Unterbau, in dem mit den bescheidensten Mitteln gearbeitet und doch schon der klassische Teil der ganzen Lehre, etwa bis zu CAUCHYs Analyse algébrique, dargelegt wird, und einem Oberbau, der dann von ihrer weiteren Entwicklung im 19. Jahrhundert ein Bild zu geben versucht.

Aus den schon genannten Gründen fehlen viele Gegenstände, denen ich an und für sich gern noch Aufnahme gewährt hätte. Die halbkonvergenten Reihen, die EULERsche Summenformel, Eingehenderes über die Gammafunktion, der Problemenkreis der hypergeometrischen Reihe, die Theorie der Doppelreihen, die neueren Untersuchungen über Potenzreihen und besonders eine gründlichere Ausgestaltung des letzten Kapitels über divergente Reihen, alles dies mußte ich — schweren Herzens — beiseite lassen. Dagegen habe ich Zahlenfolgen und Reihen mit komplexen Gliedern unbedingt aufnehmen zu müssen geglaubt. Da aber ihre Theorie derjenigen im Reellen fast parallel läuft, habe ich von Anfang an alle hierfür in Betracht kommenden Definitionen und Sätze so formuliert und bewiesen, daß sie ungeändert in Gültigkeit bleiben mögen die auftretenden „beliebigen" Zahlen reell oder komplex sein. Das Zeichen ° soll diese Definitionen und Sätze noch besonders kenntlich machen.

Bei der Auswahl der Aufgaben — die übrigens auf Originalität keinerlei Anspruch machen, bei deren Zusammenstellung vielmehr die vorhandene Literatur ausgiebig benutzt worden ist — habe ich mich bemüht, die praktische Verwendung in den Vordergrund zu stellen und ein Spiel mit theoretischen Finessen beiseite zu lassen. Darum findet man z. B. besonders zahlreiche Aufgaben zum VIII. Kapitel und nur ganz wenige zum IX. Kapitel. Die Lösungen der Aufgaben oder auch nur Anleitungen dazu beizufügen, verbot leider der Raum.

Die wichtigsten Abhandlungen, zusammenfassenden Darstellungen und Lehrbücher über unendliche Reihen sind am Schlusse des Buches vor dem Register aufgeführt.

Königsberg, September 1921.

Aus den Vorworten zur zweiten und dritten Auflage.

Da die zweite Auflage so überraschend schnell notwendig geworden ist, durfte angenommen werden, daß die erste im großen und ganzen den richtigen Weg gegangen war. Es ist daher ihre Gesamtanlage unverändert beibehalten, im einzelnen aber Seite für Seite im Ausdruck und in der Beweisführung gebessert worden.

Vollständig neu bearbeitet und wesentlich erweitert wurde das letzte Kapitel über *divergente Reihen*, das nun schon einigermaßen in die Theorie selbst hineinführt und von der gegenwärtigen Arbeit auf diesem Gebiete ein Bild gibt.

Die dritte Auflage unterscheidet sich von der zweiten hauptsächlich dadurch, daß es möglich geworden ist, ein neues Kapitel über die EULERsche Summenformel und Asymptotische Entwicklungen anzufügen, das bei den beiden ersten Auflagen nur ungern beiseite gelassen worden war. Doch konnte dieses wichtige Kapitel inzwischen in ähnlicher Form in die englische Übersetzung des Buches aufgenommen werden, die 1928 bei BLACKIE & SON LIMITED, London and Glasgow, erschienen ist.

Darüber hinaus sind alle Teile des Buches wiederum sorgfältig durchgearbeitet und alle Beweise, bei denen die Fortschritte der Wissenschaft oder die Erfahrungen des Unterrichts dies ermöglichten, verbessert oder vereinfacht worden. Dies gilt insbesondere von den Beweisen der Sätze **269** und **287**.

Königsberg, Dezember 1923; Tübingen, März 1931.

Vorwort zur vierten Auflage.

Mit Rücksicht auf die Zeitverhältnisse wurde bei der vierten Auflage von größeren Änderungen abgesehen. Doch wurde das Buch erneut durchgearbeitet und an zahlreichen Stellen sind Einzelheiten verbessert, Unebenheiten beseitigt und manche Beweise vereinfacht worden. Die Verweise auf die Literatur wurden bis zur Gegenwart ergänzt.

Tübingen, Juli 1947.

Konrad Knopp.

Inhaltsverzeichnis.

V. Kapitel.

Potenzreihen.

VI. Kapitel.

Die Entwicklungen der sog. elementaren Funktionen.

VII. Kapitel.

Unendliche Produkte.

VIII. Kapitel.

Geschlossene und numerische Auswertung der Reihensumme.

Dritter Teil.

Ausbau der Theorie.

IX. Kapitel.

Reihen mit positiven Gliedern.

X. Kapitel.

Reihen mit beliebigen Gliedern.

XI. Kapitel.

Reihen mit veränderlichen Gliedern (Funktionenfolgen).

XII. Kapitel.

Reihen mit komplexen Gliedern.

XIII. Kapitel.

Divergente Reihen.

XIV. Kapitel.

Die Eulersche Summenformel. Asymptotische Entwicklungen.

Einleitung.

Das Fundament, auf dem das Gebäude der höheren Analysis ruht, ist *die Lehre von den reellen Zahlen.* Unausweichlich hat jede strenge Behandlung der Grundlagen der Differential- und Integralrechnung und der anschließenden Gebiete, ja selbst schon die strenge Behandlung etwa der Wurzel- oder Logarithmenrechnung hier ihren Ausgangspunkt zu nehmen. Sie erst schafft das Material, in dem dann Arithmetik und Analysis fast ausschließlich arbeiten, mit dem sie bauen können.

Nicht von jeher war das Gefühl für diese Notwendigkeit vorhanden. Die großen Schöpfer der Infinitesimalrechnung — LEIBNIZ und NEWTON[1] — und die nicht weniger großen Ausgestalter derselben, unter denen vor allem EULER[2] zu nennen ist, waren zu berauscht von dem gewaltigen Erkenntnisstrom, der aus den neu erschlossenen Quellen floß, als daß sie sich zu einer Kritik der Grundlagen veranlaßt fühlten. Der Erfolg der neuen Methode war ihnen eine hinreichende Gewähr für die Tragfestigkeit ihres Fundamentes. Erst als jener Strom abzuebben begann, wagte sich die kritische Analyse an die Grundbegriffe: etwa um die Wende des 18. Jahrhunderts, vor allem unter dem mächtigen Einfluß von GAUSS[3] wurden solche Bestrebungen stärker und stärker. Aber es währte noch fast ein Jahrhundert, ehe hier die wesentlichsten Dinge als völlig geklärt angesehen werden durften.

Heute gilt die Strenge gerade in bezug auf den zugrunde liegenden Zahlbegriff als die wichtigste Forderung, die an die Behandlung jedweden mathematischen Gegenstandes zu stellen ist, und seit den letzten Jahrzehnten des vergangenen Jahrhunderts — in den 60er Jahren wurde von WEIERSTRASS[4] in seinen Vorlesungen und im Jahre 1872

---

[1] GOTTFRIED WILHELM LEIBNIZ, geb. 1646 in Leipzig, gest. 1716 in Hannover, ISAAC NEWTON, geb. 1643 in Woolsthorpe, gest. 1727 in London. Beide sind wahrscheinlich unabhängig voneinander zur Entdeckung der Grundlagen der Infinitesimalrechnung gelangt.

[2] LEONHARD EULER, geb. 1707 in Basel, gest. 1783 in St. Petersburg.

[3] KARL FRIEDRICH GAUSS, geb. 1777 in Braunschweig, gest. 1855 in Göttingen.

[4] KARL WEIERSTRASS, geb. 1815 in Ostenfelde, gest. 1897 in Berlin. Die von ihm in seinen Vorlesungen seit 1860 vorgetragene Lehre von den reellen Zahlen hat erst neuerdings durch einen seiner Schüler, G. MITTAG-LEFFLER, eine sorgfältige Darstellung gefunden in dessen Abhandlung: Die Zahl, Einleitung zur Theorie der analytischen Funktionen, The Tôhoku Mathematical Journal Bd. 17, S. 157—209. 1920.

von CANTOR[1] und von DEDEKIND[2] sozusagen das letzte Wort in der Sache gesprochen — kann keine Vorlesung, kein Werk, das die grundlegenden Kapitel der höheren Analysis behandelt, Anspruch auf Gültigkeit machen, wenn es nicht von dem gereinigten Begriff der reellen Zahl seinen Ausgangspunkt nimmt.

Seit jenen Jahren ist darum die Lehre von den reellen Zahlen so oft und in so mannigfacher Art dargestellt worden, daß es überflüssig erscheinen könnte, eine erneute und in alle Einzelheiten gehende Darlegung derselben[3] zu geben; denn mit dem vorliegenden Buche (wenigstens seinen späteren Kapiteln) möchten wir uns nur an solche wenden, die mit den Anfangsgründen der Differential- und Integralrechnung schon vertraut sind. Indessen dürfen wir uns doch nicht bloß mit einem solchen Hinweis auf anderweitige Darstellungen begnügen. Denn eine Theorie der unendlichen Reihen würde, wie aus den späteren Entwicklungen hinlänglich klar werden wird, durchaus in der Luft schweben, wollte man ihr nicht in dem System der reellen Zahlen das feste Fundament geben, auf das sie sich allein gründen kann. Darum und um bezüglich der Voraussetzungen, auf denen wir aufbauen wollen, nicht die geringste Unklarheit zu lassen, wollen wir im folgenden diejenigen Begriffe und Tatsachen aus der Lehre von den reellen Zahlen durchsprechen, deren wir weiterhin benötigen. Aber es soll sich dabei keineswegs um einen nur auf knapperem Raum zusammengedrängten, sonst lückenlosen Aufbau jener Lehre handeln, sondern lediglich um eine möglichst deutliche Hervorhebung der Hauptgedanken, der wesentlichsten Fragestellungen und ihrer Antworten. In bezug auf diese freilich wollen wir durchaus lückenlos und ausführlich sein und uns nur bei allen weniger prinzipiell wichtigen Einzelheiten, wie auch bei den nicht mehr im Rahmen dieses Buches liegenden Fragen nach Vollständigkeit und Einzigkeit des Systems der reellen Zahlen, mit kürzeren Andeutungen begnügen.

[1] GEORG CANTOR, geb. 1845 in St. Petersburg, gest. 1918 in Halle. — Vgl. Mathem. Ann. Bd. 5, S. 123. 1872.

[2] RICHARD DEDEKIND, geb. 1831 in Braunschweig, gest. ebenda 1916. — Vgl. dessen Schrift: Stetigkeit und irrationale Zahlen. Braunschweig 1872.

[3] Eine leicht faßliche und alle Hauptsachen bringende Darstellung findet sich in H. v. MANGOLDT: Einführung in die höhere Mathematik, Bd. 1, 8. Auflage (hrsg. v. K. KNOPP). Leipzig 1944. — Scharf und knapp ist die Darstellung in G. KOWALEWSKI: Grundzüge der Differential- und Integralrechnung, 5. u. 6. Aufl. Leipzig 1929. — Ein strenger und bis in die letzten Einzelheiten ausführlicher Aufbau des Systems der reellen Zahlen findet sich in A. LOEWY: Lehrbuch der Algebra, I. Teil. Leipzig 1915, in A. PRINGSHEIM: Vorlesungen über Zahlen- und Funktionenlehre, Bd. 1, 1. Abt., 2. Aufl., Leipzig 1923 (vgl. auch die Besprechung des letzteren Werkes durch H. HAHN: Gött. gel. Anzeigen 1919, S. 321/47) und in dem ausschließlich diesem Zweck dienenden Buche von E. LANDAU: Grundlagen der Analysis (Das Rechnen mit ganzen, rationalen, irrationalen, komplexen Zahlen). Leipzig 1930. — Eine kritische Darstellung aller hierher gehöriger Fragen bringt der Artikel von F. BACHMANN, Aufbau des Zahlensystems, in d. Enzyklop. d. math. Wissenschaft., I. Bd., 2. Aufl., I. Tl., Art. 3. Leipz. u. Berlin 1938.

Erster Teil.

Reelle Zahlen und Zahlenfolgen.

I. Kapitel.

Grundsätzliches aus der Lehre von den reellen Zahlen.

§ 1. Das System der rationalen Zahlen und seine Lücken.

Was heißt es, wenn wir sagen, daß wir eine bestimmte Zahl „kennen" oder daß sie uns „gegeben" ist oder daß wir sie „berechnen" können? Was heißt es, wenn jemand sagt, er *kenne* $\sqrt{2}$ oder die Zahl π, oder er *könne* $\sqrt{5}$ *berechnen?* Solche und ähnliche Fragen sind leichter gestellt als beantwortet. Sage ich, es sei $\sqrt{2} = 1{,}414$, so ist das offenbar falsch, denn $1{,}414 \cdot 1{,}414$ ist *nicht* $= 2$, wie man durch Ausrechnen sofort bestätigt. Sage ich vorsichtiger, es sei $\sqrt{2} = 1{,}4142135$ *usw.*, so ist auch das keine stichhaltige Antwort und zunächst völlig sinnlos; denn es handelt sich doch zum mindesten darum, *wie* es weiter geht. Und das ist nicht ohne weiteres gesagt. Auch wird dieser Übelstand nicht beseitigt, wenn man noch mehr Ziffern des angefangenen Dezimalbruchs angibt, mögen es auch einige hundert sein. In diesem Sinne mag man wohl sagen, daß noch niemand den Wert von $\sqrt{2}$ ganz vor Augen, sozusagen vollständig in Händen gehabt hat, — während uns etwa die Aussage, daß $\sqrt{9} = 3$, oder daß $35 : 7 = 5$ ist, eine restlos vollständige und befriedigende dünkt. Nicht besser steht es ersichtlich mit der Zahl π oder irgendeinem Logarithmus, einem sin oder einem cos aus den Tafeln. Trotzdem haben wir das sichere Gefühl: $\sqrt{2}$ oder π oder log 5 *haben* einen ganz bestimmten Wert, und wir kennen ihn auch schon. Nur über die exakte Bedeutung solcher Aussagen fehlt uns die klare Vorstellung. Wir wollen versuchen, sie uns zu verschaffen.

Nachdem wir eben über die Berechtigung einer Aussage wie: „Ich kenne $\sqrt{2}$" oder ähnlichen zweifelhaft geworden sind, müssen wir folgerichtigerweise auch die Berechtigung einer Aussage wie: „Ich *kenne* die Zahl $-\frac{23}{7}$", oder: „Mir wird (zum Zweck irgendeiner Rechnung) die Zahl $\frac{9}{4}$ *gegeben*" nachprüfen. Ja, auch der Sinn einer Aussage wie:

„Ich *kenne* die Zahl 97" oder: „Zu irgendeiner Berechnung wird mir $a = 2$ und $b = 5$ *gegeben*", wäre nachzuprüfen; es wäre also auch die Frage nach dem Sinn oder dem *Begriff der natürlichen Zahlen* 1, 2, 3, ... zu stellen.

Bei dieser letzten Frage fühlt man aber schon deutlich, daß sie über das Gebiet der Mathematik hinauslangt, daß sie in eine andere Gedankenordnung gehört als die, die wir hier entwickeln wollen. Dem ist in der Tat so.

Keine Wissenschaft ruht ausschließlich in sich selbst. Die Tragfähigkeit ihrer letzten Grundlagen entlehnt eine jede aus anderen Schichten, die über ihr oder unter ihr liegen, der Erfahrung, der Erkenntnistheorie, der Logik, der Metaphysik oder andern. *Irgendetwas* muß jede Wissenschaft schlechthin als gegeben hinnehmen, um dann von da aus weiterzubauen. In diesem Sinne ist keine Wissenschaft voraussetzungslos, auch die Mathematik nicht. Und eine Kritik der Grundlagen und ein daran ansetzender strenger Aufbau einer Wissenschaft hat lediglich die Vorfrage zu erledigen, was in diesem Sinne als „gegeben" angenommen werden soll, oder besser: welches Mindestmaß an Voraussetzungen unbedingt gemacht werden muß, um aus ihnen alles übrige zu entwickeln.

Für unseren Fall, den Aufbau des Systems der reellen Zahlen, sind diese Untersuchungen langwierig und mühsam; ja, es muß eingestanden werden, daß sie in restlos befriedigender Weise überhaupt noch nicht zu Ende geführt worden sind. Es würde daher den Rahmen des vorliegenden Buches bei weitem überschreiten, wenn hier alles Nötige nach dem heutigen Stande der Wissenschaft ausgeführt werden sollte. Wir wollen uns daher nicht zwingen, alles auf einem *Minimum* von Voraussetzungen aufzubauen, sondern wollen sofort einen Kreis von Tatsachen als bekannt (oder „gegeben", „gesichert", ...) hinnehmen, dessen Herleitung aus einem geringeren Maß von Voraussetzungen jedem geläufig ist. Ich meine das *System der rationalen Zahlen*, also der ganzen und gebrochenen, positiven und negativen Zahlen einschließlich der Null. Jedem ist auch in der Hauptsache geläufig, wie dies System aufzubauen ist, falls man — als geringeres Maß von Voraussetzungen — nur die geordnete Folge der *natürlichen Zahlen* 1, 2, 3, ... und deren Verknüpfungen durch Addition und Multiplikation als „gegeben" ansieht. Denn jeder weiß — wir deuten dies nur flüchtig an —, wie aus dem Bedürfnis, die Multiplikation umzukehren, die gebrochenen Zahlen entstehen und aus dem Bedürfnis, die Addition umzukehren, die negativen Zahlen und die Null[1].

[1] Eine ausführliche Darstellung eines solchen Aufbaus findet sich außer in den in der Einleitung (S. 2) genannten Werken von Loewy, Pringsheim und Landau noch bei O. Hölder: Die Arithmetik in strenger Begründung, 2. Aufl., Berlin 1929, und O. Stolz u. J. A. Gmeiner: Theoretische Arithmetik, 3. Aufl., Leipzig 1911.

Die Gesamtheit der solchergestalt geschaffenen Zahlen wird als *das System oder der **Körper** der rationalen Zahlen* bezeichnet. Eine jede derselben kann mit Hilfe höchstens zweier natürlicher Zahlen, eines Bruchstriches und evtl. eines Minuszeichens vollständig oder ziffernmäßig „*gegeben*“ oder „*hingeschrieben*“, „*zur Kenntnis gebracht*“ werden. Wir bezeichnen sie zur Abkürzung mit kleinen lateinischen Buchstaben: $a, b, \ldots, x, y, \ldots$ Die wesentlichsten Eigenschaften dieses Systems sind nun diese:

1. Die rationalen Zahlen bilden eine *geordnete* Menge, d. h. zwischen irgend zweien von ihnen, etwa a und b, besteht stets eine und nur eine der drei Beziehungen[1]

$$a < b, \qquad a = b, \qquad a > b;$$

und diese Anordnung der rationalen Zahlen gehorcht einer Anzahl von ganz einfachen Gesetzen, den sogenannten *Anordnungssätzen.*

Von diesen Sätzen, die wir im übrigen als bekannt ansehen wollen, sind die folgenden **Grundgesetze der Anordnung** allein wesentlich: **1.**

1. Es ist stets[2] $a = a$.
2. Aus $a = b$ folgt $b = a$.
3. Aus $a = b$, $b = c$ folgt $a = c$.
4. Aus[3] $a \leqq b$, $b < c$ oder aus $a < b$, $b \leqq c$ folgt $a < c$.

2. Je zwei der rationalen Zahlen können auf vier verschiedene, als die vier *Spezies* oder *Grundrechnungsarten* Addition, Subtraktion, Multiplikation und Division bezeichnete Arten miteinander verknüpft werden. Diese Rechenoperationen sind stets und mit eindeutigem Ergebnis ausführbar, mit alleiniger Ausnahme der Division durch 0, welche nicht definiert ist und als schlechtweg unausführbare oder sinnlose Operation anzusehen ist. Sie gehorchen außerdem einer Anzahl einfacher Rechengesetze, den *Grundgesetzen* oder ***Axiomen** der Arithmetik* und den daraus hergeleiteten weiteren Regeln.

Auch diese sehen wir als bekannt an und stellen hier nur ganz kurz diejenigen **Grundgesetze der Arithmetik** zusammen, aus denen **2.** mit Sicherheit alle übrigen rein formal (d. h. nach den Gesetzen der reinen Logik) hergeleitet werden können.

---

[1] In der Beziehung $a > b$ ist nur eine andere Schreibweise für die Beziehung $b < a$ zu sehen. Man käme also prinzipiell mit dem *einen* Zeichen „$<$“ aus.

[2] Über dieses trivial anmutende „Gesetz“ vgl. Fußnote 3 auf S. 9, die Bemerkung 1 auf S. 29 und die Fußnote 1 auf S. 30.

[3] Die Negationen der drei Anordnungsbeziehungen $a < b$, $a = b$, $a > b$ werden der Reihe nach durch $a \geqq b$ („größer oder gleich“, „mindestens gleich“, „nicht kleiner als“), $a \neq b$ („ungleich“), $a \leqq b$ bezeichnet. Jede schließt also genau eine der drei Anordnungsbeziehungen aus und läßt es unentschieden, welche der beiden andern gültig ist.

I. Addition. 1. Zu je zwei Zahlen a und b gibt es *stets* eine dritte Zahl c, die die *Summe* von a und b genannt und mit $a + b$ bezeichnet wird.

2. Aus $a = a'$, $b = b'$ folgt stets $a + b = a' + b'$.

3. Es ist stets $a + b = b + a$. (Kommutationsgesetz.)

4. Es ist stets $(a + b) + c = a + (b + c)$. (Assoziationsgesetz.)

5. Aus $a < b$ folgt stets $a + c < b + c$. (Monotoniegesetz.)

II. Subtraktion. Zu je zwei Zahlen a und b gibt es *stets* eine dritte Zahl c, für die $a + c = b$ ist.

III. Multiplikation. 1. Zu je zwei Zahlen a und b gibt es *stets* eine dritte Zahl c, die das *Produkt* von a und b genannt und mit ab bezeichnet wird.

2. Aus $a = a'$, $b = b'$ folgt stets $ab = a'b'$.

3. Es ist stets $ab = ba$. (Kommutationsgesetz.)

4. Es ist stets $(ab)c = a(bc)$. (Assoziationsgesetz.)

5. Es ist stets $(a + b)c = ac + bc$. (Distributionsgesetz.)

6. Aus $a < b$ folgt, *falls c positiv*[1] *ist*, stets $ac < bc$. (Monotoniegesetz.)

IV. Division. Zu je zwei Zahlen a und b, deren erste nicht gleich 0 ist, gibt es *stets* eine dritte Zahl c, für die $ac = b$ ist.

Aus diesen wenigen Grundgesetzen ergeben sich, wie betont, alle bekannten Rechenregeln, und es vollziehen sich weiterhin alle mathematischen Schlüsse ausschließlich nach den Gesetzen der reinen Logik. Unter diesen nimmt eines wegen seines von Haus aus mathematischen Charakters eine besondere Stellung ein, nämlich das

V. Induktionsgesetz, das den Grundgesetzen der Arithmetik zugerechnet und folgendermaßen formuliert zu werden pflegt:

Wenn eine Menge $\mathfrak{M}$ von natürlichen Zahlen die Zahl 1 enthält, und wenn aus der Annahme, daß eine bestimmte natürliche Zahl n und alle etwaigen kleineren zu ihr gehören, immer gefolgert werden kann, daß auch $(n + 1)$ zu ihr gehört, so enthält $\mathfrak{M}$ *alle* natürlichen Zahlen.

Dieses Induktionsgesetz (auch *Schluß von n auf $n + 1$* genannt) folgt seinerseits ganz leicht aus dem folgenden Satze, der sich noch unmittelbarer aufdrängt und den man darum gewöhnlich als das Grundgesetz der natürlichen Zahlen bezeichnet:

Grundgesetz der natürlichen Zahlen. In jeder nicht leeren Menge $\mathfrak{N}$ von natürlichen Zahlen gibt es stets eine kleinste.

Betrachtet man nämlich unter den Voraussetzungen des Induktionsgesetzes die Menge $\mathfrak{N}$ der natürlichen Zahlen, die nicht zu $\mathfrak{M}$ gehören,

---

[1] Wenn eine Zahl $a > 0$ ist, so nennt man sie *positiv*, ist $a < 0$, so heißt sie *negativ*.

so muß $\mathfrak{N}$ leer sein, d. h. $\mathfrak{M}$ muß *alle* natürlichen Zahlen enthalten. Denn andernfalls enthielte $\mathfrak{N}$ nach dem Grundgesetz der natürlichen Zahlen ein kleinstes Element. Dieses wäre > 1, da ja 1 nach Voraussetzung zu $\mathfrak{M}$ gehört. Es könnte also mit $n + 1$ bezeichnet werden. Dann würde n, aber nicht $(n + 1)$ zu $\mathfrak{M}$ gehören, was der Voraussetzung des Induktionsgesetzes widerspricht[1].

Für die Anwendungen ist es meist vorteilhafter, nicht nur von natürlichen, sondern von *beliebigen* ganzen Zahlen zu sprechen. Die Gesetze erhalten dann die folgenden, mit den vorangehenden offenbar gleichwertigen Formen:

Induktionsgesetz. Wenn irgendeine Aussage von einer ganzen Zahl n abhängt (z. B. „Für $n \geqq 10$ ist stets $2^n > n^3$" oder ähnliches), und wenn

a) diese Aussage für $n = p$ richtig ist und

b) wenn, unter k irgendeine ganze Zahl $\geqq p$ verstanden, aus der Richtigkeit der Aussage für $n = p$, $= p + 1, \ldots, = k$ auch ihre Richtigkeit für $n = k + 1$ gefolgert werden kann,

so ist jene Aussage für jede ganze Zahl $n \geqq p$ richtig.

Grundgesetz der ganzen Zahlen. In jeder nicht leeren Menge von ganzen Zahlen, die sämtlich $\geqq p$ sind, gibt es stets ein kleinstes Element[2].

Endlich nennen wir noch einen Satz, der im Bereich der rationalen Zahlen sofort beweisbar ist, der aber bald nachher einen prinzipiellen Charakter gewinnen wird, nämlich den

VI. Satz des Eudoxus. Sind a und b irgend zwei *positive* rationale Zahlen, so gibt es stets eine natürliche Zahl n, so daß $nb > a$ ist[3].

Die genannten vier Verknüpfungen zweier rationaler Zahlen führen im Ergebnis stets wieder zu einer rationalen Zahl. Und in diesem Sinne bildet das System der rationalen Zahlen eine *geschlossene Gesamtheit*, den sog. *natürlichen Rationalitätsbereich* oder *natürlichen Zahlenkörper*. Eine solche Geschlossenheit in bezug auf die vier Spezies besitzt offenbar die Gesamtheit aller natürlichen oder die aller ganzen (positiven und negativen) Zahlen noch nicht. Diese sind sozusagen zu spärlich gesät, um allen Anforderungen zu genügen, die die vier Spezies an sie stellen können.

[1] Genau ebenso läßt sich die folgende etwas weitere Form des Induktionsgesetzes aus dem Grundgesetz der natürlichen Zahlen beweisen: Wenn eine Menge $\mathfrak{M}$ von natürlichen Zahlen die Zahl 1 enthält und wenn aus der Annahme der Zugehörigkeit einer Zahl n zu ihr die Zugehörigkeit von $(n + 1)$ gefolgert werden kann, so enthält $\mathfrak{M}$ alle natürlichen Zahlen.

[2] Um die neuen Formen auf die vorigen zurückzuführen, braucht man nur die natürlichen Zahlen m zu betrachten, die die Eigenschaft haben, daß für $n = (p - 1) + m$ die in Rede stehende Aussage richtig ist, bzw. daß $(p - 1) + m$ der betrachteten nicht leeren Menge angehört.

[3] Dieser Satz wird meist (doch mit Unrecht) nach ARCHIMEDES benannt; er findet sich schon bei EUKLID: Elemente V, Def. 4.

Diesen natürlichen Rationalitätsbereich und die in ihm geltenden Gesetze — und nur diese — sehen wir also als gegeben, bekannt, gesichert an.

3. Nur das Rechnen mit *Ungleichungen* und *(absoluten) Beträgen* pflegt manchen etwas weniger geläufig zu sein. Wir stellen darum die wichtigsten Regeln kurz und ohne Beweis zusammen:

I. Ungleichungen. Hier folgt alles aus den Anordnungs- und den Monotoniegesetzen. Es gilt speziell:

1. Die Monotoniesätze sind umkehrbar, d. h. aus $a + c < b + c$ folgt *stets*, daß $a < b$ ist; und dies folgt auch aus $ac < bc$, *falls c positiv ist*.

2. Aus $a < b$, $c < d$ folgt stets $a + c < b + d$.

3. Aus $a < b$, $c < d$ folgt, falls b und c positiv sind, daß $ac < bd$ ist.

4. Aus $a < b$ folgt stets $-b < -a$, und falls a positiv ist, auch $\frac{1}{b} < \frac{1}{a}$.

Und diese Sätze sowie die Anordnungs- und Monotoniegesetze gelten (mit sinngemäßen Einschränkungen) auch mit den Zeichen „$\leqq$, $>$, $\geqq$ und $\neq$" an Stelle von „$<$", wofern die Voraussetzungen des Positivseins von c, b bzw. a in 1, 3 und 4 unverändert beibehalten werden.

II. **Beträge. Definition:** Unter $|a|$, dem *absoluten Betrag* oder kurz dem *Betrag* von a, versteht man die positive unter den Zahlen $+a$ und $-a$, falls $a \neq 0$ ist, und die Zahl 0, falls $a = 0$ ist. (Es ist also $|0| = 0$ und für $a \neq 0$ stets $|a| > 0$.)

Es gelten u. a. die Sätze:

1. $|a| = |-a|$. 2. $|ab| = |a| \cdot |b|$.

3. $\left|\frac{1}{a}\right| = \frac{1}{|a|}$ und $\left|\frac{b}{a}\right| = \frac{|b|}{|a|}$, falls $a \neq 0$.

4. $|a+b| \leqq |a| + |b|$; $|a+b| \geqq |a| - |b|$ und sogar $|a+b| \geqq \big||a| - |b|\big|$.

5. Die beiden Beziehungen $|a| < r$ und $-r < a < +r$ sind völlig gleichbedeutend, ebenso die Beziehungen $|x - a| < r$ und $a - r < x < a + r$.

6. Es bedeutet $|a - b|$ den *Abstand* der *Punkte* a und b bei der sogleich beschriebenen Veranschaulichung der Zahlen auf der Zahlengeraden[1].

Desgleichen sehen wir es als bekannt an, daß und wie man sich die Größenbeziehungen der rationalen Zahlen durch die Lage von Punkten auf einer Geraden, der *Zahlengeraden*, veranschaulichen kann: Man markiert auf ihr ganz beliebig zwei verschiedene Punkte O und E als Nullpunkt (0) und Einheitspunkt (+ 1) und ordnet nun allgemein der Zahl $a = \frac{p}{q}$ ($q > 0$, $p \gtreqless 0$, ganzzahlig) denjenigen Punkt P zu, den man erhält, wenn man den (elementar-geometrisch sofort zu konstruierenden) q^{ten} Teil der Strecke OE von O aus $|p|$-mal hintereinander abträgt, und zwar in der Richtung OE, falls $p > 0$ ist, in der entgegengesetzten Richtung, falls p negativ ist. Den gewonnenen Punkt[2] nennen wir kurz *den Punkt a*, und die Gesamtheit der auf diese Weise den rationalen Zahlen entsprechenden Punkte wollen wir kurz *die rationalen*

[1] Beweis der ersten der Beziehungen 4: Es ist $\pm a \leqq |a|$, $\pm b \leqq |b|$, nach 3, I, 2 also $\pm(a + b) \leqq |a| + |b|$ und daher auch $|a + b| \leqq |a| + |b|$.

[2] Die Lage dieses Punktes ist von der besonderen *Darstellung* der Zahl a unabhängig, d. h. wenn auch $a = \frac{p'}{q'}$ ist und hierbei ebenfalls $q' > 0$ und $p' \gtreqless 0$ ist und beide ganzzahlig sind, so liefert die mit q' und p' an Stelle von q bzw. p durchgeführte Konstruktion *denselben* Punkt P.

Punkte der Zahlengeraden nennen. — Diese Gerade denkt man sich gewöhnlich von *links nach rechts* gezogen und E rechts von O gewählt. Dann bedeuten die Worte *positiv* und *negativ* offenbar soviel wie *rechts von* O bzw. *links von* O; und allgemein bedeutet $a < b$, daß a links von b oder also b rechts von a gelegen ist. Mit Hilfe dieser Ausdrucksweise können wir den abstrakten Beziehungen zwischen den Zahlen oft eine durch die Anschauung leichter zu erfassende Form geben.

Das ist nun in kurzen Strichen das Fundament, das wir als gesichert annehmen wollen. Durch die Beschreibung desselben wollen wir nun auch den ***Zahlbegriff*** selbst als charakterisiert ansehen, d. h. wir wollen ein System von begrifflich wohl unterschiedenen Dingen (Elementen, Zeichen) als ein ***Zahlensystem***, seine Elemente als ***Zahlen*** ansprechen, wenn man — zunächst ganz kurz gesagt — mit ihnen im wesentlichen ebenso operieren kann wie mit den rationalen Zahlen.

Diese noch etwas ungenaue Aussage wollen wir so präzisieren:

Es liege ein *System* S von wohlbestimmten Dingen vor, die wir **4.**
mit $\alpha, \beta, \ldots$ bezeichnen. Dann wollen wir S als ein *Zahlensystem*, seine Elemente $\alpha, \beta, \ldots$ als *Zahlen* ansprechen, wenn die Zeichen $\alpha, \beta, \ldots$ zunächst einmal irgendwie ausschließlich mit Hilfe der rationalen — also letzten Endes der natürlichen — Zahlen hergestellt sind[1] und wenn das System überdies den folgenden vier Bedingungen genügt:

1. Zwischen je zwei Elementen α und β aus S besteht stets eine und nur eine der drei Beziehungen[2]

$$\alpha < \beta, \qquad \alpha = \beta, \qquad \alpha > \beta$$

(man sagt kurz: *S ist geordnet*); und diese Anordnung der Elemente von S gehorcht denselben Grundgesetzen **1** wie die gleichbenannten Beziehungen im System der rationalen Zahlen[3].

---

[1] Beispiele werden wir in § 3 und § 5 kennen lernen; im Augenblick denke man an Dezimalbrüche oder ähnliche aus rationalen Zahlen aufgebaute Zeichen. — Im übrigen vgl. hierzu die Fußnote 1 auf S. 12.

[2] Vgl. hierzu die Fußnoten 1 und 3 auf S. 5.

[3] Über den sozusagen *praktischen* Inhalt dieser Beziehungen ist dabei nichts gesagt; $\alpha < \beta$ kann das übliche „kleiner" bedeuten, es kann aber auch „früher", „links von", „höher", „tiefer", „später", ja schließlich jedwede Anordnungsbeziehung (also etwa auch „größer") bedeuten. Diese Bedeutung muß nur eindeutig festgelegt sein. Ebenso braucht die „Gleichheit" nicht schlechtweg Idendität zu bedeuten. So werden doch z. B. innerhalb des Systems aller Zeichen der Form $\frac{p}{q}$, bei denen p und q ganze Zahlen sind und $q \neq 0$ ist, die Zeichen $\frac{3}{4}$, $\frac{6}{8}$, $\frac{-9}{-12}$ im allgemeinen „gleich" genannt, d. h. zu bestimmten Zwecken (des Rechnens, Messens usw.) *definiert* man in dem genannten System die Gleichheit so, daß $\frac{3}{4} = \frac{6}{8} = \frac{-9}{-12}$ zu setzen ist, obwohl $\frac{3}{4}$, $\frac{6}{8}$, $\frac{-9}{-12}$ zunächst verschiedene Dinge jenes Systems sind (vgl. auch **14**, Bem. 1).

2. Es sind vier verschiedene, als Addition, Subtraktion, Multiplikation und Division bezeichnete Verknüpfungen je zweier Elemente α und β aus S erklärt[1]; diese sind — mit einer einzigen, sogleich zu nennenden Ausnahme (s. 3) — stets und mit eindeutigem Ergebnis ausführbar und gehorchen dabei denselben Grundgesetzen **2**, I—IV wie die gleichbezeichneten Verknüpfungen im System der rationalen Zahlen. (Die „Null" des Systems, deren Kenntnis zur Unterscheidung der Elemente in positive und negative erforderlich ist, ist dabei so, wie in der nachstehenden Fußnote 3 näher ausgeführt, erklärt zu denken.)

3. Jeder rationalen Zahl läßt sich ein Element aus S (und alle ihm gleichen) so zuordnen, daß, wenn auf diese Weise etwa den rationalen Zahlen a und b die Elemente α und β aus S entsprechen, nun

a) zwischen α und β dieselbe der drei Beziehungen 1. besteht wie zwischen a und b; und daß

b) das Ergebnis der Verknüpfungen $\alpha + \beta$, $\alpha - \beta$, $\alpha \cdot \beta$, $\alpha : \beta$ auch stets dem Ergebnis der Verknüpfungen $a + b$, $a - b$, $a \cdot b$, $a : b$ zugeordnet ist. [Hierfür sagt man wohl auch kürzer: S enthält ein Teilsystem S' — nämlich die Gesamtheit aller Elemente aus S, die einer rationalen Zahl zugeordnet sind —, welches dem System der rationalen Zahlen ***ähnlich*** und ***isomorph*** ist[2].] Ein hierbei der rationalen Zahl 0 entsprechendes Element aus S (und alle ihm gleichen) kann man dann kurz als die „Null" aus S bezeichnen. Die unter 2. genannte Ausnahme bezieht sich dann auf die Division durch die Null[3].

---

[1] Auch bezüglich des praktischen Inhalts dieser 4 Verknüpfungsarten gilt eine analoge Bemerkung wie soeben bei den Zeichen $=$ und $<$. — Man wird noch bemerkt haben, daß die Subtraktion schon vollständig mit Hilfe der Addition, die Division schon vollständig mit Hilfe der Multiplikation erklärt werden kann. Es sind also letzten Endes nur *zwei* Verknüpfungen, die schlechtweg als *bekannt* angesehen werden müssen.

[2] Man nennt zwei geordnete Systeme ***ähnlich***, wenn sich ihre Elemente einander so zuordnen lassen, daß zwischen zwei Elementen des einen Systems *dieselbe* der drei Beziehungen **4**, 1 besteht wie zwischen den ihnen entsprechenden Elementen des andern. Und man nennt zwei Systeme in bezug auf die mit ihren Elementen möglichen Verknüpfungen ***isomorph***, wenn das Resultat der Verknüpfung zweier Elemente des einen Systems wiederum dem Resultat der gleichnamigen Verknüpfung der entsprechenden Elemente des andern Systems zugeordnet ist.

[3] Die 3. der Forderungen, durch die wir den Zahlbegriff hier charakterisieren, ist übrigens schon eine Folge der 1. und 2. Diese Bemerkung ist für unsere Zwecke nicht wesentlich; da sie aber vom methodischen Standpunkt aus bedeutungsvoll ist, deuten wir den Beweis kurz an: Nach **4**, 2 gibt es ein Element ζ, für das $\alpha + \zeta = \alpha$ ist. Aus den Grundgesetzen **2**, I folgt dann ganz leicht, daß *dasselbe* Element ζ für *jedes* α aus S die Gleichung $\alpha + \zeta = \alpha$ erfüllt. Dieses Element ζ (und alle ihm gleichen) nennt man das in bezug auf die Addition *neutrale* Element oder kurz die „Null" aus S. Ist dann α von dieser „Null" verschieden, so gibt es weiter ein Element ε, für das $\alpha\varepsilon = \alpha$ ist; und es zeigt sich wieder, daß *dieses selbe* Element ε dieser Gleichung für *jedes* α aus S genügt. Man

4. Sind α und β zwei beliebige Elemente aus S, die zur „Null" des Systems beide in der Beziehung „$>$" stehen, so soll es stets eine natürliche Zahl n geben, so daß $n\beta > \alpha$ ist. Hierbei bedeutet $n\beta$ die Summe $\beta + \beta + \cdots + \beta$, die n-mal den Summanden β hat. (***Postulat des Eudoxus***; vgl. **2**, VI.)

An diese abstrakte Charakterisierung des Zahlbegriffs knüpfen wir noch die folgende Bemerkung[1]: Enthält das System S außer den auf Grund der Zuordnung 3 den rationalen Zahlen entsprechenden Elementen keine weiteren, also davon verschiedenen, so ist unser System S überhaupt nicht wesentlich von dem System der rationalen Zahlen verschieden; sondern es unterscheidet sich von ihm letzten Endes nur durch die (rein äußerliche) *Bezeichnung* der Elemente oder durch die (rein praktische) *Bedeutung*, die wir diesen Zeichen geben, — also im Grunde nicht viel wesentlicher, als wenn wir die Zahlen einmal mit arabischen, ein andermal mit römischen oder chinesischen Zeichen schreiben, und als wenn sie einmal Temperaturen, ein andermal Ge-

---

nennt ε (und alle ihm gleichen Elemente) das in bezug auf die Multiplikation *neutrale* Element oder kurz die „Eins" aus S. Die durch wiederholte Additionen und Subtraktionen dieser „Eins" erzeugten Elemente aus S (und alle ihnen gleichen) wird man dann als die „ganzen Zahlen" aus S bezeichnen. Die aus diesen „ganzen Zahlen" durch beliebige Divisionen entstehenden weiteren Elemente (und alle ihnen gleichen) bilden dann das in Rede stehende Teilsystem S' von S; denn daß es zum System der rationalen Zahlen *ähnlich* und *isomorph* ist, folgt nun ganz leicht aus **4**, 1 und **4**, 2. — Tatsächlich ist also unser Zahlbegriff schon durch die Forderungen **4**, 1, 2 und 4 festgelegt.

[1] Wir haben den Zahlbegriff durch eine Anzahl ihn charakterisierender Eigenschaften festgelegt. Eine kritische Grundlegung der Arithmetik, von der in dem Rahmen dieses Buches nicht die Rede sein kann, müßte nun genau untersuchen, inwieweit diese Eigenschaften voneinander unabhängig sind, ob also eine von ihnen als *beweisbare* Tatsache aus den anderen gefolgert werden kann oder nicht. Ferner müßte gezeigt werden, daß keines jener Grundgesetze mit einem der andern in Widerspruch steht, — und noch manches andere. Diese Untersuchungen sind mühsam und können auch heute noch nicht als abgeschlossen angesehen werden.

In der S. 2, Fußnote 3, genannten Darstellung von E. Landau wird mit lückenloser Strenge gezeigt, daß sich die von uns zusammengestellten Grundgesetze der Arithmetik sämtlich aus den folgenden 5 Axiomen für die *natürlichen Zahlen* folgern lassen:

1. Axiom: 1 ist eine natürliche Zahl.

2. Axiom: Zu jeder natürlichen Zahl n gibt es genau eine weitere, die der Nachfolger von n heißt. (Sie möge mit n' bezeichnet werden.)

3. Axiom: Es ist stets $n' \neq 1$.

4. Axiom: Aus $m' = n'$ folgt $m = n$.

5. Axiom: Das Induktionsgesetz V ist (in der ersten Fassung) gültig.

Diese 5, zuerst von G. Peano so formulierten, der Sache nach schon von R. Dedekind aufgestellten Axiome setzen voraus, daß die natürlichen Zahlen in ihrer Gesamtheit als gegeben angesehen werden, daß zwischen ihnen eine Gleichheit (und also auch eine Ungleichheit) definiert ist und daß diese Gleichheit den (der reinen Logik angehörigen) Relationen **1**, 1, 2 und 3 genügt.

schwindigkeiten oder elektrische Ladungen bedeuten. Wenn wir also von der äußerlichen Bezeichnung und der praktischen Bedeutung absehen, könnten wir geradezu sagen, das System S sei mit den rationalen Zahlen *identisch*, und können in diesem Sinne geradezu $a = \alpha$, $b = \beta$, ... setzen.

Enthält aber das System S außer den obengenannten noch andere Elemente, so werden wir sagen, S *umfasse* das System der rationalen Zahlen, es sei eine *Erweiterung* desselben. Ob es überhaupt solche umfassenderen Systeme gibt, steht natürlich im Augenblick noch ganz offen; doch werden wir im System der reellen Zahlen nun sehr bald ein solches kennen lernen[1].

Nachdem wir uns so über das Maß von Voraussetzungen geeinigt haben, über das nicht mehr gestritten werden soll, werfen wir noch einmal die Frage auf: *Was heißt es, wenn wir sagen, wir kennten die Zahl $\sqrt{2}$ oder die Zahl π?*

Es muß zunächst als durchaus paradox bezeichnet werden, daß es eine Zahl, deren Quadrat $= 2$ ist, in dem bisherigen System noch nicht gibt[2], oder geometrisch gesprochen, daß der Punkt A der Zahlen-

[1] Die Art, wie wir den Zahlbegriff unter **4** festgelegt haben, ist natürlich nicht die einzig mögliche. Vielfach werden auch Dinge, die der einen oder andern der dort aufgeführten Forderungen nicht genügen, doch noch als Zahlen bezeichnet. So kann man z. B. auf das konstruktive Hervorwachsen der in Rede stehenden Dinge aus den rationalen Zahlen verzichten und *irgendwelche* Dinge (z. B. Strecken oder Punkte od. ähnl.) schon als Zahlen ansprechen, falls sie den Bedingungen **4**, 1—4 genügen, also kurz gesagt dem soeben von uns geschaffenen System ähnlich und isomorph sind. Dieser vom mathematischen Standpunkt aus durchaus berechtigten Auffassung des Zahlbegriffs, nach der also allgemein isomorphe Systeme im abstrakten Sinne als identisch gelten, wird man aber erkenntnistheoretische Bedenken entgegenstellen können. — Eine andere Modifikation des Zahlbegriffs werden wir gelegentlich der Behandlung der komplexen Zahlen kennen lernen.

[2] Beweis: Eine *natürliche* Zahl gibt es jedenfalls nicht, deren Quadrat $= 2$ ist, da $1^2 = 1$ ist und die Quadrate aller übrigen natürlichen Zahlen ≥ 4 sind. Es käme also für $\sqrt{2}$ nur eine (positive) gebrochene Zahl $\frac{p}{q}$ in Betracht, bei der also $q \geq 2$ und zu p teilerfremd (der Bruch also in gekürzter Form) gedacht werden kann. Läßt sich aber $\frac{p}{q}$ nicht weiter kürzen, so ist dasselbe mit dem Bruch $\left(\frac{p}{q}\right)^2 = \frac{p \cdot p}{q \cdot q}$ der Fall, der also nicht gleich der ganzen Zahl 2 sein kann. Oder etwas anders gefaßt: Für irgend zwei teilerfremde natürliche Zahlen p und q ist stets $p^2 \neq 2q^2$. In der Tat, da zwei teilerfremde Zahlen nicht beide gerade sein können, ist entweder p ungerade, oder p gerade und q ungerade. Im ersten Fall ist p^2 wieder ungerade, also gewiß von der geraden Zahl $2q^2$ verschieden. Im zweiten Fall ist $p^2 = (2p')^2$ durch 4 teilbar, aber $2q^2$, als das Doppelte einer ungeraden Zahl, ist es nicht. Also ist wieder $p^2 \neq 2q^2$.
Diese Tatsache soll schon PYTHAGORAS bekannt gewesen sein (vgl. M. CANTOR: Geschichte der Mathematik Bd. 1, 2. Aufl., S. 142 u. 169. 1894).

geraden, dessen Entfernung von O gleich der Diagonale des Quadrates mit der Seite OE ist, mit keinem der oben eingeführten rationalen Punkte zusammenfällt. Denn einerseits liegen die rationalen Zahlen ***dicht,*** d. h. zwischen *irgend zwei* verschiedenen von ihnen lassen sich noch beliebig viele weitere angeben (denn ist $a < b$, so liegen die n rationalen Zahlen, die die Formel $a + \nu \frac{b-a}{n+1}$ für $\nu = 1, 2, \ldots, n$ liefert, offenbar alle zwischen a und b und sind voneinander und von a und b verschieden). Andrerseits aber liegen sie sozusagen noch nicht dicht genug, um alle denkbaren Punkte zu bezeichnen. Vielmehr, wie sich die Gesamtheit aller ganzen Zahlen als zu spärlich erwiesen hat, um allen durch die vier Spezies an sie gestellten Forderungen zu genügen, so erweist sich jetzt wieder die Gesamtheit aller rationalen Zahlen als zu lückenhaft[1], um den weitergehenden Forderungen, die die Wurzelrechnung an sie stellt, zu genügen. Trotzdem hat man das Gefühl, daß auch diesem Punkte A oder also dem Zeichen $\sqrt{2}$ ein ganz bestimmter Zahlenwert zukommt. Welche greifbaren Tatsachen liegen diesem Gefühl zugrunde?

Es ist zunächst offenbar dies: Man weiß zwar genau, daß für $\sqrt{2}$ die Angaben 1,4 oder 1,41 oder 1,414 usw. falsch sind, daß diese (rationalen) Zahlen zum Quadrat erhoben vielmehr < 2 bleiben, also zu klein sind. Man weiß aber gleichzeitig, daß die Angaben 1,5 oder 1,42 oder 1,415 usw. in demselben Sinne zu groß sind, daß also der zu erfassende Wert zwischen den entsprechenden zu kleinen und zu großen Angaben liegen müßte. Und was uns trotz dieser „Falschheit“ der Angaben die Überzeugung gibt, hiermit den Wert $\sqrt{2}$ irgendwie doch erfaßt zu haben, kann nur dies sein: Wir besitzen *ein Verfahren*, um die obigen Angaben *so weit fortzusetzen, wie wir wollen*; wir können also Paare von Dezimalbrüchen mit je 1, 2, 3, ... Stellen angeben, die sich jeweils nur um eine Einheit in der letzten Stelle, also bei n Stellen um $(\frac{1}{10})^n$, unterscheiden, und von denen der eine Bruch zu klein, der andere zu groß ist. Da dieser Unterschied, wenn wir nur die Anzahl n der Stellen groß genug machen, *so klein* gemacht werden kann, ***wie wir wollen,*** da das Verfahren also den zu erfassenden Wert zwischen zwei Zahlen einzuklemmen lehrt, die so eng beieinander liegen, wie wir wollen, so sagen wir mit einer zunächst etwas kühnen Metapher:

---

[1] Gerade dies ist das Paradoxe und der unmittelbaren Anschauung schwer Zugängliche, daß auf der Zahlengeraden schon eine (im eben definierten Sinne) *dichte* Menge von Punkten markiert ist und daß dies doch nicht *alle* Punkte der Geraden sind. — Vergleichsweise kann man dies so beschreiben: Die ganzen Zahlen bilden eine erste grobe Einteilung in Fächer; die rationalen Zahlen füllen diese Fächer wie mit feinem Sande aus, der aber für den schärferen Blick notwendig noch Lücken lassen muß. Diese nun auszufüllen, wird unsere nächste Aufgabe sein.

durch dies Verfahren sei uns $\sqrt{2}$ selber „gegeben", auf Grund dieses Verfahrens „kennten" wir $\sqrt{2}$ selbst, usw.

Genau so liegen die Dinge bei jedem andern Wert, der nicht durch eine rationale Zahl selbst bezeichnet werden kann, also z. B. bei π, $\log 2$, $\sin 10^0$ usw. Wenn wir sagen, wir *kennten* diese Zahlen, so liegt dem jedesmal nichts anderes zugrunde als dies: Wir kennen ein (in den meisten Fällen *sehr* beschwerliches) Verfahren, um in ähnlicher Weise, wie eben bei $\sqrt{2}$ genauer gezeigt, den zu erfassenden Wert zwischen immer dichter, ja beliebig dicht sich zusammenschließende (rationale) Zahlen einzuspannen.

Um diese Dinge etwas allgemeiner und schärfer zu erfassen, schalten wir eine vorläufige, aber doch für alles Folgende durchaus grundlegende Betrachtung über Folgen rationaler Zahlen ein.

§ 2. Rationale Zahlenfolgen[1].

Bei der vorhin angedeuteten Berechnung von $\sqrt{2}$ bildeten wir nacheinander wohlbestimmte rationale Zahlen. Von der speziellen Dezimalbruchform wollen wir uns hierbei freimachen und beginnen mit folgender

5. **Definition.** *Läßt sich auf Grund irgendeines gesetzmäßigen Bildungsverfahrens der Reihe nach eine 1., eine 2. eine 3., . . . (rationale) Zahl bilden und entspricht somit jeder natürlichen Zahl n eine und nur eine wohlbestimmte (rationale) Zahl x_n, so sagt man, daß diese Zahlen*

$$x_1,\ x_2,\ x_3,\ \ldots,\ x_n,\ \ldots$$

(in dieser den natürlichen Zahlen entsprechenden Anordnung) eine ***Zahlenfolge*** *bilden. Wir bezeichnen sie kurz mit (x_n) oder mit $(x_1, x_2, \ldots)$.*

Beispiele.

6. 1. $x_n = \frac{1}{n}$, also die Folge $\left(\frac{1}{n}\right)$ oder $1, \frac{1}{2}, \frac{1}{3}, \ldots, \frac{1}{n}, \ldots$

2. $x_n = 2^n$, also die Folge $2, 4, 8, 16, \ldots$

3. $x_n = a^n$, also die Folge $a, a^2, a^3, \ldots$, bei der a eine gegebene Zahl sein soll.

4. $x_n = \frac{1}{2}[1 - (-1)^n]$, also die Folge $1, 0, 1, 0, 1, 0, \ldots$

5. $x_n =$ dem nach n Ziffern abgebrochenen Dezimalbruch für $\sqrt{2}$.

6. $x_n = \frac{(-1)^{n-1}}{n}$, also die Folge $1, -\frac{1}{2}, +\frac{1}{3}, -\frac{1}{4}, \ldots$

7. Es soll $x_1 = 1$, $x_2 = 1$, $x_3 = x_1 + x_2 = 2$, und allgemein soll für $n \geqq 3$ stets $x_n = x_{n-1} + x_{n-2}$ sein. Man erhält so die Folge $1, 1, 2, 3, 5, 8, 13, 21, \ldots$, die gewöhnlich als die Zahlenfolge von FIBONACCI bezeichnet wird.

---

[1] Auch in diesem Paragraphen bedeuten alle vorkommenden Buchstabengrößen noch stets *rationale Zahlen*.

8. $1, 2, \frac{1}{2}, -2, -\frac{1}{2}, 3, \frac{1}{3}, -3, -\frac{1}{3}, \ldots$

9. $2, \frac{3}{2}, \frac{4}{3}, \frac{5}{4}, \ldots, \frac{n+1}{n}, \ldots$

10. $0, \frac{1}{2}, \frac{2}{3}, \frac{3}{4}, \frac{4}{5}, \ldots, \frac{n-1}{n}, \ldots$

11. $x_n =$ der n^{ten} Primzahl[1], also die Folge 2, 3, 5, 7, 11, 13, 17, ...

12. Die Folge $1, \frac{3}{2}, \frac{11}{6}, \frac{25}{12}, \frac{137}{60}, \ldots$, bei der allgemein $x_n = \left(1 + \frac{1}{2} + \cdots + \frac{1}{n}\right)$ sein soll.

Bemerkungen. 7.

1. Das Bildungsgesetz kann ganz beliebig sein. Es braucht insbesondere nicht in einer expliziten Formel zu bestehen, die es gestattet, bei gegebenem n das zugeordnete x_n direkt zu berechnen. Bei Beispiel **6**, 5, 7 u. 11 ist dies offenbar nicht ohne weiteres möglich. Und bei einer zahlenmäßig vorgelegten Folge braucht weder das Bildungsgesetz (vgl. **6**, 5 u. 12) noch sonst irgendeine Regelmäßigkeit unter den aufeinanderfolgenden Zahlen in die Augen zu fallen (vgl. **6**, 11).

2. Manchmal ist es vorteilhaft, die Folge mit einem „0ten" Gliede x_0, oder gar einem $(-1)^{\text{ten}}$ oder $(-2)^{\text{ten}}$ Gliede x_{-1}, x_{-2} beginnen zu lassen. Manchmal ist es vorteilhafter, die Numerierung erst bei 2 oder 3 beginnen zu lassen. Wesentlich ist allein, daß es eine ganze Zahl $m \gtreqless 0$ gibt, so daß x_n für jedes $n \geq m$ definiert ist. Das Glied x_m heißt dann das Anfangsglied der Folge. Wir wollen aber trotzdem als n^{tes} Glied stets dasjenige bezeichnen, welches den Index n trägt. Bei **6**, 2, 3 u. 4 kann man z. B. ohne weiteres ein 0tes Glied oder auch ein $(-1)^{\text{tes}}$ oder $(-2)^{\text{tes}}$ voranstellen. In solchem Falle ist also das „erste" Glied nicht das Anfangsglied der Folge. Die Bezeichnung ist dann $(x_0, x_1, \ldots)$ bzw. $(x_m, x_{m+1}, \ldots)$, und nur wenn über den Anfang der Numerierung kein Zweifel besteht oder wenn er ganz belanglos ist, schreiben wir kurz (x_n) zur Bezeichnung der Folge.

3. Eine Zahlenfolge wird oft besonders als *unendliche* bezeichnet. Dies Beiwort soll dann nur betonen, daß auf *jedes* Glied noch weitere folgen. Man sagt dann auch, daß es sich um *unendlich viele* Glieder handle. Allgemein spricht man von *endlich vielen* oder *unendlich vielen* Dingen, je nachdem diese Dinge eine durch eine bestimmte natürliche Zahl angebbare Anzahl haben oder nicht. Auch weiterhin wird — wie wir gleich jetzt betonen wollen — das Wort „unendlich" immer nur eine symbolische Bedeutung haben, durch die ein wohlbestimmter (meist sehr einfacher) Sachverhalt abkürzend bezeichnet wird.

4. Haben *alle* Glieder einer Folge ein und denselben Wert c, so sagt man, die Folge sei *identisch gleich* c, und schreibt wohl $x_n \equiv c$. Allgemein schreiben wir $(x_n) \equiv (x'_n)$, wenn die beiden Folgen (x_n) und (x'_n) Glied für Glied übereinstimmen, wenn also für jeden in Betracht kommenden Index $x_n = x'_n$ ist.

5. Oft ist es zur Veranschaulichung einer Zahlenfolge bequem, sich ihre Glieder als Punkte auf der Zahlengeraden zu markieren oder markiert zu denken. Wir haben dann eine *Punktfolge* vor uns. Doch ist hierbei zu beachten, daß in einer Zahlenfolge ein und dieselbe Zahl mehrmals, ja „unendlich oft" auftreten

---

[1] Schon Euklid bewies, daß es unendlich viele Primzahlen gibt. Denn sind $p_1, p_2, \ldots, p_k$ irgendwelche Primzahlen, so ist die Zahl $m = (p_1 p_2 \ldots p_k) + 1$ entweder selbst eine von $p_1, p_2, \ldots, p_k$ verschiedene Primzahl oder ein Produkt von solchen. Keine endliche Menge von Primzahlen enthält also alle Primzahlen.

kann (vgl. **6**, 4). Dann ist der entsprechende Punkt mehrmals, evtl. unendlich oft zu zählen, d. h. als Glied der Punktfolge zu betrachten.

6. Eine andere Art der Veranschaulichung besteht darin, daß man in einem rechtwinkligen Achsenkreuz die Punkte mit den Koordinaten (n, x_n) für alle in Betracht kommenden n markiert und der Reihe nach durch geradlinige Strecken verbindet. Der entstehende gebrochene Streckenzug gibt dann ein Bild der Zahlenfolge.

Die Untersuchung der hiermit eingeführten und der wenig später zu nennenden *reellen Zahlenfolgen* nach den mannigfachsten Gesichtspunkten wird nun den Hauptgegenstand aller folgenden Kapitel bilden. Insbesondere wird es sich dabei um Feststellungen oder Aussagen handeln, die für *alle* Glieder der Folge gelten oder wenigstens *für alle Glieder, die hinter einem bestimmten stehen*[1]. Im Hinblick auf diese letztere Einschränkung sagt man wohl, daß es bei der betreffenden Feststellung „auf endlich viele Glieder nicht ankomme" oder daß sie sich nur auf das *infinitäre* Verhalten der Folge beziehe. Als erste Beispiele solcher Feststellungen führen wir folgende Definitionen ein:

8. **Definitionen.** I. *Eine Folge soll* **beschränkt**[2] *heißen, wenn es eine positive Zahl K gibt, so daß für alle Glieder die Ungleichung*

$$|x_n| \leqq K \quad \text{oder} \quad -K \leqq x_n \leqq K$$

gilt. K heißt dann eine **Schranke** *für die Beträge der Glieder der Folge.*

Bemerkungen und Beispiele.

1. Ob in der Definition **8** „$\leqq K$" oder „$< K$" steht, ist ziemlich gleichgültig. Denn ist stets (d. h. für alle in Betracht kommenden Indizes n) $|x_n| \leqq K$, so gibt es auch eine Konstante K', so daß stets $|x_n| < K'$ ist; denn offenbar kann *jedes* $K' > K$ dafür gewählt werden. Ist umgekehrt stets $|x_n| < K$, so ist erst recht $|x_n| \leqq K$. Kommt es aber auf die genaue Größe der Schranke an, so kann der Unterschied natürlich trotzdem sehr wesentlich werden.

2. Ist K eine Schranke von (x_n), so ist auch jede *größere* Zahl K' eine Schranke von (x_n).

3. Die Folgen **6**, 1, 4, 5, 6, 9, 10 sind offenbar beschränkt; **6**, 3 ist es auch, falls $|a| \leqq 1$ ist. Die Folgen **6**, 2, 7, 8, 11 sind es sicher nicht. Ob die Folge **6**, 12 und ob **6**, 3 für ein jedes $|a| > 1$ beschränkt ist oder nicht, ist nicht ohne weiteres zu sehen.

4. Weiß man nur, daß es eine Konstante K_1 gibt, für die stets $x_n \leqq K_1$ bleibt, so soll die Folge *nach rechts* (oder: *nach oben*) *beschränkt*, K_1 selbst eine *obere* (oder: *rechte*) *Schranke* der Folge heißen. Gibt es eine Konstante K_2, für die stets $x_n \geqq K_2$ bleibt, so soll (x_n) *nach links beschränkt*, K_2 eine *untere* (oder: *linke*) *Schranke* der Folge heißen. Hierbei brauchen K_1 und K_2 nicht positiv zu sein.

5. Ist eine Folge nach rechts beschränkt, so braucht es doch unter ihren Zahlen keine größte zu geben. So ist z. B. **6**, 10 nach rechts beschränkt, und doch wird *jede* Zahl dieser Folge von *jeder* folgenden übertroffen, so daß keine

---

[1] Z. B.: Alle Glieder der Folge **6**, 9 sind > 1. Oder: Alle Glieder der Folge **6**, 2, die hinter dem 6ten stehen, sind > 100 (kürzer: für $n > 6$ ist $x_n > 100$).

[2] Diese Bezeichnung scheint von C. JORDAN: Cours d'analyse Bd. 1, S. 22, Paris 1893, eingeführt worden zu sein.

die größte sein kann[1]. Entsprechend braucht eine nach links beschränkte Folge kein kleinstes Glied zu enthalten; vgl. **6**, 1 und 9. — Mit dieser zunächst paradox anmutenden Tatsache mache sich der Anfänger wohl vertraut! — Unter *endlich vielen* Werten gibt es natürlich stets sowohl einen größten als einen kleinsten, d. h. einen solchen, der von keinem der übrigen Werte übertroffen, und einen solchen, der von keinem unterschritten wird. (Es dürfen aber *mehrere* dem größten oder dem kleinsten Werte *gleich* sein.)

6. Die Eigenschaft der Beschränktheit (nicht aber der Zahlenwert einer der Schranken) einer Folge (x_n) ist eine *infinitäre* Eigenschaft derselben; sie kann durch eine Abänderung eines einzelnen Gliedes der Folge nicht zerstört werden. (Beweis?)

II. *Eine Folge soll* ***monoton wachsend*** *oder* ***zunehmend*** *heißen, wenn stets* **9.**

$$x_n \leqq x_{n+1}$$

ist; dagegen ***monoton fallend*** *oder* ***abnehmend****, wenn stets*

$$x_n \geqq x_{n+1}$$

ist. Beide Arten werden kurz als ***monotone Folgen*** *bezeichnet.*

Bemerkungen und Beispiele.

1. Eine Folge braucht natürlich weder monoton wachsend noch monoton fallend zu sein; vgl. **6**, 4, 6, 8. Doch sind monotone Folgen sehr häufig und im allgemeinen bequemer zu überschauen als die nicht monotonen. Darum ist es zweckmäßig, sie durch eine besondere Benennung auszuzeichnen.

2. Statt wachsend müßte man genauer „nicht fallend", statt fallend genauer „nicht wachsend" sagen; doch ist das meist nicht üblich. Soll in besonderen Fällen das Gleichheitszeichen ausgeschlossen werden, soll also stets $x_n < x_{n+1}$ bzw. $x_n > x_{n+1}$ sein, so nennt man die Folge *im engeren Sinne monoton* wachsend bzw fallend.

3. Die Folgen **6**, 2, 5, 7, 10, 11, 12 und **6**, 1, 9 sind monoton; die erstgenannten steigend, die andern fallend. **6**, 3 fällt monoton, falls $0 \leqq a \leqq 1$ ist, steigt dagegen monoton für $a \geqq 1$ (und $a = 0$), für $a < 0$ ist sie nicht monoton.

4. Die Bezeichnung „monoton" rührt von C. NEUMANN her (Über die nach Kreis-, Kugel- und Zylinderfunktionen fortschreitenden Entwicklungen, S. 26/27. Leipzig 1881).

Wir kommen nun zu einer Definition, der die größte Aufmerksamkeit zu schenken ist und bei der man nicht müde werden darf, sich ihren Inhalt bis in die letzten Konsequenzen klarzumachen.

III. *Eine Folge soll als* ***Nullfolge*** *bezeichnet werden, wenn sie folgende Eigenschaft besitzt: Wenn eine beliebige positive (rationale) Zahl ε gegeben wird, so soll die Ungleichung* **10.**

$$|x_n| < \varepsilon$$

[1] Der Anfänger lasse sich nicht durch oft gehörte Redewendungen wie diese beirren: „Für unendlich großes n sei $x_n = 1$, und es sei also 1 die größte Zahl der Folge." So etwas ist barer Unsinn (vgl. hierzu auch **7**, 3). Denn die Glieder der Folge sind die Zahlen 0, $\frac{1}{2}$, $\frac{2}{3}$, $\frac{3}{4}$, ..., und von diesen ist *keine* $= 1$, sondern *eine jede* < 1. Und ein „unendlich großes n" gibt es nicht.

durch alle Glieder, von höchstens endlich vielen[1] *Ausnahmen abgesehen, erfüllt werden.* Oder anders ausgedrückt: *Wenn eine beliebige* ***positive Größe*** ε ***gewählt wird, so soll sich stets ein Glied*** x_m ***der Folge angeben lassen, so daß alle folgenden Glieder dem Betrage nach*** $< \varepsilon$ ***sind.*** **Oder:** ***Es soll sich stets eine Zahl*** n_0 ***so angeben lassen, daß***

$$\textit{für alle } n > n_0 \quad \textit{stets} \quad |x_n| < \varepsilon$$

ist.

Bemerkungen und Beispiele.

1. Sind diese Bedingungen bei einer vorgelegten Folge für ein *bestimmtes* ε erfüllbar, so sind sie umso eher für jedes größere ε erfüllbar (vgl. **8**, 1), aber nicht notwendig für jedes kleinere. (Bei **6**, 10 z. B. sind die Bedingungen für $\varepsilon = 1$ und also jedes größere ε erfüllt, wenn man $n_0 = 0$ nimmt; für $\varepsilon = \frac{1}{2}$ dagegen sind sie nicht erfüllbar.) Bei einer Nullfolge sollen aber die Bedingungen für *jede* positive Zahl ε, insbesondere also auch für jede sehr kleine positive Zahl ε erfüllbar sein. Daher formuliert man die Definition etwas nachdrücklicher gewöhnlich so: (x_n) ist eine Nullfolge, wenn *jedem noch so kleinen* $\varepsilon > 0$ eine Zahl n_0 entspricht, daß nun

$$\text{für alle } n > n_0 \quad \text{stets} \quad |x_n| < \varepsilon$$

ist. — Bei diesen Betrachtungen braucht n_0 keine ganze Zahl zu sein.

2. Die Folge **6**, 1 ist offenbar eine Nullfolge; denn für

$$n > \frac{1}{\varepsilon} \quad \text{ist stets} \quad |x_n| < \varepsilon,$$

wie auch $\varepsilon > 0$ gegeben wird. Es genügt also, $n_0 = \frac{1}{\varepsilon}$ zu nehmen.

3. Die Stelle, von der an die Beträge der Glieder einer vorgelegten Nullfolge bei gegebenem ε stets $< \varepsilon$ bleiben, wird natürlich im allgemeinen von der Größe der Zahl ε abhängen und im großen und ganzen um so weiter rechts liegen (d. h. n_0 wird um so größer sein müssen) je kleiner das ε gegeben wird (vgl. 2). Um diese Abhängigkeit der Zahl n_0 von ε zu betonen, sagt man oft deutlicher: „Dem gegebenen ε solle eine Zahl $n_0 = n_0(\varepsilon)$ so entsprechen, daß . . .".

4. Die positive Zahl, unterhalb deren die Beträge $|x_n|$ von einer Stelle an liegen sollen, braucht nicht gerade mit ε bezeichnet zu werden. Jede irgendwie bezeichnete positive Zahl darf dafür verwendet werden. Im folgenden werden, wenn $\varepsilon, \alpha, K, \ldots$ irgendwelche positive Zahlen sind, dafür sehr oft $\frac{\varepsilon}{2}, \frac{\varepsilon}{3}, \frac{\varepsilon}{K}$, ε^2, $\alpha\varepsilon$, ε^α usw. genommen werden.

5. Die Vorzeichen der x_n spielen hierbei keine Rolle, da $|-x_n| = |x_n|$ ist. Demnach ist auch **6**, 6 eine Nullfolge.

6. Bei einer Nullfolge braucht *kein* Glied *gleich* 0 zu sein. Alle Glieder aber, deren Index *sehr groß* ist, werden *sehr klein* sein müssen. Denn wähle ich etwa $\varepsilon = \frac{1}{1\,000\,000}$, so muß ja doch für alle n, die eine gewisse Zahl n_0 übersteigen, $|x_n| < \frac{1}{1\,000\,000}$ sein. Ebenso für $\varepsilon = 10^{-10}$ und jedes andere ε.

7. *Auch die unter* **6**, 3 *genannte Folge* (a^n) *ist, falls* $|a| < 1$ *ist, eine Nullfolge.*

Beweis. Ist $a = 0$, so ist die Behauptung trivial, da dann für *jedes* $\varepsilon > 0$ *stets* $|x_n| < \varepsilon$ ist. Ist nun $0 < |a| < 1$, so ist (nach **3**, I, 4) $\frac{1}{|a|} > 1$. Setzen wir also

$$\frac{1}{|a|} = 1 + p, \quad \text{so ist} \quad p > 0.$$

---

[1] Vgl. **7**, 3.

Dann ist aber für jedes $n \geqq 2$

(a) $$(1 + p)^n > 1 + np.$$

Denn für $n = 2$ ist $(1 + p)^2 = 1 + 2p + p^2 > 1 + 2p$, die Beziehung also sicher richtig. Ist schon für $n = k \geqq 2$ festgestellt, daß

$$(1 + p)^k > 1 + kp$$

ist, so folgt nach **2**, III, 6, daß

$$(1 + p)^{k+1} > (1 + kp)(1 + p) = 1 + (k + 1)p + kp^2 > 1 + (k + 1)p$$

ist, daß also unsere Beziehung auch für $n = k + 1$ richtig ist. Nach **2**, V ist sie also für *jedes* $n \geqq 2$ richtig[1].

Danach ist nun

$$|x_n| = |a^n| = |a|^n = \frac{1}{(1 + p)^n} < \frac{1}{1 + np} < \frac{1}{np},$$

also, wie auch $\varepsilon > 0$ gegeben sein mag,

$$|x_n| = |a^n| < \varepsilon \quad \text{für alle} \quad n > \frac{1}{p\varepsilon}.$$

8. Nach 7. sind außer der unter 2. genannten Folge $\left(\frac{1}{n}\right)$ insbesondere auch die Folgen $\left(\frac{1}{2^n}\right)$, $\left(\frac{1}{3^n}\right)$, $\left(\frac{1}{10^n}\right)$, $\left(\left(\frac{4}{5}\right)^n\right)$ usw. Nullfolgen.

9. Ähnlich wie in **8**, 1 gilt hier die Bemerkung, daß es bei der Definition **10** ziemlich gleichgültig ist, ob dort „$< \varepsilon$" oder „$\leqq \varepsilon$" steht. Denn ist für $n > n_0$ stets $|x_n| < \varepsilon$, so ist um so mehr $|x_n| \leqq \varepsilon$. Ist umgekehrt für jedes $\varepsilon > 0$ zunächst n_0 nur so bestimmbar, daß für $n > n_0$ stets $|x_n| \leqq \varepsilon$ ist, so wähle man eine positive Zahl $\varepsilon_1 < \varepsilon$; ihr muß dann eine Zahl n_1 so entsprechen, daß für $n > n_1$ stets $|x_n| \leqq \varepsilon_1$ ist. Dann ist aber

$$\text{für alle} \quad n > n_1 \quad \text{stets} \quad |x_n| < \varepsilon;$$

die Bedingungen sind also auch in der alten Form erfüllbar. — Ganz ähnlich erkennt man, daß es ziemlich gleichgültig ist, ob in der Definition **10** „$> n_0$" oder „$\geqq n_0$" steht. — In jedem Einzelfall dagegen muß dieser Unterschied natürlich wieder beachtet werden.

10. Obgleich in einer Zahlenfolge jedes Glied völlig für sich dasteht, einen festbestimmten Wert hat und keinerlei Beziehung zu den vorangehenden oder nachfolgenden Gliedern zu haben braucht, so pflegt man doch irgendwelche beim Durchgehen der Folge (von links nach rechts) beobachteten Eigentümlichkeiten „den Gliedern x_n" oder „dem allgemeinen Gliede der Folge" zuzusprechen. So sagt man etwa bei **6**, 1: die Glieder werden kleiner; bei **6**, 2: die Glieder werden größer; bei **6**, 4 oder **6**, 6: die Glieder schwanken auf und ab usw. usw. — In diesem Sinne wollen wir das eigentümliche Verhalten der Glieder einer Nullfolge dadurch umschreiben, daß wir sagen: *Die Glieder werden beliebig klein*, oder: sie *werden unendlich klein*[2], — womit nicht mehr und nicht weniger

---

[1] Der Beweis lehrt sogar, daß (a) für $n \geqq 2$ richtig ist, wofern nur $1 + p > 0$, also $p > -1$, aber $\neq 0$ ist. Für $p = 0$ oder für $n = 1$ geht (a) in eine Gleichung über. Für $p > 0$ folgt die Richtigkeit von (a) auch sofort, indem man die linke Seite nach dem binomischen Lehrsatz entwickelt. — Die Beziehung (a) nennt man die *Bernoullische Ungleichung*. (JAK. BERNOULLI: Propositiones arithmeticae de seriebus, 1689, Satz 4.)

[2] Diese Ausdrucksweise rührt von A. L. CAUCHY her (Analyse algébrique, S. 4 und 26).

gesagt werden soll, als was die Definition **10** enthält, nämlich daß bei *jedem noch so kleinen* $\varepsilon > 0$ die Beträge der Glieder doch *schließlich* (d. h. für alle Indizes n, die eine passende Zahl n_0 übersteigen, oder kürzer: *von einer Stelle an*) kleiner als ε sind[1].

11. Eine Nullfolge ist eo ipso *beschränkt*. Denn wählen wir $\varepsilon = 1$, so muß es eine Zahl n_1 geben, so daß für $n > n_1$ stets $|x_n| < 1$ ist. Unter den endlich vielen Beträgen $|x_1|, |x_2|, \ldots, |x_{n_1}|$ gibt es aber (vgl. **8**, 5) einen größten, der $= M$ sei. Dann ist für $K = M + 1$ ersichtlich *stets* $|x_n| < K$.

12. Wir betonen noch ausdrücklich, daß es zum Nachweis, daß eine vorgelegte Folge eine Nullfolge ist, unbedingt erforderlich ist, daß bei vorgeschriebenem $\varepsilon > 0$ die Existenz des zugehörigen n_0 wirklich nachgewiesen wird (etwa durch explizite Angabe, wie meist in den nachfolgenden Beispielen). Ebenso: wenn von einer Folge (x_n) vorausgesetzt wird, daß sie eine Nullfolge ist, so wird eben damit *vorausgesetzt*, daß zu jedem ε das zugehörige n_0 wirklich *als vorhanden angesehen werden darf*. Im Gegensatz hierzu mache man sich genau klar, was es heißt, daß eine Folge (x_n) *keine* Nullfolge ist. Es heißt dies: Nicht bei *jeder* Wahl der positiven Zahl ε ist von einer passenden Stelle ab immer $|x_n| < \varepsilon$; — sondern also: Es gibt eine *spezielle* positive Zahl ε_0 derart, daß von *keiner* Stelle an *stets* $|x_n| < \varepsilon_0$ ist; es ist vielmehr hinter jeder Stelle immer wieder einmal (und also für unendlich viele Indizes) $|x_n| \geqq \varepsilon_0$.

13. Endlich deuten wir noch an, wie man sich den Charakter einer Folge als Nullfolge geometrisch anschaulich machen kann:

Bei der Veranschaulichung **7**, 5 haben wir es mit einer Nullfolge zu tun, wenn die Glieder der Folge von einer Stelle ab (für $n > n_0$) alle dem *Intervall*[2] $-\varepsilon \ldots +\varepsilon$ angehören. Nennen wir ein solches Intervall kurz eine **ε-Umgebung** des Nullpunktes, so können wir sagen: (x_n) ist eine Nullfolge, wenn in jeder (noch so kleinen) ε-Umgebung des Nullpunktes doch alle Glieder der Folge, *von höchstens endlich vielen Ausnahmen abgesehen*, gelegen sind.

Bei der Veranschaulichung **7**, 6 ziehen wir durch die beiden Punkte $(0, \pm\varepsilon)$ Parallelen zur Abszissenachse und können sagen: (x_n) ist eine Nullfolge, wenn in jedem solchen (noch so schmalen) *ε-Streifen um die Abszissenachse* doch das ganze Bild der Folge (x_n) — von einem endlichen Anfangsstück abgesehen — gelegen ist.

14. Der Begriff der Nullfolge, die „beliebig klein gegebene positive Größe ε", die uns von nun an ein nicht mehr zu entbehrendes Hilfsmittel sein wird, und die darum einen Grundpfeiler für den Aufbau der gesamten Analysis bildet, scheint zuerst 1655 von J. Wallis (s. Opera I, S. 382/3) benutzt worden zu sein. Der Sache nach findet sie sich aber schon bei Euklid: Elemente V.

Nun sind wir schon eher in der Lage, den Sachverhalt zu erfassen, der der oben erörterten Bedeutung von $\sqrt{2}$ oder π oder $\log 5$ zugrunde

---

[1] Von einem *monotonen* Verhalten braucht dabei natürlich keine Rede zu sein (vgl. **6**, 6). In jedem Falle können auch schon einige $|x_n| < \varepsilon$ sein, deren Index $\leqq n_0$ ist.

[2] Als *Intervall* bezeichnen wir ein Stück der Zahlengeraden, das zwischen zwei bestimmten ihrer Punkte liegt. Je nachdem man diese Punkte selbst noch zum Intervall hinzurechnet oder nicht, nennt man es *abgeschlossen* oder *offen*. Wenn nichts Besonderes gesagt ist, sollen im folgenden die Intervalle stets *abgeschlossen* gedacht werden. (Bei **10**, 13 ist das nach **10**, 9 gleichgültig.) Ist a der linke, b der rechte Endpunkt eines Intervalles, so nennen wir dieses kurz das Intervall $a \ldots b$.

liegt. Indem wir — wir bleiben bei dem Beispiel $\sqrt{2}$ — einerseits die Zahlen

$$x_1 = 1{,}4; \qquad x_2 = 1{,}41; \qquad x_3 = 1{,}414; \qquad x_4 = 1{,}4142; \ldots$$

und andrerseits die Zahlen

$$y_1 = 1{,}5; \qquad y_2 = 1{,}42; \qquad y_3 = 1{,}415; \qquad y_4 = 1{,}4143; \ldots$$

bilden, stellen wir offenbar zwei (rationale) Zahlenfolgen (x_n) und (y_n) nach einem ganz bestimmten (wenn auch sehr mühsamen) Verfahren auf. Und zwar sind *beide monoton*, die Folge (x_n) wachsend, die Folge (y_n) fallend. Überdies ist stets $x_n < y_n$, aber der Unterschied beider, also die Zahlen

$$y_n - x_n = d_n$$

bilden nach **10**, 8 eine Nullfolge, da ja $d_n = \frac{1}{10^n}$ ist. Diese Tatsachen sind es offenbar, die uns das Gefühl geben, daß wir $\sqrt{2}$ „kennen", daß wir es „berechnen" können usw., obgleich — wie wir oben sagten — noch niemand den Wert $\sqrt{2}$ sozusagen vollständig vor Augen gehabt hat. — Deuten wir diese Dinge noch etwas anschaulicher auf der Zahlengeraden, so haben wir offenbar dies (vgl. Fig. 1, S. 26): Die Punkte x_1 und y_1 begrenzen ein Intervall J_1 von der Länge d_1; die Punkte x_2 und y_2 ebenso ein Intervall J_2 von der Länge d_2. Dieses zweite Intervall liegt aber wegen

$$x_1 \leqq x_2 < y_2 \leqq y_1$$

ganz in dem ersten. Ebenso begrenzen die Punkte x_3 und y_3 ein Intervall J_3 von der Länge d_3, das ganz in J_2 liegt; und allgemein begrenzen die Punkte x_n und y_n ein Intervall J_n von der Länge d_n, das ganz in J_{n-1} liegt. Und die Längen dieser Intervalle bilden eine Nullfolge, es schnüren sich die Intervalle — wie man vermutet — um eine ganz bestimmte Zahl zusammen, schrumpfen auf einen ganz bestimmten Punkt ein.

Wir haben nur noch zu prüfen, inwieweit diese Vermutung das Richtige trifft. — Dazu geben wir allgemeiner die folgende

Definition. *Liegt eine monoton steigende Folge* (x_n) *und eine monoton fallende Folge* (y_n) *vor, deren Glieder für jedes n die Bedingung* **11.**

$$x_n \leqq y_n$$

erfüllen, und bilden die Differenzen

$$d_n = y_n - x_n$$

eine Nullfolge, so wollen wir kurz sagen, es sei uns eine ***Intervallschachtelung*** *gegeben. Das* n^{te} *Intervall* J_n *erstreckt sich von* x_n *bis* y_n, *und* d_n *ist seine Länge. Die Schachtelung selbst soll dann kurz durch* (J_n) *oder durch* $(x_n \mid y_n)$ *bezeichnet werden.*

Unsere oben ausgesprochene Vermutung findet nun ihre erste Bestätigung in dem folgenden

12. **Satz.** *Es gibt höchstens* ***eine*** *(rationale) Zahl s, die allen Intervallen einer Intervallschachtelung angehört, die also für jedes n die Ungleichung*

$$x_n \leqq s \leqq y_n$$

erfüllt[1].

Beweis: Gäbe es neben s noch die davon verschiedene Zahl s', die auch für alle n die Ungleichung

$$x_n \leqq s' \leqq y_n$$

erfüllte, so wäre für alle n neben

$$x_n \leqq s \leqq y_n$$

noch (s. **3**, I, 4)

$$-y_n \leqq -s' \leqq -x_n,$$

so daß nach **3**, I, 2 und **3**, II, 5 stets

$$-d_n \leqq s - s' \leqq d_n \quad \text{oder} \quad |s - s'| \leqq d_n$$

wäre. Wählen wir also $\varepsilon = |s - s'|$, so wäre *niemals*, also auch von *keiner* Stelle n_0 ab, $d_n < \varepsilon$, — was der Voraussetzung, (d_n) sei eine Nullfolge, widerspricht. Die Annahme, daß **zwei** verschiedene Punkte *allen* Intervallen angehören, ist also unzulässig, — w. z. b. w.[2].

Bemerkungen und Beispiele.

1. Es sei $x_n = \frac{n-1}{n}$, $y_n = \frac{n+1}{n}$; also $J_n = \frac{n-1}{n} \ldots \frac{n+1}{n}$, $d_n = \frac{2}{n}$. Man überzeugt sich sofort, daß hier wirklich eine Intervallschachtelung vorliegt, da ja stets $x_n < x_{n+1} < y_{n+1} < y_n$ und da für $n > \frac{2}{\varepsilon}$ auch stets $d_n < \varepsilon$ bleibt, wie auch $\varepsilon > 0$ gewählt wird.

Die Zahl $s = 1$ gehört hier allen J_n an, da stets $\frac{n-1}{n} < 1 < \frac{n+1}{n}$ ist. Neben 1 kann also keine zweite (rationale) Zahl *allen* Intervallen angehören.

2. (J_n) sei folgendermaßen definiert[3]: J_0 sei die Strecke $0 \ldots 1$, J_1 davon die *linke* Hälfte, J_2 die *rechte* Hälfte von J_1, J_3 wieder die *linke* Hälfte von J_2 usw. Diese Intervalle sind offenbar ineinander geschachtelt, und da J_n die Länge $d_n = \frac{1}{2^n}$ hat und da diese Zahlen eine Nullfolge bilden, so liegt eine Intervall-

[1] Für später merken wir hier gleich an, daß dieser Satz und sein Beweis auch für den Fall unverändert gültig bleibt, wenn die auftretenden Zahlen beliebige reelle Zahlen sind.

[2] Anschaulich gesprochen sagt der Beweis: Wenn s und s' *allen* Intervallen angehören, so ist die Länge *aller* Intervalle mindestens gleich dem Abstande $|s - s'|$ von s und s' (s. **3**, II, 6); diese Längen können also keine Nullfolge bilden.

[3] Wir lassen den Index hier von 0 an laufen (vgl. **7**, 2).

schachtelung vor. Nach leichter Überlegung findet man, daß die Folge der x_n aus den Zahlen

$$0,\ \frac{1}{4},\ \frac{1}{4}+\frac{1}{16}=\frac{5}{16},\ \frac{1}{4}+\frac{1}{16}+\frac{1}{64}=\frac{21}{64},\ \ldots$$

besteht, deren jede *zweimal* hintereinander genommen werden muß, und daß die Folge der y_n mit 1 beginnt und dann aus den je *zweimal* hintereinander zu nehmenden Zahlen

$$1-\frac{1}{2}=\frac{1}{2},\ 1-\frac{1}{2}-\frac{1}{8}=\frac{3}{8},\ 1-\frac{1}{2}-\frac{1}{8}-\frac{1}{32}=\frac{11}{32},\ \ldots$$

besteht. Da nun

$$\frac{1}{4}+\frac{1}{16}+\frac{1}{64}+\cdots+\frac{1}{4^k}=\frac{1}{3}\left(1-\frac{1}{4^k}\right)<\frac{1}{3}$$

und

$$1-\frac{1}{2}-\frac{1}{8}-\cdots-\frac{1}{2\cdot 4^{k-1}}=\frac{1}{3}\left(1+\frac{2}{4^k}\right)>\frac{1}{3}$$

ist[1], so ist für jedes n stets $x_n < \frac{1}{3} < y_n$ und also $s = \frac{1}{3}$ die *einzige* Zahl, die allen diesen Intervallen angehört. Durch (J_n) wird hier also die Zahl $\frac{1}{3}$ „erfaßt" oder „bestimmt", (J_n) schrumpft auf die Zahl $\frac{1}{3}$ zusammen.

3. Wenn eine Intervallschachtelung (J_n) vorliegt und eine Zahl s bekannt geworden ist, die allen J_n angehört, so ist diese Zahl s durch (J_n) nach unserem Satze *völlig eindeutig* bestimmt. Wir sagen daher schärfer: die Schachtelung (J_n) *definiere oder erfasse die Zahl* s, oder s sei der durch die Schachtelung *gegebene* Wert; oder auch: s sei der *innerste Punkt* aller Intervalle.

4. Ist s irgendeine gegebene rationale Zahl, und setzt man für $n = 1, 2, \ldots$ $x_n = s - \frac{1}{n}$ und $y_n = s + \frac{1}{n}$, so ist $(x_n \mid y_n)$ ersichtlich eine Intervallschachtelung, durch die die Zahl s selbst erfaßt wird. Aber auch wenn *stets* $x_n = s$ *und* $y_n = s$ gesetzt wird, ist $(x_n \mid y_n)$ eine Schachtelung, durch die die Zahl s erfaßt wird. — Man kann hiernach also in der mannigfachsten Art eine Intervallschachtelung bilden, die eine *gegebene* Zahl definiert. —

Unser Satz erledigt nun aber sozusagen nur die eine Hälfte unserer oben ausgesprochenen Vermutung: Wenn überhaupt eine rationale Zahl s allen Intervallen einer Schachtelung angehört, so gibt es neben ihr keine zweite, sie ist vielmehr durch die Schachtelung *eindeutig* erfaßt.

Die andere Hälfte der Vermutung aber, daß es nämlich auch immer eine (rationale) Zahl s gebe, die allen Intervallen einer Schachtelung angehört, diese Vermutung ist *irrig* — und gerade dies wird uns der Anlaß zur Erweiterung des Systems der rationalen Zahlen werden.

---

[1] Für *irgend* zwei Zahlen a und b und *jede* natürliche Zahl k gilt bekanntlich die Formel

$$a^k - b^k = (a-b)\,(a^{k-1} + a^{k-2}b + \cdots + a\,b^{k-2} + b^{k-1}),$$

woraus speziell die für $a \neq 1$ gültigen Formeln

$$1 + a + \cdots + a^{k-1} = \frac{1-a^k}{1-a} \quad \text{und} \quad a + a^2 + \cdots + a^k = \frac{1-a^k}{1-a}\cdot a$$

folgen.

Das zeigt folgendes Beispiel: Ist wie oben S. 21 $x_1 = 1{,}4$; $x_2 = 1{,}41$; ...; $y_1 = 1{,}5$; $y_2 = 1{,}42$; ..., so gibt es *keine rationale Zahl* s, für die stets $x_n \leqq s \leqq y_n$ wäre. Setzen wir nämlich

$$x'_n = x_n^2 \quad \text{und} \quad y'_n = y_n^2,$$

so bilden auch die Intervalle $J'_n = x'_n \ldots y'_n$ eine Schachtelung[1]. Nun war aber stets $x'_n = x_n^2 < 2$ und $y'_n = y_n^2 > 2$ (denn so waren ja die Dezimalbrüche x_n und y_n gewählt), also $x'_n < 2 < y'_n$. Ebenso folgte aus $x_n \leqq s \leqq y_n$ durch (nach **3**, I, 3 erlaubtes) Quadrieren, daß stets $x'_n \leqq s^2 \leqq y'_n$ sein müßte. Nach unserm Satz **12** müßte also $s^2 = 2$ sein, was aber nach dem Beweis S. 12, Fußnote 2, unmöglich ist. Es gibt also hier sicher keine (rationale) Zahl, die *allen* Intervallen angehört.

Was in solchem Falle nun zu tun ist, wollen wir im folgenden Paragraphen untersuchen.

§ 3. Die irrationalen Zahlen.

Mit der Tatsache, daß es keine rationale Zahl gibt, deren Quadrat $= 2$ ist, daß also zur Lösung der Aufgabe $x^2 = 2$ das System der rationalen Zahlen zu lückenhaft, zu unvollkommen ist, müssen wir uns abfinden. Aber nicht nur in diesem einen Falle, sondern zur Lösung sehr vieler anderer Aufgaben erweisen sich die rationalen Zahlen als ein unzureichendes Material. Fast alle die Werte, die wir durch $\sqrt[p]{n}$, durch $\log n$, $\sin \alpha$, $\operatorname{tg} \alpha$ usw. zu bezeichnen pflegen, sind im System der rationalen Zahlen nicht vorhanden und können daher ebensowenig glatt hingeschrieben, ebensowenig unmittelbar „erfaßt" oder „ziffernmäßig gegeben" werden wie $\sqrt{2}$. Das Material ist zu grob für diese feineren Zwecke.

Die Betrachtungen des vorigen Paragraphen geben uns nun einen Fingerzeig, wie wir uns ein geeigneteres Material schaffen können: Auf der einen Seite sahen wir nämlich, daß hinter dem Gefühl, wir kennten $\sqrt{2}$, im wesentlichen nur die Kenntnis eines Verfahrens lag, eine ganz bestimmte Intervallschachtelung anzugeben, für deren Konstruktion natürlich die Lösung der Aufgabe $x^2 = 2$ die Veranlassung gab[2]. Auf der andern Seite sahen wir, daß, wenn eine Intervallschach-

---

[1] Denn aus $x_n \leqq x_{n+1} < y_{n+1} \leqq y_n$ folgt — da alles positiv ist — nach **3**, I, 3 durch Quadrieren, daß auch $x'_n \leqq x'_{n+1} < y'_{n+1} \leqq y'_n$ ist; und weiter ist $y'_n - x'_n = (y_n + x_n)(y_n - x_n)$, also, da die x_n und y_n für alle n stets < 2 sind: $y'_n - x'_n < \frac{4}{10^n}$, also $< \varepsilon$, sobald $\frac{1}{10^n} < \frac{\varepsilon}{4}$ ist, was nach **10**, 8 von einem gewissen n_0 ab sicher der Fall ist.

[2] Der Kern dieses Verfahrens ist doch dieser: Man stellt fest, daß $1^2 < 2$, $2^2 > 2$ ist und setzt demgemäß $x_0 = 1$, $y_0 = 2$. Man teilt nun das Intervall $J_0 = x_0 \ldots y_0$ in 10 gleiche Teile und prüft für die neuen Teilpunkte $1 + \frac{k}{10}$, ($k = 1, 2, \ldots, 9$), ob ihr Quadrat < 2 oder > 2 ist. Man findet, daß $k = 1, 2, 3, 4$ ein zu kleines, $k = 5, 6, \ldots, 9$ ein zu großes Quadrat liefern, und setzt demgemäß $x_1 = 1{,}4$ und $y_1 = 1{,}5$. Das Intervall $J_1 = x_1 \ldots y_1$ teilt man wieder in 10 gleiche

telung (J_n) überhaupt eine angebbare (d. h. also immer noch: *rationale*) Zahl s enthält, diese Zahl s völlig eindeutig durch die Schachtelung bestimmt ist, so eindeutig, daß es eigentlich ganz gleichgültig ist, ob ich die Zahl s direkt gebe (hinschreibe, nenne), oder ob ich statt ihrer die Schachtelung (J_n) angebe — mit dem stillschweigenden Zusatz, daß ich mit der letzteren eben die dadurch eindeutig eingespannte oder definierte Zahl s meine. In diesem Sinne leisten beide Angaben (beide Zeichen) ganz dasselbe, beide können gewissermaßen als gleich angesehen werden[1], so daß wir also geradezu

$$(J_n) = s \quad \text{oder} \quad (x_n \mid y_n) = s$$

schreiben können. Und demgemäß werden wir nicht nur sagen: „Die Schachtelung (J_n) bestimmt die Zahl s“, sondern: „(J_n) ist nur *ein anderes Zeichen* für die Zahl s“, oder schließlich: „(J_n) ist die Zahl s“, — genau wie wir in dem Dezimalbruch 0,333 . . . nur ein anderes Zeichen für die Zahl $\frac{1}{3}$ oder eben die Zahl $\frac{1}{3}$ selbst zu sehen gewöhnt sind.

Es ist nun außerordentlich naheliegend, auch bei denjenigen Intervallschachtelungen, die *keine* rationale Zahl s enthalten, ***versuchsweise** eine ähnliche Ausdrucksweise einzuführen*. Bedeuten also z. B. x_n und y_n die vorhin im Anschluß an die Aufgabe $x^2 = 2$ konstruierten Zahlen, so könnte man sich — da es doch im System der rationalen Zahlen keine einzige Zahl gibt, deren Quadrat $= 2$ ist — nun entschließen zu sagen, diese Schachtelung $(x_n \mid y_n)$ bestimme den „wahren“, nur eben mit Hilfe der rationalen Zahlen nicht bezeichenbaren „Wert von $\sqrt{2}$“, sie spanne unzweideutig diese Zahl ein, also schließlich: „sie sei ein neu geschaffenes Zeichen für diese Zahl“ oder kurz: „sie sei diese Zahl selbst“. Und entsprechend in jedem andern Falle. Ist $(J_n) = (x_n \mid y_n)$ irgendeine Schachtelung, und gibt es keine rationale Zahl s, die allen ihren Intervallen angehört, so könnte man sich doch entschließen zu sagen, diese Schachtelung erfasse einen ganz bestimmten — nur eben mit Hilfe der rationalen Zahlen nicht unmittel-

---

Teile, stellt die entsprechende Prüfung für die 9 neuen Teilpunkte an usw. Das bekannte Verfahren, $\sqrt{2}$ auszuziehen, soll lediglich die jedesmalige Prüfung zu einer möglichst mechanischen machen. — Ebenso führt z. B. die Aufgabe $10^x = 2$ (also die Bestimmung des Briggschen log 2) auf folgende Schachtelung: Da $10^0 < 2$, $10^1 > 2$, so setzt man hier $x_0 = 0$, $y_0 = 1$ und teilt $J_0 = x_0 \ldots y_0$ in 10 gleiche Teile. Für die Teilpunkte $\frac{k}{10}$ prüft man nun, ob $10^k < 2^{10}$ oder $> 2^{10}$ ist. Auf Grund dieser Prüfung wird man $x_1 = 0{,}3$, $y_1 = 0{,}4$ setzen. Das Intervall $J_1 = x_1 \ldots y_1$ teilt man erneut in 10 gleiche Teile, stellt die entsprechende Prüfung für die Teilpunkte $\frac{3}{10} + \frac{k}{100}$ an, wird auf Grund derselben $x_2 = 0{,}30$ und $y_2 = 0{,}31$ setzen usw. — Dieses naheliegende Verfahren ist für die praktische Berechnung natürlich viel zu mühsam.

[1] Die Berechtigung hierzu wird durch die Sätze **14** bis **19** gegeben.

bar bezeichenbaren — *Wert*, sie definiere eine zwar ganz bestimmte, aber im System der rationalen Zahlen leider nicht vorhandene ***Zahl***, sie sei ein neu geschaffenes ***Zeichen*** für diese Zahl, oder kurz: sie ***sei diese Zahl*** selbst, — die dann im Gegensatz zu den rationalen eine *irrationale Zahl* genannt werden müßte.

Da erhebt sich nun allerdings die Frage: ***Geht denn das ohne weiteres an? Darf man das tun?*** Darf man diese neuartigen Symbole, also die Intervallschachtelungen $(x_n | y_n)$, ohne weiteres als ***Zahlen*** bezeichnen? Die folgenden Betrachtungen sollen zeigen, daß dem keinerlei Bedenken entgegenstehen.

Zunächst läßt uns die Veranschaulichung dieser Dinge auf der Zahlengeraden (s. Fig. 1) unsern Entschluß als durchaus berechtigt er-

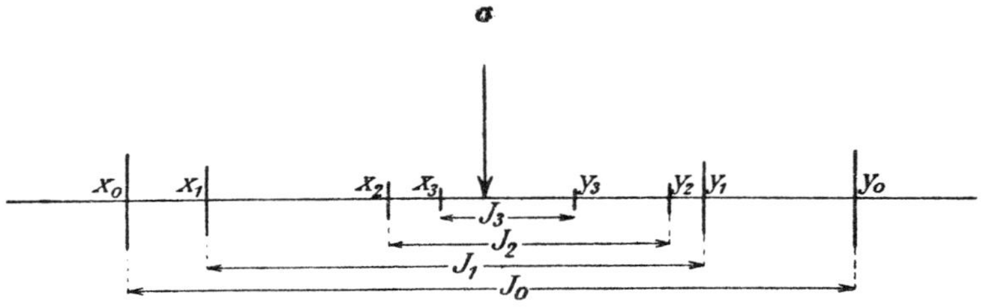

Fig. 1.

scheinen. Wenn wir durch irgendeine Konstruktion auf der Zahlengeraden einen Punkt P markiert haben (z. B. indem wir von O nach rechts die Diagonale des Quadrates mit der Seite OE abtragen), so kann man auf mannigfache Art eine Intervallschachtelung angeben, die den Punkt P erfaßt; z. B. so: Man denke sich zunächst die sämtlichen ganzen Zahlen $\gtrless 0$ markiert. Unter ihnen wird es genau eine geben, sie heiße p, so daß P auf der Strecke von p ***einschließlich*** bis $(p + 1)$ ***ausschließlich*** liegt. Wir setzen demgemäß $x_0 = p$, $y_0 = p + 1$ und teilen das Intervall $J_0 = x_0 \ldots y_0$ in 10 gleiche Teile[1]. Die Teilpunkte sind $p + \frac{k}{10}$ (mit $k = 0, 1, 2, \ldots, 10$), und unter ihnen muß es wieder genau einen geben, etwa $p + \frac{k_1}{10}$, so daß P zwischen $x_1 = p + \frac{k_1}{10}$ einschließlich und $y_1 = p + \frac{k_1 + 1}{10}$ ausschließlich gelegen ist. Das Intervall $J_1 = x_1 \ldots y_1$ teilen wir erneut in 10 gleiche Teile usw. Denken wir uns dieses Verfahren ohne Ende fortgesetzt, so erhalten wir eine ganz bestimmte Schachtelung (J_n), deren sämtliche Intervalle J_n den Punkt P enthalten. *Außer P kann auch kein zweiter Punkt P'*

[1] Statt 10 kann man natürlich auch irgendeine andere natürliche Zahl $\geqq 2$ nehmen. Genaueres darüber s. § 5.

in allen Intervallen J_n gelegen sein. Denn dann müßten ja alle Intervalle die ganze Strecke PP' enthalten; das ist aber unmöglich, da die Längen der Intervalle $\left(J_n \text{ hat die Länge } \frac{1}{10^n}\right)$ eine Nullfolge bilden.

Zu jedem willkürlich auf der Zahlengeraden gegebenen Punkt P (mag es ein rationaler Punkt sein oder nicht) gibt es also — offenbar sogar viele verschiedene — Intervallschachtelungen, die diesen Punkt und keinen andern enthalten. Und hier — d. h. bei der geometrischen Veranschaulichung auf der Zahlengeraden — erscheint uns auch das Umgekehrte durchaus plausibel: Wenn wir *irgendeine* Schachtelung haben, so scheint es *immer* einen (und also nach dem eben gegebenen Beweise auch nur diesen einen) Punkt zu geben, der allen Intervallen derselben angehört, der also durch sie bestimmt wird. Wir glauben dies jedenfalls aus unserer *Vorstellung von der Lückenlosigkeit der Geraden* unmittelbar erschließen zu können[1].

Hier bei der geometrischen Veranschaulichung hätten wir also völlige Gegenseitigkeit: Jeder Punkt läßt sich durch eine passende Intervallschachtelung erfassen, und jede Schachtelung erfaßt immer genau einen Punkt. Das gibt uns Vertrauen in die Zweckmäßigkeit unseres Entschlusses, die Intervallschachtelungen als *Zahlen* aufzufassen, den wir nun in der folgenden Definition präzisieren:

Definition. *Wir wollen von jeder Intervallschachtelung* (J_n) *oder* $(x_n \mid y_n)$ *sagen, sie* ***definiere****, oder kurz:* ***sie sei*** *eine wohlbestimmte Zahl. Zur Bezeichnung derselben gebrauchen wir das Zeichen der Intervallschachtelung selbst, und nur zur Abkürzung ersetzen wir es durch einen kleinen griechischen Buchstaben und schreiben in diesem Sinne etwa*[2] **13.**

$$(J_n) \quad \text{oder} \quad (x_n \mid y_n) = \sigma .$$

Dies erscheint nun trotz allem als ein sehr eigenmächtiger und willkürlicher Schritt, und wir müssen nachdrücklichst die oben aufgeworfene Frage wiederholen: *Geht das ohne weiteres an?* Dürfen wir denn ohne weiteres die eben definierten rein begrifflichen Dinge — nämlich die Intervallschachtelungen (bzw. das durch eine solche erfaßte oder eingespannte, noch durchaus fragwürdige Etwas) — als *Zahlen* ansprechen? *Sind* es denn Zahlen in demselben Sinne wie die rationalen Zahlen — oder präziser: in dem Sinne, wie wir den Zahlbegriff durch die Bedingungen **4** festgelegt haben?

---

[1] Der Satz, der diese Tatsache der „Lückenlosigkeit der Geraden" ausdrücklich *postuliert* — denn nach einem *Beweis* darf man hier nicht fragen, da es sich ja lediglich um eine *Beschreibung der Form unserer Anschauung* von der geraden Linie handelt — heißt das CANTOR-DEDEKINDsche **Axiom.**

[2] D. h. σ ist eine abkürzende Bezeichnung für die Intervallschachtelung (J_n) oder $(x_n \mid y_n)$.

Die Antwort kann einzig darin bestehen, daß wir entscheiden, ob die *Gesamtheit aller nur denkbaren Intervallschachtelungen* bzw. der dafür eingeführten Symbole (J_n) oder $(x_n | y_n)$ oder σ *ein System von Dingen* bildet, das den genannten Bedingungen **4** genügt[1], dessen Elemente also — so können wir diese Bedingungen kurz rekapitulieren — aus den rationalen Zahlen abgeleitet sind und 1. sich ordnen, 2. sich nach vier Spezies verknüpfen lassen, hierbei den Grundgesetzen **1** und **2**, I—IV gehorchen, deren System 3. ein zu den rationalen Zahlen ähnliches und isomorphes Teilsystem enthält und 4. das Postulat des Eudoxus erfüllt.

Erst wenn diese Entscheidung im günstigen Sinne ausgefallen ist, wäre alles in Ordnung; denn dann hätten unsere neuen Zeichen ihren Zahlencharakter bewiesen; es wäre festgestellt: ***es sind Zahlen,*** **deren Gesamtheit wir dann als** ***das System*** **oder** ***den Körper der reellen Zahlen*** **bezeichnen werden.**

Die genannte Entscheidung bietet nun nicht die geringsten Schwierigkeiten, und wir können uns daher bei der Ausführung der Einzelheiten kurz fassen:

Die Intervallschachtelungen — also unsere neuen Zeichen $(x_n | y_n)$ — sind jedenfalls nur mit Hilfe der rationalen Zahlenzeichen aufgebaut, und es bedarf also nur der Erledigung der Punkte **4**, 1—4. Hierbei werden wir folgendermaßen zu Werke gehen: Gewisse unter den Schachtelungen definieren eine rationale Zahl[2], also etwas, dessen Bedeutung und dessen Verknüpfungsarten schon festgelegt sind. Man nehme nun zwei solche rationalwertige Schachtelungen, etwa $(x_n | y_n) = s$ und $(x'_n | y'_n) = s'$. Dann können wir an den rationalen Zahlzeichen s und s' sofort feststellen, ob $s <, =$ oder $> s'$ ist, und können sie auch mit Hilfe der vier Spezies miteinander verknüpfen. Man hat nun lediglich zu versuchen, dasselbe direkt an den Schachtelungen für s und s' selbst zu erkennen bzw. vorzunehmen, und endlich das Ergebnis auf die *Gesamtheit aller Schachtelungen* zu übertragen. Ein bei den rationalwertigen Schachtelungen *beweisbarer Satz* (A) wird uns also jedesmal Veranlassung zu einer entsprechenden *Definition* (B) sein. Wir stellen diese Paare je eines Satzes (A) und einer Definition (B) zunächst kurz zusammen[3]:

14. **Gleichheit: A. Satz.** *Sind* $(x_n | y_n) = s$ *und* $(x'_n | y'_n) = s'$ *zwei rationalwertige Intervallschachtelungen, so ist dann und nur dann* $s = s'$, *wenn neben*

$$x_n \leqq y_n \qquad \textit{und} \qquad x'_n \leqq y'_n$$

---

[1] Man lese daraufhin diese Bedingungen nun noch einmal durch!

[2] Wir wollen solche Schachtelungen kurz als *rationalwertig* bezeichnen.

[3] Man deute sich jedesmal den Inhalt von Satz und Definition auf der Zahlengeraden.

auch stets

$$x_n \leqq y'_n \quad \textit{und stets} \quad x'_n \leqq y_n$$

ist[1].

Auf diesen Satz gründen wir nun die

B. Definition. *Zwei beliebige Intervallschachtelungen* $\sigma = (x_n | y_n)$ *und* $\sigma' = (x'_n | y'_n)$ *sollen dann und nur dann einander gleich heißen, wenn*

$$\textit{stets } x_n \leqq y'_n \quad \textit{und stets} \quad x'_n \leqq y_n$$

ist.

Bemerkungen und Beispiele.

1. Die Zahlen x_n und x'_n einerseits und die Zahlen y_n und y'_n andererseits brauchen natürlich gar nichts miteinander zu tun zu haben. Es ist das nicht verwunderlicher, als daß äußerlich so ganz verschiedene rationale Zahlen wie $\frac{3}{8}$, $\frac{21}{56}$ und 0,375 als „gleich" angesprochen werden. Die *Gleichheit* ist eben etwas, was nicht a priori feststeht, sondern was definitionsweise festgelegt werden muß, und was mit einer — rein äußerlich aufgefaßten — starken Verschiedenheit durchaus verträglich ist.

2. Die Schachtelung $\left(\frac{n-1}{3n} \middle| \frac{n+1}{3n}\right)$ und die Schachtelung **12**, 2 sind nach unserer jetzigen Definition einander gleich.

3. Nach **14** ist z. B. $\left(s - \frac{1}{n} \middle| s + \frac{1}{n}\right) = s = (s | s)$, wenn das letztere Zeichen eine Schachtelung bedeutet, bei der *alle* linken und *alle* rechten Intervallenden $= s$ sind. Speziell ist $\left(-\frac{1}{n} \middle| +\frac{1}{n}\right) = (0 | 0) = 0$.

---

[1] Auf die sehr einfachen Beweise der Sätze **14** bis **19** wollen wir aus den allgemeinen, S. 2 dargelegten Gründen nicht eingehen. Sie werden dem Leser, sobald er die Gegenstände des II. Kapitels beherrscht, nicht die geringsten Schwierigkeiten machen, während sie jetzt befremdlich wirken würden; sie sollen uns überdies in dem dortigen Kapitel als Übungsaufgaben dienen. Nur als Stichprobe und Anleitung für die späteren Aufgaben wollen wir hier den Satz **14** beweisen.

a) Wenn $s = s'$ ist, so ist neben $x_n \leqq s \leqq y_n$ auch stets $x'_n \leqq s \leqq y'_n$, woraus sofort folgt, daß auch stets $x_n \leqq y'_n$ und stets $x'_n \leqq y_n$ sein muß.

b) Wenn umgekehrt stets $x_n \leqq y'_n$ ist, so muß auch $s \leqq s'$ sein. Denn wäre $s > s'$, also $s - s' > 0$, so könnte man, da $(y_n - x_n)$ eine Nullfolge ist, einen Index p so wählen, daß

$$y_p - x_p < s - s' \quad \text{oder} \quad x_p - s' > y_p - s$$

ist. Da aber sicher $s \leqq y_p$ ist, so müßte auch $x_p - s' > 0$ sein. Daher könnte man weiter einen Index r so wählen, daß

$$y'_r - x'_r < x_p - s'$$

ist. Wegen $x'_r \leqq s'$ müßte hiernach auch $y'_r < x_p$ sein. Wählt man nun eine natürliche Zahl m, von der sowohl p als r übertroffen werden, so wäre mit Rücksicht auf das Steigen und Fallen unserer Zahlenfolgen erst recht $y'_m < x_m$, entgegen der Voraussetzung, daß *stets* $x_n \leqq y'_n$ sein sollte. Es muß also wirklich $s \leqq s'$ sein.

Vertauscht man bei dem ganzen Beweise die gestrichenen und die ungestrichenen Größen, so ergibt sich ebenso: Wenn *stets* $x'_n \leqq y_n$ ist, so muß $s' \leqq s$ sein. — Ist also stets sowohl $x_n \leqq y'_n$ als auch $x'_n \leqq y_n$, so muß $s = s'$ sein, — w. z. b. w.

4. Es muß nun noch festgestellt werden — was aber so einfach ist, daß wir nicht weiter darauf eingehen —, daß (vgl. die Fußnote der vorigen Seite) auf Grund dieser Definition a) stets $\sigma = \sigma$ ist[1], b) aus $\sigma = \sigma'$ stets $\sigma' = \sigma$ und c) aus $\sigma = \sigma'$, $\sigma' = \sigma''$ stets $\sigma = \sigma''$ folgt.

15. Ungleichheit: A. Satz. *Sind $(x_n | y_n) = s$ und $(x'_n | y'_n) = s'$ zwei rationalwertige Intervallschachtelungen, so ist dann und nur dann $s < s'$, wenn*

$$\textit{zwar stets} \quad x_n \leqq y'_n, \quad \textit{aber nicht stets} \quad x'_n \leqq y_n,$$

sondern für mindestens eine natürliche Zahl m also $y_m < x'_m$ ist.

B. Definition. *Sind $\sigma = (x_n | y_n)$ und $\sigma' = (x'_n | y'_n)$ zwei beliebige Intervallschachtelungen, so soll dann und nur dann $\sigma < \sigma'$ heißen, wenn*

$$\textit{zwar stets} \quad x_n \leqq y'_n, \quad \textit{aber nicht stets} \quad x'_n \leqq y_n,$$

sondern für mindestens eine natürliche Zahl m also $y_m < x'_m$ ist.

Bemerkungen und Beispiele.

1. Nach Def. **14** und **15** ist nun ersichtlich die Gesamtheit aller nur denkbaren Intervallschachtelungen *geordnet.* Denn zwischen irgend zweien von ihnen, etwa σ und σ', besteht entweder Gleichheit, oder es ist mindestens einmal $y_p < x'_p$ — und dann ist $\sigma < \sigma'$, oder mindestens einmal $y'_r < x_r$ — und dann ist $\sigma' < \sigma$ zu nennen. Die beiden letzten Fälle können auch nicht zugleich eintreten, da dann, wenn m größer als r und p ist, um so mehr $y'_m < x'_m$ sein müßte, was doch keinesfalls möglich ist. Es besteht also zwischen σ und σ' tatsächlich immer eine und nur eine der drei Beziehungen

$$\sigma < \sigma', \quad \sigma = \sigma', \quad \sigma' < \sigma;$$

die Gesamtheit unserer neuen Zeichen ist also durch **14** und **15** *geordnet.*

2. Auch hier müßte nun in allen Einzelheiten festgestellt werden, daß die reinen Anordnungssätze **1** bei der eingeführten Definition der Gleichheit und Ungleichheit gültig bleiben. Das bietet nach dem Muster des Beweises in der Fußnote zu Satz **14** so wenig prinzipielle Schwierigkeiten, daß wir darauf nicht weiter eingehen: *Die Anordnungssätze bleiben tatsächlich alle gültig.*

3. Auf Grund von **14** und **15** ist nun auch für jedes n

$$x_n \leqq \sigma \leqq y_n.$$

Was heißt dies? Es bedeutet, daß jede der rationalen Zahlen x_n gemäß **14** und **15** nicht größer als die Intervallschachtelung $\sigma = (x_n | y_n)$ ist. Oder: Greift man eine spezielle der Zahlen x_n, etwa x_p, heraus und bezeichnet sie kurz mit x, so kann (s. **14**, Bem. 3)

$$(x_p =) \quad x = \left(x - \frac{1}{n} \,\middle|\, x + \frac{1}{n}\right) \quad \text{oder} \quad = (x | x)$$

gesetzt werden, und unsere Behauptung lautet dann:

$$(x | x) \leqq (x_n | y_n).$$

---

[1] Hier erkennt man nun, daß dieses „Gesetz" keineswegs trivial ist: Es muß eben erst gezeigt werden, daß auf Grund der *Definition* der Gleichheit tatsächlich jede Intervallschachtelung sich selber „gleich" ist, d. h. daß die Bedingungen jener Definition erfüllt sind, wenn für die zu vergleichenden Intervallschachtelungen beidemal *dieselbe* Schachtelung genommen wird.

Wäre das aber nicht der Fall, so wäre für mindestens einen Index r

$$y_r < x, \quad \text{d. h.} \quad y_r < x_p,$$

was dann für ein m oberhalb r und p um so mehr

$$y_m < x_m$$

zur Folge hätte. Das ist aber sicher nicht der Fall. Ebenso findet man, daß stets $\sigma \leqq y_n$ ist. *Hiernach ist also σ für jedes n als zwischen x_n und y_n oder also als im Intervall J_n gelegen anzusehen.* Und daß es neben σ keine davon verschiedene Zahl σ' geben kann, die die gleiche Eigenschaft besäße, läßt sich nun auch leicht zeigen. Gäbe es nämlich eine Schachtelung $\sigma' = (x'_n \mid y'_n)$, so daß für jeden bestimmten Index p gleichfalls $x_p \leqq \sigma' \leqq y_p$ wäre, so besagte die linke Hälfte hiervon genauer (vgl. 3), daß $(x_p \mid x_p) \leqq (x'_n \mid y'_n)$ und nach **14** und **15** also $x_p \leqq y'_n$ für jedes n erfüllt ist. Da dies insbesondere für $n = p$ richtig sein muß, so ist für jedes p also $x_p \leqq y'_p$, was nach **14** und **15** bedeutet, daß $\sigma \leqq \sigma'$ sein muß. Ebenso bedeutet die rechte Hälfte, daß $\sigma' \leqq \sigma$ sein muß. Es ist also notwendig $\sigma' = \sigma$, w. z. b. w.

4. Nach **15** ist dann und nur dann $\sigma > 0$, also *positiv* zu nennen, wenn $(x_n \mid y_n) > (0 \mid 0)$, wenn also für einen passenden Index p einmal $x_p > 0$ ist. Dann ist aber, da die x_n ansteigen, erst recht für alle $n > p$ stets $x_n > 0$. Wir können also sagen: $\sigma = (x_n \mid y_n)$ ist dann und nur dann *positiv*, wenn von einem gewissen Index an *alle* Intervallenden positiv sind. — Genau Entsprechendes gilt natürlich für $\sigma < 0$.

5. Ist aber $\sigma > 0$ und etwa für alle $n \geqq p$ stets $x_n > 0$, so kann man eine neue Intervallschachtelung $(x'_n \mid y'_n) = \sigma'$ bilden, indem man $x'_1 = x'_2 = \cdots = x'_{p-1}$ sämtlich $= x_p$ setzt, sonst aber alle x' und y' den entsprechenden Größen x und y gleich macht. Nach **14** ist offenbar $\sigma = \sigma'$, und wir können sagen: Ist σ positiv, so gibt es stets „gleiche" Intervallschachtelungen, bei denen *alle* Intervallenden positiv sind. Genau Entsprechendes gilt für $\sigma < 0$.

In bezug auf die Ordnungsfähigkeit hätten also unsere Intervallschachtelungen durchaus ihren Zahlencharakter bewährt. Nicht schwerer ist dies bezüglich der Verknüpfungsmöglichkeiten festzustellen.

Addition: A. Satz[1]. *Sind $(x_n \mid y_n)$ und $(x'_n \mid y'_n)$ zwei beliebige Intervallschachtelungen, so ist auch $(x_n + x'_n \mid y_n + y'_n)$ eine solche; und sind die ersten beiden rationalwertig und $= s$ bzw. $= s'$, so ist es auch die dritte, und diese bestimmt die Zahl $s + s'$.* **16.**

B. Definition. *Sind $(x_n \mid y_n) = \sigma$ und $(x'_n \mid y'_n) = \sigma'$ zwei beliebige Intervallschachtelungen, und bezeichnet man die daraus abgeleitete Schachtelung $(x_n + x'_n \mid y_n + y'_n)$ mit σ'', so sagt man, es sei*

$$\sigma'' = \sigma + \sigma',$$

und nennt σ'' die ***Summe*** *von σ und σ'.*

Subtraktion: A. Satz. *Mit $(x_n \mid y_n)$ ist auch $(-y_n \mid -x_n)$ eine Intervallschachtelung; und ist die erste rationalwertig und $= s$, so ist es auch die zweite, und diese bestimmt die Zahl $-s$.* **17.**

[1] Bezüglich des Beweises vgl. die Fußnote auf S. 29.

B. Definition. *Ist* $\sigma = (x_n | y_n)$ *eine beliebige Intervallschachtelung, so sagt man von der Schachtelung* $(-y_n | -x_n) = \sigma'$, *es sei*

$$\sigma' = -\sigma,$$

und nennt σ' *zu* σ ***entgegengesetzt.*** *— Unter der* ***Differenz*** *zweier Intervallschachtelungen versteht man dann die Summe der ersten und der zur zweiten entgegengesetzten.*

18. **Multiplikatiton: A. Satz.** *Sind* $(x_n | y_n)$ *und* $(x'_n | y'_n)$ *zwei beliebige positive Intervallschachtelungen und ersetzt man sie nötigenfalls (nach* **15**, 5) *durch zwei ihnen gleiche, bei denen* ***sämtliche*** *Intervallenden positiv (oder wenigstens nicht negativ) sind, so ist auch* $(x_n x'_n | y_n y'_n)$ *eine solche; und sind die beiden ersten rationalwertig und* $= s$ *bzw.* s', *so ist es auch die dritte, und diese bestimmt die Zahl* $s s'$.

B. Definition. *Sind* $(x_n | y_n) = \sigma$ *und* $(x'_n | y'_n) = \sigma'$ *zwei beliebige positive Intervallschachtelungen, bei denen* ***sämtliche*** *Intervallenden positiv sind — was nach* **15**, 5 *keine Einschränkung bedeutet — und bezeichnet man die daraus abgeleitete Schachtelung* $(x_n x'_n | y_n y'_n)$ *mit* σ'', *so sagt man, es sei*

$$\sigma'' = \sigma \cdot \sigma',$$

und nennt σ'' *das* ***Produkt*** *von* σ *und* σ'.

Die geringen Modifikationen, die an dieser Definition vorzunehmen sind, falls σ oder σ' oder beide negativ oder 0 sind, überlassen wir dem Leser und betrachten von jetzt ab das Produkt irgend zweier Intervallschachtelungen als definiert.

19. **Division: A. Satz.** *Ist* $(x_n | y_n)$ *eine positive Intervallschachtelung mit lauter positiven Intervallenden (vgl.* **15**, 5), *so ist auch* $\left(\frac{1}{y_n} \middle| \frac{1}{x_n}\right)$ *eine solche; und ist die erste rationalwertig und* $= s$, *so ist es auch die zweite, und diese bestimmt den Wert* $\frac{1}{s}$.

B. Definition. *Ist* $(x_n | y_n) = \sigma$ *eine beliebige positive Intervallschachtelung mit lauter positiven Intervallenden (vgl.* **15**, 5), *so sagt man von der Schachtelung* $\left(\frac{1}{y_n} \middle| \frac{1}{x_n}\right) = \sigma'$, *es sei*

$$\sigma' = \frac{1}{\sigma},$$

und nennt σ' *zu* σ ***reziprok.*** *— Unter dem Quotienten einer ersten durch eine zweite,* ***positive*** *Intervallschachtelung versteht man dann das Produkt der ersten mit der reziproken zur zweiten.*

Die geringen Modifikationen, die an dieser Definition vorzunehmen sind, falls σ bzw. die in den Nenner tretende Intervallschachtelung negativ ist, können wir wieder dem Leser überlassen und betrachten von jetzt ab den Quotienten irgend zweier Schachtelungen, deren zweite von 0 verschieden ist, als definiert. — Ist $(x_n \mid y_n) = \sigma = 0$, so kann man durch eine analoge Betrachtung nicht zu einer „reziproken" Schachtelung gelangen: *Die Division durch* 0 *bleibt auch hier unmöglich.*

Das Ergebnis der bisherigen Betrachtungen ist nun dieses:

Durch die *Definitionen* **14** bis **19** ist das System aller Intervallschachtelungen im Sinne von **4**, 1 geordnet, und im Sinne von **4**, 2 können seine Elemente nach den vier Spezies verknüpft werden. Auf Grund der jedesmal vorangestellten *Sätze* **14** bis **19** besitzt dies System außerdem *in der Gesamtheit aller rationalwertigen Intervallschachtelungen* ein Teilsystem, das im Sinne von **4**, 3 zum System der rationalen Zahlen ähnlich und isomorph ist. Wir haben nur noch zu zeigen, daß es auch das Postulat des Eudoxus erfüllt. Sind aber $(x_n \mid y_n) = \sigma$ und $(x'_n \mid y'_n) = \sigma'$ irgend zwei positive Intervallschachtelungen mit lauter positiven Intervallenden (vgl. **15**, 5), so seien x_m und y'_m zwei bestimmte dieser Enden. Dann besagt der Satz des Eudoxus, daß es eine natürliche Zahl p gibt, für die $p\,x_m > y'_m$ ist. Dann ist aber die nach **16** zu bildende Schachtelung $p\sigma$ gemäß **15** wirklich $> \sigma'$.

Es wäre nun lediglich in allen Einzelheiten noch festzustellen (vgl. **14**, 4 und **15**, 2), daß die durch **16** bis **19** definierten vier Spezies zwischen den Intervallschachtelungen den Grundgesetzen **2** gehorchen. Diese Feststellung macht wieder nicht die geringsten Schwierigkeiten, und wir wollen uns daher der Mühe der Ausführung entheben[1]. *Die Grundgesetze der Arithmetik und damit der ganze im System der rationalen Zahlen gültige Rechenapparat bleiben tatsächlich in Gültigkeit.*

Damit aber haben sich die Intervallschachtelungen nun in jeder Beziehung im Sinne von **4** als *Zahlen* bewährt: Das System aller Intervallschachtelungen ist *ein Zahlensystem,* die Schachtelungen selbst *sind Zahlen*[2].

---

[1] Bezüglich der Addition z. B. wäre zu zeigen:

a) Die Addition ist stets ausführbar. (Das folgt unmittelbar aus der Definition.)

b) Die Addition ist eindeutig; d. h. aus $\sigma = \sigma'$, $\tau = \tau'$ (im Sinne von **14**) folgt $\sigma + \tau = \sigma' + \tau'$, — wenn die Summen nach **16** gebildet werden und die Prüfung der Gleichheit wieder nach **14** geschieht. In entsprechendem Sinne wäre weiter zu zeigen:

c) Es ist stets $\sigma + \tau = \tau + \sigma$.

d) Es ist stets $(\varrho + \sigma) + \tau = \varrho + (\sigma + \tau)$.

e) Aus $\sigma < \sigma'$ folgt stets $\sigma + \tau < \sigma' + \tau$. — Und ähnlich bei den drei anderen Verknüpfungen.

[2] Ob man, wie wir es tun, die Intervallschachtelungen $\sigma = (x_n \mid y_n) = (J_n)$ selbst als Zahlen anspricht, oder ob man sich ein hypothetisches Ding eingeführt denkt, das allen Intervallen J_n angehört (vgl. **15**, 3), und das erst im eigentlichen Sinne die durch die Schachtelung erfaßte Zahl und somit das allen „gleichen" Schachtelungen *Gemeinsame* sei, ist schließlich belanglos und reine Geschmackssache. — Die Gleichung $\sigma = (x_n \mid y_n)$ dürfen wir (vgl. S. 27, Fußn. 2) von nun

Dieses System bezeichnen wir fortan als *das System der reellen Zahlen.* Es ist im Sinne der Ausführungen von S. 12 eine *Erweiterung* des Systems der rationalen Zahlen, weil es ja außer den rationalwertigen Intervallschachtelungen auch noch andere enthält.

Dies System der reellen Zahlen entspricht überdies in umkehrbar eindeutiger Weise den sämtlichen Punkten der Zahlengeraden. Denn auf Grund der Ausführungen von S. 25/26 können wir unmittelbar sagen: Jeder Schachtelung σ entspricht ein und nur ein Punkt, — nämlich der eine auf Grund des CANTOR-DEDEKINDschen Axioms allemal als vorhanden betrachtete, allen Intervallen J_n gemeinsame Punkt. Und zwei Schachtelungen σ und σ' entspricht dann und nur dann derselbe Punkt, wenn sie im Sinne von **14** einander gleich sind. *Jeder reellen Zahl* σ (d. h. also: allen untereinander gleichen Intervallschachtelungen) *entspricht genau ein Punkt und jedem Punkt genau eine Zahl.* Den auf diese Weise einer bestimmten Zahl entsprechenden Punkt nennt man deren *Bild,* und man kann nun sagen: *Das System der reellen Zahlen läßt sich* ***umkehrbar eindeutig*** *auf die Punkte einer Geraden abbilden.*

§ 4. Vollständigkeit und Einzigkeit des Systems der reellen Zahlen.

Noch zwei letzte Bedenken sind zu zerstreuen[1]: Wir gingen in § 3 von der Tatsache aus, daß das System der rationalen Zahlen zu lückenhaft war, um allen Anforderungen zu genügen, die bei den elementaren Rechenoperationen an dasselbe gestellt werden können. Unser neu geschaffenes Zahlensystem, das wir für das folgende kurz das System Z nennen wollen, ist in dieser Beziehung gewiß leistungsfähiger, denn es enthält ja z. B. eine Zahl σ, für die $\sigma^2 = 2$ ist[2]. Es bleibt aber doch die Möglichkeit, daß das neue System Z noch in ähnlicher Weise Lücken aufweist wie jenes oder in anderer Weise noch einer Erweiterung fähig ist.

Wir werfen demgemäß die Frage auf: Ist ein System $\overline{Z}$ denkbar, das im Sinne von **4** als ein Zahlensystem anzusehen ist, welches sämtliche Zeichen des Systems Z, *aber außer diesen noch weitere, von jenen verschiedene Elemente enthält?*[3]

---

an jedenfalls nach Belieben lesen: entweder „σ ist eine abkürzende Bezeichnung für die Schachtelung $(x_n \mid y_n)$“, oder „σ ist die durch die Schachtelung $(x_n \mid y_n)$ definierte Zahl“.

[1] Vgl. hierzu die Schlußworte der Einleitung (S. 2).

[2] Denn ist $\sigma = (x_n \mid y_n)$ die Schachtelung, die wir S. 21 im Anschluß an die Aufgabe $x^2 = 2$ gebildet haben, so ist nach **18** $\sigma^2 = (x_n^2 \mid y_n^2)$. Wegen $x_n^2 < 2$ und $y_n^2 > 2$ ist dann aber $\sigma^2 = 2$, w. z. b. w.

[3] $\overline{Z}$ müßte dann also in ähnlichem Sinne eine Erweiterung von Z sein, wie Z selbst eine Erweiterung des Systems der rationalen Zahlen ist.

Es ist leicht zu sehen, daß dies nicht möglich ist, daß vielmehr der folgende Satz gilt:

Vollständigkeitssatz. *Das System Z aller reellen Zahlen ist keiner mit den Bedingungen* **4** *verträglichen Erweiterung mehr fähig.* 20.

Beweis: Es sei $\overline{Z}$ ein System, das den Bedingungen **4** genügt und das sämtliche Elemente aus Z enthält. Ist dann α ein beliebiges Element aus $\overline{Z}$, so lehrt **4**, 4, indem man dort für β die in Z und also auch in $\overline{Z}$ enthaltene Zahl 1 wählt, daß es eine natürliche Zahl $p > \alpha$, und ebenso, daß es eine andre natürliche Zahl $p' > -\alpha$ gibt. Dann ist[1] $-p' < \alpha < p$. Geht man die (endlich vielen) ganzen Zahlen von $-p'$ bis p durch, so muß es unter ihnen eine letzte geben, welche $\leqq \alpha$ ist. Nennt man diese g, so ist

$$g \leqq \alpha < g + 1 .$$

Wendet man auf dieses Intervall, wie schon mehrfach, die 10-Teilungsmethode an, so erhält man eine ganz bestimmte Intervallschachtelung $(x_n \mid y_n)$. Und daß nun die hierdurch erfaßte reelle Zahl α' nicht $\gtrless \alpha$ sein kann, lehrt ein Beweis, der dem in **15**, 3 gegebenen wörtlich nachgebildet werden kann. Jedes Element von $\overline{Z}$ ist also einer reellen Zahl gleich, so daß $\overline{Z}$ keine von den reellen Zahlen verschiedenen Elemente enthalten kann.

Und ein letztes Bedenken wäre dieses: Wir sind zwar auf eine verhältnismäßig naheliegende, aber immerhin willkürliche Art zur Bildung des Systems Z gelangt. Selbstverständlich wird man auch andere Wege einschlagen können, um die Lückenhaftigkeit des Systems der rationalen Zahlen zu überwinden. (Schon im nächsten Paragraphen werden wir andere, gleichfalls sehr gangbare Wege dieser Art kennen lernen.) Und es wäre nun denkbar, daß man auf einem *andern Wege* auch zu *andern Zahlen* gelangte, — d. h. zu Zahlensystemen, die sich in mehr oder minder wesentlicher Weise von dem von uns geschaffenen unterscheiden. — Die hiermit angedeutete Sachlage wäre so zu präzisieren:

Auf irgendeinem Wege sei man, vom System der rationalen Zahlen ausgehend, zur Konstruktion eines Systems $\mathfrak{Z}$ von Elementen gelangt, welches wieder, wie unser System Z, den Bedingungen **4** genügt (also als ein *Zahlensystem* anzusprechen ist), welches aber im Gegensatz zum System der rationalen Zahlen noch der folgenden weiteren Forderung genügt, die man (wegen des eben bewiesenen Satzes) gewöhnlich als das **Vollständigkeitspostulat** zu bezeichnen pflegt: Auf Grund von **4**, 3 enthält $\mathfrak{Z}$ Elemente, die den rationalen Zahlen ent-

[1] An dieser Stelle gewinnt das Postulat des Eudoxus seine prinzipielle Bedeutung.

sprechen. Ist dann $(x_n \mid y_n)$ irgendeine Intervallschachtelung und sind $\mathfrak{x}_n$ und $\mathfrak{y}_n$ Elemente aus $\mathfrak{Z}$, die nach **4**, 3 den rationalen Zahlen x_n und y_n zugeordnet sind, so lautet die Forderung, *daß* $\mathfrak{Z}$ *immer mindestens ein Element* $\mathfrak{s}$ *enthalten soll, das für jedes n den Bedingungen* $\mathfrak{x}_n \leqq \mathfrak{s} \leqq \mathfrak{y}_n$ *genügt.*

Dann lautet das aufgeworfene Problem genauer: Kann sich ein solches System $\mathfrak{Z}$ in irgendwelchen wesentlichen Eigenschaften vom System Z der reellen Zahlen unterscheiden, oder müssen sie vielmehr in dem ganz präzisen Sinn als wesentlich identisch angesehen werden (vgl. S. 10/11), daß sie ähnlich und isomorph aufeinander bezogen werden können?

Der folgende Satz, der dies Problem in dem zu erwartenden Sinne löst, bedeutet dann den Abschluß des Aufbaues des Systems der reellen Zahlen.

21. **Einzigkeitssatz.** *Jedes derartige System* $\mathfrak{Z}$ *muß auf das von uns geschaffene System Z der reellen Zahlen ähnlich und isomorph bezogen werden können. Es gibt also im wesentlichen nur* ***ein*** *solches System.*

Beweis. Nach **4**, 3 enthält $\mathfrak{Z}$ ein Teilsystem $\mathfrak{Z}'$, dessen Elemente sich den in Z enthaltenen rationalen Zahlen ähnlich und isomorph zuordnen lassen, und die wir darum kurz die rationalen Elemente aus $\mathfrak{Z}$ nennen können. Ist dann $\sigma = (x_n \mid y_n)$ irgendeine reelle Zahl, so enthält $\mathfrak{Z}$ gemäß unserer neuen Forderung ein Element $\mathfrak{s}$, das für jedes n den Bedingungen $\mathfrak{x}_n \leqq \mathfrak{s} \leqq \mathfrak{y}_n$ genügt, wenn $\mathfrak{x}_n$ und $\mathfrak{y}_n$ die den rationalen Zahlen x_n und y_n entsprechenden Elemente aus $\mathfrak{Z}$ sind.

Durch diese Bedingung ist aber das Element $\mathfrak{s}$ *eindeutig* bestimmt. Denn gäbe es neben $\mathfrak{s}$ noch ein anderes Element $\mathfrak{s}'$, das gleichfalls für alle n die Bedingungen $\mathfrak{x}_n \leqq \mathfrak{s}' \leqq \mathfrak{y}_n$ erfüllte, so folgte wörtlich wie beim Beweise von **12**, daß für alle n

$$\mathfrak{y}_n - \mathfrak{x}_n \geqq |\mathfrak{s} - \mathfrak{s}'|,$$

d. h. $\geqq$ dem nicht-negativen unter den beiden Elementen $\mathfrak{s} - \mathfrak{s}'$ und $\mathfrak{s}' - \mathfrak{s}$ sein müßte. Ist nun r eine beliebige positive rationale Zahl, $\mathfrak{r}$ das ihr entsprechende Element in $\mathfrak{Z}$ (also in $\mathfrak{Z}'$), so muß wegen der Ähnlichkeit und der Isomorphie von $\mathfrak{Z}'$ mit dem System der rationalen Zahlen neben $y_p - x_p < r$ auch $\mathfrak{y}_p - \mathfrak{x}_p < \mathfrak{r}$ für einen passenden Index p erfüllt sein. Für *jedes* $\mathfrak{r}$, das einem positiven rationalen r entspricht, wäre also

$$|\mathfrak{s} - \mathfrak{s}'| < \mathfrak{r}.$$

Bedeutet also $\mathfrak{r}_1$ ein spezielles $\mathfrak{r}$ dieser Art und bedeutet $\mathfrak{r}_n$, $(n = 1, 2, \ldots)$, dasjenige nach **4**, 2 sicher in $\mathfrak{Z}'$ vorhandene Element, das n-mal als Summand gesetzt die Summe $\mathfrak{r}_1$ ergibt, so sieht man, indem man die obige Ungleichung für $\mathfrak{r} = \mathfrak{r}_n$ hinschreibt und n-mal zu sich selbst addiert, daß für *jedes* $n = 1, 2, \ldots$ auch

$$n \cdot |\mathfrak{s} - \mathfrak{s}'| \leqq \mathfrak{r}_1$$

sein müßte. Da $\mathfrak{Z}$ aber das Postulat **4**, 4 erfüllt, so muß hiernach $\mathfrak{s} = \mathfrak{s}'$ sein.

Ordnen wir nun dies eindeutig bestimmte Element $\mathfrak{s}$ und die reelle Zahl σ einander zu, so wird deutlich, daß $\mathfrak{Z}$ ein Teilsystem $\mathfrak{Z}^*$ enthält, dessen Elemente sich denen des Systems Z aller reellen Zahlen ähnlich und isomorph zuordnen lassen. Daß ein solches System $\mathfrak{Z}^*$ aber keiner mit den Bedingungen **4** verträglichen Erweiterung mehr fähig ist, sondern also $\mathfrak{Z}^*$ mit $\mathfrak{Z}$ selbst identisch sein muß, war der Inhalt des vorhin bewiesenen Vollständigkeitssatzes. Damit ist gezeigt, daß $\mathfrak{Z}$ und Z sich ähnlich und isomorph aufeinander beziehen lassen und also als wesentlich identisch anzusehen sind: *Das von uns geschaffene System Z aller reellen Zahlen ist im wesentlichen das einzig mögliche, das den Bedingungen* **4** *und dem Vollständigkeitspostulat genügt.*

Fassen wir nach diesen etwas abstrakten Betrachtungen das Hauptergebnis unserer ganzen Untersuchung noch einmal zusammen, so können wir sagen:

Neben den uns vertrauten *rationalen* Zahlen gibt es noch andere, die sogenannten *irrationalen Zahlen.* Eine jede von ihnen läßt sich (und zwar auf viele Arten) durch eine geeignete Intervallschachtelung erfassen (bestimmen, geben, ...). Diese irrationalen Zahlen reihen sich widerspruchslos dem System der rationalen Zahlen ein, und zwar derart, daß von dem System Z aller rationalen und irrationalen Zahlen zusammen die unter **4** formulierten Bedingungen erfüllt sind, daß man — kurz gesagt — mit ihnen allen *formal genau so, in der Wirkung aber erfolgreicher* rechnen kann wie mit den rationalen Zahlen allein. Dieses umfassendere System ist überdies keiner mit den Bedingungen **4** verträglichen Erweiterung mehr fähig und wesentlich das einzige System von Zeichen, das diesen Bedingungen **4** und zugleich dem Vollständigkeitspostulat genügt.

Wir nennen es *das System der reellen Zahlen.*

Seine Elemente, *die reellen Zahlen,* sind es, mit denen wir weiterhin und zunächst ausschließlich arbeiten. Eine spezielle reelle Zahl gilt uns dann und nur dann als gegeben (bekannt, bestimmt, definiert, berechenbar, ...), wenn sie entweder eine rationale Zahl ist und also mit Hilfe der natürlichen Zahlen, nötigenfalls unter Hinzuziehung eines Bruchstrichs und eines Minuszeichens vollständig hingeschrieben werden kann, oder wenn uns — und dies gilt in jedem Falle — eine sie definierende Intervallschachtelung gegeben[1] ist.

---

[1] Also durch die eben beschriebene *vollständige* Angabe ihrer (rationalen) Intervallenden.

Sehr bald werden wir indessen sehen, daß es außer den Intervallschachtelungen noch viele andere Wege und Arten gibt, durch die eine reelle Zahl definiert werden kann. In dem Maße, wie wir solche Wege kennen lernen werden, werden wir die eben genannten Bedingungen, unter denen uns eine Zahl als *gegeben* gilt, dann auch erweitern.

§ 5. Die Systembrüche und der DEDEKINDsche Schnitt.

Einige von den Intervallschachtelungen abweichende, für Theorie und Praxis besonders wichtige Arten, reelle Zahlen zu definieren, wollen wir sogleich angeben.

Zunächst braucht die Schachtelung nicht immer in der von uns betrachteten Form $(x_n \mid y_n)$ gegeben zu sein. Oft läßt sie sich bequemer schreiben. So sahen wir schon, daß ein Dezimalbruch, z. B. 1,41421 ..., sofort als Intervallschachtelung aufgefaßt werden kann, indem man

$$x_1 = 1{,}4; \quad x_2 = 1{,}41; \quad x_3 = 1{,}414; \quad \ldots,$$

also allgemein x_n gleich dem nach n Stellen abgebrochenen Dezimalbruch setzt und nun y_n aus x_n durch Erhöhung der letzten Ziffer um eine Einheit herleitet: $y_n = x_n + \frac{1}{10^n}$.

In den Dezimalbrüchen haben wir also lediglich eine besonders bequeme und übersichtliche Angabe von Intervallschachtelungen zu sehen[1].

Es ist klar, daß die Rolle, die die Grundzahl 10 hierbei spielt, keine wesentliche ist. Ist g irgendeine natürliche Zahl $\geqq 2$, so können wir ganz ebenso *systematische Brüche* (oder kürzer: *Systembrüche*) *mit der Grundzahl* g einführen: Eine gegebene reelle Zahl σ bestimmt zunächst eindeutig eine ganze Zahl p $\left(\gtreqless 0\right)$ durch die Bedingung

$$p \leqq \sigma < p + 1.$$

Das Intervall J_0 von p bis $p+1$ werde nun in g gleiche Teile geteilt. Zu jedem dieser Teile rechnen wir hierbei — und ebenso bei den folgenden Schritten — den linken, *nicht* aber den rechten Endpunkt. Dann gehört σ einem und nur einem dieser Teile an, d. h. es gibt unter den Zahlen 0, 1, 2, ..., $g-1$ eine und nur eine — wir wollen sie kurz eine „Ziffer" nennen und mit z_1 bezeichnen —, so daß

$$p + \frac{z_1}{g} \leqq \sigma < p + \frac{z_1+1}{g}$$

ist. Das hierdurch bestimmte Intervall J_1 teilen wir nun erneut in g

[1] Ihr Nachteil liegt darin, daß man nur selten die Gesetzmäßigkeit in der Aufeinanderfolge der Ziffern — also das *Bildungsgesetz* der x_n und y_n — durchschauen kann.

gleiche Teile, und σ wird wieder einem und nur einem derselben angehören, d. h. es wird wieder eine bestimmte „Ziffer" z_2 geben, so daß

$$p + \frac{z_1}{g} + \frac{z_2}{g^2} \leqq \sigma < p + \frac{z_1}{g} + \frac{z_2 + 1}{g^2}$$

ist. Das hierdurch bestimmte Intervall J_2 teilen wir erneut in g gleiche Teile usw. Die hierdurch bestimmte Intervallschachtelung $(J_n) = (x_n | y_n)$, für die

$$\left.\begin{aligned} x_n &= p + \frac{z_1}{g} + \frac{z_2}{g^2} + \cdots + \frac{z_{n-1}}{g^{n-1}} + \frac{z_n}{g^n}, \\ y_n &= p + \frac{z_1}{g} + \frac{z_2}{g^2} + \cdots + \frac{z_{n-1}}{g^{n-1}} + \frac{z_n + 1}{g^n}, \end{aligned}\right\} \quad (n = 1, 2, 3, \ldots),$$

ist[1], definiert offenbar die Zahl σ, so daß $\sigma = (x_n \mid y_n)$ ist. Nach Analogie der Dezimalbrüche werden wir nun aber

$$\sigma = p + 0, z_1 \ldots$$

schreiben dürfen, — wobei dann allerdings die Grundzahl g dieses Systembruches aus dem Zusammenhange heraus bekannt sein muß.

Es gilt also der

Satz 1. *Jede reelle Zahl läßt sich auf eine und wesentlich nur eine*[2] **22.**
Art durch einen Systembruch mit der Grundzahl g darstellen.

Wir erwähnen noch den weiteren sich auf diese Darstellung beziehenden Satz, der im folgenden indessen keine Verwendung findet:

Satz 2. *Der Systembruch für eine reelle Zahl σ fällt — welches auch die gewählte Grundzahl $g \geqq 2$ sein mag — dann und nur dann periodisch aus, wenn σ rational ist*[3].

---

[1] Daß eine Intervallschachtelung vorliegt, ist ja unmittelbar klar, da stets $x_{n-1} \leqq x_n < y_n \leqq y_{n-1}$ ist und $y_n - x_n = \frac{1}{g^n}$ nach **10**, 7 eine Nullfolge bildet.

[2] Die geringe Änderung, die in unserm Verfahren eintritt, wenn wir den Intervallen jedesmal den rechten und *nicht* den linken Endpunkt zurechnen, wird sich der Leser wohl allein zurechtlegen können. Der Systembruch ist dann und nur dann ein anderer, wenn die gegebene Zahl σ eine rationale ist, die mit einer Potenz von g als Nenner geschrieben werden kann, oder also, wenn der Punkt σ einmal Endpunkt eines unserer Intervalle ist. — In der Tat sind die beiden Intervallschachtelungen

$$p + 0, z_1 z_2 \ldots z_{r-1} (z_r - 1)(g-1)(g-1) \ldots \quad \text{und} \quad p + 0, z_1 z_2 \ldots z_{r-1} z_r 0 0 \ldots,$$

bei denen die Ziffer $z_r \geqq 1$ gedacht wird, gemäß **14** einander gleich. Sonst sind zwei nicht identische Systembrüche auch gemäß **14** nicht gleich. — Daß hiervon abgesehen die Darstellung jeder reellen Zahl σ durch einen Systembruch mit der Grundzahl g eine völlig eindeutige ist, wird sich der Leser leicht selbst beweisen können.

[3] Wir sehen hier die „abbrechenden" Systembrüche der Einfachheit halber als periodisch mit der Periode 0 an. — Daß jede rationale Zahl durch einen periodischen Dezimalbruch dargestellt werden kann, hat schon J. WALLIS: De algebra

Besonders vorteilhaft ist oft die Wahl $g = 2$; man nennt dann das Verfahren zur Erfassung der Zahl σ kurz die **Halbierungsmethode,** den resultierenden Systembruch, dessen Ziffern dann nur 0 und 1 sein können, einen *dyadischen* Bruch. Diese Methode besteht also, etwas allgemeiner angesehen, darin, daß man von einem bestimmten Intervall J_0 ausgeht, von seinen beiden Hälften nach irgendeiner Regel oder unter irgendeinem Gesichtspunkt eine bestimmte auswählt und mit J_1 bezeichnet, — daß man sodann wieder eine bestimmte der beiden Hälften von J_1 mit J_2 bezeichnet usw. Man erfaßt dann stets eine wohlbestimmte reelle Zahl, die durch die Art der jedesmaligen Auswahl zwischen den beiden Hälften völlig eindeutig definiert ist[1].

In den Systembrüchen sehen wir hiernach, wie in den Dezimalbrüchen, lediglich eine besonders bequeme und übersichtliche Form der Angabe einer Intervallschachtelung. Sie sollen demgemäß zur Definition reeller Zahlen fortan ebenso zugelassen werden wie jene.

Ein wenig tiefer liegt der Unterschied zu den Intervallschachtelungen bei der folgenden Methode, eine reelle Zahl zu erfassen.

Auf irgendeine Weise seien uns zwei *Klassen* A und B von Zahlen gegeben[2], doch so, daß folgenden drei Bedingungen genügt ist:

1. Jede der beiden Klassen enthält *mindestens eine* Zahl.
2. *Jede* Zahl der Klasse A ist $\leqq$ *jeder* Zahl der Klasse B.
3. Wenn eine beliebige positive (kleine) Zahl ε vorgeschrieben wird, so soll sich aus A und B je eine Zahl — etwa a' aus A und b' aus B — so auswählen lassen, daß

$$b' - a' < \varepsilon$$

ist[3]. — Dann gilt der

Satz 3. *Es gibt stets eine und nur eine reelle Zahl σ derart, daß für jede Zahl a aus A und für jede Zahl b aus B die Beziehung*

$$a \leqq \sigma \leqq b$$

gilt.

---

tractatus, S. 364, 1693 bewiesen. Daß umgekehrt jede irrationale Zahl stets und nur auf eine Weise durch einen nicht-periodischen Dezimalbruch dargestellt werden kann, hat erst O. Stolz (Allgemeine Arithmetik I, S. 119, 1885) allgemein bewiesen.

[1] Ein Beispiel war schon unter **12**, 2 gegeben worden.

[2] Z. B.: A enthält alle rationalen Zahlen, deren dritte Potenz < 5, B alle rationalen Zahlen, deren dritte Potenz > 5 ist.

[3] Man sagt kurz: Die Zahlen der beiden Klassen *kommen einander beliebig nahe*. Bei dem Beispiel der vorangehenden Fußnote sieht man sofort, daß die Bedingungen 1 und 2 erfüllt sind; daß auch 3 erfüllt ist, erkennt man, wenn man sich (etwa nach der 10-Teilungsmethode) zwei nur in der letzten Ziffer um eine Einheit unterschiedene n-stellige Dezimalbrüche x_n und y_n herstellt, für die $x_n^3 < 5$, $y_n^3 > 5$ ist und bei denen n so gewählt wird, daß $\frac{1}{10^n} < \varepsilon$ ist.

Beweis. Daß es nicht zwei verschiedene solche Zahlen, etwa σ und σ', geben kann, ist wieder sofort klar. Denn setzt man $|\sigma - \sigma'| = \varepsilon$, so wäre ε positiv, aber entgegen der Bedingung 3 für *jedes* Paar von Elementen a und b aus A und B stets $b - a \geqq \varepsilon$.

Es gibt also höchstens *eine* solche Zahl σ. Man findet sie so: Nach Voraussetzung gibt es in A wenigstens *eine* Zahl a_1 und in B wenigstens *eine* Zahl b_1. Ist hier $a_1 = b_1$, so ist ihr gemeinsamer Wert ersichtlich die gesuchte Zahl σ. Ist aber $a_1 \neq b_1$, also (nach 2) $a_1 < b_1$, so wählen wir zwei rationale Zahlen $x_1 \leqq a_1$ und $y_1 \geqq b_1$ und wenden auf das durch sie bestimmte Intervall J_1 die Halbierungsmethode an: Wir bezeichnen die linke oder die rechte Hälfte mit J_2, *je nachdem in der linken Hälfte (einschließlich der Endpunkte) noch ein Punkt der Klasse B liegt oder nicht.* Nach *derselben* Regel bezeichnen wir wieder eine bestimmte Hälfte von J_2 mit J_3 usw.

Die Intervalle $J_1, J_2, \ldots, J_n, \ldots$ bilden, weil nach der Halbierungsmethode gewonnen, eine Schachtelung

$$(J_n) = (x_n \,|\, y_n) = \sigma \,.$$

Sie haben überdies gemäß ihrer Bildungsweise die Eigenschaft, daß weder links vom linken Endpunkt eine Zahl aus B noch rechts vom rechten Endpunkt eine Zahl aus A liegen kann.

Daraus folgt aber sofort, daß die erfaßte Zahl σ die verlangte Eigenschaft hat. Wäre nämlich eine spezielle Zahl $\bar{a}$ aus A entgegen der Behauptung $> \sigma$, also $\bar{a} - \sigma > 0$, so wähle man aus der Folge der Intervalle J_n ein spezielles aus, etwa $J_p = x_p \ldots y_p$, dessen Länge $< \bar{a} - \sigma$ ist. Wegen $x_p \leqq \sigma \leqq y_p$ wäre dann

$$y_p - \sigma \leqq y_p - x_p < \bar{a} - \sigma\,, \quad \text{d.h.} \quad y_p < \bar{a}\,,$$

während doch rechts vom rechten Endpunkt y_p von J_p tatsächlich kein Punkt aus A mehr liegt. Wäre andrerseits einmal $\bar{b} < \sigma$, so folgte analog für einen geeigneten Index q, daß $\bar{b} < x_q$ sein müßte, während doch links vom linken Endpunkt eines Intervalles tatsächlich kein Punkt aus B mehr liegt. *Es muß also stets $a \leqq \sigma \leqq b$ sein,* w. z. b. w.

Nur ein besonderer Fall hiervon ist der folgende Satz, der eine Erweiterung und Ergänzung des Satzes **12** auf den Fall bildet, daß die dort auftretenden Zahlen beliebig reell sind. Bei seiner Formulierung nehmen wir die sehr naheliegenden Definitionen **23**—**25** des folgenden Paragraphen vorweg:

Satz 4. *Ist (x_n) eine monoton wachsende, (y_n) eine monoton fallende Folge beliebiger reeller Zahlen, ist für jedes n überdies $x_n \leqq y_n$ und bilden die Differenzen $y_n - x_n = d_n$ eine Nullfolge, so gibt es stets eine und nur eine reelle Zahl σ, so daß für alle n stets*

$$x_n \leqq \sigma \leqq y_n$$

ist. — Wir sagen dann wieder (vgl. Definition **11**)*: Die vorgelegten Folgen definieren eine Intervallschachtelung* $(x_n \mid y_n)$, *und* σ *sei die durch sie (eindeutig) definierte Zahl.*

Beweis. Bildet man aus allen linken Intervallenden x_n eine Klasse A, aus allen rechten Enden y_n eine Klasse B von reellen Zahlen, so genügen diese offenbar den Bedingungen 1 bis 3 zu Satz 3, der nun sofort die Richtigkeit unserer jetzigen Behauptung ergibt.

Bemerkungen und Beispiele.

1. Statt der Forderung 3 ist es oft bequemer zu fordern, daß z. B. *jede rationale Zahl* entweder zu A oder zu B gehört (wie dies im Beispiel der letzten Fußnote der Fall war). Dann ist nämlich, da die rationalen Zahlen *dicht liegen*, die Forderung 3 *von selbst* erfüllt. Um dies einzusehen, braucht man sich nämlich nur die ganze Zahlengerade in gleiche Teile von einer Länge $< \varepsilon/2$ geteilt zu denken. Man betrachte nun irgendeinen dieser Teile, der ein Element aus A, und einen rechts davon gelegenen dieser Teile, der ein Element aus B enthält, sowie die endlich vielen dieser Teile, die etwa zwischen beiden liegen. Unter diesen Teilen muß es einen ersten geben, der ein Element b aus B enthält. Dann liegt in diesem oder in dem vorangehenden Teile auch ein Element a aus A, und es ist $b - a < \varepsilon$.

2. Oft ist es noch bequemer, *alle reellen* Zahlen auf die Klassen A und B zu verteilen. Dann ist die Forderung 3 natürlich erst recht von selbst erfüllt.

3. Sind die Klassen A und B gemäß einer der eben besprochenen Arten gegeben, so sagt man, es sei ein DEDEKINDscher ***Schnitt*** im Bereich der rationalen bzw. reellen Zahlen gegeben[1]; und auch die etwas allgemeinere Angabe von zwei Klassen, wie sie unserm Satze zugrunde liegt, wollen wir kurz einen ***Schnitt*** nennen und mit $(A \mid B)$ bezeichnen[2]. — Unser Satz kann dann kurz dahin ausgesprochen werden: *Ein Schnitt* $(A \mid B)$ *definiert stets eine wohlbestimmte reelle Zahl* σ. Und sein Beweis besteht einfach darin, daß aus der Angabe des Schnittes die Angabe einer bestimmten Intervallschachtelung hergeleitet wird, die eine Zahl σ mit den verlangten Eigenschaften liefert.

4. Da hiernach jeder Schnitt sofort eine bestimmte Intervallschachtelung liefert, wollen wir fortan auch die Schnitte zur Erfassung (Bestimmung, Definition, ...) von reellen Zahlen zulassen; und wir schreiben, wenn der Schnitt $(A \mid B)$ die Zahl σ definiert, nun auch kurz: $(A \mid B) = \sigma$.

5. Das Umgekehrte ist natürlich auch der Fall und noch einfacher zu sehen: Ist die Schachtelung $(x_n \mid y_n) = \sigma$ vorgelegt, und bildet man aus allen linken Intervallenden x_n eine Klasse A, aus allen rechten Enden eine Klasse B, so liefern diese Klassen ersichtlich einen Schnitt, durch den gleichfalls die Zahl σ definiert wird. Eine Schachtelung kann hiernach als ein spezieller Schnitt aufgefaßt werden.

6. Nach der letzten Bemerkung ist die Methode der Schnitte (zur Erfassung reeller Zahlen) an Allgemeinheit der der Schachtelungen überlegen. Sie ist auch anschaulich ebenso bequem zugänglich wie diese. Denn nehmen wir etwa den Schnitt $(A \mid B)$ in der etwas spezielleren, unter 2 besprochenen Form als Schnitt im Bereich der reellen Zahlen, so besagt unser Satz: Wenn man alle Punkte der Zahlengeraden in zwei Klassen A und B verteilt, z. B. die einen schwarz, die andern weiß gefärbt denkt, und wenn dabei 1. von jeder Art wenigstens *ein* Punkt da ist, wenn 2. jeder schwarze Punkt links von jedem weißen Punkt liegt und 3. auch wirklich *jeder* Punkt entweder schwarz oder weiß gefärbt ist, so müssen

[1] Vgl. S. 2, Fußn. 2.

[2] Sie wurde in der obigen Form schon von A. CAPELLI: Giornale di Matematica Bd. 35, S. 209. 1897 gegeben.

die beiden Klassen an einer ganz bestimmten Stelle zusammenstoßen, und links von dieser Stelle ist alles schwarz, rechts davon alles weiß.

7. Man hüte sich aber, die eben gegebene Veranschaulichung für einen *Beweis* zu halten. Hätten wir uns nicht vorher mit Hilfe der Intervallschachtelungen die reellen Zahlen *geschaffen*, so wäre unser Satz überhaupt gar nicht zu beweisen, — ebensowenig wie wir *beweisen* konnten, *daß* jede Schachtelung eine Zahl definiert. Wir entschlossen uns nur — und der Erfolg gab uns vollauf recht — jede Schachtelung als Zahl anzusprechen. Genau so kann man sich — und das ist tatsächlich der Ausgangspunkt R. DEDEKINDS[1] beim Aufbau des Systems der reellen Zahlen — entschließen, jeden Schnitt im Bereich der *rationalen* Zahlen als „*reelle Zahl*" anzusprechen; und man hätte dann nur, ganz entsprechend unsern Untersuchungen in § 3, auch hier zu prüfen, ob das erlaubt ist, ob „es denn angeht"; d. h. man hätte festzustellen, ob die Gesamtheit aller solchen Schnitte $(A \mid B)$ im Sinne der Bedingungen **4** ein Zahlensystem bildet, — was nicht schwieriger ist als unsere analogen Feststellungen in § 3.

Von nun ab bilden *die reellen Zahlen* unser zunächst ausschließliches Arbeitsmaterial. Dabei werden wir den Zusatz „reell" nach Belieben auch weglassen dürfen: Unter „*Zahl*" verstehen wir bis auf weiteres *stets eine reelle Zahl.*

Aufgaben zum I. Kapitel.

1. Aus den Grundgesetzen **1** und **2** sollen die wichtigsten weiteren Rechenregeln hergeleitet werden, z. B. a) das Produkt zweier negativer Zahlen ist positiv; b) aus $a + c < b + c$ folgt stets $a < b$; c) für jedes a ist $a \cdot 0 = 0$ usw.

2. Wann gilt in **3**, II, 4 ein Gleichheitszeichen?

3. Man stelle die folgenden Zahlen als dyadische (triadische) Brüche dar:

$$\frac{1}{2}, \quad \frac{3}{8}, \quad \frac{1}{3}, \quad \frac{1}{7}, \quad \frac{10}{17};$$

für $\sqrt{2}$, $\sqrt{3}$, π und e gebe man die Anfangsziffern der dyadischen (triadischen) Darstellung.

4. Für die Folge **6**, 7 ist $x_n = \dfrac{\alpha^n - \beta^n}{\alpha - \beta}$, wenn α und β die Wurzeln der quadratischen Gleichung $x^2 = x + 1$ bedeuten. (Anleitung: Die Folgen (α^n) und (β^n) haben dasselbe Bildungsgesetz wie die Folge **6**, 7.)

5. Man bilde die Folge (x_n), deren Glieder für $n \geqq 1$ durch die Formel

$$x_{n+1} = a\,x_n + b\,x_{n-1}$$

geliefert werden, in welcher a und b gegebene positive Zahlen und die Anfangsglieder x_0, $x_1 = 0, 1$; $= 1, 0$; $= 1, \alpha$; $= 1, \beta$ oder beliebig sind (α und β sollen hierbei die positive und die negative Wurzel der Gleichung $x^2 = ax + b$ bedeuten). Man gebe für jeden der Fälle eine explizite Formel für x_n.

6. Ist $J_0, J_1, J_2, \ldots$ eine Folge ineinander geschachtelter Intervalle, über deren Längen sonst nichts bekannt ist, so gibt es *mindestens* einen Punkt, der allen J_n angehört.

7. Eine reelle Zahl σ ist irrational, wenn man eine wachsende Folge ganzer Zahlen (q_n) so finden kann, daß $q_n\sigma$ niemals eine ganze Zahl ist, daß aber $(q_n\sigma - p_n)$ eine Nullfolge wird, wenn p_n die *zunächst* bei $q_n\sigma$ gelegene ganze Zahl bedeutet.

---

[1] Stetigkeit und irrationale Zahlen, Braunschweig 1872.

8. Man zeige, daß in $(x_n \mid y_n)$ Intervallschachtelungen vorliegen, wenn

a) $x_n = \frac{1^2 + 2^2 + \cdots + (n-1)^2}{n^3}, \quad y_n = \frac{1^2 + 2^2 + \cdots + n^2}{n^3}, \quad (n = 1, 2, \ldots);$

b) $0 < x_1 < y_1$ und für $n \geqq 1$ stets $x_{n+1} = \sqrt{x_n y_n}, \quad y_{n+1} = \frac{1}{2}(x_n + y_n);$

c) $0 < x_1 < y_1$ „ „ „ „ $x_{n+1} = \frac{1}{2}(x_n + y_n), \quad y_{n+1} = \sqrt{x_{n+1} \cdot y_n};$

d) $0 < x_1 < y_1$ „ „ „ „ $y_{n+1} = \frac{1}{2}(x_n + y_n), \quad x_{n+1} = \sqrt{x_n \cdot y_{n+1}};$

e) $0 < x_1 < y_1$ „ „ „ „ $x_{n+1} = \sqrt{x_n y_n}, \quad y_{n+1} = \frac{1}{2}(x_{n+1} + y_n);$

f) $0 < x_1 < y_1$ „ „ „ „ $y_{n+1} = \sqrt{x_n y_n}, \quad x_{n+1} = \frac{1}{2}(x_n + y_{n+1});$

g) $0 < x_1 < y_1$ „ „ „ „ $y_{n+1} = \frac{1}{2}(x_n + y_n), \quad x_{n+1} = \frac{x_n \cdot y_n}{y_{n+1}}$

gesetzt wird, und bestimme in den Fällen a) und g) die dadurch definierte Zahl. (Vgl. hierzu Aufgabe 91 und 92.)

II. Kapitel.

Reelle Zahlenfolgen.

§ 6. Beliebige reelle Zahlenfolgen und Nullfolgen.

Wir greifen nun noch einmal auf unsere Betrachtungen in § 2 zurück, verallgemeinern sie aber dadurch, daß alle jetzt auftretenden Zahlen beliebige reelle Zahlen sein dürfen. Da sich mit diesen formal genau so operieren läßt wie mit den rationalen Zahlen, so werden bei dieser Verallgemeinerung die Definitionen und Sätze des § 2 im wesentlichen ungeändert bleiben. Wir können uns daher kurz fassen.

23. ° **Definition**[1]. *Entspricht jeder natürlichen Zahl* $n = 1, 2, 3, \ldots$ *eine wohlbestimmte Zahl* x_n, *so bilden diese Zahlen*

$$x_1, x_2, x_3, \ldots, x_n, \ldots$$

eine Zahlenfolge.

Die Beispiele **6**, 1—12 sind natürlich auch hier zulässig. Ebenso behalten die Bemerkungen **7**, 1—6 volle Gültigkeit. Wir geben noch ein paar Beispiele, bei denen es nicht ohne weiteres zu sehen ist, ob die auftretenden Zahlen rational sind oder nicht.

Beispiele.

1. Es sei $a = 0{,}3010\ldots$, d. h. gleich dem Dezimalbruch, dessen erste Ziffern auf Grund der Aufgabe $10^x = 2$ in der Fußnote von S. 24 bestimmt wurden, und nun

$$x_n = a^n \quad \text{für} \quad n = 1, 2, 3, \ldots$$

2. Bei derselben Bedeutung von a sei $x_n = \frac{1}{a+n}$.

[1] Über die Bedeutung des Zeichens ° vgl. das Vorwort, sowie später den Anfang des § 52.

3. Man wende auf das Intervall $J_0 = 0 \ldots 1$ die Halbierungsmethode an und nehme das erstemal die linke Hälfte, die beiden folgenden Male die rechte Hälfte, bei den nächsten 3 Schritten wieder die linke, dann 4mal die rechte Hälfte usw. Die definierte Zahl[1] heiße b (welchen Wert hat sie ungefähr?), und es werde nun x_n der Reihe nach

$$= +b, \; -b, \; +\frac{1}{b}, \; -\frac{1}{b}, \; +b^2, \; -b^2, \; +\frac{1}{b^2}, \; -\frac{1}{b^2}, \; +b^3, \ldots$$

gesetzt.

4. Bei derselben Bedeutung von b werde x_n der Reihe nach

$$= 1-b, \; 1+b, \; 1-b^2, \; 1+b^2, \; 1-b^3, \; 1+b^3, \ldots$$

gesetzt.

5. Bei derselben Bedeutung von a und b sei x_1 der Mittelpunkt der Strecke zwischen beiden, also $x_1 = \frac{1}{2}(a+b)$; x_2 sei der Mittelpunkt zwischen x_1 und b; x_3 der zwischen x_2 und a; x_4 der zwischen x_3 und b; — es sei also allgemein x_{n+1} der Mittelpunkt zwischen x_n und a oder zwischen x_n und b, je nachdem n gerade oder ungerade ist.

Definitionen. ° 1. *Eine Zahlenfolge (x_n) heißt* b e s c h r ä n k t, *falls es eine Konstante K gibt, so daß für alle n die Ungleichung* 24.

$$|x_n| \leqq K$$

erfüllt ist.

2. *Eine Zahlenfolge (x_n) heißt* m o n o t o n w a c h s e n d, *wenn stets $x_n \leqq x_{n+1}$ ist;* m o n o t o n f a l l e n d, *wenn stets $x_n \geqq x_{n+1}$ ist.*

Alle bei **8** und **9** gemachten Bemerkungen behalten ihre volle Gültigkeit.

Beispiele.

1. Die Folgen **23**, 1, 2, 4 und 5 sind ersichtlich beschränkt. Die 3. ist es nicht, und zwar weder nach rechts noch nach links; denn es ist sicher $0 < b < \frac{1}{2}$ und also $\frac{1}{b^m} > 2^m > m$ und somit $-\frac{1}{b^m} < -m$. Man kann also stets Glieder der Folge angeben, die $> K$ oder $< -K$ sind, wie groß auch die Konstante K gewählt wird. — Bei 5 folgt die Beschränktheit daraus, daß alle Glieder zwischen a und b liegen.

2. Die Folgen **23**, 1 und 2 sind monoton fallend; die andern sind nicht monoton.

Auch die Definition **10** der Nullfolge und die daran geknüpften Bemerkungen — man lese sie nochmals sorgfältig durch! — bleiben ungeändert.

°**Definition.** *Eine Folge (x_n) soll als* ***Nullfolge*** *bezeichnet werden, wenn nach Wahl einer beliebigen positiven Zahl ε sich stets eine Zahl $n_0 = n_0(\varepsilon)$ so angeben läßt, daß für alle $n > n_0$ die Ungleichung* 25.

$$|x_n| < \varepsilon$$

erfüllt ist[2].

---

[1] Als *dyadischer* Bruch geschrieben ist $b = 0{,}011000111110\ldots$

[2] Da unterhalb jeder positiven *reellen* Zahl ε noch eine positive *rationale* Zahl ε' angegeben werden kann (denn wählt man nach dem Grundgesetz **2**, VI

Beispiele.

1. Die Folge **23**, 1 ist eine Nullfolge, denn der Beweis **10**, 7 gilt für beliebige reelle a, für die $|a| < 1$ ist.

2. Auch **23**, 2 ist eine Nullfolge, da $|x_n| < \frac{1}{n}$, also $< \varepsilon$ ist, sobald $n > \frac{1}{\varepsilon}$.

Über die Nullfolgen — sie werden weiterhin eine vorherrschende Rolle spielen — beweisen wir noch eine Anzahl ganz einfacher, aber im folgenden unausgesetzt angewandter Sätze. Ganz naheliegend sind zunächst die folgenden beiden:

26. ° **Satz 1.** *Ist (x_n) eine* N u l l f o l g e, *und genügen die Glieder der Folge (x'_n) für alle n von einer Stelle an der Bedingung $|x'_n| \leqq |x_n|$ oder allgemeiner der Bedingung*

$$|x'_n| \leqq K \cdot |x_n|,$$

in der K eine beliebige (feste) positive Zahl bedeutet, so ist auch (x'_n) eine Nullfolge. **(Vergleichskriterium.)**

Beweis. Ist die Bedingung $|x'_n| \leqq K \cdot |x_n|$ für $n > m$ erfüllt, und wird $\varepsilon > 0$ gegeben, so läßt sich nach Voraussetzung $n_0 > m$ so angeben, daß für alle $n > n_0$ stets $|x_n| < \frac{\varepsilon}{K}$ bleibt. Da für dieselben n dann auch $|x'_n| < \varepsilon$ ist, so ist (x'_n) eine Nullfolge.

Nur ein besonderer Fall dieses Satzes ist der folgende

°**Satz 2.** *Ist (x_n) eine* N u l l f o l g e *und (a_n) irgendeine* b e s c h r ä n k t e *Zahlenfolge, so bilden auch die Zahlen*

$$x'_n = a_n x_n$$

eine Nullfolge. — Wegen dieses Satzes sagt man kurz: Eine Nullfolge „darf" mit beschränkten Faktoren multipliziert werden.

Beispiele.

1. Mit (x_n) ist auch $10\,x_1, \frac{x_2}{10}, 10\,x_3, \frac{x_4}{10}, 10\,x_5, \ldots$ eine Nullfolge.

2. Mit (x_n) ist auch $(|x_n|)$ eine Nullfolge.

3. Eine Folge, deren sämtliche Glieder denselben Wert, etwa den Wert c haben, ist gewiß beschränkt. Mit (x_n) ist daher auch $(c\,x_n)$ eine Nullfolge. Speziell sind also $\left(\frac{c}{n}\right)$, $(c\,a^n)$, (für $|a| < 1$), usw. Nullfolgen.

Etwas tiefer liegen schon die folgenden Sätze:

27. °**Satz 1.** *Ist (x_n) eine Nullfolge, so ist auch jede* T e i l f o l g e *(x'_n) derselben eine Nullfolge*[1].

---

eine natürliche Zahl $n > \frac{1}{\varepsilon}$, so leistet $\varepsilon' = \frac{1}{n}$ das Verlangte), so ist im Falle rationaler Zahlenfolgen diese Definition mit der in **10** gegebenen gleichbedeutend, obwohl bei dieser nur rationale ε zugelassen werden konnten.

[1] Bilden $k_1 < k_2 < k_3 < \cdots < k_n < \cdots$ irgendeine Folge natürlicher Zahlen, so sagt man, daß die Zahlen

$$x'_n = x_{k_n} \qquad (n = 1, 2, 3, \ldots)$$

eine ***Teilfolge*** der gegebenen Folge bilden.

Beweis. Ist für $n > n_0$ stets $|x_n| < \varepsilon$, so ist für diese n von selbst auch

$$|x'_n| = |x_{k_n}| < \varepsilon,$$

da ja mit n sicher auch $k_n > n_0$ ist.

°**Satz 2.** *Eine beliebige Folge* (x_n) *werde in zwei Teilfolgen* (x'_n) *und* (x''_n) *zerlegt, derart, daß also jedes Glied von* (x_n) *einer und nur einer dieser beiden Teilfolgen angehört. Sind dann* (x'_n) *und* (x''_n) *beides Nullfolgen, so ist auch* (x_n) *selbst eine solche.*

Beweis. Wählt man eine Zahl $\varepsilon > 0$, so gibt es nach Voraussetzung eine Zahl n', so daß für $n > n'$ stets $|x'_n| < \varepsilon$ ist und ebenso eine Zahl n'', so daß für $n > n''$ stets $|x''_n| < \varepsilon$ ausfällt. Die Glieder x'_n, deren Index $\leqq n'$ ist, und die Glieder x''_n, deren Index $\leqq n''$ ist, haben innerhalb der ursprünglichen Folge (x_n) wohlbestimmte Nummern. Ist n_0 die größte derselben, so ist für $n > n_0$ offenbar stets $|x_n| < \varepsilon$, w. z. b. w.

°**Satz 3.** *Ist* (x_n) *eine Nullfolge und* (x'_n) *eine beliebige Umordnung*[1] *derselben, so ist auch* (x'_n) *eine Nullfolge.*

Beweis. Für $n > n_0$ sei stets $|x_n| < \varepsilon$. Unter den Nummern, die die endlich vielen Glieder $x_1, x_2, \ldots, x_{n_0}$ in der Folge (x'_n) tragen, sei n' die größte. Dann ist ersichtlich für $n > n'$ stets $|x'_n| < \varepsilon$; also ist auch (x'_n) eine Nullfolge.

°**Satz 4.** *Ist* (x_n) *eine Nullfolge und entsteht die Folge* (x'_n) *aus ihr durch irgendwelche endlich viele Änderungen*[2], *so ist auch* (x'_n) *eine Nullfolge.*

Der Beweis folgt unmittelbar aus der Tatsache, daß für ein passendes ganzzahliges $p \gtreqless 0$ von einer Stelle ab $x'_n = x_{n+p}$ sein muß. Denn sind die x_n für $n \geqq n_1$ ungeändert geblieben und hat x_{n_1} in der Folge (x'_n) die Nummer n' bekommen, so ist in der Tat für $n > n'$ stets

$$x'_n = x_{n+p},$$

wenn $p = n_1 - n'$ gesetzt wird[3].

---

[1] Ist $k_1, k_2, \ldots, k_n, \ldots$ eine Folge natürlicher Zahlen von der Beschaffenheit, daß *jede* natürliche Zahl in ihr ein- und nur einmal vorkommt, so sagt man, daß die Folge der Zahlen

$$x'_n = x_{k_n}$$

eine **Umordnung** der gegebenen Folge sei.

[2] Wir wollen diesen Begriff so präzisieren: Wenn man eine beliebige Folge dadurch verändert, daß man endlich viele Glieder wegläßt oder einfügt oder abändert (oder alles zusammen) und die so veränderte Folge (unter Beibehaltung der Reihenfolge der nicht abgeänderten Glieder) neu numeriert als Folge (x'_n), so wollen wir sagen, (x'_n) sei *durch endlich viele Änderungen* aus (x_n) hervorgegangen.

[3] Gerade wegen dieses Satzes sagt man wohl, die Eigenschaft einer Folge, *Nullfolge* zu sein, beziehe sich nur auf das *infinitäre Verhalten* ihrer Glieder (vgl. S. 16).

Satz 5. *Sind* (x'_n) *und* (x''_n) *zwei Nullfolgen, und steht die Folge* (x_n) *zu ihnen in der Beziehung, daß von einer Stelle* m *an stets*

$$x'_n \leqq x_n \leqq x''_n, \qquad (n > m),$$

ist, so ist auch (x_n) *eine Nullfolge.*

Beweis. Nach Wahl von $\varepsilon > 0$ kann $n_0 > m$ so gewählt werden, daß für $n > n_0$ stets $-\varepsilon < x'_n$ und $x''_n < +\varepsilon$ bleibt. Für diese n ist dann von selbst $-\varepsilon < x_n < +\varepsilon$, d. h. $|x_n| < \varepsilon$, w. z. b. w.

Das *Rechnen* mit den Nullfolgen endlich wird durch die beiden folgenden Sätze begründet:

28. °**Satz 1.** *Sind* (x_n) *und* (x'_n) *zwei Nullfolgen, so ist auch*

$$(y_n) \equiv (x_n + x'_n),$$

d. h. die Folge, deren Glieder die Zahlen $y_n = x_n + x'_n$ *sind, eine Nullfolge.* — Kürzer: *Zwei Nullfolgen „dürfen" gliedweis addiert werden.*

Beweis. Wird $\varepsilon > 0$ beliebig gewählt, so gibt es nach Voraussetzung (vgl. **10**, 4 u. 12) je eine Zahl n_1 und n_2, so daß

für $n > n_1$ stets $|x_n| < \frac{\varepsilon}{2}$ und für $n > n_2$ stets $|x'_n| < \frac{\varepsilon}{2}$

ist. Ist dann n_0 eine Zahl, die $\geqq n_1$ und $\geqq n_2$ ist, so ist für $n > n_0$

$$|y_n| = |x_n + x'_n| \leqq |x_n| + |x'_n| < \frac{\varepsilon}{2} + \frac{\varepsilon}{2} = \varepsilon.$$

(y_n) ist also eine Nullfolge[1].

Da mit (x'_n) nach **26**, 3 (oder **10**, 5) auch $(-x'_n)$ eine Nullfolge ist, so ist nach dem eben Bewiesenen auch $(y'_n) = (x_n - x'_n)$ eine solche, d. h. es gilt der

°**Satz 2.** *Mit* (x_n) *und* (x'_n) *ist auch* $(y'_n) \equiv (x_n - x'_n)$ *eine Nullfolge.* Oder kürzer: *Nullfolgen „dürfen" gliedweis subtrahiert werden.*

Bemerkungen.

1. Da man *zwei* Nullfolgen gliedweis addieren darf, so darf man es auch mit *dreien* oder mit irgendeiner *bestimmten Anzahl* von Nullfolgen tun. Denn ist dies schon für $(p-1)$ Nullfolgen $(x'_n), (x''_n), \ldots, (x_n^{(p-1)})$ bewiesen, ist also schon

$$(x'_n + x''_n + \cdots + x_n^{(p-1)})$$

als Nullfolge erkannt, so liefert Satz 1 dasselbe für die Folge (x_n), für die

$$x_n = (x'_n + \cdots + x_n^{(p-1)}) + x_n^{(p)}$$

ist. Der Satz gilt also für *jede feste Anzahl* von Nullfolgen.

2. Daß zwei Nullfolgen auch gliedweis miteinander *multipliziert* werden „dürfen", ist nach **26**, 1 ohne weiteres klar, da ja die Nullfolgen nach **10**, 11 von selbst beschränkt sind.

3. Eine gliedweise *Division* dagegen führt im allgemeinen nicht wieder auf Nullfolgen, was z. B. schon daraus zu ersehen ist, daß für ein $x_n \neq 0$ ja stets $\frac{x_n}{x_n} = 1$ ist. Nimmt man gar $x_n = \frac{1}{n}$, $x'_n = \frac{1}{n^2}$, so liefern die Quotienten $\frac{x_n}{x'_n}$ nicht einmal eine beschränkte Folge!

[1] Bei der letzten Abschätzung wurde **3**, II, 4 benutzt.

4. Auch bei andern Folgen (x_n) kann man zunächst nur wenig über die Folge $\left(\frac{1}{x_n}\right)$ der reziproken Werte aussagen. Naheliegend und oft nützlich ist der folgende

°**Satz 3.** *Hat die Folge $(|x_n|)$ der absoluten Beträge der Glieder von (x_n) eine noch positive untere Schranke, existiert also eine Zahl $\gamma > 0$, so daß stets*

$$|x_n| \geqq \gamma > 0$$

bleibt, so ist die Folge $\left(\frac{1}{x_n}\right)$ der reziproken Werte beschränkt.

In der Tat folgt aus $|x_n| \geqq \gamma > 0$ sofort, daß mit $K = \frac{1}{\gamma}$ stets

$$\left|\frac{1}{x_n}\right| \leqq K$$

bleibt.

Um weiterhin in der Anwendung unserer Begriffe sowie in der Bildung und Durchführung von Beispielen weniger beengt zu sein, schalten wir einen Abschnitt über Potenzen, Wurzeln, Logarithmen und Kreisfunktionen ein.

§ 7. Potenz, Wurzel und Logarithmus. Spezielle Nullfolgen.

Wie es bei der Besprechung des Systems der reellen Zahlen nicht unsere Absicht war, alle Einzelheiten erschöpfend auszuführen, sondern nur die Grundgedanken klarzustellen und im übrigen den von jedem ja durchaus beherrschten Rechenapparat als bekannt hinzunehmen, so wollen wir uns auch jetzt bei der Besprechung von Potenz, Wurzel und Logarithmus nur auf eine scharfe Klarstellung der Grundtatsachen beschränken, im übrigen aber die Einzelheiten ihres Gebrauchs als bekannt ansehen.

I. Potenzen mit ganzzahligen Exponenten.

Ist x eine beliebige Zahl, so ist das Zeichen x^k für ganze positive Exponenten $k \geqq 2$ bekanntlich definiert als das Produkt von k Faktoren, die sämtlich $= x$ sind. Es handelt sich hierbei also nur um eine andere *Schreibweise* für etwas schon Bekanntes. Unter x^1 versteht man die Zahl x selbst, und ist $x \neq 0$, so ist darüber hinaus noch die Festsetzung zweckmäßig, es soll

$$x^0 \text{ die Zahl } 1, \qquad x^{-k} \text{ den Wert } \frac{1}{x^k} \qquad (k = 1, 2, 3, \ldots)$$

bedeuten, so daß dann x^p für jedes ganzzahlige $p \gtreqless 0$ definiert ist. — Bei diesen Potenzen mit ganzzahligen Exponenten betonen wir nur die folgenden Tatsachen:

29. 1. Für beliebige ganzzahlige Exponenten p und q $\left(\gtreqless 0\right)$ gelten die drei ***Grundregeln***

$$x^p \cdot x^q = x^{p+q}; \quad x^p \cdot y^p = (xy)^p; \quad (x^p)^q = x^{pq},$$

aus denen sich alle übrigen Regeln herleiten lassen, die das Rechnen mit Potenzen beherrschen[1].

2. Da es sich bei einer Potenz mit ganzzahligen Exponenten nur um eine wiederholte Multiplikation bzw. Division handelt, hat ihre Berechnung natürlich nach **18** und **19** zu geschehen. Wenn also x positiv ist und etwa durch die Schachtelung $(x_n \mid y_n)$ erfaßt wird, deren Intervallenden sämtlich $\geqq 0$ sind (vgl. **15**, 5 u. 6), so gilt neben

$$x = (x_n \mid y_n) \quad \text{sofort auch} \quad x^k = (x_n^k \mid y_n^k)$$

für jeden ganzzahligen positiven Exponenten; und ähnlich — bei sinngemäßen Abänderungen — für $x \leqq 0$ oder $k \leqq 0$.

3. Für *positive* x hat man außerdem

$$x^{k+1} \gtreqless x^k, \quad \text{je nachdem} \quad x \gtreqless 1$$

ist, — wie dies sofort aus $x \gtreqless 1$ durch Multiplikation (s. **3**, I, 3) mit x^k folgt. — Und ebenso einfach findet man:

Sind x_1, x_2 und der ganzzahlige Exponent k *positiv*, so ist

$$x_1^k \gtreqless x_2^k, \quad \text{je nachdem} \quad x_1 \gtreqless x_2.$$

4. Für ganzzahlige positive Exponenten n und beliebige a und b gilt die Formel

$$(a+b)^n = a^n + \binom{n}{1} a^{n-1} b + \binom{n}{2} a^{n-2} b^2 + \cdots$$
$$+ \binom{n}{k} a^{n-k} b^k + \cdots + \binom{n}{n} b^n,$$

in der $\binom{n}{k}$ für $1 \leqq k \leqq n$ die Bedeutung

$$\binom{n}{k} = \frac{n(n-1)(n-2)\ldots(n-k+1)}{1 \cdot 2 \cdot 3 \ \ldots \ k}$$

hat und $\binom{n}{0} = 1$ gesetzt wird. (**Binomischer Lehrsatz.**)

II. Wurzeln.

Ist jetzt a eine beliebige *positive* reelle und k eine positive ganze Zahl, so soll unter

$$\sqrt[k]{a}$$

[1] Hierbei ist für die Basis x bzw. y der Wert 0 nur zulässig, falls der zugehörige Exponent positiv ist.

eine Zahl verstanden werden, deren k^{te} Potenz $= a$ ist. Was uns hier interessiert, ist hauptsächlich die Existenzfrage: Gibt es eine solche Zahl, und inwieweit ist sie durch das gestellte Problem bestimmt?

Darüber gilt der

Satz. *Es gibt stets eine und nur eine positive Zahl ξ, die die Gleichung* **30.**

$$\xi^k = a \qquad (a > 0)$$

erfüllt. Man schreibt $\xi = \sqrt[k]{a}$ *und nennt ξ die k^{te} Wurzel aus a.*

Beweis. *Eine* solche Zahl kann unmittelbar durch eine Intervallschachtelung bestimmt und damit also auch ihre Existenz nachgewiesen werden: Wir benutzen die 10-Teilungsmethode. Da $0^k = 0 < a$, dagegen, falls p eine natürliche Zahl $> a$ bedeutet, $p^k \geqq p > a$ ist, so gibt es eine und nur eine ganze Zahl $g \geqq 0$, für die

$$g^k \leqq a < (g+1)^k$$

ist[1]. Das durch g und $g+1$ bestimmte Intervall J_0 teilen wir in 10 gleiche Teile und gelangen in der nun schon oft durchgeführten Art zu einer bestimmten der Ziffern 0, 1, 2, ..., 9, die etwa z_1 heißen möge, und für die

$$\left(g + \frac{z_1}{10}\right)^k \leqq a < \left(g + \frac{z_1+1}{10}\right)^k$$

ist, usw. usw. Wir gelangen also zu einer Intervallschachtelung $(J_n) = (x_n \mid y_n)$, deren Intervallenden wohlbestimmte Werte der Form

$$x_n = g + \frac{z_1}{10} + \frac{z_2}{10^2} + \cdots + \frac{z_{n-1}}{10^{n-1}} + \frac{z_n}{10^n}, \qquad (n = 1, 2, 3, \ldots),$$

und

$$y_n = g + \frac{z_1}{10} + \frac{z_2}{10^2} + \cdots + \frac{z_{n-1}}{10^{n-1}} + \frac{z_n+1}{10^n}$$

haben. Ist $\xi = (x_n \mid y_n)$ die dadurch bestimmte Zahl, so folgt, da hier alle Intervallenden $\geqq 0$ sind, nach **29**, 2 sofort, daß

$$\xi^k = (x_n^k \mid y_n^k)$$

ist. Da aber nach Konstruktion stets $x_n^k \leqq a \leqq y_n^k$ ist, so muß nach § 5, Satz 4

$$\xi^k = a$$

sein. — Daß diese Zahl ξ überdies die *einzige* positive Lösung des Problems ist, folgt unmittelbar aus **29**, 3, da hiernach für ein positives $\xi_1 \neq \xi$ auch $\xi_1^k \neq \xi^k$, d. h. $\neq a$ ist.

Ist k eine gerade Zahl, so ist auch $-\xi$ eine Lösung des Problems. Doch werden wir diese im folgenden niemals heranziehen, sondern

[1] g ist die letzte der Zahlen 0, 1, 2, ..., p, deren k^{te} Potenz $\leqq a$ ist.

unter der k^{ten} Wurzel aus einer positiven Zahl *a nur die durch* **30** *völlig eindeutig bestimmte positive Zahl* ξ verstehen[1]. — Für $a = 0$ setzt man[2] auch $\sqrt[k]{a} = 0$.

Auf die bekannten Regeln über das Rechnen mit Wurzelzeichen gehen wir nicht weiter ein, setzen sie vielmehr als jedem geläufig voraus und beweisen nur noch die folgenden einfachen Sätze:

Aus **29**, 3 folgt sofort der

31. **Satz 1.** *Ist* $a > 0$ *und* $a_1 > 0$, *so ist* $\sqrt[k]{a} \lesseqgtr \sqrt[k]{a_1}$, *je nachdem* $a \lesseqgtr a_1$ *ist.* — Ferner gilt der

Satz 2. *Ist* $a > 0$, *so ist* $(\sqrt[n]{a})$ *eine monotone Zahlenfolge; und zwar ist*

$$a > \sqrt{a} > \sqrt[3]{a} > \cdots > 1, \quad \textit{wenn } a > 1,$$

dagegen

$$a < \sqrt{a} < \sqrt[3]{a} < \cdots < 1, \quad \textit{wenn } a < 1$$

ist. (*Für* $a = 1$ *ist die Folge natürlich* $\equiv 1$.)

Beweis. Aus $a > 1$ folgt nach **29**, 3: $a^{n+1} > a^n > 1$, und also nach dem vorigen Satze, indem man die $n(n+1)^{\text{te}}$ Wurzel zieht:

$$\sqrt[n]{a} > \sqrt[n+1]{a} > 1.$$

Da sich für $a < 1$ *sämtliche* Ungleichheitszeichen umkehren, so ist schon alles bewiesen. — Hieraus folgt endlich der

Satz 3. *Ist* $a > 0$, *so bilden die Zahlen*

$$x_n = \sqrt[n]{a} - 1$$

eine (*nach dem vorigen Satze monotone*) *Nullfolge.*

Beweis. Für $a = 1$ ist die Behauptung trivial, da dann $x_n \equiv 0$ ist. Ist aber $a > 1$ und also auch $\sqrt[n]{a} > 1$, d. h. $x_n = \sqrt[n]{a} - 1 > 0$, so schließen wir folgendermaßen: Aus $\sqrt[n]{a} = 1 + x_n$ folgt nach der Bernoullischen Ungleichung (s. **10**, 7), daß

$$a = (1 + x_n)^n > 1 + n x_n > n x_n$$

ist. Folglich ist $x_n = |x_n| < \frac{a}{n}$, also (x_n) nach **26**, 1 oder 2 eine Nullfolge.

---

[1] Hiernach ist also z. B. $\sqrt{x^2}$ *nicht* stets $= x$, wohl aber stets $= |x|$

[2] Für negative a wollen wir $\sqrt[k]{a}$ gar nicht definieren; doch kann man, falls k ungerade ist, $\sqrt[k]{a} = -\sqrt[k]{|a|}$ setzen.

Ist schließlich $0 < a < 1$, so ist $\frac{1}{a} > 1$ und somit nach dem eben erhaltenen Ergebnis

$$\left(\sqrt[n]{\frac{1}{a}} - 1\right)$$

eine Nullfolge. Multipliziert man diese gliedweise mit den Faktoren $\sqrt[n]{a}$, die wegen $a \leqq \sqrt[n]{a} < 1$ jetzt sicher eine beschränkte Folge bilden, so ergibt sich nach **26**, 2 sofort, daß

$$\left(1 - \sqrt[n]{a}\right) \quad \text{und also auch} \quad (x_n)$$

eine Nullfolge ist, w. z. b. w.

III. Potenzen mit rationalen Exponenten.

Wir sehen wieder im wesentlichen als bekannt an, wie von den Wurzeln mit ganzzahligen Exponenten zu den Potenzen mit beliebigen rationalen Exponenten übergegangen wird: *Unter* $a^{\frac{p}{q}}$ *mit ganzzahligem* $p \gtreqless 0$ und ganzzahligem $q > 0$ *versteht man bei positivem* a *die durch*

$$a^{\frac{p}{q}} = \left(\sqrt[q]{a}\right)^p$$

eindeutig definierte, wieder positive Zahl. Falls $p > 0$, darf auch noch $a = 0$ sein; man hat dann unter $a^{\frac{p}{q}}$ den Wert 0 zu verstehen.

Bei diesen Festsetzungen gelten unverändert die drei Grundregeln **29**, 1, also die Formeln

$$a^r \cdot a^{r'} = a^{r+r'}; \quad a^r b^r = (a\,b)^r; \quad (a^r)^{r'} = a^{r r'}$$

für beliebige rationale Exponenten, so daß das Rechnen mit diesen Potenzen formal dasselbe ist wie bei ganzzahligen Exponenten. Diese Formeln enthalten dann auch gleichzeitig alle Regeln für das Rechnen mit Wurzeln, da ja jede Wurzel nun als Potenz mit rationalem Exponenten geschrieben werden kann. — Von den weniger bekannten Folgerungen beweisen wir noch, weil für das Folgende besonders wichtig, die Sätze:

Satz 1. *Ist* $a > 1$, *so ist dann und nur dann gleichzeitig* $a^r > 1$, **32.**
wenn $r > 0$ *ist. Ebenso ist bei positivem* $a < 1$ *dann und nur dann gleichzeitig* $a^r < 1$, *wenn* $r > 0$ *ist.*

Beweis. Nach **31**, 2 sind a und $\sqrt[q]{a}$ entweder *beide* größer oder *beide* kleiner als 1; nach **29** gilt für a und $\left(\sqrt[q]{a}\right)^p = a^r$ dann und nur dann dasselbe, wenn $p > 0$ ist.

Satz 1a. *Ist die rationale Zahl $r > 0$ und sind beide Basen positiv, so ist $a^r \lesseqgtr a_1^r$, je nachdem $a \lesseqgtr a_1$ ist.*

Der Beweis ergibt sich sofort nach **31**, 1 und **29**, 3.

Satz 2. *Ist $a > 0$ und die rationale Zahl r zwischen den rationalen Zahlen r' und r'' gelegen, so liegt auch a^r stets zwischen*[1] *$a^{r'}$ und $a^{r''}$ und umgekehrt, mag a kleiner, gleich oder größer als 1 und r' kleiner, gleich oder größer als r'' sein.*

Beweis. Ist zunächst $a > 1$ und $r' < r''$, so ist

$$a^r = a^{r'} \cdot a^{r-r'} = \frac{a^{r''}}{a^{r''-r}}.$$

Nach Satz **1** ergibt sich hieraus schon die Richtigkeit unserer Behauptung für diesen Fall. Für die andern möglichen Fälle aber ist der Beweis genau ebenso leicht. — Aus diesem Beweise folgt sogar genauer der

Satz 2a. *Ist $a > 1$, so entspricht dem größeren (rationalen) Exponenten auch der größere Wert der Potenz. Ist dagegen $a < 1$ (jedoch positiv), so liefert der größere Exponent die kleinere Potenz. — Ganz speziell also: Ist die (positive) Basis $a \neq 1$, so liefern verschiedene Exponenten auch verschiedene Potenzen.* — Hieraus folgt nun weiter der

Satz 3. *Ist (r_n) eine beliebige (rationale) Nullfolge, so bilden auch die Zahlen*

$$x_n = a^{r_n} - 1, \qquad (a > 0),$$

eine Nullfolge. Ist (r_n) monoton, so ist es auch (x_n).

Beweis. Nach **31**, 3 sind $(\sqrt[n]{a} - 1)$ und $\left(\sqrt[n]{\frac{1}{a}} - 1\right)$ Nullfolgen. Ist also $\varepsilon > 0$ gegeben, so kann man n_1 und n_2 so wählen, daß

$$\text{für } n > n_1 \quad \text{stets} \quad \left|\sqrt[n]{a} - 1\right| < \varepsilon$$

$$\text{und für } n > n_2 \quad \text{stets} \quad \left|\sqrt[n]{\frac{1}{a}} - 1\right| < \varepsilon$$

ist. Ist dann m eine ganze Zahl, die sowohl n_1 als n_2 übertrifft, so liegen die Zahlen $\left(a^{\frac{1}{m}} - 1\right)$ und $\left(a^{-\frac{1}{m}} - 1\right)$ *beide* zwischen $-\varepsilon$ und $+\varepsilon$, oder also

$$a^{\frac{1}{m}} \text{ und } a^{-\frac{1}{m}} \text{ beide zwischen } 1 - \varepsilon \quad \text{und} \quad 1 + \varepsilon.$$

Nach Satz 2 liegt dann auch a^r zwischen denselben Grenzen, wenn r zwischen $-\frac{1}{m}$ und $+\frac{1}{m}$ liegt. Nach Voraussetzung kann man aber

---

[1] Das Wort „zwischen" kann nach Belieben stets *mit* oder stets *ohne* Einschluß der beiderseitigen Gleichheit verstanden werden, — außer wenn $a = 1$ und also auch alle Potenzen $a^r = 1$ sind.

n_0 so wählen, daß für alle $n > n_0$

$$\text{stets} \quad |r_n| < \frac{1}{m} \quad \text{oder} \quad -\frac{1}{m} < r_n < +\frac{1}{m}$$

ist; für $n > n_0$ ist dann also a^{r_n} zwischen $1 - \varepsilon$ und $1 + \varepsilon$ gelegen. Für diese n ist also

$$|a^{r_n} - 1| < \varepsilon;$$

$(a^{r_n} - 1)$ somit eine Nullfolge. — Daß dieselbe monoton ist, falls (r_n) es ist, ergibt sich unmittelbar aus Satz 2a.

Diese Sätze bilden nun die Grundlage für die Definition der

IV. Potenzen mit beliebigen reellen Exponenten.

Hier gilt zunächst der

Satz. *Ist $(x_n \mid y_n)$ eine beliebige Intervallschachtelung (mit rationalen Intervallenden) und a positiv, so ist* 33

$$\textit{für } a \geqq 1 \quad \textit{auch} \quad \sigma = (a^{x_n} \mid a^{y_n})$$
$$\textit{und für } a \leqq 1 \quad \textit{auch} \quad \sigma = (a^{y_n} \mid a^{x_n})$$

eine Intervallschachtelung. Und ist $(x_n \mid y_n)$ rationalwertig und $= r$, so ist $\sigma = a^r$.

Beweis. Daß in beiden Fällen die linken Folgen monoton steigen, die rechten monoton fallen, folgt unmittelbar aus **32**, 2a. Nach demselben Satze ist auch stets $a^{x_n} \leqq a^{y_n}$ (für $a \geqq 1$) bzw. $a^{y_n} \leqq a^{x_n}$ (für $a \leqq 1$). Daß endlich in beiden Fällen die Längen der Intervalle eine Nullfolge bilden, folgt mit Hilfe von **26** sofort aus

$$|a^{y_n} - a^{x_n}| = |a^{y_n - x_n} - 1| \cdot a^{x_n};$$

denn der erste Faktor ist hier nach **32**, 3 eine Nullfolge, da ja $(y_n - x_n)$ nach Voraussetzung eine Nullfolge mit rationalen Gliedern ist. Der zweite Faktor aber ist beschränkt, weil stets

$$0 < a^{x_n} \leqq a^{y_1} \quad \text{bzw.} \quad \leqq a^{x_1}$$

ist, je nachdem $a \geqq 1$ oder $\leqq 1$ ist.

Da endlich, wenn $(x_n \mid y_n) = r$ ist, r für jedes n zwischen x_n und y_n liegt, so liegt nach **32**, 2 auch a^r stets zwischen a^{x_n} und a^{y_n}, so daß nach § 5, Satz 4 notwendig $\sigma = a^r$ sein muß.

Auf Grund dieses Satzes entschließen wir uns zu der folgenden

Definition. *Ist $a > 0$ und $\varrho = (x_n \mid y_n)$ eine beliebige reelle Zahl, so soll*

$$a^\varrho = \sigma, \text{ d. h.} \begin{cases} = (a^{x_n} \mid a^{y_n}) & \textit{für } a \geqq 1 \\ = (a^{y_n} \mid a^{x_n}) & \textit{für } a \leqq 1 \end{cases}$$

gesetzt werden[1].

---

[1] Dieses Paar **33** aus Satz und Definition ist methodisch ein Paar von genau gleicher Art wie die unter **14**—**19** zusammengestellten: Was im Falle

Diese Definition wird man natürlich nur dann als eine zweckmäßige bezeichnen können, wenn sich der dadurch festgelegte Begriff der *allgemeinen Potenz* wesentlich denselben Gesetzen untergeordnet, denen die bisherige Potenz mit rationalem Exponenten gehorchte. Daß dies tatsächlich im weitesten Maße der Fall ist, wird durch die folgenden Feststellungen erwiesen.

34. 1. Für rationale Exponenten liefert die neue Definition dasselbe wie die bisherige.

2. Ist $\varrho = \varrho'$, so ist[1] $a^{\varrho} = a^{\varrho'}$.

3. Für zwei beliebige reelle Zahlen ϱ und ϱ' gelten bei positivem a und b die drei Grundregeln

$$a^{\varrho} \cdot a^{\varrho'} = a^{\varrho+\varrho'}; \qquad a^{\varrho} \cdot b^{\varrho} = (a\,b)^{\varrho}; \qquad (a^{\varrho})^{\varrho'} = a^{\varrho\,\varrho'},$$

so daß mit den jetzigen allgemeinen Potenzen formal genau so gerechnet werden kann wie mit den bisherigen speziellen.

Auf die überaus einfachen Beweise dieser Tatsachen wollen wir nun, wie S. 49 betont, nicht weiter eingehen[2]; desgleichen wollen wir uns bei der nun ohne weiteres möglichen Übertragung der Sätze **32**, 1—3 auf allgemeine Potenzen mit der neuen Formulierung und ein paar Stichworten für den Beweis begnügen. Es gelten also die gegenüber **32**, 1—3 verallgemeinerten Sätze:

35. **Satz 1.** *Ist $a > 1$, so ist dann und nur dann gleichzeitig $a^{\varrho} > 1$, wenn $\varrho > 0$ ist. Ebenso ist bei (positivem) $a < 1$ dann und nur dann gleichzeitig $a^{\varrho} < 1$, wenn $\varrho > 0$ ist.*

Denn nach **32**, 1 ist z. B. bei $a > 1$ dann und nur dann $a^{x_n} > 1$, wenn $x_n > 0$ ist.

---

rationaler Exponenten beweisbar ist, wird im Falle beliebiger Exponenten zum Range einer Definition erhoben, — deren Zweckmäßigkeit dann geprüft werden muß.

[1] Diese formal sehr trivial erscheinende Aussage lautet etwas ausführlicher: Sind $(x_n \mid y_n) = \varrho$ und $(x_n' \mid y_n') = \varrho'$ zwei Intervallschachtelungen, die gemäß **14** als gleich anzusehen sind, so sind auch diejenigen Schachtelungen einander gleich (wieder gemäß **14**), durch die nach Definition **33** die Potenzen a^{ϱ} und $a^{\varrho'}$ geliefert werden.

[2] Als Stichprobe skizzieren wir den Beweis der ersten der drei Grundregeln: Ist $\varrho = (x_n \mid y_n)$ und $\varrho' = (x_n' \mid y_n')$, so ist nach **16** $\varrho + \varrho' = (x_n + x_n' \mid y_n + y_n')$ und also — wir denken uns $a \geqq 1$ —:

$$a^{\varrho} = \left(a^{x_n} \,\middle|\, a^{y_n}\right), \qquad a^{\varrho'} = \left(a^{x_n'} \,\middle|\, a^{y_n'}\right), \qquad a^{\varrho+\varrho'} = \left(a^{x_n + x_n'} \,\middle|\, a^{y_n + y_n'}\right)$$

Da nun alle Intervallenden (als Potenzen mit rationalen Exponenten) positiv sind, so ist nach **18**

$$a^{\varrho} \cdot a^{\varrho'} = \left(a^{x_n} \cdot a^{x_n'} \,\middle|\, a^{y_n} \cdot a^{y_n'}\right).$$

Weil aber für rationale Exponenten die erste der 3 Grundregeln schon als gültig erwiesen ist, so ist diese letzte Schachtelung derjenigen für $a^{\varrho+\varrho'}$ nicht nur gemäß **14** gleich, sondern sogar Glied für Glied mit ihr übereinstimmend.

Satz 1a. *Ist die reelle Zahl* $\varrho > 0$ *und sind beide Basen positiv, so ist* $a^\varrho \lesseqgtr a_1^\varrho$, *je nachdem* $a \lesseqgtr a_1$ *ist.*

Beweis nach **32**, 1a und **15**.

Satz 2. *Ist* $a > 0$ *und* ϱ *zwischen* ϱ' *und* ϱ'' *gelegen, so liegt auch* a^ϱ *stets zwischen* $a^{\varrho'}$ *und* $a^{\varrho''}$. — Der Beweis ist genau derselbe wie unter **32**, 2. Er liefert genauer den

Satz 2a. *Ist* $a > 1$, *so entspricht dem größeren Exponenten auch der größere Wert der Potenz; ist* $a < 1$ *(jedoch positiv), so liefert der größere Exponent die kleinere Potenz. Speziell: Ist* $a \neq 1$, *so liefern verschiedene Exponenten auch verschiedene Potenzen.* — Und aus diesem Satz folgt wieder genau wie unter **32**, 3 der abschließende

Satz 3. *Ist* (ϱ_n) *eine beliebige Nullfolge, so bilden auch die Zahlen*

$$x_n = a^{\varrho_n} - 1\,, \qquad (a > 0)\,,$$

eine Nullfolge. Ist (ϱ_n) *monoton, so ist es auch* (x_n).

Als eine spezielle Anwendung erwähnen wir noch den

Satz 4. *Ist* (x_n) *eine Nullfolge mit lauter positiven Gliedern, so ist für jedes positive* α *auch*

$$x'_n = x_n^\alpha$$

Glied einer Nullfolge. — Z. B. ist $\left(\frac{1}{n^\alpha}\right)$ für jedes $\alpha > 0$ eine Nullfolge.

Beweis. Ist $\varepsilon > 0$ beliebig gegeben, so ist auch $\varepsilon^{\frac{1}{\alpha}}$ eine positive Zahl. Nach Voraussetzung kann man also n_0 so bestimmen (vgl. **10**, 4 und 12), daß für $n > n_0$ stets

$$|x_n| = x_n < \varepsilon^{\frac{1}{\alpha}}$$

ist. Dann ist aber für $n > n_0$ nach **35**, 1a

$$x_n^\alpha = |x'_n| < \varepsilon\,,$$

womit schon alles bewiesen ist.

Durch diese Entwicklungen ist das Rechnen mit den allgemeinen Potenzen festgelegt.

V. Logarithmen.

Die Grundlage für die Definition der Logarithmen bildet der

Satz. *Sind* $a > 0$ *und* $b > 1$ *reelle, sonst ganz beliebige Zahlen, so* **36.** *gibt es stets eine und nur eine reelle Zahl* ξ, *für die*

$$b^\xi = a$$

ist.

Beweis. Daß es *höchstens eine* solche Zahl geben kann, folgt schon aus **35**, 2a, weil die Basis b mit verschiedenen Exponenten potenziert nicht denselben Wert a ergeben kann. Und *daß* es eine solche Zahl gibt, beweisen wir wieder konstruktiv durch Angabe einer sie bestimmenden Intervallschachtelung — etwa durch 10-Teilung: Da $b > 1$ ist, so ist $(b^{-n}) = \frac{1}{b^n}$ nach **10**, 7 eine Nullfolge, und es gibt also, weil a und $\frac{1}{a}$ positiv sind, je eine natürliche Zahl p und q, für die

$$b^{-p} < a \quad \text{und} \quad b^{-q} < \frac{1}{a} \quad \text{oder} \quad b^q > a$$

ist. Geht man nun die ganzen Zahlen von $-p$ bis $+q$ durch, indem man sie sich in den Exponenten von b gesetzt denkt, so muß es unter ihnen eine, und kann es nur eine geben — sie heiße g —, für die

$$b^g \leqq a, \quad \text{aber} \quad b^{g+1} > a$$

ist. Das hierdurch bestimmte Intervall $J_0 = g \ldots (g+1)$ teilen wir in 10 gleiche Teile und gelangen ganz entsprechend wie S. 51 zu einer „Ziffer“ z_1, für die

$$b^{g+\frac{z_1}{10}} \leqq a, \quad \text{aber} \quad b^{g+\frac{z_1+1}{10}} > a$$

ist, — und gelangen durch Wiederholung des Teilungsverfahrens zu einer ganz bestimmten Intervallschachtelung

$$\xi = (x_n \mid y_n) \quad \text{mit} \quad \begin{cases} x_n = g + \frac{z_1}{10} + \cdots + \frac{z_{n-1}}{10^{n-1}} + \frac{z_n}{10^n}, \\ y_n = g + \frac{z_1}{10} + \cdots + \frac{z_{n-1}}{10^{n-1}} + \frac{z_n+1}{10^n}, \end{cases}$$

für die stets

$$b^{x_n} \leqq a < b^{y_n}$$

ist, für die also gemäß **33**

$$b^\xi = a$$

ist. — Dieser Satz gibt uns die Berechtigung zu folgender

Definition. *Sind $a > 0$ und $b > 1$ beliebig gegeben, so heißt die durch*

$$b^\xi = a$$

eindeutig bestimmte reelle Zahl ξ der zur Basis b genommene Logarithmus von a; in Zeichen

$$\xi = {}^b\log a\,.$$

(g nennt man wohl auch die Kennziffer, die Gesamtheit der Ziffern $z_1 z_2 z_3 \ldots$ die Mantisse des Logarithmus.)

Von einem Logarithmensystem spricht man, wenn man die Basis b ein für allemal festgelegt denkt und sich nun die Logarithmen aller möglichen positiven Zahlen a zu dieser Basis b genommen denkt. Man läßt dann das b bei ${}^b\log$, weil überflüssig, gewöhnlich fort. Sehr bald wird sich als Basis für alle theoretischen Betrachtungen ganz naturgemäß eine bestimmte, gewöhnlich mit e bezeichnete reelle Zahl empfehlen; das auf dieser Basis aufgebaute Logarithmensystem wird dann das *natürliche* genannt. Für praktische Zwecke dagegen ist bekanntlich die Basis 10 am bequemsten; die auf ihr aufgebauten Logarithmen werden die BRIGGSschen oder *gemeinen* Logarithmen genannt. Es sind die Logarithmen, die in den gewöhnlichen Tafeln zu finden sind[1].

Die Regeln für das Rechnen mit Logarithmen setzen wir, wie bei den Potenzen, wieder als bekannt voraus und begnügen uns mit der bloßen Angabe der wichtigsten. Ist die Basis $b > 1$ beliebig, aber im folgenden festliegend gedacht, und bedeuten $a, a', a'', \ldots$ irgendwelche positiven Zahlen, so ist

1. $\log(a' a'') = \log a' + \log a''$. **37.**

2. $\log 1 = 0; \quad \log\frac{1}{a} = -\log a; \quad \log b = 1$.

3. $\log a^\varrho = \varrho \log a \quad (\varrho$ beliebig, reell).

4. $\log a \lesseqgtr \log a'$, je nachdem $a \lesseqgtr a'$ ist; speziell:

5. $\log a \gtreqless 0$, je nachdem $a \gtreqless 1$.

6. Sind b und b_1 zwei verschiedene Basen (> 1), und sind ξ und ξ_1 die Logarithmen derselben Zahl a zu diesen beiden Basen, also

$$\xi = {}^b\log a, \qquad \xi_1 = {}^{b_1}\log a,$$

so ist

$$\xi = \xi_1 \cdot {}^b\log b_1,$$

— wie dies sofort aus $(a =)\ b^\xi = b_1^{\xi_1}$ folgt, wenn man beiderseits die Logarithmen zur Basis b nimmt und **37**, 2 und 3 beachtet.

7. $\left(\frac{1}{\log n}\right)$, $(n = 2, 3, 4, \ldots)$, ist eine Nullfolge. In der Tat ist $\frac{1}{\log n} < \varepsilon$, sobald $\log n > \frac{1}{\varepsilon}$ oder also $n > b^{\frac{1}{\varepsilon}}$ ist.

VI. Die Kreisfunktionen.

Eine ebenso strenge, d. h. die geometrische Anschauung *als Beweisgrund* prinzipiell vermeidende und lediglich auf den Begriff der reellen Zahl gegründete Einführung der sogenannten Kreisfunktionen, also

[1] Selbstverständlich kann man auch auf einer positiven Basis b, die *kleiner* ist als 1, ein Logarithmensystem aufbauen. Doch ist das wenig üblich. Übrigens entsprechen die ersten von NAPIER 1614 berechneten Logarithmen einer Basis $b < 1$, was besonders für die Logarithmen der trigonometrischen Funktionen

des sin eines gegebenen Winkels[1], seines cos, tg, ctg usw. ist an dieser Stelle noch nicht möglich. Wir werden später (§ 24) darauf zurückkommen. Trotzdem aber wollen wir diese Kreisfunktionen zur Bereicherung der Anwendungen und zur Belebung der Beispiele (aber selbstverständlich niemals zu Beweisen allgemeiner Sätze) unbedenklich heranziehen, soweit ihre Kenntnis aus den Elementen als bekannt angesehen werden kann.

37a. So stellt man z. B. sofort die beiden einfachen Tatsachen fest:

1. Sind $\alpha_1, \alpha_2, \ldots, \alpha_n, \ldots$ irgendwelche Winkel (d. h. also: irgendwelche Zahlen), so sind

$$(\sin \alpha_n) \quad \text{und} \quad (\cos \alpha_n)$$

beschränkte Zahlenfolgen; und

2. die Folgen

$$\left(\frac{\sin \alpha_n}{n}\right) \quad \text{und} \quad \left(\frac{\cos \alpha_n}{n}\right)$$

sind (nach **26**) Nullfolgen, denn ihre Glieder entstehen aus denen der Nullfolge $\left(\frac{1}{n}\right)$ durch Multiplikation mit beschränkten Faktoren.

VII. Spezielle Nullfolgen.

Als weitere Anwendung der nun festgelegten Begriffe wollen wir noch eine Anzahl *spezieller Zahlenfolgen* untersuchen:

38. °1. *Ist* $|a| < 1$, *so ist neben* (a^n) *sogar* $(n\,a^n)$ *eine Nullfolge.*

Beweis. Ähnlich wie unter **10**, 7 schließen wir so[2]: Für $a = 0$ ist die Behauptung trivial; für $0 < |a| < 1$ kann

$$|a| = \frac{1}{1+\varrho}, \qquad \text{also} \qquad |a^n| = \frac{1}{1 + \binom{n}{1}\varrho + \cdots + \binom{n}{n}\varrho^n}$$

---

kleine Vorteile bietet. Aber weder NAPIER noch BRIGGS haben überhaupt eine „Basis" benutzt: Die Auffassung des Logarithmus als Umkehrung der Potenz hat sich erst im Laufe des 18. Jahrhunderts durchgesetzt.

[1] Die Winkel werden wir im allgemeinen nach dem sog. *Bogenmaß* messen. Denkt man sich in einem Kreise vom Radius 1 den Radius von einer bestimmten Anfangslage aus gedreht, so mißt man den Drehungswinkel durch die Maßzahl des Weges, den dabei der Endpunkt des beweglichen Radius zurückgelegt hat, — und zwar *positiv*, wenn die Drehung im *Gegensinne* des Uhrzeigers geschieht, andernfalls *negativ*. — Ein Winkel ist also hiernach eine reine Zahl; ein gestreckter Winkel hat die Maßzahl $+\pi$ oder $-\pi$, ein rechter Winkel die Maßzahl $+\frac{\pi}{2}$ oder $-\frac{\pi}{2}$. Jedem bestimmt orientierten Winkel kommen unendlich viele Maßzahlen zu, die sich voneinander aber nur um ganzzahlige Vielfache von 2π, also um volle Drehungen, unterscheiden. Die Maßzahl 1 kommt dem Winkel zu, dessen Bogen gleich dem Radius ist, der also im Gradmaß etwa $= 57^0\,17'\,44'',8$ ist.

[2] Nur daß a und ϱ jetzt nicht rational zu sein brauchen.

mit $\varrho > 0$ gesetzt werden. Da hier im Nenner alle Summanden positiv sind, ist für $n > 1$

$$|a^n| < \frac{1}{\binom{n}{2}\varrho^2}, \quad \text{also} \quad |n a^n| < \frac{1 \cdot 2}{(n-1)\varrho^2},$$

und es wird also

$$|n a^n| < \varepsilon \text{ sein, sobald } \frac{1 \cdot 2}{(n-1)\varrho^2} < \varepsilon$$

ist, d. h. für alle

$$n > 1 + \frac{2}{\varepsilon \cdot \varrho^2}.$$

Das somit bewiesene Resultat ist sehr bemerkenswert. Es besagt doch, daß für große n der Bruch $\frac{n}{(1+\varrho)^n}$ sehr klein, also sein Nenner sehr vielmal größer ist als der Zähler. Dieser Nenner ist aber für $\varrho = 0$ konstant $= 1$, und wenn ϱ eine sehr kleine positive Zahl ist, so wächst er sehr langsam mit n. Unser Ergebnis aber zeigt, daß, wenn nur n *hinreichend* groß genommen wird, der Nenner doch vielmal größer ist als der Zähler[1]. Die Stelle n_0, von der an $|n a^n| = \frac{n}{(1+\varrho)^n}$ unterhalb eines gegebenen ε liegt — es hatte sich $n_0 = 1 + \frac{2}{\varepsilon \cdot \varrho^2}$ ergeben —, liegt ja in der Tat sehr weit rechts, nicht nur wenn ε, sondern auch wenn $\varrho = \frac{1}{|a|} - 1$ sehr klein (d. h. $|a|$ sehr nahe an 1 gelegen) ist. Wesentlich ist und bleibt nur: Wie auch $|a| < 1$ und $\varepsilon > 0$ gegeben sein mögen, stets ist von einer leicht angebbaren Stelle an sicher $|n a^n| < \varepsilon$.

Aus diesem Ergebnis kann man viele andere, z. B. die noch paradoxere Tatsache herleiten:

°2. *Ist* $|a| < 1$ *und* α *beliebig reell, so ist auch* $(n^\alpha a^n)$ *eine Nullfolge.*

Beweis. Ist $\alpha \leqq 0$, so ist dies nach **10**, 7 wegen **26**, 2 selbstverständlich; ist $\alpha > 0$, so setze man $|a|^{\frac{1}{\alpha}} = a_1$, so daß nach **35**, 1a auch die positive Zahl $a_1 < 1$ ist. Nach dem vorigen Ergebnis ist dann $(n\, a_1^n)$ eine Nullfolge. Nach **35**, 4 ist also auch

$$[n\, a_1^n]^\alpha, \quad \text{d. h.} \quad n^\alpha |a|^n \quad \text{oder} \quad |n^\alpha a^n|,$$

[1] Indem man wie oben $|a| = \frac{1}{1+\varrho}$, $|n a^n| = \frac{n}{(1+\varrho)^n}$ setzt, kann man auch sagen: $(1+\varrho)^n$ wird — bei positivem ϱ — *stärker groß* oder auch *stärker unendlich groß* als n selbst, — womit wieder (vgl. **7**, 3) nicht mehr und nicht weniger gesagt sein soll, als daß unsere Folge eben eine Nullfolge ist. — Für später sei noch bemerkt, daß die in 1 und 2 bewiesenen Ergebnisse auch für komplexe a gelten, wenn nur $|a| < 1$ ist.

also schließlich (nach **10**, 5) auch $n^\alpha a^n$ selbst Glied einer Nullfolge[1].

3. *Ist* $\sigma > 0$, *so ist* $\left(\frac{\log n}{n^\sigma}\right)$ *eine Nullfolge*[2], *zu welcher Basis* $b > 1$ *die Logarithmen auch genommen sein mögen.*

Beweis. Wegen $b > 1$, $\sigma > 0$ ist (nach **35**, 1a) auch $b^\sigma > 1$. Also ist $\left(\frac{n}{(b^\sigma)^n}\right)$ nach 1 eine Nullfolge. Bei gegebenem $\varepsilon > 0$ ist daher von einer Stelle an — etwa für alle $n > m$ — stets

$$\frac{n}{(b^\sigma)^n} < \varepsilon' = \frac{\varepsilon}{b^\sigma}.$$

Nun ist aber jedenfalls

$$\frac{\log n}{n^\sigma} < \frac{g+1}{(b^g)^\sigma} = b^\sigma \cdot \frac{g+1}{(b^\sigma)^{g+1}},$$

wenn g die Kennziffer von $\log n$ bedeutet (so daß $g \leqq \log n < g + 1$ ist). Wird also $n > b^m$ genommen, so ist $\log n$ und also erst recht $g + 1 > m$, und folglich der letzte Wert gemäß der Wahl von m

$$< b^\sigma \cdot \frac{\varepsilon}{b^\sigma} = \varepsilon, \quad \text{d. h. es ist } \frac{\log n}{n^\sigma} < \varepsilon \quad \text{für} \quad n > n_0 = b^m$$

4. *Sind* α *und* β *beliebige positive Zahlen, so ist*

$$\left(\frac{\log^\alpha n}{n^\beta}\right)$$

eine Nullfolge —, mag α *noch so groß und* β *noch so klein sein*[3].

Beweis. Nach 3 ist $\left(\frac{\log n}{n^{\beta:\alpha}}\right)$ wegen $\frac{\beta}{\alpha} > 0$ eine Nullfolge; nach **35**, 4 also auch die vorgelegte Folge.

5. $(x_n) \equiv \left(\sqrt[n]{n} - 1\right)$ *ist eine Nullfolge.* (Auch dieses Resultat ist sehr merkwürdig. Denn für großes n ist auch der Radikand eine große Zahl; dafür allerdings auch der Wurzelexponent. Und es ist von vornherein nicht zu sehen, wer von beiden — Radikand oder Exponent — sozusagen der stärkere ist.)

Beweis. Es ist für $n > 1$ jedenfalls $\sqrt[n]{n} > 1$, also $x_n = \sqrt[n]{n} - 1$ sicher > 0. Daher sind in

$$n = (1 + x_n)^n = 1 + \binom{n}{1} x_n + \cdots + \binom{n}{n} x_n^n$$

---

[1] In entsprechender Umschreibung wie vorhin sagt man hier: „$(1+\varrho)^n$ wird *stärker unendlich groß* als jede noch so große (feste) Potenz von n selbst".

[2] In Worten etwa wieder: „$\log n$ wird *schwächer groß* als jede noch so kleine (aber feste und positive) Potenz von n selbst."

[3] „Jede noch so große (feste) Potenz von $\log n$ wird *schwächer groß* als jede noch so kleine (feste) Potenz von n selbst."

alle Summanden positiv. Folglich ist speziell

$$n > \binom{n}{2} x_n^2 = \frac{n(n-1)}{1 \cdot 2} x_n^2$$

oder[1]

$$x_n^2 < \frac{2}{n-1} \leqq \frac{2}{n - \frac{n}{2}} = \frac{4}{n}.$$

Hieraus folgt

$$|x_n| < \frac{2}{n^{\frac{1}{2}}},$$

so daß $(x_n) = (\sqrt[n]{n} - 1)$ nach **35**, 4 und **26**, 1 in der Tat eine Nullfolge ist.

6. *Ist* (x_n) *eine Nullfolge, deren Glieder sämtlich* > -1 *sind, so bilden für jedes (feste) ganzzahlige k auch die Zahlen*

$$x'_n = \sqrt[k]{1 + x_n} - 1$$

eine Nullfolge[2].

Beweis. Nach der S. 23, Fußn. 1, erwähnten Formel folgt, wenn darin $a = \sqrt[k]{1 + x_n}$ und $b = 1$ gesetzt wird, daß[3]

$$x'_n = \frac{x_n}{a^{k-1} + a^{k-2} + \cdots + 1}$$

ist. Da im Nenner alles positiv und der letzte Summand $= 1$ ist, ist also

$$|x'_n| \leqq |x_n|,$$

woraus nach **26** sofort die Behauptung folgt.

7. *Ist* (x_n) *eine Nullfolge von derselben Art wie in* 6, *so bilden auch die Zahlen*

$$y_n = \log(1 + x_n)$$

eine Nullfolge.

Beweis. Ist $b > 1$ die Basis der Logarithmen und $\varepsilon > 0$ gegeben, so setzen wir

$$b^{\varepsilon} - 1 = \varepsilon_1, \qquad 1 - b^{-\varepsilon} = \varepsilon_2,$$

so daß $\varepsilon_1 = b^{\varepsilon} \cdot \varepsilon_2 > \varepsilon_2 > 0$ ist.

---

[1] Daß man, sobald $n > 1$, für $n - 1$ den höchstens so großen Wert $n - \frac{n}{2}$ schreibt, ist ein oft nützlicher Kunstgriff, um die Rechnung zu vereinfachen.

[2] Durch die Voraussetzung, daß *alle* $x_n > -1$ sind, soll nur bewirkt werden daß die Zahlen x'_n für *alle* n definiert sind. Von einer gewissen Stelle an ist dies eo ipso der Fall, da (x_n) eine Nullfolge sein soll und also von einer Stelle an sicher $|x_n| < 1$, mithin $x_n > -1$ sein muß.

[3] Wir denken uns $k \geqq 2$, da für $k = 1$ die Behauptung trivial ist.

Nun wählen wir n_0 so groß, daß für $n > n_0$ stets $|x_n| < \varepsilon_2$ ist. Dann ist für diese n erst recht

$$-\varepsilon_2 < x_n < \varepsilon_1, \quad \text{d. h.} \quad b^{-\varepsilon} < 1 + x_n < b^{+\varepsilon},$$

also (nach **35**, 2 oder **37**, 4)

$$|y_n| = |\log(1 + x_n)| < \varepsilon,$$

womit alles bewiesen ist.

8. *Ist* (x_n) *nochmals eine Nullfolge wie in* 6, *so bilden auch die Zahlen*

$$z_n = (1 + x_n)^\varrho - 1$$

eine Nullfolge, wenn ϱ *eine beliebige reelle Zahl bedeutet.*

Beweis. Nach 7 und **26**, 3 bilden die Zahlen

$$\varrho_n = \varrho \cdot \log(1 + x_n)$$

eine Nullfolge. Nach **35**, 3 und **37**, 3 gilt dann dasselbe von den Zahlen

$$b^{\varrho_n} - 1 = (1 + x_n)^\varrho - 1 = z_n, \qquad \text{w. z. b. w.}$$

§ 8. Konvergente Zahlenfolgen.

Definitionen.

Bei der Betrachtung des Verhaltens einer vorgelegten Zahlenfolge haben wir bisher in der Hauptsache darauf geachtet, ob sie eine Nullfolge ist oder nicht. Indem wir diesen Gesichtspunkt in naheliegender Weise ein wenig erweitern, gelangen wir zu dem wichtigsten Begriff, mit dem wir uns überhaupt zu beschäftigen haben, nämlich dem *der Konvergenz einer Zahlenfolge.*

Die Eigenschaft einer Zahlenfolge (x_n), Nullfolge zu sein, haben wir (vgl. **10**, 10) schon dahin beschrieben, daß wir sagten: Ihre Glieder *werden* klein, werden *beliebig klein* mit wachsendem n. Wir könnten auch sagen: Ihre Glieder nähern sich mit wachsendem n dem Werte 0 — allerdings ohne ihn im allgemeinen jemals zu erreichen; aber sie nähern sich diesem Werte in dem Sinn *beliebig*, als die Beträge der Glieder (also doch ihre *Abstände von* 0) unter jede noch so kleine Zahl ε (> 0) herabsinken. Ersetzen wir bei dieser Auffassung den Wert 0 durch irgendeine andere reelle Zahl ξ, so würde es sich um eine Zahlenfolge (x_n) handeln, bei der die Abstände der Glieder von der bestimmten Zahl ξ, also nach **3**, II, 6. die Werte $|x_n - \xi|$, mit wachsendem n unter jede (noch so kleine) Zahl $\varepsilon > 0$ herabsinken. Wir präzisieren diesen Sachverhalt zu folgender

39. °**Definition.** *Ist* (x_n) *eine vorgelegte Zahlenfolge und steht sie zu einer bestimmten Zahl* ξ *in der Beziehung, daß*

$$(x_n - \xi)$$

eine ***Nullfolge*** *bildet*[1], *so sagt man, die Folge* (x_n) ***konvergiert*** *oder sie ist* ***konvergent.*** *Die Zahl* ξ *nennt man dann den* ***Grenzwert*** *oder den* ***Limes*** *dieser Folge und sagt auch, sie konvergiere gegen* ξ, *ihre Glieder nähern sich dem (Grenz-) Werte* ξ, *sie streben gegen* ξ, *haben den Limes* ξ. *Man drückt diese Tatsache durch die Symbole*

$$x_n \to \xi \qquad \textit{oder} \qquad \lim x_n = \xi$$

aus und schreibt auch, um deutlicher zu machen, daß die Annäherung an ξ *dadurch vor sich geht, daß der Index n immer größer und größer genommen wird, vielfach*[2]

$$x_n \to \xi \quad \textit{für} \quad n \to \infty \qquad \textit{oder} \qquad \lim_{n\to\infty} x_n = \xi.$$

Indem wir die Definition der Nullfolge in die neue Definition mit hineinnehmen, können wir auch sagen:

Es strebt $x_n \to \xi$ *für* $n \to \infty$ *(oder es ist* $\lim\limits_{n\to\infty} x_n = \xi$*), wenn nach Wahl von* $\varepsilon > 0$ *sich stets eine Zahl* $n_0 = n_0(\varepsilon)$ *so angeben läßt, daß für alle* $n > n_0$ *immer*

$$|x_n - \xi| < \varepsilon$$

ausfällt.

Bemerkungen und Beispiele.

1. Statt zu sagen „(x_n) ist eine Nullfolge“, können wir jetzt kürzer „$x_n \to 0$“ schreiben. Die Nullfolgen sind konvergente Zahlenfolgen mit dem speziellen Grenzwerte 0.

2. Sinngemäß gelten daher alle unter **10** gemachten Bemerkungen auch jetzt, da es sich ja nur um eine naheliegende Verallgemeinerung des Begriffs der Nullfolge handelt.

3. Nach **31**, 3 und **38**, 5 strebt für $a > 0$

$$\sqrt[n]{a} \to 1 \quad \text{und} \quad \sqrt[n]{n} \to 1\,.$$

4. Ist $(x_n \mid y_n) = \sigma$, so strebt $x_n \to \sigma$ und auch $y_n \to \sigma$. Denn es ist

$$|x_n - \sigma| \quad \text{und auch} \quad |y_n - \sigma| \leqq |y_n - x_n|,$$

so daß beide nach **26**, 1 zugleich mit $(y_n - x_n)$ Nullfolgen bilden.

5. Für $x_n = 1 - \frac{(-1)^n}{n}$, also für die Folge $2, \frac{1}{2}, \frac{4}{3}, \frac{3}{4}, \frac{6}{5}, \frac{5}{6}, \ldots$ strebt $x_n \to 1$, denn $|x_n - 1| = \frac{1}{n}$ bildet eine Nullfolge.

6. Geometrisch gesprochen bedeutet $x_n \to \xi$, daß alle Glieder mit hinreichend hohem Index in der Nähe des festen Punktes ξ gelegen sind. Oder schärfer (vgl. **10**, 13), daß in jeder ε-Umgebung von ξ *alle Glieder mit höchstens endlich vielen Ausnahmen* gelegen sind[3]. — Bei der Veranschaulichung **7**, 6 ziehen wir durch

---

[1] Oder, was nach **10**, 5 auf genau dasselbe hinausläuft: $(\xi - x_n)$ oder $|x_n - \xi|$.

[2] Sprich: „x_n (strebt) gegen ξ für n gegen ∞“ bzw. „Limes x_n für n gegen ∞ ist gleich ξ“. — Im Hinblick auf die Definitionen **40**, 2 und 3 wäre es korrekter, hier „$n \to +\infty$ zu schreiben; doch läßt man das $+$-Zeichen zur Vereinfachung meist fort.

[3] Vielfach sagt man dafür auch kürzer: In jeder ε-Umgebung von ξ sollen „fast alle“ Glieder der Folge gelegen sein. Doch hat die Aussage „fast alle“ auch noch andere Bedeutungen, z. B. in der Lehre von den Punktmengen.

die beiden Punkte $(0, \xi \pm \varepsilon)$ Parallelen zur Abszissenachse und können sagen: Es strebt $x_n \to \xi$, falls das ganze Bild der Folge (x_n), von einem endlichen Anfangsstück abgesehen, in jedem solchen (noch so schmalen) ε-Streifen gelegen ist.

7. Auf das entschiedenste zu verwerfen ist eine oft gehörte laxe Ausdrucksweise, die für $x_n \to \xi$ sagt „für $n = \infty$ sei $x_n = \xi$". Denn *eine natürliche Zahl* $n = \infty$ *gibt es nicht*, und x_n *braucht niemals* $= \xi$ zu sein. Es handelt sich durchaus nur um einen durch alles Vorangehende nun wohl hinreichend geklärten Annäherungsprozeß, von dem es gar keinen Zweck hat, sich ihn in irgendeiner Form *vollendet* zu denken. (In älteren Lehrbüchern und Abhandlungen findet man jedoch häufig die symbolische Schreibweise „$\lim\limits_{n=\infty} x_n = \xi$", gegen die sich, weil sie ja nur symbolisch gemeint ist, nichts sagen läßt, — außer eben, daß sie ungeschickt ist, und daß die Schreibweise „$n = \infty$" notwendig Verwirrung über den Begriff des Unendlichen in der Mathematik stiften muß.)

8. Strebt $x_n \to \xi$, so bezeichnet man die einzelnen Glieder der Folge (x_n) auch wohl als *Näherungswerte von* ξ und die Differenz $\xi - x_n$ als den *Fehler*, der dem Näherungswerte x_n anhaftet.

9. Die Bezeichnung „*konvergent*" scheint zuerst von J. GREGORY (Vera circuli et hyperbolae quadratura, Padua 1667), die Bezeichnung „*divergent*" (**40**) von JOH. BERNOULLI (Brief an LEIBNIZ vom 7. 4. 1713) gebraucht zu sein. Die Bezeichnung des Grenzwertes durch ein vorausgesetztes „lim" ist durch die Veröffentlichungen von A. L. CAUCHY (s. S. 73, Fußn. 3) gebräuchlich geworden, die besonders glückliche Bezeichnung mit Hilfe des Pfeils ($\to$) durch diejenigen von G. H. HARDY (seit 1906), der sie seinerseits auf J. G. LEATHAM (1905) zurückführt.

An die Definition der Konvergenz schließen wir sogleich diejenige der Divergenz:

40. °**Definition 1.** *Jede Zahlenfolge, die nicht im Sinne der vorstehenden Definition konvergiert, heißt* ***divergent.***

Hiernach sind z. B. die Folgen **6**, 2, 4, 7, 8, 11 sicher divergent.

Unter den divergenten Folgen zeichnet sich eine Art durch besondere Einfachheit und Durchsichtigkeit des Verhaltens aus, z. B. die Folgen (n^2), (n), (a^n) mit $a > 1$, $(\log n)$, u. a. Das ihnen Gemeinsame ist ersichtlich, daß die Glieder mit wachsendem n jede noch so hohe Schranke übersteigen. Man sagt darum wohl auch, sie streben gegen $+\infty$, sie (bzw. ihre Glieder) werden unendlich groß. Wir präzisieren den Sachverhalt in folgender

Definition 2. *Hat die Folge* (x_n) *die Eigenschaft, daß nach Wahl einer beliebigen (großen) positiven Zahl* G *sich immer noch eine Zahl* n_0 *so angeben läßt, daß für alle* $n > n_0$ *stets*

$$x_n > G$$

ist[1], *so wollen wir sagen,* (x_n) *divergiert gegen* $+\infty$, *strebt gegen* $+\infty$ *oder ist bestimmt divergent*[2] *mit dem Grenzwert* $+\infty$; *und wir schreiben dann*

$$x_n \to +\infty \quad (\textit{für } n \to \infty) \quad \textit{oder} \quad \lim x_n = +\infty \quad \textit{bzw.} \quad \lim_{n\to\infty} x_n = +\infty.$$

---

[1] Man beachte, daß hier nicht von den *Beträgen* $|x_n|$, sondern von den Zahlen x_n selbst gefordert wird, daß sie $> G$ sein sollen.

[2] Manchmal sagt man sogar — in scheinbarer Verdrehung der Tatsachen — die Folge konvergiere gegen $+\infty$, weil das in Definition 2 beschriebene Verhalten in vieler Beziehung dem der Konvergenz (**39**) sehr nahe steht.

Es bedeutet nur eine Vertauschung von rechts und links, wenn wir weiter definieren:

Definition 3. *Hat die Folge (x_n) die Eigenschaft, daß nach Wahl einer beliebigen (absolut großen) negativen Zahl $-G$ sich immer noch eine Zahl n_0 so angeben läßt, daß für alle $n > n_0$ stets*

$$x_n < -G$$

ist, so wollen wir sagen, (x_n) divergiert gegen $-\infty$, strebt gegen $-\infty$ oder ist bestimmt divergent[1] *mit dem Grenzwert $-\infty$; und wir schreiben*

$$x_n \to -\infty \quad (\textit{für } n \to \infty) \quad \textit{oder} \quad \lim x_n = -\infty \quad \textit{bzw.} \quad \lim_{n\to\infty} x_n = -\infty.$$

Bemerkungen und Beispiele.

1. Die Folgen (n), (n^2), (n^α) für $\alpha > 0$, $(\log n)$, $(\log^\alpha n)$ für $\alpha > 0$ streben gegen $+\infty$, diejenigen, deren Glieder entgegengesetzte Werte haben, streben gegen $-\infty$.

2. Allgemein: Strebt $x_n \to +\infty$, so strebt $x'_n = -x_n \to -\infty$ und umgekehrt. — Darum genügt es weiterhin im wesentlichen, von den beiden Formen der Divergenz $\to +\infty$ und $\to -\infty$ nur die eine, etwa die Divergenz $\to +\infty$ zu betrachten.

3. In geometrischer Sprache bedeutet $x_n \to +\infty$ natürlich, daß, wie man auch (sehr weit rechts) einen Punkt $+G$ wählen möge, doch alle Punkte x_n, von höchstens endlich vielen Ausnahmen abgesehen, noch rechts von ihm gelegen sind. — Bei der Veranschaulichung **7**, 6 besagt es: Wie hoch oberhalb der Abszissenachse man auch eine Parallele zu ihr ziehen mag, es liegt doch das ganze Bild der Folge (x_n) — von einem endlichen Anfangsstück abgesehen — noch oberhalb derselben.

4. Das Streben gegen $+\infty$ oder gegen $-\infty$ braucht kein monotones zu sein; so ist z. B. auch die Folge $1, 2^1, 2, 2^2, 3, 2^3, 4, 2^4, \ldots, k, 2^k, \ldots$ gegen $+\infty$ divergent.

5. Die Folge $1, -2, +3, -4, \ldots, (-1)^{n-1} n, \ldots$ ist weder nach $+\infty$ noch nach $-\infty$ divergent. Dies veranlaßt uns noch zu der

Definition 4. *Von einer Folge (x_n), die entweder im Sinne der Definition* **39** *konvergiert oder im Sinne der Definitionen* **40**, *2 und 3 bestimmt divergiert, wollen wir sagen, daß sie sich (für $n \to \infty$) bestimmt verhält. Alle übrigen Folgen, die also weder konvergieren noch bestimmt divergieren, sollen* ***unbestimmt divergent*** *oder kurz* ***unbestimmt*** *heißen*[2].

---

[1] Siehe Fußnote 2 S. 66.

[2] Es handelt sich also um drei typische Verhaltungsweisen einer Zahlenfolge, nämlich: a) Konvergenz gegen eine Zahl ξ, gemäß **39**; b) Divergenz gegen $+\infty$ oder $-\infty$, gemäß **40**, 2 u. 3; c) keins von beiden. — Da das Verhalten b) manche Analogien mit a) und manche mit c) aufweist, schwankt hier der Sprachgebrauch. Man rechnet b) zwar allgemein zur Divergenz (die Ausdrucksweise, die in der vorigen Fußnote erwähnt wurde, läßt sich nicht konsequent durchhalten), spricht aber andrerseits doch von den „Grenzwerten" $+\infty$ oder $-\infty$. — Wir sprechen also in den Fällen a) und b) von einem bestimmten, im Falle c) von einem unbestimmten Verhalten; im Falle a), und nur in diesem, von Konvergenz, in den Fällen b) und c) von Divergenz. — Statt „bestimmt und unbestimmt divergent" sagt man auch „eigentlich und uneigentlich divergent". Da aber,

Beispiele und Bemerkungen.

1. Die Folgen $([-1]^n)$, $([-2]^n)$, (a^n) für $a \leqq -1$, ebenso die Folgen 0, 1, 0, 2, 0, 3, 0, 4, ... und 0, -1, 0, -2, 0, -3, ..., ferner die Folgen **6**, 4, 8 sind ersichtlich unbestimmt divergent.

2. Dagegen weist die Folge $(|a^n|)$ für beliebiges reelles a, und weisen die Folgen $(3^n + (-2)^n)$, $(n + (-1)^n \log n)$, $(n^2 + (-1)^n n)$ trotz aller Unregelmäßigkeiten im einzelnen doch ein *bestimmtes* Verhalten auf.

3. Die geometrische Deutung des unbestimmten Verhaltens ergibt sich unmittelbar daraus, daß weder Konvergenz (s. **39**, 6) noch bestimmte Divergenz (s. **40**, 3, Bem. 3) stattfinden soll.

4. Aus $x_n \to +\infty$ und aus $x_n \to -\infty$ folgt, falls alle Glieder $\neq 0$ sind[1], stets $\frac{1}{x_n} \to 0$; denn aus $|x_n| > G = \frac{1}{\varepsilon}$ folgt ja sofort $\left|\frac{1}{x_n}\right| < \varepsilon$. — Dagegen braucht aus $x_n \to 0$ sich kein bestimmtes Verhalten für $\left(\frac{1}{x_n}\right)$ zu ergeben. Beispiel: Für $x_n = \frac{(-1)^n}{n}$ strebt $x_n \to 0$, aber $\left(\frac{1}{x_n}\right)$ ist unbestimmt divergent. — Dagegen gilt ersichtlich der leicht zu beweisende

Satz. *Ist (x_n) eine Nullfolge, deren Glieder einerlei Vorzeichen haben, so ist die Folge $\left(\frac{1}{x_n}\right)$ bestimmt divergent, und zwar gegen $+\infty$ oder gegen $-\infty$, je nachdem alle x_n positiv oder alle negativ sind.*

Zur bequemeren Verständigung in häufig vorkommenden Fällen führen wir endlich noch die folgende Ausdrucksweise ein:

°**Definition 5.** *Stehen zwei Zahlenfolgen (x_n) und (y_n), die nicht zu konvergieren brauchen, zueinander in der Beziehung, daß der Quotient*

$$\frac{x_n}{y_n}$$

für $n \to +\infty$ einem bestimmten, endlichen und von 0 verschiedenen Grenzwert zustrebt[2], so wollen wir sagen, beide Folgen sind ***asymptotisch proportional*** *und schreiben dafür kurz*

$$x_n \sim y_n .$$

Ist dieser Grenzwert speziell gleich 1, so nennen wir die Folgen ***asymptotisch gleich*** *und schreiben prägnanter*

$$x_n \cong y_n .$$

wie betont, die bestimmte Divergenz noch viele Analogien mit der Konvergenz aufweist und bei ihr noch von einem Grenzwert gesprochen wird, erscheint es nicht ratsam, diesen Fall gerade als den der eigentlichen Divergenz zu bezeichnen.

[1] Von einer Stelle an ist dies von selbst der Fall.

[2] Die x_n und y_n müssen dann von selbst *von einer Stelle ab* $\neq 0$ sein. Für *alle* n soll dies durch die obige Definition nicht gefordert sein.

So ist z. B.

$$\sqrt{n^2+1} \cong n, \quad \log(5n^9+23) \sim \log n, \quad \sqrt{n+1} - \sqrt{n} \sim \frac{1}{\sqrt{n}},$$

$$1 + 2 + \cdots + n \sim n^2, \quad 1^2 + 2^2 + \cdots + n^2 \cong \tfrac{1}{3} n^3.$$

Diese Bezeichnungen rühren im Prinzip von P. DU BOIS-REYMOND her (Annali di matematica pura ed appl. (2) IV, S. 338, 1870/71).

An diese Definitionen schließen wir nun sogleich eine Anzahl einfacher, aber durchaus grundlegender

Sätze über konvergente Zahlenfolgen.

°**Satz 1.** *Eine konvergente Zahlenfolge bestimmt ihren Grenzwert völlig eindeutig*[1]. 41.

Beweis. Hat man $x_n \to \xi$ und zugleich $x_n \to \xi'$, so sind $(x_n - \xi)$ und $(x_n - \xi')$ Nullfolgen. Nach **28**, 2 ist dann auch

$$((x_n - \xi) - (x_n - \xi')) = (\xi' - \xi)$$

eine Nullfolge, d. h. es ist $\xi = \xi'$, w. z. b. w.[2]

°**Satz 2.** *Eine konvergente Zahlenfolge (x_n) ist stets beschränkt. Und ist stets $|x_n| \leqq K$, so gilt für den Grenzwert ξ, daß $|\xi| \leqq K$ ist*[3].

Beweis. Strebt $x_n \to \xi$, so läßt sich nach Wahl von $\varepsilon > 0$ die ganze Zahl m so angeben, daß für $n > m$ stets

$$\xi - \varepsilon < x_n < \xi + \varepsilon$$

---

[1] Durch eine konvergente Zahlenfolge ist also ihr Grenzwert ebenso eindeutig definiert (erfaßt, bestimmt, gegeben, ...), wie durch eine Intervallschachtelung oder einen DEDEKINDschen Schnitt die dort eingespannte Zahl. Daher können wir von nun an eine reelle Zahl auch als *gegeben* ansehen, wenn wir *eine gegen sie konvergierende Zahlenfolge* kennen. Und sagten wir früher kurz, eine Intervallschachtelung $(x_n \mid y_n)$ oder ein DEDEKINDscher Schnitt $(A \mid B)$ oder ein Systembruch *sei* eine reelle Zahl, so können wir jetzt mit demselben Recht sagen, eine gegen ξ konvergierende Zahlenfolge (x_n) *sei* die reelle Zahl ξ, in Zeichen: $(x_n) = \xi$. Näheres über diese von G. CANTOR zu seinem Aufbau der Lehre von den reellen Zahlen benutzte Auffassung s. S. 80 und 96.

[2] Der hier zuletzt benutzte, im ersten Augenblick vielleicht verblüffende Schluß ist einfach der: Wenn man von einem bestimmten Zahlenwert α weiß, daß für jedes $\varepsilon > 0$ stets $|\alpha| < \varepsilon$ ist, so muß notwendig $\alpha = 0$ sein. Denn 0 ist die einzige Zahl, deren Betrag kleiner ist als *jede* positive Zahl ε. (Es ist nämlich wirklich $|0| < \varepsilon$ für jedes $\varepsilon > 0$. Ist aber $\alpha \neq 0$, also $|\alpha| > 0$, so ist $|\alpha|$ gewiß *nicht* kleiner als die positive Zahl $\varepsilon = \frac{1}{2}|\alpha|$.) — Ebenso: Weiß man von einem bestimmten Zahlenwert α, daß für jedes $\varepsilon > 0$ stets $\alpha \leqq K + \varepsilon$ ist, so muß sogar die Ungleichung $\alpha \leqq K$ erfüllt sein. Das hier in Rede stehende Schlußverfahren „*Ist für jedes $\varepsilon > 0$ stets $|\alpha| < \varepsilon$, so ist notwendig $\alpha = 0$*" ist genau das schon von den griechischen Mathematikern (vgl. EUKLID: Elemente X) ständig benutzte und später als *Exhaustionsmethode* bezeichnete Verfahren.

[3] Hier ist auf das Gleichheitszeichen in „$|\xi| \leqq K$" auch dann nicht zu verzichten, wenn für alle n stets $|x_n| < K$ ist.

ist. Bedeutet also K_1 eine Zahl, die die endlich vielen Werte $|x_1|, |x_2|, \ldots, |x_m|$ und $|\xi| + \varepsilon$ übertrifft, so ist ersichtlich stets

$$|x_n| < K_1,$$

die Folge also beschränkt. Ist dann K irgendeine Schranke der $|x_n|$ und wäre $|\xi| > K$, so wäre $|\xi| - K > 0$ und also von einer Stelle an

$$|\xi| - |x_n| \leqq |x_n - \xi| < |\xi| - K,$$

also $|x_n| > K$, entgegen der Bedeutung von K.

°**Satz 2a.** *Aus $x_n \to \xi$ folgt $|x_n| \to |\xi|$.*

Beweis. Es ist (s. **3**, II, 4)

$$\big||x_n| - |\xi|\big| \leqq |x_n - \xi|,$$

also $(|x_n| - |\xi|)$ nach **26**, 2 zugleich mit $(x_n - \xi)$ eine Nullfolge.

°**Satz 3.** *Hat die konvergente Zahlenfolge (x_n) lauter von 0 verschiedene Glieder und ist auch ihr Grenzwert $\xi \neq 0$, so ist die Folge $\left(\frac{1}{x_n}\right)$ beschränkt, oder: so gibt es eine Zahl $\gamma > 0$, so daß stets $|x_n| \geqq \gamma > 0$ ist; die Zahlen $|x_n|$ besitzen also eine noch positive untere Schranke.*

Beweis. Nach Voraussetzung ist $\frac{1}{2}|\xi| = \varepsilon > 0$, und es gibt also eine ganze Zahl m, so daß für $n > m$ stets $|x_n - \xi| < \varepsilon$ und also $|x_n| > \frac{1}{2}|\xi|$ ist[1]. Bezeichnet man die kleinste der endlich vielen positiven Zahlen $|x_1|, |x_2|, \ldots, |x_m|$ und $\frac{1}{2}|\xi|$ mit γ, so ist auch noch $\gamma > 0$ und stets $|x_n| \geqq \gamma$, $\left|\frac{1}{x_n}\right| \leqq K = \frac{1}{\gamma}$, w. z. b w.

Wendet man, wenn eine gegen ξ konvergierende Zahlenfolge (x_n) vorliegt, auf die Nullfolge $(x_n - \xi)$ die Sätze **27**, 1 bis 5 an, so hat man unmittelbar die Sätze:

°**Satz 4.** *Ist (x'_n) eine Teilfolge von (x_n), so folgt*

$$\textit{aus} \quad x_n \to \xi \quad \textit{stets} \quad x'_n \to \xi.$$

°**Satz 5.** *Läßt sich eine Folge (x_n) so in zwei Teilfolgen*[2] *zerlegen, daß jede derselben gegen ξ konvergiert, so ist das auch mit (x_n) selbst der Fall.*

°**Satz 6.** *Ist (x'_n) eine beliebige Umordnung von (x_n), so folgt*

$$\textit{aus} \quad x_n \to \xi \quad \textit{stets} \quad x'_n \to \xi.$$

°**Satz 7.** *Strebt $x_n \to \xi$ und entsteht (x'_n) aus (x_n) durch endlich viele Änderungen, so strebt auch $x'_n \to \xi$.*

---

[1] Für $n > m$ sind also von selbst alle $x_n \neq 0$.

[2] Oder *drei* oder irgendeine *bestimmte* Anzahl.

Satz 8. *Strebt* $x'_n \to \xi$ *und ebenso* $x''_n \to \xi$, *und steht die Folge* (x_n) *zu den Folgen* (x'_n) *und* (x''_n) *in der Beziehung, daß von einer Stelle m an stets*

$$x'_n \leqq x_n \leqq x''_n$$

ist, so strebt auch $x_n \to \xi$.

Das *Rechnen* endlich mit den konvergenten Zahlenfolgen wird durch die folgenden vier Sätze begründet:

°**Satz 9.** *Aus* $x_n \to \xi$ *und* $y_n \to \eta$ *folgt stets* $(x_n + y_n) \to \xi + \eta$, *und das Entsprechende gilt für die gliedweise Addition irgendeiner festen Anzahl — etwa* p *— konvergenter Zahlenfolgen.*

Beweis. Mit $(x_n - \xi)$ und $(y_n - \eta)$ ist nach **28**, 1 auch

$$((x_n + y_n) - (\xi + \eta))$$

eine Nullfolge. — Ebenso folgt nach **28**, 2 der

°**Satz 9a.** *Aus* $x_n \to \xi$ *und* $y_n \to \eta$ *folgt stets* $(x_n - y_n) \to \xi - \eta$.

°**Satz 10.** *Aus* $x_n \to \xi$ *und* $y_n \to \eta$ *folgt stets* $x_n y_n \to \xi\eta$, *und das Entsprechende gilt für die gliedweise Multiplikation irgendeiner festen Anzahl — etwa* p *— konvergenter Zahlenfolgen.*

Speziell: *Aus* $x_n \to \xi$ *folgt stets* $c x_n \to c\xi$, *welche Zahl auch* c *bedeuten möge.*

Beweis. Es ist

$$x_n y_n - \xi\eta = (x_n - \xi)\, y_n + (y_n - \eta)\, \xi;$$

und da hier rechterhand zwei Nullfolgen gliedweise mit beschränkten Faktoren multipliziert und dann addiert sind, so ist der Ausdruck selbst Glied einer Nullfolge, w. z. b. w.

°**Satz 11.** *Aus* $x_n \to \xi$ *und* $y_n \to \eta$ *folgt, falls alle* $x_n \neq 0$ *sind und auch* $\xi \neq 0$ *ist, stets*

$$\frac{y_n}{x_n} \to \frac{\eta}{\xi}.$$

Beweis. Es ist

$$\frac{y_n}{x_n} - \frac{\eta}{\xi} = \frac{y_n \xi - x_n \eta}{x_n \cdot \xi} = \frac{(y_n - \eta)\,\xi - (x_n - \xi)\,\eta}{x_n \cdot \xi}.$$

Hier steht im Zähler aus denselben Gründen wie soeben eine Nullfolge, und die Faktoren $\frac{1}{\xi \cdot x_n}$ sind nach Satz 3 beschränkt. Also ist der ganze Ausdruck wieder Glied einer Nullfolge. — Nur ein Spezialfall hiervon ist der

°**Satz 11a.** *Aus $x_n \to \xi$ folgt, falls alle x_n und auch ξ von 0 verschieden sind, daß stets*

$$\frac{1}{x_n} \to \frac{1}{\xi}$$

strebt[1].

Diese grundlegenden Sätze 8—11 führen nach wiederholter Anwendung zu dem folgenden umfassenderen

°**Satz 12.** *Es sei $R = R(x^{(1)}, x^{(2)}, x^{(3)}, \ldots, x^{(p)})$ ein Ausdruck, der durch endlich viele Additionen, Subtraktionen, Multiplikationen und Divisionen aus den Buchstaben $x^{(1)}, x^{(2)}, \ldots, x^{(p)}$ unter Hinzunahme beliebiger Zahlenkoeffizienten gebildet ist*[2], *und es seien*

$$(x_n^{(1)}), \quad (x_n^{(2)}), \quad \ldots, \quad (x_n^{(p)})$$

p gegebene Zahlenfolgen, die der Reihe nach gegen $\xi^{(1)}, \xi^{(2)}, \ldots, \xi^{(p)}$ konvergieren. Dann strebt die Folge der Zahlen

$$R_n = R(x_n^{(1)}, x_n^{(2)}, \ldots, x_n^{(p)}) \to R(\xi^{(1)}, \xi^{(2)}, \ldots, \xi^{(p)}),$$

falls weder bei der Berechnung der Glieder R_n noch der des Wertes $R(\xi^{(1)}, \xi^{(2)}, \ldots, \xi^{(p)})$ die Division durch 0 verlangt wird.

Auf Grund dieser Sätze beherrschen wir die formale Handhabung konvergenter Zahlenfolgen. Wir geben noch einige weitere

Beispiele.

42. 1. Aus $x_n \to \xi$ folgt bei $a > 0$ stets

$$a^{x_n} \to a^{\xi}.$$

Denn

$$a^{x_n} - a^{\xi} = a^{\xi}(a^{x_n - \xi} - 1)$$

ist nach **35**, 3 eine Nullfolge.

2. Aus $x_n \to \xi$ folgt, falls alle x_n und auch $\xi > 0$ sind, daß auch

$$\log x_n \to \log \xi$$

strebt.

Beweis. Es ist

$$\log x_n - \log \xi = \log \frac{x_n}{\xi} = \log\left(1 + \frac{x_n - \xi}{\xi}\right),$$

was nach **38**, 7 eine Nullfolge ist, da mit $x_n > 0$ auch $\dfrac{x_n - \xi}{\xi} > -1$ ist.

---

[1] Bei den Sätzen 3, 11 und 11a ist an den Voraussetzungen nur wesentlich, daß der in den Nenner tretende Grenzwert $\neq 0$ ist, denn dann sind von einer Stelle m ab die im Nenner stehenden Glieder von selbst $\neq 0$, und man brauchte nur „endlich viele Änderungen" vorzunehmen oder die neue Folge erst für $n > m$ zu betrachten (vgl. **7**, 2), damit dies stets der Fall ist.

[2] Kürzer: eine rationale Funktion der p Variablen $x^{(1)}, x^{(2)}, \ldots, x^{(p)}$ mit beliebigen Zahlenkoeffizienten.

3. Unter denselben Voraussetzungen wie bei 2. strebt auch

$$x_n^\varrho \to \xi^\varrho$$

bei beliebigem reellem ϱ.

Beweis. Es ist

$$x_n^\varrho - \xi^\varrho = \xi^\varrho\left(\frac{x_n^\varrho}{\xi^\varrho} - 1\right) = \xi^\varrho\left[\left(1 + \frac{x_n - \xi}{\xi}\right)^\varrho - 1\right],$$

was nach **38**, 8 eine Nullfolge ist, da $\frac{x_n - \xi}{\xi} > -1$ ist und für $n \to \infty$ gegen 0 strebt[1]. (Hierzu bildet noch **35**, 4 eine gewisse Ergänzung.)

Der CAUCHYsche Grenzwertsatz und seine Verallgemeinerungen.

Wesentlich tiefer und weiterhin von großer Bedeutung ist eine Gruppe von Grenzwertsätzen[2], die in ihrer einfachsten Form von CAUCHY[3] herrühren und in neuerer Zeit nach verschiedenen Richtungen hin erweitert wurden. Es gilt zunächst der einfache

°**Satz 1.** *Ist* $(x_0, x_1, \ldots)$ *eine Nullfolge, so bilden auch die arithmetischen Mittel* **43.**

$$x_n' = \frac{x_0 + x_1 + \cdots + x_n}{n+1}, \qquad (n = 0, 1, 2, \ldots),$$

eine Nullfolge.

Beweis. Wird $\varepsilon > 0$ gegeben, so kann man m so wählen, daß für $n > m$ stets $|x_n| < \frac{\varepsilon}{2}$ ausfällt. Dann ist für diese n

$$|x_n'| \leqq \frac{|x_0 + x_1 + \cdots + x_m|}{n+1} + \frac{\varepsilon}{2}\,\frac{n-m}{n+1}.$$

Und da nun im Zähler des ersten Bruches rechterhand eine feste Zahl steht, so kann man weiter $n_0 > m$ so bestimmen, daß für $n > n_0$ dieser Bruch $< \frac{\varepsilon}{2}$ bleibt. Dann ist für $n > n_0$ aber stets $|x_n'| < \varepsilon$ — und unser Satz schon bewiesen. — Ein wenig allgemeiner, aber doch eine unmittelbare Folgerung ist der

[1] Die Bedeutung der Beispiele 1 bis 3 ist — in die Sprache der Funktionenlehre übertragen — die, daß die Funktion a^x an jeder Stelle, die Funktionen $\log x$ und x^ϱ an jeder positiven Stelle stetig sind.

[2] Das Studium dieser Sätze kann verschoben werden, bis in den späteren Kapiteln von ihnen Gebrauch gemacht wird. (Zuerst im IV. Kapitel.)

[3] AUGUSTIN LOUIS CAUCHY, geb. 1789 in Paris, gest. 1857 in Sceaux. In seinem Werke *Analyse algébrique*, Paris 1821 (deutsche Übersetzung: Berlin, Julius Springer, 1885), werden zum ersten Male in voller Strenge die Grundlagen der höheren Analysis, unter ihnen die Lehre von den unendlichen Reihen entwickelt. Wir werden es im folgenden oft zu nennen haben; der obige Satz 2 findet sich daselbst S. 59.

°**Satz 2.** *Strebt* $x_n \to \xi$, *so streben auch die arithmetischen Mittel*

$$x'_n = \frac{x_0 + x_1 + \cdots + x_n}{n+1} \to \xi.$$

Beweis. Mit $(x_n - \xi)$ ist nach Satz 1 auch

$$\frac{(x_0 - \xi) + (x_1 - \xi) + \cdots + (x_n - \xi)}{n+1} = x'_n - \xi$$

eine Nullfolge, w. z. b. w.

Aus diesem Satz läßt sich nun ganz leicht das Entsprechende für die geometrischen Mittel folgern.

Satz 3. *Die Folge* $(y_1, y_2, \ldots)$ *strebe* $\to \eta$, *und es seien alle ihre Glieder* y_n *sowie ihr Grenzwert* η *positiv. Dann strebt auch die Folge der geometrischen Mittel*

$$y'_n = \sqrt[n]{y_1 y_2 \ldots y_n} \to \eta.$$

Beweis. Aus $y_n \to \eta$ folgt, weil alles positiv ist, nach **42**, 2, daß

$$x_n = \log y_n \to \xi = \log \eta$$

strebt. Nach Satz 2 folgt hieraus, daß auch

$$x'_n = \frac{x_1 + x_2 + \cdots + x_n}{n} = \log \sqrt[n]{y_1 y_2 \ldots y_n} = \log y'_n \to \log \eta$$

strebt. Nach **42**, 1 liefert dies sofort die Richtigkeit unserer Behauptung.

Beispiele.

1. $\dfrac{1 + \frac{1}{2} + \cdots + \frac{1}{n}}{n} \to 0$, weil $\dfrac{1}{n} \to 0$ strebt.

2. $\sqrt[n]{n} = \sqrt[n]{1 \cdot \frac{2}{1} \cdot \frac{3}{2} \cdots \frac{n}{n-1}} \to 1$, weil $\dfrac{n}{n-1} \to 1$ strebt.

3. $\dfrac{1 + \sqrt{2} + \sqrt[3]{3} + \cdots + \sqrt[n]{n}}{n} \to 1$, weil $\sqrt[n]{n} \to 1$ strebt.

4. Wegen $\left(1 + \frac{1}{n}\right)^n \to e$ (s. **46a** im nächsten §) strebt nach Satz 3 auch

$$\sqrt[n]{\left(\frac{2}{1}\right)^1 \cdot \left(\frac{3}{2}\right)^2 \cdot \left(\frac{4}{3}\right)^3 \cdots \left(\frac{n+1}{n}\right)^n} = \sqrt[n]{\frac{(n+1)^n}{n!}} = \frac{n+1}{\sqrt[n]{n!}} \to e$$

oder also

$$\frac{1}{n} \sqrt[n]{n!} \to \frac{1}{e},$$

eine Beziehung, die man sich auch in der Form „$\sqrt[n]{n!} \cong \frac{n}{e}$" merken mag.

Wesentlich weitergehend und doch ebenso leicht beweisbar ist die folgende Verallgemeinerung der CAUCHYschen Sätze 1 und 2, die von O. TOEPLITZ herrührt[1]:

°**Satz 4.** *Es sei* $(x_0, x_1, \ldots)$ *wieder eine Nullfolge, und die Koeffizienten* $a_{\mu\nu}$ *des Schemas*

$$(\mathrm{A})\qquad \begin{cases} a_{00} \\ a_{10} \quad a_{11} \\ a_{20} \quad a_{21} \quad a_{22} \\ \cdots\cdots\cdots\cdots \\ \cdots\cdots\cdots\cdots \\ a_{n0} \quad a_{n1} \quad a_{n2} \quad \cdots \quad a_{nn} \\ \cdots\cdots\cdots\cdots\cdots\cdots \\ \cdots\cdots\cdots\cdots\cdots\cdots \end{cases}$$

mögen den beiden Bedingungen genügen:

(a) *In jeder Spalte steht eine Nullfolge, d. h. bei festem* $p \geqq 0$ *strebt*

$$a_{np} \to 0 \quad \textit{für} \quad n \to \infty.$$

(b) *Es gibt eine Konstante* K, *so daß die Summe der Beträge der Glieder einer jeden Zeile, also für jedes* n *die Summe*

$$|a_{n0}| + |a_{n1}| + \cdots + |a_{nn}| < K$$

bleibt. — Dann ist auch die Folge der Zahlen

$$x'_n = a_{n0}x_0 + a_{n1}x_1 + a_{n2}x_2 + \cdots + a_{nn}x_n$$

eine Nullfolge.

Beweis. Ist $\varepsilon > 0$ gegeben, so bestimme man m so, daß für $n > m$ stets $|x_n| < \frac{\varepsilon}{2K}$ bleibt. Dann ist für diese n

$$|x'_n| < |a_{n0}x_0 + \cdots + a_{nm}x_m| + \frac{\varepsilon}{2}.$$

Nach Voraussetzung (a) kann man nun (da m jetzt fest ist) $n_0 > m$ so wählen, daß für $n > n_0$ stets $|a_{n0}x_0 + \cdots + a_{nm}x_m| < \frac{\varepsilon}{2}$ bleibt. Da für diese n dann $|x'_n| < \varepsilon$ ist, so ist unser Satz schon bewiesen.

Für die Anwendungen handlich ist hierzu der folgende

°**Zusatz.** *Ersetzt man die Koeffizienten* $a_{\mu\nu}$ *durch andere Zahlen* $a'_{\mu\nu} = a_{\mu\nu} \cdot \alpha_{\mu\nu}$, *die aus den* $a_{\mu\nu}$ *durch Hinzufügung von Faktoren* $\alpha_{\mu\nu}$

---

[1] Der CAUCHYsche Satz 1 ist verschiedentlich verallgemeinert worden, so insbesondere von J. L. W. V. JENSEN: Om en Sätning af Cauchy. Tidskrift for Mathematik (5) Bd. 2. S. 81—84, 1884 und O. STOLZ: Über eine Verallgemeinerung eines Satzes von Cauchy, Mathem. Ann. Bd. 33, S. 237. 1889. Die obige von O. TOEPLITZ: Über lineare Mittelbildungen, Prace matematyczno-fizyczne Bd. 22, S. 113—119. 1911 herrührende Fassung ist darum eine in gewissem Sinne äußerste Verallgemeinerung, weil er (a. a. O.) zeigt, daß die in Satz 5 als hinreichend erkannten Bedingungen auch dazu *notwendig* sind, daß aus $x_n \to \xi$ *stets* $x'_n \to \xi$ folgt. (Vgl. hierzu **221** und die Arbeit von I. SCHUR: Über lineare Transformationen in der Theorie der unendlichen Reihen. Journ. f. d. reine u. angew. Math., Bd. 151, S. 79—111. 1920).

entstehen, die sämtlich absolut genommen unterhalb einer festen Konstanten α bleiben, so bilden auch die Zahlen

$$x_n'' = a_{n0}' x_0 + a_{n1}' x_1 + \cdots + a_{nn}' x_n$$

eine Nullfolge.

Beweis. Auch die $a_{\mu\nu}'$ erfüllen die Bedingungen (a) und (b) des Satzes 4, denn bei festem p strebt nach **26**, 1 $a_{np}' \to 0$, und es bleiben die Summen

$$|a_{n0}'| + |a_{n1}'| + \cdots + |a_{nn}'| < K' = \alpha \cdot K.$$

Aus Satz 4 folgt nun weiter der

°**Satz 5.** *Strebt $x_n \to \xi$ und erfüllen die $a_{\mu\nu}$ außer den Bedingungen* (a) *und* (b) *des Satzes* 4 *noch die weitere, daß*

(c) $$a_{n0} + a_{n1} + \cdots + a_{nn} = A_n \to 1$$

strebt[1], *so konvergiert auch die Folge der Zahlen*

$$x_n' = a_{n0} x_0 + a_{n1} x_1 + \cdots + a_{nn} x_n \to \xi.$$

Beweis. Es ist jetzt

$$x_n' = A_n \cdot \xi + a_{n0}(x_0 - \xi) + a_{n1}(x_1 - \xi) + \cdots + a_{nn}(x_n - \xi),$$

woraus sich nun infolge der neuen Bedingung (c) und nach Satz 4 sofort die neue Behauptung ergibt.

Ehe wir zu diesen wichtigen Sätzen Anwendungen und Beispiele geben, beweisen wir noch die folgende in eine neue Richtung weisende Verallgemeinerung:

°**Satz 6.** *Erfüllen die Koeffizienten $a_{\mu\nu}$ des Schemas* (A) *außer den in Satz* 4 *und* 5 *genannten Bedingungen* (a), (b) *und* (c) *noch die weitere, daß*

(d) *auch die Zahlen jeder „Schräglinie" in* (A) *eine Nullfolge bilden, daß also bei festem p für $n \to +\infty$ auch $a_{n\,n-p} \to 0$ strebt, so folgt aus $x_n \to \xi$ und $y_n \to \eta$, daß die Zahlen*

$$z_n = a_{n0} x_0 y_n + a_{n1} x_1 y_{n-1} + \cdots + a_{nn} x_n y_0 \to \xi \cdot \eta$$

streben[2].

Beweis. Wegen

$$x_\nu y_{n-\nu} = (x_\nu - \xi) y_{n-\nu} + \xi \cdot y_{n-\nu}$$

ist

$$z_n = \sum_{\nu=0}^{n} a_{n\nu} y_{n-\nu}(x_\nu - \xi) + \xi \cdot \sum_{\nu=0}^{n} a_{n\nu} y_{n-\nu}.$$

Hier strebt der erste Summand nach Satz 4 und dessen Zusatz gegen 0,

---

[1] Bei den Anwendungen wird meist $A_n \equiv 1$ sein.

[2] Für positive $a_{\mu\nu}$ findet sich dieser Satz in der Note des Verfassers „Über Summen der Form $a_0 b_n + a_1 b_{n-1} + \cdots + a_n b_0$" (Rend. del circolo mat. di Palermo, Bd. 32, S. 95—110. 1911).

weil $(x_\nu - \xi)$ eine Nullfolge ist und die Faktoren $y_{n-\nu}$ beschränkt bleiben. Und schreibt man den zweiten Summanden in der Form

$$\xi \cdot \sum_{\nu=0}^{n} a_{n\,n-\nu}\, y_\nu = \xi \cdot \sum_{\nu=0}^{n} a'_{n\nu}\, y_\nu ,$$

so erkennt man nach Satz 5, daß derselbe und somit auch $z_n \to \xi\eta$ strebt; denn wegen (d) erfüllen die Zahlen $a'_{n\nu} = a_{n\,n-\nu}$ genau die dortige Voraussetzung (a).

Bemerkungen, Anwendungen, Beispiele. **44.**

1. Satz 1 ist ein Spezialfall von Satz 4; man hat in letzterem nur

$$a_{n0} = a_{n1} = \cdots = a_{nn} = \frac{1}{n+1}, \qquad (n = 0, 1, 2, \ldots),$$

zu setzen. Satz 2 ist derselbe Spezialfall von Satz 5. Die Bedingungen (a), (b), (c) sind erfüllt.

2. Sind $\alpha_0, \alpha_1, \ldots$ irgendwelche *positive* Zahlen, für die die Summen

$$\alpha_0 + \alpha_1 + \cdots + \alpha_n = \sigma_n \to +\infty$$

streben, so folgt aus $x_n \to \xi$, daß auch

$$x'_n = \frac{\alpha_0 x_0 + \alpha_1 x_1 + \cdots + \alpha_n x_n}{\alpha_0 + \alpha_1 + \cdots + \alpha_n} \to \xi$$

strebt[1]. In der Tat hat man nur in Satz 5

$$a_{n\nu} = \frac{\alpha_\nu}{\sigma_n}, \qquad \begin{cases} n = 0, 1, 2, \ldots, \\ \nu = 0, 1, \ldots, n, \end{cases}$$

zu setzen, um die Richtigkeit dieser Behauptung zu erkennen. Die Bedingungen (a), (b), (c) sind erfüllt. — Für $\alpha_n \equiv 1$ erhält man wieder Satz 2.

2a. Der Satz der vorigen Nummer bleibt auch noch für $\xi = +\infty$ oder $\xi = -\infty$ bestehen. Dasselbe gilt auch noch für den allgemeinen Satz 5, falls dort alle $a_{\mu\nu} \geqq 0$ sind. Denn strebt $x_n \to +\infty$ und wird, ähnlich wie beim Beweise von Satz 4, nach Wahl von $G > 0$ ein m so gewählt, daß für $n > m$ stets $x_n > G + 1$ ist, so ist für diese n

$$x'_n > (G+1)(a_{n\,m+1} + \cdots + a_{nn}) - a_{n0}|x_0| - \cdots - a_{nm}|x_m|\,.$$

Wegen der Bedingungen (a) und (c) bei Satz 4 und 5 läßt sich daher ein n_0 so wählen, daß für $n > n_0$ stets $x'_n > G$ bleibt. Es strebt also auch $x'_n \to +\infty$.

○3. **Statt die α_n positiv und $\sigma_n \to +\infty$ vorauszusetzen, genügt es [nach (b)]** zu verlangen, daß nur $|\alpha_0| + |\alpha_1| + \cdots + |\alpha_n| \to +\infty$ strebt, daß aber eine Konstante K existiert, so daß für alle n

$$|\alpha_0| + |\alpha_1| + \cdots + |\alpha_n| \leqq K \cdot |\alpha_0 + \alpha_1 + \cdots + \alpha_n|$$

bleibt[2]. (Für positive α_n leistet $K = 1$ das hier Verlangte.)

---

[1] Stolz, O.: a. a. O. — Natürlich genügt es auch, wenn die α_n *von einer Stelle an* $\geqq 0$ sind, wofern nur $\sigma_n \to +\infty$ strebt. Man darf dann die x'_n erst von der Stelle an betrachten, von der an $\sigma_n > 0$ ist.

[2] Jensen: a. a. O. — Ist α_m das erste von 0 verschiedene α, so sind die x'_n erst für $n \geqq m$ definiert.

4. Setzt man in 2. oder 3. zur Abkürzung $\alpha_n x_n = y_n$, so ergibt sich: Es strebt

$$\frac{y_0 + y_1 + \cdots + y_n}{\alpha_0 + \alpha_1 + \cdots + \alpha_n} \to \xi, \qquad \text{falls auch} \qquad \frac{y_n}{\alpha_n} \to \xi$$

strebt und falls die α_n die in 2. oder 3. genannten Bedingungen erfüllen.

5. Setzt man noch $y_0 + y_1 + \cdots + y_n = Y_n$ und $\alpha_0 + \alpha_1 + \cdots + \alpha_n = A_n$, so erhält das letzte Ergebnis die Form: Es strebt

$$\frac{Y_n}{A_n} \to \xi, \qquad \text{falls auch} \qquad \frac{Y_n - Y_{n-1}}{A_n - A_{n-1}} \to \xi$$

strebt und falls die Zahlen $\alpha_n = A_n - A_{n-1}$, $(n \geqq 1,\ \alpha_0 = A_0)$, die in 2. oder 3. genannten Bedingungen erfüllen.

6. So ist z. B. nach 5:

$$\lim \frac{1 + 2 + \cdots + n}{n^2} = \lim \frac{n}{n^2 - (n-1)^2} = \lim \frac{n}{2n - 1} = \frac{1}{2}$$

und allgemein

$$\lim \frac{1^p + 2^p + \cdots + n^p}{n^{p+1}} = \lim \frac{n^p}{n^{p+1} - (n-1)^{p+1}}$$

$$= \lim \frac{n^p}{(p+1)\, n^p - \binom{p+1}{2} n^{p-1} + \cdots + (-1)^p} = \frac{1}{p+1},$$

wenn p eine natürliche Zahl bedeutet.

7. Ähnlich findet man, wenn man die erst unter **46a** bewiesene Beschränktheit der Folge der Zahlen $\left(1 + \frac{1}{n}\right)^{n+1}$ vorwegnimmt, daß

$$\frac{\log 1 + \log 2 + \cdots + \log n}{n \log n} = \frac{\log n!}{\log n^n} \to 1 \text{ strebt, d. h. daß } \log n! \cong \log n^n \text{ ist.}$$

8. Auch die Zahlen

$$a_{n\nu} = \frac{1}{2^n}\binom{n}{\nu} \qquad \left\{\begin{array}{l} n = 0, 1, 2, \ldots \\ \nu = 0, 1, \ldots, n \end{array}\right.$$

genügen den Bedingungen (a), (b) und (c) der Sätze 4 und 5; denn bei festem p strebt $a_{np} \to 0$, weil es

$$= \frac{1}{2^n}\binom{n}{p} \quad \text{und also} \quad < \frac{n^p}{2^n}$$

ist (s. **38**, 2), und es ist

$$|a_{n0}| + \cdots + |a_{nn}| = a_{n0} + \cdots + a_{nn} = 1$$

für jedes n. Also folgt aus $x_n \to \xi$ stets, daß auch

$$\frac{x_0 + \binom{n}{1} x_1 + \binom{n}{2} x_2 + \cdots + \binom{n}{n} x_n}{2^n} \to \xi$$

strebt.

9. Dieselben Spezialisierungen, die in 1, 2, 3 und 8 für den Satz 5 gegeben wurden, lassen sich natürlich auch für Satz 6 durchführen. Es seien nur die beiden folgenden Sätze erwähnt:

a) Aus $x_n \to \xi$ und $y_n \to \eta$ folgt immer, daß

$$\frac{x_0 y_n + x_1 y_{n-1} + x_2 y_{n-2} + \cdots + x_n y_0}{n+1} \to \xi\eta$$

strebt.

b) Sind (x_n) und (y_n) zwei Nullfolgen, deren zweite noch der Bedingung genügt, daß für alle n

$$|y_0| + |y_1| + \cdots + |y_n|$$

unter einer festen Schranke K bleibt, so bilden auch die Zahlen

$$z_n = x_0 y_n + x_1 y_{n-1} + \cdots + x_n y_0$$

eine Nullfolge. (Zum Beweis hat man in Satz 4 nur $a_{n\nu} = y_{n-\nu}$ zu setzen.)

10. Man wird bemerkt haben, daß es nicht wesentlich ist, daß die Zeilen des Schemas (A) in Satz 4 gerade hinter dem n^{ten} Gliede abbrachen. Es dürfen vielmehr die Zeilen irgendeine Anzahl von Gliedern haben. Ja, wenn wir erst die Grundzüge der Theorie der unendlichen Reihen besitzen werden, werden wir sehen, daß diese Zeilen sogar unendlich viele Elemente $(a_{n0}, a_{n1}, \ldots, a_{n\nu}, \ldots)$ enthalten dürfen, sofern nur die sonst an das Schema gestellten Bedingungen erfüllt sind. Der hiermit angedeutete Satz wird unter **221** formuliert und bewiesen.

§ 9. Die beiden Hauptkriterien.

Wir sind nun hinlänglich vorbereitet, um die eigentlichen Konvergenzprobleme in Angriff zu nehmen. Zwei Gesichtspunkte sind es hauptsächlich, unter denen wir im folgenden die vorgelegten Zahlenfolgen untersuchen werden. Es ist vor allem das

Problem A. *Ist eine vorgelegte Zahlenfolge* (x_n) *konvergent, bestimmt oder unbestimmt divergent?* (Kürzer: Welches *Konvergenzverhalten* weist die Zahlenfolge auf?) — Und wenn sich nun eine Zahlenfolge als konvergent erwiesen hat, also die Existenz eines Grenzwertes gesichert ist, dann handelt es sich weiter um das

Problem B. *Gegen welchen Grenzwert* ξ *strebt die als konvergent erkannte Zahlenfolge* (x_n)*?*

Ein paar Beispiele werden die Bedeutung dieser Probleme deutlicher machen: Sind z. B. die Folgen

$$\left(n\left(\sqrt[n]{2} - 1\right)\right), \quad \left(n\left(\sqrt[n]{n} - 1\right)\right), \quad \left(\left(1 + \frac{1}{n}\right)^n\right), \quad \left(\left(1 + \frac{1}{n^2}\right)^n\right),$$

$$\left(\frac{1 + 2^2 + 3^3 + \cdots + n^n}{n^n}\right), \quad \left(\frac{1 + \frac{1}{2} + \cdots + \frac{1}{n}}{\log n}\right)$$

vorgelegt, so erkennt man bei einiger Vertiefung in den Bau dieser Folgen, daß hier stets zwei (oder mehr) Kräfte sozusagen gegeneinander wirken und dadurch die Veränderlichkeit der Glieder hervorrufen. Die eine Kraft will sie vergrößern, die andere verkleinern, und es ist nicht ohne weiteres zu sehen, welche den Ausschlag gibt, oder in welchem Maße dies der Fall ist. Jedes Mittel, das uns instandsetzt, über das Konvergenzverhalten vorgelegter Zahlenfolgen zu entscheiden, nennen wir ein *Konvergenz-* bzw. *Divergenzkriterium;* sie dienen also zur Lösung des Problems A.

Das Problem B ist im allgemeinen viel schwieriger. Ja, man könnte fast sagen, daß es unlösbar — oder aber trivial ist. Letzteres, weil ja durch eine konvergente Zahlenfolge (x_n) nach Satz **41**, 1 der Grenzwert ξ völlig eindeutig erfaßt ist und also durch die Folge selbst als „gegeben" angesehen werden kann (vgl. die Fußnote zu **41**, 1). Wegen der unübersehbaren Vielgestaltigkeit der Zahlenfolgen ist diese Auslegung aber wenig befriedigend. Wir werden den Grenzwert ξ vielmehr erst dann als „bekannt" ansehen wollen, wenn wir einen DEDEKINDschen Schnitt oder noch besser eine Intervallschachtelung, z. B. einen Systembruch, speziell einen Dezimalbruch vor uns haben. Besonders diese letzteren sind und bleiben uns die vertrautesten Darstellungsformen reeller Zahlen. Fassen wir das Problem so auf, so können wir es als *die Frage nach der numerischen Berechnung des Grenzwertes* ansehen[1].

Diese praktisch hoch bedeutungsvolle Frage ist theoretisch meist ziemlich gleichgültig, denn vom theoretischen Standpunkt aus sind alle Darstellungsformen einer reellen Zahl (Schachtelung, Schnitt, Zahlenfolge, ...) völlig gleichberechtigt. Beachtet man noch, daß die Darstellung einer reellen Zahl durch eine Zahlenfolge als die allgemeinste Darstellungsart angesehen werden kann, so kann nun das Problem B präzisiert werden zu dem

Problem B'. Es sind zwei konvergente Zahlenfolgen (x_n) und (x'_n) vorgelegt. Wie läßt sich feststellen, ob beide denselben Grenzwert definieren, oder ob beide Grenzwerte in einer einfachen Beziehung zueinander stehen?

45. Ein paar Beispiele sollen auch diese Fragestellung noch erläutern:

1. Es sei

$$x_n = \left(1 + \frac{1}{n}\right)^n \quad \text{und} \quad x'_n = \left(1 + \frac{\alpha}{n}\right)^n.$$

Beide Folgen werden sich (s. u. **46a** u. **111**) ziemlich leicht als konvergent zu erkennen geben. Aber etwas tiefer liegt die Tatsache, daß, wenn ξ der Grenzwert der ersten Folge ist, der der andern $= \xi^\alpha$ ist.

2. Es sei die Folge

$$\frac{1}{1}, \frac{3}{2}, \frac{7}{5}, \frac{17}{12}, \frac{41}{29}, \ldots$$

vorgelegt, bei der der Zähler jedes neuen Bruches dadurch gebildet wird, daß man zum verdoppelten Zähler des vorangehenden Bruches den Zähler des zweitvorangehenden Bruches addiert (z. B. $41 = 2 \cdot 17 + 7$), — und ebenso für die Nenner. — Die Konvergenzfrage wird wieder keine Schwierigkeiten machen, auch die numerische Berechnung nicht; wie aber erkennt man, daß der Grenzwert $= \sqrt{2}$ ist?

[1] Numerische Berechnung einer reellen Zahl = Darstellung derselben durch einen Dezimalbruch. Näheres darüber im VIII. Kapitel.

3. Es sei

$$x_n = \left(1 - \frac{1}{3} + \frac{1}{5} - \frac{1}{7} + \cdots + \frac{(-1)^{n-1}}{2n-1}\right), \qquad (n = 1, 2, \ldots),$$

und x'_n sei der Umfang eines regulären n-Ecks, das einem Kreise mit dem Radius 1 einbeschrieben ist. Auch hier werden sich leicht beide Folgen als konvergent erkennen lassen. Sind nun ξ und ξ' die Grenzwerte, — wie erkennt man, daß hier $\xi' = 8 \cdot \xi$ ist?

Diese Beispiele machen es hinreichend wahrscheinlich, daß das Problem B bzw. B′ erheblich schwerer anzugreifen ist als das Problem A. Wir beschäftigen uns daher vorläufig ausschließlich mit diesem und wollen zunächst zwei Kriterien kennen lernen, aus denen sich dann *alle andern* werden herleiten lassen.

I. Hauptkriterium (für monotone Folgen).

Eine monotone und beschränkte Zahlenfolge ist stets konvergent; eine monotone und nicht beschränkte Zahlenfolge ist stets bestimmt divergent. (Oder also: Eine monotone Folge verhält sich stets bestimmt, und zwar ist sie dann und nur dann konvergent, wenn sie beschränkt, dann und nur dann divergent, wenn sie nicht beschränkt ist. Und im letzteren Falle wird die Divergenz gegen $+\infty$ oder $-\infty$ stattfinden, je nachdem die monotone Folge steigt oder fällt.) **46.**

Beweis. a) Es sei die Folge (x_n) monoton wachsend und nicht beschränkt. Da sie dann wegen $x_n \geqq x_1$ sicher nach links beschränkt ist, so kann sie nicht nach rechts beschränkt sein, und es gibt also nach Wahl einer beliebigen (großen) positiven Zahl G immer noch einen Index n_0, für den

$$x_{n_0} > G$$

ausfällt. Dann ist aber wegen des monotonen Wachsens der x_n, für *alle* $n > n_0$ um so mehr $x_n > G$, so daß nach Def. **40**, 2 tatsächlich $x_n \to +\infty$ strebt. Durch Vertauschung von rechts und links erkennt man ganz ebenso, daß eine monoton fallende und nicht beschränkte Folge gegen $-\infty$ divergieren muß. Damit ist schon der zweite Teil des Satzes bewiesen.

b) Es sei jetzt (x_n) monoton wachsend, aber beschränkt. Dann gibt es eine Zahl K, so daß stets $|x_n| \leqq K$, also auch stets

$$x_1 \leqq x_n \leqq K$$

bleibt. In dem Intervall $J_1 = x_1 \ldots K$ liegen also alle Glieder von (x_n). Auf dieses Intervall wenden wir nun die Halbierungsmethode an: Mit J_2 bezeichnen wir die *rechte* oder die *linke* Hälfte von J_1, *je nachdem in der rechten Hälfte noch Punkte von* (x_n) *liegen oder nicht.* Bei J_2 wählen wir nach *derselben* Regel eine Hälfte aus, nennen sie J_3 usw.

Die Intervalle der so entstehenden Schachtelung haben dann die Eigenschaft[1], daß *rechts* von ihnen *kein* Punkt der Folge mehr liegt, *in* ihnen aber mindestens noch *einer* gelegen ist. Oder: die (monoton nach rechts vorrückenden) Punkte der Folge dringen zwar noch in jedes Intervall *hinein*, aber nicht mehr aus ihm heraus; in einem jeden der Intervalle liegen also von einem passenden Index an *alle* Punkte der Folge. Wir können also, indem wir uns die Zahlen $n_1, n_2, \ldots$ geeignet gewählt denken, sagen:

In J_k liegen alle x_n mit $n > n_k$, aber rechts von J_k liegt kein x_n mehr.

Ist nun ξ die durch diese Schachtelung (J_n) bestimmte Zahl, so läßt sich sofort zeigen, daß $x_n \to \xi$ strebt. Ist nämlich $\varepsilon > 0$ gegeben, so bestimme man den Index p so, daß die Länge von J_p kleiner als ε ist. Für $n > n_p$ liegen dann neben ξ auch alle x_n in J_p, so daß für diese n

$$|x_n - \xi| < \varepsilon$$

sein muß; $(x_n - \xi)$ ist also eine Nullfolge, es strebt $x_n \to \xi$, w. z. b. w.

Vertauscht man in diesem Beweise sinngemäß rechts und links, so ergibt sich, daß auch eine monoton fallende und beschränkte Folge stets konvergent sein muß. Damit ist dann der Satz in allen Teilen bewiesen.

Bemerkungen und Beispiele.

1. Wir erinnern zunächst daran, daß (vgl. **41**, 2) trotz $|x_n| < K$ für den Grenzwert ξ die Gleichung $|\xi| = K$ gelten *kann*.

2. Es sei

$$x_n = \frac{1}{n+1} + \frac{1}{n+2} + \cdots + \frac{1}{2n}, \qquad (n = 1, 2, \ldots).$$

Diese Folge (x_n) ist wegen

$$x_{n+1} - x_n = \frac{1}{2n+1} + \frac{1}{2n+2} - \frac{1}{n+1} = \frac{1}{2n+1} - \frac{1}{2n+2} > 0$$

monoton wachsend und wegen $x_n \leq n \cdot \frac{1}{n+1} < 1$ auch beschränkt. *Sie ist also konvergent.* Von ihrem Grenzwert ξ weiß man zunächst nur, daß für jedes n

$$x_n < \xi \leq 1$$

ist, was für $n = 3$ z. B. $\frac{37}{60} < \xi \leq 1$ ergibt. Ob er einen rationalen Wert hat, oder ob ξ zu einer in irgendeinem andern Zusammenhang auftretenden Zahl in naher Beziehung steht — kurz: eine Antwort auf das Problem B —, ist hier nicht ohne weiteres zu sehen. Später werden wir sehen, daß ξ gleich dem natürlichen Logarithmus von 2 ist, d. h. demjenigen Logarithmus von 2, der die gleich hernach in **46a** eingeführte Zahl e zur Basis hat.

---

[1] Man veranschauliche sich den Sachverhalt auf der Zahlengeraden!

3. Es sei $x_n = \left(1 + \frac{1}{2} + \frac{1}{3} + \cdots + \frac{1}{n}\right)$, so daß die Folge (x_n) monoton wachsend ist (vgl. **6**, 12). Ist sie beschränkt oder nicht? — Ist $G > 0$ beliebig gegeben, so wähle man $m > 2G$; dann ist für $n > 2^m$

$$x_n > \left(1 + \frac{1}{2}\right) + \left(\frac{1}{3} + \frac{1}{4}\right) + \left(\frac{1}{5} + \cdots + \frac{1}{8}\right) + \cdots + \left(\frac{1}{2^{m-1}+1} + \cdots + \frac{1}{2^m}\right)$$

$$> \frac{1}{2} + 2\cdot\frac{1}{4} + 4\cdot\frac{1}{8} + 8\cdot\frac{1}{16} + \cdots + 2^{m-1}\cdot\frac{1}{2^m} = \frac{m}{2} > G\,.$$

Die Folge ist also nicht beschränkt und divergiert daher $\to +\infty$.

4. Ist $\sigma = (x_n \mid y_n)$ eine beliebige Intervallschachtelung, so bilden die linken und die rechten Intervallenden je eine monotone, beschränkte und also konvergente Zahlenfolge. Es ist dann

$$\lim x_n = \lim y_n = (x_n \mid y_n) = \sigma\,.$$

Als ein besonders wichtiges Beispiel behandeln wir noch die beiden Folgen mit den Gliedern **46a.**

$$x_n = \left(1 + \frac{1}{n}\right)^n \quad \text{und} \quad y_n = \left(1 + \frac{1}{n}\right)^{n+1}, \qquad (n = 1, 2, 3, \ldots).$$

Es ist nicht ohne weiteres zu sehen (vgl. die allgemeine Bemerkung S. 79), wie sich die Folgen bei zunehmendem n verhalten.

Wir wollen zunächst zeigen, daß die zweite Folge monoton fällt, daß also für $n \geqq 2$

$$y_{n-1} > y_n \quad \text{oder} \quad \left(1 + \frac{1}{n-1}\right)^n > \left(1 + \frac{1}{n}\right)^{n+1}$$

ist. Diese Ungleichung ist nämlich gleichbedeutend[1] mit

$$\left(\frac{1 + \frac{1}{n-1}}{1 + \frac{1}{n}}\right)^n > 1 + \frac{1}{n}$$

oder mit

$$\left(\frac{n^2}{n^2-1}\right)^n > 1 + \frac{1}{n}, \quad \text{d. h. mit} \quad \left(1 + \frac{1}{n^2-1}\right)^n > 1 + \frac{1}{n}.$$

Die Richtigkeit *dieser* Ungleichung ist aber evident, da nach der BERNOULLIschen Ungleichung **10**, 7 für $\alpha > -1$, $\alpha \neq 0$ und $n > 1$ stets

$$(1 + \alpha)^n > 1 + n\alpha\,,$$

also speziell

$$\left(1 + \frac{1}{n^2-1}\right)^n > 1 + \frac{n}{n^2-1} > 1 + \frac{n}{n^2} = 1 + \frac{1}{n}$$

ist. Da überdies stets $y_n > 1$ ist, so ist die Folge (y_n) monoton fallend und beschränkt, *also konvergent*. Ihr Grenzwert wird weiterhin oft auftreten; er wird seit EULER mit dem besonderen Buchstaben e

[1] D. h. jede der Ungleichungen folgt aus jeder der übrigen.

bezeichnet[1]. Über seinen Zahlenwert folgt zunächst nur, daß $1 \leqq e < y_n$ ist, was für $n = 5$ z. B.

$$1 \leqq e < \frac{6^6}{5^6} < 3$$

liefert.

Die erste unserer beiden Folgen dagegen ist *monoton steigend*. In der Tat bedeutet $x_{n-1} < x_n$, daß[2]

$$\left(1 + \frac{1}{n-1}\right)^{n-1} < \left(1 + \frac{1}{n}\right)^n,$$

oder also daß

$$\left(1 + \frac{1}{n-1}\right)^{-1} < \left(\frac{1 + \frac{1}{n}}{1 + \frac{1}{n-1}}\right)^n,$$

d. h. daß

$$1 - \frac{1}{n} < \left(\frac{n^2 - 1}{n^2}\right)^n = \left(1 - \frac{1}{n^2}\right)^n$$

sein soll. Nun ist aber, wieder nach **10**, 7, für $n > 1$ tatsächlich stets

$$\left(1 - \frac{1}{n^2}\right)^n > 1 - \frac{n}{n^2} = 1 - \frac{1}{n}.$$

Die Folge (x_n) ist also monoton wachsend.

Da aber unter allen Umständen

$$\left(1 + \frac{1}{n}\right)^n < \left(1 + \frac{1}{n}\right)^{n+1}, \quad \text{d. h.} \quad x_n < y_n$$

ist, so ist auch stets $x_n < y_1$, d. h. (x_n) ist auch beschränkt, und *also konvergent*. Da endlich die Zahlen

$$y_n - x_n = \left(1 + \frac{1}{n}\right)^n \cdot \left(1 + \frac{1}{n} - 1\right) = \frac{1}{n} \cdot x_n$$

positiv sind und (nach **26**, 1) eine Nullfolge bilden, so ergibt sich noch, daß (x_n) denselben Grenzwert wie (y_n) hat. Es ist also

$$\lim x_n = \lim y_n = e.$$

Und für diese Zahl e haben wir überdies nach allem Bewiesenen in

$$\boldsymbol{e = (x_n \mid y_n) = \left(\left(1 + \frac{1}{n}\right)^n \middle| \left(1 + \frac{1}{n}\right)^{n+1}\right)}$$

eine sie erfassende Intervallschachtelung. (Sie liefert z. B. für $n = 3$ die Ungleichung $\frac{64}{27} < e < \frac{256}{81}$; doch werden wir später (§ 23) andere gegen e konvergierende Zahlenfolgen kennen lernen, die für die numerische Berechnung geeigneter sind.)

[1] EULER benutzt diesen Buchstaben zur Bezeichnung des obigen Grenzwertes zuerst in einem Briefe an GOLDBACH (25. Nov. 1731) und im Jahre 1736 in seinem Werk: Mechanica sive motus scientia analytice exposita, II, S. 251.

[2] Vgl. die Fußnote der vorigen Seite.

Diese Zahl e ist es, die (vgl. S. 59) die *Basis der natürlichen Logarithmen* bildet. Wir wollen darum gleich hier vereinbaren, daß, wenn das Gegenteil nicht ausdrücklich gesagt ist, das Zeichen log hinfort stets diesen natürlichen Logarithmus zur Basis e bedeuten soll.

Die Fruchtbarkeit des 1. Hauptkriteriums liegt vor allem darin begründet, daß es aus sehr wenigen und meist sehr leicht zu verifizierenden Voraussetzungen — nämlich allein aus der Monotonie und Beschränktheit — die Konvergenz einer Zahlenfolge zu erschließen gestattet. Andrerseits aber bezieht es sich doch nur auf eine spezielle (wenn auch besonders häufige und wichtige) Art von Folgen und erscheint darum theoretisch unzulänglich. Wir werden deshalb nach einem Kriterium fragen, welches *ganz allgemein* über das Konvergenzverhalten einer Zahlenfolge zu entscheiden gestattet. Das leistet das folgende

°II. Hauptkriterium (1. Form). 47.

Eine beliebige Zahlenfolge (x_n) ist dann und nur dann konvergent, wenn sich nach Wahl von $\varepsilon > 0$ stets eine Zahl $n_0 = n_0(\varepsilon)$ so angeben läßt, daß für irgend zwei Indizes n und n', die beide oberhalb n_0 liegen, immer

$$|x_n - x_{n'}| < \varepsilon$$

ausfällt. — Wir geben zunächst einige

Erläuterungen und Beispiele.

1. Die Bemerkungen **10**, 1, 3, 4 und 9 gelten sinngemäß auch hier, und es empfiehlt sich, sie daraufhin noch einmal durchzulesen.

2. Anschaulich gesprochen besagt das Kriterium: Alle x_n mit hinreichend hohen Indizes sollen sehr dicht beieinander liegen.

3. Es sei $x_0 = 0$, $x_1 = 1$ und nun jedes folgende Glied das arithmetische Mittel zwischen den beiden vorausgehenden, also für $n \geqq 2$

$$x_n = \frac{x_{n-1} + x_{n-2}}{2},$$

so daß $x_2 = \frac{1}{2}$, $x_3 = \frac{3}{4}$, $x_4 = \frac{5}{8}, \ldots$ wird. Bei dieser ersichtlich *nicht* monotonen Folge ist einerseits klar, daß der Abstand zweier aufeinander folgender Glieder eine Nullfolge bildet; denn man bestätigt ganz leicht durch Induktion, daß $x_{n+1} - x_n = \frac{(-1)^n}{2^n}$ ist[1] und also $\to 0$ strebt. Andrerseits liegen zwischen diesen aufeinanderfolgenden Gliedern auch alle späteren Glieder. Wählt man also, nachdem nur $\varepsilon > 0$ vorgeschrieben wurde, p so groß, daß $\frac{1}{2^p} < \varepsilon$ ist, so ist

$$|x_n - x_{n'}| < \varepsilon,$$

wenn nur n *und* $n' > p$ sind. Nach dem 2. Hauptkritierium wäre die Folge (x_n) *also konvergent*. Auch ihr Grenzwert ξ ist hier zufällig ziemlich leicht anzugeben.

---

[1] Für $n = 0$ und 1 ist dies richtig. Unter der Annahme, daß dies schon für alle $n \leqq k$ erwiesen ist, folgt dann aus $x_{k+2} - x_{k+1} = \frac{x_{k+1} - x_k}{2} + \frac{x_k - x_{k-1}}{2}$ die Richtigkeit für $n = k + 1$

Nach einiger Überlegung vermutet man nämlich, daß $\xi = \frac{2}{3}$ ist. In der Tat beweist sich die Formel

$$x_n - \frac{2}{3} = \frac{2}{3} \cdot \frac{(-1)^{n+1}}{2^n}$$

sofort durch Induktion, und diese zeigt, daß $(x_n - \frac{2}{3})$ wirklich eine Nullfolge ist.

Ehe wir uns nun weiter in die Bedeutung des 2. Hauptkriteriums vertiefen, geben wir seinen

Beweis. a) Daß die Bedingung des Satzes — wir wollen sie kurz seine ε-Bedingung nennen — *notwendig* ist, daß sie also, *wenn* (x_n) konvergent ist, stets erfüllt werden kann, erkennt man so: Strebt $x_n \to \xi$, so ist $(x_n - \xi)$ eine Nullfolge; bei gegebenem $\varepsilon > 0$ kann man also n_0 so wählen, daß für $n > n_0$ stets $|x_n - \xi| < \frac{\varepsilon}{2}$ ist. Ist dann neben n auch $n' > n_0$, so ist auch $|x_{n'} - \xi| < \frac{\varepsilon}{2}$ und also

$$|x_n - x_{n'}| = |(x_n - \xi) - (x_{n'} - \xi)| \leqq |x_n - \xi| + |x_{n'} - \xi| < \frac{\varepsilon}{2} + \frac{\varepsilon}{2} = \varepsilon,$$

womit dieser Teil des Satzes schon bewiesen ist.

b) Daß die ε-Bedingung auch hinreichend ist, ist nicht ganz so leicht zu erkennen. Wir beweisen es wieder konstruktiv, indem wir aus der Zahlenfolge (x_n) eine Intervallschachtelung (J_n) herleiten und dann zeigen, daß die dadurch bestimmte Zahl der Grenzwert der Zahlenfolge ist. Das geschieht so:

Nach Wahl *eines jeden* $\varepsilon > 0$ soll immer $|x_n - x_{n'}| < \varepsilon$ sein, wenn nur die Indizes n und n' *beide* einen hinreichend hohen Wert $n_0(\varepsilon)$ übersteigen. Denkt man sich den einen von ihnen festgehalten und mit p bezeichnet, so kann man auch sagen: Nach Wahl von $\varepsilon > 0$ läßt sich immer noch ein Index p (und zwar so weit rechts liegend, wie wir wollen) so angeben, daß für alle $n > p$ stets

$$|x_n - x_p| < \varepsilon$$

ist. Wählen wir nun der Reihe nach $\varepsilon = \frac{1}{2}, \frac{1}{4}, \ldots, \frac{1}{2^k}, \ldots$, so haben wir:

1. Es gibt einen Index p_1, so daß

$$\text{für alle} \quad n > p_1 \quad \text{stets} \quad |x_n - x_{p_1}| < \frac{1}{2} \text{ ist.}$$

2. Es gibt einen Index p_2, den wir $> p_1$ annehmen dürfen, so daß

$$\text{für alle} \quad n > p_2 \quad \text{stets} \quad |x_n - x_{p_2}| < \frac{1}{2^2} \text{ ist,}$$

usw. Ein k^{ter} Schritt dieser Art liefert:

k. Es gibt einen Index p_k, den wir $> p_{k-1}$ annehmen dürfen, so daß

$$\text{für alle} \quad n > p_k \quad \text{stets} \quad |x_n - x_{p_k}| < \frac{1}{2^k} \text{ ist.}$$

Demgemäß bilden wir die Intervalle J_k:

1. Das Intervall $(x_{p_1} - \frac{1}{2}) \ldots (x_{p_1} + \frac{1}{2})$ heiße J_1; es enthält alle x_n mit $n > p_1$, also speziell den Punkt x_{p_2}. Es enthält daher ganz oder teilweis das Intervall $(x_{p_2} - \frac{1}{4}) \ldots (x_{p_2} + \frac{1}{4})$, in welchem alle x_n mit $n > p_2$ liegen. Da diese Punkte auch in J_1 liegen, so liegen sie in dem *beiden Intervallen gemeinsamen* Stück. Dieses gemeinsame Stück bezeichnen wir

2. mit J_2 und können sagen: J_2 liegt in J_1 und enthält alle Punkte x_n mit $n > p_2$. Ersetzt man in dieser Herleitung sinngemäß p_1 und p_2 durch p_{k-1} und p_k und bezeichnet also

k. mit J_k das Stück des Intervalles $\left(x_{p_k} - \frac{1}{2^k}\right) \ldots \left(x_{p_k} + \frac{1}{2^k}\right)$, das in J_{k-1} liegt, so können wir sagen: J_k liegt in J_{k-1} und enthält alle Punkte x_n mit $n > p_k$.

Dann ist aber (J_k) eine Intervallschachtelung; denn jedes Intervall liegt im vorangehenden, und die Länge von J_k ist $\leqq \frac{2}{2^k}$.

Ist nun ξ die hierdurch bestimmte Zahl, so behaupten wir endlich, daß

$$x_n \to \xi$$

strebt. In der Tat, ist jetzt ein beliebiges $\varepsilon > 0$ gegeben, so wählen wir einen Index r so groß, daß $\frac{2}{2^r} < \varepsilon$ ist. Dann ist aber

$$\text{für} \quad n > p_r \quad \text{stets} \quad |x_n - \xi| < \varepsilon,$$

da ja neben ξ selbst auch alle x_n mit $n > p_r$ in J_r liegen und da dessen Länge $< \varepsilon$ ist. Damit ist alles bewiesen[1].

Weitere Beispiele und Bemerkungen.

1. Die Folge **45**, 3 wird nun leicht als konvergent erkannt. Denn es ist hier, **48.**
wenn $n' > n$ ist,

$$x_{n'} - x_n = \pm \left(\frac{1}{2n+1} - \frac{1}{2n+3} + \cdots + \frac{(-1)^{n'-n-1}}{2n'-1} \right).$$

Faßt man innerhalb der Klammer je zwei aufeinander folgende Summanden zusammen, so erkennt man (vgl. später **81c**, 3), daß ihr Wert positiv ist, daß also

$$|x_{n'} - x_n| = \frac{1}{2n+1} - \frac{1}{2n+3} + \cdots + \frac{(-1)^{n'-n}}{2n'+1}.$$

Läßt man jetzt das erste Glied für sich stehen und faßt dann erst je zwei aufeinander folgende Summanden zusammen, so erkennt man weiter, daß

$$|x_{n'} - x_n| < \frac{1}{2n+1}$$

[1] Für dieses grundlegende 2. Hauptkriterium werden wir noch andere Beweise kennen lernen. Der vorstehende Beweis geht unmittelbar auf die Erfassung des Grenzwertes mit Hilfe einer Intervallschachtelung aus. — Eine Kritik früherer Beweise des Kriteriums findet man bei A. PRINGSHEIM (Sitzungsber. d. Akad. München, Bd. 27, S. 303. 1897).

ist. Es ist also $|x_{n'} - x_n| < \varepsilon$, sobald n und n' beide $> \frac{1}{2\varepsilon}$ sind. Die Folge ist also konvergent.

2. Ist $x_n = \left(1 + \frac{1}{2} + \cdots + \frac{1}{n}\right)$, so sahen wir schon **46**, 3, daß (x_n) nicht konvergent ist. Mit Hilfe des 2. Hauptkriteriums folgt dies daraus, daß die ε-Bedingung für ein $\varepsilon < \frac{1}{2}$ *nicht* mehr erfüllbar ist. Denn wie man auch n_0 wählen mag, für $n > n_0$ und $n' = 2n$ (also auch $> n_0$) ist

$$x_{n'} - x_n = \frac{1}{n+1} + \frac{1}{n+2} + \cdots + \frac{1}{2n} > n \cdot \frac{1}{2n} = \frac{1}{2},$$

also *nicht* $< \varepsilon$. Die Folge ist daher divergent, und zwar *bestimmt* divergent, da sie offenbar monoton wächst.

3. Das vorige Beispiel lehrt zugleich, daß das Gegenteil der Erfüllbarkeit der ε-Bedingung dies ist (vgl. auch **10**, 12): Nicht bei *jeder* Wahl von $\varepsilon > 0$ läßt sich n_0 so angeben, daß nun die ε-Bedingung erfüllt wäre; sondern es gibt (mindestens) eine spezielle Zahl $\varepsilon_0 > 0$ derart, daß *oberhalb jeder noch so großen Zahl* n_0 zwei natürliche Zahlen n und n' sich finden lassen, für die

$$|x_{n'} - x_n| \geqq \varepsilon_0 > 0$$

ist.

4. Das 2. Hauptkriterium wird im Anschluß an P. du Bois-Reymond (Allgemeine Funktionentheorie, Tübingen 1882) jetzt meist als *allgemeinstes Konvergenzprinzip* bezeichnet. Es stammt der Sache nach von B. Bolzano (1817, vgl. O. Stolz: Mathem. Ann. Bd. 18, S. 259. 1881), ist aber erst von A. L. Cauchy als formuliertes Prinzip an die Spitze gestellt worden (Analyse algébrique, S. 125).

Unserm Hauptkriterium kann man noch etwas andere Formen geben, die manchmal für die Anwendungen bequemer sind. Wir denken uns dazu die Bezeichnung der Zahlen n und n' so gewählt, daß $n' > n$ ist und also $n' = n + k$ gesetzt werden kann, wobei k wieder eine natürliche Zahl bedeutet. Dann lautet das

49. **°II. Hauptkriterium (Form 1a).**

Die Folge (x_n) ist dann und nur dann konvergent, wenn sich nach Wahl von $\varepsilon > 0$ immer eine Zahl $n_0 = n_0(\varepsilon)$ so angeben läßt, daß nun für jedes $n > n_0$ und jedes $k \geqq 1$ stets

$$|x_{n+k} - x_n| < \varepsilon$$

ausfällt.

Aus dieser Fassung des Kriteriums können wir noch weitere Schlüsse ziehen. Denkt man sich nämlich *ganz willkürliche natürliche* Zahlen $k_1, k_2, \ldots, k_n, \ldots$ ausgewählt, so muß nach dem Vorigen für $n > n_0$ doch stets

$$|x_{n+k_n} - x_n| < \varepsilon$$

sein. Dies bedeutet aber, daß die Folge der Differenzen

$$d_n = (x_{n+k_n} - x_n)$$

eine *Nullfolge* bildet. — Um uns hier bequemer ausdrücken zu können, wollen wir die Folge (d_n) kurz eine *Differenzenfolge* von (x_n) nennen. In ihr ist also d_n die Differenz von x_n gegen *irgendein bestimmtes späteres Glied*. Dann können wir unser Kriterium auch so formulieren:

°II. Hauptkriterium (2. Form). 50.

Die Folge (x_n) ist dann und nur dann konvergent, wenn ***jede*** *ihrer Differenzenfolgen eine Nullfolge ist.*

Beweis. Die Notwendigkeit dieser Bedingung haben wir eben schon gezeigt; es muß noch bewiesen werden, daß sie *hinreicht*. Wir setzen demgemäß voraus, daß jede Differenzenfolge gegen Null strebt, und haben zu zeigen, daß (x_n) konvergiert. Wäre aber (x_n) *divergent*, so gäbe es nach **48**, 3 eine spezielle Zahl $\varepsilon_0 > 0$ derart, daß oberhalb jeder noch so großen Zahl n_0 immer noch zwei Zahlen n und $n' = n + k$ lägen, für die die Differenz

$$|x_{n+k} - x_n| \geqq \varepsilon_0$$

ausfiele. Da dies unendlich oft der Fall sein müßte, so gäbe es also — entgegen der Voraussetzung — doch Differenzenfolgen, die nicht gegen 0 strebten[1]; (x_n) *muß also doch konvergieren*, w. z. b. w.

Bemerkung. Ist (x_n) konvergent, und wählt man eine *spezielle* Differenzenfolge (d_n), so strebt also sicher $d_n \to 0$. Dagegen sei ausdrücklich betont, daß aus $d_n \to 0$ allein *noch nicht* die Konvergenz von (x_n) zu folgen braucht. Vielmehr ist es dazu erst hinreichend, daß sich *jede beliebige* Differenzenfolge (nicht nur eine spezielle) als Nullfolge erweist.

Ist z. B. die Folge (1, 0, 1, 0, 1, ...) vorgelegt, so ist *jede* Differenzenfolge derselben eine Nullfolge, bei der alle k_n (von einer Stelle ab) *gerade* Zahlen sind. Trotzdem ist die vorgelegte Folge nicht konvergent. Ebenso ist bei der gleichfalls divergenten Folge (x_n) mit $x_n = 1 + \frac{1}{2} + \cdots + \frac{1}{n}$ *jede* Differenzenfolge, bei der die benutzten k_n *beschränkt* sind, eine Nullfolge.

Indem wir die zuletzt erhaltene Fassung des Kriteriums noch ein wenig erweitern, können wir es endlich so formulieren:

°II. Hauptkriterium (3. Form). 51.

Ist $\nu_1, \nu_2, \ldots, \nu_n, \ldots$ *irgendeine* Folge natürlicher Zahlen[2], die gegen $+\infty$ divergiert, und sind $k_1, k_2, \ldots, k_n, \ldots$ *irgendwelche* (also keinerlei Beschränkungen unterworfene) natürliche Zahlen, und

---

[1] Denn bezeichnet man die unendlich vielen Werte von n, für die jene Ungleichung (bei jedesmal passender Wahl von k) möglich sein soll, mit $n_1, n_2, n_3, \ldots$, so gäbe es eine Differenzenfolge, deren n_1^{tes}, n_2^{tes}, n_3^{tes}, ... Glied absolut genommen $\geqq \varepsilon_0 > 0$ wäre. Diese könnte dann keine Nullfolge sein.

[2] Gleich oder ungleich, monoton oder nicht.

nennt man nun wieder die Folge der Differenzen

$$d_n = x_{\nu_n + k_n} - x_{\nu_n}$$

kurz eine *Differenzenfolge* von (x_n), so ist es für die Konvergenz von (x_n) wieder notwendig und hinreichend, daß (d_n) *jedesmal* eine Nullfolge ist.

Beweis. Daß diese Bedingung *hinreichend* ist, ist nach der vorigen Form des Kriteriums selbstverständlich, da (d_n) nun auch immer eine Nullfolge sein muß, wenn $\nu_n = n$ gewählt wird. Und daß sie *notwendig* ist, ist auch sofort einzusehen. Denn ist $\varepsilon > 0$ gewählt, so gibt es im Falle der Konvergenz von (x_n) jedenfalls (s. Form 1a) eine Zahl m, so daß für jedes $n > m$ und *jedes* $k \geqq 1$ stets

$$|x_{n+k} - x_n| < \varepsilon$$

ist. Da nun $\nu_n \to +\infty$ divergiert, muß es eine Zahl n_0 geben, so daß

$$\text{für} \quad n > n_0 \quad \text{stets} \quad \nu_n > m$$

ausfällt. Dann ist aber nach dem Vorigen für $n > n_0$ stets

$$|x_{\nu_n + k_n} - x_{\nu_n}| = |d_n| < \varepsilon,$$

d. h. (d_n) ist eine Nullfolge, w. z. b. w.

§ 10. Häufungswerte und Häufungsgrenzen.

Der Begriff der Konvergenz einer Zahlenfolge, wie wir ihn in den beiden vorangehenden Paragraphen festgelegt haben, gestattet noch eine zweite, etwas allgemeinere Behandlungsart, bei der wir gleichzeitig einige weitere für alles Folgende höchst wichtige Begriffe kennen lernen werden.

Schon in **39**, 6 veranschaulichten wir uns die Tatsache, daß eine gegen ξ konvergierende Zahlenfolge (x_n) vorliegt, dadurch, daß wir sagten, in jeder (noch so kleinen) ε-Umgebung von ξ müßten alle Glieder der Folge — von höchstens endlich vielen Ausnahmen abgesehen — gelegen sein. Es liegen also in jeder noch so kleinen Umgebung von ξ jedenfalls *unendlich viele* Glieder der Folge. Man nennt darum ξ einen *Häufungswert* der vorgelegten Folge. Solche Punkte können, wie wir gleich sehen werden, auch bei divergenten Zahlenfolgen vorhanden sein, und wir definieren darum ganz allgemein:

52. °**Definition.** *Eine Zahl ξ soll* ***Häufungswert,*** *Häufungspunkt oder Häufungsstelle einer vorgelegten Zahlenfolge (x_n) heißen, wenn in jeder noch so kleinen Umgebung von ξ unendlich viele Glieder der Zahlenfolge gelegen sind*; oder also, wenn es nach Wahl einer beliebigen Zahl $\varepsilon > 0$ immer noch unendlich viele Indizes n gibt, für die

$$|x_n - \xi| < \varepsilon$$

ist.

Bemerkungen und Beispiele.

1. Der Unterschied gegenüber der Definition **39** des Grenzwertes liegt, wie **53.**
schon angedeutet, darin, daß $|x_n - \xi| < \varepsilon$ nicht für *alle* n von einer Stelle an, sondern nur für *irgendwelche* unendlich viele n erfüllt zu sein braucht, also insbesondere jenseits jeder Stelle n_0 noch immer für mindestens *ein* n. Andrerseits ist gemäß **39** der Grenzwert ξ einer konvergenten Folge (x_n) stets ein Häufungswert derselben.

2. Die Folge **6**, 1 hat die Häufungsstelle 0; **6**, 4 hat die Häufungspunkte 0 und 1. **(Jede Zahl, die unendlich oft in einer Folge (x_n) auftritt, ist von selbst ein** Häufungswert derselben.) **6**, 2, 7 und 11 haben keinen Häufungswert; **6**, 9 und 10 haben den Häufungswert 1.

3. Wir bilden jetzt ein Beispiel von mehr als illustrativer Bedeutung: Ist p eine natürliche Zahl $\geqq 2$, so gibt es ersichtlich nur endlich viele positive Brüche, für die die Summe aus Zähler und Nenner $= p$ ist, nämlich die Brüche $\frac{p-1}{1}, \frac{p-2}{2}, \ldots, \frac{1}{p-1}$. Von diesen denken wir uns alle diejenigen gestrichen, die sich kürzen lassen, und reihen nun die so für $p = 2, 3, 4, \ldots$ zu bildenden Brüche aneinander. Dadurch erhält man eine mit

(a) $$1,\ 2,\ \frac{1}{2},\ 3,\ \frac{1}{3},\ 4,\ \frac{3}{2},\ \frac{2}{3},\ \frac{1}{4},\ \ldots$$

beginnende Zahlenfolge, die *alle positiven rationalen Zahlen* enthält. Fügen wir hinter einem jeden dieser Brüche den entgegengesetzten Wert ein und stellen die 0 voran, so treten in der entstehenden Zahlenfolge

(b) $$0,\ 1,\ -1,\ 2,\ -2,\ \frac{1}{2},\ -\frac{1}{2},\ 3,\ -3,\ \frac{1}{3},\ -\frac{1}{3},\ 4,\ -4,$$
$$\frac{3}{2},\ -\frac{3}{2},\ \frac{2}{3},\ -\frac{2}{3},\ \frac{1}{4},\ \ldots$$

ersichtlich *alle rationalen Zahlen* und eine jede genau einmal auf.

Für diese merkwürdige Zahlenfolge ist nun *jede* reelle Zahl ein Häufungswert, denn in *jeder* Umgebung *jeder* reellen Zahl liegen unendlich viele rationale Zahlen (vgl. S. 13).

4. Das hier benutzte Anordnungsprinzip werden wir häufiger gebrauchen. Wir formulieren es darum etwas allgemeiner: Für $k = 0, 1, 2, \ldots$ sei je eine Zahlenfolge

$$x_0^{(k)},\ x_1^{(k)},\ x_2^{(k)},\ \ldots$$

vorgelegt. *Dann kann man auf mannigfache Weisen eine Zahlenfolge (x_n) bilden, die jedes Glied einer jeden dieser Folgen und ein jedes genau einmal enthält.*

Der *Beweis* besteht einfach darin, daß man eine Zahlenfolge (x_n) angibt, die das Verlangte leistet. Dazu schreiben wir die gegebenen Folgen *zeilenweise* untereinander:

$$\left\{\begin{array}{lllllll}
x_0^{(0)}, & x_1^{(0)}, & x_2^{(0)}, & \ldots, & x_n^{(0)}, & \ldots \\
x_0^{(1)}, & x_1^{(1)}, & x_2^{(1)}, & \ldots, & x_n^{(1)}, & \ldots \\
\cdot & \cdot & \cdot & \cdot & \cdot & \cdot \\
\cdot & \cdot & \cdot & \cdot & \cdot & \cdot \\
x_0^{(k)}, & x_1^{(k)}, & x_2^{(k)}, & \ldots, & x_n^{(k)}, & \ldots \\
\cdot & \cdot & \cdot & \cdot & \cdot & \cdot
\end{array}\right.$$

Dann stehen in derjenigen „Schräglinie" dieses Schemas, die das Element $x_0^{(p)}$ mit dem Element $x_p^{(0)}$ verbindet, alle Elemente $x_n^{(k)}$, für die $k + n = p$ ist, und nur diese. Ihre Anzahl ist $= p + 1$. Diese Glieder reihen wir für $p = 0, 1, 2, \ldots$ aneinander, jede Schräglinie etwa von unten nach oben durchlaufend. So entsteht die Folge

$$x_0^{(0)}, \quad x_0^{(1)}, \quad x_1^{(0)}, \quad x_0^{(2)}, \quad x_1^{(1)}, \quad x_2^{(0)}, \quad x_0^{(3)}, \quad x_1^{(2)}, \quad \ldots,$$

die ersichtlich das Verlangte leistet. (*Anordnung nach Schräglinien.*)

Eine andere oft benutzte Anordnung ist die „nach Quadraten". Hierbei schreibt man erst die Elemente $x_0^{(p)}, x_1^{(p)}, \ldots, x_p^{(p)}$ der p^{ten} Zeile, dann die im obigen Schema senkrecht über $x_p^{(p)}$ stehenden Elemente $x_p^{(p-1)}, \ldots, x_p^{(0)}$ auf. Reiht man nun diese Gruppen von je $2p + 1$ Gliedern für $p = 0, 1, 2, \ldots$ aneinander, so entsteht die mit

$$x_0^{(0)}, \quad x_0^{(1)}, \quad x_1^{(1)}, \quad x_1^{(0)}, \quad x_0^{(2)}, \quad x_1^{(2)}, \quad x_2^{(2)}, \quad x_2^{(1)}, \quad x_2^{(0)}, \quad x_0^{(3)}, \quad \ldots$$

beginnende *Anordnung nach Quadraten.*

Bestehen einige oder alle Zeilen des obigen Schemas nur aus je endlich vielen Gliedern, oder besteht das Schema nur aus endlich vielen Zeilen, so erfahren die beschriebenen Anordnungsarten eine leichte, sofort zu übersehende Modifikation.

5. Ein zu 3 ähnliches Beispiel ist dieses: Für jedes $p \geqq 2$ gibt es nur genau $p - 1$ Zahlen der Form $\frac{1}{k} + \frac{1}{m}$, für die die Summe der natürlichen Zahlen k und m gleich p ist. Denken wir uns diese für $p = 2, 3, 4, \ldots$ aneinandergereiht, so entsteht die Folge

$$2, \quad \frac{3}{2}, \quad \frac{3}{2}, \quad \frac{4}{3}, \quad 1, \quad \frac{4}{3}, \quad \frac{5}{4}, \quad \frac{5}{6}, \quad \frac{5}{6}, \quad \ldots$$

Man findet, daß diese die Häufungswerte $0, 1, \frac{1}{2}, \frac{1}{3}, \frac{1}{4}, \ldots$ und keine andern besitzt.

6. Wie der Grenzwert einer konvergenten Zahlenfolge, so brauchen auch die Häufungswerte einer beliebigen Folge nicht selbst in der Folge aufzutreten. So gehören in 3 die irrationalen Zahlen und in 5 die 0 gewiß nicht zu der betreffenden Folge. Dagegen ist in beiden Fällen z. B. $\frac{1}{2}$ sowohl Häufungswert als auch Glied der Folge.

Grundlegend für unsere Zwecke ist nun der schon von B. Bolzano[1] ausgesprochene, in seiner Bedeutung erst von K. Weierstrass[2] voll erkannte

54. °**Satz.** *Jede beschränkte Zahlenfolge besitzt mindestens einen Häufungswert.*

Beweis. Wir erfassen die fragliche Zahl wieder durch eine passende Intervallschachtelung. Nach Voraussetzung gibt es ein Intervall J_0, in dem alle Glieder der gegebenen Folge (x_n) gelegen sind. Auf dieses wenden wir die Halbierungsmethode an und nennen seine *linke* oder seine *rechte* Hälfte J_1, *je nachdem schon in seiner linken Hälfte unendlich viele Glieder der Folge liegen oder nicht.* Nach *derselben Regel* be-

[1] Rein analytischer Beweis des Lehrsatzes, daß zwischen je zwey Werthen, die ein entgegengesetztes Resultat gewähren, wenigstens eine reelle Wurzel der Gleichung liege, Prag 1817.

[2] In dessen Vorlesungen.

zeichnen wir dann eine bestimmte Hälfte von J_1 mit J_2 usw. Die Intervalle der so entstehenden Schachtelung (J_n) haben dann alle die Eigenschaft, daß *in* ihnen unendlich viele Glieder der Folge liegen, während links von ihrem linken Endpunkt jedesmal nur endlich viele Punkte derselben liegen können. Der erfaßte Punkt ξ ist offenbar Häufungswert; denn ist $\varepsilon > 0$ beliebig gegeben, so wähle man aus der Folge der Intervalle J_n eines aus, etwa J_p, dessen Länge $< \varepsilon$ ist. Die unendlich vielen Glieder der Folge (x_n), die dem Intervall J_p angehören, liegen dann von selbst auch in der ε-Umgebung von ξ, — womit schon alles bewiesen ist.

Die Ähnlichkeiten in der Definition von Häufungswert und Grenzwert begründen natürlich trotz des in **53**, 1 betonten Unterschiedes beider („Jeder Grenzwert ist zugleich Häufungswert, aber nicht notwendig umgekehrt") auch eine gewisse Verwandtschaft beider. Diese findet ihre Klärung in dem folgenden

°**Satz.** *Jeder Häufungswert ξ einer Folge (x_n) kann als Grenzwert einer passenden Teilfolge derselben angesehen werden.* **55.**

Beweis. Da bei jedem $\varepsilon > 0$ für unendlich viele Indizes $|x_n - \xi| < \varepsilon$ ist, so ist für ein passendes $n = k_1$ insbesondere $|x_{k_1} - \xi| < 1$; für ein passendes $n = k_2 > k_1$, ist ebenso $|x_{k_2} - \xi| < \frac{1}{2}$, und allgemein ist für ein passendes $n = k_\nu > k_{\nu-1}$

$$|x_{k_\nu} - \xi| < \frac{1}{\nu}, \qquad (\nu = 2, 3, \ldots).$$

Für die hierdurch herausgehobene Teilfolge $(x'_n) \equiv (x_{k_n})$ strebt dann $x'_n \to \xi$, weil $(x_{k_n} - \xi)$ nach **26**, 2 eine Nullfolge bildet.

Der Beweis des Bolzano-Weierstrassschen Satzes gibt noch zu einer weiteren sehr wichtigen Bemerkung Anlaß: Die Intervalle J_n der dort konstruierten Schachtelung hatten nicht nur die Eigenschaft, daß *in ihnen* stets *unendlich* viele Glieder der Folge (x_n) lagen, sondern, wie betont, noch die weitere, daß links vom linken Endpunkt eines bestimmten der Intervalle *immer nur endlich viele* Glieder der Folge lagen. Hieraus folgt aber sofort, daß links von dem erfaßten Häufungswert ξ kein weiterer Häufungswert gelegen sein kann. Wählt man nämlich irgendeine reelle Zahl $\xi' < \xi$, so ist $\varepsilon = \frac{1}{2}(\xi - \xi') > 0$; und wenn wir nun ein Intervall J_q auswählen, dessen Länge $< \varepsilon$ ist, so liegt die ganze ε-Umgebung des Punktes ξ' links vom linken Endpunkt des Intervalles J_q und kann also nur endlich viele Glieder der Folge enthalten. Kein links von ξ gelegener Punkt ξ' kann also noch ein Häufungspunkt der Folge (x_n) sein, und wir haben den

Satz. *Jede beschränkte Zahlenfolge besitzt einen wohlbestimmten kleinsten (d. h. am weitesten links gelegenen) Häufungswert.* **56.**

Vertauscht man in diesen Betrachtungen sinngemäß rechts und links, so erhält man ganz entsprechend[1] den

57. **Satz.** *Jede beschränkte Zahlenfolge besitzt einen wohlbestimmten größten (d. h. am weitesten rechts gelegenen) Häufungswert*[2].

Diese beiden speziellen Häufungswerte wollen wir durch eine besondere Benennung auszeichnen:

58. **Definition.** *Der kleinste Häufungswert einer (beschränkten) Zahlenfolge soll deren* ***untere Häufungsgrenze,*** *ihr* ***unterer Limes*** *oder ihr* ***Limes inferior*** *genannt werden. Bezeichnet man ihn mit $\varkappa$, so schreibt man*

$$\varliminf_{n\to\infty} x_n = \varkappa \quad \textit{oder} \quad \liminf_{n\to\infty} x_n = \varkappa$$

(evtl. unter Fortlassung des Zusatzes „$n \to \infty$"). Ist μ der größte Häufungswert der Folge, so schreibt man

$$\varlimsup_{n\to\infty} x_n = \mu \quad \text{oder} \quad \limsup_{n\to\infty} x_n = \mu$$

und nennt μ die ***obere Häufungsgrenze,*** *den* ***oberen Limes*** *oder den* ***Limes superior*** *der Folge (x_n). Es ist notwendig stets $\varkappa \leqq \mu$.*

Da in jeder ε-Umgebung des Punktes $\varkappa$ unendlich viele Glieder der Folge (x_n) liegen, da andererseits links vom linken Endpunkt einer solchen Umgebung nur endlich viele Glieder der Folge liegen dürfen, so ist $\varkappa$ (bzw. μ) auch durch folgende Bedingungen charakterisiert:

59. **Satz.** *Die Zahl $\varkappa$ (bzw. μ) ist dann und nur dann untere (bzw. obere) Häufungsgrenze der Folge (x_n), wenn nach Wahl eines beliebigen $\varepsilon > 0$ doch noch für unendlich viele n die Ungleichung*

$$x_n < \varkappa + \varepsilon \quad (\textit{bzw.} > \mu - \varepsilon),$$

dagegen für höchstens endlich viele n die Ungleichung

$$x_n < \varkappa - \varepsilon \quad (\textit{bzw.} > \mu + \varepsilon)$$

erfüllt ist[3].

Ehe wir hierzu noch einige Beispiele und Erläuterungen geben, ergänzen wir unsere Festsetzungen noch für den Fall nicht beschränkter Zahlenfolgen:

60. **Definitionen.** 1. *Ist eine Folge nach links nicht beschränkt, so wollen wir sagen, es sei $-\infty$ ein Häufungswert derselben; und ist sie nach*

---

[1] Oder durch Spiegelung am Nullpunkt.

[2] Diese Sätze sind wieder nur in dem Falle nicht selbstverständlich, daß die Folge (x_n) *unendlich viele* Häufungswerte hat, wie z. B. die Folge **53**, 5. Denn **unter endlich vielen Werten muß ja stets auch ein kleinster und ein größter vorhanden sein.**

[3] Oder: *Es gibt eine Stelle n_0*, von der ab nie mehr $x_n < \varkappa - \varepsilon$ $(> \mu + \varepsilon)$ ist; dagegen ist jenseits *jeder* Stelle n_1 immer wieder einmal $x_n < \varkappa + \varepsilon$ $(> \mu - \varepsilon)$.

rechts nicht beschränkt, so wollen wir $+\infty$ *einen Häufungswert derselben nennen.* In diesen Fällen sind also, wie groß auch die Zahl $G > 0$ gewählt wird, immer noch unendlich viele Glieder der Folge unterhalb $-G$ bzw. oberhalb $+G$ gelegen[1].

2. *Ist also die Folge* (x_n) *nach links nicht beschränkt, so ist* $-\infty$ ***zugleich ihr am weitesten links gelegener Häufungswert,*** so daß wir

$$\varkappa = \underline{\lim}_{n\to\infty} x_n = -\infty$$

setzen müssen. Ebenso müssen wir

$$\mu = \overline{\lim}_{n\to\infty} x_n = +\infty$$

setzen, falls die Folge nach rechts nicht beschränkt ist. Es ist dann, wie auch $G > 0$ gewählt wird, stets für *unendlich viele* Indizes $x_n < -G$ bzw. $x_n > +G$.

3. Wenn endlich die Folge *zwar nach links, aber nicht nach rechts beschränkt* ist und (außer $+\infty$) sonst *keinen* Häufungspunkt hat, so ist $+\infty$ nicht nur ihr *größter,* sondern zugleich auch ihr *kleinster* Häufungswert, und *wir werden daher auch ihren unteren Limes* $= +\infty$ *setzen*:

$$\varkappa = \underline{\lim}_{n\to\infty} x_n = +\infty;$$

und entsprechend wird man *den oberen Limes* $= -\infty$, *also*

$$\mu = \overline{\lim}_{n\to\infty} x_n = -\infty$$

setzen müssen, wenn die Folge *zwar nach rechts, aber nicht nach links beschränkt* ist und (außer $-\infty$) sonst *keinen* Häufungswert hat. Der erste (bzw. zweite) Fall liegt dann und nur dann vor, wenn nach Wahl einer beliebigen Zahl $G > 0$ *für unendlich viele n die Ungleichung*

$$x_n > G \ (bzw.\ x_n < -G),$$

dagegen für höchstens endlich viele n die Ungleichung

$$x_n < G \ (bzw.\ x_n > -G)$$

erfüllt ist, d. h. also wenn $x_n \to +\infty$ (bzw. $\to -\infty$) strebt. (Vgl. **63**, Satz 2.)

Beispiele und Erläuterungen.

1. Auf Grund aller getroffenen Festsetzungen definiert nun jede Zahlenfolge von sich aus und in völlig eindeutiger Weise zwei wohlbestimmte Werte $\varkappa$ und μ, die nun allerdings auch die Bedeutung $+\infty$ oder $-\infty$ haben können und die **61.**

[1] Es spielt hier also — und ebenso bei den folgenden Festsetzungen — der rechts von $+G$ gelegene Teil der Zahlengeraden die Rolle der ε-Umgebung von $+\infty$, der links von $-G$ gelegene Teil die der ε-Umgebung von $-\infty$.

in der Größenbeziehung $\varkappa \leq \mu$ zueinander stehen[1]. Und die nachfolgenden Beispiele lehren, daß $\varkappa$ und μ alle mit dieser Ungleichung $\varkappa \leq \mu$ verträglichen endlichen oder unendlichen Werte auch tatsächlich haben können.

Denn für die Folge $(x_1, x_2, x_3, \ldots)$	ist $\varkappa =$	$\mu =$
1. $(n) \equiv 1, 2, 3, 4, \ldots$	$+\infty$	$+\infty$
2. $(a + n^{(-1)^n}) \equiv a+1,\ a+2,\ a+\frac{1}{3},\ a+4, \ldots$	a	$+\infty$
3. $a, b, a, b, a, b, \ldots,\ (a < b)$	a	b
4. $\left(a + \frac{(-1)^n}{n}\right) \equiv a-1,\ a+\frac{1}{2},\ a-\frac{1}{3},\ a+\frac{1}{4}, \ldots$	a	a
5. $((-1)^n \cdot n) \equiv -1,\ +2,\ -3,\ +4, \ldots$	$-\infty$	$+\infty$
6. $(a - n^{(-1)^n}) \equiv a-1,\ a-2,\ a-\frac{1}{3},\ a-4, \ldots$	$-\infty$	a
7. $(-n) \equiv -1, -2, -3, \ldots$	$-\infty$	$-\infty$

2. Man beachte besonders, daß es mit dem Satze **59** nicht in Widerspruch steht, wenn links von $\varkappa$ oder rechts von μ *unendlich* viele Glieder der Folge liegen. So ist z. B. für die Folge $\left((-1)^n \frac{n+1}{n}\right)$, also für die Folge $-2,\ +\frac{3}{2},\ -\frac{4}{3},\ +\frac{5}{4},\ -\frac{6}{5}, \ldots$ ersichtlich $\varkappa = -1$, $\mu = +1$, und es liegen sowohl links von $\varkappa$ als auch rechts von μ unendlich viele Glieder der Folge (und *zwischen* $\varkappa$ und μ liegt *kein* Glied derselben!). Es brauchen also keineswegs außerhalb des Intervalles $\varkappa \ldots \mu$ nur endlich viele Glieder der Folge zu liegen. Satz **59** besagt ja auch nur, daß links von $\varkappa - \varepsilon$ bzw. rechts von $\mu + \varepsilon$ (bei *positivem* ε) nur endlich viele Glieder der Folge liegen können.

3. „Endlich viele Änderungen" haben auf die Häufungswerte einer Folge, speziell auf deren beide Häufungsgrenzen $\varkappa$ und μ keinen Einfluß. Diese bezeichnen also eine *infinitäre* Eigenschaft der Folge.

4. Da durch die Folge (x_n) auch jede der beiden Zahlen $\varkappa$ und μ völlig eindeutig bestimmt ist, und da ihr Wert ja auch im Anschluß an unsere Definition durch eine wohlbestimmte Intervallschachtelung erfaßt wurde, so haben wir hierin wieder ein neues legitimes Mittel, um reelle Zahlen zu definieren, zu bestimmen, zu geben: *eine reelle Zahl ist hinfort auch als „gegeben" anzusehen, wenn sie die untere oder obere Häufungsgrenze einer gegebenen Zahlenfolge ist.* Dieses Mittel zur Bestimmung reeller Zahlen ist ersichtlich noch allgemeiner als das bei **41**, 1 angegebene, weil jetzt die benutzte Zahlenfolge gar nicht konvergent zu sein braucht und überhaupt keiner Beschränkung mehr unterliegt[2].

---

[1] Von jeder reellen Zahl sagt man, sie sei $< +\infty$ und $> -\infty$, und bezeichnet sie darum gelegentlich ausdrücklich als eine „endliche". Entsprechend ist $-\infty < +\infty$ zu setzen.

[2] Während uns also zunächst die Intervallschachtelung (mit rationalen Intervallenden) als das einzige Mittel zur Erfassung reeller Zahlen gelten sollte, haben wir jetzt eine ganze Anzahl anderer Mittel daraus hergeleitet, die nun auch als legitime Mittel zugelassen sind: Die Systembrüche, der DEDEKINDsche Schnitt, Intervallschachtelungen mit beliebigen reellen Intervallenden, konvergente Zahlen-

Wie man im Anschluß an **55** erkennt, gilt noch der folgende

Satz. *Die obere Häufungsgrenze* μ *der Folge* (x_n), $\mu = \overline{\lim}\, x_n$, *ist, falls* $\mu \neq \pm\infty$ *ist, auch durch folgende beide Bedingungen charakterisiert:* **62.**

a) *Der Grenzwert* ξ' *jeder aus* (x_n) *herausgehobenen* *konvergenten Teilfolge* (x_n') *ist stets* $\leqq \mu$; *aber es gibt*

b) *mindestens* *eine* *solche Teilfolge, deren Grenzwert* *gleich* μ *ist;* — *und entsprechend für die untere Häufungsgrenze.*

Ein mit den Häufungsgrenzen verwandter, aber doch scharf von ihnen zu trennender Begriff ist der der *oberen und unteren Grenze* einer Zahlenfolge (x_n), der sich durch folgende Bemerkung ergibt: Liegt rechts von $\mu = \overline{\lim}\, x_n$ kein Glied der Folge, ist also stets $x_n \leqq \mu$, so ist μ eine obere Schranke (**8**, 4) der Folge, — aber eine solche, die nun nicht mehr durch eine kleinere ersetzt werden kann. Es ist dann μ also *die kleinste obere Schranke.* Eine solche gibt es aber auch, wenn ein Glied der Folge $> \mu$ ist. Denn ist etwa $x_p > \mu$, so gibt es nach **59** sicher nur endlich viele Glieder in der Folge, die $\geqq x_p$ sind, und unter diesen notwendig (**8**, 5) ein größtes, etwa x_q. Dann ist *stets* $x_n \leqq x_q$, d. h. x_q ist eine obere Schranke der Folge, — aber wieder eine solche, die durch keine kleinere ersetzt werden kann. *Jede nach rechts beschränkte Zahlenfolge besitzt also eine wohlbestimmte kleinste obere Schranke.* Da ebenso jede nach links beschränkte Zahlenfolge eine wohlbestimmte *größte untere Schranke* haben muß, so sind wir zu folgender Erklärung berechtigt:

Definition. *Als* ***obere Grenze*** *einer nach rechts beschränkten Zahlenfolge bezeichnet man die nach den Vorbemerkungen stets vorhandene kleinste ihrer oberen Schranken, ebenso als* ***untere Grenze*** *einer nach links beschränkten Zahlenfolge die größte unter ihren unteren Schranken. Von einer nach rechts nicht beschränkten Zahlenfolge sagt man, ihre obere Grenze sei* $+\infty$, *von einer nach links nicht beschränkten Folge entsprechend, ihre untere Grenze sei* $-\infty$.

Die Begriffe der unteren und oberen Häufungsgrenze rühren von A. L. CAUCHY (Analyse algébrique, S. 132. Paris 1821) her, sind aber erst durch P. DU BOIS-REYMOND (Allgemeine Funktionentheorie, Tübingen 1882) allgemein bekannt geworden. Die Benennung und Bezeichnung schwankt bis auf den heutigen Tag. Die besonders bequeme, im Text benutzte Bezeichnung durch $\underline{\lim}$ und $\overline{\lim}$ ist von A. PRINGSHEIM (Sitzungsber. d. Akad. zu München Bd. 28, S. 62. 1898) eingeführt worden, von dem auch die Benennungen als *unterer und oberer Limes* herrühren. Die im Texte benutzte ausführlichere Bezeichnung *Häufungs*grenze soll nur den Unterschied zu der soeben definierten unteren und oberen *Grenze* stärker betonen.

---

folgen, obere und untere Häufungsgrenze einer Folge. In allen diesen Fällen aber hatten wir gesehen, wie man sofort auch eine Intervallschachtelung (mit rationalen Intervallenden) angeben kann, welche die betreffende Zahl erfaßt.

Ausdrücklich sei noch hervorgehoben, daß die obere (und ebenso die untere) Grenze nicht durch das infinitäre Verhalten der Zahlenfolge bestimmt zu sein braucht. Denn die obere Grenze der Folge $\left(\frac{1}{n}\right)$ ist gleich 1 und wird offenbar schon geändert, wenn das erste Glied der Folge abgeändert wird.

Die bisherigen Untersuchungen dieses Paragraphen waren völlig unabhängig von den Konvergenzbetrachtungen der §§ 8 und 9 gehalten und geben uns eben dadurch ein neues Mittel an die Hand, das Konvergenzproblem A aus § 9 anzugreifen. Es läßt sich zeigen, daß die Kenntnis der beiden Häufungsgrenzen $\varkappa$ und μ einer Zahlenfolge — also die Kenntnis zweier Zahlen, deren *Existenz* von vornherein feststeht! — vollständig ausreicht, um über die Konvergenz oder Divergenz dieser Zahlenfolge zu entscheiden. Es gelten nämlich die Sätze:

63. **Satz 1.** *Die Zahlenfolge (x_n) ist dann und nur dann konvergent, wenn ihre Häufungsgrenzen $\varkappa$ und μ einander gleich und endlich sind. Ist λ der gemeinsame (und also von $+\infty$ und $-\infty$ verschiedene) Wert von $\varkappa$ und μ, so strebt $x_n \to \lambda$.*

Beweis. a) Es seien $\varkappa$ und μ einander gleich, etwa beide $=\lambda$. Dann ist nach **59** bei gegebenem ε für höchstens endlich viele n die Ungleichung

$$x_n \leqq \varkappa - \varepsilon = \lambda - \varepsilon$$

und ebenso für höchstens endlich viele n die Ungleichung

$$x_n \geqq \mu + \varepsilon = \lambda + \varepsilon$$

erfüllt. Von einer Stelle n_0 ab ist also *stets*

$$\lambda - \varepsilon < x_n < \lambda + \varepsilon \quad \text{oder} \quad |x_n - \lambda| < \varepsilon,$$

d. h. die Folge ist konvergent und λ ihr Grenzwert.

b) Ist umgekehrt $\lim x_n = \lambda$, so ist nach Wahl von $\varepsilon > 0$ für alle $n > n_0(\varepsilon)$ stets $\lambda - \varepsilon < x_n < \lambda + \varepsilon$. Es ist also für unendlich viele n die Ungleichung

$$x_n < \lambda + \varepsilon \quad \text{bzw.} \quad > \lambda - \varepsilon,$$

dagegen nur für höchstens endlich viele n die Ungleichung

$$x_n < \lambda - \varepsilon \quad \text{bzw.} \quad > \lambda + \varepsilon$$

erfüllt. Das eine besagt, daß $\varkappa = \lambda$, das andere, daß $\mu = \lambda$ ist. Damit ist alles bewiesen.

Satz 2. *Die Zahlenfolge (x_n) ist dann und nur dann bestimmt divergent, wenn ihre Häufungsgrenzen zwar einander gleich sind, ihr gemeinsamer Wert aber gleich $+\infty$ oder $-\infty$ ist*[1]. *Im ersten Falle divergiert sie gegen $+\infty$, im zweiten gegen $-\infty$.*

[1] Daß man die Symbole $+\infty$ und $-\infty$, die ja gewiß keine Zahlen sind, gelegentlich doch als „Werte“ anspricht, darf nur als eine (nicht wichtig zu nehmende) sprachliche Freiheit angesehen werden.

Beweis. a) Ist $\varkappa = \mu = +\infty$ (bzw. $= -\infty$), so heißt dies nach **60**, 2 und 3, daß nach Wahl von $G > 0$ von einer Stelle ab stets

$$x_n > +G \quad \text{(bzw. } < -G\text{)}$$

ist; es ist dann also $\lim x_n = +\infty$ (bzw. $= -\infty$).

b) Ist umgekehrt $\lim x_n = +\infty$, so ist nach Wahl von $G > 0$ für alle n von einer Stelle ab stets $x_n > +G$; es ist also

für höchstens endlich viele n die Ungleichung $x_n < +G$

erfüllt, während

für unendlich viele n die Ungleichung $x_n > +G$

gilt. Das besagt aber nach **60**, daß $\varkappa = +\infty$ und also von selbst auch $\mu = +\infty$ ist. Es ist also $\varkappa = \mu = +\infty$. Und ganz entsprechend schließt man aus $\lim x_n = -\infty$, daß $\varkappa = \mu = -\infty$ ist.

Aus diesen beiden Sätzen folgt nun weiter sofort der

Satz 3. *Die Zahlenfolge (x_n) ist dann und nur dann unbestimmt divergent, wenn ihre Häufungsgrenzen voneinander verschieden sind.*

Der Inhalt dieser drei Sätze liefert uns das folgende

III. Hauptkriterium für das Konvergenzverhalten von Zahlenfolgen: **64.**

*Die Folge (x_n) verhält sich bestimmt oder unbestimmt, je nachdem ihre Häufungsgrenzen einander gleich oder voneinander verschieden sind. Im Falle bestimmten Verhaltens ist sie **konvergent** oder **divergent**, je nachdem der gemeinsame Wert der Häufungsgrenzen endlich oder unendlich ist.*

Über die Möglichkeiten im Konvergenzverhalten einer Zahlenfolge und über die dabei benutzten Bezeichnungen geben wir noch in folgender Tabelle eine Übersicht.

$\varkappa = \mu$, beide $= \lambda \neq \pm\infty$	$\varkappa = \mu = +\infty$ oder $-\infty$	$\varkappa < \mu$
konvergent (mit dem Grenzwert λ) $\lim x_n = \lambda$ $x_n \to \lambda$ (für $n \to \infty$)	divergent gegen (oder: mit dem Grenzwert) $+\infty$ bzw. $-\infty$; beides: bestimmt divergent. $\lim x_n = +\infty$ bzw. $-\infty$ $x_n \to +\infty$ bzw. $-\infty$	unbestimmt divergent
konvergent	divergent	
bestimmtes Verhalten		unbestimmtes Verhalten

§ 11. Unendliche Reihen, Produkte und Kettenbrüche.

Eine Zahlenfolge kann in der mannigfachsten Weise gegeben sein; die vielfachen bisher gegebenen Beispiele belegen dies hinreichend. Doch war hierbei in den weitaus meisten Fällen das n^{te} Glied x_n der Bequemlichkeit halber durch eine explizite Formel gegeben, die es direkt zu berechnen gestattet. Das ist aber bei den Anwendungen der Zahlenfolgen in allen Teilen der Mathematik keineswegs die Regel. Hier bieten sich die zu untersuchenden Zahlenfolgen vielmehr meist indirekt dar; und zwar kommen dafür, neben mancherlei weniger wichtigen, vor allem drei Arten in Betracht, die wir jetzt besprechen wollen.

66. **I. Unendliche Reihen.** Das sind Zahlenfolgen, die auf folgende Art gegeben werden. Es wird zunächst eine Zahlenfolge $(a_0, a_1, \ldots)$ auf irgendeine Weise (meist durch unmittelbare Angabe ihrer Glieder) vorgelegt, doch ohne daß sie selbst den Gegenstand der Untersuchung bilden soll. Aus ihr soll vielmehr dadurch eine neue Folge, deren Glieder wir nun mit s_n bezeichnen, hergeleitet werden, daß

$$s_0 = a_0; \quad s_1 = a_0 + a_1; \quad s_2 = a_0 + a_1 + a_2$$

und allgemein

$$\boldsymbol{s_n = a_0 + a_1 + a_2 + \cdots + a_n}, \qquad (n = 0, 1, 2, \ldots),$$

gesetzt wird. Und erst die Folge (s_n) *dieser Zahlen* soll den Gegenstand der Untersuchung abgeben. Man gebraucht für diese Folge (s_n) die Symbolik

67. a) $$\boldsymbol{a_0 + a_1 + a_2 + \cdots + a_n + \cdots}$$

oder kürzer

b) $$\boldsymbol{a_0 + a_1 + a_2 + \cdots}$$

oder noch kürzer und prägnanter

c) $$\sum_{n=0}^{\infty} \boldsymbol{a_n}$$

und nennt dies neue Symbol eine ***unendliche Reihe;*** die Zahlen s_n bezeichnet man als ihre *Teilsummen* oder *Abschnitte.* — Wir können daher sagen:

68. °**Definition.** *Eine unendliche Reihe ist ein Zeichen der Form*

$$\sum_{n=0}^{\infty} a_n \quad \textit{oder} \quad a_0 + a_1 + a_2 + \cdots$$

oder

$$a_0 + a_1 + a_2 + \cdots + a_n + \cdots,$$

mit dem die Folge (s_n) *der Teilsummen*

$$s_n = a_0 + a_1 + \cdots + a_n, \qquad (n = 0, 1, 2, \ldots),$$

gemeint ist.

Bemerkungen und Beispiele.

1. Mit $\sum_{n=0}^{\infty} a_n$ sollen die Symbole

$$a_0 + \sum_{n=1}^{\infty} a_n\,; \quad a_0 + a_1 + \sum_{n=2}^{\infty} a_n\,; \quad a_0 + a_1 + \cdots + a_m + \sum_{n=m+1}^{\infty} a_n$$

völlig gleichbedeutend sein. Der Index n heißt hierbei der *Summationsbuchstabe*. Für ihn dürfen natürlich auch beliebige andere Buchstaben genommen werden:

$$\sum_{\nu=0}^{\infty} a_\nu, \qquad a_0 + a_1 + a_2 + \sum_{\varrho=3}^{\infty} a_\varrho \quad \text{usw.}$$

Die Zahlen a_n heißen die *Glieder* der Reihe. Sie brauchen nicht von 0 an indiziert zu sein. So bedeutet das Symbol

$$\sum_{\lambda=1}^{\infty} a_\lambda \quad \text{die Zahlenfolge} \quad (a_1,\ a_1 + a_2,\ a_1 + a_2 + a_3, \ldots)$$

und allgemeiner

$$\sum_{k=p}^{\infty} a_k$$

die Folge der Zahlen $s_p, s_{p+1}, s_{p+2}, \ldots$, die durch

$$s_n = a_p + a_{p+1} + \cdots + a_n \quad \text{für} \quad n = p,\ p+1, \ldots$$

definiert sind. Hierbei darf $p \gtreqless 0$ irgendeine ganze Zahl sein. Schließlich schreibt man auch ganz kurz

$$\sum a_\nu,$$

wenn kein Zweifel darüber besteht, von welchem Anfangswert an der Summationsbuchstabe zu laufen hat, — oder falls dies gleichgültig ist.

2. Für $n = 0, 1, 2, \ldots$ sei a_n

a) $= \dfrac{1}{2^n}$; b) $= \dfrac{1}{(n+1)(n+2)}$; c) $= 1$; d) $= n$;

e) $= \dfrac{(-1)^n}{n+1}$; f) $= (-1)^n$; g) $= (-1)^n (2n+1)$;

h) $= \dfrac{1}{(\alpha+n)(\alpha+n+1)}$, $\alpha =$ reelle Zahl $\neq 0, -1, -2, \ldots$

Dann handelt es sich um die unendlichen Reihen:

a) $\displaystyle\sum_{n=0}^{\infty} \frac{1}{2^n} \equiv 1 + \frac{1}{2} + \frac{1}{4} + \frac{1}{8} + \cdots;$

b) $\displaystyle\sum_{n=0}^{\infty} \frac{1}{(n+1)(n+2)} \equiv \frac{1}{1\cdot 2} + \frac{1}{2\cdot 3} + \frac{1}{3\cdot 4} + \cdots;$

c) $1 + 1 + 1 + \cdots;$ d) $0 + 1 + 2 + 3 + \cdots;$

e) $\displaystyle\sum_{\nu=0}^{\infty} \frac{(-1)^\nu}{\nu+1} \equiv 1 - \frac{1}{2} + \frac{1}{3} - \frac{1}{4} + - \cdots;$

f) $\displaystyle\sum_{\lambda=0}^{\infty} (-1)^\lambda \equiv 1 - 1 + 1 - 1 + - \cdots;$ g) $1 - 3 + 5 - 7 + 9 - + \cdots;$

h) $\displaystyle\sum_{k=0}^{\infty} \frac{1}{(\alpha+k)(\alpha+k+1)} \equiv \frac{1}{\alpha(\alpha+1)} + \frac{1}{(\alpha+1)(\alpha+2)} + \frac{1}{(\alpha+2)(\alpha+3)} + \cdots.$

Und hierin ist lediglich ein neues — und, wie sich zeigen wird, sehr handliches — Symbol für die Zahlenfolge $(s_0, s_1, s_2, \ldots)$ zu sehen, bei der s_n

a) $= 1 + \frac{1}{2} + \frac{1}{4} + \cdots + \frac{1}{2^n} = 2 - \frac{1}{2^n}$;

b) $= \frac{1}{1 \cdot 2} + \frac{1}{2 \cdot 3} + \frac{1}{3 \cdot 4} + \cdots + \frac{1}{(n+1)(n+2)}$

$= \left(1 - \frac{1}{2}\right) + \left(\frac{1}{2} - \frac{1}{3}\right) + \cdots + \left(\frac{1}{n+1} - \frac{1}{n+2}\right) = 1 - \frac{1}{n+2}$;

c) $= n + 1$; d) $= \frac{n(n+1)}{2}$;

e) $= 1 - \frac{1}{2} + \frac{1}{3} - + \cdots + \frac{(-1)^n}{n+1}$, (vgl. **45**, 3 und **48**, 1);

f) $= \frac{1}{2}[1 - (-1)^{n+1}]$, d. h. gleich 1 oder 0, je nachdem n gerade oder ungerade ist;

g) $= (-1)^n (n+1)$;

h) $= \frac{1}{\alpha(\alpha+1)} + \frac{1}{(\alpha+1)(\alpha+2)} + \cdots + \frac{1}{(\alpha+n)(\alpha+n+1)}$

$= \left(\frac{1}{\alpha} - \frac{1}{\alpha+1}\right) + \left(\frac{1}{\alpha+1} - \frac{1}{\alpha+2}\right) + \cdots + \left(\frac{1}{\alpha+n} - \frac{1}{\alpha+n+1}\right)$

$= \frac{1}{\alpha} - \frac{1}{\alpha+n+1}$

ist. —

3. Wir betonen vor allem, daß die neuen Symbole *von sich aus keinerlei* Bedeutung haben. Zwar ist die Addition eine wohldefinierte Operation, die sich für zwei oder irgendeine bestimmte Anzahl von Zahlen stets und nur in einer Weise ausführen läßt. Es haben also, wie auch die Glieder a_n gegeben sein mögen, die Teilsummen s_n unter allen Umständen wohlbestimmte Werte. Aber das Symbol $\sum\limits_{n=0}^{\infty} a_n$ hat *von sich aus* keinerlei Bedeutung, — auch nicht in einem scheinbar so durchsichtigen Falle wie 2a; denn eine Addition *unendlich vieler* Summanden ist etwas nicht Definiertes, etwas schlechthin Sinnloses. Es ist lediglich als eine Übereinkunft anzusehen, daß wir unter dem neuen Symbol die Folge seiner Teilsummen zu verstehen haben.

4. Man beachte hiernach wohl den Unterschied zwischen einer Reihe und einer Folge[1]: Eine *Reihe* ist ein Zeichen, das die *Folge* der Teilsummen dieser Reihe bedeuten soll.

5. Die Symbolik mit dem Summenzeichen „Σ" wird man natürlich nur dann anwenden können, wenn die Glieder der Reihe nach einem explizit gegebenen Gesetz gebildet werden oder wenn für sie eine besondere Bezeichnung zur Verfügung steht. Sollen aber z. B. die Zahlen

$$\frac{1}{2}, \frac{1}{3}, \frac{1}{5}, \frac{1}{7}, \frac{1}{11}, \frac{1}{13}, \frac{1}{17}, \ldots$$

oder die Zahlen

$$\frac{1}{3}, \frac{1}{7}, \frac{1}{8}, \frac{1}{15}, \frac{1}{24}, \frac{1}{26}, \frac{1}{31}, \ldots$$

[1] Der Zusatz „unendlich" kann, wenn selbstverständlich, weggelassen werden.

die Glieder der Reihe sein, so werden wir die ausführlichere Symbolik

$$\frac{1}{2}+\frac{1}{3}+\frac{1}{5}+\frac{1}{7}+\frac{1}{11}+\frac{1}{13}+\cdots$$

und

$$\frac{1}{3}+\frac{1}{7}+\frac{1}{8}+\frac{1}{15}+\frac{1}{24}+\frac{1}{26}+\frac{1}{31}+\cdots$$

anwenden müssen und hierbei so viele Glieder hinschreiben, daß man vom Leser annehmen kann, daß er das Bildungsgesetz erkannt hat. Das mag man bei der ersten dieser beiden Reihen nach dem Gliede $\frac{1}{13}$ erwarten: Die Glieder sollen die reziproken Werte der aufeinander folgenden Primzahlen sein. Beim zweiten Beispiel wird man auch nach dem Gliede $\frac{1}{31}$ noch nicht wissen, wie es weiter gehen soll: In den Nennern der Glieder sollen die ganzen Zahlen der Form

$$p^q - 1, \qquad (p, q = 2, 3, 4, \ldots),$$

der Größe nach geordnet stehen.

Wir treffen nun weiter die Festsetzung, daß wir alle bei der Beschreibung des Konvergenzverhaltens einer Zahlenfolge eingeführten Ausdrucksweisen von der Folge (s_n) auf die unendliche Reihe $\sum a_n$ selbst übertragen. Dadurch gewinnen wir insbesondere die folgende

Definition. *Eine unendliche Reihe $\sum a_n$ heißt konvergent, bestimmt oder unbestimmt divergent, je nachdem die Folge der Teilsummen $s_n = a_0 + a_1 + \cdots + a_n$, $(n = 0, 1, 2, \ldots)$, das gleichbenannte Verhalten aufweist. Strebt im Falle der Konvergenz $s_n \to s$, so sagt man, s sei der* ***Wert*** *oder die* ***Summe*** *der konvergenten unendlichen Reihe. Man schreibt dann kurz* 69.

$$\sum_{\nu=0}^{\infty} a_\nu = s,$$

so daß $\sum_{\nu=0}^{\infty} a_\nu$ nicht nur, wie in der vorigen Definition festgelegt, die Folge (s_n) der Teilsummen, sondern zugleich auch deren Grenzwert $\lim s_n$ bedeutet, falls dieser vorhanden ist[1]. Im Falle der bestimmten Divergenz der Folge (s_n) sagt man auch von der Reihe, daß sie bestimmt divergent sei und daß sie, je nachdem $s_n \to +\infty$ oder $\to -\infty$ strebt, gegen $+\infty$ bzw. gegen $-\infty$ divergiere. Sind endlich im Falle der unbestimmten Divergenz von (s_n) $\varkappa$ und μ die beiden Häufungsgrenzen dieser Folge, so sagt man auch von der Reihe, sie sei unbestimmt divergent und oszilliere zwischen den (Häufungs-) Grenzen $\varkappa$ und μ.

Bemerkungen und Beispiele.

1. Man überblickt sofort, daß die Reihen **68**, 2a, b und h konvergieren und die Summe $+2$ bzw. 1 und $\frac{1}{\alpha}$ haben; 2c und d sind bestimmt divergent gegen $+\infty$; 2e ist konvergent und hat die Zahl s zur Summe, die durch die Intervallschachte-

[1] Genau wie wir gemäß Fußnote zu **41**, 1 jetzt auch $(s_n) = s$ schreiben dürfen.

lung $(s_{2k-1} | s_{2k})$ definiert wird[1]; 2f endlich oszilliert zwischen 0 und 1, 2g zwischen $-\infty$ und $+\infty$.

2. Bezüglich der Bezeichnung *Summe* ist sogleich nachdrücklich vor einem Mißverständnis zu warnen: Die Zahl s ***ist*** *nicht* eine Summe in irgendeinem bisher üblichen Sinne, sondern nur *der Grenzwert einer unendlichen Folge von Summen*; es ist also die Gleichung

$$\sum_{n=0}^{\infty} a_n = s \qquad \text{oder} \qquad a_0 + a_1 + \cdots + a_n + \cdots = s$$

lediglich eine andere Schreibweise für

$$\lim s_n = s \qquad \text{oder für} \qquad s_n \to s\,.$$

Es wäre daher sinngemäßer, nicht von der *Summe*, sondern von dem *Grenzwert* oder dem *Wert* der Reihe zu sprechen. Doch ist die Bezeichnung „Summe" von den Zeiten her in Gebrauch geblieben, in denen unendliche Reihen zuerst in der Wissenschaft auftraten, und in denen man von dem darin steckenden Grenzprozesse sowie allgemein von dem „Unendlichen" noch keine klare Vorstellung hatte.

3. Die Zahl s *ist* also keine Summe, sondern wird der Kürze halber nur so genannt. Insbesondere wird das Rechnen mit unendlichen Reihen keineswegs all den Regeln für das Rechnen mit Summen gehorchen. Z. B. darf man bei einer (wirklichen) Summe beliebige Klammern setzen oder fortlassen, so daß etwa

$$1 - 1 + 1 - 1 = (1 - 1) + (1 - 1) = 1 - (1 - 1) - 1 = 0$$

ist. Es ist aber *keineswegs*

$$\sum_{n=0}^{\infty} (-1)^n = 1 - 1 + 1 - 1 + - \cdots$$

dasselbe wie

$$(1 - 1) + (1 - 1) + (1 - 1) + \cdots \equiv 0 + 0 + 0 + \cdots$$

oder wie

$$1 - (1 - 1) - (1 - 1) - (1 - 1) - \cdots \equiv 1 - 0 - 0 - 0 - \cdots$$

Immerhin wird das Rechnen mit Reihen viele Analogien mit dem Rechnen mit (wirklichen) Summen aufweisen. Doch ist das Bestehen einer solchen Analogie *in jedem einzelnen Falle erst zu beweisen.*

4. Es ist auch vielleicht nicht überflüssig zu betonen, daß es eigentlich etwas ganz Paradoxes ist, daß eine unendliche Reihe, etwa $\sum_{n=0}^{\infty} \frac{1}{2^n}$, überhaupt so etwas hat, was man eine Summe nennen kann. Deuten wir es in Quartanerart mit Mark und Pfennigen: Ich gebe jemandem erst 1 Mark, dann $1/2$ Mark, dann $1/4$ Mark, dann $1/8$ Mark usw. Höre ich nun mit diesen Schenkungen nie auf, so entsteht die Frage, ob der Reichtum des Beschenkten dabei notwendig jede Höhe überschreiten

---

[1] In der Tat ist $s_{2k-1} = \left(1 - \frac{1}{2}\right) + \left(\frac{1}{3} - \frac{1}{4}\right) + \cdots + \left(\frac{1}{2k-1} - \frac{1}{2k}\right)$ $= \frac{1}{1 \cdot 2} + \frac{1}{3 \cdot 4} + \cdots + \frac{1}{(2k-1)\,2k}$, so daß $s_1 < s_3 < s_5 < \ldots$ ist; ebenso folgt aus $s_{2k} = 1 - \left(\frac{1}{2} - \frac{1}{3}\right) - \cdots - \left(\frac{1}{2k} - \frac{1}{2k+1}\right)$, daß $s_0 > s_2 > s_4 > \ldots$ ist. Endlich ist $s_{2k} - s_{2k-1} = + \frac{1}{2k+1}$, also positiv und gegen 0 strebend. Nach **46**, 4 und **41**, 5 strebt $s_n \to (s_{2k-1} | s_{2k})$. Vgl. **81c**, 3 und **82**, 5, wo diese Betrachtung verallgemeinert wird.

muß oder nicht. Zunächst hat man das Gefühl, daß notwendig das erstere eintreten muß; denn wenn ich immer wieder etwas hinzufüge, so müßte — scheint es — die Summe schließlich jeden Betrag übersteigen. Im vorliegenden Falle ist dem nicht so, da für jedes n

$$s_n = 1 + \frac{1}{2} + \frac{1}{4} + \cdots + \frac{1}{2^n} = 2 - \frac{1}{2^n} < 2$$

bleibt. Die Schenkung erreicht also niemals auch nur den Betrag von 2 M. Und wenn wir nun trotzdem sagen, $\sum \frac{1}{2^n}$ *sei gleich* 2, so ist das lediglich ein kurzer Ausdruck dafür, daß die Folge der Teilsummen dem *Grenzwert* 2 zustrebt. — Man vergleiche hierzu das bekannte „Paradoxon des Zenon" von Achilles und der Schildkröte.

5. Auch im Falle der bestimmten Divergenz kann man noch im übertragenen Sinne von einer Summe der Reihe sprechen, die dann eben den „Wert" $+\infty$ oder $-\infty$ hat. So ist z. B. die Reihe

$$\sum_{n=1}^{\infty} \frac{1}{n} = 1 + \frac{1}{2} + \frac{1}{3} + \frac{1}{4} + \cdots$$

bestimmt divergent, hat die „Summe" $+\infty$, weil nach **46**, 3 ihre Teilsummen $\to +\infty$ streben[1]. Man schreibt kurz

$$\sum_{n=1}^{\infty} \frac{1}{n} = +\infty,$$

was nur eine andere Schreibweise für $\lim\left(1 + \frac{1}{2} + \cdots + \frac{1}{n}\right) = +\infty$ ist.

6. Im Falle einer unbestimmt divergenten Reihe verliert dagegen das Wort „Summe" jede Bedeutung. Ist in diesem Falle $\underline{\lim}\, s_n = \varkappa$ und $\overline{\lim}\, s_n = \mu\ (>\varkappa)$, so sagten wir oben, die Reihe *oszilliere zwischen* $\varkappa$ *und* μ. Hierbei ist indessen zu beachten (vgl. **61**, 2), daß es sich nur um die Beschreibung eines *infinitären* Verhaltens handelt. Tatsächlich brauchen die Teilsummen s_n *nicht zwischen* $\varkappa$ und μ zu liegen. Ist z. B. $a_0 = 2$ und für $n > 0$ stets

$$a_n = (-1)^n \left[\frac{n+1}{n} + \frac{n+2}{n+1}\right],$$

so rechnet man sofort nach, daß

$$s_n = a_0 + a_1 + \cdots + a_n = (-1)^n \frac{n+2}{n+1}, \qquad (n = 0, 1, 2, \ldots),$$

und also $\underline{\lim}\, s_n = -1$, $\overline{\lim}\, s_n = +1$ ist. Aber *alle* Glieder der Folge (s_n) liegen *außerhalb* des Intervalles $-1 \ldots +1$, und zwar abwechselnd links und rechts, so daß auf beiden Seiten des Intervalles unendlich viele Glieder der Folge liegen.

7. Betonten wir oben, daß in einer Reihe $\sum a_n$ *lediglich* die Folge der Teilsummen s_n, — also lediglich eine andere Schreibweise für eine *Folge* zu sehen

---

[1] Wenn also die unter 4 besprochenen Schenkungen der Reihe nach 1 Mark, $^1/_2$ Mark, $^1/_3$ Mark, ... betragen, so wächst der Reichtum des Beschenkten nun doch über alles Maß. Aber es ist im Augenblick gar nicht zu erkennen, woran es liegt, daß im Falle 4 die Summe einen bescheidenen Betrag nicht übersteigt, im jetzigen dagegen über jede Höhe hinauswächst. — Die Divergenz dieser Reihe ist von JOH. BERNOULLI entdeckt und von JAK. BERNOULLI 1689 veröffentlicht worden; doch scheint sie auch schon LEIBNIZ 1673 bekannt gewesen zu sein.

ist, so überzeugt man sich umgekehrt leicht, daß auch jede Folge $(x_0, x_1, \ldots)$ als Reihe geschrieben werden kann. Man hat dazu nur

$$a_0 = x_0, \quad a_1 = x_1 - x_0, \quad a_2 = x_2 - x_1, \ \ldots, \quad a_n = x_n - x_{n-1}, \ \ldots, \quad (n \geqq 1),$$

zu setzen. In der Tat hat dann die Reihe

$$\sum_{n=0}^{\infty} a_n \equiv x_0 + \sum_{k=1}^{\infty} (x_k - x_{k-1})$$

die Teilsummen

$$s_0 = x_0; \quad s_1 = x_0 + (x_1 - x_0) = x_1;$$

und allgemein für $n \geqq 1$

$$s_n = x_0 + (x_1 - x_0) + (x_2 - x_1) + \cdots + (x_{n-1} - x_{n-2}) + (x_n - x_{n-1}) = x_n,$$

so daß die hingeschriebene Reihe tatsächlich einfach die Folge (x_n) bedeutet. Das neue Symbol der unendlichen Reihe ist also weder spezieller noch allgemeiner als das der unendlichen Folge. Sein Sinn liegt hauptsächlich darin, daß nicht so sehr die Glieder der zu untersuchenden Zahlenfolge (s_n) selbst, als vielmehr die *Unterschiede* $a_n = s_n - s_{n-1}$ eines jeden gegen das vorangehende gegeben bzw. betont werden.

Die Festsetzung **68**, 1, nach der z. B.

$$\sum_{n=0}^{\infty} a_n \quad \text{und} \quad a_0 + a_1 + \cdots + a_m + \sum_{n=m+1}^{\infty} a_n$$

dasselbe bedeuten sollen, wird nun zu dem zu beweisenden Satz (vgl. **70** und **82**, 4), daß die hier auftretenden Reihen gleichzeitig konvergieren oder divergieren und daß im ersten Falle beide Ausdrücke denselben Wert haben.

8. Über die *Geschichte der unendlichen Reihen* unterrichtet trefflich ein Büchlein von R. Reiff (Tübingen 1889). Hier mag die Erwähnung folgender Tatsachen genügen: Das erste Beispiel einer unendlichen Reihe pflegt man Archimedes zuzuschreiben (Opera, ed. J. L. Heiberg, Bd. 2, S. 310ff. Leipzig 1913). Er zeigt dort, daß $1 + \frac{1}{4} + \cdots + \frac{1}{4^n} < \frac{4}{3}$ bleibt, welchen Wert auch n haben mag, und daß der Unterschied zwischen beiden Werten $= \frac{1}{3} \cdot \frac{1}{4^n}$ ist und folglich kleiner als eine gegebene positive Zahl ausfällt, sofern n groß genug genommen wird. Er beweist also — in unserer Ausdrucksweise — die Konvergenz der Reihe $\sum_{n=0}^{\infty} \frac{1}{4^n}$ und zeigt, daß ihre Summe $= \frac{4}{3}$ ist. Eine allgemeinere Benutzung unendlicher Reihen setzt aber erst in der zweiten Hälfte des 17. Jahrhunderts ein, als N. Mercator und W. Brouncker 1668 bei der Quadratur der Hyperbel die logarithmische Reihe **120** entdeckten und J. Newton 1669 in dem Werke *De analysi per aequationes numero terminorum infinitas* die Behandlung der Reihen auf eine festere Grundlage gestellt hatte. Im 18. Jahrhundert wurden die prinzipiellen Gesichtspunkte z. T. zwar außer acht gelassen, dafür aber die Praxis der Reihen, vor allem durch Euler, in großartiger Weise entfaltet. Im 19. Jahrhundert endlich wurde die Theorie durch A. L. Cauchy (Analyse algébrique, Paris 1821) in einwandfreier Weise begründet, — wenn man von den Unklarheiten absieht, die damals dem Zahlbegriff als solchem noch anhafteten. (Weitere historische Bemerkungen s. in der Einleitung zu § 59.)

II. Unendliche Produkte. Hier handelt es sich um Ausdrücke der Form

$$u_1 \cdot u_2 \cdot u_3 \ldots u_n \ldots \quad \text{oder} \quad \prod_{n=1}^{\infty} u_n;$$

sie sind in ganz entsprechender Weise wie die eben behandelten unendlichen Reihen lediglich als eine neue Symbolik für die wohlbestimmte Zahlenfolge der *Teilprodukte*

$$u_1; \quad u_1 \cdot u_2; \quad \ldots; \quad u_1 \cdot u_2 \cdots u_n; \ \ldots$$

anzusehen. Indessen werden wir später mit Rücksicht auf die Ausnahmerolle, die die Zahl 0 bei der Multiplikation spielt, hier noch einige besondere Festsetzungen zu machen haben.

1. Ist z. B. für $n \geqq 1$ stets $u_n = \dfrac{(n+1)^2}{n(n+2)}$, so bedeutet das unendliche Produkt

$$\prod_{n=1}^{\infty} \frac{(n+1)^2}{n(n+2)} \quad \text{oder} \quad \frac{2^2}{1\cdot 3}\cdot\frac{3^2}{2\cdot 4}\cdot\frac{4^2}{3\cdot 5}\cdot\frac{5^2}{4\cdot 6}\cdots\frac{(n+1)^2}{n(n+2)}\cdots$$

die Folge der Zahlen

$$\frac{2\cdot 2}{3}; \quad \frac{2\cdot 3}{4}; \quad \frac{2\cdot 4}{5}; \quad \ldots; \quad \frac{2(n+1)}{n+2}; \quad \ldots$$

2. Die soeben unter 1 gegebenen Zusätze und Bemerkungen behalten mutatis mutandis auch hier ihre Bedeutung. Auf alles Nähere werden wir später eingehen (VII. Kapitel).

III. Unendliche Kettenbrüche. Hier wird die zu untersuchende Zahlenfolge (x_n) mit Hilfe *zweier* anderer Folgen $(a_1, a_2, \ldots)$ und $(b_0, b_1, \ldots)$ hergestellt, indem man

$$x_0 = b_0, \quad x_1 = b_0 + \frac{a_1}{b_1}, \quad x_2 = b_0 + \cfrac{a_1}{b_1 + \cfrac{a_2}{b_2}},$$

$$x_3 = b_0 + \cfrac{a_1}{b_1 + \cfrac{a_2}{b_2 + \cfrac{a_3}{b_3}}}$$

usw. setzt, indem man also allgemein x_n dadurch aus x_{n-1} herleitet, daß man in x_{n-1} den letzten Nenner b_{n-1} durch $\left(b_{n-1} + \dfrac{a_n}{b_n}\right)$ ersetzt und so ohne Ende fortfährt. Für den hierdurch entstandenen „unendlichen Kettenbruch" ist die Bezeichnung

$$b_0 + \frac{a_1|}{|b_1} + \frac{a_2|}{|b_2} + \cdots + \frac{a_n|}{|b_n} + \cdots$$

ziemlich verbreitet. Das Nächstliegende wäre, ihn mit

$$b_0 + \mathop{\mathrm{K}}_{n=1}^{\infty} \frac{a_n}{b_n}$$

zu bezeichnen. Auch hier muß man noch durch einige besondere Festsetzungen dem Umstande Rechnung tragen, daß bei der Division wieder die Zahl 0 eine Ausnahmerolle spielt. Auf die Kettenbrüche werden wir in diesem Buche indessen nicht eingehen[1].

[1] Eine vollständige Darstellung ihrer Theorie und Anwendungen bietet O. PERRON: Die Lehre von den Kettenbrüchen, 2. Aufl., Leipzig 1929.

Von den besprochenen drei Arten, eine Zahlenfolge vorzulegen, ist die durch unendliche Reihen bei weitem die wichtigste für alle Anwendungen in der höheren Mathematik. Mit ihnen werden wir uns daher vornehmlich zu beschäftigen haben. — Da in den Reihen nichts anderes als Folgen zu sehen sind, so liefern uns die einleitenden Ausführungen des § 9 die Gesichtspunkte, unter denen eine vorgelegte Reihe zu untersuchen sein wird: Neben dem *Problem A*, das sich auf das Konvergenzverhalten einer vorgelegten Reihe bezieht, steht wieder das schwierigere *Problem B*, das nach der Summe einer als konvergent erkannten Reihe fragt. Und genau aus denselben Gründen wie damals wird das zweite Problem meist in der Form auftreten: *Eine Reihe $\sum a_n$ ist als konvergent erkannt; stimmt nun ihre Summe mit derjenigen einer anderen Reihe oder mit dem Grenzwert irgendeiner anderen Zahlenfolge überein, oder steht sie zu solchen in einer irgendwie angebbaren Beziehung?* [1]

Da das Konvergenzproblem A das leichtere ist, und da es — im Gegensatz zum Problem B — eine methodische Erledigung zuläßt, wollen wir uns diesem zunächst ausführlich zuwenden.

Aufgaben zum II. Kapitel[2].

9. Man beweise die Sätze **15** bis **19** des I. Kapitels nach der zu **14** in der Fußnote gegebenen Anleitung.

10. Man beweise in allen Einzelheiten, daß die durch **14** und **15** definierte Anordnung der Gesamtheit der Intervallschachtelungen den sämtlichen Anordnungssätzen **1** gehorcht. (Vgl. hierzu **14**, 4 und **15**, 2.)

11. Man führe die Einzelheiten der S. 33 geforderten Beweise durch, zeige also, daß die durch **16** bis **19** definierten vier Verknüpfungsarten zwischen den Intervallschachtelungen allen Grundgesetzen **2** gehorchen.

12. Bei festem $\varrho < 1$ strebt

$$x_n = (n+1)^\varrho - n^\varrho \to 0 .$$

13. Bei beliebigem positivem α und β strebt

$$\frac{(\log\log n)^\alpha}{(\log n)^\beta} \to 0 .$$

---

[1] So wird sich z. B. die Reihe $1 + 1 + \frac{1}{2!} + \frac{1}{3!} + \cdots + \frac{1}{n!} + \cdots$ sehr bald als konvergent erweisen. Wie sieht man, daß ihre Summe mit der durch die Folge $\left(1 + \frac{1}{n}\right)^n$ gelieferten Zahl e identisch ist? Ebenso werden wir sehr bald die Reihen $1 + \frac{1}{4} + \frac{1}{9} + \cdots + \frac{1}{n^2} + \cdots$ und $1 - \frac{1}{3} + \frac{1}{5} - \frac{1}{7} + - \cdots$ als konvergent erkennen. Wie findet man, daß, wenn s und s' ihre Summen sind, $s = \frac{8}{3} s'^2$ und daß $4s' = \pi$ (also gleich dem Grenzwert eines dritten, beim Kreise auftretenden Grenzprozesses; vgl. S. 204 und 220) ist?

[2] Bei mehreren der folgenden Aufgaben werden einige der einfachsten Ergebnisse über den Logarithmus und die Zahlen e und π als bekannt angenommen, obwohl sie im Text erst später hergeleitet werden.

14. Welche der Zahlen $\left(\frac{e}{2}\right)^{\sqrt{3}}$ und $\left(\sqrt{2}\right)^{\frac{\pi}{2}}$ ist die größere?

15. Beweise die folgenden Grenzbeziehungen:

a) $$\left[\frac{1}{n^2} + \frac{2}{n^2} + \cdots + \frac{n}{n^2}\right] \to \frac{1}{2};$$

b) $$\left[\log\left(1 + \frac{1}{n^2}\right) + \log\left(1 + \frac{2}{n^2}\right) + \cdots + \log\left(1 + \frac{n}{n^2}\right)\right] \to \frac{1}{2};$$

c) $$\left[\frac{1}{\sqrt{n^2+1}} + \frac{1}{\sqrt{n^2+2}} + \cdots + \frac{1}{\sqrt{n^2+n}}\right] \to 1;$$

d) $$\left[\frac{n}{n^2+1^2} + \frac{n}{n^2+2^2} + \cdots + \frac{n}{n^2+n^2}\right] \to \frac{\pi}{4};$$

e) $$\left[\left(\frac{n}{n}\right)^n + \left(\frac{n-1}{n}\right)^n + \cdots + \left(\frac{1}{n}\right)^n\right] \to \frac{e}{e-1};$$

f) $$\frac{1}{n}\sqrt[n]{(n+1)(n+2)\cdots(n+n)} \to \frac{4}{e}.$$

Man beachte, daß bei a) bis d) ein *gliedweiser* Grenzübergang ein falsches, bei e) dagegen ein richtiges Ergebnis liefert.

16. Es sei $a > 0$ und $x_1 > 0$ und eine Folge $(x_1, x_2, \ldots)$ durch die Festsetzung definiert, daß für $n \geq 2$

a) $$x_n = \sqrt{a + x_{n-1}},$$

b) $$x_n = \frac{a}{1 + x_{n-1}}$$

sein soll. Man zeige, daß im Falle a) die Folge monoton gegen die positive Wurzel von $x^2 - x - a = 0$, im Falle b) gegen diejenige von $x^2 + x - a = 0$ strebt; letzteres jedoch so, daß die x_n abwechselnd links und rechts von ihrem Grenzwert liegen.

17. Man untersuche das Konvergenzverhalten der folgenden Zahlenfolgen:

a) x_0, x_1 beliebig, für $n \geq 2$ stets $x_n = \frac{1}{2}(x_{n-1} + x_{n-2})$;

b) $x_0, x_1, \ldots, x_{p-1}$ beliebig, für $n \geq p$ stets

$$x_n = a_1 x_{n-1} + a_2 x_{n-2} + \cdots + a_p x_{n-p},$$

$\left(a_1, a_2, \ldots, a_p \text{ gegebene Konstanten, z. B. alle } = \frac{1}{p}\right)$;

c) x_0, x_1 positiv, für $n \geq 2$ stets $x_n = \sqrt{x_{n-1} \cdot x_{n-2}}$;

d) x_0, x_1 beliebig, für $n \geq 2$ stets $x_n = \dfrac{2\,x_{n-1}\,x_{n-2}}{x_{n-1} + x_{n-2}}$.

18. Wird in Aufgabe 17, c speziell $x_0 = 1$, $x_1 = 2$ gesetzt, so ist der Grenzwert der Folge $= \sqrt[3]{4}$.

19. Es seien $a_1, a_2, \ldots, a_p$ beliebig gegebene positive Größen, und es werde für $n = 1, 2, \ldots$

$$\frac{a_1^n + a_2^n + \cdots + a_p^n}{p} = s_n \quad \text{und} \quad \sqrt[n]{s_n} = x_n$$

gesetzt. Es soll gezeigt werden, daß x_n stets *monoton* wächst und, falls unter den gegebenen Zahlen eine bestimmte, etwa a_1, größer als alle anderen ist, dieser größten als Grenzwert zustrebt: $x_n \to a_1$.

(Anl.: Man zeige zunächst, daß

$$s_1 \leqq \frac{s_2}{s_1} \leqq \frac{s_3}{s_2} \leqq \ldots \text{ ist.})$$

20. Man setze, ähnlich wie in der vorigen Aufgabe,

$$\frac{\sqrt[n]{a_1} + \sqrt[n]{a_2} + \cdots + \sqrt[n]{a_p}}{p} = s'_n \quad \text{und} \quad (s'_n)^n = x'_n$$

und zeige, daß x'_n *monoton fallend* $\to \sqrt[p]{a_1 a_2 \ldots a_p}$ strebt.

21. Das Intervall $a \ldots b$, $(0 < a < b)$, werde in n gleiche Teile geteilt; $x_0, x_1, x_2, \ldots, x_n$ seien die Teilpunkte $(x_0 = a,\ x_n = b)$. Man zeige, daß deren geometrisches Mittel

$$\sqrt[n+1]{x_0 \cdot x_1 \cdot x_2 \ldots x_n} \to \frac{1}{e}\left(\frac{b^b}{a^a}\right)^{\frac{1}{b-a}} = \exp\left(\frac{1}{b-a}\int_a^b \log x \, dx\right)$$

und ihr harmonisches Mittel

$$\frac{n+1}{\frac{1}{x_0} + \frac{1}{x_1} + \cdots + \frac{1}{x_n}} \to \frac{b-a}{\log b - \log a}$$

strebt.

22. Man zeige, daß im Falle der allgemeinen Folge in Aufgabe 5

$$\frac{x_n}{\alpha^n} \to \frac{x_1 - \beta x_0}{\alpha - \beta}$$

23. Es sei $x > 0$ und die Folge (x_n) durch die Festsetzungen

$$x_1 = x, \quad x_2 = x^{x_1}, \quad x_3 = x^{x_2}, \quad \ldots, \quad x_n = x^{x_{n-1}}, \quad \ldots$$

definiert. Für welche x fällt diese Folge konvergent aus? (Antwort: Dann und nur dann, wenn

$$\left(\frac{1}{e}\right)^e \leq x \leq e^{\frac{1}{e}}$$

ist.)

24. Es sei $\underline{\lim}\, x_n = \varkappa$, $\overline{\lim}\, x_n = \mu$, $\underline{\lim}\, x'_n = \varkappa'$ und $\overline{\lim}\, x'_n = \mu'$. Was läßt sich über die Lage der Häufungsgrenzen der Folgen

$$(-x_n), \quad \left(\frac{1}{x_n}\right), \quad (x_n + x'_n), \quad (x_n - x'_n), \quad (x_n \cdot x'_n), \quad \left(\frac{x_n}{x'_n}\right)$$

aussagen? Man diskutiere alle möglichen Fälle!

25. Es sei (α_n) beschränkt und (nach etwaiger Überspringung einiger Anfangsglieder)

$$\log\left(1 + \frac{\alpha_n}{n}\right) = \frac{\beta_n}{n}$$

gesetzt. Dann haben (α_n) und (β_n) dieselben Häufungsgrenzen. Dasselbe gilt, wenn

$$\log\left(1 + \frac{1}{n} + \frac{\alpha_n}{n \log n}\right) = \frac{1}{n} + \frac{\beta_n}{n \log n}$$

gesetzt wird.

26. Gilt Satz **43**, 3 noch, falls $\eta = 0$ oder $= +\infty$ ist?

27. Wenn die in **43**, 2 und 3 gegebenen Folgen x_n und y_n *monoton* sind, so sind es auch die dortigen Folgen x'_n und y'_n.

28. Ist die Folge $\left(\frac{a_n}{b_n}\right)$ monoton und $b_n > 0$, so ist es auch die Folge der Quotienten

$$\frac{a_1 + a_2 + \cdots + a_n}{b_1 + b_2 + \cdots + b_n}.$$

29. Es ist

$$\lim \frac{a_n}{b_n} = \lim \frac{a_n - a_{n+1}}{b_n - b_{n+1}},$$

falls der *rechtsstehende* Grenzwert existiert, und falls (a_n) und (b_n) Nullfolgen sind, deren zweite monoton ist.

30. Bei positiven, monotonen c_n kann aus

$$\frac{x_0 + x_1 + \cdots + x_n}{n+1} \to \xi \quad \text{auf} \quad \frac{c_0 x_0 + c_1 x_1 + \cdots + c_n x_n}{c_0 + c_1 + \cdots + c_n} \to \xi$$

geschlossen werden, falls $\left(\frac{n c_n}{C_n}\right)$ beschränkt ist und $C_n \to +\infty$ strebt. (Hierbei ist $C_n = c_0 + c_1 + \cdots + c_n$ gesetzt.)

31. Ist $b_n > 0$, strebt $b_0 + b_1 + \cdots + b_n = B_n \to +\infty$ und ebenso $x_n \to +\infty$, so kann von

$$\frac{B_n}{b_n}(x_{n+1} - x_n) \to \xi \quad \textbf{auf} \quad \left[x_{n+1} - \frac{b_0 x_0 + b_1 x_1 + \cdots + b_n x_n}{b_0 + b_1 + \cdots + b_n}\right] \to \xi$$

geschlossen werden.

32. Es ist für jede Folge (x_n) stets

$$\underline{\lim}\, x_n \leq \underline{\lim}\, \frac{x_0 + x_1 + \cdots + x_n}{n+1} \leq \overline{\lim}\, \frac{x_0 + x_1 + \cdots + x_n}{n+1} \leq \overline{\lim}\, x_n.$$

(Vgl. hierzu Satz **161**.)

33. Man zeige, daß, wenn die Koeffizienten $a_{\mu\nu}$ beim TOEPLITZschen Satze **43**, 5 *nicht-negativ* sind, für *jede* Folge (x_n) die Beziehung

$$\underline{\lim}\, x_n \leq \underline{\lim}\, x'_n \leq \overline{\lim}\, x'_n \leq \overline{\lim}\, x_n$$

gilt, in der $x'_n = a_{n0} x_0 + a_{n1} x_1 + \cdots + a_{nn} x_n$ gesetzt ist.

Zweiter Teil.

Grundlagen der Theorie der unendlichen Reihen.

III. Kapitel.

Reihen mit positiven Gliedern.

§ 12. Das erste Hauptkriterium und die beiden Vergleichskriterien.

In diesem Kapitel wollen wir uns ausschließlich mit Reihen beschäftigen, deren sämtliche Glieder positive oder wenigstens nicht negative Zahlen sind. Ist $\sum a_n$ eine solche Reihe, die wir kurz als *Reihe mit positiven Gliedern* bezeichnen wollen, so ist wegen $a_n \geqq 0$

$$s_n = s_{n-1} + a_n \geqq s_{n-1}$$

und also die Folge (s_n) der Teilsummen eine monoton wachsende Zahlenfolge. Ihr Konvergenzverhalten ist daher besonders einfach, denn es ist dafür das 1. Hauptkriterium **46** maßgebend. Es liefert uns sofort das ebenso einfache wie grundlegende

70. **I. Hauptkriterium.** *Eine Reihe mit positiven Gliedern kann nur konvergieren oder gegen $+\infty$ divergieren. Und zwar ist sie* dann und nur dann konvergent, *wenn ihre Teilsummen beschränkt sind*[1].

Bevor wir die ersten Anwendungen dieses Hauptsatzes geben, wollen wir uns seinen Gebrauch noch durch die folgenden Zusätze erleichtern:

Satz 1. *Ist p eine beliebige natürliche Zahl, so haben die beiden Reihen*

$$\sum_{n=0}^{\infty} a_n \quad \textit{und} \quad \sum_{n=p}^{\infty} a_n$$

dasselbe Konvergenzverhalten[2], *und es ist, falls beide Reihen konvergieren,*

$$\sum_{n=0}^{\infty} a_n = a_0 + a_1 + \cdots + a_{p-1} + \sum_{n=p}^{\infty} a_n .$$

---

[1] Es kommt nur Beschränktheit *nach rechts* in Frage, da eine wachsende Folge von selbst *nach links* beschränkt ist.

[2] Kürzer: Man „darf" einen beliebigen Anfang weglassen. — Darum ist es häufig nicht nötig, die Summationsgrenzen anzugeben.

Beweis. Sind s_n, $(n = 0, 1, \ldots)$, die Teilsummen der ersten Reihe und s'_n, $(n = p, p + 1, \ldots)$, die Teilsummen der zweiten, so ist für $n \geqq p$

$$s_n = a_0 + a_1 + \cdots + a_{p-1} + s'_n,$$

woraus für $n \to \infty$ sich beide Behauptungen ergeben — sogar ohne die Beschränkung auf nicht negative a_n.

Satz 2. *Mit $\sum c_n$ ist auch $\sum \gamma_n c_n$ eine konvergente Reihe mit positiven Gliedern, falls die Faktoren γ_n irgendwelche positive, aber beschränkte Zahlen sind*[1].

Beweis. Bleiben die Teilsummen von $\sum c_n$ stets $< K$ und die Faktoren γ_n stets $< \gamma$, so bleiben die Teilsummen von $\sum \gamma_n c_n$ ersichtlich stets $< \gamma K$, womit nach dem Hauptkriterium schon alles bewiesen ist.

Satz 3. *Mit $\sum d_n$ ist auch $\sum \delta_n d_n$ eine divergente Reihe mit positiven Gliedern, falls die δ_n irgendwelche Zahlen sind, die eine noch positive untere Schranke δ besitzen.*

Beweis. Wird $G > 0$ beliebig gewählt, so sind nach Voraussetzung die Teilsummen von $\sum d_n$ doch von einem passenden Index an sämtlich $> G : \delta$. Von *demselben* Index an sind dann die Teilsummen von $\sum \delta_n d_n$ sämtlich $> G$. Also ist $\sum \delta_n d_n$ divergent.

Beide Sätze sind im wesentlichen enthalten in dem folgenden

Satz 4. *Genügen die Faktoren α_n den Ungleichungen*

$$0 < \alpha' \leqq \alpha_n \leqq \alpha'',$$

so weisen die beiden Reihen $\sum a_n$ und $\sum \alpha_n a_n$ mit positiven Gliedern dasselbe Konvergenzverhalten auf. Oder etwas anders ausgedrückt: Die beiden Reihen mit positiven Gliedern $\sum a_n$ und $\sum a'_n$ weisen dasselbe Konvergenzverhalten auf, falls es zwei positive Zahlen α' und α'' gibt, so daß stets (oder wenigstens von einer Stelle an)

$$\alpha' \leqq \frac{a'_n}{a_n} \leqq \alpha''$$

ist[2], speziell also, wenn $a'_n \sim a_n$ oder gar $a'_n \cong a_n$ ist (s. **40**, 5).

Beispiele und Bemerkungen. **71**

1. Ist K eine Schranke für die Teilsummen der Reihe $\sum a_n$ mit positiven Gliedern, so ist ihre Summe $s \leqq K$ (s. **46**, 1).

2. ***Die geometrische Reihe.*** Es sei $a > 0$ und die sogenannte *geometrische Reihe*

$$\sum_{n=0}^{\infty} a^n \equiv 1 + a + a^2 + \cdots + a^n + \cdots$$

---

[1] Wir werden im folgenden die Glieder einer *als konvergent vorausgesetzten* Reihe meist mit c_n, die einer als divergent vorausgesetzten Reihe meist mit d_n bezeichnen.

[2] Da bei dieser Formulierung der Voraussetzungen mit a_n dividiert wird, so steckt darin die selbstverständliche Voraussetzung, daß die $a_n > 0$ und niemals $= 0$ sind. — Entsprechendes ist auch weiterhin des öfteren zu beachten.

vorgelegt. Ist $a \geqq 1$, so ist $s_n > n$ und also (s_n) sicher nicht beschränkt, die Reihe also divergent. Ist aber $a < 1$, so hat man

$$s_n = 1 + a + a^2 + \cdots + a_n = \frac{1 - a^{n+1}}{1 - a}, \text{ (vgl. S. 23, Fußn. 1)},$$

und es ist also für jedes n

$$s_n < \frac{1}{1 - a},$$

die Reihe also konvergent. Da überdies

$$\left| s_n - \frac{1}{1-a} \right| = \frac{a}{1-a} \cdot a^n$$

nach **10**, 7 und **26**, 1 eine Nullfolge ist, so ergibt sich hier — es ist dies ein seltener Fall — auch sogleich für die *Summe* der Reihe eine einfache Darstellung:

$$\sum_{n=0}^{\infty} a^n = \frac{1}{1-a}.$$

3. Die Reihe $\sum_{n=1}^{\infty} \frac{1}{n(n+1)} = \frac{1}{1 \cdot 2} + \frac{1}{2 \cdot 3} + \frac{1}{3 \cdot 4} + \cdots$ hat die Teilsummen

$$s_n = \left(1 - \frac{1}{2}\right) + \left(\frac{1}{2} - \frac{1}{3}\right) + \cdots + \left(\frac{1}{n} - \frac{1}{n+1}\right) = 1 - \frac{1}{n+1}.$$

Diese sind stets < 1, die Reihe ist also konvergent. Zufällig sieht man hier sofort, daß $s_n \to 1$ strebt, daß also $s = 1$ ist.

4. ***Die harmonische Reihe.*** $\sum_{n=1}^{\infty} \frac{1}{n} = 1 + \frac{1}{2} + \cdots + \frac{1}{n} + \cdots$ ist *divergent*, denn wir sahen schon in **46**, 3, daß ihre Teilsummen, also die Zahlen

$$s_n = 1 + \frac{1}{2} + \cdots + \frac{1}{n},$$

gegen $+\infty$ divergieren[1]. Dagegen ist die Reihe

$$\sum_{n=1}^{\infty} \frac{1}{n^2} = 1 + \frac{1}{4} + \frac{1}{9} + \frac{1}{16} + \cdots$$

konvergent. Denn die n^{te} Teilsumme ist

$$s_n = 1 + \frac{1}{2 \cdot 2} + \frac{1}{3 \cdot 3} + \cdots + \frac{1}{n \cdot n} < 1 + \frac{1}{1 \cdot 2} + \frac{1}{2 \cdot 3} + \cdots + \frac{1}{(n-1)n},$$

also $$< 1 + \left(1 - \frac{1}{2}\right) + \left(\frac{1}{2} - \frac{1}{3}\right) + \cdots + \left(\frac{1}{n-1} - \frac{1}{n}\right) = 2 - \frac{1}{n},$$

und es ist also stets $s_n < 2$, die vorgelegte Reihe also konvergent. — Die Summe s ist hier nicht so leicht anzugeben; es ist aber jedenfalls $s < 2$, sogar sicher $s < \frac{7}{4}$. Wir werden später (s. **136**, **156**, **189** und **210**) finden, daß $s = \frac{\pi^2}{6}$ ist. —

Eine Reihe der Form $\sum_{n=1}^{\infty} \frac{1}{n^{\alpha}}$ nennt man *eine harmonische Reihe.*

---

[1] Vgl. S. 105, Fußn.

5. Die Reihe $\sum_{n=0}^{\infty} \frac{1}{n!} \equiv 1 + 1 + \frac{1}{2!} + \frac{1}{3!} + \cdots$ hat die Teilsummen $s_0 = 1$, $s_1 = 2$, und für $n \geqq 2$ ist

$$s_n = 2 + \frac{1}{2} + \frac{1}{2\cdot 3} + \cdots + \frac{1}{2\cdot 3 \cdots n}.$$

Ersetzt man im Nenner jeden Faktor durch den kleinsten von ihnen, also durch 2, so folgt weiter, daß

$$s_n = \leqq 2 + \frac{1}{2} + \frac{1}{2\cdot 2} + \cdots + \frac{1}{2\cdot 2 \cdots 2}$$

$$= 2 + \frac{1}{2} + \frac{1}{2^2} + \cdots + \frac{1}{2^{n-1}} = 3 - \frac{1}{2^{n-1}} < 3$$

ist. Die Reihe ist also konvergent mit einer Summe $\leqq 3$. Wir werden später sehen, daß ihre Summe mit dem Grenzwert e der Zahlenfolge $\left(1 + \frac{1}{n}\right)^n$ übereinstimmt.

6. Sagten wir oben, daß jede Reihe mit positiven Gliedern eine monoton wachsende Zahlenfolge bedeutet, so sieht man auch umgekehrt, daß *jede* monoton wachsende Folge $(x_0, x_1, \ldots)$ als Reihe mit positiven Gliedern geschrieben werden kann (vgl. hierzu **69**, 7), falls x_0 positiv ist. Man hat hierzu nur

$$a_0 = x_0, \quad a_1 = x_1 - x_0, \quad \ldots, \quad a_n = x_n - x_{n-1}, \quad \ldots$$

zu setzen; in der Tat ist dann

$$s_n = x_0 + (x_1 - x_0) + \cdots + (x_n - x_{n-1}) = x_n,$$

und alle a_n sind $\geqq 0$.

Aus unserm Hauptsatz werden wir nun einige speziellere, aber leichter zu handhabende Kriterien ableiten. Dies wird uns hauptsächlich durch Vermittlung der beiden folgenden „Vergleichskriterien" gelingen.

Vergleichskriterium I. Art. **72.**

Es sei $\sum c_n$ eine schon als konvergent und $\sum d_n$ eine schon als divergent erkannte Reihe mit positiven Gliedern. Genügen dann die Glieder einer vorgelegten Reihe $\sum a_n$ mit gleichfalls positiven Gliedern für alle n von einer Stelle an, etwa für alle $n > m$,

a) *der Bedingung*

$$a_n \leqq c_n,$$

so ist auch $\sum a_n$ eine konvergente Reihe. — Ist dagegen für $n > m$

b) *stets*

$$a_n \geqq d_n,$$

so muß auch die Reihe $\sum a_n$ divergieren[1].

Beweis. Nach **70**, 1 genügt es, das Konvergenzverhalten der Reihe $\sum_{n=m+1}^{\infty} a_n$ festzustellen. Im Falle a) folgt aber deren Konvergenz

[1] Gauss benutzt dies Kriterium schon im Jahre 1812 (s. Werke III, S. 140). Ausdrücklich als Konvergenzkriterium formuliert wurde es indessen, ebenso wie das nachfolgende Kriterium II. Art, erst von Cauchy in seiner Analyse algébrique (Paris 1821).

sofort nach **70**, 2 aus derjenigen von $\sum\limits_{n=m+1}^{\infty} c_n$, weil nach Voraussetzung für $n > m$ stets $a_n = \gamma_n c_n$ mit $\gamma_n \leqq 1$ gesetzt werden kann. Im Falle b) folgt ebenso ihre Divergenz aus derjenigen von $\sum\limits_{n=m+1}^{\infty} d_n$, weil jetzt $a_n = \delta_n d_n$ mit $\delta_n \geqq 1$ gesetzt werden kann[1].

73. ***Vergleichskriterium II. Art.***

Es sei wieder $\sum c_n$ eine schon als konvergent und $\sum d_n$ eine schon als divergent erkannte Reihe mit positiven Gliedern. Genügen dann die Glieder einer vorgelegten Reihe $\sum a_n$ mit gleichfalls positiven Gliedern für alle n von einer Stelle an, etwa für alle $n \geqq m$,

a) *den Bedingungen*

$$\frac{a_{n+1}}{a_n} \leqq \frac{c_{n+1}}{c_n},$$

so ist auch $\sum a_n$ eine konvergente Reihe. Ist dagegen für $n \geqq m$

b) *stets*

$$\frac{a_{n+1}}{a_n} \geqq \frac{d_{n+1}}{d_n},$$

so muß auch $\sum a_n$ divergieren.

Beweis. Im Falle a) hat man für $n \geqq m$ stets

$$\frac{a_{n+1}}{c_{n+1}} \leqq \frac{a_n}{c_n}.$$

Die Folge der Quotienten $\gamma_n = \frac{a_n}{c_n}$ ist also von einer Stelle an monoton fallend und folglich, weil ihre Glieder sämtlich positiv sind, notwendig *beschränkt*. Satz **70**, 2 liefert nun die Konvergenz. Im Falle b) hat man analog $\frac{a_{n+1}}{d_{n+1}} \geqq \frac{a_n}{d_n}$, so daß die Quotienten $\delta_n = \frac{a_n}{d_n}$ von einer Stelle an monoton *wachsen*. Da sie aber stets positiv sind, so haben sie eine noch positive untere Schranke. Satz **70**, 3 liefert nun die Divergenz.

Diese Vergleichskriterien können uns natürlich nur nützlich sein, wenn wir schon viele konvergente und divergente Reihen mit positiven Gliedern kennen. Wir werden uns dazu also sozusagen einen möglichst großen Vorrat an Reihen mit bekanntem Konvergenzverhalten anlegen müssen. Hierzu sollen die folgenden Beispiele den Grundstock liefern:

---

[1] Oder — und fast noch kürzer — so: Im Falle a) ist jede Schranke der Teilsummen von $\sum c_n$ auch eine solche für die Teilsummen von $\sum a_n$; und im Falle b) müssen die Teilsummen von Σa_n schließlich *jede* Schranke übersteigen, da schon diejenigen von $\sum d_n$ dies tun.

Beispiele.

1. $\sum_{n=1}^{\infty} \frac{1}{n}$ hatte sich als divergent, $\sum_{n=1}^{\infty} \frac{1}{n^2}$ als konvergent erwiesen. Nach dem **74.**
I. Vergleichskriterium ist also die sogenannte *harmonische Reihe*

$$\sum_{n=1}^{\infty} \frac{1}{n^\alpha}$$

für $\alpha \leq 1$ sicher divergent, für $\alpha \geq 2$ sicher konvergent. Ihre Summe weiß man allerdings nur für den Fall, daß α eine ganze und zugleich gerade Zahl ist, mit anderweitig vorkommenden Zahlen in Beziehung zu bringen; z. B. werden wir später (vgl. **136**) sehen, daß für $\alpha = 4$ die Summe $= \frac{\pi^4}{90}$ ist.

2. Nach dem Vorigen bleibt das Konvergenzverhalten von $\sum \frac{1}{n^\alpha}$ nur noch für $1 < \alpha < 2$ fraglich. Folgendermaßen läßt sich zeigen, daß die Reihe für jedes $\alpha > 1$ *konvergiert:* Um eine beliebige Teilsumme s_n der Reihe nach oben abzuschätzen, wähle man k so groß, daß $2^k > n$ ausfällt. Dann ist sicher

$$s_n \leq s_{2^k-1} = 1 + \left(\frac{1}{2^\alpha} + \frac{1}{3^\alpha}\right) + \left(\frac{1}{4^\alpha} + \frac{1}{5^\alpha} + \frac{1}{6^\alpha} + \frac{1}{7^\alpha}\right) + \cdots + \left(\frac{1}{(2^{k-1})^\alpha} + \cdots + \frac{1}{(2^k - 1)^\alpha}\right).$$

Hier sind jedesmal *die* Glieder in einer Klammer vereinigt, deren Index von einer Potenz von 2 (einschl.) bis zur nächsten Potenz von 2 (ausschl.) läuft. Ersetzt man nun in jeder Klammer alle Summanden durch den ersten von ihnen, so bedeutet dies eine Vergrößerung, und man hat also

$$s_n \leq 1 + \frac{2}{2^\alpha} + \frac{4}{4^\alpha} + \cdots + \frac{2^{k-1}}{(2^{k-1})^\alpha}.$$

Setzt man nun zur Abkürzung $\frac{1}{2^{\alpha-1}} = \vartheta$, so ist ϑ eine positive Zahl, die wegen $\alpha > 1$ sicher < 1 ist. Daher ist

$$s_n \leq 1 + \vartheta + \vartheta^2 + \cdots + \vartheta^{k-1} = \frac{1 - \vartheta^k}{1 - \vartheta} < \frac{1}{1 - \vartheta};$$

und da dies für jedes n gilt, so sind die Teilsummen unserer Reihe beschränkt. die Reihe selbst also konvergent, w. z. b. w. (Vgl. hierzu **77.**)

Die harmonischen Reihen $\sum \frac{1}{n^\alpha}$ *sind also für* $\alpha \leq 1$ *divergent, für* $\alpha > 1$ *konvergent.* Sie bilden zusammen mit der geometrischen Reihe schon einen sehr nützlichen Schatz an Vergleichsreihen.

3. Auch die Reihen

$$\sum_{n=1}^{\infty} \frac{1}{(a\,n + b)^\alpha},$$

in denen a und b gegebene positive Zahlen sind, werden für $\alpha \leq 1$ divergieren, für $\alpha > 1$ konvergieren. Denn wegen

$$\frac{n^\alpha}{(a\,n + b)^\alpha} = \left(\frac{1}{a + \frac{b}{n}}\right)^\alpha \to \frac{1}{a^\alpha} \quad \text{ist} \quad \frac{1}{(a\,n + b)^\alpha} \sim \frac{1}{n^\alpha};$$

70, 4 liefert daher die Richtigkeit der ausgesprochenen Behauptung.

Hiernach sind ganz speziell die Reihen

$$1 + \frac{1}{3^\alpha} + \frac{1}{5^\alpha} + \cdots \equiv \sum_{n=0}^{\infty} \frac{1}{(2\,n + 1)^\alpha}$$

für $\alpha > 1$ konvergent, für $\alpha \leq 1$ divergent.

4. Ist $\sum_{n=0}^{\infty} c_n$ eine konvergente Reihe mit positiven Gliedern, und bildet man aus ihr dadurch eine neue Reihe $\sum c'_n$, daß man irgendwelche (auch unendlich viele) Glieder streicht oder in beliebiger Weise Glieder mit dem Werte 0 zwischenschaltet, die Reihe also „verdünnt", und die neue Reihe mit $\sum c'_n$ bezeichnet, so ist auch diese neue Reihe konvergent. Denn für ihre Teilsummen ist jede Zahl eine Schranke, die für die Teilsummen von $\sum c_n$ eine Schranke ist.

Hiernach ist z. B. die Reihe $\sum \frac{1}{p^\alpha}$, in der p alle Primzahlen durchläuft, also die Reihe

$$\frac{1}{2^\alpha} + \frac{1}{3^\alpha} + \frac{1}{5^\alpha} + \frac{1}{7^\alpha} + \frac{1}{11^\alpha} + \cdots$$

für $\alpha > 1$ sicher konvergent. (Dagegen darf man natürlich nicht ohne weiteres schließen, daß sie für $\alpha \leq 1$ divergiert!)

5. Da $\sum a^n$ für $0 \leq a < 1$ schon als konvergent erkannt ist, so ist insbesondere

$$\sum_{n=0}^{\infty} \frac{1}{10^n} = 1 + \frac{1}{10} + \frac{1}{10^2} + \cdots + \frac{1}{10^n} + \cdots$$

konvergent. Bedeuten nun $z_1, z_2, \ldots, z_n, \ldots$ irgendwelche „Ziffern", d. h. je eine der Zahlen $0, 1, 2, \ldots, 9$, und ist z_0 irgendeine ganze Zahl $\gtreqless 0$, so ist auch

$$\sum_{n=0}^{\infty} \frac{z_n}{10^n}$$

nach **70**, 2 konvergent. — Man erkennt hieraus, daß man einen unendlichen Dezimalbruch auch als unendliche Reihe auffassen darf. In diesem Sinne können wir sagen: *Jeder* unendliche Dezimalbruch ist konvergent und stellt also eine wohlbestimmte reelle Zahl dar. — Bei dieser Form der Reihe haben wir auch durch Gewohnheit eine unmittelbare Vorstellung von dem Wert ihrer Summe.

§ 13. Das Wurzel- und das Quotientenkriterium.

Eine systematische Ausnutzung der beiden Vergleichskriterien bahnen wir nun durch die beiden folgenden Sätze an. Nehmen wir zunächst als Vergleichsreihe die geometrische Reihe $\sum a^n$ mit $0 < a < 1$, so ergibt sich unmittelbar der

75. **Satz 1.** *Ist bei einer Reihe $\sum a_n$ mit positiven Gliedern von einer Stelle an stets $a_n \leq a^n$ mit $0 < a < 1$ oder also*

$$\sqrt[n]{a_n} \leq a < 1,$$

so ist diese Reihe k o n v e r g e n t; *ist dagegen von einer Stelle an stets*

$$\sqrt[n]{a_n} \geq 1,$$

so ist sie divergent. (CAUCHYsches Wurzelkriterium[1].)

Zusatz. Für die Divergenz genügt es offenbar schon, wenn die Ungleichung $\sqrt[n]{a_n} \geq 1$ für *unendlich viele* verschiedene Werte von n erfüllt ist. Denn für die-

[1] Analyse algébrique, S. 132ff.

selben unendlich vielen n ist dann auch $a_n \geq 1$; und eine bestimmte Teilsumme s_m wird daher eine gegebene (positive ganze) Zahl G überschreiten, wenn man m so groß wählt, daß diese Ungleichung für $0 \leq n \leq m$ schon mindestens G-mal eingetreten ist. Die Folge (s_n) ist also keinesfalls beschränkt.

Das II. Vergleichskriterium liefert ebenso unmittelbar den

Satz 2. *Ist von einer Stelle an stets* $a_n > 0$ *und*

$$\frac{a_{n+1}}{a_n} \leqq \alpha < 1,$$

so ist die Reihe $\sum a_n$ *konvergent. Ist dagegen von einer Stelle an stets*

$$\frac{a_{n+1}}{a_n} \geqq 1,$$

so ist die Reihe $\sum a_n$ *divergent.* (CAUCHYsches Quotientenkriterium[1].)

Bemerkungen und Beispiele. 76.

1. Bei den beiden in diesen Sätzen enthaltenen Konvergenzkriterien ist es *wesentlich*, daß $\sqrt[n]{a_n}$ bzw. $\frac{a_{n+1}}{a_n}$ einen festen echten Bruch a von einer Stelle an nicht mehr übersteigt. Es genügt *keineswegs* zur Konvergenz, wenn stets

$$\sqrt[n]{a_n} < 1 \qquad \text{bzw.} \qquad \frac{a_{n+1}}{a_n} < 1$$

bleibt. Ein Beispiel hierfür bietet schon die harmonische Reihe $\sum \frac{1}{n}$, für die gewiß für $n > 1$ *stets*

$$\sqrt[n]{\frac{1}{n}} < 1 \qquad \text{und auch} \qquad \frac{1}{n+1} : \frac{1}{n} = 1 - \frac{1}{n+1} < 1$$

ist, die aber doch divergiert. Wesentlich ist eben, daß sich Wurzel und Quotient *der Zahl* 1 *nicht beliebig nähern sollen.*

2. Sind die Folgen $\left(\sqrt[n]{a_n}\right)$ oder $\left(\frac{a_{n+1}}{a_n}\right)$ *konvergent*, etwa mit dem Grenzwert α, so lehren die Sätze 1 und 2, daß für $\alpha < 1$ Konvergenz, für $\alpha > 1$ Divergenz stattfindet. Denn strebt z. B. $\sqrt[n]{a_n} \to \alpha < 1$, so ist $\varepsilon = \frac{1-\alpha}{2} > 0$ und also m so bestimmbar, daß für $n > m$ stets

$$\sqrt[n]{a_n} < \alpha + \varepsilon = \frac{1+\alpha}{2} = a$$

ist. Und da dieser Wert $a < 1$ ist, so lehrt Satz 1 die Konvergenz. Ist dagegen $\alpha > 1$, so ist $\varepsilon' = \frac{\alpha - 1}{2} > 0$ und m' so bestimmbar, daß für $n > m'$ stets

$$\sqrt[n]{a_n} > \alpha - \varepsilon' = \frac{1+\alpha}{2} = a$$

ist. Und da jetzt dieser Wert $a > 1$ ist, so lehrt Satz 1 die Divergenz. — Ganz entsprechend schließt man für den Quotienten.

Ist $\alpha = 1$, so lehren diese Sätze noch gar nichts.

---

[1] Analyse algébrique, S. 134ff.

3. Die unter 2. angewendeten Schlüsse sind offenbar schon erlaubt, falls

$$\overline{\lim}\sqrt[n]{a_n} \quad \text{bzw.} \quad \overline{\lim}\frac{a_{n+1}}{a_n} < 1$$

oder

$$\underline{\lim}\sqrt[n]{a_n} \quad \text{bzw.} \quad \underline{\lim}\frac{a_{n+1}}{a_n} > 1$$

ist. Ist eine dieser Häufungsgrenzen $= 1$ oder die obere > 1, die untere < 1, so lehren sie uns *fast nichts* über das Konvergenzverhalten von $\sum a_n$. Nur der zu **75**, 1 gemachte Zusatz besagt, daß beim Wurzelkriterium schon die Bedingung $\overline{\lim}\sqrt[n]{a_n} > 1$ für die Divergenz hinreichend ist[1].

4. Die unter 2 und 3 gemachten Bemerkungen sind so naheliegend, daß wir sie bei ähnlichen Fällen hinfort nicht mehr besonders erwähnen.

5. Das Wurzel- und das Quotientenkriterium sind für die Praxis weitaus die wichtigsten. Bei den meisten in den Anwendungen vorkommenden Reihen kann man mit ihrer Hilfe die Konvergenzfrage schon erledigen. Wir geben einige Beispiele, bei denen x zunächst eine positive Zahl sein soll.

a) $\sum n^\alpha x^n$, (α beliebig).

Hier strebt

$$\frac{a_{n+1}}{a_n} = \left(\frac{n+1}{n}\right)^\alpha \cdot x \to x,$$

da ja $\frac{n+1}{n} = 1 + \frac{1}{n} \to 1$ strebt und dauernd positiv ist (s. **38**, 8). Die Reihe ist daher — und dies ohne Rücksicht auf den Wert von α — konvergent, falls $x < 1$, divergent, falls $x > 1$ ist. Für $x = 1$ liefern unsere Kriterien keine Entscheidung, doch haben wir dann die uns schon bekannte harmonische Reihe vor uns.

b) $$\sum_{n=0}^{\infty}\binom{n+p}{n}x^n \equiv \sum_{n=0}^{\infty}(-1)^n\binom{-p-1}{n}x^n,$$

Hier strebt

$$\frac{a_{n+1}}{a_n} = \frac{(n+1+p)(n+p)\dots(1+p)}{(n+p)\dots(1+p)} \cdot \frac{n!}{(n+1)!} \cdot x = \frac{n+p+1}{n+1} \cdot x \to x.$$

Daher ist auch diese Reihe für $x < 1$ konvergent, für $x > 1$ divergent, welchen Wert auch p haben mag. Für $x = 1$ und $p \geqq 0$ divergiert sie auch, da dann stets $\frac{a_{n+1}}{a_n} \geqq 1$ ist. Im Konvergenzfalle wird für ihre Summe später der Wert $\left(\frac{1}{1-x}\right)^{p+1}$ gefunden werden.

c) $$\sum_{n=0}^{\infty}\frac{x^n}{n!} \equiv 1 + x + \frac{x^2}{2!} + \dots + \frac{x^n}{n!} + \dotsb.$$

Hier strebt für jedes $x > 0$

$$\frac{a_{n+1}}{a_n} = \frac{x}{n+1} \to 0;$$

die Reihe ist also für jedes $x \geqq 0$ konvergent. Für ihre Summe wird später der Wert e^x gefunden werden.

d) $\sum \frac{x^n}{n^n}$ ist für jedes $x \geqq 0$ konvergent, weil $\sqrt[n]{\frac{x^n}{n^n}} = \frac{x}{n} \to 0$ strebt.

---

[1] Dadurch erhält das Kriterium eine *disjunktive* Form. $\sum a_n$ ist konvergent oder divergent, je nachdem $\overline{\lim}\sqrt[n]{a_n} < 1$ oder > 1 ist. (Näheres in § 36 und 42.)

e) $\sum \frac{1}{(\log n)^n}$ ist konvergent, weil wieder $\sqrt[n]{a_n} \to 0$ strebt[1].

f) $\sum \frac{1}{1+n^2}$ ist konvergent, weil $a_n < \frac{1}{n^2}$;

$\sum \frac{n!}{n^n}$ ist konvergent, weil für $n \geq 2$ stets $a_n = \frac{1 \cdot 2 \ldots n}{n \cdot n \ldots n} \leq \frac{2}{n^2}$;

$\sum \frac{1}{\sqrt{n(n+1)}}$ ist divergent, weil $a_n > \frac{1}{n+1}$;

$\sum \frac{1}{\sqrt{n(1+n^2)}}$ ist konvergent, weil $a_n < \frac{1}{n^{\frac{3}{2}}}$

g) $\sum \frac{1}{(\log n)^p}$, $(p > 0$ fest), ist divergent, weil nach **38**, 4 von einer Stelle an $(\log n)^p < n$ ist.

h) $\sum \frac{1}{(\log n)^{\log n}}$ ist konvergent; man erkennt dies sofort, wenn man das allgemeine Glied in der Form

$$\frac{1}{n^{\log \log n}}$$

schreibt. Dagegen ist

$$\sum \frac{1}{(\log n)^{\log \log n}} = \sum e^{-(\log \log n)^2}$$

divergent, weil nach **38**, 4 und Aufg. 13 von einer Stelle ab $(\log \log n)^2 < \log n$ und also das allgemeine Glied der Reihe $> \frac{1}{n}$ ist.

§ 14. Reihen mit positiven monoton abnehmenden Gliedern.

Bevor wir diese ganz elementar gehaltenen Betrachtungen verlassen, wollen wir unter den Reihen mit positiven Gliedern noch eine besonders einfache Klasse hervorheben, nämlich diejenigen, bei denen die Folge (a_n) ihrer Glieder wenigstens von einer Stelle ab *monoton* ist. In diese Klasse gehören fast alle vorhin als Beispiele gegebenen Reihen, und zu ihr gehören auch die Mehrzahl der in den Anwendungen vorkommenden Reihen. Für solche Reihen gilt folgender

Cauchyscher Konvergenzsatz[2]. *Ist* $\sum_{n=1}^{\infty} a_n$ *eine Reihe, deren Glieder eine positive monoton fallende Folge* (a_n) *bilden, so hat sie dasselbe Konvergenzverhalten wie die Reihe* **77.**

$$\sum_{k=0}^{\infty} 2^k a_{2^k} = a_1 + 2a_2 + 4a_4 + 8a_8 + \cdots.$$

[1] Bei dieser Reihe darf die Summation erst bei $n = 2$ beginnen, da $\log 1 = 0$ ist. Solche und ähnliche selbstverständliche Beschränkungen werden wir im folgenden nicht immer ausdrücklich betonen; es genügt für die Konvergenzfrage, wenn die hingeschriebenen Reihenglieder *von einer Stelle an* wohlbestimmte Werte haben. — Das Zeichen „log" bedeutet hinfort, wie schon S. 85 festgesetzt, stets den *natürlichen* Logarithmus, also den mit der Basis e (**46a**).

[2] Analyse algébrique, S. 135.

Vorbemerkung. An diesem Satze ist besonders merkwürdig, daß nach ihm für das Konvergenzverhalten der Reihe sich schon ein geringer Bruchteil aller Glieder als entscheidend erweist. Man bezeichnet ihn darum wohl auch als *Verdichtungssatz*.

Nach ihm ist z. B. die harmonische Reihe $\sum \frac{1}{n}$ sicher divergent, denn sie verhält sich ebenso wie die Reihe

$$\sum \frac{2^k}{2^k} = 1 + 1 + 1 + \cdots,$$

welche doch gewiß divergiert. Und allgemein verhält sich nach ihm die Reihe $\sum \frac{1}{n^\alpha}$ ebenso wie die Reihe

$$\sum \frac{2^k}{(2^k)^\alpha} = \sum \left(\frac{1}{2^{\alpha-1}}\right)^k.$$

Die letztere ist aber eine geometrische Reihe und konvergiert oder divergiert also, je nachdem $\alpha > 1$ oder $\leqq 1$ ist.

Diese Beispiele lehren zugleich, daß das Konvergenzverhalten von $\sum 2^k a_{2^k}$ oft leichter erkennbar ist als das der Reihe $\sum a_n$ selbst; und gerade hierin liegt der Wert des Satzes.

Beweis. Wir bezeichnen die Teilsummen der gegebenen Reihe mit s_n, die der neuen Reihe mit t_k. Dann ist (vgl. **74**, 2)

a) für $n \leqq 2^k$

$$s_n \leqq a_1 + (a_2 + a_3) + \cdots + (a_{2^k} + \cdots + a_{2^{k+1}-1})$$
$$\leqq a_1 + 2a_2 + 4a_4 + \cdots + 2^k a_{2^k} = t_k,$$

also

$$s_n \leqq t_k;$$

b) für $n > 2^k$, $k > 0$

$$s_n \geqq a_1 + a_2 + (a_3 + a_4) + \cdots + (a_{2^{k-1}+1} + \cdots + a_{2^k})$$
$$\geqq \tfrac{1}{2}a_1 + a_2 + 2a_4 + \cdots + 2^{k-1} a_{2^k} = \tfrac{1}{2}t_k,$$

also

$$2s_n \geqq t_k.$$

Die Abschätzung a) lehrt nun, daß mit der Folge (t_k) auch die Folge (s_n) beschränkt ist; die Abschätzung b) umgekehrt, daß mit (s_n) auch (t_k) beschränkt ist. Diese Folgen sind also entweder beide beschränkt oder beide nicht beschränkt, die in Rede stehenden Reihen also entweder ***beide*** **konvergent oder** ***beide*** **divergent**, w. z. b. w.

Ehe wir weitere Beispiele zu diesem Satze geben, wollen wir ihn noch etwas erweitern[1]; denn man sieht sofort, daß die Bevorzugung der Zahl 2 kein wesentlicher Teil des Satzes ist. In der Tat gilt allgemeiner der

78. Satz. *Ist $\sum a_n$ wieder eine Reihe, deren Glieder eine positive monoton abnehmende Folge (a_n) bilden, und ist $(g_0, g_1, \ldots)$ irgendeine monoton*

[1] SCHLÖMILCH, O.: Zeitschr. f. Math. u. Phys. Bd. 18, S. 425. 1873.

wachsende Folge g a n z e r *Zahlen, so sind die beiden Reihen*

$$\sum_{n=0}^{\infty} a_n \qquad \textit{und} \qquad \sum_{k=0}^{\infty} (g_{k+1} - g_k)\, a_{g_k}$$

entweder b e i d e *konvergent oder* b e i d e *divergent, falls die* g_k *für jedes* $k > 0$ *die Bedingungen*

$$g_k > g_{k-1} \geqq 0 \qquad \textit{und} \qquad g_{k+1} - g_k \leqq M \cdot (g_k - g_{k-1})$$

erfüllen, in deren zweiter M *eine positive Konstante sein soll*[1].

Beweis. Ganz ähnlich wie vorhin hat man

a) für $n \leqq g_k$, wenn A die Summe der dem Gliede a_{g_0} etwa vorangehenden Glieder (sonst 0) bedeutet,

$$\begin{aligned} s_n \leqq s_{g_k} &\leqq A + (a_{g_0} + \cdots + a_{g_1 - 1}) + \cdots + (a_{g_k} + \cdots + a_{g_{k+1}-1}) \\ &\leqq A + (g_1 - g_0)\, a_{g_0} + \cdots + (g_{k+1} - g_k)\, a_{g_k}, \end{aligned}$$

also

$$s_n \leqq A + t_k;$$

b) für $n > g_k$

$$\begin{aligned} s_n \geqq s_{g_k} &\geqq (a_{g_0+1} + \cdots + a_{g_1}) + \cdots + (a_{g_{k-1}+1} + \cdots + a_{g_k}) \\ &\geqq (g_1 - g_0)\, a_{g_1} + \cdots + (g_k - g_{k-1})\, a_{g_k} \\ M\, s_n &\geqq (g_2 - g_1)\, a_{g_1} + \cdots + (g_{k+1} - g_k)\, a_{g_k}, \end{aligned}$$

also

$$M\, s_n \geqq t_k - t_0.$$

Und aus diesen beiden Abschätzungen zieht man genau wie vorhin die in Rede stehenden Schlüsse.

Bemerkungen. 79.

1. Es genügt natürlich, wenn die Bedingungen der beiden Sätze erst von einer gewissen Stelle ab erfüllt sind. Daher darf man in dem erweiterten Satze sich speziell

$$g_k = 3^k, \quad = 4^k, \ldots, \qquad \text{oder} \qquad = [g^k]$$

gesetzt denken, wenn g irgendeine reelle Zahl > 1 und $[g^k]$ die größte nicht oberhalb g^k gelegene g a n z e Zahl bedeutet. Auch genügt man mit der Wahl

$$g_k = k^2, \quad = k^3, \quad = k^4, \ldots$$

den Bedingungen des Satzes. Für $g_k = k^2$ erhält man z. B. den Satz, daß

$$\sum_{n=0}^{\infty} a_n \qquad \text{und} \qquad \sum_{k=0}^{\infty} (2k+1)\, a_{k^2} \equiv a_0 + 3a_1 + 5a_4 + 7a_9 + \cdots$$

entweder *beide* konvergieren oder *beide* divergieren, — falls (a_n) eine positive monoton abnehmende Folge ist. Statt der letzten Reihe darf man nach **70**, 4 auch die Reihe $\sum k\, a_{k^2} \equiv a_1 + 2a_4 + 3a_9 + \cdots$ nehmen.

---

[1] Die zweite Bedingung bedeutet, daß die Lücken, die die Folge (g_k) gegenüber der Folge a l l e r natürlichen Zahlen aufweist, sich nicht zu stark vergrößern dürfen.

2. $\sum_{n=2}^{\infty} \frac{1}{n \log n}$ ist *divergent*, — trotzdem ihre Glieder für alle großen n wesentlich kleiner sind als die der harmonischen Reihe; denn nach unserm Satze verhält sich diese Reihe ebenso wie die Reihe

$$\sum_{k=1}^{\infty} \frac{2^k}{2^k \cdot \log(2^k)} = \sum_{k=1}^{\infty} \frac{1}{(\log 2) \cdot k}$$

und ist also nach **70**, 2 gleich der harmonischen Reihe $\sum \frac{1}{k}$ divergent. Die Divergenz dieser Reihe und der in den folgenden Beispielen behandelten wurde von N. H. ABEL[1] entdeckt (s. Œuvres II, S. 200).

3. $\sum_{n=3}^{\infty} \frac{1}{n \log n \cdot \log\log n}$ ist auch noch divergent, obwohl ihre Glieder wieder wesentlich kleiner sind als die der eben behandelten ABELschen Reihe. In der Tat verhält sie sich nach dem CAUCHYschen Satze ebenso wie die Reihe

$$\sum_{k=2}^{\infty} \frac{2^k}{2^k \cdot \log(2^k) \cdot \log(\log 2^k)} = \sum_{k=2}^{\infty} \frac{1}{k \cdot \log 2 \cdot \log(k \log 2)};$$

und diese hat, da $\log 2 < 1$ ist, größere Glieder als die eben behandelte ABELsche Reihe $\sum \frac{1}{k \log k}$ und muß also gleich dieser divergieren.

4. So kann man beliebig fortfahren. Zur Abkürzung bezeichnen wir den r-fach iterierten Logarithmus einer positiven Zahl x mit $\log_r x$, so daß

$$\log_0 x = x, \quad \log_1 x = \log x, \quad \log_2 x = \log(\log x), \quad \ldots,$$
$$\log_r x = \log(\log_{r-1} x)$$

ist. Unter $\log_{-1} x$ können wir noch den Wert e^x verstehen.

Diese iterierten Logarithmen haben erst einen Sinn, wenn x hinreichend groß ist, $\log x$ nämlich erst für $x > 0$, $\log_2 x$ erst für $x > 1$, $\log_3 x$ erst für $x > e$, usw.; und in den Nenner unserer Reihenglieder wollen wir sie erst setzen, wenn sie positiv sind, also $\log x$ erst für $x > 1$, $\log_2 x$ erst für $x > e$, $\log_3 x$ erst für $x > e^e$, usw. Setzen wir daher die Reihe an

$$\sum_n \frac{1}{n \log n \cdot \log_2 n \ldots \log_p n}, \qquad (p \geq 1 \text{ ganz}),$$

so darf die Summation erst bei einem passenden hinreichend großen Index beginnen, — auf dessen genauen Wert es aber (nach **70**, 1) nicht ankommt. Diese Reihe verhält sich nun, da die Logarithmen mit n monoton wachsen, die Reihenglieder also monoton abnehmen, nach dem CAUCHYschen Satze ebenso wie die Reihe

$$\sum_k \frac{1}{\log 2^k \cdot \log_2 2^k \ldots \log_p 2^k}$$

und diese wird, da $2 < e$, sicher divergieren, wenn sogar die Reihe

$$\sum_k \frac{1}{k \log k \ldots \log_{p-1} k}$$

divergiert. Da nun diese Divergenz für $p = 1$ (und $p = 2$) schon festgestellt ist, so folgt hieraus durch vollständige Induktion (**2**, V) die Divergenz für *jedes* $p \geq 1$.

[1] NIELS HENRIK ABEL, geb. 5. Aug. 1802 zu Findoe bei Stavanger (Norwegen), gest. 6. April 1829 auf dem Eisenwerk Froland bei Arendal.

5. Die betrachteten Reihen gehen aber in konvergente Reihen über, falls man dem letzten Faktor des Nenners einen oberhalb 1 gelegenen Exponenten gibt. Daß $\sum \frac{1}{n^\alpha}$ für $\alpha > 1$ konvergiert, ist uns schon geläufig. Nehmen wir nun an, es sei schon für ein bestimmtes (ganzes) $p \geqq 1$ die Konvergenz der Reihe

$$(*) \qquad \sum_k \frac{1}{k \cdot \log k \ldots \log_{p-2} k \cdot (\log_{p-1} k)^\alpha}, \qquad (\alpha > 1),$$

bewiesen[1], so folgt daraus ganz ähnlich wie vorhin die Konvergenz der Reihe

$$\sum_n \frac{1}{n \cdot \log n \ldots \log_{p-1} n \cdot (\log_p n)^\alpha}, \qquad (\alpha > 1).$$

Denn diese wird sich nach dem erweiterten CAUCHYschen Satze **78** ebenso verhalten wie die Reihe — wir wählen $g_k = 3^k$ —

$$\sum_k \frac{3^{k+1} - 3^k}{3^k \log 3^k \ldots (\log_p 3^k)^\alpha}.$$

Wegen $3 > e$ hat diese aber *kleinere* Glieder als die soeben als konvergent vorausgesetzte Reihe (*), falls man deren Glieder vorher mit 2 multipliziert hat (was nach **70**, 2 die Konvergenz nicht stört).

Die in den beiden letzten Beispielen aufgestellten Reihen werden uns als Vergleichsreihen weiterhin die wertvollsten Dienste leisten.

Noch einen letzten bemerkenswerten Satz wollen wir über die Reihen mit positiven *monoton abnehmenden* Gliedern beweisen, obgleich er in gewisser Weise schon etwas von den allgemeinen Konvergenzbetrachtungen des folgenden Kapitels (s. **82**, Satz 1) vorwegnimmt.

Satz. *Wenn die Reihe $\sum a_n$ mit positiven monoton abnehmenden Gliedern konvergiert, so strebt nicht nur $a_n \to 0$, sondern sogar*[2] **80.**

$$n\, a_n \to 0.$$

Beweis. Nach Voraussetzung ist die Folge der Teilsummen $a_0 + a_1 + \cdots + a_n = s_n$ konvergent. Nach Wahl von $\varepsilon > 0$ kann man daher m so wählen, daß für alle $\nu > m$ und alle $\lambda \geqq 1$ stets

$$|s_{\nu+\lambda} - s_\nu| < \frac{\varepsilon}{2},$$

d. h.

$$a_{\nu+1} + a_{\nu+2} + \cdots + a_{\nu+\lambda} < \frac{\varepsilon}{2}$$

bleibt. Wählen wir nun $n > 2m$, so ist, wenn $\nu = [\frac{1}{2} n]$ die größte ganze nicht oberhalb $\frac{1}{2} n$ gelegene Zahl bedeutet, $\nu \geqq m$ und also

$$a_{\nu+1} + a_{\nu+2} + \cdots + a_n < \frac{\varepsilon}{2};$$

---

[1] Für $p = 1$ soll dies die Reihe $\sum \frac{1}{k^\alpha}$ sein.

[2] OLIVIER, L.: Journ. f. d. reine u. angew. Math., Bd. 2, S. 34. 1827.

um so mehr ist dann

$$(n-\nu)\, a_n < \frac{\varepsilon}{2}$$

und erst recht

$$\frac{n}{2}\cdot a_n < \frac{\varepsilon}{2}, \quad \text{d. h.} \quad n\, a_n < \varepsilon\,.$$

Es strebt also $n\, a_n \to 0$, w. z. b. w.

Bemerkung. Ausdrücklich muß hervorgehoben werden, daß die Beziehung $n\, a_n \to 0$ für unsere Reihenart nur eine *notwendige*, aber keine *hinreichende* Konvergenzbedingung ist, d. h. wenn $n\, a_n$ *nicht* gegen 0 strebt, so ist die betreffende Reihe sicher divergent[1], während aus $n\, a_n \to 0$ nichts über die etwaige Konvergenz der Reihe folgt. In der Tat ist ja die ABELsche Reihe $\sum \frac{1}{n \log n}$ divergent, obgleich sie monoton abnehmende Glieder hat und

$$n\, a_n = \frac{1}{\log n} \to 0$$

strebt.

Aufgaben zum III. Kapitel.

34. Man untersuche das Konvergenzverhalten einer Reihe $\sum a_n$, bei der a_n von einer Stelle an einen der folgenden Werte hat:

$$\frac{1}{n^{1+\frac{1}{n}}}, \quad \frac{n^a}{n!}, \quad \frac{n+\sqrt{n}}{n^2-n}, \quad \frac{(n!)^2}{(2n)!}, \quad \frac{2^n\cdot n!}{n^n}, \quad \frac{3^n\cdot n!}{n^n}, \quad \binom{a+n}{n},$$

$$\frac{1}{1+a^n}, \quad \left(\sqrt[n]{a}-1\right), \quad \left(\sqrt[n]{a}-1-\frac{1}{n}\right), \quad \left(\sqrt{n+1}-\sqrt{n}\right), \quad \left(\sqrt[3]{n+1}-\sqrt[3]{n}\right),$$

$$\frac{\sqrt{n+1}-\sqrt{n}}{n}, \quad \frac{1}{(\log\log n)^{\log n}}, \quad \frac{1}{(\log_3 n)^{\log n}}, \quad a^{\sqrt{n}}, \quad a^{\log n}, \quad a^{\log\log n},$$

$$\left(1-\frac{\log n}{n}\right)^n, \quad \left(\sqrt[n]{n}-1\right)^a, \quad \left(\sqrt[n]{n}-1\right)^n.$$

Bei denjenigen Reihen, in deren Gliedern die Konstante a auftritt, ist die Frage dahin zu verschärfen, für welche Werte von a die Reihe konvergent ausfällt, für welche nicht.

35. Mit $\sum d_n$ divergiert auch $\sum \frac{d_n}{1+d_n}$. Wie verhalten sich $\sum \frac{d_n}{1+n\, d_n}$ und $\sum \frac{d_n}{1+n^2 d_n}$? $(d_n > 0.)$

36. Wie verhält sich, wieder unter der Voraussetzung, daß $\sum d_n$ divergiert und $d_n > 0$ ist, die Reihe $\sum \frac{d_n}{1+d_n^2}$?

37. Es strebe $p_n \to +\infty$. Wie verhalten sich die Reihen

$$\sum \frac{1}{p_n^n}, \quad \sum \frac{1}{p_n^{\log n}}, \quad \sum \frac{1}{p_n^{\log\log n}}\,?$$

---

[1] Es muß hiernach z. B. die harmonische Reihe $\sum \frac{1}{n}$ divergieren, weil sie monoton abnehmende Glieder hat, aber $n\cdot\frac{1}{n}$ *nicht* gegen 0 strebt.

38. Es strebe $p_n \to +\infty$, doch so, daß

$$0 < \overline{\lim}\,(p_{n+1} - p_n) < +\infty$$

ausfällt. Welche Häufungsgrenzen muß die Folge (ϱ_n) haben, damit

$$\sum \frac{1}{p_n^{\varrho_n}}$$

konvergiert bzw. divergiert?

39. Für jedes $n > 1$ ist

$$\frac{n}{2} < 1 + \frac{1}{2} + \frac{1}{3} + \frac{1}{4} + \cdots + \frac{1}{2^n - 1} < n .$$

40. Die Folge der Zahlen

$$x_n = \left[1 + \frac{1}{2} + \cdots + \frac{1}{n} - \log n\right]$$

fällt monoton.

41. Wenn $\sum a_n$ positive Glieder hat und konvergiert, so konvergiert auch $\sum \sqrt{a_n a_{n+1}}$. Man zeige an einem Beispiel, daß die Umkehrung dieses Satzes nicht allgemein richtig ist, und beweise, daß sie doch gilt, wenn (a_n) monoton ist.

42. Wenn $\sum a_n$ konvergiert und $a_n \geqq 0$ ist, so konvergiert auch $\sum \frac{\sqrt{a_n}}{n}$, ja sogar für jedes $\delta > 0$ die Reihe $\sum \frac{\sqrt{a_n}}{(\sqrt{n})^{1+\delta}}$.

43. Jede positive reelle Zahl x_1 kann auf eine und nur eine Weise in der Form

$$x_1 = a_1 + \frac{a_2}{2!} + \frac{a_3}{3!} + \frac{a_4}{4!} + \cdots$$

dargestellt werden, wenn die a_n ganze, nicht negative Zahlen sind, die für $n > 1$ der Bedingung $a_n \leqq n - 1$ genügen, ohne von einer Stelle an *dauernd* $= n - 1$ zu sein. Wenn x_1 rational ist, und nur in diesem Falle, bricht die Reihe ab.

44. Ist $0 < x \leqq 1$, so gibt es eine und nur eine der Bedingung $1 < k_1 \leqq k_2 \leqq k_3 \leqq \cdots$ genügende Folge natürlicher Zahlen, für die

$$x = \frac{1}{k_1} + \frac{1}{k_1 k_2} + \cdots + \frac{1}{k_1 k_2 \ldots k_n} + \cdots$$

ist. x ist dann und nur dann rational, wenn die k_ν von einer Stelle an sämtlich einander gleich sind.

IV. Kapitel.

Reihen mit beliebigen Gliedern.

§ 15. Das zweite Hauptkriterium und das Rechnen mit konvergenten Reihen.

In einer unendlichen Reihe $\sum\limits_{n=0}^{\infty} a_n$, deren Glieder nun keiner Beschränkung mehr unterworfen sein sollen, sondern beliebige reelle Zahlen bedeuten dürfen, sollte lediglich ein neues Symbol für die Folge (s_n) ihrer Teilsummen

$$s_n = a_0 + a_1 + \cdots + a_n, \qquad (n = 0, 1, 2, \ldots),$$

gesehen und die für das Konvergenzverhalten von (s_n) eingeführten Bezeichnungen unmittelbar auf die Reihe selbst übertragen werden. Uns interessiert vor allem wieder der Fall der Konvergenz. Das II. Hauptkriterium (**47**—**51**), das die notwendige und hinreichende Bedingung für die Konvergenz aussprach, liefert hier sofort den folgenden

81. °**Hauptsatz (1. Form).** *Die notwendige und hinreichende Bedingung für die Konvergenz der Reihe* $\sum a_n$ *besteht darin, daß nach Wahl von* $\varepsilon > 0$ *sich eine Zahl* $n_0 = n_0(\varepsilon)$ *so angeben läßt, daß für alle* $n > n_0$ *und alle* $k \geqq 1$ *stets*

$$|s_{n+k} - s_n| < \varepsilon,$$

d. h. also jetzt, daß stets

$$|a_{n+1} + a_{n+2} + \cdots + a_{n+k}| < \varepsilon$$

ausfällt.

Stützen wir uns auf die 2. Form des Hauptkriteriums, so erhalten wir auch für den jetzigen Hauptsatz die folgende

81a. °**2. Form.** *Die Reihe* $\sum a_n$ *ist dann und nur dann konvergent, wenn nach Wahl einer ganz beliebigen Folge* (k_n) *von natürlichen Zahlen sich die Folge der Zahlen*

$$T_n = (a_{n+1} + a_{n+2} + \cdots + a_{n+k_n})$$

stets als eine Nullfolge erweist[1]. Und ähnlich wie damals können wir dies noch etwas erweitern zu der

81b. °**3. Form.** *Die Reihe* $\sum a_n$ *ist dann und nur dann konvergent, wenn nach Wahl zweier ganz beliebiger Folgen* (ν_n) *und* (k_n) *von natürlichen Zahlen, von denen die erste* $\rightarrow +\infty$ *streben soll, sich die Folge der Zahlen*

$$T_n = (a_{\nu_n+1} + a_{\nu_n+2} + \cdots + a_{\nu_n+k_n})$$

stets als eine Nullfolge erweist.

Bemerkungen.

1. Da es sich jetzt bei den Reihen lediglich um eine neue Schreibart für Zahlenfolgen handelt und insbesondere, wie betont, nicht nur jede Reihe eine Zahlenfolge darstellt, sondern auch jede Zahlenfolge als Reihe geschrieben werden kann, so gelten sinngemäß alle S. 85ff. gemachten Bemerkungen und Beispiele.

2. Den Inhalt des Hauptsatzes kann man etwa folgendermaßen in Worte kleiden: Nach Wahl von $\varepsilon > 0$ muß *jedes beliebig lange Stück* der Reihe, dessen Anfangsindex nur hinreichend groß ist, eine Summe haben, deren Betrag $< \varepsilon$ ist. Oder: Nach Wahl von $\varepsilon > 0$ muß sich eine Stelle m so angeben lassen, daß für $n > m$ die Addition beliebig vieler der unmittelbar auf a_n folgenden Glieder zu s_n den Wert dieser Teilsumme immer nur um weniger als ε ändern kann.

3. Unsere jetzigen Sätze und Bemerkungen gelten natürlich auch für Reihen mit positiven Gliedern. Man prüfe das in jedem Falle nach.

---

[1] Diese Form ist es im wesentlichen, in der N. H. Abel in seiner grundlegenden Arbeit über die *Binomialreihe* (J. f. d. reine u. angew. Math. Bd. 1, S. 311. 1826) das Kriterium aufstellt.

Ein beliebig herausgeschnittenes Stück der Reihe, wie das Stück

$$a_{\nu+1} + a_{\nu+2} + \cdots + a_{\nu+\lambda},$$

wollen wir im folgenden der Kürze halber ein ***Teilstück*** der Reihe nennen und mit T_ν bezeichnen, wenn es hinter dem ν^{ten} Gliede beginnt. Wenn nötig, kann man auch noch die Anzahl λ der Glieder des Stückes deutlich machen, indem man es mit $T_{\nu,\lambda}$ bezeichnet. Haben wir eine beliebige Folge solcher Teilstücke vor uns, deren erster Index $\to +\infty$ strebt, so wollen wir kurz von einer ***Teilstückfolge*** der vorgelegten Reihe sprechen. Die 2. und 3. Form des Hauptsatzes kann dann auch so ausgesprochen werden:

°**4. Form.** *Die Reihe $\sum a_n$ ist dann und nur dann konvergent, wenn* **81c.**
jede Teilstückfolge derselben eine Nullfolge ist.

Bemerkungen und Beispiele.

1. $\sum a_n$ ist also dann und nur dann divergent, wenn sich wenigstens *eine* Teilstückfolge angeben läßt, die *keine* Nullfolge ist. Für die harmonische Reihe $\sum \frac{1}{n}$ ist z. B.

$$T_n = T_{n,n} = \frac{1}{n+1} + \frac{1}{n+2} + \cdots + \frac{1}{2n} > n \cdot \frac{1}{2n} = \frac{1}{2}.$$

Diese Folge (T_n) ist daher keine Nullfolge, also $\sum \frac{1}{n}$ divergent.

2. Für $\sum \frac{1}{n^2}$ ist

$$T_\nu = T_{\nu,\lambda} = \frac{1}{(\nu+1)^2} + \cdots + \frac{1}{(\nu+\lambda)^2}$$

$$< \frac{1}{\nu(\nu+1)} + \frac{1}{(\nu+1)(\nu+2)} + \cdots + \frac{1}{(\nu+\lambda-1)(\nu+\lambda)}$$

$$= \left(\frac{1}{\nu} - \frac{1}{\nu+1}\right) + \left(\frac{1}{\nu+1} - \frac{1}{\nu+2}\right) + \cdots + \left(\frac{1}{\nu+\lambda-1} - \frac{1}{\nu+\lambda}\right) = \frac{1}{\nu} - \frac{1}{\nu+\lambda},$$

also $0 < T_\nu < \frac{1}{\nu}$, so daß $T_\nu \to 0$ strebt, wenn $\nu \to +\infty$ strebt. Die Reihe ist daher konvergent.

3. Für die Reihe

$$\sum_{n=1}^{\infty} \frac{(-1)^{n-1}}{n} \equiv 1 - \frac{1}{2} + \frac{1}{3} - \frac{1}{4} + \frac{1}{5} - + \cdots$$

ist

$$T_n = T_{n,k} = (-1)^n \left[\frac{1}{n+1} - \frac{1}{n+2} + \frac{1}{n+3} - + \cdots + \frac{(-1)^{k-1}}{n+k}\right].$$

Mag nun k gerade oder ungerade sein, der Ausdruck in der Klammer ist jedenfalls positiv und $< \frac{1}{n+1}$. Denn faßt man je ein positives und das darauffolgende negative Glied in eine Klammer zusammen, so ist deren Wert jedenfalls positiv. Bei *geradem* k werden auf diese Weise alle Glieder aufgebraucht, bei *ungeradem* k

bleibt ein positives übrig, so daß in beiden Fällen der Ausdruck als positiv erkannt wird. Schreibt man ihn andererseits in der Form

$$\frac{1}{n+1} - \left(\frac{1}{n+2} - \frac{1}{n+3}\right) - \left(\frac{1}{n+4} - \frac{1}{n+5}\right) - \cdots,$$

so werden jetzt bei *ungeradem k* alle Glieder aufgebraucht, während bei geradem k ein negatives Glied übrigbleibt, so daß in beiden Fällen von $\frac{1}{n+1}$ nur abgezogen wird, der Ausdruck also $< \frac{1}{n+1}$ ist. Wegen

$$|T_n| = |T_{n,k}| < \frac{1}{n+1}$$

folgt nun aber, daß

$$T_n \to 0$$

strebt, unsere Reihe also konvergent ist. — Wir werden später (vgl. **120**) sehen, daß ihre Summe übereinstimmt mit dem Grenzwert der Folge **46**, 2 und den Wert log 2 hat.

An diese 4 verschiedenen Formen des II. Hauptkriteriums knüpfen wir sogleich die folgenden einfachen, aber wichtigen Feststellungen an:

Da nach der 2. Form, wenn man dort alle $k_n = 1$ setzt, sich $a_{n+1} \to 0$ ergibt, so strebt (nach **27**, 4) auch $a_n \to 0$, d. h. es gilt der

° **Satz 1.** *Bei einer konvergenten Reihe* Σa_n *bilden die Glieder* a_n *notwendig eine Nullfolge:* $a_n \to 0$.

Daß diese Bedingung für die Konvergenz nicht hinreichend ist, wissen wir schon von der harmonischen Reihe her.

Weiß man andererseits schon, daß $\sum a_n$ konvergiert, so konvergiert mit ihr auch die Reihe $a_{n+1} + a_{n+2} + a_{n+3} + \cdots \equiv \sum_{\nu=n+1}^{\infty} a_\nu$, deren Summe man als sogenannten ***Rest*** der Reihe $\sum a_n$ gewöhnlich mit r_n bezeichnet (so daß also $s_n + r_n = s =$ der Summe der ganzen Reihe ist). Man darf dann in der für $n > n_0$ und alle $k \geqq 1$ gültigen Abschätzung

$$|a_{n+1} + a_{n+2} + \cdots + a_{n+k}| < \varepsilon$$

k über alle Grenzen wachsen lassen und findet, daß für $n > n_0$ stets $|r_n| \leqq \varepsilon$ ausfällt. Es gilt also der

° **Satz 2.** *Es bilden auch die Reste* $r_n = \sum_{\nu=n+1}^{\infty} a_\nu$ *einer konvergenten Reihe* $\sum_{n=0}^{\infty} a_n = s$, *also die Zahlen*

$$(r_{-1} = s),\ r_0,\ r_1,\ r_2,\ \ldots,\ r_n,\ \ldots$$

stets eine Nullfolge.

In **80** sahen wir ferner, daß, wenn die Glieder einer konvergenten Reihe $\sum a_n$ (mit positiven Gliedern) *monoton* fallen, über den eben bewiesenen Satz **1** hinaus sogar die Beziehung $n a_n \to 0$ gilt. Daß dies bei Reihen mit beliebigen Gliedern nicht mehr der Fall zu sein braucht, lehrt schon die unter **81c**, 3 gegebene Reihe. Doch läßt sich zeigen, daß jetzt

$$\frac{a_1 + 2a_2 + \cdots + n a_n}{n} \to 0$$

streben muß, daß also die Glieder der Folge $(n a_n)$ *im Durchschnitt* kleine Werte ergeben. Es gilt sogar allgemeiner[1] der

°**Satz 3.** *Ist* $\sum_{n=0}^{\infty} a_n$ *eine konvergente Reihe mit beliebigen Gliedern und bedeutet* $(p_0, p_1, \ldots)$ *eine beliebige monoton* $\to +\infty$ *wachsende Folge positiver Zahlen, so strebt der Quotient*

$$\frac{p_0 a_0 + p_1 a_1 + \cdots + p_n a_n}{p_n} \to 0.$$

Beweis. Nach **44**, 2, folgt aus $s_n \to s$, daß auch

$$\frac{p_1 s_0 + (p_2 - p_1) s_1 + \cdots + (p_n - p_{n-1}) s_{n-1}}{p_n} \to s$$

strebt. Wegen $\frac{p_0 s_0}{p_n} \to 0$, $s_n \to s$ muß also

$$s_n - \frac{(p_1 - p_0) s_0 + (p_2 - p_1) s_1 + \cdots + (p_n - p_{n-1}) s_{n-1}}{p_n} \to 0$$

streben. Dies ist aber genau die zu beweisende Beziehung, wie man sofort erkennt, wenn man alles auf den Nenner p_n bringt und nun der Reihe nach die Glieder mit $p_0, p_1, \ldots, p_n$ sammelt[2].

In bezug auf jedwede Konvergenzbedingung ist noch zu betonen, daß sich die darin geforderten Bedingungen immer nur auf diejenigen Glieder der Reihe beziehen — oder zu beziehen brauchen —, die hinter einem bestimmten stehen, dessen Index übrigens durch jeden größeren ersetzt werden dürfte. Es kommt also bei der Entscheidung der Konvergenzfrage, wie man kurz zu sagen pflegt, *auf den Anfang der Reihe nicht an.* Wir präzisieren dies genauer in dem folgenden

°**Satz 4.** *Leitet man aus einer vorgelegten Reihe* $\sum_{n=0}^{\infty} a_n$ *dadurch eine neue Reihe* $\sum_{n=0}^{\infty} a'_n$ *her, daß man bei jener* e n d l i c h v i e l e *Glieder wegstreicht oder* e n d l i c h v i e l e *Glieder voranstellt oder* e n d l i c h v i e l e *Glieder abändert (oder alles zugleich) und nun die Glieder der entstan-*

---

[1] Kronecker, L.: Comptes Rendus Bd. 103, S. 980. Paris 1886. — Übrigens ist diese Bedingung nicht nur *notwendig*, sondern in einem ganz bestimmten Sinne auch *hinreichend* zur Konvergenz der Reihe $\sum a_n$ (vgl. Aufg. 58a).

[2] Statt der positiven p_n darf man auch (vgl. **44**, 3 und 5) *irgendeine* Zahlenfolge (p_n) nehmen, für die einerseits $|p_n| \to +\infty$ strebt und andrerseits eine Konstante K angegeben werden kann, so daß stets

$$|p_0| + |p_1 - p_0| + \cdots + |p_n - p_{n-1}| < K |p_n|$$

bleibt.

denen Reihe neu mit $a'_0, a'_1, \ldots$ bezeichnet[1], *so sind beide Reihen konvergent oder beide divergent.*

Beweis. Aus den Voraussetzungen folgt, daß es eine Nummer m geben muß, so daß jedes Teilstück der neuen Reihe, dessen Anfangsindex $> m$ ist, auch ein Teilstück der alten Reihe ist. Der Hauptsatz **81a** liefert nun unmittelbar die Richtigkeit unserer Behauptung.

Bemerkung.

Ausdrücklich sei noch hervorgehoben, daß für Reihen mit beliebigen Gliedern die Vergleichskriterien aller Art vollständig außer Kraft gesetzt sind. Insbesondere kann von zwei Reihen $\sum a_n$ und $\sum a'_n$, deren Glieder asymptotisch gleich sind ($a_n \cong a'_n$), sehr wohl die eine konvergieren, die andere divergieren. Man setze z. B. $a_n = \frac{(-1)^n}{n}$ und $a'_n = a_n + \frac{1}{n \log n}$.

Endlich beweisen wir noch das folgende, wegen seines besonders elementaren Charakters fast einzig dastehende Konvergenzkriterium, welches sich auf sogenannte ***alternierende Reihen*** bezieht, d. h. auf Reihen, deren Glieder abwechselnde Vorzeichen haben:

Satz 5. (LEIBNIZ*sche Regel.*[2]) *Eine alternierende Reihe, bei welcher die Beträge der Glieder eine monotone Nullfolge bilden, ist stets konvergent.*

Der Beweis geht ganz ähnlich vor, wie **81c**, 3. Ist nämlich $\sum a_n$ die vorgelegte alternierende Reihe, so hat a_n entweder *stets* das Vorzeichen $(-1)^n$ oder *stets* das Vorzeichen $(-1)^{n+1}$. Setzt man also $|a_n| = \alpha_n$, so ist

$$T_n = T_{n,k} = \pm\,[\alpha_{n+1} - \alpha_{n+2} + \alpha_{n+3} - + \cdots + (-1)^{k-1}\alpha_{n+k}].$$

Da die α monoton abnehmen, so überzeugt man sich genau wie bei dem genannten Beispiel, daß der Wert der eckigen Klammer zwar stets positiv, aber kleiner als ihr erster Summand α_{n+1} ist. Es ist also

$$|T_n| = |T_{n,k}| < \alpha_{n+1},$$

was nun, da die α_n eine Nullfolge bilden sollen, $T_n \to 0$ und also nach **81c** die Konvergenz von $\sum a_n$ zur Folge hat.

Das Rechnen mit konvergenten Reihen.

Schon **69**, 2, 3 wurde betont, daß die Bezeichnung „Summe" für den Grenzwert der Folge der Teilsummen einer Reihe insofern irreführend ist, als sie den Glauben erweckt, mit einer unendlichen Reihe lasse sich nach denselben Regeln rechnen wie mit einer (wirklichen)

---

[1] Also kurz: „. . . daß man bei der Folge (a_n) der *Glieder* jener Reihe endlich viele Änderungen (**27**, 4) vornimmt, . . .".

[2] Briefe an J. HERMANN vom 26. VI. 1705 und an JOH. BERNOULLI vom 10. I. 1714.

Summe aus einer bestimmten Anzahl Summanden, also etwa wie mit Summen der Form $(a + b + c + d)$. Das ist aber keineswegs der Fall, jene Meinung also prinzipiell falsch, wenn auch *einige* jener Regeln tatsächlich für unendliche Reihen gültig bleiben. Die Hauptgesetze für das Rechnen mit (wirklichen) Summen sind (nach **2**, I. u. III) das Assoziations-, das Distributions- und das Kommutationsgesetz. Die folgenden Sätze sollen lehren, inwieweit diese Gesetze auch noch für unendliche Reihen gelten und inwieweit nicht.

°**Satz 1.** ***Das Assoziationsgesetz gilt bei konvergenten unendlichen Reihen nur in dem Sinne uneingeschränkt, daß aus*** 83.

$$a_0 + a_1 + a_2 + \cdots = s$$

folgt

$$(a_0 + a_1 + \cdots + a_{\nu_1}) + (a_{\nu_1+1} + a_{\nu_1+2} + \cdots + a_{\nu_2}) + \cdots = s,$$

wenn $\nu_1, \nu_2, \ldots$ *irgendeine wachsende Folge verschiedener ganzer Zahlen* $\geqq 0$ *bedeutet und die Summe der durch eine Klammer zusammengeschlossenen Glieder als* e i n *Glied einer neuen Reihe*

$$A_0 + A_1 + \cdots + A_k + \cdots$$

angesehen wird, wenn für $k = 0, 1, 2, \ldots$ *also*

$$A_k = a_{\nu_k+1} + a_{\nu_k+2} + \cdots + a_{\nu_{k+1}}$$

gesetzt wird $(\nu_0 = -1)$. ***Der umgekehrte Schluß aber ist nicht immer richtig.***

Beweis. Die Folge der Teilsummen S_k von $\sum A_k$ ist ersichtlich die Teilfolge $s_{\nu_1}, s_{\nu_2}, \ldots, s_{\nu_k}, \ldots$ der Folge der Teilsummen s_n von $\sum a_n$. Nach **41**, 4 strebt daher S_n demselben Grenzwert zu wie s_n.

Daß der umgekehrte Schluß nicht richtig zu sein braucht, lehrt das nachfolgende Beispiel 2.

Bemerkungen und Beispiele.

1. Mit $\sum\limits_{n=1}^{\infty} \frac{(-1)^{n-1}}{n} = 1 - \frac{1}{2} + \frac{1}{3} - \frac{1}{4} + - \cdots$ ist also auch

$$\sum_{k=1}^{\infty}\left(\frac{1}{2k-1} - \frac{1}{2k}\right) = \sum_{k=1}^{\infty} \frac{1}{(2k-1)\cdot 2k} = \frac{1}{1\cdot 2} + \frac{1}{3\cdot 4} + \frac{1}{5\cdot 6} + \cdots$$

und ebenso auch die Reihe

$$1 - \left(\frac{1}{2} - \frac{1}{3}\right) - \left(\frac{1}{4} - \frac{1}{5}\right) - \cdots = 1 - \frac{1}{2\cdot 3} - \frac{1}{4\cdot 5} - \frac{1}{6\cdot 7} - \cdots$$

konvergent, und alle drei haben dieselbe Summe. Bezeichnen wir diese mit s, so lehrt die zweite der Reihen, daß jedenfalls $s > \frac{1}{1\cdot 2} + \frac{1}{3\cdot 4} = \frac{7}{12}$, die dritte aber, daß $s < 1 - \frac{1}{2\cdot 3} = \frac{10}{12}$ sein muß. Es ist also

$$\frac{7}{12} < s < \frac{10}{12}.$$

2. Daß man zwar Klammern *setzen*, aber nicht ohne weiteres *weglassen* darf, zeigt folgendes einfache Beispiel: Die Reihe 0 + 0 + 0 + ⋯ ist gewiß konvergent mit der Summe 0. Setzen wir überall (1 — 1) statt 0, so bekommen wir zunächst die richtige Gleichung

$$(1-1)+(1-1)+\cdots\equiv\sum(1-1)=0\,.$$

Ohne die Klammern aber erhalten wir die *divergente* Reihe

$$1-1+1-1+-\cdots,$$

die also nicht „= 0" gesetzt werden darf, denn sonst würde man durch eine erneute, aber nun etwas geänderte Zusammenfassung der Glieder die Reihe

$$1-(1-1)-(1-1)-\cdots\equiv 1-0-0-0-\cdots$$

erhalten, welche nun wieder konvergiert und die Summe 1 hat. Man würde also schließlich herausbekommen, daß $0 = 1$ ist!![1]

Wir ergänzen daher den Satz 1 sogleich durch den folgenden

°**Satz 2.** *Sind die Glieder einer konvergenten unendlichen Reihe* $\sum_{k=0}^{\infty} A_k$ *selbst wirkliche Summen (etwa, wie vorhin,* $A_k = a_{\nu_k+1} + \cdots + a_{\nu_{k+1}}$, $k = 0, 1, \ldots;\ \nu_0 = -1$), *so „darf" man die sie umschließenden Klammern dann und nur dann weglassen, wenn die dadurch entstehende neue Reihe* $\sum_{n=0}^{\infty} a_n$ *wieder konvergiert.*

In der Tat ist ja dann nach dem vorigen Satz $\sum a_n = \sum A_k$, während im Falle der Divergenz von $\sum a_n$ diese Gleichung sinnlos wäre.

Ein meist ausreichendes Kennzeichen dafür, ob nun die neue Reihe konvergiert, liefert der folgende

°**Zusatz.** *Die nach dem vorigen Satz aus* $\sum A_k$ *hergeleitete neue Reihe* $\sum a_n$ *fällt sicher konvergent aus, wenn die Größen*

$$A'_k = |a_{\nu_k+1}| + |a_{\nu_k+2}| + \cdots + |a_{\nu_{k+1}}|$$

eine Nullfolge bilden[2].

---

[1] In früheren Zeiten — also vor der strengen Begründung des Rechnens mit unendlichen Reihen (s. Einleitung) — stand man solchen Paradoxien ziemlich ratlos gegenüber. Und wenn auch die besseren Mathematiker sozusagen instinktiv solchen Schlüssen, wie den obigen, aus dem Wege gingen, so wurden sie den minderen Köpfen um so mehr Anlaß zu den kühnsten Spekulationen. So glaubte z. B. GUIDO GRANDI (nach R. REIFF, s. **69**, 8) durch die obige irrige Schlußkette, die aus der Null eine Eins werden läßt, die Möglichkeit der Erschaffung der Welt aus dem Nichts mathematisch bewiesen zu haben!

[2] Wegen $A_k \to 0$ ist das von selbst der Fall, wenn die Summanden, aus denen ein jedes A_k besteht, jedesmal unter sich gleiche Vorzeichen haben, — insbesondere also, wenn nach Weglassen der Klammern eine Reihe mit positiven Gliedern entsteht. Es ist ferner stets der Fall, wenn die Glieder a_n eine Nullfolge bilden und die Anzahlen $\nu_{k+1} - \nu_k$ der in A_k zusammengefaßten Glieder, $(k = 0, 1, 2, \cdots)$, eine beschränkte Zahlenfolge bilden. (Ein Beispiel für diesen letzten Fall bietet die Reihe $\sum(a_n + b_n)$ im nachfolgenden Satz 3.)

Beweis. Ist $\varepsilon > 0$ gegeben, so wähle man m_1 so groß, daß für $k > m_1$ stets

$$|S_{k-1} - s| < \frac{\varepsilon}{2}$$

ausfällt, und m_2 so groß, daß für $k > m_2$ stets $A'_k < \frac{\varepsilon}{2}$ bleibt. Ist dann m größer als jede der beiden Zahlen m_1 und m_2, so ist für $n > \nu_m$ stets

$$|s_n - s| < \varepsilon$$

Denn jedem solchen n entspricht eine ganz bestimmte Zahl k, für die

$$\nu_k < n \leqq \nu_{k+1}$$

ist, und diese Zahl k muß $\geqq m$ sein. Dann ist aber

$$s_n = S_{k-1} + a_{\nu_k+1} + \cdots + a_n, \qquad |s_n - S_{k-1}| \leqq A'_k < \frac{\varepsilon}{2}.$$

Und wegen

$$s_n - s = (s_n - S_{k-1}) + (S_{k-1} - s)$$

ist dann in der Tat

$$|s_n - s| < \varepsilon, \qquad \text{d. h.} \qquad \sum_{n=0}^{\infty} a_n = s,$$

w. z. b. w.

Beispiel.

$$\sum_{k=1}^{\infty} A_k = \left(1 + \frac{1}{3} - \frac{1}{2}\right) + \left(\frac{1}{5} + \frac{1}{7} - \frac{1}{4}\right) + \cdots + \left(\frac{1}{4k-3} + \frac{1}{4k-1} - \frac{1}{2k}\right) + \cdots$$

ist konvergent, denn A_k ist positiv und für $k > 1$ stets

$$< \frac{2}{4k-4} - \frac{1}{2k} = \frac{1}{2(k-1)\cdot k} \leqq \frac{1}{k^2}$$

Da ebenso für $k > 1$ stets

$$A'_k < \frac{2}{4k-4} + \frac{1}{2k} < \frac{1}{k-1}$$

ist, so ist (A'_k) eine Nullfolge. Also ist auch die Reihe

$$1 + \frac{1}{3} - \frac{1}{2} + \frac{1}{5} + \frac{1}{7} - \frac{1}{4} + + - \cdots$$

konvergent. — Ihre Summe — sie heiße S — ist, da die Reihe in der ersten Gestalt nur positive Glieder hatte, jedenfalls $> A_1 + A_2 > \frac{11}{12}$.

°**Satz 3.** *Konvergente Reihen darf man gliedweis addieren. Genauer: Aus*

$$\sum_{n=0}^{\infty} a_n = s \qquad \textit{und} \qquad \sum_{n=0}^{\infty} b_n = t$$

folgt sowohl

$$\sum_{n=0}^{\infty} (a_n + b_n) = s + t$$

als auch — ohne Klammern! —

$$a_0 + b_0 + a_1 + b_1 + a_2 + \cdots = s + t.$$

Beweis. Sind s_n und t_n die Teilsummen der ersten beiden Reihen, so sind $(s_n + t_n)$ diejenigen der dritten. Nach **41**, 9 folgt also sofort, daß $(s_n + t_n) \to s + t$ strebt. Daß man in der hiernach als konvergent erkannten Reihe die Klammern weglassen darf, folgt aber nach dem Zusatz zu Satz 2 sofort daraus, daß $|a_n|$ und $|b_n|$ und also auch $(|a_n| + |b_n|)$ Nullfolgen sind.

° **Satz 4.** *Konvergente Reihen darf man in demselben Sinne gliedweis voneinander subtrahieren.* Beweis ebenso.

° **Satz 5.** *Konvergente Reihen darf man mit einer Konstanten multiplizieren, d. h. aus $\sum a_n = s$ folgt, wenn c eine beliebige Zahl ist,*

$$\sum (c\, a_n) = c\, s.$$

Beweis. Die Teilsummen der neuen Reihe sind $c s_n$, wenn diejenigen der alten Reihe s_n heißen. Satz **41**, 10 liefert nun sofort die Behauptung. — Dieser Satz überträgt in gewissem Ausmaße das *Distributionsgesetz* auf unendliche Reihen.

84. Bemerkungen und Beispiele.

1. Diese einfachen Sätze sind darum so wichtig, weil sie jedesmal nicht nur die *Konvergenz* einer neuen Reihe aus der Konvergenz bekannter Reihen herzuleiten gestatten, sondern auch die *Summe* der neuen Reihe mit den Summen der bekannten Reihen in Beziehung setzen. Sie bilden daher die Grundlage für ein wirkliches Rechnen mit unendlichen Reihen.

2. Die Reihe $\sum\limits_{n=1}^{\infty} \frac{(-1)^{n-1}}{n}$ war konvergent. Ihre Summe heiße s. Nach Satz 1 sind auch die Reihen

$$\sum_{k=1}^{\infty}\left(\frac{1}{2k-1} - \frac{1}{2k}\right) \quad \text{und} \quad \sum_{k=1}^{\infty}\left(\frac{1}{4k-3} - \frac{1}{4k-2} + \frac{1}{4k-1} - \frac{1}{4k}\right)$$

konvergent mit der Summe s. Multipliziere ich die erste nach Satz 5 gliedweis mit $\frac{1}{2}$ — dies liefert

$$\sum_{k=1}^{\infty}\left(\frac{1}{4k-2} - \frac{1}{4k}\right) = \frac{s}{2}$$

— und addiere sie nach Satz 3 gliedweis zur zweiten, so erhalte ich

$$\sum_{k=1}^{\infty}\left(\frac{1}{4k-3} + \frac{1}{4k-1} - \frac{1}{2k}\right) = \frac{3}{2}\, s,$$

d. h. genauer: es hat sich die Konvergenz der linksstehenden Reihe *und* der Wert ihrer Summe ergeben, — letzterer ausgedrückt durch die Summe der Reihe, von der wir ausgingen. Die *Konvergenz* hatten wir oben bei Satz 2 schon direkt festgestellt; die jetzige Rechnung führt aber erheblich weiter, da sie eine bestimmte Aussage über die Summe liefert.

Ehe wir die Gültigkeit des Kommutations- und des Distributionsgesetzes und mit letzterem die Möglichkeit der Multiplikation zweier Reihen untersuchen, bedürfen wir noch einer wichtigen Vorbereitung.

§ 16. Absolute Konvergenz. Umordnung von Reihen.

Die Reihe $1 - \frac{1}{2} + \frac{1}{3} - \frac{1}{4} + - \cdots$ hatte sich **81c**, 3 als *konvergent* erwiesen. Ersetzt man aber jedes Glied derselben durch seinen absoluten Betrag, so geht sie in die *divergente* harmonische Reihe $1 + \frac{1}{2} + \frac{1}{3} + \cdots$ über. Für alles Folgende wird es meist einen sehr wesentlichen Unterschied machen, ob eine konvergente Reihe $\sum a_n$ auch noch konvergent bleibt, wenn man alle Glieder durch ihren absoluten Betrag ersetzt, oder ob sie dadurch divergent wird. Hier gilt zunächst der

°**Satz.** *Eine Reihe $\sum a_n$ ist sicher konvergent, wenn die Reihe (mit positiven Gliedern) $\sum |a_n|$ konvergiert*[1]. *Und ist dann $\sum a_n = s$, $\sum |a_n| = S$, so ist $|s| \leqq S$.* **85.**

Beweis. Wegen

$$|a_{n+1} + a_{n+2} + \cdots + a_{n+k}| \leqq |a_{n+1}| + \cdots + |a_{n+k}|$$

ist mit der rechten Seite auch die linke $< \varepsilon$, woraus nach dem Hauptsatz **81** sofort die erste Behauptung folgt. Da ferner

$$|s_n| \leqq |a_0| + |a_1| + \cdots + |a_n| \leqq S$$

ist, so ist nach **41**, 2 auch $|s| \leqq S$.

Hiernach verteilen sich alle konvergenten Reihen $\sum a_n$ auf zwei verschiedene Klassen, je nachdem nämlich $\sum |a_n|$ auch noch konvergiert oder nicht. Wir definieren:

°**Definition.** *Ist eine konvergente Reihe $\sum a_n$ so beschaffen, daß sogar $\sum |a_n|$ konvergiert, so soll die erste Reihe absolut konvergent, andernfalls nicht-absolut konvergent heißen*[2]. **86.**

Beispiele.

Die Reihen

$$\sum_{n=1}^{\infty} \frac{(-1)^n}{n^2}; \qquad \sum_{n=1}^{\infty} \frac{(-1)^{\frac{1}{2}n(n-1)}}{n^{\alpha}}, \quad (\alpha > 1); \qquad \sum_{n=0}^{\infty} a^n, \quad 0 > a > -1;$$

$$\sum_{n=0}^{\infty} \frac{x^n}{n^n}, \quad x < 0; \qquad \sum_{n=1}^{\infty} \frac{x^n}{n!}, \quad x < 0$$

---

[1] Cauchy: Analyse algébrique, S. 142. (Der Beweis ist noch unzulänglich.) — Dagegen lehrte das eben gebrachte Beispiel, daß aus der Konvergenz von $\sum a_n$ nicht diejenige von $\sum |a_n|$ zu folgen braucht.

[2] „Nicht-absolut konvergent" heißt also eine Reihe, wenn sie zwar konvergiert, aber nicht absolut. Die Bezeichnung „nicht-absolut konvergent" soll also nur auf *konvergente* Reihen angewendet werden.

sind absolut konvergent. — Jede konvergente Reihe mit positiven Gliedern ist **natürlich absolut konvergent.**

Die große Bedeutung des Begriffs der absoluten Konvergenz wird sich einmal darin zeigen, daß die Konvergenz absolut konvergenter Reihen viel leichter als diejenige nicht-absolut konvergenter Reihen erkannt werden kann, nämlich meist durch Vergleich mit Reihen mit positiven Gliedern, so daß dafür die einfachen und weitreichenden Sätze des vorigen Kapitels zuständig sind. Sodann aber wird diese Bedeutung sich darin zeigen, daß man mit absolut konvergenten Reihen im großen und ganzen so rechnen darf wie mit (wirklichen) Summen aus einer bestimmten Anzahl Summanden, während dies bei nicht-absolut konvergenten Reihen im allgemeinen nicht mehr der Fall ist. — Die folgenden Sätze werden dies im einzelnen zeigen.

87. °**Satz 1.** *Ist $\sum c_n$ eine konvergente Reihe mit positiven Gliedern und genügen die Glieder einer vorgelegten Reihe $\sum a_n$ für $n > m$ der Bedingung*

$$|a_n| \leqq c_n \quad \textit{oder der Bedingung} \quad \left|\frac{a_{n+1}}{a_n}\right| \leqq \frac{c_{n+1}}{c_n},$$

so ist $\sum a_n$ (absolut) konvergent[1].

Beweis. Nach dem I. bzw. II. Vergleichskriterium **72** und **73** ist $\sum |a_n|$, also nach **85** auch $\sum a_n$ konvergent[2].

Infolge dieses einfachen Satzes ist der ganze Vorrat von Kriterien, die sich auf Reihen mit positiven Gliedern beziehen, nunmehr für Reihen mit beliebigen Gliedern nutzbar gemacht. Wir lesen aus ihm noch den folgenden Satz ab:

°**Satz 2.** *Ist $\sum a_n$ eine absolut konvergente Reihe und bilden die Faktoren α_n eine beschränkte Zahlenfolge, so ist auch die Reihe*

$$\sum \alpha_n a_n$$

(absolut) konvergent.

Beweis. Da mit (α_n) auch $(|\alpha_n|)$ eine beschränkte Folge ist, so ist nach **70**, 2 mit $\sum |a_n|$ auch $\sum |\alpha_n| \cdot |a_n| \equiv \sum |\alpha_n a_n|$ konvergent.

Beispiele.

1. Ist $\sum c_n$ irgendeine konvergente Reihe mit positiven Gliedern und sind die α_n *beschränkt*, so ist auch $\sum \alpha_n c_n$ konvergent, denn $\sum c_n$ ist auch absolut konvergent. Man darf also z. B. die Glieder $c_0, c_1, c_2, \ldots$ statt stets durch +-Zeichen

[1] Bei der zweiten Bedingung wird wieder stillschweigend angenommen, daß für $n > m$ stets $a_n \neq 0$ und $c_n \neq 0$ ist.

[2] Die entsprechenden Divergenzkriterien „$|a_n| \geqq d_n$" bzw. „$\left|\frac{a_{n+1}}{a_n}\right| \geqq \left|\frac{d_{n+1}}{d_n}\right|$" fallen hier natürlich fort, da nach ihnen zwar $\sum |a_n|$, aber nicht notwendig $\sum a_n$ divergieren müßte. Vgl. die Fußn. 1 auf Seite 137

ganz beliebig durch +- und —-Zeichen verbinden, — immer entsteht eine (absolut) konvergente Reihe; denn die Faktoren ± 1 bilden gewiß eine beschränkte Folge. So sind also z. B. die Reihen

$$\sum (-1)^n c_n, \qquad \sum (-1)^{[\sqrt{n}]} c_n, \qquad \sum (-1)^{[\log n]} c_n, \ldots$$

konvergent, bei denen $[z]$ wie immer die größte ganze nicht oberhalb z gelegene Zahl bedeutet.

2. Ist $\sum a_n$ absolut konvergent, so entsteht durch beliebige Änderung der Vorzeichen der Glieder immer wieder eine absolut konvergente Reihe.

Wir wollen nun — und damit kehren wir zu den am Ende des vorigen Paragraphen verlassenen Fragen zurück — zeigen, daß für absolut konvergente Reihen die Grundgesetze für das Rechnen mit (wirklichen) Summen im wesentlichen erhalten bleiben, daß dies für nicht absolut konvergente Reihen dagegen nicht mehr der Fall ist.

So gilt schon das Kommutationsgesetz („$a + b = b + a$") *nicht mehr allgemein für unendliche Reihen.* Der Sinn dieser Aussage ist der: Ist $(\nu_0, \nu_1, \nu_2, \ldots)$ irgendeine Umordnung (**27**, 3) der Folge $(0, 1, 2, \ldots)$, so wollen wir von der Reihe

$$\sum_{n=0}^{\infty} a'_n \equiv \sum_{n=0}^{\infty} a_{\nu_n} \qquad (\text{also } a'_n = a_{\nu_n} \quad \text{für} \quad n = 0, 1, 2, \ldots)$$

kurz sagen, sie sei *durch* ***Umordnung*** aus der gegebenen Reihe $\sum\limits_{n=0}^{\infty} a_n$ entstanden. Der Wert von (wirklichen) Summen aus einer bestimmten Anzahl Summanden bleibt ungeändert, wie man auch die Summanden umordnen (permutieren) möge. *Bei unendlichen Reihen ist dies nicht mehr der Fall*[1]. Dies lehren schon die beiden oben in **81c**, 3 und in **83** bei Satz 1 und 2 als Beispiele behandelten konvergenten Reihen

$$1 - \tfrac{1}{2} + \tfrac{1}{3} - \tfrac{1}{4} + - \cdots \quad \text{und} \quad 1 + \tfrac{1}{3} - \tfrac{1}{2} + \tfrac{1}{5} + \tfrac{1}{7} - \tfrac{1}{4} + + - \cdots,$$

die ersichtlich Umordnungen voneinander sind, die aber *verschiedene* Summen haben. Die Summe s der ersten war nämlich $< \frac{10}{12}$, die Summe s' der zweiten $> \frac{11}{12}$; und die Betrachtungen **84**, 2 lehrten sogar genauer, daß $s' = \frac{3}{2} s$ ist.

Diese Tatsache zwingt uns natürlich große Vorsicht beim Rechnen mit unendlichen Reihen auf, da man — kurz gesagt — auf die Reihenfolge ihrer Glieder achten muß[2]. Um so wertvoller ist es darum, zu wissen, in welchen Fällen diese Vorsicht etwa außer acht gelassen werden darf. Hierüber gilt der

---

[1] Zuerst von CAUCHY bemerkt (Résumés analytiques, Turin 1833).

[2] Da $\sum a_n$ lediglich für die Folge (s_n) der Teilsummen steht und da die bei einer Umordnung von $\sum a_n$ entstehende neue Reihe $\sum a'_n$ *ganz andre* Teilsummen s'_n hat — die s'_n bilden nicht etwa bloß eine Umordnung der s_n, sondern sind *ganz andre* Zahlen!! — so ist es schon a priori nicht unwahrscheinlich, daß eine solche Umordnung Einfluß auf das Verhalten der Reihe haben kann.

88. °**Satz 1.** *Bei absolut konvergenten Reihen gilt das Kommutationsgesetz uneingeschränkt*[1].

Beweis. Es sei $\sum a_n$ eine beliebige *absolut konvergente* Reihe (also auch $\sum |a_n|$ konvergent), und es sei $\sum a'_n \equiv \sum a_{\nu_n}$ eine Umordnung derselben. Jede Schranke für die Teilsummen von $\sum |a_n|$ ist dann offenbar auch eine Schranke für die Teilsummen von $\sum |a'_n|$. Mit $\sum a_n$ ist also auch $\sum a'_n$ absolut konvergent. Die Teilsummen der ersten mögen mit s_n, die der zweiten mit s'_n bezeichnet werden. Wird dann $\varepsilon > 0$ beliebig gegeben, so läßt sich nach **81** zunächst m so groß wählen, daß für jedes $k \geqq 1$

$$|a_{m+1}| + |a_{m+2}| + \cdots + |a_{m+k}| < \varepsilon$$

ausfällt und nun n_0 so groß, daß unter den Zahlen $\nu_0, \nu_1, \nu_2, \ldots, \nu_{n_0}$ die Zahlen $0, 1, 2, \ldots, m$ sämtlich vorgekommen sind[2]. Dann heben sich für $n > n_0$ in der Differenz $s'_n - s_n$ ersichtlich die Glieder $a_0, a_1, a_2, \ldots, a_m$ fort, und es bleiben höchstens solche Glieder stehen, deren Index $> m$ ist, — also nur endlich viele der Glieder $\pm a_{m+1}, \pm a_{m+2}, \ldots$ Da aber die Summe der Beträge beliebig vieler von diesen $< \varepsilon$ bleibt, so ist für $n > n_0$ stets

$$|s'_n - s_n| < \varepsilon,$$

also $(s'_n - s_n)$ eine Nullfolge. Dann hat aber $s'_n = s_n + (s'_n - s_n)$ denselben Grenzwert wie s_n, d. h. auch $\sum a'_n$ ist konvergent und hat dieselbe Summe wie $\sum a_n$, w. z. b. w. Dies berechtigt zu der folgenden

89. °**Definition.** *Eine konvergente unendliche Reihe, für die das Kommutationsgesetz uneingeschränkt gilt, die also bei jeder Umordnung konvergent bleibt und auch ihren Summenwert nicht ändert, soll* ***unbedingt konvergent*** *genannt werden. Eine konvergente Reihe dagegen, deren Konvergenzverhalten durch Umordnungen verändert werden kann, bei der es also auf die Reihenfolge der Glieder ankommt, soll* ***bedingt konvergent*** *heißen.*

Der vorhin bewiesene Satz kann dann auch so ausgesprochen werden: „*Jede absolut konvergente Reihe ist auch unbedingt konvergent.*" — Von diesem Satze gilt auch die *Umkehrung*, also der

°**Satz 2.** *Jede nicht-absolut konvergente Reihe ist nur bedingt konvergent*[3]. M. a. W.: Bei einer nicht-absolut konvergenten Reihe $\sum a_n$ mit der Summe s hängt das Bestehen der Gleichung

$$\sum_{n=0}^{\infty} a_n = s$$

---

[1] Lejeune-Dirichlet, G.: Abh. Akad. Berlin 1837, S. 48. (Werke I, S. 319.) — Hier findet sich auch schon das im Text gegebene Beispiel der Veränderung der Summe durch Umordnung.

[2] Daß eine solche Zahl n_0 existiert, folgt ja aus der Definition der Umordnung.

[3] Vgl. hierzu den Hauptsatz aus § 44.

wesentlich von der Anordnung der Glieder der linksstehenden Reihe ab und kann also durch eine geeignete Umordnung gestört werden.

Beweis. Es genügt offenbar zu zeigen, daß aus $\sum a_n$ durch eine passende Umordnung eine divergente Reihe $\sum a'_n$ hergestellt werden kann. Das gelingt so: Diejenigen Glieder der Reihe $\sum a_n$, die $\geqq 0$ sind, sollen in der Reihenfolge, wie sie in $\sum a_n$ auftreten, mit $p_1, p_2, p_3, \ldots$ bezeichnet werden; diejenigen, die < 0 sind, ebenso mit $-q_1, -q_2, -q_3, \ldots$ Dann sind $\sum p_n$ und $\sum q_n$ Reihen mit positiven Gliedern. Von diesen muß mindestens eine divergent sein. Denn wären sie beide konvergent und P und Q ihre Summen, so wäre für jedes n ersichtlich $|a_0| + |a_1| + \cdots + |a_n| \leqq P + Q$, also $\sum a_n$ entgegen der Annahme nach **70** absolut konvergent[1]. Ist etwa $\sum p_n$ divergent, so setzen wir eine Reihe der Form

$$p_1 + p_2 + \cdots + p_{m_1} - q_1 + p_{m_1+1} + p_{m_1+2} + \cdots + p_{m_2} - q_2 + p_{m_2+1} + \cdots$$

an, in der also jedesmal auf eine Gruppe positiver Glieder ein einziges negatives Glied folgt. Diese Reihe ist offenbar eine Umordnung der gegebenen Reihe $\sum a_n$ und soll als solche mit $\sum a'_n$ bezeichnet werden. Da nun die Reihe $\sum p_n$ divergieren sollte und ihre Teilsummen also nicht beschränkt sind, so kann man hierbei zunächst m_1 so groß wählen, daß $p_1 + p_2 + \cdots + p_{m_1} > 1 + q_1$ ist, dann $m_2 > m_1$ so groß, daß

$$p_1 + p_2 + \cdots + p_{m_1} + \cdots + p_{m_2} > 2 + q_1 + q_2$$

wird, und allgemein $m_\nu > m_{\nu-1}$ so groß, daß

$$p_1 + p_2 + \cdots + p_{m_\nu} > \nu + q_1 + q_2 + \cdots + q_\nu$$

ausfällt (für $\nu = 1, 2, \ldots$). Dann ist aber $\sum a'_n$ offenbar divergent; denn diejenigen Teilsummen dieser Reihe, deren letzter Summand ein negatives Glied $-q_\nu$ ist, sind hiernach $> \nu$, $(\nu = 1, 2, \ldots)$. Und da hierin ν jede natürliche Zahl sein darf, so sind die Teilsummen von $\sum a'_n$ keinesfalls beschränkt, $\sum a'_n$ selbst ist also divergent, w. z. b. w.[2].

Ist $\sum q_n$ divergent, so hat man im vorangehenden nur die Rollen der beiden Reihen $\sum p_n$ und $\sum q_n$ sinngemäß zu vertauschen, um zu demselben Ergebnis zu gelangen.

Beispiel.

$\sum_{n=1}^{\infty} \frac{(-1)^n}{n} \equiv -1 + \frac{1}{2} - \frac{1}{3} + \frac{1}{4} - \frac{1}{5} + - \cdots$ war als nicht-absolut konvergent erkannt. Da (vgl. **46**, 3) für $\lambda = 1, 2, \ldots$

$$\frac{1}{2} + \frac{1}{4} + \frac{1}{6} + \cdots + \frac{1}{2\lambda} > \frac{\lambda}{4}$$

[1] Es ist nicht schwer zu sehen, daß sogar beide Reihen $\sum p_n$ und $\sum q_n$ divergieren müssen (vgl. § 44); doch ist das im Augenblick belanglos.

[2] $\sum a'_n$ divergiert ersichtlich $\to +\infty$.

ist, so ist für $\nu = 1, 2, \ldots$

$$\frac{1}{2} + \frac{1}{4} + \frac{1}{6} + \cdots + \frac{1}{2^{8\nu}} > 2\nu .$$

Wendet man also das beschriebene Verfahren auf die Reihe $\sum \frac{(-1)^n}{n}$ an, so hat man nur $m_\nu = 2^{8\nu}$ zu setzen, um aus ihr lediglich durch Umordnung die *divergente* Reihe

$$\frac{1}{2} + \frac{1}{4} + \frac{1}{6} + \cdots + \frac{1}{2^8} - 1 + \frac{1}{2^8+2} + \cdots + \frac{1}{2^{16}} - \frac{1}{3} + \cdots$$

herzuleiten. Denn die mit dem ν^{ten} negativen Summanden endende Teilsumme ist größer als 2ν vermindert um ν echte Brüche, also sicher $> \nu$.

Der Satz **88**, 1 von der Umordnung absolut konvergenter Reihen läßt sich noch wesentlich verallgemeinern. Dazu beweisen wir zunächst den folgenden einfachen

°**Satz 3.** *Ist $\sum a_n$ absolut konvergent, so ist auch jede „Teilreihe" $\sum a_{\lambda_n}$ — bei der also die λ_n irgendeine monoton wachsende Folge verschiedener natürlicher Zahlen bedeuten — wieder konvergent, und zwar wieder absolut konvergent.*

Beweis. Nach **74**, 4 ist mit $\sum |a_n|$ auch $\sum |a_{\lambda_n}|$ konvergent. Nach **85** folgt hieraus sofort die Behauptung.

Nunmehr können wir den Umordnungssatz **88**, 1 folgendermaßen erweitern. Aus der absolut konvergenten Reihe $\sum a_n$ werde eine erste Teilreihe $\sum a_{\lambda_n}$ herausgegriffen, die wir in irgendeiner Anordnung ihrer Glieder jetzt mit

$$a_0^{(0)} + a_1^{(0)} + \cdots + a_n^{(0)} + \cdots$$

bezeichnen wollen, und deren nach dem letzten Satz vorhandene und nach **88**, 1 von der gewählten Anordnung unabhängige Summe gleich $z^{(0)}$ sei[1]. Bei ihr und den folgenden Teilreihen wollen wir auch zulassen, daß sie nur aus endlich vielen Gliedern besteht, also gar keine *unendliche* Reihe ist. Aus den übriggebliebenen Gliedern werde — soweit das noch möglich ist — wieder eine (endliche oder unendliche) Teilreihe herausgegriffen, die in irgendeiner Anordnung ihrer Glieder mit

$$a_0^{(1)} + a_1^{(1)} + a_2^{(1)} + \cdots + a_n^{(1)} + \cdots$$

bezeichnet werden und die Summe $z^{(1)}$ haben möge; aus den übriggebliebenen Gliedern wieder eine neue Teilreihe usw. Wir bekommen dadurch im allgemeinen eine *unendliche Folge* endlicher oder (absolut) konvergenter unendlicher Reihen

$$(\mathrm{Z})\qquad \begin{array}{l} a_0^{(0)} + a_1^{(0)} + a_2^{(0)} + \cdots + a_n^{(0)} + \cdots = z^{(0)} \\ a_0^{(1)} + a_1^{(1)} + a_2^{(1)} + \cdots + a_n^{(1)} + \cdots = z^{(1)} \\ a_0^{(2)} + a_1^{(2)} + a_2^{(2)} + \cdots + a_n^{(2)} + \cdots = z^{(2)} \\ \cdots\cdots\cdots\cdots\cdots\cdots\cdots\cdots\cdots \end{array}$$

[1] Der Buchstabe z soll an die *Zeilen* des nachfolgenden zweifach-unendlichen Schemas erinnern.

Ist das Verfahren nun so beschaffen, daß jedes von o verschiedene Glied[1] der gegebenen Reihe $\sum a_n$ in einer und nur einer der Teilreihen vorkommt, so kann man die Reihe $z^{(0)} + z^{(1)} + z^{(2)} + \cdots$ oder also die Reihe

$$(\sum a_n^{(0)}) + (\sum a_n^{(1)}) + (\sum a_n^{(2)}) + \cdots$$

auch noch im weiteren Sinne eine *Umordnung* der gegebenen Reihe nennen[2]. Auch für eine solche gilt der dem Satz **88**, 1 entsprechende sprechende

°**Satz 4.** *Eine absolut konvergente Reihe „darf" auch in diesem erweiterten Sinne umgeordnet werden.* Genauer: *Auch die Reihe*

$$z^{(0)} + z^{(1)} + z^{(2)} + \cdots$$

ist (absolut) konvergent und ihre Summe ist gleich derjenigen von $\sum a_n$.

Beweis. Ist $\varepsilon > 0$ gegeben, so bestimme man zunächst m so, daß der Rest $|a_{m+1}| + |a_{m+2}| + \cdots < \varepsilon$ ausfällt, und wähle dann n_0 so, daß in den ersten $n_0 + 1$ Teilreihen $\sum a_n^{(\nu)}$, $(\nu = 0, 1, \ldots, n_0)$, sicher die Glieder $a_0, a_1, a_2, \ldots, a_m$ der gegebenen Reihe auftreten. Ist dann $n > n_0$ und $> m$, so enthält die Reihe

$$(z^{(0)} + z^{(1)} + \cdots + z^{(n)}) - s_n$$

nur solche Glieder $\pm a_\nu$, die einen oberhalb m liegenden Index haben. Daher ist nach der Art, wie m bestimmt wurde, der Betrag dieser Differenz $< \varepsilon$; sie strebt also mit wachsendem n gegen 0, so daß

$$\lim_{n\to\infty} (z^{(0)} + z^{(1)} + \cdots + z^{(n)}) = \lim_{n\to\infty} s_n = s = \sum a_n$$

ist. Und die hiermit bewiesene Konvergenz von $\sum z^{(k)}$ zur Summe s ist auch eine absolute. Denn für jedes n ist offenbar

$$|z^{(0)}| + |z^{(1)}| + \cdots + |z^{(n)}| \leq S = \sum |a_\nu|.$$

Von diesem Satz gilt natürlich noch weniger als von Satz **83**, 1 ohne weiteres die Umkehrung, d. h. wenn die konvergenten Reihen (Z) vorgelegt sind, und wenn nun die sämtlichen Größen $a_n^{(k)}$ irgendwie zu einer Folge (a_n) angeordnet werden (vgl. **53**, 4), so braucht $\sum a_n$ nicht zu konvergieren, — nicht einmal, wenn $\sum\limits_{k=0}^{\infty} z^{(k)}$ konvergent sein sollte. Als Beleg für diese Möglichkeit genügt es, für *jede* der Reihen $z^{(k)}$ die Reihe $1 - 1 + 0 + 0 + 0 + \cdots$ zu nehmen. Und selbst *wenn* $\sum a_n$ konvergiert, braucht ihre Summe nicht gleich derjenigen von $\sum z^{(k)}$ zu sein.

---

[1] Das Hinzufügen oder Weglassen von Nullen als Gliedern bei $\sum a_n$ oder bei den Teilreihen ist offenbar ohne Einfluß auf die jetzigen Betrachtungen.

[2] In die erste Teilreihe tue man z. B. außer a_0 und a_1 in irgend einer Anordnung alle Glieder a_n, deren Index n durch 2 teilbar ist, in die nächste alle diejenigen der übriggebliebenen Glieder, deren Index durch 3 teilbar ist, in die nächste alle übriggebliebenen Glieder, deren Index durch 5 teilbar ist, usw. unter Benutzung der Primzahlen 7, 11, 13, ... als Teiler.

Die allgemeine Behandlung der Frage, unter welchen Umständen diese Umkehrung unseres Satzes nun doch erlaubt ist, gehört in die Lehre von den Doppelreihen. Doch können wir schon hier den folgenden für die Anwendungen besonders wichtigen Fall beweisen:

° **Großer Umordnungssatz**[1]. *Es seien die unendlich vielen konvergenten Reihen*

$$\text{(A)}\qquad \begin{cases} z^{(0)} = a_0^{(0)} + a_1^{(0)} + \cdots + a_n^{(0)} + \cdots \\ z^{(1)} = a_0^{(1)} + a_1^{(1)} + \cdots + a_n^{(1)} + \cdots \\ \cdots\cdots\cdots\cdots\cdots\cdots \\ z^{(k)} = a_0^{(k)} + a_1^{(k)} + \cdots + a_n^{(k)} + \cdots \\ \cdots\cdots\cdots\cdots\cdots\cdots \end{cases}$$

vorgelegt, und es seien diese Reihen nicht nur absolut konvergent, sondern es möge auch noch, wenn

$$\sum_{n=0}^{\infty} |a_n^{(k)}| = \zeta^{(k)}, \qquad (k = 0, 1, 2, \ldots, \textit{fest}),$$

gesetzt wird,

$$\sum_{k=0}^{\infty} \zeta^{(k)} = \sigma$$

eine konvergente Reihe sein. Dann bilden auch die spaltenweis untereinanderstehenden Glieder (absolut) konvergente Reihen; und wenn

$$\sum_{k=0}^{\infty} a_n^{(k)} = s^{(n)}, \qquad (n = 0, 1, 2, \ldots, \textit{fest}),$$

gesetzt wird[2], *so ist auch noch* $\sum s^{(n)}$ *absolut konvergent, und es besteht die Gleichheit*

$$\sum_{n=0}^{\infty} s^{(n)} = \sum_{k=0}^{\infty} z^{(k)},$$

d. h. die Reihe aus den Zeilensummen und diejenige aus den Spaltensummen sind beide absolut konvergent und haben dieselbe Summe.

Der Beweis ist äußerst einfach: Die sämtlichen Glieder des Schemas (A) denke man sich irgendwie (nach **53**, 4) zu einer einfachen Folge angeordnet und als solche mit $a_0, a_1, a_2, \ldots$ bezeichnet. Dann ist $\sum a_n$ absolut konvergent. Eine jede Teilsumme von $\sum |a_n|$, z. B.

$$|a_0| + |a_1| + \cdots + |a_m|$$

muß nämlich noch $\leqq \sigma$ sein; denn wählt man k so groß, daß die Glieder $a_0, a_1, a_2, \ldots, a_m$ sämtlich in den ersten k Zeilen aufgetreten sind, so ist doch sicher $|a_0| + |a_1| + \cdots + |a_m| \leqq \zeta^{(0)} + \zeta^{(1)} + \cdots + \zeta^{(k)}$, also noch $\leqq \sigma$. Eine andre Anordnung der $a_n^{(k)}$ zu einer einfachen Folge $a'_0, a'_1, a'_2, \ldots$ würde eine Reihe $\sum a'_n$ liefern, die nur eine Umordnung von $\sum a_n$ ist, und die also gleichfalls absolut und mit der-

[1] Auch CAUCHYscher Doppelreihensatz genannt.
[2] Hier soll der Buchstabe s an die *Spalten* von (A) erinnern.

selben Summe konvergiert. Diese stets zum Vorschein kommende Summe heiße s.

Von $\sum a_n = s$ ist nun aber sowohl $\sum z^{(k)}$ als auch $\sum s^{(n)}$ eine Umordnung in dem erweiterten Sinne des eben bewiesenen Satzes 4. Also sind auch diese beiden Reihen absolut konvergent und haben dieselbe Summe, w. z. b. w.

Dieser große Umordnungssatz kann folgendermaßen noch etwas allgemeiner gefaßt werden:

°**Zusatz.** *Ist M eine abzählbare Zahlenmenge und existiert eine Konstante K, so daß die Summe der absoluten Beträge irgendwelcher endlich vieler Elemente aus M stets $< K$ bleibt, so ist jede Reihe $\sum A_k$ absolut konvergent — und jedesmal mit derselben Summe s —, deren Glieder A_k je eine Summe von endlich oder unendlich vielen Elementen aus M darstellen (wofern jedes Element aus M in einem und nur einem Gliede A_k auftritt). Und dies gilt auch noch, wenn man ein mehrfaches Auftreten der Elemente in M zuläßt, wofern dann jedes Element in den A_k zusammengenommen genau ebenso oft auftritt wie in M selbst*[1].

Beispiele zu diesen wichtigen Sätzen werden im folgenden mehrfach an entscheidenden Stellen auftreten. Wir geben hier noch ein paar naheliegende Anwendungen:

1. Es sei $\sum a_n = s$ eine absolut konvergente Reihe, und es werde

$$\frac{a_0 + 2a_1 + 4a_2 + \cdots + 2^n a_n}{2^{n+1}} = a'_n, \qquad (n = 0, 1, 2, \ldots),$$

gesetzt. Dann ist auch $\sum a'_n = s$. Der Beweis ergibt sich nach dem großen Umordnungssatz unmittelbar aus dem Schema

$$\left|\begin{array}{l} a_0 = \frac{a_0}{2} + \frac{a_0}{4} + \frac{a_0}{8} + \frac{a_0}{16} + \cdots \\ a_1 = 0 + 2\frac{a_1}{4} + 2\frac{a_1}{8} + 2\frac{a_1}{16} + \cdots \\ a_2 = 0 + 0 + 4\frac{a_2}{8} + 4\frac{a_2}{16} + \cdots \\ \ldots\ldots\ldots\ldots\ldots\ldots \end{array}\right.$$

2. Ähnlich hat man wegen $\frac{1}{p(p+1)} + \frac{1}{(p+1)(p+2)} + \cdots = \frac{1}{p}$ (s. **68**, 2h) aus dem Schema

$$\left|\begin{array}{l} a_0 = \frac{a_0}{1\cdot 2} + \frac{a_0}{2\cdot 3} + \frac{a_0}{3\cdot 4} + \cdots \\ a_1 = 0 + 2\frac{a_1}{2\cdot 3} + 2\frac{a_1}{3\cdot 4} + \cdots \\ a_2 = 0 + 0 + 3\frac{a_2}{3\cdot 4} + \cdots \\ \ldots\ldots\ldots\ldots\ldots\ldots \end{array}\right.$$

[1] Ein unendlich-maliges Auftreten eines von 0 verschiedenen Gliedes ist dabei von vornherein ausgeschlossen, da sonst die Konstante K des Satzes sicher nicht vorhanden wäre. Und die Zahl 0 kann nicht stören.

die für absolut konvergente Reihen $\sum a_n$ gültige Gleichung

$$\sum_{n=0}^{\infty} a_n = \frac{a_0}{1\cdot 2} + \frac{a_0 + 2a_1}{2\cdot 3} + \frac{a_0 + 2a_1 + 3a_2}{3\cdot 4} + \cdots$$

3. Der große Umordnungssatz gilt offenbar stets, wenn alle $a_n^{(k)} \geqq 0$ sind und wenigstens eine der beiden Reihen $\sum z^{(k)}$ und $\sum s^{(n)}$ konvergiert; ferner wenn man dem Schema (A) ein analog gebautes Schema (A′) an die Seite stellen kann, dessen Zahlen positiv und $\geqq$ den Beträgen der entsprechenden Zahlen in (A) sind, und wenn nun in (A′) entweder die Summe der Zeilensummen oder die der Spaltensummen konvergiert.

§ 17. Multiplikation unendlicher Reihen.

Wir fragen endlich, inwieweit noch das Distributionsgesetz „$a(b+c) = ab + ac$“ für unendliche Reihen gültig ist. Daß eine konvergente unendliche Reihe $\sum a_n$ gliedweis mit einer Konstanten multipliziert werden darf, hatten wir schon **83**, 5 gesehen. In der einfachsten Form

$$c\left(\sum a_n\right) = \sum (c\,a_n)$$

ist also das Gesetz für alle konvergenten Reihen richtig. Bei wirklichen Summen folgt aber aus dem Distributionsgesetz sofort weiter, daß $(a+b)(c+d) = ac + ad + bc + bd$ und allgemein, daß

$$(a_0 + a_1 + \cdots + a_l)(b_0 + b_1 + \cdots + b_m) = a_0 b_0 + a_0 b_1 + \cdots + a_l b_m$$

oder kürzer daß

$$\left(\sum_{\lambda=0}^{l} a_\lambda\right)\cdot\left(\sum_{\mu=0}^{m} b_\mu\right) = \sum_{\substack{\lambda=0,\ldots,l\\ \mu=0,\ldots,m}} a_\lambda b_\mu$$

ist, wobei die Symbolik rechterhand bedeuten soll, daß die Indizes λ und μ *unabhängig voneinander* alle ganzen Zahlen von 0 bis l bzw. 0 bis m durchlaufen und alle $(l+1)(m+1)$ derartigen Produkte $a_\lambda b_\mu$ in irgendeiner Reihenfolge addiert werden sollen.

Bleibt diese Folgerung auch noch für unendliche Reihen bestehen? Ist also, wenn $\sum a_n = s$ und $\sum b_n = t$ zwei gegebene konvergente unendliche Reihen mit den Summen s und t sind, eine ähnliche Ausmultiplikation des Produktes

$$s\cdot t = \left(\sum_{\lambda=0}^{\infty} a_\lambda\right)\cdot\left(\sum_{\mu=0}^{\infty} b_\mu\right)$$

möglich, bzw. in welchem Sinne ist dies möglich? Oder genauer: Die Produkte

$$a_\lambda b_\mu \qquad \begin{pmatrix}\lambda = 0, 1, 2, \ldots\\ \mu = 0, 1, 2, \ldots\end{pmatrix}$$

mögen in irgendeiner Reihenfolge mit $p_0, p_1, p_2, \ldots$ bezeichnet werden[1]; ist dann die Reihe $\sum p_n$ konvergent und hat sie im Falle der Konvergenz die Summe $s \cdot t$? — Auch in dieser Frage verhalten sich die absolut konvergenten Reihen ebenso wie wirkliche Summen. Es gilt nämlich der

°**Satz**[2]. *Sind die Reihen $\sum a_n = s$ und $\sum b_n = t$ absolut konvergent, so konvergiert auch die Reihe $\sum p_n$ absolut und hat die Summe $s \cdot t$.* **91.**

Beweis. 1. Es sei n eine bestimmte natürliche Zahl, und unter den Indizes λ und μ der mit $p_0, p_1, \ldots, p_n$ bezeichneten Produkte $a_\lambda b_\mu$ sei m der höchste. Dann ist ersichtlich

$$|p_0| + |p_1| + \cdots + |p_n| \leqq \left(\sum_{\lambda=0}^{m} |a_\lambda|\right) \cdot \left(\sum_{\mu=0}^{m} |b_\mu|\right),$$

also $< \sigma \cdot \tau$, wenn mit σ und τ die Summen der Reihen $\sum |a_\lambda|$ und $\sum |b_\mu|$ bezeichnet werden. Die Teilsummen der Reihe $\sum |p_n|$ sind also beschränkt und $\sum p_n$ somit absolut konvergent.

2. Nachdem die absolute Konvergenz von $\sum p_n$ festgestellt ist, brauchen wir die Summe dieser Reihe — sie heiße S — nur für eine spezielle Anordnung der Produkte $a_\lambda b_\mu$, etwa der „nach Quadraten" zu ermitteln. Bei dieser ist aber ersichtlich

$$a_0 b_0 = p_0, \qquad (a_0 + a_1)(b_0 + b_1) = p_0 + p_1 + p_2 + p_3$$

und allgemein

$$(a_0 + \cdots + a_n)(b_0 + \cdots + b_n) = p_0 + \cdots + p_{(n+1)^2 - 1},$$

eine Gleichung, die nach **41**, 10 und 4 für $n \to \infty$ in die behauptete Beziehung

$$s \cdot t = S$$

übergeht.

Bemerkungen und Beispiele.

1. Wie betont, ist es für das Bestehen der Gleichung $\sum p_n = s \cdot t$ unter den gemachten Voraussetzungen ganz gleichgültig, in welcher Weise wir die Produkte $a_\lambda b_\mu$ abgezählt, d. h. zu der einfachen Folge der p_n angeordnet haben. Besonders wichtig für die Anwendungen ist die Anordnung nach Schräglinien, die uns, wenn man alle in derselben Schräglinie stehenden Produkte (nach **83**, 1) zusammenfaßt, zu der folgenden Gleichung führt:

$$\sum_{n=0}^{\infty} a_n \cdot \sum_{n=0}^{\infty} b_n = a_0 b_0 + (a_0 b_1 + a_1 b_0) + (a_0 b_2 + a_1 b_1 + a_2 b_0) + \cdots$$
$$= \sum_{n=0}^{\infty} c_n,$$

---

[1] Wir denken uns dazu die Produkte $a_\lambda b_\mu$ genau wie in **53**, 4 und **90** die Zahlen $a_n^{(k)}$ oder $a_\lambda^{(\mu)}$ in Form eines zweifach-unendlichen Schemas (A) hingeschrieben. Dann kann man sich die Numerierung der Produkte insbesondere wieder nach *Schräglinien* oder nach *Quadraten* vorgenommen denken.

[2] Cauchy: Analyse algébrique, S. 147.

wenn zur Abkürzung $a_0 b_n + a_1 b_{n-1} + a_2 b_{n-2} + \cdots + a_n b_0 = c_n$ gesetzt wird. Deren Bestehen ist also gesichert, wenn die beiden linksstehenden Reihen absolut konvergieren.

Auf die so angeordnete „Produktreihe", die man auch als das *CAUCHYsche Produkt* der gegebenen Reihen bezeichnet[1], wird man auch durch die Multiplikation *ganzer rationaler Funktionen* und die im nächsten Kapitel zu besprechenden *Potenzreihen* geführt: Multipliziert man nämlich die ganzen rationalen Funktionen

$$a_0 + a_1 x + a_2 x^2 + \cdots + a_l x^l \quad \text{und} \quad b_0 + b_1 x + b_2 x^2 + \cdots + b_m x^m$$

miteinander und ordnet das Produkt wieder nach steigenden Potenzen von x, so beginnt es mit den Gliedern

$$a_0 b_0 + (a_0 b_1 + a_1 b_0)\, x + (a_0 b_2 + a_1 b_1 + a_2 b_0)\, x^2 + \cdots,$$

so daß als Koeffizienten gerade die eben eingeführten Zahlen $c_0, c_1, c_2, \ldots$ auftreten. Und eben wegen dieses Zusammenhanges tritt das *CAUCHYsche Produkt* zweier Reihen besonders häufig auf.

2. Da $\sum x^n$ für $|x| < 1$ absolut konvergent ist, so hat man für diese x

$$\left(\frac{1}{1-x}\right)^2 = \sum_{n=0}^{\infty} x^n \cdot \sum_{n=0}^{\infty} x^n = \sum_{n=0}^{\infty} (n+1)\, x^n .$$

3. Die Reihe $\sum \frac{x^n}{n!}$ ist, (vgl. **76**, 5c und **85**), für jede reelle Zahl x absolut konvergent. Sind also x_1 und x_2 irgend zwei reelle Zahlen, so dürfen wir

$$\sum a_n \equiv \sum \frac{x_1^n}{n!} \quad \text{und} \quad \sum b_n \equiv \sum \frac{x_2^n}{n!}$$

nach der CAUCHYschen Regel ausmultiplizieren. Hier wird

$$c_n = \sum_{\nu=0}^{n} a_\nu b_{n-\nu} = \sum_{\nu=0}^{n} \frac{x_1^\nu x_2^{n-\nu}}{\nu!\,(n-\nu)!} = \frac{1}{n!} \sum_{\nu=0}^{n} \frac{n!}{\nu!\,(n-\nu)!}\, x_1^\nu x_2^{n-\nu} = \frac{(x_1 + x_2)^n}{n!} .$$

Es ist also — für beliebige x_1 und x_2 — stets

$$\sum_{n=0}^{\infty} \frac{x_1^n}{n!} \cdot \sum_{n=0}^{\infty} \frac{x_2^n}{n!} = \sum_{n=0}^{\infty} \frac{x_3^n}{n!},$$

wenn $x_1 + x_2 = x_3$ gesetzt wird.

Durch unsern Satz ist nunmehr dargetan, daß das Distributionsgesetz auf unendliche Reihen sicher dann ohne weiteres ausgedehnt werden kann — und sogar bei beliebiger Anordnung der Produkte $a_\lambda b_\mu$ —, wenn die gegebenen Reihen beide absolut konvergieren. Es wäre denkbar, daß diese einschränkende Voraussetzung unnötig hart ist. Daß der Satz aber ohne jede einschränkende Voraussetzung nicht mehr gilt, lehrt das folgende schon von CAUCHY[2] zu diesem Zwecke gegebene Beispiel: Es sei

$$a_0 = b_0 = 0 \quad \text{und} \quad a_n = b_n = \frac{(-1)^{n-1}}{\sqrt{n}} \quad \text{für} \quad n \geqq 1,$$

---

[1] CAUCHY untersucht l. c. die Produktreihe nur in dieser speziellen Form.

[2] Analyse algébrique, S. 149.

so daß nach der LEIBNIZschen Regel **82**, 5 $\sum a_n$ und $\sum b_n$ konvergent sind. Dann ist $c_0 = c_1 = 0$ und für $n \geqq 2$

$$c_n = (-1)^n \left[\frac{1}{\sqrt{1}\sqrt{n-1}} + \frac{1}{\sqrt{2}\sqrt{n-2}} + \cdots + \frac{1}{\sqrt{n-1}\sqrt{1}}\right].$$

Ersetzt man hierin alle Radikanden durch den größten von ihnen, also durch $n - 1$, so folgt, daß für $n \geqq 2$

$$|c_n| \geqq \frac{n-1}{\sqrt{n-1}\cdot\sqrt{n-1}} = 1$$

ist und daß also die Produktreihe $\sum c_n \equiv \sum (a_0 b_n + a_1 b_{n-1} + \cdots + a_n b_0)$ nach **82**, 1 sicher divergent ist. Sie muß es um so mehr sein, wenn man die Klammern wegläßt.

Immerhin bleibt die Frage offen, ob man nicht unter geringeren Voraussetzungen die Konvergenz der Produktreihe $\sum p_n$ — wenigstens bei spezieller Anordnung der Produkte $a_\lambda b_\mu$, etwa wie in der Reihe $\sum c_n$ — beweisen kann. Auf diese Frage werden wir in § 45 zurückkommen.

Aufgaben zum IV. Kapitel.

45. Man prüfe das Konvergenzverhalten der Reihe $\sum (-1)^n a_n$, bei der a_n von einer Stelle an einen der folgenden Werte hat:

$$\frac{1}{a+n},\quad \frac{1}{an+b},\quad \frac{1}{\sqrt{n}},\quad \frac{1}{\log n},\quad \frac{1}{\log\log n},\quad \frac{1}{\sqrt[n]{n}},\quad \frac{1}{\sqrt{n}} + \frac{(-1)^n}{n},\quad \ldots$$

46. Wie ändern sich die Antworten in Aufgabe 34, wenn nach dem Konvergenzverhalten von $\sum (-1)^n a_n$ gefragt wird?

47. Es sei

$$\varepsilon_n = \begin{cases} +1 \text{ für } 2^{2k} \leqq n < 2^{2k+1}, \\ -1 \text{ für } 2^{2k+1} \leqq n < 2^{2k+2}. \end{cases} \qquad (k = 0, 1, 2, \ldots)$$

Dann ist die Reihe

$$\sum_{k=2}^{\infty} \frac{\varepsilon_n}{n \log n}$$

konvergent. Wie verhält sich $\sum \frac{\varepsilon_n}{n}$?

48. $\sum\limits_{n=1}^{\infty} (-1)^{n-1} \frac{2n+1}{n(n+1)}$ ist konvergent und hat 1 zur Summe.

49. Die Teilsummen der Reihe $1 - \frac{1}{2} + \frac{1}{3} - \frac{1}{4} + - \cdots$ seien mit s_n, ihre Summe mit s bezeichnet und $\frac{1}{n+1} + \frac{1}{n+2} + \cdots + \frac{1}{2n} = x_n$ gesetzt. Man zeige, daß für jedes n

$$x_n = s_{2n}$$

und also $\lim x_n = \sum\limits_{n=1}^{\infty} \frac{(-1)^{n-1}}{n} = s\ (= \log 2)$ ist.

50. Es sei wie eben s $(= \log 2)$ die Summe der Reihe $1 - \frac{1}{2} + \frac{1}{3} - + \cdots$. Man beweise die folgenden Gleichungen:

a) $\frac{1}{3} - \frac{1}{5} - \frac{1}{7} + \frac{1}{5} - \frac{1}{9} - \frac{1}{11} + \frac{1}{7} - \frac{1}{13} - \frac{1}{15} + - - \cdots = \frac{1}{3} - \frac{1}{2}\log 2$;

b) $1 - \frac{1}{2} - \frac{1}{4} + \frac{1}{3} - \frac{1}{6} - \frac{1}{8} + \frac{1}{5} - \frac{1}{10} - \frac{1}{12} + - - \cdots = \frac{1}{2}\log 2$;

c) $1 - \frac{1}{2} - \frac{1}{4} + \frac{1}{5} + \frac{1}{7} - \frac{1}{8} - \frac{1}{10} + + - - \cdots = \frac{2}{3}\log 2$;

d) $1 + \frac{1}{3} + \frac{1}{5} - \frac{1}{2} - \frac{1}{4} + + + - - \cdots = \frac{1}{2}\log 6$;

e) $1 + \frac{1}{3} + \frac{1}{5} - \frac{1}{2} - \frac{1}{4} - \frac{1}{6} + + + - - - \cdots = \log 2$.

51. Im Anschluß an die beiden letzten Fragen zeige man allgemein, daß die Reihe konvergent bleibt, wenn man stets auf p positive Glieder q negative folgen läßt, und daß dann ihre Summe $= \log 2 + \frac{1}{2}\log\frac{p}{q}$ ist.

52. Die harmonische Reihe $1 + \frac{1}{2} + \frac{1}{3} + \frac{1}{4} + \cdots$ bleibt divergent, wenn man die Vorzeichen so abändert, daß auf je p positive Glieder immer q negative folgen und $p \neq q$ ist. Ist $p = q$, so ist die entstandene Reihe konvergent.

53. Man nehme mit der Reihe $\sum_{n=1}^{\infty} \frac{(-1)^{n-1}}{\sqrt{n}}$ genau dieselben Umordnungen vor wie in Aufgabe 50 und 51 mit der Reihe $\sum \frac{(-1)^{n-1}}{n}$. Wann erhält man eine konvergente Reihe, wann nicht? Wann läßt sich ihre Summe durch die der gegebenen ausdrücken?

54. Man nehme bei der Reihe $\sum \frac{1}{\sqrt{n}}$ dieselben Vorzeichenänderungen vor wie in Aufgabe 52 bei der Reihe $\sum \frac{1}{n}$. Wann entsteht eine konvergente Reihe?

55. Für welche α konvergieren die Reihen

$$1 - \frac{1}{2^\alpha} + \frac{1}{3} - \frac{1}{4^\alpha} + \frac{1}{5} - \frac{1}{6^\alpha} + - \cdots,$$

$$1 + \frac{1}{3^\alpha} - \frac{1}{2^\alpha} + \frac{1}{5^\alpha} + \frac{1}{7^\alpha} - \frac{1}{4^\alpha} + + - \cdots ?$$

56. Die Summe der Reihe $1 - \frac{1}{2^\alpha} + \frac{1}{3^\alpha} - \frac{1}{4^\alpha} + - \cdots$ liegt für jedes $\alpha > 0$ zwischen $\frac{1}{2}$ und 1.

57. Es sei

$$\sum_{n=1}^{\infty} \frac{1}{n^2} = s \left(= \frac{\pi^2}{6}\right).$$

Dann ist

$$1 + \frac{1}{3^2} + \frac{1}{5^2} + \frac{1}{7^2} + \cdots = \frac{3}{4} s,$$

$$1 + \frac{1}{5^2} + \frac{1}{7^2} + \frac{1}{11^2} + \frac{1}{13^2} + \cdots = \frac{2}{3} s,$$

$$1 - \frac{1}{2^2} - \frac{1}{4^2} + \frac{1}{5^2} + \frac{1}{7^2} - \frac{1}{8^2} - \frac{1}{10^2} + + - - \cdots = \frac{4}{9} s.$$

(Mit der letzten Gleichung vgl. Aufgabe 50c.)

58. In jeder (bedingt) konvergenten Reihe kann man die Glieder so in Gruppen zusammenfassen, daß die neue Reihe absolut konvergiert.

58a. Zu dem KRONECKERschen Satze **82**, 3 gilt die folgende Ergänzung: Ist eine Reihe $\sum a_n$ so beschaffen, daß für *jede* positive monoton $\to +\infty$ strebende Folge (p_n) die Quotienten

$$\frac{p_0 a_0 + p_1 a_1 + \cdots + p_n a_n}{p_n} \to 0$$

streben, *so ist* $\sum a_n$ *konvergent*. — In diesem Sinne ist also die KRONECKERsche Bedingung *notwendig und hinreichend* für die Konvergenz.

59. Leitet man aus $\sum a_n$ mit den Teilsummen s_n durch Assoziation von Gliedern eine neue Reihe $\sum A_k$ mit den Teilsummen S_k her, so ist stets

$$\underline{\lim}\, s_n \leq \underline{\lim}\, S_k \leq \overline{\lim}\, S_k \leq \overline{\lim}\, s_n,$$

mag $\sum a_n$ konvergieren oder divergieren.

60. Ist $\sum a_n$ mit den Teilsummen s_n unbestimmt divergent und ist s' einer der Häufungswerte der Folge (s_n), so kann man durch Assoziation von Gliedern aus $\sum a_n$ eine zur Summe s' konvergierende Reihe $\sum A_k$ herleiten.

61. Ist $\sum a_n$ mit den Teilsummen s_n unbestimmt divergent und strebt $a_n \to 0$, so ist *jeder* Punkt der Strecke zwischen den beiden Häufungs*grenzen* von (s_n) ein Häufungs*punkt* dieser Folge.

62. Wenn *jede* Teilreihe von $\sum a_n$ konvergiert, so ist diese Reihe *absolut* konvergent.

63. Das CAUCHYsche Produkt der beiden bestimmt divergenten Reihen

$$1 - \sum_{n=1}^{\infty} \left(\frac{3}{2}\right)^n \quad \text{und} \quad \sum_{n=0}^{\infty} \left(\frac{3}{2}\right)^{n-1} \left(2^n + \frac{1}{2^{n+1}}\right) \quad \text{lautet} \quad \sum_{n=0}^{\infty} \left(\frac{3}{4}\right)^n$$

das der beiden ebenfalls bestimmt divergenten Reihen

$$3 + \sum_{n=1}^{\infty} 3^n \quad \text{und} \quad -2 + \sum_{n=1}^{\infty} 2^n \quad \text{lautet} \; -6 + 0 + 0 + 0 + \cdots.$$

In beiden Fällen ist es *absolut konvergent*. Wie ist dies Paradoxon zu erklären?

V. Kapitel.

Potenzreihen.

§ 18. Der Konvergenzradius.

Die Glieder der Reihen, die wir bisher betrachtet haben, waren im allgemeinen wohlbestimmte Zahlen. Man spricht daher wohl schärfer von Reihen mit konstanten Gliedern. Indessen war das doch nicht durchweg der Fall. Bei der geometrischen Reihe $\sum a^n$ z. B. sind die Glieder erst dann bestimmte Zahlen, wenn der Wert der Größe a gegeben wird. Die Konvergenzuntersuchung dieser Reihe endete daher auch nicht einfach mit der Entscheidung über Konvergenz oder Divergenz, sondern ihr Ergebnis lautete: $\sum a^n$ ist konvergent, *falls* $|a| < 1$ ist, dagegen divergent, *falls* $|a| \geqq 1$ ist. Die Entscheidung der Konvergenzfrage hängt also, wie die Reihenglieder selbst, von dem Wert einer noch nicht festgelegten Größe, einer *Veränderlichen* ab. Reihen, deren Glieder und bei denen somit das Konvergenzverhalten noch von einer veränderlichen Größe abhängt — wir werden eine solche dann meist mit x bezeichnen und von *Reihen mit veränderlichen Gliedern* sprechen[1] —, werden wir später genauer untersuchen. Für den Augenblick wollen wir, im Anschluß an die geometrische Reihe, nur solche Reihen dieser Art betrachten, deren allgemeines Glied nicht eine Zahl a_n ist, sondern die Gestalt

$$a_n x^n$$

hat, also Reihen der Form[2]

$$a_0 + a_1 x + a_2 x^2 + \cdots + a_n x^n + \cdots \equiv \sum_{n=0}^{\infty} a_n x^n.$$

Solche Reihen nennt man ***Potenzreihen*** (in x), die Zahlen a_n ihre *Koeffizienten*. Bei solchen Potenzreihen wird es sich also nicht einfach um die Alternative „konvergent oder divergent" handeln, sondern um die genauere Frage: Für welche x ist sie konvergent, für welche divergent?

92. Einfache Beispiele sind uns schon begegnet:

1. Die geometrische Reihe $\sum x^n$ ist für $|x| < 1$ konvergent, für $|x| \geqq 1$ divergent. Für $|x| < 1$ ist die Konvergenz sogar eine absolute.

2. $\sum \frac{x^n}{n!}$ ist für jedes reelle x (absolut) konvergent. Ebenso die Reihen

$$\sum_{k=0}^{\infty} (-1)^k \frac{x^{2k}}{(2k)!} \quad \text{und} \quad \sum_{k=0}^{\infty} (-1)^k \frac{x^{2k+1}}{(2k+1)!}.$$

3. $\sum \frac{x^n}{n}$ ist wegen $\left|\frac{x^n}{n}\right| \leqq |x|^n$ für $|x| < 1$ absolut konvergent. Für $|x| > 1$ ist die Reihe divergent, weil (nach **38**, 1 und **40**) dann $\left|\frac{x^n}{n}\right| \to +\infty$ strebt. Für $x = 1$ geht sie in die *divergente* harmonische Reihe, für $x = -1$ in eine nach **82**, Satz 5 *konvergente* Reihe über.

4. $\sum_{n=1}^{\infty} \frac{x^n}{n^2 \cdot 2^n}$ ist für $|x| \leqq 2$ (absolut) konvergent, für $|x| > 2$ dagegen divergent.

---

[1] Auch die harmonische Reihe $\sum \frac{1}{n^x}$ ist eine solche Reihe; sie ist für $x > 1$ konvergent, für $x \leqq 1$ divergent.

[2] Hier soll also der bequemeren Zusammenfassung halber $x^0 = 1$ sein, auch wenn $x = 0$ ist.

5 $\sum_{n=1}^{\infty} n^n x^n$ ist für $x = 0$ konvergent; für *jeden* von 0 verschiedenen Wert von x dagegen divergent, denn für $x \neq 0$ strebt $|nx| \to +\infty$, um so mehr also auch $|n^n x^n| \to +\infty$, so daß von Konvergenz (nach **82**, Satz 1) keine Rede sein kann.

Für $x = 0$ ist offenbar *jede* Potenzreihe $\sum a_n x^n$ konvergent, was für Zahlen auch die Koeffizienten a_n sein mögen. Der allgemeine Fall ist augenscheinlich der, daß die Potenzreihe für gewisse Werte von x konvergiert, für gewisse andere divergiert, wobei auch die beiden extremen Fälle eintreten können, daß sie für *jedes* x konvergiert (Beispiel 2), oder daß sie für *kein* von Null verschiedenes x konvergiert (Beispiel 5).

In dem ersten dieser besonderen Fälle sagt man, die Potenzreihe sei *beständig konvergent*, im zweiten — indem man den selbstverständlichen Konvergenzpunkt $x = 0$ außer acht läßt — sie sei *nirgends konvergent.* Allgemein nennt man die Gesamtheit der Punkte x, für die die vorgelegte Reihe $\sum a_n x^n$ konvergiert, ihren *Konvergenzbereich.* Bei 2. besteht dieser also aus der ganzen x-Achse, bei 5. nur aus dem Punkte 0; bei den anderen Beispielen besteht er aus einer Strecke, die durch den Nullpunkt halbiert wird, — teils mit, teils ohne Einschluß eines oder beider Endpunkte.

Hierdurch ist in der Tat schon das Verhalten im allgemeinsten Falle getroffen, denn es gilt der

°**Hauptsatz.** *Ist $\sum a_n x^n$ eine beliebige Potenzreihe, die weder nirgends noch beständig konvergiert, so gibt es eine wohlbestimmte positive Zahl r der Art, daß $\sum a_n x^n$ für alle $|x| < r$ konvergiert (und sogar absolut), während sie für alle $|x| > r$ divergiert. Die Zahl r bezeichnet man als* **93.**

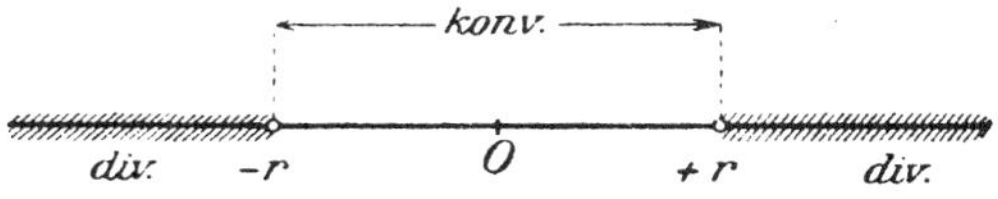

Fig. 2.

den ***Konvergenzradius*** *oder kurz den* ***Radius****, die Strecke $-r \cdots +r$ als das* ***Konvergenzintervall*** *der vorgelegten Potenzreihe*[1]. — Fig. 2 veranschaulicht die durch diesen Satz festgestellte typische Situation.

Die Grundlage des Beweises bilden die beiden Sätze:

°**Satz 1.** *Ist eine vorgelegte Potenzreihe $\sum a_n x^n$ für $x = x_0$, $(x_0 \neq 0)$, konvergent oder auch nur die Folge $(a_n x_0^n)$ ihrer Glieder beschränkt, so ist $\sum a_n x^n$ für jedes $x = x_1$ absolut konvergent, das näher am Nullpunkt liegt als x_0, für das also $|x_1| < |x_0|$ ist.*

[1] In den beiden extremen Fällen sagt man wohl auch, der Konvergenzradius der Reihe sei $r = 0$ bzw. $r = +\infty$.

Beweis. Ist etwa stets $|a_n x_0^n| < K$, so ist

$$|a_n x_1^n| = |a_n x_0^n| \cdot \left|\frac{x_1}{x_0}\right|^n < K \cdot \vartheta^n,$$

wenn der echte Bruch $\left|\frac{x_1}{x_0}\right| = \vartheta$ gesetzt wird. Nach **87**, 1 ergibt sich nun unmittelbar die Behauptung.

°**Satz 2.** *Ist die vorgelegte Potenzreihe $\sum a_n x^n$ für $x = x_0$ divergent, so divergiert sie um so mehr für jedes $x = x_1$, das weiter vom Nullpunkt abliegt als x_0, für das also $|x_1| > |x_0|$ ist.*

Beweis. Wäre die Reihe für x_1 konvergent, so müßte sie nach Satz 1 auch in dem näher am Nullpunkt gelegenen Punkt x_0 konvergieren, entgegen der Annahme.

Beweis des Hauptsatzes. Nach Voraussetzung soll mindestens ein Divergenzpunkt und ein von 0 verschiedener Konvergenzpunkt existieren. Wir können daher eine *positive* Zahl x_0 wählen, die näher am Nullpunkt liegt als der Konvergenzpunkt, und eine *positive* Zahl y_0, die weiter vom Nullpunkt abliegt als der Divergenzpunkt. Nach den Sätzen 1 und 2 ist dann die Reihe $\sum a_n x^n$ für $x = x_0$ konvergent, für $x = y_0$ divergent, und es ist daher sicher $x_0 < y_0$. Auf das Intervall $J_0 = x_0 \ldots y_0$ wenden wir nun die Halbierungsmethode an: wir bezeichnen seine *linke* oder seine *rechte* Hälfte mit J_1, je nachdem $\sum a_n x^n$ im Mittelpunkt von J_0 *divergiert* oder *konvergiert*. Nach *derselben* Regel bezeichnen wir eine bestimmte Hälfte von J_1 mit J_2 usw. Die Intervalle dieser Intervallschachtelung (J_n) sind dann alle so beschaffen, daß $\sum a_n x^n$ in ihrem *linken* Endpunkt (er heiße x_n) *konvergiert*, im rechten dagegen (er heiße y_n) divergiert. Die durch die Schachtelung bestimmte (von selbst *positive*) Zahl r leistet nun das im Satz Verlangte.

In der Tat, ist $x = x'$ eine beliebige reelle Zahl, für die $|x'| < r$ ist (mit Ausschluß der Gleichheit!), so wird $|x'| < x_k$ sein, sobald wir k so groß nehmen, daß die Länge des Intervalles J_k kleiner als $r - |x'|$ ist. Nach Satz 1 ist dann mit x_k auch x' ein Konvergenzpunkt; und zwar ist die Konvergenz in x' eine absolute. Ist aber x'' eine Zahl, für die $|x''| > r$, so ist auch $|x''| > y_m$, sobald m so groß gewählt wird, daß die Länge von J_m kleiner als $|x''| - r$ ist. Mit y_m ist dann nach Satz 2 auch x'' ein Divergenzpunkt. Damit ist alles bewiesen.

Dieser gedanklich sehr einfache Beweis ist deshalb etwas unbefriedigend, weil er uns lediglich die *Existenz* des Konvergenzradius r nachweist, aber über seine Größe nichts aussagt. Wir wollen daher den Hauptsatz noch auf eine zweite Art und nun so beweisen, daß wir dabei die Größe des Radius selbst erhalten.

Dazu beweisen wir — ganz unabhängig vom vorigen — den genaueren

°**Satz**[1]. *Ist die Potenzreihe* $\sum a_n x^n$ *vorgelegt und* μ *die obere Häufungsgrenze der (positiven) Zahlenfolge* 94

$$|a_1|, \quad \sqrt{|a_2|}, \quad \sqrt[3]{|a_3|}, \ldots, \sqrt[n]{|a_n|}, \ldots,$$

also

$$\mu = \overline{\lim} \sqrt[n]{|a_n|},$$

so ist

a) *für* $\mu = 0$ *die Potenzreihe beständig konvergent;*
b) *für* $\mu = +\infty$ *die Potenzreihe nirgends konvergent;*
c) *für* $0 < \mu < +\infty$ *die Potenzreihe für jedes*

$$|x| < \frac{1}{\mu} \quad \textit{absolut konvergent, für jedes}$$

$$|x| > \frac{1}{\mu} \quad \textit{dagegen divergent.}$$

Es ist also — bei sinngemäßer Auslegung —

$$r = \frac{1}{\mu} = \frac{1}{\overline{\lim} \sqrt[n]{|a_n|}}$$

der Konvergenzradius der vorgelegten Potenzreihe[2].

Beweis. Ist im Falle a) x_0 eine beliebige reelle Zahl ($\neq 0$), so ist $\frac{1}{2|x_0|} > 0$ und also nach **59** für alle $n > m$

$$\sqrt[n]{|a_n|} < \frac{1}{2|x_0|} \quad \text{oder} \quad |a_n x_0^n| < \frac{1}{2^n}.$$

Nach **87**, 1 ist also $\sum a_n x_0^n$ absolut konvergent, — womit a) bewiesen ist.

Ist umgekehrt $\sum a_n x^n$ für $x = x_1 \neq 0$ konvergent, so ist die Folge $(a_n x_1^n)$ und um so mehr die Folge $\sqrt[n]{|a_n x_1^n|}$ beschränkt. Ist etwa stets

$$\sqrt[n]{|a_n x_1^n|} < K_1, \quad \text{so ist stets} \quad \sqrt[n]{|a_n|} < \frac{K_1}{|x_1|} = K,$$

d. h. es ist dann $(\sqrt[n]{|a_n|})$ eine beschränkte Folge. Im Falle b), in dem diese Folge als nach rechts nicht beschränkt angenommen wird, kann daher die Reihe für kein $x \neq 0$ konvergieren.

Ist endlich im Falle c) x' eine Zahl, für die $|x'| < \frac{1}{\mu}$ ist, so wähle man eine positive Zahl ϱ, für die $|x'| < \varrho < \frac{1}{\mu}$ und also $\frac{1}{\varrho} > \mu$ ist.

---

[1] CAUCHY: Analyse algébrique, S. 151. — Dieser schöne Satz blieb indessen völlig unbeachtet, bis ihn J. HADAMARD (J. de math. pures et appl., (4) Bd. 8, S. 107. 1892) wiederfand und zu wichtigen Anwendungen verwertete.

[2] Hier soll also einmal der bequemeren Zusammenfassung halber ausnahmsweise $\frac{1}{0} = +\infty$, $\frac{1}{+\infty} = 0$ gesetzt werden. — Übrigens sei noch bemerkt, daß keineswegs $\frac{1}{\overline{\lim} \sqrt[n]{|a_n|}}$ etwa dasselbe ist wie $\overline{\lim} \frac{1}{\sqrt[n]{|a_n|}}$, — wie man sich an naheliegenden Beispielen klarmachen kann. (Vgl. Aufgabe 24.)

Der Bedeutung von μ entsprechend muß dann von einer Stelle an

$$\sqrt[n]{|a_n|} < \frac{1}{\varrho} \quad \text{und folglich} \quad \sqrt[n]{|a_n x'^n|} < \left|\frac{x'}{\varrho}\right| < 1$$

sein. Nach **75**, 1 ist daher $\sum a_n x'^n$ (absolut) konvergent.

Ist aber $|x''| > \frac{1}{\mu}$, also $\left|\frac{1}{x''}\right| < \mu$, so ist unendlich oft (immer wieder; s. **59**)

$$\sqrt[n]{|a_n|} > \left|\frac{1}{x''}\right| \quad \text{oder} \quad |a_n x''^n| > 1.$$

Nach **82**, Satz 1 kann also die Reihe sicher nicht konvergieren[1].

Damit ist der Satz in allen Teilen bewiesen.

Bemerkungen und Beispiele.

1. Da die drei Teile a), b), c) des letzten Satzes sich gegenseitig ausschließen, so ergibt sich, daß ihre Bedingungen nicht nur hinreichend, sondern auch notwendig für das Eintreten des betreffenden Konvergenzverhaltens der Reihe $\sum a_n x^n$ sind.

2. Insbesondere strebt also bei jeder beständig konvergenten Potenzreihe $\sqrt[n]{|a_n|} \to 0$. Denn nach dem oben Bemerkten ist $\mu = 0$; und da es sich um eine Folge von positiven Zahlen handelt, so ist ihr *unterer* Limes $\varkappa$ notwendig ≥ 0. Weil andererseits $\varkappa \leq \mu$ sein muß, ist $\varkappa = \mu = 0$. Nach **63** ist die Folge $\left(\sqrt[n]{|a_n|}\right)$ also konvergent mit dem Grenzwert 0. So strebt z. B.

$$\sqrt[n]{\frac{1}{n!}} \to 0 \quad \text{oder} \quad \sqrt[n]{n!} \to +\infty,$$

weil $\sum \frac{x^n}{n!}$ beständig konvergiert. (Vgl. hierzu **43**, Beisp. 4.)

3. Über das Verhalten der Potenzreihe für $x = +r$ und $x = -r$ sagen die Sätze **93** und **94** nichts aus; es ist von Fall zu Fall verschieden: $\sum x^n$, $\sum \frac{x^n}{n}$, $\sum \frac{x^n}{n^2}$ haben alle drei den Radius 1. Die erste konvergiert in keinem der Punkte ± 1, die zweite in nur einem von ihnen, die dritte in beiden.

4. Weitere Beispiele von Potenzreihen werden in den folgenden Paragraphen unausgesetzt auftreten, so daß wir hier keine besonderen zu geben brauchen.

Wir sahen, daß die Konvergenz einer Potenzreihe im Innern des Konvergenzintervalles sogar eine absolute ist. Wir wollen weiter zeigen, daß die Konvergenz sogar so stark ist, daß sie durch das Hinzutreten beträchtlicher Faktoren noch nicht gestört wird. Es gilt nämlich der

[1] Den Fall c) kann man etwas kürzer so abtun: Wenn

$$\overline{\lim} \sqrt[n]{|a_n|} = \mu \quad \text{ist, so wird} \quad \overline{\lim} \sqrt[n]{|a_n x^n|} = \overline{\lim} \sqrt[n]{|a_n|} \cdot |x| = \mu \cdot |x|$$

sein (warum?). Nach **76**, 3 ist also die Reihe für $\mu \cdot |x| < 1$ absolut konvergent, für $\mu \cdot |x| > 1$ sicher divergent, w. z. b. w.

°**Satz.** *Hat* $\sum_{n=0}^{\infty} a_n x^n$ *den Konvergenzradius* r, *so hat die Potenzreihe* $\sum_{n=1}^{\infty} n a_n x^{n-1}$ *oder, was dasselbe ist, die Reihe* $\sum_{n=0}^{\infty} (n+1) a_{n+1} x^n$ *genau denselben Radius.* **95**

Beweis. Man kann diesen Satz unmittelbar aus Satz **94** ablesen. Denn setzt man $n a_n = a'_n$, so ist

$$\sqrt[n]{|a'_n|} = \sqrt[n]{|a_n|} \cdot \sqrt[n]{n}.$$

Da nun (nach **38**, 5) $\sqrt[n]{n} \to 1$ strebt, so folgt nach Satz **62** unmittelbar, daß die Folgen $(\sqrt[n]{|a'_n|})$ und $(\sqrt[n]{|a_n|})$ *denselben* oberen Limes haben. Denn hebt man aus beiden dieselbe Teilfolge heraus, so sind sie, da sich die entsprechenden Glieder nur durch den $\to +1$ strebenden Faktor $\sqrt[n]{n}$ unterscheiden, entweder beide divergent oder beide mit *demselben* Grenzwert konvergent[1].

Beispiele.

1. Wendet man den Satz mehrmals an, so ergibt sich, daß die Reihen

$$\sum n a_n x^{n-1}, \quad \sum n(n-1) a_n x^{n-2}, \ \ldots, \quad \sum n(n-1)\ldots(n-k+1) a_n x^{n-k}$$

oder, was ganz dasselbe ist, die Reihen

$$\sum (n+1) a_{n+1} x^n, \quad \sum (n+1)(n+2) a_{n+2} x^n, \ \ldots,$$

$$\sum (n+1)(n+2)\ldots(n+k) a_{n+k} x^n \equiv k! \sum \binom{n+k}{k} a_{n+k} x^n$$

alle denselben Radius haben wie $\sum a_n x^n$, welche natürliche Zahl auch k bedeuten mag.

2. Dasselbe gilt natürlich auch von den Reihen

$$\sum \frac{a_n}{n+1} x^{n+1}, \quad \sum \frac{a_n}{(n+1)(n+2)} x^{n+2}, \ \ldots, \quad \sum \frac{a_n}{(n+1)(n+2)\ldots(n+k)} x^{n+k}.$$

Wir haben bisher nur Potenzreihen der Form $\sum a_n x^n$ betrachtet. Es macht in den Betrachtungen nur einen geringen Unterschied, wenn wir die allgemeinere Form

$$\sum_{n=0}^{\infty} a_n (x - x_0)^n$$

zugrunde legen: Setzt man $x - x_0 = x'$, so erkennt man, daß diese Reihen für $|x'| = |x - x_0| < r$ absolut konvergieren, für $|x - x_0| > r$ dagegen divergieren, wenn r wieder die nach Satz **94** bestimmte Zahl

[1] Zweiter Beweis. Nach **76**, 5a oder **91**, 2 ist $\sum n \vartheta^{n-1}$ für jedes $|\vartheta| < 1$ konvergent. Ist nun $|x_0| < r$ und ϱ so gewählt, daß $|x_0| < \varrho < r$ ist, so ist $\sum a_n \varrho^n$ konvergent, also $(a_n \varrho^n)$ beschränkt, etwa stets $|a_n \varrho^n| < K$. Dann ist $|n a_n x_0^{n-1}| < \frac{K}{\varrho} \cdot n \left|\frac{x_0}{\varrho}\right|^{n-1}$, was nun wegen $\left|\frac{x_0}{\varrho}\right| < 1$ die behauptete Konvergenztatsache lehrt.

ist. Der Konvergenzbereich der Reihe ist also — von den extremen Fällen, daß sie nur für $x = x_0$ oder aber für jedes x konvergiert, abgesehen — ein Intervall, das durch den Punkt x_0 halbiert wird, teils mit, teils ohne Einschluß eines oder beider Endpunkte. Von dieser Verschiebung der Lage des Konvergenzintervalles abgesehen, bleiben alle unsere Betrachtungen in Gültigkeit. Den Punkt x_0 werden wir der Kürze halber den *Mittelpunkt der Potenzreihe* nennen. Ist $x_0 = 0$, so haben wir wieder die frühere Reihenform.

Im Konvergenzintervall hat die Potenzreihe $\sum a_n (x - x_0)^n$ für jedes x eine wohlbestimmte Summe s, die natürlich für verschiedene x im allgemeinen verschieden ausfällt. Um diese Abhängigkeit von x zum Ausdruck zu bringen, setzen wir

$$\sum_{n=0}^{\infty} a_n (x - x_0)^n = s(x)$$

und sagen, die Potenzreihe definiert in ihrem Konvergenzintervall eine *Funktion* von x.

Die Grundlagen der Lehre von den reellen Funktionen, also die Grundlagen der Differential- und Integralrechnung setzen wir, wie schon in der Einleitung betont, im wesentlichen als bekannt voraus. Nur um über das Maß der aus diesen Gebieten benutzten Tatsachen keinerlei Unklarheit aufkommen zu lassen, wollen wir im folgenden Paragraphen alle Definitionen und Sätze, die wir benötigen, kurz angeben, ohne auf genauere Erläuterungen und Beweise einzugehen.

§ 19. Funktionen einer reellen Veränderlichen.

Definition 1. (Funktion.) Ist jedem Werte x eines Intervalles J der x-Achse durch irgendeine Vorschrift ein bestimmter Wert y zugeordnet, so sagt man, y ist eine in dem betreffenden Intervall definierte ***Funktion von x*** und schreibt dafür kurz

$$y = f(x).$$

Das Funktionszeichen f symbolisiert die Vorschrift, auf Grund deren jedem x das zugehörige y entspricht.

Das Intervall J, das abgeschlossen oder auch auf einer oder auf beiden Seiten offen, beschränkt oder nicht beschränkt sein darf, heißt dann das *Definitionsintervall* von $f(x)$.

Definition 2. (Beschränktheit.) Gibt es eine Konstante K_1, so daß für alle x des Definitionsintervalles

$$f(x) \geqq K_1$$

bleibt, so heißt die Funktion $f(x)$ dort *nach links* (oder *nach unten*) *beschränkt* und K_1 eine *linke* (oder *untere*) *Schranke* von $f(x)$. Gibt es eine Konstante K_2, so daß für alle x des Definitionsintervalles

$$f(x) \leqq K_2$$

bleibt, so heißt $f(x)$ dort *nach rechts* (*oben*) *beschränkt* und K_2 eine *rechte* (*obere*) *Schranke* von $f(x)$. Eine beiderseits beschränkte Funktion wird schlechtweg als *beschränkt* bezeichnet. Sie ist es dann und nur dann, wenn es eine Konstante K gibt, so daß für alle x des Definitionsintervalles

$$|f(x)| \leqq K$$

bleibt.

Definition 3. (Untere und obere Grenze, Schwankung.) Unter allen unteren Schranken einer beschränkten Funktion gibt es stets eine *größte* und ebenso unter ihren oberen Schranken stets *eine kleinste*[1]. Jene bezeichnet man als *die untere*, diese als *die obere Grenze*, die Differenz beider als *die Schwankung* der Funktion $f(x)$ in ihrem Definitionsintervall. Entsprechende Bezeichnungen gebraucht man auch für ein Teilintervall $a' \ldots b'$ des Definitionsintervalles.

Definition 4. (Grenzwert einer Funktion.) Ist ξ ein Punkt des Definitionsintervalles einer Funktion $f(x)$ oder einer seiner Endpunkte, so bedeutet die Symbolik

$$\lim_{x \to \xi} f(x) = c$$

oder

$$f(x) \to c \quad \text{für} \quad x \to \xi,$$

a) daß für *jede* dem Definitionsintervall entnommene und gegen ξ konvergierende Zahlenfolge (x_n), *deren Glieder sämtlich von ξ verschieden sind*, die Folge der zugehörigen Funktionswerte

$$y_n = f(x_n), \qquad (n = 1, 2, 3, \ldots),$$

gegen c konvergiert; oder

b) daß nach Wahl einer beliebigen positiven Zahl ε sich stets eine andere positive Zahl $\delta = \delta(\varepsilon)$ so angeben läßt, daß für alle dem Definitionsintervall angehörigen Werte von x, für die

$$|x - \xi| < \delta, \quad \text{aber} \quad x \neq \xi$$

ist, stets auch

$$|f(x) - c| < \varepsilon$$

ausfällt[2]. — Die beiden Definitionsformen a) und b) besagen genau dasselbe.

Definition 5. (Rechts- und linksseitiger Grenzwert.) Setzt man im Falle der Definition 4 noch fest, daß alle in Betracht gezogenen Punkte x_n bzw. x *rechts* von ξ liegen sollen (ξ kann dann natürlich

[1] Vgl. **8**, 2, sowie **62**.

[2] Die ältere Schreibweise $\lim\limits_{x = \xi} f(x)$ statt $\lim\limits_{x \to \xi} f(x)$ *ist durchaus zu verwerfen*, weil gerade $x \neq \xi$ bleiben soll.

nicht der rechte Endpunkt des Definitionsintervalles von $f(x)$ sein), so spricht man von einem *rechtsseitigen Grenzwert* und schreibt

$$\lim_{x \to \xi + 0} f(x) = c;$$

ebenso schreibt man

$$\lim_{x \to \xi - 0} f(x) = c$$

und spricht von einem *linksseitigen Grenzwert*, wenn ξ nicht der linke Endpunkt des Definitionsintervalles von $f(x)$ ist und man nur *links* von ξ gelegene Punkte x_n bzw. x in Betracht zieht.

Definition 5a. (Weitere Grenzwertformen.) Neben den nunmehr festgelegten 3 Grenzwertformen kommen noch insgesamt die folgenden vor[1]:

$$\left.\begin{array}{r} \lim f(x) = \\ \text{oder} \qquad f(x) \to \end{array}\right\} \quad c, \quad +\infty, \quad -\infty$$

mit einem der folgenden fünf Zusätze („*Bewegungen von* x"):

$$\text{für} \quad x \to \xi, \quad \to \xi + 0, \quad \to \xi - 0, \quad \to +\infty, \quad \to -\infty.$$

Im Anschluß an 2 und 3 wird es keinerlei Schwierigkeiten machen, diejenigen Definitionen — in der Form a) oder b) — genau zu formulieren, die den eben behandelten entsprechen.

Da wir diese Dinge, wie betont, im wesentlichen als bekannt ansehen, unterdrücken wir alle ins einzelne gehenden Erläuterungen und Beispiele und betonen nur noch besonders, daß der Wert c, gegen den eine Funktion z. B. für $x \to \xi$ strebt, gar nichts mit dem Werte der Funktion *an der Stelle* ξ zu tun zu haben braucht. Nur hierfür wollen wir noch ein Beispiel ausführen: $f(x)$ sei für *alle* x dadurch definiert, daß $f(x) = 0$ gesetzt wird, falls x eine irrationale Zahl ist, daß aber $f(x) = \frac{1}{q}$ gesetzt wird, falls x gleich der rationalen Zahl $\frac{p}{q}$ ist, wobei wir uns diese auf den kleinsten positiven Nenner q gebracht denken. (Es ist also z. B. $f(\frac{3}{4}) = \frac{1}{4}$, $f(0) = f(\frac{0}{1}) = 1$, $f(\sqrt{2}) = 0$, usw.)

Hier ist sogar für jedes ξ

$$\lim_{x \to \xi} f(x) = 0.$$

Denn ist ε eine beliebige positive Zahl und m so groß, daß $\frac{1}{m} < \varepsilon$, so gibt es zunächst einmal in jedem beschränkten Intervall nur endlich viele rationale Punkte, deren (kleinster positiver) Nenner $\leq m$ ist. Diese denke ich mir etwa in dem Intervall $\xi - 1 \ldots \xi + 1$ sämtlich markiert. Da es nur endlich viele sind, muß einer von ihnen der Stelle ξ am nächsten liegen (ist ξ selbst eine dieser Stellen, so rechnet sie hierbei natürlich *nicht* mit). Deren (positiven) Abstand von ξ nenne ich δ. Dann ist *jedes* x, für das

$$0 < |x - \xi| < \delta$$

---

[1] Im 1. dieser drei Fälle sagt man: $f(x)$ *strebt* oder *konvergiert* gegen c; im 2. und 3. Falle: $f(x)$ *strebt* oder *divergiert* (bestimmt) gegen $+\infty$ bzw. $-\infty$, und spricht in allen Fällen von einem *bestimmten Verhalten* oder auch von einem *Grenzwert im weiteren Sinne*. Weist $f(x)$ keine dieser 3 Verhaltungsweisen auf, so sagt man: $f(x)$ *divergiert unbestimmt* bei der in Betracht gezogenen Bewegung von x.

ist, entweder irrational oder eine rationale Zahl, deren kleinster positiver Nenner q dann notwendig $> m$ ist. In einem Falle ist $f(x) = 0$, im andern $= \frac{1}{q} < \frac{1}{m} < \varepsilon$. Es ist also für *alle* x mit $0 < |x - \xi| < \delta$

$$|f(x) - 0| < \varepsilon,$$

d. h. wie behauptet

$$\lim_{x \to \xi} f(x) = 0.$$

Ist also ξ speziell eine rationale Zahl, so ist dieser *Grenzwert* von dem *Funktionswert* $f(\xi)$ selbst durchaus verschieden.

Das *Rechnen* mit Grenzwerten wird durch den folgenden Satz ermöglicht:

Satz 1. Sind $f_1(x), f_2(x), \ldots, f_p(x)$ gegebene Funktionen (p eine bestimmte natürliche Zahl), die sämtlich bei ein und derselben der in Definition 5a genannten Bewegungen von x je einem *endlichen* Grenzwert zustreben, etwa $f_1(x) \to c_1, \ldots, f_p(x) \to c_p$, so strebt auch

a) die Funktion

$$f(x) = [f_1(x) + f_2(x) + \cdots + f_p(x)] \to c_1 + c_2 + \cdots + c_p;$$

b) die Funktion $f(x) = [f_1(x) \cdot f_2(x) \ldots f_p(x)] \to c_1 \cdot c_2 \ldots c_p$;

c) speziell also die Funktion $a f_1(x) \to a c_1$ (a eine beliebige reelle Zahl) und die Funktion $f_1(x) - f_2(x) \to c_1 - c_2$;

d) die Funktion $\frac{1}{f_1(x)} \to \frac{1}{c_1}$, falls $c_1 \neq 0$ ist.

Satz 2. Ist $\lim_{x \to \xi} f(x) = c \; (\neq \pm\infty)$, so ist $f(x)$ in einer Umgebung von ξ *beschränkt*, d. h. es existieren zwei positive Zahlen δ und K, so daß

$$|f(x)| < K \quad \text{bleibt, falls} \quad |x - \xi| < \delta \text{ ist},$$

und Entsprechendes gilt bei (endlichem) $\lim f(x)$ für $x \to \xi + 0$, $\xi - 0$, $+\infty$, $-\infty$.

Definition 6. (Stetigkeit in einem Punkte.) Ist ξ ein Punkt des Definitionsintervalles von $f(x)$, so heißt $f(x)$ an dieser Stelle *stetig*, falls

$$\lim_{x \to \xi} f(x)$$

existiert und mit dem Funktionswert von $f(x)$ an der Stelle ξ übereinstimmt:

$$\lim_{x \to \xi} f(x) = f(\xi).$$

Nimmt man die Definition des lim in diese neue Definition mit hinein, so kann man auch sagen:

Definition 6a. $f(x)$ heißt *stetig* an der Stelle ξ, falls für *jede* dem Definitionsintervall entnommene und gegen ξ strebende Punktfolge (x_n)

die zugehörigen Funktionswerte

$$y_n = f(x_n) \to f(\xi)$$

streben.

Definition 6b. $f(x)$ heißt *stetig* an der Stelle ξ, falls nach Wahl eines beliebigen $\varepsilon > 0$ sich $\delta = \delta(\varepsilon) > 0$ so angeben läßt, daß für alle x des Definitionsintervalles, für die

$$|x - \xi| < \delta$$

ist, stets auch

$$|f(x) - f(\xi)| < \varepsilon$$

ausfällt.

Definition 7. (Rechts- und linksseitige Stetigkeit.) $f(x)$ heißt an der Stelle ξ ***von rechts*** oder ***rechtsseitig*** bzw. ***von links*** oder ***linksseitig stetig***, falls wenigstens für $x \to \xi + 0$ bzw. $x \to \xi - 0$ der Grenzwert $\lim f(x)$ vorhanden ist und mit $f(\xi)$ übereinstimmt.

Dem Satz 1 entsprechend gilt hier der

Satz 3. Sind $f_1(x), f_2(x), \ldots, f_p(x)$ gegebene Funktionen (p eine bestimmte natürliche Zahl), die sämtlich in ξ stetig sind, so sind auch die Funktionen

a) $f_1(x) + f_2(x) + \cdots + f_p(x)$,

b) $f_1(x) \cdot f_2(x) \cdots f_p(x)$,

c) $a f_1(x)$ (a eine beliebige reelle Zahl), $f_1(x) - f_2(x)$, und

d) falls $f_1(\xi) \neq 0$ ist, auch $\frac{1}{f_1(x)}$

im Punkte ξ stetig. Das Entsprechende gilt, wenn man nur die rechtsseitige oder nur die linksseitige Stetigkeit voraussetzt und behauptet.

Durch wiederholte Anwendung dieses Satzes auf die sicher überall stetige Funktion $f(x) \equiv x$ (denn für $x \to \xi$ strebt eben $x \to \xi$) ergibt sich sofort:

Alle *rationalen* Funktionen sind überall stetig mit Ausnahme der (höchstens endlich vielen) Stellen, an denen der Nenner $= 0$ ist. Speziell: Die ganzen rationalen Funktionen sind überall stetig.

Ebenso lehren die Limesbeziehungen **42**, 1—3, daß die Funktion
a^x, $(a > 0)$, für jedes reelle x stetig ist,
$\log x$ für jedes $x > 0$ stetig ist,
x^α, (α beliebig reell), für jedes $x > 0$ stetig ist.

Definition 8. (Stetigkeit in einem Intervall.) Ist eine Funktion in jedem einzelnen Punkte eines Intervalles J stetig, so sagt man, sie ist *in diesem Intervall J stetig*. Unter Stetigkeit in einem Endpunkt des Intervalles ist dabei Stetigkeit „nach innen", d. h. rechtsseitige Stetigkeit im linken bzw. linksseitige Stetigkeit im rechten Endpunkte zu verstehen. Diese Endpunkte von J können dabei je nach Lage des

Falles hinzugerechnet werden oder auch nicht. Über Funktionen, die in einem *abgeschlossenen Intervall* stetig sind, läßt sich eine Anzahl wichtiger Sätze aussprechen, von denen wir die folgenden erwähnen:

Satz 4. Ist $f(x)$ in dem abgeschlossenen Intervall $a \leqq x \leqq b$ stetig und ist $f(a) > 0$, aber $f(b) < 0$, so gibt es zwischen a und b mindestens einen Punkt ξ, für den $f(\xi) = 0$ ist.

Satz 4a. Ist $f(x)$ in dem abgeschlossenen Intervall $a \leqq x \leqq b$ stetig und ist η irgendeine zwischen $f(a)$ und $f(b)$ gelegene reelle Zahl, so gibt es wieder zwischen a und b mindestens einen Punkt ξ, für den $f(\xi) = \eta$ ist. Oder: Die Gleichung $f(x) = \eta$ hat dort mindestens eine Lösung.

Satz 5. Ist $f(x)$ in dem abgeschlossenen Intervall $a \leqq x \leqq b$ stetig, so läßt sich nach Wahl von $\varepsilon > 0$ stets *eine* Zahl $\delta > 0$ so angeben, daß für irgend zwei Punkte x' und x'' des genannten Intervalles, deren Abstand $|x'' - x'| < \delta$ ist, die Differenz der zugehörigen Funktionswerte $|f(x'') - f(x')| < \varepsilon$ ausfällt. (Man bezeichnet die durch diesen Satz festgelegte Eigenschaft einer Funktion als die der *gleichmäßigen Stetigkeit* in dem zugrunde gelegten Intervall.)

Definition 9. (Monotonie.) Eine im Intervall J definierte Funktion heißt dort *monoton wachsend* bzw. *fallend*, wenn für zwei dem genannten Intervall entnommene Punkte x_1 und x_2, für die $x_1 < x_2$ ist, stets $f(x_1) \leqq f(x_2)$ bzw. stets $f(x_1) \geqq f(x_2)$ ausfällt. Man spricht von Monotonie *im engeren Sinne*, wenn man die eben noch zugelassene Gleichheit zwischen den Funktionswerten ausschließt.

Satz 6. Der unter den Voraussetzungen der Sätze 4 und 4a sicher vorhandene Punkt ξ ist notwendig der einzige seiner Art, wenn die benutzte Funktion $f(x)$ im Intervall $a \ldots b$ *im engeren Sinne monoton ist.* Dann entspricht also jedem η zwischen $f(a)$ und $f(b)$ stets ein und **nur ein ξ, für das $f(\xi) = \eta$ ist. Man sagt in diesem Falle: *Die Funktion $y = f(x)$ sei in jenem Intervall eindeutig umkehrbar.***

Definition 10. (Differenzierbarkeit.) Eine im Punkte ξ und einer Umgebung desselben definierte Funktion $f(x)$ heißt *im Punkte ξ differenzierbar,* wenn der Grenzwert

$$\lim_{x \to \xi} \frac{f(x) - f(\xi)}{x - \xi}$$

existiert. Sein Wert heißt die *Ableitung* oder der Differentialquotient von $f(x)$ in ξ und wird mit $f'(\xi)$ bezeichnet. Ist der genannte Grenzwert nur rechts- bzw. linksseitig (also nur für $x \to \xi + 0$ bzw. $\to \xi - 0$) vorhanden, so spricht man von *rechts- bzw. linksseitiger Differenzierbarkeit, Ableitung* usw.

Ist eine Funktion $f(x)$ in jedem einzelnen Punkte eines Intervalles J differenzierbar, so sagt man kurz, *sie ist in diesem Intervalle differenzierbar.*

Die Regeln für die Differentiation einer Summe oder eines Produktes einer bestimmten (festen) Anzahl von Funktionen, einer Differenz oder eines Quotienten zweier Funktionen, einer mittelbaren Funktion sowie die Regeln für die Differentiation der elementaren und der aus ihnen zusammengesetzten Funktionen sehen wir als bekannt an.

Alle zu ihrer Aufstellung notwendigen Hilfsmittel sind im vorangehenden entwickelt, wenn man noch die Kenntnis des in **112** genannten Grenzwertes vorwegnimmt, der dort ganz direkt bestimmt wird. Wird z. B. nach der Differenzierbarkeit und der Ableitung von a^x ($a > 0$ und $\neq 1$) im Punkte ξ gefragt, so hat man nach Def. 10 und 4 eine Nullfolge (x_n) zu wählen, deren Glieder aber sämtlich von 0 verschieden sind, und die Zahlenfolge

$$X_n = \frac{a^{\xi + x_n} - a^{\xi}}{x_n} = a^{\xi} \cdot \frac{a^{x_n} - 1}{x_n}$$

zu untersuchen. Setzt man den letzten Zähler $= y_n$, so wissen wir aus **35**, 3, daß auch (y_n) eine Nullfolge ist, und zwar wieder eine solche, bei der kein Glied *gleich* 0 ist. Mit ihrer Hilfe kann man X_n in der Form

$$X_n = a^{\xi} \cdot \frac{y_n \cdot \log a}{\log(1 + y_n)}$$

schreiben. Da aber, wie bemerkt, y_n eine Nullfolge ist, so strebt nach **112**

$$\frac{\log(1 + y_n)}{y_n} \to 1 .$$

Da dasselbe dann nach **41**, 11a auch für den reziproken Wert gilt, so strebt also $X_n \to a^{\xi} \cdot \log a$. Die Funktion a^x ist also für jedes x differenzierbar und hat die Ableitung $a^x \cdot \log a$.

Ebenso ergibt sich bezüglich der Differenzierbarkeit und der Ableitung von $\log x$ an einer Stelle $\xi > 0$ durch Betrachtung der Folge

$$X_n = \frac{\log(\xi + x_n) - \log \xi}{x_n} = \frac{\log\left(1 + \frac{x_n}{\xi}\right)}{x_n} = \frac{1}{\xi} \cdot \log\left(1 + \frac{x_n}{\xi}\right)^{\frac{\xi}{x_n}},$$

daß dort die Ableitung existiert und $= \frac{1}{\xi}$ ist.

Über differenzierbare Funktionen brauchen wir zunächst fast nur die folgenden einfachen Sätze:

Satz 7. Ist eine Funktion $f(x)$ in einem Intervalle J differenzierbar und ist ihre Ableitung dort stets $= 0$, so ist $f(x)$ in J konstant, also $\equiv f(x_0)$, wenn x_0 irgendeinen Punkt aus J bezeichnet.

Sind die beiden Funktionen $f_1(x)$ und $f_2(x)$ in J differenzierbar und stimmen dort ihre Ableitungen stets überein, so ist die Differenz beider Funktionen in J konstant; es ist also

$$f_2(x) = f_1(x) + c = f_1(x) + [f_2(x_0) - f_1(x_0)],$$

wenn x_0 irgendeinen Punkt aus J bezeichnet.

Satz 8. (Erster Mittelwertsatz der Differentialrechnung.) Ist $f(x)$ in dem abgeschlossenen Intervall $a \leqq x \leqq b$ stetig und wenigstens im offenen Intervall $a < x < b$ differenzierbar, so gibt es in letzterem mindestens einen Punkt ξ, für den

$$\frac{f(b) - f(a)}{b - a} = f'(\xi)$$

ist. (In Worten: Der Differenzenquotient bezüglich der Enden des Intervalles ist gleich dem Differentialquotienten an einer passenden Stelle im Innern.)

Satz 9. Ist $f(x)$ in ξ differenzierbar und ist $f'(\xi) > 0$ (< 0), so „wächst" („fällt") $f(x)$ im Punkte ξ, d. h. es hat die Differenz

$$f(x) - f(\xi) \left\{ \begin{matrix} \text{dasselbe} \\ \text{(das entgegengesetzte)} \end{matrix} \right\} \text{Vorzeichen wie } (x - \xi),$$

solange $|x - \xi|$ kleiner als eine passende Zahl δ gehalten wird.

Satz 10. Ist die Funktion $f(x)$ an einer inneren Stelle ξ ihres Definitionsintervalles differenzierbar, so kann der Funktionswert $f(\xi)$ nur dann von keinem andern Funktionswert $f(x)$ in einer Umgebung von ξ der Form $|x - \xi| < \delta$ übertroffen werden, d. h. ξ kann nur dann eine Stelle eines (relativen) *Maximums* sein, wenn $f'(\xi) = 0$ ist. Ebenso ist die Bedingung $f'(\xi) = 0$ notwendig dafür, daß ξ eine Stelle eines (relativen) *Minimums* ist, daß also $f(\xi)$ von keinem andern Funktionswert $f(x)$ unterschritten wird, solange x in einer passenden Umgebung von ξ verbleibt.

Definition 11. (Höhere Ableitungen.) Ist $f(x)$ im Intervall J differenzierbar, so ist (gemäß Def. 1) $f'(x)$ wieder eine in J definierte Funktion. Ist diese erneut in J differenzierbar, so nennt man ihre Ableitung die zweite Ableitung von $f(x)$ und bezeichnet sie mit $f''(x)$. Entsprechend gelangt man zu einer dritten und allgemein zu einer k^{ten} Ableitung, die mit $f^{(k)}(x)$ bezeichnet wird. Zur Existenz der k^{ten} Ableitung in einem Punkte ξ ist hiernach (s. Def. 10) erforderlich, daß die $(k - 1)^{\text{te}}$ Ableitung im Punkte ξ *und in allen Punkten einer gewissen Umgebung desselben vorhanden ist.* — Die l^{te} Ableitung von $f^{(k)}(x)$ ist $f^{(k+l)}(x)$, $(k \geqq 0,\ l \geqq 0)$. (Als 0te Ableitung von $f(x)$ sieht man hierbei die gegebene Funktion selbst an.)

Von der *Integralrechnung* werden im folgenden nur die allereinfachsten Begriffe und Sätze gebraucht außer in den beiden Paragraphen über Fourierreihen, wo etwas tiefergehende Dinge herangezogen werden müssen.

Definition 12. (Unbestimmtes Integral.) Ist im Intervall J eine Funktion $f(x)$ gegeben und läßt sich eine dort differenzierbare Funktion $F(x)$ finden, so daß für alle Punkte des genannten Intervalles

$F'(x) = f(x)$ ist, so sagt man, *$F(x)$ sei dort ein unbestimmtes Integral von $f(x)$*. (Außer $F(x)$ sind dann auch die Funktionen $F(x) + c$ unbestimmte Integrale von $f(x)$, wenn c irgendeine reelle Zahl bedeutet. Außer diesen aber gibt es keine weiteren.) Man schreibt

$$F(x) = \int f(x)\, dx\,.$$

In den einfachsten Fällen ergeben sich die unbestimmten Integrale durch Umkehrung der elementaren Formeln der Differentialrechnung. Z. B. folgt aus $(\sin \alpha x)' = \alpha \cos \alpha x$, daß $\int \cos \alpha x\, dx = \frac{\sin \alpha x}{\alpha}$, usw. Diese elementaren Regeln sehen wir als bekannt an. An speziellen Integralen dieser Art werden außer den allereinfachsten nur wenige im folgenden gebraucht; wir erwähnen:

$$\int \frac{dx}{1 + x^3} = \frac{1}{3} \log (1 + x) - \frac{1}{6} \log (1 - x + x^2) + \frac{1}{\sqrt{3}} \operatorname{arctg} \frac{2x - 1}{\sqrt{3}},$$

$$\int \frac{dx}{1 + x^4} = \frac{\sqrt{2}}{8} \log \frac{x^2 + x\sqrt{2} + 1}{x^2 - x\sqrt{2} + 1} + \frac{\sqrt{2}}{4} [\operatorname{arc\,tg} (x\sqrt{2} - 1) + \operatorname{arc\,tg} (x\sqrt{2} + 1)],$$

$$\int \left[\operatorname{ctg} x - \frac{1}{x}\right] dx = \log \frac{\sin x}{x}\,.$$

Handelt es sich bei dem unbestimmten Integral lediglich um eine neue *Schreibweise* für Formeln der Differentialrechnung, so liegt im *bestimmten Integral* ein wesentlich neuer Begriff vor:

Definition 13. (Bestimmtes Integral.) Eine im abgeschlossenen Intervall $a \ldots b$ definierte und dort *beschränkte* Funktion heißt *über dieses Intervall integrierbar*, wenn sie der folgenden Forderung genügt:

Man teile das Intervall $a \ldots b$ *irgendwie* in n gleiche oder ungleiche Teile ($n \geqq 1$, natürliche Zahl), nenne die Teilpunkte von a nach b der Reihe nach $x_1, x_2, \ldots, x_{n-1}$ und setze noch $a = x_0$, $b = x_n$. Nun wähle man in *jedem* der n Teile (zu denen man *beide* Endpunkte hinzurechnen darf) *irgendeinen* Zwischenpunkt, die ebenso der Reihe nach mit $\xi_1, \xi_2, \ldots, \xi_n$ bezeichnet werden sollen, und bilde die Summe[1]

$$S_n = \sum_{\nu=1}^{n} (x_\nu - x_{\nu-1})\, f(\xi_\nu)\,.$$

Solche Summenwerte S_n berechne man für $n = 1, 2, 3, \ldots$, und zwar einen jeden ganz unabhängig von den übrigen (d. h. also daß bei jedem Schritt eine neue Wahl der x_ν und ξ_ν angenommen werden darf). *Doch soll $l_n \to 0$ streben*, wenn l_n die Länge *des längsten* der n Teile ist, in die das Intervall bei der Bildung von S_n zerlegt wurde[2].

---

[1] Ist $f(x) > 0$, $a < b$ und betrachtet man das Flächenstück S, das von der Abszissenachse einerseits, den in a und b auf ihr errichteten Loten und der Kurve $y = f(x)$ andrerseits begrenzt wird, so ist S_n ein approximativer Wert des Inhaltes von S. Doch gibt dies nur dann ein anschauliches Bild, falls $y = f(x)$ eine Kurve im anschaulichen Sinne ist.

[2] Man sagt dann wohl auch, daß die Einteilungen mit wachsendem n *unbegrenzt feiner* werden.

Wenn dann die Folge der Zahlen $S_1, S_2, \ldots$, wie man sie auch hergestellt haben mag, immer konvergent ausfällt und immer denselben Grenzwert S liefert[1], *so soll $f(x)$ über das Intervall $a \ldots b$ im* RIEMANN*schen* ***Sinne integrierbar*** *heißen, und der Grenzwert S soll das* ***bestimmte Integral*** *von $f(x)$ über $a \ldots b$ genannt und mit*

$$\int_a^b f(x)\,dx$$

bezeichnet werden. x heißt die Integrationsveränderliche und darf natürlich durch jeden anderen Buchstaben ersetzt werden. — Statt $f(\xi_\nu)$ darf in S_n auch *die untere Grenze* α_ν oder auch *die obere Grenze* β_ν aller Funktionswerte des Teilintervalles $x_{\nu-1} \leqq x \leqq x_\nu$ gesetzt werden[2].

Satz 11. (*RIEMANNsches Integrabilitätskriterium.*) Die notwendige und hinreichende Bedingung dafür, daß die im abgeschlossenen Intervall $a \ldots b$ definierte und dort beschränkte Funktion $f(x)$ über $a \ldots b$ integrierbar sei, ist diese: Nach Wahl von $\varepsilon > 0$ muß sich eine Wahl von n und der Punkte $x_1, x_2, \ldots, x_{n-1}$ so treffen lassen, daß

$$\sum_{\nu=1}^{n} i_\nu \sigma_\nu < \varepsilon$$

ausfällt, wenn $i_\nu = |x_\nu - x_{\nu-1}|$ die Länge des ν^{ten} Teiles von $a \ldots b$ und σ_ν die Schwankung $(\beta_\nu - \alpha_\nu)$ von $f(x)$ in diesem Teilintervall bedeutet.

Diesem Kriterium kann man auch die folgende Form geben, bei der wir uns $a < b$ denken: Nach Wahl von $\varepsilon > 0$ müssen sich zwei streckenweis konstante Funktionen $g(x)$ und $G(x)$ so angeben lassen, daß in $a \leqq x \leqq b$ stets

$$g(x) \leqq f(x) \leqq G(x)$$

ist und überdies

$$\int_a^b (G(x) - g(x))\,dx < \varepsilon$$

ausfällt[3]. — In der Tat braucht man nur in $x_{\nu-1} \leqq x < x_\nu$

$$g(x) = \alpha_\nu \quad \text{und} \quad G(x) = \beta_\nu, \qquad (\nu = 1, 2, \ldots, n),$$

sowie

$$g(b) = \alpha_n \quad \text{und} \quad G(b) = \beta_n$$

zu setzen.

---

[1] Es läßt sich leicht zeigen, daß, wenn die Folge (S_n) *immer* konvergent ausfällt, sie auch von selbst immer *denselben* Grenzwert liefert.

[2] In diesen Fällen liefert S_n den Inhalt eines dem Flächenstück S ein- bzw. umbeschriebenen („Treppen"-)Polygons.

[3] Daß eine streckenweis konstante Funktion wie $G(x) - g(x)$ integrierbar ist, ist nach der zuerst gegebenen Form des Kriteriums unmittelbar zu erkennen.

Aus diesem Kriterium leitet man die folgenden speziellen Sätze her:

Satz 12. Jede in $a \leqq x \leqq b$ *monotone* sowie jede dort *stetige* Funktion ist über $a \ldots b$ integrierbar.

Satz 13. Die Funktion $f(x)$ ist über $a \ldots b$ integrierbar, falls sie dort beschränkt ist und *nur endlich viele* Unstetigkeiten besitzt.

Dem RIEMANNschen Integrabilitätskriterium kann auch die folgende Form gegeben werden:

Satz 14. Die Funktion $f(x)$ ist dann und nur dann über $a \ldots b$ integrierbar, wenn sie dort beschränkt ist und wenn nach Annahme zweier beliebiger positiver Zahlen δ und ε sich die bei Satz 11 beschriebene Zerlegung von $a \ldots b$ in die n Teilintervalle i_ν so ausführen läßt, daß die Summe derjenigen Teile i_ν, in denen die Schwankung von $f(x)$ oberhalb δ liegt, kleiner als ε ausfällt.

Satz 15. Die Funktion $f(x)$ ist über $a \ldots b$ sicher *nicht* integrierbar, wenn sie in *jedem* Punkte des Intervalles unstetig ist.

Satz 16. Ist $f(x)$ über das Intervall $a \ldots b$ integrierbar, so ist $f(x)$ auch über jedes Teilintervall $a' \ldots b'$ desselben integrierbar.

Satz 17. Ist die Funktion $f(x)$ über $a \ldots b$ integrierbar, so ist auch jede Funktion $f_1(x)$ über $a \ldots b$ integrierbar und liefert denselben Integralwert, die aus $f(x)$ durch willkürliche Abänderung irgendwelcher *endlich vieler* Funktionswerte entsteht.

Satz 18. Sind $f(x)$ und $f_1(x)$ zwei über $a \ldots b$ integrierbare Funktionen, so liefern sie denselben Integralwert, falls sie wenigstens in allen Punkten einer in $a \ldots b$ dicht gelegenen Punktmenge (z. B. in allen rationalen Punkten) übereinstimmen.

Für das Rechnen mit Integralen gelten die folgenden einfachen Sätze, bei denen $f(x)$ stets eine in dem Intervall $a \ldots b$ integrierbare Funktion bedeuten soll.

Satz 19. Es ist $\int_b^a f(x)\,dx = -\int_a^b f(x)\,dx$ und, wenn a_1, a_2, a_3 drei beliebige Punkte des Intervalles $a \ldots b$ sind, stets

$$\int_{a_1}^{a_2} f(x)\,dx + \int_{a_2}^{a_3} f(x)\,dx + \int_{a_3}^{a_1} f(x)\,dx = 0.$$

Satz 20. Sind $f(x)$ und $g(x)$ zwei über $a \ldots b$, $(a < b)$, integrierbare Funktionen und ist in $a \ldots b$ stets $f(x) \leqq g(x)$, so ist auch

$$\int_a^b f(x)\,dx \leqq \int_a^b g(x)\,dx\,.$$

Satz 20a. Mit $f(x)$ ist auch $|f(x)|$ über $a \ldots b$ integrierbar, und es ist, falls $a < b$,

$$\left|\int_a^b f(x)\,dx\right| \leqq \int_a^b |f(x)|\,dx\,.$$

Satz 21. (1. Mittelwertsatz der Integralrechnung.) Es ist

$$\int_a^b f(x)\,dx = \mu\cdot(b-a)\,,$$

wenn μ eine passende Zahl bedeutet, die zwischen der unteren Grenze α und der oberen Grenze β von $f(x)$ in $a \ldots b$ gelegen ist $(\alpha \leqq \mu \leqq \beta)$. Speziell ist

$$\left|\int_a^b f(x)\,dx\right| \leqq K\cdot|b-a|\,,$$

wenn K eine Schranke von $|f(x)|$ in $a \ldots b$ bedeutet.

Satz 22. Sind die Funktionen $f_1(x), f_2(x), \ldots, f_p(x)$ sämtlich über $a \ldots b$ integrierbar (p eine *feste* natürliche Zahl), so ist auch ihre Summe und ihr Produkt eine über $a \ldots b$ integrierbare Funktion, und für das Integral der Summe gilt die Formel:

$$\int_a^b (f_1(x) + \cdots + f_p(x))\,dx = \int_a^b f_1(x)\,dx + \cdots + \int_a^b f_p(x)\,dx\,;$$

d. h. eine Summe aus einer *festen* Anzahl von Funktionen darf *gliedweise* integriert werden.

Satz 22a. Ist $f(x)$ über $a \ldots b$ integrierbar und ist die untere Grenze von $|f(x)|$ in $a \ldots b$ noch positiv, so ist auch $\frac{1}{f(x)}$ eine über $a \ldots b$ integrierbare Funktion.

Satz 23. Ist $f(x)$ über $a \ldots b$ integrierbar, so ist die Funktion

$$F(x) = \int_a^x f(t)\,dt$$

im Intervall $a \ldots b$ *stetig* und an allen denjenigen Stellen dieses Intervalles auch *differenzierbar*, an denen $f(x)$ selbst stetig ist. Ist x_0 eine solche Stelle, so ist dort $F'(x_0) = f(x_0)$.

Satz 24. (Kernsatz der Differential- und Integralrechnung.) Ist $f(x)$ über $a \ldots b$ integrierbar, und besitzt $f(x)$ dort ein unbestimmtes Integral $F(x)$, so ist

$$\int_a^b f(x)\,dx = F(b) - F(a)$$

Satz 25. (Änderung der Integrationsveränderlichen.) Ist $f(x)$ über $a \ldots b$ integrierbar und ist $x = \varphi(t)$ eine in $\alpha \ldots \beta$ differenzierbare Funktion, für die $\varphi(\alpha) = a$ und $\varphi(\beta) = b$ ist, die sich überdies, wenn

t sich von α bis β bewegt, (im engeren Sinne) *monoton* von a bis b ändert und deren Ableitung $\varphi'(t)$ über $\alpha \ldots \beta$ integrierbar ist[1], so ist

$$\int_a^b f(x)\,dx = \int_\alpha^\beta f(\varphi(t)) \cdot \varphi'(t)\,dt\,.$$

Satz 26. (Partielle Integration.) Ist $f(x)$ über $a \ldots b$ integrierbar und besitzt $f(x)$ dort ein unbestimmtes Integral $F(x)$, ist ferner $g(x)$ eine in $a \ldots b$ differenzierbare Funktion, deren Ableitung dort integrierbar ist, so ist[2]

$$\int_a^b f(x)\,g(x)\,dx = [F(x)\cdot g(x)]_a^b - \int_a^b F(x)\cdot g'(x)\,dx\,.$$

Wesentlich tiefer als alle diese einfachen Sätze liegt der folgende

Satz 27. (2. Mittelwertsatz der Integralrechnung.) Sind $f(x)$ und $\varphi(x)$ über $a \ldots b$ integrierbar und ist $\varphi(x)$ eine dort monotone Funktion, so läßt sich eine der Bedingung $a \leqq \xi \leqq b$ genügende Zahl ξ so wählen, daß die Gleichung

$$\int_a^b \varphi(x)\cdot f(x)\,dx = \varphi(a)\int_a^\xi f(x)\,dx + \varphi(b)\int_\xi^b f(x)\,dx$$

besteht. Für $\varphi(a)$ kann hierbei auch der nach den übrigen Voraussetzungen sicher vorhandene Grenzwert $\varphi_a = \lim\limits_{x\to a+0} \varphi(x)$ und ebenso für $\varphi(b)$ der Grenzwert $\varphi_b = \lim\limits_{x\to b-0} \varphi(x)$ genommen werden; doch ist dann für ξ möglicherweise ein andrer Wert zu wählen.

Von den Anwendungen des besprochenen Integralbegriffs erwähnen wir nur:

Satz 28. (Inhalt.) Ist $f(x)$ in $a \ldots b$, $(a < b)$, integrierbar und etwa stets positiv[3], so hat das durch die Abszissenachse, die Ordinaten in a und b und durch die Kurve $y = f(x)$ begrenzte Flächenstück — genauer: die Menge der Punkte (x, y), für die $a \leqq x \leqq b$ und bei jedem solchen x zugleich $0 \leqq y \leqq f(x)$ ist — einen *meßbaren Inhalt*, und dieser wird durch das Integral $\int_a^b f(x)\,dx$ geliefert.

Satz 29. (Länge.) Sind $x = \varphi(t)$ und $y = \psi(t)$ zwei in $\alpha \leqq t \leqq \beta$ differenzierbare Funktionen und sind $\varphi'(t)$ und $\psi'(t)$ ihrerseits stetig in $\alpha \ldots \beta$, so hat die Bahn, die vom Punkte $x = \varphi(t)$, $y = \psi(t)$ in

[1] Die Ableitung einer differenzierbaren Funktion braucht nicht integrierbar zu sein. Beispiele, die diese Tatsache belegen, sind indessen nicht ganz leicht zu bilden. (Vgl. etwa H. LEBESGUE: Leçons sur l'intégration, 2. Aufl., Paris 1928, S. 93—94.)

[2] Hierbei soll $[h(x)]_a^b$ die Differenz $h(b) - h(a)$ bedeuten.

[3] — was stets durch Addition einer passenden Konstanten erreicht werden kann.

der Ebene eines rechtwinkligen xy-Kreuzes beschrieben wird, falls t das Intervall von α bis β durchläuft, eine *meßbare Länge*, und diese wird durch das Integral

$$\int_\alpha^\beta \sqrt{\varphi'(t)^2 + \psi'(t)^2}\, dt$$

geliefert. —

Endlich seien noch ein paar Worte über sogenannte *uneigentliche Integrale* gesagt:

Definition 14. Ist $f(t)$ für $t \geqq a$ definiert und für jedes $x > a$ über das Intervall $a \leqq t \leqq x$ integrierbar, so daß also auch die Funktion

$$F(x) = \int_a^x f(t)\, dt$$

für alle $x \geqq a$ definiert ist, so sagt man, falls $\lim\limits_{x \to +\infty} F(x)$ existiert und $= c$ ist, daß das „*uneigentliche Integral*"

$$\int_a^{+\infty} f(t)\, dt$$

konvergent sei und den Wert c habe.

Satz 30. *Ist* $f(t)$ für $t \geqq a$ stets $\geqq 0$ oder stets $\leqq 0$, so ist $\int_a^{+\infty} f(t)\, dt$ dann und nur dann konvergent, wenn die Funktion $F(x)$ der Def. 14 für $x > a$ *beschränkt* bleibt. Ist $f(t)$ für $t \geqq a$ beliebiger Vorzeichen fähig, so ist dasselbe Integral dann und nur dann konvergent, wenn nach Wahl einer beliebigen Zahl $\varepsilon > 0$ sich $x_0 > a$ so bestimmen läßt, daß stets

$$\left| \int_{x'}^{x''} f(t)\, dt \right| < \varepsilon$$

ausfällt, wofern nur x' *und* x'' *beide* $> x_0$ sind.

Und ganz ähnlich

Definition 15. Ist $f(t)$ in dem *links offenen* Intervall $a < t \leqq b$ definiert, aber nicht beschränkt, und für jedes der Bedingung $a < x < b$ genügende x über das Intervall $x \leqq t \leqq b$ integrierbar, so daß auch die Funktion

$$F(x) = \int_x^b f(t)\, dt$$

für alle diese x definiert ist, so sagt man, falls $\lim\limits_{x \to a+0} F(x)$ existiert und $= c$ ist, daß das *bei* a *uneigentliche Integral*

$$\int_a^b f(t)\, dt$$

konvergent sei und den Wert c habe.

Ganz entsprechende Festsetzungen trifft man für *rechts offene* Intervalle. Den Fall eines *beiderseits offenen* Intervalles endlich führt man dadurch auf die vorigen Fälle zurück, daß man es durch einen inneren Punkt in zwei nur nach einer Seite hin offene Intervalle zerlegt und Satz 19 zur Definition erhebt.

Satz 31. Ist im Falle der Def. 15 noch stets $f(t) \geqq 0$ oder stets $\leqq 0$, so ist das dort genannte uneigentliche Integral dann und nur dann vorhanden, wenn $F(x)$ in $a < x \leqq b$ *beschränkt* bleibt. Ist $f(t)$ beliebiger Vorzeichen fähig, so ist das Integral dann und nur dann vorhanden, wenn nach Wahl von $\varepsilon > 0$ sich ein $\delta > 0$ so angeben läßt, daß stets

$$\left|\int_{x'}^{x''} f(t)\,dt\right| < \varepsilon$$

ausfällt, wofern nur x' *und* x'' *beide* zwischen a (ausschl.) und $a + \delta$ gelegen sind.

§ 20. Haupteigenschaften der durch Potenzreihen dargestellten Funktionen.

Wir knüpfen nun wieder an die Schlußbemerkung des § 18 an, nach der durch die Summe einer Potenzreihe im Innern ihres Konvergenzintervalles eine *Funktion* definiert wird, die wir nun $f(x)$ nennen wollen:

$$f(x) = \sum_{n=0}^{\infty} a_n (x - x_0)^n, \qquad (|x - x_0| < r).$$

Das Konvergenzintervall wollen wir dabei, wenn nicht das Gegenteil ausdrücklich gesagt wird, *beiderseits offen* lassen, selbst dann, wenn die Potenzreihe noch in dem einen oder anderen Endpunkte konvergieren sollte.

Wird nun, wie hier, durch eine unendliche Reihe in einem gewissen Intervall eine Funktion definiert, so ist die wichtigste Aufgabe im allgemeinen die, aus der Reihe die Haupteigenschaften — dieses Wort etwa im Sinne der Zusammenstellung des vorigen Paragraphen verstanden — der dargestellten Funktion abzulesen. Für Potenzreihen bietet das keine großen Schwierigkeiten. Wir werden sehen, daß eine durch eine Potenzreihe dargestellte Funktion alle die Eigenschaften besitzt, die man überhaupt an Funktionen als besonders wichtig schätzt, und daß das Rechnen mit Potenzreihen sich sehr einfach gestaltet. Aus diesem Grunde spielen gerade die Potenzreihen eine hervorragende Rolle, und eben darum gehört ihre Behandlung durchaus in die Anfangsgründe der Reihentheorie.

Bei diesen Untersuchungen dürfen wir, ohne dadurch die Tragweite der Ergebnisse zu beeinträchtigen, nach Belieben auch $x_0 = 0$, also die Potenzreihe in der vereinfachten Form $\sum a_n x^n$ annehmen.

Ihr Konvergenzradius r soll natürlich positiv (>0) sein, darf aber auch $+\infty$, die Reihe also beständig konvergent sein. — Dann gilt zunächst der

°**Satz.** *Die durch die Potenzreihe* $\sum_{n=0}^{\infty} a_n (x-x_0)^n$ *im Konvergenz-* **96.**
intervall derselben definierte Funktion $f(x)$ *ist an der Stelle* $x = x_0$ *stetig; oder also: es ist*

$$\lim_{x\to x_0} f(x) = \lim_{x\to x_0} \sum_{n=0}^{\infty} a_n (x-x_0)^n = a_0 = f(x_0)$$

Beweis. Ist $0 < \varrho < r$, so ist nach **83**, 5 mit

$$\sum_{n=0}^{\infty} |a_n| \varrho^n \qquad \text{auch} \qquad \sum_{n=1}^{\infty} |a_n| \varrho^{n-1}$$

konvergent. Setzen wir die Summe der letzten Reihe $= K$ ($\geqq 0$), so ist für $|x - x_0| \leqq \varrho$ stets

$$|f(x) - a_0| = \left|(x-x_0)\cdot \sum_{n=1}^{\infty} a_n (x-x_0)^{n-1}\right| \leqq |x-x_0|\cdot K.$$

Ist also $\varepsilon > 0$ beliebig gegeben und ist $\delta > 0$ kleiner als jede der beiden Zahlen ϱ und $\frac{\varepsilon}{K}$, so ist für alle $|x - x_0| < \delta$ stets

$$|f(x) - a_0| < \varepsilon,$$

womit nach § 19, Def. 6b alles bewiesen ist.

Aus diesem Satz folgt unmittelbar der sehr weitgehende und oft angewandte

°**Identitätssatz für Potenzreihen.** *Haben die beiden Potenzreihen* **97.**

$$\sum_{n=0}^{\infty} a_n x^n \qquad \textit{und} \qquad \sum_{n=0}^{\infty} b_n x^n$$

in einem Intervall[1] $|x| < \varrho$, *in dem beide konvergieren, dieselbe Summe, so sind beide Reihen vollständig identisch, d. h. für jedes* $n = 0, 1, 2, \ldots$ *ist dann stets*

$$a_n = b_n.$$

Beweis. Aus

(a) $$a_0 + a_1 x + a_2 x^2 + \cdots = b_0 + b_1 x + b_2 x^2 + \cdots$$

folgt nach dem vorigen Satz, indem wir beiderseits $x \to 0$ rücken lassen, daß

$$a_0 = b_0$$

ist. Läßt man diese gleichen Glieder beiderseits weg und dividiert durch x, so folgt, daß für $0 < |x| < \varrho$

(b) $$a_1 + a_2 x + a_3 x^2 + \cdots = b_1 + b_2 x + b_3 x^2 + \cdots$$

[1] Oder auch nur für jedes $x = x_\nu$ einer *Nullfolge* (x_ν), deren Glieder sämtlich $\neq 0$ sind. — Im Beweise hat man dann die Grenzübergänge gemäß § 19, Def. 4a auszuführen.

ist, — eine Gleichung, aus der nun ganz ebenso[1] folgt, daß

$$a_1 = b_1$$

und

$$a_2 + a_3 x + \cdots = b_2 + b_3 x + \cdots$$

ist. Fährt man in dieser Weise fort, so ergibt sich der Reihe nach (schärfer: durch vollständige Induktion) für *jedes* n die Richtigkeit der Behauptung.

Beispiele und Erläuterungen.

1. Dieser Identitätssatz wird uns in der Theorie sowohl wie in den Anwendungen oft begegnen. Man kann seinen Inhalt auch so deuten: Wenn eine Funktion für eine Umgebung des Nullpunktes durch eine Potenzreihe dargestellt werden kann, so kann dies nur *auf eine einzige Art* geschehen. In dieser Form bezeichnet man den Satz wohl auch als *Unitätssatz*. Er gilt natürlich entsprechend für die allgemeinen Potenzreihen $\sum a_n (x - x_0)^n$.

2. Da die Aussage des Satzes darin gipfelt, daß in der Gleichung (a) die entsprechenden Koeffizienten auf beiden Seiten gleich sind, spricht man bei den Anwendungen des Satzes wohl auch von der *Methode der Koeffizientenvergleichung*.

3. Ein einfaches Beispiel für diese Anwendungsform ist dieses: Es ist gewiß für alle x

$$(1 + x)^k (1 + x)^k = (1 + x)^{2k}$$

oder

$$\sum_{\nu=0}^{k} \binom{k}{\nu} x^\nu \cdot \sum_{\nu=0}^{k} \binom{k}{\nu} x^\nu = \sum_{\lambda=0}^{2k} \binom{2k}{\lambda} x^\lambda .$$

Multipliziert man linkerhand nach **91**, Bem. 1 aus und vergleicht die entsprechenden Koeffizienten auf beiden Seiten, so ergibt sich z. B. durch Vergleich der Koeffizienten von x^k, daß

$$\binom{k}{0}\binom{k}{k} + \binom{k}{1}\binom{k}{k-1} + \cdots + \binom{k}{k}\binom{k}{0} = \binom{k}{0}^2 + \binom{k}{1}^2 + \cdots + \binom{k}{k}^2 = \binom{2k}{k}$$

ist, — eine Beziehung zwischen Binomialkoeffizienten, die auf anderm Wege nicht ganz so leicht zu beweisen wäre.

4. Ist $f(x)$ für $|x| < r$ definiert und ist dort stets

$$f(-x) = f(x),$$

so nennt man $f(x)$ eine *gerade Funktion*. Ist sie durch eine Potenzreihe mit dem Mittelpunkt 0 darstellbar, so ergibt die Koeffizientenvergleichung sofort, daß

$$a_1 = a_3 = a_5 = \cdots = a_{2k+1} = \cdots = 0$$

sein muß, daß also in der Potenzreihe von $f(x)$ nur *gerade* Potenzen von x einen von 0 verschiedenen Koeffizienten haben können.

5. Ist dagegen $f(-x) = -f(x)$, so nennt man die Funktion *ungerade*. Ihre Potenzreihenentwicklung mit dem Mittelpunkt 0 kann nur *ungerade* Potenzen von x enthalten. Speziell ist $f(0) = 0$.

---

[1] Für $x = 0$ ist die Gleichung (b) zunächst noch nicht gesichert, da sie ja durch eine Division mit x erhalten wurde. Für den Grenzübergang $x \to 0$ ist das aber ganz gleichgültig (vgl. § 19, Def. 4).

Wir gehen nun einen Schritt weiter und beweisen eine Anzahl von Sätzen, die in der Lehre von den Potenzreihen in jeder Beziehung als die wichtigsten bezeichnet werden müssen:

°**Satz 1.** Ist **98.**

$$\sum_{n=0}^{\infty} a_n (x - x_0)^n$$

eine Potenzreihe mit dem (positiven) Radius r, so läßt sich die dadurch für $|x - x_0| < r$ dargestellte Funktion $f(x)$ auch um jeden andern im Konvergenzintervall gelegenen Punkt x_1 als Mittelpunkt in eine Potenzreihe entwickeln; und zwar ist

$$f(x) = \sum_{k=0}^{\infty} b_k (x - x_1)^k,$$

wenn

$$b_k = \sum_{n=0}^{\infty} \binom{n+k}{k} a_{n+k} (x_1 - x_0)^n$$

gesetzt wird, und der Radius r_1 dieser neuen Reihe ist mindestens gleich der noch positiven Zahl $r - |x_1 - x_0|$.

Beweis. Liegt x_1 im Konvergenzintervall der gegebenen Reihe, ist also $|x_1 - x_0| < r$, so ist

$$f(x) = \sum_{n=0}^{\infty} a_n [(x_1 - x_0) + (x - x_1)]^n,$$

$$\text{(a)} \quad f(x) = \sum_{n=0}^{\infty} a_n \left[(x_1 - x_0)^n + \binom{n}{1}(x_1 - x_0)^{n-1}(x - x_1) + \cdots \right.$$
$$\left. \cdots + \binom{n}{n}(x - x_1)^n\right]$$

und alles, was wir zu zeigen haben, ist dies, daß wir hier alle Glieder mit derselben Potenz von $(x - x_1)$ zusammensuchen dürfen, daß also der große Umordnungssatz **90** angewendet werden darf. Ersetzt man aber, um dessen Anwendbarkeit zu prüfen, in der letzten Reihe jeden Summanden jedes Gliedes durch seinen absoluten Betrag, so erhält man die Reihe

$$\sum_{n=0}^{\infty} |a_n| \, [|x_1 - x_0| + |x - x_1|]^n;$$

und diese ist gewiß noch konvergent, wenn

$$|x_1 - x_0| + |x - x_1| < r \quad \text{oder} \quad |x - x_1| < r - |x_1 - x_0|$$

ist. Wenn also x näher an x_1 liegt als jedes der Enden des ursprünglichen Konvergenzintervalles, so ist die geplante Umordnung erlaubt, und wir erhalten für $f(x)$, wie behauptet, eine Darstellung der Form

$$f(x) = \sum_{k=0}^{\infty} b_k (x - x_1)^k, \quad (|x - x_1| < r - |x_1 - x_0|).$$

Führt man das Zusammenfassen der Glieder mit $(x - x_1)^k$ im einzelnen durch, indem man die Glieder der Reihe (a) zeilenweis untereinander schreibt, so liefert die k^{te} Spalte:

$$b_k = \binom{k}{k} a_k + \binom{k+1}{k} a_{k+1}(x_1 - x_0) + \cdots = \sum_{n=0}^{\infty} \binom{n+k}{k} a_{n+k}(x_1 - x_0)^n$$

— womit dann alles bewiesen ist[1].

Aus diesem Satz ziehen wir die mannigfachsten Folgerungen. Zunächst ergibt sich der

°**Satz 2.** *Eine durch eine Potenzreihe dargestellte Funktion*

$$f(x) = \sum_{n=0}^{\infty} a_n (x - x_0)^n$$

ist in j e d e m inneren Punkte x_1 des Konvergenzintervalles s t e t i g.

Beweis. Nach dem vorigen Satz darf für eine gewisse Umgebung von x_1

$$f(x) = \sum_{n=0}^{\infty} a_n (x - x_0)^n = \sum_{n=0}^{\infty} b_n (x - x_1)^n$$

mit

$$b_0 = \sum_{n=0}^{\infty} a_n (x_1 - x_0)^n = f(x_1)$$

gesetzt werden. Für $x \to x_1$ liefert dann die zweite der Darstellungen von $f(x)$ nach **96** sofort die zu beweisende Beziehung (s. § 19, Def. 6)

$$\lim_{x \to x_1} f(x) = f(x_1).$$

°**Satz 3.** *Eine durch eine Potenzreihe dargestellte Funktion*

$$f(x) = \sum_{n=0}^{\infty} a_n (x - x_0)^n$$

ist in jedem inneren Punkte x_1 ihres Konvergenzintervalles differenzierbar (s. § 19, Def. 10), *und die Ableitung daselbst, $f'(x_1)$, kann durch gliedweise Differentiation gewonnen werden, d. h. es ist*

$$f'(x_1) = \sum_{n=1}^{\infty} n\, a_n (x_1 - x_0)^{n-1} = \sum_{n=0}^{\infty} (n+1)\, a_{n+1} (x_1 - x_0)^n.$$

Beweis. Wegen $f(x) = \sum_{n=0}^{\infty} b_n (x - x_1)^n$ ist für alle hinreichend nahe bei x_1 gelegenen x

$$\frac{f(x) - f(x_1)}{x - x_1} = b_1 + b_2 (x - x_1) + \cdots,$$

woraus für $x \to x_1$ nach **96** und unter Berücksichtigung der Bedeutung von b_1 sofort die Behauptung folgt: $f'(x_1) = b_1 = \sum n a_n (x_1 - x_0)^{n-1}$.

[1] Es ergibt sich also noch einmal ganz nebenbei die schon in **95** festgestellte Konvergenz der für die b_k erhaltenen Reihen.

°**Satz 4.** *Eine durch eine Potenzreihe dargestellte Funktion*

$$f(x) = \sum_{n=0}^{\infty} a_n (x - x_0)^n$$

ist in jedem inneren Punkte x_1 *ihres Konvergenzintervalles* b e l i e b i g o f t *differenzierbar, und es ist*

$$f^{(k)}(x_1) = k!\, b_k = \sum_{n=0}^{\infty} (n + 1)(n + 2) \ldots (n + k)\, a_{n+k} (x_1 - x_0)^n.$$

Beweis. Für jedes x des Konvergenzintervalles ist, wie eben gezeigt,

$$f'(x) = \sum_{n=0}^{\infty} (n + 1)\, a_{n+1} (x - x_0)^n.$$

$f'(x)$ ist also seinerseits eine durch eine Potenzreihe dargestellte Funktion, — und zwar durch eine Potenzreihe, die nach **95** dasselbe Konvergenzintervall hat wie die ursprüngliche. Daher kann auf $f'(x)$ noch einmal derselbe Schluß angewendet werden; dieser liefert

$$f''(x) = \sum_{n=1}^{\infty} n (n + 1)\, a_{n+1} (x - x_0)^{n-1} = \sum_{n=0}^{\infty} (n + 1)(n + 2)\, a_{n+2} (x - x_0)^n.$$

Durch Wiederholung dieses einfachen Schlusses ergibt sich für jedes k

$$f^{(k)}(x) = \sum_{n=0}^{\infty} (n + 1)(n + 2) \ldots (n + k)\, a_{n+k} (x - x_0)^n,$$

— gültig für jedes x des ursprünglichen Konvergenzintervalles. Für den speziellen Wert $x = x_1$ folgt hieraus unmittelbar die Behauptung.

Setzen wir für die b_k die nun erhaltenen Werte $\frac{1}{k!} f^{(k)}(x_1)$ in die Entwicklung des Satzes 1 ein, so ergibt sich aus allem Vorangehenden schließlich die sogenannte

°**TAYLORsche Reihe**[1]. *Wenn für* $|x - x_0| < r$ 99.

$$f(x) = \sum_{n=0}^{\infty} a_n (x - x_0)^n$$

ist und wenn x_1 *ein innerer Punkt des Konvergenzintervalles ist, so ist für alle* x, *für die* $|x - x_1| < r_1 = r - |x_1 - x_0|$ *ist*[2],

$$f(x) = f(x_1) + \frac{f'(x_1)}{1!}(x - x_1) + \frac{f''(x_1)}{2!}(x - x_1)^2 + \cdots$$
$$\cdots + \frac{f^{(k)}(x_1)}{k!}(x - x_1)^k + \cdots.$$

---

[1] BROOK TAYLOR: Methodus incrementorum directa et inversa, London 1715. — Vgl. dazu A. PRINGSHEIM: Geschichte des TAYLORschen Lehrsatzes, Bibl. mathem. (3) Bd. 1, S. 433. 1900.

[2] Die im Satze angegebene Zahl $r_1 = r - |x_1 - x_0|$ braucht nicht der genaue Konvergenzradius der neuen Potenzreihe zu sein. Dieser *kann* vielmehr erheb-

Dem Satz 3 über die Differentiation unserer Reihen stellen wir noch den entsprechenden über die Integration an die Seite. Da eine durch eine Potenzreihe dargestellte Funktion im Innern ihres Konvergenzintervalles stetig ist, so ist sie nach § 19, Satz 12 auch über jedes Intervall integrierbar, das einschließlich seiner Enden jenem Innern angehört. Hierüber gilt der

°**Satz 5.** *Das Integral der durch* $\sum_{n=0}^{\infty} a_n (x - x_0)^n$ *im Konvergenzintervall dargestellten (stetigen) Funktion* $f(x)$ *darf durch gliedweise Integration gemäß der Formel*

$$\int_{x_1}^{x_2} f(t)\,dt = \sum_{n=0}^{\infty} \frac{a_n}{n+1} [(x_2 - x_0)^{n+1} - (x_1 - x_0)^{n+1}]$$

gewonnen werden, wofern x_1 *und* x_2 *beide im Innern des Konvergenzintervalles gelegen sind.*

Beweis. Nach **95**, 2 hat die Potenzreihe

$$F(x) = \sum_{n=0}^{\infty} \frac{a_n}{n+1} (x - x_0)^{n+1}$$

dasselbe Konvergenzintervall wie die vorgelegte Reihe

$$f(x) = \sum_{n=0}^{\infty} a_n (x - x_0)^n .$$

Nach **98**, 3 ist die erste daselbst ein unbestimmtes Integral der zweiten. Daraus ergibt sich nach § 19, Satz 24 sofort die Behauptung.

Diesen Sätzen über Potenzreihen wollen wir noch nach einer besonderen Seite hin eine wichtige Ergänzung anfügen: Der Satz 2 von der Stetigkeit der durch eine Potenzreihe dargestellten Funktion galt, wie wir ausdrücklich noch einmal betonen, nur für das offene Konvergenzintervall. So läßt sich z. B. im Falle der geometrischen Reihe $\sum x^n$ mit der Summe $\frac{1}{1-x}$ aus unsern Betrachtungen weder unmittelbar die Unstetigkeit der Funktion $\frac{1}{1-x}$ an der Stelle $x = +1$ noch die Stetigkeit derselben an der Stelle $x = -1$ aus der Reihe ablesen. Auch wenn die Potenzreihe noch in einem der Endpunkte

---

lich größer ausfallen. Für $f(x) = \sum x^n = \frac{1}{1-x}$ und $x_1 = -\frac{1}{2}$ erhält man z. B. nach leichter Rechnung

$$f(x) = \sum_{k=0}^{\infty} \left(\frac{2}{3}\right)^{k+1} \cdot \left(x + \frac{1}{2}\right)^k,$$

und der Radius dieser Reihe ist nicht $= r - |x_1 - x_0| = \frac{1}{2}$, sondern $= \frac{3}{2}$.

des Konvergenzintervalles konvergieren sollte $\left(\text{wie z. B. } \sum \frac{x^n}{n} \text{ in } x = -1\right)$, ist ein solcher Schluß nicht ohne weiteres gestattet. Daß jedoch in diesem letzteren Falle die vermutete Tatsache selbst wenigstens in gewissem Umfange richtig ist, lehrt folgender

ABELscher Grenzwertsatz[1]. *Die Potenzreihe* $f(x) = \sum_{n=0}^{\infty} a_n x^n$ *habe den Konvergenzradius* r *und sei noch im Punkte* $x = +r$ *konvergent. Dann ist* **100.**

$$\lim_{x \to r-0} f(x) \quad \textit{vorhanden und} \quad = \sum_{n=0}^{\infty} a_n r^n .$$

Oder m. a. W.: Ist $\sum_{n=0}^{\infty} a_n x^n$ *noch in* $x = +r$ *konvergent, so ist die durch die Reihe in* $-r < x \leqq +r$ *definierte Funktion* $f(x)$ *auch in dem Endpunkt* $x = +r$ *noch linksseitig stetig.*

Beweis. Es bedeutet keine Einschränkung, $r = +1$ anzunehmen[2]. Denn hat $\sum a_n x^n$ den Radius r, so hat die Reihe $\sum a'_n x^n$, in der $a'_n = a_n r^n$ sein soll, ersichtlich den Radius $+1$; und die letztere Reihe ist dann und nur dann in $+1$ oder -1 konvergent, wenn es die vorige in $+r$ bzw. $-r$ war.

Wir nehmen daher weiterhin $r = +1$ an. Unsere Voraussetzung ist dann, daß $f(x) = \sum a_n x^n$ den Radius 1 hat und daß $\sum a_n = s$ konvergiert; und die Behauptung lautet, daß auch

$$\lim_{x \to 1-0} f(x) = s, \quad \text{d. h.} \quad = \sum_{n=0}^{\infty} a_n$$

ist. Nun ist nach **91** (s. auch weiter unten **102**) für $|x| < 1$

$$\frac{1}{1-x} \sum_{n=0}^{\infty} a_n x^n = \sum_{n=0}^{\infty} x^n \cdot \sum_{n=0}^{\infty} a_n x^n = \sum_{n=0}^{\infty} s_n x^n ,$$

wenn mit s_n die Teilsummen von $\sum a_n$ bezeichnet werden. Folglich ist $f(x) = (1-x) \sum s_n x^n$, und wegen $1 = (1-x) \sum x^n$ hat man also für $|x| < 1$

(a) $$s - f(x) = (1-x) \sum_{n=0}^{\infty} (s - s_n) x^n \equiv (1-x) \sum_{n=0}^{\infty} r_n x^n .$$

---

[1] J. f. d. reine u. angew. Math. Bd. 1, S. 311. 1826. Vgl. hierzu **233** und § 62. — Der Satz wird schon von GAUSS (Disquis. generales circa seriem ..., 1812, Werke III, S. 143) ausgesprochen und benutzt, und zwar genau in der nachher bewiesenen Form, daß aus $r_n \to 0$ stets $(1-x) \sum r_n x^n \to 0$ folgt, falls x von links her $\to 1$ rückt (s. o., Gl. (a)). Der von GAUSS an der genannten Stelle angegebene Beweis ist indessen *nicht richtig*, da er ohne besondere Prüfung die beiden für diesen Satz in Frage kommenden Grenzübergänge vertauscht.

[2] Diese Bemerkung gilt allgemein bei Untersuchungen über (nicht beständig konvergente) Potenzreihen mit positivem Radius r.

Hier wurden zuletzt die „Reste“ $s - s_n = r_n$ gesetzt; sie bilden nach **82**, Satz 2 eine Nullfolge.

Ist nun ein $\varepsilon > 0$ beliebig gegeben, so wählen wir zunächst m so groß, daß für $n > m$ stets $|r_n| < \frac{\varepsilon}{2}$ ist. Dann ist für $0 \leqq x < 1$

$$|s - f(x)| \leqq \left|(1-x)\sum_{n=0}^{m} r_n x^n\right| + \frac{\varepsilon}{2}(1-x) \cdot \sum_{n=m+1}^{\infty} x^n,$$

also, wenn p eine positive oberhalb $|r_0| + |r_1| + \cdots + |r_m|$ gelegene Zahl bedeutet,

$$\leqq p \cdot (1-x) + \frac{\varepsilon}{2}(1-x) \cdot \frac{x^{m+1}}{1-x}.$$

Setzt man nun δ gleich der kleineren der beiden Zahlen 1 und $\frac{\varepsilon}{2p}$, so ist für $1 - \delta < x < 1$ stets

$$|s - f(x)| < \frac{\varepsilon}{2} + \frac{\varepsilon}{2} = \varepsilon,$$

womit nach § 19, Def. 5 die Behauptung „$f(x) \to s$ für $x \to 1 - 0$“ schon bewiesen ist.

Ganz entsprechend gilt natürlich der ABELsche Grenzwertsatz für das *linke* Ende des Konvergenzintervalles:

Ist $\sum_{n=0}^{\infty} a_n x^n$ *noch für* $x = -r$ *konvergent, so ist*

$$\lim_{x \to -r+0} f(x) \quad \textit{vorhanden und} \quad = \sum_{n=0}^{\infty} (-1)^n a_n r^n.$$

Der Stetigkeitssatz **98**, 2 und der ABELsche Grenzwertsatz **100** besagen zusammen, *daß stets*

101. $$\lim_{x \to \xi} \left(\sum a_n x^n\right) = \sum a_n \xi^n$$

ist, falls die rechtsstehende Reihe konvergiert und falls sich x vom Nullpunkt her gegen die Stelle ξ *bewegt.*

Divergiert die Reihe $\sum a_n \xi^n$, so kann man über das Verhalten von $\sum a_n x^n$ bei der Annäherung von $x \to \xi$ ohne besondere Voraussetzungen nichts aussagen. Doch gilt in dieser Hinsicht der folgende etwas engere

Satz. *Ist* $\sum a_n$ *eine divergente Reihe mit positiven Gliedern und hat* $\sum a_n x^n$ *den Radius* 1, *so strebt*

$$f(x) = \sum_{n=0}^{\infty} a_n x^n \to +\infty,$$

wenn x vom Nullpunkt her gegen $+1$ *rückt.*

Beweis. Eine divergente Reihe mit positiven Gliedern kann nur gegen $+\infty$ divergieren. Wird also $G > 0$ beliebig gegeben, so kann man m

so groß wählen, daß $a_0 + a_1 + \cdots + a_m > G + 1$ ist, und dann nach § 19, Satz 3 ein positives $\delta < 1$ so klein, daß für alle $1 > x > 1 - \delta$

$$a_0 + a_1 x + \cdots + a_m x^m > G$$

bleibt. Dann ist für diese x um so mehr

$$f(x) = \sum_{n=0}^{\infty} a_n x^n > G,$$

womit schon alles bewiesen ist.

Bemerkungen und Beispiele für die Sätze dieses Paragraphen werden im nächsten Kapitel ausführlich gebracht werden.

§ 21. Das Rechnen mit Potenzreihen.

Ehe wir von den weitgehenden und mitten in das große Anwendungsfeld der Reihenlehre hineinführenden Sätzen des vorigen Paragraphen Gebrauch machen, wollen wir noch auf einige Fragen eingehen, deren Beantwortung uns das *Rechnen mit den Potenzreihen* erleichtern soll.

Daß man Potenzreihen, solange sie konvergieren, gliedweis addieren und subtrahieren darf, folgt schon aus **83**, Satz 3 und 4. Daß man auch ohne weiteres zwei Potenzreihen gliedweis ausmultiplizieren darf, solange wir *im Innern* der Konvergenzintervalle bleiben, folgt sofort aus **91**, weil ja die Potenzreihen *im Innern* ihrer Konvergenzintervalle stets absolut konvergieren. Es ist also neben

$$\sum a_n x^n \pm \sum b_n x^n = \sum (a_n \pm b_n) x^n$$

auch

$$\sum_{n=0}^{\infty} a_n x^n \cdot \sum_{n=0}^{\infty} b_n x^n = \sum_{n=0}^{\infty} (a_0 b_n + a_1 b_{n-1} + \cdots + a_n b_0) x^n,$$

solange x im Innern des Konvergenzintervalles *beider* Reihen liegt[1].

Die Formeln **91**, Bem. 2 und 3 waren schon eine erste Anwendung dieses Satzes. Ist die zweite Reihe speziell die geometrische Reihe, so hat man

$$\sum_{n=0}^{\infty} a_n x^n \cdot \sum_{n=0}^{\infty} x^n = \sum_{n=0}^{\infty} s_n x^n,$$

d. h.

$$\frac{1}{1-x} \sum_{n=0}^{\infty} a_n x^n = \sum_{n=0}^{\infty} s_n x^n$$

oder

$$\sum_{n=0}^{\infty} a_n x^n = (1 - x) \sum_{n=0}^{\infty} s_n x^n, \qquad \textbf{102.}$$

wenn $s_n = a_0 + a_1 + \cdots + a_n$ gesetzt wird und $|x| < 1$ und zugleich kleiner als der Radius von $\sum a_n x^n$ ist.

[1] Hier tritt also die besondere Bedeutung der CAUCHYschen Multiplikation (s. **91**, Bem. 1) zutage.

Ebenso einfach ergibt sich, daß man jede Potenzreihe mit sich selbst — und dies beliebig oft — multiplizieren darf. So ist

$$\left(\sum_{n=0}^{\infty} a_n x^n\right)^2 = \sum_{n=0}^{\infty} (a_0 a_n + a_1 a_{n-1} + \cdots + a_n a_0) x^n;$$

und allgemein läßt sich für jeden positiv-ganzen Exponenten k

103. $$\left(\sum_{n=0}^{\infty} a_n x^n\right)^k = \sum_{n=0}^{\infty} a_n^{(k)} x^n$$

setzen, wo die Koeffizienten $a_n^{(k)}$ in ganz bestimmter — für größere k allerdings nicht sehr durchsichtiger[1] — Weise aus den a_n gebildet sind. Und alle diese Reihen sind absolut konvergent, solange $\sum a_n x^n$ selbst es ist.

Dies Ergebnis legt die Vermutung nahe, daß man auch durch Potenzreihen dividieren „darf", daß man also z. B. auch

$$\frac{1}{a_0 + a_1 x + a_2 x^2 + \cdots} = c_0 + c_1 x + c_2 x^2 + \cdots$$

setzen darf und daß die c_n hier wieder in bestimmter Weise aus den a_n zu bilden sind. Denn für den linken Quotienten kann man, wenn $-\frac{a_n}{a_0} = a'_n$ gesetzt wird (für $n = 1, 2, 3, \ldots$), zunächst

$$\frac{1}{a_0} \cdot \frac{1}{1 - (a'_1 x + a'_2 x^2 + \cdots)}$$

und dann weiter

$$\frac{1}{a_0}\left[1 + (a'_1 x + a'_2 x^2 + \cdots) + (a'_1 x + \cdots)^2 + (a'_1 x + \cdots)^3 + \cdots\right]$$

schreiben, was dann, wenn man sich die Potenzen nach **103** entwickelt und die gleichen Potenzen von x gesammelt denkt, in der Tat eine Potenzreihe der Form $\sum c_n x^n$ liefern würde.

Die Berechtigung eines solchen Ansatzes wollen wir sogleich von einem etwas allgemeineren Standpunkt aus prüfen:

Es sei eine Potenzreihe $\sum a_n x^n$ (im vorangehenden war es eben die Reihe $\sum_{n=1}^{\infty} a'_n x^n$) vorgelegt, deren Summe mit $f(x)$ oder kürzer mit y bezeichnet werde. Es sei zweitens eine Potenzreihe in y, etwa $g(y) = \sum b_n y^n$ (im vorangehenden die geometrische Reihe $\sum y^n$) vorgelegt, und in diese werde für y die erste Potenzreihe eingesetzt:

$$b_0 + b_1(a_0 + a_1 x + \cdots) + b_2(a_0 + a_1 x + \cdots)^2 + \cdots$$

Unter welchen Bedingungen führt hier die Ausführung aller Potenzen nach **103** und die Zusammenfassung der gleichen Potenzen von x zu

---

[1] Rekursionsformeln zur Berechnung der $a_n^{(k)}$ findet man bei J. W. L. GLAISHER: Note on Sylvesters paper: Development of an idea of EISENSTEIN (Quarterly Journal, Bd. 14, S. 79—84. 1875), in dem sich auch weitere Literaturangaben finden. Ferner bei B. HANSTED: Tidskr. Mathem. (4) Bd. 5, S. 12 bis 16. 1881.

einer neuen Potenzreihe $c_0 + c_1 x + c_2 x^2 + \cdots$, welche konvergiert und als Summe den mittelbaren Funktionswert $g(f(x))$ hat? Wir behaupten den

°**Satz.** *Dies gilt sicher für alle diejenigen x, für die $\sum_{n=0}^{\infty} |a_n x^n|$ konvergiert und eine Summe hat, die kleiner ist als der Radius von $\sum b_n y^n$.* **104.**

Beweis. Es liegt hier offenbar ein Fall des großen Umordnungssatzes **90** vor, und wir haben nur zu prüfen, ob dessen Voraussetzungen hier erfüllt sind. Setzen wir dazu zunächst die nach **103** gebildeten Potenzen

$$y^k = (a_0 + a_1 x + \cdots)^k = a_0^{(k)} + a_1^{(k)} x + a_2^{(k)} x^2 + \cdots$$

und denken uns diese Schreibweise auch für $k = 0$ und $k = 1$ angewendet[1], so sind

$$\text{(A)} \quad \begin{cases} b_0 = b_0 (a_0^{(0)} + a_1^{(0)} x + \cdots + a_n^{(0)} x^n + \cdots) \\ b_1 y = b_1 (a_0^{(1)} + a_1^{(1)} x + \cdots + a_n^{(1)} x^n + \cdots) \\ \cdots\cdots\cdots\cdots\cdots\cdots \\ b_k y^k = b_k (a_0^{(k)} + a_1^{(k)} x + \cdots + a_n^{(k)} x^n + \cdots) \\ \cdots\cdots\cdots\cdots\cdots\cdots \end{cases}$$

die im großen Umordnungssatz auftretenden Reihen $z^{(k)}$. Nehmen wir nun statt $y = \sum a_n x^n$ die Reihe $\eta = \sum |a_n x^n|$ und bilden, indem wir noch $|x| = \xi$ setzen, ganz analog

$$\text{(A')} \quad \begin{cases} |b_0| = |b_0| (\alpha_0^{(0)} + \alpha_1^{(0)} \xi + \cdots + \alpha_n^{(0)} \xi^n + \cdots) \\ |b_1| \eta = |b_1| (\alpha_0^{(1)} + \alpha_1^{(1)} \xi + \cdots + \alpha_n^{(1)} \xi^n + \cdots) \\ \cdots\cdots\cdots\cdots\cdots\cdots \\ |b_k| \eta^k = |b_k| (\alpha_0^{(k)} + \alpha_1^{(k)} \xi + \cdots + \alpha_n^{(k)} \xi^n + \cdots) \\ \cdots\cdots\cdots\cdots\cdots\cdots, \end{cases}$$

so sind in diesem Schema (A′) alle Zahlen $\geqq 0$, und da überdies $\sum |b_k| \eta^k$ noch konvergieren sollte, so ist auf (A′) der große Umordnungssatz anwendbar. Da aber ersichtlich jede Zahl im Schema (A) absolut genommen $\leqq$ der entsprechenden Zahl in (A′) ist, so ist dieser Satz um so mehr auf (A) selber anwendbar (vgl. **90**, Bem. 3). Es liefern also insbesondere die in (A) spaltenweis untereinanderstehenden Koeffizienten stets (absolut) konvergente Reihen

$$\sum_{k=0}^{\infty} b_k a_n^{(k)} = c_n \qquad (\text{für jedes bestimmte } n = 0, 1, 2, \ldots),$$

und die mit diesen Zahlen als Koeffizienten angesetzte Potenzreihe

$$\sum_{n=0}^{\infty} c_n x^n$$

[1] Es sind dann also $a_0^{(0)} = 1$, $a_1^{(0)} = a_2^{(0)} = \cdots = 0$ und $a_n^{(1)} = a_n$ zu setzen, letzteres für $n = 0, 1, 2, \ldots$

ist ihrerseits wieder für die genannten x (absolut) konvergent, und ihre Summe ist gleich derjenigen von $\sum b_n y^n$. Es ist also, wie behauptet,

$$g(f(x)) = \sum_{n=0}^{\infty} c_n x^n$$

mit der angegebenen Bedeutung der c_n.

105. Bemerkungen und Beispiele.

1. Ist die „äußere" Reihe $g(y) = \sum b_k y^k$ *beständig* konvergent, so gilt unser Satz offenbar für jedes x, für das $\sum a_n x^n$ absolut konvergiert. Sind *beide* Reihen *beständig* konvergent, so gilt der Satz ohne Einschränkung für jedes x.

2. Ist $a_0 = 0$ und haben beide Reihen einen positiven Radius, so gilt der Satz sicher für alle „hinreichend" kleinen x, d. h. es gibt dann sicher eine positive Zahl ϱ, so daß er für alle $|x| < \varrho$ gültig ist. Denn ist $y = a_1 x + a_2 x^2 + \cdots$, so ist $\eta = |a_1| \cdot |x| + |a_2| \cdot |x|^2 + \cdots$; und da nun für $x \to 0$ nach **96** auch $\eta \to 0$ strebt, so ist η sicher < als der Radius von $\sum b_k y^k$ für alle x, deren Betrag < als eine passende Zahl ϱ bleibt.

3. In die Reihe $\sum \frac{y^n}{n!}$ „darf" man z. B. $y = \sum x^n$ für $|x| < 1$ oder $y = \sum \frac{x^n}{n!}$ für *alle* x einsetzen und nach Potenzen von x umordnen.

4. Der oben gemachte Ansatz

$$\frac{1}{a_0 + a_1 x + a_2 x^2 + \cdots} = c_0 + c_1 x + c_2 x^2 + \cdots$$

ist, wie man nun erkennt, sicher dann erlaubt, wenn zunächst $a_0 \neq 0$ und wenn weiter x seinem Betrage nach so klein gehalten wird, daß

$$\eta = \left|\frac{a_1}{a_0} x\right| + \left|\frac{a_2}{a_0} x^2\right| + \cdots < 1$$

bleibt, was nach Bem. 2 bei passender Wahl von ϱ für alle $|x| < \varrho$ der Fall ist. Wir können also sagen: *Durch eine Potenzreihe mit positivem Konvergenzradius „darf" dividiert werden, falls ihr konstantes Glied* $\neq 0$ *ist und falls man sich auf hinreichend kleine Werte von* x *beschränkt*[1].

Die Koeffizienten c_n nach dem allgemeinen Ansatz zu ermitteln, wäre — selbst für die ersten Indizes — sehr mühsam. Aber nachdem erst einmal die *Möglichkeit* der Entwicklung dargetan ist, findet man die c_n schneller aus der Bemerkung, daß

$$\sum a_n x^n \cdot \sum c_n x^n \equiv 1$$

ist, daß also der Reihe nach (vgl. **97**, 2)

$$a_0 c_0 = 1$$
$$a_0 c_1 + a_1 c_0 = 0$$
$$a_0 c_2 + a_1 c_1 + a_2 c_0 = 0$$
$$a_0 c_3 + a_1 c_2 + a_2 c_1 + a_3 c_0 = 0$$
$$\cdots\cdots\cdots\cdots\cdots\cdots$$

[1] *Wie* klein x sein muß, ist meist gleichgültig. Wesentlich ist aber, daß es überhaupt einen positiven Radius ϱ gibt, so daß die Relation für alle $|x| < \varrho$ gilt. — Die Feststellung des *genauen* Gültigkeitsbereiches erfordert die tieferen Hilfsmittel der Funktionentheorie.

ist. **Aus diesen Gleichungen findet man**, da $a_0 \neq 0$ ist, **der Reihe nach** $c_0, c_1, c_2, \ldots$ **in ganz eindeutiger Weise, — am einfachsten mit** Hilfe **von Determinanten nach** der CRAMERschen Regel, die sofort c_n geschlossen durch $a_1, a_2, \ldots, a_n$ liefert [1].

5. Als ein für viele spätere Untersuchungen besonders wichtiges Beispiel geben wir die folgende Divisionsaufgabe[2]:

Es soll

$$\frac{1}{1 + \frac{x}{2!} + \frac{x^2}{3!} + \cdots} \quad \textit{oder} \quad \frac{x}{\left(1 + x + \frac{x^2}{2!} + \frac{x^3}{3!} + \cdots\right) - 1}$$

nach Potenzen von x entwickelt werden. Hier wird die Berechnung der neuen Koeffizienten besonders elegant, wenn man sie nicht mit c_n, sondern mit $\frac{c_n}{n!}$ oder, wie wir es aus historischen Gründen tun wollen, mit $\frac{B_n}{n!}$ bezeichnet. Dann lautet der Ansatz:

$$\left(1 + \frac{x}{2!} + \frac{x^2}{3!} + \cdots\right) \cdot \left(B_0 + \frac{B_1}{1!} x + \frac{B_2}{2!} x^2 + \cdots\right) \equiv 1,$$

und die Gleichungen zur Berechnung der B_n sind der Reihe nach:

$$B_0 = 1, \qquad \frac{1}{2!} \frac{B_0}{0!} + \frac{1}{1!} \cdot \frac{B_1}{1!} = 0,$$

und allgemein für $n = 2, 3, \ldots$

$$\frac{1}{n!} \cdot \frac{B_0}{0!} + \frac{1}{(n-1)!} \cdot \frac{B_1}{1!} + \frac{1}{(n-2)!} \cdot \frac{B_2}{2!} + \cdots + \frac{1}{1!} \cdot \frac{B_{n-1}}{(n-1)!} = 0.$$

Erweitert man diese Gleichung noch mit $n!$, so kann man kürzer dafür schreiben

$$\binom{n}{0} B_0 + \binom{n}{1} B_1 + \binom{n}{2} B_2 + \cdots + \binom{n}{n-1} B_{n-1} = 0.$$

Stünde hier überall B^ν statt B_ν, so könnte man für diese Gleichung noch kürzer

$$\mathbf{(B + 1)^n - B^n = 0} \qquad \textbf{106.}$$

schreiben, und in dieser bequemen Form kann man sich auch die vorstehende Rekursionsformel als sogenannte *symbolische Gleichung* merken, d. h. als eine Gleichung, die nicht wörtlich zu verstehen ist, sondern die erst auf Grund einer besonderen Verabredung gültig ist, — hier also der Verabredung, daß nach Ausführung der n^{ten} Potenz des Binoms überall wieder B^ν durch B_ν zu ersetzen ist. Unsere Formel liefert nun für $n = 2, 3, 4, 5, \ldots$ der Reihe nach die Gleichungen

$$\begin{aligned} &2 B_1 + 1 = 0, \\ &3 B_2 + 3 B_1 + 1 = 0, \\ &4 B_3 + 6 B_2 + 4 B_1 + 1 = 0, \\ &5 B_4 + 10 B_3 + 10 B_2 + 5 B_1 + 1 = 0, \\ &\ldots\ldots\ldots\ldots\ldots, \end{aligned}$$

aus denen sich

$$B_1 = -\frac{1}{2}, \qquad B_2 = \frac{1}{6}, \qquad B_3 = 0, \qquad B_4 = -\frac{1}{30}$$

---

[1] Explizite Formeln für die Entwicklungskoeffizienten des Quotienten zweier Potenzreihen findet man z. B. bei J. HAGEN: On division of series, Am Journ. of Math. Bd. 5, S. 236. 1883.

[2] EULER: Institutiones calc. diff. Bd. 2, § 122. 1755.

und dann weiter

$$B_5 = B_7 = B_9 = B_{11} = B_{13} = B_{15} = 0$$

sowie

$$B_6 = \frac{1}{42}, \quad B_8 = -\frac{1}{30}, \quad B_{10} = \frac{5}{66}, \quad B_{12} = -\frac{691}{2730}, \quad B_{14} = \frac{7}{6}$$

ergibt. Von diesen sogenannten ***Bernoullischen Zahlen*** wird später (§ 24, 4; § 32, 4; § 55, IV) noch öfter die Rede sein. Im Augenblick ist nur zu sehen, daß die B_n wohlbestimmte *rationale* Zahlen sind. Sie folgen indessen keiner oberflächlichen Gesetzmäßigkeit und sind der Gegenstand vieler und tiefgehender Untersuchungen geworden[1].

Endlich wollen wir noch ein letztes allgemeines Theorem über Potenzreihen beweisen: Wenn die für $|x - x_0| < r$ konvergente Potenzreihe $y = \sum_{n=0}^{\infty} a_n (x - x_0)^n$ vorgelegt ist, so entspricht jedem x in der Umgebung von x_0 ein bestimmter Wert von y, speziell dem Werte $x = x_0$ der Wert $y = a_0$, den wir darum auch mit y_0 bezeichnen wollen. Dann ist

$$y - y_0 = a_1(x - x_0) + a_2 (x - x_0)^2 + \cdots.$$

Wegen der Stetigkeit der Funktion entspricht *jedem* nahe bei x_0 gelegenen x auch ein nahe bei y_0 gelegener Wert von y. Wir wollen nun fragen, *ob bzw. inwieweit jeder in der Nähe von y_0 gelegene Wert von y erhalten wird und ob er nur genau einmal erhalten wird.* Wenn das Letztere zutrifft, würde nämlich nicht nur y durch x, sondern auch umgekehrt x durch y bestimmt, also x eine Funktion von y sein. Es wäre, wie man kurz sagt, die gegebene Funktion $y = f(x)$ in der Umgebung von x_0 ***umkehrbar*** (vgl. § 19, Satz 6). Über die Möglichkeit solcher Umkehrung gilt nun folgender

107. °**Umkehrsatz für Potenzreihen.** *Ist die für $|x - x_0| < r$ konvergente Entwicklung*

$$y - y_0 = a_1 (x - x_0) + a_2 (x - x_0)^2 + \cdots$$

vorgelegt, so ist unter der alleinigen Voraussetzung, daß $a_1 \neq 0$ ist, die hierdurch in der Umgebung von x_0 definierte Funktion $y = f(x)$ umkehrbar, d. h. es gibt eine und nur eine Funktion $x = \varphi(y)$, die durch

---

[1] Die Numerierung der Bernoullischen Zahlen ist häufig eine etwas andre, indem $B_0, B_1, B_3, B_5, B_7, \ldots$ gar nicht bezeichnet werden und statt B_{2k}, $(k = 1, 2, \ldots)$, nun $(-1)^{k-1} B_k$ gesetzt wird. Eine Tafel der Zahlen $B_2, B_4, \ldots$, bis B_{124} findet man bei J. C. Adams: J. reine u. angew. Math. Bd. 85. 1878. Es sei beiläufig erwähnt, daß B_{120} einen 113-stelligen Zähler und den Nenner 2328255930 hat; B_{122} hat den Nenner 6 und einen 107-stelligen Zähler. — Die Zahlen $B_2, B_4, \ldots$, bis B_{62} hatte schon Ohm: ibid. Bd. 20, S. 11. 1840 berechnet. — Die Zahlen B_ν treten zuerst bei Jak. Bernoulli: Ars conjectandi, 1713, S. 96 auf. — Eine zusammenfassende Darstellung gibt L. Saalschütz in seinen „Vorlesungen über die Bernoullischen Zahlen", Berlin: Julius Springer 1893, und N. E. Nörlund in seinen „Vorlesungen über Differenzenrechnung. Berlin: Julius Springer 1924. Neue Untersuchungen, die besonders den arithmetischen Teil der Theorie berücksichtigen, gibt G. Frobenius: Sitzgsber. d. Berl. Akad. 1910, S. 809—847.

eine in einer gewissen Umgebung von y_0 konvergente Potenzreihe der Form

$$x - x_0 = b_1(y - y_0) + b_2(y - y_0)^2 + \cdots$$

darstellbar ist und für die dort (im Sinne von **104**)

$$f(\varphi(y)) \equiv y$$

ist. Überdies ist $b_1 = 1 : a_1$.

Beweis. Wie schon öfter nehmen wir — was keine Einschränkung bedeutet — beim Beweise an, daß x_0 und y_0 gleich 0 sind[1]. Dann aber wollen wir auch annehmen, daß $a_1 = 1$ ist, daß also die Entwicklung

(a) $$y = x + a_2 x^2 + a_3 x^3 + \cdots$$

zur Umkehrung vorgelegt ist. Auch das bedeutet keine Einschränkung; denn da $a_1 \neq 0$ sein sollte, können wir $a_1 x + a_2 x^2 + \cdots$ in der Form

$$(a_1 x) + \frac{a_2}{a_1^2}(a_1 x)^2 + \frac{a_3}{a_1^3}(a_1 x)^3 + \cdots$$

schreiben. Setzen wir dann zur Abkürzung $a_1 x = x'$ und für $n \geqq 2$

$$\frac{a_n}{a_1^n} = a_n'$$

und lassen nachträglich der Einfachheit halber die Akzente weg, so bekommen wir gerade die obige Entwicklungsform. Es genügt also, diese zu behandeln. Dann können wir aber zeigen, daß eine in einem gewissen Intervall konvergente Potenzreihe der Form

(b) $$x = y + b_2 y^2 + b_3 y^3 + \cdots$$

existiert, die die Umkehrung der vorigen bildet, für die also

(c) $$(y + b_2 y^2 + \cdots) + a_2(y + b_2 y^2 + \cdots)^2 + a_3(y + b_2 y^2 + \cdots)^3 + \cdots$$

identisch $= y$ ist, wenn diese Reihe gemäß **104** nach Potenzen von y geordnet wird.

Da x der Kürze halber für $a_1 x$ gesetzt worden ist, so sieht man, daß die in (b) rechts stehende Reihe noch durch a_1 dividiert werden muß, um die Umkehrung der Reihe $a_1 x + a_2 x^2 + \cdots$ zu werden, in der a_1 nicht vorher spezialisiert worden ist. In diesem allgemeineren Falle wird also dann $b_1 = 1 : a_1$ der Koeffizient von y^1 sein müssen.

Nehmen wir für den Augenblick die Richtigkeit der Behauptung (b) an, so sind die Koeffizienten b_ν *ganz eindeutig* durch die Bedingung bestimmt, daß nach der Umordnung der Reihe (c) die Koeffizienten von

[1] Oder: Wir setzen zur Abkürzung $x - x_0 = x'$ und $y - y_0 = y'$ und lassen dann der Einfachheit halber die Akzente weg.

$y^2, y^3, \ldots$ alle $= 0$ sein müssen. In der Tat liefert diese Forderung die Gleichungen

$$\text{(d)} \qquad \begin{cases} b_2 + a_2 = 0, \\ b_3 + 2 b_2 a_2 + a_3 = 0, \\ b_4 + (b_2^2 + 2 b_3) a_2 + 3 b_2 a_3 + a_4 = 0, \\ \ldots\ldots\ldots\ldots, \end{cases}$$

aus denen, wie unmittelbar zu sehen, der Reihe nach die Koeffizienten b_ν eindeutig berechnet werden können. So erhält man zunächst die Werte

$$\text{(e)} \qquad \begin{cases} b_2 = -a_2, \\ b_3 = -2 b_2 a_2 - a_3 = 2 a_2^2 - a_3, \\ b_4 = -(b_2^2 + 2 b_3) a_2 - 3 b_2 a_3 - a_4, \\ b_5 = \cdots, \\ \ldots\ldots\ldots\ldots \end{cases}$$

— eine Rechnung, die indes sehr bald undurchsichtig wird. Doch zeigt der Ansatz dieser Rechnung jedenfalls, daß, wenn es ***überhaupt eine*** in eine Potenzreihe entwickelbare Umkehrung $x = \varphi(y)$ der Funktion $y = f(x)$ gibt, es ***nur eine einzige*** geben kann.

Diese soeben angedeutete Rechnung liefert nun aber, wie auch die Ausgangsreihe (a) gegeben sein mag, *stets* wohlbestimmte Werte b_ν, so daß man also *stets* eine Potenzreihe $y + b_2 y^2 + \cdots$ erhält, welche *wenigstens formal* den Bedingungen des Problems genügt, für die also die Reihe (c) identisch $= y$ wird. Fraglich bleibt nur, ob die Potenzreihe auch einen *positiven* Konvergenzradius hat. Können wir auch das nachweisen, so wäre die Umkehrung vollständig geleistet.

Dieser Nachweis läßt sich nun, wie CAUCHY zuerst gezeigt hat, in der Tat ganz allgemein folgendermaßen erbringen: Man wähle irgendwelche positive Zahlen α_ν, für die stets

$$|a_\nu| \leqq \alpha_\nu$$

ist und $\sum \alpha_\nu x^\nu$ einen positiven Konvergenzradius hat. Macht man dann genau den Ansatz, wie eben, für die Reihe

$$y = x - \alpha_2 x^2 - \alpha_3 x^3 - \cdots,$$

deren Umkehrung dann

$$x = y + \beta_2 y^2 + \beta_3 y^3 + \cdots$$

sein möge, so erhält man für die β_ν, ganz entsprechend wie oben, die Gleichungen

$$\begin{aligned} &\beta_2 = \alpha_2, \\ &\beta_3 = 2 \beta_2 \alpha_2 + \alpha_3, \\ &\beta_4 = (\beta_2^2 + 2 \beta_3) \alpha_2 + 3 \beta_2 \alpha_3 + \alpha_4, \\ &\ldots\ldots\ldots\ldots \end{aligned}$$

bei denen nun alle Summanden positiv sind. Es ist daher stets

$$\beta_\nu \geqq |b_\nu| .$$

Könnte man also die α_ν noch so wählen, daß die Reihe $\sum \beta_\nu y^\nu$ einen positiven Konvergenzradius bekommt, so würde daraus dasselbe für die Reihe $\sum b_\nu y^\nu$ folgen, und der Beweis wäre vollendet.

Die α_ν wählen wir nun so: Es gibt jedenfalls eine positive Zahl ϱ, für die die Ausgangsreihe $x + a_2 x^2 + \cdots$ absolut konvergiert. Dann muß es aber (nach **82**, Satz 1 und **10**, 11) eine positive Zahl K geben, so daß für $\nu = 2, 3, \ldots$ stets

$$|a_\nu| \varrho^\nu \leqq K \quad \text{oder} \quad |a_\nu| \leqq \frac{K}{\varrho^\nu}$$

bleibt. Daraufhin setzen wir für $\nu = 2, 3, \ldots$

$$\alpha_\nu = \frac{K}{\varrho^\nu},$$

so daß es sich um die Umkehrung der für $|x| < \varrho$ konvergenten Reihe

$$y = x - K \cdot \frac{x^2}{\varrho^2} \cdot \left(1 + \frac{x}{\varrho} + \frac{x^2}{\varrho^2} + \cdots\right) = x - \frac{K \cdot x^2}{\varrho(\varrho - x)}$$

handeln würde. *Diese* Funktion kann man aber ganz unmittelbar umkehren. Denn man stellt durch Differentiation sofort fest — es handelt sich ja um eine leicht zu übersehende Hyperbel, von der man sich eine Skizze machen möge —, daß sie für

$$-\infty < x < x_1 = \varrho\left(1 - \sqrt{\frac{K}{K + \varrho}}\right)$$

(im engeren Sinne) monoton von $-\infty$ an bis zum Werte

$$y_1 = 2K + \varrho - 2\sqrt{K(K + \varrho)}$$

wächst und also eine für $y < y_1$ eindeutig definierte Umkehrung besitzt, deren Werte $< x_1$ sind. Für diese ergibt sich aus

$$y = x - \frac{K \cdot x^2}{\varrho(\varrho - x)} \quad \text{oder} \quad (K + \varrho)x^2 - \varrho(\varrho + y)x + \varrho^2 y = 0$$

völlig eindeutig

$$x = \frac{\varrho}{2(K + \varrho)}\left[\varrho + y - \sqrt{y^2 - 2(2K + \varrho)y + \varrho^2}\right].$$

Nun ist weiter

$$y^2 - 2(2K + \varrho)y + \varrho^2 \equiv (y - y_1)(y - y_2),$$

wenn zur Abkürzung außer der eben benutzten Größe y_1 noch

$$y_2 = 2K + \varrho + 2\sqrt{K(K + \varrho)}$$

gesetzt wird, — zwei Größen, die *beide* > 0 sind, weil es die zweite ist und weil ihr Produkt $= \varrho^2$ ist. Dann ist aber

$$x = \frac{\varrho^2}{2(K+\varrho)}\left[1 + \frac{y}{\varrho} - \left(1 - \frac{y}{y_1}\right)^{\frac{1}{2}} \cdot \left(1 - \frac{y}{y_2}\right)^{\frac{1}{2}}\right].$$

Im nächsten Kapitel werden wir nun lernen, daß für $|z| < 1$ die Potenz $(1 - z)^{\frac{1}{2}}$ tatsächlich in eine Potenzreihe — beginnend mit $1 - \frac{z}{2} + \cdots$ — entwickelt werden kann. Indem wir dieses Resultat vorwegnehmen, ergibt sich jetzt unmittelbar, daß auch x in eine mindestens für $|y| < y_1$ konvergente Potenzreihe

$$\begin{aligned} x &= \frac{\varrho^2}{2(K+\varrho)}\left[1 + \frac{y}{\varrho} - \left(1 - \frac{y}{2y_1} + \cdots\right)\left(1 - \frac{y}{2y_2} + \cdots\right)\right] \\ &= y + \beta_2 y^2 + \cdots \end{aligned}$$

entwickelt werden kann. Nach den vorausgegangenen Bemerkungen ist hiermit aber der Beweis in allen Teilen vollendet.

Die tatsächliche Herstellung der Reihe $y + b_2 y^2 + \cdots$ aus der Reihe $x + a_2 x^2 + \cdots$ ist auch hier meist mit erheblichen Schwierigkeiten verknüpft und erfordert von Fall zu Fall besondere Hilfsmittel[1]. Beispiele hierfür werden in den §§ 26 und 27 auftreten.

Zum Zwecke späterer Verwendung merken wir nur noch an, daß, wenn (a) zur Umkehrung die Reihe (b) hat, dann aus der mit alternierenden Vorzeichen genommenen Reihe

(a′) $$y = x - a_2 x^2 + a_3 x^3 - + \cdots$$

als Umkehrung eine Reihe entsteht, die einfach aus (b) durch alternierende Änderung der Vorzeichen entsteht:

(b′) $$x = y - b_2 y^2 + b_3 y^3 - + \cdots$$

Man erkennt das ganz unmittelbar, wenn man in (c) die Potenzen von $(y + b_2 y^2 + \cdots)$ zunächst wirklich ausführt, was

$$(y + b_2 y^2 + \cdots) + a_2(y^2 + b_3^{(2)} y^3 + \cdots) + a_3(y^3 + b_4^{(3)} y^4 + \cdots)$$

liefern möge. Macht man unter den neuen Annahmen genau dasselbe, so erhält man — da das Produkt zweier Potenzreihen mit alternierenden Koeffizienten wieder eine solche liefert — mit allenthalben alternierenden Zeichen:

(c′) $$\begin{aligned} &(y - b_2 y^2 + - \cdots) - a_2(y^2 - b_3^{(2)} y^3 + - \cdots) \\ &\qquad + a_3(y^3 - b_4^{(3)} y^4 + - \cdots) - + \cdots \end{aligned}$$

Und daß nun das Nullsetzen der Koeffizienten von $y^2, y^3, \ldots$ der Reihe nach dieselben Gleichungen (d), also auch dieselben Werte für die b_ν liefert wie bisher, ist hieraus unmittelbar abzulesen.

---

[1] Die allgemeinen Werte der Entwicklungskoeffizienten b_n findet man bis zu b_{13} ausgerechnet bei C. E. van Orstrand: Reversion of power series. Philos. Mag. (6) Bd. 19, S. 366. 1910.

Ganz das Entsprechende gilt, wenn die Potenzreihen von vornherein *nur ungerade* Potenzen enthalten. Hat also

$$y = x + a_3 x^3 + a_5 x^5 + \cdots$$

die Umkehrung

$$x = y + b_3 y^3 + b_5 y^5 + \cdots,$$

so hat die Reihe

$$y = x - a_3 x^3 + a_5 x^5 - + \cdots$$

notwendig die Umkehrung

$$x = y - b_3 y^3 + b_5 y^5 - + \cdots$$

Aufgaben zum V. Kapitel.

64. Man bestimme den Konvergenzradius der Potenzreihe $\sum a_n x^n$, wenn die Koeffizienten a_n von einer Stelle an einen der in Aufgabe 34 oder 45 angegebenen Werte haben.

65. Man bestimme die Radien der Potenzreihen

$$\sum \vartheta^{n^2} \cdot x^n, \quad 0 < \vartheta < 1; \qquad \sum \left(\frac{1 \cdot 2 \ldots n}{3 \cdot 5 \ldots (2n+1)}\right)^2 x^n;$$

$$\sum \frac{n!}{n^n} x^n; \qquad \sum \frac{n!}{a^{n^2}} x^n, \quad a > 1; \qquad \sum \frac{(n!)^3}{(3n)!} x^n.$$

66. Werden die Häufungsgrenzen von $\left|\frac{a_n}{a_{n+1}}\right|$ mit $\varkappa$ und μ bezeichnet, so gilt für den Radius r der Potenzreihe $\sum a_n x^n$ *stets* die Beziehung $\varkappa \leqq r \leqq \mu$. Im besonderen: Wenn $\lim \left|\frac{a_n}{a_{n+1}}\right|$ existiert, so liefert sein Wert den Radius von $\sum a_n x^n$.

67. $\sum a_n x^n$ habe den Radius r, $\sum a'_n x^n$ den Radius r'. Was läßt sich über den Radius der Potenzreihen

$$\sum (a_n \pm a'_n)\, x^n, \qquad \sum a_n a'_n x^n, \qquad \sum \frac{a_n}{a'_n} x^n$$

aussagen?

67a. Welchen Radius hat $\sum a_n x^n$, falls $0 < \overline{\lim} |a_n| < +\infty$?

68. Die Potenzreihe $\sum\limits_{n=2}^{\infty} \frac{\varepsilon_n}{n \log n} x^n$, in der ε_n die Bedeutung aus Aufgabe 47 hat, konvergiert an beiden Enden des Konvergenzintervalles, aber in beiden nur bedingt.

69. Beweise im Anschluß an **97**, Beispiel 3, daß

$$\sum_{\nu=0}^{n} \binom{n}{\nu}^2 = (-1)^n \sum_{\nu=0}^{2n} (-1)^\nu \binom{2n}{\nu}^2 = \binom{2n}{n}$$

ist.

70. In Ergänzung des ABELschen Grenzwertsatzes **100** läßt sich zeigen, daß in jedem Falle, wenn nur $\sum a_n x^n$ einen Radius $r \geqq 1$ hat,

$$\underline{\lim}\, s_n \leqq \overline{\lim_{x \to 1-0}} \left(\sum_{n=0}^{\infty} a_n x^n\right) \leqq \overline{\lim}\, s_n$$

ist. ($s_n = a_0 + a_1 + \cdots + a_n$.)

71. Die im allgemeinen nicht erlaubte Umkehrung des ABELschen Grenzwertsatzes **100** ist dennoch gestattet, wenn die Koeffizienten $a_n \geqq 0$ sind; wenn dann

$$\lim_{x \to r - 0} \sum a_n x^n$$

existiert, so ist also $\sum a_n r^n$ konvergent mit demselben Werte.

72. Es sei

$$\sum_{n=1}^{\infty} a_n x^n = f(x) \quad \text{und} \quad \sum_{n=1}^{\infty} b_n x^n = g(x),$$

und beide Reihen seien für $|x| < \varrho$ konvergent. Dann ist (für welche x?)

$$\sum_{n=1}^{\infty} b_n f(x^n) = \sum_{n=1}^{\infty} a_n g(x^n)\,.$$

(Die Spezialisierung der Koeffizienten ergibt viele interessante Identitäten. Man setze etwa $b_n \equiv 1$, $(-1)^{n-1}$, $\frac{1}{n}$ usw.)

73. Wie beginnen die durch Division gewonnenen Potenzreihen für

$$\frac{1}{1 - \frac{x^2}{2!} + \frac{x^4}{4!} - + \cdots}, \qquad \frac{1}{1 + \frac{x}{2} + \frac{x^2}{3} + \cdots}\;?$$

(Weitere Aufgaben über Potenzreihen beim nächsten Kapitel.)

VI. Kapitel.

Die Entwicklungen der sogenannten elementaren Funktionen.

Mit den Sätzen der vorigen beiden Paragraphen haben wir nun das Rüstzeug in Händen, mit dessen Hilfe wir eine große Zahl von Reihen nach jeder Richtung hin beherrschen. Dies wollen wir jetzt an den wichtigsten Beispielen ausführen.

Eine gewisse — übrigens ziemlich kleine — Zahl von Potenzreihen bzw. die durch sie dargestellten Funktionen haben vor allen anderen eine große Bedeutung für die gesamte Analysis, und man bezeichnet sie darum gern als die elementaren Funktionen. Mit diesen wollen wir uns vorerst beschäftigen.

§ 22. Die rationalen Funktionen.

Aus der geometrischen Reihe

$$1 + x + x^2 + \cdots = \sum_{n=0}^{\infty} x^n = \frac{1}{1-x}, \qquad |x| < 1,$$

die den Grundstock für viele der folgenden speziellen Untersuchungen bildet, findet man durch wiederholte Differentiation nach **98**, 4 der

Reihe nach

$$\sum_{n=0}^{\infty}(n+1)\,x^n = \frac{1}{(1-x)^2}, \quad \sum_{n=0}^{\infty}\binom{n+2}{2}x^n = \frac{1}{(1-x)^3}, \quad \ldots$$

und allgemein für jede natürliche Zahl p

$$\sum_{n=0}^{\infty}\binom{n+p}{n}x^n = \frac{1}{(1-x)^{p+1}}, \qquad |x| < 1. \quad \mathbf{108.}$$

Multipliziert man nach **91** diese Gleichung noch einmal mit $\sum x^n = \frac{1}{1-x}$, so ergibt sich nach **91** und **108**

$$\sum_{n=0}^{\infty}\left[\binom{p}{p} + \binom{p+1}{p} + \cdots + \binom{p+n}{p}\right]x^n = \sum_{n=0}^{\infty}\binom{n+p+1}{p+1}x^n.$$

Durch Vergleich der Koeffizienten (nach **97**) schließt man hieraus, daß

$$\binom{p}{p} + \binom{p+1}{p} + \cdots + \binom{p+n}{p} = \binom{n+p+1}{p+1}$$

sein muß, was man natürlich auch ganz leicht direkt (durch Induktion) beweist. Tut man dies, so kann man die Gleichung **108** auch durch mehrmaliges Multiplizieren von $\sum x^n = \frac{1}{1-x}$ mit sich selbst nach **103** herleiten.

Da

$$\binom{n+p}{p} = \binom{n+p}{n} = (-1)^n\binom{-p-1}{n}$$

ist, so erhält man aus **108**, wenn man dort noch x durch $-x$ und $p+1$ durch $-k$ ersetzt, die Formel

$$(1+x)^k = \sum_{n=0}^{\infty}\binom{k}{n}x^n, \qquad \mathbf{109.}$$

gültig für $|x| < 1$ und negativ-ganzzahliges k. Diese Formel ist ersichtlich eine Erweiterung des binomischen Lehrsatzes (**29**, 4) auf *negativ*-ganzzahlige Exponenten; denn diesen Lehrsatz darf man auch für positiv-ganzzahlige k (oder $k = 0$) in der Form **109** schreiben, da dann für $n > k$ die Glieder der Reihe doch alle $= 0$ sind.

Formeln wie die eben abgeleiteten haben — wir wollen dies gleich ein für allemal betonen — zweierlei Bedeutung; lesen wir sie von links nach rechts, so geben sie die Entwicklung oder Darstellung einer Funktion durch eine Potenzreihe, lesen wir sie von rechts nach links, so geben sie uns die Summe einer unendlichen Reihe in geschlossener Form. Je nach Lage des Falles kann die eine oder die andere Bedeutung im Vordergrund stehen.

Mit Hilfe dieser einfachen Formeln wird es oft gelingen, eine beliebig vorgelegte rationale Funktion

$$f(x) = \frac{a_0 + a_1 x + \cdots + a_m x^m}{b_0 + b_1 x + \cdots + b_k x^k}$$

in eine Potenzreihe zu entwickeln, nämlich immer dann, wenn man $f(x)$ in Partialbrüche, d. h. in eine Summe von Brüchen der Form

$$\frac{A}{(x-a)^p}$$

zu zerlegen vermag. Jeden einzelnen dieser Brüche wird man nach **108** durch eine Potenzreihe darstellen können, und somit auch die gegebene Funktion. Und zwar kann diese Entwicklung für die Umgebung eines jeden Punktes x_0 angesetzt werden, der von a verschieden ist. Dazu hat man nur

$$\left(\frac{1}{x-a}\right)^p = \frac{1}{(x_0-a)^p}\cdot\left(\frac{1}{1-\left(\frac{x-x_0}{a-x_0}\right)}\right)^p$$

zu setzen und den letzten Bruch nach **108** zu entwickeln. Hierdurch erkennt man zugleich, daß die Entwicklung für $|x-x_0| < |a-x_0|$ konvergieren wird, und nur für diese Werte von x.

Prinzipielle Bedeutung gewinnt diese Methode allerdings erst bei Benutzung komplexer Größen.

110. Beispiele.

1. $\sum_{n=0}^{\infty} \frac{1}{2^n} = 2.$

2. $\sum_{n=0}^{\infty} \frac{n+1}{2^n} = 4.$

3. $\sum_{n=0}^{\infty} \frac{(n+1)(n+2)}{2^{n+1}} = 8.$

4. $\sum_{n=0}^{\infty} \binom{n+p}{p}\cdot\left(\frac{2}{3}\right)^n = 3^{p+1}.$

§ 23. Die Exponentialfunktion.

1. Neben der geometrischen spielt vor allem die *Exponentialreihe*

$$\sum_{n=0}^{\infty} \frac{x^n}{n!} \equiv 1 + x + \frac{x^2}{2!} + \frac{x^3}{3!} + \cdots + \frac{x^n}{n!} + \cdots$$

weiterhin eine grundlegende Rolle. Mit der durch sie dargestellten Funktion wollen wir uns jetzt näher beschäftigen. Wir bezeichnen diese sog. ***Exponentialfunktion*** vorläufig mit $E(x)$. Da die Reihe nach **92**, 2 *beständig* konvergiert, ist $E(x)$ nach **98** jedenfalls eine für alle x definierte, stetige und beliebig oft differenzierbare Funktion. Für ihre Ableitung findet man unmittelbar

$$E'(x) = E(x),$$

so daß auch alle höheren Ableitungen

$$E^{(\nu)}(x) = E(x)$$

sein müssen.

Wir wollen versuchen, ihre weiteren Eigenschaften *allein aus der Reihe heraus* abzulesen. In **91**, 3 haben wir schon gezeigt, daß für irgend zwei reelle Zahlen x_1 und x_2 stets

(a) $$\boldsymbol{E(x_1 + x_2) = E(x_1) \cdot E(x_2)}$$

ist. Diese grundlegende Formel bezeichnet man kurz als das *Additionstheorem der Exponentialfunktion*[1]. Nach ihm ist weiter

$$E(x_1 + x_2 + x_3) = E(x_1 + x_2) \cdot E(x_3) = E(x_1) \cdot E(x_2) \cdot E(x_3);$$

und durch Wiederholung dieses Schlusses findet man, daß für irgendeine Anzahl reeller Zahlen $x_1, x_2, \ldots, x_k$ stets

(b) $$E(x_1 + x_2 + \cdots + x_k) = E(x_1) \cdot E(x_2) \cdots E(x_k)$$

ist. Setzt man hierin alle $x_\nu = 1$, so findet man speziell, daß die Gleichung

$$E(k) = [E(1)]^k$$

für jede natürliche Zahl k richtig ist. Da $E(0) = 1$, gilt sie auch für $k = 0$. Setzt man jetzt in (b) alle $x_\nu = \frac{m}{k}$, unter m eine zweite ganze Zahl $\geqq 0$ verstanden, so folgt, daß

$$E\left(k \cdot \frac{m}{k}\right) = \left[E\left(\frac{m}{k}\right)\right]^k$$

oder also — wegen $E(m) = [E(1)]^m$ —, daß

$$E\left(\frac{m}{k}\right) = [E(1)]^{\frac{m}{k}}$$

ist. Setzen wir noch zur Abkürzung $E(1) = E$, so ist bewiesen, daß die Gleichung

(c) $$E(x) = E^x$$

für *jedes rationale* $x \geqq 0$ richtig ist.

Ist dann ξ irgendeine *positive irrationale* Zahl, so können wir auf mannigfache Weise eine gegen ξ konvergierende Folge (x_n) mit positiven rationalen Gliedern bilden. Für jedes n ist dann nach dem eben Bewiesenen

$$E(x_n) = E^{x_n}.$$

---

[1] Zweiter Beweis. Die TAYLORsche Reihe **99** für $E(x)$ lautet:

$$E(x) = E(x_1) + \frac{E'(x_1)}{1!}(x - x_1) + \cdots,$$

gültig für *alle* Werte von x und x_1. Beachtet man, daß $E^{(\nu)}(x_1) = E(x_1)$ ist, so folgt, wenn man noch x durch $x_1 + x_2$ ersetzt, unmittelbar

$$E(x_1 + x_2) = E(x_1) \cdot \left[1 + \frac{x_2}{1!} + \frac{x_2^2}{2!} + \cdots\right] = E(x_1) \cdot E(x_2),$$

w. z. b. w.

Für $n \to +\infty$ strebt hierin die linke Seite nach **98**, 2 gegen $E(\xi)$, die rechte Seite nach **42**, 1 gegen E^{ξ}, so daß wir das Ergebnis

$$E(\xi) = E^{\xi}$$

erhalten. Damit ist die Gleichung (c) für *jedes reelle* $x \geqq 0$ bewiesen.

Endlich ist aber nach (a)

$$E(-x) \cdot E(x) = E(x-x) = E(0) = 1,$$

woraus zunächst folgt, daß für kein reelles x etwa $E(x) = 0$ sein kann[1] und daß für $x \geqq 0$

$$E(-x) = \frac{1}{E(x)} = \frac{1}{E^x} = E^{-x}$$

ist. Dies bedeutet aber, daß auch für jedes negativ-reelle x die Gleichung (c) besteht.

Damit ist bewiesen, daß diese Gleichung für *alle reellen* x besteht; und zugleich hat damit die Funktion $E(x)$ ihren Namen als Exponentialfunktion gerechtfertigt; $E(x)$ ist die x^{te} Potenz der festen Grundzahl

$$E = E(1) = 1 + \frac{1}{1!} + \frac{1}{2!} + \frac{1}{3!} + \cdots + \frac{1}{n!} + \cdots$$

2. Es wird sich nun weiter darum handeln, über diese Grundzahl noch Näheres zu erfahren. Wir wollen zeigen, daß sie mit der schon in **46a** angetroffenen Zahl e identisch, daß also

$$\lim_{n\to\infty}\left(1+\frac{1}{n}\right)^n = \sum_{\nu=0}^{\infty}\frac{1}{\nu!}$$

ist[2]. Wir führen den Beweis etwas umfassender, indem wir in Ergänzung der Untersuchung von **46a** sogleich den folgenden Satz[3] beweisen:

111. °**Satz.** *Für jedes reelle x existiert*

$$\lim_{n\to\infty}\left(1+\frac{x}{n}\right)^n \textit{ und ist gleich der Summe der Reihe } \sum_{\nu=0}^{\infty}\frac{x^\nu}{\nu!}.$$

Beweis. Wir setzen zur Abkürzung

$$\left(1+\frac{x}{n}\right)^n = x_n \quad \text{und} \quad \sum_{\nu=0}^{\infty}\frac{x^\nu}{\nu!} = s(x) = s.$$

Dann genügt es, zu zeigen, daß $(s - x_n) \to 0$ strebt. Ist aber, nachdem

---

[1] Das ist für $x \geqq 0$ natürlich auch unmittelbar aus der Reihe abzulesen, die ja dann eine Reihe mit positiven Gliedern ist, deren 0tes gleich 1 ist.

[2] Es handelt sich hier also um ein prägnantes Beispiel zu Problem B. Vgl. die Einleitung zu § 9.

[3] Zuerst — wenn auch nicht in ganz einwandfreier Weise — von Euler (Introductio in analysin infinitorum, S. 86. Lausanne 1748) bewiesen. — Die Exponentialreihe und ihre Summe e^x kannten schon Newton (1669) und Leibniz (1676).

für x eine bestimmte Zahl gewählt ist, $\varepsilon > 0$ gegeben, so können wir zunächst p so groß nehmen, daß der Rest

$$\frac{|x|^{p+1}}{(p+1)!} + \frac{|x|^{p+2}}{(p+2)!} + \cdots < \frac{\varepsilon}{2}$$

ausfällt. Weiter ist für $n > 2$

$$x_n = 1 + \binom{n}{1}\frac{x}{n} + \cdots + \binom{n}{k}\frac{x^k}{n^k} + \cdots + \binom{n}{n}\frac{x^n}{n^n}$$

$$= 1 + x + \frac{1}{2!}\left(1 - \frac{1}{n}\right)x^2 + \frac{1}{3!}\left(1 - \frac{1}{n}\right)\left(1 - \frac{2}{n}\right)x^3 + \cdots$$

$$\cdots + \frac{1}{k!}\left[\left(1 - \frac{1}{n}\right)\left(1 - \frac{2}{n}\right)\cdots\left(1 - \frac{k-1}{n}\right)\right]x^k + \cdots,$$

eine Reihe, die mit dem n^{ten} Gliede ganz von selbst abbricht. Bei ihr hat das Glied mit x^k, $(k = 0, 1, \ldots)$, ersichtlich einen Koeffizienten, der $\geqq 0$, aber nicht größer ist als der Koeffizient $1 : k!$ des entsprechenden Gliedes der Exponentialreihe. Das gleiche gilt dann auch von der Differenz des ersten gegen den zweiten. Folglich ist für $n > p$ — nach der Art, wie wir p gewählt haben[1] —

$$|s - x_n| \leqq \frac{1}{2!}\left[1 - \left(1 - \frac{1}{n}\right)\right]\cdot|x|^2 + \cdots$$

$$\cdots + \frac{1}{p!}\left[1 - \left(1 - \frac{1}{n}\right)\cdots\left(1 - \frac{p-1}{n}\right)\right]\cdot|x|^p + \frac{\varepsilon}{2}.$$

Jeder einzelne der $(p-1)$ ersten Summanden rechter Hand ist nun ersichtlich Glied einer Nullfolge[2]; also strebt auch deren Summe — denn p ist eine feste Zahl — gegen 0, und wir können $n_0 > p$ so wählen, daß diese Summe für $n > n_0$ auch $< \frac{\varepsilon}{2}$ bleibt. Dann ist aber für alle $n > n_0$

$$|s - x_n| < \varepsilon,$$

womit unsere Behauptung bewiesen ist[3]. — Für $x = 1$ folgt ganz

---

[1] Man denke sich von vornherein $p > 2$ genommen.

[2] Es strebt $\left(1 - \frac{1}{n}\right) \to 1$, $\left(1 - \frac{2}{n}\right) \to 1, \ldots, \left(1 - \frac{p-1}{n}\right) \to 1$, also strebt auch (nach **41**, 10) ihr Produkt $\to 1$, folglich $\left[1 - \left(1 - \frac{1}{n}\right)\cdots\left(1 - \frac{p-1}{n}\right)\right] \to 0$, und ebenso strebt auch, da x und p feste Zahlen sind, das Produkt dieses letzten Ausdrucks mit $\frac{1}{p!}|x|^p$ gegen 0 — und entsprechend für die andern Summanden. — Auch kann man unmittelbar nach **41**, 12 schließen.

[3] Der hier verwendete Kunstgriff ist kein ad hoc ausgeklügelter, sondern ein oft benutzter: Die Glieder einer Folge (x_n) stellen sich als eine Summe $x_n = x_0^{(n)} + x_1^{(n)} + \cdots + x_{k_n}^{(n)}$ dar, bei der nicht nur die einzelnen Summanden von n abhängen, sondern bei der auch die Anzahl dieser Summanden mit n ins Unendliche wächst: $k_n \to \infty$. Beherrscht man dann das Verhalten jedes einzelnen Summanden für $n \to \infty$ derart, daß man etwa weiß, daß $x_\nu^{(n)}$ bei festem ν gegen ξ_ν strebt, so kommt man sehr oft dadurch zum Ziel, daß man

speziell, daß

$$E = \sum_{\nu=0}^{\infty} \frac{1}{\nu!} = \lim_{n\to\infty}\left(1 + \frac{1}{n}\right)^n = e$$

ist; und allgemeiner ist für *jedes reelle x*

$$\boldsymbol{E(x) = \sum_{\nu=0}^{\infty} \frac{x^\nu}{\nu!} = e^x.}$$

Die hiermit gewonnene neue Darstellung der Zahl e durch die Exponentialreihe ist für die weitere Untersuchung dieser Zahl sehr viel handlicher. Zunächst kann man mit ihrer Hilfe nun leicht einen guten Näherungswert der Zahl e erhalten. Denn es ist, da alle Glieder der Reihe positiv sind, offenbar für jedes n

$$s_n < e < s_n + \frac{1}{(n+1)!} + \frac{1}{(n+1)!\,(n+1)} + \frac{1}{(n+1)!\,(n+1)^2} + \cdots$$

oder

$$s_n < e < s_n + \frac{1}{(n+1)!} \cdot \frac{n+1}{n},$$

$$\text{(a)} \qquad s_n < e < s_n + \frac{1}{n!\,n},$$

wenn mit s_n die Teilsummen der für e gefundenen Reihe bezeichnet werden. Rechnet man diese einfachen Werte z. B. für $n = 9$ aus (s. S. 260), so findet man

$$2{,}718281 < e < 2{,}718282,$$

was schon eine gute Vorstellung von dem Werte der Zahl e gibt[1]. — Aus der Formel (a) kann man aber noch weitere wichtige Schlüsse ziehen. Eine Zahl hat man nur dann vollständig vor sich, wenn sie rational ist und in der Form $\frac{p}{q}$ geschrieben wird. *Ist die Zahl e vielleicht rational?* Die Ungleichungen (a) lehren ganz leicht, daß dem leider *nicht* so ist. Wäre nämlich $e = \frac{p}{q}$, so lieferte die Formel (a) für $n = q$:

$$s_q < \frac{p}{q} < s_q + \frac{1}{q!\,q}$$

mit $s_q = 2 + \frac{1}{2!} + \cdots + \frac{1}{q!}$. Multiplizieren wir nun diese Ungleichung

---

zunächst eine feste Anzahl Summanden, etwa $x_0^{(n)} + x_1^{(n)} + \cdots + x_p^{(n)}$ mit festem p, abtrennt. Für $n \to \infty$ strebt nach **41**, 9 dieser Teil dann $\to \xi_0 + \xi_1 + \cdots + \xi_p$. Und mit den übrigen Summanden, also mit $x_{p+1}^{(n)} + \cdots + x_{k_n}^{(n)}$, versucht man nun durch Abschätzung im ganzen direkt fertig zu werden, was oft keine Schwierigkeiten macht, wenn p vorher richtig gewählt war.

[1] Die Zahl e ist von J. M. Boormann auf 346 Dezimalen berechnet worden (Math. magazine Bd 1, Nr. 12, S. 204. 1884). Der Nutzen solcher langwierigen Rechnungen ist gering.

mit $q!$, so wird $q!s_q$ offenbar eine *ganze* Zahl, die wir für den Augenblick mit g bezeichnen wollen, und es folgte

$$g < p\cdot(q-1)! < g + \frac{1}{q} \leqq g + 1.$$

Das ist aber unmöglich; denn zwischen den beiden *aufeinanderfolgenden* ganzen Zahlen g und $g+1$ kann nicht eine *von beiden verschiedene* wieder *ganze* Zahl $p\cdot(q-1)!$ gelegen sein. *Die Zahl e ist irrational.*

3. Obgleich durch die vorangegangenen Untersuchungen über den Grenzwert von $\left(1+\frac{x}{n}\right)^n$ alles bekannt geworden ist, was man zunächst wissen will — die beiden Probleme A und B (§ 9) sind befriedigend erledigt —, wollen wir wegen der grundlegenden Bedeutung dieser Dinge denselben Grenzwert noch einmal und auf andere Art — ganz unabhängig vom Vorangehenden — bestimmen.

Von früher her benutzen wir nur, daß $\left(1+\frac{1}{n}\right)^n \to e$ strebt. Wir wollen dies zunächst dahin verallgemeinern, daß wir zeigen, *daß auch*

$$\left(1+\frac{1}{y_n}\right)^{y_n} \to e$$

strebt, wenn (y_n) irgendeine gegen $+\infty$ strebende Folge positiver Zahlen ist. Sind hierbei die y_n *ganze* positive Zahlen, so ist dies eine unmittelbare Folge des früheren Resultates[1]. Sind aber die y_n nicht ganz, so wird es doch für jedes n eine (und nur eine) ganze Zahl k_n geben, so daß

$$k_n \leqq y_n < k_n + 1$$

ist; und die Folge dieser ganzen Zahlen muß ersichtlich auch gegen $+\infty$ streben. Nun ist aber, sobald $k_n \geqq 1$ ist,

$$\left(1+\frac{1}{k_n+1}\right)^{k_n} < \left(1+\frac{1}{y_n}\right)^{y_n} < \left(1+\frac{1}{k_n}\right)^{k_n+1}$$

Und weil die k_n ganze Zahlen sind, so strebt nach der Vorbemerkung die Folge

$$\left(1+\frac{1}{k_n}\right)^{k_n+1} = \left(1+\frac{1}{k_n}\right)^{k_n}\cdot\left(1+\frac{1}{k_n}\right)$$

ebenso wie die Folge

$$\left(1+\frac{1}{k_n+1}\right)^{k_n} = \left(1+\frac{1}{k_n+1}\right)^{k_n+1}\cdot\frac{1}{1+\frac{1}{k_n+1}}$$

gegen e. Nach **41**, 8 muß also auch

$$\left(1+\frac{1}{y_n}\right)^{y_n} \to e$$

---

[1] Denn ist $\varepsilon > 0$ gegeben und n_0 nach **46a** so bestimmt, daß $\left|\left(1+\frac{1}{n}\right)^n - e\right| < \varepsilon$ bleibt für $n > n_0$, so wird für $n > n_1$ auch $\left|\left(1+\frac{1}{y_n}\right)^{y_n} - e\right| < \varepsilon$ sein, sobald nämlich n_1 so bestimmt wird, daß für $n > n_1$ stets $y_n > n_0$ ist.

streben. — Jetzt läßt sich weiter zeigen, daß mit $y_n' \to -\infty$ auch

$$\left(1 + \frac{1}{y_n'}\right)^{y_n'} \to e$$

strebt, oder also, daß mit $y_n \to +\infty$ auch

$$\left(1 - \frac{1}{y_n}\right)^{-y_n} \to e$$

konvergiert. Wir müssen uns aber dabei alle $y_n' < -1$ bzw. alle $y_n > 1$ denken, damit die Basis der Potenz nicht negativ oder 0 wird; doch kann dies stets durch „endlich viele Änderungen" erreicht werden. Da nun

$$\left(1 - \frac{1}{y_n}\right)^{-y_n} = \left(\frac{y_n}{y_n - 1}\right)^{y_n} = \left(1 + \frac{1}{y_n - 1}\right)^{y_n - 1} \cdot \left(1 + \frac{1}{y_n - 1}\right)$$

ist und da mit y_n auch $(y_n - 1) \to +\infty$ strebt, so ist diese Behauptung eine unmittelbare Folge der vorangehenden.

Setzen wir $\frac{1}{y_n} = z_n$, so sagen unsere beiden Ergebnisse: Es strebt stets

$$(1 + z_n)^{\frac{1}{z_n}} \to e,$$

wenn (z_n) irgendeine Nullfolge mit lauter positiven oder lauter negativen Gliedern ist, — die im letzteren Falle nur alle > -1 sein sollen. Hieraus folgt nun schließlich der alles Bisherige zusammenfassende

112. **Satz.** *Ist (x_n) eine beliebige Nullfolge, deren Glieder aber alle von 0 verschieden und von Anfang an > -1 sein sollen*[1], *so ist stets*[2]

(a) $$\lim_{n \to \infty} (1 + x_n)^{\frac{1}{x_n}} = e.$$

Beweis. Da alle $x_n \neq 0$ sind, so kann man die Folge (x_n) in zwei Teilfolgen zerlegen, deren eine nur positive, deren andere nur negative Glieder enthält. Da für beide Teilfolgen der in Rede stehende Grenzwert, wie bewiesen, vorhanden und $= e$ ist[3], so ist er nach **41**, 5 auch für die vorgelegte Folge vorhanden und $= e$.

Nach **42**, 2 kann das gewonnene Ergebnis auch in der Form

(b) $$\frac{{}^e\log(1 + x_n)}{x_n} \to 1$$

geschrieben werden, in der es oft gebraucht werden wird. Nach § 19,

---

[1] Das letztere ist stets durch „endlich viele Änderungen" (vgl. **38**, 6) zu erreichen.

[2] CAUCHY: Résumé des leçons sur le calcul infinit., S. 81. Paris 1823.

[3] Bricht eine der beiden Teilfolgen ab, so können wir sie uns durch endlich viele Änderungen ganz ausgeschaltet denken.

Def. 4 kann es auch in der Form

$$\lim_{x \to 0} (1 + x)^{\frac{1}{x}} = e$$

geschrieben werden.

Aus diesen Ergebnissen folgt nun noch einmal — also völlig unabhängig von den Untersuchungen in 1 und 2 —, daß für jedes reelle x

$$\left(1 + \frac{x}{n}\right)^n \to e^x$$

strebt. Denn für $x = 0$ ist dies trivial; für $x \neq 0$ ist aber $\left(\frac{x}{n}\right)$ eine Nullfolge [1], und nach dem letzten Satze strebt

$$\left(1 + \frac{x}{n}\right)^{\frac{n}{x}} \to e \quad \text{und also} \quad \left(1 + \frac{x}{n}\right)^n \to e^x,$$

womit schon alles bewiesen ist [2].

4. Ist $a > 0$ und x beliebig reell, so ist, wenn mit log die *natürlichen* Logarithmen (s. S. 217) bezeichnet werden,

$$a^x = e^{x \log a} = 1 + \frac{\log a}{1!} x + \frac{\log^2 a}{2!} x^2 + \frac{\log^3 a}{3!} x^3 + \cdots$$

eine Potenzreihenentwicklung der beliebigen Potenz. Aus ihr lesen wir die Grenzwertbeziehung

$$\frac{a^x - 1}{x} \to \log a \quad \text{für} \quad x \to 0, \qquad (a > 0), \qquad \textbf{113.}$$

ab [3]. Diese Formel liefert uns einen ersten, schon einigermaßen gangbaren Weg zur Berechnung der Logarithmen. Denn nach ihr ist z. B. (vgl. § 9, S. 79)

$$\log a = \lim_{n \to \infty} n \left[\left(\sqrt[n]{a} - 1\right)\right]$$

$$= \lim_{k \to \infty} \left[2^k \left(\sqrt[2^k]{a} - 1\right)\right].$$

Da man nun Wurzeln, deren Exponent eine Potenz von 2 ist, durch wiederholtes Quadratwurzelziehen direkt berechnen kann, so ist hier-

---

[1] Wir betrachten diese Nullfolge erst für $n > |x|$, damit stets $\frac{x}{n} > -1$ ist.

[2] Verbinden wir dieses Ergebnis mit dem in 2 hergeleiteten, daß der obige Limes denselben Wert hat wie die Exponentialreihe, so haben wir einen zweiten Beweis dafür, daß auch die Summe der Exponentialreihe $= e^x$ ist.

[3] Direkter Beweis: Bilden die x_n eine Nullfolge, so tun es nach **35**, 3 auch die Zahlen $y_n = a^{x_n} - 1$; und folglich strebt nach **112** (b)

$$\frac{a^{x_n} - 1}{x_n} = \frac{y_n \cdot \log a}{\log(1 + y_n)} \to \frac{\log a}{1} = \log a.$$

mit ein (allerdings noch primitiver) Weg zur Berechnung der natürlichen Logarithmen gegeben.

5. Daß die Funktion e^x durchweg stetig und beliebig oft differenzierbar ist — mit $e^x = (e^x)' = (e^x)'' = \dots$ —, hatten wir schon betont. Daß sie durchweg *positiv* ist und mit x *monoton wächst*, teilt sie mit jeder Potenz a^x, deren Basis $a > 1$ ist.

Bemerkenswerter sind eine Anzahl einfacher Ungleichungen, die wir in der Folge noch oft gebrauchen werden und die sich meist durch Vergleich der Exponentialreihe mit der geometrischen Reihe ergeben. Ihren Beweis wollen wir dem Leser überlassen.

114. α) Für jedes x ist[1] $e^x > 1 + x$,

β) für $x < 1$ ist $e^x < \dfrac{1}{1-x}$,

γ) für $x > -1$ ist $\dfrac{x}{1+x} < 1 - e^{-x} < x$,

δ) für $x < +1$ ist $x < e^x - 1 < \dfrac{x}{1-x}$,

ε) für $x > -1$ ist $1 + x > e^{\frac{x}{1+x}}$,

ζ) für $x > 0$ ist $e^x > \dfrac{x^p}{p!}$, $(p = 0, 1, 2, \dots)$,

η) für $x > 0$, $y > 0$ ist $e^x > \left(1 + \dfrac{x}{y}\right)^y > e^{\frac{xy}{x+y}}$,

ϑ) für jedes $x \neq 0$ ist $|e^x - 1| < e^{|x|} - 1 < |x|\, e^{|x|}$.

§ 24. Die trigonometrischen Funktionen.

Wir sind jetzt auch in der Lage, eine strenge, d. h. rein arithmetische Einführung der Kreisfunktionen zu geben. Wir betrachten dazu die nach **92**, 2 beständig konvergenten Reihen

$$C(x) = 1 - \frac{x^2}{2!} + \frac{x^4}{4!} - + \dots + (-1)^k \frac{x^{2k}}{(2k)!} + \dots$$

und

$$S(x) = x - \frac{x^3}{3!} + \frac{x^5}{5!} - + \dots + (-1)^k \frac{x^{2k+1}}{(2k+1)!} + \dots,$$

deren jede eine durchweg stetige und beliebig oft differenzierbare Funktion darstellt. Wir werden die Eigenschaften dieser Funktionen aus ihrer Reihendarstellung heraus feststellen und schließlich finden, daß sie mit den aus den Elementen her bekannten Funktionen $\cos x$ und $\sin x$ identisch sind.

---

[1] Nur für $x = 0$ gehen diese und die folgenden Ungleichungen in Gleichungen über. — Man veranschauliche sich den Inhalt der Ungleichungen an den zugehörigen Kurven.

1. Zunächst findet man nach **98**, 3, daß ihre Ableitungen die folgenden Werte haben:

$$C' = -S\,, \quad C'' = -C\,, \quad C''' = S\,, \quad C'''' = C;$$
$$S' = C\,, \quad S'' = -S\,, \quad S''' = -C\,, \quad S'''' = S\,,$$

— gültig für jedes x (das wir der Kürze halber weggelassen haben). Da hiernach die 4ten Ableitungen mit den ursprünglichen Funktionen übereinstimmen, wiederholen sich von hier an die Werte der Ableitungen in derselben Reihenfolge. Ferner sieht man sofort, daß $C(x)$ eine gerade und $S(x)$ eine ungerade Funktion ist:

$$C(-x) = C(x)\,, \qquad S(-x) = -S(x)\,.$$

Ähnlich der Exponentialfunktion besitzen diese Funktionen auch einfache Additionstheoreme, mit deren Hilfe sie dann weiter untersucht werden können. Man gewinnt sie am schnellsten durch die TAYLORsche Reihenentwicklung (vgl. S. 195, Fußnote). Nach ihr hat man — und **zwar, da die Reihen beständig (absolut) konvergieren, für irgend zwei** reelle Zahlen x_1 und x_2 —

$$C(x_1 + x_2) = C(x_1) + \frac{C'(x_1)}{1!}x_2 + \frac{C''(x_1)}{2!}x_2^2 + \cdots,$$

und da diese Reihe absolut konvergiert, dürfen wir nach **89**, 4 beliebig umordnen, dürfen also insbesondere alle *die* Glieder vereinigen, für die die darin auftretende Ableitung denselben Wert hat. Das ergibt

$$C(x_1 + x_2) = C(x_1)\left[1 - \frac{x_2^2}{2!} + \frac{x_2^4}{4!} - + \cdots\right]$$
$$- S(x_1)\left[x_2 - \frac{x_2^3}{3!} + \frac{x_2^5}{5!} - + \cdots\right]$$

oder

(a) $$C(x_1 + x_2) = C(x_1)\,C(x_2) - S(x_1)\,S(x_2);$$

und ganz ähnlich findet man

(b) $$S(x_1 + x_2) = S(x_1)\,C(x_2) + C(x_1)\,S(x_2)\,.$$

Aus diesen Theoremen[1], die der Form nach mit den aus den Elementen her bekannten Additionstheoremen der Funktionen cos und sin

[1] Zweiter Beweis. Die Ausmultiplikation und Zusammenfassung der Reihen

$$C(x_1)\,C(x_2) - S(x_1)\,S(x_2)$$

liefert die Reihe für $C(x_1 + x_2)$, — ähnlich wie **91**, 3 bei der Exponentialreihe.

Dritter Beweis. Die Ableitung der Funktion $f(x) =$

$$[C(x_1 + x) - C(x_1)\,C(x) + S(x_1)\,S(x)]^2 + [S(x_1 + x) - S(x_1)\,C(x) - C(x_1)\,S(x)]^2$$

ist, wie man sofort findet, $\equiv 0$. Es ist also (nach § 19, Satz 7) $f(x) \equiv f(0) = 0$. Also muß jede eckige Klammer für sich $\equiv 0$ sein, was sofort beide Additionstheoreme liefert.

übereinstimmen, folgt dann leicht, daß für unsere Funktionen C und S auch alle andern sog. rein goniometrischen Formeln gelten. Wir heben insbesondere diese hervor:

Aus (a) folgt für $x_2 = -x_1$, daß für jedes x

(c) $$C^2(x) + S^2(x) = 1$$

ist; und aus (a) und (b), indem man dort x_1 und x_2 beide $= x$ setzt:

(d) $$\begin{aligned} C(2x) &= C^2(x) - S^2(x) \\ S(2x) &= 2\,C(x)\,S(x)\,. \end{aligned}$$

2. Ein klein wenig mühsamer ist es, die Periodizitätseigenschaften unserer Funktionen direkt aus den Reihen abzulesen. Es gelingt so: Es ist

$$C(0) = 1 > 0\,.$$

Dagegen ist $C(2) < 0$, denn es ist

$$C(2) = 1 - \frac{2^2}{2!} + \frac{2^4}{4!} - \left(\frac{2^6}{6!} - \frac{2^8}{8!}\right) - \left(\frac{2^{10}}{10!} - \frac{2^{12}}{12!}\right) - \cdots,$$

und die hier in den runden Klammern stehenden Größen sind, da für $n \geqq 2$ stets

$$\frac{2^n}{n!} - \frac{2^{n+2}}{(n+2)!} > 0$$

ist, alle positiv. Daher ist $C(2) < 1 - \frac{4}{2} + \frac{16}{24} = -\frac{1}{3}$, also gewiß negativ. Nach § 19, Satz 4 besitzt also die Funktion $C(x)$ mindestens *eine* zwischen 0 und 2 gelegene Nullstelle ξ. Da übrigens

$$S(x) = x\left(1 - \frac{x^2}{2\cdot 3}\right) + \frac{x^5}{5!}\left(1 - \frac{x^2}{6\cdot 7}\right) + \cdots$$

zwischen 0 und 2, wie man ebenso leicht erkennt, dauernd positiv, also $C'(x) = -S(x)$ dort dauernd negativ ist und die Funktion $C(x)$ somit in diesem Intervall (im engeren Sinne) monoton fällt, so ist ξ die *einzige* dort gelegene Wurzel. *Die kleinste positive Nullstelle von* $C(x)$, also ξ, ist hiernach eine ganz bestimmte reelle Zahl. Wir werden gleich nachher sehen, daß sie dem vierten Teil des Umfanges eines Kreises vom Radius 1 gleich ist und wollen sie darum schon jetzt mit $\frac{\pi}{2}$ bezeichnen[1]:

$$\xi = \frac{\pi}{2}, \qquad C\left(\frac{\pi}{2}\right) = 0\,.$$

Aus (c) folgt dann, daß $S^2\left(\frac{\pi}{2}\right) = 1$, also, da $S(x)$ zwischen 0 und 2

[1] Die Situation ist also die, daß hier π zunächst lediglich eine Abkürzung für 2ξ sein soll; erst nachher wird gezeigt werden, daß diese Zahl π die bekannte Bedeutung für den Kreis hat.

als positiv erkannt war, daß

$$S\left(\frac{\pi}{2}\right) = 1$$

ist. Die Formeln (d) lehren nun, daß

$$C(\pi) = -1, \qquad S(\pi) = 0$$

ist, und ihre nochmalige Anwendung, daß

$$C(2\pi) = 1, \qquad S(2\pi) = 0$$

ist. Und nun folgt endlich aus den Additionstheoremen, daß für jedes x

$$\text{(e)} \quad \begin{cases} C\left(x+\frac{\pi}{2}\right) = -S(x), & S\left(x+\frac{\pi}{2}\right) = C(x) \\ C(x+\pi) = -C(x), & S(x+\pi) = -S(x) \\ C(\pi-x) = -C(x), & S(\pi-x) = S(x) \\ \boldsymbol{C(x+2\pi) = C(x)}, & \boldsymbol{S(x+2\pi) = S(x)} \end{cases}$$

ist. Unsere beiden Funktionen besitzen also die Periode[1] 2π.

3. Es bleibt nun allein noch zu zeigen übrig, daß die von uns rein arithmetisch eingeführte Zahl π die bekannte geometrische Bedeutung für den Kreis hat. Damit wird sich dann auch die völlige Identität der Funktionen $C(x)$ und $S(x)$ mit $\cos x$ bzw. $\sin x$ ergeben.

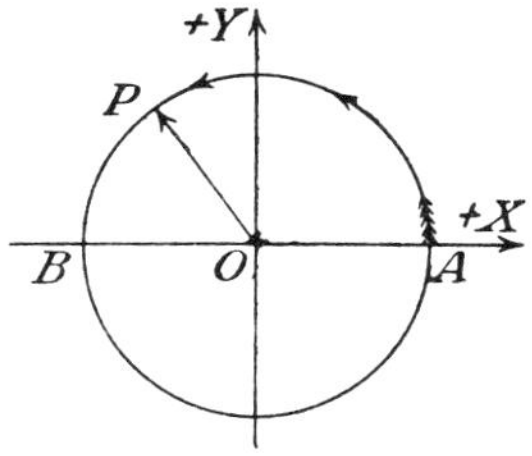

Fig. 3.

Bewegt sich (s. Fig. 3) in der Ebene eines rechtwinkligen Koordinatensystems OXY ein Punkt P derart, daß zur Zeit t seine Koordinaten x und y durch die beiden Gleichungen

$$x = C(t) \quad \text{und} \quad y = S(t)$$

gegeben sind, so ist sein Abstand

$$|OP| = \sqrt{x^2 + y^2}$$

vom Koordinatenanfangspunkt nach (c) stets $= 1$. Er bewegt sich also auf der Peripherie des Kreises mit dem Radius 1 um O. Läßt man spe-

[1] 2π ist auch eine sogenannte *primitive* Periode unserer Funktion, d. h. eine Periode, von der nicht ein (ganzzahliger) Bruchteil auch schon Periode ist. Wegen der zweiten der Formeln (e) ist nämlich $\frac{2\pi}{2} = \pi$ sicher keine Periode. Auch ein höherer Bruchteil $\frac{2\pi}{m}$ $(m > 2)$ kann nicht Periode sein, da dann z. B. $S\left(\frac{2\pi}{m}\right) = S(0) = 0$ sein müßte. Das ist aber unmöglich, da $S(x)$ zwischen 0 und 2 als positiv erkannt wurde und wegen $S(\pi - x) = S(x)$ sogar zwischen 0 und π stets > 0 ist. Analog schließt man für $C(x)$, daß $\frac{2\pi}{m}$ $(m > 1)$ keine Periode sein kann.

ziell t von 0 bis 2π wachsen, so beginnt der Punkt P seine Wanderung bei dem auf der positiven x-Achse gelegenen Punkt A des Kreises und umläuft nun im mathematisch-positiven Sinne (d. h. im Gegensinne des Uhrzeigers) genau einmal die Peripherie. In der Tat, während t von 0 bis π zunimmt, fällt $x = C(t)$ monoton von $+1$ bis -1, die Abszisse von P durchläuft also alle diese Werte und jeden genau einmal. Da gleichzeitig $S(t)$ dauernd positiv ist, so heißt dies, daß P den oberen Halbkreis von A nach B genau einmal durchlaufen hat. Die Formeln (e) zeigen dann weiter, daß, wenn t von π bis 2π wächst, genau ebenso der untere Halbkreis von B nach A durchlaufen wird. Diese Betrachtung lehrt zunächst den

Satz. *Sind x und y irgend zwei reelle Zahlen, für die $x^2 + y^2 = 1$ ist, so gibt es stets eine und nur eine zwischen* 0 (*einschl.*) *und* 2π (*ausschl.*) *gelegene Zahl t, für die gleichzeitig*

$$C(t) = x \qquad und \qquad S(t) = y$$

ist.

Fragen wir nun endlich nach der Länge des Weges, den der Punkt zurückgelegt hat, wenn t von 0 bis zu einem Werte t_0 gewachsen ist, so ergibt die Formel § 19, Satz 29 hierfür sofort den Wert

$$\int_0^{t_0} \sqrt{C'^2 + S'^2}\, dt = \int_0^{t_0} dt = t_0,$$

insbesondere ist der volle Umfang des Kreises

$$= \int_0^{2\pi} \sqrt{C'^2 + S'^2}\, dt = \int_0^{2\pi} dt = 2\pi.$$

Hiermit ist der erstrebte Zusammenhang zwischen unsern anfänglichen Betrachtungen und der Kreisgeometrie hergestellt: $C(t)$ ist als Abszisse desjenigen Punktes P, für den der Bogen $\widehat{AB} = t$ ist, mit dem cos dieses Bogens bzw. des zugehörigen Zentriwinkels identisch und $S(t)$ als Ordinate von P mit dem sin dieses Winkels. Fortan dürfen wir also $\cos t$ statt $C(t)$ und $\sin t$ statt $S(t)$ schreiben. — Der Unterschied unserer Behandlungsart von der elementaren ist hauptsächlich der, daß dort diese beiden Funktionen auf Grund geometrischer Erwägungen, die die Strecken-, Winkel-, Bogenlängen- und Inhaltsmessungen sozusagen naiv benutzen, eingeführt und untersucht werden, und daß man erst als letztem Ergebnis zu der Potenzreihenentwicklung derselben gelangt. Wir gingen umgekehrt von diesen Potenzreihen aus, studierten die dadurch definierten Funktionen und stellten schließlich — unter Benutzung eines durch die Integralrechnung geläuterten Begriffs der Bogenlänge — fest, daß sie die bekannte Bedeutung für den Kreis haben.

4. Die Funktionen $\operatorname{tg} x$ und $\operatorname{ctg} x$ definieren wir nun wie üblich als Quotienten:

$$\operatorname{tg} x = \frac{\sin x}{\cos x}, \quad \operatorname{ctg} x = \frac{\cos x}{\sin x};$$

sie bieten daher als Funktionen nichts prinzipiell Neues.

Die Potenzreihenentwicklungen dieser Funktionen sind indessen nicht so einfach. Nach dem **105**, 4 beschriebenen Divisionsverfahren kann man natürlich leicht einige Koeffizienten der Entwicklung berechnen. Doch gewinnt man damit keinen Einblick in die Zusammenhänge. Wir gehen so vor: In **105**, 5 hatten wir die Entwicklung

$$\frac{x}{e^x - 1} = \sum_{\nu=0}^{\infty} \frac{B_\nu x^\nu}{\nu!} \equiv 1 - \frac{x}{2} + \frac{B_2 x^2}{2!} + \frac{B_3 x^3}{3!} + \cdots$$

kennen gelernt[1], in der die BERNOULLIschen Zahlen B_ν zwar nicht explizit bekannt, aber mit Hilfe der sehr durchsichtigen Rekursionsformel **106** bequem berechenbar sind. Diese Zahlen können und wollen wir daher weiterhin als schlechtweg bekannt ansehen[2]. Hiernach ist — gültig für alle „hinreichend" kleinen x (vgl. **105**, 2, 4) —

$$\frac{x}{e^x - 1} + \frac{x}{2} = 1 + \frac{B_2 x^2}{2!} + \cdots$$

Die links stehende Funktion ist aber

$$= \frac{x}{2}\left(\frac{2}{e^x - 1} + 1\right) = \frac{x}{2}\,\frac{e^x + 1}{e^x - 1} = \frac{x}{2}\,\frac{e^{\frac{x}{2}} + e^{-\frac{x}{2}}}{e^{\frac{x}{2}} - e^{-\frac{x}{2}}},$$

und aus dieser Darstellung erkennt man, daß es sich um eine *gerade* Funktion handelt. Die BERNOULLIschen Zahlen $B_3, B_5, B_7, \ldots$ sind also, wie wir schon in **106** gesehen haben, nach **97**, 4 sämtlich $= 0$, und wir haben, indem wir für $e^{\frac{x}{2}}$ die Exponentialreihe benutzen und zur Abkürzung $\frac{x}{2} = z$ setzen:

$$z \cdot \frac{1 + \frac{z^2}{2!} + \frac{z^4}{4!} + \cdots}{z + \frac{z^3}{3!} + \frac{z^5}{5!} + \cdots} = 1 + \frac{B_2}{2!}(2z)^2 + \frac{B_4}{4!}(2z)^4 + \cdots$$

Stünden hier im Zähler und Nenner linker Hand *abwechselnde* Vorzeichen, so hätten wir ersichtlich gerade die Funktion $z \operatorname{ctg} z$ vor uns.

---

[1] Der hier links stehende Ausdruck ist in einer Umgebung von 0 *ausschließlich* des Nullpunktes selbst, der rechte ebenfalls in einer solchen Umgebung, jedoch *einschließlich* des Nullpunktes definiert, und *er ist überdies für $x = 0$ stetig*. In solchen Fällen pflegt man nicht besonders hervorzuheben, daß man den linken Ausdruck auch für $x = 0$ durch den dortigen Wert der rechten Seite definiert.

[2] Wie aus ihrer Definition hervorgeht, sind sie jedenfalls alle rational.

Darf man nun aus unserer Gleichung — in der wir uns noch links, um lauter gerade Potenzen zu bekommen, den Faktor z gehoben denken — ohne weiteres schließen, daß sie auch mit abwechselnden Vorzeichen richtig bleibt, daß also auch

$$z \operatorname{ctg} z = \frac{1 - \frac{z^2}{2!} + \frac{z^4}{4!} - + \cdots}{1 - \frac{z^2}{3!} + \frac{z^4}{5!} - + \cdots} = 1 - \frac{B_2}{2!}(2z)^2 + \frac{B_4}{4!}(2z)^4 - + \cdots$$

ist? Offenbar ja! Denn ist allgemein für alle hinreichend kleinen z

$$\frac{1 + a_2 z^2 + a_4 z^4 + \cdots}{1 + b_2 z^2 + b_4 z^4 + \cdots} = 1 + c_2 z^2 + c_4 z^4 + \cdots,$$

so besteht auch dieselbe Beziehung mit abwechselnden Vorzeichen. Denn in *beiden* Fällen sind gemäß **105**, 4 die Koeffizienten $c_{2\nu}$ aus den Gleichungen

$$c_2 + b_2 = a_2;$$

$$c_4 + c_2 b_2 + b_4 = a_4; \qquad c_6 + c_4 b_2 + c_2 b_4 + b_6 = a_6; \ \ldots$$

$$c_{2\nu} + c_{2\nu-2} b_2 + \cdots + c_2 b_{2\nu-2} + b_{2\nu} = a_{2\nu}; \ \ldots$$

der Reihe nach zu bestimmen. Es ist also in der Tat[1] — wir schreiben nun x statt z —

115. $$x \operatorname{ctg} x = 1 - \frac{2^2 B_2}{2!} x^2 + \frac{2^4 B_4}{4!} x^4 - + \cdots + (-1)^k \frac{2^{2k} B_{2k}}{(2k)!} x^{2k} + \cdots$$

$$= 1 - \frac{1}{3} x^2 - \frac{1}{45} x^4 - \frac{2}{945} x^6 - \frac{1}{4725} x^8 - \cdots.$$

Die Entwicklung für $\operatorname{tg} x$ erhält man nun am einfachsten mit Hilfe des Additionstheorems

$$2 \operatorname{ctg} 2x = \frac{\cos^2 x - \sin^2 x}{\cos x \cdot \sin x} = \operatorname{ctg} x - \operatorname{tg} x,$$

aus dem

$$\operatorname{tg} x = \operatorname{ctg} x - 2 \operatorname{ctg} 2x$$

und also[2]

116. (a) $$\operatorname{tg} x = \sum_{k=1}^{\infty} (-1)^{k-1} \frac{2^{2k}(2^{2k} - 1) B_{2k}}{(2k)!} x^{2k-1}$$

$$= x + \frac{1}{3} x^3 + \frac{2}{15} x^5 + \frac{17}{315} x^7 + \cdots$$

---

[1] Diese und die folgenden Reihenentwicklungen stammen fast sämtlich von EULER her und finden sich im 9. und 10. Kapitel seiner *Introductio in analysin infinitorum*. Lausanne 1748.

[2] Wir werden später sehen, daß B_{2k} für $k \geqq 1$ das Vorzeichen $(-1)^{k-1}$ hat (s. **136**), daß also die Entwicklung von $x \operatorname{ctg} x$ hinter der zu Anfang stehenden 1 lauter *negative*, die Entwicklungen von $\operatorname{tg} x$ und $\frac{x}{\sin x}$ lauter *positive* Koeffizienten haben.

folgt. Aus beiden Entwicklungen ergibt sich mit Hilfe der Formel

$$\operatorname{ctg} x + \operatorname{tg}\frac{x}{2} = \frac{1}{\sin x}$$

noch die weitere

(b)
$$\frac{x}{\sin x} = \sum_{k=0}^{\infty} (-1)^{k-1} \frac{(2^{2k}-2)\, B_{2k}}{(2k)!} x^{2k}$$
$$= 1 + \frac{1}{6}x^2 + \frac{7}{360}x^4 + \frac{31}{15120}x^6 + \cdots.$$

(Eine Entwicklung für $1 : \cos x$ werden wir hinter **138** antreffen.) — Diese Entwicklungen sind an dieser Stelle noch unbefriedigend, da ihr Gültigkeitsintervall noch nicht angegeben werden kann; wir wissen nur, *daß* die Reihen einen positiven Konvergenzradius besitzen, nicht aber, wie groß er ist.

5. Noch von einer ganz anderen Seite her ist EULER zu einer interessanten Reihenentwicklung für die Funktion ctg gelangt, die wir jetzt, zugleich wegen ihrer großen Bedeutung für viele Reihenprobleme, herleiten wollen[1]. Aus ihr wird sich dann auch der Konvergenzradius der Reihen **115** und **116** ergeben (s. **241**).

Es ist, wie eben gezeigt,

$$\operatorname{ctg} y = \frac{1}{2}\left(\operatorname{ctg}\frac{y}{2} - \operatorname{tg}\frac{y}{2}\right)$$

oder also

(*)
$$\operatorname{ctg}\pi x = \frac{1}{2}\left\{\operatorname{ctg}\frac{\pi x}{2} + \operatorname{ctg}\frac{\pi(x \pm 1)}{2}\right\},$$

eine Formel, bei der rechts ein beliebiges der Zeichen $\pm$ genommen werden darf. Es sei nun *x eine beliebige, von* $0, \pm 1, \pm 2, \ldots$ *verschiedene reelle Zahl,* deren Wert im folgenden festgehalten werden soll. Dann ist

$$\pi x \operatorname{ctg}\pi x = \frac{\pi x}{2}\left\{\operatorname{ctg}\frac{\pi x}{2} + \operatorname{ctg}\frac{\pi(x+1)}{2}\right\},$$

und die nochmalige Anwendung der Formel (*) auf die beiden Funktionswerte der rechten Seite, und zwar für den ersten mit dem +-Zeichen, für den zweiten mit dem —-Zeichen, ergibt

$$\pi x \operatorname{ctg}\pi x = \frac{\pi x}{4}\left\{\operatorname{ctg}\frac{\pi x}{4} + \left[\operatorname{ctg}\frac{\pi(x+1)}{4} + \operatorname{ctg}\frac{\pi(x-1)}{4}\right] + \operatorname{ctg}\frac{\pi(x+2)}{4}\right\}.$$

Ein dritter analoger Schritt ergibt für $\pi x \operatorname{ctg}\pi x$ den Wert

$$\frac{\pi x}{8}\left\{\operatorname{ctg}\frac{\pi x}{8} \begin{matrix} + \operatorname{ctg}\frac{\pi(x+1)}{8} + \operatorname{ctg}\frac{\pi(x+2)}{8} + \operatorname{ctg}\frac{\pi(x+3)}{8} \\ \bullet \\ + \operatorname{ctg}\frac{\pi(x-1)}{8} + \operatorname{ctg}\frac{\pi(x-2)}{8} + \operatorname{ctg}\frac{\pi(x-3)}{8} \end{matrix} + \operatorname{ctg}\frac{\pi(x+4)}{8}\right\},$$

[1] Die folgende, gegenüber der EULERschen stark vereinfachte Herleitung der Entwicklung rührt von SCHRÖTER her (Ableitung der Partialbruch- und Produktentwicklungen für die trigonometrischen Funktionen. Z. Math. Phys. Bd. 13, S. 254. 1868).

da je zwei Summanden, die zu dem Mittelpunkt (•) des in der geschweiften Klammer stehenden Aggregates spiegelbildlich liegen, gemäß Formel (*) nach Hinzufügung des Faktors $\frac{1}{2}$ je einen Summanden des vorigen Aggregates bilden. Führt man in derselben Weise im ganzen n solche Schritte aus, so erhält man für $n > 1$

$$(\dagger)\quad \pi x \operatorname{ctg} \pi x = \frac{\pi x}{2^n}\left\{\operatorname{ctg}\frac{\pi x}{2^n} + \sum_{\nu=1}^{2^{n-1}-1}\left[\operatorname{ctg}\frac{\pi(x+\nu)}{2^n} + \operatorname{ctg}\frac{\pi(x-\nu)}{2^n}\right] - \operatorname{tg}\frac{\pi x}{2^n}\right\}.$$

Da nun nach **115**

$$\lim_{z\to 0} z \operatorname{ctg} z = 1$$

und also auch für jedes $\alpha \neq 0$

$$\lim_{n\to\infty} \frac{1}{2^n} \operatorname{ctg}\frac{\alpha}{2^n} = \frac{1}{\alpha}$$

ist, so würde man, wenn man in der letzten Darstellung $n \to \infty$ streben läßt und auf der rechten Seite *zunächst versuchsweise* den Grenzübergang bei jedem Summanden einzeln ausführt, die Entwicklung

$$\pi x \operatorname{ctg} \pi x = 1 + x \cdot \sum_{\nu=1}^{\infty}\left(\frac{1}{x+\nu} + \frac{1}{x-\nu}\right) - 0 = 1 + 2x^2 \cdot \sum_{\nu=1}^{\infty}\frac{1}{x^2-\nu^2}$$

erhalten. Wir wollen nun zeigen, daß diese im allgemeinen *fehlerhafte Form des Grenzüberganges* uns hier doch zu einem richtigen Resultat führt.

Zunächst ist die erhaltene Reihe für jedes $x \neq \pm 1, \pm 2, \ldots$ nach **70**, 4 absolut konvergent, da die Beträge ihrer Glieder denen der Reihe $\sum \frac{1}{\nu^2}$ asymptotisch gleich sind. Nun werde eine beliebige ganze Zahl $k > 6|x|$ gewählt und vorläufig ebenfalls festgehalten. Ist dann n so groß, daß die Zahl $2^{n-1} - 1$, die wir zur Abkürzung mit m bezeichnen wollen, $> k$ ist, so zerlegen wir die gewonnene Darstellung (†) von $\pi x \operatorname{ctg} \pi x$ folgendermaßen[1]:

$$\pi x \operatorname{ctg} \pi x = \frac{\pi x}{2^n}\left\{\operatorname{ctg}\frac{\pi x}{2^n} - \operatorname{tg}\frac{\pi x}{2^n} + \sum_{\nu=1}^{k}[\cdots]\right\} + \frac{\pi x}{2^n}\left\{\sum_{\nu=k+1}^{m}[\cdots]\right\}.$$

(In die eckige Klammer ist hier natürlich dasselbe wie in (†) einzusetzen.) Die beiden Teile dieses Ausdrucks nennen wir A_n und B_n. Da nun A_n nur aus einer festen Anzahl von Summanden besteht, so ist hier der gliedweise Grenzübergang nach **41**, 9 gewiß gestattet, und wir haben

$$\lim_{n\to\infty} A_n = 1 + 2x^2 \sum_{\nu=1}^{k}\frac{1}{x^2-\nu^2};$$

[1] Vgl. die Fußnote 3 auf S. 197.

und da B_n nichts anderes ist als $\pi x \operatorname{ctg} \pi x - A_n$, so ist auch $\lim B_n$ vorhanden. Seinen Wert, der noch von der getroffenen Wahl von k abhängt, wollen wir mit r_k bezeichnen, so daß also

$$\lim_{n\to\infty} B_n = r_k = \pi x \operatorname{ctg} \pi x - \left[1 + 2x^2 \sum_{\nu=1}^{k} \frac{1}{x^2 - \nu^2}\right]$$

ist. Die Zahlen B_n, mit ihnen ihr Grenzwert r_k und folglich auch die zuletzt stehende Differenz lassen sich nun leicht abschätzen:

Es ist

$$\operatorname{ctg}(a+b) + \operatorname{ctg}(a-b) = \frac{-2 \operatorname{ctg} a}{\dfrac{\sin^2 b}{\sin^2 a} - 1}$$

und also

$$\operatorname{ctg}\frac{\pi(x+\nu)}{2^n} + \operatorname{ctg}\frac{\pi(x-\nu)}{2^n} = \frac{-2 \operatorname{ctg} \alpha}{\dfrac{\sin^2 \beta}{\sin^2 \alpha} - 1},$$

wenn zur Abkürzung für den Augenblick $\frac{\pi x}{2^n} = \alpha$ und $\frac{\pi \nu}{2^n} = \beta$ gesetzt wird.

Wegen $2^n > k > 6|x|$ ist sicher $|\alpha| = \left|\frac{\pi x}{2^n}\right| < 1$ und also[1]

$$|\sin \alpha| = \left|\alpha - \frac{\alpha^3}{3!} + \cdots\right| \leqq |\alpha|\left(1 + \frac{1}{3!} + \frac{1}{5!} + \cdots\right) < 2|\alpha|.$$

Da ferner $0 < \beta < \frac{\pi}{2} < 2$ ist, so ist[2]

$$\sin\beta = \beta\left(1 - \frac{\beta^2}{2\cdot 3}\right) + \frac{\beta^5}{5!}\left(1 - \frac{\beta^2}{6\cdot 7}\right) + \cdots > \frac{\beta}{3}$$

und also

$$\left|\frac{\sin\beta}{\sin\alpha}\right| > \frac{\beta}{6|\alpha|} = \frac{\nu}{6|x|} > 1,$$

letzteres, da $\nu > k > 6|x|$ ist. Daher ist nun (für $\nu > k$)

$$\left|\operatorname{ctg}\frac{\pi(x+\nu)}{2^n} + \operatorname{ctg}\frac{\pi(x-\nu)}{2^n}\right| \leqq \frac{2\left|\operatorname{ctg}\dfrac{\pi x}{2^n}\right|}{\dfrac{\nu^2}{36x^2} - 1}$$

und also

$$|B_n| \leqq \left|\frac{\pi x}{2^n} \operatorname{ctg}\frac{\pi x}{2^n}\right| \cdot \sum_{\nu=k+1}^{m} \frac{72 x^2}{\nu^2 - 36x^2}.$$

---

[1] Späterer Anwendung zuliebe machen wir diese Abschätzung in der obigen groben Form.

[2] Vgl. den Schluß auf S. 204.

Der vor der Summe stehende Faktor ist nun — ganz grob abgeschätzt — sicher < 3, denn es war $\left|\frac{\pi x}{2^n}\right| < 1$, und für $|z| < 1$ ist[1]

$$|z \operatorname{ctg} z| = \left|\frac{1 - \frac{z^2}{2!} + \frac{z^4}{4!} - + \cdots}{1 - \frac{z^2}{3!} + \frac{z^4}{5!} - + \cdots}\right| < \frac{1 + \frac{1}{2!} + \frac{1}{4!} + \cdots}{1 - \frac{1}{3!} - \frac{1}{5!} - \cdots} < 3.$$

Daher ist

$$|B_n| < 216\, x^2 \cdot \sum_{\nu=k+1}^{m} \frac{1}{\nu^2 - 36\, x^2} < 216\, x^2 \cdot \sum_{\nu=k+1}^{\infty} \frac{1}{\nu^2 - 36\, x^2}.$$

Hier steht nun aber eine von n ganz unabhängige Zahl, so daß auch

$$|\lim B_n| = |r_k| \leqq 216\, x^2 \cdot \sum_{\nu=k+1}^{\infty} \frac{1}{\nu^2 - 36\, x^2}$$

ist. Diese nun für r_k gefundene obere Schranke ist aber gleich dem hinter dem k^{ten} Gliede beginnenden Rest einer konvergenten Reihe[1]. Daher strebt $r_k \to 0$ für $k \to +\infty$. Gehen wir nun auf die Bedeutung von r_k zurück, so heißt dies, daß

$$\lim_{k\to\infty} \left\{\pi x \operatorname{ctg} \pi x - \left[1 + 2\, x^2 \sum_{\nu=1}^{k} \frac{1}{x^2 - \nu^2}\right]\right\} = 0$$

oder also, daß, wie behauptet,

117. $$\pi x \operatorname{ctg} \pi x = 1 + 2\, x^2 \sum_{\nu=1}^{\infty} \frac{1}{x^2 - \nu^2}$$

ist, — eine Formel, die für jedes $x \neq 0, \pm 1, \pm 2, \ldots$ nun als gültig erwiesen ist.

6. Von dieser äußerst merkwürdigen sogenannten *Partialbruchzerlegung der Funktion ctg* werden wir gleich im nächsten Kapitel wichtige Anwendungen zu machen haben. Aus ihr kann man natürlich leicht viele weitere herleiten; wir nennen noch folgende:

Gemäß der Formel

$$\pi \operatorname{ctg} \frac{\pi x}{2} - 2\pi \operatorname{ctg} \pi x = \pi \operatorname{tg} \frac{\pi x}{2}$$

findet man zunächst[2]

---

[1] Die Konvergenz ergibt sich ebenso einfach wie weiter oben die der Reihe $\sum \frac{1}{x^2 - \nu^2}$.

[2] Die Formel ergibt sich zunächst nur für $x \neq 0, \pm 1, \pm 2, \ldots$, doch prüft man ihre Richtigkeit für $x = 0, \pm 2, \pm 4, \ldots$ nachträglich ohne Schwierigkeit. (Die Reihe hat 0 zur Summe, wie man am leichtesten aus der zweiten Darstellung für gerade ganzzahlige x erkennt.)

$$\pi \operatorname{tg} \frac{\pi x}{2} = \sum_{\nu=0}^{\infty} \frac{4x}{(2\nu+1)^2 - x^2}, \quad (x \neq \pm 1, \pm 3, \pm 5, \ldots),$$

$$= 2 \sum_{\nu=0}^{\infty} \left(\frac{1}{(2\nu+1)-x} - \frac{1}{(2\nu+1)+x} \right).$$

Die Formel

$$\operatorname{ctg} z + \operatorname{tg} \frac{z}{2} = \frac{1}{\sin z}$$

liefert dann weiter für $x \neq 0, \pm 1, \pm 2, \ldots$

$$\frac{\pi}{\sin \pi x} = \frac{1}{x} + \frac{2x}{1^2 - x^2} - \frac{2x}{2^2 - x^2} + - \cdots$$

$$= \frac{1}{x} + \left(\frac{1}{1-x} - \frac{1}{1+x} \right) - \left(\frac{1}{2-x} - \frac{1}{2+x} \right) + - \cdots$$

Ersetzt man endlich hierin x durch $\frac{1}{2} - x$, so folgt

$$\frac{\pi}{\cos \pi x} = \frac{2}{1-2x} + \left(\frac{2}{1+2x} - \frac{2}{3-2x} \right) - \left(\frac{2}{3+2x} - \frac{2}{5-2x} \right) + - \cdots$$

Nach **83**, 2, Zusatz darf man hier die Klammern weglassen. Faßt man dann aber, vorn beginnend, wieder je zwei Glieder zusammen, so ergibt sich — gültig, falls $x \neq \pm \frac{1}{2}, \pm \frac{3}{2}, \pm \frac{5}{2}, \ldots$ ist —

$$\frac{\pi}{\cos \pi x} = \frac{1}{\left(\frac{1}{2}\right)^2 - x^2} - \frac{3}{\left(\frac{3}{2}\right)^2 - x^2} + \frac{5}{\left(\frac{5}{2}\right)^2 - x^2} - + \cdots$$ **118.**

Mit diesen *Partialbruchzerlegungen* der Funktionen ctg, tg, $\frac{1}{\sin}$ und $\frac{1}{\cos}$ wollen wir unsere Untersuchungen über die trigonometrischen Funktionen vorläufig abbrechen.

§ 25. Die binomische Reihe.

Schon in § 22 hatten wir gesehen, daß der Binomialsatz für ganze positive Exponenten, wenn man ihm die Form

$$(1 + x)^k = \sum_{n=0}^{\infty} \binom{k}{n} x^n$$

gibt, ungeändert auch für den Fall gültig bleibt, daß k eine negative ganze Zahl ist[1]. Nur muß dann $|x| < 1$ bleiben. Wir wollen jetzt zeigen, daß unter dieser Einschränkung der Satz sogar für jeden reellen Exponenten α gilt, daß also

$$(1 + x)^\alpha = \sum_{n=0}^{\infty} \binom{\alpha}{n} x^n, \quad \begin{cases} |x| < 1, \\ \alpha \text{ beliebig reell}, \end{cases}$$ **119.**

[1] Im ersten Falle ist die Reihe nur formal, im letzten tatsächlich eine unendliche.

ist[1]. Wie in den vorangehenden Fällen wollen wir auch hier von der Reihe ausgehen und zeigen, daß sie die in Rede stehende Funktion darstellt.

Die Konvergenz der Reihe für $|x| < 1$ ist sofort festzustellen, denn der Betrag des Quotienten des $(n+1)^{\text{ten}}$ zum n^{ten} Gliede ist

$$= \left|\frac{\alpha - n}{n+1} x\right| \quad \text{und strebt also} \quad \to |x|,$$

womit nach **76**, 2 schon gezeigt ist, daß $+1$ der genaue Konvergenzradius der binomischen Reihe ist. Nicht ganz so leicht ist es zu sehen, daß ihre Summe gleich dem — von selbst positiven — Wert von $(1+x)^\alpha$ ist. Bezeichnen wir die für $|x| < 1$ durch die Reihe dargestellte Funktion vorläufig mit $f_\alpha(x)$, so kann man den Beweis folgendermaßen führen:

Da $\sum \binom{\alpha}{n} x^n$ bei beliebigem α für $|x| < 1$ absolut konvergiert, so ist nach **91**, Bem. 1 für beliebige α und β und alle $|x| < 1$

$$\sum_{n=0}^{\infty} \binom{\alpha}{n} x^n \cdot \sum_{n=0}^{\infty} \binom{\beta}{n} x^n = \sum_{n=0}^{\infty} \left[\binom{\alpha}{0}\binom{\beta}{n} + \binom{\alpha}{1}\binom{\beta}{n-1} + \cdots + \binom{\alpha}{n}\binom{\beta}{0}\right] x^n.$$

Nun ist aber stets

$$\binom{\alpha}{0}\binom{\beta}{n} + \binom{\alpha}{1}\binom{\beta}{n-1} + \cdots + \binom{\alpha}{n}\binom{\beta}{0} = \binom{\alpha+\beta}{n},$$

wie man z. B. durch Induktion ganz leicht beweist[2]. Daher ist — bei

---

[1] Das Symbol $\binom{\alpha}{n}$ ist für beliebige reelle α und ganze $n \geqq 0$ durch die beiden Festsetzungen

$$\binom{\alpha}{0} = 1, \quad \binom{\alpha}{n} = \frac{\alpha(\alpha-1)\ldots(\alpha-n+1)}{1\cdot 2\cdot \;\ldots\; n} \quad \text{für} \quad n \geqq 1$$

definiert und genügt für alle reellen α und alle $n \geqq 1$ der Beziehung

$$\binom{\alpha-1}{n-1} + \binom{\alpha-1}{n} = \binom{\alpha}{n},$$

deren Richtigkeit man sofort nachrechnet.

[2] Hierzu bringe man die Behauptung durch Multiplikation mit $n!$ auf die Form

$$\binom{n}{0} \cdot \overline{\beta(\beta-1)\ldots(\beta-n+1)} + \cdots$$
$$+ \binom{n}{k} \overline{\alpha(\alpha-1)\ldots(\alpha-k+1)\cdot\beta(\beta-1)\ldots(\beta-n+k+1)} + \cdots$$
$$+ \binom{n}{n} \overline{\alpha(\alpha-1)\ldots(\alpha-n+1)}$$
$$= (\alpha+\beta)(\alpha+\beta-1)\ldots(\alpha+\beta-n+1).$$

Multipliziert man nun die $(n+1)$ Summanden der linken Seite erst der Reihe

festem $|x| < 1$ — für beliebige α und β stets

$$f_\alpha \cdot f_\beta = f_{\alpha+\beta}.$$

Genau ebenso nun, wie wir bei der Exponentialfunktion aus dem Additionstheorem $E(x_1) \cdot E(x_2) = E(x_1 + x_2)$ gefolgert haben, daß für alle reellen x stets $E(x) = (E(1))^x$ ist, würden wir auch hier schließen können, daß für alle reellen α stets

$$f_\alpha = (f_1)^\alpha$$

ist, wenn wir auch hier wüßten, daß f_α für alle reellen α (bei festem x) *stetig* von α abhängt. Da $f_1 = 1 + x$ ist, so wäre damit in der Tat die Gleichung

$$f_\alpha = (1 + x)^\alpha$$

allgemein in dem behaupteten Umfang bewiesen.

Dieser Nachweis der Stetigkeit ergibt sich nun ganz leicht aus dem großen Umordnungssatz **90**: Schreibt man die Reihe für f_α ausführlicher in der Form

$$\text{(a)} \qquad f_\alpha = 1 + \alpha x + \left(\frac{\alpha^2}{2} - \frac{\alpha}{2}\right) x^2 + \left(\frac{\alpha^3}{6} - \frac{\alpha^2}{2} + \frac{\alpha}{3}\right) x^3 + \cdots$$

und ersetzt nun jeden einzelnen Summanden durch seinen absoluten Betrag, so entsteht die Reihe

$$1 + \sum_{n=1}^{\infty} \frac{|\alpha|(|\alpha|+1)\ldots(|\alpha|+n-1)}{1 \cdot 2 \cdot \ldots n} |x|^n = 1 + \sum_{n=1}^{\infty} \binom{|\alpha|+n-1}{n} |x|^n,$$

die wegen $|x| < 1$ nach dem Quotientenkriterium ebenfalls konvergiert. Wir dürfen also die Reihe (a) nach Potenzen von α umordnen und erhalten

$$\text{(b)} \quad f_\alpha = 1 + \left[x - \frac{x^2}{2} + \frac{x^3}{3} - + \cdots + \frac{(-1)^{n-1}}{n} x^n + \cdots\right] \alpha + \cdots,$$

also jedenfalls eine *Potenzreihe in* α. Da sie — immer noch bei festem x in $|x| < 1$ — der Herleitung gemäß für *jedes* α konvergiert, so haben wir eine beständig konvergente Potenzreihe in α, also gewiß eine *stetige* Funktion von α vor uns.

Mit dem hiermit vollendeten Nachweis für die Gültigkeit der Ent-

---

nach mit

$$\alpha, (\alpha - 1), \ldots, (\alpha - k), \cdots, (\alpha - n),$$

dann mit

$$(\beta - n), (\beta - n + 1), \ldots, (\beta - n + k), \ldots, \beta$$

und addiert, so hat man sie im ganzen mit $(\alpha + \beta - n)$ multipliziert und bekommt, wenn man die gleichartigen Glieder links zusammenfaßt, genau die für $n + 1$ statt n angesetzte Behauptungsgleichung. — Die obige Formel bezeichnet man gewöhnlich als *Additionstheorem der Binomialkoeffizienten.*

wicklung **119**[1] ist nun auch die in § 21 beim Beweise des Umkehrsatzes noch gebliebene Lücke ausgefüllt.

Die Binomialreihe liefert, ähnlich wie die Exponentialreihe für a^ϱ, eine Entwicklung der allgemeinen Potenz: Man wähle, um a^ϱ zu entwickeln, eine (positive) Zahl c, für die einerseits c^ϱ als bekannt angesehen werden kann, andererseits $0 < \frac{a}{c} < 2$ ist. Dann kann $\frac{a}{c} = 1 + x$ mit $|x| < 1$ gesetzt werden, und man hat in

$$a^\varrho = c^\varrho \cdot (1 + x)^\varrho = c^\varrho \left[1 + \binom{\varrho}{1} x + \binom{\varrho}{2} x^2 + \cdots\right]$$

die gesuchte Entwicklung. So ist z. B.

$$\sqrt{2} = 2^{\frac{1}{2}} = \left(\frac{49}{25}\right)^{\frac{1}{2}} \cdot \left(\frac{50}{49}\right)^{\frac{1}{2}} = \frac{7}{5} \cdot \left(\frac{49}{50}\right)^{-\frac{1}{2}} = \frac{7}{5} \cdot \left[1 - \frac{1}{50}\right]^{-\frac{1}{2}}$$

$$= \frac{7}{5}\left[1 - \binom{-\frac{1}{2}}{1}\frac{1}{50} + \binom{-\frac{1}{2}}{2}\frac{1}{50^2} - \binom{-\frac{1}{2}}{3}\frac{1}{50^3} + - \cdots\right]$$

eine bequeme Entwicklung von $\sqrt{2}$.

---

[1] Ein zweiter, fast noch leichterer Beweis, der aber von der Differentialrechnung Gebrauch macht, geht so vor: Aus $f_\alpha(x) = \sum_{n=0}^{\infty} \binom{\alpha}{n} x^n$ folgt

$$f'_\alpha(x) = \sum_{n=1}^{\infty} n \binom{\alpha}{n} x^{n-1} = \sum_{n=0}^{\infty} (n+1) \binom{\alpha}{n+1} x^n.$$

Da aber $(n+1)\binom{\alpha}{n+1} = \alpha \binom{\alpha - 1}{n}$ ist, so ergibt sich weiter

$$f'_\alpha(x) = \alpha \cdot f_{\alpha-1}(x).$$

Nun ist aber

$$(1+x)\, f_{\alpha-1}(x) = (1+x) \cdot \sum_{n=0}^{\infty} \binom{\alpha-1}{n} x^n$$

$$= 1 + \sum_{n=1}^{\infty} \left[\binom{\alpha-1}{n} + \binom{\alpha-1}{n-1}\right] x^n = \sum_{n=0}^{\infty} \binom{\alpha}{n} x^n,$$

so daß für alle $|x| < 1$ die Gleichung

$$(1+x)\, f'_\alpha(x) - \alpha f_\alpha(x) = 0$$

besteht. Da aber $(1+x)^\alpha > 0$ ist, so lehrt diese Gleichung, daß der Quotient

$$\frac{f_\alpha(x)}{(1+x)^\alpha}$$

dort allenthalben die Ableitung 0 hat, dort also identisch ein und derselben Konstanten gleich ist. Da sich deren Wert für $x = 0$ sofort als $+1$ ergibt, so ist die Behauptung $f_\alpha(x) = (1+x)^\alpha$ erneut bewiesen.

Die Entdeckung der Binomialreihe durch NEWTON[1] bildet einen der großen Marksteine in der Entwicklung der mathematischen Wissenschaften. Später hat ABEL diese Reihe erneut zum Gegenstand von Untersuchungen[2] gemacht, die einen wohl gleich wichtigen Markstein in der Entwicklung der Reihentheorie bilden. (Vgl. weiter unten **170**, 1 und **247**.)

§ 26. Die logarithmische Reihe.

Wie schon S. 59 und 85 betont, empfiehlt es sich für die Theorie, ausschließlich die sogenannten *natürlichen* Logarithmen, d. h. diejenigen mit der Basis e, zu benutzen. *Im folgenden soll daher* $\log x$ *stets soviel wie* ${}^e\log x$, $(x > 0)$ *bedeuten.*

Ist $y = \log x$, so ist $x = e^y$ oder

$$x - 1 = y + \frac{y^2}{2!} + \frac{y^3}{3!} + \cdots$$

Nach dem Umkehrsatz für Potenzreihen (**107**) ist hiernach $y = \log x$ für alle hinreichend nahe bei $+1$ gelegenen x nach Potenzen von $(x - 1)$ oder also $y = \log(1 + x)$ für alle hinreichend kleinen $|x|$ in eine Potenzreihe in x,

$$y = \log(1 + x) = x + b_2 x^2 + b_3 x^3 + \cdots,$$

entwickelbar. Die Koeffizienten b_n lassen sich auch durch geschickte Anordnung der Rechnung nach dem dortigen Verfahren berechnen[3]. Doch empfiehlt es sich bequemere Wege zu suchen. Hier führen uns schon die Entwicklungen des vorigen Paragraphen zum Ziel: Es ist für $|x| < 1$ und beliebige α die dort behandelte Funktion $f_\alpha = f_\alpha(x)$

$$= (1 + x)^\alpha = e^{\alpha \log(1+x)}.$$

Benutzen wir nun links die Darstellung (b) des vorigen Paragraphen und rechts die Exponentialreihe, so erhalten wir die beiden beständig konvergenten Potenzreihen in α

$$1 + \left[x - \frac{x^2}{2} + \frac{x^3}{3} - + \cdots + \frac{(-1)^{n-1}}{n} x^n + \cdots\right]\alpha + \cdots$$
$$= 1 + [\log(1 + x)]\,\alpha + \cdots$$

---

[1] Brief an OLDENBURG vom 13. Juni 1676. — NEWTON besaß damals noch keinen Beweis der Formel; dieser wurde erst 1774 von EULER gefunden.

[2] J. reine u. angew. Math. Bd. 1, S. 311. 1826.

[3] HERM. SCHMIDT: Jahresber. d. Deutsch. Math. Ver., Bd. 48, S. 56. 1938.

Nach dem Identitätssatz für Potenzreihen **97** müssen hier die Koeffizienten entsprechender Potenzen von α einander gleich sein. Es muß also speziell — und zwar für jedes $|x| < 1$ —

120. (a) $$\log(1+x) = x - \frac{x^2}{2} + \frac{x^3}{3} - + \cdots + \frac{(-1)^{n-1}}{n} x^n + \cdots$$

sein[1]. Damit ist die fragliche Entwicklung gewonnen, der man nun nachträglich auch ansieht, daß sie für $|x| > 1$ nicht mehr gelten kann. Ersetzt man in dieser sogenannten *logarithmischen Reihe* x durch $-x$ und wechselt beiderseits das Vorzeichen, so erhalten wir — gleichfalls für alle $|x| < 1$ —

(b) $$\log\frac{1}{1-x} = x + \frac{x^2}{2} + \frac{x^3}{3} + \cdots + \frac{x^n}{n} + \cdots$$

und aus diesen durch Addition — wieder für alle $|x| < 1$ gültig —

(c) $$\log\frac{1+x}{1-x} = 2\left[x + \frac{x^3}{3} + \frac{x^5}{5} + \cdots + \frac{x^{2k+1}}{2k+1} + \cdots\right].$$

Selbstverständlich führen noch mancherlei andere Wege zu diesen Reihenentwicklungen, doch schließen sich diese entweder nicht so unmittelbar an die Definition des log als Umkehrung der Exponentialfunktion an, oder sie machen von der Differential- und Integralrechnung ausgiebigeren Gebrauch[2].

Unsere Herleitung der logarithmischen Reihe — auch die beiden in der Fußnote genannten Arten — läßt nicht erkennen, ob die Darstellung auch noch für $x = +1$ und $x = -1$ gilt. Da wir aber aus **120**a für $x = +1$ die konvergente Reihe (s. **81c**, 3)

$$1 - \frac{1}{2} + \frac{1}{3} - \frac{1}{4} + - \cdots$$

---

[1] Vgl. hierzu die historischen Bemerkungen in **69**, 8.

[2] Wir deuten noch die folgenden beiden Wege an:

1. Da wir aus dem Umkehrsatz wissen, daß

$$\log(1+x) = x + b_2 x^2 + b_3 x^3 + \cdots$$

gesetzt werden darf, hat man nach der TAYLORschen Reihe **99**

$$b_k = \frac{1}{k!}\left(\frac{d^k \log(1+x)}{dx^k}\right)_{x=0} = \frac{(-1)^{k-1}}{k}.$$

2. Da

$$\frac{d\log(1+x)}{dx} = \frac{1}{1+x} = 1 - x + x^2 - + \cdots + (-1)^k x^k + \cdots = \sum_{n=0}^{\infty}(-1)^k x^k$$

und da $\log 1 = 0$ ist, folgt nach **99**, Satz 5 durch Integration sofort

$$\log(1+x) = \sum_{k=0}^{\infty}\frac{(-1)^k}{k+1}x^{k+1} = \sum_{k=1}^{\infty}\frac{(-1)^{k-1}}{k}x^k.$$

Der im Text beschrittene Weg ist insofern einfacher, als er vollständig ohne Benutzung der Differential- und Integralrechnung auskommt.

erhalten, so ist nach dem ABELschen Grenzwertsatz der Wert dieser Reihe

$$= \lim_{x \to 1-0} \log(1 + x) = \log 2.$$

Unsere Darstellung (a) gilt also auch noch für $x = +1$; für $x = -1$ dagegen gilt sie sicher nicht mehr, da die Reihe dann divergiert.

§ 27. Die zyklometrischen Funktionen.

Da die trigonometrischen Funktionen sin und tg in Potenzreihen entwickelbar sind, bei denen die erste Potenz der Veränderlichen den von 0 verschiedenen Koeffizienten $+1$ besitzt, so ist dies nach **107** auch mit ihren Umkehrungen, den sogenannten zyklometrischen Funktionen arcsin und arctg der Fall. Wir haben also für alle hinreichend kleinen Werte von $|x|$ die Ansätze

$$y = \arcsin x = x + b_3 x^3 + b_5 x^5 + \cdots,$$

$$y = \operatorname{arctg} x = x + b'_3 x^3 + b'_5 x^5 + \cdots,$$

bei denen wir die geraden Potenzen gleich fortgelassen haben, weil unsere Funktionen ungerade sind. Auch hier wäre es mühsam, die Koeffizienten b und b' nach dem allgemeinen Verfahren von **107** bestimmen zu wollen. Wir gehen wieder bequemere Wege: Die Reihe für arctg x ist die Umkehrung von

(a) $$x = \operatorname{tg} y = \frac{\sin y}{\cos y} = \frac{y - \frac{y^3}{3!} + \frac{y^5}{5!} - + \cdots}{1 - \frac{y^2}{2!} + \frac{y^4}{4!} - + \cdots}$$

bzw. der nach Ausführung der letzten Division nach **105**, 4 entstehenden Reihe. Stünden hier in Zähler und Nenner lauter $+$-Zeichen, so handelte es sich um die Umkehrung der Funktion

$$x = \frac{e^y - e^{-y}}{e^y + e^{-y}} = \frac{e^{2y} - 1}{e^{2y} + 1}.$$

Die Umkehrung *dieser* Funktion ist aber, wie man sofort findet,

$$\frac{1}{2} \log \frac{1 + x}{1 - x} = x + \frac{x^3}{3} + \frac{x^5}{5} + \cdots$$

Nach der am Ende von § 21 gemachten allgemeinen Bemerkung wird daher die Umkehrung der tatsächlich vorgelegten Reihe für $x = \operatorname{tg} y$ aus dieser letzten gewonnen, indem wir in ihr wieder alternierende Vorzeichen nehmen, so daß

$$\operatorname{arctg} x = x - \frac{x^3}{3} + \frac{x^5}{5} - + \cdots. \qquad \mathbf{121.}$$

wird[1]. Diese Potenzreihe, die ersichtlich den Radius 1 hat, liefert also, wenn sie für y in den rechter Hand in (a) stehenden Quotienten eingesetzt und die sicher erlaubte Umordnung vorgenommen wird, die abbrechende Potenzreihe x. Ihre Summe ist also bei beliebig gegebenem $|x| < 1$ eine Lösung der Gleichung $\operatorname{tg} y = x$, und zwar der sogenannte Hauptwert der hierdurch erklärten Funktion $\operatorname{arctg} x$, d. h. derjenige Wert y, der für $x = 0$ selbst $= 0$ ist und sich dann mit x stetig ändert. Er genügt daher für

$$-1 < x < +1 \quad \text{der Bedingung} \quad -\frac{\pi}{4} < y < +\frac{\pi}{4}$$

und ist durch diese Zusatzbedingung eindeutig bestimmt.

Für $|x| > 1$ ist die gefundene Entwicklung sicher nicht mehr gültig; dagegen ergibt sich nach dem ABELschen Grenzwertsatz, daß sie auch noch für $x = \pm 1$ gilt. Denn die Reihe ist noch an beiden Endpunkten des Konvergenzintervalles konvergent, und $\operatorname{arctg} x$ ist dort stetig. Wir haben also insbesondere die wegen ihrer Durchsichtigkeit und Einfachheit besonders bemerkenswerte Reihe

122. $$\frac{\pi}{4} = 1 - \frac{1}{3} + \frac{1}{5} - \frac{1}{7} + - \cdots$$

und damit zugleich einen ersten zur Berechnung von π schon einigermaßen gangbaren Weg. Diese schöne Gleichung wird meist nach LEIBNIZ[2] benannt; sie liefert sozusagen die Zahl π der rein arithmetischen Behandlung aus. Es ist, als ob der Schleier, der über dieser seltsamen Zahl lag, durch diese Darstellung fortgezogen sei.

Für die Herleitung der Reihe für $\arcsin x$ führt der Weg, der dem eben bei $\operatorname{arctg} x$ begangenen entspricht, nicht zum Ziel. Das in der vorletzten Fußnote angedeutete Verfahren aber liefert uns die ge-

---

[1] Eine andere Herleitung ist diese: Es ist

$$\frac{d \operatorname{arctg} x}{dx} = \frac{1}{\frac{d \operatorname{tg} y}{dy}} = \frac{1}{1 + \operatorname{tg}^2 y} = \frac{1}{1 + x^2} = 1 - x^2 + x^4 - + \cdots,$$

letzteres für $|x| < 1$. Da $\operatorname{arctg} 0 = 0$ ist, folgt hieraus wieder nach **99**, Satz 5, daß für $|x| < 1$

$$\operatorname{arctg} x = x - \frac{x^3}{3} + \frac{x^5}{5} - + \cdots$$

ist. — Eine Herleitung, die der in der vorigen Fußnote an erster Stelle gegebenen entspricht, ist hier etwas mühsamer, da die höheren Ableitungen von $\operatorname{arctg} x$ — selbst nur an der Stelle 0 — nicht leicht direkt zu finden sind. — Die arctg-Entwicklung ist von J. GREGORY im Jahre 1671 gefunden, aber erst 1712 bekannt geworden.

[2] Er fand sie aus geometrischen Betrachtungen und unabhängig von der arctg-Reihe wahrscheinlich im Jahre 1673.

suchte Reihe: Es ist für $|x| < 1$

$$\frac{d \arcsin x}{dx} = \frac{1}{\left(\frac{d \sin y}{dy}\right)} = \frac{1}{\cos y} = \frac{1}{\sqrt{1 - x^2}} = (1 - x^2)^{-\frac{1}{2}},$$

letzteres, weil die Ableitung von arcsin x im Intervall $-1 \ldots +1$ stets positiv ist. Aus

$$(\arcsin x)' = 1 - \binom{-\frac{1}{2}}{1} x^2 + \binom{-\frac{1}{2}}{2} x^4 - + \cdots$$

folgt aber wegen arcsin $0 = 0$ nach **99**, Satz 5 sofort, daß für $|x| < 1$

$$\arcsin x = x + \frac{1}{2}\frac{x^3}{3} + \frac{1 \cdot 3}{2 \cdot 4} \cdot \frac{x^5}{5} + \frac{1 \cdot 3 \cdot 5}{2 \cdot 4 \cdot 6} \cdot \frac{x^7}{7} + \cdots \qquad \mathbf{123.}$$

ist. Auch diese Potenzreihe hat den Radius 1, und ganz entsprechende Gründe, wie eben, lehren, daß für $|x| < 1$ ihre Summe der Hauptwert von arcsin x ist, also diejenige eindeutig bestimmte Lösung y der Gleichung $\sin y = x$, die der Bedingung $-\frac{\pi}{2} < y < +\frac{\pi}{2}$ genügt.

Für $x = \pm 1$ ist diese Gleichung noch nicht gesichert. Sie wird dort nach dem Abelschen Grenzwertsatz dann und nur dann gelten, wenn die Reihe daselbst konvergiert. Diese Konvergenz findet tatsächlich statt. Wegen des einfachen Vorzeichenwechsels beim Übergang von $+x$ zu $-x$ brauchen wir dies nur für die Stelle $+1$ zu zeigen. Dort handelt es sich um eine Reihe mit lauter positiven Gliedern, und es genügt, die Beschränktheit der Teilsummen zu zeigen. Nun ist für $0 < x < 1$, wenn wir die Teilsummen von **123** mit $s_n(x)$ bezeichnen,

$$s_n(x) < \arcsin x < \arcsin 1 = \frac{\pi}{2}.$$

Und da dies (bei festem n) für jedes positive $x < 1$ gilt, so ist auch

$$\lim_{x \to 1} s_n(x) = s_n(1) \leqq \frac{\pi}{2};$$

und da dies für jedes n gilt, so ist damit schon alles bewiesen. Es ist also

$$\frac{\pi}{2} = 1 + \frac{1}{2} \cdot \frac{1}{3} + \frac{1 \cdot 3}{2 \cdot 4} \cdot \frac{1}{5} + \frac{1 \cdot 3 \cdot 5}{2 \cdot 4 \cdot 6} \cdot \frac{1}{7} + \cdots \qquad \mathbf{124.}$$

Durch die §§ 22 bis 27 sind wir in den Besitz der für alle Anwendungen wichtigsten Potenzreihen gelangt.

Aufgaben zum VI. Kapitel.

74. Man zeige, daß die Potenzreihenentwicklungen der folgenden Funktionen die angegebene Form haben:

a) $e^x \sin x = \sum_{n=0}^{\infty} \frac{s_n}{n!} x^n$ mit $s_n = (\sqrt{2})^n \cdot \sin n \frac{\pi}{4}$, d. h. $s_{4k} = 0$,

$s_{4k+1} = (-1)^k 2^{2k}$, $s_{4k+2} = (-1)^k 2^{2k+1}$, $s_{4k+3} = (-1)^k 2^{2k+1}$;

b) $\frac{1}{2}(\operatorname{arctg} x)^2 = \sum_{k=1}^{\infty} (-1)^{k-1} b_k \cdot \frac{x^{2k}}{2k}$ mit $b_k = 1 + \frac{1}{3} + \frac{1}{5} + \cdots + \frac{1}{2k-1}$;

c) $\frac{1}{4} \operatorname{arctg} x \cdot \log \frac{1+x}{1-x} = \sum_{k=0}^{\infty} c_k \cdot \frac{x^{4k+2}}{4k+2}$ mit $c_k = 1 - \frac{1}{3} + \frac{1}{5} - + \cdots + \frac{1}{4k+1}$;

d) $\frac{1}{2} \operatorname{arctg} x \cdot \log(1+x^2) = \sum_{k=1}^{\infty} (-1)^{k-1} h_{2k} \cdot \frac{x^{2k+1}}{2k+1}$ mit $h_n = 1 + \frac{1}{2} + \cdots + \frac{1}{n}$;

e) $\frac{1}{2}\left[\log \frac{1}{1-x}\right]^2 = \sum_{n=2}^{\infty} \frac{h_{n-1}}{n} x^n$ mit derselben Bedeutung von h_n wie eben.

75. Man zeige, daß die Potenzreihenentwicklungen der folgenden Funktionen in der angegebenen Weise beginnen:

a) $\dfrac{x}{\log \frac{1}{1-x}} = 1 - \frac{x}{2} - \frac{x^2}{12} - \frac{x^3}{24} - \cdots$;

b) $(1-x)\, e^{x + \frac{x^2}{2} + \cdots + \frac{x^m}{m}} = 1 - \frac{x^{m+1}}{m+1} + \cdots, \quad (m \geq 1)$;

c) $\operatorname{tg}(\sin x) - \sin(\operatorname{tg} x) = \frac{1}{30} x^7 + \frac{29}{756} x^9 + \cdots$;

d) $\frac{1}{e}(1+x)^{\frac{1}{x}} = 1 - \frac{x}{2} + \frac{11}{24} x^2 - \frac{7}{16} x^3 + \frac{2447}{5760} x^4 - \frac{959}{2304} x^5 + - \cdots$;

e) $\dfrac{x^2}{x - \log(1+x)} = 2 + \frac{4}{3} x - \frac{1}{9} x^2 + \frac{8}{135} x^3 + \cdots$

76. Man leite im Anschluß an **105**, 5, **115** und **116** die Potenzreihenentwicklungen der folgenden Funktionen her:

a) $\log \cos x$; b) $\log \dfrac{\sin x}{x}$;

c) $\log \dfrac{\operatorname{tg} x}{x}$; d) $\dfrac{x}{\sin x}$;

e) $\dfrac{x^2}{1 - \cos x}$; f) $\dfrac{1}{\cos x}$;

g) $\log \dfrac{x}{2 \sin \frac{1}{2} x}$; h) $\dfrac{1}{e^x + 1}$;

i) $\dfrac{e^x}{e^x + 1}$; k) $\dfrac{1}{\cos x - \sin x}$.

77. Es ist für $a \neq 0, -2, -4, \ldots$

$$\frac{1}{\sqrt{1-x}} \cdot \left[\frac{1}{a} + \frac{1}{2} \frac{x}{a+2} + \frac{1 \cdot 3}{2 \cdot 4} \cdot \frac{x^2}{a+4} + \cdots\right] =$$

$$= \frac{1}{a}\left[1 + \frac{a+1}{a+2} x + \frac{(a+1)(a+3)}{(a+2)(a+4)} x^2 + \cdots\right].$$

78. Es strebt $\left(\frac{2n+1}{2n-1}\right)^n \to e$. Geschieht dies monoton? Steigend oder fallend? Wie verhalten sich in dieser Beziehung die Folgen

$$\left(1+\frac{1}{n}\right)^{n+\alpha}, \quad 0 < \alpha < 1?$$

79. Aus $x_n \to \xi$ folgt stets

$$\left(1+\frac{x_n}{n}\right)^n \to e^\xi$$

und falls alle x_n und ξ positiv sind, auch

$$n\left(\sqrt[n]{x_n}-1\right) \to \log \xi.$$

80. Ist (x_n) eine beliebige reelle Folge, für die $\frac{x_n^2}{n} \to 0$ strebt, und wird $\left(1-\frac{x_n}{n}\right)^n = y_n$ gesetzt, so ist stets

$$y_n \cong e^{-x_n}.$$

81. Man beweise die unter **114** aufgeführten Ungleichungen.

82. Man suche die Summe der folgenden Reihen durch die elementaren Funktionen geschlossen darzustellen:

a) $\frac{1}{2}+\frac{x}{5}+\frac{x^2}{8}+\frac{x^3}{11}+\cdots$

(Anleitung: Ist $f(x)$ die gesuchte Funktion, so ist ersichtlich

$$(x^2\cdot f(x^3))' = \frac{x}{1-x^3},$$

woraus sich $f(x)$ bestimmen läßt. Ähnlich bei den folgenden Beispielen.)

b) $\frac{x^3}{1\cdot 3}-\frac{x^5}{3\cdot 5}+\frac{x^7}{5\cdot 7}-\frac{x^9}{7\cdot 9}+-$;

c) $\frac{1}{1\cdot 2\cdot 3}+\frac{x}{2\cdot 3\cdot 4}+\frac{x^2}{3\cdot 4\cdot 5}+\cdots$;

d) $x+\frac{x^3}{3}-\frac{x^5}{5}-\frac{x^7}{7}++--\cdots$.

83. Man ermittle die folgenden Reihensummen als spezielle Werte elementarer Funktionen:

a) $\frac{1}{2!}+\frac{2}{3!}+\frac{3}{4!}+\frac{4}{5!}+\cdots = 1$;

b) $\frac{1}{2}+\frac{1}{2\cdot 4}+\frac{1\cdot 3}{2\cdot 4\cdot 6}+\frac{1\cdot 3\cdot 5}{2\cdot 4\cdot 6\cdot 8}+\cdots = 1$;

c) $\frac{1}{2}+\frac{1\cdot 3}{2\cdot 4\cdot 6}+\frac{1\cdot 3\cdot 5\cdot 7}{2\cdot 4\cdot 6\cdot 8\cdot 10}+\frac{1\cdot 3\cdot 5\cdot 7\cdot 9\cdot 11}{2\cdot 4\cdot 6\cdot 8\cdot 10\cdot 12\cdot 14}+\cdots = \frac{1}{2}\sqrt{2}$;

d) $\frac{1}{2}-\frac{1\cdot 3}{2\cdot 4\cdot 6}+\frac{1\cdot 3\cdot 5\cdot 7}{2\cdot 4\cdot 6\cdot 8\cdot 10}-\frac{1\cdot 3\cdot 5\cdot 7\cdot 9\cdot 11}{2\cdot 4\cdot 6\cdot 8\cdot 10\cdot 12\cdot 14}+-\cdots = \sqrt{\frac{\sqrt{2}-1}{2}}$

84. Aus den Partialbruchzerlegungen **117** ff. sollen die folgenden Darstellungen von π hergeleitet werden:

$$\pi = \alpha \cdot \operatorname{tg}\frac{\pi}{\alpha} \cdot \left[1 - \frac{1}{\alpha - 1} + \frac{1}{\alpha + 1} - \frac{1}{2\alpha - 1} + \frac{1}{2\alpha + 1} - + \cdots\right],$$

$$\pi = \alpha \sin\frac{\pi}{\alpha}\left[1 + \frac{1}{\alpha - 1} - \frac{1}{\alpha + 1} - \frac{1}{2\alpha - 1} + \frac{1}{2\alpha + 1} + - - + + \cdots\right],$$

in denen $\alpha \neq 0, \pm 1, \pm\frac{1}{2}, \pm\frac{1}{3}, \ldots$ sein soll. Man setze speziell $\alpha = 3, 4, 6$.

VII. Kapitel.

Unendliche Produkte.

§ 28. Produkte mit positiven Gliedern.

Ein unendliches Produkt

$$u_1 \cdot u_2 \cdot u_3 \cdot \cdots \cdot u_n \cdot \cdots$$

sollte nach § 11, II lediglich ein anderes Symbol für die Folge der Teilprodukte

$$u_1 \cdot u_2 \cdot \cdots \cdot u_n, \qquad (n = 1, 2, \ldots),$$

sein. Danach müßte man ein solches unendliches Produkt konvergent mit dem Werte U nennen, also

$$\prod_{n=1}^{\infty} u_n = U$$

setzen, wenn die Folge der genannten Teilprodukte gegen die Zahl U als ihren Grenzwert strebt. Das bringt die Unzuträglichkeit mit sich, daß dann jedes Produkt konvergent genannt werden müßte, bei dem nur ein einziger Faktor $= 0$ ist. Denn ist $u_m = 0$, so würde auch die Folge der Teilprodukte gegen $U = 0$ streben, da ihre Glieder für $n \geqq m$ sämtlich gleich 0 wären. Ebenso wäre ersichtlich *jedes* Produkt konvergent — und wieder mit dem Werte 0 —, bei dem für alle n von einer Stelle ab

$$|u_n| \leqq \vartheta < 1$$

ist. Um diese nichtssagenden Fälle auszuschließen, beschreibt man das Konvergenzverhalten eines unendlichen Produktes *nicht* ohne weiteres durch dasjenige der Folge der Teilprodukte, sondern benutzt zweckmäßiger die folgende Definition, die der Sonderrolle der Null bei der Multiplikation Rechnung trägt:

125. °**Definition.** *Das unendliche Produkt*

$$\prod_{n=1}^{\infty} u_n \equiv u_1 \cdot u_2 \cdot u_3 \cdot \cdots$$

soll dann und nur dann (im engeren Sinne) ***konvergent*** *heißen, wenn von einer Stelle ab — etwa für alle $n > m$ — kein Faktor mehr ver-*

schwindet und wenn die hinter dieser Stelle beginnenden Teilprodukte

$$p_n = u_{m+1} \cdot u_{m+2} \cdot \cdots \cdot u_n, \qquad (n > m),$$

mit wachsendem n gegen einen endlichen und von 0 verschiedenen Grenzwert streben. Setzt man diesen $= U_m$, *so wird die Zahl*

$$U = u_1 \cdot u_2 \cdot \cdots \cdot u_m \cdot U_m,$$

die offenbar von m unabhängig ist, als ***Wert*** *des Produktes angesehen*[1].

Dann gilt zunächst, wie für endliche Produkte, der

°**Satz 1.** *Ein konvergentes unendliches Produkt hat dann und nur dann den Wert 0, wenn einer seiner Faktoren* $= 0$ *ist.*

Da ferner mit $p_n \to U_m$ auch $p_{n-1} \to U_m$ strebt und da $U_m \neq 0$ sein sollte, so strebt (nach **41**, 11)

$$u_n = \frac{p_n}{p_{n-1}} \to 1,$$

und wir haben den

°**Satz 2.** *In einem konvergenten unendlichen Produkt strebt die Folge der Faktoren stets* $\to 1$.

Aus diesem Grunde wird es zweckmäßiger sein, die Faktoren $u_n = 1 + a_n$ zu setzen und also die Produkte in der Form

$$\prod_{n=1}^{\infty} (1 + a_n)$$

zugrunde zu legen. *Für diese ist dann die Bedingung* $a_n \to 0$ *eine notwendige Konvergenzbedingung.* Die Zahlen a_n wollen wir — als die **wesentlichsten Teile der Faktoren** — als die ***Glieder*** **des Produktes** bezeichnen. Sind sie alle $\geqq 0$, so sprechen wir, ähnlich wie bei den unendlichen Reihen, von *Produkten mit positiven Gliedern.* Mit diesen wollen wir uns zunächst befassen.

Die Konvergenzfrage wird hier schon vollständig erledigt durch den

Satz 3. *Ein Produkt* $\prod (1 + a_n)$ *mit positiven Gliedern* a_n *ist dann und nur dann konvergent, wenn die Reihe* $\sum a_n$ *konvergiert.*

---

[1] Unendliche Produkte finden sich zuerst bei F. VIETA (Opera, S. 400, Leyden 1646), der das Produkt

$$\frac{2}{\pi} = \sqrt{\frac{1}{2}} \cdot \sqrt{\frac{1}{2} + \frac{1}{2}\sqrt{\frac{1}{2}}} \cdot \sqrt{\frac{1}{2} + \frac{1}{2}\sqrt{\frac{1}{2} + \frac{1}{2}\sqrt{\frac{1}{2}}}} \cdots$$

(vgl. Aufg. 89), und bei J. WALLIS (Opera I, S. 468. Oxford 1695), der 1656 das Produkt

$$\frac{\pi}{2} = \frac{2}{1} \cdot \frac{2}{3} \cdot \frac{4}{3} \cdot \frac{4}{5} \cdot \frac{6}{5} \cdot \frac{6}{7} \cdots$$

angibt. Erst durch EULER aber erhielten die unendlichen Produkte Bürgerrecht in der Mathematik, indem er zahlreiche wichtige Produktentwicklungen aufstellte. Die ersten Konvergenzkriterien rühren von CAUCHY her.

Beweis. Da die Teilprodukte $p_n = (1 + a_1) \ldots (1 + a_n)$ wegen $a_n \geqq 0$ monoton wachsen, so ist das 1. Hauptkriterium (**46**) zuständig, und wir haben nur zu zeigen, daß die Teilprodukte p_n dann und nur dann beschränkt bleiben, wenn die Teil*summen* $s_n = a_1 + a_2 + \cdots + a_n$ es tun. Nun ist aber (nach **114**, α) stets $1 + a_\nu \leqq e^{a_\nu}$ und also

$$p_n \leqq e^{s_n};$$

andererseits ist

$$p_n = (1 + a_1) \cdots (1 + a_n) = 1 + a_1 + a_2 + \cdots + a_n + a_1 a_2 + \cdots > s_n,$$

letzteres, weil in dem ausgeführten Produkt außer den Summanden von s_n noch viele andere, aber nur solche Summanden auftreten, die $\geqq 0$ sind. Es ist also stets

$$s_n < p_n.$$

Die erste Abschätzung lehrt nun, daß mit s_n auch p_n beschränkt bleibt, die zweite lehrt das Umgekehrte, — womit schon alles bewiesen ist[1].

Beispiele.

1. Da wir schon viele Beispiele konvergenter Reihen $\sum a_n$ mit positiven Gliedern kennen, so ergeben sich auf Grund von Satz 3 ebenso viele Beispiele von konvergenten Produkten $\prod (1 + a_n)$. Wir erwähnen:

$\prod \left(1 + \frac{1}{n^\alpha}\right)$ ist für $\alpha > 1$ konvergent, für $\alpha \leqq 1$ divergent. — Das letztere ist hier leichter zu erkennen als bei der entsprechenden Reihe, da

$$\left(1 + \frac{1}{1}\right)\left(1 + \frac{1}{2}\right) \cdots \left(1 + \frac{1}{n}\right) = \frac{2}{1} \cdot \frac{3}{2} \cdot \frac{4}{3} \cdots \frac{n+1}{n} = n + 1 \to +\infty$$

strebt[2].

2. $\prod (1 + x^n)$ ist für $0 \leqq x < 1$ konvergent; ebenso $\prod (1 + x^{2^n})$.

3. $$\prod_{n=2}^{\infty} \left(1 - \frac{2}{n(n+1)}\right) = \prod_{n=2}^{\infty} \frac{(n-1)(n+2)}{n(n+1)} = \frac{1}{3}.$$

---

[1] Der erste Teilbeweis dieses elementaren Satzes benutzt die transzendente Exponentialfunktion. Folgendermaßen kann man sich davon frei machen: Ist $\sum a_n = s$ konvergent, so wähle man m so, daß für $n > m$ stets

$$a_{m+1} + a_{m+2} + \cdots + a_n < \tfrac{1}{2}$$

bleibt. Da nun ersichtlich für diese n

$$(1 + a_{m+1}) \cdots (1 + a_n) \leqq 1 + (a_{m+1} + \cdots + a_n) + (a_{m+1} + \cdots + a_n)^2 + \cdots + (a_{m+1} + \cdots + a_n)^n < 2$$

ist, so ist für alle n stets

$$p_n < 2 \cdot (1 + a_1) \cdots (1 + a_m) = K,$$

also (p_n) beschränkt.

[2] Hierin steckt also auf Grund von Satz 3 ein neuer Divergenzbeweis für die Reihe $\sum \frac{1}{n}$.

Dem Satz 3 stellen wir sogleich den folgenden sehr ähnlichen an die Seite:

Satz 4. *Auch das Produkt $\Pi(1 - a_n)$ ist, wenn alle $a_n \geqq 0$ sind, dann und nur dann konvergent, wenn $\sum a_n$ konvergiert.*

Beweis. Strebt a_n nicht gegen 0, so sind Reihe und Produkt sicher divergent. Strebt aber $a_n \to 0$, so ist von einer Stelle an, etwa für $n > m$, stets $a_n < \frac{1}{2}$ und also $1 - a_n > \frac{1}{2}$. Wir betrachten Reihe und Produkt erst von dieser Stelle an.

Ist nun das Produkt konvergent, so streben also die monoton abnehmenden Teilprodukte $p_n = (1 - a_{m+1}) \cdots (1 - a_n)$ gegen eine noch *positive* Zahl U_m, und es ist für alle $n > m$ stets

$$(1 - a_{m+1}) \cdots (1 - a_n) \geqq U_m > 0.$$

Da nun für $a_\nu < 1$ stets

$$(1 + a_\nu) \leqq \frac{1}{1 - a_\nu}$$

ist (wie man durch Heraufmultiplizieren des Nenners sofort sieht), so ist

$$(1 + a_{m+1})(1 + a_{m+2}) \cdots (1 + a_n) \leqq \frac{1}{U_m}.$$

Hiernach folgt also aus der Konvergenz von $\Pi(1 - a_n)$ diejenige des Produktes $\Pi(1 + a_n)$ und also die der Reihe $\sum a_n$. — Ist umgekehrt $\sum a_n$ konvergent, so konvergiert auch $\sum 2a_n$ und folglich nach Satz 3 auch das Produkt $\Pi(1 + 2a_n)$. Daher ist bei passender Wahl von K stets

$$(1 + 2a_{m+1}) \cdots (1 + 2a_n) < K.$$

Benutzen wir nun die Tatsache, daß für $0 \leqq a_\nu \leqq \frac{1}{2}$ stets

$$1 - a_\nu \geqq \frac{1}{1 + 2a_\nu}$$

ist — wie man wieder durch Heraufmultiplizieren des Nenners erkennt —, so folgt, daß stets

$$(1 - a_{m+1}) \cdots (1 - a_n) > \frac{1}{K} > 0$$

bleibt; die linksstehenden Teilprodukte streben also, weil monoton abnehmend, gegen einen noch *positiven* Grenzwert: das Produkt $\Pi(1 - a_n)$ ist konvergent.

Bemerkungen und Beispiele. 126.

1. $\prod\limits_{n=2}^{\infty}\left(1 - \frac{1}{n^\alpha}\right)$ ist für $\alpha > 1$ konvergent, für $\alpha \leqq 1$ divergent.

2. Sind die $a_n < 1$ und ist $\sum a_n$ divergent, so ist $\Pi(1 - a_n)$ gemäß unserer Bezeichnung nicht konvergent. Da aber die Teilprodukte p_n monoton abnehmen und dabei > 0 bleiben, so haben sie einen Grenzwert, der aber nun notwendig $= 0$ sein muß. Man sagt: das Produkt *divergiere* gegen 0. Die Sonderrolle der 0

zwingt uns hier also eine kleine Inkonsequenz in der Bezeichnung auf: Es wird ein Produkt *divergent* genannt, für das die Teilprodukte eine durchaus konvergente Folge (p_n), nämlich eine Nullfolge, bilden. An diese Inkonsequenz soll bei der Definition **125** der Zusatz „im engeren Sinne" bei „konvergent" erinnern.

3. Daß z. B. $\prod_{n=2}^{\infty}\left(1-\frac{1}{n}\right)$ gegen 0 divergiert, erkennt man wieder sehr leicht aus

$$p_n = \left(1-\frac{1}{2}\right)\left(1-\frac{1}{3}\right)\cdots\left(1-\frac{1}{n}\right) = \frac{1}{2}\cdot\frac{2}{3}\cdot\frac{3}{4}\cdot\ldots\cdot\frac{n-1}{n} = \frac{1}{n} \to 0$$

§ 29. Produkte mit beliebigen Gliedern[1]. Absolute Konvergenz.

Haben die Glieder des Produktes a_n beliebige Vorzeichen, so gilt — dem 2. Hauptkriterium **81** bei Reihen entsprechend — der

°**Satz 5.** *Das unendliche Produkt* $\prod(1+a_n)$ *ist dann und nur dann konvergent, wenn nach Wahl von* $\varepsilon > 0$ *ein* n_0 *so bestimmt werden kann, daß für alle* $n > n_0$ *und alle* $k \geqq 1$ *stets*

$$|(1+a_{n+1})(1+a_{n+2})\ldots(1+a_{n+k}) - 1| < \varepsilon$$

ausfällt[2].

Beweis. a) Ist das Produkt konvergent, so ist von einer Stelle ab, etwa für $n > m$, stets $a_n \neq -1$, und es streben die Teilprodukte

$$p_n = (1+a_{m+1})\ldots(1+a_n), \qquad (n > m),$$

gegen einen von 0 verschiedenen Grenzwert. Daher gibt es (s. **41**, 3) eine positive Zahl β, so daß für $n > m$ stets $|p_n| \geqq \beta > 0$ bleibt. Nach dem 2. Hauptkriterium **49** kann nun, wenn $\varepsilon > 0$ gegeben wird, n_0 so bestimmt werden, daß für $n > n_0$ und alle $k \geqq 1$ stets

$$|p_{n+k} - p_n| < \varepsilon\cdot\beta$$

bleibt. Dann ist aber für dieselben n und k

$$\left|\frac{p_{n+k}}{p_n} - 1\right| = |(1+a_{n+1})(1+a_{n+2})\ldots(1+a_{n+k}) - 1| < \varepsilon,$$

— und das ist gerade die eine unserer Behauptungen.

---

[1] Eine ausführliche und einheitliche Darstellung der Konvergenztheorie unendlicher Produkte findet man bei A. PRINGSHEIM: Über die Konvergenz unendlicher Produkte. Mathem. Ann. Bd. 33, S. 119—154. 1889.

[2] Oder — s. **81**, 2. Form — wenn stets

$$[(1+a_{n+1})(1+a_{n+2})\ldots(1+a_{n+k_n})] \to 1$$

strebt; oder — s. **81**, 3. Form — wenn stets

$$[(1+a_{\nu_n+1})\ldots(1+a_{\nu_n+k_n})] \to 1$$

strebt.

b) Ist umgekehrt die ε-Bedingung des Satzes erfüllt, so wähle man zunächst $\varepsilon = \frac{1}{2}$ und bestimme m so, daß für $n > m$ stets

$$|(1 + a_{m+1}) \ldots (1 + a_n) - 1| = |p_n - 1| < \tfrac{1}{2}$$

bleibt. Dann ist für diese n stets

$$\tfrac{1}{2} < |p_n| < \tfrac{3}{2},$$

und dies lehrt, daß für $n > m$ stets $1 + a_n \neq 0$ sein muß; es lehrt weiter, daß, *wenn* p_n gegen einen Grenzwert strebt, dieser sicher nicht 0 sein kann. Nun läßt sich aber bei gegebenem $\varepsilon > 0$ die Zahl $n_0 > m$ so bestimmen, daß für $n > n_0$ und alle $k \geqq 1$

$$\left|\frac{p_{n+k}}{p_n} - 1\right| < \frac{\varepsilon}{2}$$

oder also

$$|p_{n+k} - p_n| < |p_n| \cdot \frac{\varepsilon}{2} < \varepsilon$$

bleibt. Und dies lehrt, *daß* p_n wirklich einen Grenzwert hat. Damit ist die Konvergenz des Produktes bewiesen.

Ähnlich wie bei den unendlichen Reihen sind auch hier bei den Produkten diejenigen besonders leicht zu behandeln, die „absolut" konvergieren. Doch versteht man darunter nicht Produkte Πu_n, für die auch $\Pi |u_n|$ konvergiert — denn eine solche Festsetzung wäre nichtssagend, da ja dann *jedes* konvergente Produkt auch absolut konvergieren würde —, sondern man definiert:

°**Definition.** *Das Produkt* $\Pi(1 + a_n)$ *soll absolut konvergent heißen, falls das Produkt* $\Pi(1 + |a_n|)$ *konvergiert.* **127.**

Ihre Bedeutung bekommt diese Definition erst durch den

°**Satz 6.** *Die Konvergenz von* $\Pi(1 + |a_n|)$ *zieht diejenige von* $\Pi(1 + a_n)$ *nach sich.*

Beweis. Es ist stets

$$|(1 + a_{n+1})(1 + a_{n+2}) \ldots (1 + a_{n+k}) - 1|$$
$$\leqq (1 + |a_{n+1}|)(1 + |a_{n+2}|) \ldots (1 + |a_{n+k}|) - 1,$$

wie man sofort erkennt, wenn man sich die Klammern ausmultipliziert denkt. Ist also für $\Pi(1 + |a_n|)$ die notwendige und hinreichende Konvergenzbedingung aus Satz 5 erfüllt, so ist sie es von selbst auch für $\Pi(1 + a_n)$, w. z. b. w.

Auf Grund von Satz 3 können wir daher gleich sagen:

°**Satz 7.** *Das Produkt* $\Pi(1 + a_n)$ *ist dann und nur dann absolut konvergent, wenn* $\sum a_n$ *absolut konvergiert.*

Da wir zur Feststellung der absoluten Konvergenz einer Reihe schon eine hinreichend ausgebaute Theorie in Händen haben, erledigt dieser Satz 7 in befriedigender Weise die Konvergenzfrage bei absolut konvergenten Produkten. In allen anderen Fällen führt der folgende Satz die Konvergenzfrage für Produkte vollständig auf die entsprechende Frage bei Reihen zurück:

Satz 8. *Das Produkt $\Pi(1+a_n)$ ist dann und nur dann konvergent, wenn die hinter einem passenden Index m begonnene*[1] *Reihe*

$$\sum_{n=m+1}^{\infty} \log(1+a_n)$$

konvergiert. Und die Konvergenz des Produktes ist dann und nur dann eine absolute, wenn die der Reihe eine absolute ist. Hat diese die Summe L_m, so ist überdies

$$\prod_{n=1}^{\infty}(1+a_n) = (1+a_1)\ldots(1+a_m)\cdot e^{L_m}.$$

Beweis. a) Ist $\Pi(1+a_n)$ konvergent, so strebt $a_n \to 0$, und es ist also von einer Stelle ab $|a_n| < 1$, etwa für alle $n > m$. Da ferner die Teilprodukte

$$p_n = (1+a_{m+1})\ldots(1+a_n), \qquad (n > m),$$

gegen einen von 0 verschiedenen (also positiven) Grenzwert U_m streben, so strebt (nach **42**, 2)

$$\log p_n \to \log U_m.$$

$\log p_n$ ist aber die mit dem n^{ten} Gliede endende Teilsumme der in Rede stehenden Reihe. Diese ist also konvergent mit der Summe $L_m = \log U_m$. Wegen $U_m = e^{L_m}$ ist dann also

$$\Pi(1+a_n) = (1+a_1)\ldots(1+a_m)\cdot e^{L_m}.$$

b) Ist umgekehrt die Reihe konvergent mit der Summe L_m, so strebt eben $\log p_n \to L_m$ und folglich (nach **42**, 1)

$$p_n = e^{\log p_n} \to e^{L_m},$$

womit auch der zweite Teil des Satzes schon bewiesen ist, da $e^{L_m} \neq 0$ ist.

Daß endlich Reihe und Produkt stets beide zugleich absolut konvergieren, folgt durch Vermittlung des Satzes 7 nach **70**, Satz 4 sofort daraus, daß mit $a_n \to 0$ nach **112** (b)

$$\left|\frac{\log(1+a_n)}{a_n}\right| \to 1$$

strebt. (Hierbei hat man diejenigen Glieder a_n, welche etwa $= 0$ sind, einfach außer acht zu lassen.)

So vollständig dieser Satz nun auch das Konvergenzproblem der unendlichen Produkte auf dasjenige der unendlichen Reihen zurückführt, so läßt er praktisch deswegen etwas unbefriedigt, weil die direkte

[1] Es genügt, m so zu wählen, daß für $n > m$ stets $|a_n| < 1$ ist.

Feststellung der Konvergenz einer Reihe der Form $\sum \log(1 + a_n)$ meist mit Schwierigkeiten verknüpft sein wird. Diese Lücke wollen wir, wenigstens teilweise, durch den folgenden Satz ausfüllen:

°**Satz 9.** *Die (bei einem passenden Index begonnene) Reihe* $\sum \log(1 + a_n)$ *und mit ihr das Produkt* $\Pi(1 + a_n)$ *ist sicher dann konvergent, wenn* $\sum a_n$ *konvergiert und* $\sum a_n^2$ *absolut konvergiert*[1].

Beweis. Wir wählen m so, daß für $n > m$ stets $|a_n| < \frac{1}{2}$ bleibt, und betrachten $\Pi(1 + a_n)$ und $\sum \log(1 + a_n)$ erst vom $(m + 1)^{\text{ten}}$ Gliede an. Setzt man dann

$$\log(1 + a_n) = a_n + \vartheta_n \cdot a_n^2 \qquad \text{oder} \qquad \frac{\log(1 + a_n) - a_n}{a_n^2} = \vartheta_n,$$

so bilden die hierdurch bestimmten Zahlen ϑ_n sicher eine beschränkte Folge. Denn wegen $a_n \to 0$ strebt[2] $\vartheta_n \to -\frac{1}{2}$. Sind also $\sum a_n$ und $\sum |a_n|^2$ konvergent, so ist hiernach auch $\sum \log(1 + a_n)$ und deshalb auch das Produkt $\Pi(1 + a_n)$ konvergent.

Dieser einfache Satz legt noch den folgenden weiteren nahe:

°**Satz 10.** *Ist* $\sum a_n^2$ *absolut konvergent*[1] *und für* $n > m$ *stets* $|a_n| < 1$, *so stehen die Teilprodukte*

$$p_n = \prod_{\nu=m+1}^{n} (1 + a_\nu) \quad \text{\textit{und die Teilsummen}} \quad s_n = \sum_{\nu=m+1}^{n} a_\nu, \qquad (n > m),$$

zueinander in einer solchen Beziehung, daß

$$p_n \sim e^{s_n}$$

ist, daß also der Quotient beider Seiten gegen einen bestimmten endlichen und von 0 verschiedenen Grenzwert strebt, — mag $\sum a_n$ *konvergieren oder divergieren.*

Beweis. Benutzen wir die Bezeichnungen des vorigen Beweises, so ist wegen $\log(1 + a_n) = a_n + \vartheta_n \cdot a_n^2$ für $n > m$

$$(1 + a_{m+1}) \ldots (1 + a_n) = \prod_{\nu=m+1}^{n} e^{a_\nu + \vartheta_\nu a_\nu^2} = e^{\sum a_\nu} \cdot e^{\sum \vartheta_\nu a_\nu^2},$$

wenn in den beiden letzten Exponenten die Summation ebenfalls von $\nu = m + 1$ bis $\nu = n$ erstreckt wird.

---

[1] $\sum a_n^2$ ist, wenn überhaupt, so sicher absolut konvergent. Wir wählen den obigen Wortlaut, damit der Satz auch für komplexe a_n richtig bleibt, für die a_n^2 nicht positiv-reell zu sein braucht (vgl. § 57).

[2] Denn für $0 < |x| < 1$ ist $\log(1 + x) = x + x^2\left[-\frac{1}{2} + \frac{x}{3} - \frac{x^2}{4} + - \cdots\right]$ oder

$$\frac{\log(1 + x) - x}{x^2} = -\frac{1}{2} + \frac{x}{3} - + \cdots$$

Und diejenigen Glieder, welche etwa $= 0$ sind, dürfen wir hier wieder einfach überspringen, da sie auf die vorliegende Frage keinen Einfluß haben.

Und da wegen der Beschränktheit der ϑ_n mit $\sum a_n^2$ auch $\sum \vartheta_n a_n^2$ absolut konvergiert, so kann aus dieser Gleichung sofort die Behauptung abgelesen werden. — Aus diesem Satze folgt noch der oft nützliche

°**Zusatz.** *Wenn $\sum a_n^2$ absolut konvergiert, so sind $\sum a_n$ und $\Pi(1 + a_n)$ gleichzeitig konvergent oder divergent.*

128. Bemerkungen und Beispiele.

1. Die Bedingungen des Satzes 9 sind nur *hinreichend*; das Produkt $\Pi(1 + a_n)$ kann konvergieren, auch wenn $\sum a_n$ divergiert. Dann muß aber nach Satz 10 auch $\sum |a_n|^2$ divergieren.

2. Wendet man Satz 10 auf das (divergente) Produkt $\prod_{n=1}^{\infty}\left(1 + \frac{1}{n}\right)$ an, so ergibt sich aus ihm, daß

$$e^{h_n} \sim n$$

ist, wenn die n^{te} Teilsumme der harmonischen Reihe $1 + \frac{1}{2} + \cdots + \frac{1}{n} = h_n$ gesetzt wird. Hiernach sind die Grenzwerte $\lim \frac{e^{h_n}}{n} = c$ und $\lim [h_n - \log n] = \log c = C$ vorhanden, letzteres, weil $c \neq 0$, also > 0 ist. Die durch den zweiten Grenzwert definierte Zahl C wird als die EULERsche oder MASCHERONIsche Konstante bezeichnet. Ihr Zahlenwert ist $C = 0{,}5772156649\ldots$ (vgl. Aufgabe 86a, sowie **176**, 1 und § 64, B, 4). Das letzte Resultat gibt uns noch eine wertvolle Auskunft über die Stärke, mit der die harmonische Reihe $\sum \frac{1}{n}$ divergiert, da nach ihm ja

$$h_n \cong \log n$$

ist. Ferner lehren die Abschätzungen zu Satz 3, wenn man dort $a_\nu = \frac{1}{\nu}$ setzt, noch genauer, daß

$$e^{h_n} > e^{h_{n-1}} > n \quad \text{oder} \quad h_n > h_{n-1} > \log n$$

und daß also die EULERsche Konstante nicht negativ ist.

3. $\prod_{n=1}^{\infty}\left(1 + \frac{(-1)^{n-1}}{n}\right)$ ist konvergent. Seinen Wert findet man zufällig sofort durch Bildung der Teilprodukte; er ist $= 1$.

4. $\prod_{n=1}^{\infty}\left(1 + \frac{x}{n}\right)$ divergiert für $x \neq 0$. Aber der Satz 10 lehrt trotzdem, daß, wenn zur Abkürzung wieder $1 + \frac{1}{2} + \cdots + \frac{1}{n} = h_n$ gesetzt wird,

$$\prod_{\nu=1}^{n}\left(1 + \frac{x}{\nu}\right) \sim e^{x h_n} \text{ oder, was nach 2. auf dasselbe hinauskommt, } \sim n^x \text{ ist,}$$

daß also (s. **40**, Def. 5) der Quotient

$$n^{-x} \cdot \prod_{\nu=1}^{n}\left(1 + \frac{x}{\nu}\right) = \frac{(x+1)(x+2)\ldots(x+n)}{n!\, n^x}$$

für jedes (feste) x mit wachsendem n einen *bestimmten* (endlichen) Grenzwert hat, der auch *von* 0 *verschieden* ist, falls $x \neq -1, -2, \ldots$ genommen wird (vgl. später **219**, 4).

5. $\prod_{n=1}^{\infty}\left(1-\frac{x^2}{n^2}\right)$ ist für jedes x absolut konvergent.

6. $\prod_{n=2}^{\infty}\left(1-\frac{1}{n^2}\right)=\frac{1}{2}$.

§ 30. Zusammenhang zwischen Reihen und Produkten. Bedingte und unbedingte Konvergenz.

Wir haben mehrfach betont, daß eine unendliche Reihe $\sum a_n$ nur ein andres Symbol für die Folge (s_n) ihrer Teilsummen ist. Abgesehen von der Berücksichtigung der Sonderrolle, die die 0 bei der Multiplikation spielt, gilt das Entsprechende von den unendlichen Produkten. Daraus folgt, daß man — von jener Rücksicht auf die Rolle der 0 abgesehen — jede Reihe als Produkt und jedes Produkt wird als Reihe schreiben können. Im einzelnen hat dies so zu geschehen:

1. Ist $\prod_{n=1}^{\infty}(1+a_n)$ vorgelegt, so bedeutet dies Produkt, wenn **129.**

$$\prod_{\nu=1}^{n}(1+a_\nu)=p_n$$

gesetzt wird, im wesentlichen die Folge (p_n). Diese Folge ihrerseits wird durch die Reihe

$$p_1+(p_2-p_1)+(p_3-p_2)+\cdots\equiv p_1+\sum_{n=2}^{\infty}(1+a_1)\ldots(1+a_{n-1})\cdot a_n$$

dargestellt. Diese und das vorgelegte Produkt bedeuten also dasselbe, — falls das Produkt im Sinne unserer Definition konvergiert. Dagegen *kann* die Reihe auch einen Sinn haben, wenn dies beim Produkte nicht der Fall ist (z. B. wenn der Faktor $(1+a_3)=0$ ist und alle übrigen Faktoren $=2$ sind).

2. Ist umgekehrt die Reihe $\sum_{n=1}^{\infty}a_n$ vorgelegt, so bedeutet sie die Folge der $s_n=\sum_{\nu=1}^{n}a_\nu$. Diese selbe Bedeutung hat das Produkt

$$s_1\cdot\frac{s_2}{s_1}\cdot\frac{s_3}{s_2}\cdots\equiv s_1\cdot\prod_{n=2}^{\infty}\frac{s_n}{s_{n-1}}\equiv a_1\cdot\prod_{n=2}^{\infty}\left(1+\frac{a_n}{a_1+a_2+\cdots+a_{n-1}}\right),$$

— falls es überhaupt einen Sinn hat. Und hierzu ist ersichtlich nur nötig, daß *alle* $s_n\neq 0$ sind. Im allgemeinen folgt aus der Konvergenz des Produktes die der Reihe und umgekehrt. Lediglich wenn

$s_n \to 0$ strebt, nennen wir die Reihe *konvergent* mit der Summe 0, während wir das Produkt als gegen 0 *divergierend* bezeichnen.

So bedeuten z. B.

$$\sum_{n=1}^{\infty} \frac{1}{2^n} \qquad \text{und} \qquad \frac{1}{2} \cdot \prod_{n=2}^{\infty} \left(1 + \frac{1}{2^n - 2}\right)$$

$$\sum_{n=1}^{\infty} \frac{1}{n(n+1)} \qquad \text{und} \qquad \frac{1}{2} \cdot \prod_{n=2}^{\infty} \left(1 + \frac{1}{n^2 - 1}\right)$$

genau dasselbe.

Dieser Übergang vom einen zum andern Symbol wird jedoch nur selten für die Untersuchung von Vorteil sein. Der für die Theorie entscheidende Zusammenhang zwischen Reihen und Produkten wird vielmehr allein durch den Satz 8 hergestellt — bzw. durch den Satz 7, wenn es allein auf die Frage nach absoluter Konvergenz ankommt. Um den Wert dieser Sätze für allgemeine Fragen zu zeigen, beweisen wir noch — als Analogon zu Satz **88**, 1 und **89**, 2 — den folgenden

130. °**Satz 11.** *Ein unendliches Produkt $\Pi(1 + a_n)$ ist dann und nur dann unbedingt konvergent, d. h. es bleibt dann und nur dann bei jeder Umordnung* (s. **27**, 3) *der Faktoren konvergent, und zwar mit ungeändertem Werte, wenn es absolut konvergiert*[1].

Beweis. Es liege ein konvergentes unendliches Produkt $\Pi(1 + a_n)$ vor. Diejenigen sicher nur endlich vielen Glieder a_n, für die $|a_n| \geqq \frac{1}{2}$ ist, ersetzen wir durch 0. Dann haben wir im Sinne von **27**, 4 nur „endlich viele Änderungen" ausgeführt und haben erreicht, daß jetzt *alle* $|a_n| < \frac{1}{2}$ sind. Daher kann die beim Beweise des Satzes 8 benutzte Zahl $m = 0$ genommen werden. Wir beweisen dann den Satz zunächst für das solchergestalt abgeänderte Produkt.

Jetzt sind aber

$$\Pi(1 + a_n) \qquad \text{und} \qquad \sum \log(1 + a_n)$$

gleichzeitig konvergent, und es gilt für ihre Werte U und L die Beziehung $U = e^L$. Daraus folgt: Eine Umordnung der Faktoren des Produktes wird dasselbe dann und nur dann mit ungeändertem Werte U konvergent lassen, wenn die entsprechende Umordnung der Reihe auch diese mit ungeändertem Werte konvergent läßt. Dies findet für eine Reihe (bei jeder beliebigen Umordnung) dann und nur dann statt, wenn sie *absolut* konvergiert. Nach Satz 8 gilt also dasselbe für das Produkt.

Wenn man nun vor der Umordnung endlich viele Änderungen vornimmt, diese aber nachher wieder rückgängig macht, so kann dies

---

[1] DINI, U.: Sui prodotti infiniti. Annali di Matem. (2) Bd. 2, S. 28—38. 1868.

auf unsere jetzige Frage keinen Einfluß haben. Der Satz ist also für *alle* Produkte richtig.

Zusatz. Mit Benutzung des erst weiter unten bewiesenen RIEMANNschen Satzes (**187**) kann man natürlich genauer sagen: Ist das Produkt nicht absolut konvergent und ist kein Faktor $=0$, so kann man durch eine *passende* Umordnung stets erreichen, daß für das neue Produkt die Folge der Teilprodukte *vorgeschriebene Häufungsgrenzen* $\varkappa$ *und* μ hat, wofern sie beide das gleiche Vorzeichen haben wie der Wert des vorgelegten Produktes[1]. Dabei dürfen $\varkappa$ und μ auch 0 und $\pm\infty$ sein.

Aufgaben zum VII. Kapitel.

85. Man beweise, daß die folgenden Produkte konvergieren und den angegebenen Wert haben:

a) $\displaystyle\prod_{n=2}^{\infty}\frac{n^3-1}{n^3+1}=\frac{2}{3}$; b) $\displaystyle\prod_{n=0}^{\infty}\left(1+\left(\frac{1}{2}\right)^{2^n}\right)=2$;

c) $\displaystyle\prod_{n=2}^{\infty}\left(1+\frac{2n+1}{(n^2-1)(n+1)^2}\right)=\frac{4}{3}$.

85a. Nach **128**, 2 haben die Folgen

$$x_n=1+\frac{1}{2}+\cdots+\frac{1}{n-1}-\log n \quad\text{und}\quad y_n=1+\frac{1}{2}+\cdots+\frac{1}{n}-\log n$$

für $n>1$ *positive* Glieder. Man zeige, daß $(x_n\,|\,y_n)$ eine Intervallschachtelung ist. Der durch sie definierte Wert ist wieder die EULERsche Konstante.

86. Man stelle das Konvergenzverhalten der folgenden Produkte fest:

a) $\displaystyle\prod_{n=2}^{\infty}\left(1+\frac{(-1)^n}{\sqrt{n}}\right)$; b) $\displaystyle\prod_{n=2}^{\infty}\left(1+\frac{(-1)^n}{\log n}\right)$;

c) $\displaystyle\left(1-\frac{1}{\sqrt{3}}\right)\left(1+\frac{1}{\sqrt{2}}\right)\left(1-\frac{1}{\sqrt{5}}\right)\left(1-\frac{1}{\sqrt{7}}\right)\left(1+\frac{1}{\sqrt{4}}\right)\left(1-\frac{1}{\sqrt{9}}\right)\cdots$;

d) $\displaystyle\left(1+\frac{1}{\alpha-1}\right)\left(1-\frac{1}{2\alpha-1}\right)\left(1+\frac{1}{3\alpha-1}\right)\left(1-\frac{1}{4\alpha-1}\right)\cdots$,

falls $\alpha\neq 1, \frac{1}{2}, \frac{1}{3}, \ldots$ ist.

87. Man zeige, daß $\prod\cos x_n$ konvergiert, falls $\sum|x_n|^2$ konvergiert.

---

[1] Denn ein konvergentes unendliches Produkt hat jedenfalls nur endlich viele negative Faktoren; und deren Anzahl wird durch die Umordnung nicht geändert.

88. Das Produkt in Aufg. 86d hat für positiv-ganzzahlige Werte von α den Wert $\sqrt[\alpha]{2}$. $\Big[$Anl.: Das bis zum Faktor $\left(1 - \frac{1}{2k\alpha - 1}\right)$ genommene Teilprodukt ist $= \prod_{\nu=k+1}^{2k} \left(1 - \frac{1}{\nu\alpha}\right)^{-1}$.$\Big]$[1]

89. Im Anschluß an Aufg. 87 zeige man, daß

$$\cos\frac{\pi}{4} \cdot \cos\frac{\pi}{8} \cdot \cos\frac{\pi}{16} \cdots = \frac{2}{\pi}$$

ist. (Man erkennt hierin das S. 225, Fußn., genannte Produkt von VIETA.)

90. Man zeige allgemeiner, daß für jedes x

$$\cos\frac{x}{2} \cdot \cos\frac{x}{4} \cdot \cos\frac{x}{8} \cdot \cos\frac{x}{16} \cdots = \frac{\sin x}{x}.$$

$$\operatorname{ch}\frac{x}{2} \cdot \operatorname{ch}\frac{x}{4} \cdot \operatorname{ch}\frac{x}{8} \cdot \operatorname{ch}\frac{x}{16} \cdots = \frac{\operatorname{sh} x}{x},$$

in welch letzterer Formel $\operatorname{ch} x = \frac{e^x + e^{-x}}{2}$ und $\operatorname{sh} x = \frac{e^x - e^{-x}}{2}$ den cosinus bzw. sinus hyperbolicus von x bedeudet.

91. Mit Hilfe von Aufg. 90 zeige man, daß die durch die Intervallschachtelung in Aufg. 8c definierte Zahl $= \frac{\sin\vartheta}{\vartheta} y_1$ ist, wenn ϑ als positiver spitzer Winkel aus $\cos\vartheta = \frac{x_1}{y_1}$ bestimmt wird. Ebenso ist die durch Aufg. 8d definierte Zahl $= \frac{\operatorname{sh}\vartheta}{\vartheta} x_1$, wenn ϑ aus $\operatorname{ch}\vartheta = \frac{y_1}{x_1}$ bestimmt wird.

92. Man zeige in ähnlicher Weise, daß die in Aufg. 8e und f definierten Zahlen die Werte haben

e) $\frac{\operatorname{sh} 2\vartheta}{2\vartheta} x_1$ mit $\operatorname{ch}^2\vartheta = \frac{y_1}{x_1}$, f) $\frac{\sin 2\vartheta}{2\vartheta} y_1$ mit $\cos^2\vartheta = \frac{x_1}{y_1}$.

93. Es ist

$$1 - \frac{x}{a_1} + \frac{x(x-a_1)}{a_1 \cdot a_2} - + \cdots + (-1)^n \frac{x(x-a_1)\ldots(x-a_{n-1})}{a_1 \cdot a_2 \ldots a_n}$$
$$= \left(1 - \frac{x}{a_1}\right)\left(1 - \frac{x}{a_2}\right)\cdots\left(1 - \frac{x}{a_n}\right).$$

Was folgt daraus für die Reihe und das Produkt, deren Anfänge hier stehen?

94. Man beweise mit Hilfe des Satzes 10 aus § 29, daß

$$\frac{1 \cdot 3 \cdot 5 \ldots (2n-1)}{2 \cdot 4 \cdot 6 \ldots 2n} \sim \frac{1}{\sqrt{n}}$$

ist.

95. Man zeige ebenso, daß für $0 \leq x < y$

$$\frac{x(x+1)(x+2)\ldots(x+n)}{y(y+1)(y+2)\ldots(y+n)} \to 0$$

strebt.

[1] Die Behauptung ist auch für alle $\alpha \neq 1, \frac{1}{2}, \frac{1}{3}, \cdots$ richtig. Bei sinngemäßer Deutung auch für diese eben ausgeschlossenen Werte.

96. Man zeige ebenso, daß, wenn a und b positiv sind und A_n und G_n das arithmetische bzw. geometrische Mittel der n Größen

$$a, \quad a+b, \quad a+2b, \quad \ldots, \quad a+(n-1)\,b$$

bedeuten ($n = 2, 3, 4, \ldots$),

$$\frac{A_n}{G_n} \to \frac{e}{2}$$

strebt.

97. Was läßt sich aus der Konvergenz von $\Pi(1+a_n)$ und $\Pi(1+b_n)$ über diejenige von

$$\Pi\,(1+a_n)(1+b_n) \quad \text{und} \quad \Pi\frac{1+a_n}{1+b_n}$$

aussagen? (Vgl. **83**, 3 und 4.)

98. Es strebe monoton fallend $u_n \to 1$. Ist dann

$$u_1 \cdot \frac{1}{u_2} \cdot u_3 \cdot \frac{1}{u_4} \cdot u_5 \ldots$$

immer konvergent? (Vgl. **82**, Satz 5.)

99. In Ergänzung zu § 29, Satz 9, beweise man, daß $\Pi(1+a_n)$ sicher konvergiert, wenn die beiden Reihen

$$\Sigma\left(a_n - \tfrac{1}{2}a_n^2\right) \quad \text{und} \quad \Sigma\,|a_n|^3$$

konvergieren. — Wie läßt sich das verallgemeinern? — Andrerseits zeige man an dem Beispiel des Produktes

$$\left(1-\frac{1}{2^\alpha}\right)\left(1+\frac{1}{2^\alpha}+\frac{1}{2^{2\alpha}}\right)\left(1-\frac{1}{3^\alpha}\right)\left(1+\frac{1}{3^\alpha}+\frac{1}{3^{2\alpha}}\right)\left(1-\frac{1}{4^\alpha}\right)\cdots,$$

bei dem $\frac{1}{3} < \alpha \leq \frac{1}{2}$ sein soll, daß $\Pi(1+a_n)$ konvergieren kann, selbst wenn die Reihen $\Sigma\,a_n$ und $\Sigma\,a_n^2$ *beide* divergieren.

VIII. Kapitel.

Geschlossene und numerische Auswertung der Reihensumme.

§ 31. Problemstellung.

Im III. und IV. Kapitel haben wir uns hauptsächlich mit dem Problem A, der Konvergenzfrage, beschäftigt, und erst in den letzten Kapiteln haben wir gleichzeitig die Reihensumme mit in Betracht gezogen. Diesen letzteren Gesichtspunkt wollen wir nun in den Vordergrund stellen. Doch ist es in Ergänzung unserer Ausführungen von S. 79/80 und 107/108 nötig, sich noch einmal die Bedeutung der dabei in Betracht kommenden Fragen klarzumachen. Hat man z. B. die Gleichung **122**

$$\frac{\pi}{4} = 1 - \frac{1}{3} + \frac{1}{5} - \frac{1}{7} + - \cdots$$

bewiesen, so kann man ihren Inhalt auf zweierlei Art deuten. Einmal sagt sie uns, daß die Summe der rechtsstehenden Reihe den Wert $\frac{\pi}{4}$ hat, also der vierte Teil einer Zahl ist[1], die in sehr vielen andern Zusammenhängen auftritt und von der auch ein jeder angenäherte Werte kennt. In diesem Sinne mag man wohl sagen, daß wir die Summe der obigen Reihe haben angeben können. Das gilt aber doch nur sehr bedingt; denn die Zahl π kann auf keine Weise (vgl. S. 21) vollständig hingeschrieben werden, — außer durch eine Intervallschachtelung oder ein äquivalentes Symbol. Ein solches liegt aber gerade in der *Reihe*, also dem in der obigen Gleichung *rechts* stehenden Ausdruck vor. Daher können wir von ihr auch gerade umgekehrt sagen: Sie liefert eine (sehr einfache) *Darstellung der Zahl* π durch eine Reihe, d. h. also durch eine konvergente Zahlenfolge, — die hier sogar besonders durchsichtig ist und (nach **69**, 1) auch unmittelbar als Intervallschachtelung geschrieben werden kann[2].

Ganz anders liegt der Fall bei der Gleichung (vgl. **68**, 2b)

$$\frac{1}{1\cdot 2}+\frac{1}{2\cdot 3}+\frac{1}{3\cdot 4}+\cdots=1.$$

Hier sind wir mit der Feststellung, daß die Summe der Reihe $=1$ ist, vollständig befriedigt, da uns eben die Zahl 1 (und ebenso jede rationale Zahl) restlos in die Hände gegeben werden kann. Hier werden wir also mit vollem Rechte sagen, daß wir die Reihensumme geschlossen ausgewertet haben. In allen andern Fällen aber, in denen also die Reihensumme keine rationale Zahl ist oder jedenfalls nicht als solche erkannt wird[3], kann von einer geschlossenen Auswertung der Reihensumme im strengen Sinne nicht geredet werden. Hier wird umgekehrt die Reihe als ein (mehr oder weniger vollkommenes) Mittel angesehen werden müssen, eine *Darstellung* und also *Näherungswerte* für die Reihensumme zu bekommen. Indem wir uns diese dann herstellen (gewöhnlich in Dezimalbruchform) und die ihnen noch anhaftenden Fehler abschätzen, sprechen wir von einer *numerischen Auswertung* der Reihensumme.

Wenn endlich, wie in dem obigen Falle der Reihe für $\frac{\pi}{4}$, festgestellt wird, daß die Reihensumme eine Zahl ist, die zu einer in andern

[1] In älteren Zeiten, in denen man alle diese Dinge mehr geometrisch deutete, sah man in $\frac{\pi}{4}$ stets das Verhältnis der Kreisfläche zum umbeschriebenen Quadrat.

[2] Nämlich: $\frac{\pi}{4}=(s_{2k}\,|\,s_{2k+1})$, wenn $s_n=1-\frac{1}{3}+\frac{1}{5}-+\cdots+\frac{(-1)^{n-1}}{2n-1}$ gesetzt wird ($n=2,3,\ldots$).

[3] Haben wir z. B. festgestellt, daß eine Reihensumme gleich den Eulerschen Konstanten ist, so wissen wir heute noch nicht, ob wir eine rationale Zahl vor uns haben oder nicht.

Zusammenhängen auftretenden Zahl in einfacher oder jedenfalls angebbarer Beziehung steht — es folgt doch z. B. aus **122** und **124**, daß

$$1 + \frac{1}{2}\cdot\frac{1}{3} + \frac{1\cdot 3}{2\cdot 4}\cdot\frac{1}{5} + \cdots = 2\left[1 - \frac{1}{3} + \frac{1}{5} - + \cdots\right]$$

ist, — so werden wir auch eine solche Feststellung im allgemeinen begrüßen, da sie eine Verbindung zwischen vorher getrennten Ergebnissen herstellt. Man pflegt auch in solchen Fällen — wenn auch in übertragenem Sinne — von einer geschlossenen Auswertung der Reihensumme zu sprechen; denn man pflegt aus dem andern Zusammenhange her die betreffende Zahl dann als „bekannt" anzusehen und kann nun mit ihrer Hilfe auch die neue Reihensumme „geschlossen' angeben. Doch hüte man sich da vor Selbsttäuschung. Hat man z. B. festgestellt (s. S. 216), daß die Summe der Reihe

$$1 + \frac{1}{2}\cdot\frac{1}{50} + \frac{1\cdot 3}{2\cdot 4}\cdot\frac{1}{50^2} + \frac{1\cdot 3\cdot 5}{2\cdot 4\cdot 6}\cdot\frac{1}{50^3} + \cdots$$

gleich $\frac{5}{7}\sqrt{2}$ ist, so ist damit die Summe der Reihe doch nur in sehr bedingtem Sinne „geschlossen ausgewertet". Denn $\sqrt{2}$ ist uns an und für sich nicht besser bekannt als die Summe *irgendeiner* konvergenten Reihe. Nur weil $\sqrt{2}$ noch in vielen hundert andern Zusammenhängen auftritt und für praktische Zwecke schon oft numerisch berechnet worden ist, pflegen wir ihren Wert als fast ebenso „bekannt" anzusehen, wie irgendeine hingeschriebene rationale Zahl. Nehmen wir aber statt der obigen etwa die folgende binomische Reihe

$$\frac{5}{2}\left[1 + \frac{1}{5}\cdot\frac{24}{1000} - \frac{4}{5\cdot 10}\cdot\frac{24^2}{1000^2} + \frac{4\cdot 9}{5\cdot 10\cdot 15}\cdot\frac{24^3}{1000^3} - + \cdots\right]$$

und hat man gefunden, daß ihre Summe $= \sqrt[5]{100}$ ist, so werden wir schon weniger geneigt sein, hierdurch die Summe als festgestellt anzusehen; vielmehr werden wir die Reihe als ein recht brauchbares Mittel zur genaueren Berechnung von $\sqrt[5]{100}$ begrüßen, die auf andre Weise nicht so leicht durchzuführen wäre. M. a. W.: Von den wenigen Fällen abgesehen, wo wir als Reihensumme *eine bestimmte rationale Zahl* angeben können, wird das Schwergewicht des Interesses an einer Gleichung der Form „$s = \sum a_n$" je nach Lage des Falles auf der rechten oder auf der linken Seite der Gleichung liegen. Dürfen wir s aus andern Zusammenhängen her als bekannt ansehen, so werden wir auch jetzt noch (in übertragenem Sinne) sagen: Wir hätten die Reihensumme *geschlossen ausgewertet.* Ist das nicht der Fall, so werden wir sagen: die Reihe sei ein Mittel zur Berechnung der (durch sie definierten) Zahl s. (Selbstverständlich können beide Gesichtspunkte auch bei einer und derselben Gleichung zur Geltung kommen.) In dem ersten der beiden Fälle sind wir sozusagen fertig, da dann auch das Problem B (s. S. 108) in einer uns befriedigenden Form gelöst ist. In dem zweiten Fall dagegen beginnt nun eine neue Aufgabe, nämlich die der tatsächlichen Herstellung der durch die Reihe gelieferten Näherungswerte ihrer Summe in übersichtlicher Form, also etwa — das wird uns das erwünschteste sein — in (endlichen) Dezimalbrüchen, und die Abschätzung der diesen Näherungswerten noch anhaftenden Fehler.

§ 32. Geschlossene Auswertung der Reihensumme.

1. **Unmittelbare Auswertung.** Es ist natürlich leicht, sich Reihen zu *bilden*, die eine *vorgeschriebene* Summe haben. Denn soll s diese Summe sein, so konstruiere man sich nach einem der vielen Verfahren, die wir nun kennen, eine gegen s konvergierende Zahlenfolge (s_n) und setze die Reihe

$$s_0 + (s_1 - s_0) + (s_2 - s_1) + \cdots + (s_n - s_{n-1}) + \cdots$$

an. Da deren n^{te} Teilsumme ersichtlich gerade $= s_n$ ist, so ist diese Reihe konvergent mit der Summe s. In diesem einfachen Verfahren hat man eine unerschöpfliche Quelle zur *Herstellung* von Reihen, die man geschlossen summieren kann; z. B. braucht man nur eine der vielen uns bekannten Nullfolgen (x_n) zu nehmen und $s_n = s - x_n$ zu setzen für $n = 0, 1, 2, \ldots$

Beispiele für Reihen mit der Summe 1.

1. $(x_n) \equiv \left(\frac{1}{n+1}\right)$ liefert $\frac{1}{1 \cdot 2} + \frac{1}{2 \cdot 3} + \frac{1}{3 \cdot 4} + \cdots = 1$

2. $(x_n) \equiv \left(\frac{(-1)^n}{n+1}\right)$,, $\frac{3}{1 \cdot 2} - \frac{5}{2 \cdot 3} + \frac{7}{3 \cdot 4} - \frac{9}{4 \cdot 5} + - \cdots = 1$

3. $(x_n) \equiv \left(\frac{1}{n+1}\right)^2$,, $\sum_{n=1}^{\infty} \frac{2n+1}{n^2 (n+1)^2} = 1$

4. $(x_n) \equiv \left(\frac{1}{n+1}\right)^3$,, $\sum_{n=1}^{\infty} \frac{3n^2 + 3n + 1}{n^3 (n+1)^3} = 1$

5. $(x_n) \equiv \left(\frac{1}{2^n}\right)$,, $\sum_{n=1}^{\infty} \frac{1}{2^n} = 1$

6. $(x_n) \equiv \left(\frac{1}{\sqrt{(n+1)}}\right)$,, $\sum_{n=1}^{\infty} \frac{1}{\sqrt{n(n+1)}\,(\sqrt{n} + \sqrt{n+1})} = 1$

7. Multipliziert man die Glieder einer dieser Reihen mit s, so erhält man eine konvergente Reihe mit der Summe s.

Die Herstellung solcher Beispiele ist nicht überflüssig, da wir sehen werden, daß ein großer Vorrat an Reihen mit bekannter Summe für die Behandlung weiterer Reihen vorteilhaft ist.

Kehren wir das eben behandelte Prinzip um, so haben wir den

°**Satz.** *Ist* $\sum\limits_{n=0}^{\infty} a_n$ *vorgelegt und gelingt es, das Glied* a_n *in der Form* **131.**
$a_n = x_n - x_{n+1}$ *darzustellen, in der* x_n *das Glied einer konvergenten Folge mit dem bekannten Grenzwert* ξ *ist, so läßt sich die Summe der Reihe angeben, und zwar ist*

$$\sum_{n=0}^{\infty} a_n = x_0 - \xi .$$

Beweis. Es ist

$$s_n = (x_0 - x_1) + (x_1 - x_2) + \cdots + (x_n - x_{n+1}) = x_0 - x_{n+1},$$

woraus wegen $x_\nu \to \xi$ sofort die Behauptung folgt.

Beispiele.

1. Ist α irgendeine von 0, -1, -2, ... verschiedene reelle Zahl, so ist (s. **68**, 2h) **132.**

$$\sum_{n=0}^{\infty} \frac{1}{(\alpha+n)(\alpha+n+1)} = \frac{1}{\alpha}, \quad \text{da hier} \quad a_n = \left[\frac{1}{\alpha+n} - \frac{1}{\alpha+n+1}\right].$$

2. Ebenso ist

$$\sum_{n=0}^{\infty} \frac{1}{(\alpha+n)(\alpha+n+1)(\alpha+n+2)} = \frac{1}{2\alpha(\alpha+1)},$$

da jetzt

$$a_n = \frac{1}{2}\left[\frac{1}{(\alpha+n)(\alpha+n+1)} - \frac{1}{(\alpha+n+1)(\alpha+n+2)}\right].$$

3. Allgemein findet man für jede natürliche Zahl p

$$\sum_{n=0}^{\infty} \frac{1}{(\alpha+n)(\alpha+n+1)\ldots(\alpha+n+p)} = \frac{1}{p}\,\frac{1}{\alpha(\alpha+1)\ldots(\alpha+p-1)}.$$

4. Für $\alpha = \frac{1}{3}$ findet man z. B. aus 2.

$$\frac{1}{1\cdot 4\cdot 7} + \frac{1}{4\cdot 7\cdot 10} + \frac{1}{7\cdot 10\cdot 13} + \cdots = \frac{1}{24}.$$

5. Für $\alpha = 1$ liefert uns das 3. Beispiel

$$\frac{1}{1\cdot 2\ldots(p+1)} + \frac{1}{2\cdot 3\ldots(p+2)} + \cdots = \frac{1}{p\cdot p!} \quad \text{oder} \quad \sum_{n=0}^{\infty} \frac{1}{\binom{p+n+1}{p+1}} = \frac{p+1}{p}.$$

Etwas allgemeiner hat man den

°**Satz.** *Ist in* $\sum a_n$ *das Glied* a_n *in der Form* $x_n - x_{n+q}$ *darstellbar,* **133.**
in der x_n *das Glied einer konvergenten Folge mit dem bekannten Grenzwert* ξ *ist und* q *eine feste natürliche Zahl bedeutet, so ist*

$$\sum_{n=0}^{\infty} a_n = x_0 + x_1 + \cdots + x_{q-1} - q\,\xi .$$

Beweis. Es ist für $n > q$

$$s_n = (x_0 - x_q) + (x_1 - x_{q+1}) + \cdots + (x_{q-1} - x_{2q-1}) + (x_q - x_{2q}) + \cdots + (x_n - x_{n+q})$$
$$= (x_0 + x_1 + \cdots + x_{q-1}) - (x_{n+1} + x_{n+2} + \cdots + x_{n+q}),$$

woraus wegen $x_\nu \to \xi$ (nach **41**, 9) sofort die Behauptung folgt.

Beispiele.

1. $$\sum_{n=0}^{\infty} \frac{1}{(\alpha+n)(\alpha+n+q)} = \frac{1}{q}\left(\frac{1}{\alpha} + \frac{1}{\alpha+1} + \cdots + \frac{1}{\alpha+q-1}\right),$$

da hier

$$a_n = \frac{1}{q}\left(\frac{1}{\alpha+n} - \frac{1}{\alpha+n+q}\right)$$

ist. Für $\alpha = \frac{1}{2}$ erhält man speziell

$$\sum_{n=0}^{\infty} \frac{1}{(2n+1)(2n+2q+1)} = \frac{1}{2q}\left(1 + \frac{1}{3} + \cdots + \frac{1}{2q-1}\right).$$

2. Für $\alpha = 1$ und $q = 2$ hat man hiernach

$$\frac{1}{1\cdot 3} + \frac{1}{2\cdot 4} + \frac{1}{3\cdot 5} + \cdots = \frac{3}{4},$$

für $\alpha = \frac{1}{2}$ und $q = 3$ ebenso

$$\frac{1}{1\cdot 7} + \frac{1}{3\cdot 9} + \frac{1}{5\cdot 11} + \cdots = \frac{23}{90}.$$

3. Etwas allgemeiner hat man, wenn neben q auch k eine feste natürliche Zahl bedeutet,

$$\sum_{n=0}^{\infty} \frac{1}{(\alpha+n)(\alpha+n+q)\ldots(\alpha+n+kq)} = \frac{1}{kq}\sum_{\nu=0}^{q-1} \frac{1}{(\alpha+\nu)(\alpha+\nu+q)\ldots(\alpha+\nu+\overline{k-1}\,q)}.$$

4. Für $\alpha = \frac{1}{2}$, $q = 2$, $k = 2$ findet man so

$$\frac{1}{1\cdot 5\cdot 9} + \frac{1}{3\cdot 7\cdot 11} + \frac{1}{5\cdot 9\cdot 13} + \cdots = \frac{13}{420}.$$

Verallgemeinern wir die hierbei angewendeten Kunstgriffe ein wenig, so gelangen wir schließlich zu dem folgenden wesentlich weitergehenden

134. °**Satz.** *Sind die Glieder einer Reihe $\sum a_n$ für jedes n in der Form*

$$a_n = c_1 x_{n+1} + c_2 x_{n+2} + \cdots + c_k x_{n+k}, \qquad (k \geqq 2, \textit{ fest}),$$

darstellbar, bei der (x_n) eine konvergente Zahlenfolge mit dem ***bekannten*** *Grenzwert ξ bedeuten soll und die Koeffizienten c_λ der Bedingung $c_1 + c_2 + \cdots + c_k = 0$ genügen, so ist $\sum a_n$ konvergent und*

$$\sum_{n=0}^{\infty} a_n = c_1 x_1 + (c_1 + c_2) x_2 + \cdots + (c_1 + c_2 + \cdots + c_{k-1}) x_{k-1} + (c_2 + 2c_3 + \cdots + \overline{k-1}\, c_k)\,\xi.$$

Der Beweis ergibt sich unmittelbar, wenn man zeilenweise die Werte von $a_0, a_1, \ldots, a_m$ so untereinander schreibt, daß die Glieder mit demselben x_ν in ein und dieselbe Spalte zu stehen kommen. Addiert man dann spaltenweise — was hier auch ohne den großen Umordnungssatz sofort erlaubt ist — und berücksichtigt die Bedingung, der die c_λ genügen sollen, so ergibt sich für $m > k$

$$\sum_{n=0}^{m} a_n = \sum_{\lambda=1}^{k-1} (c_1 + c_2 + \cdots + c_\lambda)\, x_\lambda + \sum_{\lambda=1}^{k-1} (c_{\lambda+1} + \cdots + c_k)\, x_{m+\lambda+1},$$

also wieder ein Ausdruck mit einer *festen* Anzahl von Summanden. Für $m \to \infty$ erhält man dann sofort die behauptete Gleichung.

Beispiele.

1. $x_n = \dfrac{n^2}{n^2+1}$, $\quad k = 2$, $\quad c_1 = -1$, $\quad c_2 = +1$ liefert

$$\frac{3}{2\cdot 5} + \frac{5}{5\cdot 10} + \frac{7}{10\cdot 17} + \cdots + \frac{2n+1}{(n^2+1)(n+1^2+1)} + \cdots = \frac{1}{2}.$$

2. $$\sum_{n=0}^{\infty} \frac{1}{(3n+1)(3n+10)} = \frac{1}{27} \sum_{n=0}^{\infty} \left(\frac{1}{-\frac{2}{3}+n+1} - \frac{1}{-\frac{2}{3}+n+4} \right) = \frac{13}{84};$$

und diese Beispiele lassen sich natürlich leicht beliebig vermehren.

2. **Anwendung der Entwicklungen der elementaren Funktionen.** Mit diesen wenigen soeben gegebenen Sätzen haben wir im großen und ganzen die Typen derjenigen Reihen kennen gelernt, die man ohne tiefer gehende Kunstgriffe geschlossen summieren kann.

Bei weitem die meisten der bei allen Anwendungen auftretenden Reihen sind solche, die sich für spezielle Werte von x aus den Reihenentwicklungen der elementaren Funktionen und den verschiedensten Umformungen, Zusammensetzungen und anderweitigen Folgerungen aus ihnen ergeben. Die Fülle der Beispiele geschlossener Summation, die auf diese Weise gewonnen werden können, ist unübersehbar. Wir müssen uns damit begnügen, den Leser auf die Durchrechnung der für diesen Zweck besonders zahlreich zusammengestellten Aufgaben zum VIII. Kapitel hinzuweisen, die ihn mit den hauptsächlichsten dabei in Frage kommenden Kunstgriffen vertraut machen wird. Die weiteren Ausführungen dieses und des nächsten Paragraphen werden noch weitere Anleitung dazu geben. Hier bemerken wir nur generell, daß man einer vorgelegten Reihe $\sum a_n$ oft dadurch beikommt, daß man ihre Glieder in zwei oder mehr Summanden zerlegt, die einzeln wieder konvergente Reihen liefern; oder dadurch, daß man zu $\sum a_n$ eine andere Reihe mit bekannter Summe gliedweis addiert oder sie von ihr subtrahiert. Insbesondere wird, wenn a_n eine rationale Funktion von n ist, die *Partialbruchzerlegung* häufig gute Dienste leisten.

3. **Anwendung des ABELschen Grenzwertsatzes.** Ein andrer prinzipiell sehr wichtiger Weg zur Auswertung einer Reihensumme, der im Prinzip von den soeben angedeuteten Wegen abweicht, aber wegen **101** meist aufs engste mit ihnen verbunden bleibt, besteht in der Anwendung des ABELschen Grenzwertsatzes. Liegt die konvergente Reihe $\sum a_n$ vor, so ist die Potenzreihe $f(x) = \sum a_n x^n$ mindestens für $-1 < x \leqq +1$ konvergent, und nach **101** ist daher

$$\sum a_n = \lim_{x \to 1-0} f(x).$$

Ist nun die durch die Potenzreihe dargestellte Funktion $f(x)$ so weit bekannt, daß man diesen letzteren Grenzwert angeben kann, so ist die Auswertung der Reihensumme geleistet. Hierzu bieten die Entwicklungen des VI. Kapitels eine breite Grundlage, und dort haben wir auch schon mehrfach den ABELschen Grenzwertsatz in dem jetzigen Sinne benutzt.

Nachstehend geben wir nur noch einige naheliegende Beispiele und verweisen im übrigen auf die diesem Kapitel angehängten Aufgaben.

135. Beispiele.

Neben den uns schon bekannten Reihen

1. $$\sum_{n=0}^{\infty} \frac{(-1)^n}{n+1} = \lim_{x \to 1-0} \sum_{n=0}^{\infty} (-1)^n \frac{x^{n+1}}{n+1} = \lim_{x \to 1-0} \log(1+x) = \log 2,$$

2. $$\sum_{n=0}^{\infty} \frac{(-1)^n}{2n+1} = \lim_{x \to 1-0} \sum_{n=0}^{\infty} (-1)^n \frac{x^{2n+1}}{2n+1} = \lim_{x \to 1-0} \operatorname{arctg} x = \frac{\pi}{4}$$

hat man

3. $$\sum_{n=0}^{\infty} \frac{(-1)^n}{3n+1} = \lim_{x \to 1-0} \left(x - \frac{x^4}{4} + \frac{x^7}{7} - + \cdots\right).$$ Die in der Klammer stehende Funktion hat aber die Ableitung $(1 - x^3 + x^6 - + \cdots) = \frac{1}{1+x^3}$ und ist also die Funktion (s. § 19, Def. 12)

$$\int_0^x \frac{dt}{1+t^3} = \frac{1}{6} \log \frac{(x+1)^2}{x^2 - x + 1} + \frac{1}{\sqrt{3}} \operatorname{arctg} \frac{2x-1}{\sqrt{3}} + \frac{\pi}{6\sqrt{3}}.$$

Hiernach ist die Summe der vorgelegten Reihe $= \frac{1}{3} \log 2 + \frac{\pi}{3\sqrt{3}}$.

4. Ähnlich findet man (s. § 19, Def. 12)

$$\sum_{n=0}^{\infty} \frac{(-1)^n}{4n+1} \equiv 1 - \frac{1}{5} + \frac{1}{9} - \frac{1}{13} + - \cdots = \frac{1}{8}\sqrt{2}\,[\pi + \log(3 + 2\sqrt{2})].$$

Für die weiteren analog gebildeten Reihen werden die Formeln natürlich immer verwickelter.

4. **Anwendung des großen Umordnungssatzes.** Theoretisch und praktisch gleich bedeutungsvoll ist die Anwendung des großen Umordnungssatzes für unsere jetzige Frage. Wir erläutern seine Anwendung gleich an einem der wichtigsten Fälle; weitere Beispiele bieten wieder die Aufgaben.

In **115** und **117** hatten wir zwei ganz verschiedene Entwicklungen der Funktion $x \operatorname{ctg} x$ erhalten, die beide jedenfalls für alle hinreichend kleinen $|x|$ gelten. Ersetzen wir in der ersten von ihnen x durch πx, so muß also für solche x

$$1 + \sum_{n=1}^{\infty} (-1)^n \frac{2^{2n} B_{2n}}{(2n)!} (\pi x)^{2n} = 1 - \sum_{k=1}^{\infty} \frac{2x^2}{k^2 - x^2}$$

sein. Jedes Glied der Reihe rechts läßt sich nun offenbar nach Potenzen von x entwickeln:

$$-\frac{2x^2}{k^2 - x^2} = -\sum_{n=1}^{\infty} 2\left(\frac{x^2}{k^2}\right)^n, \qquad (k = 1, 2, \ldots \textit{ fest!}).$$

Das wären die Reihen $z^{(k)}$ des großen Umordnungssatzes; und da sich dessen Reihen $\zeta^{(k)}$ hier ersichtlich nur durch das Vorzeichen von den $z^{(k)}$ unterscheiden, so sind die Voraussetzungen jenes Satzes alle erfüllt, und wir können *spaltenweis* addieren. Dabei wird der Koeffizient von x^{2p} auf der rechten Seite

$$= -2 \sum_{k=1}^{\infty} \frac{1}{k^{2p}}, \qquad (p \text{ fest!}),$$

und da er nach **97** mit dem auf der linken Seite übereinstimmen muß, so haben wir das wichtige Ergebnis, bei dem wir den Summationsbuchstaben nun wieder mit n bezeichnen wollen,

$$\sum_{n=1}^{\infty} \frac{1}{n^{2p}} = (-1)^{p-1} \frac{B_{2p} (2\pi)^{2p}}{2(2p)!}, \qquad (p \text{ fest!}), \quad \mathbf{136.}$$

durch das die Reihen

$$1 + \frac{1}{2^{2p}} + \frac{1}{3^{2p}} + \cdots + \frac{1}{n^{2p}} + \cdots, \qquad (p \text{ fest!}),$$

geschlossen ausgewertet sind, denn die Zahl π und die (rationalen) BERNOULLIschen Zahlen dürfen wir als bekannt ansehen[1]. Speziell haben wir:

$$\sum_{n=1}^{\infty} \frac{1}{n^2} = \frac{\pi^2}{6}, \qquad \sum_{n=1}^{\infty} \frac{1}{n^4} = \frac{\pi^4}{90}, \qquad \sum_{n=1}^{\infty} \frac{1}{n^6} = \frac{\pi^6}{945}.$$

[1] Ganz nebenbei ergibt die Formel **136**, daß die BERNOULLIschen Zahlen B_{2n} abwechselnde Vorzeichen haben und daß $(-1)^{n-1} B_{2n}$ positiv ist. Ferner auch,

Es ist nicht überflüssig, sich noch einmal genau zu vergegenwärtigen, was alles nötig war, um auch nur das erste dieser schönen Ergebnisse zu zeitigen[1]. Man wird finden, daß dazu ein sehr erheblicher Bruchteil unserer gesamten bisherigen Untersuchungen erforderlich ist.

Wir haben nun die Summen aller harmonischen Reihen mit *geraden ganzzahligen* Exponenten ermittelt; von den Summen dieser Reihen bei ungeraden Exponenten (>1) weiß man zur Zeit nicht viel, d. h. es sind bisher keine naheliegenden Beziehungen gefunden worden, durch die diese Summen $\left(\text{also z. B. } \sum \frac{1}{k^3}\right)$ mit irgendwelchen in andern Zusammenhängen auftretenden Zahlen in Verbindung gebracht werden. (Ihrer beliebig genauen numerischen Berechnung[2] steht natürlich nichts im Wege; s. § 35). Dagegen kann man aus unsern Ergebnissen noch leicht die folgenden herleiten: Es ist

$$\sum_{n=1}^{\infty} \frac{1}{n^{2p}} = \sum_{\nu=1}^{\infty} \frac{1}{(2\nu-1)^{2p}} + \sum_{\nu=1}^{\infty} \frac{1}{(2\nu)^{2p}}.$$

Hier ist aber die letzte Reihe nichts anderes als $\frac{1}{2^{2p}} \sum_{n=1}^{\infty} \frac{1}{n^{2p}}$. Ziehen

---

daß die BERNOULLIschen Zahlen mit wachsendem Index außerordentlich stark wachsen; denn da für jedes n der Wert $\sum_{k=1}^{\infty} \frac{1}{k^{2n}}$ zwischen 1 und 2 gelegen ist, so ist

$$2\,\frac{2\,(2n)!}{(2\pi)^{2n}} > (-1)^{n-1} B_{2n} > \frac{2\,(2n)!}{(2\pi)^{2n}},$$

woraus noch weiter folgt, daß $\left|\frac{B_{2n+2}}{B_{2n}}\right| \to +\infty$ strebt. Da endlich die obige Umformung für $|x| < 1$ galt, so ergibt sich aus dieser Betrachtung auch noch, daß die Reihe **115** sicher für $|x| < \pi$ absolut konvergiert. Da sie für $|x| > \pi$ sicher nicht mehr konvergent sein kann (denn nach **98**, 2 müßte dann $\operatorname{ctg} x$ in $x = \pi$ stetig sein, was doch nicht der Fall ist), so hat **115** genau den Radius π. Hiernach folgt dann, daß **116a** den Radius $\frac{\pi}{2}$, **116b** den Radius π hat.

[1] Um die Summe der Reihe $1 + \frac{1}{4} + \frac{1}{9} + \frac{1}{16} + \cdots$ zu finden, haben sich JAK. und JOH. BERNOULLI aufs äußerste bemüht. Ersterer hat die Lösung des Problems nicht mehr erlebt, die erst durch L. EULER im Jahre 1736 gefunden wurde. JOH. BERNOULLI, dem sie dann bald bekannt wurde, sagt dazu (Werke, Bd. 4, S. 22): Atque ita satisfactum est ardenti desiderio Fratris mei, qui agnoscens summae huius pervestigationem *difficiliorem quam quis putaverit*, ingenue fassus est omnem suam industriam fuisse elusam ... Utinam Frater superstes esset! Ein zweiter, ganz andrer Beweis wird in **156**, ein dritter in **189**, ein vierter und fünfter in **210** gegeben.

[2] T. J. STIELTJES (Tables des valeurs des sommes $S_k = \sum_{n=1}^{\infty} \frac{1}{n^k}$, Acta mathematica Bd. 10, S. 299. 1887) hat die Summen dieser Reihen bis zum Exponenten 70 auf je 32 Dezimalen genau berechnet.

wir diese ab, so haben wir

$$\sum_{n=1}^{\infty} \frac{1}{(2n-1)^{2p}} = \left(1 - \frac{1}{2^{2p}}\right) \sum_{n=1}^{\infty} \frac{1}{n^{2p}}$$

oder also

$$1 + \frac{1}{3^{2p}} + \frac{1}{5^{2p}} + \cdots = (-1)^{p-1} \frac{2^{2p}-1}{2\,(2p)!} B_{2p} \cdot \pi^{2p}. \qquad 137.$$

Für $p = 1, 2, 3, \ldots$ liefert dies ganz speziell die Summen

$$\frac{\pi^2}{8}, \quad \frac{\pi^4}{96}, \quad \frac{\pi^6}{960}, \quad \ldots$$

Subtrahieren wir die eben abgezogene Reihe noch einmal, so erhalten wir

$$\sum_{n=1}^{\infty} \frac{(-1)^{n-1}}{n^{2p}} = \left(1 - \frac{2}{2^{2p}}\right) \sum_{n=1}^{\infty} \frac{1}{n^{2p}}$$

oder also

$$1 - \frac{1}{2^{2p}} + \frac{1}{3^{2p}} - \frac{1}{4^{2p}} + - \cdots = (-1)^{p-1} \frac{2^{2p-1}-1}{(2p)!} B_{2p} \cdot \pi^{2p}. \qquad 138.$$

Für $p = 1, 2, 3, \ldots$ liefert dies speziell die Summen

$$\frac{1}{12}\pi^2, \quad \frac{7}{720}\pi^4, \quad \frac{31}{30240}\pi^6, \ldots$$

Aber auch hier weiß man von den entsprechenden Reihen mit ungeraden Exponenten nichts. — Die beiden letzten Ergebnisse hätte man natürlich auch gewonnen, wenn man die Partialbruchzerlegung von tg oder $\frac{1}{\sin}$ ebenso behandelt hätte wie eben diejenige von ctg. Zu neuen Ergebnissen gelangen wir noch, wenn wir dasselbe mit der Partialbruchzerlegung **118** für $\frac{1}{\cos}$ machen, also mit

$$\frac{\pi}{4 \cos \frac{\pi x}{2}} = \frac{1}{1^2 - x^2} - \frac{3}{3^2 - x^2} + \frac{5}{5^2 - x^2} - + \cdots = \sum_{\nu=0}^{\infty} \frac{(-1)^{\nu}(2\nu+1)}{(2\nu+1)^2 - x^2}.$$

Das ν^{te} Glied liefert hier die Potenzreihe

$$(-1)^{\nu} \sum_{k=0}^{\infty} \frac{x^{2k}}{(2\nu+1)^{2k+1}},$$

so daß nach der Umordnung der Koeffizient von x^{2p} lautet:

$$\sum_{\nu=0}^{\infty} \frac{(-1)^{\nu}}{(2\nu+1)^{2p+1}} = 1 - \frac{1}{3^{2p+1}} + \frac{1}{5^{2p+1}} - + \cdots$$

Bezeichnen wir diese Summen für den Augenblick mit σ_{2p+1}, so ist also

$$\frac{\pi}{4\cos\frac{\pi x}{2}} = \sigma_1 + \sigma_3 x^2 + \sigma_5 x^4 + \cdots$$

oder

$$\frac{1}{\cos z} = \frac{4}{\pi}\left[\sigma_1 + \sigma_3\left(\frac{2z}{\pi}\right)^2 + \sigma_5\left(\frac{2z}{\pi}\right)^4 + \cdots\right].$$

Diese Potenzreihe kann nun andrerseits unmittelbar durch Division gewonnen werden, und ihre Koeffizienten können also — genau wie in **105**, 5 die BERNOULLIschen Zahlen — durch einfache Rekursionsformeln erhalten werden. Man schreibt gewöhnlich

$$\frac{1}{\cos z} = \sum_{n=0}^{\infty} (-1)^n \frac{E_{2n}}{(2n)!} z^{2n},$$

so daß

$$\left(1 - \frac{x^2}{2!} + \frac{x^4}{4!} - + \cdots\right)\left(E_0 - \frac{E_2}{2!}x^2 + \frac{E_4}{4!}x^4 - + \cdots\right) \equiv 1$$

ist. Dies liefert $E_0 = 1$ und für $n \geqq 1$ Rekursionsformeln[1], die man nach Multiplikation mit $(2n)!$ so schreiben kann:

139. $$\boldsymbol{E_{2n} + \binom{2n}{2} E_{2n-2} + \binom{2n}{4} E_{2n-4} + \cdots + E_0 = 0}$$

oder noch kürzer in symbolischer Schreibweise (vgl. **106**)

$$\boldsymbol{(E+1)^k + (E-1)^k = 0},$$

die nun für alle $k \geqq 1$ gilt.

Aus ihnen findet man mühelos

$$E_1 = E_3 = E_5 = \cdots = 0$$

und

$$E_0 = 1, \quad E_2 = -1, \quad E_4 = 5, \quad E_6 = -61, \quad E_8 = 1385, \ldots$$

Mit diesen Zahlen, die wir mit vollem Recht als bekannt ansehen dürfen, hat man dann endlich

$$(-1)^p \frac{E_{2p}}{(2p)!} = \frac{4}{\pi}\sigma_{2p+1} \cdot \frac{2^{2p}}{\pi^{2p}},$$

d. h.

140. $$\boldsymbol{1 - \frac{1}{3^{2p+1}} + \frac{1}{5^{2p+1}} - + \cdots = (-1)^p \frac{E_{2p}}{2^{2p+2}(2p)!}\pi^{2p+1}}.$$

Für $p = 0, 1, 2, 3, \ldots$ liefert dies speziell die Summen

$$\frac{1}{4}\pi, \quad \frac{1}{32}\pi^3, \quad \frac{5}{1536}\pi^5, \quad \frac{61}{2^{12}\cdot 45}\pi^7, \ldots$$

---

[1] Die hierdurch bestimmten (übrigens *ganzen rationalen*) Zahlen bezeichnet man meist als ***EULERsche Zahlen.*** Die Zahlen E_ν bis $\nu = 28$ hat W. SCHERK: Mathem. Abh., Berlin 1825, berechnet. Vergl. das auf S. 186, Fußnote 1 genannte Werk von N. E. NÖRLUND, S. 456.

§ 33. Reihentransformationen.

Im vorigen Paragraphen haben wir einige der wichtigsten Typen von Reihen kennengelernt, die man *geschlossen* — im engeren und im weiteren Sinne — summieren kann. Bei den letzten schon recht tiefgehenden Auswertungen spielte der große Umordnungssatz eine wesentliche Rolle, da durch ihn die ursprünglich vorgelegte Reihe sozusagen in eine ganz andere verwandelt wurde, die uns dann weitere Aufschlüsse vermittelte. Es handelt sich also im wesentlichen um eine spezielle *Reihentransformation*[1]. Solche Umformungen sind häufig von größtem Nutzen, und zwar für die im nächsten Paragraphen zu besprechenden numerischen Auswertungen noch mehr als für die geschlossene Summierung. Ihnen wollen wir uns jetzt zuwenden, und wir beginnen sogleich mit einer allgemeineren Auffassung der durch den großen Umordnungssatz bewirkten Reihentransformation, die wir im vorigen Paragraphen schon mit Vorteil mehrfach verwendeten.

Es sei die konvergente Reihe $\sum\limits_{k=0}^{\infty} z^{(k)}$ vorgelegt, und es werde auf *irgendeine Weise* (z. B. nach § 32, 1) jedes Glied derselben durch eine unendliche Reihe dargestellt:

$$\text{(A)}\qquad \left\{\begin{array}{l} z^{(0)} = a_0^{(0)} + a_1^{(0)} + a_2^{(0)} + \cdots + a_n^{(0)} + \cdots \\ z^{(1)} = a_0^{(1)} + a_1^{(1)} + a_2^{(1)} + \cdots + a_n^{(1)} + \cdots \\ \cdots\cdots\cdots\cdots\cdots\cdots\cdots\cdots \\ z^{(k)} = a_0^{(k)} + a_1^{(k)} + a_2^{(k)} + \cdots + a_n^{(k)} + \cdots \\ \cdots\cdots\cdots\cdots\cdots\cdots\cdots\cdots \end{array}\right.$$

Wir wollen ferner annehmen, daß in diesem Schema auch die Spalten konvergente Reihen bilden, und ihre Summen mit $s^{(0)}, s^{(1)}, \ldots, s^{(n)}, \ldots$ bezeichnen. *Unter welchen Bedingungen dürfen wir dann erwarten, daß die aus diesen Zahlen gebildete Reihe* $\sum\limits_{n=0}^{\infty} s^{(n)}$ *konvergiert und daß*

$$\sum_{k=0}^{\infty} z^{(k)} = \sum_{n=0}^{\infty} s^{(n)}$$

ist? Ist diese Gleichung richtig, so hätten wir jedenfalls eine Transformation der vorgelegten Reihe ausgeführt. Der *große Umordnungssatz* liefert sofort den

°**Satz.** *Wenn die in den Zeilen des Schemas* (A) *stehenden Reihen absolut konvergieren und wenn — unter* $\zeta^{(k)}$ *die Summe* $\sum\limits_{n=0}^{\infty} |a_n^{(k)}|$ *der* **141.**

---

[1] Solche Transformationen sind zuerst von J. STIRLING (Methodus differentialis, London 1730) angegeben worden und beruhen bei ihm auf ähnlichen Grundgedanken wie die obigen, nur daß die Prüfung der Gültigkeitsbedingungen noch fehlt.

Beträge der Glieder einer Zeile verstanden — auch $\sum \zeta^{(k)}$ *noch konvergiert, so ist* $\sum s^{(n)}$ *konvergent und* $= \sum z^{(k)}$.

Das ist der Satz, den wir im vorigen Paragraphen mehrfach verwendet haben. Es entsteht aber die Frage, ob er nicht unnötig viel verlangt und ob die Transformation nicht unter viel geringeren Voraussetzungen richtig ist.

A. A. Markoff[1] hat in dieser Richtung einen sehr weitgehenden Satz bewiesen. Er setzt zunächst nur voraus, daß außer der Ausgangsreihe und den Zeilen auch die einzelnen Spalten im Schema (A) konvergieren, daß also die $s^{(n)}$ wohlbestimmte Werte haben. Mit

$$\sum_{k=0}^{\infty} z^{(k)} \quad \text{und} \quad \sum_{k=0}^{\infty} a_0^{(k)} \quad \text{konvergiert dann auch} \quad \sum_{k=0}^{\infty} (z^{(k)} - a_0^{(k)}),$$

und ebenso konvergiert dann, wenn m irgendeine feste Zahl ist, die Reihe

$$\sum_{k=0}^{\infty} (z^{(k)} - a_0^{(k)} - a_1^{(k)} - \cdots - a_{m-1}^{(k)}) \qquad (m \text{ fest}).$$

Die Glieder dieser Reihe sind aber nichts anderes als die Reste der in den einzelnen Zeilen stehenden Reihen, jedesmal mit dem m^{ten} Glied derselben beginnend[2]. Setzen wir diese Reste zur Abkürzung $= r_m^{(k)}$, so daß also

$$r_m^{(k)} = \sum_{n=m}^{\infty} a_n^{(k)}, \qquad (k \text{ und } m \text{ fest}),$$

ist, so ist die Reihe

$$\sum_{k=0}^{\infty} r_m^{(k)} = R_m, \qquad (m \text{ fest}),$$

konvergent. Dann wird nun weiter verlangt, daß für $m \to \infty$

$$R_m \to 0$$

strebt. Unter diesen Voraussetzungen läßt sich zeigen, daß $\sum s^{(n)}$ konvergiert und $= \sum z^{(k)}$ ist. Es gilt also der folgende Satz:

142. °**Markoffsche Reihentransformation.** *Es sei die konvergente Reihe* $\sum_{k=0}^{\infty} z^{(k)}$ *vorgelegt und jedes ihrer Glieder seinerseits durch eine konvergente Reihe*

$$\text{(A)} \qquad z^{(k)} = a_0^{(k)} + a_1^{(k)} + \cdots + a_n^{(k)} + \cdots, \qquad (k = 0, 1, 2, \ldots),$$

dargestellt. Es seien die einzelnen Spalten $\sum_{k=0}^{\infty} a_n^{(k)}$ *des hierdurch entstehen-*

---

[1] Mémoire sur la transformation des séries (Mém. de l'Acad. Imp. de St. Pétersburg (7) Bd. 37. 1891). — Hierzu vgl. die Note des Verfassers: Einige Bemerkungen zur Kummerschen und Markoffschen Reihentransformation. Sitzgsber. Berl. Math. Ges. Jg. 19, S. 4—17. 1919.

[2] Für $m = 0$ wollen wir darunter natürlich die *ganze* Reihe, also $z^{(k)}$ selber, verstanden wissen.

den Schemas (A) *konvergent und* $= s^{(n)}$, $(n = 0, 1, 2, \ldots)$, *so daß auch die Zeilenreste*

$$r_m^{(k)} = \sum_{n=m}^{\infty} a_n^{(k)} \qquad (m \geqq 0)$$

eine konvergente Reihe

$$\sum_{k=0}^{\infty} r_m^{(k)} = R_m \qquad (m \text{ fest})$$

bilden. Damit dann die aus den Spaltensummen $s^{(n)}$ *gebildete Reihe* $\sum s^{(n)}$ *konvergiert, ist es notwendig und hinreichend, daß* $\lim R_m = R$ *existiert, und damit überdies die Gleichung*

$$\sum_{n=0}^{\infty} s^{(n)} = \sum_{k=0}^{\infty} z^{(k)}$$

besteht, ist es notwendig und hinreichend, daß dieser Grenzwert $R = 0$ *ist.*

Der Beweis ist fast trivial. Denn nach der Vorbemerkung ist

(a) $$s^{(0)} + s^{(1)} + \cdots + s^{(n)} = R_0 - R_{n+1},$$

woraus die erste Behauptung abzulesen ist. Da sich hieraus

$$\sum_{n=0}^{\infty} s^{(n)} = R_0 - R$$

ergibt und da R_0 nichts anderes ist als $\sum_{k=0}^{\infty} r_0^{(k)} = \sum_{k=0}^{\infty} z^{(k)}$, so folgt nun auch die zweite Behauptung.

B. Der Vorteil der MARKOFFschen Transformation gegenüber Satz **141** besteht natürlich darin, daß bei ihr nirgends von absoluter Konvergenz die Rede ist, sondern allenthalben nur die Konvergenz schlechtweg vorausgesetzt wird. Sie gestattet viele fruchtbare Anwendungen; auf diejenigen zur numerischen Berechnung gehen wir in § 35 ein und geben hier nur eine ihrer schönsten, die in der Herleitung einer schon von EULER[1] — natürlich ohne Konvergenzbetrachtungen — angegebenen Transformation besteht.

Da man dabei mit Vorteil von den Bezeichnungen der Differenzenrechnung Gebrauch macht, wollen wir diese zunächst kurz erläutern. Ist $(x_0, x_1, x_2, \ldots)$ irgendeine Zahlenfolge, so nennt man

$$x_0 - x_1, \quad x_1 - x_2, \quad \ldots, \quad x_k - x_{k+1}, \quad \ldots$$

die Folge ihrer *ersten Differenzen* und bezeichnet sie mit

$$\Delta x_0, \quad \Delta x_1, \quad \ldots, \quad \Delta x_k, \quad \ldots$$

---

[1] Institutiones calculi differentialis, S. 281. 1755.

Die ersten Differenzen dieser Folge, also die Größen $\Delta x_k - \Delta x_{k+1}$, $(k = 0, 1, 2, \ldots)$, nennt man die Folge der *zweiten Differenzen* von (x_n) und bezeichnet sie mit $\Delta^2 x_0$, $\Delta^2 x_1, \ldots$ Allgemein setzt man für $n \geqq 1$

$$\Delta^{n+1} x_k = \Delta^n x_k - \Delta^n x_{k+1}, \qquad (k = 0, 1, 2, \ldots),$$

und diese Formeln gelten auch schon für $n = 0$, wenn man übereinkommt, unter $\Delta^0 x_k$ die Zahl x_k selbst zu verstehen. Es ist vorteilhaft, eine Folge (x_k) und ihre Differenzenfolgen zeilenweis so untereinander zu schreiben, daß jede Differenz unter der Lücke der Glieder steht, deren Differenz sie ist. So entsteht das Schema

$$(\Delta) \qquad \begin{array}{ccccccccccc} x_0, & & x_1, & & x_2, & & x_3, & & x_4, & \ldots\ldots \\ & \Delta x_0, & & \Delta x_1, & & \Delta x_2, & & \Delta x_3, & \ldots\ldots & \\ & & \Delta^2 x_0, & & \Delta^2 x_1, & & \Delta^2 x_2, & \ldots\ldots & & \\ & & & \Delta^3 x_0, & & \Delta^3 x_1, & \ldots\ldots & & & \\ & & & & \Delta^4 x_0, & \ldots\ldots & & & & \\ & & & & \ldots\ldots & & & & & \end{array}$$

Wir wollen noch $\Delta^n x_k$ durch die Glieder der gegebenen Folge ausdrücken. Man findet sofort

$$\begin{aligned} \Delta^2 x_k = \Delta x_k - \Delta x_{k+1} &= (x_k - x_{k+1}) - (x_{k+1} - x_{k+2}) \\ &= x_k - 2 x_{k+1} + x_{k+2} \end{aligned}$$

und ebenso leicht

$$\Delta^3 x_k = x_k - 3 x_{k+1} + 3 x_{k+2} - x_{k+3},$$

so daß die Formel

143. $$\Delta^n x_k = x_k - \binom{n}{1} x_{k+1} + \binom{n}{2} x_{k+2} - + \cdots + (-1)^n \binom{n}{n} x_{k+n}$$

bei festem k für $n = 1, 2, 3$ bewiesen ist. Hieraus folgt ihre Richtigkeit für alle n durch Induktion. Denn ist **143** schon für die natürliche Zahl n bewiesen, so folgt für die nächstgrößere

$$\begin{aligned} \Delta^{n+1} x_k &= \Delta^n x_k - \Delta^n x_{k+1} \\ &= x_k - \binom{n}{1} x_{k+1} + \binom{n}{2} x_{k+2} - + \cdots + (-1)^n \binom{n}{n} x_{k+n} \\ &\qquad - \binom{n}{0} x_{k+1} + \binom{n}{1} x_{k+2} - + \cdots + (-1)^n \binom{n}{n-1} x_{k+n} \\ &\qquad\qquad + (-1)^{n+1} \binom{n}{n} x_{k+n+1} \end{aligned}$$

und hieraus durch Addition wegen $\binom{n}{\nu} + \binom{n}{\nu-1} = \binom{n+1}{\nu}$ sofort die für $n+1$ statt n angesetzte Formel **143**. Damit ist diese allgemein bewiesen.

Unter Benutzung dieser einfachen Bezeichnungen und Tatsachen gilt nun der folgende Satz:

144. ○**Eulersche Reihentransformation.** *Ist*

$$\sum_{k=0}^{\infty}(-1)^k a_k \equiv a_0 - a_1 + a_2 - + \cdots$$

eine beliebige konvergente Reihe[1], *so ist stets*

$$\sum_{k=0}^{\infty}(-1)^k a_k = \sum_{n=0}^{\infty}\frac{\Delta^n a_0}{2^{n+1}},$$

d. h. die rechtsstehende Reihe ist auch konvergent und hat dieselbe Summe wie die vorgelegte[2].

Beweis. Wir setzen im Schema (A) von S. 249

$$\text{(b)} \qquad a_n^{(k)} = (-1)^k\left[\frac{1}{2^n}\Delta^n a_k - \frac{1}{2^{n+1}}\Delta^{n+1} a_k\right].$$

Dann ist, wenn wir bei festem k über n (also die Glieder der k^{ten} Zeile) summieren, nach **131**

$$z^{(k)} = \sum_{n=0}^{\infty} a_n^{(k)} = (-1)^k \frac{1}{2^0}\Delta^0 a_k = (-1)^k a_k \qquad (k \text{ fest});$$

denn

$$\lim_{n\to\infty}\frac{\Delta^n a_k}{2^n} = \lim_{n\to\infty}\frac{\binom{n}{0}a_k - \binom{n}{1}a_{k+1} + - \cdots + (-1)^n\binom{n}{n}a_{k+n}}{2^n}$$

ist nach **44**, 8 gleich 0, da ja a_k, $-a_{k+1}$, a_{k+2}, ... eine Nullfolge bildet. Es liefert also (b) die Darstellung der einzelnen Glieder der vorgelegten Reihe $\sum(-1)^k a_k$ durch unendliche Reihen. Summieren wir nun die n^{te} Spalte, so bekommen wir die Reihe

$$\sum_{k=0}^{\infty}(-1)^k\left[\frac{1}{2^n}\Delta^n a_k - \frac{1}{2^{n+1}}\Delta^{n+1} a_k\right], \qquad (n \text{ fest});$$

deren allgemeines Glied kann aber, wegen $\Delta^{n+1}a_k = \Delta^n a_k - \Delta^n a_{k+1}$ in die Form

$$\frac{(-1)^k}{2^{n+1}}[\Delta^n a_k + \Delta^n a_{k+1}] = \frac{1}{2^{n+1}}[(-1)^k\Delta^n a_k - (-1)^{k+1}\Delta^n a_{k+1}]$$

gebracht werden, so daß nun die in Rede stehende Reihe wieder nach **131** ganz einfach summiert werden kann. Wir erhalten

---

[1] Die Reihe braucht nicht alternierend, die a_n brauchen also nicht positiv zu sein. Daß wir die Reihe trotzdem alternierend *schreiben*, bietet kleine (durchaus nicht wesentliche) Vorteile bei der Durchführung der Transformation.

[2] Diese allgemeine Transformation rührt von L. Euler her (Inst. calc. diff., 1755, S. 281ff. Die besondere, unten als Beispiel 2 gegebene findet sich schon in einem an Leibniz gerichteten Brief von Jac. Bernoulli vom 2. VIII. 1704, der ihre Entdeckung N. Fatzius zuschreibt (vgl. hierzu noch den Brief J. Hermanns an Leibniz vom 21. I. 1705). Eine erste eingehendere Untersuchung mit Restgliedern gab J. V. Poncelet: Journ. f. d. reine u. angew. Math., Bd. 13, S. 1ff. 1835. Daß aber die Transformation stets gültig ist, wenn nur die Reihe $\sum(-1)^k a_k$ als konvergent vorausgesetzt wird, hat zuerst L. D. Ames: Annals of Math. (2) Bd. 3, S. 185. 1901 bewiesen. Vgl. auch E. Jacobsthal: Mathem. Z. Bd. 6, S. 100. 1920 und die anschließende Note des Verf. ebenda S. 118.

$$\sum_{k=0}^{\infty}{}' a_n^{(k)} = \frac{1}{2^{n+1}}[\Delta^n a_0 - \lim_{k\to\infty}(-1)^k \Delta^n a_k], \qquad (n \text{ fest}).$$

Da aber (a_k) eine Nullfolge bildet, so bildet auch die Folge der ersten Differenzen der a_k eine solche und allgemein auch — bei festem n — die Folge der n^{ten} Differenzen. Somit erweisen sich die Spalten als konvergent, und ihre Summen sind

$$s^{(n)} = \frac{\Delta^n a_0}{2^{n+1}}.$$

Die Gültigkeit der EULERschen Transformation ist also dargetan, sobald wir noch zeigen, daß $R_m \to 0$ strebt. Für die Zeilenreste findet man aber, ganz ebenso wie am Anfang des Beweises für die vollen Zeilen, die Werte

$$r_m^{(k)} = (-1)^k \frac{\Delta^m a_k}{2^m},$$

so daß

$$R_m = \frac{1}{2^m}\sum_{k=0}^{\infty}(-1)^k \Delta^m a_k, \qquad (m \text{ fest}).$$

Diese Reihe kann aber, wenn wir zur Abkürzung die Reihenreste

$$(-1)^k (a_k - a_{k+1} + a_{k+2} - + \cdots) = r_k$$

setzen, durch gliedweise Addition der $(m+1)$ Reihen

$$r_0, \quad \binom{m}{1} r_1, \quad \binom{m}{2} r_2, \quad \ldots, \quad \binom{m}{m} r_m$$

entstanden gedacht werden. Daher ist

$$R_m = \frac{r_0 + \binom{m}{1} r_1 + \binom{m}{2} r_2 + \cdots + \binom{m}{m} r_m}{2^m}$$

und bildet also wieder nach **44**, 8 zugleich mit (r_m) eine Nullfolge. Damit ist aber die Gültigkeit der EULERschen Transformation allgemein bewiesen.

Beispiele.

1. Es sei

$$s = 1 - \frac{1}{2} + \frac{1}{3} - \frac{1}{4} + - \cdots$$

vorgelegt, so daß das Schema (Δ) hier die folgende Gestalt hat

$$\begin{array}{l}
1, \quad \frac{1}{2}, \quad \frac{1}{3}, \quad \frac{1}{4}, \quad \frac{1}{5}, \ldots \\
\frac{1}{1\cdot 2}, \quad \frac{1}{2\cdot 3}, \quad \frac{1}{3\cdot 4}, \quad \frac{1}{4\cdot 5}, \ldots \\
\frac{1\cdot 2}{1\cdot 2\cdot 3}, \quad \frac{1\cdot 2}{2\cdot 3\cdot 4}, \quad \frac{1\cdot 2}{3\cdot 4\cdot 5}, \ldots \\
\ldots\ldots\ldots\ldots;
\end{array}$$

allgemein findet man

$$\Delta^n a_k = \frac{n!}{(k+1)(k+2)\dots(k+n+1)}, \quad \text{also speziell} \quad \Delta^n a_0 = \frac{1}{n+1},$$

was man auch leicht durch Induktion bestätigt. Daher ist

$$s = \log 2 = 1 - \frac{1}{2} + \frac{1}{3} - \frac{1}{4} + - \cdots = \frac{1}{1 \cdot 2^1} + \frac{1}{2 \cdot 2^2} + \frac{1}{3 \cdot 2^3} + \frac{1}{4 \cdot 2^4} + \cdots,$$

eine Umformung, deren Bedeutung z. B. für die numerische Berechnung (§ 34) sofort erhellt.

2. Ganz ebenso leicht findet man

$$\frac{\pi}{4} = 1 - \frac{1}{3} + \frac{1}{5} - \frac{1}{7} + - \cdots = \frac{1}{2}\left[1 + \frac{1}{3} + \frac{1 \cdot 2}{3 \cdot 5} + \frac{1 \cdot 2 \cdot 3}{3 \cdot 5 \cdot 7} + \cdots\right].$$

In welchen Fällen diese Transformation für die numerische Berechnung besondere Vorteile bietet, werden wir im nächsten Paragraphen sehen.

C. °Kummersche Reihentransformation. Eine andre sehr naheliegende Transformation besteht einfach darin, daß man von einer vorgelegten Reihe eine andere subtrahiert, die einerseits eine geschlossen angebbare Summe hat und deren Glieder andererseits denen der vorgelegten möglichst ähnlich gebaut sind. So entsteht z. B. aus der Reihe $s = \sum \frac{1}{n^2}$ durch Subtraktion der bekannten Reihe (**68**, 2b)

$$1 = \sum_{n=1}^{\infty} \frac{1}{n(n+1)}$$

die Transformation

$$s = \sum_{n=1}^{\infty} \frac{1}{n^2} = 1 + \sum_{n=1}^{\infty} \frac{1}{n^2(n+1)},$$

deren Vorteil für die Berechnung von s sofort klar ist.

So einfach und naheliegend diese Transformation auch ist, so bildet sie doch in Wahrheit den Kern der *Kummerschen Reihentransformation*[1], nur daß bei dieser auf eine sinngemäße Wahl der zu subtrahierenden Reihe besonderes Gewicht gelegt wird. Das geschieht so: Es sei $\sum a_n = s$ die vorgelegte (natürlich als konvergent vorausgesetzte) Reihe und $\sum c_n = C$ eine konvergente Reihe mit der bekannten Summe C. *Die Glieder beider Reihen seien asymptotisch proportional, etwa*

$$\lim_{n \to \infty} \frac{a_n}{c_n} = \gamma \neq 0.$$

Dann ist 145.

$$s = \sum_{n=0}^{\infty} a_n = \gamma C + \sum_{n=0}^{\infty} \left(1 - \gamma \frac{c_n}{a_n}\right) a_n,$$

[1] Kummer, E. E.: J. reine u. angew. Math. Bd. 16, S. 206. 1837. Vgl. hierzu auch Leclert u. Catalan: Mémoires couronnés et Mémoires des savants étrangers de l'Acad. Belgique Bd. 33. 1865/67 sowie die S. 250, Fußnote, genannte Note des Verfassers.

und es kann die hier auftretende neue Reihe als eine Transformation der vorgelegten angesprochen werden. Ihr Vorteil besteht hauptsächlich darin, daß die neue Reihe dem Betrage nach *kleinere* Glieder hat als die vorgelegte, da ja die Faktoren $\left(1 - \gamma \frac{c_n}{a_n}\right) \to 0$ streben. Daher liegt ihr Anwendungsfeld hauptsächlich auf dem Gebiete der numerischen Berechnung, und wir werden im nächsten Paragraphen Beispiele dazu kennen lernen.

§ 34. Numerische Berechnungen.

1. Allgemeines. Wir haben schon mehrfach hervorgehoben, daß die im eigentlichen Sinne geschlossenen Auswertungen von Reihen nur recht selten sind. Der allgemeinere Fall ist der, daß durch die konvergente Reihe, wie durch eine wohlbestimmte Zahlenfolge, die reelle Zahl, gegen die sie konvergiert, sozusagen erstmalig definiert (gegeben, erfaßt . . .) ist, in dem Sinne, wie nach den Auseinandersetzungen im I. und II. Kapitel überhaupt eine reelle Zahl allein gegeben sein kann[1]. In diesem Sinne können wir (genau wie S. 27) geradezu sagen: Die konvergente Reihe *ist* die Zahl, gegen die ihre Teilsummen konvergieren. Aber für praktische Zwecke ist uns damit meistens wenig gedient. Hier wollen wir vielmehr eine deutlichere Vorstellung von der *Größe* der Zahl bekommen, wollen mehrere Zahlen untereinander bequem vergleichen können usw. Dazu ist erforderlich, daß wir alle durch *irgendwelche* Grenzprozesse definierten Zahlen *auf eine und dieselbe als typisch angesehene Form* bringen. Hierfür kommen in erster Linie die Darstellungen der Zahlen durch Dezimalbrüche als die uns heute vertrauteste Form in Betracht[2]. Doch mache man sich genau klar, daß man durch die Gewinnung dieser Darstellung im Grunde nichts anderes getan hat, als daß man eine durch einen gewissen Grenzprozeß definierte Zahl durch einen anderen Grenzprozeß noch einmal darstellt. Die Vorteile dieses letzteren, des Dezimalbruchs, liegen hauptsächlich in der bequemen Vergleichbarkeit der durch sie dargestellten Zahlen und in der bequemen Abschätzung des Fehlers, der dem irgendwo abgebrochenen Dezimalbruch anhaftet. Demgegenüber stehen aber beträchtliche Nachteile: die in den meisten Fällen

[1] Die unendliche Reihe ist sogar — wie die bisherigen Betrachtungen wohl hinlänglich belegt haben — eine der vorteilhaftesten, theoretisch wie praktisch bedeutungsvollsten dieser Arten. Man vergleiche etwa die elementar-geometrische Definition der Zahl π (oder die von uns S. 204 benutzte rein analytische) und die Darstellung derselben durch die Reihe **122**; ebenso die Definition **46**, 4 von e mit ihrer Darstellung durch die Reihe **111**.

[2] Daneben nur gelegentlich die Darstellung durch gewöhnliche Brüche. Der Grund ist immer der der bequemen Vergleichbarkeit: Ob $\frac{11}{17}$ oder $\frac{25}{39}$ die größere Zahl ist, sieht man nicht sofort, während dieselbe Entscheidung bei 0,647 und 0,641 keinerlei Rechnung erfordert.

völlig dunkle Aufeinanderfolge der Ziffern und die Mühe, die demgemäß ihre sukzessive Berechnung macht.

Man mache sich diese Vorteile und Nachteile etwa an den beiden folgenden Beispielen klar:

$$\left(\frac{\pi}{4} = \right) 1 - \frac{1}{3} + \frac{1}{5} - \frac{1}{7} + - \cdots = 0{,}785398\ldots$$

$$(\log 2 =)\, 1 - \frac{1}{2} + \frac{1}{3} - \frac{1}{4} + - \cdots = 0{,}693147\ldots$$

Die *Reihen* zeigen deutlich ein *Bildungsgesetz* der Zahl, lassen aber z. B. nicht einmal erkennen, welche der beiden Zahlen die größere ist, und um wieviel sie es etwa sein mag; die *Dezimalbrüche* zeigen gar kein Bildungsgesetz, geben aber ein unmittelbares Gefühl von der gegenseitigen und der absoluten Größe beider Zahlen.

Nach allem wollen wir also im folgenden unter ***numerischer*** *Berechnung stets die Darstellung der Zahl durch einen Dezimalbruch verstehen.*

Da wir diesen nicht vollständig hinschreiben können, müssen wir ihn nach einer bestimmten Anzahl von Ziffern abbrechen. Über die Bedeutung dieses *Abbrechens* sind noch ein paar Worte nötig. Will man z. B. die Zahl e mit zwei Dezimalen angeben, so könnte man mit gleichem Rechte sowohl 2,71 als 2,72 schreiben, — das erste, weil die beiden ersten Dezimalen wirklich 7 und 1 lauten, das zweite, weil dieser Angabe der kleinere Fehler anzuhaften scheint. Wir wollen in dieser Beziehung folgende Vereinbarung treffen: Soll angedeutet werden, daß die hingeschriebenen n Ziffern hinter dem Komma eines Dezimalbruchs die *wahren* ersten n Ziffern des (ohne Ende vorgestellten) Dezimalbruchs der betreffenden Zahl sind, so lassen wir hinter der n^{ten} Ziffer einige Punkte folgen und schreiben also in diesem Sinne $e = 2{,}71\ldots$. Soll dagegen mit Hilfe von n Ziffern die in Rede stehende Zahl möglichst genau angegeben werden, soll also die n^{te} Ziffer um eine Einheit erhöht werden oder nicht, je nachdem die nächsten (wahren) Ziffern mehr als eine halbe Einheit der n^{ten} Dezimale liefern oder nicht, so setzen wir keine Punkte[1] und schreiben in diesem Sinne $e \approx 2{,}72$.

Durch beide Angaben wird im Grunde nur ein *Intervall von der Länge* $1 : 10^n$ angegeben, in dem die betreffende Zahl liegt. Im ersten Falle wird nur der linke Endpunkt, im zweiten Falle nur der Mittelpunkt des Intervalles angegeben. Die Größe des Spielraums für den wahren Wert ist beidemal derselbe. Andererseits weiß man von dem Fehler, den der hingeschriebene Wert gegenüber dem wahren Wert der betreffenden Zahl aufweist, das erstemal nur, daß er $\geqq 0$ und $\leqq 10^{-n}$, das zweitemal, daß er absolut genommen $\leqq \frac{1}{2} \cdot 10^{-n}$ ist. Darum kann man die

[1] Bei der Schreibweise $e = 2{,}71\ldots$ kann das Gleichheitszeichen im Sinne einer Limesbeziehung gerechtfertigt werden.

erste Angabe als die theoretisch klarere, die zweite als die praktisch brauchbarere bezeichnen. Auch die *Schwierigkeit in der Ermittlung* der betreffenden Ziffern ist in beiden Fällen wesentlich dieselbe. Denn beidemal kann es bei besonders ungünstig liegenden Fällen zur Feststellung der n^{ten} Ziffer nötig werden, den Fehler der Berechnung noch sehr erheblich unter $1:10^n$ herabzudrücken. Liegt z. B. eine Zahl $\alpha = 5{,}279999993\,26\ldots$ vor, so würde zur Entscheidung darüber, ob mit 2 Dezimalen $\alpha = 5{,}27\ldots$ oder $5{,}28\ldots$ ist, der Fehler in der Berechnung noch unter eine Einheit der 8ten Dezimale herabgedrückt werden müssen. Ist andererseits eine Zahl $\beta = 2{,}385000\,0026\ldots$, so würde gleichfalls auf die Alternative, ob $\beta \approx 2{,}38$ oder $\approx 2{,}39$ zu setzen ist, eine Unsicherheit um eine Einheit in der 8ten Dezimale noch von Einfluß sein[1].

2. Fehler- oder Restabschätzungen. Ist nun die konvergente Reihe $\sum a_n = s$ vorgelegt, so nehmen wir natürlich an, daß die einzelnen Reihenglieder „bekannt" sind, daß also ihre Dezimalbruchentwicklungen bis zu jeder beliebigen Ziffer ohne Mühe hingeschrieben werden können. Durch Addition können wir daher auch jede beliebige Teilsumme s_n berechnen, und die einzige Frage ist nun die: Wie groß ist der Fehler, der einem bestimmten s_n noch anhaftet?[2] Als *Fehler* bezeichnen wir dabei diejenige (positive oder negative) Zahl, die zu s_n noch *hinzugefügt* werden muß, um den gesuchten Wert s zu ergeben. Da dieser Fehler $= s - s_n$, also gleich dem *hinter* dem n^{ten} Gliede beginnenden Rest der Reihe ist, so wollen wir ihn mit r_n bezeichnen und die Bestimmung des Fehlers auch eine *Restabschätzung* der Reihe nennen.

Die Restabschätzungen kommen in der Praxis fast immer auf eine der beiden folgenden Arten zurück:

A. *Reste absolut konvergenter Reihen.* Ist $s = \sum a_n$ absolut konvergent, so suche man eine Reihe $\sum a'_n$ mit positiven Gliedern, die bequem geschlossen summiert werden kann und deren Glieder *mindestens* so groß sind wie die Beträge derjenigen der gegebenen Reihe (und doch auch nur *möglichst wenig* größer). Dann ist offenbar

$$|r_n| \leqq |a_{n+1}| + |a_{n+2}| + \cdots \leqq a'_{n+1} + a'_{n+2} + \cdots = r'_n,$$

und die als bekannt anzusehende Zahl r'_n gibt uns eine Abschätzung von r_n, nämlich $|r_n| \leqq r'_n$, die um so besser sein wird, je weniger die a'_n die $|a_n|$ übertreffen.

---

[1] Die Wahrscheinlichkeit für das Eintreten solcher Fälle ist natürlich äußerst gering. Es sollte durch ihre Erwähnung nur auf die Bedeutung dieser Dinge aufmerksam gemacht werden. In Aufgabe 131 wird indessen ein besonders krasser Fall dieser Art angegeben.

[2] Oder praktischer gefaßt: In wieviel Dezimalen stimmt s_n mit dem gesuchten Wert s überein?

Besonders häufig ist der Fall, daß für ein gewisses m und alle $k \geqq 1$

$$|a_{m+k}| \leqq |a_m| \cdot a^k, \qquad (0 < a < 1),$$

ist; dann ist natürlich

$$|r_m| \leqq |a_m| \frac{a}{1-a},$$

also ganz speziell

$$|r_m| \leqq |a_m|,$$

wenn $0 < a \leqq \frac{1}{2}$ ist. In diesem Falle ist also der Betrag des Restes höchstens so groß wie *der des letzten berechneten Gliedes*[1].

B. *Reste alternierender Reihen.* Liegt eine Reihe der Form $s = \sum (-1)^n a_n$ vor und nehmen die (positiven) a_n *monoton* zu Null ab, so ist (vgl. **82**, Satz 5)

$$\begin{aligned} 0 < (-1)^{n+1} r_n &= (a_{n+1} - a_{n+2}) + (a_{n+3} - a_{n+4}) + \cdots \\ &= a_{n+1} - (a_{n+2} - a_{n+3}) - \cdots < a_{n+1}, \end{aligned}$$

und man kann sagen: *der Fehler r_n hat dasselbe Vorzeichen wie das erste vernachlässigte Glied, ist aber absolut genommen kleiner als dieses.*

Sind diese beiden Methoden nicht anwendbar, so ist die Restabschätzung meist mühsamer, und man ist von Fall zu Fall auf besondere Kunstgriffe angewiesen. Als *gut oder schlecht konvergent* werden wir dabei eine Reihe bezeichnen, je nachdem r_n schon für mäßige Werte von n unter die gewünschte Genauigkeitsgrenze herabsinkt oder nicht[2].

Einige weitere prinzipielle Bemerkungen endlich erläutern wir an der

3. Berechnung der Zahl *e*. Es war

$$e = 1 + \frac{1}{1!} + \frac{1}{2!} + \frac{1}{3!} + \cdots + \frac{1}{n!} + \cdots,$$

und wir hatten schon S. 198 gefunden, daß hier der (sicher *positive*) Rest r_n kleiner als der n^{te} Teil des letzten berechneten Gliedes, daß also

$$s_n < e < s_n + \frac{1}{n!\,n}$$

ist. Bei der Durchführung der nun einsetzenden Zahlenrechnung hat man aber noch folgenden Umstand zu beachten: Auch bei der Darstellung der einzelnen Reihen*glieder* durch Dezimalbrüche müssen wir irgendwo *abbrechen*, d. h. Fehler machen. Und wenn n nicht gar zu klein ist, können sich diese Fehler so häufen, daß dadurch die ganze

[1] Bei diesen Abschätzungen ist zu beachten, daß sie zwar über den *Betrag* des Restes r_n, nicht aber unmittelbar über sein Vorzeichen Aufschluß geben.

[2] Eine schärfere Definition der Güte der Konvergenz werden wir in § 37 geben.

Restabschätzung illusorisch zu werden droht. Man muß dann so vorgehen: Es ist, wenn wir etwa nach 9 Ziffern abbrechen[1],

$$\begin{aligned}
a_0 + a_1 + a_2 = \tfrac{5}{2} &= 2{,}500\,000\,000 \\
a_3 &= 0{,}166\,666\,667^- \\
a_4 &= 0{,}.41\,666\,667^- \\
a_5 &= 0{,}..8\,333\,333^+ \\
a_6 &= 0{,}..1\,388\,889^- \\
a_7 &= 0{,}...198\,413^- \\
a_8 &= 0{,}....24\,802^- \\
a_9 &= 0{,}.....2\,756^- \\
a_{10} &= 0{,}......276^- \\
a_{11} &= 0{,}.......25^+ \\
a_{12} &= 0{,}........2^+ \\
[r_{12} &< 0{,}........0^+],
\end{aligned}$$

und hier sollen die kleinen $\pm$-Zeichen andeuten, ob der bei dem betreffenden Gliede gemachte Fehler positiv oder negativ ist. In beiden Fällen ist er absolut genommen höchstens gleich einer halben Einheit der letzten Dezimale. Die Addition aller Zahlen ergibt

$$2{,}718\,281\,830.$$

s_{12} selbst kann aber *möglicherweise*, nämlich wenn alle positiven Fehler nahe an 0 liegen, alle negativen Fehler dagegen nahezu eine halbe Einheit der letzten Dezimale ausmachen, noch bis zu $\frac{7}{2}$ Einheiten der letzten Dezimale kleiner sein, — *kann* dort aber auch bis zu $\frac{3}{2}$ Einheiten größer sein, denn wir haben 7 negative und 3 positive Fehler angemerkt. Berücksichtigt man noch den Rest, so folgt wegen $s_n < e = s_n + r_n$ mit Sicherheit aus unseren Zahlen nur, daß

$$2{,}718\,281\,826 < e < 2{,}718\,281\,832$$

ist. Durch unsere Berechnung sind also die *wahren Dezimalen* nur bis zur 7ten einschließlich gesichert, während für den *abgerundeten Wert* sich bis zur 8ten Stelle $e \approx 2{,}718\,281\,83$ ergeben hat[2].

Für die Praxis wird es im allgemeinen genügen, wenn man die Berechnung der Reihen*glieder* ein paar Dezimalen (2 oder höchstens 3) weitertreibt, als für die Summe selbst gebraucht werden, und wenn man die Anzahl n der Reihenglieder so groß nimmt, daß die für r_n bekannte Restabschätzung höchstens *eine* Einheit in der letzten hingeschriebenen Dezimale liefert. Dann wird es auf die Fehler bei diesen Reihengliedern selbst im allgemeinen nicht mehr ankommen. Will man aber absolut gesicherte Ziffern haben, so wird man wie beschrieben vorgehen müssen; denn mag man die Berechnung der Glieder auch um viele Ziffern weiter treiben, — es haften den dann abgebrochenen Dezimalbrüchen

---

[1] Im folgenden entsteht a_n aus a_{n-1} einfach, indem dieses durch n dividiert wird.

[2] Vgl. S. 257.

doch immer noch Fehler an, die sich verstärken und bei besonders ungünstig liegenden Fällen (vgl. die Beispiele S. 258) ihren Einfluß bis in erheblich weiter vorn gelegene Dezimalen erstrecken können.

4. Berechnung der Zahl π. Zur Berechnung der Zahl π haben wir bisher vor allem die arctg- und die arcsin-Reihe zur Verfügung, von denen die erstere wegen ihrer einfacheren Bauart jetzt den Vorzug verdient. Aus ihr hatten wir die Reihe $\frac{1}{4}\pi = 1 - \frac{1}{3} + \frac{1}{5} - + \cdots$ gewonnen, die für die numerische Verwendung so gut wie wertlos ist. Denn nach S. 259 können wir über den Rest r_n zunächst nur sagen, daß er das Vorzeichen $(-1)^{n+1}$ hat und absolut genommen $< \frac{1}{2n+3}$ ist. Um also 6 Dezimalen zu sichern, müßte man mindestens $n > 10^6$ nehmen. Eine Million Glieder zu berechnen, ist aber praktisch unmöglich. Eine wesentliche Verbesserung der Konvergenz erzielen wir hier durch die Eulersche Transformation **144**, 2. Auf den Nutzen solcher Umformungen für die numerische Berechnung wollen wir im nächsten Paragraphen eingehen. Hier wollen wir aus der arctg-Reihe selbst vorteilhaftere Reihen für π ableiten.

Schon leidlich gut brauchbar ist die Reihe für $\operatorname{arctg} \frac{1}{\sqrt{3}} = \frac{\pi}{6}$; sie liefert

$$\frac{\pi}{6} = \frac{1}{\sqrt{3}}\left[1 - \frac{1}{3\cdot 3} + \frac{1}{5\cdot 3^2} - \frac{1}{7\cdot 3^3} + - \cdots\right].$$

Doch liefert das folgende Verfahren wesentlich günstigere Reihen[1]: Die Zahl

$$\alpha = \operatorname{arctg}\frac{1}{5} = \frac{1}{5} - \frac{1}{3\cdot 5^3} + \frac{1}{5\cdot 5^5} - \frac{1}{7\cdot 5^7} + - \cdots$$

ist aus der Reihe leicht zu berechnen (s. u.). Für sie ist $\operatorname{tg}\alpha = \frac{1}{5}$, also

$$\operatorname{tg} 2\alpha = \frac{2\operatorname{tg}\alpha}{1 - \operatorname{tg}^2\alpha} = \frac{5}{12} \qquad \text{und} \qquad \operatorname{tg} 4\alpha = \frac{120}{119}.$$

Hiernach ist 4α nur wenig größer als $\frac{\pi}{4}$. Setzen wir $4\alpha - \frac{\pi}{4} = \beta$, so ist

$$\operatorname{tg}\beta = \frac{\operatorname{tg} 4\alpha - \operatorname{tg}\frac{1}{4}\pi}{1 + \operatorname{tg} 4\alpha\cdot\operatorname{tg}\frac{1}{4}\pi} = \frac{1}{239}.$$

Daher ist β aus

$$\beta = \operatorname{arctg}\frac{1}{239} = \frac{1}{239} - \frac{1}{3}\cdot\frac{1}{239^3} + - \cdots$$

sehr bequem zu berechnen. Dann liefern α und β zusammen

$$\pi = 4(4\alpha - \beta)$$

$$= 16\cdot\left[\frac{1}{5} - \frac{1}{3\cdot 5^3} + \frac{1}{5\cdot 5^5} - + \cdots\right] - 4\left[\frac{1}{239} - \frac{1}{3\cdot 239^3} + - \cdots\right]. \qquad \textbf{146.}$$

[1] J. Machin (in W. Jones: Synopsis. London 1706).

Wollen wir nun etwa *die ersten 7 wahren Dezimalen von* π berechnen, so versuchen wir es, etwa mit 9 Dezimalen bei den Reihengliedern und dem Rest auszukommen[1], — was knapp bemessen ist, da die den Zahlen α und β anhaftenden Fehler ja zum Schluß noch mit 16 bzw. 4 multipliziert werden. Bezeichnen wir die erste Reihe mit $a_1 - a_3 + a_5 - + \cdots$, die zweite mit $a_1' - a_3' + a_5' - + \cdots$ und die Teilsummen entsprechend mit s_ν und s_ν', so verläuft nun die Berechnung so:

$a_1 = 0{,}200\,000\,000$	$a_3 = 0{,}002\,666\,667^-$
$a_5 = 0{,}000\,064\,000$	$a_7 = 0{,}000\,001\,829^-$
$a_9 = 0, \ldots\ldots\, 57^-$	$a_{11} = 0, \ldots\ldots\ldots\, 2^-$
$a_1 + a_5 + a_9 = 0{,}200\,064\,057^-$	$a_3 + a_7 + a_{11} = 0{,}002\,668\,498^{---}$

Daher ist, da beim Subtrahieren die Fehler ihr Vorzeichen wechseln,

$$s_{11} = 0{,}197\,395\,559^{++\,+-}$$

und

$$0 < r_{11} < 10^{-10}$$

und folglich

$$3{,}158\,328\,936 < 16\,\alpha < 3{,}158\,328\,970,$$

denn nach der Multiplikation mit 16 müssen $\frac{16}{2} = 8$ Einheiten in der 9ten Dezimale abgezogen und $\frac{48}{2} = 24$ Einheiten zugezählt werden, um eine untere bzw. obere Schranke für $16\,s_{11}$ zu bekommen. Wegen $0 < 16\,r_{11} < 2 \cdot 10^{-9}$ müssen wir endlich zur letzteren noch 2 Einheiten hinzufügen, um die entsprechenden Schranken für $16\,\alpha$ zu bekommen. Weiter ist nun

$$\begin{aligned} a_1' &= 0{,}004\,184\,100^+ \\ a_3' &= 0, \ldots\ldots\, 024^+ \\ \hline a_1' - a_3' &= 0{,}004\,184\,076^{\pm} \end{aligned}$$

und $0 < r_3' < 10^{-12}$, also

$$-0{,}016\,736\,307 < -4\beta < -0{,}016\,736\,302,$$

was zusammen mit dem vorigen

$$3{,}141\,592\,629 < \pi < 3{,}141\,592\,668$$

ergibt. Unsere kurze Rechnung ergibt uns also wirklich die 7 ersten wahren Dezimalen für π:

$$\pi = 3{,}141\,592\,6\ldots$$

(Dieselbe Rechnung würde uns für den abgerundeten Wert erst 6 Dezimalen sichern; vgl. dazu die Berechnung von e, wo es in dieser Beziehung gerade umgekehrt lag.)

Die benutzten Reihen für die Berechnung von π gehören zu den bequemsten; man kann mit ihrer Hilfe ohne allzu große Mühe eine viel höhere Anzahl von Dezimalen sichern[2], und wir können daher mit vollem Recht die Zahl π von nun an zu den „bekannten" Zahlen rechnen.

147. 5. Berechnung der Logarithmen. Für die Berechnung der (natürlichen) Logarithmen bildet die Reihe

$$\log\frac{1+x}{1-x} = 2\left[x + \frac{x^3}{3} + \frac{x^5}{5} + \cdots\right], \qquad (|x| < 1),$$

[1] Erst der Erfolg kann lehren, ob dies genügt. Denn man weiß im voraus nicht, ob nicht einer der S. 258 beschriebenen besonders ungünstigen Fälle vorliegt.

[2] Die Zahl π ist auf über 700 Dezimalen berechnet worden. Vgl. indessen die Bemerkung S. 198, Fußn. 1.

den Ausgangspunkt. Für $x = \frac{1}{3}$ ist sie schon gut konvergent und liefert sofort

$$\log 2 = 2\left[\frac{1}{3} + \frac{1}{3\cdot 3^3} + \frac{1}{5\cdot 3^5} + \cdots\right].$$

Bezeichnen wir die Glieder der in der eckigen Klammer stehenden Reihe mit $a_0, a_1, \ldots$, so ist

$$a_n = \frac{1}{(2n+1)\cdot 3^{2n+1}}$$

und

$$0 < r_n < \frac{1}{(2n+3)\cdot 3^{2n+3}}\left[1 + \frac{1}{9} + \frac{1}{9^2} + \cdots\right],$$

also

$$0 < r_n < \frac{1}{(2n+1)\cdot 3^{2n+1}}\cdot\frac{1}{3^2}\cdot\frac{9}{8} = \frac{a_n}{8}.$$

Die Rechnung sieht nun, wenn wir die Glieder wieder mit 9 Dezimalen hinschreiben, so aus:

$$\begin{aligned}
a_0 &= 0{,}333\,333\,333^+\\
a_1 &= 0{,}012\,345\,679^+\\
a_2 &= 0{,}000\,823\,045^+\\
a_3 &= 0{,}\ldots 065\,321^+\\
a_4 &= 0{,}\ldots 005\,645^+\\
a_5 &= 0{,}\ldots\ldots 513^+\\
a_6 &= 0{,}\ldots\ldots 048^+\\
a_7 &= 0{,}\ldots\ldots 005^-\\
[r_7 &< 0{,}\ldots\ldots 001]\\
\hline
&\ 0{,}346\,573\,589
\end{aligned}$$

Hieraus folgt nun unter Berücksichtigung des Restes und der kleinen $\pm$-Zeichen:

$$\log 2 = 0{,}693\,147\,1\ldots \qquad \text{bzw.} \qquad \log 2 \approx 0{,}693\,147\,2$$

mit 7 gesicherten Dezimalen[1].

Hat man erst $\log 2$ in Händen, so macht die Berechnung der Logarithmen der übrigen Zahlen nur noch sehr viel geringere Mühe. Denn unsere Reihe liefert für $x = \frac{1}{2p+1}$

$$\log(p+1) = \log p + 2\left[\frac{1}{2p+1} + \frac{1}{3(2p+1)^3} + \frac{1}{5(2p+1)^5} + \cdots\right]. \qquad \mathbf{148.}$$

Ist also $\log p$ bekannt, $(p = 2, 3, \ldots)$, so liefert sie $\log(p+1)$, und zwar mit Hilfe einer Reihe, die wegen $\frac{1}{2p+1} = \frac{1}{5}, \frac{1}{7}, \cdots$ *sehr gut* konvergiert. Denn für den Rest hat man (vgl. oben den Fall $p = 1$)

$$0 < r_n < \frac{1}{(2n+3)\cdot(2p+1)^{2n+3}}\cdot\frac{1}{1 - \frac{1}{(2p+1)^2}} < \frac{a_n}{4p(p+1)},$$

[1] Die Reihe $1 - \frac{1}{2} + \frac{1}{3} - \frac{1}{4} + \cdots$ für $\log 2$ ist zur Berechnung dieser Zahl natürlich ganz ungeeignet; auch ihre in **144, 1** vorgenommene Eulersche Transformation ist noch nicht so bequem wie die eben benutzte Reihe.

also eine schon bei mäßigen Werten von n sehr kleine Schranke. Und diese Güte der Konvergenz steigert sich natürlich, sobald p schon etwas größer ist, sobald man also die Berechnung der ersten Logarithmen überwunden hat. — Hierbei ist noch die Bemerkung von Nutzen, daß man wegen **37**, 1 nur die Logarithmen der Primzahlen 2, 3, 5, 7, 11, 13, ... nötig hat, um daraus durch einfache Kombinationen diejenigen aller übrigen Zahlen zu bilden.

Nehmen wir nun etwa an, wir hätten schon die Berechnung der Logarithmen der ersten vier Primzahlen 2, 3, 5, 7 durchgeführt, so ist die Arbeit zur Berechnung der übrigen nur gering. So ist z. B., indem wir $p = 10$ setzen,

$$\log 11 = \log 2 + \log 5 + 2\left[\frac{1}{21} + \frac{1}{3\cdot 21^3} + \frac{1}{5\cdot 21^5} + \cdots\right]$$

mit

$$0 < r_n < \frac{a_n}{11\cdot 40},$$

so daß schon für $n = 3$

$$0 < r_n < \frac{1}{7\cdot 21^7\cdot 11\cdot 40} < \frac{1}{20^8\cdot 2\cdot 11\cdot 7} < \frac{1}{10^9\cdot 2^9\cdot 7} < \frac{1}{10^{12}}$$

ist, — ein Genauigkeitsgrad, der selbst für die feinsten wissenschaftlichen Zwecke ausreichend ist.

Hiernach möchte man nur für die Berechnung von log 2, log 3, log 5 und allenfalls noch für log 7 eine etwas bequemere Methode zu besitzen wünschen. Mannigfache Kunstgriffe führen hier zum Ziel, die alle darauf ausgehen, einige rationale Zahlen $\frac{k}{m}$ zu suchen, die dicht an 1 liegen und bei denen Zähler und Nenner nur aus Potenzen dieser ersten Primzahlen bestehen. Hat man die ersten q Primzahlen verwendet, so wird man auch q solcher rationaler Zahlen brauchen, um aus deren Logarithmen diejenigen der benutzten Primzahlen zusammenzusetzen. Der folgende von ADAMS[1] angegebene Weg ist für die tatsächliche Durchführung der Rechnung besonders bequem: Man berechne die Logarithmen von $\frac{10}{9}$, $\frac{25}{24}$, $\frac{81}{80}$ nicht mit Hilfe der eben benutzten Reihe **120**, c, sondern mit Hilfe der ursprünglichen Reihen **120**, a und b, die hier die Entwicklungen

$$\log\frac{10}{9} = -\log\left(1 - \frac{1}{10}\right) = \frac{1}{10} + \frac{1}{2\cdot 10^2} + \frac{1}{3\cdot 10^3} + \cdots$$

$$\log\frac{25}{24} = -\log\left(1 - \frac{4}{100}\right) = \frac{4}{100} + \frac{1}{2}\cdot\frac{16}{100^2} + \frac{1}{3}\cdot\frac{64}{100^3} + \cdots$$

$$\log\frac{81}{80} = \log\left(1 + \frac{1}{80}\right) = \frac{1}{8\cdot 10} - \frac{1}{2}\cdot\frac{1}{64\cdot 10^2} + \frac{1}{3\cdot 512\cdot 10^3} - + \cdots$$

liefert. Wegen der im Nenner auftretenden Potenzen von 10 ist hier die Berechnung nun eben äußerst bequem. Mit Hilfe dieser Logarithmen hat man dann,

[1] Proc. Roy. Soc. Lond. Bd. 27, S. 88. 1878.

wie man sofort prüft,

$$\log 2 = 7 \log \frac{10}{9} - 2 \log \frac{25}{24} + 3 \log \frac{81}{80}$$

$$\log 3 = 11 \log \frac{10}{9} - 3 \log \frac{25}{24} + 5 \log \frac{81}{80}$$

$$\log 5 = 16 \log \frac{10}{9} - 4 \log \frac{25}{24} + 7 \log \frac{81}{80}.$$

Verschafft man sich nun noch den ebenso leicht zu berechnenden Wert[1]

$$\log \frac{126}{125} = \log\left(1 + \frac{8}{1000}\right) = \frac{8}{10^3} - \frac{1}{2} \cdot \frac{8^2}{10^6} + \frac{1}{3} \cdot \frac{8^3}{10^9} - + \cdots,$$

so hat man auch noch

$$\log 7 = 19 \log \frac{10}{9} - 4 \log \frac{25}{24} + 8 \log \frac{81}{80} + \log \frac{126}{125}.$$

Damit ist ein praktisch bequem gangbarer Weg zur tatsächlichen Berechnung der natürlichen Logarithmen eröffnet. Auf weitere Einzelheiten bei der Herstellung der Tafeln können wir hier nicht eingehen.

Mit $\log 2$ und $\log 5$ hat man auch $\log 10$ und also in

$$M = \frac{1}{\log 10} = 0{,}434\,294\,481\,90\ldots$$

den Modul des **Briggs**schen Logarithmensystems mit der Basis 10, d. h. die Zahl, mit der alle natürlichen Logarithmen multipliziert werden müssen, um die Briggsschen zu ergeben[2].

6. Berechnung der Wurzeln. Nachdem man in den Besitz der Logarithmen gelangt ist, ist es für die Praxis nicht sehr wichtig, auch noch bequeme Mittel zur Berechnung der Wurzeln aus den natürlichen Zahlen zu besitzen. Wir fassen uns daher bei den folgenden Ausführungen ganz kurz: Auch die binomische Reihe

$$(1 + x)^\alpha = \sum_{n=0}^{\infty} \binom{\alpha}{n} x^n$$

konvergiert um so besser, je kleiner $|x|$ ist. Man wird aber stets die Potenz $\sqrt[p]{q} = q^{\frac{1}{p}}$ im wesentlichen auf die Form $(1 + x)^{\frac{1}{p}}$ mit kleinem $|x|$ bringen können.

---

[1] Wie bequem diese Rechnung ist, zeigt die folgende Ausführung, die uns nach 5 einfachen Zeilen 10 gesicherte Dezimalen von $\log \frac{126}{125}$ liefert:

$$\left.\begin{array}{l} +\ 0{,}008\,000\,000\,000 \\ -\ 0{,}\ldots 032\,000\,000 \\ +\ 0{,}\ldots\ldots 170\,667^- \\ -\ 0{,}\ldots\ldots 001\,024 \\ +\ 0{,}\ldots\ldots\ldots 007^- \end{array}\right\} ; \quad \log \frac{126}{125} = 0{,}007\,968\,169\,6\ldots$$

[2] Ganz nebenbei sei noch bemerkt, daß die anfänglich befremdliche Bezeichnung der Logarithmen mit der merkwürdigen Basis e als „natürliche" sich nun wohl hinlänglich gerechtfertigt hat.

149. Einige Beispiele mögen zur Erläuterung dienen. Für $\sqrt{2}$ hatten wir schon S. 216 die Reihe für $\frac{7}{5}\left(1-\frac{1}{50}\right)^{-\frac{1}{2}}$ angegeben:

$$\sqrt{2}=\frac{7}{5}\left[1+\frac{1}{2}\cdot\frac{1}{50}+\frac{1\cdot 3}{2\cdot 4}\cdot\frac{1}{50^2}+\frac{1\cdot 3\cdot 5}{2\cdot 4\cdot 6}\cdot\frac{1}{50^3}+\cdots\right].$$

Da $(-1)^n\binom{-\frac{1}{2}}{n}$ stets positiv ist und monoton fällt, hat man für den Rest r_n die Abschätzung

$$0<r_n<a_n\cdot\left(\frac{1}{50}+\frac{1}{50^2}+\cdots\right)=\frac{a_n}{49},$$

— also schon bei kleinem n eine bedeutende Genauigkeit[1].

Noch wirkungsvoller sind die Ansätze

$$\sqrt{2}=\frac{99}{70}\left(1+\frac{1}{9800}\right)^{-\frac{1}{2}},\qquad \sqrt{2}=\frac{141}{100}\left(1-\frac{119}{20000}\right)^{-\frac{1}{2}},$$

oder ähnliche, die man erhält, wenn man von irgendeinem rohen Approximationswert a von $\sqrt{2}$ $\left(\text{im ersten Falle: } \frac{99}{70}, \text{ im zweiten: } 1{,}41\right)$ ausgeht und

$$\sqrt{2}=a\sqrt{\frac{2}{a^2}}$$

setzt. Da a^2 in der Nähe von 2 liegen sollte, hat der Radikand jetzt die Form $1+x$ mit kleinem $|x|$. — Weiß man z. B. schon, daß $\sqrt{3}=1{,}732\ldots$ ist, so hat man nur

$$\sqrt{3}=1{,}732\sqrt{\frac{3}{(1{,}732)^2}}=1{,}732\left[1-\frac{176}{3\,000\,000}\right]^{-\frac{1}{2}}$$

zu setzen, um aus dieser Entwicklung $\sqrt{3}$ mit größter Leichtigkeit auf 50 oder mehr Dezimalen berechnen zu können.

Wir geben noch ohne weitere Erläuterungen die Beispiele:

$$\sqrt{11}=\frac{10}{3}\left(1-\frac{1}{100}\right)^{\frac{1}{2}},\qquad \sqrt{13}=\frac{18}{5}\left(1-\frac{1}{325}\right)^{-\frac{1}{2}}$$

$$\sqrt[3]{2}=\frac{5}{4}\left(1+\frac{3}{125}\right)^{\frac{1}{3}},\qquad \sqrt[3]{3}=\frac{10}{7}\left(1+\frac{29}{1000}\right)^{\frac{1}{3}}.$$

150. **7. Berechnung der trigonometrischen Funktionen.** Die Reihen für $\sin x$ und $\cos x$ sind noch besser konvergent als die Exponentialreihe, da entweder nur gerade oder nur ungerade Potenzen von x auftreten und da überdies die Vorzeichen abwechseln. Daher sind keine besonderen Kunstgriffe notwendig: Für nicht allzu große Winkel leisten die Reihen alles nur irgend Wünschenswerte.

---

[1] Wie bequem hiernach die Rechnung ist, zeigt die folgende Ausführung:

$$\left.\begin{aligned} a_0+a_1 &= 1{,}010\ldots\ldots\ldots 0\\ a_2 &= 0{,}\ldots 15\ldots\ldots\ldots 0\\ a_3 &= 0{,}\ldots\ldots 25\ldots\ldots 0\\ a_4 &= 0{,}\ldots\ldots\ldots 4375\cdot 0\\ a_5 &= 0{,}\ldots\ldots\ldots\ldots 7875\end{aligned}\right\}\quad \begin{aligned}&\text{also — und zwar ohne Fehler! —}\\ &s_5 = 1{,}010\,152\,544\,537\,5\\ &0<r_5<17\cdot 10^{-12}\\ &\sqrt{2}=1{,}414\,213\,562\,3\ldots,\end{aligned}$$

die uns schon die ersten 10 Dezimalen sichert.

Um z. B. $\sin 1^0$ zu berechnen, haben wir zunächst 1^0 im Bogenmaß auszudrücken. Es ist $1^0 = \frac{\pi}{180} = 0{,}017453292\ldots$, also $< \frac{1}{50}$. Bezeichnen wir diese Zahl mit α, so ist

$$\sin 1^0 = \alpha - \frac{\alpha^3}{3!} + \frac{\alpha^5}{5!} - + \cdots \equiv a_0 - a_1 + a_2 - + \cdots,$$

und für den Fehler r_n hat man nach S. 259, B

$$0 < (-1)^{n+1} r_n < \frac{\alpha^{2n+3}}{(2n+3)!},$$

was schon für $n = 2$ kleiner als $\frac{1}{4} \cdot 10^{-15}$ ist.

Ähnlich einfach liegen die Dinge bei $\cos 1^0$; doch kann man diesen Wert auch, da $\sin^2 1^0 < \frac{1}{2500}$ ist, sehr leicht aus

$$\cos 1^0 = (1 - \sin^2 1^0)^{\frac{1}{2}}$$

mit Hilfe der binomischen Reihe berechnen. Beide Wege führen gleich schnell zum Ziel. Die Werte $\operatorname{tg} x$ und $\operatorname{ctg} x$ ergeben sich nun durch Division, oder auch aus ihren Entwicklungen **116** und **115**, die für kleine $|x|$ noch recht gut konvergieren.

Aus diesen letzten Reihen gewinnt man noch brauchbare Entwicklungen für die *Logarithmen* von $\sin x$ und $\cos x$, die für die Praxis wichtiger sind als $\sin x$ und $\cos x$ selbst. Man hat nämlich[1] (vgl. § 19, Def. 12)

$$\log \sin x = \log x + \log \frac{\sin x}{x} = \log x + \int_0^x \left[\operatorname{ctg} t - \frac{1}{t}\right] dt$$

$$= \log x + \sum_{k=1}^{\infty} (-1)^k \frac{2^{2k} \cdot B_{2k}}{2k \cdot (2k)!} x^{2k} \qquad \textbf{151.}$$

und ganz ähnlich aus **116**

$$-\log \cos x = \int_0^x \operatorname{tg} t\, dt = \sum_{k=1}^{\infty} (-1)^{k-1} \frac{2^{2k}(2^{2k}-1) B_{2k}}{2k \cdot (2k)!} x^{2k}; \qquad \textbf{152.}$$

$\log \operatorname{tg} x$ und $\log \operatorname{ctg} x$ ergeben sich hieraus einfach durch Addition. Auch von den hier auftretenden Reihen können wir zunächst nur sagen, daß sie *für alle hinreichend kleinen Werte von* $|x|$ konvergieren. Doch lehren die Bemerkungen von S. 245, Fußnote 1, genauer, daß die Reihe in **151** den Radius π, die Reihe in **152** den Radius $\frac{\pi}{2}$ hat.

Auf weitere Einzelheiten bei der Berechnung der trigonometrischen Tafeln wollen wir hier nicht eingehen, da sie reihentheoretisch nicht von Belang sind.

---

[1] Unter der in der eckigen Klammer stehenden Funktion soll hier die Reihe **115** nach Division durch x und Abzug des vordersten Gliedes $1/x$ verstanden werden. Die Funktion ist also auch für $x = 0$ definiert und stetig.

8. Verfeinerte Restabschätzungen. In den bisherigen Fällen haben wir die Summe einer vorgelegten Reihe stets ganz unmittelbar durch Berechnung einer passenden Teilsumme und Abschätzung des zugehörigen Restes gewonnen. Es ist klar, daß dieser Weg praktisch nur beschreitbar ist, wenn die Reihe einigermaßen gut konvergiert. Will man aber z. B. die Summe

$$s = \sum_{n=1}^{\infty} \frac{1}{n^2}$$

genauer berechnen, so ist dieser direkte Weg ziemlich hoffnungslos[1]. Für den Rest

$$r_n = \frac{1}{(n+1)^2} + \frac{1}{(n+2)^2} + \cdots$$

hat man nämlich bei vorsichtiger Vergrößerung nur

$$r_n < \frac{1}{n(n+1)} + \frac{1}{(n+1)(n+2)} + \cdots = \frac{1}{n},$$

so daß, um nur 6 Dezimalen zu sichern, über eine Million Glieder berechnet werden müßten, was nicht angeht.

Dieser Übelstand kann nun häufig etwas behoben werden, wenn man für den Rest auch eine *untere* Schranke zu finden sucht. Bei unserm Beispiel hat man nach demselben Prinzip auch

$$r_n > \frac{1}{(n+1)(n+2)} + \frac{1}{(n+2)(n+3)} + \cdots = \frac{1}{n+1},$$

so daß wir nun wissen, daß die gesuchte Summe s den Bedingungen

$$1 + \frac{1}{2^2} + \cdots + \frac{1}{n^2} + \frac{1}{n+1} < s < 1 + \frac{1}{2^2} + \cdots + \frac{1}{n^2} + \frac{1}{n}$$

für jedes n genügt. Und um 6 Dezimalen zu sichern, wären nun vielleicht nur 1000 Glieder nötig. Doch wäre auch diese Anzahl für die praktische Durchführung noch zu groß. Trotzdem kann in besonderen Fällen diese *Methode der Abschätzung des Restes nach oben und unten* zum gewünschten Ziele führen. (Vgl. Aufgabe 131.)

Solche Fälle sind indessen doch so selten, daß sie für praktische Arbeit nicht in Betracht kommen. Wesentlicher, weil von größerer Anwendbarkeit, sind dagegen die Methoden, die eine schlecht konvergente und also für die numerische Berechnung zunächst unbrauchbare Reihe in eine besser konvergente verwandeln. Hierauf wollen wir nunmehr eingehen.

---

[1] Da wir hier zufällig wissen, daß die Summe $= \frac{\pi^2}{6}$ ist, so ist ihre Berechnung auf dem Umwege über π natürlich ganz einfach. Wir wollen aber für den Augenblick annehmen, daß wir von ihrer Summe ebenso wenig wüßten wie etwa von derjenigen der Reihe $\sum \frac{1}{n^3}$.

§ 35. Anwendung der Reihentransformationen bei numerischen Berechnungen.

In Fällen schlechter Konvergenz wird man versuchen, die Reihe durch passende Umformungen in eine besser konvergente zu verwandeln. Wir wollen die in § 33 besprochenen Reihentransformationen daraufhin durchgehen, ob sie uns in dieser Beziehung nützen können.

A. Die KUMMERsche Transformation.

Bei ihr ist am unmittelbarsten zu erkennen, ob und inwieweit eine Verbesserung der Konvergenz erzielt wird. Denn mit den Bezeichnungen von **145** haben wir

$$\sum_{n=0}^{\infty} a_n = \gamma C + \sum_{n=0}^{\infty}\left(1 - \gamma \frac{c_n}{a_n}\right) a_n;$$

und da $\left(1 - \gamma \frac{c_n}{a_n}\right) \to 0$ strebt, so sind die Glieder der neuen Reihe (von einer Stelle an) kleiner als die der vorgelegten. Die Wirkung dieser Methode wird hiernach um so größer sein, je kleiner von Anfang an die Faktoren $\left(1 - \gamma \frac{c_n}{a_n}\right)$ sind, d. h. also, je besser die Glieder der Reihe $\sum c_n$ denen der Reihe $\sum a_n$ angepaßt sind.

Beispiele.

1. Wir hatten schon S. 255 gefunden, daß $\sum \frac{1}{n^2} = 1 + \sum \frac{1}{n^2(n+1)}$ gesetzt werden kann. Die Glieder der neuen Reihe sind denen von **153.**

$$\sum_{n=1}^{\infty} \frac{1}{n(n+1)(n+2)} = \frac{1}{2} \sum_{n=1}^{\infty}\left(\frac{1}{n(n+1)} - \frac{1}{(n+1)(n+2)}\right) = \frac{1}{4}$$

asymptotisch gleich, d. h. es ist hier $C = \frac{1}{4}$ und $\gamma = 1$, also

$$\sum_{n=1}^{\infty} \frac{1}{n^2} = 1 + \frac{1}{4} + 2 \sum_{n=1}^{\infty} \frac{1}{n^2(n+1)(n+2)}.$$

Fährt man in entsprechender Weise fort, so erhält man nach p Schritten

$$\sum_{n=1}^{\infty} \frac{1}{n^2} = 1 + \frac{1}{2^2} + \frac{1}{3^2} + \cdots + \frac{1}{p^2} + p! \sum_{n=1}^{\infty} \frac{1}{n^2(n+1)(n+2)\ldots(n+p)},$$

was schon für mäßige Werte von p eine gut konvergente Reihe liefert.

2. Etwas allgemeiner sei die Reihe

$$\sum_{n=0}^{\infty} a_n = \sum_{n=0}^{\infty} \frac{1}{(n+\alpha)^2(n+\alpha+1)^2\ldots(n+\alpha+p-1)^2}, \quad \begin{cases}\alpha \neq 0, -1, \ldots \text{ beliebig,} \\ p \geq 1 \text{ ganz,}\end{cases}$$

vorgelegt. Wir wählen hier

$$c_n = (n+\gamma)\, a_n - (n+1+\gamma)\, a_{n+1}, \qquad (n = 0, 1, 2, \ldots),$$

und versuchen γ (von n unabhängig) so festzulegen, daß sich die c_n den a_n möglichst gut anpassen[1]. Hier wird $C = \gamma \cdot a_0$, und eine leichte Rechnung ergibt $\gamma = \frac{1}{2p-1}$. Daher erhalten wir

$$\sum_{n=0}^{\infty} a_n = \frac{\gamma a_0}{2p-1} + \sum_{n=0}^{\infty} \left(1 - \frac{(n+\gamma)\, a_n - (n+1+\gamma)\, a_{n+1}}{(2p-1)\, a_n}\right) a_n .$$

Die runde Klammer ist hier

$$= 1 - \frac{(n+\gamma)(n+\alpha+p)^2 - (n+1+\gamma)(n+\alpha)^2}{(2p-1)(n+\alpha+p)^2},$$

also, da sich bei der Vereinfachung die Glieder mit n^3 und n^2 von selbst wegheben müssen,

$$= \frac{(2\alpha + 3p - 2 - 2\gamma)\, p\, n + (2p - 1 - \gamma)(\alpha+p)^2 + \alpha^2(1+\gamma)}{(2p-1)(n+\alpha+p)^2}.$$

Wählt man nun γ so, daß sich auch noch die Glieder mit n wegheben, setzt man also $\gamma = \alpha + \frac{3}{2} p - 1$, so wird die runde Klammer weiter

$$= \frac{p^3}{2(2p-1)} \cdot \frac{1}{(n+\alpha+p)^2},$$

und folglich

$$\sum_{n=0}^{\infty} \frac{1}{(n+\alpha)^2 \ldots (n+\alpha+p-1)^2}$$

$$= \frac{\left(\alpha + \frac{3}{2} p - 1\right) \cdot \frac{1}{2p-1}}{\alpha^2(\alpha+1)^2 \ldots (\alpha+p-1)^2} + \frac{p^3}{2(2p-1)} \sum_{n=0}^{\infty} \frac{1}{(n+\alpha)^2 \ldots (n+\alpha+p)^2}.$$

Die Transformation hat also den Erfolg, daß ein quadratischer Faktor mehr im Nenner steht. — Spezialfälle:

a) $\alpha = 1$ liefert

$$\sum_{n=0}^{\infty} \frac{1}{(n+1)^2 (n+2)^2 \ldots (n+p)^2}$$

$$= \frac{\frac{3}{2} p \cdot \frac{1}{2p-1}}{1^2 \cdot 2^2 \ldots p^2} + \frac{p^3}{2(2p-1)} \cdot \sum_{n=0}^{\infty} \frac{1}{(n+1)^2 \ldots (n+p)^2 (n+p+1)^2}.$$

Setzt man zur Abkürzung

$$\sum_{k=1}^{\infty} \frac{1}{k^2 (k+1)^2 \ldots (k+p-1)^2} \equiv \sum_{n=0}^{\infty} \frac{1}{(n+1)^2 \ldots (n+p)^2} = S_p,$$

so hat man also

$$S_p = \frac{3p}{2(2p-1) \cdot 1^2 \cdot 2^2 \ldots p^2} + \frac{p^3}{2(2p-1)} \cdot S_{p+1},$$

— eine Formel, mit deren Hilfe man sich leicht für $s = S_1 = \sum \frac{1}{n^2}$ sehr gut konvergierende Reihen verschaffen kann.

[1] Die Wahl eines c_n von der Form $x_n - x_{n+1}$ wird wegen **131** stets die bequemste sein, da man dann jedenfalls sofort C angeben kann und sich trotzdem die Wahl so einrichten kann, daß die c_n den a_n gut angepaßt sind.

b) $\alpha = \frac{1}{2}$ liefert ähnlich

$$\sum_{n=0}^{\infty} \frac{1}{(2n+1)^2(2n+3)^2\cdots(2n+2p-1)^2}$$

$$= \frac{3p-1}{2(2p-1)} \cdot \frac{1}{1^2 \cdot 3^2 \ldots (2p-1)^2} + \frac{2p^3}{2p-1} \sum_{n=0}^{\infty} \frac{1}{(2n+1)^2 \ldots (2n+2p+1)^2},$$

— eine Formel, aus der man sich in entsprechender Weise gut konvergierende Reihen für $\sum \frac{1}{(2n+1)^2}$ verschaffen kann.

Bezüglich weiterer Beispiele verweisen wir auf die Aufgaben 127ff.

B. Die EULERsche Transformation.

Mit der EULERschen Transformation **144** braucht keineswegs immer einer Verbesserung[1] der Konvergenz verbunden zu sein.

So liefert z. B. die Transformation von $\sum_{n=0}^{\infty} \left(\frac{1}{2}\right)^n$ die Reihe $\frac{1}{2} \sum_{n=0}^{\infty} \left(\frac{3}{4}\right)^n$, **154.**
welche ersichtlich schlechter konvergiert. Aber auch bei alternierenden Reihen braucht sich keine Verbesserung der Konvergenz zu ergeben, vielmehr zeigen die drei folgenden Beispiele, daß hier alle denkbaren Fälle wirklich eintreten können:

1. $\sum_{n=0}^{\infty} (-1)^n \frac{1}{2^n}$ liefert die *besser* konvergente Reihe $\frac{1}{2} \sum_{n=0}^{\infty} \frac{1}{4^n}$
2. $\sum_{n=0}^{\infty} (-1)^n \frac{1}{3^n}$ „ „ *gleichartig* „ „ $\frac{1}{2} \sum_{n=0}^{\infty} \frac{1}{3^n}$
3. $\sum_{n=0}^{\infty} (-1)^n \frac{1}{4^n}$ „ „ *schlechter* „ „ $\frac{1}{2} \sum_{n=0}^{\infty} \left(\frac{3}{8}\right)^n$.

Wir werden nun aber zeigen, daß in den praktisch allein wichtigen Fällen *alternierender Reihen* $\sum (-1)^n a_n$, $a_n > 0$, in denen die gegebene Reihe nicht besonders gut konvergiert, die Beträge a_n ihrer Glieder aber in einer gleich zu nennenden *regelmäßigen Art* zu 0 abnehmen, — daß in diesen Fällen doch eine oft beträchtliche Verbesserung der Konvergenz erzielt wird.

Wir wollen nämlich nicht nur verlangen, daß die a_n selber monoton abnehmen, daß also ihre *ersten Differenzen* Δa_n sämtlich positiv sind,

---

[1] Die ausführliche Definition dessen, was unter besserer und schlechterer Konvergenz verstanden werden soll, wird in § 37 gegeben werden: $\sum a'_n$ wird *besser oder schlechter konvergent* genannt werden als $\sum a_n$, je nachdem

$$\left|\frac{r'_n}{r_n}\right| = \left|\frac{a'_{n+1} + a'_{n+2} + \cdots}{a_{n+1} + a_{n+2} + \cdots}\right| \to 0 \text{ oder } \to +\infty$$

strebt.

sondern wollen fordern, daß dies auch für alle höheren Differenzen der Fall ist. Man pflegt eine (positive) Zahlenfolge $a_0, a_1, a_2, \ldots$ als *p-fach monoton* zu bezeichnen[1], wenn die Folge der 1., 2., ... und p^{ten} Differenzen lauter positive Glieder hat, man nennt sie *vollmonoton*, wenn dies mit *allen* Differenzen $\Delta^k a_n$, $(k, n = 0, 1, 2, \ldots)$, der Fall ist. Mit dieser Bezeichnungsweise lautet der angedeutete

155. **Satz 1.** *Ist* $\sum_{n=0}^{\infty}(-1)^n a_n$ *eine alternierende Reihe, für die die (positiven) Zahlen* $a_0, a_1, \ldots$ *eine* **vollmonotone** *Nullfolge bilden, und ist von vornherein*[2] *stets* $\frac{a_{n+1}}{a_n} \geqq a > \frac{1}{2}$, *so konvergiert die transformierte Reihe* $\sum \frac{1}{2^{n+1}} \Delta^n a_0$ *besser als die gegebene.*

Der Beweis ist äußerst einfach. Wegen $\frac{a_{n+1}}{a_n} \geqq a$ ist zunächst $a_n \geqq a_0 \cdot a^n$. Und für den Rest r_n der gegebenen Reihe hat man

$$\begin{aligned}(-1)^{n+1} r_n &= a_{n+1} - a_{n+2} + - \cdots \\ &= \Delta a_{n+1} + \Delta a_{n+3} + \Delta a_{n+5} + \cdots,\end{aligned}$$

also, da auch die Δa_ν monoton abnehmen,

$$|r_n| \geqq \tfrac{1}{2}(\Delta a_{n+1} + \Delta a_{n+2} + \Delta a_{n+3} + \cdots) = \tfrac{1}{2} a_{n+1} \geqq \tfrac{1}{2} a_0 \cdot a^{n+1}.$$

Andererseits nehmen wegen $\Delta^n a_0 - \Delta^{n+1} a_0 = \Delta^n a_1 \geqq 0$ die Zähler der transformierten Reihe ihrerseits monoton ab und sind also dauernd $\leqq a_0$. Infolgedessen hat man für den Rest r_n' der transformierten Reihe — welche jetzt übrigens eine Reihe mit positiven Gliedern ist —

$$r_n' = \frac{\Delta^{n+1} a_0}{2^{n+2}} + \cdots \leqq \frac{a_0}{2^{n+2}}\left(1 + \frac{1}{2} + \frac{1}{4} + \cdots\right) = \frac{a_0}{2^{n+1}}.$$

Folglich ist

$$\left|\frac{r_n'}{r_n}\right| \leqq \frac{1}{a}\left(\frac{1}{2a}\right)^n,$$

woraus nun die Behauptung in vollem Umfange abgelesen werden kann. Und man erkennt darüber hinaus noch, daß die Konvergenzverbesserung um so beträchtlicher sein wird, daß also r_n'/r_n um so schneller $\to 0$ strebt, je größer a ist. Insbesondere werden alle diejenigen (alternierenden) Reihen, bei denen der Betrag des Quotienten zweier aufeinanderfolgender Glieder $\to 1$ strebt, die also im allgemeinen schlecht konvergieren, in Reihen verwandelt, die mindestens ebenso gut konvergieren wie die Reihe $\sum\left(\frac{1}{2}\right)^n$.

[1] Vgl. die zu **144** genannte Arbeit von E. Jacobsthal.

[2] Durch diese Voraussetzung soll der vorher gebrauchte Ausdruck, daß die gegebene Reihe nicht besonders gut konvergiert, präzisiert sein. Die Reihe wird dann, wie der Beweis genauer zeigt, schlechter konvergieren als die Reihe $\sum\left(\frac{1}{2}\right)^n$. Vgl. hierzu noch die S. 253, Fußn. 2 genannte Arbeit von J. V. Poncelet.

Beispiele.

Die beiden markantesten Beispiele zur EULERschen Transformation, diejenige von $\sum \frac{(-1)^n}{n+1}$ und $\sum \frac{(-1)^n}{2n+1}$, haben wir schon zu **144** vorweg genommen. Für die weiteren Anwendungen ist es wesentlich zu wissen, welche Nullfolgen *vollmonoton* sind. Hierüber beweist man durch wiederholte Anwendung des 1. Mittelwertsatzes der Differentialrechnung (§ 19, Satz 8) leicht den

Satz 2. *Die (positive) Folge $a_0, a_1, \ldots$ ist vollmonoton fallend, wenn es eine für $x \geq 0$ definierte und für $x > 0$ beliebig oft differenzierbare Funktion $f(x)$ gibt, für die $f(n) = a_n$ ist und deren k^{te} Ableitung das feste Vorzeichen $(-1)^k$ hat* $(k = 0, 1, 2, \ldots)$.

Hiernach sind z. B. die Folgen

$$a^n, \quad (0 < a < 1); \qquad \frac{1}{(n+p)^\alpha}, \quad (p > 0,\ \alpha > 0); \qquad \frac{1}{\log(n+p)}, \quad (p > 1); \quad \ldots$$

vollmonoton fallend; und aus diesen leitet man viele neue her durch den

Satz 3. *Sind die Folgen $a_0, a_1, \ldots$ und $b_0, b_1, \ldots$ vollmonoton fallend, so gilt das gleiche von der Folge $a_0 b_0, a_1 b_1, a_2 b_2, \ldots$*

Beweis. Es gilt die durch Induktion bezüglich k leicht als richtig zu erweisende Formel

$$\Delta^k a_n b_n = \sum_{\nu=0}^{k} \binom{k}{\nu} \Delta^{k-\nu} a_{n+\nu} \cdot \Delta^\nu b_n .$$

Nach ihr sind in der Tat alle Differenzen der Folge $(a_n b_n)$ positiv, wenn es diejenigen der Folgen (a_n) und (b_n) sind.

Als ein besonderes Zahlenbeispiel skizzieren wir noch das folgende:

Die Reihe

$$\sum_{n=0}^{\infty} (-1)^n a_n \equiv \frac{1}{\log 10} - \frac{1}{\log 11} + \frac{1}{\log 12} - + \cdots$$

konvergiert außerordentlich langsam, nämlich wesentlich ebenso langsam wie die ABELsche Reihe $\sum 1/n \log^2 n$. Mit Hilfe der EULERschen Transformation kann man trotzdem ihre Summe verhältnismäßig leicht genau berechnen. Benutzt man nur die ersten 7 Glieder $\left(\text{bis } \frac{1}{\log 16}\right)$, so kann man mit ihrer Hilfe auch von der transformierten Reihe die ersten 7 Glieder berechnen. Benutzt man 7stellige Logarithmen, so findet man[1] schon mit 6 gesicherten Dezimalen für die Reihensumme den Wert 0,221840 . . . .

C. Die MARKOFFsche Transformation.

Bei der großen Willkür, die wir für den Ansatz des Schemas (A), S. 249 gelassen hatten, aus dem sich die *MARKOFFsche Transformation* ergab, ist es nicht verwunderlich, daß wir keine allgemeinen Sätze über die Wirkung der Transformation auf die Güte der Konvergenz werden aussprechen können. Wir werden uns daher mit etwas all-

[1] Wir entnehmen dieses Beispiel dem Werke von A. A. MARKOFF: Differenzenrechnung S. 184. Leipzig 1896.

gemeiner gehaltenen Richtlinien zu ihrer vorteilhaften Verwendung und mit der Ausführung einiger Beispiele begnügen müssen:

Bezeichnen wir die gegebene (als konvergent vorausgesetzte) Reihe wieder mit $\sum z^{(k)}$, so wähle man die 0te *Spalte* $a_0^{(0)}, a_0^{(1)}, \ldots, a_0^{(k)}, \ldots$ des Schemas (A) so, daß sie, ähnlich wie bei der KUMMERschen Transformation, der gegebenen Reihe möglichst gut angepaßt ist und andererseits eine bequem geschlossen angebbare Summe $s^{(0)}$ hat. Mit der Reihe $\sum (z^{(k)} - a_0^{(k)})$, die nun schon besser konvergieren wird als $\sum z^{(k)}$, verfahre man genau ebenso für die Wahl der nächsten Spalte usw. Dann wird die Wirkung der Transformation eine ähnliche sein, als wenn man *unbegrenzt oft* eine KUMMERsche Transformation ausgeführt hätte, — eine Möglichkeit, die wir schon bei den Beispielen **153**, 2a angedeutet hatten (vgl. Aufg. 130).

156. Als Beispiel wählen wir die Reihe $\sum_{k=1}^{\infty} \frac{1}{k^2}$, die zur Berechnung ihrer Summe $\frac{\pi^2}{6}$ praktisch unbrauchbar ist. Hier denken wir uns die 0te Zeile und die 0te Spalte aus lauter Nullen bestehend, die wir nicht hinschreiben. Dann liegt es nahe, als *erste Spalte* die schon S. 255 benutzte Reihe $\sum_{k=1}^{\infty} \frac{1}{k(k+1)}$ zu nehmen. Dadurch wird

$$\sum (z^{(k)} - a_1^{(k)}) \equiv \sum_{k=1}^{\infty} \frac{1}{k^2(k+1)},$$

und als zweite Spalte wird man nun, wie in **153**, 1, die Reihe

$$\sum_{k=1}^{\infty} \frac{1}{k(k+1)(k+2)}$$

nehmen, usw. Dann würde die k^{te} Zeile des Schemas zunächst formal das folgende Bild bieten:

$$\frac{1}{k^2} = \frac{0!}{k(k+1)} + \frac{1!}{k(k+1)(k+2)} + \frac{2!}{k(k+1)(k+2)(k+3)} + \cdots, \quad (k \text{ fest}).$$

Die weitere Rechnung ist nun etwas einfacher, wenn man diese Zeilen, statt sie nach rechts unbegrenzt fortzusetzen, nach $(k-1)$ Gliedern abbricht und als k^{tes} Glied den fehlenden Rest r_k hinzufügt, auf den dann lauter Nullen zu folgen hätten. Dann sieht die k^{te} Zeile so aus:

$$\frac{1}{k^2} = \frac{0!}{k(k+1)} + \frac{1!}{k(k+1)(k+2)} + \cdots + \frac{(k-2)!}{k(k+1)\ldots(2k-1)} + r_k.$$

Indem man hier die Glieder der rechten Seite *sukzessive* von der linken Seite abzieht, findet man ganz leicht, daß

$$r_k = \frac{(k-1)!}{k^2(k+1)\ldots(2k-1)}$$

ist. Die Auflösung der Reihe $\sum 1/k^2$ in ein Schema der Form (A) von S. 249 sieht dann in unserem Falle folgendermaßen aus:

$$
\begin{array}{llllll}
1 = & 1 & & & & \\
\frac{1}{2^2} = & \frac{0!}{2\cdot 3} & + \frac{1!}{2^2\cdot 3} & & & \\
\frac{1}{3^2} = & \frac{0!}{3\cdot 4} & + \frac{1!}{3\cdot 4\cdot 5} & + \frac{2!}{3^2\cdot 4\cdot 5} & & \\
\dots & & & & & \\
\frac{1}{k^2} = & \frac{0!}{k(k+1)} & + \frac{1!}{k(k+1)(k+2)} & + \cdots & + \frac{(k-2)!}{k(k+1)\dots(2k-1)} & \\
& & & & + \frac{(k-1)!}{k^2(k+1)\dots(2k-1)} & \\
\dots & & & & &
\end{array}
$$

Da hier alle Zahlen des Schemas $\geqq 0$ sind, so lehrt schon der große Umordnungssatz **90**, daß wir nach Spalten summieren dürfen und als Endergebnis wieder $\frac{\pi^2}{6}$ erhalten. In der n^{ten} Spalte steht nun die Reihe

$$r_n + (n-1)!\left[\frac{1}{(n+1)\dots(2n+1)} + \frac{1}{(n+2)\dots(2n+2)} + \cdots\right], \quad (n \text{ fest}).$$

Und da nach **132**, 3 für $\alpha = n+1$ und $p = n$ die in der eckigen Klammer stehende Reihe die Summe

$$\frac{1}{n(n+1)\dots(2n)}$$

hat, so liefert die n^{te} Spalte die Summe

$$s^{(n)} = (n-1)!\left[\frac{1}{n^2(n+1)\dots(2n-1)} + \frac{1}{n(n+1)\dots(2n)}\right]$$
$$= 3\,\frac{(n-1)!}{n(n+1)\dots(2n)} = 3\,\frac{(n-1)!^2}{(2n)!}.$$

Es ist also

$$\sum_{k=1}^{\infty}\frac{1}{k^2} = 3\cdot\sum_{n=1}^{\infty}\frac{(n-1)!^2}{(2n)!}.$$

Diese Formel ist nicht nur für *numerische* Zwecke wegen der erheblichen Verbesserung der Konvergenz von Bedeutung, sondern fast mehr noch, weil sie ein neues Mittel zur *geschlossenen* Auswertung der Reihensumme $\sum 1/k^2$ eröffnet, die uns bisher nur auf dem weiten Umwege über die Partialbruch- *und* die Potenzreihenentwicklung der Funktion ctg gelungen war. Man kann nämlich leicht direkt feststellen (vgl. Aufgabe 123), daß aus **123** folgt, daß für $|x| \leqq 1$ die Entwicklung

$$(\arcsin x)^2 = \frac{1}{2}\sum_{n=1}^{\infty}\frac{(n-1)!^2}{(2n)!}(2x)^{2n}$$

gültig ist. Setzt man hierin $x = \frac{1}{2}$, so ergibt sich sofort, daß

$$\sum_{k=1}^{\infty}\frac{1}{k^2} = 3\sum_{n=1}^{\infty}\frac{(n-1)!^2}{(2n)!} = 3\cdot 2\cdot\left(\frac{\pi}{6}\right)^2 = \frac{\pi^2}{6}$$

ist[1].

---

[1] Vgl. die Note von I. SCHUR und dem Verfasser: Über die Herleitung der Gleichung $\sum\frac{1}{n^2} = \frac{\pi^2}{6}$, Arch. Math. Phys. Ser. 3, Bd. 27, S. 174. 1918.

Eine weitere prinzipiell wichtige Anwendung der MARKOFFschen Transformation haben wir schon (s. **144**) in der EULERschen Transformation gegeben, welche ja aus jener gefolgert worden ist.

Bezüglich weiterer, meist nur auf Grund besonderer Kunstgriffe glückender, aber zum Teil überraschend wirkungsvoller Anwendungen der MARKOFFschen Transformation müssen wir auf die Darstellungen von MARKOFF selbst (s. S. 273, Fußnote 1) und von E. FABRY (Théorie des séries à termes constants, Paris 1910) verweisen, wo sich zahlreiche Beispiele vollständig durchgeführt finden.

Aufgaben zum VIII. Kapitel.

I. Direkte Bildung der Folge der Teilsummen.

100. a) $\frac{x}{1+x}+\frac{2x^2}{1+x^2}+\frac{4x^4}{1+x^4}+\frac{8x^8}{1+x^8}+\cdots=\frac{x}{1-x}$ für $|x|<1$.

b) $\frac{x}{1-x^2}+\frac{x^2}{1-x^4}+\frac{x^4}{1-x^8}+\frac{x^8}{1-x^{16}}+\cdots=\begin{cases}\frac{x}{1-x} & \text{für } |x|<1,\\ -\frac{1}{x-1} & \text{für } |x|>1.\end{cases}$

101. $\sum_{n=1}^{\infty}\frac{a_n}{(1+a_1)(1+a_2)\dots(1+a_n)}$ ist für positive a_n *stets* konvergent. Wann konvergiert die Reihe noch bei beliebigen a_n, und welche Summe hat sie im Falle der Konvergenz?

102. a) $\sum_{n=1}^{\infty}\operatorname{arctg}\frac{2}{n^2}=\frac{3\pi}{4}$;

$\left(\text{Anl.: } \operatorname{arctg}\frac{1}{n-1}-\operatorname{arctg}\frac{1}{n+1}=\operatorname{arctg}\frac{2}{n^2}\right)$.

b) $\sum_{n=1}^{\infty}\operatorname{arctg}\frac{1}{n^2+n+1}=\frac{\pi}{4}$.

103. a) $\sum_{n=1}^{\infty}\frac{n}{(x+1)(2x+1)\dots(nx+1)}$ falls $x\neq 0, -1, -\frac{1}{2}, -\frac{1}{3}, \dots$

b) $\frac{1}{y}+\frac{x}{y(y+1)}+\frac{x(x+1)}{y(y+1)(y+2)}+\cdots=\frac{1}{y-x}$, falls $y>x>0$.

c) $1+\frac{a}{b}+\frac{a(a+1)}{b(b+1)}+\frac{a(a+1)(a+2)}{b(b+1)(b+2)}+\cdots=\frac{b-1}{b-a-1}$,

falls $b>a+1>1$.

104. $\frac{1}{k_1}+\frac{k_1-b}{k_1}\cdot\frac{1}{k_2}+\frac{(k_1-b)(k_2-b)}{k_1\cdot k_2}\cdot\frac{1}{k_3}+\cdots=\frac{1}{b}$,

falls $b\neq 0$, alle $k_\nu>0$ und $\sum\frac{1}{k_\nu}$ divergent ist.

105. a) $\sum_{n=0}^{\infty}\frac{1}{2^n}\operatorname{tg}\frac{\pi}{2^{n+2}}=\frac{4}{\pi}$;

b) $\sum_{n=1}^{\infty} \frac{1}{2^n} \operatorname{tg} \frac{x}{2^n} = \frac{1}{x} - \operatorname{ctg} x;$

(Anl.: $\operatorname{ctg} y - \operatorname{tg} y = 2 \operatorname{ctg} 2y$.)

106. In $\sum_{n=0}^{\infty} \frac{g(n)}{(\alpha + p_1 + n)(\alpha + p_2 + n) \ldots (\alpha + p_k + n)}$ seien $p_1, p_2, \ldots, p_k$ fest gegebene, voneinander verschiedene natürliche Zahlen, $\alpha \neq 0, -1, -2, \ldots$ beliebig reell und $g(x)$ eine ganze rationale Funktion eines Grades $\leq k - 2$. Es gelte die Partialbruchzerlegung

$$\frac{g(x - \alpha)}{(x + p_1) \ldots (x + p_k)} = \frac{c_1}{x + p_1} + \cdots + \frac{c_k}{x + p_k}.$$

Dann hat die vorgelegte Reihe die Summe

$$-\sum_{\nu=1}^{k} c_\nu \left[\frac{1}{\alpha} + \frac{1}{\alpha + 1} + \cdots + \frac{1}{\alpha + p_\nu - 1}\right].$$

107. a) $\frac{1}{1 \cdot 2 \cdot 6 \cdot 7} - \frac{1}{3 \cdot 4 \cdot 8 \cdot 9} + \frac{1}{5 \cdot 6 \cdot 10 \cdot 11} - + \cdots = \frac{1}{60}\left(\pi - \frac{149}{60}\right);$

b) $\frac{1}{1 \cdot 2 \cdot 4 \cdot 5} - \frac{1}{3 \cdot 4 \cdot 6 \cdot 7} + \frac{1}{5 \cdot 6 \cdot 8 \cdot 9} - + \cdots = \frac{5}{36} - \frac{1}{6} \log 2;$

c) $\frac{1}{1 \cdot 2 \cdot 4 \cdot 5} + \frac{1}{3 \cdot 4 \cdot 6 \cdot 7} + \frac{1}{5 \cdot 6 \cdot 8 \cdot 9} + \cdots = \frac{1}{36};$

d) $\frac{1^3}{1^4 + 4} - \frac{3^3}{3^4 + 4} + \frac{5^3}{5^4 + 4} - + \cdots = 0;$

e) $\frac{1}{1 \cdot (1^4 + 4)} - \frac{1}{3 \cdot (3^4 + 4)} + \frac{1}{5 \cdot (5^4 + 4)} - + \cdots = \frac{\pi}{16};$

f) $\frac{1}{1 \cdot (4 \cdot 1^4 + 1)} - \frac{1}{2 \cdot (4 \cdot 2^4 + 1)} + \frac{1}{3 \cdot (4 \cdot 3^4 + 1)} - + \cdots = \log 2 - \frac{1}{2};$

g) $\frac{1}{1 \cdot 2 \cdot 3 \cdot 4} + \frac{1}{5 \cdot 6 \cdot 7 \cdot 8} + \cdots = \frac{1}{4} \log 2 - \frac{\pi}{24};$

h) $\frac{1}{1 \cdot 2 \cdot 3} + \frac{1}{4 \cdot 5 \cdot 6} + \frac{1}{7 \cdot 8 \cdot 9} + \cdots = \frac{\pi}{12}\sqrt{3} - \frac{1}{4} \log 3].$

II. Geschlossene Auswertungen mit Hilfe der Entwicklungen für die elementaren Funktionen.

108. a) $1 - \frac{1}{5 \cdot 3^2} - \frac{1}{7 \cdot 3^3} + \frac{1}{11 \cdot 3^5} + \frac{1}{13 \cdot 3^6} - - + + \cdots = \log \sqrt{7};$

b) $\frac{1}{2} \cdot \frac{1}{2} + \frac{1 \cdot 3}{2 \cdot 4} \cdot \frac{1}{4} + \frac{1 \cdot 3 \cdot 5}{2 \cdot 4 \cdot 6} \cdot \frac{1}{6} + \cdots = \log 2;$

c) $1 + \frac{1}{3} - \frac{1}{5} - \frac{1}{7} + \frac{1}{9} + \frac{1}{11} - - + + \cdots = \frac{\pi}{4}\sqrt{2};$

d) $\frac{1}{x} + \frac{1}{x - y} + \frac{1}{x + y} + \frac{1}{x - 2y} + \frac{1}{x + 2y} + \cdots = \frac{\pi}{y} \operatorname{ctg} \frac{\pi x}{y}$

liefert für $y = 7$ nebst $x = 1, 2, 3$

$$1 + \frac{1}{2} - \frac{1}{3} + \frac{1}{4} - \frac{1}{5} - \frac{1}{6} + \overset{7}{\smile}\!\!\!0 + + - + - - + \overset{14}{\smile}\!\!\!0 \cdots = \frac{\pi}{\sqrt{7}}.$$

109. a) $\frac{1}{1\cdot 2\cdot 3}+\frac{1}{3\cdot 4\cdot 5}+\frac{1}{5\cdot 6\cdot 7}+\cdots=\log 2-\frac{1}{2}$;

b) $\frac{1}{1\cdot 2\cdot 3}-\frac{1}{3\cdot 4\cdot 5}+\frac{1}{5\cdot 6\cdot 7}-+\cdots=\frac{1}{2}(1-\log 2)$;

c) $\frac{1}{2\cdot 3\cdot 4}-\frac{1}{4\cdot 5\cdot 6}+\frac{1}{6\cdot 7\cdot 8}-+\cdots=\frac{1}{4}(\pi-3)$;

d) $\sum_{n=1}^{\infty}\frac{1}{4n^2-1}=\frac{1}{2}, \quad \sum_{n=1}^{\infty}\frac{1}{(4n^2-1)^2}=\frac{\pi^2-8}{16},$

$$\sum_{n=1}^{\infty}\frac{1}{(4n^2-1)^3}=\frac{32-3\pi^2}{64};$$

e) $1-\frac{1}{5}+\frac{1}{7}-\frac{1}{11}+\frac{1}{13}-\frac{1}{17}+-\cdots=\frac{\pi}{2\sqrt{3}}.$

110. a) $\frac{1\cdot 2}{1\cdot 3}+\frac{1\cdot 2\cdot 3}{1\cdot 3\cdot 5}+\frac{1\cdot 2\cdot 3\cdot 4}{1\cdot 3\cdot 5\cdot 7}+\cdots=\frac{\pi}{2}$;

b) $\frac{1}{2\cdot 3}+\frac{1\cdot 2}{3\cdot 4\cdot 5}+\frac{1\cdot 2\cdot 3}{4\cdot 5\cdot 6\cdot 7}+\cdots=\frac{2\pi}{3\sqrt{3}}-1$;

c) $\frac{1}{2\cdot 3\cdot 4}+\frac{1\cdot 2}{3\cdot 4\cdot 5\cdot 6}+\frac{1\cdot 2\cdot 3}{4\cdot 5\cdot 6\cdot 7\cdot 8}+\cdots=\frac{\pi^2}{18}-\frac{1}{2}$;

d) $\sum_{n=1}^{\infty}\frac{1}{n(4n^2-1)}=2\log 2-1$;

e) $\sum_{n=1}^{\infty}\frac{1}{n(4n^2-1)^2}=\frac{3}{2}-2\log 2$;

f) $\sum_{n=1}^{\infty}\frac{1}{2^n\cdot n^2}=\frac{\pi^2}{12}-\frac{1}{2}(\log 2)^2.$

111. Wenn $\sum_{n=0}^{\infty}\left(\frac{n!}{(p+n)!}\right)^2=T_p$ gesetzt wird, so ist

$$T_2=\frac{\pi^2}{3}-3,\qquad T_3=\frac{\pi^2}{4}-\frac{39}{16},\qquad T_4=\frac{5}{54}\pi^2-\frac{197}{216}.$$

112. Wenn $\sum_{n=1}^{\infty}\frac{n^p}{n!}=g_p\cdot e$ gesetzt wird, $(p=1,2,\ldots)$, so sind die g_p ganze Zahlen, die aus der symbolischen Rekursionsformel $g^{p+1}=(1+g)^p$ gewonnen werden können. Es ist $g_1=1$, $g_2=2$, $g_3=5,\ldots$

113.
$$\frac{1}{x}-\frac{1}{x+y}+\frac{1}{x+2y}-\frac{1}{x+3y}+-\cdots$$

läßt sich durch die elementaren Funktionen geschlossen summieren, falls $x:y$ rational ist. Speziell ist

$$1-\frac{1}{4}+\frac{1}{7}-\frac{1}{10}+-\cdots=\frac{1}{3}\left(\frac{\pi}{\sqrt{3}}+\log 2\right),$$

$$\frac{1}{2} - \frac{1}{5} + \frac{1}{8} - \frac{1}{11} + - \cdots = \frac{1}{3}\left(\frac{\pi}{\sqrt{3}} - \log 2\right),$$

$$1 - \frac{1}{5} + \frac{1}{9} - \frac{1}{13} + - \cdots = \frac{1}{4\sqrt{2}}\left(\pi + 2\log\left(\sqrt{2}+1\right)\right).$$

114. Wird $\sum_{n=1}^{\infty} \frac{x^n}{1-x^n} = L(x)$ gesetzt ($|x| < 1$) und bedeutet (x_n) die Folge von FIBONACCI **6**, 7, so ist

$$\sum_{k=1}^{\infty} \frac{1}{x_{2k}} \equiv 1 + \frac{1}{3} + \frac{1}{8} + \frac{1}{21} + \cdots = \sqrt{5}\left[L\left(\frac{3-\sqrt{5}}{2}\right) - L\left(\frac{7-3\sqrt{5}}{2}\right)\right]$$

und, wenn $\sum_{k=1}^{\infty} \frac{1}{x_{2k-1}^2} = s$ sowie $\sum_{k=1}^{\infty} \frac{(-1)^{k-1} \cdot k}{x_{2k}} = s'$ gesetzt wird, $\frac{s}{s'} = \sqrt{5}$.

III. Aufgaben zur EULERschen Transformation.

115. Es ist (für welche x?)

a) $$\sum_{n=0}^{\infty} \frac{(-1)^n}{x+n} = \sum_{k=0}^{\infty} \frac{1}{2^{k+1}} \frac{k!}{x(x+1)\ldots(x+k)};$$

b) $$\sum_{n=0}^{\infty} \frac{(-1)^n}{\alpha+n} x^n = \frac{1}{\alpha(1+x)}\left[1 + \frac{1}{\alpha+1}\left(\frac{x}{1+x}\right) + \frac{1\cdot 2}{(\alpha+1)(\alpha+2)}\left(\frac{x}{1+x}\right)^2 + \cdots\right];$$

c) $$\sum_{n=0}^{\infty} \frac{(-1)^n}{(n+1)(n+2)\ldots(n+p+1)} = \frac{1}{p!}\sum_{k=0}^{\infty} \frac{1}{2^{k+1}(p+k+1)}.$$

116. Wird

$$e^{-x} \cdot \sum_{n=0}^{\infty} a_n \frac{x^n}{n!} = \sum_{n=0}^{\infty} (-1)^n b_n \frac{x^n}{n!}$$

gesetzt, so ist $b_n = \Delta^n a_0$. Speziell also

a) $$e^{-x}\left[1 + x + \frac{\alpha+2}{\alpha+1} \cdot \frac{x^2}{2!} + \frac{(\alpha+2)(\alpha+4)\,x^3}{(\alpha+1)(\alpha+2)\,3!} + \cdots\right]$$
$$= 1 + \frac{1}{\alpha+1}\frac{x^2}{2^1 \cdot 1!} + \frac{1}{(\alpha+1)(\alpha+3)}\frac{x^4}{2^2 \cdot 2!} + \cdots$$

b) $$e^x \cdot \sum_{n=1}^{\infty} \frac{(-1)^{n-1}}{n \cdot n!} x^n = \sum_{n=1}^{\infty} h_n \frac{x^n}{n!}, \quad \left(h_n = 1 + \frac{1}{2} + \cdots + \frac{1}{n}\right).$$

117. Ganz speziell ist:

a) $$\binom{n}{1} - \frac{1}{2}\binom{n}{2} + \frac{1}{3}\binom{n}{3} - + \cdots + \frac{(-1)^{n-1}}{n}\binom{n}{n} = h_n = 1 + \frac{1}{2} + \cdots + \frac{1}{n};$$

b) $$1 - \frac{1}{3}\binom{n}{1} + \frac{1}{5}\binom{n}{2} - + \cdots + (-1)^n \frac{1}{2n+1}\binom{n}{n} = \frac{2\cdot 4 \ldots (2n)}{3 \cdot 5 \ldots (2n+1)}.$$

118. Ist $\Delta^n a_0 = b_n$, so ist $\Delta^n b_0 = a_n$. Wie lauten demgemäß die Umkehrungen der Gleichungen der vorigen Aufgabe?

119. Ist (a_n) eine $(p+1)$-fach monoton fallende Nullfolge $(p \geq 1)$, so gilt für die Summe s der Reihe $\sum_{n=0}^{\infty} (-1)^n a_n$ die Abschätzung

$$\frac{a_0}{2} + \frac{\Delta a_0}{2^2} + \cdots + \frac{\Delta^{p-1} a_0}{2^p} < s < \frac{a_0}{2} + \frac{\Delta a_0}{2^2} + \cdots + \frac{\Delta^{p-1} a_0}{2^p} + \frac{\Delta^p a_0}{2^p}.$$

Man beweise mit ihrer Hilfe die Gleichung

$$\lim_{x \to 1-0} \left[\frac{1}{2} - \frac{x}{1+x} + \frac{x^2}{1+x^2} - + \cdots\right] = \frac{1}{4}.$$

120. Sind s_k und S_n die Teilsummen der beiden Reihen in **144**, so ist

$$S_n = \frac{\binom{n+1}{1} s_0 + \binom{n+1}{2} s_1 + \cdots + \binom{n+1}{n+1} s_n}{2^{n+1}}.$$

Man beweise mit Hilfe dieser Beziehung die Gültigkeit der EULERschen Transformation.

121. Es ist

a) $\sum (-1)^k a_k x^k = (1-y) \sum \Delta^n a_0 \cdot y^n$ mit $(1+x)(1-y) = 1$;

b) $\sum (-1)^k a_{2k} x^{2k} = (1-y^2) \sum \Delta^n a_0 \cdot y^{2n}$ mit $(1+x^2)(1-y^2) = 1$;

c) $\sum (-1)^k a_{2k+1} x^{2k+1} = \sqrt{1-y^2} \cdot \sum \Delta^n a_0 \cdot y^{2n+1}$ mit $(1+x^2)(1-y^2) = 1$,

wenn die Summation stets bei 0 begonnen wird und die Differenzenbildung sich auf die Folge der linker Hand auftretenden Koeffizienten a_k bzw. a_{2k} und a_{2k+1} bezieht.

122. So ist z. B.

$$\operatorname{arctg} x = \frac{x}{1+x^2}\left[1 + \frac{2}{3}\,\frac{x^2}{1+x^2} + \frac{2\cdot 4}{3\cdot 5}\left(\frac{x^2}{1+x^2}\right)^2 + \cdots\right],$$

was für $x = \frac{1}{2}, \frac{1}{3}, \frac{1}{7}, \frac{2}{11}, \frac{3}{79}, \ldots$ besonders bequeme numerische Reihen für π liefert, wie

$$\frac{\pi}{4} = \operatorname{arctg}\frac{1}{2} + \operatorname{arctg}\frac{1}{3} = \frac{4}{10}\left[1 + \frac{2}{3}\left(\frac{2}{10}\right) + \cdots\right] + \frac{3}{10}\left[1 + \frac{2}{3}\left(\frac{1}{10}\right) + \cdots\right],$$

$$\frac{\pi}{4} = 2\operatorname{arctg}\frac{1}{3} + \operatorname{arctg}\frac{1}{7} = 5\operatorname{arctg}\frac{1}{7} + 2\operatorname{arctg}\frac{3}{79}.$$

123. Die vorige Reihe für $\operatorname{arctg} x$ kann auch in der Form

$$\frac{\arcsin y}{\sqrt{1-y^2}} = y + \frac{2}{3} y^3 + \frac{2\cdot 4}{3\cdot 5} y^5 + \cdots$$

geschrieben werden. Hieraus folgt die Entwicklung

$$2(\arcsin y)^2 = \sum_{n=1}^{\infty} \frac{(n-1)!^2}{(2n)!} (2y)^{2n}.$$

IV. Andere Reihentransformationen.

124. Wird $\sum_{n=2}^{\infty} \frac{1}{n^p} = S_p$ gesetzt, so ist

a) $S_2 + S_3 + S_4 + \cdots = 1$; b) $S_2 + S_4 + S_6 + \cdots = \frac{3}{4}$;

c) $S_3 + S_5 + S_7 + \cdots = \frac{1}{4}$; d) $S_2 + \frac{1}{2} S_4 + \frac{1}{3} S_6 + \cdots = \log 2$;

e) $S_2 - S_3 + S_4 - + \cdots = \frac{1}{2}$; f) $S_2 - \frac{1}{2} S_4 + \frac{1}{3} S_6 - + \cdots = \log \frac{e^{\pi} - e^{-\pi}}{4\pi}$;

$$\text{g)}\quad \frac{1}{2} S_2 + \frac{1}{3} S_3 + \frac{1}{4} S_4 + \cdots = 1 - C;$$

$$\text{h)}\quad \frac{1}{2} S_2 - \frac{1}{3} S_3 + - \cdots = \log 2 + C - 1,$$

wenn C die in **128**, 2 und Aufg. 86a definierte EULERsche Konstante bedeutet.

125. Hat S_p die Bedeutung aus der vorigen Aufgabe und wird

$$\left(\frac{1}{k+1} - \frac{1}{2k}\right) = b_k \quad \text{und} \quad \lim \frac{n!\, e^n}{n^{n+\frac{1}{2}}} = \lambda$$

gesetzt, so ist

$$b_2 S_2 + b_3 S_3 + \cdots = 1 - \log \lambda.$$

(Die *Existenz* des Grenzwertes λ ergibt sich hierbei durch die Konvergenz der Reihe. Es ist $\lambda = \sqrt{2\pi}$.)

126. Es ist

$$\text{a)}\quad \sum_{n=0}^{\infty} \frac{1}{x(x+1)\ldots(x+n)} = e \cdot \left[\frac{1}{x} - \frac{1}{1!}\frac{1}{x+1} + \frac{1}{2!}\frac{1}{x+2} - + \cdots\right];$$

$$\text{b)}\quad \sum_{n=0}^{\infty} \frac{1}{n!} \frac{a^n}{1 + x^2 a^{2n}} = e^a - x^2 e^{a^3} + x^4 e^{a^5} - + \cdots$$

127. a) $\frac{1}{\alpha} + \frac{1}{2} \frac{1!}{\alpha(\alpha+1)} + \frac{1}{3} \frac{2!}{\alpha(\alpha+1)(\alpha+2)} + \cdots = \frac{1}{\alpha^2} + \frac{1}{(\alpha+1)^2} + \cdots$;

$$\text{b)}\quad \sum_{n=0}^{\infty} \frac{1}{(n+1)^3 (n+2)^3} = 10 - \pi^2.$$

128. Im Anschluß an § 35 A stelle man die Beziehung zwischen

$$\sum_{n=1}^{\infty} \frac{1}{(n+\alpha)^3 (n+\alpha+1)^3 \ldots (n+\alpha+p-1)^3} \quad \text{und} \quad \sum_{n=1}^{\infty} \frac{1}{(n+\alpha-1)^3 \ldots (n+\alpha+p)^3}$$

auf und beweise durch Spezialisierung von α und p die folgenden Umformungen:

$$\text{a)}\quad \sum_{n=1}^{\infty} \frac{1}{n^3} = \frac{9}{8} + \frac{25}{2^2 \cdot 3^4} - \frac{4}{3} \sum_{n=1}^{\infty} \frac{1}{(n+1)^3 (n+2)^3 (n+3)^3}$$

$$= \frac{9}{8} + \frac{133}{2^6 \cdot 3^3} + \frac{3 \cdot 4^4}{5} \sum_{n=1}^{\infty} \frac{1}{n^3 (n+1)^3 (n+2)^3 (n+3)^3 (n+4)^3};$$

$$\text{b)}\quad \sum_{n=1}^{\infty} \frac{1}{n^3 (n+1)^3} = \frac{83}{630} - \frac{2^3 \cdot 3^4}{35} \sum_{n=1}^{\infty} \frac{1}{n^3 (n+1)^3 (n+2)^3 (n+3)^3}.$$

Man berechne die erste Reihensumme auf 6 Dezimalen.

129. Man beweise ähnlich die Umformungen

a) $\sum_{n=1}^{\infty} \frac{1}{n^4} = \frac{7}{6} - \sum_{n=1}^{\infty} \frac{7\,n\,(n+1) + 2}{6\,n^5\,(n+1)^5}$;

b) $\sum_{n=1}^{\infty} \frac{1}{n^5} = \frac{7}{6} - \sum_{n=1}^{\infty} \frac{28\,n^2\,(n+\frac{3}{4}) + 24\,n + 5}{12\,n^6\,(n+1)^6}$;

c) $\sum_{n=1}^{\infty} \frac{(-1)^{n-1}}{n^2\,(n+1)^2 \ldots (n+p-1)^2}$

$$= \frac{5\,p+2}{4\,(p+1)\,(p!)^2} - \frac{p\,(p+1)^3}{4} \sum_{n=1}^{\infty} \frac{(-1)^{n-1}}{n^2\,(n+1)^2 \ldots (n+p+1)^2}.$$

Man berechne die Reihensummen unter a) und b) auf 6 Dezimalen.

130. a) Bezeichnet man die Reihensumme unter c) der vorigen Aufgabe mit T_p, so erhält man Beziehungen zwischen T_1 und T_{2k+1} bzw. zwischen T_2 und T_{2k+2}, $(k = 1, 2, \cdots)$. Wie lauten diese? Kann man in ihnen $k \to \infty$ streben lassen? Welche Transformationen erhält man dadurch? Kann man diese direkt als MARKOFFsche Transformationen gewinnen?

b) Es ist $\log 2 = \sum_{n=1}^{\infty} \frac{(-1)^{n-1}}{n} = \frac{1}{2} + \frac{1}{2} \sum_{n=1}^{\infty} \frac{(-1)^{n-1}}{n\,(n+1)} = \frac{3}{4} - \frac{1}{4}\,T_2.$

Wie lauten nun die unter a) angedeuteten Transformationen der Reihe für $\log 2$?

c) Führe dasselbe mit der Reihe **122** für $\frac{\pi}{4}$ aus.

131. Die Summe s der Reihe $\sum \frac{1}{n \log n \log_2 n\,(\log_3 n)^2}$, bei der n von der ersten ganzen Zahl an laufen soll, für die $\log_3 n > 1$ ist, ist auf 8 Dezimalen abgerundet genau $\approx 1{,}00000000$. — Wie läßt sich entscheiden, ob ihre wahre Dezimalbruchdarstellung mit $0, \ldots$ oder $1, \ldots$ beginnt? — Zur Lösung dieser Aufgabe ist die Kenntnis des numerischen Wertes von $e''' = e^{(e^e)}$ bis auf wenigstens *eine* Stelle hinter dem Komma notwendig: Es ist $e''' = 3814279{,}1\ldots$. Doch genügt es schon zu wissen, daß $e''' - [e'''] = 0{,}1\ldots$ ist. (Vgl. hierzu die Bemerkungen S. 258.)

132. Man ordne die natürlichen Zahlen der Form p^q mit $p \geqq 2$, $q \geqq 2$ der Größe nach und bezeichne die entstehende Folge mit (p_n), so daß $(p_1, p_2, \ldots) \equiv (4, 8, 9, 16, 25, 27, 32, \ldots)$. Dann ist

$$\sum_{n=1}^{\infty} \frac{1}{p_n - 1} = 1.$$

(Vgl. **68**, 5.)

Dritter Teil.

Ausbau der Theorie.

IX. Kapitel.

Reihen mit positiven Gliedern.

§ 36. Genauere Untersuchung der beiden Vergleichskriterien.

In den vorangehenden Kapiteln haben wir uns mit der Zusammenstellung der grundlegenden Tatsachen aus der Theorie der unendlichen Reihen begnügt. Von nun an stellen wir uns etwas weitere Ziele, wollen tiefer in die Theorie eindringen und zu vielseitigeren Anwendungen übergehen. Dazu nehmen wir zunächst noch einmal die ganz elementar gehaltenen Betrachtungen des III. und IV. Kapitels wieder auf und beginnen mit einer genaueren Untersuchung der beiden Vergleichskriterien I. und II. Art (**72** und **73**), die wir sofort aus dem ersten Hauptkriterium (**70**) für die Untersuchung des Konvergenzverhaltens von Reihen mit positiven Gliedern hergeleitet hatten. Diese und alle verwandten Kriterien wollen wir weiterhin durch eine etwas kürzere Schreibweise zum Ausdruck bringen: $\sum c_n$ und $\sum d_n$ sollen im folgenden irgendwelche Reihen mit positiven Gliedern bedeuten, deren Konvergenz bzw. Divergenz schon bekannt ist, $\sum a_n$ dagegen soll eine Reihe sein — *und in diesem Kapitel auch stets mit positiven Gliedern* —, die auf ihr Konvergenzverhalten hin untersucht werden soll. Dann schreiben wir das Kriterium I. Art (**72**) einfach in der Form

$$\text{(I)} \qquad a_n \leqq c_n \quad : \quad \mathfrak{C}, \qquad\qquad a_n \geqq d_n \quad : \quad \mathfrak{D}, \qquad \textbf{157.}$$

womit genauer gesagt werden soll: ***Wenn*** die Glieder a_n der zu untersuchenden Reihe $\sum a_n$ *von einer Stelle an* die erste Ungleichung erfüllen, so wird die Reihe *konvergieren*; ***wenn*** sie dagegen *von einer Stelle an* die zweite Ungleichung erfüllen, so muß sie *divergieren*.

Das Kriterium II. Art (**73**) lautet dann, ebenso kurz geschrieben:

$$\text{(II)} \qquad \frac{a_{n+1}}{a_n} \leqq \frac{c_{n+1}}{c_n} \quad : \quad \mathfrak{C}, \qquad\qquad \frac{a_{n+1}}{a_n} \geqq \frac{d_{n+1}}{d_n} \quad : \quad \mathfrak{D}. \qquad \textbf{158.}$$

An diese beiden Kriterien wollen wir nun zunächst noch einige Bemerkungen knüpfen. Vorweg sei aber noch einmal betont: Diese und alle ähnlichen im folgenden aufgestellten Kriterien *brauchen* für eine vorgelegte Reihe *die Entscheidung* in der Konvergenzfrage *nicht zu bringen*. Es sind nur *hinreichende* Kriterien, und sie können daher in speziellen Fällen sehr wohl versagen. Ihre Wirksamkeit hängt von der Auswahl der Vergleichsreihen $\sum c_n$ und $\sum d_n$ ab (s. u.). Und der Inhalt der folgenden Seiten wird gerade darin zu bestehen haben, durch Aufstellung möglichst vieler und möglichst wirksamer Kriterien die Aussicht auf eine tatsächliche Entscheidung in speziellen Fällen zu erhöhen.

159. Bemerkungen zum Vergleichskriterium I. Art.

1. Da für jede positive Zahl g die Reihen $\sum g c_n$ und $\sum g d_n$ zugleich mit $\sum c_n$ und $\sum d_n$ konvergieren bzw. divergieren, so kann man das erste unserer Kriterien auch in der Form

$$\frac{a_n}{c_n} \leqq g\,(< +\infty) \quad : \quad \mathfrak{C}, \qquad \frac{a_n}{d_n} \geqq g\,(> 0) \quad : \quad \mathfrak{D}$$

oder also noch prägnanter in der Form

$$\overline{\lim}\, \frac{a_n}{c_n} < +\infty \quad : \quad \mathfrak{C}, \qquad \underline{\lim}\, \frac{a_n}{d_n} > 0 \quad : \quad \mathfrak{D}$$

aussprechen.

2. Hiernach muß also **stets**

$$\overline{\lim}\, \frac{d_n}{c_n} = +\infty, \qquad \underline{\lim}\, \frac{c_n}{d_n} = 0$$

sein; oder anders ausgedrückt:

$\overline{\lim}\, \frac{a_n}{c_n} = +\infty$ ist eine *notwendige* Bedingung für die Divergenz von $\sum a_n$,

$\underline{\lim}\, \frac{a_n}{d_n} = 0$ „ „ *notwendige* „ „ „ Konvergenz von $\sum a_n$.

3. Die Limites selbst brauchen hier wie in allen folgenden Fällen *nicht* zu existieren. Das folgt schon, allgemein zu reden, daraus, daß das Konvergenzverhalten der Reihen mit positiven Gliedern nicht geändert wird, wenn wir sie beliebig umordnen (s. **88**). Die Umordnung kann man aber stets so einrichten, daß die in Rede stehenden Grenzwerte nicht existieren. Nimmt man z. B. für $\sum c_n$ die Reihe $1 + \frac{1}{2} + \frac{1}{4} + \frac{1}{8} + \cdots$ und für $\sum a_n$ die hieraus durch Vertauschung je zweier Nachbarglieder entstandene Reihe

$$\frac{1}{2} + 1 + \frac{1}{8} + \frac{1}{4} + \frac{1}{32} + \frac{1}{16} + \cdots,$$

so strebt $\frac{a_n}{c_n}$ gewiß keinem Grenzwert zu, die Häufungsgrenzen dieses Quotienten haben vielmehr die voneinander verschiedenen Werte $\frac{1}{2}$ und 2. Nimmt man ebenso für $\sum d_n$ die Reihe $1 + \frac{1}{2} + \frac{1}{3} + \frac{1}{4} + \cdots$ und für $\sum a_n$ die daraus durch Umordnung entstandene Reihe

$$1 + \frac{1}{3} + \frac{1}{2} + \frac{1}{5} + \frac{1}{7} + \frac{1}{4} + \frac{1}{9} + \frac{1}{11} + \frac{1}{6} + \cdots$$

(bei der also auf je *zwei* ungerade Nenner *ein* gerader folgt), so hat $\frac{a_n}{d_n}$ die voneinander verschiedenen Häufungsgrenzen $\frac{3}{4}$ und $\frac{3}{2}$. Und in ähnlich einfacher Weise kann man sich in den anderen Fällen an Beispielen klar machen, daß die Limites selbst nicht zu existieren brauchen. *Wenn* aber der Limes vorhanden ist, so unterliegt er natürlich, weil er dann beiden Häufungsgrenzen gleich ist, den für diese ausgesprochenen Bedingungen.

4. Im besonderen: *Keine* Bedingung der Form $\frac{a_n}{d_n} \to 0$ ist für die Konvergenz von $\sum a_n$ notwendig, — es sei denn, daß *alle* Glieder der divergenten Reihe $\sum d_n$ oberhalb einer festen positiven Zahl δ bleiben. Denn ist auch nur $\underline{\lim}\, d_n = 0$ und wählt man nun

$$k_1 < k_2 < \cdots < k_\nu < \cdots$$

so, daß

$$d_{k_\nu} < \frac{1}{2^\nu}$$

ist, setzt $a_{k_\nu} = d_{k_\nu}$ und die andern a_n entweder $= 0$ oder gleich den entsprechenden Gliedern irgendeiner konvergenten Reihe $\sum c_n$, so ist offenbar $\sum a_n$ konvergent, aber ebenso offensichtlich strebt $\frac{a_n}{d_n}$ *nicht* $\to 0$.

Bemerkungen zum Vergleichskriterium II. Art. **160.**

1. Die Gültigkeit des Vergleichskriteriums II. Art erkennt man jetzt noch kürzer so: Da nach ihm im Falle ($\mathfrak{C}$) wegen $\frac{a_n}{c_n} \geqq \frac{a_{n+1}}{c_{n+1}}$ von einer Stelle an a_n/c_n monoton fällt und dauernd > 0 bleibt, so strebt dieser Quotient gegen einen bestimmten Grenzwert $\gamma \geqq 0$. Es ist also auch $\overline{\lim}\, \frac{a_n}{c_n} = \gamma < +\infty$ und also $\sum a_n$ nach **159**, 1 konvergent. Im Falle ($\mathfrak{D}$) wächst a_n/d_n von einer Stelle an monoton und strebt also gleichfalls gegen einen bestimmten Grenzwert > 0 oder gegen $+\infty$. Da dann jedenfalls auch $\underline{\lim}\, \frac{a_n}{d_n} > 0$ ist, so lehrt **159**, 1 die Divergenz von $\sum a_n$.

2. Das Kriterium II. Art erweist sich hiernach als eine fast unmittelbare *Folge* des Kriteriums I. Art, d. h. wenn für eine Reihe $\sum a_n$ das Konvergenzverhalten durch Vergleich mit den (bestimmt gewählten) Reihen $\sum c_n$ bzw. $\sum d_n$ nach **158** festgestellt werden kann, so ist dies stets auch nach **157** (bzw. **159**, 1) möglich. Dies Verhältnis zwischen den beiden Kriterien ist aber keineswegs umkehrbar, d. h. wenn I zur Entscheidung führt, braucht II nicht dasselbe zu leisten.

Beispiele hierfür bieten schon die in **159**, 3 angegebenen Reihenpaare: Für das erste Paar ist $\overline{\lim}\, \frac{a_n}{c_n} = 2$, während $\frac{a_{n+1}}{a_n}$ abwechselnd

$= 2$ und $= \frac{1}{8}$ ist, also teils größer teils kleiner als der entsprechende Quotient $\frac{c_{n+1}}{c_n}$ ausfällt, welcher ja stets $= \frac{1}{2}$ ist. — Ebenso einfach liegt es bei dem zweiten Paar.

3. Besonders interessant ist dieses Verhältnis der beiden Kriterienarten bei denjenigen beiden Kriterien, die wir als ihre unmittelbare Anwendung in § 13 kennen gelernt hatten, dem Wurzel- und dem Quotientenkriterium, die sich aus I und II durch Benutzung der geometrischen Reihe als Vergleichsreihe ergaben:

$$\sqrt[n]{a_n}\begin{cases} \leqq \vartheta < 1 & : \quad \mathfrak{C} \\ \geqq 1 & : \quad \mathfrak{D} \end{cases} \qquad\Bigg|\qquad \frac{a_{n+1}}{a_n}\begin{cases} \leqq \vartheta < 1 & : \quad \mathfrak{C} \\ \geqq 1 & : \quad \mathfrak{D} \end{cases}$$

Nach den Bemerkungen unter 2. kann das Quotientenkriterium sehr wohl versagen, wenn das Wurzelkriterium noch entscheidet (die dort gegebenen Reihen $\sum a_n$ sind naheliegende Beispiele dafür); dagegen muß nach 1. das Wurzelkriterium stets entscheiden, wenn es das Quotientenkriterium schon tut. — Seinen prägnanteren Ausdruck findet dieses gegenseitige Verhältnis beider Kriterien in dem folgenden Satz, der als eine Erweiterung von **43**, 3 angesehen werden kann:

161. **Satz.** *Für eine beliebige Zahlenfolge* $(x_1, x_2, \ldots)$ *mit positiven Gliedern ist stets*[1]

$$\underline{\lim}\, \frac{x_{n+1}}{x_n} \leqq \underline{\lim}\, \sqrt[n]{x_n} \leqq \overline{\lim}\, \sqrt[n]{x_n} \leqq \overline{\lim}\, \frac{x_{n+1}}{x_n}.$$

Beweis. Der mittlere Teil dieser Ungleichung ist selbstverständlich[2], und linker und rechter Teil sind so ähnlich gebaut, daß wir uns mit dem Beweis des einen begnügen können. Wir wählen den rechten und setzen

$$\overline{\lim}\, \sqrt[n]{x_n} = \mu, \qquad \overline{\lim}\, \frac{x_{n+1}}{x_n} = \mu',$$

so daß die Behauptung lautet: $\mu \leqq \mu'$. Ist nun $\mu' = +\infty$, so ist hier nichts zu beweisen. Ist aber $\mu' < +\infty$, so läßt sich nach Wahl von $\varepsilon > 0$ eine ganze Zahl p so angeben, daß für $\nu \geqq p$ stets

$$\frac{x_{\nu+1}}{x_\nu} < \mu' + \frac{\varepsilon}{2}$$

[1] Dieser Satz ist vom Charakter des Satzes **43**, 3. Denn setzt man die Quotienten $\frac{x_1}{1}, \frac{x_2}{x_1}, \frac{x_3}{x_2}, \ldots$ der Reihe nach $= y_1, y_2, y_3, \ldots$, so handelt es sich um die Folge (y_n) einerseits und die Folge der $y_n' = \sqrt[n]{y_1 y_2 \ldots y_n}$ andrerseits, deren Häufungsgrenzen hier verglichen werden.

[2] Man schreibt darum wohl kürzer — und auch wir wollen eine solche Schreibweise im folgenden oft verwenden —

$$\underline{\lim}\, \frac{x_{n+1}}{x_n} \leq \overline{\underline{\lim}}\, \sqrt[n]{x_n} \leq \overline{\lim}\, \frac{x_{n+1}}{x_n},$$

wo nun in der Mitte nach Belieben der obere oder untere Limes genommen werden darf.

bleibt. Denken wir uns diese Ungleichung für $\nu = p,\ p + 1,\ \ldots,\ n - 1$ hingeschrieben und alle miteinander multipliziert, so folgt, daß für $n > p$

$$x_n < x_p \cdot \left(\mu' + \frac{\varepsilon}{2}\right)^{n-p}$$

bleibt. Setzt man nun zur Abkürzung die *feste* Zahl $x_p \cdot \left(\mu' + \frac{\varepsilon}{2}\right)^{-p} = A$, so ist für $n > p$ stets

$$\sqrt[n]{x_n} < \sqrt[n]{A} \cdot \left(\mu' + \frac{\varepsilon}{2}\right).$$

Da nun $\sqrt[n]{A} \to 1$ und somit $\left(\mu' + \frac{\varepsilon}{2}\right) \sqrt[n]{A} \to \mu' + \frac{\varepsilon}{2}$ strebt, so kann man $n_0 > p$ so wählen, daß für $n > n_0$ stets $\left(\mu' + \frac{\varepsilon}{2}\right) \sqrt[n]{A} < \mu' + \varepsilon$ bleibt. Dann ist für $n > n_0$ um so mehr

$$\sqrt[n]{x_n} < \mu' + \varepsilon,$$

so daß auch $\mu \leqq \mu' + \varepsilon$, also wie behauptet, sogar $\mu \leqq \mu'$ sein muß. (Vgl. S. 69, Fußnote 2.) Übrigens lehren einfache Beispiele, daß an keiner der drei Stellen der nunmehr bewiesenen Beziehung **161** das Gleichheitszeichen zu gelten braucht.

4. Der vorige Satz lehrt insbesondere, daß, wenn $\lim \frac{x_{n+1}}{x_n}$ vorhanden ist, auch $\lim \sqrt[n]{x_n}$ existieren und denselben Wert haben muß. Also ganz speziell: Wenn das Quotientenkriterium in der **76**, 2 gegebenen Form eine Entscheidung bringt, so wird es das Wurzelkriterium sicher auch tun (aber nicht umgekehrt!). Alles in allem: Das Quotientenkriterium ist *theoretisch weniger wirksam*. (Trotzdem empfiehlt es sich oft wegen seiner bequemeren Verwendbarkeit.)

5. Hierher gehören auch die schon unter **75**, 1 und **76**, 3 gemachten Bemerkungen.

§ 37. Die logarithmischen Vergleichsskalen.

Es ist schon betont worden, daß Kriterien, wie die zuletzt behandelten, nur *hinreichende* Kriterien sind und daher gegebenenfalls versagen können. Ihre Wirksamkeit hängt von der Natur der benutzten Vergleichsreihen $\sum c_n$ und $\sum d_n$ ab; und ein $\mathfrak{C}$-Kriterium wird, allgemein zu reden, um so mehr Aussicht auf Erfolg bieten, je *größer* die c_n —, ein $\mathfrak{D}$-Kriterium, je *kleiner* die d_n sind. Zur Präzisierung dieser Verhältnisse wollen wir zunächst den hiermit schon angedeuteten Begriff der schnelleren und langsameren Konvergenz bzw. Divergenz festlegen: Wir werden eine konvergente Reihe um so besser konvergent nennen, je schneller ihre Teilsummen sich ihrem Summenwert nähern, und werden eine divergente Reihe um so schwächer divergent nennen, je langsamer ihre Teilsummen ansteigen. Oder genauer:

162. **Definition 1.** *Sind* $\sum c_n = s$ *und* $\sum c'_n = s'$ *zwei konvergente Reihen mit positiven Gliedern, sind* s_n *und* s'_n *ihre Teilsummen und* $s - s_n = r_n$, $s' - s'_n = r'_n$ *die zugehörigen Reste, so soll die zweite der ersten gegenüber als schneller bzw. langsamer (auch: besser oder schlechter) konvergent bezeichnet werden, je nachdem*

$$\lim \frac{r'_n}{r_n} = 0 \qquad \textit{oder} \qquad \lim \frac{r'_n}{r_n} = +\infty$$

ist.

Ist der Grenzwert dieses Quotienten vorhanden und hat er einen positiven endlichen Wert, oder sind auch nur seine beiden Häufungsgrenzen > 0 und $< +\infty$, so wird man die Konvergenz beider Reihen als eine *gleichartige* bezeichnen. Liegt auch dieser Fall nicht vor, so ist es nicht tunlich, die Güte ihrer Konvergenz zu vergleichen[1].

Definition 2. *Sind* $\sum d_n$ *und* $\sum d'_n$ *zwei divergente Reihen mit positiven Gliedern und* s_n *und* s'_n *ihre Teilsummen, so soll die zweite gegenüber der ersten als langsamer oder schneller (auch: schwächer oder stärker) divergent bezeichnet werden, je nachdem*

$$\lim \frac{s'_n}{s_n} = 0 \qquad \textit{oder} \qquad \lim \frac{s'_n}{s_n} = +\infty$$

ist.

Hat die Folge dieser Quotienten positive, endliche Häufungsgrenzen, so wird man die Divergenz beider Reihen als *gleichartig* bezeichnen. Liegt auch dieser Fall nicht vor, so wird man sie hinsichtlich der Schnelligkeit ihrer Divergenz miteinander nicht vergleichen[2].

Die beiden folgenden Sätze zeigen, daß man die Schnelligkeit der Konvergenz oder Divergenz zweier Reihen schon oft ihren Gliedern (nicht erst ihren Resten bzw. Teilsummen) ansehen kann:

Satz 1. *Strebt* $\frac{c'_n}{c_n} \to 0$ $(\to +\infty)$, *so konvergiert* $\sum c'_n$ *schneller (langsamer) als* $\sum c_n$.

---

[1] Man könnte noch im Falle, daß $\underline{\lim} \frac{r'_n}{r_n} = 0 \; (> 0)$ und $\overline{\lim} \frac{r'_n}{r_n} < +\infty$ $(= +\infty)$ ist, die Reihe $\sum c'_n$ „nicht schlechter" („nicht besser") konvergent nennen als die Reihe $\sum c_n$; doch bietet das keine besonderen Vorteile. Im Falle endlich, daß der untere Limes $= 0$ und der obere $= +\infty$ ist, wäre die Güte der Konvergenz beider Reihen durchaus unvergleichbar. Und ähnliche Bemerkungen gelten für die Divergenz. (Man mache sich an Beispielen klar, daß alle genannten Fälle wirklich eintreten können.) — Diese Definitionen übertragen sich ohne weiteres auf Reihen mit beliebigen Gliedern, wenn man statt r_n und r'_n deren *absolute Beträge* in Betracht zieht.

[2] Die in diesen Definitionen festgelegten Eigenschaften sind ersichtlich *transitiv*, d. h. wenn eine erste Reihe schneller konvergiert als eine zweite, diese ihrerseits schneller als eine dritte, so ist die erste Reihe auch schneller konvergent als die dritte.

Beweis. Nach Wahl von ε wird man im ersten Falle n_0 so bestimmen können, daß für $n > n_0$ stets $c'_n < \varepsilon\, c_n$ ist. Dann ist aber für diese n auch

$$\frac{r'_n}{r_n} = \frac{c'_{n+1} + c'_{n+2} + \cdots}{c_{n+1} + c_{n+2} + \cdots} < \varepsilon\,\frac{c_{n+1} + \cdots}{c_{n+1} + \cdots} = \varepsilon,$$

so daß dieser Quotient $\to 0$ streben wird. Und da der zweite Fall aus dem ersten durch Vertauschung der beiden Reihen hervorgeht (vgl. den Satz aus **40**, 4, Bem. 4), so ist hiermit schon alles bewiesen.

Satz 2. *Strebt* $\frac{d'_n}{d_n} \to 0$ $(\to +\infty)$, *so divergiert* $\sum d'_n$ *langsamer (schneller) als* $\sum d_n$.

Beweis. Nach **44**, 4 folgt aus $\frac{d'_n}{d_n} \to 0$ unmittelbar, daß auch

$$\frac{d'_1 + d'_2 + \cdots + d'_n}{d_1 + d_2 + \cdots + d_n} = \frac{s'_n}{s_n} \to 0$$

strebt, — womit der Satz schon bewiesen ist.

Einfache Beispiele. **163.**

1. Von den Reihen

$$\sum \frac{1}{n \log^2 n}, \quad \sum \frac{1}{n^2}, \quad \sum \frac{1}{n^3}, \quad \sum \frac{1}{2^n}, \quad \sum \frac{1}{3^n}, \quad \sum \frac{1}{n!}, \quad \sum \frac{1}{n^n}$$

konvergiert jede folgende besser als die vorangehende. Denn es ist z. B. für $n > 3$

$$\frac{1}{n!} : \frac{1}{3^n} = \frac{3^n}{n!} = \left(\frac{3\cdot 3\cdot 3}{1\cdot 2\cdot 3}\right)\frac{3\cdots 3}{4\cdots n} < \frac{9}{2}\cdot\left(\frac{3}{4}\right)^{n-3},$$

was gegen 0 strebt. Ebenso strebt $\frac{\log^2 n}{n} \to 0$ (nach **38**, 4), — und noch einfacher liegt es bei den andern Reihenpaaren.

2. Von den Reihen

$$\sum 2^n, \quad \sum n, \quad \sum 1, \quad \sum \frac{1}{n}, \quad \sum \frac{1}{n \log n}, \quad \sum \frac{1}{n \log n \log_2 n}, \quad \ldots$$

divergiert jede folgende schwächer als die vorangehende.

Neben diesen einfachen Beispielen bieten die Reihen, die wir schon in § 14 antrafen, die wichtigsten Beispiele für Reihen von abgestufter Schnelligkeit ihrer Konvergenz bzw. Divergenz. Wir sahen dort, daß die Reihen

$$\sum \frac{1}{n^\alpha}, \quad \sum \frac{1}{n \log^\alpha n}, \quad \sum \frac{1}{n \log n \log_2^\alpha n}, \quad \ldots, \quad \sum \frac{1}{n \log n \ldots \log_{p-1} n \cdot \log_p^\alpha n}$$

für $\alpha > 1$ konvergieren, für $\alpha \leqq 1$ divergieren. Jetzt lehren die Sätze 1 und 2 genauer: Bei festem p wird eine jede dieser Reihen um so langsamer konvergieren bzw. divergieren, *je näher der Exponent* α $(> 1$ *bzw.* $\leqq 1)$ *an* 1 *liegt*; und ebenso wird eine jede dieser Reihen um so langsamer konvergieren bzw. divergieren, *je größer* p *ist*, —

und dies, welchen positiven[1] Wert bei einer jeden von ihnen der Exponent α (> 1 bzw. $\leqq 1$) sonst auch haben mag.

Nur die zweite dieser Feststellungen bedarf vielleicht einer Begründung: Dividieren wir dazu das allgemeine Glied der $(p+1)^{\text{ten}}$ Reihe mit dem Exponenten α' durch dasjenige der p^{ten} Reihe mit dem Exponenten α, so ergibt sich

$$\frac{\log_p^\alpha n}{\log_p n \cdot \log_{p+1}^{\alpha'} n}.$$

Im Falle der divergenten Reihen sind nun α und α' positiv, aber $\leqq 1$; der Quotient strebt gegen 0, w. z. b. w. Im Falle der Konvergenz, wo also α und $\alpha' > 1$ sind, strebt er aber $\to +\infty$, weil — ganz ähnlich wie **38**, 4 — der Hilfssatz gilt, daß die Zahlen

$$\frac{\log_{p+1}^{\alpha'} n}{\log_p^\beta n} = \frac{\log^{\alpha'}(\log_p n)}{\log_p^\beta n}$$

eine Nullfolge bilden, wenn $\beta = \alpha - 1$ irgendein positiver Exponent und p eine natürliche Zahl ist. Damit ist beides bewiesen.

Wegen dieser abgestuften Schnelligkeit der Konvergenz und Divergenz liefern uns diese Reihen ganze Skalen von Kriterien, wenn wir sie bei den Kriterien I. und II. Art (S. 283) als Vergleichsreihen benutzen. Diese Kriterien erhalten wir zunächst ganz unmittelbar in der Form

164.

$$\text{(I)} \qquad \left.\begin{matrix} a_n \leqq \\ a_n \geqq \end{matrix}\right\} \frac{1}{n \log n \ldots \log_{p-1} n \log_p^\alpha n} \quad \text{mit} \quad \begin{cases} \alpha > 1 & : \quad \mathfrak{C} \\ \alpha \leqq 1 & : \quad \mathfrak{D} \end{cases}$$

$$\text{(II)} \qquad \frac{a_{n+1}}{a_n} \begin{matrix} \leqq \\ \geqq \end{matrix} \Bigg\} \frac{n}{n+1} \cdot \frac{\log n}{\log(n+1)} \cdots \frac{\log_{p-1} n}{\log_{p-1}(n+1)} \cdot \left(\frac{\log_p n}{\log_p(n+1)}\right)^\alpha$$

$$\text{mit} \quad \begin{cases} \alpha > 1 & : \quad \mathfrak{C} \\ \alpha \leqq 1 & : \quad \mathfrak{D}. \end{cases}$$

Und diese Kriterien, die wir in der Folge kurz als die *logarithmischen Kriterien I. und II. Art* bezeichnen wollen (auch im Falle $p = 0$), können nach dem vorher Gesagten durch Wahl von p und bei festem p noch durch Wahl von α in ihrer Wirksamkeit gesteigert werden[2].

---

[1] Für $\alpha = -\beta < 0$ divergiert die Reihe natürlich schneller als die jeweils vorangehende mit dem Exponenten 1; z. B. $\sum \frac{\log^\beta n}{n}$ mit $\beta > 0$ divergiert schneller als $\sum \frac{1}{n}$.

[2] Die Konvergenz und Divergenz der Reihen des obigen Typs war N. H. Abel schon 1827 bekannt, wurde aber von ihm nicht veröffentlicht (Œuvres II, S. 200). Zur Kriterienbildung wurden diese Reihen zuerst von A. de Morgan benutzt (The differential and integral calculus, London 1842). Umformungen dieser ihrem Wesen nach stets auf **164**, I und II zurückkommenden Kriterien wurden dann vielfach als besondere Kriterien veröffentlicht, so von J. Bertrand: J. de math. pures et appl. (1) Bd. 7, S. 35. 1842; O. Bonnet: Ebenda (1) Bd. 8, S. 78. 1843; U. Dini: Giornale di matematiche Bd. 6, S. 166. 1868 u. a.

Für den praktischen Gebrauch ist es vorteilhaft, diesen Kriterien noch etwas andere Formen zu geben. Wir wollen im folgenden einige solcher Umformungen nennen und einige Bemerkungen daran anknüpfen, ohne indessen die dazu nötigen Rechnungen vollständig hinzuschreiben.

Umformung der logarithmischen Kriterien I. Art. 165.

1. Da bei positivem a und b die Ungleichungen $a \leqq b$ und $\log a \leqq \log b$ dasselbe besagen, so kann den Ungleichungen **164**, 1 nach geringen Umformungen die Gestalt gegeben werden:

$$(\mathrm{I}') \qquad \frac{\log a_n + \log n + \log_2 n + \cdots + \log_p n}{\log_p n} \begin{cases} \leqq -\beta < 0 & : \quad \mathfrak{C} \\ \geqq 0 & : \quad \mathfrak{D}. \end{cases}$$

2. Bezeichnet man für einen Augenblick den in diesem Kriterium (I′) linksstehenden Ausdruck zur Abkürzung mit A_n, so hat man in

$$(\mathrm{I}'') \qquad \overline{\lim}\, A_n < 0 \quad : \quad \mathfrak{C}, \qquad \underline{\lim}\, A_n > 0 \quad : \quad \mathfrak{D}$$

ein wesentlich dasselbe leistendes Kriterium. Sein auf die Konvergenz bezüglicher Teil ist nämlich mit dem vorigen völlig inhaltsgleich, der auf die Divergenz bezügliche nicht ganz. Denn hier wird jetzt nicht nur verlangt, daß der Ausdruck A_n von einer Stelle an stets $\geqq 0$ bleibt, sondern sogar, daß er oberhalb einer festen positiven Zahl bleibt[1].

3. Setzt man in etwas sorgfältigerer Schreibweise $A_n = A_n^{(p)}$ und betrachtet neben $A_n^{(p)}$ noch $A_n^{(p+1)}$, so ist ersichtlich

$$A_n^{(p+1)} = 1 + \frac{\log_p n}{\log_{p+1} n} \cdot A_n^{(p)}.$$

Und da nun $\dfrac{\log_p n}{\log_{p+1} n} = \dfrac{\log_p n}{\log(\log_p n)}$ wegen **38**, 4 mit wachsendem n gegen $+\infty$ strebt, so lehrt diese einfache Umformung folgendes: Wenn für ein bestimmtes p eine der Häufungsgrenzen von $A_n = A_n^{(p)}$ nicht 0 ist, so ist sie für das nächstfolgende p sicher ∞ und zwar $+\infty$ oder $-\infty$, je nachdem sie für das vorangehende p positiv oder negativ war. Oder genauer: Bezeichnen wir für jedes p die untere und die obere Häufungsgrenze von $A_n = A_n^{(p)}$ mit $\varkappa_p$ und μ_p, und ist für ein bestimmtes p

$$\varkappa_p \leqq \mu_p < 0, \quad \text{so ist} \quad \varkappa_{p+1} = \mu_{p+1} = -\infty,$$

und ist

$$\mu_p \geqq \varkappa_p > 0, \quad \text{so ist} \quad \mu_{p+1} = \varkappa_{p+1} = +\infty.$$

Ist aber

$$\varkappa_p < 0, \quad \mu_p > 0, \quad \text{so ist} \quad \varkappa_{p+1} = -\infty, \quad \mu_{p+1} = +\infty.$$

Eine Erledigung der Konvergenzfrage ergibt sich also durch die Kriterienskalen (I) dann und nur dann, wenn für ein bestimmtes p die beiden Werte $\varkappa_p$ und μ_p *dasselbe* Vorzeichen haben. Ist es negativ, so konvergiert die Reihe, ist es positiv, so divergiert sie. Haben die beiden Zahlen für ein p verschiedene Vorzeichen, so ist für *alle* höheren p

$$\underline{\lim}\, A_n^{(p)} = -\infty, \qquad \overline{\lim}\, A_n^{(p)} = +\infty,$$

und die Skala liefert also keine Entscheidung. Desgleichen versagt sie, wenn eine der beiden Zahlen für *jedes* p gleich 0 ist.

[1] Das letzte $\mathfrak{D}$-Kriterium in der Form $\underline{\lim}\, A_n \geqq 0$ zu schreiben wäre aber ersichtlich falsch, da die untere Häufungsgrenze einer Zahlenfolge sehr wohl 0 sein kann, ohne daß auch nur ein einziges Glied derselben positiv ist.

166. Umformung der logarithmischen Kriterien II. Art.

1. Hier gelten zunächst die folgenden leicht beweisbaren Hilfssätze:

Hilfssatz 1. *Es besteht für jedes ganze $p \geq 0$ und für jedes reelle α eine Gleichung der Form*

$$\left(\frac{\log_p (n-1)}{\log_p n}\right)^{\alpha} = 1 - \frac{\alpha}{n \log n \ldots \log_p n} - \frac{\vartheta_n}{n^2},$$

bei der die ϑ_n Glieder einer beschränkten Zahlenfolge bedeuten[1]. *Dabei soll n erst von einem solchen Werte an laufen, von dem ab die Nenner definiert und > 0 sind.*

Und aus ihm ergibt sich unmittelbar, daß für jedes ganze $p \geq 0$, jedes reelle α und alle n von einer Stelle an

$$\frac{n-1}{n} \cdot \frac{\log (n-1)}{\log n} \cdots \frac{\log_{p-1} (n-1)}{\log_{p-1} n} \cdot \left(\frac{\log_p (n-1)}{\log_p n}\right)^{\alpha}$$

$$= 1 - \frac{1}{n} - \frac{1}{n \log n} - \cdots - \frac{1}{n \log n \ldots \log_{p-1} n} - \frac{\alpha}{n \log n \ldots \log_p n} - \frac{\eta_n}{n^2}$$

gesetzt werden kann, wenn die η_n wieder eine passende, jedenfalls *beschränkte* Zahlenfolge bezeichnen[2].

167. Hilfssatz 2. *Sind $\sum a_n$ und $\sum a'_n$ zwei Reihen mit positiven Gliedern, für die die Zahlen*

$$\gamma_n = \left(\frac{a_{n+1}}{a_n} : \frac{a'_{n+1}}{a'_n}\right) - 1$$

die Glieder einer absolut konvergenten Reihe bilden, so sind jene beiden Reihen entweder beide konvergent oder beide divergent.

In der Tat, wählt man m so groß, daß für $\nu \geq m$ stets $\gamma_\nu > -1$ bleibt und multipliziert die Beziehungen $\frac{a_{\nu+1}}{a_\nu} : \frac{a'_{\nu+1}}{a'_\nu} = 1 + \gamma_\nu$ für $\nu = m,\ m+1,\ \ldots,\ n-1$ miteinander, so folgt sofort, daß $a'_n : a_n$ für $n > m$ zwischen festen positiven Zahlen gelegen bleibt. — Die Bedingungen des Satzes sind insbesondere dann erfüllt, wenn die Quotienten $\frac{a_{n+1}}{a_n}$ und $\frac{a'_{n+1}}{a'_n}$ zwischen festen positiven Schranken bleiben und zugleich $\sum \left|\frac{a_{n+1}}{a_n} - \frac{a'_{n+1}}{a'_n}\right|$ konvergiert.

---

[1] Eine Gleichung der hingeschriebenen Form besteht natürlich *unter allen Umständen*, sobald n hinreichend groß ist; denn die ϑ_n kann man ja geradezu durch die Gleichung selbst als definiert ansehen:

$$\vartheta_n = n^2 \left[1 - \frac{\alpha}{n \log n \ldots \log_p n} - \left(\frac{\log_p (n-1)}{\log_p n}\right)^{\alpha}\right].$$

Der Schwerpunkt der Behauptung liegt also erst darin, daß diese ϑ_n eine *beschränkte* Zahlenfolge bilden. — Der Beweis ergibt sich induktiv unter Benutzung der beiden Bemerkungen, daß die durch die Ansätze

$$(1 - x_n)^{\alpha} = 1 - \alpha x_n - \vartheta'_n x_n^2 \quad \text{und} \quad \log\left(1 - \frac{1}{n y_n}\right) = -\frac{1}{n y_n} - \frac{\vartheta''_n}{n^2}$$

von einer Stelle an definierten Folgen (ϑ'_n) und (ϑ''_n) beschränkt sind, falls die x_n eine Nullfolge bilden und die y_n etwa alle absolut genommen ≥ 1 sind.

[2] Wie dies alles für $p = 0$ zu verstehen ist, ist ja unmittelbar klar.

2. Hiernach können den logarithmischen Kriterien zweiter Art z. B. die folgenden Formen gegeben werden[1]:

$$\frac{a_{n+1}}{a_n} \begin{matrix}\leqq\\ \geqq\end{matrix}\Big\} 1 - \frac{1}{n} - \frac{1}{n\log n} - \cdots - \frac{1}{n\log n\cdots\log_{p-1} n} - \frac{\alpha'}{n\log n\cdots\log_p n} \qquad 168.$$

$$\text{mit}\begin{cases}\alpha' > 1 & : \mathfrak{C}\\ \alpha' \leqq 1 & : \mathfrak{D},\end{cases}$$

nach leichter Umformung auch die Form:

$$\left[\frac{a_{n+1}}{a_n} - 1 + \frac{1}{n} + \cdots + \frac{1}{n\log n\cdots\log_p n}\right]\cdot n\log n\cdots\log_p n\begin{cases}\leqq -\beta < 0 : \mathfrak{C}\\ \geqq 0 \quad : \mathfrak{D},\end{cases} \qquad 169$$

oder endlich, indem man den hier linksstehenden Ausdruck abkürzend mit B_n bezeichnet und bezüglich des $\mathfrak{D}$-Kriteriums eine geringe Einbuße seiner Tragweite mit in Kauf nimmt (vgl. **165**, 2)

$$\overline{\lim}\, B_n < 0 \quad : \quad \mathfrak{C}, \qquad \underline{\lim}\, B_n > 0 \quad : \quad \mathfrak{D}.$$

Die hieran in **165**, 2 angeknüpften Bemerkungen bleiben sinngemäß bestehen.

5. Auch die Ausführungen in **165**, 3 bleiben hier mit ganz unwesentlichen Änderungen gültig. Denn setzt man in etwas sorgfältigerer Schreibweise $B_n = B_n^{(p)}$, so ist ersichtlich

$$B_n^{(p+1)} = 1 + B_n^{(p)}\cdot\log_{p+1} n\,.$$

Und an diese Beziehung knüpfen sich nun in der Tat wegen $\log_{p+1} n \to +\infty$ genau dieselben Ausführungen wie in **165**, 3 an die dort benützte Gleichung. Es erübrigt sich, dies im einzelnen auszuführen.

6. Man stellt nun sofort noch allgemeiner fest, daß eine Reihe von der Form

$$\sum \frac{1}{e^{(\alpha-1)n}\cdot n^{\alpha_0}\log^{\alpha_1} n\,\log_2^{\alpha_2} n\cdots\log_q^{\alpha_q} n}$$

dann und nur dann **konvergieren kann, wenn der erste der Exponenten** α, α_0, $\alpha_1, \ldots, \alpha_q$, der von 1 verschieden ist, > 1 ausfällt. Auf die Werte der folgenden Exponenten kommt es dann gar nicht mehr an. — Bei dieser Form der Vergleichsreihe sieht man noch deutlich, daß das in § 38 gegebene RAABEsche und das CAUCHYsche Quotientenkriterium als 0tes bzw. $(-1)^{\text{tes}}$ Glied der logarithmischen Skala angesehen werden können.

§ 38. Spezielle Vergleichskriterien II. Art.

Die logarithmischen Kriterien, die wir im vorigen Paragraphen abgeleitet haben, besitzen zweifellos mehr ein theoretisches als ein praktisches Interesse, da sie zwar eine vertiefte Einsicht in eine systematische Konvergenztheorie der Reihen mit positiven Gliedern gewähren, aber für die tatsächliche Prüfung der Konvergenz von Reihen, wie sie in den Anwendungen der Theorie auftreten, wenig in Frage kommen. (Darum haben wir die darauf bezüglichen Betrachtungen auch nur skizzenhaft durchgeführt.) Hierzu eignen sich

[1] Wir stellen hier das n^{te} Glied der zu untersuchenden Reihe $\sum a_n$ *dem* $(n-1)^{\text{ten}}$ *Glied* der Vergleichsreihe gegenüber, was nach **82**, Satz 4 geschehen darf.

höchstens ihre ersten zwei oder drei Glieder, aus denen wir nun durch Spezialisierung eine Anzahl einfacherer Kriterien herleiten wollen, die im Laufe der Zeiten mehr zufällig entdeckt und jeweils auf besonderen Wegen bewiesen wurden, und die sich nun alle in einen größeren Zusammenhang einordnen.

Für $p = 0$ liefert die logarithmische Skala ein Kriterium 2. Art, das schon von J. L. RAABE[1] herrührt. Wir erhalten es aus **169** zunächst in der Form

$$\left[\frac{a_{n+1}}{a_n} - 1 + \frac{1}{n}\right] n \begin{cases} \leqq -\beta < 0 & : \quad \mathfrak{C} \\ \geqq 0 & : \quad \mathfrak{D}, \end{cases}$$

was man nun vorteilhafter so schreibt:

170. $$\left[\frac{a_{n+1}}{a_n} - 1\right] n \begin{cases} \leqq -\alpha < -1 & : \quad \mathfrak{C} \\ \geqq -1 & : \quad \mathfrak{D}. \end{cases}$$

Wegen des elementaren Charakters und der großen Brauchbarkeit dieses Kriteriums lohnt es sich, einen direkten *Beweis* für seine Gültigkeit zu geben: Die $\mathfrak{C}$-Bedingung besagt, daß von einer Stelle an

$$\frac{a_{n+1}}{a_n} \leqq 1 - \frac{\alpha}{n} \qquad \text{oder} \qquad n\, a_{n+1} \leqq (n-1)\, a_n - \beta\, a_n$$

ist, mit $\beta = \alpha - 1 > 0$. Danach ist aber

$$(n-1)\, a_n - n\, a_{n+1} \geqq \beta\, a_n > 0$$

und also die Folge $(n\, a_{n+1})$ von dieser Stelle an monoton fallend. Da sie positiv bleibt, strebt sie einem Grenzwert $\gamma \geqq 0$ zu, so daß die Reihe $\sum c_n$ mit $c_n = (n-1) a_n - n\, a_{n+1}$ nach **131** konvergent ist. Wegen $a_n \leqq \frac{1}{\beta} c_n$ liefert dies aber auch unmittelbar die Konvergenz von $\sum a_n$. — Ebenso hat man, wenn die $\mathfrak{D}$-Bedingung erfüllt ist,

$$\frac{a_{n+1}}{a_n} \geqq 1 - \frac{1}{n} \qquad \text{oder} \qquad (n-1)\, a_n - n\, a_{n+1} \leqq 0\,.$$

Hiernach ist $n a_{n+1}$ monoton wachsend und bleibt daher größer als eine feste positive Zahl γ. Aus $a_{n+1} > \frac{\gamma}{n}$, $\gamma > 0$, folgt nun aber unmittelbar die Divergenz.

Hat der in **170** linksstehende Ausdruck für $n \to +\infty$ einen Grenzwert l, so ergibt die schon mehrfach angewandte Betrachtung (s. **76**, 2), daß $l < -1$ die Konvergenz und $l > -1$ die Divergenz von $\sum a_n$ zur Folge hat, während $l = -1$ uns keinen unmittelbaren Aufschluß gibt.

---

[1] Z. Phys. u. Math. von Baumgarten u. Ettinghausen, Bd. 10, S. 63. 1832. Vgl. auch J. M. C. DUHAMEL: J. de math. pures et appl. (1) Bd. 4, S. 214. 1839.

Beispiele.

1. In § 25 hatten wir die Binomialreihe untersucht, und es fehlte dort noch die Entscheidung darüber, ob diese Reihe auch noch in den Endpunkten des Konvergenzintervalles konvergiert oder nicht, ob also bei gegebenem reellen α die Reihen

$$\sum_{n=0}^{\infty} \binom{\alpha}{n} \quad \text{und} \quad \sum_{n=0}^{\infty} (-1)^n \binom{\alpha}{n}$$

konvergieren oder nicht. Diese Entscheidung können wir jetzt fällen.

Für die *zweite* der Reihen hat man

$$\frac{a_{n+1}}{a_n} = -\frac{\alpha - n}{n+1} = \frac{(n+1) - (\alpha+1)}{n+1}.$$

Da dieser Quotient von einer Stelle an positiv ist, so haben die Glieder von da ab alle dasselbe Vorzeichen. Dies können wir *positiv* annehmen, da es auf ein gemeinsames Vorzeichen aller Glieder natürlich nicht ankommt. Weiter strebt hiernach

$$\left(\frac{a_{n+1}}{a_n} - 1\right) n = -(\alpha+1) \cdot \frac{n}{n+1} \to -(\alpha+1),$$

und das RAABEsche Kriterium liefert nun sofort, daß die zweite unserer Reihen für $\alpha > 0$ konvergiert, für $\alpha < 0$ divergiert. Für $\alpha = 0$ reduziert sich die Reihe auf das Anfangsglied 1.

Für die *erste* der Reihen ist

$$\frac{a_{n+1}}{a_n} = -1 + \frac{\alpha+1}{n+1},$$

und da dieser Wert von einer Stelle an negativ ist, so hat diese Reihe von da ab alternierende Vorzeichen. Ist nun $\alpha + 1 \leqq 0$, so ist hiernach

$$\left|\frac{a_{n+1}}{a_n}\right| \geqq 1,$$

und dies lehrt, daß die Glieder a_n schließlich nie mehr abnehmen. Die Reihe muß also divergieren. Ist aber $\alpha + 1 > 0$, so ist von einer Stelle an, etwa für $n \geqq m$

(a) $$\left|\frac{a_{n+1}}{a_n}\right| = 1 - \frac{\alpha+1}{n+1} < 1,$$

und die Glieder nehmen jetzt von jener Stelle an ihrem Betrage nach monoton ab. Nach dem LEIBNIZschen Kriterium für Reihen mit alternierenden Gliedern muß die unsere also konvergieren, wenn wir noch zeigen könnten, daß jetzt $\binom{\alpha}{n} \to 0$ strebt. Nun folgt aber durch Multiplikation der für $m, m+1, \ldots, n-1$ angesetzten Beziehungen (a), daß für $n > m$

$$|a_n| = |a_m| \cdot \prod_{\nu=m+1}^{n} \left(1 - \frac{\alpha+1}{\nu}\right)$$

ist. Da aber das Produkt $\prod \left(1 - \frac{\alpha+1}{\nu}\right)$ nach **126**, 2, 3 gegen 0 divergiert, so strebt auch $a_n \to 0$, und $\sum \binom{\alpha}{n}$ muß also konvergieren. Zusammenfassend haben wir also bezüglich der binomischen Reihe:

$\sum_{n=0}^{\infty} \binom{\alpha}{n} x^n$ *ist für ein* $\alpha \neq 0, 1, 2, \ldots$ *dann und nur dann konvergent, wenn*

$|x| < 1$ *oder wenn* $x = -1$ *und gleichzeitig* $\alpha > 0$ *oder wenn* $x = +1$ *und gleichzeitig* $\alpha > -1$ *ist. Ihre Summe ist dann nach dem* ABELschen *Grenzwertsatz stets* $= (1 + x)^\alpha$. *Ist* α *ganzzahlig und nicht negativ, so ist die Reihe endlich und also für jedes* x *konvergent. In allen andern Fällen ist sie divergent.* (Eine wesentliche Ergänzung hierzu bildet noch **247**.)

2. Nicht wesentlich verschieden von dem RAABEschen Kriterium ist das folgende, das von O. SCHLÖMILCH herrührt:

$$n \log \frac{a_{n+1}}{a_n} \begin{cases} \leqq -\alpha < -1 & : \quad \mathfrak{C} \\ \geqq -1 & : \quad \mathfrak{D}. \end{cases}$$

In der Tat ist im Falle ($\mathfrak{D}$) nach **114**

$$\frac{a_{n+1}}{a_n} \geqq e^{-\frac{1}{n}} > 1 - \frac{1}{n},$$

was nach dem RAABEschen Kriterium die Divergenz zur Folge hat; und im Falle ($\mathfrak{C}$) ist von einer Stelle an

$$\frac{a_{n+1}}{a_n} \leqq e^{-\frac{\alpha}{n}} \leqq 1 - \frac{\alpha'}{n},$$

wenn $\alpha > \alpha' > 1$ ist. Dies zieht nach **170** die Konvergenz nach sich.

Wählen wir in der logarithmischen Skala $p = 1$, so erhalten wir ein Kriterium 2. Art, das wir unter Weglassung des Grenzfalles $\alpha = 1$ so schreiben können:

171. $$\frac{a_{n+1}}{a_n} = 1 - \frac{1}{n} - \frac{\alpha_n}{n \log n} \quad \text{mit} \quad \begin{cases} \alpha_n \geqq \alpha > 1 & : \quad \mathfrak{C} \\ \alpha_n \leqq \alpha < 1 & : \quad \mathfrak{D}. \end{cases}$$

Ein *direkter Beweis* für die Gültigkeit dieses Kriteriums kann ähnlich wie beim RAABEschen Kriterium folgendermaßen gegeben werden: Wie dort geben wir ihm zunächst die Form:

$$\big(-1 + (n-1)\log n\big) a_n - \big(n \log n\big) a_{n+1} \begin{cases} \geqq \quad \beta\, a_n & \text{mit} \quad \beta > 0 \quad : \quad \mathfrak{C} \\ \leqq -\beta' a_n & \text{mit} \quad \beta' > 0 \quad : \quad \mathfrak{D}. \end{cases}$$

Ist nun die $\mathfrak{C}$*-Bedingung erfüllt,* so ist wegen

$$(n-1) \log (n-1) > -1 + (n-1) \log n$$

— eine Beziehung, die man nach **114**, α sofort als richtig erkennt — erst recht

$$(n-1) \log (n-1) \cdot a_n - n \log n \cdot a_{n+1} \geqq \beta\, a_n.$$

Es ist also $n \log n \cdot a_{n+1}$ monoton fallend und strebt daher gegen einen Grenzwert $\gamma \geqq 0$. Nach **131** muß also die Reihe mit dem Gliede

$$c_n = (n-1) \log (n-1) \cdot a_n - n \log n \cdot a_{n+1}$$

konvergieren. Wegen $a_n \leqq \frac{1}{\beta} c_n$ gilt dann das gleiche für $\sum a_n$.

Ist andererseits die $\mathfrak{D}$*-Bedingung erfüllt,* so ist

$$(n-1)\log(n-1) \cdot a_n - n \log n \cdot a_{n+1} \leqq \left[-\beta' + 1 - (n-1)\log\left(1 + \frac{1}{n-1}\right)\right] a_n.$$

Für $n \to +\infty$ strebt aber (nach **112**, b) die in der eckigen Klammer stehende Folge $\to -\beta'$ und ist also von einer Stelle an negativ. Daher nimmt jetzt die Folge $n \log n \cdot a_{n+1}$ von dieser Stelle an monoton zu und bleibt also oberhalb einer gewissen positiven Zahl γ. Wegen $a_{n+1} \geqq \frac{\gamma}{n \log n}$, $(\gamma > 0)$, muß nun aber $\sum a_n$ divergieren.

Auch hier gilt der schon mehrfach gemachte Zusatz, daß, falls α_n gegen einen Grenzwert l strebt, für $l > 1$ Konvergenz, für $l < 1$ Divergenz stattfinden wird, während aus $l = 1$ zunächst noch gar nichts geschlossen werden kann.

Selbst dieses erste (wirklich *logarithmische*) Kriterium der Skala wird nur selten in der Praxis zur Anwendung gelangen; denn die Reihen, die auf dieses Kriterium reagieren und nicht schon auf ein einfacheres (das RAABEsche oder das Quotientenkriterium), treten äußerst selten auf; und da ihre Konvergenz eine so langsame ist wie bei der Reihe $\sum \frac{1}{n \log^\alpha n}$ mit einem $\alpha > 1$, so sind sie auch für numerische Zwecke völlig unbrauchbar.

Mit seiner Hilfe lassen sich aber nun leicht noch einige andere Kriterien herleiten; wir erwähnen vor allem folgendes

GAUSSsches Kriterium[1]: *Kann man den Quotienten* $\frac{a_{n+1}}{a_n}$ *in der* **172.** *Form*

$$\frac{a_{n+1}}{a_n} = 1 - \frac{\alpha}{n} - \frac{\vartheta_n}{n^\lambda}$$

schreiben und ist hierin $\lambda > 1$ *und* (ϑ_n) *eine* b e s c h r ä n k t e[2] *Zahlenfolge, so ist* $\sum a_n$ *für* $\alpha > 1$ *konvergent, für* $\alpha \leqq 1$ *divergent.*

Der Beweis ist unmittelbar: für $\alpha \gtrless 1$ lehrt schon das RAABEsche Kriterium die Richtigkeit der Behauptung. Für $\alpha = 1$ setzen wir

$$\frac{a_{n+1}}{a_n} = 1 - \frac{1}{n} - \frac{1}{n \log n}\left(\frac{\vartheta_n \cdot \log n}{n^{\lambda-1}}\right);$$

und da nun der letzte in Klammern gesetzte Faktor wegen $(\lambda - 1) > 0$ eine Nullfolge bildet, so ist die Reihe nach **171** gewiß divergent.

GAUSS hat dies Kriterium in noch etwas speziellerer Form folgendermaßen ausgesprochen: „*Kann der Quotient* a_{n+1}/a_n *in der Form*

$$\frac{a_{n+1}}{a_n} = \frac{n^k + b_1 n^{k-1} + \cdots + b_k}{n^k + b_1' n^{k-1} + \cdots + b_k'}, \qquad (k \geqq 1, \text{ ganz}),$$

geschrieben werden, so wird $\sum a_n$ *für* $b_1 - b_1' < -1$ *konvergieren, für* $b_1 - b_1' \geqq -1$ *divergieren.*" — Der Beweis liegt nach dem Vorangehenden auf der Hand.

---

[1] Werke Bd. 3, S. 140. — Dies Kriterium ist von GAUSS 1812 aufgestellt worden.

[2] Vgl. die Fußnote 1 auf S. 292.

Beispiele.

1. Dieses Kriterium hatte GAUSS hergeleitet, um über die Konvergenz der sog. ***hypergeometrischen Reihe***

$$1 + \frac{\alpha \cdot \beta}{1 \cdot \gamma} x + \frac{\alpha(\alpha+1)}{1 \cdot 2} \cdot \frac{\beta(\beta+1)}{\gamma(\gamma+1)} x^2 + \frac{\alpha(\alpha+1)(\alpha+2)}{1 \cdot 2 \cdot 3} \cdot \frac{\beta(\beta+1)(\beta+2)}{\gamma(\gamma+1)(\gamma+2)} x^3 + \cdots$$

$$= \sum_{n=0}^{\infty} \frac{\alpha(\alpha+1)\ldots(\alpha+n-1)}{1 \cdot 2 \ldots n} \cdot \frac{\beta(\beta+1)\ldots(\beta+n-1)}{\gamma(\gamma+1)\ldots(\gamma+n-1)} x^n$$

zu entscheiden, bei der α, β, γ irgendwelche von $0, -1, -2, \ldots$ verschiedene reelle Zahlen bedeuten[1]. Hier ist

$$\frac{a_{n+1}}{a_n} = \frac{(\alpha+n)(\beta+n)}{(1+n)(\gamma+n)} x,$$

und dies lehrt zunächst, daß die Reihe für $|x| < 1$ (absolut) konvergiert, für $|x| > 1$ divergiert. Es bleiben also (ähnlich wie bei der binomischen Reihe, in die die vorgelegte ja übergeht, wenn man $\beta = \gamma (= 1)$ wählt und zugleich α und x durch $-\alpha$ und $-x$ ersetzt) allein die beiden Werte $x = 1$ und $x = -1$ zur Untersuchung. Für $x = +1$ ist

$$\frac{a_{n+1}}{a_n} = \frac{n^2 + (\alpha+\beta) n + \alpha\beta}{n^2 + (\gamma+1) n + \gamma},$$

und dies zeigt, daß die Glieder der Reihe von einer Stelle ab alle das gleiche Vorzeichen haben, das wir wieder positiv annehmen dürfen. Und nun lehrt das GAUSSsche Kriterium, daß die Reihen für $\alpha + \beta - \gamma - 1 < -1$, d. h. für $\alpha + \beta < \gamma$ konvergieren, für $\alpha + \beta \geqq \gamma$ divergieren werden.

Für $x = -1$ ist die Reihe (von einer Stelle ab) alternierend, weil dann $\frac{a_{n+1}}{a_n} \to -1$ strebt, also schließlich negativ wird. Auf Grund der Darstellung[2]

$$\frac{a_{n+1}}{a_n} = -\frac{n^2 + (\alpha+\beta) n + \alpha\beta}{n^2 + (\gamma+1) n + \gamma} = -\left[1 + \frac{\alpha+\beta-\gamma-1}{n} + \frac{\vartheta_n}{n^2}\right]$$

lehren dann wörtlich dieselben Erwägungen wie in **170**, 1 bei der binomischen Reihe weiter, daß

für $\alpha + \beta - \gamma > 1$ Divergenz,

für $\alpha + \beta - \gamma < 1$ Konvergenz

der hypergeometrischen Reihe eintreten wird.

Nur daß auch Divergenz eintritt, wenn $\alpha + \beta - \gamma = 1$ ist, muß hier ein wenig anders bewiesen werden als damals. Man schließt etwa so: Ist für $n > p > 1$

$$\frac{a_{n+1}}{a_n} = -\left(1 + \frac{\vartheta_n}{n^2}\right) \quad \text{und hierbei stets} \quad |\vartheta_n| \leqq \vartheta,$$

so ist, wenn wir uns p gleich so groß gewählt denken, daß $p^2 > \vartheta$ ist,

$$|a_n| > |a_p| \left(1 - \frac{\vartheta}{p^2}\right)\left(1 - \frac{\vartheta}{(p+1)^2}\right) \cdots \left(1 - \frac{\vartheta}{(n-1)^2}\right).$$

Und da hier das Produkt *konvergiert* und nur positive Faktoren hat, so bleiben alle diese $|a_n|$ oberhalb einer noch positiven Schranke. Die Reihe kann also nicht konvergieren.

---

[1] Für diese Werte würde die Reihe entweder abbrechen oder sinnlos werden. Für $n = 0$ soll das allgemeine Glied der Reihe $= 1$ gesetzt werden.

[2] Die ϑ_n bedeuten dabei wieder eine beschränkte Zahlenfolge.

2. Das RAABEsche $\mathfrak{C}$-Kriterium versagt, falls in

$$\frac{a_{n+1}}{a_n} = 1 - \frac{\alpha_n}{n}$$

die Zahlen α_n zwar ständig > 1 bleiben, aber den Wert 1 zur unteren Häufungsgrenze haben. Setzt man in solchem Falle $\alpha_n = 1 + \beta_n$, so ist die Bedingung

$$\overline{\lim}\, n\,\beta_n = +\infty$$

notwendig zur Konvergenz von $\sum a_n$; denn wäre $n\,\beta_n = \vartheta_n$ beschränkt, so wäre

$$\frac{a_{n+1}}{a_n} = 1 - \frac{1}{n} - \frac{\vartheta_n}{n^2}$$

und folglich $\sum a_n$ nach dem GAUSSschen Kriterium divergent[1].

§ 39. Die Sätze von ABEL, DINI und PRINGSHEIM und neue Herleitung der logarithmischen Vergleichsskalen aus ihnen.

Die logarithmischen Kriterien, die wir als die bisher weitestgehenden erhalten haben, sind insofern von etwas zufälligem Charakter, als sie auf der Benutzung der ABELschen Reihen als Vergleichsreihen beruhten, die uns ihrerseits als zufällige Anwendungen des CAUCHYschen Verdichtungskriteriums begegnet waren. Dieser Charakter der Zufälligkeit wird ihnen in etwas genommen werden, wenn wir auch von ganz andrer Seite her mit einer gewissen Notwendigkeit zu ihnen gelangen. Den Ausgangspunkt hierzu bildet der folgende

Satz von ABEL und DINI[2]: *Ist* $\sum\limits_{n=1}^{\infty} d_n$ *eine beliebige divergente Reihe* **173.**
mit positiven Gliedern und sind $D_n = d_1 + d_2 + \cdots + d_n$ *ihre Teilsummen, so ist die Reihe*

$$\sum_{n=1}^{\infty} a_n = \sum_{n=1}^{\infty} \frac{d_n}{D_n^{\alpha}} \qquad \textit{für} \qquad \begin{cases} \alpha > 1 & \textit{konvergent,} \\ \alpha \leqq 1 & \textit{divergent.} \end{cases}$$

Beweis. Da im Falle, daß $\alpha = 1$ ist,

$$\frac{d_{n+1}}{D_{n+1}} + \cdots + \frac{d_{n+k}}{D_{n+k}} \geqq \frac{d_{n+1} + \cdots + d_{n+k}}{D_{n+k}} = 1 - \frac{D_n}{D_{n+k}}$$

ist, und da nach Voraussetzung $D_\nu \to +\infty$ strebt, so kann man zu jedem n sich $k = k_n$ so gewählt denken, daß

$$\frac{D_n}{D_{n+k}} < \frac{1}{2}, \quad \text{also} \quad a_{n+1} + a_{n+2} + \cdots + a_{n+k_n} > \frac{1}{2}$$

---

[1] CAHEN, E.: Nouv. Ann. de Math. (3) Bd. 5, S. 535.

[2] N. H. ABEL hatte (J. reine u. angew. Math. Bd. 3, S. 81. 1828) nur die Divergenz von $\sum \frac{d_n}{D_{n-1}}$ bewiesen; U. DINI (Sulle serie a termini positivi, Ann. Univ. Toscana Bd. 9. 1867) bewies den Satz im obigen Umfange. Erst 1881 wurden Schriften von ABEL bekannt (Œuvres II, S. 197), die auch den auf die Konvergenz bezüglichen Teil des obigen Satzes enthalten.

ist; nach **81**, 2 muß also $\sum a_n$ für $\alpha = 1$ und daher um so mehr für $\alpha \leqq 1$ divergieren.

Der Konvergenzbeweis im Falle $\alpha > 1$ ist ein klein wenig mühsamer. Wir beweisen ihn sogleich in einer von PRINGSHEIM[1] herrührenden Verallgemeinerung:

174. **Satz von PRINGSHEIM:** *Haben* d_n *und* D_n *dieselbe Bedeutung wie soeben, so ist die Reihe*

$$\sum_{n=2}^{\infty} \frac{d_n}{D_n \cdot D_{n-1}^{\varrho}} \equiv \sum_{n=2}^{\infty} \frac{D_n - D_{n-1}}{D_n \cdot D_{n-1}^{\varrho}}$$

für jedes $\varrho > 0$ *konvergent.*

Beweis. Man wähle eine natürliche Zahl p so, daß $\frac{1}{p} < \varrho$ ist. Dann genügt es, die Konvergenz unserer Reihe für den Fall zu beweisen, daß in ihr der Exponent ϱ durch $\tau = \frac{1}{p}$ ersetzt wird. Da ferner die Reihe

$$\sum_{n=2}^{\infty} \left(\frac{1}{D_{n-1}^{\tau}} - \frac{1}{D_n^{\tau}} \right)$$

wegen $D_{n-1} \leqq D_n \to +\infty$ nach **131** konvergent ist und positive Glieder hat, so würde es ausreichen, das Bestehen der Ungleichung

$$\frac{D_n - D_{n-1}}{D_n \cdot D_{n-1}^{\tau}} \leqq \frac{1}{\tau} \left(\frac{1}{D_{n-1}^{\tau}} - \frac{1}{D_n^{\tau}} \right) \quad \text{oder} \quad 1 - \frac{D_{n-1}}{D_n} \leqq \frac{1}{\tau} \left(1 - \frac{D_{n-1}^{\tau}}{D_n^{\tau}} \right)$$

oder also der Ungleichung

$$(1 - x^p) \leqq p\,(1 - x), \qquad \left[x = \left(\frac{D_{n-1}}{D_n} \right)^{\frac{1}{p}} \right],$$

für alle $0 < x \leqq 1$ zu beweisen. Die Richtigkeit dieser letzten Ungleichung ist aber wegen $(1 - x^p) = (1 - x)(1 + x + \cdots + x^{p-1})$ sofort einzusehen. Damit ist der Satz schon bewiesen.

175. Zusätze und Beispiele.

1. Bei dem ABEL-DINIschen Satze darf man natürlich die Größen D_n durch irgendwelche Zahlen D'_n ersetzen, die ihnen asymptotisch gleich sind oder für die der Quotient D'_n/D_n für alle n (wenigstens von einer Stelle an) zwischen zwei festen positiven Zahlen bleibt. Das kann nach **70**, 4 das Konvergenzverhalten nicht ändern.

2. Mit $\sum d_n$ ist nach dem ABEL-DINIschen Satze auch

$$\sum d'_n \equiv \sum \frac{d_n}{D_n}$$

divergent. Man könnte fragen, in welchem Größenverhältnis die entsprechenden Teilsummen beider Reihen zueinander stehen. Hierüber gilt folgender schöne

[1] Math. Ann. Bd. 35, S. 329. 1890.

Satz[1]. *Falls* $\frac{d_n}{D_n} \to 0$ *strebt*[2], *gilt für die Teilsummen der neuen Reihe die Abschätzung*

$$\frac{d_1}{D_1} + \frac{d_2}{D_2} + \cdots + \frac{d_n}{D_n} \cong \log D_n;$$

sie wachsen also wesentlich genau so wie die Logarithmen der alten Teilsummen.

Beweis. Wenn $x_n = \frac{d_n}{D_n} \to 0$ strebt, so strebt nach **112**, b

$$\frac{x_n}{\log \frac{1}{1 - x_n}} \quad \text{oder also} \quad \frac{d_n / D_n}{\log \frac{D_n}{D_{n-1}}} \to 1 .$$

Die nicht definierte Zahl D_0 denken wir uns dabei $= 1$ und für diejenigen Indizes, für die $x_n = 0$ sein sollte, auch den eben genannten Quotienten $= 1$ gesetzt. Nach dem Grenzwertsatz **44**, 4 strebt dann (wegen $\log D_n \to +\infty$) auch

$$\frac{\frac{d_1}{D_1} + \frac{d_2}{D_2} + \cdots + \frac{d_n}{D_n}}{\log D_1 + \log \frac{D_2}{D_1} + \cdots + \log \frac{D_n}{D_{n-1}}} = \frac{1}{\log D_n}\left[\frac{d_1}{D_1} + \frac{d_2}{D_2} + \cdots + \frac{d_n}{D_n}\right] \to 1,$$

womit der Satz schon bewiesen ist.

Man erkennt auch noch sofort, daß bei der Behauptung dieses Satzes *links und rechts* die D_n durch irgendwelche Größen D'_n ersetzt werden dürfen, die ihnen asymptotisch gleich sind.

3. Mit Hilfe dieser Bemerkungen lassen sich nun in einfachster Weise die zu Eingang des Paragraphen angedeuteten Betrachtungen durchführen:

a) Die Reihe $\sum_{n=1}^{\infty} d_n$, bei der stets $d_n = 1$ und also $D_n = n$ ist, muß als die einfachste divergente Reihe angesprochen werden, denn die Folge $D_n \equiv n$ der natürlichen Zahlen ist der Prototyp einer $\to +\infty$ divergierenden Folge. Der Abel-Dinische Satz lehrt dann sofort, daß die harmonischen Reihen

$$\sum_{n=1}^{\infty} \frac{1}{n^\alpha} \quad \text{für} \quad \begin{cases} \alpha > 1 \text{ konvergieren,} \\ \alpha \leq 1 \text{ divergieren,} \end{cases}$$

und der Satz aus 2 lehrt weiter, daß im letzteren Falle für $\alpha = 1$

$$1 + \frac{1}{2} + \frac{1}{3} + \cdots + \frac{1}{n} \cong \log n$$

ist (vgl. **128**, 2). — b) Wählen wir nunmehr im Abel-Dinischen Satze für $\sum d_n$ die nach a) erneut als divergent erkannte Reihe $\sum \frac{1}{n}$, so dürfen wir nach 1. und 2. D_n durch $D'_n = \log n$ ersetzen und finden, daß auch

$$\sum_{n=2}^{\infty} \frac{1}{n \log^\alpha n} \quad \text{für} \quad \begin{cases} \alpha > 1 \text{ konvergiert,} \\ \alpha \leq 1 \text{ divergiert.} \end{cases}$$

Und der Satz aus 2 lehrt weiter, daß

$$\frac{1}{2 \log 2} + \frac{1}{3 \log 3} + \cdots + \frac{1}{n \log n} \cong \log \log n = \log_2 n$$

---

[1] Siehe E. Cesàro: Nouv. Ann. de Math. (3) Bd. 9, S. 353. 1890.

[2] Diese Forderung ist sicher schon dann erfüllt, wenn die d_n beschränkt bleiben, — also bei allen weiterhin auftretenden Reihen.

ist. — c) Durch Wiederholung dieser äußerst einfachen Schlüsse ergibt sich nun erneut, aber völlig unabhängig von den früheren Resultaten: *Die bei einem hinreichend hohen Index*[1] *begonnenen Reihen*

$$\sum_n \frac{1}{n \log n \ldots \log_{p-1} n \, (\log_p n)^\alpha} \quad \textit{sind für} \quad \begin{cases} \alpha > 1 & \textit{konvergent,} \\ \alpha \leqq 1 & \textit{divergent,} \end{cases}$$

welche natürliche Zahl auch p bedeuten mag. Und für die Teilsummen der mit $\alpha = 1$ angesetzten Reihe gilt die asymptotische Gleichung

$$\sum_{\nu = e_p + 1}^{n} \frac{1}{\nu \log \nu \ldots \log_{p-1} \nu \cdot \log_p \nu} \cong \log_{p+1} n .$$

4. Ein zu **173** analoger, aber von einer konvergenten Reihe ausgehender Satz ist der folgende

Satz von Dini[2]. *Ist $\sum c_n$ eine konvergente Reihe mit positiven Gliedern und sind $r_{n-1} = c_n + c_{n+1} + \ldots$ deren Reste, so ist*

$$\sum \frac{c_n}{r_{n-1}^\alpha} \equiv \sum \frac{c_n}{(c_n + c_{n+1} + \cdots)^\alpha} \quad \text{für} \quad \begin{cases} \alpha < 1 & \textit{konvergent,} \\ \alpha \geqq 1 & \textit{divergent.} \end{cases}$$

Beweis. Der Divergenzfall erledigt sich wieder ganz leicht, denn für $\alpha = 1$ ist

$$\frac{c_n}{r_{n-1}} + \cdots + \frac{c_{n+k}}{r_{n+k-1}} \geq \frac{c_n + \cdots + c_{n+k}}{r_{n-1}} = 1 - \frac{r_{n+k}}{r_{n-1}};$$

und da dieser Wert bei jedem (festen) n wegen $r_\lambda \to 0$ durch Wahl von k noch $> \frac{1}{2}$ gemacht werden kann, so muß die Reihe nach **81**, 2 divergieren. Für $\alpha > 1$ wird dies dann erst recht der Fall sein, da von einer Stelle ab $r_n < 1$ ist.

Ist aber $\alpha < 1$, so kann man die natürliche Zahl p so wählen, daß auch noch $\alpha < 1 - \frac{1}{p}$ ist, und es genügt nun — wieder wegen $r_n < 1$ für $n > n_1$ — die Konvergenz der Reihe

$$\sum \frac{c_n}{(r_{n-1})^{1-\tau}} \equiv \sum \frac{r_{n-1} - r_n}{r_{n-1}} \cdot r_{n-1}^\tau$$

zu beweisen, bei der zur Abkürzung wieder $\frac{1}{p} = \tau$ gesetzt wurde.

Da nun r_n monoton $\to 0$ strebt und also $\sum (r_{n-1}^\tau - r_n^\tau)$ eine sicher konvergente Reihe mit positiven Gliedern ist, so genügt es zu zeigen, daß

$$\frac{r_{n-1} - r_n}{r_{n-1}} \cdot r_{n-1}^\tau \leq \frac{1}{\tau} (r_{n-1}^\tau - r_n^\tau)$$

oder also, daß

$$(1 - y^p) \leq p\,(1 - y), \qquad \left[y = \left(\frac{r_n}{r_{n-1}} \right)^{\frac{1}{p}} \right],$$

ist, eine Beziehung, deren Richtigkeit wegen $0 < y \leq 1$ nun wieder evident ist.

[1] Setzt man $e = e'$, $e^{e'} = e''$ und für $\nu \geq 1$ allgemein $e^{e^{(\nu)}} = e^{(\nu+1)}$ und setzen wir die größte, nicht oberhalb $e^{(\nu)}$ gelegene ganze Zahl $[e^{(\nu)}] = e_\nu$, so sind in dem Nenner unserer Reihe alle Faktoren > 1, falls n etwa bei $e_p + 1$ zu laufen beginnt.

[2] s. S. 299, Fußnote 2.

§ 40. Reihen mit positiven monoton abnehmenden Gliedern.

Die bisherigen Betrachtungen bezogen sich meist auf ganz beliebige Reihen mit positiven Gliedern. Die Vergleichsreihen aber, die wir zur Bildung der Kriterien benutzten, waren fast immer von viel einfacherer Bauart; insbesondere nahmen ihre Glieder monoton ab. Es ist anzunehmen, daß für solche Reihen überhaupt einfachere Gesetze gültig sein werden und vielleicht auch einfachere Kriterien sich werden aufstellen lassen.

Schon in **80** hatten wir z. B. den Satz bewiesen, daß bei einer konvergenten Reihe $\sum c_n$ mit monoton zu 0 abnehmenden Gliedern notwendig $n c_n \to 0$ streben müsse, was bei andern konvergenten Reihen (auch solchen mit nur positiven Gliedern) nicht der Fall zu sein braucht. Auch das CAUCHYsche Verdichtungskriterium **77** gehört hierher.

Im folgenden wollen wir einige weitere Untersuchungen dieser Art anstellen und zunächst einige ebenso einfache wie weittragende Kriterien für solche Reihen herleiten. Ihre Konvergenz ist, wie wir sehen werden, oft sehr viel leichter zu erkennen als die allgemeinerer Reihen.

1. **Das Integralkriterium**[1]. *Ist* $\sum\limits_{n=1}^{\infty} a_n$ *eine vorgelegte Reihe mit* **176.**
positiven monoton abnehmenden Gliedern und ist $f(x)$ *eine für* $x \geqq 1$ *positive und gleichfalls monoton fallende Funktion, für die bei* j e d e m n

$$f(n) = a_n$$

ist, so ist $\sum a_n$ *dann und nur dann konvergent, wenn die Integralwerte*

$$J_n = \int_1^n f(t)\,dt$$

eine beschränkte Zahlenfolge bilden[2].

Beweis. Da für $k - 1 \leqq t \leqq k$ stets $f(t) \geqq a_k$ und für $k \leqq t \leqq k+1$ stets $f(t) \leqq a_k$ ist ($k \geqq 2$, ganz), so ist (nach § 19, Satz 20)

$$\int_k^{k+1} f(t)\,dt \leqq a_k \leqq \int_{k-1}^{k} f(t)\,dt, \qquad (k = 2, 3, \ldots),$$

und wenn man diese Ungleichung für $k = 2, 3, \ldots, n$ ansetzt und addiert, so folgt

$$\int_2^{n+1} f(t)\,dt \leqq a_2 + a_3 + \cdots + a_n = s_n - a_1 \leqq \int_1^n f(t)\,dt.$$

[1] CAUCHY: Exercices mathém. Bd. 2, S. 221. Paris 1827.

[2] Nach **70**, 4 genügt es natürlich, wenn $f(n)$ den Gliedern a_n asymptotisch proportional ist, oder wenn $f(n) = \alpha_n a_n$ gesetzt werden kann und hierbei die Faktoren α_n *positive* Häufungsgrenzen haben. — Statt zu fordern „J_n bleibt beschränkt", kann man natürlich auch fordern, daß $\int\limits_1^{\infty} f(t)\,dt$ konvergiert. Beides besagt (nach § 19, Def. 14) genau dasselbe.

Nach der rechten Hälfte dieser Ungleichung folgt aus der Beschränktheit der Integrale J_n die der Teilsummen der Reihen, nach der linken das Umgekehrte, womit nach **70** schon alles bewiesen ist.

Zusatz. *Die Differenzen* $(s_n - J_n)$ *nähern sich monoton fallend einem zwischen* 0 *und* a_1 *gelegenen Grenzwert.* — In der Tat ist

$$(s_n - J_n) - (s_{n+1} - J_{n+1}) = \int_n^{n+1} f(t)\,dt - a_{n+1} \geqq 0,$$

woraus sofort alles folgt, da $a_1 \geqq s_n - J_n \geqq a_1 - J_2 \geqq 0$ ist. — Der betreffende Grenzwert ist also sicher noch positiv, wenn $f(t)$ *im engeren Sinne* monoton fällt.

Beispiele und Erläuterungen.

1. Das Kriterium lehrt nicht nur das Konvergenzverhalten vieler Reihen erkennen, sondern gestattet auch oft, die Geschwindigkeit von Konvergenz und Divergenz bequem abzuschätzen. So sieht man sofort, daß für $\alpha > 1$

$$\sum_{n=1}^{\infty} \frac{1}{n^\alpha} \quad \text{wegen} \quad J_n = \int_1^n \frac{dt}{t^\alpha} = \frac{1}{\alpha - 1}\left(1 - \frac{1}{n^{\alpha-1}}\right) < \frac{1}{\alpha - 1}$$

konvergiert, daß dagegen

$$\sum_{n=1}^{\infty} \frac{1}{n} \quad \text{wegen} \quad J_n = \int_1^n \frac{dt}{t} = \log n \to +\infty$$

divergiert. Aber wir erfahren hier noch genauer, daß für $\alpha > 1$

$$\int_{n+1}^{n+k+1} \frac{dt}{t^\alpha} < \sum_{\nu=n+1}^{n+k} \frac{1}{\nu^\alpha} < \int_n^{n+k} \frac{dt}{t^\alpha},$$

also

$$\frac{1}{\alpha - 1} \cdot \frac{1}{(n+1)^{\alpha-1}} < r_n < \frac{1}{\alpha - 1} \cdot \frac{1}{n^{\alpha-1}}$$

ist, — eine Restabschätzung, die wir für $\alpha = 2$ schon S. 268 gefunden hatten. Ebenso erfahren wir jetzt durch den Zusatz zu **176** erneut, daß

$$\left[1 + \frac{1}{2} + \cdots + \frac{1}{n} - \log n\right]$$

eine monoton fallende Zahlenfolge ist, die einem positiven, zwischen 0 und 1 gelegenen Grenzwert, der schon in **128**, 2 genannten EULERschen Konstanten, zustrebt.

Für $0 < \alpha < 1$ lehrt dieser Zusatz ebenso, daß

$$1 + \frac{1}{2^\alpha} + \frac{1}{3^\alpha} + \cdots + \frac{1}{n^\alpha} - \int_1^n \frac{dt}{t^\alpha}$$

eine monoton fallende Zahlenfolge ist, die einem zwischen 0 und 1 gelegenen Grenzwert zustrebt. Speziell ist also (vgl. **44**, 6) für $0 < \alpha < 1$

$$1 + \frac{1}{2^\alpha} + \cdots + \frac{1}{n^\alpha} \cong \frac{n^{1-\alpha}}{1 - \alpha},$$

und man stellt leicht fest, daß diese Beziehung auch noch für $\alpha \leqq 0$ gilt.

2. Allgemein folgt aus

$$\int \frac{dt}{t \log t \ldots \log_{p-1} t \cdot \log_p^\alpha t} = \begin{cases} -\dfrac{1}{\alpha - 1}\dfrac{1}{\log_p^{\alpha-1} t}, & \text{falls } \alpha \neq 1, \\ \log_{p+1} t, & \text{falls } \alpha = 1, \end{cases}$$

ebenso unmittelbar — nunmehr also auf einem dritten wieder gänzlich neuen Wege — das uns schon bekannte Konvergenzverhalten der ABELschen Reihen. Und der Zusatz zu **176** liefert wieder gute Abschätzungen der Reste (im Falle der Konvergenz) bzw. der Teilsummen (im Falle der Divergenz).

3. Ist $f(x)$ eine für alle x von einer Stelle an *positive* Funktion, die dort eine monoton zu 0 abnehmende (also auch positive) Ableitung $f'(x)$ besitzt, so nimmt auch $f'(x)/f(x)$ monoton ab, und wegen

$$\int \frac{f'(t)}{f(t)}\, dt = \log f(t)$$

werden die beiden Integrale

$$\int^x f'(t)\, dt \quad \text{und} \quad \int^x \frac{f'(t)}{f(t)}\, dt$$

entweder beide beschränkt oder beide nicht beschränkt sein. Daraus folgt: Die Reihen

$$\sum f'(n) \quad \text{und} \quad \sum \frac{f'(n)}{f(n)}$$

werden entweder beide konvergieren oder beide divergieren. Im Falle der Divergenz, in dem also notwendig $f(n) \to +\infty$ strebt, wird

$$\sum \frac{f'(n)}{[f(n)]^\alpha} \qquad \text{für } \alpha > 1 \text{ konvergieren.}$$

Denn es ist jetzt

$$\int \frac{f'(t)}{[f(t)]^\alpha}\, dt = -\frac{1}{\alpha - 1}\frac{1}{[f(t)]^{\alpha-1}},$$

woraus die Richtigkeit der Behauptung abgelesen werden kann. — Diese Sätze stehen in naher Beziehung zum ABEL-DINIschen Satze.

2. Im wesentlichen denselben Wirkungsbereich hat das folgende in seiner Formulierung von der Integralrechnung freie

ERMAKOFFsche Kriterium[1]. *Steht $f(x)$ zu der Reihe $\sum a_n$ mit positiven monoton abnehmenden Gliedern in derselben Beziehung wie beim Integralkriterium und genügt es auch sonst den dort gemachten Voraussetzungen, so ist $\sum a_n \equiv \sum f(n)$* **177.**

$$\left.\begin{array}{l} \textit{konvergent,} \\ \textit{divergent,} \end{array}\right\} \quad \textit{falls stets} \quad \frac{e^x f(e^x)}{f(x)} \begin{cases} \leqq \vartheta < 1 \\ \geqq 1 \end{cases}$$

ausfällt — wenigstens von einer Stelle an.

Beweis. Ist die erste Ungleichung etwa für alle $x \geqq x_0$ erfüllt, so ist für diese x

$$\int_{e^{x_0}}^{e^x} f(t)\, dt = \int_{x_0}^{x} e^t f(e^t)\, dt \leqq \vartheta \int_{x_0}^{x} f(t)\, dt$$

[1] Bull. scienc. mathém. (1) Bd. 2, S. 250. 1871.

und folglich

$$(1-\vartheta)\int_{e^{x_0}}^{e^x} f(t)\,dt \leqq \vartheta\Big[\int_{x_0}^{x} f(t)\,dt - \int_{e^{x_0}}^{e^x} f(t)\,dt\Big]$$
$$= \vartheta\Big[\int_{x_0}^{e^{x_0}} f(t)\,dt - \int_{x}^{e^x} f(t)\,dt\Big]$$
$$\leqq \vartheta\int_{x_0}^{e^{x_0}} f(t)\,dt.$$

Hiernach bleibt das linksstehende Integral und folglich auch $\int_{x_0}^{x} f(t)\,dt$ für alle $x > x_0$ unterhalb einer festen Schranke, so daß $\sum a_n$ nach dem Integralkriterium konvergieren muß.

Ist umgekehrt die zweite Ungleichung des Satzes für alle $x \geqq x_1$ erfüllt, so ist für diese x

$$\int_{e^{x_1}}^{e^x} f(t)\,dt = \int_{x_1}^{x} e^t f(e^t)\,dt \geqq \int_{x_1}^{x} f(t)\,dt,$$

und der Vergleich des ersten und dritten Integrals lehrt weiter, daß

$$\int_{x}^{e^x} f(t)\,dt \geqq \int_{x_1}^{e^{x_1}} f(t)\,dt.$$

Hier steht rechts eine feste Zahl $\gamma > 0$, und die Ungleichung besagt, daß man zu jedem $n\ (> x_1)$ ein k_n so angeben kann, daß, wenn J_n dieselbe Bedeutung wie in **176** hat,

$$J_{n+k_n} - J_n = \int_{n}^{n+k_n} f(t)\,dt \geqq \gamma > 0$$

bleibt. Nach **46** und **50** bleiben daher die J_n nicht beschränkt, und $\sum a_n$ kann daher nicht konvergieren[1].

Bemerkungen.

1. Das ERMAKOFFsche Kriterium hat eine gewisse Ähnlichkeit mit dem CAUCHYschen Verdichtungskriterium. Es enthält insbesondere, wie dieses, die ganze logarithmische Vergleichsskala, zu der wir damit einen vierten Zugang gewonnen hätten: Das Konvergenzverhalten der Reihe

$$\sum \frac{1}{n \log n \ldots \log_{p-1} n \log_p^\alpha n}$$

wird durch das Verhalten des Quotienten

$$\frac{\log_{p-1} x \cdot \log_p^\alpha x}{\log_{p-1}^\alpha x}$$

[1] Es ist nicht schwer, den Beweis von dem Hilfsmittel des Integrals zu befreien; doch wird er dadurch etwas schwerfälliger.

bestimmt. Da aber diese Quotienten $\to 0$ streben, wenn $\alpha > 1$ ist, dagegen $\to +\infty$ streben, wenn $\alpha \leqq 1$ ist, so liefert in der Tat das ERMAKOFFsche Kriterium das uns bekannte Verhalten dieser Reihen[1].

2. Statt e^x darf man natürlich auch andere Funktionen verwenden: Ist $\varphi(x)$ irgendeine mit x monoton wachsende positive und differenzierbare Funktion, für die stets $\varphi(x) > x$ ist, so wird $\sum a_n$ wieder konvergieren oder divergieren, je nachdem von einer Stelle ab stets

$$\frac{\varphi'(x)\, f(\varphi(x))}{f(x)} \begin{cases} \leqq \vartheta < 1 & \text{oder stets} \\ \geqq 1 \end{cases}$$

bleibt.

Mit dem ERMAKOFFschen und dem Integralkriterium haben wir die wichtigsten Kriterien für unsere jetzigen Reihen in Händen.

§ 41. Allgemeine Bemerkungen zur Konvergenztheorie der Reihen mit positiven Gliedern.

Die Aufstellung der in den vorangehenden Paragraphen mitgeteilten Konvergenzkriterien und die Klärung ihrer Bedeutung hat fast das ganze 19. Jahrhundert in Anspruch genommen. Erst gegen Ende desselben, insbesondere durch die Untersuchungen von PRINGSHEIM, haben die prinzipiellen Fragen einen gewissen Abschluß erreicht. Durch diese sich in den mannigfachsten Richtungen bewegenden Untersuchungen sind auch eine ganze Reihe von Fragen erledigt, an die vordem nur zaghaft herangetreten wurde, die uns jetzt aber so einfach und durchsichtig erscheinen, daß wir es kaum noch begreifen, daß sie einstmals Schwierigkeiten gemacht haben[2] oder gar in völlig verkehrter Weise beantwortet oder abgetan wurden. Wie weit aber der Weg bis hierher war, wird einem klar, wenn man bedenkt, daß EULER überhaupt noch nicht um Konvergenzfragen sich kümmerte, sondern einer Reihe, wo immer sie auftrat, ohne weiteres den Wert des Ausdrucks beilegte, der zu ihrer Entstehung Anlaß gab[3]; und daß LAGRANGE noch 1770[4] meinte, eine jede Reihe stelle einen bestimmten Wert dar, wenn ihre Glieder zu 0 abnehmen[5]. Diese

---

[1] Das gilt sogar noch für $p = 0$, wenn man unter $\log_{-1} x$ die Exponentialfunktion e^x versteht.

[2] Als Kuriosum sei erwähnt, daß noch im Jahre 1885 und 1889 mehrere Abhandlungen veröffentlicht wurden, deren Ziel es war, die Existenz von konvergenten Reihen $\sum c_n$ zu beweisen, bei denen $\frac{c_{n+1}}{c_n}$ keinem Grenzwert zustrebt! (Vgl. **159**, 3.)

[3] So schrieb er als Folgerung aus $\frac{1}{1-x} = 1 + x + x^2 + \cdots$ unbekümmert

$$\tfrac{1}{2} = 1 - 1 + 1 - 1 + - \cdots$$

oder

$$\tfrac{1}{3} = 1 - 2 + 2^2 - 2^3 + - \cdots$$

Vgl. hierzu auch die ersten Absätze des § 59.

[4] Siehe Œuvres Bd. 3, S. 61.

[5] Hier sind immerhin Spuren eines Konvergenzgefühles zu sehen.

letztere Annahme etwa durch den Hinweis auf die (übrigens schon damals bekannte) Divergenz der Reihe $\sum \frac{1}{n}$ ausdrücklich zu widerlegen, erscheint uns heute überflüssig, und ähnlich liegt es bei vielen andern Annahmen und Beweisversuchen aus früherer Zeit. Sie haben daher meist nur für den Historiker unserer Theorie ein Interesse. Ein Teil von ihnen ist aber, mögen die Antworten bejahend oder verneinend ausgefallen sein, doch noch von solchem Interesse, daß wir kurz darüber berichten möchten. Viele von diesen sind auch von der Art, daß jeder, der sich unbefangen mit den Reihen beschäftigt, ganz natürlich zu ihnen geführt wird.

Die Quelle aller dieser Fragen, die wir besprechen wollen, liegt in dem unzureichenden Charakter der Kriterien: Diejenigen, die für **die Konvergenz notwendig *und* hinreichend sind (also vor allem das Hauptkriterium 81), sind von so allgemeiner Art, daß in speziellen** Fällen mit ihrer Hilfe die Konvergenz nur selten wird festgestellt werden können; die übrigen aber (es waren alles Vergleichskriterien und Umformungen derselben) waren nur *hinreichende* Kriterien und lehrten nur dann die Konvergenz einer Reihe erkennen, wenn sie mindestens ebenso gut konvergierte wie die zum Vergleich benutzte. Hier taucht aber sofort die Frage auf:

178. 1. *Gibt es eine am langsamsten konvergierende Reihe?* Diese Frage ist schon durch Satz **175**, 4 verneinend entschieden. Denn mit $\sum c_n$ konvergiert auch noch $\sum c'_n \equiv \sum \frac{c_n}{r_{n-1}^{\frac{1}{2}}}$, aber offenbar langsamer als die vorige, weil $c_n : c'_n = r_{n-1}^{\frac{1}{2}} \to 0$ strebt.

Fast noch einfacher hat J. HADAMARD[1] diese Frage durch Angabe der Reihe $\sum c'_n \equiv \sum (\sqrt{r_{n-1}} - \sqrt{r_n})$ beantwortet. Da $c_n = r_{n-1} - r_n$, so strebt $c_n : c'_n = \sqrt{r_{n-1}} + \sqrt{r_n} \to 0$, so daß auch hier die gestrichene Reihe langsamer konvergiert als die ungestrichene.

Ebenso einfach erledigt sich die Frage

2. *Gibt es eine am langsamsten divergierende Reihe?* Auch hier lehrt schon der ABEL-DINIsche Satz **173**, nach dem mit $\sum d_n$ auch noch $\sum d'_n \equiv \sum \frac{d_n}{D_n}$ divergiert, daß die Frage zu verneinen ist. Denn da $d_n : d'_n = D_n \to +\infty$ strebt, so läßt sich nach ihm jeder divergenten Reihe eine langsamer divergierende an die Seite stellen. — Diese Tatsachen, zusammen mit den Vorbemerkungen, lehren:

3. *Kein Vergleichskriterium kann für alle Reihen wirksam sein.*

Eng hängt damit die folgende von ABEL[2] aufgeworfene und beantwortete Frage zusammen:

---

[1] Acta mathem. Bd. 18, S. 319. 1894.

[2] J. reine u. angew. Math. Bd. 3, S. 80. 1828.

4. *Gibt es eine positive Zahlenfolge* (p_n), *so daß gleichzeitig*

a) $p_n a_n \to 0$ *für die Konvergenz*
b) $p_n a_n \geqq \alpha > 0$ „ „ *Divergenz* } *jeder Reihe hinreichend ist?*

Hier folgt wieder aus dem ABEL-DINIschen Satze, daß dem nicht so ist. Setzen wir nämlich $a_n = \frac{\alpha}{p_n}$, $(\alpha > 0)$, so müßte diese Reihe $\sum a_n$ und also auch noch $\sum a'_n \equiv \sum \frac{a_n}{s_n}$ divergieren, bei der $s_n = a_1 + \cdots + a_n$ gesetzt ist. Für diese strebt aber $p_n a'_n = \frac{\alpha}{s_n} \to 0$.

Das Ziel der Vergleichskriterien war es in gewisser Hinsicht, möglichst *umfassende* Bedingungen zu finden, die für die Entscheidung über das Konvergenzverhalten einer Reihe *hinreichend* sind. Als Gegenfrage kann man die nach möglichst *engen* Bedingungen aufstellen, die für die Konvergenz (oder Divergenz) einer Reihe $\sum a_n$ *notwendig* sind. Nach dieser Richtung wissen wir bisher nur, daß $a_n \to 0$ für die Konvergenz notwendig ist, und man wird daher sofort fragen:

5. *Müssen die Glieder a_n einer konvergenten Reihe mit einer besonderen Geschwindigkeit gegen* 0 *abnehmen?* PRINGSHEIM[1] zeigte, daß dem nicht so ist. Vielmehr: Wie schwach auch die positiven Zahlen $p_n \to +\infty$ wachsen mögen, — es gibt stets konvergente Reihen $\sum c_n$, für die doch

$$\overline{\lim}\, p_n c_n = +\infty$$

ist. Ja, sogar *jede* konvergente Reihe $\sum c'_n$ kann durch passende Umordnung in eine als Beleg für diese Behauptung brauchbare Reihe $\sum c_n$ verwandelt werden[2].

Beweis. Es ist also die positive, gegen $+\infty$ wachsende Folge (p_n) und die konvergente Reihe $\sum c'_n$ gegeben. Dann wähle man eine wachsende Folge *ungerader* natürlicher Zahlen $n_1, n_2, \ldots, n_\nu, \ldots$, für die

$$\frac{1}{p_{n_\nu}} < \frac{c'_{2\nu-1}}{\nu}, \qquad (\nu = 1, 2, \ldots),$$

ist, und setze $c_{n_\nu} = c'_{2\nu-1}$; und für die übrigen c_n nehme man die Glieder $c'_2, c'_4, \ldots$ in ihrer natürlichen Reihenfolge. Dann ist $\sum c_n$ offenbar eine Umordnung von $\sum c'_n$; aber es ist

$$p_n c_n > \nu,$$

wenn n gleich einer der Zahlen n_ν ist. Hiernach ist wirklich

$$\overline{\lim}\, p_n c_n = +\infty.$$

Der Grund dieser Erscheinung ist einfach der, daß das Konvergenz-

---

[1] Mathem. Ann. Bd. 35, S. 344. 1890.

[2] Vgl. demgegenüber den Satz **82**, 3, der sozusagen die durchschnittliche Abnahme der a_n berücksichtigt.

verhalten einer Folge der Form $(p_n c_n)$ nichts Wesentliches mit dem Verhalten der *Reihe* $\sum c_n$ — also doch mit dem der Folge ihrer *Teilsummen*! — zu tun haben kann, da zwar das letztere, nicht aber das erstere durch eine Umordnung der Reihenglieder von Grund aus geändert werden kann.

6. *Ebensowenig kann eine Bedingung der Form* $\underline{\lim}\, p_n d_n > 0$, *in der* (p_n) *eine, wenn auch noch so schnell* gegen $+\infty$ wachsende positive Folge bedeutet, *für die Divergenz von* $\sum d_n$ *notwendig sein*[1]. Vielmehr kann *jede* divergente Reihe $\sum d'_n$, deren Glieder nur zu 0 abnehmen müssen, durch eine passende Umordnung in eine solche (natürlich wieder divergente) Reihe $\sum d_n$ verwandelt werden, für die $\underline{\lim}\, p_n d_n = 0$ ist. — Der Beweis ist nach dem Muster der vorigen Nummer leicht zu führen.

Noch etwas weiter geht die Frage:

7. *Kann es eine Vergleichsskala geben, die für alle Fälle ausreicht?* Genauer: Es seien $\sum c_n^{(1)}, \sum c_n^{(2)}, \ldots, \sum c_n^{(k)}, \ldots$ konvergente Reihen, von denen jede folgende etwa in der Weise schlechter konvergiert als die vorangehende, daß bei festem k

$$\frac{c_n^{(k+1)}}{c_n^{(k)}} \to +\infty$$

strebt. (Die logarithmische Skala bietet ein Beispiel für solche Reihen.) *Kann es dann eine Reihe geben, die langsamer konvergiert als eine jede dieser Reihen?* Die Antwort lautet bejahend[2], und es ist nicht schwer, eine solche Reihe wirklich zu konstruieren. Bei passender Wahl der ganzen Zahlen $n_1, n_2, \ldots, n_k, \ldots$ wird schon die Reihe

$$\sum c_n \equiv c_1^{(1)} + c_2^{(1)} + \cdots + c_{n_1}^{(1)} + c_{n_1+1}^{(2)} + \cdots + c_{n_2}^{(2)} \\ + c_{n_2+1}^{(3)} + \cdots + c_{n_3}^{(3)} + c_{n_3+1}^{(4)} + \cdots,$$

die aus aneinanderpassenden Stücken der Reihen $\sum c_n^{(k)}$ zusammengesetzt ist, das Verlangte leisten. Wir wählen nämlich $n_1, n_2, \ldots$ so groß, daß, wenn mit $r_n^{(k)}$ der hinter dem n^{ten} Gliede beginnende Rest der Reihe $\sum c_n^{(k)}$ bezeichnet wird,

für $n \geqq n_1$	stets $r_n^{(2)} < \frac{1}{2}$	und zugleich	$c_n^{(2)} > 2\, c_n^{(1)}$,
,, $n \geqq n_2 > n_1$	,, $r_n^{(3)} < \frac{1}{2^2}$	,, ,,	$c_n^{(3)} > 2\, c_n^{(2)}$,
. . . . . .	. . . . . .	. . . .	. . . . . .
,, $n \geqq n_k > n_{k-1}$	,, $r_n^{(k+1)} < \frac{1}{2^k}$	,, ,,	$c_n^{(k+1)} > 2\, c_n^{(k)}$,
. . . . . .	. . . . . .	. . . .	. . . . . .

[1] Pringsheim: a. a. O. S. 357.

[2] Für die logarithmische Skala hat dies P. du Bois-Reymond (J. reine u. angew. Math. Bd. 76, S. 88. 1873) gezeigt. Die obige allgemeinere Antwort rührt von J. Hadamard (Acta mathem. Bd. 18, S. 325. 1894) her.

ausfällt. Dann ist die Reihe $\sum c_n$ sicher konvergent, denn die aufeinanderfolgenden Stücke derselben sind gewiß kleiner als die mit diesen Stücken beginnenden Reste der betreffenden Reihen, also für $k = 2, 3, \ldots$, stets $< \frac{1}{2^k}$. Es strebt aber auch für *jedes feste* k

$$\frac{c_n}{c_n^{(k)}} \to +\infty;$$

denn für $n > n_q$ $(q > k)$ ist ersichtlich $\frac{c_n}{c_n^{(k)}} > 2^{q-k}$. Damit ist schon alles bewiesen. — Insbesondere gibt es also Reihen, die langsamer konvergieren als eine jede Reihe unserer logarithmischen Skala[1].

8. Genau ebenso einfach zeigt man: Wenn $\sum d_n^{(k)}$ für $k = 1, 2, \ldots$ lauter divergente Reihen sind, von denen jede folgende in der Weise langsamer divergiert als die vorangehende, daß $d_n^{(k+1)} : d_n^{(k)} \to 0$ strebt, so gibt es immer noch divergente Reihen $\sum d_n$, die schwächer divergieren als *jede* der Reihen $\sum d_n^{(k)}$.

Alle diese Bemerkungen führen näher an die Frage heran, ob und inwieweit sich die Glieder konvergenter Reihen von denen divergenter **Reihen prinzipiell unterscheiden. Nach 7. und 8. wird die folgende von** **Stieltjes herrührende Bemerkung nicht mehr überraschen:**

9. *Wenn* $(\varepsilon_1, \varepsilon_2, \ldots)$ *eine beliebig langsam monoton gegen* 0 *fallende Zahlenfolge bedeutet, so kann man doch stets eine konvergente Reihe* $\sum c_n$ *und eine divergente Reihe* $\sum d_n$ *so angeben, daß für sie* $c_n = \varepsilon_n d_n$ *ist*, — was etwa besagt, daß sich die Glieder beider Reihen nur verhältnismäßig wenig voneinander zu unterscheiden brauchen. — In der Tat, wenn ε_n monoton $\to 0$ fällt, wird $p_n = \frac{1}{\varepsilon_n}$ monoton $\to +\infty$ wachsen. Die Reihe

$$p_1 + (p_2 - p_1) + \cdots + (p_n - p_{n-1}) + \cdots,$$

deren Teilsummen ersichtlich die p_n sind, ist also divergent. Nach dem Abel-Dinischen Satze ist dann auch

$$\sum_{n=1}^{\infty} d_n \equiv \sum_{n=1}^{\infty} \frac{p_{n+1} - p_n}{p_{n+1}}$$

divergent. Aber die Reihe $\sum c_n \equiv \sum \varepsilon_n d_n \equiv \sum \left(\frac{1}{p_n} - \frac{1}{p_{n+1}}\right)$ ist nach **131** konvergent. — Genau dasselbe besagt die weitere Bemerkung:

10. *Wenn* p_n *beliebig langsam monoton* $\to +\infty$ *wächst, so gibt es stets eine konvergente Reihe* $\sum c_n$ *und eine divergente Reihe* $\sum d_n$, *für die* $d_n = p_n c_n$ *ist.*

Noch krasser erscheinen in dieser Hinsicht die beiden schon unter 5. und 6. gegebenen, von Pringsheim herrührenden Bemerkungen, wenn man sie so formuliert:

---

[1] Die fehlenden Anfangsglieder dieser Reihen mag man sich dabei durch lauter Einsen ersetzt denken.

11. *Wie stark auch* $\sum c_n$ *konvergieren mag, es gibt doch stets divergente Reihen* $\sum d_n$ — **und sogar solche mit monoton zu 0 abnehmenden Gliedern** —, *für die*

$$\underline{\lim}\,\frac{d_n}{c_n} = 0$$

ist, so daß also $\sum d_n$ unendlich viele Glieder haben muß, die wesentlich *kleiner* sind als die entsprechenden Glieder von $\sum c_n$. Und umgekehrt:

Wie stark auch $\sum d_n$ divergieren mag, es gibt, wofern nur $d_n \to 0$ strebt, stets konvergente Reihen $\sum c_n$, für die $\overline{\lim}\,\frac{c_n}{d_n} = +\infty$ ist. — Wir haben nur noch das erste zu beweisen, und da leistet schon eine Reihe $\sum d_n$ der Form

$$\sum_{n=0}^{\infty} d_n \equiv c_1 + c_1 + \cdots + c_1 + \tfrac{1}{2} c_{n_1} + \tfrac{1}{2} c_{n_1} + \cdots + \tfrac{1}{2} c_{n_1} \\ + \tfrac{1}{3} c_{n_2} + \tfrac{1}{3} c_{n_2} + \cdots + \tfrac{1}{3} c_{n_2} + \tfrac{1}{4} c_{n_3} + \cdots$$

das Verlangte, wenn die wachsenden ganzen Zahlen $n_1, n_2, \ldots$ passend gewählt werden und die einzelnen Gruppen von Gliedern je n_1, $(n_2 - n_1)$, $(n_3 - n_2)$, ... Summanden enthalten. Damit die Reihe divergiert, braucht man nämlich die Anzahl der Summanden jedesmal nur so groß zu wählen, daß die Summe der Glieder einer jeden Gruppe > 1 ausfällt; und damit die Gliederfolge monoton fällt, braucht man nur $n_k > n_{k-1}$ so groß zu wählen, daß $c_{n_k} < c_{n_{k-1}}$ ausfällt $(k = 1, 2, \ldots)$, was wegen $c_n \to 0$ stets möglich ist. (Hierbei ist unter n_0 der Index 1 zu verstehen.) Daß hier nun wirklich der Quotient d_n/c_n die untere Häufungsgrenze 0 hat, folgt ja sofort daraus, daß er für $n = n_k$ den Wert $\frac{1}{k+1}$ hat.

Bei den bisherigen Bemerkungen haben wir nur von Konvergenz und Divergenz schlechthin gesprochen. Man könnte hoffen, daß unter engeren Voraussetzungen, z. B. der, daß die Glieder der benutzten Reihe monoton abnehmen, sich entsprechend mehr erweisen ließe. So hatten wir schon gefunden, daß für eine konvergente Reihe $\sum c_n$ mit monoton abnehmenden Gliedern stets $n c_n \to 0$ strebt. *Läßt sich hier noch mehr aussagen?* Die Antwort ist verneinend (vgl. Bem. 5):

12. *Wie schwach auch die positiven Zahlen* $p_n \to +\infty$ *wachsen mögen, es gibt stets konvergente Reihen mit monoton zu 0 abnehmenden Gliedern, für die*

$$n\,p_n\,c_n$$

nicht nur nicht $\to 0$ *strebt, sondern sogar* $+\infty$ *zur oberen Häufungsgrenze hat*[1].

[1] Pringsheim: a. a. O. — Speziell die Frage, ob bei konvergenten Reihen mit positiven monoton abnehmenden Gliedern $n \log n \cdot c_n \to 0$ streben müsse, ist lange diskutiert worden; und von vielen wurde die Bedingung $n \log n \cdot c_n \to 0$ noch 1860 für notwendig zur Konvergenz gehalten.

Der *Beweis* ist wieder ganz leicht. Man wähle wachsende natürliche Zahlen $n_1, n_2, \ldots$, für die

$$p_{n_\nu} > 4^\nu, \qquad (\nu = 1, 2, \ldots),$$

ist, und setze

$$c_1 = c_2 = \cdots = c_{n_1} = \frac{1}{n_1 \sqrt{p_{n_1}}},$$

$$c_{n_1+1} = c_{n_1+2} = \cdots = c_{n_2} = \frac{1}{n_2 \sqrt{p_{n_2}}},$$

$$\cdots\cdots\cdots\cdots\cdots\cdots$$

$$c_{n_{\nu-1}+1} = \cdots\cdots = c_{n_\nu} = \frac{1}{n_\nu \sqrt{p_{n_\nu}}},$$

$$\cdots\cdots\cdots\cdots\cdots\cdots$$

Die hiermit angedeuteten Gruppen von Gliedern liefern nacheinander Beiträge zur Summe der Reihe $\sum c_n$, die $< \frac{1}{2}, < \frac{1}{2^2}, \ldots, < \frac{1}{2^\nu}, \ldots$ sind, so daß $\sum c_n$ konvergieren wird. Andrerseits ist für $n = n_\nu$ stets

$$n p_n c_n = \sqrt{p_n},$$

so daß in der Tat

$$\overline{\lim}\, n \cdot p_n \cdot c_n = +\infty$$

sein muß.

13. Durch die vorstehenden Bemerkungen, die sich leicht nach den mannigfachsten Richtungen hin vermehren und vertiefen ließen, ist wohl hinlänglich deutlich geworden, daß es *ganz aussichtslos* ist, so etwas wie eine *Scheidelinie zwischen konvergenten und divergenten Reihen* einzuführen, wie dies noch von P. du Bois-Reymond versucht worden ist. Wie man auch diesen zunächst ganz verschwommenen Begriff präzisieren mag, in keiner Form entspricht er den tatsächlichen Verhältnissen. Wir deuten dies nach der nächstliegenden Richtung hin an[1]:

a) Solange die Glieder der Reihen $\sum c_n$ und $\sum d_n$ keiner Beschränkung (außer der, > 0 zu sein) unterworfen werden, bleibt der Quotient $\frac{c_n}{d_n}$ aller nur denkbaren Werte fähig, da neben der sicher bestehenden Beziehung

$$\underline{\lim}\, \frac{c_n}{d_n} = 0 \quad \text{zugleich} \quad \overline{\lim}\, \frac{c_n}{d_n} = +\infty$$

sein kann. Die gebrochenen Linienzüge, durch die nach **7**, 6 die Zahlenfolgen (c_n) und (d_n) veranschaulicht werden, können sich also unbegrenzt oft (und beliebig stark) durchsetzen.

[1] Eine sehr eingehende und sorgfältige Diskussion aller hierher gehörigen Fragen findet sich in dem S. 2 genannten Werke von Pringsheim sowie in dessen mehrfach genannten Arbeiten in den Mathem. Ann. Bd. 35 und in den Münch. Ber. Bd. 26. 1896; 27. 1897.

b) Nach Bem. 11 ist dies auch noch der Fall, wenn die Folgen (c_n) und (d_n) *beide monoton* sind, die obengenannten Linienzüge also *beide monoton fallen*. Es gibt also sicher keinen sich nach rechts erstreckenden Linienzug, der die Eigenschaft hätte, daß das Bild *jeder* Folge vom Typus (c_n) *niemals über ihm* und zugleich das Bild *jeder* Folge vom Typus (d_n) *niemals unter ihm* gelegen wäre — auch dann nicht, wenn die genannten Gebilde monoton sind und erst von einer hinreichend weit rechts gelegenen Stelle an betrachtet werden.

14. Die sich bei den Bem. 11 und 12 aufdrängende Frage, ob die dort behaupteten Tatsachen noch dieselben bleiben, wenn die Glieder der zu konstruierenden Reihen $\sum d_n$ bzw. $\sum c_n$ nicht nur, wie soeben, eine **einfach**-*monotone*, sondern im Sinne der S. 272 aufgestellten Definition eine **voll**-*monotone* Folge bilden sollen, hat H. HAHN[1] bejahend beantwortet.

§ 42. Systematisierung der allgemeinen Konvergenztheorie.

Der Charakter einer gewissen Zufälligkeit, die der bisher entwickelten Konvergenztheorie der unendlichen Reihen nicht abgesprochen werden kann, gab die Veranlassung zu verschiedenen Versuchen, die Kriterien nach umfassenderen Gesichtspunkten zu systematisieren. In größerem Umfange wurden solche Versuche zuerst von P. DU BOIS-REYMOND[2] gemacht, der ihnen indessen noch keineswegs einen Abschluß zu geben vermochte. Das ist in theoretisch und praktisch befriedigender Weise erst durch die Arbeiten von A. PRINGSHEIM[3] geschehen. Wir wollen hier noch ganz kurz über die Hauptgedanken seiner Entwicklungen berichten[4].

Alle bisher in diesen Kapiteln zusammengestellten Kriterien sind Vergleichskriterien, ihre gemeinsame Quelle die beiden Vergleichskriterien I. und II. Art **157** und **158**. Während dasjenige I. Art, also das Kriterium

$$\text{(I)} \qquad a_n \leqq c_n \quad : \quad \mathfrak{C}, \qquad a_n \geqq d_n \quad : \quad \mathfrak{D}$$

als das denkbar einfachste und natürlichste angesprochen werden muß, gilt nicht das gleiche von demjenigen II. Art, für das wir ursprünglich die Form

$$\text{(II)} \qquad \frac{a_{n+1}}{a_n} \leqq \frac{c_{n+1}}{c_n} \quad : \quad \mathfrak{C}, \qquad \frac{a_{n+1}}{a_n} \geqq \frac{d_{n+1}}{d_n} \quad : \quad \mathfrak{D}$$

[1] HAHN, H.: Monatshefte f. Math. u. Phys. Bd. 33. S. 121—134. 1923.

[2] J. reine u. angew. Math. Bd. 76, S. 61. 1873.

[3] Mathem. Ann. Bd. 35, S. 297—394. 1890.

[4] Ein Eingehen auf die Einzelheiten können wir hier um so eher unterlassen, als die PRINGSHEIMschen Untersuchungen in mehreren leicht zugänglichen und ausführlichen Darstellungen von ihres Autors Hand vorliegen, und dies in Formen, denen nicht leicht etwas hinzuzufügen wäre.

kennen lernten. Schon die Heranziehung des Quotienten zweier aufeinanderfolgender Glieder ist etwas durch die Sache selbst nicht Gefordertes. Man könnte daher zunächst versuchen, durch Heranziehung anderer Verbindungen von zwei oder mehr Reihengliedern noch weitere Kriterienarten aufzustellen; doch hat sich dadurch für die Untersuchung allgemeiner Reihen kein Kriterium von Belang ergeben.

Aber auch wenn man beim Quotienten stehen bleibt, so kann man dem Kriterium II. Art noch mannigfache andere Formen geben, da man z. B. die Ungleichungen mit den positiven Faktoren a_n oder c_n multiplizieren darf, ohne daß sich ihre Bedeutung ändert, u. a. Hierauf wollen wir weiter unten zurückkommen. Aber von diesen relativ unwesentlichen Umformungen abgesehen, haben wir in (I) und (II) die Grundformen aller Kriterien zu sehen[1]. Alle nur denkbaren speziellen Vergleichskriterien wird man daher erhalten, wenn man in (I) und (II) alle nur denkbaren konvergenten und divergenten Reihen sich eingesetzt denkt und evtl. Umformungen der eben angedeuteten Art vornimmt.

Eine Systematisierung der allgemeinen Konvergenztheorie wird also in erster Linie die Aufgabe haben, eine Übersicht über alle nur denkbaren konvergenten und divergenten Reihen zu geben.

Diese Aufgabe kann natürlich nicht im wörtlichen Sinne gelöst werden (da ja sonst von jeder Reihe schon das Konvergenzverhalten feststünde); sie kann nur auf andere zurückgeführt werden, die von sich aus mehr Übersichtlichkeit haben und daher das Bedürfnis nach weiterer Behandlung nicht so dringlich erscheinen lassen. PRINGSHEIM zeigt nun — und das ist der wesentliche Ausgangspunkt seiner Untersuchungen —, *daß eine Systematisierung der allgemeinen Konvergenztheorie vollständig durchgeführt werden kann, wenn man sich die Gesamtheit aller monoton ins Unendliche wachsenden (positiven) Zahlenfolgen gegeben denkt.*

Bezeichnen wir eine solche Folge in diesem Paragraphen weiterhin mit (p_n), so daß also $0 < p_0 \leqq p_1 \leqq p_2 \leqq \ldots$ ist und $p_n \to +\infty$ strebt, so ist diese Aufgabe im Prinzip schon durch die folgenden beiden einfachen Bemerkungen gelöst:

a) ***Jede divergente Reihe*** *$\sum d_n$ läßt sich — und eine jede nur auf genau eine Weise — mittels einer passenden Folge vom Typus (p_n) in der Form* **179.**

$$\sum_{n=0}^{\infty} d_n \equiv p_0 + (p_1 - p_0) + \cdots + (p_n - p_{n-1}) + \cdots$$

darstellen, und jede Reihe dieser Form ist divergent.

[1] Also ist — da wir in **160**, 1, 2 sahen, daß (II) eine Folge von (I) ist — letzten Endes (I) doch dasjenige Kriterium, aus dem alles übrige folgt.

b) *Auch* ***jede konvergente Reihe***[1] *läßt sich — und eine jede nur auf genau eine Weise — mittels einer passenden Folge vom Typus* (p_n) *in der Form*

$$\sum_{n=0}^{\infty} c_n \equiv \left(\frac{1}{p_0} - \frac{1}{p_1}\right) + \left(\frac{1}{p_1} - \frac{1}{p_2}\right) + \cdots + \left(\frac{1}{p_n} - \frac{1}{p_{n+1}}\right) + \cdots$$

darstellen, und jede Reihe dieser Form ist konvergent[2].

In der Tat braucht man, nachdem dies festgestellt ist, in die Vergleichskriterien (I) und (II) für die c_n und d_n nur

$$\frac{p_{n+1} - p_n}{p_n \cdot p_{n+1}} \quad \text{bzw.} \quad (p_n - p_{n-1})$$

mit allen nur denkbaren Folgen des Typus (p_n) einzusetzen, um *im Prinzip* alle nur denkbaren Kriterien erster oder zweiter Art zu gewinnen: Alle besonderen Kriterien müssen aus den so erhaltenen durch mehr oder minder naheliegende Umformungen gewonnen werden können; diese werden eben darum theoretisch nie etwas *prinzipiell* Neues bieten, wohl aber werden sie — und hierin ist der hauptsächliche Wert dieser ganzen Betrachtungsweise zu sehen — für den vertieften Einblick in die Zusammenhänge zwischen den verschiedenen Kriterien, für deren einheitliche Aufstellung und endlich für ihre praktische Verwendung von großer Bedeutung sein. Darum lohnte es sich nun sehr gut, auf die Einzelheiten der speziellen Kriterienbildung genau einzugehen; trotzdem wollen wir uns dabei aus dem schon genannten Grunde ganz kurz fassen.

180. 1. Neben die in a) und b) gegebenen typischen Formen für divergente und konvergente Reihen, die wohl als die denkbar einfachsten angesehen werden müssen, lassen sich selbstverständlich noch viele andere stellen, wodurch die äußere Form der Kriterien in mannigfacher Weise verändert werden kann. So ist nach dem ABEL-DINIschen Satze **173** mit $\sum (p_n - p_{n-1})$ auch

$$\sum \frac{p_n - p_{n-1}}{p_n} \quad \text{und} \quad \sum \frac{p_n - p_{n-1}}{p_{n-1}}$$

divergent, während gleichzeitig nach dem PRINGSHEIMschen Satze **174** die Reihen

$$\sum \frac{p_n - p_{n-1}}{p_n \cdot p_{n-1}^{\varrho}} \quad \text{und} \quad \sum \frac{p_n - p_{n-1}}{p_n^{1+\varrho}}$$

für $\varrho > 0$ konvergieren. Und, von geringfügigen Einschränkungen abgesehen, kann auch jede divergente bzw. konvergente Reihe in diesen neuen Formen dargestellt werden.

2. Da bei den vorstehenden typischen Formen divergenter und

---

[1] Falls ihre Glieder von keiner Stelle an *sämtlich* $= 0$ sind.

[2] Die Beweise dieser beiden Behauptungen sind so einfach, daß wir nicht weiter darauf einzugehen brauchen.

konvergenter Reihen die p_n lediglich der Bedingung unterworfen waren, monoton $\to +\infty$ zu streben, so darf man in ihnen p_n durch $\log p_n$, $\log_2 p_n$, ... oder durch $F(p_n)$ ersetzen, wenn $F(x)$ irgendeine für $x > 0$ definierte und zugleich mit x (im engeren Sinne) monoton $\to +\infty$ wachsende Funktion bedeutet. Dies führt dann wieder zu Kriterien, die zwar nicht *dem Wesen nach*, wohl aber (bei der Wahl spezieller p_n) *der Form nach* neu sind. Da insbesondere, wie man sich leicht überzeugt, die bisher genannten Reihentypen um so langsamer divergieren bzw. konvergieren, je langsamer $p_n \to +\infty$ strebt, so hat man, indem p_n etwa durch $\log p_n$, $\log_2 p_n$, ... ersetzt wird, ein Mittel zur Bildung von *Kriterienskalen* vor sich[1]. Für den sich durch besondere Einfachheit aufdrängenden Fall $p_n = n$ ist die Ausführung der hiermit angedeuteten Gedanken der Hauptinhalt der §§ 37 und 38.

3. Ein weiterer Vorteil dieser Betrachtungsweise besteht darin, daß mit Hilfe *einer und derselben* Folge (p_n) sowohl eine divergente wie eine konvergente Reihe dargestellt werden kann. Darum bieten sich die Kriterien ganz naturgemäß immer paarweis dar. Z. B. kann jedes Vergleichskriterium erster Art aus dem *Kriterienpaar*

$$a_n \begin{cases} \leqq \dfrac{p_n - p_{n-1}}{p_n \cdot p_{n-1}} & : \quad \mathfrak{C} \\[2ex] \geqq \dfrac{p_n - p_{n-1}}{p_{n-1}} & : \quad \mathfrak{D} \end{cases}$$

hergeleitet werden, und entsprechend unter Benutzung der anderen typischen Reihenformen.

4. Durch eine leichte — wenn auch ihrem Wesen nach willkürliche, d. h. nicht aus dem allgemeinen Gedankengang mit Notwendigkeit sich ergebende — Änderung kann man nun hier dem Ausdrucke auf der rechten Seite eine einheitliche Gestalt geben und damit das Kriterium in ein einziges sogenanntes *disjunktives Kriterium* verwandeln. So erkennt man z. B. sofort, daß jede der Reihen

$$\sum \frac{p_n - p_{n-1}}{p_n^\alpha} \quad \text{und} \quad \sum \frac{p_n - p_{n-1}}{\alpha^{p_n}}$$

für $\alpha > 1$ konvergiert, für $\alpha \leqq 1$ divergiert. Von der ersten Reihe war dies nämlich soeben festgestellt worden; die zweite hat aber für $\alpha > 1$ von einer Stelle an kleinere Glieder als die erste, während ihre Divergenz für $\alpha = 1$ und also auch für $\alpha \leqq 1$ unmittelbar zu erkennen ist. Das in 3. aufgestellte Kriterienpaar kann daher durch

---

[1] Daß man hierbei von p_n gewöhnlich gleich zu $\log p_n$, $\log_2 p_n$, ... übergeht, ist natürlich wieder freie Willkür. Doch wird dies durch die Sätze **77** und **175**, 2 nahegelegt. Zwischen p_n und $\log p_n$ z. B. könnte man leicht noch viele weitere Stufen der Skala einführen, etwa $e^{\sqrt{\log p_n}}$, das schwächer als p_n, ja schwächer als jede noch so kleine, aber feste positive Potenz von p_n und dennoch stärker als jede noch so hohe (feste, positive) Potenz von $\log p_n$ anwächst.

das folgende disjunktive Kriterium ersetzt werden:

$$a_n \begin{Bmatrix} \leqq \\ \geqq \end{Bmatrix} \frac{p_n - p_{n-1}}{p_n^\alpha} \quad \text{mit} \quad \begin{cases} \alpha > 1 & : \quad \mathfrak{C} \\ \alpha \leqq 1 & : \quad \mathfrak{D} \end{cases}$$

und im wesentlichen[1] auch durch

$$a_n \begin{Bmatrix} \leqq \\ \geqq \end{Bmatrix} \frac{p_n - p_{n-1}}{\alpha^{p_n}} \quad \text{mit} \quad \begin{cases} \alpha > 1 & : \quad \mathfrak{C} \\ \alpha \leqq 1 & : \quad \mathfrak{D} \end{cases}$$

Bei den durch diese Umformung herausspringenden *Konvergenzkriterien* ist es bemerkenswert, daß die Voraussetzung, es solle $p_n \to +\infty$ streben, gar nicht mehr notwendig ist! Es genügt, wenn p_n *monoton* ist. Denn bleibt es *beschränkt*, so ist mit der Folge (p_n) selbst auch die Reihe $\sum (p_n - p_{n-1})$ und folglich auch $\sum \frac{p_n - p_{n-1}}{p_n^\alpha}$ bzw. $\sum \frac{p_n - p_{n-1}}{\alpha^{p_n}}$ sogar für beliebiges $\alpha > 0$ *konvergent*, da ja nun auch $(p_n^{-\alpha})$ und (α^{-p_n}) beschränkte Folgen sind. Diese Konvergenzkriterien[2] besitzen darum einen besonderen Grad von Allgemeinheit, ähnlich dem gleich nachher unter 7. genannten Kriterium II. Art von Kummer[3].

5. Aus diesem disjunktiven Kriterium lassen sich nun wieder — *und das gilt ganz allgemein von allen Kriterien* — durch mannigfache Umformungen andere herleiten, die dann aber nur *der Form nach* neu sein können. Für solche Umformungen läßt sich natürlich kein allgemeines Schema angeben; Blick und Geschick werden hier stets neue Wege finden. Und gerade hierin liegt die Quelle für den großen Reichtum an Kriterien, die letzten Endes jeder Systematisierung sich entziehen.

Ganz naheliegend ist es, daß man jede Ungleichung mit irgendwelchen positiven Faktoren multiplizieren darf, ohne daß sich ihre Bedeutung ändert; ebenso darf man von jeder Seite dieselbe Funktion $F(x)$ bilden, wenn $F(x)$ zugleich mit x (im engeren Sinne) monoton wächst, insbesondere also darf man die beiden Seiten der Ungleichung eines Kriteriums logarithmieren, radizieren oder ähnliches. So kann man z. B. dem letzten disjunktiven Kriterium die Form geben

$$\frac{\log(p_n - p_{n-1}) - \log a_n}{p_n} \begin{cases} \geqq \beta > 0 & : \quad \mathfrak{C} \\ \leqq 0 & : \quad \mathfrak{D} \end{cases}$$

[1] Der Ersatz ist kein vollständiger, d. h. unter Zugrundelegung derselben Folge (p_n) leistet das neue Kriterium nicht soviel wie das alte, da z. B. die Divergenz der Reihe $\sum \frac{p_n - p_{n-1}}{p_n}$ zwar durch das alte, nicht aber durch das neue Kriterium erkannt werden kann.

[2] Pringsheim: Mathem. Ann. Bd. 35, S. 342. 1890.

[3] J. reine u. angew. Math. Bd. 13, S. 78. 1835.

oder

$$\sqrt[p_n]{\frac{a_n}{p_n - p_{n-1}}} \begin{cases} \leqq \vartheta < 1 & : \quad \mathfrak{C} \\ \geqq 1 & : \quad \mathfrak{D} \end{cases}$$

— und man erkennt nun mit einem Blick, daß hiermit ein allgemeiner Rahmen für diejenigen Kriterien entstanden ist, die wir in den voraufgehenden Paragraphen durch die Annahme $p_n \equiv n$ oder $\equiv \log_p n$ erhalten hatten.

6. Wesentlich dieselben Bemerkungen bleiben nun auch in Kraft, wenn man in dem Grundkriterium zweiter Art (II) c_n durch $\frac{p_n - p_{n-1}}{p_n \cdot p_{n-1}}$ und d_n durch $p_n - p_{n-1}$ oder durch eine der anderen typischen Formen für die c_n und d_n ersetzt und dadurch *die allgemeinste Form der Kriterien zweiter Art* aufstellt.

7. Bemerkenswert ist hierbei wieder (vgl. Bem. 4), daß das Konvergenzkriterium durch eine leichte Umformung so gestaltet werden kann, daß es mit dem Divergenzkriterium zusammen schließlich ein einziges disjunktives Kriterium liefert. Das Konvergenzkriterium verlangt zunächst, daß von einer Stelle ab

$$\frac{c_{n+1}}{c_n} - \frac{a_{n+1}}{a_n} \geqq 0 \quad \text{oder} \quad \frac{1}{c_n} - \frac{a_{n+1}}{a_n}\,\frac{1}{c_{n+1}} \geqq 0$$

bleibt. Ersetzt man hierin c_n durch $\frac{p_n - p_{n-1}}{p_n \cdot p_{n-1}}$, so geht die erste Ungleichung über in

$$\frac{p_{n+1} - p_n}{p_{n+1} \cdot p_n} \cdot \frac{p_n \cdot p_{n-1}}{p_n - p_{n-1}} - \frac{a_{n+1}}{a_n} \geqq 0,$$

und da sich hier p_n weghebt, so führen sich von selbst die typischen Glieder einer *divergenten* Reihe ein, und die Konvergenzbedingung lautet

$$d_{n+1}\left(\frac{1}{d_n} - 1\right) - \frac{a_{n+1}}{a_n} \geqq 0 \qquad : \quad \mathfrak{C}$$

oder

$$\frac{d_{n+1}}{d_n} - \frac{a_{n+1}}{a_n} \geqq d_{n+1} \qquad : \quad \mathfrak{C}.$$

Berücksichtigt man endlich, daß mit $\sum d_n$ auch $\sum \varrho d_n$ divergiert ($\varrho > 0$), so erhält das Kriterium die Gestalt

$$\frac{1}{d_n} - \frac{a_{n+1}}{a_n}\,\frac{1}{d_{n+1}} \geqq \varrho > 0 \qquad : \quad \mathfrak{C}.$$

Da nun dem ursprünglichen Kriterium sicher durch die Forderung

$$\frac{1}{c_n} - \frac{a_{n+1}}{a_n} \cdot \frac{1}{c_{n+1}} \geqq \varrho > 0$$

genügt wird, so zeigt es sich, daß bei dieser letzten — seine Wirksamkeit ein klein wenig vermindernden — Gestalt es für das Kriterium ganz gleichgültig ist, ob eine *konvergente* oder *divergente* Reihe zum

Vergleich herangezogen wird. Oder also: Die c_n sowohl wie die d_n dürfen durch irgendwelche (positive) Zahlen ersetzt werden. Ist also (b_n) *irgendeine* Folge positiver Zahlen, so liegt in

$$b_n - \frac{a_{n+1}}{a_n} b_{n+1} \geqq \varrho > 0 \qquad : \qquad \mathfrak{C}$$

ein Konvergenzkriterium vor. Dieses Kriterium von besonderer Allgemeinheit rührt von E. KUMMER her[1].

Andererseits hat man in

181. $$\frac{1}{d_n} - \frac{a_{n+1}}{a_n} \cdot \frac{1}{d_{n+1}} \begin{cases} \geqq \varrho > 0 & : \quad \mathfrak{C} \\ \leqq 0 & : \quad \mathfrak{D} \end{cases}$$

ein disjunktives Kriterium zweiter Art gewonnen (da der auf die Divergenz bezügliche Teil ja eine unmittelbare Umformung von (II) ist).

Bezüglich aller weiteren Einzelheiten verweisen wir nochmals auf die Arbeiten und das Buch von A. PRINGSHEIM. Aus den skizzierten Gedankengängen heraus können natürlich keineswegs alle Kriterien überhaupt, sondern nur diejenigen — diese aber sämtlich — entwickelt werden, die ihrem Charakter nach ein Vergleichskriterium I. oder II. Art sind. So konnte in den Betrachtungen dieses Paragraphen natürlich das Integralkriterium **176** und das ERMAKOFFsche Kriterium **177** nicht auftreten, da sie diesen Charakter nicht besitzen.

Aufgaben zum IX. Kapitel.

133. Man beweise bei den folgenden Reihen die Richtigkeit des angegebenen Konvergenzverhaltens:

a) $\sum \frac{1 \cdot 3 \ldots (2n-1)}{2 \cdot 4 \ldots (2n)} \frac{1}{2n+1} \quad : \quad \mathfrak{C};$

b) $\sum \left(\frac{1 \cdot 3 \ldots (2n-1)}{2 \cdot 4 \ldots 2n}\right)^{\alpha} \quad \text{für} \quad \begin{cases} \alpha > 2 & : \ \mathfrak{C}, \\ \alpha \leqq 2 & : \ \mathfrak{D}; \end{cases}$

c) $\sum \left(\frac{1}{n} - \log \frac{n+1}{n}\right) \quad : \quad \mathfrak{C};$

---

[1] Es wurde von KUMMER schon 1835 angegeben (J. reine u. angew. Math. Bd. 13, S. 172), allerdings mit einer einschränkenden Bedingung, die erst U. DINI 1867 als überflüssig erkannte. Es wurde später mehrfach wiederentdeckt und gab noch 1888 Anlaß zu heftigen Prioritätsstreitigkeiten. Erst O. STOLZ (Vorlesungen üb. allgem. Arithmetik Bd. 1, S. 259) fand den folgenden überaus einfachen Beweis, durch den das Kriterium erst voll verständlich wird:

Direkter Beweis: Das Kriterium besagt, daß von einer Stelle an

$$a_n b_n - a_{n+1} b_{n+1} \geqq \varrho\, a_n .$$

Dies hat zunächst zur Folge, daß die Produkte $a_n b_n$ monoton fallen und also einem bestimmten Grenzwert $\gamma \geqq 0$ zustreben. Nach **131** ist dann aber $\sum \frac{1}{\varrho}(a_n b_n - a_{n+1} b_{n+1})$ eine konvergente Reihe mit positiven Gliedern. Und da $\sum a_n$ nicht größere Glieder hat, so ist diese Reihe gleichfalls konvergent.

d) $\sum \left(\frac{1}{n \log n \log_2 n} - \log \frac{\log_2 (n+1)}{\log_2 n} \right) \quad : \quad \mathfrak{C};$

e) $\sum \frac{(x+1)(2x+1)\dots(nx+1)}{(y+1)(2y+1)\dots(ny+1)}$ für $\begin{cases} y > x > 0 & : \ \mathfrak{C}, \\ x \geqq y > 0 & : \ \mathfrak{D}. \end{cases}$

134. Für jedes feste p hat bei $n \to +\infty$

$$\left[\sum^{n} \frac{1}{\nu \log \nu \dots \log_p \nu} - \log_{p+1} n \right].$$

einen bestimmten Grenzwert C_p, wenn die Summation bei der ersten ganzen Zahl begonnen wird, für die $\log_p n > 1$ ist.

135. Für jedes feste ϱ in $0 < \varrho < 1$ hat bei $n \to \infty$

$$\left[\sum_{\nu=1}^{n} \frac{1}{\nu^{1-\varrho}} - \frac{n^\varrho}{\varrho} \right]$$

einen bestimmten Grenzwert γ_ϱ.

136. Aus $x_n \to \xi$ folgt

$$\left[\frac{x_{pn+q}}{pn+q} + \frac{x_{p(n+1)+q}}{p(n+1)+q} + \dots + \frac{x_{pp'n+q}}{pp'n+q} \right] \to \frac{1}{p} \xi \log p',$$

wenn p, p' und q gegebene natürliche Zahlen sind.

137. Ist $\sum d_n$ divergent, sind D_n die Teilsummen und strebt $d_n \to 0$, so ist

$$\sum_{\nu=1}^{n} d_\nu D_\nu \cong \tfrac{1}{2} D_n^2.$$

138. Hat $\sum a_n$ monoton abnehmende Glieder, so ist die Reihe sicher divergent, wenn für ein festes p und alle n von einer Stelle an $p \cdot a_{pn} - a_n \geqq 0$ ist.

139. Ist stets $0 < d_n < 1$, so sind die beiden Reihen

$$\sum d_{n+1} [(1 - d_0)(1 - d_1) \dots (1 - d_n)]^\varrho$$

und

$$\sum \frac{d_{n+1}}{[(1 + d_0)(1 + d_1) \dots (1 + d_n)]^\varrho}$$

für jedes $\varrho > 0$ konvergent.

140. Es soll das für Reihen mit monoton abnehmenden Gliedern gültige Konvergenzkriterium

$$\overline{\lim} \frac{2^n a_{2^n}}{a_n} \begin{cases} < 1 & : \ \mathfrak{C} \\ > 2 & : \ \mathfrak{D} \end{cases}$$

ohne Benutzung des Ermakoffschen Kriteriums und ohne Benutzung der Integralrechnung direkt bewiesen werden.

141. Ist die Konvergenz einer Reihe $\sum a_n$ mit Hilfe eines Kriteriums der logarithmischen Skala **164**, II festgestellt, so nimmt

$$[n \log n \log_2 n \dots \log_k n] \cdot a_n \to 0$$

ab, und zwar von einer Stelle an sogar monoton, welche natürliche Zahl auch k bedeuten mag.

X. Kapitel.

Reihen mit beliebigen Gliedern.

§ 43. Konvergenzkriterien für Reihen mit beliebigen Gliedern.

Während es bei den Reihen mit positiven Gliedern möglich war, die Untersuchung ihres Konvergenzverhaltens einigermaßen zu systematisieren, muß man bei Reihen mit beliebigen Gliedern fast ganz darauf verzichten. Der Grund hierfür ist weniger in einer ungenügenden Entwicklung der Theorie zu sehen als in der Sache selbst. Denn eine Reihe mit beliebigen Gliedern kann konvergent sein, ohne absolut zu konvergieren[1]. Ja, dieser Fall wird hier sogar der fast allein interessierende, denn die Feststellung der etwaigen absoluten Konvergenz kommt nach **85** doch auf die Untersuchung einer Reihe mit positiven Gliedern zurück. Wir brauchen daher hier nur den Fall zu betrachten, daß die Reihe entweder tatsächlich nicht absolut konvergiert oder ihre absolute Konvergenz mit den bisherigen Mitteln nicht erkannt werden kann. Konvergiert aber die Reihe nur bedingt, so hängt die Konvergenz nicht nur von der Größe der einzelnen Glieder ab, sondern wesentlich noch von der Art ihrer Aufeinanderfolge. Etwaige Vergleichskriterien dürfen sich also nicht nur, wie früher, auf die einzelnen Glieder beziehen, sondern müssen im wesentlichen die ganze Reihe in Betracht ziehen. Das bedeutet aber letzten Endes, daß jede Reihe für sich untersucht werden muß und sich also kein allgemeiner Zugang zu allen Reihen angeben läßt.

Wir müssen uns also hier mit Kriterien eines bescheideneren Wirkungskreises begnügen. Das wichtigste Hilfsmittel bei ihrer Aufstellung ist die sogenannte

182. °**ABELsche partielle Summation**[2]. *Sind* $(a_0, a_1, \ldots)$ *und* $(b_0, b_1, \ldots)$ *irgend zwei Zahlenfolgen und wird für* $n \geqq 0$

$$a_0 + a_1 + \cdots + a_n = A_n$$

gesetzt, so ist für jedes $n \geqq 0$ *und jedes* $k \geqq 1$ *stets*

$$\sum_{\nu=n+1}^{n+k} a_\nu b_\nu = \sum_{\nu=n+1}^{n+k} A_\nu (b_\nu - b_{\nu+1}) - A_n \cdot b_{n+1} + A_{n+k} \cdot b_{n+k+1}.$$

Beweis. Es ist

$$a_\nu b_\nu = (A_\nu - A_{\nu-1})\, b_\nu = A_\nu (b_\nu - b_{\nu+1}) - A_{\nu-1} b_\nu + A_\nu b_{\nu+1},$$

[1] Der Fall, daß die Reihe durch „endlich viele Änderungen" (s. **82**, 4) oder durch einen Vorzeichenwechsel *aller* Glieder in eine Reihe mit positiven Gliedern verwandelt werden kann, bedarf natürlich keiner besonderen Behandlung.

[2] J. reine u. angew. Math. Bd. 1, S. 314. 1826.

woraus sich durch Summation von $\nu = n + 1$ bis $\nu = n + k$ sofort die Behauptung ergibt[1].

°**Zusätze.** 1. *Die Formel gilt auch noch für* $n = -1$, *wenn man* $A_{-1} = 0$ *setzt.* **183.**

2. *Ist* c *eine beliebige Konstante und setzt man* $A_\nu + c = A'_\nu$, so *ist auch*

$$\sum_{\nu=n+1}^{n+k} a_\nu b_\nu = \sum_{\nu=n+1}^{n+k} A'_\nu (b_\nu - b_{\nu+1}) - A'_n b_{n+1} + A'_{n+k} \cdot b_{n+k+1} \, .$$

— denn es ist $a_\nu = A_\nu - A_{\nu-1} = A'_\nu - A'_{\nu-1}$.

Man „darf" also bei der ABELschen partiellen Summation die A_ν um eine beliebige Konstante vermehren oder vermindern, was mit einer Änderung von a_0 gleichbedeutend ist.

Diese ABELsche partielle Summation gestattet nun fast unmittelbar, eine Anzahl von Konvergenzkriterien für Reihen der Form $\sum a_\nu b_\nu$ herzuleiten[2]; sie liefert uns zunächst den folgenden sehr allgemeinen

°**Satz.** *Die Reihe* $\sum a_\nu b_\nu$ *ist sicher konvergent, wenn* **184.**

1. *die Reihe* $\sum A_\nu (b_\nu - b_{\nu+1})$ *konvergiert, und*
2. *der Grenzwert* $\lim\limits_{p \to +\infty} A_p \cdot b_{p+1}$ *vorhanden ist.*

Beweis. Die Formel der ABELschen partiellen Summation liefert für $n = -1$ sofort, daß für $k \geqq 0$

$$\sum_{\nu=0}^{k} a_\nu b_\nu = \sum_{\nu=0}^{k} A_\nu (b_\nu - b_{\nu+1}) + A_k b_{k+1}$$

ist, woraus für $k \to \infty$ auf Grund der beiden Voraussetzungen sofort die Behauptung folgt. — Darüber hinaus lehrt die letzte Beziehung noch, daß

$$s = s' + l$$

ist, wenn $\sum a_\nu b_\nu = s$, $\sum A_\nu \cdot (b_\nu - b_{\nu+1}) = s'$ und $\lim A_p b_{p+1} = l$ gesetzt wird. Insbesondere ist dann und nur dann $s = s'$, wenn $l = 0$.

Wir leiten nun aus diesem sehr weitgehenden Satze, durch den die Konvergenzfrage für $\sum a_\nu b_\nu$ zwar nicht beantwortet, sondern nur auf zwei neue — aber eben in vielen Fällen einfachere — zurückgeführt wird, einige speziellere und leichter zu handhabende Kriterien her.

---

[1] Manchmal ist es vorteilhafter, die Formel in der Form

$$\sum_{\nu=n+1}^{n+k} a_\nu b_\nu = \sum_{\nu=n+1}^{n+k-1} A_\nu (b_\nu - b_{\nu+1}) - A_n b_{n+1} + A_{n+k} b_{n+k}$$

zu benutzen.

[2] Auf diese Form läßt sich natürlich *jede* Reihe bringen, da man ja jede Zahl als Produkt zweier anderer Zahlen schreiben kann. Der Erfolg in der Anwendung des obigen Satzes wird von dem Geschick in der Abspaltung der Faktoren abhängen.

°1. **Kriterium von ABEL**[1]. *$\sum a_\nu b_\nu$ ist konvergent, wenn $\sum a_\nu$ konvergiert und wenn die Folge (b_n) monoton*[2] *und beschränkt ist*[3].

Beweis. Nach Voraussetzung ist (A_n), nach **46** auch (b_n) und somit $(A_n b_{n+1})$ eine konvergente Folge. Nach **131** ist ferner $\sum(b_\nu - b_{\nu+1})$ konvergent, und weil die Glieder dieser Reihe wegen der Monotonie der b_n einerlei Vorzeichen haben, ist die Konvergenz sogar eine absolute. Folglich ist nach **87**, 2 auch die Reihe $\sum A_\nu (b_\nu - b_{\nu+1})$ konvergent, denn die A_ν sind, da sie eine konvergente Folge bilden, sicher beschränkt. Die beiden Bedingungen des Satzes **184** sind also erfüllt, und $\sum a_\nu b_\nu$ ist somit konvergent.

°2. **Kriterium von DIRICHLET**[4]. *$\sum a_\nu b_\nu$ ist konvergent, wenn $\sum a_\nu$ beschränkte Teilsummen hat und (b_n) eine monotone Nullfolge ist.*

Beweis. Aus denselben Gründen wie vorhin ist $\sum A_\nu (b_\nu - b_{\nu+1})$ konvergent, und da mit (b_n) wegen der Beschränktheit der (A_n) auch $(A_n \cdot b_{n+1})$ eine Nullfolge, also jedenfalls eine konvergente Folge ist, so sind wieder die Voraussetzungen des Satzes **184** erfüllt.

°3. **Kriterien von DU BOIS-REYMOND**[5] **und DEDEKIND**[6].

a) *$\sum a_\nu b_\nu$ ist konvergent, wenn $\sum(b_\nu - b_{\nu+1})$ absolut und wenn $\sum a_\nu$ wenigstens bedingt konvergiert.*

Beweis. Nach **87**, 2 konvergiert auf Grund der Voraussetzungen auch $\sum A_\nu \cdot (b_\nu - b_{\nu+1})$, da ja (A_n) sicher beschränkt ist. Da ferner

$$(b_0 - b_1) + (b_1 - b_2) + \cdots + (b_{n-1} - b_n) = b_0 - b_n$$

für $n \to +\infty$ gegen einen Grenzwert strebt, so ist $\lim b_n$ vorhanden; wegen der vorausgesetzten Existenz von $\lim A_n$ ist also auch $\lim A_n b_{n+1}$ vorhanden.

---

[1] l. c. — Das ABELsche Kriterium gibt eine hinreichende Bedingung für die (b_n) an, damit aus der Konvergenz von $\sum a_n$ diejenige von $\sum a_n b_n$ folgt. J. HADAMARD (Acta math. Bd. 27, S. 177. 1903) gibt die *notwendigen und hinreichenden* Bedingungen; vgl. auch E. B. ELLIOT (Quarterly Journ. Bd. 37, S. 222. 1906), der die Fragestellung in verschiedener Weise verfeinert.

[2] Im Hinblick auf die später vorzunehmende Erweiterung auf komplexe Zahlen (s. S. 411) sei schon hier betont, daß eine als monoton vorausgesetzte Zahlenfolge notwendig eine *reelle* Zahlenfolge sein muß.

[3] Oder auch: *Eine konvergente Reihe „darf" gliedweise mit monotonen und beschränkten Faktoren multipliziert werden.* — Satz **184** und die daraus hergeleiteten Kriterien antworten alle auf die Fragen: Mit was für Faktoren *darf* eine beliebige konvergente Reihe gliedweise multipliziert werden, damit eine wieder konvergente Reihe entsteht? Und mit was für Faktoren *muß* eine divergente Reihe multipliziert werden, damit daraus eine konvergente Reihe entsteht?

[4] Vorlesungen über Zahlentheorie, 1. Aufl., § 101. Braunschweig 1863.

[5] Antrittsprogramm d. Univ. Freiburg, 1871. — Die oben benutzte Benennung der 3 Kriterien ist eine mehr konventionelle, da im Prinzip alle drei schon von ABEL herrühren. Zur Geschichte dieser Kriterien vgl. A. PRINGSHEIM: Mathem. Ann. Bd. 25, S. 423. 1885.

[6] In § 143 des in Fußnote 4 genannten Werkes.

b) *$\sum a_\nu b_\nu$ ist konvergent, wenn außer der absoluten Konvergenz von $\sum(b_\nu - b_{\nu+1})$ nur vorausgesetzt wird, daß $\sum a_\nu$ beschränkte Teilsummen hat und daß $b_n \to 0$ strebt.*

Beweis. Auch jetzt ist $\sum A_\nu(b_\nu - b_{\nu+1})$ wieder konvergent, und es strebt $A_n b_{n+1} \to 0$.

Beispiele und Anwendungen. **185.**

1. Mit $\sum a_n$ konvergiert nach dem Abelschen Kriterium auch $\sum \frac{a_n}{n}$, $\sum \frac{a_n}{\log n}$, $\sum \frac{a_n}{\log_p n}$, $\sum \frac{n+1}{n} a_n$, $\sum \sqrt[n]{n} \cdot a_n$, $\sum \left(1 + \frac{1}{n}\right)^n \cdot a_n$; denn die zum Gliede a_n hinzugekommenen Faktoren sind beschränkt und (von einer Stelle an) monoton.

2. $\sum (-1)^n$ hat beschränkte Teilsummen. Ist also (b_n) eine monotone Nullfolge, so ist

$$\sum (-1)^n b_n$$

nach dem Dirichletschen Kriterium konvergent. Wir haben so einen neuen Beweis für das Leibnizsche Kriterium bei alternierenden Reihen (**82**, 5).

3. Ist die Folge $(k_0, k_1, k_2, \ldots)$ von natürlichen Zahlen so beschaffen, daß $\sum (-1)^{k_n}$ beschränkte Teilsummen hat — bleibt also die Differenz zwischen der Anzahl der geraden und der der ungeraden unter den Zahlen $k_0, k_1, \ldots, k_n$ mit wachsendem n beschränkt, so ist

$$\sum (-1)^{k_n} b_n$$

konvergent, wenn (b_n) eine monotone Nullfolge bedeutet.

4. Ist $\sum a_n$ konvergent, so konvergiert für $0 \leq x \leq 1$ die Potenzreihe $\sum a_n x^n$; denn die Faktoren x^n bilden eine montone und beschränkte Folge. — Hat $\sum a_n$ wenigstens beschränkte Teilsummen, so ist diese Potenzreihe jedenfalls für $0 \leq x < 1$ konvergent, weil dann x^n monoton $\to 0$ strebt.

5. Die Reihe $\sum \sin n x$ hat für *jedes* (feste) reelle x und die Reihe $\sum \cos n x$ hat für jedes von den ganzzahligen Vielfachen von 2π verschiedene (feste) reelle x beschränkte Teilsummen. Denn es gilt für jedes von $2k\pi$ verschiedene x die elementare, aber wichtige Formel

$$\sin(\alpha + x) + \sin(\alpha + 2x) + \cdots + \sin(\alpha + n x) = \frac{\sin n\frac{x}{2} \cdot \sin\left(\alpha + (n+1)\frac{x}{2}\right)}{\sin\frac{x}{2}},$$

für die bei **201** auch der Beweis angegeben wird[1]. Sie liefert für $\alpha = 0$:

$$\sin x + \sin 2x + \cdots + \sin n x = \frac{\sin n\frac{x}{2} \cdot \sin\left((n+1)\frac{x}{2}\right)}{\sin\frac{x}{2}}, \quad (x \neq 2k\pi),$$

und für $\alpha = \frac{\pi}{2}$:

$$\cos x + \cos 2x + \cdots + \cos n x = \frac{\sin n\frac{x}{2} \cdot \cos\left((n+1)\frac{x}{2}\right)}{\sin\frac{x}{2}}, \quad (x \neq 2k\pi).$$

[1] Für $x = 2k\pi$ hat diese Summe natürlich für *jedes* n den Wert $n \sin\alpha$.

Aus ihnen kann die Beschränktheit der Teilsummen in dem behaupteten Umfange sofort abgelesen werden. Nach dem Kriterium 3b ist also, wenn $\sum(b_n - b_{n+1})$ absolut konvergiert und $b_n \to 0$ strebt, die Reihe

$$\sum b_n \sin n x \quad \textit{für jedes } x$$

und die Reihe

$$\sum b_n \cos n x \quad \textit{für jedes von } 2k\pi \textit{ verschiedene } x$$

konvergent. Dies findet also insbesondere bei monoton zu 0 abnehmenden b_n statt[1].

6. Sind die b_n positiv und kann

$$\frac{b_{n+1}}{b_n} = 1 - \frac{\alpha}{n} - \frac{\beta_n}{n^{1+\delta}}$$

mit positivem δ und *beschränkten* β_n gesetzt werden, *so ist* $\sum(-1)^n b_n$ ***dann und nur dann konvergent, wenn*** $\alpha > 0$ *ist.* Denn *ist* $\alpha > 0$, so folgt aus diesen Voraussetzungen zunächst, daß für alle n von einer Stelle ab $b_{n+1}/b_n < 1$, also die Folge (b_n) monoton fallend ist. Die Konvergenz der Reihe wäre also nach 2 gesichert, wenn man noch zeigen könnte, daß $b_n \to 0$ strebt. Dies ergibt sich, ähnlich wie in **170**, 1, folgendermaßen: Ist $0 < \alpha' < \alpha$, so ist von einer Stelle ab, etwa für alle $\nu \geqq m$,

$$\frac{b_{\nu+1}}{b_\nu} < 1 - \frac{\alpha'}{\nu}.$$

Schreibt man diese Ungleichung für $\nu = m, m+1, \ldots, n-1$ an und multipliziert sie, so folgt

$$b_n < b_m \cdot \prod_{\nu=m}^{n-1} \left(1 - \frac{\alpha'}{\nu}\right).$$

Wegen der Divergenz der harmonischen Reihe folgt hieraus wie in **170**, 1, daß wirklich $b_n \to 0$ strebt.

Im Falle $\alpha < 0$ nehmen aus entsprechenden Gründen die b_n von einer Stelle an monoton zu, so daß $\sum(-1)^n b_n$ gewiß nicht konvergieren kann. Im Falle $\alpha = 0$ endlich schließt man, genau wie S. 298, daß auch jetzt b_n *nicht* $\to 0$ strebt und also die Reihe wieder nicht konvergieren kann.

7. Wenn eine Reihe der Form $\sum \frac{a_n}{n^x}$ — man nennt solche Reihen DIRICHLETsche Reihen; wir werden sie später (§ 58, A) eingehender behandeln — für einen bestimmten Wert von x, etwa für $x = x_0$ konvergiert, so konvergiert sie auch für jedes $x > x_0$, denn $\frac{1}{n^{x-x_0}}$ bildet dann eine monotone Nullfolge. Aus dieser einfachen Anwendung des ABELschen Kriteriums ergibt sich ganz ähnlich wie bei den Potenzreihen (**93**) der Satz: *Jede Reihe der Form* $\sum \frac{a_n}{n^x}$ *besitzt eine wohlbestimmte Konvergenzabszisse* λ *mit der Eigenschaft, daß die Reihe für jedes* $x > \lambda$ *konvergiert, für jedes* $x < \lambda$ *divergiert.* (Näheres s. § 58, A.)

186. Allgemeine Bemerkungen.

1. Es war schon einleitend hervorgehoben worden, daß bei beliebigen Reihen die Größe des *einzelnen Gliedes* nicht entscheidend für die Konvergenz ist. Insbesondere brauchen zwei Reihen $\sum a_n$ und $\sum b_n$, deren Glieder asymptotisch gleich sind, für die also $a_n/b_n \to 1$ strebt, nicht dasselbe Konvergenzverhalten aufzuweisen (vgl. dagegen **70**, 4).

[1] MALMSTÉN, C. J.: Nova Acta Upsaliensis (2) Bd. 12, S. 255. 1844.

Z. B. für

$$a_n = \frac{(-1)^n}{n} + \frac{1}{n \log n} \quad \text{und} \quad b_n = \frac{(-1)^n}{n}, \quad (n = 2, 3, \ldots),$$

strebt

$$\frac{a_n}{b_n} = 1 + \frac{(-1)^n}{\log n} \to 1 .$$

Trotzdem ist $\sum b_n$ konvergent, $\sum a_n$ aber divergent, da ja $\sum (a_n - b_n)$ nach **79**, 2 divergiert.

2. *Wenn eine Reihe $\sum a_n$ nicht absolut konvergiert* (vgl. S. 137, Fußn. 2), *so bilden ihre positiven und negativen Glieder für sich je eine divergente Reihe.* Genauer: Es werde $p_n = a_n$ oder $= 0$ gesetzt, je nachdem $a_n > 0$ oder $\leqq 0$ ist; und ebenso werde $q_n = -a_n$ oder $= 0$ gesetzt, je nachdem $a_n < 0$ oder $\geqq 0$ ist. Es ist also $p_n = \frac{|a_n| + a_n}{2}$ und $q_n = \frac{|a_n| - a_n}{2}$. Dann sind $\sum p_n$ und $\sum q_n$ Reihen mit positiven Gliedern, deren erste nur die positiven und deren zweite nur die Beträge der negativen Glieder von $\sum a_n$ enthält (und zwar in unveränderter Stellung innerhalb der Reihe) und sonst nur Nullen. *Diese Reihen sind beide divergent.* Denn es ist ja

$$\sum p_n = \tfrac{1}{2} \sum |a_n| + \tfrac{1}{2} \sum a_n ,$$
$$\sum q_n = \tfrac{1}{2} \sum |a_n| - \tfrac{1}{2} \sum a_n .$$

und nach Voraussetzung $\sum |a_n|$ divergent, $\sum a_n$ konvergent.

3. Nach der vorigen Bemerkung erscheint also eine nur bedingt konvergente Reihe, d. h. also die Folge ihrer Teilsummen, als Differenz zweier monoton ins Unendliche wachsender Zahlenfolgen[1]. Über die Stärke des Anwachsens dieser beiden Folgen beweist man leicht den

Satz. *Die Teilsummen von $\sum p_n$ und $\sum q_n$ sind asymptotisch gleich.*
In der Tat ist

$$\frac{p_1 + p_2 + \cdots + p_n}{q_1 + q_2 + \cdots + q_n} - 1 = \frac{a_1 + a_2 + \cdots + a_n}{q_1 + q_2 + \cdots + q_n};$$

und da in diesem letzten Quotienten der Zähler beschränkt ist, während der Nenner mit n ins Unendliche wächst, so strebt dieser Quotient $\to 0$, womit schon alles bewiesen ist.

4. Über die relative Häufigkeit positiver und negativer Glieder bei *bedingt konvergenten* Reihen $\sum a_n$, bei denen $|a_n|$ *monoton* fällt, hat E. Cesàro[2] den schönen Satz bewiesen, daß, wenn P_n die *Anzahl* der *positiven* und Q_n die *Anzahl* der *negativen* Glieder a_ν ist, für die $\nu \leqq n$ ist, $\frac{P_n}{Q_n}$ keinen andern Grenzwert als 1 haben kann. (Doch braucht dieser Grenzwert nicht zu existieren.)

§ 44. Umordnung nur bedingt konvergenter Reihen.

Schon in **89**, 2 hatten wir den grundlegenden Unterschied zwischen absolut und nicht absolut konvergenten Reihen hervorgehoben, der

[1] Die in manchen Darstellungen zu findende Ausdrucksweise, die Summe einer bedingt konvergenten Reihe sei in der Form $\infty - \infty$ gegeben, sollte als gar zu oberflächlich lieber vermieden werden.

[2] Rom. Acc. Lincei Rend. (4) Bd. 4, S. 133. 1888. — Vgl. hierzu eine Note von G. H. Hardy: Messenger of Math. (2) Bd. 41, S. 17. 1911, und von H. Rademacher: Mathem. Z. Bd. 11, S. 276—288. 1921.

darin besteht, daß das Konvergenzverhalten der letzteren wesentlich von der *Anordnung* der Glieder der Reihe abhängt, daß also für diese Reihen das Kommutationsgesetz der Addition nicht gilt. Wir hatten dies dadurch bewiesen, daß wir zeigten, daß eine nicht absolut konvergente Reihe lediglich durch *Umordnung* der Reihenfolge ihrer Glieder in eine divergente Reihe verwandelt werden kann. Dieser Satz läßt sich nun erheblich verfeinern. Es läßt sich nämlich genauer zeigen, daß sich durch eine passende Umordnung jedes nur denkbare *vorgeschriebene* Konvergenzverhalten bei der Reihe hervorrufen läßt. Es gilt also der folgende

187. **Riemannsche Umordnungssatz.** *Ist* $\sum a_n$ *eine nur bedingt konvergente Reihe, so kann man aus ihr durch passende Umordnung* (s. **27**, 3) ***eine neue Reihe*** $\sum a_n'$ ***herleiten, die je nach der Art der Umordnung***

a) *mit einer willkürlich vorgeschriebenen Summe* s' *konvergiert*[1];

b) *nach* $+\infty$ *oder nach* $-\infty$ *divergiert;*

c) *beliebig vorgeschriebene Häufungsgrenzen* $\varkappa$ *und* μ *ihrer Teilsummen aufweist, wofern nur* $\varkappa \leqq \mu$ *ist.*

Beweis. Da die Behauptung c) offenbar die Behauptungen a) und b) als Spezialfälle enthält, nämlich a) für $\varkappa = \mu = s'$ und b) für $\varkappa = \mu = +\infty$ bzw. $= -\infty$, so genügt es, c) zu beweisen.

Dazu wähle man irgendeine Zahlenfolge $(\varkappa_n)$, die $\to \varkappa$, und irgendeine Zahlenfolge (μ_n), die $\to \mu$ strebt, für die jedoch stets $\varkappa_n < \mu_n$ und $\mu_1 > 0$ sein soll[2].

In der Reihe $\sum a_n \equiv a_1 + a_2 + \cdots$ bezeichne man nun (etwas abweichend von **186**, 2) diejenigen Glieder a_n, welche $\geqq 0$ sind, in der Reihenfolge, wie sie auftreten, mit $p_1, p_2, \ldots$ und die Beträge derjenigen, die < 0 sind, mit $q_1, q_2, \ldots$. Dann unterscheiden sich $\sum p_n$ und $\sum q_n$ von den damals ebenso bezeichneten Reihen nur durch das Fehlen vieler Nullen als Glieder, und es sind also wieder zwei divergente Reihen mit positiven, gegen 0 strebenden Gliedern. Wir werden nun zeigen, daß schon eine Reihe vom Typus

$$(*) \quad p_1 + p_2 + \cdots + p_{m_1} - q_1 - q_2 - \cdots - q_{k_1} + p_{m_1+1} + \cdots + p_{m_2} \\ - q_{k_1+1} - \cdots - q_{k_2} + p_{m_2+1} + \cdots$$

---

[1] Riemann, B.: Abh. d. Ges. d. Wiss. z. Göttingen Bd. 13, S. 97. 1866/68. — Die Behauptungen b) und c) sind naheliegende Ergänzungen.

[2] Das ist offenbar in der mannigfachsten Weise möglich. Ist nämlich $\varkappa = \mu$ und der gemeinsame Wert endlich $(= s')$, so setze man $\varkappa_n = s' - \frac{1}{n}$ und $\mu_n = s' + \frac{1}{n}$, μ_1 nötigenfalls noch größer; ist $\varkappa = \mu = +\infty$ (bzw. $= -\infty$), so setze man $\varkappa_n = n$ (bzw. $= -n$) und $\mu_n = \varkappa_n + 2$. Ist endlich $\varkappa < \mu$, so wähle man $(\varkappa_n)$ und (μ_n) ganz beliebig $\to \varkappa$ bzw. $\to \mu$ konvergierend; dann ist von einer Stelle an auch stets $\varkappa_n < \mu_n$, und man kann durch endlich viele Änderungen erreichen, daß das von Anfang an der Fall und daß $\mu_1 > 0$ ist.

das Verlangte leistet. Eine solche Reihe ist offenbar eine Umordnung der gegebenen (und sogar eine solche, die die Reihenfolge der positiven Glieder *unter sich* und die der negativen *unter sich* ungeändert gelassen hat).

Wir wählen nun die beiden wachsenden Folgen der Indizes $m_1, m_2, \ldots$ und $k_1, k_2, \ldots$ so, daß diejenige Teilsumme der Reihe (*), die

1. mit p_{m_1} abbricht, $> \mu_1$ ist, diejenige aber, die ein Glied früher abbricht, $\leqq \mu_1$ ist,

2. mit q_{k_1} abbricht, $< \varkappa_1$ ist, diejenige aber, die ein Glied früher abbricht, $\geqq \varkappa_1$ ist,

3. mit p_{m_2} abbricht, $> \mu_2$ ist, diejenige aber, die ein Glied früher abbricht, $\leqq \mu_2$ ist,

4. mit q_{k_2} abbricht, $< \varkappa_2$ ist, diejenige aber, die ein Glied früher abbricht, $\geqq \varkappa_2$ ist,

usw.

Das kann stets erreicht werden; denn indem man hinreichend viele positive Glieder auftreten läßt, kann man die Teilsummen so groß machen, wie man will, und indem man hinreichend viele negative Glieder folgen läßt, kann man sie wieder so tief sinken lassen wie man will. Da andrerseits bei jedem Schritt wegen $\varkappa_n < \mu_n$ mindestens *ein* Glied genommen werden muß, so tritt auch jedes Glied der alten Reihe in der neuen wirklich auf.

Ist nun $\sum a'_n$ diese wohlbestimmte Umordnung von $\sum a_n$, so haben die Teilsummen dieser Reihe $\sum a'_n$ die vorgeschriebenen Häufungsgrenzen. In der Tat, bezeichnen wir der Kürze halber die mit den Gliedern $p_{m_1}, p_{m_2}, \ldots$ abbrechenden Teilsummen mit $\tau_1, \tau_2, \ldots$, die mit $q_{k_1}, q_{k_2}, \ldots$ abbrechenden mit $\sigma_1, \sigma_2, \ldots$, so ist stets

$$|\sigma_\nu - \varkappa_\nu| < q_{k_\nu} \quad \text{und} \quad |\tau_\nu - \mu_\nu| < p_{m_\nu}.$$

Wegen $p_n \to 0$ und $q_n \to 0$ muß hiernach also $\sigma_\nu \to \varkappa$ und $\tau_\nu \to \mu$ streben, d. h. $\varkappa$ und μ sind jedenfalls Häufungs*werte* der Teilsummen von $\sum a'_n$. Daß sie nun auch deren Häufungs*grenzen* darstellen, folgt einfach daraus, daß eine Teilsumme s'_n von $\sum a'_n$, die weder einem σ_ν noch einem τ_ν gleich ist, immer *zwischen* zwei aufeinanderfolgenden dieser besonderen Teilsummen gelegen ist. Die s'_n können also außerhalb des Intervalles $\varkappa \ldots \mu$ (bzw. außer dem gemeinsamen Wert beider) keine Häufungsstelle mehr besitzen.

Dieser Satz hat ähnliche Untersuchungen in mannigfachen Richtungen angeregt. Schon M. Ohm[1] und O. Schlömilch[2] haben die Wirkung verschiedener Umordnungen auf die spezielle Reihe $1 - \frac{1}{2} + \frac{1}{3} - \frac{1}{4} + - \cdots$ untersucht, insbesondere den Fall, daß man auf je p positive Glieder je q negative folgen läßt (vgl. Aufg. 148). Aber erst A. Pringsheim[3] hat allgemeinere Resultate für den

[1] Antrittsprogramm Berlin, 1839. [2] Z. Math. u. Phys. Bd. 18, S. 520. 1873.
[3] Mathem. Ann. Bd. 22, S. 455. 1883.

Fall erzielt, daß in einer bedingt konvergenten Reihe die *relative* Häufigkeit der positiven und negativen Glieder nach bestimmten Vorschriften geändert wird. E. BOREL[1] umgekehrt hat die Frage untersucht, durch welche Umordnungen die Summe einer bedingt konvergenten Reihe *nicht* geändert wird. In neuerer Zeit hat W. SIERPINSKI[2] gezeigt, daß, wenn $\sum a_n = s$ bedingt konvergiert und $s' < s$ ist, man durch alleinige Umordnung der *positiven* Glieder unter Belassung der negativen Glieder an ihrem *Platze* und in ihrer *Anordnung*, der Reihe die Summe s' geben kann, und analog jede Summe $s'' > s$ durch alleinige Umordnung der negativen Glieder. (Der Beweis ist weniger einfach.)

§ 45. Multiplikation nur bedingt konvergenter Reihen.

Im vorigen Paragraphen zeigten wir, in Ergänzung der Ausführungen von **89**, 2, daß bei Reihen, die nur bedingt konvergieren, das Kommutationsgesetz der Addition nicht mehr gilt. Daß auch das Distributionsgesetz nicht allgemein weiterbesteht und daß also die Multiplikation zweier solcher Reihen $\sum a_n$ und $\sum b_n$ nicht mehr nach den elementaren Regeln ausgeführt werden darf, hatten wir gleichfalls schon (§ 17, Ende) an einem von CAUCHY herrührenden Beispiel gesehen. Doch blieb dort die Frage noch unerledigt, ob die Produktreihe $\sum c_n$ (mit $c_n = a_0 b_n + a_1 b_{n-1} + \dots + a_n b_0$) nicht schon bei weniger strengen Voraussetzungen über die Reihen $\sum a_n = A$ und $\sum b_n = B$ — wir verlangten in § 17, daß sie beide absolut konvergent seien — konvergieren und den Wert $A \cdot B$ zur Summe haben muß.

In dieser Richtung gilt zunächst der folgende

188. °**Satz von MERTENS**[3]. *Wenn von den beiden konvergenten Reihen* $\sum a_n = A$ *und* $\sum b_n = B$ *wenigstens eine absolut konvergiert, so ist* $\sum c_n$ *schon konvergent und* $= A \cdot B$.

Beweis. Es ist nur zu zeigen, daß mit wachsendem n die Teilsummen

$$\begin{aligned} C_n &= c_0 + c_1 + \cdots + c_n \\ &= a_0 b_0 + (a_0 b_1 + a_1 b_0) + \cdots + (a_0 b_n + a_1 b_{n-1} + \cdots + a_n b_0) \end{aligned}$$

gegen den Grenzwert $A \cdot B$ streben. Wir dürfen annehmen, daß $\sum a_n$ diejenige der beiden Reihen ist, die absolut konvergiert. Bezeichnen wir dann die Teilsummen von $\sum a_n$ mit A_n, die von $\sum b_n$ mit B_n, so ist zunächst

$$C_n = a_0 \cdot B_n + a_1 B_{n-1} + \cdots + a_n B_0$$

oder, wenn man $B_n = B + \beta_n$ setzt,

$$= A_n \cdot B + (a_0 \cdot \beta_n + a_1 \beta_{n-1} + \cdots + a_n \beta_0).$$

---

[1] Bull. des scienc. mathém. (2), Bd. 14, S. 97. 1890.

[2] Bull. internat. Ac. Sciences Cracovie S. 149. 1911.

[3] J. reine u. angew. Math. Bd. 79, S. 182. 1875. — Eine Erweiterung des Satzes gab T. J. STIELTJES: Nouv. Annales (3) Bd. 6, S. 210. 1887.

Da hier $A_n \cdot B \to A \cdot B$ strebt, so ist einzig noch dies zu zeigen: Wenn $\sum a_n$ absolut konvergiert und $\beta_n \to 0$ strebt, so bilden die Ausdrücke

$$\omega_n = a_n \beta_0 + a_{n-1} \beta_1 + \cdots + a_0 \beta_n, \qquad (n = 0, 1, 2, \ldots),$$

eine Nullfolge. Das ist aber eine unmittelbare Folge von **44**, 9b; man hat dort nur $x_n = \beta_n$ und $y_n = a_n$ zu setzen. Damit ist der Satz bewiesen.

Endlich wollen wir noch die Frage beantworten, *ob denn die Produktreihe $\sum c_n$, **wenn** sie konvergiert, notwendig den Wert $A \cdot B$ zur Summe haben muß.*

Daß diese Frage zu bejahen ist, besagt der folgende

°**Satz von Abel**[1]. *Sind die drei Reihen $\sum a_n$, $\sum b_n$ und $\sum c_n \equiv \sum (a_0 b_n + \cdots + a_n b_0)$ konvergent, und sind A, B und C ihre Summen, so ist $A \cdot B = C$.* **189.**

1. Beweis. Dieser Satz folgt ganz unmittelbar aus dem Abelschen Grenzwertsatz (**100**) und ist auch so zuerst von Abel bewiesen worden. Setzt man

$$\sum a_n x^n = f_1(x), \qquad \sum b_n x^n = f_2(x), \qquad \sum c_n x^n = f_3(x),$$

so sind diese drei Potenzreihen (vgl. **185**, 4) sicher für $0 \leqq x < 1$ absolut konvergent, und für die dadurch definierten Funktionen gilt für diese Werte von x die Beziehung

$$\text{(a)} \qquad f_1(x) \cdot f_2(x) = f_3(x).$$

Wegen der vorausgesetzten Konvergenz der drei Reihen $\sum a_n$, $\sum b_n$ und $\sum c_n$ strebt aber eine jede dieser Funktionen nach dem Abelschen Grenzwertsatz **100** einem Grenzwert zu, wenn x von links her sich $\to +1$ bewegt; und zwar strebt dabei

$$f_1(x) \to A = \sum a_n, \qquad f_2(x) \to B = \sum b_n, \qquad f_3(x) \to C = \sum c_n.$$

Da nun für alle bei diesem Grenzübergang in Betracht kommenden Werte von x die Gleichung (a) besteht, so folgt (nach § 19, Satz 1) sofort, daß

$$A \cdot B = C$$

sein muß. — Ohne Verwendung von Funktionen gelangt der folgende

2. Beweis zum Ziel, der von Cesàro[2] herrührt: Schon oben sahen wir, daß

$$C_\nu = a_0 B_\nu + a_1 B_{\nu-1} + \cdots + a_\nu B_0$$

ist. Hieraus folgt, daß

$$C_0 + C_1 + \cdots + C_n = A_0 B_n + A_1 B_{n-1} + \cdots + A_n B_0$$

---

[1] J. reine u. angew. Math. Bd. 1, S. 318. 1826.

[2] Bull. des sciences math. (2), Bd. 14, S. 114. 1890.

ist. Dividiert man beide Seiten dieser Gleichung durch $n+1$ und läßt $n \to +\infty$ streben, so strebt dabei (nach **43**, 2) die linke Seite $\to C$, und (nach **44**, 9a) die rechte $\to A \cdot B$. Also ist $A \cdot B = C$, w. z. b. w.

Auf Grund dieses interessanten Satzes, der uns auch späterhin noch beschäftigen wird, brauchen sich die feineren Untersuchungen über die Multiplikation von Reihen nur noch mit der Frage zu beschäftigen, *ob* die Produktreihe $\sum c_n$ konvergiert oder nicht.

Auf diese Untersuchungen wollen wir hier indessen nicht eingehen[1].

Beispiele und Anwendungen.

1. Aus $\frac{\pi}{4} = \sum_{n=0}^{\infty} \frac{(-1)^n}{2n+1} \equiv 1 - \frac{1}{3} + \frac{1}{5} - \frac{1}{7} + - \cdots$ folgt nach dem letzten Satze also

$$\frac{\pi^2}{16} = \sum_{n=0}^{\infty} (-1)^n \left(\frac{1}{1 \cdot (2n+1)} + \frac{1}{3 \cdot (2n-1)} + \cdots + \frac{1}{(2n+1) \cdot 1} \right),$$

falls die entstandene Reihe konvergiert.

Nun ist aber

$$\frac{1}{(2p+1)(2n+1-2p)} = \frac{1}{2(n+1)} \left(\frac{1}{2p+1} + \frac{1}{2n-2p+1} \right),$$

so daß das allgemeine Glied der neuen Reihe den Wert

$$\frac{(-1)^n}{n+1} \left(1 + \frac{1}{3} + \cdots + \frac{1}{2n+1} \right)$$

hat. Da aber mit $\frac{1}{2n+1}$ auch deren arithmetische Mittel $\frac{1}{n+1}\left(1+\frac{1}{3}+\cdots+\frac{1}{2n+1}\right)$ *monoton* und *gegen Null* abnehmen, so *ist* die neue Reihe nach dem Leibnizschen Kriterium **82**, 5 konvergent. Man hat daher die richtige Gleichung

$$\text{(a)} \qquad \sum_{n=0}^{\infty} \frac{(-1)^n}{n+1} \left(1 + \frac{1}{3} + \cdots + \frac{1}{2n+1} \right) = \frac{\pi^2}{16}.$$

2. Ganz ähnlich findet man (s. **120**) aus der Reihe $\log 2 = 1 - \frac{1}{2} + \frac{1}{3} - + \cdots$ durch Quadrieren die richtige Gleichung

$$\text{(b)} \qquad \sum_{k=1}^{\infty} \frac{(-1)^{k-1}}{k+1} \left(1 + \frac{1}{2} + \cdots + \frac{1}{k} \right) = \frac{1}{2} (\log 2)^2.$$

[1] Sätze der hier in Rede stehenden Art hat A. Pringsheim (Mathem. Ann. Bd. 21, S. 340. 1883) bewiesen und im Anschluß an dessen Arbeiten A. Voss (ebenda Bd. 24, S. 42. 1884) und F. Cajori (Bull. of the Americ. Math. Soc. Bd. 8, S. 231. 1901/2; Bd. 9, S. 188. 1902/3). — Vgl. auch § 66 des schon oft zitierten Werkes von A. Pringsheim: Vorlesungen über Zahlen- und Funktionenlehre (Leipzig 1916). Wesentlich tiefer liegt eine Gruppe hierher gehöriger Sätze, von denen G. H. Hardy (Proc. of the London Math. Soc. (2), Bd. 6, S. 410. 1908) einen besonders schönen bewiesen hat, daß nämlich die Produktreihe sicher schon dann konvergiert, wenn die Folgen $(n\,a_n)$ und $(n\,b_n)$ beide beschränkt sind.

3. Von dem in 1. gewonnenen Resultat aus erhält man einen neuen Zugang zu der Gleichung $\sum_{k=1}^{\infty} \frac{1}{k^2} = \frac{\pi^2}{6}$, die uns schon mehrfach beschäftigt hat (s. **136** und **156**). Dazu beweisen wir zunächst den folgenden

Satz. *Es sei* $(a_0, a_1, a_2, \ldots)$ *eine monoton fallende Folge positiver Zahlen, für die* $\sum a_n^2$ *konvergiert. Dann konvergieren auch die Reihen*

$$1.\ \sum_{n=0}^{\infty} (-1)^n a_n = s, \qquad 2.\ \sum_{n=0}^{\infty} a_n a_{n+p} = \delta_p, \qquad p = 1, 2, \ldots,$$

$$3.\ \sum_{p=1}^{\infty} (-1)^p \delta_p = \Delta,$$

und es ist

$$\text{(c)} \qquad \sum_{n=0}^{\infty} a_n^2 = s^2 - 2\Delta.$$

Beweis. Wegen der Konvergenz von $\sum a_n^2$ strebt $a_n \to 0$; also konvergiert die Reihe 1 nach dem LEIBNIZschen Kriterium. Wegen $a_n a_{n+p} \leq a_n^2$ für $p \geq 1$ und wegen der Konvergenz von $\sum a_n^2$ sind auch die Reihen 2 für jedes $p \geq 1$ konvergent. Wegen $a_{n+p+1} \leq a_{n+p}$ ist $\delta_{p+1} \leq \delta_p$. Die Reihe 3 wird also konvergieren, falls $\delta_p \to 0$ strebt. Ist aber $\varepsilon > 0$ gegeben und m so gewählt, daß $a_{m+1}^2 + a_{m+2}^2 + \cdots < \frac{\varepsilon}{2}$ ist, so ist

$$\delta_p < a_0 a_p + a_1 a_{p+1} + \cdots + a_m a_{p+m} + \frac{\varepsilon}{2} \leq a_p (a_0 + a_1 + \cdots + a_m) + \frac{\varepsilon}{2} < \varepsilon$$

für alle hinreichend großen p. Also strebt $\delta_p \to 0$, und die Reihe 3 ist konvergent. Wir bilden nun das Schema

$$\begin{array}{l} \boldsymbol{a_0^2} - a_0 a_1 + a_0 a_2 - a_0 a_3 + - \cdots \\ - a_1 a_0 + \boldsymbol{a_1^2} - a_1 a_2 + a_1 a_3 - + \cdots \\ + a_2 a_0 - a_2 a_1 + \boldsymbol{a_2^2} - a_2 a_3 + - \cdots \\ - a_3 a_0 + a_3 a_1 - a_3 a_2 + \boldsymbol{a_3^2} - + \cdots \\ \cdots\cdots\cdots\cdots\cdots\cdots \end{array}$$

und bezeichnen mit S_n die Summe der Produkte $\pm a_\lambda a_\mu$, bei denen λ *und* $\mu \leq n$ ist. Diese sind ersichtlich in einem links obenstehenden Quadrat angeordnet, und es strebt

$$S_n = (a_0 - a_1 + - \cdots + (-1)^n a_n)^2 \to s^2.$$

Andrerseits bildet die Gesamtheit der von links oben nach rechts unten laufenden Schräglinien, die mit dem eben behandelten Quadrat eines der Produkte $\pm a_\lambda a_\mu$ gemein haben, das Aggregat

$$T_n = \sum_{\nu=0}^{\infty} a_\nu^2 + 2(-\delta_1 + \delta_2 - + \cdots + (-1)^n \delta_n).$$

Daher würde es nun zu zeigen genügen, daß $T_n - S_n \to 0$ strebt. Nun ist aber, wie ein etwas ausführlicheres Hinschreiben des obigen Schemas sofort zeigt,

$$\begin{aligned} (-1)^n (T_n - S_n) = {} & 2[a_1 a_{n+1} + a_2 a_{n+2} + \cdots] - 2[a_2 a_{n+1} + a_3 a_{n+2} + \cdots] \\ & + 2[a_3 a_{n+1} + a_4 a_{n+2} + \cdots] - + \cdots + (-1)^{n-1} \cdot 2[a_n a_{n+1} + a_{n+1} a_{n+2} + \cdots] \\ & + (-1)^n [a_{n+1}^2 + a_{n+2}^2 + \cdots], \end{aligned}$$

was wir zur Abkürzung

$$= \alpha_1 - \alpha_2 + \alpha_3 - + \cdots + (-1)^{n-1}\alpha_n + (-1)^n \beta_n$$

setzen. Da aber ersichtlich $\alpha_1 \geq \alpha_2 \geq \cdots \geq \alpha_n > 0$ ist, so ist (vgl. **81** c, 3)

$$|T_n - S_n| \leq \alpha_1 + \beta_n \leq \delta_n + \beta_n,$$

so daß, wie behauptet, $T_n - S_n \to 0$ strebt und also $\sum a_n^2 = s^2 - 2\Delta$ ist.

4. Setzt man in dem Satze der vorigen Nummer $a_n = \frac{1}{2n+1}$, so sind offenbar alle seine Voraussetzungen erfüllt, und man hat

$$\sum_{n=0}^{\infty} \frac{1}{(2n+1)^2} = \frac{\pi^2}{16} + 2(\delta_1 - \delta_2 + \delta_3 - + \cdots).$$

Jetzt ist aber nach **138**, 1 für $p \geq 1$

$$\delta_p = \sum_{n=0}^{\infty} \frac{1}{(2n+1)(2n+2p+1)} = \frac{1}{2p}\left(1 + \frac{1}{3} + \cdots + \frac{1}{2p-1}\right)$$

und also

$$\sum_{n=0}^{\infty} \frac{1}{(2n+1)^2} = \frac{\pi^2}{16} + \sum_{n=0}^{\infty} \frac{(-1)^n}{n+1}\left(1 + \frac{1}{3} + \cdots + \frac{1}{2n+1}\right).$$

Nach der in 1 bewiesenen Gleichung (a) ist dies aber $= \frac{\pi^2}{8}$. Auf dem schon beim Übergang von **136** zu **137** benutzten Wege folgt aber hieraus sofort auch die Gleichung $\sum_{k=1}^{\infty} \frac{1}{k^2} = \frac{\pi^2}{6}$.

Der hiermit vollendete neue Beweis dieser Gleichung kann wohl als der elementarste unter allen bekannten Beweisen angesehen werden, da er nur die Leibnizsche Reihe **122** benutzt. Seinem Grundgedanken nach geht er auf Nicolaus Bernoulli[1] zurück.

Aufgaben zum X. Kapitel.

142. Man stelle das Konvergenzverhalten der folgenden Reihen fest:

a) $\sum_{n=1}^{\infty} \frac{(-1)^{[\sqrt{n}]}}{n}$,

b) $\sum_{n=1}^{\infty} \frac{(-1)^{[\sqrt{n}]}}{n^x}$,

c) $\sum x \left(\frac{\sin nx}{nx}\right)^2$,

d) $\sum \sin \frac{x}{n}$,

e) $\sum (-1)^n \sin \frac{x}{n}$,

f) $\sum \sin^2 \frac{x}{n}$,

g) $\sum \sin(n^2 x)$,

h) $\sum \sin(n!\,\pi x)$,

i) $\sum \frac{(-1)^n}{x + \log n}$,

k) $\sum \frac{\sin^2 nx}{n}$,

l) $\sum \left(1 + \frac{1}{2} + \cdots + \frac{1}{n}\right) \frac{\sin nx}{n}$,

m) $\sum \alpha_n \sin nx \cos^2 nx$.

[1] Comment. Ac. Imp. scient. Petropolitanae Bd. 10, S. 19. 1738.

Bei der letzten Reihe soll (α_n) eine monotone Nullfolge sein: Die Reihe g) konvergiert für *kein* $x \neq k\pi$, die Reihe h) konvergiert außer für alle rationalen x noch z. B. für $x = e$, $= (2k+1)e$, $= \frac{2k}{e}$, $= \sin 1$, $= \cos 1$, ferner für

$$x = \frac{1}{2}\frac{1}{4!} - \frac{1}{5!} + \frac{1}{2}\frac{1}{6!} - \frac{1}{7!} + \frac{1}{2}\frac{1}{8!} - + \cdots$$

und viele andere spezielle Werte von x. Man gebe Werte von x an, für die die Reihe sicher divergiert.

143.
$$\sum_{n=1}^{\infty}\left[\frac{1}{x+2n-1} + \frac{1}{x+2n} - \frac{1}{x+n}\right] = \log 2$$

und zwar für *jedes* $x > 0$. [1]

144. Wenn die Folge $(n a_n)$ und die Reihe $\sum n(a_n - a_{n+1})$ konvergieren, so ist auch $\sum a_n$ konvergent.

145. a) Wenn $\sum a_n$ und $\sum |b_n - b_{n+1}|$ beide konvergieren oder wenn b) $\sum a_n$ beschränkte Teilsummen hat, $\sum |b_n - b_{n+1}|$ konvergiert und $b_n \to 0$ strebt, so ist für jedes ganzzahlige $p \geq 1$ die Reihe $\sum a_n b_n^p$ konvergent.

146. Die Bedingungen des Kriteriums **184**, 3 sind in gewissem Sinne auch notwendig für die Konvergenz von $\sum a_n b_n$: Soll die Faktorenfolge (b_n) so beschaffen sein, daß für *jede* konvergente Reihe $\sum a_n$ auch $\sum a_n b_n$ konvergent ausfällt, so ist dann *notwendig* und hinreichend, daß $\sum |b_n - b_{n+1}|$ konvergiert. — Man zeige noch, daß es hierbei keinen wesentlichen Unterschied macht, ob man die Konvergenz von $\sum |b_n - b_{n+1}|$ verlangt oder nur fordert, daß die Folge (b_n) monoton sei.

147. Ist $\sum a_n$ konvergent, und strebt p_n monoton $\to +\infty$, doch so, daß $\sum p_n^{-1}$ divergiert, so ist

$$\overline{\lim}\,\frac{p_1 a_1 + p_2 a_2 + \cdots + p_n a_n}{n}\ \geq 0, \qquad \underline{\lim}\,\frac{p_1 a_1 + p_2 a_2 + \cdots + p_n a_n}{n}\ \leq 0.$$

148. Es strebe a_n monoton $\to 0$, $\lim n a_n$ sei vorhanden und es sei

$$\sum_{n=0}^{\infty} (-1)^n a_n = s.$$

Ordnet man diese Reihe so um (vgl. Aufg. 51), daß stets auf p positive Glieder q negative folgen:

$$a_0 + a_2 + \cdots + a_{2p-2} - a_1 - a_3 - \cdots - a_{2q-1} + a_{2p} + \cdots,$$

so gilt für die Summe s' dieser neuen Reihe

$$s' = s + \frac{1}{2}\lim(n a_n)\cdot\log\frac{p}{q}.$$

149. Eine notwendige und hinreichende Bedingung dafür, daß aus der Konvergenz der Reihen $\sum a_n$ und $\sum b_n$ die der Produktreihe

$$\sum c_n \equiv \sum (a_0 b_n + a_1 b_{n-1} + \cdots + a_n b_0)$$

folgt, besteht darin, daß die Zahlen

$$\varrho_n = \sum_{\nu=1}^{n} a_\nu (b_n + b_{n-1} + \cdots + b_{n-\nu+1})$$

eine Nullfolge bilden.

150. Streben die Folgen (a_n) und (b_n) monoton $\to 0$, so liefern die Reihen $\sum(-1)^n a_n$ und $\sum(-1)^n b_n$ dann und nur dann eine konvergente (CAUCHYsche) Produktreihe, wenn auch die Zahlen $\sigma_n = a_n(b_0 + b_1 + \cdots + b_n)$ und $\tau_n = b_n(a_0 + a_1 + \cdots + a_n)$ je eine Nullfolge bilden.

[1] Die Behauptung ist für alle $x \neq -1, -2, \cdots$ richtig. Bei sinngemäßer Deutung auch für diese eben ausgeschlossenen Werte.

151. Die beiden Reihen $\sum \frac{(-1)^n}{n^\alpha}$ und $\sum \frac{(-1)^n}{n^\beta}$, $(\alpha > 0,\ \beta > 0)$, dürfen dann und nur dann nach der CAUCHYschen Regel miteinander multipliziert werden, wenn $\alpha + \beta > 1$ ist.

152. Sind (a_n) und (b_n) positive monotone Nullfolgen, so ist es für die Konvergenz des CAUCHYschen Produktes der Reihen $\sum(-1)^n a_n$ und $\sum(-1)^n b_n$ hinreichend, daß $\sum a_n b_n$ konvergiert; und eine notwendige Bedingung besteht darin, daß $\sum (a_n b_n)^{1+\varrho}$ für jedes $\varrho > 0$ konvergiert.

153. Ist von einer Stelle an

$$a_n = n^{\alpha_0} \cdot \log^{\alpha_1} n \cdot \log_2^{\alpha_2} n \ldots \log_r^{\alpha_r} n,$$

$$b_n = n^{\beta_0} \cdot \log^{\beta_1} n \cdot \log_2^{\beta_2} n \ldots \log_s^{\beta_s} n$$

und ist $\sum b_n$ konvergent, aber $a_n > b_n$, so ist

$$(a_0 b_n + a_1 b_{n-1} + \cdots + a_n b_0) \cong a_n \cdot \left(\sum_{\nu=0}^{\infty} b_\nu\right).$$

XI. Kapitel.

Reihen mit veränderlichen Gliedern (Funktionenfolgen).

§ 46. Gleichmäßige Konvergenz.

Bisher haben wir fast ausschließlich Reihen in den Kreis unserer Betrachtungen gezogen, deren Glieder bestimmt gegebene Zahlen (Konstante) waren. Nur in besonders durchsichtigen Fällen hing der Wert der Glieder noch von der Festlegung einer unbestimmten Größe, einer Variablen, ab. Dieser Fall lag z. B. vor, wenn wir die geometrische Reihe $\sum a^n$ oder die harmonische Reihe $\sum \frac{1}{n^\alpha}$ betrachteten, deren Konvergenzverhalten noch von der Wahl von a bzw. α abhängig war, — und er lag allgemeiner bei jeder Potenzreihe $\sum a_n x^n$ vor, bei der erst noch die Zahl x fixiert werden mußte, ehe wir die Konvergenzfrage in Angriff nehmen konnten. Diese Situation soll jetzt in naheliegender Weise verallgemeinert werden: Wir wollen Reihen betrachten, deren Glieder *in irgendeiner Weise* von einer Variablen x abhängen, die also *Funktionen* dieser Variablen sind. Wir bezeichnen diese Glieder darum mit $f_n(x)$ und betrachten also Reihen der Form

$$\sum f_n(x).$$

Eine Funktion von x ist nun im allgemeinen nur für gewisse Werte von x definiert (s. § 19, Def. 1); für unsere Zwecke wird die Annahme genügen, daß die Funktionen $f_n(x)$ je in einem oder mehreren (offenen oder abgeschlossenen) Intervallen definiert sind. Dann wäre — wenn anders die hingeschriebene Reihe auch nur für einen einzigen Wert von x einen Sinn haben soll — zunächst zu fordern, daß es wenigstens *einen Punkt* x gibt, der den Definitionsintervallen *sämtlicher* Funktionen $f_n(x)$ angehört. Wir wollen aber sogleich fordern, daß es wenigstens *ein Intervall* gebe, in dem *alle* diese Funktionen definiert sind. Dann sind für jedes spezielle x aus diesem Intervall jedenfalls die Glieder der Reihe $\sum f_n(x)$ bestimmte Zahlen, und es kann für jedes solche x die Konvergenzfrage aufgeworfen werden. Wir wollen nun weiter annehmen, daß es ein (evtl. kleineres) Intervall J gebe, für dessen sämtliche Punkte die Reihe $\sum f_n(x)$ sich auch als konvergent erweist.

°**Definition**[1]. *Ist J ein Intervall, für dessen sämtliche Punkte (mit Einschluß keines, eines oder beider Endpunkte) alle Funktionen $f_n(x)$ definiert sind und zugleich die Reihe $\sum f_n(x)$ konvergiert, so soll J ein* ***Konvergenzintervall*** *dieser Reihe genannt werden.* **190.**

Beispiele und Erläuterungen.

1. Für die geometrische Reihe $\sum x^n$ ist das Intervall $-1 < x < +1$ ein Konvergenzintervall, und es existiert kein größeres oder außerhalb desselben gelegenes.

2. Für eine Potenzreihe $\sum a_n(x-x_0)^n$ existiert, wofern sie auch nur in einem einzigen von x_0 verschiedenen Punkte konvergiert, stets ein Konvergenzintervall der Form $x_0 - r \ldots x_0 + r$, mit Einschluß keines, eines oder beider Endpunkte. Und es existiert (bei richtiger Wahl von r) kein außerhalb desselben gelegenes Konvergenzintervall (vgl. **94**).

3. Für die harmonische Reihe $\sum \frac{1}{n^x}$ ist die Halbachse $x > 1$ ein Konvergenzintervall, und es existiert kein außerhalb desselben gelegenes.

4. Genau wie jede Reihe lediglich ein anderes Symbol für eine gewisse Folge war, so ist auch jetzt die Reihe $\sum f_n(x)$ lediglich ein anderes Symbol für eine ***Folge von Funktionen***, nämlich für die Folge der Teilsummen

$$s_n(x) = f_0(x) + f_1(x) + \cdots + f_n(x).$$

Es ist daher prinzipiell gleichgültig, ob man die Glieder der Reihe oder die Teilsummen derselben angibt: die einen sind durch die andern eindeutig bestimmt. Es ist also auch prinzipiell das Gleiche, ob man von unendlichen Reihen mit veränderlichen Gliedern oder von ***Funktionenfolgen*** spricht. *Wir werden darum alle Definitionen und Sätze nur für die Reihen aussprechen und es dem Leser überlassen, sie sich auch für Funktionenfolgen zu formulieren*[2].

5. Für die Reihe

$$\sum_{n=0}^{\infty} f_n(x) = \frac{x^2}{1+x^2} + \left(\frac{x^4}{1+x^4} - \frac{x^2}{1+x^2}\right) + \left(\frac{x^6}{1+x^6} - \frac{x^4}{1+x^4}\right) + \cdots$$

ist

$$s_n(x) = \frac{(x^2)^n}{1+(x^2)^n}.$$

---

[1] Für den Fall komplexer Größen und Funktionen ist hier statt *Intervall* überall *Gebiet* und statt seiner *Endpunkte* sind überall die *Randpunkte des Gebietes* zu setzen, von denen dann, je nach Lage des Falles, keiner, einige oder alle hinzuzunehmen sind. Nur mit diesem Vorbehalt hat das Zeichen ° in diesem XI. Kapitel dieselbe Bedeutung wie bisher.

[2] Trotzdem werden wir gelegentlich die Definitionen und Sätze auch für Funktionenfolgen benutzen.

Sie konvergiert für jedes reelle x; denn es strebt ersichtlich

a) $s_n(x) \to 0$, falls $|x| < 1$ ist,

b) $s_n(x) \to 1$, falls $|x| > 1$ ist, und

c) $s_n(x) \to \frac{1}{2}$, falls $|x| = 1$ ist.

6. Dagegen hat die Reihe, für die

$$s_n(x) = (2 \sin x)^n$$

ist, unendlich viele getrennte Konvergenzintervalle; denn $\lim s_n(x)$ ist offenbar dann und nur dann vorhanden, wenn $-\frac{1}{2} < \sin x \leq \frac{1}{2}$ ist, also wenn

$$-\frac{\pi}{6} < x \leq \frac{\pi}{6} \quad \text{oder} \quad \frac{5\pi}{6} \leq x < \frac{7\pi}{6}$$

ist, oder wenn x in einem der Intervalle liegt, die hieraus durch Verschiebung um ein ganzzahliges Vielfaches von 2π entstehen. Die Summe der Reihe ist dann im Innern dieser Intervalle stets $= 0$ und in dem einen zu ihm gehörigen Endpunkt $= 1$.

7. Die Reihe $\sin x + \frac{\sin 2x}{2} + \frac{\sin 3x}{3} + \cdots$ konvergiert nach **185**, 5 für jedes reelle x; die Reihe $\cos x + \frac{\cos 2x}{2} + \frac{\cos 3x}{3} + \ldots$ für jedes von $2k\pi$ verschiedene reelle x.

Ist nun eine vorgelegte Reihe der Form $\sum f_n(x)$ in einem bestimmten Intervall J konvergent, so entspricht jedem Punkt x von J ein ganz bestimmter Summenwert der Reihe. Diese Summe ist dann also (gemäß § 19, Def. 1) selbst eine Funktion von x, welche *durch die Reihe definiert oder dargestellt wird*. Man sagt auch, wenn man diese Funktion als das Wesentlichste ansieht, *sie sei in die betreffende Reihe entwickelt*. Wir schreiben in diesem Sinne

$$F(x) = \sum_{n=0}^{\infty} f_n(x).$$

Für Potenzreihen und die durch sie dargestellten Funktionen (s. V. und VI. Kapitel) sind uns diese Begriffe ja schon geläufig.

Die wichtigste Frage, die wir in solchen Fällen zu beantworten haben, wird dann meist die sein, ob bzw. in welchem Maße sich die Eigenschaften, die allen als Reihenglieder auftretenden Funktionen $f_n(x)$ zukommen, sich auch auf die durch die Reihensumme definierte Funktion $F(x)$ übertragen.

Schon die einfachen vorhin gegebenen Beispiele zeigen, daß dies für keine der bei den Funktionen als wertvoll geschätzten Eigenschaften der Fall zu sein braucht: Die geometrische Reihe zeigt, daß alle $f_n(x)$ beschränkt sein können, ohne daß $F(x)$ es ist; die Potenzreihe für $\sin x$, $(x > 0)$, zeigt, daß jedes $f_n(x)$ monoton sein kann, ohne daß $F(x)$ monoton ausfällt; das Beispiel 5. zeigt, daß jedes $f_n(x)$ stetig sein kann, ohne daß $F(x)$ es ist. Dasselbe Beispiel lehrt das Entsprechende für die Differenzierbarkeit. Auch dafür, daß die Integrierbarkeit verloren gehen kann, kann man ohne Schwierigkeit ein Beispiel bilden.

Es sei etwa

$$s_n(x) \begin{cases} = 1 & \text{für alle rationalen } x, \text{ die mit einem (positiven) Nenner } \leq n \text{ geschrieben werden können,} \\ = 0 & \text{für alle andern } x. \end{cases}$$

Dann ist $s_n(x)$ und folglich auch $f_n(x)$ über jedes beschränkte Intervall integrierbar, weil es dort nur endlich viele Unstetigkeiten aufweist (vgl. § 19, Satz 13). Auch ist $\lim s_n(x) = F(x)$ für jedes x vorhanden. Ist nämlich x rational, etwa $= \frac{p}{q}$ ($q > 0$, p und q teilerfremd), so ist für $n \geq q$ stets $s_n(x) = 1$ und also auch $F(x) = 1$. Ist dagegen x irrational, so ist stets $s_n(x) = 0$ und also auch $F(x) = 0$. Es ist somit die durch $\sum f_n(x) = \lim s_n(x)$ definierte Funktion

$$F(x) = \begin{cases} 1, & \text{falls } x \text{ rational,} \\ 0, & \text{falls } x \text{ irrational.} \end{cases}$$

Diese Funktion ist aber nicht integrierbar, denn sie ist für jedes x unstetig[1].

Diese Beispiele deuten schon an, daß bei den Reihen mit veränderlichen Gliedern nun eine ganz neue Kategorie von Problemen auftaucht und behandelt werden muß, *nämlich zu untersuchen, unter welchen zusätzlichen Bedingungen nun doch diese oder jene Eigenschaft der Reihenglieder $f_n(x)$ sich auf die Reihensumme $F(x)$ überträgt.* Nach den angeführten Beispielen ist es jedenfalls nicht die *Tatsache* der Konvergenz, die dies bewirkt, sondern der Grund muß in der *Art* der Konvergenz gesucht werden. Von der größten Bedeutung in dieser Hinsicht ist die sogenannte ***gleichmäßige Konvergenz*** einer Reihe $\sum f_n(x)$ in einem ihrer Konvergenzintervalle oder einem Teile derselben.

Der Begriff ist zwar leicht erklärt, aber sein tieferes Wesen nicht so schnell zu erfassen. Wir wollen uns daher, ehe wir zur begrifflichen Formulierung schreiten, den Sachverhalt zunächst einmal anschaulich klarmachen:

---

[1] Definiert man $s_n(x)$ ein klein wenig abweichend so, daß $s_n(x) = 1$ gesetzt wird für alle rationalen x, deren Nenner in $n!$ aufgeht (es sind dies bei jedem n außer den eben gebrauchten natürlichen Zahlen $\leq n$ noch eine bestimmte Anzahl weiterer), und $= 0$ gesetzt wird für alle anderen x, so erhält man als $\lim s_n(x)$ *dieselbe* Funktion $F(x)$ wie eben. Nun aber läßt sich $s_n(x)$ und $F(x)$ mit den üblichen Mitteln sogar durchaus geschlossen darstellen, denn es ist $s_n(x) = \lim\limits_{k \to \infty} (\cos^2 n!\, \pi x)^k$ und also

$$F(x) = \lim_{n \to \infty} \left[\lim_{k \to \infty} (\cos^2 n!\, \pi x)^k \right].$$

Dieses merkwürdige Beispiel einer *überall unstetigen* Funktion, die doch aus stetigen Funktionen mit Hilfe zweimaligen Grenzübergangs hergestellt werden kann, rührt schon von DIRICHLET her.

Wenn $\sum_{n=0}^{\infty} f_n(x)$ im Intervall J, etwa in $a \leq x \leq b$, konvergiert und $F(x)$ zur Summe hat, so wollen wir das Bild der Funktion $y = s_n(x) = f_0(x) + \cdots + f_n(x)$ *die* n^{te} *Approximationskurve* und das Bild der Funktion $y = F(x)$ *die Grenzkurve* nennen. Die Tatsache der Konvergenz scheint dann zu besagen, daß mit wachsendem n sich die Approximationskurven mehr und mehr der Grenzkurve anschmiegen. Doch trifft dies den wahren Sachverhalt nur sehr unvollkommen. Denn die Konvergenz in J bedeutet zunächst nur, daß *in jedem einzelnen Punkte* Konvergenz stattfindet; und wir können daher zunächst nur sagen, daß bei jeder bestimmt ins Auge gefaßten (also festgehaltenen) Abszisse x sich die zugehörigen Ordinaten der Approximationskurven mit wachsendem n der an dieser Stelle stehenden Ordinate der Grenzkurve nähern. Es braucht aber keineswegs die Approximationskurve $y = s_n(x)$ *in ihrer ganzen Ausdehnung* sich der Grenzkurve immer dichter anzuschmiegen. Diese etwas paradox klingende Behauptung werde zunächst an einem Beispiel erläutert.

Die Reihe, deren Teilsummen für $n = 1, 2, \ldots$ die Werte

$$s_n(x) = \frac{n x}{1 + n^2 x^2}$$

haben, ist gewiß im Intervall $1 \leq x \leq 2$ konvergent. Denn es ist dort

$$0 < s_n(x) < \frac{n x}{n^2 x^2} \leq \frac{1}{n}.$$

Die Grenzkurve ist also die Strecke $1 \leq x \leq 2$ der Abszissenachse; und die Approximationskurve, die oberhalb derselben verläuft, entfernt sich nach der eben ausgeführten Abschätzung von ihr *längs des ganzen Intervalles* $1 \leq x \leq 2$ um weniger als $\frac{1}{n}$, also für große n *in ihrer ganzen Ausdehnung* nur sehr wenig.

Hier liegen die Dinge also etwa so, wie man es erwarten mochte; ganz anders aber, wenn wir dieselbe Reihe im Intervall $0 \leq x \leq 1$ betrachten. Auch für jeden Punkt dieses Intervalles ist $\lim s_n(x) = 0$, die Grenzkurve also das entsprechende Stück der x-Achse[1]. Hier schmiegt sich aber für *kein* (noch so großes) n die Approximationskurve längs des ganzen Intervalles dicht an die Grenzkurve an, denn für $x = \frac{1}{n}$ ist stets $s_n(x) = \frac{1}{2}$, d. h. für *jedes* n macht die Approximationskurve zwischen 0 und 1 einen nach oben gehenden Buckel, der die Höhe $\frac{1}{2}$ hat!! Das Bild der Kurve $y = s_4(x)$ sieht ungefähr so aus:

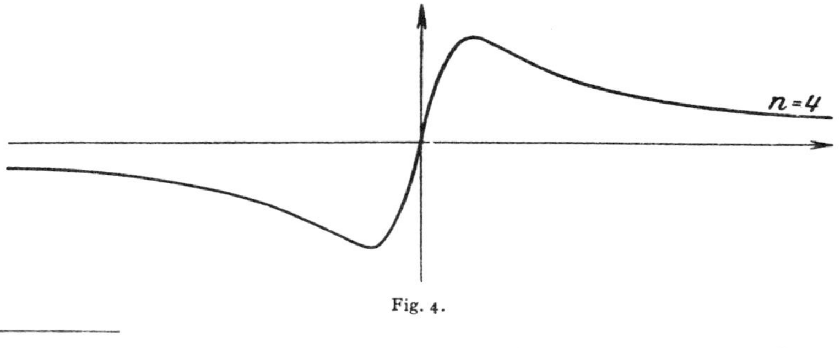

Fig. 4.

[1] Denn für $x > 0$ ist wieder $0 < s_n(x) < \frac{1}{n x}$, also $< \varepsilon$ für $n > \frac{1}{\varepsilon x}$; und für $x = 0$ ist sogar *dauernd* $s_n(x) = 0$.

Die Kurve $y = s_{40}(x)$ dagegen bietet schon etwa das folgende Bild:

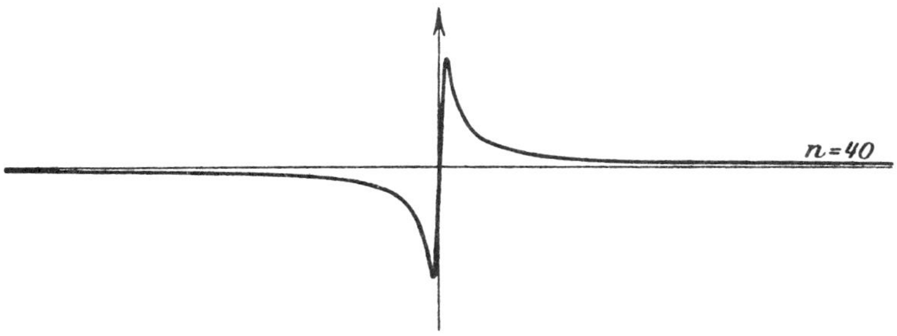

Fig. 5.

Und für die größeren n wird der genannte Buckel — ohne daß sich seine Höhe veränderte — immer dichter an die Ordinatenachse herangedrückt; die Approximationskurve schnellt vom Koordinatenanfangspunkt immer steiler herauf[1] bis zur Höhe $\frac{1}{2}$, die schon für $x = \frac{1}{n}$ erreicht wird, um dann fast ebenso schnell wieder bis dicht an die Abszissenachse herabzufallen.

Der Anfänger, dem diese Erscheinung sehr befremdlich vorkommen wird, mache sich genau klar, daß trotzdem für jedes *feste* x unseres Intervalles die Ordinaten der Approximationskurve sich schließlich auf die Abszissenachse herabsenken, daß also für jedes *feste* x doch $\lim s_n(x) = 0$ ist. Denn halten wir einen (wenn auch noch so kleinen) positiven Wert von x fest, so wird für hinreichend hohe n der störende Buckel der Kurve $y = s_n(x)$ doch ganz *links* von x (aber noch *rechts* von der Ordinatenachse) liegen, und an der Stelle x selbst wird die Kurve sich schon wieder tief auf die Abszissenachse herabgesenkt haben[2].

In dem Intervall $1 \leq x \leq 2$ werden wir die Konvergenz unserer Reihe eine *gleichmäßige* nennen, im Intervall $0 \leq x \leq 1$ dagegen nicht.

Nachdem wir uns so mehr anschaulich mit dem Sachverhalt vertraut gemacht haben, schreiten wir zur begrifflichen Formulierung: Besitzt $\sum f_n(x)$ das Konvergenzintervall J, so ist die Reihe also für jedes einzelne x desselben, etwa für $x = x_0$ konvergent, d. h. wenn allgemein $F(x) = s_n(x) + r_n(x)$ gesetzt wird und $\varepsilon > 0$ beliebig gegeben wird, so gibt es eine Zahl n_0 mit der Eigenschaft, daß nun für alle $n > n_0$ der Betrag des Restes

$$|r_n(x_0)| < \varepsilon$$

ausfällt. Wie schon früher betont (s. **10**, Bem. 3), hängt n_0 natürlich von der Wahl von ε ab. Jetzt wird aber n_0 *auch noch von der Wahl von* x_0 *abhängen*, denn für den einen Punkt aus J wird die Reihe im

---

[1] Ihre Steigung im Nullpunkt ist $s_n'(0) = n$.

[2] Nimmt man etwa $x = 10^{-3}$ und dafür $n = 10^6$, so ist die Abszisse des höchsten Punktes des Buckels $= 10^{-6}$, und an der Stelle $x = 10^{-3}$ hat sich die Kurve schon wieder auf eine Höhe herabgesenkt, die $< 10^{-3}$ ist.

allgemeinen schneller konvergieren als für den andern[1]. Ähnlich wie in **10**, 3 werden wir daher $n_0 = n_0(\varepsilon, x_0)$ setzen, oder auch, indem wir uns den Index 0 sparen und die Abhängigkeit von ε als selbstverständlich nicht mehr besonders betonen, sagen können: Bei gegebenem $\varepsilon > 0$ und gegebenem x aus J läßt sich stets eine Zahl $n(x)$ so angeben, daß nun für alle $n > n(x)$ stets

$$|r_n(x)| < \varepsilon$$

ausfällt. Denkt man sich — immer bei einem bestimmt gegebenen ε — die Zahl $n(x)$ hierbei, etwa als ganze Zahl, so klein wie möglich gewählt, so ist sie durch x eindeutig bestimmt und ist also insofern eine Funktion von x. Ihr Wert kann in gewissem Sinne *als ein Maß für die Güte der Konvergenz* der Reihe an der Stelle x angesehen werden. Wir definieren nun:

191. °**Definition der gleichmäßigen Konvergenz (1. Form).** *Die im Intervall J konvergente Reihe $\sum f_n(x)$ heißt in einem Teilintervall J' von J* ***gleichmäßig*** *konvergent, wenn die eben definierte Funktion $n(x)$ bei jeder Wahl von ε in J' beschränkt ausfällt*[2]. — Ist dann etwa stets $n(x) < N$ und erinnert man sich, daß dies N natürlich, wie die Zahlen $n(x)$ selber, immer noch von der Wahl von ε abhängen wird, so können wir auch sagen:

°**2. (Haupt-)Form der Definition.** *Eine in J konvergente Reihe $\sum f_n(x)$ heißt in einem Teilintervall J' von J gleichmäßig konvergent, wenn nach Wahl von ε sich eine* ***nur von ε, nicht aber von x*** *abhängige Zahl $N = N(\varepsilon)$ so angeben läßt, daß der Betrag des Restes*

$$|r_n(x)| < \varepsilon$$

ausfällt, nicht nur (wie bisher) für jedes $n > N$, sondern gleichzeitig auch für jedes x aus J'. Wir sagen dann auch: Die Reste $r_n(x)$ streben in J' gleichmäßig gegen 0.

Erläuterungen und Beispiele.

1. Die Gleichmäßigkeit der Konvergenz bezieht sich stets auf ein *Intervall*, niemals auf einzelne Punkte[3].

2. Eine in einem Intervall J konvergente Reihe $\sum f_n(x)$ braucht in keinem Teilintervall desselben *gleichmäßig* zu konvergieren.

---

[1] Man vergegenwärtige sich etwa die Schnelligkeit der Konvergenz der geometrischen Reihe $\sum x^n$ (d. h. die Schnelligkeit, mit der ihr Rest bei wachsendem n abnimmt) für $x = \frac{1}{100}$ und $x = \frac{99}{100}$!

[2] Wenn also das oben erwähnte *Maß* für die Güte der Konvergenz an den verschiedenen Stellen x des Intervalles J' keine allzu beträchtlichen Ungleichmäßigkeiten aufzuweisen vermag. — In besonderen Fällen kann J' natürlich auch das *ganze* Intervall J ausmachen.

[3] Allgemeiner allenfalls auf Punkt*mengen*, die dann aber *unendliche* sein müssen.

3. Hat die Potenzreihe $\sum a_n (x - x_0)^n$ den positiven Radius r und ist $0 < \varrho < r$, so ist, wenn das abgeschlossene Teilintervall $-\varrho \leq x - x_0 \leqq +\varrho$ ihres Konvergenzintervalles mit J' bezeichnet wird, die Reihe in J' gleichmäßig konvergent. Denn da der Punkt $x = x_0 + \varrho$ im Innern des Konvergenzintervalles der Potenzreihe liegt, so ist diese dort absolut konvergent. Konvergiert aber $\sum a_n \varrho^n$ absolut, so kann man nach Wahl von $\varepsilon > 0$ eine Zahl $N = N(\varepsilon)$ so bestimmen, daß für alle $n > N$ stets

$$|a_{n+1}| \cdot \varrho^{n+1} + |a_{n+2}| \cdot \varrho^{n+2} + \cdots < \varepsilon$$

ausfällt. Wegen $|x - x_0| \leq \varrho$ ist aber für alle in J' gelegenen x

$$|r_n(x)| \leq |a_{n+1}| \cdot \varrho^{n+1} + |a_{n+2}| \cdot \varrho^{n+2} + \cdots$$

Also ist für $n > N$ auch sicher $|r_n(x)| < \varepsilon$, wo auch x in J' gelegen sein mag. Es gilt also der

○**Satz:** *Eine Potenzreihe $\sum a_n (x - x_0)^n$ mit positivem Radius r konvergiert gleichmäßig in jedem Teilintervall der Form $|x - x_0| \leq \varrho < r$ ihres Konvergenzintervalles.*

4. Nach diesem Beispiel wird es verständlich sein, wenn wir die Definition der gleichmäßigen Konvergenz etwas lockerer so formulieren: *$\sum f_n(x)$ heißt in J' gleichmäßig konvergent, wenn dort eine für alle Lagen von x gleichzeitig gültige Restabschätzung „$|r_n(x)| < \varepsilon$" möglich ist.*

5. Die Reihe $\sum_{n=1}^{\infty} \frac{\sin n x}{n^2}$ ist für alle x gleichmäßig konvergent, denn es ist — und zwar für jede Lage von x —

$$|r_n(x)| \leq \frac{1}{(n+1)^2} + \frac{1}{(n+2)^2} + \cdots,$$

woraus nach 4. das Weitere zu ersehen ist.

6. Die geometrische Reihe ist in ihrem ***ganzen*** Konvergenzintervall $-1 < x < +1$ ***nicht*** gleichmäßig konvergent. Denn es ist dort

$$r_n(x) = x^{n+1} + x^{n+2} + \cdots = \frac{x^{n+1}}{1-x};$$

und wie groß jetzt auch N genommen wird, man kann stets noch ein $r_n(x)$ mit $n > N$ und $0 < x < 1$ angeben, für das z. B. $r_n(x) > 1$ ist.

Wird nämlich $n > N$ irgendwie fest gewählt, so strebt für $x \to 1 - 0$ nunmehr

$$r_n(x) = \frac{x^{n+1}}{1-x} \to +\infty.$$

Daher ist $r_n(x) > 1$ für alle x eines gewissen Intervalles der Form $x_0 < x < 1$.

7. Hiernach ist klar, was es heißt, wenn eine Reihe $\sum f_n(x)$ in einem Teile J' ihres Konvergenzintervalles *nicht* gleichmäßig konvergiert: Es gibt dann einen speziellen Wert von ε, etwa den Wert $\varepsilon_0 > 0$, so daß oberhalb jeder noch so großen Zahl N ein Index n existiert, derart, daß die Ungleichung $|r_n(x)| < \varepsilon_0$ für ein passendes x aus J' *nicht* erfüllt ist.

8. Für die Approximationskurven $s_n(x)$ besagt unsere Definition offenbar, daß sie sich mit wachsendem *n in ihrer ganzen Ausdehnung* über J' der Grenzkurve beliebig dicht anschmiegen sollen. Zeichnet man also für ein beliebiges $\varepsilon > 0$ die beiden Kurven $y = F(x) \pm \varepsilon$ über dem Intervall J', so sollen die Näherungskurven $s_n(x)$ doch für alle hinreichend großen n ganz in dem durch jene Kurven gebildeten Streifen liegen.

9. Der Unterschied zwischen gleichmäßiger und ungleichmäßiger Konvergenz und die große Bedeutung der ersteren für die Theorie der unendlichen Reihen ist zuerst (fast gleichzeitig) von Ph. L. v. Seidel (Abh. d. Münch. Akad., S. 383. 1848) und G. G. Stokes (Transactions of the Cambridge Philos. Soc. Bd. 8, S. 533. 1848) erkannt worden. Doch muß K. Weierstrass, wie aus einer erst 1894 veröffentlichten Abhandlung (Werke, Bd. 1, S. 67) hervorgeht, diese Unterscheidung schon 1841 gemacht haben. Allgemeingut der Mathematiker ist der Begriff der gleichmäßigen Konvergenz erst sehr viel später, hauptsächlich durch die Vorlesungen von Weierstrass, geworden.

Andere Formen der Definition der gleichmäßigen Konvergenz.

°**3. Form.** *$\sum f_n(x)$ heißt in J' gleichmäßig konvergent, wenn nach Wahl einer beliebigen dem Intervall J' entnommenen Zahlenfolge*[1] (x_n) *die zugehörigen Reste*

$$r_n(x_n)$$

***stets** eine **Nullfolge** bilden*[2].

Daß diese Definition mit den vorigen äquivalent ist, erkennt man so:

a) Sind die Bedingungen der 2. Definitionsform erfüllt, ist also nach Wahl von ε stets N so bestimmbar, daß $|r_n(x)| < \varepsilon$ ist für alle $n > N$ und *alle* x in J', so ist auch speziell

$$|r_n(x_n)| < \varepsilon \quad \text{für alle} \quad n > N;$$

es strebt also stets $r_n(x_n) \to 0$.

b) Sind umgekehrt die Bedingungen der 3. Form erfüllt, strebt also für jede dem Intervall J' entnommene Zahlenfolge (x_n) die zugehörige Folge der Reste $r_n(x_n) \to 0$, so müssen auch die Bedingungen der 2. Form erfüllbar sein. Denn entspräche *nicht jedem* $\varepsilon > 0$ ein $N = N(\varepsilon)$ mit den dort formulierten Eigenschaften, so hieße dies: Für ein *spezielles* ε, etwa für $\varepsilon = \varepsilon_0$, hätte *keine* Zahl N jene Eigenschaften, sondern es gäbe dann oberhalb jeder noch so großen Zahl N immer noch wenigstens einen Index n und einen passenden Punkt $x = x_n$ aus J', so daß der Betrag des Restes $|r_n(x_n)| \geqq \varepsilon_0$ wäre. Ist n_1 ein erster solcher Index, ist also $|r_{n_1}(x_{n_1})| \geqq \varepsilon_0$, so müßte es dann wieder oberhalb n_1 einen Index n_2 und einen zugehörigen Punkt x_{n_2}

---

[1] Diese Folge braucht nicht zu konvergieren, sondern darf ganz beliebig in J' gelagert sein.

[2] Besitzt jede Funktion $|r_n(x)|$ in J' ein Maximum, so kann man x_n insbesondere so wählen, daß $|r_n(x_n)| = \operatorname{Max}|r_n(x)|$ ist, und unsere Definition erhält dann die spezielle Form: *$\sum f_n(x)$ heißt in J' gleichmäßig konvergent, wenn die dortigen Maxima* $\operatorname{Max}|r_n(x)|$ *eine Nullfolge bilden.*

Hat die Funktion $|r_n(x_n)|$ in J' kein Maximum, so besitzt sie doch eine bestimmte obere Grenze μ_n. Mit ihrer Hilfe können wir auch allgemein definieren:

°Form **3a.** *$\sum f_n(x)$ heißt in J' gleichmäßig konvergent, wenn $\mu_n \to 0$ strebt.* (Beweis?)

geben, so daß auch $|r_{n_2}(x_{n_2})| \geqq \varepsilon_0$ wäre, oberhalb n_2 erneut ein n_3, usw. Bilden wir nun eine Punktfolge (x_n) aus J', von der diese Punkte x_{n_1}, x_{n_2}, ... eine Teilfolge sind, so wäre doch

$$r_n(x_n)$$

entgegen der Voraussetzung ersichtlich *keine* Nullfolge. Unsere Annahme, daß die Bedingungen der 2. Form nicht erfüllbar wären, ist unzulässig, und die 3. Form der Definition ist also mit der 2. völlig äquivalent.

Bei den bisherigen Formen der Definition der gleichmäßigen Konvergenz haben wir stets *die Reste der Reihe* der Abschätzung unterworfen, die Reihe selbst also schon als konvergent vorausgesetzt. Benutzt man statt der ganzen Reste nur *Teilstücke* der Reihe (s. **81**), so kann man in die Definition der gleichmäßigen Konvergenz diejenige der Konvergenz selbst mit hineinnehmen. Wir gelangen dann zu der folgenden Definition:

°**4. Form.** *Eine Reihe $\sum f_n(x)$ heißt im Intervall J' gleichmäßig konvergent, wenn nach Wahl von $\varepsilon > 0$ eine nur von ε, nicht aber von x abhängige Zahl $N = N(\varepsilon)$ so angegeben werden kann, daß nun*

$$(\varepsilon) \qquad |f_{n+1}(x) + f_{n+2}(x) + \cdots + f_{n+k}(x)| < \varepsilon$$

ausfällt für jedes $n > N$, jedes $k \geqq 1$ und jedes x aus J'.

Sind nämlich die Bedingungen dieser Definition erfüllt, so folgt zunächst (nach **81**), daß $\sum f_n(x)$ bei jedem festen x in J' konvergiert. In der Ungleichung (ε) darf man daher $k \to \infty$ rücken lassen und findet, daß $|r_n(x)| \leqq \varepsilon$ ist für jedes x in J'. Ist umgekehrt $|r_n(x)| \leqq \varepsilon$ für alle $n > N$ und alle x in J', so ist für alle diese n, alle $k \geqq 1$ und alle x in J'

$$|f_{n+1}(x) + \cdots + f_{n+k}(x)| = |r_n(x) - r_{n+k}(x)| \leqq 2\varepsilon .$$

Dies lehrt aber, daß, wenn eine Reihe $\sum f_n(x)$ die Bedingungen der 4. Form erfüllt, sie auch diejenigen der 2. Form erfüllt und umgekehrt. — Endlich kann man dieser Definition auch noch die folgende Form geben (vgl. **81a**):

°**5. Form.** *Eine Reihe $\sum f_n(x)$ heißt im Intervall J' gleichmäßig konvergent, wenn nach Wahl beliebiger natürlicher Zahlen $k_1, k_2, k_3, \ldots$ und beliebiger Punkte $x_1, x_2, x_3, \ldots$ aus J' die Werte*

$$[f_{n+1}(x_n) + f_{n+2}(x_n) + \cdots + f_{n+k_n}(x_n)]$$

stets eine Nullfolge bilden[1].

---

[1] Nach **51** dürfte hier sogar $[f_{\nu_n+1}(x_n) + \cdots + f_{\nu_n+k_n}(x_n)]$ geschrieben werden, wenn die ν_n irgendwelche $\to +\infty$ strebende ganze Zahlen sind. — Genau wie in **81** können wir hier von einer *Teilstückfolge* sprechen, bei der nun aber

Weitere Beispiele und Erläuterungen.

192. 1. Man studiere nun noch einmal das Verhalten der Reihe $\sum f_n(x)$ mit

$$s_n(x) = \frac{n\,x}{1 + n^2\,x^2}$$

a) im Intervall $1 \leq x \leq 2$,
b) im Intervall $0 \leq x \leq 1$. (Vgl. die Ausführungen S. 340/41.)

2. Für die Reihe

$$1 + (x - 1) + (x^2 - x) + \cdots + (x^n - x^{n-1}) + \cdots$$

ist ersichtlich $s_n(x) = x^n$. Die Reihe konvergiert also im Intervall $J: -1 < x \leq +1$, speziell also in dem Teilintervall $J': 0 \leq x \leq 1$. Dort ist

$$F(x) \begin{cases} = 0 & \text{für} \quad 0 \leq x < 1 \\ = 1 & \text{für} \quad x = 1\,. \end{cases}$$

Die Konvergenz in diesem Intervall ist nicht gleichmäßig. Sie ist es nicht einmal in $J'': 0 \leq x < 1$. Denn dort ist $r_n(x) = F(x) - s_n(x) = -x^n$; wählt man nun aus J'' (also auch aus J') die Punktfolge

$$x_n = 1 - \frac{1}{n}, \qquad (n = 1, 2, \ldots),$$

so strebt $r_n(x_n) = -\left(1 - \frac{1}{n}\right)^n \to -\frac{1}{e}$, so daß die Reihe nicht gleichmäßig konvergieren kann[1]. — Geometrisch wird dies durch die in der Figur veranschaulichte Lage der Approximationskurven deutlich:

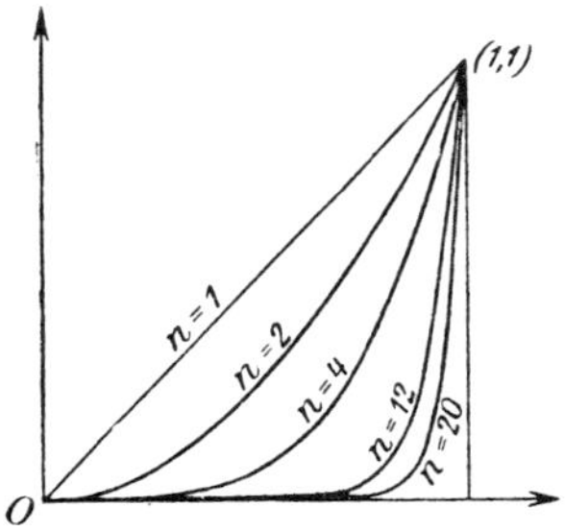

Fig. 6.

Für hohe n läuft die Kurve $y = s_n(x)$ *fast* während des ganzen Intervalles ganz dicht an der Abszissenachse, die die Grenzkurve darstellt. Kurz vor $+1$ aber erhebt sie sich steil in die Höhe, um im Punkte $(1, 1)$ zu enden. Wie groß man also auch n nehmen mag, nie läuft die Kurve $y = s_n(x)$ während des *ganzen* Intervalles J'' (oder J') dicht an der Grenzkurve entlang[2].

3. Bei dem vorigen Beispiel war die Ungleichmäßigkeit in der Approximation sozusagen zu erwarten, weil $F(x)$ selbst im Endpunkt des Intervalles einen Sprung von der Höhe 1 macht. Anders lag es bei dem S. 340 behandelten Beispiel. Wir geben jetzt ein ähnliches, aber noch krasseres: Es sei die Reihe vorgelegt, für die

$$s_n(x) = n\,x\,e^{-\frac{1}{2}n x^2}, \qquad (n = 1, 2, \ldots),$$

---

noch in jedem Teilstück ein anderes x gewählt werden darf, und können sagen: *Eine Reihe $\sum f_n(x)$ heißt in J'* ***gleichmäßig*** *konvergent, wenn* ***jede*** *Teilstückfolge eine Nullfolge bildet.* Und entsprechend: *Die* ***Funktionenfolge*** *der $s_n(x)$ heißt in J' gleichmäßig konvergent, wenn jede ihrer Differenzenfolgen eine Nullfolge ist.*

[1] Für $x_n = \left(1 - \frac{1}{n^2}\right)$ strebt sogar $r_n(x_n) \to -1$.

[2] Trotzdem aber macht man sich wieder leicht klar, daß bei jedem *festen* x (aus $0 < x < 1$) die Werte $s_n(x)$ mit wachsendem n auf 0 herabsinken, daß also das Hinaufschnellen zur Höhe 1 doch erst *rechts* von x stattfindet, mag x auch noch so dicht vor $+1$ liegen, — wenn nur n groß genug genommen wird.

ist. Für $x = 0$ ist dauernd $s_n(0) = 0$; für $x \neq 0$ ist $e^{-\frac{1}{2}x^2}$ ein positiver echter Bruch, so daß (nach **38**, 1) $s_n(x) \to 0$ strebt. Unsere Reihe ist also für jedes x konvergent und hat stets die Summe $F(x) = 0$: Die Grenzkurve ist mit der Abszissenachse identisch. Die Konvergenz ist aber durchaus keine gleichmäßige, wenn wir ein Intervall J' betrachten, das den Nullpunkt enthält. Denn für $x_n = \frac{1}{\sqrt{n}}$ ist

$$r_n(x_n) = F(x_n) - s_n(x_n) = -n\,x_n \cdot e^{-\frac{1}{2}n x_n^2} = -\sqrt{n} \cdot e^{-\frac{1}{2}} = -\sqrt{\frac{n}{e}},$$

was gewiß *nicht* $\to 0$ strebt. Die Approximationskurven verlaufen ähnlich wie in Fig. 4 und 5, nur daß jetzt die Höhe der Buckel mit wachsendem n sogar ohne Ende zunimmt, da ja

$$s_n\left(\frac{1}{\sqrt{n}}\right) = \sqrt{\frac{n}{e}} \to +\infty$$

strebt[1].

4. Ausdrücklich betonen wir noch, daß es zur gleichmäßigen Konvergenz nicht erforderlich ist, daß jede einzelne der Funktionen $f_n(x)$ beschränkt ist. So ist z. B. die Reihe $\frac{1}{x} + 1 + x + x^2 + \cdots$ in $0 < x \leq \frac{1}{2}$ *gleichmäßig* konvergent mit der Summe $\frac{1}{x(1-x)}$, denn für die Reste hat man dort die Abschätzung

$$|r_n(x)| = \left|\frac{x^n}{1-x}\right| \leq \frac{1}{2^{n-1}}.$$

Trotzdem ist das Anfangsglied der Reihe sowie die Grenzfunktion in dem genannten Intervall *nicht* beschränkt. (Vgl. indessen den nachstehenden Satz 4.)

Für *das Rechnen mit gleichmäßig konvergenten Reihen* ist es noch bequem, die folgenden Sätze besonders zu formulieren, deren Beweise aber so einfach sind, daß wir sie dem Leser überlassen möchten:

°**Satz 1.** *Sind die p Reihen $\sum f_{n1}(x)$, $\sum f_{n2}(x)$ ..., $\sum f_{np}(x)$ sämtlich in demselben Intervall J gleichmäßig konvergent (p = bestimmte natürliche Zahl), so ist dort auch die Reihe $\sum f_n(x)$ mit*

$$f_n(x) = c_1 f_{n1}(x) + c_2 f_{n2}(x) + \cdots + c_p f_{np}(x)$$

gleichmäßig konvergent, wenn $c_1, c_2, \ldots, c_p$ irgendwelche Konstanten bedeuten. (D. h.: Gleichmäßig konvergente Reihen darf man gliedweis mit je einer Konstanten multiplizieren und gliedweis addieren.)

°**Satz 2.** *Ist $\sum f_n(x)$ in J gleichmäßig konvergent, so ist dies auch mit der Reihe $\sum g(x) f_n(x)$ der Fall, wenn $g(x)$ eine in J definierte und dort beschränkte Funktion bedeutet. (D. h.: Eine gleichmäßig konvergente Reihe darf gliedweis mit einer beschränkten Funktion multipliziert werden.)*

---

[1] Die Stelle $x = \frac{1}{\sqrt{n}}$ ist für die Kurve $y = s_n(x)$ tatsächlich die Stelle des Maximums, wie man aus $s_n'(x) = (n - n^2 x^2)\,e^{-\frac{1}{2}n x^2} = 0$ findet.

°**Satz 3.** *Ist nicht nur* $\sum f_n(x)$, *sondern sogar* $\sum |f_n(x)|$ *in* J *gleichmäßig konvergent, so ist dort auch die Reihe* $\sum g_n(x)\, f_n(x)$ *gleichmäßig konvergent, falls bei passender Wahl von* m *die Folge der Funktionen* $g_{m+1}(x), g_{m+2}(x), \ldots$ *in* J *gleichmäßig beschränkt ist, falls also eine natürliche Zahl* m *und ein* $G > 0$ *existiert, so daß für alle* x *in* J *und alle* $n > m$ *stets* $|g_n(x)| < G$ *bleibt. (D. h.: Eine in* J *absolut und dann noch gleichmäßig konvergente Reihe darf gliedweis mit irgendwelchen Funktionen multipliziert werden, die nach etwaiger Überspringung einiger Anfangsglieder eine in* J *gleichmäßig beschränkte Folge bilden.)*

°**Satz 4.** *Ist* $\sum f_n(x)$ *in* J *gleichmäßig konvergent, so ist bei passender Wahl von* m *die Folge* $f_{m+1}(x), f_{m+2}(x), \ldots$ *in* J *gleichmäßig beschränkt und konvergiert in* J *gleichmäßig gegen* 0.

°**Satz 5.** *Konvergiert die Folge der Funktionen* $g_n(x)$ *in* J *gleichmäßig gegen* 0, *so ist dies auch mit der Folge der Funktionen* $\gamma_n(x)\, g_n(x)$ *der Fall, falls die* $\gamma_n(x)$ *irgendwelche in* J *definierte Funktionen sind, die — wenigstens nach etwaiger Überspringung einiger Anfangsglieder — eine in* J *gleichmäßig beschränkte Funktionenfolge bilden.*

Nur zur Probe geben wir etwa die Beweise der Sätze 3 und 4:

Beweis des Satzes 3. Infolge der Voraussetzungen kann nach Wahl eines $\varepsilon > 0$ die Zahl $n_0 > m$ so bestimmt werden, daß für alle $n > n_0$ und alle x aus J

$$|f_{n+1}(x)| + |f_{n+2}(x)| + \cdots < \frac{\varepsilon}{G}$$

bleibt. Dann ist für dieselben n und x auch

$$|g_{n+1} f_{n+1} + \cdots| \leqq |g_{n+1}| \cdot |f_{n+1}| + \cdots < G(|f_{n+1}| + \cdots) < \varepsilon,$$

womit schon alles bewiesen ist.

Beweis des Satzes 4. Infolge der Voraussetzungen gibt es ein m, so daß für alle $n \geqq m$ und alle x aus J stets $|r_n(x)| < \frac{1}{2}$ bleibt. Dann ist für $n > m$ und alle x aus J auch

$$|f_n(x)| = |r_{n-1}(x) - r_n(x)| \leqq |r_{n-1}| + |r_n| < 1,$$

was den ersten Teil des Satzes beweist. Wählt man bei beliebigem $\varepsilon > 0$ nun $n_0 > m$ so, daß für alle $n \geqq n_0$ und alle x aus J stets $|r_n(x)| < \frac{1}{2}\varepsilon$ bleibt, so ergibt sich ganz analog der zweite Teil des Satzes.

§ 47. Gliedweise Grenzübergänge.

Sahen wir S. 338/39, daß die Grundeigenschaften der Funktionen $f_n(x)$ sich im allgemeinen nicht auf die durch die Reihe $\sum f_n(x)$ dargestellte Funktion $F(x)$ zu übertragen brauchen, so wollen wir nun zeigen, daß dies im großen und ganzen doch der Fall ist, wenn die Reihe gleichmäßig konvergiert[1].

Wir beginnen mit dem einfachen, aber für die Anwendungen besonders wichtigen

°**Satz 1.** *Ist die Reihe $\sum f_n(x)$ in einem Intervall J gleichmäßig konvergent und sind ihre Glieder $f_n(x)$ an einer Stelle x_0 dieses Intervalles stetig, so ist auch die dargestellte Funktion $F(x)$ an dieser Stelle stetig*[2]. **193.**

Beweis. Bei gegebenem $\varepsilon > 0$ ist (nach § 19, Def. 6b) die Existenz einer Zahl $\delta = \delta(\varepsilon) > 0$ nachzuweisen, so daß

$$|F(x) - F(x_0)| < \varepsilon \quad \textbf{bleibt für alle } x \textbf{ mit } |x - x_0| < \delta,$$

die dem Intervalle angehören. Nun kann

$$F(x) - F(x_0) = s_n(x) - s_n(x_0) + r_n(x) - r_n(x_0)$$

gesetzt werden. Und wählen wir hierin, was wegen der vorausgesetzten Gleichmäßigkeit der Konvergenz möglich ist, $n = m$ so groß, daß für *alle* x des Intervalles stets $|r_m(x)| < \frac{\varepsilon}{3}$ ist, so ist

$$|F(x) - F(x_0)| \leqq |s_m(x) - s_m(x_0)| + \tfrac{2}{3}\varepsilon .$$

Nachdem m so festgelegt ist, ist aber $s_m(x)$ als Summe einer festen Anzahl von in x_0 stetigen Funktionen (nach § 19, Satz 3) dort selbst stetig, und man kann daher δ so klein wählen, daß für alle x des Intervalles, die der Bedingung $|x - x_0| < \delta$ genügen, stets

$$|s_m(x) - s_m(x_0)| < \frac{\varepsilon}{3}$$

bleibt. Für diese selben x ist dann auch

$$|F(x) - F(x_0)| < \varepsilon,$$

womit die Stetigkeit von $F(x)$ in x_0 schon bewiesen ist.

°**Zusatz.** *Ist $\sum f_n(x) = F(x)$ in einem Intervall gleichmäßig konvergent und sind die $f_n(x)$ sämtlich in dem ganzen Intervall stetig, so gilt das Gleiche von $F(x)$.*

In Verbindung mit dem unter **191**, 2 gegebenen Beispiel 3 haben wir hierin einen neuen Beweis für die Stetigkeit der durch eine Potenzreihe in ihrem Konvergenzintervall dargestellten Funktion.

---

[1] Doch sei gleich hier betont, daß die Gleichmäßigkeit der Konvergenz immer nur eine *hinreichende* Bedingung in den folgenden Sätzen darstellt und im allgemeinen nicht *notwendig* ist.

[2] Ist x_0 ein Randpunkt des Intervalles J, so kann natürlich nur eine *einseitige* Stetigkeit von $F(x)$ in x_0 behauptet werden, doch braucht dazu auch nur die entsprechende einseitige Stetigkeit der $f_n(x)$ in x_0 vorausgesetzt zu werden.

Benutzen wir statt der ε-Definition der Stetigkeit die lim-Definition (s. § 19, Def. 6), so kann man der Behauptung des Satzes auch die Form geben:

$$\lim_{x\to x_0}\left(\sum_{n=0}^{\infty} f_n(x)\right) = \sum_{n=0}^{\infty}\left(\lim_{x\to x_0} f_n(x)\right),$$

und in dieser Form erscheint er als ein Spezialfall des folgenden sehr viel feineren Satzes:

194. °**Satz 2.** *Es sei die Reihe* $F(x) = \sum_{n=0}^{\infty} f_n(x)$ *in dem* ***offenen*** *Intervall* $x_0 \ldots x_1$ *gleichmäßig konvergent*[1], *und es sei bei Annäherung aus dem* ***Innern*** *des Intervalles*[2]

$$\lim_{x\to x_0} f_n(x) = a_n$$

für jedes einzelne n *vorhanden. Dann ist auch die Reihe* $\sum_{n=0}^{\infty} a_n$ *konvergent, es existiert* $\lim F(x)$ *bei derselben Annäherung von* $x \to x_0$, *und wenn* $\sum a_n = A$ *gesetzt wird, so ist*

$$\lim_{x\to x_0} F(x) = A\,,$$

oder also

$$\lim_{x\to x_0}\left(\sum_{n=0}^{\infty} f_n(x)\right) = \sum_{n=0}^{\infty}\left(\lim_{x\to x_0} f_n(x)\right).$$

(Wegen dieser zweiten Formulierung sagt man auch kurz: *Im Falle gleichmäßiger Konvergenz darf man gliedweis zur Grenze übergehen.*)

Beweis. Ist $\varepsilon > 0$ gegeben, so wählen wir zunächst n_1 so, daß (s. 4. Form der Definition **191**) für $n > n_1$, alle $k \geqq 1$ und alle x unseres Intervalles

$$|f_{n+1}(x) + \cdots + f_{n+k}(x)| < \varepsilon$$

bleibt. Hält man hier für den Augenblick n und k fest und läßt $x \to x_0$ rücken, so folgt (nach § 19, Satz 1a), daß auch

$$|a_{n+1} + a_{n+2} + \cdots + a_{n+k}| \leqq \varepsilon$$

ist, und zwar für alle $n > n_1$ und alle $k \geqq 1$. *Also ist* $\sum a_n$ *konvergent.* Die Teilsummen dieser Reihe nennen wir A_n, die Summe A. Daß dann $F(x) \to A$ strebt, ist jetzt leicht zu sehen. Wird nämlich nach Wahl von ε die Zahl n_0 so bestimmt, daß für $n > n_0$ nicht nur

$$|r_n(x)| < \frac{\varepsilon}{3}, \quad \text{sondern auch} \quad |A - A_n| < \frac{\varepsilon}{3}$$

---

[1] Es darf $x_0 >$ oder auch $< x_1$ sein. Ob die Reihe noch in x_0 konvergiert oder nicht, ja ob dort die Funktionen $f_n(x)$ überhaupt noch definiert sind oder nicht, ist für diesen Satz gleichgültig.

[2] Es handelt sich also hier — und ebenso bei den beiden folgenden Behauptungen — um einen einseitigen Limes.

ausfällt, so ist für ein (festes) $m > n_0$

$$|F(x) - A|$$
$$= |(s_m(x) - A_m) - (A - A_m) + r_m(x)| \leqq |s_m(x) - A_m| + \frac{\varepsilon}{3} + \frac{\varepsilon}{3};$$

und, weil für $x \to x_0$ nun $s_m(x) \to A_m$ strebt, kann man δ so bestimmen, daß

$$|s_m(x) - A_m| < \frac{\varepsilon}{3} \quad \text{ist für alle} \quad 0 < |x - x_0| < \delta,$$

die dem gegebenen Intervall angehören. Für diese x ist dann

$$|F(x) - A| < \varepsilon,$$

womit alles bewiesen ist.

Ist (x_n) eine ganz beliebige, dem Intervall gleichmäßiger Konvergenz entnommene Zahlenfolge, so hat wegen

$$F(x_n) = s_n(x_n) + r_n(x_n)$$

und wegen $r_n(x_n) \to 0$ (s. **191**, 3. Form) die Folge der Zahlen $F(x_n)$ und die der Zahlen $s_n(x_n)$ stets das *gleiche* Konvergenzverhalten und im Falle der Konvergenz den *gleichen* Grenzwert. Betrachten wir im Gegensatz dazu die als ungleichmäßig konvergent erkannte Reihe mit den Teilsummen $s_n(x) = \frac{n x}{1 + n^2 x^2}$ und nehmen wir $x_n = \frac{1}{n}$, so ist $F(x_n) = 0$, also auch konvergent mit dem Grenzwert 0, während $s_n(x_n) = \frac{1}{2}$ und also auch konvergent ist, aber mit dem Grenzwert $\frac{1}{2}$. Beide Folgen haben also *verschiedenes* Verhalten.

Satz 3. *Die Reihe $F(x) = \sum f_n(x)$ sei im Intervall J gleichmäßig konvergent und über das abgeschlossene Teilintervall J': $a \leqq x \leqq b$ seien die Funktionen $f_n(x)$ sämtlich integrierbar. Dann ist auch $F(x)$ eine über J' integrierbare Funktion und das über das Intervall J' genommene Integral von $F(x)$ kann durch gliedweise Integration gewonnen werden, d. h. es ist* **195.**

$$\int_a^b F(x)\,dx \quad \textit{oder also} \quad \int_a^b \left[\sum_{n=0}^{\infty} f_n(x)\right] dx = \sum_{n=0}^{\infty} \left[\int_a^b f_n(x)\,dx\right].$$

(Genauer: *Die letzte Reihe ist wieder konvergent und hat das gesuchte Integral von $F(x)$ zur Summe.*)

Beweis. Nach Wahl von $\varepsilon > 0$ bestimmen wir m so groß, daß für $n \geqq m$ und alle x des Intervalles $a \ldots b$ stets

$$|r_n(x)| < \frac{\varepsilon}{4(b-a)}$$

bleibt. Als Summe endlich vieler integrierbarer Funktionen ist nun $s_m(x)$ wieder über J' integrierbar. Nach § 19, Satz 11 kann man daher das Intervall J' derart in p Teile $i_1, i_2, \ldots, i_p$ teilen, daß, wenn σ_ν die Schwankung von $s_m(x)$ auf i_ν bedeutet,

$$\sum_{\nu=1}^{p} i_\nu \sigma_\nu < \frac{\varepsilon}{2}$$

ausfällt. Da ferner die Schwankung von $r_m(x)$ nach der Art, in der m bestimmt wurde, in *jedem* Teilintervall von $a \ldots b$ sicher $< \frac{\varepsilon}{2(b-a)}$ ist, und da die Schwankung der Summe zweier Funktionen nicht größer als die Summe der Schwankungen dieser beiden Funktionen ist, so ist für dieselbe Einteilung von $a \ldots b$ in die Teile $i_1, i_2, \ldots, i_p$

$$\sum_{\nu=1}^{p} i_\nu \bar{\sigma}_\nu < \varepsilon,$$

wenn mit $\bar{\sigma}_\nu$ die Schwankung von $F(x)$ in i_ν bezeichnet wird. Also ist (wieder nach § 19, Satz 11) auch $F(x)$ über J' integrierbar. Weiter ist dann wegen $F = s_n + r_n$ für jedes $n \geqq m$

$$\left|\int_a^b F(x)\,dx - \int_a^b s_n(x)\,dx\right| = \left|\int_a^b r_n(x)\,dx\right| < \frac{\varepsilon}{4} < \varepsilon,$$

— das letzte wegen § 19, Satz 21. Nun ist aber $s_n(x)$ eine Summe von endlich vielen Funktionen, und die Anwendung von § 19, Satz 22 liefert sofort, daß auch

$$\left|\int_a^b F(x)\,dx - \sum_{\nu=0}^{n} \int_a^b f_\nu(x)\,dx\right| < \varepsilon$$

ist. Dies besagt aber, daß die Reihe $\sum \int_a^b f_\nu(x)\,dx$ konvergiert und das entsprechende Integral von $F(x)$ zur Summe hat.

Nicht ganz so einfach liegen die Dinge für die gliedweise Differentiation.

In **190**, 7 sahen wir z. B., daß die Reihe

$$\sum_{n=1}^{\infty} \frac{\sin n x}{n}$$

für jedes x konvergiert und also eine für alle reellen x definierte Funktion $F(x)$ darstellt. Die Glieder dieser Reihe sind durchweg stetige und differenzierbare Funktionen. Nach gliedweiser Differentiation aber erhalten wir die Reihe

$$\sum_{n=1}^{\infty} \cos n x,$$

die für jedes x divergiert[1]. — Selbst wenn die Reihe für alle x gleichmäßig konvergiert, wie z. B. die Reihe

$$\sum_{n=1}^{\infty} \frac{\sin n x}{n^2}$$

---

[1] Nach den S. 368 bewiesenen Formeln ist für alle $x \neq 2 k \pi$

$$\frac{1}{2} + \cos x + \cos 2x + \cdots + \cos n x = \frac{\sin\left(n + \frac{1}{2}\right)x}{2 \sin \frac{x}{2}}.$$

(vgl. Beispiel 5 in **191**, 2), so liegen die Dinge nicht günstiger, da wir durch gliedweise Differentiation die Reihe

$$\sum_{n=1}^{\infty} \frac{\cos n x}{n}$$

erhalten, die z. B. für $x = 0$ divergiert.

Der Satz über gliedweise Differentiation wird daher ein etwas anderes Gepräge haben müssen, er lautet:

Satz 4. *Liegt die Reihe* $\sum\limits_{n=0}^{\infty} f_n(x)$ *vor*[1], *deren Glieder im Intervall* **196.**
$J \equiv a \ldots b$, $(a < b)$, *differenzierbare Funktionen sind, und ist die durch gliedweise Differentiation entstehende Reihe*

$$\sum_{n=0}^{\infty} f_n'(x)$$

in J gleichmäßig konvergent, so gilt dasselbe von der gegebenen Reihe, falls diese in wenigstens einem Punkte von J konvergiert. Und sind dann $F(x)$ *und* $\varphi(x)$ *die durch die beiden Reihen dargestellten Funktionen, so ist* $F(x)$ *in J differenzierbar, und es ist*

$$F'(x) = \varphi(x),$$

d. h. also: unter den gemachten Voraussetzungen darf die gegebene Reihe gliedweise differenziert werden.

Beweis. a) Ist c ein (nach Voraussetzung vorhandener) Punkt aus J, für den $\sum f_n(c)$ konvergiert, so ist nach dem Mittelwertsatz der Differentialrechnung (s. § 19, Satz 8)

$$\sum_{\nu=n+1}^{n+k} (f_\nu(x) - f_\nu(c)) = (x - c) \cdot \sum_{\nu=n+1}^{n+k} f_\nu'(\xi),$$

wenn mit ξ ein passender Punkt zwischen x und c bezeichnet wird. Nach Wahl von $\varepsilon > 0$ kann man nun nach Voraussetzung n_0 so bestimmen, daß für $n > n_0$, $k \geqq 1$ und *alle* x aus J

$$\left| \sum_{\nu=n+1}^{n+k} f_\nu'(x) \right| < \frac{\varepsilon}{b - a}$$

bleibt. Dann ist unter denselben Bedingungen

$$\left| \sum_{\nu=n+1}^{n+k} (f_\nu(x) - f_\nu(c)) \right| < \varepsilon.$$

Und dies lehrt, daß $\sum (f_n(x) - f_n(c))$ und folglich auch $\sum f_n(x)$ selbst in dem ganzen Intervall J gleichmäßig konvergiert und somit eine bestimmte Funktion $F(x)$ darstellt.

---

[1] Über ihre Konvergenz wird zunächst noch nichts vorausgesetzt.

b) Ist jetzt x_0 ein spezieller Punkt aus J, so werde

$$\frac{f_\nu(x_0+h)-f_\nu(x_0)}{h}=g_\nu(h), \qquad (\nu=0,1,2,\ldots),$$

gesetzt, — Funktionen, die für alle $h \gtrless 0$ definiert sind, für die x_0+h in J liegt. Da nun, ähnlich wie eben,

$$\sum_{\nu=n+1}^{n+k} g_\nu(h)=\sum_{\nu=n+1}^{n+k} f'_\nu(x_0+\vartheta h), \qquad (0<\vartheta<1),$$

ist, so erkennt man wie unter a), daß

$$\sum_{n=0}^{\infty} g_n(h)$$

für alle diese h gleichmäßig konvergiert. Diese Reihe stellt die Funktion

$$\frac{F(x_0+h)-F(x_0)}{h}$$

dar. Nach Satz 2 können wir daher gliedweise $h\to 0$ streben lassen und finden, daß $F'(x_0)$ existiert und

$$=\sum_{n=0}^{\infty}\left(\lim_{h\to 0} g_n(h)\right)=\sum_{n=0}^{\infty} f'_n(x_0)$$

ist. Dies bedeutet aber, daß, wie behauptet, $F'(x_0)=\varphi(x_0)$ ist.

Beispiele und Bemerkungen.

1. Hat $\sum a_n(x-x_0)^n$ den Radius $r>0$ und ist $0<\varrho<r$, so konvergiert $\sum n\,a_n(x-x_0)^{n-1}$ gleichmäßig für alle $|x-x_0|\leq\varrho$. Die gegebene Potenzreihe stellt also nach Satz 4 eine Funktion dar, die für alle $|x-x_0|\leq\varrho$ differenzierbar ist. Faßt man ein spezielles x mit $|x-x_0|<r$ ins Auge, so kann man $\varrho<r$ stets so wählen, daß auch $|x-x_0|<\varrho<r$ ist. Die Differenzierbarkeit der durch $\sum a_n(x-x_0)^n$ dargestellten Funktion besteht also sogar für jedes x des offenen Intervalles $|x-x_0|<r$.

2. Die durch $\sum_{n=1}^{\infty}\frac{\sin nx}{n^3}$ dargestellte Funktion ist für jedes x differenzierbar und hat die Ableitung $\sum_{n=1}^{\infty}\frac{\cos nx}{n^2}$. (Vgl. Beispiel 5 zu **191**, 2.)

3. Die Bedingung der gleichmäßigen Konvergenz ist bei allen vier Sätzen jedenfalls eine hinreichende. Doch bleibt es fraglich, ob sie auch notwendig ist.

a) Beim Stetigkeitssatz 1 oder seinem Zusatz ist das sicher nicht der Fall; denn die **192**, 2 und 4 behandelten Reihen haben durchweg stetige Glieder und stellen auch durchweg stetige Funktionen dar. Die Konvergenz war aber keine gleichmäßige. Die notwendigen und hinreichenden Bedingungen zu ergründen, ist nicht ganz leicht. In befriedigender Form hat dies zuerst S. Arzela: Rendic. Accad. Bologna (1) Bd. 19, S. 85. 1883, getan. Einen vereinfachten Beweis des von ihm ausgesprochenen Hauptsatzes findet man bei G. Vivanti: Rendiconti del circ. matem. di Palermo Bd. 30, S. 83. 1910. — Sind die $f_n(x)$ *positiv*, so ist, wie U. Dini gezeigt hat, die gleichmäßige Konvergenz auch ***notwendig*** für die Stetigkeit von $F(x)$. Vgl. Aufg. 158.

b) Daß auch bei dem Satz **195** über die gliedweise Integration die Gleichmäßigkeit der Konvergenz der Reihe keine *notwendige* Bedingung für seine Gültigkeit ist, ist gleichfalls verschiedentlich durch Beispiele belegt worden. Für die S. 340/41 besprochene Reihe $\sum_{n=1}^{\infty} f_n(x)$, deren Teilsummen

$$s_n(x) = \frac{n\,x}{1 + n^2 x^2}$$

sind und deren Summe $F(x) = 0$ ist, findet man sofort

$$\sum_{\nu=1}^{n} \int_0^1 f_\nu(x)\,dx = \int_0^1 s_n(x)\,dx \to 0 = \int_0^1 F(x)\,dx\,.$$

Die gliedweise Integration führt also zum richtigen Ergebnis. Bei der Reihe **192**, 3, bei der auch $\int_0^1 F(x)\,dx = 0$ ist, strebt aber

$$\sum_{\nu=0}^{n} \int_0^1 f_\nu(x)\,dx = \int_0^1 s_n(x)\,dx = 1 - e^{-\frac{1}{2}n} \to 1\,,$$

und dies zeigt, daß die gliedweise Integration hier nicht erlaubt ist.

§ 48. Kriterien für gleichmäßige Konvergenz.

Nachdem wir nun die Bedeutung des Begriffs der gleichmäßigen Konvergenz kennen gelernt haben, werden wir danach fragen, wie man bei einer vorgelegten Reihe feststellen kann, ob sie in ihrem Konvergenzintervall oder einem Teil desselben gleichmäßig konvergiert oder nicht. Ist schon, wie wir wissen, die Feststellung der Konvergenz nicht immer ganz einfach, so wird dies von der der gleichmäßigen Konvergenz in noch höherem Maße gelten. Für die Anwendungen das wichtigste, weil am leichtesten zu handhabende, ist das folgende

°**Kriterium von Weierstrass.** *Ist jede der Funktionen $f_n(x)$ im Intervall J definiert und* ***beschränkt*** *und ist, wenn in J etwa stets* **197.**

$$|f_n(x)| \leqq \gamma_n$$

bleibt, die Reihe (mit positiven Gliedern) $\sum \gamma_n$ konvergent, so ist die Reihe $\sum f_n(x)$ in J gleichmäßig konvergent.

Beweis. Ist (x_n) eine beliebige Punktfolge aus J, so ist doch stets

$$|f_{n+1}(x_n) + f_{n+2}(x_n) + \cdots + f_{n+k_n}(x_n)| \leqq \gamma_{n+1} + \gamma_{n+2} + \cdots + \gamma_{n+k_n}.$$

Nach **81**, 2 strebt für $n \to \infty$ die rechte Seite $\to 0$; also tut dies auch die linke Seite. Nach **191**, 5. Form, ist daher $\sum f_n(x)$ in J gleichmäßig konvergent.

Beispiele.

1. In dem Beispiel **191**, 3 hatten wir schon im Prinzip dieses Weierstrasssche Kriterium benutzt.

2. Die harmonische Reihe $\sum \frac{1}{n^x}$, die für $x > 1$ konvergiert, ist auf der Halb-

geraden $x \geqq 1 + \delta$ gleichmäßig konvergent; hierbei darf δ irgendeine positive Zahl bedeuten. In der Tat ist für diese x stets

$$\left|\frac{1}{n^x}\right| \leqq \frac{1}{n^{1+\delta}} = \gamma_n$$

mit konvergenter $\sum \gamma_n$. Damit ist die Behauptung schon bewiesen.

Die durch die harmonische Reihe dargestellte Funktion — man nennt sie die RIEMANNsche ζ-Funktion und bezeichnet sie mit $\zeta(x)$ — ist also jedenfalls für $x > 1$ stetig[1].

3. Durch gliedweise Differentiation der harmonischen Reihe entsteht die Reihe

$$(*) \qquad -\sum_{n=1}^{\infty} \frac{\log n}{n^x}.$$

Auch diese ist für alle $x \geqq 1 + \delta > 1$ gleichmäßig konvergent. Denn für alle n von einer Stelle ab ist (nach **38**, 4) $\frac{\log n}{n^{\delta/2}} < 1$; für diese n und zugleich für alle $x \geqq 1 + \delta$ ist dann auch

$$\left|\frac{\log n}{n^x}\right| \leqq \frac{1}{n^{1+\delta/2}} \cdot \frac{\log n}{n^{\delta/2}} < \frac{1}{n^{1+\delta/2}} = \gamma_n .$$

Die RIEMANNsche ζ-Funktion ist also für alle $x > 1$ auch differenzierbar, und ihre Ableitung wird durch die Reihe (*) dargestellt.

4. Wenn $\sum a_n$ absolut konvergiert, so sind die Reihen

$$\sum a_n \cos n x \qquad \text{und} \qquad \sum a_n \sin n x$$

für *alle* x gleichmäßig konvergent, denn es ist z. B. stets $|a_n \cos n x| \leqq |a_n| = \gamma_n$. Diese Reihen definieren dann also durchweg *stetige* Funktionen.

Das WEIERSTRASSsche Kriterium wird trotz seiner großen praktischen Bedeutung nur einen beschränkten Geltungsbereich haben, denn es verlangt ja insbesondere, daß die zu untersuchende Reihe *absolut* konvergiert. Wenn dies nicht der Fall ist, müssen feinere Kriterien einsetzen, die wir denen von § 43 nachbilden. Das erfolgreichste Hilfsmittel zu ihrer Aufstellung ist auch hier wieder die ABELsche partielle Summation. Sie liefert uns, ganz ähnlich wie damals, zunächst den folgenden

198. °**Satz.** *Eine Reihe der Form* $\sum_{n=0}^{\infty} a_n(x) \cdot b_n(x)$ *ist sicher im Intervall J gleichmäßig konvergent, wenn dort*

1. *die Reihe* $\sum_{\nu=0}^{\infty} A_\nu \cdot (b_\nu - b_{\nu+1})$ *gleichmäßig konvergiert und*
2. *auch die Folge* $A_n \cdot b_{n+1}$ *gleichmäßig konvergent ist*[2].

---

[1] Denn faßt man ein *spezielles* $x > 1$ ins Auge, so kann man sich stets $\delta > 0$ so gewählt denken, daß auch noch $x > 1 + \delta$ ist.

[2] Die a_n, b_n, A_n sind jetzt stets *Funktionen* von x, die in dem zugrunde gelegten Intervall J definiert sind; doch lassen wir der Kürze halber das x im folgenden häufig fort. — Bezüglich des Begriffs der gleichmäßigen Konvergenz einer *Folge von Funktionen* vgl. **190**, 4.

Hierbei sollen die $A_n = A_n(x)$ die Teilsummen der Reihe $\sum a_n(x)$ bedeuten.

Beweis. Es ist genau wie dort — man hat nur in den a_ν, b_ν und A_ν nicht Zahlen, sondern Funktionen von x zu sehen — zunächst

$$\sum_{\nu=n+1}^{n+k} a_\nu \cdot b_\nu = \sum_{\nu=n+1}^{n+k} A_\nu \cdot (b_\nu - b_{\nu+1}) + (A_{n+k} \cdot b_{n+k+1} - A_n \cdot b_{n+1}).$$

Machen wir hier x und k in beliebiger Weise von n abhängig, so haben wir links eine *Teilstückfolge*

$$\sum_{\nu=n+1}^{n+k_n} a_\nu(x_n) \cdot b_\nu(x_n)$$

der Reihe $\sum a_\nu b_\nu$, und rechts entsprechend eine solche der Reihe $\sum A_\nu (b_\nu - b_{\nu+1})$ bzw. eine *Differenzenfolge* der Folge $A_n \cdot b_{n+1}$. Da nach Voraussetzung die letzteren beiden *immer* gegen 0 streben (s. **191**, 5. Form), so ist dies auch mit der linksstehenden der Fall. Damit sind (wieder nach **191**, 5) die behaupteten Tatsachen schon bewiesen.

Genau wie in § 43 lassen sich aus diesem noch sehr allgemeinen Satze nun speziellere, aber leichter zu handhabende Kriterien[1] herleiten:

°**1. Kriterium von Abel.** *$\sum a_\nu(x) \cdot b_\nu(x)$ ist in J gleichmäßig konvergent, wenn dort $\sum a_\nu(x)$ gleichmäßig konvergiert, wenn ferner bei jedem festen x die $b_n(x)$ eine reelle und monotone Zahlenfolge[2] bilden und überdies die $b_n(x)$ für alle n und alle x aus J ihrem Betrage nach unter ein und derselben Schranke K verbleiben[3].*

Beweis. Bezeichnen wir die zu den Teilsummen $A_n(x)$ gehörigen Reste mit $\alpha_n(x)$, setzen wir also $\sum_{n=0}^{\infty} a_\nu(x) = A_n(x) + \alpha_n(x)$, so dürfen wir in der Formel der Abelschen partiellen Summation (nach Zusatz **183**) $-\alpha_\nu$ statt A_ν setzen und haben dann

$$\sum_{\nu=n+1}^{n+k} a_\nu \cdot b_\nu = - \sum_{\nu=n+1}^{n+k} \alpha_\nu \cdot (b_\nu - b_{\nu+1}) - (\alpha_{n+k} \cdot b_{n+k+1} - \alpha_n \cdot b_{n+1}),$$

---

[1] Wir benennen diese Kriterien der Einfachheit halber nach den entsprechenden Regeln für Reihen mit konstanten Gliedern. — Vgl. S. 324, Fußn. 5.

[2] Vgl. die Fußnote zu **184**, 1.

[3] Die $b_n(x)$ bilden bei festgehaltenem x eine *Zahlenfolge* $b_0(x)$, $b_1(x)$, ..., bei festgehaltenem n aber *eine Funktion von* x, die in J definiert ist. Die obige Voraussetzung kann man dann so ausdrücken: Die sämtlichen (für die verschiedenen x aus J entstehenden) Zahlenfolgen sollen *gleichmäßig* in bezug auf alle diese x *beschränkt* sein; d. h. eine jede ist beschränkt, und es gibt eine Zahl K, die für *alle zugleich* eine Schranke ist. Oder auch: Die sämtlichen (für die verschiedenen Werte von n sich ergebenden) in J definierten Funktionen sollen dort gleichmäßig (in bezug auf alle diese n) beschränkt sein; d. h. eine jede ist beschränkt, und es gibt eine Zahl K, die für *alle zugleich* eine Schranke ist.

und es genügt wieder zu zeigen, daß sowohl die Reihe $\sum \alpha_\nu \cdot (b_\nu - b_{\nu+1})$ als auch die Folge $\alpha_n \cdot b_{n+1}$ beide in J gleichmäßig konvergieren. Da aber die $\alpha_n(x)$ als Reste einer gleichmäßig konvergenten Reihe *gleichmäßig* gegen 0 streben und die $b_\nu(x)$ für alle x in J ihrem Betrage nach stets $< K$ bleiben, so strebt auch die Folge $\alpha_n \cdot b_{n+1}$ in J gleichmäßig gegen 0. Betrachtet man andererseits die Teilstücke

$$T_n = \sum_{\nu=n+1}^{n+k} \alpha_\nu(x) \cdot (b_\nu(x) - b_{\nu+1}(x)),$$

so streben auch sie — und mit dem Nachweis hiervon wäre die gleichmäßige Konvergenz der in Rede stehenden Reihe im Intervall J gesichert — in J *gleichmäßig* $\to 0$. Denn ist $\overline{\alpha}_\nu$ die obere Grenze von $\alpha_\nu(x)$ in J, so strebt auch $\overline{\alpha}_\nu \to 0$ (s. Form 3a). Ist also ε_n die größte der Zahlen $\overline{\alpha}_{n+1}, \overline{\alpha}_{n+2}, \ldots$, so strebt auch $\varepsilon_n \to 0$, so daß wegen

$$|T_n| \leqq \varepsilon_n \cdot \sum_{\nu=n+1}^{n+k} |b_\nu - b_{\nu+1}| \leqq \varepsilon_n \cdot |b_{n+1} - b_{n+k+1}| \leqq 2K \cdot \varepsilon_n$$

auch $T_n \to 0$ streben muß, und zwar gleichmäßig in J.

°**2. Kriterium von Dirichlet.** $\sum_{n=0}^{\infty} a_n(x) \cdot b_n(x)$ *ist in J gleichmäßig konvergent, wenn dort die Teilsummen der Reihe $\sum a_n(x)$ gleichmäßig beschränkt sind*[1] *und wenn dort die Folge $b_n(x)$ gleichmäßig $\to 0$ konvergiert, und zwar für jedes feste x monoton.*

Beweis. Aus den Voraussetzungen und **192**, 5 folgt jetzt unmittelbar, daß die Folge $A_n \cdot b_{n+1}$ in J gleichmäßig konvergiert (und zwar wieder $\to 0$). Ist dann weiter K' eine obere Schranke aller $|A_n(x)|$, so ist

$$\left| \sum_{\nu=n+1}^{n+k} A_\nu \cdot (b_\nu - b_{\nu+1}) \right| \leqq K' \cdot \sum_{\nu=n+1}^{n+k} |b_\nu - b_{\nu+1}| \leqq K' \cdot |b_{n+k+1} - b_{n+1}|.$$

Wie aber auch x und k hier von n abhängen mögen, die rechte Seite strebt infolge der Voraussetzungen immer gegen 0, also tut es auch die linke. Damit ist wieder die Gleichmäßigkeit der Konvergenz der in Rede stehenden Reihe für das Intervall J bewiesen.

Die Monotonie im Verhalten der $b_n(x)$ wurde bei beiden Kriterien nur gebraucht, um eine bequeme Abschätzung der Teilstücke $\sum |b_\nu - b_{\nu+1}|$ zu ermöglichen. Modifiziert man zu diesem Zwecke ein klein wenig die Voraussetzungen, so erhält man

°**3. Zwei Kriterien von du Bois-Reymond und Dedekind.**

a) *Die Reihe $\sum a_\nu(x) \cdot b_\nu(x)$ ist in J gleichmäßig konvergent, wenn dort die beiden Reihen $\sum a_\nu$ und $\sum |b_\nu - b_{\nu+1}|$ gleichmäßig konvergieren und zugleich die Funktionenfolge der $b_n(x)$ dort gleichmäßig beschränkt ist.*

[1] Vgl. die vorangehende Fußnote.

Beweis. Wir benutzen wieder die Umformung

$$\sum_{\nu=n+1}^{n+k} a_\nu \cdot b_\nu = -\sum_{\nu=n+1}^{n+k} \alpha_\nu \cdot (b_\nu - b_{\nu+1}) - (\alpha_{n+k} \cdot b_{n+k+1} - \alpha_n \cdot b_{n+1}).$$

Da jetzt die Reste $\alpha_\nu(x)$ gleichmäßig gegen 0 streben, so ist z. B. für $\nu > m$ und für alle x in J stets $|\alpha_\nu(x)| < 1$. Daher ist für $n \geqq m$

$$\left| \sum_{\nu=n+1}^{n+k} \alpha_\nu \cdot (b_\nu - b_{\nu+1}) \right| \leqq \sum_{\nu=n+1}^{n+k} |b_\nu - b_{\nu+1}|;$$

und da nun — auch wenn x und k in beliebiger Weise von n abhängen — die rechtsstehenden Größen mit wachsendem n gegen 0 streben, so tun es auch die linken. Und daß auch $\alpha_n \cdot b_{n+1}$ gleichmäßig in J gegen 0 strebt, folgt nach **192**, 5 daraus, daß die $\alpha_n(x)$ dies tun und daß die $b_\nu(x)$ dort gleichmäßig beschränkt sind.

b) *Die Reihe $\sum a_\nu(x) \cdot b_\nu(x)$ ist in J gleichmäßig konvergent, wenn dort von den beiden Reihen $\sum a_\nu$ und $\sum |b_\nu - b_{\nu+1}|$ die zweite gleichmäßig konvergiert und die erste gleichmäßig beschränkte Teilsummen hat und wenn die Funktionen $b_n(x)$ in J gleichmäßig $\to 0$ streben.*

Beweis. Aus den Voraussetzungen folgt zunächst wieder unmittelbar, daß $A_n b_{n+1}$ in J gleichmäßig (gegen 0) konvergiert. Ferner ist, wenn K' wieder eine obere Schranke aller $|A_n(x)|$ ist,

$$\left| \sum_{\nu=n+1}^{n+k} A_\nu \cdot (b_\nu - b_{\nu+1}) \right| \leqq K' \cdot \sum_{\nu=n+1}^{n+k} |b_\nu - b_{\nu+1}|,$$

woraus nun infolge der jetzigen Voraussetzungen sofort die Gleichmäßigkeit der Konvergenz der neuen Reihe in J abzulesen ist.

Beispiele und Erläuterungen.

1. Bei den Anwendungen wird oft eine der beiden Funktionenfolgen, meist $a_n(x)$, sich auf eine *Zahlen*folge reduzieren. Wenn dann $\sum a_\nu$ überhaupt konvergiert, so ist diese Reihe natürlich als *in jedem Intervall gleichmäßig* konvergent anzusehen. Denn ihre Glieder und also auch ihre Teilstücke hängen ja gar nicht mehr von x ab, und jede Abschätzung gilt also von selbst für *alle* x. Ebenso gelten dann die Teilsummen von $\sum a_\nu$, falls sie überhaupt beschränkt sind, auch als *gleichmäßig* beschränkt in jedem Intervall. **199.**

2. Es sei (a_n) eine *Zahlen*folge, $\sum a_n$ konvergent und $b_n(x) = x^n$. Dann ist $\sum a_n x^n$ in $0 \leqq x \leqq 1$ *gleichmäßig* konvergent. Denn die Bedingungen des Abelschen Kriteriums sind in diesem Intervall erfüllt. In der Tat ist $\sum a_n$, wie unter 1. bemerkt, gleichmäßig konvergent; es ist ferner bei *festem* x die Folge (x^n) monoton, und überdies ist für alle n und alle x des Intervalls stets $|x^n| \leqq 1$. — Nach dem Satz **194** vom gliedweisen Grenzübergang können wir also schließen, daß

$$\lim_{x \to 1-0} \left(\sum a_n x^n\right) = \sum \left(\lim_{x \to 1-0} a_n x^n\right), \quad \text{d. h.}$$
$$= \sum a_n$$

ist. Wir haben damit einen neuen Beweis des Abelschen Grenzwertsatzes **100**.

3. Ebenso sind auch die Folgen $b_n(x) = \frac{1}{n^x}$ bei *festem* x monoton und für alle $x \to 0$ gleichmäßig beschränkt (nämlich wieder ≤ 1). Daher schließt man ganz ähnlich wie eben, daß

$$\lim_{x \to +0} \sum \frac{a_n}{n^x} = \sum a_n,$$

wenn $\sum a_n$ eine konvergente Reihe mit konstanten Gliedern bedeutet. (ABELscher Grenzwertsatz für DIRICHLETsche Reihen.)

4. Sei $a_n(x) = \cos n x$ oder $= \sin n x$ und $b_n(x) = \frac{1}{n^\alpha}$, $(\alpha > 0)$. Dann erfüllen die Reihen

$$\sum_{n=1}^{\infty} a_n(x) \cdot b_n(x) = \sum_{n=1}^{\infty} \frac{\cos n x}{n^\alpha} \quad \text{bzw.} \quad \sum_{n=1}^{\infty} \frac{\sin n x}{n^\alpha}, \qquad (\alpha > 0),$$

die Bedingungen des DIRICHLETschen Kriteriums in jedem Intervall der Form $\delta \leq x \leq 2\pi - \delta$, bei der δ eine positive Zahl $< \pi$ bedeuten soll[1].

In der Tat sind nach **185**, 5 die Teilsummen von $\sum a_n(x)$ dort gleichmäßig beschränkt $\left(K \text{ kann } = \frac{1}{\sin \frac{1}{2}\delta} \text{ genommen werden}\right)$ und $b_n(x)$ strebt monoton $\to 0$, **und zwar sogar *gleichmäßig*, weil die b_n nicht von x abhängen. — Bedeuten** die b_n *irgendeine monotone Nullfolge*, so sind aus denselben Gründen und in denselben Intervallen auch die Reihen

$$\sum b_n \cos n x \quad \text{und} \quad \sum b_n \sin n x$$

gleichmäßig konvergent (vgl. dazu **185**, 5). — Alle diese Reihen stellen also Funktionen dar, die für alle $x \neq 2k\pi$ definiert und stetig sind[2]. Ob diese Stetigkeit sich auch noch auf die oben ausgeschlossenen Punkte $x = 2k\pi$ erstreckt, ist nicht zu sehen, — auch bei der Reihe $\sum b_n \sin n x$ nicht, obwohl sie in diesen Punkten konvergiert (vgl. **216**, 4).

§ 49. FOURIERsche Reihen.

A. Die EULERschen Formeln.

Eins der wichtigsten und auch an sich interessantesten Anwendungsfelder der allgemeinen Untersuchungen, die wir in den vorangegangenen Paragraphen entwickelt haben, bietet *die Theorie der FOURIERschen Reihen* und allgemeiner *die der trigonometrischen Reihen*, auf die wir nun eingehen wollen[3].

---

[1] Oder in denjenigen Intervallen, die aus dem obigen durch eine Verschiebung um ein ganzzahliges Vielfaches von 2π entstehen.

[2] Jedes feste $x \neq 2k\pi$ kann in der Tat als in einem Intervall der obigen Form liegend angesehen werden, wenn δ passend gewählt wird. (Vgl. S. 354, Beisp. 1, und S. 356, Fußnote 1.)

[3] Mehr oder weniger ausführliche Darstellungen der Theorie findet man in fast allen größeren Lehrbüchern der Differentialrechnung (insbesondere dem S. 2 genannten von H. v. MANGOLDT und K. KNOPP, 3. Bd., 8. Aufl., 8. Abschn. 1944). Als Einzeldarstellung sei auf H. LEBESGUE: Lecons sur les séries trigonométriques, Paris 1906, und die elementare Introduction to the theory of Fourier's series von M. BÔCHER: Annals of Math. (2), Bd. 7, S. 81—152. 1906, hingewiesen. Besonders

Unter einer trigonometrischen Reihe soll jede Reihe der Form

$$\tfrac{1}{2} a_0 + \sum_{n=1}^{\infty} (a_n \cos n x + b_n \sin n x)$$

mit ***konstanten*** a_n und b_n verstanden werden[1]. Wenn eine solche Reihe in einem Intervall der Form $c \leqq x < c + 2\pi$ konvergiert, so konvergiert sie wegen der Periodizität der trigonometrischen Funktionen für *alle* reellen x und stellt also *eine für alle x definierte Funktion* dar, die die Periode 2π besitzt. Wir haben schon verschiedene durchweg konvergente trigonometrische Reihen kennen gelernt, so z. B. eben erst die Reihen

$$\sum_{n=1}^{\infty} \frac{\sin n x}{n^\alpha}, \quad (\alpha > 0); \qquad \sum_{n=1}^{\infty} \frac{\cos n x}{n^\alpha}, \quad (\alpha > 1); \qquad \text{u. a.}$$

Bei keiner von ihnen waren wir bisher in der Lage, die Summe für jedes x anzugeben. Doch werden wir nun sehr bald sehen, daß solche trigonometrischen Reihen die merkwürdigsten Funktionen darzustellen vermögen — Funktionen, denen man noch zu EULERS Zeiten gar nicht den Namen einer Funktion beizulegen gewagt hätte, da sie die mannigfachsten Unstetigkeiten und sonstigen Unregelmäßigkeiten aufweisen können und darum eher ein Flickwerk aus mehreren Funktionen als *eine* Funktion zu sein scheinen.

So werden wir später (s. **210a**) sehen, daß z. B. die Summe der Reihe

$$\sum_{n=1}^{\infty} \frac{\sin n x}{n} \begin{cases} = 0 \text{ ist für } x = k\pi, \ (k = 0, \pm 1, \pm 2, \ldots), \text{ dagegen} \\ = \dfrac{(2k+1)\pi - x}{2} \text{ ist für } 2k\pi < x < 2(k+1)\pi, \end{cases}$$

daß also die durch diese Reihe dargestellte Funktion das folgende Bild bietet:

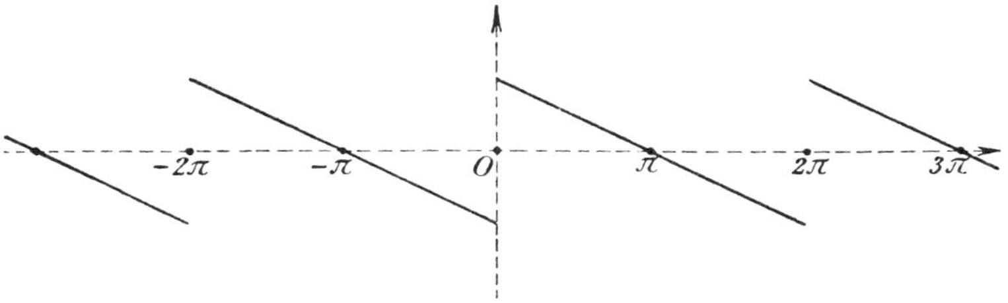

Fig. 7.

eingehend ist die Theorie dargestellt in E. W. HOBSON: The theory of functions of a real variable and the theory of Fourier series, Cambridge, 2. Aufl., Bd. 1. 1921, Bd. 2. 1926. — Ganz modern sind die umfassenden Werke von L. TONELLI: Serie trigonometriche, Bologna 1928 und A. ZYGMUND: Trigonometrical series, Warschau 1935; besonders anziehend und reichhaltig ist das leichter zugängliche Bändchen von W. ROGOSINSKI: Fouriersche Reihen, Sammlung Göschen, 1930.

[1] Daß man $\frac{1}{2}a_0$ statt a_0 schreibt, geschieht lediglich aus Zweckmäßigkeitsgründen.

Und ebenso werden wir (s. **209**) sehen, daß

$$\sum_{n=1}^{\infty} \frac{\sin(2n+1)x}{2n+1} \begin{cases} = 0 \text{ ist für } x = k\pi, \text{ dagegen} \\ = \frac{\pi}{4} \text{ für } 2k\pi < x < (2k+1)\pi \text{ und} \\ = -\frac{\pi}{4} \text{ für } (2k+1)\pi < x < 2(k+1)\pi \end{cases}$$

und daß die dargestellte Funktion also etwa das folgende Bild liefert:

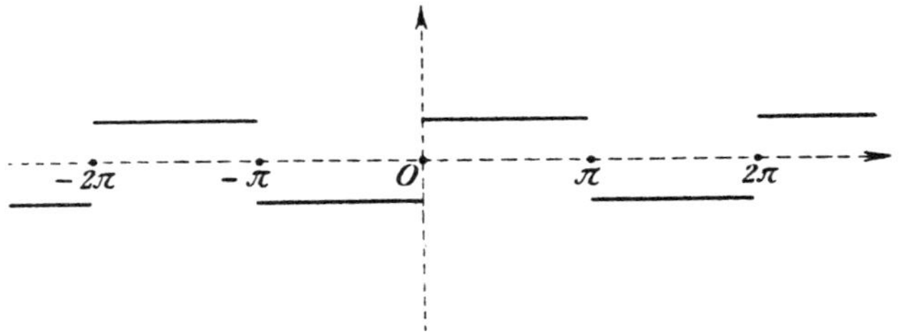

Fig. 8.

Beidemal besteht das Funktionsbild aus getrennten (beiderseits nicht abgeschlossenen) Strecken und isolierten Punkten.

Aber gerade der Umstand, daß durch so einfache trigonometrische Reihen, wie die eben genannten, ganz unstetige und „zusammengestückte" Funktionen dargestellt werden können, hat im Anfang des 19. Jahrhunderts einen Hauptanlaß dazu gebildet, den Funktionsbegriff und damit überhaupt die Grundlagen der höheren Analysis einer genauen Revision zu unterziehen. Wir werden sehen, daß die trigonometrischen Reihen die meisten der sogenannten „willkürlichen" Funktionen darzustellen vermögen[1] und daß sie also ein in dieser Hinsicht den Potenzreihen weit überlegenes Werkzeug der höheren Analysis bilden.

---

[1] Der Begriff der „willkürlichen" Funktion ist natürlich kein fest umrissener. Man meint damit im allgemeinen Funktionen, die nicht durchweg durch ein und dieselbe *geschlossene* (d. h. die Anwendung von Grenzübergängen vermeidende) Formel gegeben werden können unter ausschließlicher Benutzung der sogenannten elementaren Funktionen, — meint also insbesondere Funktionen damit, die aus verschiedenen Stücken solcher einfacheren Funktionen zusammengesetzt erscheinen, wie die oben im Text als Beispiele gegebenen oder wie die folgenden für alle reellen x definierten Funktionen:

$$\left.\begin{array}{l} f(x) = k \\ f(x) = k + (x-k)^2 \\ f(x) = x - k \end{array}\right\} \text{ in } k \leq x < k+1, \qquad (k = 0, \pm 1, \pm 2, \ldots),$$

$$f(x) \begin{cases} = 0 \text{ für irrationale } x, \\ = x \text{ für rationale } x, \end{cases}$$

usw. — Vgl. jedoch dazu die S. 339, Fußnote, durch Grenzübergänge dargestellte „willkürliche" Funktion. Erst seit man erkannt hatte, daß auch eine solche ganz „willkürliche" Funktion durch *einen* (noch relativ einfachen) Ausdruck, wie eben jetzt unsere trigonometrischen Reihen oder andere Grenzübergänge, dargestellt werden kann, sah man sich gezwungen, in ihr wirklich *eine* Funktion und nicht ein Flickwerk aus mehreren anzuerkennen.

Nur beiläufig können wir erwähnen, daß das Anwendungsfeld dieses Werkzeugs keineswegs auf das Gebiet der reinen Mathematik beschränkt ist. Ganz im Gegenteil: In der theoretischen Physik bei der Untersuchung periodischer Bewegungen, also vor allem in der Akustik, Optik, Elektrodynamik, Wärmelehre, wurde man zuerst auf solche Reihen geführt; und in seiner *Théorie de la chaleur* (1822) hat FOURIER gewisse trigonometrische Reihen zum ersten Male etwas gründlicher untersucht, — freilich ohne daß er eins der grundlegenden Resultate ihrer Theorie schon gefunden hätte.

Welche Funktionen können nun durch trigonometrische Reihen dargestellt werden, und wie findet man die Darstellung einer gegebenen Funktion, falls sie überhaupt möglich ist?

Um zur Beantwortung dieser Frage einen Weg zu eröffnen, nehmen wir zunächst einmal an, wir hätten eine bestimmte Funktion $f(x)$ durch eine überall konvergente trigonometrische Reihe dargestellt:

$$f(x) = \tfrac{1}{2} a_0 + \sum_{n=1}^{\infty} (a_n \cos n x + b_n \sin n x) .$$

Wegen der Periodizität der trigonometrischen Funktionen ist dann auch $f(x)$ notwendig periodisch mit der Periode 2π, und wir können daher unsere Betrachtung auf irgendein Intervall der Länge 2π beschränken. *Wir wählen für alles Folgende das Intervall* $0 \leqq x \leqq 2\pi$, von dem wir übrigens noch den einen Endpunkt weglassen dürften.

Die Funktion $f(x)$ wird dann in diesem Intervall durch eine konvergente Reihe stetiger Funktionen dargestellt. Wir wissen, daß trotzdem $f(x)$ unstetig sein kann, daß es aber gleichfalls stetig sein muß, wenn die Reihe in dem genannten Intervall sogar *gleichmäßig* konvergiert. Für den Augenblick wollen wir auch dies noch voraussetzen.

Unter diesen Voraussetzungen ergibt sich dann ein Zusammenhang zwischen $f(x)$ und den einzelnen Koeffizienten a_n und b_n, den schon EULER vermutet hat. Es gilt darüber der folgende

Satz 1. *Es sei die Reihe* **200.**

$$\tfrac{1}{2} a_0 + \sum_{n=1}^{\infty} (a_n \cos n x + b_n \sin n x) \quad in \quad 0 \leqq x \leqq 2\pi$$

gleichmäßig konvergent[1] *und habe* $f(x)$ *zur Summe. Dann ist für* $n = 0, 1, 2, \ldots$

$$a_n = \frac{1}{\pi} \int_0^{2\pi} f(x) \cos n x \, dx , \qquad b_n = \frac{1}{\pi} \int_0^{2\pi} f(x) \sin n x \, dx$$

(EULERsche *oder* EULER-FOURIERsche Formeln)[2].

[1] Wegen der Periodizität von $\cos x$ und $\sin x$ ist sie dann von selbst für *alle* x *gleichmäßig* konvergent.

[2] Diese Bezeichnung ist eine mehr konventionelle; geschichtliche Bemerkungen gibt H. LEBESGUE: a. a. O. S. 23; A. SACHSE: Versuch einer Geschichte

Beweis. Aus den Elementen her ist bekannt, daß für ganzzahlige p und q ($\geqq 0$) die folgenden Formeln gelten[1]:

$$\text{a)}\quad \int_0^{2\pi} \cos p\,x \cdot \cos q\,x\,dx \begin{cases} = 0 & \text{für } p \neq q \\ = \pi & \text{für } p = q > 0 \\ = 2\pi & \text{für } p = q = 0 \end{cases}$$

$$\text{b)}\quad \int_0^{2\pi} \cos p\,x \cdot \sin q\,x\,dx \quad = 0$$

$$\text{c)}\quad \int_0^{2\pi} \sin p\,x \cdot \sin q\,x\,dx \begin{cases} = 0 & \text{für } p \neq q \text{ und } p = q = 0 \\ = \pi & \text{für } p = q > 0. \end{cases}$$

Multipliziert man nun die nach Voraussetzung in $0 \leqq x \leqq 2\pi$ *gleichmäßig* konvergente Reihe für $f(x)$ mit $\cos p\,x$, so wird dadurch nach **192**, 2 die Gleichmäßigkeit der Konvergenz nicht gestört. Man darf daher (s. **195**) nach dieser Multiplikation gliedweis von 0 bis 2π integrieren und erhält dann sofort

$$\int_0^{2\pi} f(x) \cos p\,x\,dx \begin{cases} = \frac{1}{2} a_0 \cdot \int_0^{2\pi} \cos p\,x\,dx & \text{für } p = 0, \\ = a_p \cdot \int_0^{2\pi} \cos p\,x \cdot \cos p\,x\,dx & \text{für } p > 0, \end{cases}$$

also in beiden Fällen

$$a_p = \frac{1}{\pi} \int_0^{2\pi} f(x) \cos p\,x\,dx;$$

denn alle übrigen Glieder der Reihe lieferten bei der Integration den Wert 0. Ebenso liefert die Multiplikation der vorausgesetzten Reihendarstellung von $f(x)$ mit $\sin p\,x$ und die nachfolgende Integration sosofort die zweite der EULERschen Formeln

$$b_p = \frac{1}{\pi} \int_0^{2\pi} f(x) \sin p\,x\,dx.$$

Der Wert dieses Satzes ist zunächst noch durch die vielen Voraussetzungen beeinträchtigt, die wir zur Durchführung des Beweises machen

der trigonometrischen Reihen, Inaug.-Diss. Göttingen 1879; P. DU BOIS-REYMOND in seiner Entgegnung (Tübingen 1880) auf die vorgenannte Schrift, sowie in großer Ausführlichkeit H. BURKHARDT: Trigonometrische Reihen und Integrale bis etwa 1850. Enzyklop. d. math. Wiss. Bd. II, 1, H. 7 u. 8. 1914/15.

[1] Nach den bekannten Additionstheoremen hat man nur das Produkt der beiden im Integranden stehenden Funktionen in eine Summe zu verwandeln (z. B. $\cos p\,x \cdot \cos q\,x = \frac{1}{2}[\cos(p-q)\,x + \cos(p+q)\,x]$), um dann unmittelbar integrieren zu können.

mußten, und er sagt insbesondere noch nichts darüber aus, *ob denn eine vorgelegte Funktion überhaupt in eine trigonometrische Reihe entwickelbar ist, und wie man die Koeffizienten gewinnen kann, falls diese Reihe nicht gleichmäßig konvergiert.*

Immerhin weist uns der Satz auf folgenden Weg: Es sei $f(x)$ eine ganz beliebige im Intervall $0 \leqq x \leqq 2\pi$ definierte Funktion, die dort nur *im* RIEMANN*schen Sinne integrierbar* sein soll. Dann haben jedenfalls die in den EULERschen Formeln auftretenden Integrale nach § 19, Satz 22 einen Sinn und liefern bestimmte Zahlen a_n und b_n. Diese letzteren haben also unter der alleinigen Voraussetzung der Integrierbarkeit von $f(x)$ ganz bestimmte Werte. Wir nennen die so erhaltenen Zahlen $\frac{1}{2} a_0, a_1, a_2, \ldots$ und $b_1, b_2, \ldots$ die ***Fourierkonstanten*** oder ***Fourierkoeffizienten*** der Funktion $f(x)$. Mit ihrer Hilfe kann man nun jedenfalls die Reihe

$$\frac{1}{2} a_0 + \sum_{n=1}^{\infty} (a_n \cos n x + b_n \sin n x)$$

ansetzen, d. h. hinschreiben, ohne damit schon etwas über ihr Konvergenzverhalten aussagen zu wollen. Diese Reihe nennen wir (also ohne Rücksicht auf ihr Konvergenzverhalten und auf ihre etwaige Summe) ***die durch $f(x)$ erzeugte*** oder ***die zu $f(x)$ gehörige Fourierreihe*** oder kurz *die Fourierreihe von* $f(x)$ und schreiben in diesem Sinne

$$f(x) \sim \frac{1}{2} a_0 + \sum_{n=1}^{\infty} (a_n \cos n x + b_n \sin n x),$$

was nur dahin zu verstehen ist, daß aus der lediglich als integrierbar vorausgesetzten Funktion $f(x)$ mit Hilfe der EULERschen Formeln gewisse Konstante a_n und b_n gewonnen wurden und dann die obige Reihe hingeschrieben worden ist[1].

Die Herkunft der Reihe in Verbindung mit dem Satz 1 läßt nun allerdings die Hoffnung einigermaßen begründet erscheinen, daß sie konvergiert und die Funktion $f(x)$ zur Summe hat.

Das ist aber im allgemeinen leider nicht der Fall. (Beispiele werden wir sehr bald kennen lernen.) Vielmehr *braucht* die Reihe weder im ganzen Intervall noch auch nur an einzelnen Punkten zu konvergieren; und *wenn* sie es tut, so braucht ihre Summe nicht $= f(x)$ zu sein. Aber es ist nicht ohne weiteres zu sagen, wann das eine und wann das andere eintritt; und gerade dieser Umstand macht die Theorie der Fourierreihen auf der einen Seite zu einem nicht ganz einfachen Gegenstande, — macht sie auf der andern Seite aber auch außerordentlich reizvoll, weil hier ganz neue Probleme auftauchen und weil

[1] Das Zeichen „$\sim$" hat hier natürlich nichts mit dem **40**, Definition 5, eingeführten Zeichen für „asymptotisch proportional" zu tun. Verwechslungen sind nicht zu befürchten.

wir auf eine, wie es scheint, wesentlich neue Fundamentaleigenschaft der Funktionen stoßen, nämlich die: eine konvergente Fourierreihe zu liefern, deren Summe die Funktion selber ist. Und es gilt dann weiter den Zusammenhang dieser neuen Eigenschaft mit den andern — der Stetigkeit, der Monotonie, der Differenzierbarkeit, der Integrierbarkeit usw. — zu klären. Konkreter gefaßt tauchen also die folgenden Fragen auf:

1. *Ist die Fourierreihe einer gegebenen (integrierbaren) Funktion $f(x)$ für gewisse oder für alle Werte von x in $0 \leqq x \leqq 2\pi$ konvergent?*

2. *Hat die Fourierreihe von $f(x)$ im Falle der Konvergenz den Wert $f(x)$ der erzeugenden Funktion zur Summe?*

3. *Ist die Konvergenz der Fourierreihe, falls sie in allen Punkten eines Intervalles $\alpha \leqq x \leqq \beta$ stattfindet, dort eine gleichmäßige?*

Und da es weiter auch denkbar wäre, daß man auf einem andern Wege als über die EULERschen Formeln gleichfalls zu einer trigonometrischen Entwicklung gegebener Funktionen gelangt, so werfen wir gleich noch die folgende weitere Frage auf:

4. *Kann eine integrierbare Funktion, die überhaupt eine trigonometrische Entwicklung gestattet, deren mehrere besitzen, insbesondere also noch eine andere neben der eventuell durch die EULERschen Formeln gelieferten Darstellung durch die Fourierreihe?*

Auf alle diese Fragen ist es nicht ganz leicht, Antworten zu geben, und *vollständig* ist bis heute noch keine von ihnen beantwortet. Es würde uns zu weit führen, alle vier Fragen dem heutigen Stande der Wissenschaft entsprechend zu behandeln. Wir wollen uns vor allem den ersten beiden zuwenden, die dritte gelegentlich streifen und die vierte fast ganz beiseite lassen[1].

Mit den nunmehr eingeführten Bezeichnungen können wir den Inhalt des Satzes 1 auch so aussprechen:

Satz 1a. *Wenn eine trigonometrische Reihe in $0 \leqq x \leqq 2\pi$ (also für alle x) gleichmäßig konvergiert, so ist sie die Fourierreihe der durch sie dargestellten Funktion[2], und diese Funktion gestattet keine andere Darstellung durch eine in $0 \leqq x \leqq 2\pi$ gleichmäßig konvergente trigonometrische Reihe.*

---

[1] Doch sei bemerkt, daß die 4. Frage unter sehr allgemeinen Voraussetzungen dahin beantwortet ist, daß zwei in $0 \leqq x \leqq 2\pi$ konvergente trigonometrische Entwicklungen nicht dieselbe Funktion darstellen können, wenn sie nicht völlig miteinander identisch sind. Und ist dann die durch sie dargestellte Funktion $f(x)$ über $0 \ldots 2\pi$ integrierbar, so sind ihre Fourierkoeffizienten gleich den Koeffizienten der trigonometrischen Entwicklung; vgl. G. CANTOR: J. reine u. angew. Math. Bd. 72, S. 139. 1870 und P. DU BOIS-REYMOND: Münch. Abh. Bd. 12, I. Abt., S. 117. 1876.

[2] Diese Funktion ist dann (nach **193**, Zusatz) eine überall stetige Funktion.

Daß die Fourierreihe einer integrierbaren Funktion nicht zu konvergieren braucht, werden wir weiter unten sehen; und daß sie auch im Falle der Konvergenz nicht den Wert von $f(x)$ zur Summe zu haben braucht, folgt ja schon daraus, daß zwei *verschiedene* Funktionen $f_1(x)$ und $f_2(x)$ sehr wohl genau *dieselben* Fourierkonstanten haben können; denn zwei integrierbare Funktionen liefern schon dann dieselben Integrale (und also auch dieselben Fourierkonstanten, und also auch dieselben Fourierreihen), wenn sie — ohne ganz übereinzustimmen — z. B. nur für alle rationalen Werte von x denselben Wert haben (s. § 19, Satz 18). Auch daß die Konvergenz in den Konvergenzintervallen keine gleichmäßige zu sein braucht, lehrt das schon vorhin benutzte Beispiel, denn die Reihe $\sum \frac{\sin n x}{n}$ ist überall konvergent (s. **185**, 5) und würde, falls die Konvergenz z. B. in $-\delta \leqq x \leqq +\delta$, $\delta > 0$, gleichmäßig wäre, nach **193** dort eine stetige Funktion darstellen müssen. Das ist aber, wie wir schon S. 361 betonten und weiter unten S. 387 beweisen werden, nicht der Fall.

Diese wenigen Bemerkungen zeigen schon, daß die aufgeworfenen Fragen nicht ganz einfacher Natur sind. Wir folgen in ihrer Beantwortung zunächst dem Vorgange von G. LEJEUNE-DIRICHLET, der in seiner Arbeit *Sur la convergence des séries trigonométriques*[1] den ersten wesentlichen Schritt zur Erledigung der aufgeworfenen Fragen getan hat.

B. Das DIRICHLETsche Integral.

Wir greifen zunächst die erste der aufgeworfenen Fragen, die Konvergenzfrage, an: Soll die durch eine gegebene integrierbare Funktion $f(x)$ erzeugte Fourierreihe $\frac{1}{2}a_0 + \sum (a_n \cos n x + b_n \sin n x)$, in der also a_n und b_n die durch die EULERschen Formeln gelieferten Zahlen bedeuten, für $x = x_0$ konvergieren, so muß die Folge ihrer Teilsummen

$$s_n(x_0) = \frac{1}{2}a_0 + \sum_{\nu=1}^{n} (a_\nu \cos \nu x_0 + b_\nu \sin \nu x_0)$$

für $n \to +\infty$ einem Grenzwert zustreben. Die Feststellung nun, ob dies eintritt oder nicht, wird oft dadurch möglich, daß man $s_n(x_0)$ folgendermaßen durch ein bestimmtes Integral darstellt:

Für $\nu \geqq 1$ wird $a_\nu \cos \nu x_0 + b_\nu \sin \nu x_0$ durch[2]

$$\left[\frac{1}{\pi}\int_0^{2\pi} f(t) \cos \nu t \, dt\right] \cos \nu x_0 + \left[\frac{1}{\pi}\int_0^{2\pi} f(t) \sin \nu t \, dt\right] \sin \nu x_0$$

$$= \frac{1}{\pi}\int_0^{2\pi} f(t) \cdot \cos \nu (t - x_0)\, dt$$

---

[1] J. reine u. angew. Math. Bd. 4, S. 157. 1829.

[2] Zur besseren Unterscheidung von dem festgehaltenen Punkte x_0 bezeichnen wir von jetzt ab die Integrationsveränderliche mit t.

dargestellt und also die Teilsumme $s_n(x_0)$ durch

$$\frac{1}{2\pi}\int_0^{2\pi} f(t)\,dt + \frac{1}{\pi}\int_0^{2\pi} f(t)\cos(t-x_0)\,dt + \cdots$$
$$+ \frac{1}{\pi}\int_0^{2\pi} f(t)\cdot\cos n\,(t-x_0)\,dt$$
$$= \frac{1}{\pi}\int_0^{2\pi} f(t)\cdot\left[\frac{1}{2} + \cos(t-x_0) + \cos 2\,(t-x_0) + \cdots + \cos n\,(t-x_0)\right]dt.$$

Das Entscheidende ist nun, daß man jetzt die in der eckigen Klammer stehende $(n+1)$-gliedrige Summe geschlossen angeben kann, denn es gilt für beliebige $z \neq 2k\pi$, beliebige α und positiv-ganze m die Formel[1]

201.
$$\cos(\alpha+z) + \cos(\alpha+2z) + \cdots + \cos(\alpha+mz)$$
$$= \frac{\sin\left(\alpha+\overline{2m+1}\,\frac{z}{2}\right) - \sin\left(\alpha+\frac{z}{2}\right)}{2\sin\frac{z}{2}}$$
$$= \frac{\sin m\frac{z}{2}\cdot\cos\left(\alpha+\overline{m+1}\,\frac{z}{2}\right)}{\sin\frac{z}{2}},$$

aus der sich durch Spezialisierung viele analoge herleiten lassen[2].

---

[1] Beweis. Bezeichnet man die linksstehende Summe mit C_m, so ist

$$2\sin\frac{z}{2}\cdot C_m = \sum_{\nu=1}^{m} 2\sin\frac{z}{2}\cos(\alpha+\nu z)$$
$$= \sum_{\nu=1}^{m}\left[-\sin\left(\alpha+\overline{2\nu-1}\,\frac{z}{2}\right) + \sin\left(\alpha+\overline{2\nu+1}\cdot\frac{z}{2}\right)\right]$$
$$= -\sin\left(\alpha+\frac{z}{2}\right) + \sin\left(\alpha+\overline{2m+1}\,\frac{z}{2}\right)$$
$$= 2\sin m\frac{z}{2}\cdot\cos\left(\alpha+\overline{m+1}\,\frac{z}{2}\right).$$

Übrigens gilt die obige Formel auch noch für $z = 2k\pi$, wenn man dann unter den rechtsstehenden Quotienten deren Grenzwert für $z \to 2k\pi$, also den Wert $m\cos\alpha$, versteht.

[2] Wir nennen späteren Anwendungen zuliebe die folgenden:

1. $\frac{\pi}{2} + \alpha$ statt α liefert:

$$\sin(\alpha+z) + \sin(\alpha+2z) + \cdots + \sin(\alpha+mz) = \frac{\sin m\frac{z}{2}\cdot\sin\left(\alpha+\overline{m+1}\,\frac{z}{2}\right)}{\sin\frac{z}{2}};$$

(Fortsetzung dieser Fußnote siehe Seite 369.)

Nach ihr ist (für $\alpha = 0$, $z = t - x_0$, $m = n$)

$$\frac{1}{2} + \cos(t - x_0) + \cdots + \cos n(t - x_0)$$

$$= \frac{1}{2} + \frac{\sin(2n+1)\frac{t-x_0}{2} - \sin\frac{t-x_0}{2}}{2\sin\frac{t-x_0}{2}} = \frac{\sin(2n+1)\frac{t-x_0}{2}}{2\sin\frac{t-x_0}{2}}$$

und folglich[1]

(a) $$s_n(x_0) = \frac{1}{2\pi}\int_0^{2\pi} f(t) \cdot \frac{\sin(2n+1)\frac{t-x_0}{2}}{\sin\frac{t-x_0}{2}}\,dt.$$

Endlich kann man auch dies noch ein wenig umformen. Die Funktion $f(x)$ braucht nur in $0 \leqq x \leqq 2\pi$ definiert und über dies Intervall integrierbar zu sein. Letzteres bleibt sie, wenn der Funktionswert $f(2\pi)$ irgendwie abgeändert wird (vgl. § 19, Satz 17). Wir setzen ihn $= f(0)$ und dann allgemein für $2k\pi \leqq x \leqq 2(k+1)\pi$, $(k = \pm 1, \pm 2, \ldots)$, stets

$$f(x) = f(x - 2k\pi).$$

Dann ist $f(x)$ für alle reellen x definiert und zu einer Funktion mit der Periode 2π geworden. Für eine solche mit 2π periodische Funktion $\varphi(x)$ ist aber (nach § 19, Satz 19) bei beliebigem c und c' stets

$$\int_0^{2\pi} \varphi(t)\,dt = \int_c^{c+2\pi} \varphi(t)\,dt = \int_0^{2\pi} \varphi(c'+t)\,dt \quad \text{und} \quad \int_\alpha^\beta \varphi(t)\,dt = \int_{\alpha+2\pi}^{\beta+2\pi} \varphi(t)\,dt,$$

---

2. $\alpha = 0$ liefert: $\cos z + \cos 2z + \cdots + \cos mz = \dfrac{\sin m\frac{z}{2}\cos\overline{m+1}\frac{z}{2}}{\sin\frac{z}{2}}$;

3. $\alpha = \dfrac{\pi}{2}$ liefert: $\sin z + \sin 2z + \cdots + \sin mz = \dfrac{\sin m\frac{z}{2}\cdot\sin\overline{m+1}\frac{z}{2}}{\sin\frac{z}{2}}$;

4. $z = 2x$, $\alpha = \gamma - x$ liefern:

$$\cos(\gamma + x) + \cos(\gamma + 3x) + \cdots + \cos(\gamma + \overline{2m-1}\cdot x) = \frac{\sin mx \cdot \cos(\gamma + mx)}{\sin x};$$

5. $z = 2x$, $\alpha = \dfrac{\pi}{2} + \gamma - x$ liefern analog:

$$\sin(\gamma + x) + \sin(\gamma + 3x) + \cdots + \sin(\gamma + \overline{2m-1}\cdot x) = \frac{\sin mx \cdot \sin(\gamma + mx)}{\sin x}.$$

[1] Für $t = x_0$ ist, wie schon einmal betont, unter dem sin-Quotienten die Zahl $2n+1$ zu verstehen, die man für $t \to x_0$ aus ihm erhält.

und da nun der Integrand in (a) eine solche Funktion ist, so hat man auch

$$s_n(x_0) = \frac{1}{2\pi}\int_0^{2\pi} f(x_0 + t)\cdot\frac{\sin(2n+1)\frac{t}{2}}{\sin\frac{t}{2}}\,dt.$$

Zerlegt man endlich dieses Integral in die beiden Teile von 0 bis π und von π bis 2π und ersetzt im zweiten t durch $-t$, so wird zunächst dieser zweite Teil (nach § 19, Satz 25)

$$= -\frac{1}{2\pi}\int_{-\pi}^{-2\pi} f(x_0 - t)\cdot\frac{\sin(2n+1)\frac{t}{2}}{\sin\frac{t}{2}}\,dt,$$

also gemäß der obigen Bemerkung über $\int_\alpha^\beta \varphi(t)\,dt$ wieder

$$= \frac{1}{2\pi}\int_0^{+\pi} f(x_0 - t)\cdot\frac{\sin(2n+1)\frac{t}{2}}{\sin\frac{t}{2}}\,dt,$$

so daß nun

$$s_n(x_0) = \frac{1}{\pi}\int_0^{\pi}\frac{f(x_0+t)+f(x_0-t)}{2}\cdot\frac{\sin(2n+1)\frac{t}{2}}{\sin\frac{t}{2}}\,dt$$

wird, was endlich noch, wenn man t durch $2t$ ersetzt, auf die Form

202. $$\boldsymbol{s_n(x_0) = \frac{2}{\pi}\int_0^{\frac{\pi}{2}}\frac{f(x_0+2t)+f(x_0-2t)}{2}\cdot\frac{\sin(2n+1)t}{\sin t}\,dt}$$

gebracht werden kann. Dies ist das *Dirichletsche Integral*[1], durch das sich die Abschnitte der durch $f(x)$ erzeugten Fourierreihe darstellen lassen. Wir können daher als erstes wichtiges Ergebnis den folgenden Satz aussprechen:

Satz 2. *Dafür, daß die durch eine integrierbare (also beschränkte) mit 2π periodische Funktion $f(x)$ erzeugte Fourierreihe im Punkte x_0*

---

[1] Als Drichletsches Integral bezeichnet man jedes Integral von einer der Formen

$$\int_0^a \varphi(t)\frac{\sin kt}{\sin t}\,dt \qquad \text{oder} \qquad \int_0^a \varphi(t)\frac{\sin kt}{t}\,dt.$$

konvergiere, ist es notwendig und hinreichend, daß das DIRICHLET*sche Integral*

$$\frac{2}{\pi}\int_0^{\frac{\pi}{2}} \frac{f(x_0+2t)+f(x_0-2t)}{2}\cdot\frac{\sin(2n+1)t}{\sin t}\,dt$$

für $n \to +\infty$ *einem (endlichen) Grenzwert zustrebt. Dieser ist dann zugleich die Summe der Fourierreihe im Punkte* x_0.

Bezeichnet man diese Summe mit $s(x_0)$, so kann man die zweite Frage (S. 366) nach der Summe der sich als konvergent erweisenden Fourierreihe hier gleich mit hineinnehmen und dem Ergebnis eine für das Weitere noch günstigere Form geben, indem man die Zahl $s(x_0)$ auch in die Form eines DIRICHLETschen Integrals kleidet. Wegen

$$\frac{1}{2}+\cos t+\cos 2t+\cdots+\cos nt=\frac{\sin(2n+1)\frac{t}{2}}{2\sin\frac{t}{2}}$$

ist nämlich

$$\int_0^{2\pi}\frac{\sin(2n+1)\frac{t}{2}}{2\sin\frac{t}{2}}\,dt=\pi,$$

oder also, wenn wir dieselben Umformungen vornehmen, wie bei dem allgemeinen Integral:

$$\text{(b)}\qquad \frac{2}{\pi}\int_0^{\frac{\pi}{2}}\frac{\sin(2n+1)t}{\sin t}\,dt=1.$$

Multipliziert man diese Gleichung[1] mit der Zahl $s(x_0)$, so wird schließlich

$$s_n(x_0)-s(x_0)=\frac{2}{\pi}\int_0^{\frac{\pi}{2}}\left[\frac{f(x_0+2t)+f(x_0-2t)}{2}-s(x_0)\right]\frac{\sin(2n+1)t}{\sin t}\,dt,$$

und wir können nun dem letzten Satze die folgende Fassung geben:

Satz 2a. *Für die Konvergenz der durch eine integrierbare, mit* 2π *periodische Funktion* $f(x)$ *erzeugten Fourierreihe im Punkte* x_0 *zur Summe* $s(x_0)$ *ist es notwendig und hinreichend, daß für* $n\to+\infty$ *das* DIRICHLET*sche Integral* **203.**

$$\frac{2}{\pi}\int_0^{\frac{\pi}{2}}\varphi(t;x_0)\,\frac{\sin(2n+1)t}{\sin t}\,dt$$

gegen 0 *strebt, in welchem zur Abkürzung*

$$\left[\frac{f(x+2t)+f(x-2t)}{2}-s(x)\right]=\varphi(t;x)$$

gesetzt worden ist.

[1] Diese Gleichung erhält man auch aus **202**, indem man dort $f(x)\equiv 1$ setzt, was $a_0=2$ und für $n\geqq 1$ stets $a_n=b_n=0$, also $s_n(x_0)=1$ liefert für alle n und jedes x_0.

Durch diesen Satz sind zwar die Fragen 1 und 2 noch keineswegs in einer Weise erledigt, die in konkret vorliegenden Fällen die Antwort lieferte, aber es ist jedenfalls eine wesentlich neue Angriffsmöglichkeit zu ihrer Erledigung geschaffen. Und dies gilt sogar noch für die dritte der S. 366 aufgeworfenen Fragen. Denn Satz 2a kann sofort zu dem folgenden verschärft werden:

Satz 3. *Die etwaige Konvergenz der Teilsummen* $s_n(x)$ *gegen* $s(x)$ *wird dann und nur dann für alle* x *eines Intervalles* $\alpha \leqq x \leqq \beta$ *eine gleichmäßige sein, wenn das von* x *abhängige Integral*

$$\frac{2}{\pi}\int_0^{\frac{\pi}{2}} \varphi(t; x)\cdot\frac{\sin(2n+1)t}{\sin t}\,dt$$

für $n \to \infty$ in $\alpha \le x \le \beta$ *gleichmäßig gegen* 0 *strebt, wenn sich also nach Wahl von* $\varepsilon > 0$ *ein* $N = N(\varepsilon)$ *so angeben läßt, daß der Betrag dieses Integrals* $< \varepsilon$ *ist für alle* $n > N$ *und alle* x *in* $\alpha \le x \le \beta$.

Ehe wir nun den Satz 2 zur Aufstellung unmittelbarer Konvergenzkriterien für Fourierreihen ausnützen, wollen wir ihn noch in verschiedener Weise umformen und vereinfachen. Dazu beweisen wir zunächst einige scheinbar etwas abliegende Sätze, die aber auch an sich ein erhebliches Interesse beanspruchen:

Satz 4. *Ist* $f(x)$ *über* $0\ldots 2\pi$ *integrierbar und sind* (a_n) *und* (b_n) *die Fourierkonstanten von* $f(x)$, *so ist*

$$\sum_{n=1}^{\infty}(a_n^2 + b_n^2)$$

konvergent.

Beweis. Das Integral

$$\int_0^{2\pi}\left[f(t) - \sum_{\nu=1}^{n}(a_\nu\cos\nu t + b_\nu\sin\nu t)\right]^2 dt$$

hat einen nie negativen Integranden und ist daher $\geqq 0$. Andererseits ist es

$$= \int_0^{2\pi}[f(t)]^2\,dt - 2\sum\left[a_\nu\int_0^{2\pi} f(t)\cos\nu t\,dt\right] - 2\sum\left[b_\nu\int_0^{2\pi} f(t)\sin\nu t\,dt\right]$$

$$+ \int_0^{2\pi}[\sum(a_\nu\cos\nu t + b_\nu\sin\nu t)]^2\,dt$$

$$= \int_0^{2\pi}[f(t)]^2\,dt - 2\pi\sum a_\nu^2 - 2\pi\sum b_\nu^2 + \pi\sum a_\nu^2 + \pi\sum b_\nu^2$$

$$= \int_0^{2\pi}[f(t)]^2\,dt - \pi\sum(a_\nu^2 + b_\nu^2),$$

wobei die Summen stets von $\nu = 1$ bis $\nu = n$ zu erstrecken sind.

Da nun dieser Ausdruck nicht negativ ist, so ist

$$\sum_{\nu=1}^{n}(a_\nu^2 + b_\nu^2) \leqq \frac{1}{\pi}\int_0^{2\pi}[f(t)]^2\,dt.$$

Und da hiernach die Teilsummen der in Rede stehenden Reihe (mit positiven Gliedern) beschränkt sind, so ist die Reihe, wie behauptet, konvergent.

Ganz speziell enthält dies den folgenden

Satz 5. *Die Fourierkonstanten* (a_n) *und* (b_n) *einer integrierbaren Funktion bilden je eine Nullfolge.*

Und hieraus folgt nun in einfacher Weise weiter der

Satz 6. *Ist* $\psi(t)$ *im Intervall* $a \leqq t \leqq b$ *integrierbar, so strebt stets*

$$A_n = \int_a^b \psi(t)\cos n\,t\,dt \to 0$$

und

$$B_n = \int_a^b \psi(t)\sin n\,t\,dt \to 0.$$

Beweis. Liegen a und b beide nicht außerhalb eines und desselben Intervalles der Form $2k\pi \leqq t \leqq 2(k+1)\pi$, so setze man $f(t) = \psi(t)$ in $a \leqq t \leqq b$ und $f(t) = 0$ in den übrigen Punkten des erstgenannten Intervalles und definiere $f(t)$ für alle übrigen reellen t durch die Bedingung, daß es die Periode 2π haben soll. Dann ist aber

$$A_n = \int_a^b \psi(t)\cos n\,t\,dt = \int_0^{2\pi} f(t)\cos n\,t\,dt = \pi\,a_n$$

und ebenso $B_n = \pi\,b_n$, wenn a_n und b_n die Fourierkonstanten von $f(t)$ bedeuten. Nach Satz 5 streben also die A_n und $B_n \to 0$. Erfüllen a und b nicht die eben gemachte Annahme, so wird sich das Intervall $a \leqq t \leqq b$ in endlich viele Stücke derart zerlegen lassen, daß jedes einzelne dieser Stücke eine solche Annahme erfüllt. Demgemäß erscheinen A_n und B_n in endlich viele Summanden (von fester Anzahl) zerlegt, deren jeder mit $n \to \infty$ gegen 0 strebt. Also tun dies auch die A_n und B_n selbst[1].

---

[1] Dieser wichtige Satz 6 wird anschaulich-plausibel, wenn man sich den Verlauf der Kurve $\psi(t)\cos nt$ für ein hohes n gezeichnet denkt: Greift man ein kleines Teilintervall $\alpha \ldots \beta$ heraus, in dem $\psi(t)$ nur eine geringe Schwankung hat (also annähernd konstant ist), und wählt man nun n so groß, daß $\cos nt$ in diesem Intervall schon viele Schwingungen macht, so wird die Kurve $\psi(t)\cos nt$ während des Intervalles $\alpha \ldots \beta$ ungefähr gleich viele und gleich große positive wie negative Flächenstücke umschließen, das Integral also nahezu 0 sein.

Mit Hilfe dieses wichtigen Satzes 6 kann man die Konvergenzfrage beim DIRICHLETschen Integral weiterhin vereinfachen[1].

Ist zunächst $0 < \delta < \frac{\pi}{2}$ beliebig gewählt, so ist die Funktion

$$\psi(t) = \frac{\varphi(t;\, x_0)}{\sin t} = \frac{\frac{1}{2}[f(x_0 + 2t) + f(x_0 - 2t)] - s(x_0)}{\sin t}$$

in $\delta \leqq t \leqq \frac{\pi}{2}$ integrierbar, und es strebt also — bei festem δ —

$$\text{(c)} \qquad \int_{\delta}^{\frac{\pi}{2}} \psi(t) \sin(2n+1)\, t\, dt \to 0.$$

Daher hat das in Satz 2a genannte DIRICHLETsche Integral dann und nur dann für $n \to \infty$ den Grenzwert 0, wenn — bei festem, aber an sich beliebigem $\delta > 0$ — das neue Integral

$$\frac{2}{\pi} \int_0^{\delta} \varphi(t;\, x_0) \frac{\sin(2n+1)\, t}{\sin t}\, dt$$

mit wachsendem n gegen 0 strebt. Da in dies letzte Integral nur die Werte von $f(x_0 \pm 2t)$ in $0 \leqq t \leqq \delta$, also nur diejenigen von $f(x)$ in $x_0 - 2\delta \leqq x \leqq x_0 + 2\delta$ eingehen, und da $\delta > 0$ beliebig klein gedacht werden kann, so enthält dies merkwürdige Ergebnis zugleich den folgenden

204. **Satz 7. (Satz von RIEMANN[2].)** *Das Konvergenzverhalten der Fourierreihe von $f(x)$ in x_0 hängt nur von den Werten der Funktion $f(x)$ in der Umgebung von x_0 ab. Diese darf dabei beliebig klein gedacht werden.*

Zur Erläuterung dieses besonders eigenartigen Satzes sei noch folgende Konsequenz desselben hervorgehoben: Man betrachte alle möglichen (in $0 \ldots 2\pi$ integrierbaren) Funktionen $f(x)$, die in einem Punkte x_0 des Intervalles $0 \ldots 2\pi$ und einer, wenn auch noch so kleinen und bei je zwei dieser Funktionen auch verschieden kleinen Umgebung desselben übereinstimmen. Dann sind die Fourierreihen *aller dieser Funktionen* — mögen sie außerhalb der genannten Umgebungen von x_0 auch noch so verschiedenartig sein — an der Stelle x_0 entweder *sämtlich* konvergent oder *sämtlich* divergent und haben im ersten Falle sämtlich *dieselbe* Summe $s(x_0)$ (die dabei $=$ oder $\neq f(x_0)$ sein kann).

[1] Natürlich kann man Satz 6 auch ohne den Umweg über Satz 4 ganz direkt beweisen, doch ist Satz 4 ein gleichfalls sehr wichtiger Satz der Theorie, wenn wir ihn auch in der Folge zufällig nicht weiter anwenden werden.

[2] Über die Darstellbarkeit einer Funktion durch eine trigonometrische Reihe, Hab.-Schrift, Göttingen 1854 (Werke, 2. Aufl., S. 227.)

Nach diesen Zwischenbemerkungen formulieren wir noch einmal das Kriterium, das wir nunmehr an Stelle des Satzes 2 setzen können:

Satz 8. *Die notwendige und hinreichende Bedingung dafür, daß die Fourierreihe von $f(x)$ in x_0 mit der Summe $s(x_0)$ konvergiere, besteht darin, daß nach Wahl eines beliebigen positiven $\delta < \frac{\pi}{2}$ das* Dirichlet*sche Integral*

$$\frac{2}{\pi}\int_0^\delta \varphi(t; x_0)\frac{\sin(2n+1)t}{\sin t}\,dt$$

mit wachsendem n gegen 0 *strebt*[1].

Endlich kann man noch leicht zeigen, daß in dem letzten Integranden der Nenner $\sin t$ einfach durch t ersetzt werden kann. Denn die Differenz des dadurch entstehenden Integrals vom alten, also das Integral

$$\frac{2}{\pi}\int_0^\delta \varphi(t; x_0)\left[\frac{1}{\sin t} - \frac{1}{t}\right]\cdot \sin(2n+1)t\,dt$$

strebt nach Satz 6 mit wachsendem n gegen 0, weil $\frac{1}{\sin t} - \frac{1}{t}$ in $0 < t \leqq \delta$ stetig und beschränkt[2] und also integrierbar ist.

Wir können somit schließlich sagen:

Satz 9. *Die notwendige und hinreichende Bedingung für die Konvergenz der Fourierreihe einer mit 2π periodischen und im Intervall $0\ldots 2\pi$ integrierbaren Funktion $f(x)$ im Punkte x_0 gegen die Summe $s(x_0)$ besteht darin, daß nach Wahl eines beliebigen positiven $\delta\left(<\frac{\pi}{2}\right)$ die Folge der Integralwerte* 205.

$$\frac{2}{\pi}\int_0^\delta \varphi(t; x_0)\frac{\sin(2n+1)t}{t}\,dt$$

eine Nullfolge bildet. Dabei hat $\varphi(t; x_0)$ die in Satz 2a *angegebene Bedeutung. Oder auch darin, daß nach Wahl von $\varepsilon > 0$ sich ein positives*

---

[1] Die evtl. *Gleichmäßigkeit* der Konvergenz können wir jetzt nicht mehr ohne weiteres überschauen, weil wir nicht wissen, ob das oben betrachtete Integral (c), welches bei jedem *festen* $x = x_0$ mit wachsendem n gegen 0 strebt, dies auch *gleichmäßig* tut für alle x eines bestimmten x-Intervalles. Tatsächlich ist dies für jedes x-Intervall der Fall, doch wollen wir hierauf nicht weiter eingehen.

[2] Denn es ist dort $\frac{1}{\sin t} - \frac{1}{t} = \frac{t - \sin t}{t\cdot\sin t} = \frac{\frac{1}{6}t - + \cdots}{1 - + \cdots}$, was für $t \to 0$ selbst gegen 0 strebt.

$\delta < \frac{\pi}{2}$ *und ein* $N > 0$ *so angeben lassen, daß für alle* $n > N$ *stets*

$$\left| \frac{2}{\pi} \int_0^\delta \varphi(t; x_0) \frac{\sin(2n+1)t}{t} dt \right| < \varepsilon$$

ausfällt[1].

C. Konvergenzbedingungen.

Nun sind die Vorbereitungen so weit gediehen, daß die Konvergenzfragen 1. und 2. von S. 366 selbst in Angriff genommen werden können. Sie sind durch die vorangehenden Untersuchungen vollständig auf das folgende Problem zurückgeführt:

Es liegt eine in $0 \leqq t \leqq \delta$ *integrierbare Funktion* $\varphi(t)$ *vor; welche weiteren Voraussetzungen muß diese noch erfüllen, damit die Folge der Integrale*[2]

$$J_k = \frac{2}{\pi} \int_0^\delta \varphi(t) \cdot \frac{\sin kt}{t} dt$$

bei wachsendem k einem Grenzwert zustrebt, und welches ist dann dieser Grenzwert[3]?

Da bei diesen Integralen δ einen zwar festen, aber an sich beliebig kleinen Wert haben darf, so ist das Verhalten von $\varphi(t)$ — vgl. den RIEMANNschen Satz 7 — *nur unmittelbar rechts von* 0, also etwa in einem Intervall der Form $0 < t < \delta_1 (\leqq \delta)$, für die Beantwortung dieser Frage maßgebend. Wir können also auch fragen: *Welche Eigenschaften muß* $\varphi(t)$ *rechts von* 0 *besitzen, damit der fragliche Grenzwert existiert?*

Unter den vielen Bedingungen, die man als hierzu ausreichend gefunden hat, sind es besonders zwei, die wegen ihrer großen Allgemeinheit für die meisten Zwecke ausreichend sind und mit deren Darlegung wir uns hier begnügen wollen. Die erste ist von DIRICHLET in seiner oben (S. 367) genannten, für die Theorie der Fourierreihen durchaus grundlegenden Arbeit aufgestellt worden und hat die erste exakte Konvergenzbedingung dieser Theorie geliefert. Die zweite rührt von U. DINI her und ist 1880 gefunden worden.

206. **1. Die DIRICHLETsche Regel.** *Wenn* $\varphi(t)$ *rechts von* 0 — *d. h. also in einem Intervall der Form* $0 < t < \delta_1 (\leqq \delta)$ — *monoton verläuft,*

---

[1] Man mache sich genau klar, daß die zweite Formulierung wirklich dasselbe besagt wie die erste, obwohl das δ erst *nach* der Wahl von ε bestimmt zu werden braucht.

[2] Für $t = 0$ soll im Integranden $\frac{\sin kt}{t}$ die Zahl k bedeuten.

[3] Die Bemerkung, daß es genügen würde, wenn k durch *ungerade* ganze Zahlen hindurch $\to +\infty$ wächst, führt zu keiner Vereinfachung.

so ist der fragliche Grenzwert der Integrale vorhanden, und zwar ist

$$\lim_{k\to+\infty} J_k = \lim_{k\to+\infty} \frac{2}{\pi}\int_0^\delta \varphi(t)\cdot\frac{\sin k t}{t}\,dt = \varphi_0,$$

wenn man mit φ_0 *den unter den gemachten Annahmen sicher vorhandenen (rechtsseitigen) Grenzwert* $\lim\limits_{t\to+0}\varphi(t)$ *bezeichnet*[1].

Beweis. 1. Es ist zunächst

$$\lim_{x\to+\infty}\int_0^x \frac{\sin t}{t}\,dt = \int_0^\infty \frac{\sin t}{t}\,dt = \frac{\pi}{2}.$$

Daß dieser Grenzwert vorhanden ist, daß also das an zweiter Stelle genannte uneigentliche Integral konvergiert, folgt einfach daraus, daß nach Wahl von $\varepsilon > 0$ für irgend zwei Werte x' und x'', die beide $> \frac{3}{\varepsilon}$ sind, nach § 19, Satz 26

$$\int_{x'}^{x''}\frac{\sin t}{t}\,dt = \left[-\frac{\cos t}{t}\right]_{x'}^{x''} - \int_{x'}^{x''}\frac{\cos t}{t^2}\,dt$$

und also

$$\left|\int_{x'}^{x''}\frac{\sin t}{t}\,dt\right| \leqq \frac{1}{x'} + \frac{1}{x''} + \int_{x'}^{x''}\frac{dt}{t^2} < 3\cdot\frac{\varepsilon}{3} = \varepsilon$$

bleibt. Nun sahen wir S. 371, Gleichung (b), daß die Integrale

$$i_n = \int_0^{\frac{\pi}{2}} \frac{\sin(2n+1)t}{\sin t}\,dt$$

für $n = 0, 1, 2, \ldots$ stets $= \frac{\pi}{2}$ sind. Es strebt also auch $i_n \to \frac{\pi}{2}$. Andrerseits bilden die Zahlen

$$i'_n = \int_0^{\frac{\pi}{2}} \left(\frac{1}{\sin t} - \frac{1}{t}\right)\sin(2n+1)t\cdot dt$$

(vgl. die S. 375 durchgeführten Betrachtungen) nach Satz 6 eine Nullfolge. Also streben auch die Integrale

$$i''_n = i_n - i'_n = \int_0^{\frac{\pi}{2}} \frac{\sin(2n+1)t}{t}\,dt \to \frac{\pi}{2}.$$

---

[1] Denn $\varphi(t)$ ist, weil integrierbar, sicher beschränkt und nach Voraussetzung in $0 < t < \delta_1$ monoton. — Übrigens braucht φ_0 *nicht* $= \varphi(0)$ zu sein.

Da aber auch (s. § 19, Satz 25)

$$i_n''' = \int_0^{(2n+1)\frac{\pi}{2}} \frac{\sin t}{t}\, dt$$

ist, so bedeutet dies gerade, daß der oben genannte Grenzwert den Wert $\frac{\pi}{2}$ hat.

2. Nach 1. gibt es also eine Konstante K', so daß für alle $x \geqq 0$ stets

$$\left| \int_0^x \frac{\sin t}{t}\, dt \right| \leqq K'$$

bleibt, und folglich auch eine Konstante K $(= 2K')$, so daß für beliebige $0 \leqq a \leqq b$ stets

$$\left| \int_a^b \frac{\sin t}{t}\, dt \right| \leqq K$$

bleibt.

3. Ist nun $\varepsilon > 0$ gegeben, so wähle man die positive Zahl $\delta' \leqq \delta_1$ so, daß

$$|\varphi(\delta') - \varphi_0| < \frac{\varepsilon}{3K}$$

ausfällt. Setzen wir dann die Integrale

$$\frac{2}{\pi} \int_0^{\delta'} \varphi(t) \frac{\sin kt}{t}\, dt = J_k',$$

so strebt $J_k - J_k'$ nach Satz 6 für $k \to +\infty$ gegen 0, und wir können k' so groß wählen, daß für $k > k'$ stets $|J_k - J_k'| < \frac{\varepsilon}{3}$ ausfällt. Weiter ist aber

$$\text{(d)} \qquad J_k' = \frac{2}{\pi} \int_0^{\delta'} [\varphi(t) - \varphi_0] \cdot \frac{\sin kt}{t}\, dt + \frac{2}{\pi}\varphi_0 \cdot \int_0^{\delta'} \frac{\sin kt}{t}\, dt = J_k'' + J_k''';$$

und da hierin der letzte Summand

$$J_k''' = \frac{2}{\pi}\varphi_0 \cdot \int_0^{k\delta'} \frac{\sin t}{t}\, dt \quad \text{ist und also} \quad \to \frac{2}{\pi}\varphi_0 \cdot \int_0^{\infty} \frac{\sin t}{t}\, dt = \varphi_0$$

strebt, so können wir $k_0 > k'$ so groß wählen, daß für $k > k_0$ stets

$$|J_k''' - \varphi_0| < \frac{\varepsilon}{3}$$

bleibt. Auf den ersten Summanden J_k'' von (d) endlich wenden wir den zweiten Mittelwertsatz der Integralrechnung an (§ 19, Satz 27), welcher für ein passendes nicht negatives $\delta'' \leqq \delta'$ liefert:

$$J_k'' = \frac{2}{\pi}\int_0^{\delta'} [\varphi(t) - \varphi_0] \cdot \frac{\sin k\,t}{t}\,dt = \frac{2}{\pi}[\varphi(\delta') - \varphi_0] \cdot \int_{\delta''}^{\delta'} \frac{\sin k\,t}{t}\,dt.$$

Und da nun hier das letzte Integral $= \int_{k\delta''}^{k\delta'} \frac{\sin t}{t}\,dt$ ist und also nach 2. seinem Betrage nach $< K$ bleibt, so gilt für den ganzen ersten Summanden J_k'' aus (d):

$$|J_k''| \leqq \frac{2}{\pi} \cdot \frac{\varepsilon}{3K} \cdot K < \frac{\varepsilon}{3}.$$

Fügt man die drei Ergebnisse dieses Absatzes gemäß

$$J_k = (J_k - J_k') + J_k'' + J_k'''$$

zusammen, so lehren sie, daß nach Wahl von $\varepsilon > 0$ ein k_0 so bestimmt werden kann, daß für alle $k > k_0$ stets

$$|J_k - \varphi_0| \leqq |J_k - J_k'| + |J_k''| + |J_k''' - \varphi_0| \leqq 3 \cdot \frac{\varepsilon}{3} = \varepsilon$$

bleibt. Damit ist die Behauptung in vollem Umfange bewiesen.

2. Die Dinische Regel. *Wenn* $\lim_{t \to +0} \varphi(t) = \varphi_0$ *existiert und wenn für alle positiven* $\tau < \delta$ *die Integralwerte*

$$\int_\tau^\delta \frac{|\varphi(t) - \varphi_0|}{t}\,dt$$

unterhalb einer festen Schranke bleiben[1], *so existiert* $\lim_{k \to +\infty} J_k$ *und ist* $= \varphi_0$.

Beweis. Da das oben genannte Integral bei zu 0 abnehmendem τ monoton wächst, aber beschränkt bleibt, so hat es für $\tau \to 0$ einen Grenzwert, den man kurz durch

$$\int_0^\delta \frac{|\varphi(t) - \varphi_0|}{t}\,dt$$

bezeichnet. Ist dann $\varepsilon > 0$ gegeben, so kann man ein *positives* $\delta' < \delta$ so klein wählen, daß

$$\int_0^{\delta'} \frac{|\varphi(t) - \varphi_0|}{t}\,dt < \frac{\varepsilon}{3}$$

---

[1] Kürzer: Wenn das (bei 0) uneigentliche Integral $\int_0^\delta \frac{|\varphi(t) - \varphi_0|}{t}\,dt$ einen Sinn hat.

ist. Setzen wir dann wieder, wie beim vorigen Beweise,

$$J'_k = \frac{2}{\pi}\int_0^{\delta'} \varphi(t)\,\frac{\sin k t}{t}\,dt \quad \text{und} \quad J'_k = J''_k + J'''_k,$$

so strebt zunächst $(J_k - J'_k)$ nach Satz 6 gegen o, und es kann k' so groß gewählt werden, daß für $k > k'$ stets $|J_k - J'_k| < \frac{\varepsilon}{3}$ bleibt. Weiter aber sahen wir vorhin, daß bei passender Wahl von $k_0 > k'$ auch

$$|J'''_k - \varphi_0| = \left|\frac{2}{\pi}\varphi_0 \cdot \int_0^{\delta'} \frac{\sin k t}{t}\,dt - \varphi_0\right| < \frac{\varepsilon}{3}$$

bleibt für alle $k > k_0$. Und da endlich

$$|J''_k| = \left|\frac{2}{\pi}\int_0^{\delta'} [\varphi(t) - \varphi_0] \cdot \frac{\sin k t}{t}\,dt\right| < \int_0^{\delta'} \frac{|\varphi(t) - \varphi_0|}{t}\,dt$$

ist und also gemäß der Wahl von δ' gleichfalls $< \frac{\varepsilon}{3}$ ausfällt, so ist genau wie beim vorigen Beweise für $k > k_0$ wieder

$$|J_k - \varphi_0| < \varepsilon,$$

womit auch die Richtigkeit der Dinischen Regel bewiesen ist.

Aus ihr lassen sich noch leicht die beiden folgenden Regeln ableiten:

3. Die Lipschitzsche Regel. *Wenn zwei positive Zahlen A und α existieren, so daß in $0 < t \leqq \delta$ stets*

$$|\varphi(t) - \varphi_0| < A \cdot t^{\alpha}$$

ist[1], *so streben die $J_k \to \varphi_0$.*

Beweis. Es ist

$$\int_{\tau}^{\delta} \frac{|\varphi(t) - \varphi_0|}{t}\,dt < A\int_{\tau}^{\delta} t^{\alpha-1}\,dt < A \cdot \frac{\delta^{\alpha}}{\alpha},$$

also für alle positiven $\tau < \delta$ unterhalb einer festen Schranke gelegen, so daß infolge der Dinischen Regel in der Tat $J_k \to \varphi_0$ strebt.

4. Regel. *Wenn $\varphi'(0)$ existiert*[2] *und also $\lim\limits_{t\to+0} \varphi(t) = \varphi_0 = \varphi(0)$ vorhanden ist, so strebt wieder $J_k \to \varphi_0 = \varphi(0)$.*

---

[1] Die „Lipschitz-Bedingung", daß $|\varphi(t) - \varphi_0| < A \cdot t^{\alpha}$ bleibt bei $t \to 0$, hat von selbst zur Folge, daß $\lim\limits_{t\to+0} \varphi(t) = \varphi_0$ existiert.

[2] Es genügt, wenn $\varphi'(0)$ als *rechtsseitige* Ableitung (s. § 19, Def. 10) existiert, da es ja auf die etwaigen Werte von $\varphi(t)$ für $t < 0$ gar nicht ankommt.

Beweis. Wenn

$$\lim_{t\to+0}\frac{\varphi(t)-\varphi(0)}{t}$$

existiert, so bleibt dieser Quotient in einem Intervall der Form $0<t<\delta_1$ beschränkt, etwa seinem Betrage nach stets $< A$. Dann ist aber eine LIPSCHITZ-Bedingung mit $\alpha = 1$ erfüllt, und es strebt also $J_k \to \varphi_0$.

Ganz unmittelbar ergibt sich endlich noch der folgende

Zusatz. *Läßt sich $\varphi(t)$ in zwei oder irgendeine feste Anzahl von Summanden so zerspalten, daß ein jeder von ihnen den Bedingungen einer der vorangehenden vier Regeln genügt, so ist wieder $\lim_{t\to+0}\varphi(t) = \varphi_0$ vorhanden, und es streben die mit der Funktion $\varphi(t)$ angesetzten DIRICHLETschen Integrale $J_k \to \varphi_0$.*

Diese Regeln lassen sich ganz unmittelbar auf die Fourierreihe einer integrierbaren Funktion $f(x)$ übertragen, die wir uns von vornherein im Intervall $0 \leqq x < 2\pi$ gegeben und für alle übrigen reellen x durch die Festsetzung

$$f(x \pm 2\pi) = f(x)$$

erklärt denken. Soll nämlich die durch $f(x)$ erzeugte Fourierreihe in x_0 mit der Summe $s(x_0)$ konvergieren, so muß nach Satz 9 (**205**) die Folge der Integrale

$$J_n = \frac{2}{\pi}\int_0^{\delta}\varphi(t;x_0)\,\frac{\sin(2n+1)t}{t}\,dt$$

eine Nullfolge bilden, wenn $\varphi(t;\, x_0)$ wieder die Bedeutung

$$\varphi(t;x_0) = \tfrac{1}{2}[f(x_0+2t)+f(x_0-2t)] - s(x_0)$$

hat. Diese Fassung des Kriteriums lehrt zunächst noch über den RIEMANNschen Satz **204** hinaus, daß das Verhalten von $f(x)$ *weder* unmittelbar rechts von x_0 *noch* dasjenige unmittelbar links von x_0 *für sich allein* irgendeinen Einfluß auf das Konvergenzverhalten der Fourierreihe von $f(x)$ in x_0 hat. *Es kommt vielmehr nur darauf an, daß das Verhalten von $f(x)$ rechts von x_0 in einem gewissen Zusammenhange mit demjenigen links von x_0 stehe, derart nämlich, daß die Funktion*

$$\varphi(t) = \varphi(t;x_0) = \tfrac{1}{2}[f(x_0+2t)+f(x_0-2t)] - s(x_0)$$

die für die Existenz des Grenzwertes der damit angesetzten DIRICHLETschen Integrale J_k (**206**) *notwendigen und hinreichenden Eigenschaften besitzt*[1].

---

[1] Man definiere z. B. $f(x)$ rechts von x_0 *ganz beliebig* (doch integrierbar in einem Intervall der Form $x_0 < x < x_0 + \delta$) und setze dann in $x_0 - \delta < x < x_0$ etwa $f(x) = 1 - f(2x_0 - x)$, so erweist sich die Fourierreihe von $f(x)$ in x_0 konvergent mit der Summe $\frac{1}{2}$. (Beweis etwa mit Hilfe der nachfolgenden DIRICHLETschen Regel **208**, 1.)

Welches diese Eigenschaften sind, weiß man nicht. Doch liefern uns die oben entwickelten vier Regeln für die Konvergenz *Dirichlet*-*scher Integrale* ebenso viele sehr weittragende ***hinreichende*** Bedingungen für die Konvergenz der ***Fourierreihe*** einer Funktion $f(x)$ in einem speziellen Punkte x_0. Alle jene Regeln verlangen zunächst, daß für $t \to +0$ die Funktion

$$\varphi(t) = \varphi(t; x_0) = \tfrac{1}{2}[f(x_0 + 2t) + f(x_0 - 2t)] - s(x_0)$$

einem Grenzwert φ_0 zustrebe. Daher haben wir zunächst als *gemeinsame Voraussetzung* für alle jetzt aufzustellenden Regeln: *Der Grenzwert*

$$\text{(g)} \qquad \lim_{t \to +0} \tfrac{1}{2}[f(x_0 + 2t) + f(x_0 - 2t)]$$

soll existieren. Sein Wert wird im Falle der Konvergenz der Fourierreihe von $f(x)$ in x_0 nach Satz 2 dann auch die Summe dieser Reihe angeben. Deren Konvergenz wird also gesichert sein, wenn die Funktion

$$\varphi(t) = \varphi(t; x_0) = \tfrac{1}{2}[f(x_0 + 2t) + f(x_0 - 2t)] - s(x_0)$$

als Funktion von t aufgefaßt die in einer der obigen vier Regeln genannten Bedingungen erfüllt. Dabei muß nach Satz 2a überdies der in jenen Regeln auftretende Wert $\varphi_0 = 0$ sein. Wir nehmen demgemäß an, daß die folgenden beiden Voraussetzungen erfüllt sind:

207. **1. Voraussetzung.** *Die Funktion $f(x)$ ist in $0 \leqq x < 2\pi$ definiert und integrierbar (also beschränkt) und für alle übrigen reellen x durch die Festsetzung*

$$f(x) = f(x + 2k\pi), \qquad (k = \pm 1, \pm 2, \ldots),$$

erklärt.

2. Voraussetzung. *Der Grenzwert*

$$\lim_{t \to +0} \tfrac{1}{2}[f(x_0 + 2t) + f(x_0 - 2t)],$$

bei dem x_0 eine beliebige, aber weiterhin feste reelle Zahl bedeutet, ist vorhanden[1], *und sein Wert wird mit $s(x_0)$ bezeichnet, so daß die Funktion*

$$\varphi(t) = \varphi(t; x_0) = \tfrac{1}{2}[f(x_0 + 2t) + f(x_0 - 2t)] - s(x_0)$$

den (rechtsseitigen) Grenzwert $\lim_{t \to +0} \varphi(t) = 0$ besitzt.

Unter diesen gemeinsamen Voraussetzungen gelten die folgenden vier Kriterien für die Konvergenz der Fourierreihe von $f(x)$ im Punkte x_0:

208. **1. Die Dirichletsche Regel.** *Wenn $\varphi(t)$ in einem Intervall der Form $0 < t < \delta_1$ monoton verläuft, so ist die Fourierreihe von $f(x)$ in x_0 konvergent, und ihre Summe*[2] *hat den Wert $s(x_0)$.*

---

[1] Es existiert dann von selbst auch der *beiderseitige* Grenzwert.

[2] Im Falle ihrer Konvergenz in x_0 hat also die Fourierreihe einer die Voraussetzungen **207** erfüllenden Funktion $f(x)$ dann und nur dann den dortigen Funktionswert $f(x_0)$ zur Summe, wenn der in der 2. Voraussetzung geforderte Grenzwert $s(x_0) = f(x_0)$ ist. Entsprechend bei den folgenden Regeln.

2. Die DINIsche Regel. *Wenn nach Wahl einer festen (an sich beliebigen) positiven Zahl* δ *die Integralwerte*

$$\int_{\tau}^{\delta} \frac{|\varphi(t)|}{t}\,dt$$

für alle $0 < \tau < \delta$ *unterhalb einer festen Schranke bleiben, so ist die Fourierreihe von* $f(x)$ *in* x_0 *konvergent, und ihre Summe hat den Wert* $s(x_0)$.

3. Die LIPSCHITZsche Regel. *Das gleiche gilt, wenn an Stelle der Beschränktheit der Integralwerte die Existenz zweier positiver Zahlen* A *und* α *gefordert wird, so daß für alle* $0 < t < \delta$

$$|\varphi(t)| < A \cdot t^{\alpha}$$

bleibt.

4. Regel. *Dasselbe gilt, wenn an Stelle der* LIPSCHITZ-*Bedingung gefordert wird, daß* $\varphi(t)$ *in* 0 *eine rechtsseitige Ableitung besitzt.*

Der Gebrauch dieser Regeln wird noch durch die folgenden Zusätze beträchtlich erleichtert:

Zusatz 1. Läßt sich $f(x)$ in zwei oder irgendeine feste Anzahl von Summanden zerspalten, deren jeder (für ein passendes s) die gemeinsamen beiden Voraussetzungen erfüllt und darüber hinaus in einer Umgebung eines Punktes x_0 den Bedingungen je einer der vorangehenden Regeln genügt, so erfüllt auch $f(x)$ die Voraussetzungen 1 und 2, und die Fourierreihe von $f(x)$ wird in x_0 mit der Summe $s(x_0)$ konvergieren.

Zusatz 2. Ebenso genügt es, wenn an Stelle der 2. Voraussetzung gefordert wird, daß jeder der beiden (einseitigen) Grenzwerte

$$\lim_{t\to+0} f(x_0 + 2t) = f(x_0 + 0) \quad \text{und} \quad \lim_{t\to+0} f(x_0 - 2t) = f(x_0 - 0)$$

existiert und nun die beiden Funktionen

$$\varphi_1(t) = f(x_0 + 2t) - f(x_0 + 0) \quad \text{und} \quad \varphi_2(t) = f(x_0 - 2t) - f(x_0 - 0)$$

einzeln den Bedingungen je einer unserer vier Regeln genügen. Auch dann ist die Fourierreihe von $f(x)$ in x_0 konvergent und hat die Summe

$$s(x_0) = \tfrac{1}{2}[f(x_0 + 0) + f(x_0 - 0)].$$

Einige spezielle, aber für die Anwendungen besonders wichtige Fälle merken wir noch in den folgenden Zusätzen an:

Zusatz 3. Wenn $f(x)$ die 1. Voraussetzung erfüllt und sowohl links von x_0 als auch rechts von x_0 monoton verläuft, so sind die in dem vorigen Zusatz genannten Grenzwerte vorhanden, und die zu

$f(x)$ gehörige Fourierreihe wird in x_0 mit der Summe

$$s(x_0) = \tfrac{1}{2}[f(x_0 + 0) + f(x_0 - 0)]$$

konvergieren. — Ganz speziell also:

Zusatz 4. Die von einer die 1. Voraussetzung erfüllenden Funktion $f(x)$ erzeugte Fourierreihe wird an jeder Stelle x_0 konvergieren und auch den dortigen Funktionswert $f(x_0)$ zur Summe haben, an der $f(x)$ *stetig* ist und sowohl nach links wie nach rechts monoton verläuft.

Zusatz 5. Erfüllt $f(x)$ die 1. Voraussetzung, sind die beiden in Zusatz 2 genannten Grenzwerte $f(x_0 \pm 0)$ vorhanden und existieren überdies die beiden (einseitigen) Grenzwerte

$$\lim_{h \to +0} \frac{f(x_0 + h) - f(x_0 + 0)}{h} \quad \text{und} \quad \lim_{h \to +0} \frac{f(x_0 - h) - f(x_0 - 0)}{h},$$

so konvergiert die Fourierreihe von $f(x)$ in x_0 und hat die Summe $s(x_0) = \frac{1}{2}[f(x_0 + 0) + f(x_0 - 0)]$.

Zusatz 6. Die von einer die 1. Voraussetzung erfüllenden Funktion $f(x)$ erzeugte Fourierreihe wird an jeder Stelle x_0 konvergieren und auch den dortigen Funktionswert $f(x_0)$ zur Summe haben, an der $f(x)$ differenzierbar ist.

§ 50. Anwendungen der Theorie der FOURIERschen Reihen.

Die im vorangehenden entwickelten Konvergenzregeln zeigen, daß sehr allgemeine Klassen von Funktionen durch ihre *Fourier*reihe dargestellt werden. Wir wollen dies nun durch eine Anzahl von Beispielen erläutern.

Die zu entwickelnde Funktion $f(x)$ muß stets in $0 \leqq x < 2\pi$ gegeben sein und die Periode 2π besitzen: $f(x \pm 2\pi) = f(x)$. Dann erhält man im allgemeinen die zugehörige *Fourier*reihe in der Form

$$\tfrac{1}{2} a_0 + \sum_{n=1}^{\infty} (a_n \cos n x + b_n \sin n x).$$

In besonderen Fällen aber können die sin- oder cos-Glieder auch fehlen. Ist nämlich $f(x)$ eine *gerade* Funktion, ist also

$$f(-x) = f(2\pi - x) = f(x)$$

[das Kurvenbild ist dann in bezug auf *die Geraden* $x = k\pi$, $(k = 0, \pm 1, \pm 2, \ldots)$, symmetrisch], so ist

$$\pi \cdot b_n = \int_0^{2\pi} f(x) \sin n x \, dx = \int_0^{\pi} + \int_{\pi}^{2\pi} = 0,$$

wie man sofort erkennt, wenn man im zweiten der beiden Teilintegrale x durch $2\pi - x$ ersetzt. Die *Fourier*reihe von $f(x)$ reduziert sich dann also auf eine reine cos-Reihe. Ist andrerseits $f(x)$ eine *ungerade* Funktion, ist also

$$f(-x) = f(2\pi - x) = -f(x)$$

[das Kurvenbild ist dann in bezug auf *die Punkte* $x = k\pi$, $(k = 0, \pm 1, \pm 2, \ldots)$, symmetrisch], so ist

$$\pi \cdot a_n = \int_0^{2\pi} f(x) \cos n x \, d x = 0,$$

wie man ebenso leicht erkennt, und die *Fourier*reihe von $f(x)$ reduziert sich auf eine reine sin-Reihe.

Ist nun eine beliebige in $a \leqq x \leqq b$ integrierbare Funktion $F(x)$ vorgelegt, so kann man sie demgemäß auf drei verschiedene Arten zur Erzeugung einer *Fourier*reihe zurechtmachen.

1. Art. Man schneidet aus dem Intervall $a \ldots b$, falls seine Länge $\geqq 2\pi$ ist, ein Stück $\alpha \leqq x < \alpha + 2\pi$ von der Länge 2π heraus, verschiebt den Nullpunkt der Abszissen nach α und erhält so eine in $0 \leqq x < 2\pi$ definierte Funktion $f(x)$. Diese setze man durch die Bedingung $f(x \pm 2\pi) = f(x)$ periodisch über die ganze x-Achse fort[1]. Ist $b - a < 2\pi$, so setze man $f(x)$ im Intervall $b \leqq x < a + 2\pi$ konstant $= F(b)$ und verfahre dann wie soeben[2].

2. Art. Man definiere genau wie eben mit Hilfe der gegebenen Funktion $F(x)$ eine Funktion $f(x)$ in $0 \leqq x \leqq \pi$ (statt 2π), setze in $\pi \leqq x \leqq 2\pi$ nun $f(x) = f(2\pi - x)$ und definiere $f(x)$ für alle übrigen x durch die Periodizitätsbedingung.

3. Art. Man definiere $f(x)$ in $0 < x < \pi$ wie eben, setze $f(0) = f(\pi) = 0$, aber in $\pi < x < 2\pi$ jetzt $f(x) = -f(2\pi - x)$, und definiere dann $f(x)$ für die übrigen x wieder durch die Periodizitätsbedingung.

Die auf diese drei Arten aus der gegebenen Funktion $F(x)$ hergestellten und nunmehr zur Erzeugung einer *Fourier*reihe geeigneten Funktionen unterscheiden wir als $f_1(x)$, $f_2(x)$ und $f_3(x)$. Während $f_2(x)$ sicher eine reine cos-Reihe, $f_3(x)$ sicher eine reine sin-Reihe liefert, wird $f_1(x)$ in der Regel eine *Fourier*reihe der allgemeinen Form liefern (nämlich nur dann nicht, wenn $f_1(x)$ von vornherein schon gerade oder ungerade ausgefallen ist).

---

[1] War $b - a > 2\pi$, so gelangt hierbei ein Stück der Kurve $y = F(x)$ gar nicht zur Darstellung. Will man diesen Übelstand vermeiden, so ändere man einfach den Maßstab auf der x-Achse so, daß das Definitionsintervall von $F(x)$ die Länge 2π bekommt, d. h. man ersetze x durch $a + \frac{b-a}{2\pi} x$.

[2] Oder man gebe wieder durch Maßstabsänderung dem Definitionsintervall von $F(x)$ die genaue Länge 2π.

Da unsere Konvergenzregeln die Konvergenz nur in solchen Punkten x_0 zu erkennen gestatten, für die

$$\lim_{t\to+0} \tfrac{1}{2}[f(x_0+2t)+f(x_0-2t)]$$

existiert, so wird es ratsam sein, an den „Flickstellen“ $2k\pi$ unserer drei Funktionen $f(x)$ den Funktionswert noch dahin abzuändern, daß man

$$f(0) = f(2k\pi) = \lim_{x\to+0} \tfrac{1}{2}[f(x)+f(2\pi-x)]$$

setzt, falls dieser Grenzwert vorhanden ist. [Dies ist sicher bei $f_3(x)$ der Fall und liefert die getroffene Festsetzung $f_3(0)=f_3(2k\pi)=0$.] Ist er nicht vorhanden, so kommt es auf den Funktionswert $f(2k\pi)$ gar nicht an, da wir ja dann die evtl. Konvergenz der *Fourier*reihe mit unsern Mitteln doch nicht erkennen können. — Aus einer entsprechenden Erwägung heraus hatten wir auch schon oben $f_3(\pi)=0$ gesetzt. —

Wir gehen nunmehr zu konkreten Beispielen über.

209. 1. Beispiel. $F(x)\equiv a \neq 0$. Hier wird

$f_1(x)\equiv f_2(x)\equiv a$, während

$$f_3(x) = \begin{cases} 0 & \text{zu setzen ist für } x = 0 \text{ und } \pi, \\ a & \text{,, \quad ,, \quad ,, \quad ,, } \quad 0<x<\pi, \\ -a & \text{,, \quad ,, \quad ,, \quad ,, } \quad \pi<x<2\pi. \end{cases}$$

Für alle drei Funktionen sind ersichtlich die DIRICHLETschen Bedingungen in *jedem* Punkte (einschließlich der Flickstellen) erfüllt. Die erhaltenen Entwicklungen müssen daher überall konvergieren und die Funktionen darstellen. Für $f_1(x)$ und $f_2(x)$ werden aber diese Entwicklungen trivial, weil sie sich auf das konstante Glied $\frac{1}{2}a_0 = a$ reduzieren. Für $f_3(x)$ dagegen erhält man

$$b_n = \frac{1}{\pi}\int_0^{2\pi} f_3(x)\sin nx\,dx = \frac{a}{\pi}\int_0^{\pi}\sin nx\,dx - \frac{a}{\pi}\int_{\pi}^{2\pi}\sin nx\,dx = \frac{2a}{\pi}\int_0^{\pi}\sin nx\,dx$$

$$b_n = \begin{cases} 0 & \text{für gerade } n, \\ \dfrac{4a}{n\pi} & \text{für ungerade } n. \end{cases}$$

Die Entwicklung lautet also

$$f_3(x) = \frac{4a}{\pi}\left[\sin x + \frac{\sin 3x}{3} + \frac{\sin 5x}{5} + \cdots\right]$$

oder

$$\sin x + \frac{\sin 3x}{3} + \frac{\sin 5x}{5} + \cdots = \begin{cases} +\dfrac{\pi}{4} & \text{in } 0<x<\pi, \\ 0 & \text{in } 0 \text{ und } \pi, \\ -\dfrac{\pi}{4} & \text{in } \pi<x<2\pi. \end{cases}$$

Damit ist das zweite der S. 361/62 gegebenen Beispiele vollständig begründet und die Summe dieser merkwürdigen Reihe, deren Konvergenz uns nichts Neues ist (s. **185**, 5), ermittelt[1]. Für $x = \frac{\pi}{2}, \frac{\pi}{6}, \frac{\pi}{3}$ liefert sie die folgenden speziellen Reihen, von denen uns die erste schon aus einem ganz andern Zusammenhange heraus bekannt ist (s. **122**):

$$1 - \frac{1}{3} + \frac{1}{5} - \frac{1}{7} + - \cdots = \frac{\pi}{4},$$

$$1 + \frac{1}{5} - \frac{1}{7} - \frac{1}{11} + \frac{1}{13} + \frac{1}{17} - - + + \cdots = \frac{\pi}{3},$$

$$1 - \frac{1}{5} + \frac{1}{7} - \frac{1}{11} + \frac{1}{13} - + \cdots = \frac{\pi}{2\sqrt{3}}.$$

2. **Beispiel.** $F(x) = a\,x$, $(a \neq 0)$. Hier ist

$$f_1(x) = \begin{cases} a\,x & \text{in } 0 < x < 2\pi, \\ a\pi & \text{in } 0 \text{ und } 2\pi, \end{cases}$$

$$f_2(x) = \begin{cases} a\,x & \text{in } 0 \leqq x \leqq \pi, \\ a(2\pi - x) & \text{in } \pi \leqq x \leqq 2\pi, \end{cases}$$

$$f_3(x) = \begin{cases} a\,x & \text{in } 0 < x < \pi, \\ 0 & \text{in } 0 \text{ und } \pi, \\ -a(2\pi - x) & \text{in } \pi < x < 2\pi. \end{cases}$$

Nach leichten Rechnungen liefert die Entwicklung von $f_1(x)$

$$\text{(a)} \quad \sin x + \frac{\sin 2x}{2} + \frac{\sin 3x}{3} + \frac{\sin 4x}{4} + \cdots = \begin{cases} \dfrac{\pi - x}{2} & \text{in } 0 < x < 2\pi, \\ 0 & \text{in } 0 \text{ und } 2\pi, \end{cases}$$ **210.**

wodurch insbesondere das erste Beispiel von S. 361/62 vollständig begründet ist. Und ganz ähnlich liefert die Entwicklung von $f_3(x)$

$$\text{(b)} \quad \sin x - \frac{\sin 2x}{2} + \frac{\sin 3x}{3} - \frac{\sin 4x}{4} + - \cdots = \begin{cases} \dfrac{1}{2}x & \text{in } 0 \leqq x < \pi, \\ 0 & \text{in } \pi, \\ \dfrac{1}{2}x - \pi & \text{in } \pi < x \leqq 2\pi, \end{cases}$$

oder kürzer

$$= \begin{cases} \dfrac{x}{2} & \text{in } -\pi < x < \pi \\ 0 & \text{in } \pm\pi. \end{cases}$$

[1] Dieses und die folgenden Beispiele finden sich meist schon bei EULER. Viele andere sind von FOURIER, LEGENDRE, CAUCHY, FRULLANI, DIRICHLET u. a. gegeben worden. Man findet sie bequem zusammengestellt bei H. BURKHARDT: Trigonometrische Reihen und Integrale bis etwa 1850, Enzyklopädie d. math. Wiss., Bd. II A, S. 902—920.

Dagegen liefert uns $f_2(x)$ die Entwicklung

$$\text{(c)}\quad \frac{\cos x}{1^2}+\frac{\cos 3x}{3^2}+\frac{\cos 5x}{5^2}+\cdots=\begin{cases}\dfrac{\pi^2}{8}-\dfrac{\pi x}{4} & \text{in } 0\leqq x\leqq \pi,\\[2mm] \dfrac{\pi x}{4}-\dfrac{3\pi^2}{8} & \text{in } \pi\leqq x\leqq 2\pi.\end{cases}$$

Die erste dieser Entwicklungen liefert für $x=\frac{\pi}{2}$ wieder die bekannte Reihe für $\frac{\pi}{4}$, die letzte für $x=0$ die uns gleichfalls schon bekannte Reihe (**137**)

$$1+\frac{1}{3^2}+\frac{1}{5^2}+\frac{1}{7^2}+\cdots=\frac{\pi^2}{8},$$

aus der man sofort die früher (**136**, **156** und **189**) auf ganz anderen Wegen bewiesene Gleichung

$$1+\frac{1}{2^2}+\frac{1}{3^2}+\frac{1}{4^2}+\cdots=\frac{\pi^2}{6}$$

herleitet[1]. — Der Vergleich beider Ergebnisse liefert das bemerkenswerte Resultat, daß in $0<x\leqq\pi$ die Funktion x die *beiden Fourier-entwicklungen* gestattet:

211.
$$x=\begin{cases}\pi-2\left[\dfrac{\sin x}{1}+\dfrac{\sin 2x}{2}+\dfrac{\sin 3x}{3}+\cdots\right] & \text{und}\\[2mm] \dfrac{\pi}{2}-\dfrac{4}{\pi}\left[\dfrac{\cos x}{1^2}+\dfrac{\cos 3x}{3^2}+\dfrac{\cos 5x}{5^2}+\cdots\right].\end{cases}$$

---

[1] Ein fünfter, wieder ganz anderer Beweis ist folgender: Die Entwicklung **123** ist nach den dortigen Feststellungen und nach **199**, 2 in $0\leqq x\leqq 1$ gleichmäßig konvergent. Setzt man $x=\sin t$, so ist also die Entwicklung

$$t=\sum_{n=0}^{\infty}(-1)^n\binom{-\frac{1}{2}}{n}\frac{\sin^{2n+1}t}{2n+1}$$

in $0\leqq t\leqq\frac{\pi}{2}$ gleichmäßig konvergent und darf daher über dieses Intervall gliedweis integriert werden. Da nun

$$\int_0^{\frac{\pi}{2}}\sin^{2n+1}t\,dt=\frac{2\cdot4\cdots(2n)}{3\cdot5\cdots(2n+1)}=\frac{1}{(-1)^n(2n+1)\binom{-\frac{1}{2}}{n}}$$

ist (man findet dies durch Rekursion, oder indem man $\cos t=z$ einführt und Aufgabe 117b heranzieht), so erhält man unmittelbar die Gleichung

$$\frac{\pi^2}{8}=\sum_{n=0}^{\infty}\frac{1}{(2n+1)^2}.$$

Dieser Weg zu unserer Gleichung ist im wesentlichen auch schon von Euler angegeben worden (vgl. die in der Fußnote zu **156** genannte Note).

Um in die Bedeutung dieser Ergebnisse noch besser einzudringen, tut man gut, sich die Bilder der Funktionen $f(x)$ und einiger zugehöriger Approximationskurven zu skizzieren. Wir müssen das dem Leser überlassen und machen nur auf die folgende Erscheinung aufmerksam:

Die Konvergenz der Reihe **210**c ist eine für alle x gleichmäßige, nicht so dagegen bei den Reihen **210**a und b, da ja deren Summen bei 0 bzw. π unstetig sind. Bei jener schmiegen sich also die Approximationskurven in ihrer ganzen Ausdehnung an die durch die Grenzkurve gelieferte Zickzacklinie an, während das Entsprechende bei (a) und (b) nicht der Fall ist und nicht der Fall sein kann. (Vgl. hierzu **216**, 4.)

3. Beispiel. $F(x) = \cos\alpha x$ (α beliebig, doch $\neq 0, \pm 1, \pm 2, \ldots$)[1].

a) Wir wollen hier zunächst die Funktion $f_2(x)$ bilden und setzen demgemäß

$$f_2(x) = \begin{cases} \cos\alpha x & \text{in} \quad 0 \leqq x \leqq \pi, \\ \cos\alpha(2\pi - x) & \text{in} \quad \pi \leqq x \leqq 2\pi, \end{cases}$$

so daß wir eine durchweg stetige und abteilungsweise monotone Funktion erhalten, die nach der DIRICHLETschen Regel dann auch eine durchweg konvergente *Fourier*reihe erzeugen wird, welche die gewählte Funktion darstellt und eine reine cos-Reihe sein muß. Hier ist

$$\pi a_n = 2\int_0^\pi \cos\alpha x \cos n x \, dx = \int_0^\pi [\cos(\alpha + n)x + \cos(\alpha - n)x] \, dx,$$

also, da α keine ganze Zahl sein sollte:

$$\pi a_n = (-1)^n \frac{2\alpha \sin\alpha\pi}{\alpha^2 - n^2}.$$

Daher wird in $0 \leqq x \leqq 2\pi$ die Funktion $f_2(x)$, oder also *in* $-\pi \leqq x \leqq +\pi$ *die Funktion* $\cos\alpha x$ durch die Reihe dargestellt:

$$\cos\alpha x = \frac{\sin\alpha\pi}{\pi}\left[\frac{1}{\alpha} - \frac{2\alpha}{\alpha^2 - 1^2}\cos x + \frac{2\alpha}{\alpha^2 - 2^2}\cos 2x - + \cdots\right]. \qquad \mathbf{212.}$$

Für $x = \pi$ bekommen wir hieraus die früher aus ganz anderen Quellen hergeleitete Entwicklung **117**

$$\pi\frac{\cos\alpha\pi}{\sin\alpha\pi} = \pi \operatorname{ctg}\alpha\pi = \frac{1}{\alpha} + \frac{2\alpha}{\alpha^2 - 1^2} + \frac{2\alpha}{\alpha^2 - 2^2} + \cdots$$

Damit sind wir in den Kreis der Entwicklungen des § 24 getreten. Natürlich kann man auch die andern dort hergeleiteten Reihendarstellungen aus unsern neuen Quellen direkt gewinnen. So liefert z. B. **212** für $x = 0$ die Entwicklung

$$\frac{\pi}{\sin\alpha\pi} = \frac{1}{\alpha} - \frac{2\alpha}{\alpha^2 - 1^2} + \frac{2\alpha}{\alpha^2 - 2^2} - \frac{2\alpha}{\alpha^2 - 3^2} + - \cdots,$$

---

[1] Weil sonst die cos-Entwicklung trivial wäre.

und wenn man hiervon die vorangehende ctg-Entwicklung abzieht, so erhält man

$$\pi\,\frac{1-\cos\alpha\pi}{\sin\alpha\pi}=\pi\operatorname{tg}\frac{\alpha\pi}{2}=-\frac{4\alpha}{\alpha^2-1^2}-\frac{4\alpha}{\alpha^2-3^2}-\frac{4\alpha}{\alpha^2-5^2}-\cdots$$

usw.

b) Machen wir uns ebenso aus $F(x)=\cos\alpha x$ eine ungerade Funktion $f_3(x)$ zurecht, so ist

$$f_3(x)=\begin{cases}\cos\alpha x & \text{in } 0<x<\pi,\\ 0 & \text{in } 0 \text{ und } \pi,\\ -\cos\alpha(2\pi-x) & \text{in } \pi<x<2\pi\end{cases}$$

zu setzen. Und hier darf α auch eine ganze Zahl sein, ohne daß wir ein triviales Resultat erhielten. Die Koeffizienten b_n erhält man durch leicht auszurechnende Integrale und mit ihnen schließlich die in $0<x<\pi$ gültigen Entwicklungen:

213. α) für $\alpha\neq 0,\ \pm 1,\ \pm 2,\ldots$

$$\cos\alpha x=\frac{1+\cos\alpha\pi}{\pi}\left[\frac{2}{1^2-\alpha^2}\sin x+\frac{6}{3^2-\alpha^2}\sin 3x+\frac{10}{5^2-\alpha^2}\sin 5x+\cdots\right]$$
$$+\frac{1-\cos\alpha\pi}{\pi}\left[\frac{4}{2^2-\alpha^2}\sin 2x+\frac{8}{4^2-\alpha^2}\sin 4x+\cdots\right];$$

β) für $\alpha=\pm p=$ ganze Zahl

$$\cos px=\begin{cases}\dfrac{4}{\pi}\left[\dfrac{1}{1-p^2}\sin x+\dfrac{3}{3^2-p^2}\sin 3x+\cdots\right], & \text{falls } p \textit{ gerade} \text{ ist,}\\[2ex] \dfrac{4}{\pi}\left[\dfrac{2}{2^2-p^2}\sin 2x+\dfrac{4}{4^2-p^2}\sin 4x+\cdots\right], & \text{falls } p \textit{ ungerade} \text{ ist.}\end{cases}$$

Aus allen diesen Reihen kann man durch Spezialisierung von α und x ungezählte numerische Reihen herleiten.

4. Die Behandlung der Funktion $F(x)=\sin\alpha x$ führt zu ganz ähnlichen Entwicklungen.

5. Wird die Funktion $F(x)=-\log\left(2\sin\frac{x}{2}\right)$ für die Erzeugung einer reinen cos-Reihe zurechtgemacht, so findet man die in $0<x<\pi$ gültige Darstellung

214. $$\cos x+\frac{\cos 2x}{2}+\frac{\cos 3x}{3}+\cdots=-\log\left(2\sin\frac{x}{2}\right).$$

Hier muß jedoch durch eine besondere Untersuchung gezeigt werden, daß das Ergebnis gültig ist, obwohl die Funktion in der Umgebung der Punkte 0 und 2π nicht beschränkt, also nicht (eigentlich) integrierbar ist. (Vgl. später § 55, V, wo sich dies auf anderem Wege ganz leicht ergeben wird.)

6. Beispiel. $F(x) = e^{\alpha x} + e^{-\alpha x}$, $(\alpha \neq 0)$, soll in eine cos-Reihe entwickelt werden. Es ist also zu setzen

$$f_2(x) = \begin{cases} F(x) & \text{in} \quad 0 \leqq x \leqq \pi, \\ F(2\pi - x) & \text{in} \quad \pi \leqq x \leqq 2\pi. \end{cases}$$

Nach Ausrechnung der sehr einfachen Integrale für die Koeffizienten a_n erhält man, gültig in $-\pi \leqq x \leqq +\pi$,

$$\frac{\pi}{2} \frac{e^{\alpha x} + e^{-\alpha x}}{e^{\alpha \pi} - e^{-\alpha \pi}} = \frac{1}{2\alpha} - \frac{\alpha}{\alpha^2 + 1^2} \cos x + \frac{\alpha}{\alpha^2 + 2^2} \cos 2x - + \cdots$$ 215.

Setzt man hierin z. B. $x = \pi$ und ersetzt dann $2\alpha\pi$ einfacher durch t, so ergibt sich nach einfachen Umformungen — gültig für alle $t \neq 0$ —

$$\frac{1}{t}\left[\frac{1}{1 - e^{-t}} - \frac{1}{t} - \frac{1}{2}\right] = 2 \sum_{n=1}^{\infty} \frac{1}{(2n\pi)^2 + t^2},$$

also eine „Partialbruch-Entwicklung" jener merkwürdigen Funktion, für die wir aus § 24, 4 schon die Potenzreihenentwicklung ablesen können, da sie durch Multiplikation mit t^2 und Addition von 1 genau in die dort behandelte Funktion $\frac{t}{2} \frac{e^t + 1}{e^t - 1}$ übergeht.

Verschiedene Bemerkungen.

Gerade die Tatsache, daß die trigonometrischen Reihen außerordentlich umfangreiche Klassen von Funktionen darzustellen vermögen, macht die Frage nach den Grenzen dieser Leistungsfähigkeit doppelt interessant. Wie schon betont, kennt man die *notwendigen und hinreichenden* Bedingungen nicht, denen eine Funktion genügen muß, wenn sie durch ihre *Fourier*reihe soll dargestellt werden können. Man ist vielmehr gezwungen, hierin eine wesentlich neue Grundeigenschaft der Funktionen zu sehen, denn alle Versuche, sie direkt aus den andern Grundeigenschaften der Funktionen (Stetigkeit, Differenzierbarkeit, Integrierbarkeit usw.) aufzubauen, sind bisher gescheitert. Wir müssen es uns versagen, dies im einzelnen durch Ausführung entsprechender Beispiele zu belegen, möchten aber doch einige der hierhergehörigen Tatsachen kurz zur Sprache bringen.

1. Eine Vermutung, die man ganz naturgemäß zuerst haben wird, 216.
ist die, daß *alle stetigen Funktionen* durch ihre *Fourier*reihe dargestellt werden könnten. *Dem ist nicht so,* wie zuerst DU BOIS-REYMOND (Gött. Nachr. 1873, S. 571) an einem Beispiel gezeigt hat[1].

[1] Heute gibt es einfachere Beispiele als das genannte. Z. B. hat L. FEJÉR ein sehr schönes und durchsichtiges Beispiel gegeben. J. reine u. angew. Math. Bd. 137, S. 1. 1909.

2. Daß andrerseits zur Stetigkeit die Differenzierbarkeit nicht hinzuzukommen braucht, zeigt das WEIERSTRASSsche[1] Beispiel der gleichmäßig konvergenten trigonometrischen Reihe

$$\sum_{n=1}^{\infty} a^n \cos(b^n \pi x), \qquad (0 < a < 1,\ b > 0 \text{ ganz}, ab > 1 + \tfrac{3}{2}\pi),$$

die also die *Fourier*reihe ihrer Summe ist (s. **200**, 1a), welche eine stetige, aber nirgends differenzierbare Funktion darstellt.

3. Ob es stetige Funktionen gibt, deren *Fourier*reihe *überall* divergiert, ist zur Zeit noch unbekannt.

4. Besonders bemerkenswert ist eine Erscheinung, die nach ihrem Entdecker als GIBBSsche Erscheinung bezeichnet wird[2] und bei der

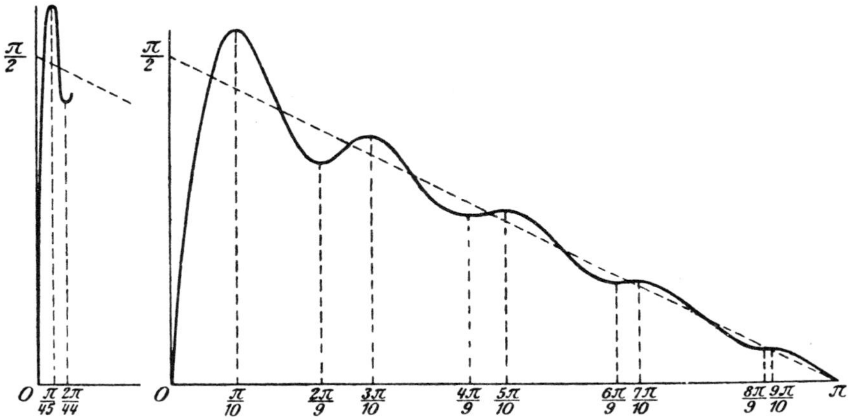

Fig. 9.

Reihe **210**a zuerst festgestellt worden ist: Die Approximationskurven $s_n(x)$ schießen in der Nähe von $x = 0$ sozusagen über das Ziel. Genauer: Bezeichnet man die Abszisse des größten Maximums der Kurve $y = s_n(x)$, das zwischen 0 und π liegt[3], mit ξ_n und seine Ordinate mit η_n, so strebt $\xi_n \to 0$, aber η_n *nicht* $\to \frac{\pi}{2}$, wie man es erwarten sollte, **sondern gegen einen Wert g, der** $= \frac{\pi}{2} \cdot 1{,}17898\cdots$ **ist.** Das Grenzgebilde, das die Kurven $s_n(x)$ approximieren, enthält also

[1] Abhandlungen zur Funktionenlehre, Werke Bd. 2, S. 223. (Zuerst bekannt geworden 1875.)

[2] J. W. GIBBS in Nature Bd. 59, S. 606. London 1898/99. — Vgl. auch T. H. GRONWALL: Über die GIBBSsche Erscheinung. Math. Ann. Bd. 72, S. 228. 1912.

[3] Die dortigen Maxima liegen bei $x = \frac{\pi}{n+1}, \frac{3\pi}{n+1}, \frac{5\pi}{n+1}, \ldots,$ und das erste von ihnen ist das größte. Die Minima liegen bei $x = \frac{2\pi}{n}, \frac{4\pi}{n}, \ldots$

außer der Funktion **210**a noch eine Strecke der Ordinatenachse zwischen den Punkten mit den Ordinaten $\pm g$, die um fast $\frac{2}{11}$ länger ist als der Sprung der Funktion. In Fig. 9 ist die n^{te} Approximationskurve für $n = 9$ im Intervall $0 \ldots \pi$ ausgezeichnet und für $n = 44$ in ihrem Anfangsteil dargestellt.

§ 51. Produkte mit veränderlichen Gliedern.

Liegt ein Produkt der Form

$$\prod_{n=1}^{\infty}(1 + f_n(x))$$

vor, dessen Glieder Funktionen von x sind, so werden wir ganz entsprechend wie bei Reihen ein Intervall J als ein *Konvergenzintervall des Produktes* bezeichnen, wenn für alle Punkte x desselben nicht nur *sämtliche Funktionen $f_n(x)$ definiert* sind, sondern zugleich auch *das Produkt selbst konvergent ist.*

So sind z. B. die Produkte

$$\prod_{n=1}^{\infty}\left(1 - \frac{x^2}{n^2}\right), \quad \prod_{n=1}^{\infty}\left(1 + \frac{x^2}{n^2}\right), \quad \prod_{n=1}^{\infty}\left(1 + (-1)^n \frac{x}{n}\right), \quad \prod_{n=2}^{\infty}\left(1 + \frac{x}{n \log^2 n}\right), \ldots$$

für jedes reelle x konvergent, und dasselbe gilt von jedem Produkt der Form $\Pi(1 + a_n x)$, wenn $\sum a_n$ entweder eine absolut konvergente (s. **127**, Satz 7) oder eine solche nur bedingt konvergente Reihe ist, bei der $\sum a_n^2$ absolut konvergiert (**127**, Satz 9).

Für jedes x aus J hat dann das Produkt einen ganz bestimmten Wert, und es definiert dort also eine wohlbestimmte Funktion $F(x)$. Wir sagen wieder: *das Produkt stelle in J die Funktion $F(x)$ dar,* oder: *$F(x)$ sei dort in das Produkt entwickelt.* Und die Hauptfrage ist wie damals: *inwieweit übertragen sich die wesentlichen Eigenschaften (Stetigkeit, Differenzierbarkeit usw.) der Glieder $f_n(x)$ auf die dargestellte Funktion $F(x)$?* Auch hier wird die Antwort lauten, daß dies in weitestgehendem Maße der Fall ist, solange die auftretenden Produkte *gleichmäßig* konvergieren.

Wie die Gleichmäßigkeit der Konvergenz bei Produkten zu definieren ist, ist ja im Anschluß an die entsprechende Definition bei Reihen fast selbstverständlich, da es sich ja in beiden Fällen im wesentlichen um *Funktionenfolgen* handelt (vgl. **190**, 4). Doch wollen wir die der damaligen 4. Form der Definition (**191**, 4) entsprechende hierher setzen:

°**Definition**[1]. *Das Produkt $\Pi(1 + f_n(x))$ heißt in einem Intervall J gleichmäßig konvergent, wenn nach Wahl von $\varepsilon > 0$ sich eine **nur*** **217.**

---

[1] Das Zeichen ° ist in diesem Paragraphen wieder nur mit derselben Einschränkung gültig wie in den §§ 46—48; vgl. S. 337, Fußn. 1.

von ε, ***nicht aber von*** x *abhängige Zahl* $N = N(\varepsilon)$ *so finden läßt, daß für alle* $n > N$, *alle* $k \geqq 1$ *und* ***alle*** x *aus* J *stets*

$$|(1 + f_{n+1}(x))(1 + f_{n+2}(x)) \ldots (1 + f_{n+k}(x)) - 1| < \varepsilon$$

bleibt[1].

Auf der Grundlage dieser Definition ist es nicht schwer zu zeigen, **daß der wesentliche Inhalt der Sätze des § 47 auch für unendliche Produkte bestehen bleibt**[2]. Wir wollen die Ausführung der Einzelheiten hiervon indessen dem Leser überlassen und nur einige etwas weniger weitgehende Sätze beweisen, die aber für alle unsere Anwendungen vollkommen ausreichen werden und den Vorteil bieten, uns zugleich *Kriterien* für die Gleichmäßigkeit der Konvergenz eines Produktes zu liefern. Es gilt da zunächst der

218. °**Satz 1.** *Das Produkt* $\Pi(1 + f_n(x))$ *konvergiert gleichmäßig in* J *und stellt eine dort stetige Funktion dar, wenn die Funktionen* $f_n(x)$ *in* J *sämtlich stetig sind und dort die Reihe* $\sum|f_n(x)|$ *gleichmäßig konvergiert.*

Beweis. Wenn $\sum|f_n(x)|$ in J konvergiert, so ist nach **127**, Satz 7 dasselbe mit dem Produkt $\Pi(1 + f_n(x))$ der Fall; es konvergiert dort sogar absolut. Die dargestellte Funktion heiße $F(x)$. Nun wählen wir m so groß, daß *für* ***alle*** x *aus* J *und* ***alle*** $k \geqq 1$ stets

$$|f_{m+1}(x)| + |f_{m+2}(x)| + \cdots + |f_{m+k}(x)| < 1$$

bleibt — was nach Voraussetzung möglich ist —, und betrachten das Produkt

$$\prod_{n=m+1}^{\infty}(1 + f_n(x)),$$

dessen Teilprodukte wir mit $p_n(x)$, $n > m$, bezeichnen. Die durch dasselbe dargestellte Funktion heiße $F_m(x)$. Nun ist aber (vgl. **190**, 4)

$$\begin{aligned} F_m &= p_{m+1} + (p_{m+2} - p_{m+1}) + \cdots + (p_n - p_{n-1}) + \cdots \\ &= p_{m+1} + p_{m+1} \cdot f_{m+2} + p_{m+2} \cdot f_{m+3} + \cdots + p_{n-1} \cdot f_n + \cdots, \end{aligned}$$

---

[1] Diese Definition schließt die der Konvergenz mit ein. Setzt man die letztere voraus, so kann man vom „Rest“ $r_n(x) = (1 + f_{n+1}(x))(1 + f_{n+2}(x)) \ldots$ des Produktes sprechen und definieren: $\Pi(1 + f_n(x))$ soll in J gleichmäßig konvergent heißen, wenn für jede aus J entnommene, sonst ganz beliebige Punktfolge (x_n) stets $r_n(x_n) \to 1$ strebt.

[2] Setzt man $\prod_{\nu=1}^{m}(1 + f_\nu(x)) = P_m(x)$ und $\prod_{\nu=m+1}^{\infty}(1 + f_\nu(x)) = F_m(x)$, so ergibt sich z. B. aus der Stetigkeit der $f_\nu(x)$ die Stetigkeit von $F(x)$ in x_0 ganz leicht aus der Gleichung

$$\begin{aligned} F(x) - F(x_0) &= P_m(x) \cdot F_m(x) - P_m(x_0) F_m(x_0) \\ &= [P_m(x) - P_m(x_0)] F_m(x) + [F_m(x) - F_m(x_0)] P_m(x_0). \end{aligned}$$

d. h. $F_m(x)$ läßt sich auch — was ja nach § 30 selbstverständlich ist — durch eine unendliche Reihe darstellen. Diese ist aber (nach **192**, Satz 3) *in J gleichmäßig konvergent.* Denn für $n > m$ ist ersichtlich

$$|p_n| \leq (1 + |f_{m+1}|) \cdot (1 + |f_{m+2}|) \ldots (1 + |f_n|) < e^{|f_{m+1}| + |f_{m+2}| + \cdots} < e < 3$$

und andrerseits ist

$$\sum_{n=m+1}^{\infty} |f_n(x)|$$

nach Voraussetzung in J gleichmäßig konvergent. Also strebt die Folge ihrer Teilsummen, d. h. die *Folge der Funktionen* $p_n(x)$ gleichmäßig in J gegen F_m, so daß damit das Produkt $\prod_{n=m+1}^{\infty} (1 + f_n(x))$ als gleichmäßig konvergent erkannt ist — eine Eigenschaft, die durch das Davortreten der ersten m Faktoren nicht mehr gestört wird.

Nach **193** aber muß nun $F_m(x)$ eine in J stetige Funktion sein, da ja die Glieder der sie darstellenden Reihe dort sämtlich stetig sind. Dasselbe gilt dann auch von der Funktion

$$F(x) = (1 + f_1(x)) \ldots (1 + f_m(x)) F_m(x), \qquad \text{w. z. b. w.}$$

Ganz ähnlich beweist man

°**Satz 2.** *Sind die Funktionen $f_n(x)$ sämtlich in J differenzierbar und ist dort außer der Reihe $\sum |f_n(x)|$ auch noch die Reihe $\sum |f_n'(x)|$ gleichmäßig konvergent, so ist dort auch $F(x)$ differenzierbar; und für die Ableitung hat man in jedem Punkte x aus J, in dem $F(x) \neq 0$ ist, die Reihendarstellung*[1]

$$\frac{F'(x)}{F(x)} = \sum_{n=1}^{\infty} \frac{f_n'(x)}{1 + f_n(x)}.$$

Beweis. Man kann den Beweis ganz analog führen, wie den des vorigen Satzes; doch wollen wir hier, um auch andere Angriffsmethoden kennen zu lernen, den Beweis mit Hilfe der log-Funktion führen. Wir wählen dazu m jetzt so, daß für alle x aus J

$$|f_{m+1}(x)| + |f_{m+2}(x)| + \cdots < \tfrac{1}{2}$$

und also speziell für alle $n > m$

$$|f_n(x)| < \tfrac{1}{2}$$

---

[1] Ist $g(x)$ in einem speziellen Punkte x differenzierbar und dort $g(x) \neq 0$, so nennt man den Quotienten $\frac{g'(x)}{g(x)}$ die *logarithmische Ableitung* von $g(x)$, weil er $= \frac{d}{dx} \log |g(x)|$ ist. Ist $g(x) = g_1(x) \cdot g_2(x) \cdot \ldots \cdot g_k(x)$, so ist bekanntlich

$$\frac{g'(x)}{g(x)} = \frac{g_1'(x)}{g_1(x)} + \frac{g_2'(x)}{g_2(x)} + \cdots + \frac{g_k'(x)}{g_k(x)},$$

falls die $g_\lambda(x)$ sämtlich in dem betreffenden Punkte x differenzierbar sind.

bleibt. Dann ist dort nach **127**, Satz 8 auch die Reihe

$$\sum_{n=m+1}^{\infty} \log(1 + f_n(x))$$

absolut konvergent. Die daraus durch gliedweise Differentiation gewonnene Reihe

$$\sum_{n=m+1}^{\infty} \frac{f'_n(x)}{1 + f_n(x)}$$

ist dort sogar gleichmäßig (und absolut) konvergent. Denn weil $|f_n(x)| < \frac{1}{2}$ ist, bleibt $|1 + f_n(x)| > \frac{1}{2}$ und also $\left|\frac{1}{1 + f_n(x)}\right| < 2$, so daß die Gleichmäßigkeit der Konvergenz von $\sum |f'_n(x)|$ diejenige der letzten Reihe nach sich zieht. Also ist (nach **196**)

$$\frac{F'_m(x)}{F_m(x)} = \sum_{n=m+1}^{\infty} \frac{f'_n(x)}{1 + f_n(x)},$$

wenn wie vorhin $\prod\limits_{n=m+1}^{\infty} (1 + f_n(x)) = F_m$ und also $\sum\limits_{n=m+1}^{\infty} \log(1 + f_n(x)) = \log F_m(x)$ gesetzt wird. Da endlich

$$F(x) = (1 + f_1(x)) \ldots (1 + f_m(x)) \cdot F_m(x)$$

ist und der letzte Faktor rechter Hand sich in J nun als differenzierbar erwiesen hat, so ist dort auch $F(x)$ differenzierbar. Ist überdies $F(x) \neq 0$, so ergibt sich aus der letzten Gleichung nach der in der vorigen Fußnote genannten Differentiationsregel sofort die Behauptung.

Anwendungen.

219. ○1. Das Produkt $F_m(x) = \prod\limits_{n=m+1}^{\infty} \left(1 - \frac{x^2}{n^2}\right)$, ($m > 0$, ganz),

ist in jedem beschränkten Intervall gleichmäßig konvergent, weil mit $f_n(x) = -\frac{x^2}{n^2}$

$$\sum \left| f_n(x) \right| = \sum \left| \frac{x^2}{n^2} \right| = |x|^2 \cdot \sum \frac{1}{n^2}$$

eine dort ersichtlich gleichmäßig konvergente Reihe ist. Es definiert also eine durchweg stetige Funktion $F_m(x)$, die insbesondere in $|x| < m + 1$ von 0 verschieden ist. Diese ist überdies differenzierbar, denn auch $\sum |f'_n(x)| = 2|x| \sum \frac{1}{n^2}$ ist in jedem beschränkten Intervall gleichmäßig konvergent. Also ist für alle $|x| < m + 1$

$$\frac{F'_m(x)}{F_m(x)} = \sum_{n=m+1}^{\infty} \frac{2x}{x^2 - n^2}.$$

Nach **117** bedeutet dies aber, daß in $|x| < m + 1$

$$\frac{F'_m(x)}{F_m(x)} = \pi \operatorname{ctg} \pi x - \frac{1}{x} - \sum_{n=1}^{m} \frac{2x}{x^2 - n^2} = \frac{G'_m(x)}{G_m(x)}$$

ist, wenn mit $G_m(x)$ die Funktion $\sin \pi x \Big/ x \left(1 - \frac{x^2}{1^2}\right) \ldots \left(1 - \frac{x^2}{m^2}\right)$ bezeichnet wird, — deren Wert für $x = 0, \pm 1, \ldots, \pm m$ gleich dem (offenbar vorhandenen und von 0 verschiedenen) Grenzwert zu setzen ist, dem der hingeschriebene Ausdruck zustrebt, wenn x gegen einen der genannten Werte rückt. (Entsprechend ist der in der vorangehenden Beziehung in der Mitte stehende Ausdruck für diese Werte von x zu verstehen.) Sind aber für zwei Funktionen $F(x)$ und $G(x)$ in einem Intervall, in dem sie von 0 verschieden sind die logarithmischen Ableitungen einander gleich, so folgt daraus, daß sie sich nur um eine multiplikative Konstante ($\neq 0$) unterscheiden. Also ist in $|x| < m + 1$

$$\sin \pi x = c \cdot x \cdot \prod_{n=1}^{\infty} \left(1 - \frac{x^2}{n^2}\right),$$

wenn unter c eine passende Konstante verstanden wird. Diese bestimmt sich nun einfach dadurch, daß man die letzte Gleichung durch x dividiert und $x \to 0$ rücken läßt. Dann strebt die linke Seite, wie die Potenzreihe für die sin-Funktion lehrt, $\to \pi$, die rechte aber $\to c$, weil das Produkt an der Stelle $x = 0$ stetig ist. Also ist $c = \pi$, und es ist zunächst für $|x| < m + 1$, aber, da m beliebig war, sogar für alle x

$$\sin \pi x = \pi x \cdot \prod_{n=1}^{\infty} \left(1 - \frac{x^2}{n^2}\right).$$

Dies Produkt, die gleich nachher in 2 und 4 besprochenen, ferner das merkwürdige Produkt **257**, 9 und viele andere grundlegende Produktdarstellungen rühren von EULER her.

2. Für $\cos \pi x$ findet man nun ohne neue Rechnung

$$\cos \pi x = \frac{\sin 2\pi x}{2 \sin \pi x} = \frac{2\pi x \cdot \prod \left(1 - \frac{4x^2}{n^2}\right)}{2\pi x \cdot \prod \left(1 - \frac{x^2}{n^2}\right)} = \prod_{k=1}^{\infty} \left(1 - \frac{4x^2}{(2k-1)^2}\right).$$

3. Das sin-Produkt liefert für spezielle x wichtige numerische Produkte. Z. B. für $x = \frac{1}{2}$

$$1 = \frac{\pi}{2} \cdot \prod \left(1 - \frac{1}{4n^2}\right) = \frac{\pi}{2} \cdot \prod_{n=1}^{\infty} \left(\frac{(2n-1)(2n+1)}{2n \cdot 2n}\right).$$

Da man hier wegen $\frac{2n+1}{2n} \to 1$ offenbar die Klammern fortlassen darf, so hat man also

$$\frac{\pi}{2} = \frac{2}{1} \cdot \frac{2}{3} \cdot \frac{4}{3} \cdot \frac{4}{5} \cdot \frac{6}{5} \cdot \frac{6}{7} \cdot \frac{8}{7} \cdot \frac{8}{9} \cdots$$

(WALLISsches Produkt)[1].

Da hiernach auch

$$\lim_{k \to +\infty} \left(\frac{2}{1}\right)^2 \cdot \left(\frac{4}{3}\right)^2 \cdot \ldots \cdot \left(\frac{2k}{2k-1}\right)^2 \cdot \frac{1}{2k+1} = \frac{\pi}{2}$$

ist, oder also

$$\frac{2}{1} \cdot \frac{4}{3} \cdot \frac{6}{5} \cdot \ldots \cdot \frac{2k}{2k-1} \cdot \frac{1}{\sqrt{k}} \to \sqrt{\pi}$$

strebt, so erhalten wir zugleich die wichtige asymptotische Beziehung

$$\frac{1 \cdot 3 \cdot 5 \cdots (2n-1)}{2 \cdot 4 \cdot 6 \cdots (2n)} = \frac{1}{2^{2n}} \binom{2n}{n} = (-1)^n \binom{-\frac{1}{2}}{n} \cong \frac{1}{\sqrt{\pi n}}$$

[1] Arithmetica infinitorum, Oxford 1656. (Vgl. S. 225, Fußn. 1.)

für das Verhältnis des mittelsten Binomialkoeffizienten der $(2n)^{\text{ten}}$ Potenz zur Summe 2^{2n} *aller* Koeffizienten dieser Potenz oder für den Koeffizienten von x^n in der Entwicklung von $\frac{1}{\sqrt{1-x}}$.

°4. Die Folge der Funktionen

$$g_n(x) = \frac{x(x+1)(x+2)\dots(x+n)}{n!\,n^x} = \frac{1}{n^x}\cdot x\left(1+\frac{x}{1}\right)\left(1+\frac{x}{2}\right)\cdots\left(1+\frac{x}{n}\right)$$

(s. **128**, 4) vertritt nicht unmittelbar ein unendliches Produkt der Form $\Pi(1+f_n(x))$, zumal $\Pi\left(1+\frac{x}{n}\right)$ für $x \neq 0$ divergiert. Aber diese Divergenz geschieht in der Weise, daß

$$\left(1+\frac{x}{1}\right)\left(1+\frac{x}{2}\right)\cdots\left(1+\frac{x}{n}\right) \sim e^{x\left(1+\frac{1}{2}+\cdots+\frac{1}{n}\right)}$$

ist. Wegen **128**, 2 und **42**, 3 bedeutet dies gerade, daß

$$\frac{x\cdot\left(1+\frac{x}{1}\right)\left(1+\frac{x}{2}\right)\cdots\left(1+\frac{x}{n}\right)}{n^x} = g_n(x)$$

für $n \to \infty$ einem wohlbestimmten endlichen und von 0 verschiedenen Grenzwert zustrebt; — letzteres natürlich nur, falls $x \neq 0, -1, -2, \dots$. Hiernach ist auch

$$\lim \frac{1}{g_n(x)} = \Gamma(x)$$

für jedes $x \neq 0, -1, -2, \dots$ eine wohlbestimmte Zahl. Man nennt die hierdurch definierte Funktion von x die ***Gammafunktion.*** Sie ist von EULER (s. o.) in die Analysis eingeführt und gehört neben den elementaren Funktionen zu den wichtigsten. Die Untersuchung ihrer weiteren Eigenschaften liegt jedoch außerhalb des Rahmens dieses Buches. (Vgl. indessen noch 454/5 und 548/9.)

Aufgaben zum XI. Kapitel.

I. Beliebige Reihen mit veränderlichen Gliedern.

154. Es bedeute (nx) die Differenz zwischen nx und der *zunächst* bei nx gelegenen ganzen Zahl, aber stets den Wert $+\frac{1}{2}$, wenn nx gerade in der Mitte zwischen zwei ganzen Zahlen liegt. Dann ist die Reihe $\sum \frac{(nx)}{n^2}$ für alle x gleichmäßig konvergent. Die dargestellte Funktion ist aber für $x = \frac{2p+1}{2q}$, (p, q ganze Zahlen), unstetig, für alle andern rationalen x und für irrationale x stetig.

155. Wenn $a_n \to 0$ strebt, so konvergiert

$$\sum a_n \cdot x \left(\frac{\sin nx}{nx}\right)^2$$

gleichmäßig für alle x. Ist dies auch noch für $a_n \equiv 1$ der Fall?

156. Die Produkte

a) $\prod\left(1+(-1)^n \frac{x}{n}\right)$, b) $\prod \cos\frac{x}{n}$,

c) $\prod\left(1+\sin^2\frac{x}{n}\right)$, d) $\prod\left(1+(-1)^n \sin\frac{x}{n}\right)$

konvergieren gleichmäßig in jedem beschränkten Intervall.

157. Die Reihe, deren Teilsummen die Werte $s_n(x) = \frac{x^{2n}}{1 + x^{2n}}$ haben, konvergiert für jedes x. Ist die Konvergenz in jedem Intervall eine gleichmäßige? Man zeichne die Approximationskurven.

158. Eine Reihe $\sum f_n(x)$ von stetigen, *positiven* Funktionen ist sicher gleichmäßig konvergent, wenn sie eine stetige Funktion $F(x)$ darstellt. (Vgl. S. 354, Bem. 3.)

159. Ist $\sum \frac{x}{n(1 + n x^2)}$ in jedem Intervall gleichmäßig konvergent? Ist die dargestellte Funktion stetig?

160. Beim Beweise von **111** lag eine Situation folgender Art vor: In einem Ausdruck der Form

$$F(n) = a_0(n) + a_1(n) + \cdots + a_k(n) + \cdots + a_{p_n}(n)$$

strebt für jedes *feste* k das Glied $a_k(n)$ mit wachsendem n gegen einen Grenzwert α_k. Gleichzeitig nimmt die Anzahl dieser Glieder zu: $p_n \to \infty$. Darf dann geschlossen werden, daß

$$\lim_{n \to \infty} F(n) = \sum_{k=0}^{\infty} \alpha_k$$

ist, falls die rechtsstehende Reihe konvergiert? Man zeige, daß dies sicher erlaubt ist, falls für jedes k und alle n

$$|a_k(n)| < \gamma_k \quad \text{bleibt und} \quad \sum \gamma_k$$

konvergiert. — Man formuliere und beweise den entsprechenden Satz für unendliche Produkte. (Vgl. hierzu Aufg. 15, wo solche gliedweisen Grenzübergänge nicht erlaubt waren.)

161. Die beiden Reihen

$$x + \frac{x^3}{3} - \frac{x^4}{2} + \frac{x^5}{5} + \frac{x^7}{7} - \frac{x^8}{4} + + - + + - \cdots$$

$$x + \frac{x^3}{3} - \frac{x^2}{2} + \frac{x^5}{5} + \frac{x^7}{7} - \frac{x^4}{4} + + - + + - \cdots$$

sind beide für $0 \leq x \leq 1$ konvergent und haben für $x = +1$ dieselbe Summe $\frac{3}{2}\log 2$. Wie verhalten sie sich für $x \to 1 - 0$? — Wie liegt es für $x \to +1 + 0$ bei den beiden für $x \geq 1$ konvergenten Reihen

$$1 + \frac{1}{3^x} - \frac{2}{4^x} + \frac{1}{5^x} + \frac{1}{7^x} - \frac{2}{8^x} + + - \cdots,$$

$$1 + \frac{1}{3^x} - \frac{1}{2^x} + \frac{1}{5^x} + \frac{1}{7^x} - \frac{1}{4^x} + + - \cdots ?$$

162. Die Reihe $\sum_{n=1}^{\infty} \left[\frac{x^n}{n} - \frac{x^{2n-1}}{2n-1} - \frac{x^{2n}}{2n}\right]$ ist in $0 \leq x \leq 1$ konvergent.

Welche Summe hat sie? Ist die Konvergenz eine gleichmäßige?

163. Man zeige, daß für $x \to 1 + 0$

a) $\lim (x - 1) \sum_{n=1}^{\infty} \frac{1}{n^x} = 1$,

b) $\lim \left[\sum_{n=1}^{\infty} \frac{1}{n^x} - \frac{1}{x - 1}\right] = C$

(s. **176**, 1.) ist.

164. Man zeige, daß für $x \to 1 - 0$

$$\text{a)} \quad \sum_{n=1}^{\infty} \frac{(-1)^{n-1}}{n} \cdot \frac{x^n}{1 + x^n} \to \frac{1}{2} \log 2\,,$$

$$\text{b)} \quad (1 - x) \cdot \sum_{n=1}^{\infty} (-1)^{n-1} \frac{x^n}{1 - x^{2n}} \to \frac{1}{2} \log 2\,,$$

$$\text{c)} \quad (1 - x) \cdot \sum_{n=1}^{\infty} (-1)^{n-1} \frac{n\, x^n}{1 - x^{2n}} \to -\frac{1}{4}$$

strebt.

165. Die Reihe, deren Teilsummen $s_n(x) = \dfrac{n\,x}{1 + n^2 x^4}$ sind, gestattet über ein Intervall, das in 0 endet, *keine* gliedweise Integration. Man zeichne die Approximationskurven.

II. Fourierreihen.

166. Darf man von der Reihe **210**a durch gliedweise Integration zu den folgenden übergehen:

$$\text{a)} \quad \sum_{n=1}^{\infty} \frac{\cos 2\pi n x}{n^2} = \left(x^2 - x + \frac{1}{6}\right) \cdot \pi^2,$$

$$\text{b)} \quad \sum_{n=1}^{\infty} \frac{\sin 2\pi n x}{n^3} = \left(\frac{2}{3} x^3 - x^2 + \frac{1}{3} x\right) \cdot \pi^3,$$

$$\text{c)} \quad \sum_{n=1}^{\infty} \frac{\cos 2\pi n x}{n^4} = \left(-\frac{1}{3} x^4 + \frac{2}{3} x^3 - \frac{1}{3} x^2 + \frac{1}{90}\right) \pi^4 \quad \text{usw.?}$$

In welchen Intervallen sind diese Gleichungen gültig? (Vgl. **297**).

167. Man leite ebenso aus **210**c die Gleichungen

$$\text{a)} \quad \sum_{n=1}^{\infty} \frac{\sin (2n - 1) x}{(2n - 1)^3} = \frac{\pi x}{8} (\pi - x)\,,$$

$$\text{b)} \quad \sum_{n=1}^{\infty} \frac{\cos (2n - 1) x}{(2n - 1)^4} = \frac{\pi}{48} \left(\frac{\pi}{2} - x\right) (\pi^2 + 2\pi x - 2x^2)$$

her. Was würden die nächsten Integrationen ergeben? In welchen Intervallen gelten diese Darstellungen?

168. Man leite aus **209**, **210** und den in den vorigen Aufgaben gegebenen Gleichungen noch die folgenden her und bestimme die genauen Gültigkeitsintervalle:

$$\text{a)} \quad \cos x - \frac{\cos 3x}{3} + \frac{\cos 5x}{5} - + \cdots = \pm \frac{\pi}{4}\,,$$

$$\text{b)} \quad \cos x - \frac{\cos 3x}{3^3} + \frac{\cos 5x}{5^3} - + \cdots = \frac{\pi}{8} \left(\frac{\pi^2}{4} - x^2\right),$$

$$\text{c)} \quad \sin x - \frac{\sin 3x}{3^4} + \frac{\sin 5x}{5^4} - + \cdots = \frac{\pi x}{8} \left(\frac{\pi^2}{4} - \frac{x^2}{3}\right),$$

usw.

169. Man leite aus **215** neue Darstellungen her, indem man x durch $\pi - x$ ersetzt oder gliedweis differenziert. Ist diese letztere Operation erlaubt? Wie lauten die neuen Reihen?

170. Wie lautet die sin-Reihe, wie die cos-Reihe für e^{ax}? Wie lautet die vollständige *Fourier*entwicklung für $e^{\sin x}$? Man zeige, daß die letztere die Form

$$\tfrac{1}{2} a_0 + b_1 \sin x - a_2 \cos 2x - b_3 \sin 3x + a_4 \cos 4x + b_5 \sin 5x - - + + \cdots$$

hat mit positiven a_ν und b_ν.

171. Sind x und y positiv, aber $< \pi$, so ist

$$\sum_{n=1}^{\infty} \frac{\sin n x \cos n y}{n} = \begin{cases} \dfrac{\pi}{2} - \dfrac{x}{2}, & \text{falls } x > y, \\ \dfrac{\pi}{4} - \dfrac{x}{2}, & \text{falls } x = y, \\ -\dfrac{x}{2}, & \text{falls } x < y. \end{cases}$$

172. Man berechne die Integrale

$$\int_0^{\frac{\pi}{2}} \frac{\sin x}{x} dx \quad \text{und} \quad \int_0^{\pi} \frac{\sin x}{x} dx.$$

(Das erste ist $= 1{,}37498\ldots$, das zweite $= 1{,}8519\ldots$)

173. Für alle x und alle n ist

$$\left| \sin x + \frac{\sin 2x}{2} + \cdots + \frac{\sin n x}{n} \right| \leq \int_0^{\pi} \frac{\sin x}{x} dx,$$

und die rechtsstehende Schranke kann dabei durch keine kleinere ersetzt werden. (Vgl. die vorige Aufgabe.)

(Weitere Aufgaben über spezielle *Fourier*reihen findet man noch beim nächsten Kapitel.)

XII. Kapitel.

Reihen mit komplexen Gliedern.

§ 52. Komplexe Zahlen und Zahlenfolgen.

Nachdem wir im 1. Kapitel alle für den Aufbau des Systems der reellen Zahlen wesentlichen Begriffsbildungen eingehend besprochen haben, bietet die Einführung weiterer Zahlenarten keine prinzipiellen Schwierigkeiten mehr. Und da die (gewöhnlichen) komplexen Zahlen und das Rechnen mit ihnen dem Leser bekannt sind, so können wir uns hier mit der kurzen Erwähnung einiger Hauptsachen begnügen.

1. In § 4 hatten wir bewiesen, daß das System der reellen Zahlen **220.**
keiner Erweiterung mehr fähig und überdies das einzige System von Zeichen sei, welches den an ein Zahlensystem von uns gestellten Forde-

rungen genügt. Nun liegt in dem System der komplexen Zahlen trotzdem ein solches System von Zeichen vor, das als ein Zahlensystem angesprochen wird. Der Widerspruch, der hierin zu liegen scheint, ist leicht behoben. Denn die Charakterisierung des Zahlbegriffes war, wie wir schon auf S. 12, Fußn. 1, betonten, eine in gewissem Sinne willkürliche: Wir hatten eine Reihe von Eigenschaften, die uns an den rationalen Zahlen wesentlich erschienen waren, *zum Range charakteristischer Eigenschaften von Zahlen überhaupt* erhoben, und der Erfolg gab uns insofern recht, als wir wirklich ein — und im wesentlichen nur ein — System schaffen konnten, welches alle diese Eigenschaften besaß.

Will man also noch anderen Systemen den Charakter eines Zahlensystems zusprechen, so muß man hiernach notwendig die Liste der in **4**, 1—4 von uns aufgestellten charakteristischen Eigenschaften verkleinern. Da entsteht dann aber die Frage, welche dieser Eigenschaften wir am ersten fallen lassen könnten, welche also bei einem System von Zeichen allenfalls fehlen dürfte, ohne daß man diesem deswegen schon den Charakter eines Zahlensystems absprechen müßte.

2. Unter den Eigenschaften **4** eines Systems von Zeichen wird man am ersten auf die Anordnungs- und Monotoniegesetze verzichten können, ohne befürchten zu müssen, daß es dadurch den Charakter eines Zahlensystems durchaus verliert. Diese haben nach **4**, 1 ihre Quelle darin, daß von zwei verschiedenen Zahlen des Systems die eine stets kleiner als die andere, diese größer als jene genannt werden kann. Läßt man diese Unterscheidung fallen, ersetzt vielmehr in **4** die Zeichen $<$ und $>$ sinngemäß *beide* durch $\neq$, so zeigt sich, daß den so geänderten Bedingungen **4** noch ein anderes, allgemeineres System von Zeichen, nämlich *das System der gewöhnlichen komplexen Zahlen*, genügt, daß ihnen aber kein anderes von jenem wesentlich verschiedenes System von Zeichen auch noch zu genügen vermöchte.

3. Demgemäß ist das System der (gewöhnlichen) komplexen Zahlen ein System von Zeichen — die man bekanntlich in der Form $x + yi$ annehmen kann, wenn hierin x und y reelle Zahlen sind und i ein Zeichen ist, dessen Handhabung durch die *eine* Festsetzung $i^2 = -1$ geregelt ist —, für deren Gebrauch die Grundgesetze der Arithmetik **2** ausnahmslos in Gültigkeit bleiben, wenn in ihnen die Zeichen $<$ und $>$ sinngemäß durch $\neq$ ersetzt werden. Man sagt darum kurz: Mit den komplexen Zahlen kann (von der eben genannten Einschränkung abgesehen) formal ebenso gerechnet werden wie mit den reellen Zahlen.

4. Die komplexen Zahlen können in bekannter Weise (vgl. S. 8/9) den Punkten einer Ebene umkehrbar eindeutig zugeordnet und so durch sie veranschaulicht werden: Der komplexen Zahl $x + yi$ ordnet man den Punkt (x, y) einer xy-Ebene zu. Jede Rechnung läßt sich dann geometrisch verfolgen. Statt die Zahl $x + yi$ durch den Punkt (x, y)

darzustellen, ist es oft vorteilhafter, sie durch eine gerichtete Strecke (den Vektor) zu veranschaulichen, die mit der von (0, 0) nach (x, y) führenden Strecke gleichgerichtet und gleich lang ist.

5. Komplexe Zahlen bezeichnen wir weiterhin durch einen einzigen Buchstaben: $z, \zeta, a, b, \ldots$; und diese sollen, wenn das Gegenteil nicht ausdrücklich gesagt ist oder aus dem Zusammenhang unzweideutig hervorgeht, weiterhin *stets komplexe Zahlen bedeuten* dürfen.

6. Unter dem absoluten Betrag $|z|$ der komplexen Zahl $z = x + yi$ versteht man den nicht-negativen, reellen Wert $\sqrt{x^2 + y^2}$, unter ihrem Arcus ($\operatorname{arc} z$, $z \neq 0$) einen derjenigen Winkel φ, für die gleichzeitig $\cos\varphi = \frac{x}{|z|}$ und $\sin\varphi = \frac{y}{|z|}$ ist. Für das Rechnen mit den absoluten Beträgen gelten ungeändert die Regeln **3**, II, 1—4, während die 5. ihre Bedeutung verliert.

Da man hiernach mit den komplexen Zahlen im großen und ganzen genau so operieren kann wie mit den reellen Zahlen, so wird auch der überwiegende Teil aller bisherigen Entwicklungen sich in ganz analoger Weise im Bereich der komplexen Zahlen durchführen bzw. auf ihn übertragen lassen. Nur diejenigen Betrachtungen, bei denen die Zahlen selbst (nicht bloß ihre absoluten Beträge) durch $<$ oder $>$ verbunden wurden, nur diese werden ausfallen oder sinngemäß geändert werden müssen.

Um uns trotz dieses parallelen Verlaufs nicht zu Wiederholungen zwingen zu lassen, *haben wir vom 2. Kapitel an bei allen Definitionen und Sätzen, die wörtlich bestehen bleiben (und zwar, von einigen kleinen, gleich zu erläuternden Abweichungen abgesehen, einschließlich Beweis), wenn man die darin auftretenden beliebigen reellen Zahlen durch beliebige komplexe Zahlen ersetzt, das Zeichen* ° *herangesetzt,* und wir können nun in einer kurzen Skizze alle vorangegangenen Entwicklungen noch einmal durchfliegen und die im Gebiet der komplexen Zahlen notwendigen Änderungen dabei erwähnen. Auch auf die etwas abweichende geometrische *Veranschaulichung* werden wir mit ein paar Worten eingehen.

Die Definition **23** bleibt ungeändert. Eine Zahlenfolge wird jetzt durch eine Folge von (ein- oder mehrfach zählenden) *Punkten in der Ebene* veranschaulicht. Ist sie beschränkt (**24**, 1), so liegt keiner ihrer Punkte außerhalb des Kreises mit dem (passend gewählten) Radius K um 0.

Die Definition **25** der Nullfolge und die über solche Nullfolgen geltenden Sätze **26**, **27** und **28** bleiben völlig ungeändert.

Die Zahlenfolgen (z_n) mit

$$z_n = \left(\frac{1+i}{2}\right)^n, \quad = \left(\frac{1+i\sqrt{3}}{3}\right)^n, \quad = \frac{i}{n}, \quad = \frac{(-i)^n}{n}, \qquad (n = 1, 2, \ldots),$$

sind Beispiele von Nullfolgen, deren Glieder nicht sämtlich reell sind. Man veranschauliche sich genau die Lage der entsprechenden Punktmengen und beweise, daß es sich wirklich um Nullfolgen handelt.

Die in § 7 gegebenen Definitionen der Wurzel, der allgemeinen Potenz und des Logarithmus machten wesentlich von den Anordnungssätzen der reellen Zahlen Gebrauch. Sie lassen sich daher in der vorliegenden Form nicht im Bereich der komplexen Zahlen durchführen. (Vgl. dazu später § 55.)

Der grundlegende Begriff der Konvergenz und der der Divergenz einer Zahlenfolge (**39** und **40**, 1) dagegen bleibt wieder ungeändert bestehen, die *Veranschaulichung* von $z_n \to \zeta$ ist jetzt aber diese[1]: Wenn man um den *Punkt* ζ einen Kreis mit dem beliebigen (positiven) Radius ε beschreibt, so läßt sich stets eine (positive) Zahl n_0 so angeben, daß alle Glieder der Folge (z_n), deren Index $n > n_0$ ist, innerhalb jenes Kreises liegen. Es gilt also wörtlich die Bemerkung **39**, 6 (1. Hälfte), *wenn man unter der* ***ε-Umgebung*** *einer komplexen Zahl* ζ *den eben angegebenen Kreis versteht.*

Bei der Aufstellung der Definitionen **40**, 2, 3 fanden die Zeichen $<$ und $>$ wesentliche Verwendung; sie können daher nicht unverändert beibehalten werden. Und obwohl es nicht schwer wäre, ihren Hauptinhalt ins Komplexe hinüberzuretten, lassen wir sie ganz fallen, bezeichnen also im Komplexen alle nicht konvergenten Folgen unterschiedslos als *divergent*[2].

Die Sätze **41**, 1 bis 12 und die wichtige Gruppe **43** von Sätzen bleiben, von Satz 3 abgesehen, einschließlich aller Beweise wörtlich ungeändert.

Die wichtigsten dieser Sätze — die CAUCHY-TOEPLITZschen Grenzwertsätze **43**, 4 und 5 — wollen wir nun, da wir inzwischen mit den unendlichen Reihen vertraut geworden sind, hier noch einmal in der schon **44**, 10 angedeuteten Erweiterung und für komplexe Zahlenfolgen aussprechen:

221. **Satz 1.** *Es sei* $(z_0, z_1, \ldots)$ *eine Nullfolge, und die Koeffizienten der Matrix*

$$(A)\qquad \left\{\begin{matrix} a_{00}, & a_{01}, & a_{02}, & \ldots, & a_{0n}, & \ldots \\ a_{10}, & a_{11}, & a_{12}, & \ldots, & a_{1n}, & \ldots \\ a_{20}, & a_{21}, & a_{22}, & \ldots, & a_{2n}, & \ldots \\ \cdot & \cdot & \cdot & \cdot & \cdot & \cdot \\ a_{k0}, & a_{k1}, & a_{k2}, & \ldots, & a_{kn}, & \ldots \\ \cdot & \cdot & \cdot & \cdot & \cdot & \cdot \end{matrix}\right\}$$

mögen den beiden Bedingungen genügen:

---

[1] Für komplexe Zahlen und Zahlenfolgen bevorzugen wir weiterhin die Buchstaben $z, \zeta, Z, \ldots$

[2] Man könnte die Zahlenfolge (z_n), falls nur $|z_n| \to +\infty$ strebt, als bestimmt divergent mit dem Grenzwert ∞ bezeichnen oder von ihr sagen, sie strebe oder divergiere (oder selbst: sie konvergiere) gegen ∞. Das wäre eine durchaus

(a) *In jeder Spalte steht eine Nullfolge, d. h. bei jedem festen* $n \geq 0$ *strebt*

$$a_{kn} \to 0 \quad \text{für} \quad k \to \infty .$$

(b) *Es gibt eine Konstante K, so daß die Summe der Beträge beliebig vieler Glieder einer jeden Zeile, also für jedes* $k \geqq 0$ *und jedes* $n \geqq 0$ *die Summe*

$$|a_{k0}| + |a_{k1}| + \cdots + |a_{kn}| < K$$

bleibt. Dann ist auch die Folge der Zahlen

$$z'_k = a_{k0} z_0 + a_{k1} z_1 + \cdots = \sum_{n=0}^{\infty} a_{kn} z_n$$

eine Nullfolge[1].

Satz 2. *Strebt* $z_n \to \zeta$ *und erfüllen die* a_{kn} *außer den Bedingungen* (a) *und* (b) *des Satzes* 1 *noch die weitere, daß für* $k \to \infty$

$$\text{(c)} \qquad \sum_{n=0}^{\infty} a_{kn} = A_k \to 1$$

strebt[1], *so konvergiert auch die Folge der Zahlen*

$$z'_k = a_{k0} z_0 + a_{k1} z_1 + \cdots = \sum_{n=0}^{\infty} a_{kn} z_n \to \zeta .$$

(Anwendungen dieses Satzes s. besonders bei **233**, sowie in den §§ 60, 62 und 63).

Von den beiden Hauptkriterien des § 9 verlieren wir leider das 1., das uns bisher gerade die meisten Dienste geleistet hat. Auch von dem zweiten Hauptkriterium können wir den Beweis nicht auf den Fall komplexer Zahlenfolgen übertragen, da in ihm dauernd von Anordnungssätzen Gebrauch gemacht wurde. Trotzdem werden wir sogleich sehen, *daß das 2. Hauptkriterium selbst — und zwar in seinen sämtlichen Formen — ungeändert auch für komplexe Zahlenfolgen gültig bleibt.* Den Beweis kann man auf zweierlei Arten durchführen: Entweder man führt den neuen (komplexen) Satz auf den alten (reellen) zurück, oder man schafft sich für den Beweis des neuen Satzes die notwendigen neuen Grundlagen, indem man die Entwicklungen des § 10 auf komplexe Zahlen überträgt. Beide Wege sind gleich leicht gangbar und sollen kurz angegeben werden:

---

sinngemäße Festsetzung, wie sie auch in der Funktionentheorie tatsächlich üblich ist. Doch bedeutet es natürlich eine kleine Inkonsequenz gegen die im Reellen benutzte Ausdrucksweise, wenn z. B. die Folge der Zahlen $(-1)^n n$ als bestimmt oder unbestimmt divergent bezeichnet werden muß, je nachdem sie als komplexe oder als reelle Zahlenfolge angesprochen wird. Und obgleich dies bei einiger Aufmerksamkeit nicht stört, so wollen wir diese Definition hier doch nicht benutzen.

[1] Wegen (b) ist $A_k = \sum_n a_{kn}$ absolut konvergent und folglich, da die z_n nach **41**, Satz 2 beschränkt sind, auch die Reihe $\sum_n a_{kn} z_n = z'_k$ absolut konvergent

1. *Die Zurückführung der komplexen Zahlenfolgen auf reelle* geschieht in der einfachsten Weise durch Zerlegung ihrer Glieder in ihre reellen und imaginären Teile. Setzen wir $z_n = x_n + i y_n$ und $\zeta = \xi + i\eta$, so gilt der die Konvergenzfrage bei komplexen Zahlenfolgen vollständig auf das entsprechende reelle Problem zurückführende

222. **Satz 1.** *Die Zahlenfolge* $(z_n) \equiv (x_n + i y_n)$ *ist dann und nur dann gegen* $\zeta = \xi + i\eta$ *konvergent, wenn die reellen Teile* $x_n \to \xi$ **und** *die imaginären Teile* $y_n \to \eta$ *konvergieren.*

Beweis a) Wenn $x_n \to \xi$ und $y_n \to \eta$ strebt, so sind $(x_n - \xi)$ und $(y_n - \eta)$ Nullfolgen. Dasselbe gilt dann nach **26**, 1 auch von $i(y_n - \eta)$ und nach **28**, 1 auch von der Folge

$$(x_n - \xi) + i(y_n - \eta), \text{ d. h. von } (z_n - \zeta).$$

b) Wenn $z_n \to \zeta$ strebt, so ist $|z_n - \zeta|$ eine Nullfolge; da andererseits

$$|x_n - \xi| \leqq |z_n - \zeta| \quad \text{und} \quad |y_n - \eta| \leqq |z_n - \zeta|$$

ist[1], so sind nach **26**, 2 auch $(x_n - \xi)$ und $(y_n - \eta)$ Nullfolgen, d. h. es strebt sowohl

$$x_n \to \xi \quad \text{als} \quad y_n \to \eta.$$

Damit ist alles bewiesen.

Hieraus folgt schon unmittelbar der unser Ziel bildende

Satz 2. *Auch für die Konvergenz einer komplexen Zahlenfolge* (z_n) *sind die Bedingungen des 2. Hauptkriteriums* **47** *notwendig und hinreichend, daß nämlich nach Wahl von* $\varepsilon > 0$ *sich immer* n_0 *so angeben läßt, daß für irgend zwei Indizes* n *und* n', *die beide* $> n_0$ *sind, stets*

$$|z_{n'} - z_n| < \varepsilon$$

ausfällt.

Beweis. a) Ist die Folge (z_n) konvergent, so sind es nach dem vorigen Satz auch die (reellen) Folgen (x_n) und (y_n). Nach **47** wird man also, wenn $\varepsilon > 0$ gegeben ist, n_1 und n_2 so wählen können, daß

$$|x_{n'} - x_n| < \frac{\varepsilon}{2} \text{ ist, falls } n \text{ und } n' \text{ beide } > n_1 \text{ sind,}$$

und

$$|y_{n'} - y_n| < \frac{\varepsilon}{2} \text{ ist, falls } n \text{ und } n' \text{ beide } > n_2 \text{ sind.}$$

---

[1] Es ist allgemein

$$|\Re(z)| \leq |z| \quad \text{und} \quad |\Im(z)| \leq |z|,$$

denn es ist

$$\left.\begin{matrix} x^2 \\ y^2 \end{matrix}\right\} \leq x^2 + y^2, \quad \text{also} \quad \left.\begin{matrix} |x| \\ |y| \end{matrix}\right\} \leqq \sqrt{x^2 + y^2} = |z|.$$

Ist dann n_0 größer als n_1 und n_2, und sind n und n' beide $> n_0$, so ist

$$|z_{n'} - z_n| = |(x_{n'} - x_n) + i(y_{n'} - y_n)|$$
$$\leqq |x_{n'} - x_n| + |y_{n'} - y_n| < \frac{\varepsilon}{2} + \frac{\varepsilon}{2} = \varepsilon.$$

Die Bedingungen unseres Satzes sind also *notwendig*.

b) Genügt umgekehrt (z_n) den Bedingungen des Satzes, ist also bei gegebenem $\varepsilon > 0$ immer n_0 so bestimmbar, daß $|z_{n'} - z_n| < \varepsilon$ ausfällt, sobald n und n' beide $> n_0$ sind, so ist für diese selben n und n' (nach der letzten Fußnote) auch

$$|x_{n'} - x_n| < \varepsilon \quad \text{und} \quad |y_{n'} - y_n| < \varepsilon.$$

Nach **47** sind dann aber die beiden reellen Folgen (x_n) und (y_n) konvergent, so daß nach dem vorigen Satz auch (z_n) konvergieren muß; die Bedingungen des Satzes sind also auch *hinreichend*.

2. *Direkte Behandlung der komplexen Zahlenfolgen*. Bei reellen Zahlenfolgen bildeten die *Intervallschachtelungen* das häufigste Hilfsmittel für unsere Beweisführungen. Im Komplexen können uns die *Quadratschachtelungen* dieselben Dienste leisten:

Definition. $Q_0, Q_1, Q_2, \ldots$ *sei eine Folge von Quadraten, deren Seiten wir uns der Einfachheit halber sämtlich parallel zu den Achsen denken. Ist dann jedes von ihnen ganz im vorangehenden enthalten, und bilden die Längen ihrer Seiten* $l_0, l_1, \ldots$ *eine Nullfolge, so sagen wir, es liege eine* ***Quadratschachtelung*** *vor.* **223.**

Von einer solchen gilt der

Satz. *Es gibt stets einen und nur einen Punkt, der allen Quadraten einer gegebenen Quadratschachtelung angehört. (Prinzip des innersten Punktes.)*

Beweis. Der linke untere Eckpunkt von Q_n heiße $a_n + i a'_n$ und der rechte obere Eckpunkt $b_n + i b'_n$. Ein Punkt $z = x + iy$ gehört dann und nur dann dem Quadrat Q_n an, wenn gleichzeitig

$$a_n \leqq x \leqq b_n \quad \text{und} \quad a'_n \leqq y \leqq b'_n$$

ist[1]. Nun bilden aber infolge der Voraussetzungen die Intervalle $J_n = a_n \ldots b_n$ auf der Achse des Reellen, und ebenso auf der Achse des Imaginären die Intervalle $J'_n = a'_n i \ldots b'_n i$ je eine *Intervallschachtelung*, und es gibt also auf jener genau einen Punkt ξ und auf dieser genau einen Punkt $i\eta$, der allen diesen Intervallen angehört. Also gibt es auch nur *genau einen* Punkt $\zeta = \xi + i\eta$, der allen Quadraten Q_n angehört.

[1] Durch diese Aussage sind zugleich diejenigen Größenbeziehungen rein arithmetisch festgelegt, die wir in Satz und Definition **223** in geometrischem Gewande aussprachen.

Nunmehr können wir Definition **52** und Satz **54** ins Komplexe übertragen:

224. **Definition.** *Ist* (z_n) *eine beliebige Zahlenfolge, so heißt* ζ *ein* ***Häufungswert*** *derselben, wenn nach Wahl eines beliebigen* $\varepsilon > 0$ *die Beziehung*

$$|z_n - \zeta| < \varepsilon$$

für unendlich viele n *(d. h. also: oberhalb jeder Zahl* n_0 *noch mindestens für ein* n*) erfüllt ist.*

225. **Satz.** *Jede beschränkte Zahlenfolge besitzt mindestens einen Häufungswert* ***(Bolzano-Weierstrassscher Satz).***

Beweis. Ist etwa stets $|z_n| < K$, so zeichne man das Quadrat Q_0, dessen Seiten durch $\pm K$ und $\pm iK$ parallel zu den Achsen laufen. In ihm liegen *alle* z_n, also jedenfalls unendlich viele. Q_0 ist durch die Achsen in 4 kongruente Quadrate geteilt. In mindestens einem von ihnen müssen wieder unendlich viele z_n liegen. (Denn lägen in jedem von ihnen nur endlich viele, so lägen auch im ganzen in Q_0 nur endlich viele, was doch nicht der Fall ist.) Das erste Viertel dieser Art, das wir antreffen[1], nennen wir Q_1. Mit diesem verfahren wir ebenso, d. h. wir teilen es wieder in 4 kongruente Teile und nennen das erste seiner Viertel, in dem wir unendlich viele Glieder von (z_n) antreffen, Q_2 usw. Diese wohlbestimmte Folge $Q_0, Q_1, Q_2, \ldots$ bildet eine *Quadratschachtelung*, denn die Q_n liegen ineinander, und ihre Seiten bilden eine Nullfolge, weil die Seite von Q_n gleich $2K \cdot \frac{1}{2^n}$ ist. Ist nun ζ der innerste Punkt dieser Schachtelung[2], so ist ζ ein Häufungspunkt von (z_n). Denn wird $\varepsilon > 0$ gegeben und m so gewählt, daß die Seite von Q_m kleiner als $\frac{\varepsilon}{2}$ ist, so liegt offenbar das ganze Quadrat Q_m in der ε-Umgebung von ζ. Mit ihm liegen dort also auch unendlich viele z_n. Also ist ζ ein Häufungspunkt der Folge (z_n), dessen Existenz somit bewiesen ist.

Nunmehr können wir ganz analog wie unter **47** die Gültigkeit des 2. Hauptkriteriums für komplexe Zahlenfolgen, also des oben formulierten Satzes **222**, 2 noch einmal, jetzt aber ohne Benutzung der „reellen" Sätze erweisen.

Beweis. a) Wenn $z_n \to \zeta$ strebt, also $(z_n - \zeta)$ eine Nullfolge bildet, so kann n_0 so bestimmt werden, daß

$$|z_n - \zeta| < \frac{\varepsilon}{2} \quad \text{und ebenso} \quad |z_{n'} - \zeta| < \frac{\varepsilon}{2}$$

---

[1] Wir denken uns die 4 Viertel etwa so numeriert, wie man dies bei den 4 Quadranten der xy-Ebene gewöhnlich zu tun pflegt.

[2] Das Verfahren zur Erfassung dieses Punktes entspricht genau der im Reellen oft benutzten *Halbierungsmethode*.

ausfällt, sobald n und $n' > n_0$ sind [s. Teil a) des Beweises von **47**]. Dann ist für diese n und n' auch

$$|z_n - z_{n'}| \leqq |z_{n'} - \zeta| + |z_n - \zeta| < \varepsilon.$$

Die Bedingung ist also *notwendig*.

b) Ist umgekehrt die ε-Bedingung erfüllt, so ist (z_n) sicher beschränkt. Denn ist $m > n_0$ und $n > m$, so ist doch

$$|z_n - z_m| < \varepsilon,$$

d. h. alle z_n mit $n > m$ liegen im Kreise mit ε um z_m. Ist also K größer als jede der Zahlen $|z_1|, |z_2|, \ldots, |z_{m-1}|, |z_m| + \varepsilon$, so ist für *alle* n stets $|z_n| < K$.

Nach dem letzten Satz hat also (z_n) mindestens eine Häufungsstelle ζ. Gesetzt nun, es gäbe noch einen zweiten Häufungswert $\zeta' \neq \zeta$, so wähle man

$$\varepsilon = \tfrac{1}{3}|\zeta' - \zeta|,$$

was > 0 ist. Wie groß dann auch n_0 gewählt wird, es gibt — nach der Definition **224** des Häufungspunktes — stets ein $n > n_0$, so daß $|z_n - \zeta| < \varepsilon$, aber ebenso auch ein $n' > n_0$, so daß $|z_{n'} - \zeta'| < \varepsilon$ ist. Es gibt dann also oberhalb jeder noch so großen Zahl n_0 ein Paar von Indizes n und n', für die

$$|z_{n'} - z_n| > \varepsilon$$

ist[1], entgegen der Annahme. Es muß also ζ der *einzige* Häufungspunkt sein, und es liegen außerhalb des Kreises mit ε um ζ nur endlich viele z_n. Wird dann das n_0 passend gewählt, so ist für $n > n_0$ *stets* $|z_n - \zeta| < \varepsilon$, und es strebt also $z_n \to \zeta$. Die Bedingung des Satzes ist also auch *hinreichend*[2].

§ 53. Reihen mit komplexen Gliedern.

Da eine Reihe $\sum a_n$ mit komplexen Gliedern selbstverständlich wieder nur die Folge ihrer Teilsummen bedeuten soll, so ist durch das Vorangehende die Grundlage für die Erweiterung unserer Theorie schon geschaffen.

Entsprechend **222**, 1 haben wir also zunächst den

Satz. *Eine Reihe $\sum a_n$ mit komplexen Gliedern ist dann und nur dann konvergent, wenn die Reihe $\sum \Re(a_n)$* **und** *die Reihe $\sum \Im(a_n)$ der reellen und der imaginären Teile der Glieder für sich konvergieren. Und sind deren Summen s' bzw. s'', so hat $\sum a_n$ die Summe $s = s' + i s''$.* **226.**

---

[1] $z_{n'} - z_n = (\zeta' - \zeta) + (z_{n'} - \zeta') + (\zeta - z_n)$,
also
$$|z_{n'} - z_n| \geqq |\zeta' - \zeta| - |z_{n'} - \zeta'| - |z_n - \zeta| > 3\varepsilon - \varepsilon - \varepsilon = \varepsilon.$$

[2] Wir können also auch sagen: Eine Folge (z_n) ist dann und nur dann konvergent, wenn sie beschränkt ist und nur genau einen Häufungswert besitzt. Dieser ist dann zugleich der Grenzwert der Folge.

Und gemäß **222**, 2 bleibt das 2. Hauptkriterium (**81**) für die Konvergenz unendlicher Reihen in all seinen Formen ungeändert bestehen, und mit ihm behalten auch die daraus hergeleiteten Sätze **83** über das Rechnen mit konvergenten Reihen ihre volle Gültigkeit.

Da sich ebenso an Satz **85** nichts ändert, werden wir auch bei Reihen mit komplexen Gliedern eine *absolute* und eine *nicht absolute* Konvergenz unterscheiden (Def. **86**).

Hier gilt ähnlich wie oben zunächst der

227. **Satz.** *Die Reihe $\sum a_n$ mit komplexen Gliedern ist dann und nur dann absolut konvergent, wenn die beiden Reihen $\sum \Re(a_n)$ und $\sum \Im(a_n)$ ihrerseits absolut konvergieren.*

Der Beweis folgt einfach daraus, daß für jede komplexe Zahl $z = x + i\,y$ die Abschätzung (vgl. S. 406, Fußnote) gilt

$$\left.\begin{array}{l}|x|\\|y|\end{array}\right\} \leqq |z| \leqq |x| + |y|\,.$$

Auf Grund dieses einfachen Satzes erkennt man weiter, daß es auch bei Reihen mit komplexen Gliedern nicht auf die Reihenfolge dieser Glieder ankommt, wenn die Reihe absolut konvergiert (Satz **88**, 1).

Ist aber die Reihe $\sum a_n$ nicht absolut konvergent, so muß entweder $\sum \Re(a_n)$ oder $\sum \Im(a_n)$ bedingt konvergieren. Durch eine geeignete Umordnung der Glieder kann dann jedenfalls, wie beim Beweise des Satzes **89**, 2 die Konvergenz der Reihe zerstört werden, d. h.: *Auch bei Reihen mit komplexen Gliedern hängt die Konvergenz, falls sie keine absolute ist, wesentlich noch von der Reihenfolge der Glieder ab.* (Wegen der Übertragung des RIEMANNschen Umordnungssatzes in § 44 auf Reihen mit komplexen Gliedern vgl. die Bemerkungen auf der nächsten Seite.)

Die darauf folgenden Sätze **89**, 3 und 4, sowie der große Umordnungssatz **90**, die sich auf absolut konvergente Reihen beziehen, bleiben dann wieder ohne jeden Zusatz für Reihen mit komplexen Gliedern gültig.

Da nun die Erkennung der absoluten Konvergenz eine Frage über Reihen mit positiven Gliedern ist, so ist hiermit *die gesamte Theorie der Reihen mit positiven Gliedern* auch zur Untersuchung von Reihen mit *komplexen* Gliedern nutzbar gemacht: Alles was wir über absolut konvergente Reihen mit reellen Gliedern bewiesen haben, ist auch für absolut konvergente Reihen mit komplexen Gliedern brauchbar.

Sehen wir dann beim Durchgehen der weiteren Paragraphen des II. Teils von den Potenzreihen zunächst noch ab (§ 18 bis § 27), so kommen weiterhin erst wieder die Entwicklungen des X. Kapitels für eine Übertragung auf Reihen mit komplexen Gliedern in Frage.

Da die *Abelsche partielle Summation* **182** rein formaler Natur ist, gilt sie einschließlich des *Zusatzes* **183** natürlich auch für komplexe Zahlen und mit ihr das unmittelbar darauf gegründete Konvergenzkriterium **184**. Auch die spezielleren Fassungen dieses Kriteriums können wir sämtlich übernehmen, wenn wir nur an der **220**, 5 getroffenen Übereinkunft festhalten, wonach eine als monoton vorausgesetzte **Zahlenfolge stets reell ist. Bei den Kriterien** von du Bois-Reymond und Dedekind fällt auch diese Vorsicht noch fort: sie gelten wörtlich und ohne jede Einschränkung auch für beliebige Reihen der Form $\sum a_n b_n$ mit komplexen a_n und b_n.

Der Riemannsche Umordnungssatz (§ 44) dagegen ist ein spezifisch „reeller" Satz. Denn wenn eine Reihe $\sum a_n$ mit komplexen Gliedern nicht absolut konvergiert, so ist dies nach **227** auch mit mindestens einer der beiden Reihen $\sum \Re(a_n)$ und $\sum \Im(a_n)$ der Fall. Durch eine passende Umordnung können wir also nach dem Riemannschen Satz zwar erreichen, daß *eine* dieser beiden Reihen ein vorgeschriebenes Konvergenzverhalten bekommt; da aber zugleich die andere Reihe in genau derselben Weise umgeordnet wird, so ist nicht ohne weiteres zu übersehen, welche Wirkung diese Umordnung auf diese andere Reihe und somit auf $\sum a_n$ selbst hat. — In neuerer Zeit ist indessen gezeigt worden, daß, wenn $\sum a_n$ nicht absolut konvergiert, sie durch eine passende Umordnung in eine wieder konvergente Reihe verwandelt werden kann, deren Summe je nach Lage des Falles entweder in der ganzen Ebene oder nur auf einer bestimmten dort gelegenen Geraden beliebig vorgeschrieben werden kann[1].

Die Sätze **188** und **189** von Mertens und Abel über Reihenmultiplikation (§ 45) bleiben wieder einschließlich Beweis wörtlich bestehen. Bei dem letzteren müssen wir uns allerdings — da wir die Potenzreihen noch übersprungen haben — vorläufig auf den zweiten (Cesàroschen) Beweis allein stützen (vgl. später **232**).

Damit sind wir aber auch schon im Besitze des ganzen Apparates, der zur Beherrschung der Reihen mit komplexen Gliedern notwendig

---

[1] Es gilt also der das Umordnungsproblem in gewissem Sinne abschließende sehr schöne **Satz**: Der „Summenbereich" einer Reihe $\sum a_n$ mit komplexen Gliedern — d. h. die Menge der Zahlen, die man als Summen der wieder konvergent ausfallenden Umordnungen von $\sum a_n$ erhalten kann — ist entweder ein bestimmter Punkt oder eine bestimmte Gerade oder die ganze Ebene. Andere Fälle können nicht vorkommen. Ein Beweis findet sich wohl bei P. Lévy: Nouv. Annales (4), Bd. 5, S. 506. 1905; in einwandfreier Darstellung aber erst bei E. Steinitz: Bedingt konvergente Reihen und konvexe Systeme, J. reine u. angew. Math. Bd. 143, 1913; Bd. 144, 1914; Bd. 146, 1915.

Die (weniger weitgehende) Tatsache, daß aus jeder bedingt konvergenten Reihe $\sum a_n = s$ durch Umordnung eine wieder konvergente Reihe $\sum a'_n = s'$ hergeleitet werden kann, für die $s' \neq s$ ist, hat ziemlich kurz W. Threlfall (Bedingt konvergente Reihen, Math. Zschr. Bd. 24, S. 212. 1926) bewiesen.

ist, und wir können sogleich zu seinen wichtigsten Anwendungen übergehen.

Als Ergänzung dieser Betrachtungen wollen wir vorher nur noch das folgende sehr weitreichende Kriterium herleiten:

228. **Kriterium von Weierstrass**[1]. *Ist die Reihe* $\sum_{n=0}^{\infty} a_n$ *mit komplexen Gliedern vorgelegt und kann*

$$\frac{a_{n+1}}{a_n} = 1 - \frac{\alpha}{n} - \frac{A_n}{n^\lambda}$$

mit beliebigem komplexen α, *mit* $\lambda > 1$ *und beschränkten* A_n *gesetzt werden*[2], *so ist sie dann und nur dann absolut konvergent, wenn* $\Re(\alpha) > 1$ *ist. Für* $\Re(\alpha) \leqq 0$ *ist die Reihe stets divergent. Wenn* $0 < \Re(\alpha) \leqq 1$ *ist, so sind wenigstens die beiden Reihen*

$$\sum_{n=0}^{\infty} |a_n - a_{n+1}| \quad \text{und} \quad \sum_{n=0}^{\infty} (-1)^n a_n$$

konvergent[3].

Beweis. 1. Es sei $\alpha = \beta + i\gamma$ und zunächst $\Re(\alpha) = \beta > 1$. Dann ist, wenn stets $|A_n| < K$ bleibt,

$$\left|\frac{a_{n+1}}{a_n}\right| \leqq \left|1 - \frac{\beta + i\gamma}{n}\right| + \frac{K}{n^\lambda},$$

also, wie man sofort nachrechnet, von einer Stelle ab sogar

$$\leqq 1 - \frac{\beta'}{n},$$

wenn $1 < \beta' < \beta$ ist. Nach dem Raabeschen Kriterium ist hiernach die Reihe $\sum |a_n|$ konvergent.

2. Es sei jetzt $\Re(\alpha) = \beta \leqq 1$. Dann ist von einer Stelle ab:

$$\left|\frac{a_{n+1}}{a_n}\right| \geqq 1 - \frac{\beta}{n} - \frac{K}{n^\lambda}$$

---

[1] J. reine u. angew. Math. Bd. 51, S. 29, 1856; Werke I, S. 185.

[2] Ein solcher Ansatz kann natürlich stets gemacht werden; man braucht ja nur $A_n = n^\lambda \left(1 - \frac{\alpha}{n} - \frac{a_{n+1}}{a_n}\right)$ zu setzen. Das Wesentliche an den Voraussetzungen ist auch hier wieder (vgl. Fußnote 1 zu **166**), daß bei passender Wahl von α und λ die A_n *beschränkt* ausfallen. — Wesentlich dasselbe ist es, wenn

$$\frac{a_n}{a_{n+1}} = 1 + \frac{\alpha}{n} + \frac{B_n}{n^\lambda}$$

mit $\lambda > 1$ und beschränkten B_n gesetzt werden kann.

[3] Bezüglich der Reihe $\sum a_n$ selbst hat Weierstrass a. a. O. weiter gezeigt, daß sie für $\Re(\alpha) \leq 1$ auch stets divergent ist. Der Beweis ist ziemlich mühsam. Ein einfacherer Beweis wird in Aufgabe 180a angedeutet. — Eine weitere genaue Untersuchung der Reihe $\sum a_n$ selbst für $0 \leq \Re(\alpha) \leq 1$ gibt A. Pringsheim: Archiv Math. u. Phys. (3), Bd. 4, S. 1—19, spez. S. 13—17. 1902, sowie J. A. Gmeiner: Monatsh. Math. u. Phys. Bd. 19, S. 149—163. 1908.

und folglich die Reihe $\sum |a_n|$ nach dem GAUSSschen Kriterium **172** divergent.

3a. Ist dagegen $\Re(\alpha) = \beta < 0$, so lehrt die letzte Ungleichung, daß von einer Stelle an

$$\left|\frac{a_{n+1}}{a_n}\right| > 1$$

ist. Daher muß jetzt $\sum a_n$ divergieren.

3b. Wenn $\Re(\alpha) = \beta = 0$, also

$$\frac{a_{n+1}}{a_n} = 1 - \frac{i\gamma}{n} - \frac{A_n}{n^\lambda}$$

ist, so rechnet man leicht nach, daß nun

$$\left|\frac{a_{n+1}}{a_n}\right| = 1 - \frac{A'_n}{n^{\lambda'}}$$

gesetzt werden kann, wenn $\lambda' > 1$ die kleinere der Zahlen 2 und λ ist und wenn die A'_n eine *wieder beschränkte* Zahlenfolge bedeuten. Es ist also, wenn c eine passende positive Konstante bezeichnet,

$$\left|\frac{a_{n+1}}{a_n}\right| \geqq 1 - \frac{c}{n^{\lambda'}} > 0,$$

etwa für alle $n \geqq m$. Hieraus folgt durch Multiplikation

$$\left|\frac{a_n}{a_m}\right| = \left|\frac{a_{m+1}}{a_m}\right| \cdots \left|\frac{a_n}{a_{n-1}}\right| > \prod_{\nu=m}^{n-1}\left(1 - \frac{c}{\nu^{\lambda'}}\right) > \prod_{\nu=m}^{\infty}\left(1 - \frac{c}{\nu^{\lambda'}}\right) = C_m > 0 .$$

Hiernach ist also für alle $n > m$ stets $|a_n| > C_m \cdot |a_m|$. Die a_n streben also nicht nach 0, so daß $\sum a_n$ wieder divergieren muß (vgl. **170**, 1).

4. Ist endlich $\Re(\alpha) = \beta > 0$, so ist noch die Konvergenz der beiden Reihen

$$\sum |a_n - a_{n+1}| \quad \text{und} \quad \sum (-1)^n a_n$$

zu beweisen. Jetzt ist aber wie bei 1. von einer Stelle an

$$\left|\frac{a_{n+1}}{a_n}\right| < 1 - \frac{\beta'}{n} \quad \text{mit} \quad 0 < \beta' < \beta,$$

so daß die $|a_n|$ von dieser Stelle an monoton abnehmen und demgemäß gegen einen bestimmten Grenzwert $\geqq 0$ streben. Folglich ist

a) nach **131** die Reihe $\sum (|a_n| - |a_{n+1}|)$ konvergent und hat überdies von einer Stelle an positive Glieder. Nun ist aber

$$\frac{|a_n - a_{n+1}|}{|a_n| - |a_{n+1}|} = \frac{\left|1 - \dfrac{a_{n+1}}{a_n}\right|}{1 - \left|\dfrac{a_{n+1}}{a_n}\right|} \leqq \frac{\left|\dfrac{\alpha}{n} + \dfrac{A_n}{n^\lambda}\right|}{\dfrac{\beta'}{n}};$$

und weil hier der letzte Bruch für $n \to +\infty$ den positiven Grenzwert $\frac{|\alpha|}{\beta'}$ hat, so bleibt der linksstehende Quotient von einer Stelle an kleiner als eine passende Konstante A. Nach **70**, 2 ist dann aber mit $\sum(|a_n| - |a_{n+1}|)$ auch die Reihe $\sum |a_n - a_{n+1}|$ konvergent. — Man kann aber

b) sogar genauer zeigen, daß $a_n \to 0$ strebt. Denn aus

$$\left|\frac{a_{n+1}}{a_n}\right| < 1 - \frac{\beta'}{n}, \qquad (n \geqq m),$$

folgt wieder durch Multiplikation

$$\left|\frac{a_n}{a_m}\right| < \left(1 - \frac{\beta'}{m}\right)\left(1 - \frac{\beta'}{m+1}\right)\cdots\left(1 - \frac{\beta'}{n-1}\right).$$

Und da hier die rechte Seite (nach **126**, 2) für $n \to +\infty$ gegen 0 strebt, so muß (vgl. **170**, 1) auch $a_n \to 0$ streben. Daher können wir in der Reihe

$$(a_0 - a_1) + (a_2 - a_3) + (a_4 - a_5) + \cdots \equiv \sum_{k=0}^{\infty}(a_{2k} - a_{2k+1})$$

— eine Reihe, die als Teilreihe von $\sum(a_n - a_{n+1})$ gleich dieser nach a) *absolut* konvergiert — die kleinen Klammern nach **83**, Satz 2, Zusatz fortlassen, denn mit a_n strebt auch $|a_n| + |a_{n+1}| \to 0$. Damit ist dann aber auch die Konvergenz von $\sum(-1)^n a_n$ vollständig bewiesen.

Mit Hilfe dieses Satzes kann man nun leicht noch den folgenden weiteren beweisen, der uns bald nützlich sein wird:

229. **Satz.** *Wenn wie im vorigen Satze*

$$\frac{a_{n+1}}{a_n} = 1 - \frac{\alpha}{n} - \frac{A_n}{n^\lambda}, \qquad \begin{cases} \alpha \text{ beliebig, } \lambda > 1, \\ (A_n) \text{ beschränkt} \end{cases}$$

gesetzt werden kann, so ist die Reihe $\sum a_n z^n$ für $|z| < 1$ absolut konvergent, für $|z| > 1$ divergent, und für die Punkte der Peripherie $|z| = 1$ ist die Reihe

a) *absolut konvergent, falls $\Re(\alpha) > 1$ ist,*

b) *bedingt konvergent, falls $0 < \Re(\alpha) \leqq 1$ ist — außer möglicherweise*[1] *für den einen Punkt $z = +1$,*

c) *divergent, falls $\Re(\alpha) \leqq 0$ ist.*

Beweis. Da

$$\left|\frac{a_{n+1} z^{n+1}}{a_n z^n}\right| \to |z|$$

strebt, so sind die auf $|z| \lesseqgtr 1$ bezüglichen Behauptungen sofort als richtig erkannt. Für $|z| = 1$ ist die Behauptung a) eine unmittelbare Folge der durch den vorigen Satz gesicherten Konvergenz von $\sum |a_n|$. Ebenso ist die Behauptung c) eine unmittelbare Folge der vorhin bewiesenen Tatsache, daß in diesem Falle $|a_n|$ für alle n von einer Stelle ab oberhalb einer positiven Schranke bleibt.

[1] Mit Hinzuziehung des in der vorigen Note erwähnten Resultates kann man hier genauer sagen: *außer für $z = +1$.*

Ist endlich $0 < \Re(\alpha) \leqq 1$ und $z \neq +1$, so ergibt sich die Konvergenz von $\sum a_n z^n$ nach dem DEDEKINDschen Kriterium **184**, 3. Denn wir hatten beim vorigen Satze bewiesen, daß $\sum |a_n - a_{n+1}|$ konvergiert und $a_n \to 0$ strebt; und daß die Teilsummen von $\sum z^n$ für jedes (feste) auf der Peripherie $|z| = 1$ gelegene, aber von $+1$ verschiedene z beschränkt sind, folgt ja einfach daraus, daß für alle n

$$|1 + z + z^2 + \cdots + z^n| = \left|\frac{1 - z^{n+1}}{1 - z}\right| \leqq \frac{2}{|1 - z|}$$

bleibt.

§ 54. Potenzreihen. Analytische Funktionen.

Unter einer Potenzreihe verstehen wir auch jetzt eine Reihe der Form $\sum a_n z^n$ oder allgemeiner der Form $\sum a_n (z - z_0)^n$, in der nun die Koeffizienten a_n sowohl wie die Größen z komplexe Zahlen sein dürfen. Die in den §§ 18 bis 21 entwickelte Theorie dieser Reihen bleibt dabei in allem Wesentlichen ungeändert. Wir können uns daher bei der Übertragung der damaligen Entwicklungen ganz kurz fassen.

Da die Sätze **93**, 1 und 2 völlig ungeändert ihre Gültigkeit behalten, so gilt zunächst das Gleiche von dem Hauptsatz **93** selbst, welcher über das Konvergenzverhalten der Potenzreihen im Reellen Aufschluß gab. Nur die geometrische *Veranschaulichung* ist hier eine etwas andre: Die Potenzreihe $\sum a_n z^n$ konvergiert — und sogar absolut — für alle z, die im Innern des Kreises mit r um 0 liegen, und divergiert für alle außerhalb desselben gelegenen Punkte. Dieser Kreis wird dann kurz als der ***Konvergenzkreis*** der Potenzreihe bezeichnet, — und der Name *Radius* für die Zahl r ist nun erst voll verständlich. Seine Größe wird wie bisher durch den CAUCHY-HADAMARDschen Satz **94** geliefert.

Über die Konvergenz auf der Peripherie des Konvergenz*kreises* läßt sich ebensowenig etwas Allgemeines aussagen, wie über die Konvergenz in den Endpunkten des Konvergenz*intervalles* im Falle reeller Potenzreihen. (Die sogleich folgenden Beispiele werden zeigen, daß das Verhalten ein sehr verschiedenartiges sein kann.)

Auch die übrigen Sätze des § 18 behalten unverändert ihre Gültigkeit.

Beispiele. **230.**

1. $\sum z^n$; $r = 1$. Im Innern des *Einheitskreises* konvergiert die Reihe, und ihre Summe ist dort $\frac{1}{1-z}$. Auf dem Rande, d. h. für $|z| = 1$, ist sie *überall divergent*, denn z^n strebt dort nicht $\to 0$.

2. $\sum \frac{z^n}{n^2}$; $r = 1$. Diese Reihe[1] ist auch noch in *allen* Randpunkten $|z| = 1$ (absolut) konvergent.

[1] Hat $\sum a_n z^n$ *reelle Koeffizienten* (wie meist im folgenden), so hat diese Potenzreihe natürlich denselben Radius wie die reelle Potenzreihe $\sum a_n x^n$.

3. $\sum \frac{z^n}{n}$; $r = 1$. Die Reihe ist sicher nicht in allen Randpunkten konvergent, denn für $z = 1$ bekommen wir die divergente Reihe $\sum \frac{1}{n}$. Sie ist aber auch nicht in *allen* Randpunkten divergent, denn für $z = -1$ bekommen wir eine konvergente Reihe. Der Satz **229** des letzten Paragraphen lehrt sogar genauer, daß die Reihe in allen von $+1$ verschiedenen Punkten der Peripherie $|z| = 1$ *bedingt konvergiert*, denn es ist hier

$$\frac{a_n}{a_{n-1}} = \frac{n-1}{n} = 1 - \frac{1}{n}.$$

Dasselbe Resultat erhält man auch unmittelbar aus dem DIRICHLETschen Kriterium **184**, 2, denn $\sum z^n$ hat beschränkte Teilsummen, falls $z \neq +1$, aber $|z| = 1$ ist (vgl. die letzte Formel des vorigen Paragraphen), und $\frac{1}{n}$ strebt monoton gegen 0. Wegen $\sum \left|\frac{z^n}{n}\right| \equiv \sum \frac{1}{n}$ ist die Konvergenz aber nur eine bedingte[1].

4. $\sum \frac{z^{4n}}{4n}$; $r = 1$. Diese Reihe ist in den 4 Randpunkten ± 1 und $\pm i$ divergent, in allen andern Randpunkten bedingt konvergent.

5. Für $\sum \frac{z^n}{n!}$ ist $r = +\infty$. Für $\sum n!\, z^n$ ist $r = 0$; diese Reihe ist also nirgends konvergent außer in $z = 0$.

6. Die Reihen $\sum_{k=0}^{\infty} (-1)^k \frac{z^{2k}}{(2k)!}$ und $\sum_{k=0}^{\infty} (-1)^k \frac{z^{2k+1}}{(2k+1)!}$ sind beständig konvergent.

7. Eine Potenzreihe der allgemeineren Form $\sum a_n (z - z_0)^n$ konvergiert absolut in allen inneren Punkten des Kreises mit r um z_0, und divergiert außerhalb desselben, wenn r den Radius von $\sum a_n z^n$ bedeutet.

Ehe wir nun weiter auf die Eigenschaften der Potenzreihen eingehen, schalten wir ein paar Bemerkungen ein über

Funktionen einer komplexen Veränderlichen.

Wenn auf irgendeine Weise jedem Punkte z innerhalb eines Kreises $\mathfrak{K}$ (oder allgemeiner: innerhalb eines Gebietes[2] $\mathfrak{G}$) ein Wert w zugeordnet ist, so sagen wir, *es sei uns in diesem Kreise (oder in diesem Gebiete) eine Funktion $w = f(z)$ der komplexen Veränderlichen z gegeben.* Die Zuordnung kann dabei in der mannigfachsten Weise geschehen

[1] Endlich kann man diese Konvergenztatsachen auch aus **185**, 5 entnehmen, indem man die Reihe in ihren reellen und imaginären Bestandteil zerlegt. Aber umgekehrt ist auch für diese beiden reellen Reihen durch die obenstehenden Schlüsse ein neuer Konvergenzbeweis erbracht.

[2] Auf eine strenge Definition des Begriffes „Gebiet" kommt es hier nicht an. Im folgenden handelt es sich dabei immer nur um das Innere von Flächenstücken, die von endlich vielen Geraden oder Kreisbögen begrenzt werden, insbesondere um Kreise und Halbebenen.

(vgl. die entsprechende Bemerkung für den reellen Funktionsbegriff, § 19, Def. 1); im folgenden wird aber der Funktionswert fast immer durch eine explizite Formel aus z berechnet werden können, oder wird die Summe einer konvergenten Reihe sein, bei der nun die Glieder explizit gegeben sind. Zahlreiche Beispiele werden wir sehr bald kennen lernen; im Augenblick denke man etwa an den Wert w, der jedem z im Innern des Konvergenzkreises einer Potenzreihe als deren Summe zugeordnet wird.

Die Begriffe des Grenzwertes, der Stetigkeit und der Differenzierbarkeit einer Funktion, die uns hier wieder vor allen andern interessieren, werden im Prinzip genau so festgelegt wie im Reellen:

1. Definition des Grenzwertes. Ist die Funktion $w = f(z)$ für alle 231.
Punkte z einer Umgebung des festen Punktes ζ mit etwaiger Ausnahme des Punktes ζ selbst definiert[1], so sagt man, es sei

$$\lim_{z \to \zeta} f(z) = \omega$$

oder es strebe

$$f(z) \to \omega \quad \text{für} \quad z \to \zeta,$$

wenn nach Wahl eines beliebigen $\varepsilon > 0$ ein $\delta = \delta(\varepsilon) > 0$ so angegeben werden kann, daß für alle z, die der Bedingung $0 < |z - \zeta| < \delta$ genügen, stets

$$|f(z) - \omega| < \varepsilon$$

ist. Oder wenn — es kommt dies auf genau dasselbe hinaus[2] — *jede* gegen ζ konvergierende Zahlenfolge (z_n), deren Glieder in der genannten Umgebung von ζ liegen und von ζ selbst verschieden sind, eine gegen ω konvergierende Folge von Funktionswerten $w_n = f(z_n)$ liefert.

Wird $f(z)$ nicht in *allen* Punkten einer Umgebung von ζ betrachtet, sondern nur in denjenigen, die z. B. auf einem bestimmten in ζ endenden Kurvenstück oder einem Winkelraum mit der Spitze in ζ liegen oder allgemeiner einer Punktmenge M angehören, für die ζ ein Häufungspunkt ist, so sagt man, es sei $\lim f(z) = \omega$ oder es strebe $f(z) \to \omega$ *bei Annäherung von $z \to \zeta$ längs jenes Kurvenstücks oder innerhalb jenes Winkelraumes oder auf der Punktmenge M*, wenn die obigen Bedingungen wenigstens für alle nun noch dabei in Betracht kommenden z erfüllt sind.

2. Definition der Stetigkeit. Ist die Funktion $w = f(z)$ in einer Umgebung von ζ *und in ζ selbst* definiert, so sagt man, *es sei $f(z)$ in diesem Punkte ζ stetig*, wenn

$$\lim_{z \to \zeta} f(z)$$

---

[1] D. h. also für alle z, die einer Bedingung der Form $0 < |z - \zeta| < \varrho$ genügen. Das δ der obigen Definition muß dann natürlich $< \varrho$ gedacht werden.

[2] Beweis wie im Reellen.

vorhanden ist und mit dem Funktionswerte $f(\zeta)$ in ζ übereinstimmt, wenn also $f(z) \to f(\zeta)$ strebt. (Nach 1 ist nun von selbst verständlich, was Stetigkeit von $f(z)$ in ζ bedeutet, falls z auf ein den Punkt ζ enthaltendes Kurvenstück, auf einen Winkelraum mit seiner Spitze in ζ oder auf eine Punktmenge M, die ζ enthält und in ζ einen Häufungspunkt hat, beschränkt wird.)

3. Definition der Differenzierbarkeit. Ist die Funktion $w = f(z)$ in einer Umgebung von ζ *und in* ζ *selbst* definiert, so heißt sie in ζ *differenzierbar,* wenn gemäß 1 der Grenzwert

$$\lim_{z \to \zeta} \frac{f(z) - f(\zeta)}{z - \zeta}$$

existiert. Seinen Wert nennt man die Ableitung von $f(z)$ in ζ und bezeichnet sie mit $f'(\zeta)$. (Auch hier können der Beweglichkeit von z wieder Beschränkungen auferlegt werden.)

Mit diesen wenigen Festsetzungen über die allgemeinen Funktionen einer komplexen Veränderlichen müssen wir uns begnügen. Das vertiefte Studium derselben bildet den Gegenstand der sog. *Funktionentheorie,* eines der umfangreichsten Gebiete der neueren Mathematik, auf die hier des genaueren einzugehen natürlich nicht der Raum ist[1].

Diese Erklärungen genügen nun vollauf, um die wichtigen Entwicklungen der §§ 20 und 21 auf Potenzreihen mit komplexen Gliedern zu übertragen.

In der Tat gelten die dort gegebenen Entwicklungen ausnahmslos auch für unsern jetzigen allgemeineren Fall, wenn wir dort nur sinngemäß statt „Konvergenzintervall" überall „Konvergenzkreis" setzen. Nur dem Satz 5 (unter **99**) können wir hier kein Analogon an die Seite stellen, weil wir den Integralbegriff für Funktionen komplexen Argumentes nicht eingeführt haben. Das alles ist so einfach, daß der Leser bei der nochmaligen Durchsicht dieser Paragraphen keine Mühe haben wird, *sie so zu lesen, als ob dort von vornherein von Potenzreihen mit komplexen Gliedern gehandelt würde.*

Ein paar Bemerkungen sind höchstens bezüglich des Abelschen Grenzwertsatzes **100** und des Satzes **107** von der Umkehrung einer Potenzreihe nötig. Bei dem letzteren wurde nämlich die Konvergenz der Reihe $y + \beta_2 y^2 + \cdots$ und damit auch die Konvergenz der den Bedingungen des Problems genügenden Reihe $y + b_2 y^2 + \cdots$ nur für *reelle* y erwiesen. Das ist aber ersichtlich ausreichend, denn damit ist

[1] Zur kurzen Orientierung über die wichtigsten Grundlagen der Funktionentheorie sei auf die beiden Bändchen des Verf. Funktionentheorie, I. Teil: Grundlagen der allgemeinen Theorie, 4. Aufl., Leipzig 1930; II. Teil: Anwendungen und Weiterführung der allgemeinen Theorie, 4. Aufl., Leipzig 1931 (Sammlung Göschen, Nr. 668 u. 703) hingewiesen.

ja dargetan, daß diese Potenzreihe einen positiven Konvergenzradius besitzt, und das genügt.

Bezüglich des ABELschen Grenzwertsatzes aber läßt sich hier sogar — entsprechend der größeren Bewegungsfreiheit von z — mehr beweisen als damals, und darum wollen wir noch einmal auf ihn eingehen:

Es sei $\sum a_n z^n$ eine gegebene nicht beständig konvergente Potenzreihe mit positivem Radius. Dann bedeutet es zunächst genau wie damals keine sachliche Einschränkung, wenn wir annehmen, daß dieser Radius gerade $= 1$ ist. Auf dem Rande ihres Konvergenzkreises $|z| = 1$ liege wenigstens ein Punkt z_0, in dem die Reihe noch konvergiert. Auch hier dürfen wir annehmen, daß z_0 den speziellen Punkt $+1$ bedeutet. Denn setzen wir, falls $z_0 \neq +1$ ist,

$$a_n z_0^n = a'_n,$$

so ist $\sum a'_n z^n$ eine Potenzreihe, die gleichfalls den Radius 1 hat und die nun in dem Randpunkte $+1$ konvergiert.

Der damals gegebene Beweis, bei dem nun alles „komplex“ gelesen werden kann, lehrt dann den

Satz. *Hat die Potenzreihe $\sum a_n z^n$ den Radius 1, ist sie in dem* **232.**
Randpunkte $+1$ des Einheitskreises noch konvergent und ist etwa $\sum a_n = s$, so ist auch

$$\lim_{z \to +1} \left(\sum a_n z^n\right) = s,$$

wenn sich z längs des positiv-reellen Radius von 0 her der Stelle $+1$ nähert[1]. — Wir können jetzt ohne Schwierigkeit mehr beweisen:

Erweiterter ABELscher Grenzwertsatz. *Unter den Voraussetzungen* **233.**
des vorigen Satzes bleibt die Beziehung

$$\lim_{z \to +1} \left(\sum a_n z^n\right) = s$$

auch dann noch gültig, wenn z bei der Annäherung an $+1$ nur auf den im Innern des Einheitskreises liegenden Teil eines Winkelraumes beschränkt wird, der von irgend zwei (festen) Strahlen gebildet wird, die von $+1$ in das Innere des Einheitskreises dringen (s. Fig. 10).

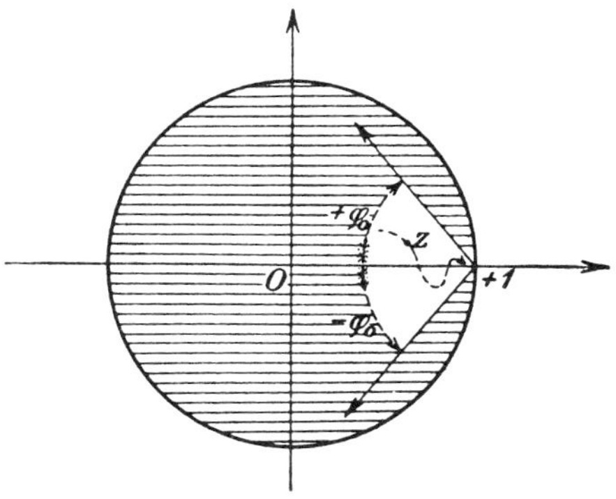

Fig. 10.

Den Beweis wollen wir ganz unabhängig von den damaligen Be-

[1] Wir haben hier also einen Grenzwert der oben **231**, 1 genannten spezielleren Art vor uns.

trachtungen liefern, so daß wir hierdurch zugleich einen dritten Beweis des ABELschen Grenzwertsatzes bekommen:

Ist $z_0, z_1, \ldots, z_k, \ldots$ eine beliebige Zahlenfolge, die in dem genannten Teil des Winkelraumes liegt und mit wachsendem k gegen den Randpunkt $+1$ rückt, so ist zu beweisen, daß

$$f(z_k) \to s$$

strebt, wenn wie damals $\sum a_n z^n = f(z)$ gesetzt wird. Wählt man aber in dem TOEPLITZschen Satze **221**, 2 für die Zahlen a_{kn} die Werte

$$a_{kn} = (1 - z_k) \cdot z_k^n$$

und wendet ihn auf die nach Voraussetzung $\to s$ strebende Folge der Teilsummen $s_n = a_0 + a_1 + \cdots + a_n$ an, so liefert er unmittelbar, daß mit wachsendem k auch

$$\sum_{n=0}^{\infty} (1 - z_k) \cdot z_k^n \cdot s_n = (1 - z_k) \cdot \sum_{n=0}^{\infty} s_n z_k^n = \sum_{n=0}^{\infty} a_n z_k^n = f(z_k) \to s$$

strebt. Damit wäre schon alles bewiesen, sofern die gewählten Zahlen a_{kn} die Voraussetzungen (a), (b) und (c) von **221** erfüllen. Daß aber (a) erfüllt ist, ist wegen $z_k \to 1$ evident, und die Zeilensummen A_k sind $= (1 - z_k) \sum_{n=0}^{\infty} z_k^n = 1$, so daß auch (c) erfüllt ist. Die Bedingung (b) endlich verlangt, daß eine Konstante K existiere, so daß für jeden Punkt $z = z_k \neq +1$ im Winkelraum (oder einem beliebigen sektorförmigen Teile desselben, der seine Spitze in $+1$ hat)

$$|1 - z| \cdot \sum_{n=0}^{\infty} |z^n| = \frac{|1 - z|}{1 - |z|} < K$$

bleibt. Mit dem Nachweis ihrer Existenz wäre alles bewiesen. Das kommt aber (s. Fig. 10) auf die folgende Behauptung hinaus: *Wenn* $z = 1 - \varrho(\cos\varphi + i \sin\varphi)$ *ist und hierin* $|\varphi| \leqq \varphi_0 < \frac{\pi}{2}$ *und* $0 < \varrho \leqq \varrho_0 < 2\cos\varphi_0$ *bleibt, so gibt es eine nur von* φ_0 *und* ϱ_0 *abhängige Konstante* $A = A(\varphi_0, \varrho_0)$, *so daß für alle genannten* z *stets*

$$\frac{|1 - z|}{1 - |z|} \leqq A$$

bleibt. Zum Beweise dieser Behauptung reicht es aus, $\varrho_0 = \cos\varphi_0$ zu wählen; dann werden wir zeigen, daß $A = \frac{2}{\cos\varphi_0}$ das Verlangte leistet. In der Tat lautet dann die Behauptung, daß für $0 < \varrho \leqq \cos\varphi_0$ und $|\varphi| \leqq \varphi_0$

$$\frac{\varrho}{1 - \sqrt{1 - 2\varrho\cos\varphi + \varrho^2}} \leqq \frac{2}{\cos\varphi_0}$$

oder

$$-2\varrho\cos\varphi + \varrho^2 \leqq -\varrho\cos\varphi_0 + \tfrac{1}{4}\varrho^2\cos^2\varphi_0$$

ist. Vergrößert man aber hier die linke Seite, indem man φ durch φ_0 und ϱ^2 durch $\varrho\cos\varphi_0$ ersetzt, so würde es genügen zu zeigen, daß

$$-\varrho\cos\varphi_0 \leqq -\varrho\cos\varphi_0 + \tfrac{1}{4}\varrho^2\cos^2\varphi_0$$

ist, — was aber gewiß der Fall ist. Diese Erweiterung des ABELschen Grenzwertsatzes auf „komplexe Annäherung" oder „Annäherung im Winkelraum" rührt von O. STOLZ[1] her.

Damit sind die sämtlichen Sätze der §§ 20 und 21 — mit einziger Ausnahme des Satzes über die hier nicht definierte Integration — auf den Fall komplexer Größen übertragen. Insbesondere gilt dadurch als festgestellt, daß eine Potenzreihe im Innern ihres Konvergenzkreises eine Funktion komplexen Argumentes definiert, die dort stetig und differenzierbar ist — und letzteres „gliedweise" und beliebig oft — und die somit diejenigen beiden Eigenschaften besitzt, die man in erster Linie für alle Anwendungszwecke von einer Funktion verlangt. Deswegen und wegen ihrer sonstigen großen Bedeutung für die weitere Entwicklung der Theorie hat man einer Funktion, die sich für die Umgebung eines Punktes z_0 durch eine Potenzreihe $\sum a_n(z - z_0)^n$ darstellen läßt, einen besonderen Namen gegeben. Man sagt, daß sie sich *in z_0 analytisch* oder *regulär* verhalte. Da sie sich dann nach **99** von selbst auch in jedem andern inneren Punkte des Konvergenzkreises analytisch verhält, so nennt man sie kurz *eine in diesem Kreise analytische oder reguläre Funktion*[2]. Ist insbesondere die vorgelegte Potenzreihe beständig konvergent, so ist die dargestellte Funktion in der *ganzen Ebene* regulär und wird dann kurz *eine ganze Funktion* genannt.

Alle Sätze, die wir über Funktionen bewiesen haben, die durch Potenzreihen gegeben waren, sind Sätze über analytische Funktionen. Von diesen heben wir, weil für das Folgende besonders wichtig, nur die folgenden beiden noch einmal besonders hervor.

1. *Sind zwei Funktionen in ein und demselben Kreise analytisch, so ist es* (*nach* § 21) *auch ihre Summe, ihre Differenz, und ihr Produkt.* **234.**

Für den *Quotienten* gilt das Entsprechende (nach **105**, 4) zunächst nur dann, wenn die im Nenner stehende Funktion im Mittelpunkt des

[1] Ztschr. Math. u. Phys. Bd. 20, S. 369. 1875. In neuerer Zeit hat die Frage nach der Umkehrbarkeit des ABELschen Grenzwertsatzes den Gegenstand zahlreicher Untersuchungen abgegeben, also die Frage, unter welchen (möglichst wenig verlangenden) Bedingungen für die a_n aus der Existenz des Grenzwertes von $f(z)$ bei $z \to 1$ (im Winkelraum) auf die Konvergenz von $\sum a_n$ zurückgeschlossen werden kann. Einen erschöpfenden Überblick über den gegenwärtigen Stand der Forschung in dieser Frage geben die Arbeiten von G. H. HARDY und J E LITTLEWOOD: Abel's theorem and its converse, Proc. London Math. Soc. (2), I. Bd. 18, S. 205—235. 1920, II. Bd. 22, S. 254—269. 1923, III. Bd. 25, S. 219—236. 1926. — Vgl. auch die Sätze **278** und **287**.

[2] „Analytisch" oder „regulär" in einem Kreise $\mathfrak{K}$ heißt hiernach eine Funktion einfach dann, wenn sie durch eine in diesem Kreise konvergente Potenzreihe dargestellt werden kann.

Kreises von 0 verschieden ist und dieser Kreis nötigenfalls durch einen kleineren ersetzt wird.

2. *Stimmen zwei in ein und demselben Kreise analytische Funktionen in einer wenn auch noch so kleinen Umgebung des Mittelpunktes (oder auch nur in allen Punkten einer Punktmenge, für die dieser Mittelpunkt ein Häufungspunkt ist) überein, so sind sie dort völlig identisch* (= Identitätssatz für Potenzreihen **97**).

Außer diesen beiden, uns lediglich der Form nach neuen Sätzen wollen wir noch den folgenden wichtigen Satz beweisen, der über den Zusammenhang zwischen den Beträgen der Koeffizienten einer Potenzreihe und dem Betrag der durch sie dargestellten Funktion einige Auskunft gibt:

235. **Satz.** *Ist* $f(z) = \sum_{n=0}^{\infty} a_n (z - z_0)^n$ *für* $|z - z_0| < r$ *konvergent, so ist*

$$|a_p| \leqq \frac{M}{\varrho^p}, \qquad (p = 0, 1, 2, \ldots),$$

wenn $0 < \varrho < r$ *ist und wenn* $M = M(\varrho)$ *eine Zahl bedeutet, die von* $|f(z)|$ *längs der Peripherie* $|z - z_0| = \varrho$ *nirgends übertroffen wird.* (CAUCHY*sche Abschätzungsformel.*)

Beweis[1]. Wir wählen vorerst eine komplexe Zahl η, deren Betrag $= 1$ ist, für die aber stets $\eta^q \neq 1$ ist, welchen ganzzahligen Exponenten auch $q \gtrless 0$ bedeuten möge[2]. Nun betrachten wir für einen bestimmten ganzzahligen Exponenten $k \gtrless 0$ und einen beliebigen Koeffizienten a die ganz spezielle Funktion

$$g(z) = a \cdot (z - z_0)^k$$

und bilden ihre Werte für $z = z_0 + \varrho \cdot \eta^\nu$, $\nu = 0, 1, 2, \ldots$ Bezeichnen wir diese kurz mit $g_0, g_1, g_2, \ldots$, so ist für $n \geqq 1$

$$g_0 + g_1 + \cdots + g_{n-1} = a \cdot \varrho^k \cdot \frac{1 - \eta^{kn}}{1 - \eta^k}$$

und also

$$\left|\frac{g_0 + g_1 + \cdots + g_{n-1}}{n}\right| \leqq \frac{2}{n} \cdot \varrho^k \cdot \left|\frac{a}{1 - \eta^k}\right|.$$

---

[1] Der folgende sehr schöne Beweis rührt von WEIERSTRASS her (Werke II, S. 224) und stammt schon aus dem Jahre 1841. CAUCHY (Mémoire lithogr., Turin 1831) bewies die Formel auf dem Umweg über seine Integraldarstellung von $f(z)$. Daß es überhaupt eine Konstante M gibt, die von $f(z)$ längs $|z - z_0| = \varrho$ nirgends übertroffen wird, ist ja fast selbstverständlich, da $M = \sum |a_n| \cdot \varrho^n$ ersichtlich diese Eigenschaft hat. *Dieses* M ist offenbar auch so beschaffen, daß nun stets $|a_n| \varrho^n \leqq M$ ist. Der obige Satz behauptet aber, daß *jedes* M, das von $|f(z)|$ längs $|z - z_0| = \varrho$ nicht übertroffen wird, die Eigenschaft hat, daß immer $|a_n| \varrho^n \leqq M$ ist.

[2] Solche Zahlen η gibt es natürlich, denn ist $\eta = \cos(\alpha\pi) + i \sin(\alpha\pi)$, so ist $\eta^q = \cos(q\alpha\pi) + i \sin(q\alpha\pi)$; und dies wird niemals $= 1$, wenn man α irrational wählt.

Und da hier rechter Hand alles außer dem Nenner n feste Werte hat, so streben mit wachsendem n diese arithmetischen Mittel

$$\frac{g_0 + g_1 + \cdots + g_{n-1}}{n} \to 0.$$

Für $k = 0$ würde es sich um die identisch konstante Funktion $g(z) \equiv a$ handeln, für welche dann die Mittel

$$\frac{g_0 + g_1 + \cdots + g_{n-1}}{n} \to a$$

streben, denn der Quotient ist ja jetzt für jedes n stets $= a$. Betrachtet man endlich die etwas allgemeinere Funktion

$$g(z) = \frac{b_{-l}}{(z-z_0)^l} + \frac{b_{-l+1}}{(z-z_0)^{l-1}} + \cdots + \frac{b_{-1}}{z-z_0} + b_0 + b_1(z-z_0) + \cdots$$
$$\cdots + b_m(z-z_0)^m,$$

bei der l und m feste ganze Zahlen $\geqq 0$ bedeuten, und bildet man die analogen arithmetischen Mittel

$$\frac{g_0 + g_1 + \cdots + g_{n-1}}{n}$$

(bei denen also wieder $g_\nu = g(z_0 + \varrho\,\eta^\nu)$, $\nu = 0, 1, \ldots,$ gesetzt ist), so streben diese nach den beiden vorweg behandelten Fällen ersichtlich $\to b_0$. Weiß man überdies, daß die Funktion $g(z)$ für *alle* z des Kreises $|z - z_0| = \varrho$ ihrem Betrage nach niemals größer als die Konstante K ist, so ist auch stets

$$\left|\frac{g_0 + g_1 + \cdots + g_{n-1}}{n}\right| \leqq \frac{nK}{n} = K$$

und folglich auch

$$|b_0| \leqq K.$$

Nach diesen Vorbemerkungen ist nun der Beweis des Satzes ganz einfach: Es sei p eine bestimmte ganze Zahl $\geqq 0$. Da $\sum |a_n|\,\varrho^n$ konvergiert, kann nach Wahl von $\varepsilon > 0$ die Zahl $q > p$ so bestimmt werden, daß

$$|a_{q+1}|\,\varrho^{q+1} + |a_{q+2}|\,\varrho^{q+2} + \cdots < \varepsilon$$

ist. Dann ist erst recht für alle $|z - z_0| = \varrho$

$$\left|\sum_{n=q+1}^{\infty} a_n (z-z_0)^n\right| < \varepsilon$$

und also für dieselben z

$$\left|\sum_{n=0}^{q} a_n (z-z_0)^n\right| < M + \varepsilon.$$

wenn M die im Satz genannte Bedeutung hat. Folglich ist auf dieser Peripherie $|z-z_0| = \varrho$ stets

$$\left|\frac{a_0}{(z-z_0)^p} + \cdots + \frac{a_{p-1}}{z-z_0} + a_p + a_{p+1}(z-z_0) + \cdots + a_q(z-z_0)^{q-p}\right| \leqq \frac{M+\varepsilon}{\varrho^p}.$$

Hier steht aber eine Funktion zwischen den Absolutzeichen, wie wir sie eben behandelt haben. Die dabei gewonnene Abschätzung $|b_0| \leqq K$ lautet jetzt

$$|a_p| \leqq \frac{M+\varepsilon}{\varrho^p},$$

und da $\varepsilon > 0$ beliebig war, so muß sogar (vgl. Fußnote zu **41, 1**)

$$|a_p| \leqq \frac{M}{\varrho^p}$$

sein, w. z. b. w.

§ 55. Die elementaren analytischen Funktionen.

I. Die rationalen Funktionen.

1. Die rationale Funktion $w = \frac{1}{1-z}$ ist für jeden von $+1$ verschiedenen Mittelpunkt z_0 in eine Potenzreihe entwickelbar:

$$\frac{1}{1-z} = \frac{1}{1-z_0-(z-z_0)} = \frac{1}{1-z_0} \cdot \frac{1}{1-\frac{z-z_0}{1-z_0}} = \sum_{n=0}^{\infty} \frac{1}{(1-z_0)^{n+1}} \cdot (z-z_0)^n;$$

und diese Reihe ist konvergent, wenn $|z-z_0| < |1-z_0|$ ist, wenn also z näher an z_0 liegt als der Punkt $+1$, m. a. W. der Konvergenzkreis ist der durch den Punkt $+1$ gehende Kreis mit dem Mittelpunkt z_0. Die Funktion $\frac{1}{1-z}$ ist also in jedem von $+1$ verschiedenen Punkt der Ebene analytisch.

Bei diesem Beispiel machen wir noch flüchtig auf folgende Erscheinung aufmerksam, die in der Funktionentheorie prinzipielle Bedeutung gewinnt: Wenn die geometrische Reihe $\sum z^n$, deren Konvergenzkreis der Einheitskreis ist, nach dem TAYLORschen Satz um einen im Innern des Einheitskreises gelegenen neuen Mittelpunkt z_1 entwickelt wird, so können wir nach jenem Satz mit Sicherheit nur behaupten, daß die neue Reihe mindestens in demjenigen Kreise konvergiert, der den Mittelpunkt z_1 hat und den Einheitskreis von innen berührt. Jetzt sehen wir, daß der Konvergenzkreis der neuen Reihe sehr wohl über den alten hinausreichen kann. Dies wird nämlich immer eintreten, wenn z_1 nicht gerade positiv reell ist. Ist z_1 negativ reell, so wird der neue Kreis sogar den alten völlig einschließen. (Vgl. Fußnote 2 zu **99**.)

2. Da eine ganze rationale Funktion

$$a_0 + a_1 z + a_2 z^2 + \cdots + a_m z^m$$

als eine beständig konvergente Potenzreihe angesehen werden muß, so sind diese Funktionen *in der ganzen Ebene analytisch.* Also sind auch die gebrochenen rationalen Funktionen

$$\frac{a_0 + a_1 z + \cdots + a_m z^m}{b_0 + b_1 z + \cdots + b_k z^k}$$

sicher in allen den Punkten der Ebene analytisch, in denen der Nenner $\neq 0$ ist, — also überall mit Ausnahme von endlich vielen Punkten. Ihre Potenzreihenentwicklung in einem Punkte z_0, in dem der Nenner $\neq 0$ ist, ergibt sich folgendermaßen: Indem man in Zähler und Nenner z durch $z_0 + (z - z_0)$ ersetzt und nach Potenzen von $(z - z_0)$ umordnet, erhält eine solche Funktion die Form

$$\frac{a'_0 + a'_1 (z - z_0) + \cdots + a'_m (z - z_0)^m}{b'_0 + b'_1 (z - z_0) + \cdots + b'_k (z - z_0)^k},$$

in der wegen unserer Annahme $b'_0 \neq 0$ ist. Nun kann nach **105**, 4 die Division ausgeführt und der Quotient in die verlangte Potenzreihe der Form $\sum c_n (z - z_0)^n$ entwickelt werden[1].

II. Die Exponentialfunktion.

Die Reihe

$$1 + \frac{z}{1!} + \frac{z^2}{2!} + \cdots + \frac{z^n}{n!} + \cdots$$

ist eine beständig konvergente Potenzreihe und definiert also eine in der ganzen Ebene reguläre, d. h. *ganze Funktion*: Jedem Punkte z der Ebene ist eine wohlbestimmte Zahl w, nämlich die Summe dieser Reihe, zugeordnet.

Diese Funktion, deren Wert für reelle $z = x$ mit dem gemäß der Definition in **33** erklärten Wert von e^x übereinstimmt, benutzt man zweckmäßig dazu, um die Potenzen der Basis e (und dann weiterhin auch gleich diejenigen einer beliebigen *positiven* Basis) für alle komplexen Exponenten zu definieren:

---

[1] Ein anderer Weg ist der, daß man zunächst die gegebene rationale Funktion in Partialbrüche zerlegt. Sie erscheint dann, wenn man von einer etwa auftretenden ganzen rationalen Funktion absieht, als Summe endlich vieler Brüche der Form

$$\frac{A}{(z-a)^q} = \frac{A}{(-a)^q} \cdot \left(\frac{1}{1 - \frac{z}{a}}\right)^q,$$

die man nun, wenn $z_0 \neq a$ ist, nach 1 einzeln in Potenzreihen der Form $\sum c_n (z - z_0)^n$ entwickelt. — Bei dieser Methode erkennt man noch, daß der Radius der entstehenden Entwicklung mindestens gleich dem Abstande sein wird, den z_0 von dem nächstgelegenen derjenigen Punkte hat, in denen der Nenner der gegebenen Funktion verschwindet.

236. **Definition.** *Für alle reellen oder komplexen Exponenten wird die Bedeutung der Potenz* e^z *eindeutig durch die Gleichung*

$$e^z = 1 + \frac{z}{1!} + \frac{z^2}{2!} + \cdots + \frac{z^n}{n!} + \cdots$$

festgelegt. Ist dann weiter p *eine beliebige positive Zahl, so soll unter* p^z *der eindeutig durch die Formel*

$$p^z = e^{z \log p}$$

festgelegte Wert verstanden werden, wenn hierin $\log p$ *den in* **36** *definierten (reellen) natürlichen Logarithmus von* p *bedeutet*[1]. (Für eine nicht positive Basis b läßt sich die Potenz b^z nicht mehr *eindeutig* definieren; doch vgl. dazu **244**.)

Da eine Potenz mit komplexen Exponenten von sich aus gar keine Bedeutung hatte, so durfte man sie an und für sich ganz beliebig erklären. Maßgebend für die Wahl einer bestimmten Erklärung können dabei nur Zweckmäßigkeitsgründe sein. Daß die eben gegebene Erklärung eine durchaus zweckmäßige ist, liegt (abgesehen von der selbstverständlichen Forderung, daß sie für reelle Exponenten mit der früheren übereinstimmen muß) in der Formel **91**, Beispiel 3 begründet[2], die, weil auf Grund einer allgemein gültigen Reihenmultiplikation bewiesen, nun auch für beliebige komplexe Exponenten gelten muß:

237. $$e^{z_1} \cdot e^{z_2} = e^{z_1 + z_2}$$

und folglich auch

$$p^{z_1} \cdot p^{z_2} = p^{z_1 + z_2}.$$

Dieses wichtige Grundgesetz für das Rechnen mit Potenzen bleibt also jedenfalls erhalten. Es liefert uns zugleich den Schlüssel zur weiteren Erforschung der Funktion e^z.

238. 1. Berechnung von e^z. Für reelles y ist

$$e^{iy} = \sum_{n=0}^{\infty} \frac{(iy)^n}{n!} = \sum_{k=0}^{\infty} (-1)^k \frac{y^{2k}}{(2k)!} + i \sum_{k=0}^{\infty} (-1)^k \frac{y^{2k+1}}{(2k+1)!}$$

$$= \cos y + i \sin y$$

und folglich für $z = x + iy$

$$e^z = e^{x+iy} = e^x \cdot e^{iy} = e^x (\cos y + i \sin y),$$

---

[1] Man beachte, wie weit man sich mit dieser Definition von der elementaren Definition „x^k ist das Produkt von k Faktoren, die alle $= x$ sind", entfernt hat. — Im Augenblick ist noch gar nicht zu erkennen, *welchen Wert* z. B. 2^i hat; er ist aber jedenfalls durch die obige Definition eindeutig festgelegt.

[2] Nach **234**, 2 kann es neben der eben definierten Funktion e^z *keine andere* in der Umgebung des Nullpunktes reguläre analytische Funktion geben, die für reelle $z = x$ mit der gemäß **33** erklärten Funktion e^x übereinstimmt. Daher kann man sogar sagen, daß jede von der obigen verschiedene Definition der Potenz e^z notwendig unzweckmäßig sein wird.

eine Formel[1], mit deren Hilfe man nun den Wert von e^z für jedes komplexe z bequem berechnen kann.

Darüber hinaus aber gibt uns diese Formel eine bequeme und vollständige Einsicht in die Werte, die die Funktion e^z in den verschiedenen Punkten der komplexen Ebene hat (kurz: in ihren *Wertevorrat*). Wir heben die folgenden Tatsachen hervor.

2. *Es ist* $|e^z| = e^{\Re(z)} = e^x$. In der Tat ist $|e^{iy}| = |\cos y + i\sin y| = \sqrt{\cos^2 y + \sin^2 y} = 1$, also $|e^z| = |e^x|\cdot|e^{iy}| = e^x$, weil $e^x > 0$ und der zweite Faktor $= 1$ ist. Ebenso ist

$$\operatorname{arc} e^z = \Im(z) = y,$$

wie gleichfalls aus der eben benutzten Formel **238,** 1 abzulesen ist.

3. e^z *hat die Perioden* $2k\pi i$, d. h. es ist für alle z

$$e^z = e^{z+2\pi i} = e^{z+2k\pi i}, \qquad (k \gtreqless 0, \text{ ganz});$$

denn wenn z um $2\pi i$ vermehrt wird, so vermehrt sich sein imaginärer Teil y um 2π, was nach 1 und § 24, 2 keine Änderung des Wertes von e^z hervorbringt. Alle Werte also, die e^z überhaupt anzunehmen vermag, nimmt es schon in dem Sreifen $-\pi < \Im(z) = y \leqq \pi$ an oder in irgendeinem Streifen, der aus diesem durch eine Parallelverschiebung hervorgeht. Jeden dieser Streifen bezeichnet man als einen *Periodenstreifen*; Fig. 11 veranschaulicht den zuerst genannten unter ihnen.

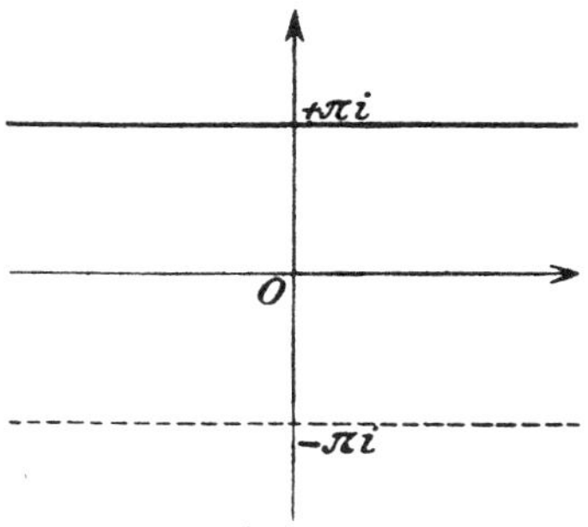

Fig. 11.

4. e^z *hat auch keine andern Perioden*, ja sogar genauer: wenn für zwei *spezielle* Zahlen z_1 und z_2 die Gleichung

$$e^{z_1} = e^{z_2}$$

besteht, so muß

$$z_2 = z_1 + 2k\pi i$$

sein. In der Tat folgt zunächst, daß $e^{z_2 - z_1} = 1$ sein muß. Ist aber

$$e^z = e^{x+iy} = e^x(\cos y + i\sin y) = 1,$$

so ist nach 2 *zunächst* $e^x = 1$, also $x = 0$. Dann ergibt sich weiter

$$\cos y + i\sin y = 1,$$

d. h.

$$\cos y = 1, \quad \sin y = 0,$$

also $y = 2k\pi$, und folglich

$$z = z_2 - z_1 = 2k\pi i, \qquad \text{w. z. b. w.}$$

---

[1] Euler: Intr. in Analysin inf. Bd. 1, § 138. 1748.

5. *e^z nimmt im Periodenstreifen jeden Wert $w \neq 0$ ein- und nur einmal an*; oder: die Gleichung $e^z = w_1$ hat bei gegebenem $w_1 \neq 0$ in jenem Streifen eine und nur eine Lösung.

Ist $w_1 = R_1(\cos\Phi_1 + i\sin\Phi_1)$ mit $R_1 > 0$, so ist die Zahl

$$z_1 = \log R_1 + i\,\Phi_1$$

wegen $e^{z_1} = e^{\log R_1} e^{i\Phi_1} = R_1(\cos\Phi_1 + i\sin\Phi_1) = w_1$ jedenfalls *eine* Lösung von $e^{z_1} = w_1$. Nach 3 sind dann auch die Zahlen

$$z_1 + 2k\pi i, \qquad (k = 0, \pm 1, \pm 2, \ldots),$$

Lösungen derselben Gleichung, und nach 4 kann es außer diesen keine andern geben. Hierin kann man nun aber k stets auf eine und nur eine Weise so wählen, daß

$$-\pi < \mathfrak{J}(z_1 + 2k\pi i) \leqq +\pi$$

wird, w. z. b. w.

6. *Den Wert 0 nimmt e^z nirgends an*; denn nach **237** ist

$$e^z \cdot e^{-z} = 1,$$

so daß niemals $e^z = 0$ sein kann.

7. Die Ableitung $(e^z)'$ von e^z ist wieder $= e^z$, wie sich sofort durch gliedweise Differentiation der Potenzreihe ergibt, durch die e^z definiert ist.

8. Aus **238**, 1 erhält man noch die besonderen Werte

$$e^{2\pi i} = 1, \quad e^{\pi i} = -1, \quad e^{\frac{\pi i}{2}} = i, \quad e^{-\frac{\pi i}{2}} = -i.$$

III. Die Funktionen $\cos z$ und $\sin z$.

Auch bei den trigonometrischen Funktionen kann man ihre beständig konvergenten Potenzreihenentwicklungen dazu benutzen, um sie für alle komplexen Werte des Argumentes zu erklären.

239. **Definition.** *Die Summe der beständig konvergenten Potenzreihe*

$$1 - \frac{z^2}{2!} + \frac{z^4}{4!} - + \cdots + (-1)^k \frac{z^{2k}}{(2k)!} + \cdots$$

bezeichnet man mit **cos z**, *die der beständig konvergenten Reihe*

$$\frac{z}{1!} - \frac{z^3}{3!} + \frac{z^5}{5!} - + \cdots + (-1)^k \frac{z^{2k+1}}{(2k+1)!} + \cdots$$

mit **sin z**, *und zwar für jedes komplexe z.*

Für reelle $z = x$ haben wir jedenfalls die bisherigen Funktionswerte $\cos x$ und $\sin x$ vor uns. Und wir haben nun wieder zu prüfen, ob diese Definitionen auch in dem Sinne zweckmäßig sind, daß die durch sie erklärten, *in der ganzen Ebene analytischen, also ganzen Funktionen*[1]

[1] Auch hier gilt eine zu der S. 426, Fußn. 2 gegebenen ganz analoge Bemerkung.

dieselben Grundeigenschaften besitzen wie die reellen Funktionen $\cos x$ und $\sin x$. Daß dies wieder in vollstem Maße der Fall ist, wird durch die folgende Zusammenstellung ihrer Haupteigenschaften belegt:

1. *Es gelten für jedes komplexe z die Formeln* **240.**

$$\cos z + i \sin z = e^{iz}, \qquad \cos z - i \sin z = e^{-iz},$$

aus denen weiter

$$\cos z = \frac{e^{iz} + e^{-iz}}{2}, \qquad \sin z = \frac{e^{iz} - e^{-iz}}{2i}$$

folgt (***Euler*sche Formeln**).

Der Beweis ergibt sich unmittelbar, indem man beiderseits die Potenzreihen einsetzt, die die betreffenden Funktionen definieren.

2. *Es gelten auch für komplexe z die Additionstheoreme*

$$\cos(z_1 + z_2) = \cos z_1 \cos z_2 - \sin z_1 \sin z_2,$$
$$\sin(z_1 + z_2) = \cos z_1 \sin z_2 + \sin z_1 \cos z_2;$$

denn nach **237** ist zunächst

$$e^{i(z_1+z_2)} = e^{iz_1} \cdot e^{iz_2},$$

also nach 1

$$\cos(z_1 + z_2) + i \sin(z_1 + z_2)$$
$$= (\cos z_1 + i \sin z_1)(\cos z_2 + i \sin z_2)$$
$$= (\cos z_1 \cos z_2 - \sin z_1 \sin z_2) + i(\cos z_1 \sin z_2 + \sin z_1 \cos z_2).$$

Ersetzt man z_1 und z_2 durch $-z_1$ und $-z_2$ und beachtet, daß $\cos z$ eine gerade, $\sin z$ eine ungerade Funktion ist, so ergibt sich eine entsprechende Formel, bei der nur beiderseits der Faktor i durch $-i$ ersetzt erscheint. Addition und Subtraktion beider liefert dann die Additionstheoreme.

3. Dadurch, daß die Additionstheoreme für unsere beiden ganzen Funktionen formal die gleichen sind wie für die Funktionen $\cos x$ und $\sin x$ des reellen Argumentes x, ist nicht nur die Berechtigung für die Bezeichnung dieser Funktionen als $\cos z$ und $\sin z$ hinreichend erbracht, sondern zugleich gezeigt, daß *der gesamte Formelapparat der sogenannten Goniometrie,* der doch aus den Additionstheoremen hergeleitet wird, ungeändert weiter *bestehen bleibt.* Insbesondere gelten also die Formeln

$$\cos^2 z + \sin^2 z = 1, \qquad \cos 2z = \cos^2 z - \sin^2 z,$$
$$\sin 2z = 2 \sin z \cos z, \qquad \text{usw.}$$

ungeändert auch *für jedes komplexe z.*

4. *Auch die Periodizitätseigenschaften der Funktionen bleiben im*

Komplexen erhalten, denn auch sie sind ja nur eine Folge der Additionstheoreme:

$$\cos(z+2\pi) = \cos z \cdot \cos 2\pi - \sin z \cdot \sin 2\pi = \cos z,$$
$$\sin(z+2\pi) = \cos z \cdot \sin 2\pi + \sin z \cdot \cos 2\pi = \sin z.$$

5. *Die aus dem Reellen her bekannten Nullstellen von* $\cos z$ *und* $\sin z$ *sind auch im Komplexen die einzigen*[1]. In der Tat, soll $\cos z = 0$ sein, so muß nach 1 notwendig $e^{iz} = -e^{-iz}$, oder

$$e^{2iz} = -1 = e^{\pi i}$$

und also

$$e^{2iz-\pi i} = 1$$

sein. Nach **238**, 4 findet dies dann und nur dann statt, wenn

$$2iz - \pi i = 2k\pi i \quad \text{oder also} \quad z = (2k+1)\frac{\pi}{2}$$

ist. Und soll $\sin z = 0$ sein, so muß nach 1 jetzt $e^{iz} = e^{-iz}$ oder $e^{2iz} = 1$, also $2iz = 2k\pi i$, $z = k\pi$ sein, w. z. b. w.

6. *Es ist dann und nur dann* $\cos z_1 = \cos z_2$, *wenn* $z_2 = \pm z_1 + 2k\pi$ ist, — also unter denselben Bedingungen wie im Reellen. *Ebenso ist dann und nur dann* $\sin z_1 = \sin z_2$, *wenn* $z_2 = z_1 + 2k\pi$ *oder* $= \pi - z_1 + 2k\pi$. In der Tat folgt aus

$$\cos z_1 - \cos z_2 = -2\sin\frac{z_1+z_2}{2}\sin\frac{z_1-z_2}{2} = 0$$

nach 5, daß entweder $\frac{z_1+z_2}{2}$ oder $\frac{z_1-z_2}{2} = k\pi$ sein muß; und ebenso folgt aus

$$\sin z_1 - \sin z_2 = 2\cos\frac{z_1+z_2}{2}\sin\frac{z_1-z_2}{2} = 0$$

nach 5, daß entweder $\frac{z_1-z_2}{2} = k\pi$ oder $\frac{z_1+z_2}{2} = (2k+1)\frac{\pi}{2}$ sein muß, w. z. b. w.

7. $\cos z$ *und* $\sin z$ *nehmen im Periodenstreifen, d. h. in dem Streifen* $-\pi < \mathfrak{R}(z) \leqq +\pi$, *jeden komplexen Wert* w *an*, und zwar hat dort jede der Gleichungen $\cos z = w$ und $\sin z = w$ genau *zwei* Lösungen, wenn $w \neq \pm 1$ ist, dagegen nur genau *eine Lösung*, wenn $w = \pm 1$ ist.

Beweis. Soll $\cos z = w$ sein, so muß $e^{iz} + e^{-iz} = 2w$ oder $e^{iz} = w + \sqrt{w^2-1}$ sein. (Hierbei soll $\sqrt{r(\cos\varphi + i\sin\varphi)}$ eine der

[1] Oder also: Die Summe der Potenzreihe $1 - \frac{z^2}{2!} + - \cdots$ ist dann und nur dann $= 0$, wenn z einen der Werte $(2k+1)\frac{\pi}{2}$, $(k = 0, \pm 1, \pm 2, \ldots)$, bedeutet; analog für die sin-Reihe.

Zahlen, z. B. $r^{\frac{1}{2}}\left(\cos\frac{\varphi}{2} + i\sin\frac{\varphi}{2}\right)$, bedeuten, deren Quadrat den Radikanden ergibt.) Da nun sicher $w + \sqrt{w^2 - 1} \neq 0$ ist[1], so gibt es nach **238**, 5 eine komplexe Zahl z' mit $-\pi < \mathfrak{J}(z') \leqq +\pi$, für die $e^{z'} = w + \sqrt{w^2 - 1}$. Setzt man $-iz' = z$, so ist z eine Zahl, für die

$$-\pi < \mathfrak{R}(z) \leqq +\pi \quad \text{und} \quad e^{iz} = w + \sqrt{w^2 - 1} \quad \text{oder} \quad \cos z = w$$

ist. Die vorgelegte Gleichung hat also unter allen Umständen mindestens eine Lösung im Periodenstreifen. Nach 6 gibt es aber dann und nur dann eine zweite davon verschiedene Lösung, nämlich $-z$, im Periodenstreifen, wenn $z \neq 0$ und $\neq \pi$, also $w \neq \pm 1$ ist.

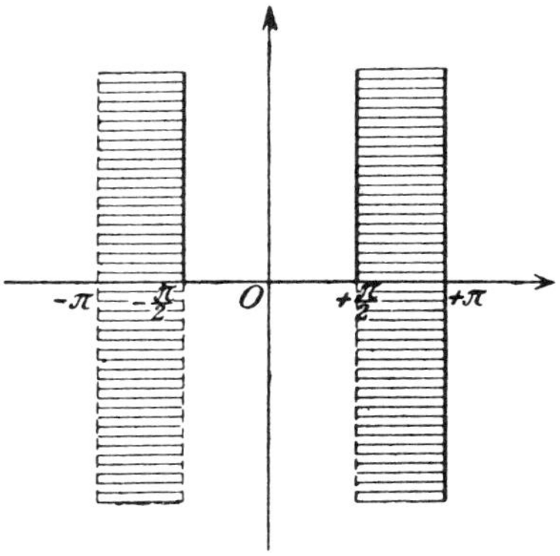

Fig. 12.

Ganz analog verfährt man mit der Gleichung $\sin z = w$. Bei dieser überzeugt man sich noch leicht, daß stets eine und nur eine Lösung dieser Gleichung in dem in Fig. 12 *nicht schraffierten* Teile des Periodenstreifens liegt, wenn diesem die stark ausgezogenen, nicht aber die gestrichelten Teile des Randes zugerechnet werden (s. u. VI).

8. **Für die Ableitung gilt wie im Reellen:**

$$(\cos z)' = -\sin z, \qquad (\sin z)' = \cos z.$$

IV. Die Funktionen ctg z und tg z.

1. Da $\cos z$ und $\sin z$ in der ganzen Ebene analytisch sind, werden auch die Funktionen

$$\operatorname{ctg} z = \frac{\cos z}{\sin z} \quad \text{und} \quad \operatorname{tg} z = \frac{\sin z}{\cos z}$$

in jedem Punkte der Ebene regulär sein, außer in den Punkten $k\pi$ bzw. $(2k+1)\frac{\pi}{2}$, in denen $\sin z$ bzw. $\cos z$ verschwindet. Ihre Potenzreihenentwicklungen könnte man durch Ausführung der Division der cos- und sin-Reihe gewinnen. Da diese Operation rein formaler Natur ist, muß sie jetzt dasselbe Ergebnis haben wie im Reellen. Nach § 24, 4, wo wir das Resultat dieser Division auf einem besonderen Wege gewonnen hatten, ist also

$$z \operatorname{ctg} z = \sum_{k=0}^{\infty} (-1)^k \frac{2^{2k} B_{2k}}{(2k)!} z^{2k}$$ 241.

$$\operatorname{tg} z = \sum_{k=1}^{\infty} (-1)^{k-1} \frac{2^{2k}(2^{2k}-1) B_{2k}}{(2k)!} z^{2k-1}.$$

---

[1] Denn da $w^2 - 1 \neq w^2$, so ist auch $\sqrt{w^2 - 1} \neq \pm w$.

Auf Grund von **94** und **136** sind wir jetzt auch in der Lage, den genauen Konvergenzradius dieser Reihen anzugeben: Der Betrag des Koeffizienten von z^{2k} in der ersten der beiden Reihen ist nach **136**

$$= (-1)^{k-1} \frac{2^{2k} \cdot B_{2k}}{(2k)!} = \frac{2 \cdot 2^{2k}}{(2\pi)^{2k}} \cdot \sum_{n=1}^{\infty} \frac{1}{n^{2k}}.$$

Die $(2k)^{\text{te}}$ Wurzel hieraus ist

$$= \frac{1}{\pi} \cdot \sqrt[2k]{2 \cdot s_{2k}},$$

wenn mit s_{2k} die Summe $\sum \frac{1}{n^{2k}}$ bezeichnet wird. Da diese aber für alle $k = 1, 2, \ldots$ zwischen 1 und 2 gelegen ist (denn für $k = 1$ ist sie $= \frac{\pi^2}{6}$, für alle andern k kleiner, doch > 1), so strebt

$$\sqrt[2k]{(-1)^{k-1} \frac{2^{2k} B_{2k}}{(2k)!}} \to \frac{1}{\pi},$$

so daß nach **94** der Radius der ctg-Reihe $= \pi$ ist. Ähnlich ergibt sich der der tg-Reihe als $\frac{\pi}{2}$.

2. $\operatorname{ctg} z$ *und* $\operatorname{tg} z$ *haben die Periode* π, denn $\cos z$ und $\sin z$ wechseln *beide* nur das Vorzeichen, wenn z um π vermehrt wird. Auch hier kann genauer gezeigt werden, daß aus

$$\operatorname{ctg} z_1 = \operatorname{ctg} z_2 \quad \text{und ebenso aus} \quad \operatorname{tg} z_1 = \operatorname{tg} z_2$$

stets

$$z_2 = z_1 + k\pi, \qquad (k = 0, \pm 1, \ldots),$$

folgt. In der Tat folgt aus

$$\operatorname{ctg} z_1 - \operatorname{ctg} z_2 = \frac{\cos z_1}{\sin z_1} - \frac{\cos z_2}{\sin z_2} = \frac{\sin(z_2 - z_1)}{\sin z_1 \cdot \sin z_2} = 0,$$

daß $\sin(z_2 - z_1) = 0$, also $z_2 - z_1 = k\pi$ sein muß; und ebenso ergibt sich die Behauptung bezüglich der zweiten Gleichung.

3. *Im „Periodenstreifen", d. h. im Streifen* $-\frac{\pi}{2} < \Re(z) \leqq +\frac{\pi}{2}$ *nehmen* $\operatorname{ctg} z$ *und* $\operatorname{tg} z$ *jeden komplexen Wert* $w \neq \pm i$ *genau einmal an;* $w = \pm i$ *werden gar nicht angenommen.* Soll nämlich $\operatorname{ctg} z = w$ sein, so muß, wenn $e^{2iz} = \zeta$ gesetzt wird,

$$i\frac{\zeta + 1}{\zeta - 1} = w \quad \text{oder} \quad \zeta = \frac{w + i}{w - i}$$

sein. Da nun $w \neq \pm i$ sein sollte, so ist ζ eine bestimmte, von 0 verschiedene komplexe Zahl; es gibt daher (nach II, 5) ein z' mit $-\pi < \Im(z') \leqq \pi$, für das $e^{z'} = \zeta$ ist. Für $z = -i\frac{z'}{2}$ ist dann

$$-\frac{\pi}{2} < \Re(z) \leqq \frac{\pi}{2} \quad \text{und} \quad \operatorname{ctg} z = w,$$

d. h. z ist eine Lösung der letzten Gleichung im vorgeschriebenen Streifen. Nach 2 kann dort keine zweite Lösung liegen. Daß endlich die Gleichungen $\operatorname{ctg} z = \pm i$ gar nicht lösbar sind, erkennt man daraus, daß ihr Bestehen die Gleichung

$$\operatorname{ctg}^2 z + 1 = 0$$

zur Folge hätte, die wegen $\cos^2 z + \sin^2 z = 1$ tatsächlich für kein z gültig sein kann. — Für $\operatorname{tg} z$ verfährt man ganz analog.

4. *Auch die in § 24, 5 abgeleitete Partialbruchzerlegung für die* ctg-*Funktion bleibt ungeändert für alle komplexen z bestehen, die von* 0, ± 1, $\pm 2, \ldots$ *verschieden sind* (und ähnlich die Zerlegungen von $\operatorname{tg} z$, $\frac{1}{\sin z}$ usw.). In der Tat kann die ganze dortige Entwicklung, ohne auch nur ein Wort zu ändern, „komplex gelesen" werden[1]. Es ist also insbesondere für alle obengenannten z

$$\pi z \operatorname{ctg} \pi z = 1 + z \sum_{n=1}^{\infty} \left[\frac{1}{z-n} + \frac{1}{z+n}\right] = 1 + 2z^2 \cdot \sum_{n=1}^{\infty} \frac{1}{z^2 - n^2}.$$

Da endlich

$$\pi z \operatorname{ctg} \pi z = i \pi z \frac{e^{i\pi z} + e^{-i\pi z}}{e^{i\pi z} - e^{-i\pi z}} = i \pi z \frac{e^{2i\pi z} + 1}{e^{2i\pi z} - 1}$$

ist, so erhält man hieraus, wenn man $2 i \pi z$ einfach durch z ersetzt, noch die Entwicklung

$$\frac{z}{2} \cdot \frac{e^z + 1}{e^z - 1} = 1 + \sum_{n=1}^{\infty} \frac{2z^2}{z^2 + 4\pi^2 n^2}$$

oder also die Entwicklung

$$\frac{1}{z}\left[\frac{1}{1 - e^{-z}} - \frac{1}{z} - \frac{1}{2}\right] = \sum_{n=1}^{\infty} \frac{2}{z^2 + 4\pi^2 n^2},$$

gültig für alle komplexen z, die von $2k\pi i$, ($k \lesseqgtr 0$, ganzzahlig), verschieden sind. Damit ist auch die Gültigkeit der S. 391 gewonnenen, besonders merkwürdigen Partialbruchzerlegung auf komplexe z erweitert und zugleich der wahre Zusammenhang zwischen dieser und der ctg-Zerlegung aufgedeckt, der bisher als ein mehr zufälliger erschien.

V. Die logarithmische Reihe.

In § 25 sahen wir, daß für $|x| < 1$ die Reihe

$$y = \sum_{n=1}^{\infty} \frac{(-1)^{n-1}}{n} x^n$$

[1] Gerade um dies zu ermöglichen, hatten wir damals einige Abschätzungen (z. B. die S. 211, Fußnote 1 erwähnte) etwas anders gemacht, als es im Reellen erforderlich war.

die zur Exponentialfunktion $e^y - 1$ inverse Funktion darstellt, d. h. wenn man y in die Reihe

$$y + \frac{y^2}{2!} + \frac{y^3}{3!} + \cdots$$

einsetzt und die (sicher erlaubte) Umordnung nach Potenzen von x vornimmt, so reduziert sich die neue Reihe einfach auf x. Diese Tatsache muß — weil rein formaler Natur — auch noch für komplexe Größen bestehen bleiben. Es ist daher auch für alle $|z| < 1$

$$e^w - 1 = z \quad \text{oder} \quad e^w = 1 + z,$$

wenn w die Summe der Reihe

$$(L) \qquad w = \sum_{n=1}^{\infty} \frac{(-1)^{n-1}}{n} z^n$$

bedeutet. Wir benutzen nun auch im Komplexen die folgende

242. **Definition.** *Es soll a e i n natürlicher Logarithmus von c, in Zeichen*

$$a = \log c,$$

genannt werden, wenn $e^a = c$ ist.

Nach II, 5 können wir dann zunächst sagen, daß jede von 0 verschiedene komplexe Zahl c einen und nur einen Logarithmus besitzt, dessen imaginärer Teil zwischen $-\pi$ ausschließlich und $+\pi$ einschließlich gelegen ist (der Zahl 0 aber kann nach II, 6 auf keine Weise ein Logarithmus zugesprochen werden). Diesen eindeutig bestimmten Wert wollen wir genauer den *Hauptwert* des natürlichen Logarithmus von c nennen; denn neben ihm gibt es noch unendlich viele weitere Logarithmen, da neben $e^a = c$ auch $e^{a+2k\pi i} = c$ ist. Ist also a der Hauptwert des Logarithmus von c, so sind auch die Zahlen

$$a + 2k\pi i, \qquad \left(k \gtrless 0, \text{ ganzzahlig}\right),$$

als natürliche Logarithmen von c zu bezeichnen. Man nennt sie (für $k \neq 0$) seine Nebenwerte[1]). Nach **238**, 4 kann es außer diesen Zahlen $a + 2k\pi i$ nun keine weiteren Logarithmen von c mehr geben. Für jeden seiner Werte gilt

$$\Re(\log c) = \log |c|, \qquad \Im(\log c) = \operatorname{arc} c,$$

wenn in der ersten Gleichung $\log |c|$ den (eindeutigen) reellen Logarithmus der positiven Zahl $|c|$ bedeutet und die zweite Gleichung dahin verstanden wird, daß die Gesamtheit der Werte der einen Seite mit der Gesamtheit der Werte der anderen Seite übereinstimmt.

Nach diesen Festsetzungen können wir nun sagen: Die Reihe (L) liefert

---

[1] Ist c positiv reell, so stimmt der Hauptwert von $\log c$ mit dem früher (**36**, Def.) definierten (reellen) natürlichen Logarithmus überein.

im Einheitskreise *einen* Logarithmus von $(1 + z)$. Wir beweisen aber gleich genauer den

Satz. *Die logarithmische Reihe* 243.

$$(L) \qquad w = \sum_{n=1}^{\infty} \frac{(-1)^{n-1}}{n} z^n$$

liefert im Einheitskreis einschließlich aller seiner von -1 *verschiedenen Randpunkte den Hauptwert von* $\log(1+z)$, *der somit eine im Innern des Einheitskreises reguläre analytische Funktion von* z *ist.*

Beweis. Daß die Reihe für jedes $z \neq -1$, für das $|z| \leqq 1$ ist, konvergiert, wurde schon unter **230**, 3 gezeigt. (Man hat dort nur z durch $-z$ zu ersetzen.) Für diese z hat arc $(1+z)$ genau einen Wert ψ, für den $-\frac{\pi}{2} < \psi < +\frac{\pi}{2}$ ist. Daher gilt für den imaginären Teil des Summenwertes w der Reihe (L)

$$(\mathfrak{J}) \qquad \mathfrak{J}(w) = \mathfrak{J}(\log(1+z)) = \psi + 2k\pi i$$

mit einem ganzzahligen k. Nun ist aber w eine in $|z| < 1$ stetige Funktion von z, die für $z = 0$ den Wert 1 hat. Also ist auch $\mathfrak{J}(w)$ eine in $|z| < 1$ stetige Funktion. Darum muß k in der Gleichung $(\mathfrak{J})$ für alle diese z immer denselben Wert haben. Da aber für $z = 0$ offenbar auch $k = 0$ zu nehmen ist, so ist dies für alle $|z| < 1$ der Fall. Schließlich lehrt die Anwendung des Abelschen Grenzwertsatzes, daß die Summe unserer Reihe auch noch in den Punkten $z \neq -1$, für die $|z| = 1$ ist, gleich dem Hauptwert von $\log(1+z)$ ist.

VI. Die arc sin-Reihe.

Wie wir unter III, 7 sahen, hat die Gleichung $\sin w = z$ bei gegebenem komplexem $z \neq \pm 1$ stets genau *zwei* und für $z = \pm 1$ stets genau *eine* Lösung im Streifen $-\pi < \Re(w) \leqq +\pi$. Da die beiden Lösungen (nach III, 6) Spiegelbilder entweder in bezug auf den Punkt $+\frac{\pi}{2}$ oder den Punkt $-\frac{\pi}{2}$ sind, so können wir genauer sagen: Die Gleichung $\sin w = z$ hat bei beliebig gegebenem komplexem z (einschließlich ± 1) stets *genau eine* Lösung im Streifen

$$-\frac{\pi}{2} \leqq \Re(w) \leqq +\frac{\pi}{2},$$

wenn man von diesem Streifen noch die unterhalb der Achse des Reellen gelegenen Teile des Randes wegläßt (vgl. Fig. 12, wo die nicht zum

[1] Wir dürfen uns $\varphi \neq k\pi$ denken, da uns für die damit ausgeschlossenen reellen z der Inhalt des Satzes schon von früher her bekannt ist (vgl. die vorige Fußnote).

Streifen zu zählenden Randteile gestrichelt, die andern stark gezogen sind). Diese für *jedes* komplexe z eindeutig bestimmte Lösung der Gleichung $\sin w = z$ wird der *Hauptwert* der Funktion

$$\boldsymbol{w = \operatorname{arc}\sin z}$$

genannt. Alle übrigen Werte sind nach III, 6 in den beiden Formen

$$\begin{cases} \operatorname{arc}\sin z + 2k\pi \\ \pi - \operatorname{arc}\sin z + 2k\pi \end{cases}$$

enthalten. Man kann sie die *Nebenwerte* der Funktion nennen.

Für reelle $|x| \leqq 1$ liefert die Reihe **123**,

$$y = x + \frac{1}{2}\frac{x^3}{3} + \frac{1\cdot 3}{2\cdot 4}\frac{x^5}{5} + \cdots,$$

die Umkehrung der sin-Potenzreihe $y - \frac{y^3}{3!} + \frac{y^5}{5!} - + \cdots$.

Genau dieselben Erwägungen wie unter V. bei der logarithmischen Reihe lehren nun, daß auch für komplexe $|z| \leqq 1$ die Reihe

$$w = z + \frac{1}{2}\frac{z^3}{3} + \frac{1\cdot 3}{2\cdot 4}\frac{z^5}{5} + \cdots$$

die Umkehrung der sin-Potenzreihe $w - \frac{w^3}{3!} + - \cdots$ ist. Sie liefert daher jedenfalls *einen* der Werte von $\operatorname{arc}\sin z$. Daß sie gerade den *Hauptwert* liefert, folgt hier einfach daraus, daß für $|z| \leqq 1$, $z \neq \pm 1$,

$$|\Re(\operatorname{arc}\sin z)| \leqq |\operatorname{arc}\sin z| < |z| + \frac{1}{2}\frac{|z|^3}{3} + \frac{1\cdot 3}{2\cdot 4}\cdot\frac{|z|^5}{5} + \cdots$$

$$= \operatorname{arc}\sin|z| \leqq \operatorname{arc}\sin 1 = \frac{\pi}{2}$$

ist, — eine Bedingung, die eben nur von dem Hauptwert erfüllt wird.

VII. Die arctg-Reihe.

Die Gleichung $\operatorname{tg} w = z$ hat, wie wir aus IV, 3 wissen, bei gegebenem $z \neq \pm i$ stets eine und nur eine Lösung im Streifen $-\frac{\pi}{2} < \Re(w) \leqq +\frac{\pi}{2}$. Man nennt sie den *Hauptwert* der Funktion

$$\boldsymbol{w = \operatorname{arctg} z},$$

deren sämtliche anderen Werte dann (nach IV, 2) durch die Formel $\operatorname{arctg} z + k\pi$ erhalten werden. Die Gleichungen $\operatorname{tg} z = \pm i$ aber haben überhaupt keine Lösung.

Fast wörtlich dieselben Erwägungen wie soeben lehren nun wieder, daß für $|z| < 1$ die Reihe

$$\text{(A)} \qquad w = z - \frac{z^3}{3} + \frac{z^5}{5} - + \cdots$$

eine der Lösungen der Gleichung $\operatorname{tg} w = z$ liefert. Daß es gerade der

Hauptwert von $\operatorname{arctg} z$ ist, daß also der reelle Teil der Reihensumme zwischen $-\frac{\pi}{2}$ (ausschl.) und $+\frac{\pi}{2}$ (einschl.) liegt, (und daß dies auch noch für alle $|z| = 1$ gilt, die von $\pm i$ verschieden sind, erkennt man auf Grund der beim Logarithmus durchgeführten Betrachtungen folgendermaßen:

Die Summe w der Reihe (A) ist, wie man durch Einsetzen der log-Reihen sofort erkennt, für alle von $\pm i$ verschiedenen $|z| \leqq 1$

$$w = \frac{1}{2i}\log(1 + iz) - \frac{1}{2i}\log(1 - iz),$$

wobei unter den beiden Logarithmen deren Hauptwerte zu verstehen sind. Daher ist

$$\Re(w) = \tfrac{1}{2}\Im \log(1 + iz) - \tfrac{1}{2}\Im \log(1 - iz);$$

und da hier (nach **243**) Minuend und Subtrahend zwischen $-\frac{\pi}{4}$ und $+\frac{\pi}{4}$ liegen, so liegt $\Re(w)$ zwischen $-\frac{\pi}{2}$ und $+\frac{\pi}{2}$, jedesmal mit Ausschluß beider Grenzen. Die Reihe (A) stellt also sicher den Hauptwert von $\operatorname{arctg} z$ dar, solange $|z| \leqq 1$ und $z \neq \pm i$ ist, w. z. b. w.

VIII. Die Binomialreihe.

Von den im Reellen behandelten, besonderen Potenzreihen bleibt nun allein noch die Binomialreihe

$$(1 + x)^\alpha = \sum_{n=0}^{\infty} \binom{\alpha}{n} x^n$$

für den Fall zu untersuchen, daß die auftretenden Größen — außer x also auch der *Exponent* α — komplexe Werte annehmen. Wir beginnen mit der

Definition: *Unter dem* ***Hauptwert der Potenz*** b^a, *in der a und* **244.**
b beliebige komplexe Zahlen bedeuten, von denen jedoch $b \neq 0$ *angenommen wird, soll der durch die Formel*

$$b^a = e^{a \log b}$$

eindeutig festgelegte Wert verstanden werden, wenn hierin $\log b$ *dessen Hauptwert bezeichnet.* — Wählt man für $\log b$ einen seiner übrigen Werte, so erhält man auch weitere Werte der Potenz, die man als deren *Nebenwerte* bezeichnen kann. Ihre Gesamtheit wird durch die Formel

$$b^a = e^{a[\log b + 2k\pi i]}$$

genau einmal geliefert, wenn hier $\log b$ seinen Hauptwert hat und k alle ganzen Zahlen $\gtreqless 0$ durchläuft.

Bemerkungen und Beispiele.

1. Eine Potenz b^a ist hiernach im allgemeinen unendlich vieldeutig, doch besitzt sie stets einen und nur einen Hauptwert.

2. So bedeutet z. B. i^i die unendlich vielen (übrigens sämtlich *reellen*) Zahlen

$$e^{i(\log i + 2k\pi i)} = e^{i\left(\frac{\pi i}{2} + 2k\pi i\right)} = e^{-\frac{\pi}{2} - 2k\pi}, \quad (k = 0, \pm 1, \pm 2, \ldots),$$

unter denen $e^{-\frac{\pi}{2}}$ der Hauptwert der Potenz i^i ist.

3. Die Potenz b^a wird nur dann *nicht* unendlich viele Werte haben, wenn

$$e^{a \cdot 2k\pi i}, \qquad (k = 0, \pm 1, \pm 2, \ldots),$$

nur *endlich* viele Werte liefert; und dies wird dann und nur dann eintreten, wenn $k \cdot a$ für $k = 0, \pm 1, \pm 2, \ldots$ nur endlich viele *wesentlich verschiedene* Zahlen liefert. Dabei sollen (nur für den Augenblick) zwei dieser Zahlen dann und nur dann *wesentlich verschieden* heißen, wenn sie sich *nicht* bloß um eine ganze (reelle) Zahl unterscheiden. Das ist aber, wie man sofort sieht, dann und nur dann der Fall, wenn a eine reelle rationale Zahl ist; und die Anzahl der „wesentlich verschiedenen" Werte, die $k \cdot a$ in diesem Falle annehmen kann, wird dann durch den kleinsten positiven Nenner angegeben, mit dem a geschrieben werden kann.

4. Ist m eine ganze positive Zahl, so hat hiernach $b^{\frac{1}{m}} = \sqrt[m]{b}$ genau m verschiedene Werte, von denen ein ganz bestimmter als Hauptwert ausgezeichnet ist.

5. Die Anzahl der verschiedenen Werte von b^a reduziert sich nach 3. und 4. dann und nur dann auf eins, wenn a eine rationale Zahl mit dem Nenner 1, also eine ganze Zahl ist. Für ganzzahlige Exponenten (aber auch nur für diese) bleibt also die Potenz nach wie vor ein eindeutiges Symbol.

6. Ist b positiv und a reell, so ist der früher (s. **33**) als Potenz b^a definierte Wert jetzt der *Hauptwert* dieser Potenz.

7. Ebenso ist der durch **236** eindeutig festgelegte Wert von e^z und p^z, $(p > 0)$, jetzt genauer der *Hauptwert* dieser Potenzen. An und für sich hätten beide Symbole nach unserer letzten Definition bei komplexem z unendlich viele Werte. *Nichtsdestoweniger soll an der Übereinkunft festgehalten werden, daß unter e^z und bei positivem p unter p^z immer der durch* **236** *erklärte Wert, also immer nur der Hauptwert verstanden werden soll.*

8. Die folgenden Sätze werden uns lehren, daß es sinngemäß ist, die Potenz b^a auch dann noch zu definieren, wenn $b = 0$, aber $\Re(a) > 0$ ist. Man legt ihr dann (eindeutig) den Wert 0 bei.

Nach diesen Vorbereitungen beweisen wir nun den folgenden weitgehenden

245. **Satz.** *Für beliebige komplexe Exponenten α und beliebige komplexe $|z| < 1$ ist die Binomialreihe*

$$\sum_{n=0}^{\infty} \binom{\alpha}{n} z^n \equiv 1 + \binom{\alpha}{1} z + \binom{\alpha}{2} z^2 + \cdots + \binom{\alpha}{n} z^n + \cdots$$

konvergent und hat stets den Hauptwert der Potenz $(1 + z)^\alpha$ zur Summe[1].

[1] Abel: J. reine u. angew. Math. Bd. 1, S. 311. 1826.

Beweis. Die Konvergenz ergibt sich wörtlich ebenso wie im Falle reeller z und α (s. S. 214), so daß wir nur die Behauptung über die Summe der Reihe zu beweisen haben. Wenn man aber für reelle $|x| < 1$ und reelle α die Reihe

$$\alpha \sum_{n=1}^{\infty} \frac{(-1)^{n-1}}{n} x^n = \alpha \log (1 + x)$$

in die Exponentialreihe $e^y = 1 + y + \frac{y^2}{2!} + \cdots$ einsetzt und die (nach **104**) sicher erlaubte Umordnung nach Potenzen von x vornimmt, so muß man die Potenzreihe für $e^{\alpha \log(1+x)} = (1 + x)^\alpha$, also die Binomialreihe $\sum \binom{\alpha}{n} x^n$ erhalten. Tun wir, zunächst rein formal, dasselbe, indem wir uns α komplex denken und z statt x schreiben, setzen wir also

$$w = \alpha \cdot \sum_{n=1}^{\infty} \frac{(-1)^{n-1}}{n} z^n \quad \text{in} \quad e^w = \sum_{n=0}^{\infty} \frac{w^n}{n!}$$

ein und ordnen wieder nach Potenzen von z um, so erhalten wir — zunächst noch ohne Rücksicht auf die etwaige Konvergenz — notwendig wieder die Reihe

$$\sum_{n=0}^{\infty} \binom{\alpha}{n} z^n .$$

Ihre Summe müßte also $= e^{\alpha \log(1+z)} = (1 + z)^\alpha$ sein — und hier wären für den Logarithmus und also für die Potenz deren Hauptwerte zu nehmen, — wenn wir noch nachweisen können, daß die ausgeführte Umordnung erlaubt war. Das ist aber nach **104** sicher der Fall; denn die Exponentialreihe ist beständig konvergent und die Reihe $\alpha \sum \frac{(-1)^{n-1}}{n} z^n$ bleibt für $|z| < 1$ konvergent, wenn wir α und alle Glieder der Reihe durch ihre absoluten Beträge ersetzen. Damit ist der Satz in seinem vollen Umfange bewiesen.

Trennt man in $(1 + z)^\alpha$ Reelles und Imaginäres, so gelangt man zu einer ziemlich kompliziert ausschauenden, von ABEL herrührenden Formel, die immerhin zeigt, ein wie weitgehendes Resultat der eben bewiesene Satz ausspricht, der uns auch einen Weg zur *Berechnung* der Potenzen $(1 + z)^\alpha$ liefert: Ist $z = r(\cos\varphi + i \sin \varphi)$ und $\alpha = \beta + i\gamma$, $0 < r < 1$, φ, β, γ reell, so ist zunächst, wenn

$$1 + z = R (\cos \Phi + i \sin \Phi)$$

gesetzt wird,

$$R = \sqrt{1 + 2r \cos \varphi + r^2}, \qquad \Phi = \text{Hauptwert}^1 \text{ von } \operatorname{arctg} \frac{r \sin \varphi}{1 + r \cos \varphi}$$

[1] Φ ist also zwischen $-\frac{\pi}{2}$ und $+\frac{\pi}{2}$ zu wählen.

und mit diesen Werten nun

$$(1 + z)^\alpha = e^{(\beta + i\gamma)[\log R + i\Phi]}$$

$$= R^\beta \cdot e^{-\gamma\Phi} \cdot [\cos(\beta\Phi + \gamma \log R) + i \sin(\beta\Phi + \gamma\log R)] .$$

Für den Fall $|z| < 1$ ist durch den Satz **245** und die eben eingefügte Bemerkung die Frage nach der Summe der Binomialreihe vollständig beantwortet. Es bleiben nur noch die Punkte der Peripherie $|z| = 1$ zu betrachten. Aus dem ABELschen Grenzwertsatz in Verbindung mit der Stetigkeit des Hauptwertes von $\log(1 + z)$ für alle von -1 verschiedenen $|z| \leqq 1$ und der durchgängigen Stetigkeit der Exponentialfunktion ergibt sich da zunächst der

246. **Satz.** *Überall, wo die Binomialreihe auf dem Rande $|z| = 1$ des Einheitskreises noch konvergiert, außer möglicherweise in $z = -1$, ist ihre Summe nach wie vor der Hauptwert von $(1 + z)^\alpha$.*

Die Feststellung, ob und für welche Werte von α und z die Binomialreihe auch noch *auf dem Rande* des Einheitskreises konvergiert, bereitet nach den Vorbereitungen, die wir in § 53 (hauptsächlich zu dem jetzigen Zweck) getroffen haben, keinerlei Schwierigkeiten. Es gilt darüber der folgende, die ganze Frage noch einmal zusammenfassend beantwortende

247. **Satz.** *Die Binomialreihe $\sum_{n=0}^{\infty} \binom{\alpha}{n} z^n$ reduziert sich für reelle, ganzzahlige $\alpha \geqq 0$* ***auf eine endliche Summe und hat den (dann von selbst*** *eindeutigen) Wert $(1 + z)^\alpha$, speziell den Wert 1 für $\alpha = 0$ (auch für $z = -1$). Ist α von diesen speziellen Werten verschieden, so ist die Reihe für $|z| < 1$ absolut konvergent, für $|z| > 1$ divergent und weist in den Randpunkten $|z| = 1$ des Einheitskreises das folgende Verhalten auf:*

a) *für $\Re(\alpha) > 0$ ist sie in allen Randpunkten absolut konvergent;*

b) *für $\Re(\alpha) \leqq -1$ ist sie in allen Randpunkten divergent;*

c) *für $-1 < \Re(\alpha) \leqq 0$ ist sie in $z = -1$ divergent, in allen andern Randpunkten des Einheitskreises dagegen bedingt konvergent.*

Die Summe der Reihe ist hierbei im Falle der Konvergenz stets der Hauptwert von $(1 + z)^\alpha$, speziell $= 0$, wenn es sich um den Punkt $z = -1$ handelt.

Beweis. Setzen wir $(-1)^n \binom{\alpha}{n} = a_{n+1}$, so können wir unmittelbar den Satz **229** anwenden, denn es ist

$$\frac{a_{n+1}}{a_n} = -\frac{\binom{\alpha}{n}}{\binom{\alpha}{n-1}} = \frac{n-(\alpha+1)}{n} = 1 - \frac{\alpha+1}{n},$$

und es kann somit die Richtigkeit der Behauptungen a), b), c) unmittelbar abgelesen werden. Nur der Punkt $z = -1$, also die Konvergenz der Reihe

$$\sum_{n=0}^{\infty} (-1)^n \binom{\alpha}{n},$$

bedarf einer besonderen Untersuchung. Hier ist aber einfach

$$1 - \binom{\alpha}{1} + \binom{\alpha}{2} = 1 - \alpha + \frac{\alpha(\alpha-1)}{1 \cdot 2} = (1-\alpha)\left(1 - \frac{\alpha}{2}\right),$$

$$1 - \binom{\alpha}{1} + \binom{\alpha}{2} - \binom{\alpha}{3} = (1-\alpha)\left(1-\frac{\alpha}{2}\right) - \frac{\alpha}{3}\,\frac{(\alpha-1)(\alpha-2)}{1 \cdot 2}$$

$$= (1-\alpha)\left(1-\frac{\alpha}{2}\right)\left(1-\frac{\alpha}{3}\right),$$

und allgemein, wie man durch Induktion sofort bestätigt:

$$1 - \binom{\alpha}{1} + \binom{\alpha}{2} - + \cdots + (-1)^n \binom{\alpha}{n} = (1-\alpha)\left(1-\frac{\alpha}{2}\right)\cdots\left(1-\frac{\alpha}{n}\right),$$

d. h. die Teil*summen* unserer Reihe sind den gleichstelligen Teil*produkten* des Produktes $\prod_{n=1}^{\infty}\left(1-\frac{\alpha}{n}\right)$ gleich. Das Konvergenzverhalten dieses Produktes ist aber sofort zu überschauen. Denn ist

1. $\Re(\alpha) = \beta > 0$, so wähle man β' gemäß $0 < \beta' < \beta$. Dann ist von einer Stelle ab, etwa für alle $n \geqq m$,

$$\left|1 - \frac{\alpha}{n}\right| < 1 - \frac{\beta'}{n},$$

also

$$\left|\left(1-\frac{\alpha}{m}\right)\left(1-\frac{\alpha}{m+1}\right)\cdots\left(1-\frac{\alpha}{n}\right)\right| < \left(1-\frac{\beta'}{m}\right)\left(1-\frac{\beta'}{m+1}\right)\cdots\left(1-\frac{\beta'}{n}\right),$$

woraus nach **126**, 2 abzulesen ist, daß jetzt die Teilprodukte und folglich auch die Teilsummen unserer Reihe $\to 0$ streben. *Die Reihe ist also konvergent*[1] *mit der Summe* 0. Ist aber

2. $\Re(\alpha) = -\beta < 0$, so ist

$$\left|1 - \frac{\alpha}{n}\right| > 1 + \frac{\beta}{n},$$

woraus wieder durch Multiplikation folgt, daß

$$\left|\left(1-\frac{\alpha}{1}\right)\left(1-\frac{\alpha}{2}\right)\cdots\left(1-\frac{\alpha}{n}\right)\right| > \left(1+\frac{\beta}{1}\right)\left(1+\frac{\beta}{2}\right)\cdots\left(1+\frac{\beta}{n}\right)$$

ist und also $\to +\infty$ strebt. *Die Reihe ist also jetzt divergent.* Ist endlich

---

[1] Die *Konvergenz* der Reihe $\sum (-1)^n \binom{a}{n}$ folgt ja schon aus **228** und ist für $\Re(\alpha) > 0$ sogar eine absolute. Daß ihre Summe dann aber $= 0$ ist, ergibt sich erst wie oben oder durch den Abelschen Grenzwertsatz.

3. $\mathfrak{R}(\alpha) = 0$, **etwa** $\alpha = -i\gamma$ **mit** $\gamma \gtrless 0$, **so ist die** n^{te} **Teilsumme** unserer Reihe

$$= (1 + i\gamma)\left(1 + \frac{i\gamma}{2}\right) \cdots \left(1 + \frac{i\gamma}{n}\right);$$

und daß diese Werte für $n \to +\infty$ keinem Grenzwert zustreben, kann man in unserm Zusammenhange am schnellsten folgendermaßen erkennen: Wegen der absoluten Konvergenz der Reihe $\sum \left(\frac{i\gamma}{n}\right)^2$ ist nach § 29, Satz 10

$$\left(1 + \frac{i\gamma}{1}\right)\left(1 + \frac{i\gamma}{2}\right) \cdots \left(1 + \frac{i\gamma}{n}\right) \sim e^{i\gamma\left(1 + \frac{1}{2} + \cdots + \frac{1}{n}\right)}.$$

Wächst nun $n \to +\infty$, so strebt hier die rechte Seite ersichtlich keinem Grenzwert zu, sondern liefert eine Folge von Punkten, die um den Einheitskreis in ein und demselben Sinne und in immer kleineren Schritten herumlaufen, ohne zur Ruhe zu kommen. Wegen des asymptotischen Zusammenhangs gilt dasselbe auch von der Folge der linksstehenden Teilprodukte. *Also ist unsere Reihe* $\sum (-1)^n \binom{\alpha}{n}$ *auch für* $\mathfrak{R}(\alpha) = 0$ *divergent.* Damit ist Satz **247** in allen Teilen bewiesen, das Konvergenzverhalten der Binomialreihe für alle z und α ermittelt und ihre Summe in allen Konvergenzpunkten „geschlossen" angegeben.

§ 56. Reihen mit veränderlichen Gliedern. Gleichmäßige Konvergenz. WEIERSTRASSscher Doppelreihensatz.

Die grundsätzlichen Bemerkungen über Reihen mit veränderlichen Gliedern

$$\sum_{n=0}^{\infty} f_n(z)$$

sind wesentlich dieselben wie im Reellen (s. § 46), nur daß an die Stelle des gemeinsamen Definitions*intervalles* jetzt ein *Gebiet* treten wird, als welches wir der Einfachheit halber — und auch für die meisten Zwecke ausreichend — einen *Kreis* wählen (vgl. S. 416, Fußnote 2). Wir setzen demgemäß voraus:

1. *Es gibt einen Kreis* $|z - z_0| < r$, *in dem alle unsere Funktionen* $f_n(z)$ *definiert sind.*

2. *Für jedes einzelne* z *des Kreises* $|z - z_0| < r$ *ist die Reihe*

$$\sum_{n=0}^{\infty} f_n(z)$$

konvergent.

Dann hat für jedes z dieses Kreises die Reihe $\sum f_n(z)$ eine ganz bestimmte Summe, deren Wert also eine Funktion von z (im Sinne der Definition von S. 416) sein wird. Wir schreiben dann etwa

$$\sum_{n=0}^{\infty} f_n(z) = F(z).$$

Bei solchen durch Reihen mit veränderlichen Gliedern dargestellten Funktionen treten nun genau dieselben Probleme auf wie in § 46 und 47 für den Fall reeller Veränderlicher. Während es aber im Reellen für die Theorie und ihre Anwendungen von größter Bedeutung ist, den Funktionsbegriff in seiner vollen Allgemeinheit zu verwenden, hat sich dies im Komplexen nicht als wertvoll erwiesen. Man beschränkt sich hier vielmehr als für die meisten Zwecke ausreichend auf *analytische* Funktionen. Wir verlangen demgemäß noch:

3. *Alle Funktionen $f_n(z)$ sollen in dem Kreise $|z - z_0| < r$ analytisch sein, sollen also durch je eine Potenzreihe mit dem Mittelpunkt z_0 darstellbar sein, deren Radius bei allen mindestens gleich der einen festen Zahl r ist.*

Wir sprechen dann kurz von ***Reihen analytischer Funktionen***[1], und die Hauptfrage, um die es sich bei solchen Reihen handelt, ist jedesmal diese: *Ist die dargestellte Funktion $F(z)$ wieder eine im Kreise $|z - z_0| < r$ analytische Funktion oder nicht?* Genau wie im Reellen läßt sich hier durch Beispiele belegen, daß dies ohne weitere Voraussetzungen noch nicht der Fall zu sein braucht. Dagegen läßt sich das gewünschte Verhalten von $F(z)$ erzwingen, wenn man wieder (vgl. § 47, 1. Absatz) voraussetzt, daß die Reihe *gleichmäßig* konvergiert. Wir stützen uns dabei, in fast wörtlicher Wiederholung von **191**, auf die

Definition (2. Form)[2]. *Eine Reihe $\sum f_n(z)$, deren Glieder sämtlich im Kreise $|z - z_0| < r$ oder im Kreise $|z - z_0| \leqq r$ definiert sind und die dort konvergiert, heißt daselbst gleichmäßig konvergent, wenn es nach Wahl von $\varepsilon > 0$ stets möglich ist, eine* ***nur von ε, nicht aber von z*** *abhängige Zahl $N = N(\varepsilon)$ so zu bestimmen, daß für alle $n > N$ und alle z in dem betreffenden Kreise stets* **248.**

$$|f_{n+1}(z) + f_{n+2}(z) + \cdots| \equiv |r_n(z)| < \varepsilon$$

bleibt.

---

[1] Auch hier gilt (vgl. **190**, 4) die prinzipielle Bemerkung: Es kommt sachlich auf dasselbe hinaus, ob man von *Reihen mit veränderlichen Gliedern* oder von *Funktionenfolgen* handelt. Die *Reihe* $\sum f_n(z)$ ist mit der Folge $s_0(z), s_1(z), \ldots$ ihrer Teilsummen gleichbedeutend, — und eine solche *Folge* von Funktionen ist umgekehrt gleichbedeutend mit der Reihe $s_0(z) + (s_1(z) - s_0(z)) + \cdots$. Der Einfachheit halber sprechen wir im folgenden alle Definitionen und Sätze nur für *Reihen* aus; für *Folgen* wird sie sich jeder dann leicht selbst formulieren können.

[2] Diese Definition entspricht der damaligen 2. *Form*. Die 1. Form **191** kann hier fortgelassen werden, da sie uns nur für die *Einführung*, nicht für den *Gebrauch* des Begriffs der gleichmäßigen Konvergenz wesentlich schien.

Bemerkungen.

1. Die Gleichmäßigkeit der Konvergenz bezieht sich hiernach stets auf alle Punkte eines offenen oder abgeschlossenen Kreises[1]. Doch kann man selbstverständlich auch andre Gebiete, ja auch Linienzüge oder irgendwelche *unendliche* Punktmengen M zugrunde legen. Die Definition bleibt sachlich dieselbe. — Bei den Anwendungen wird die Lage meist die sein, daß die $f_n(z)$ zwar für das ganze Innere eines Kreises $|z - z_0| < r$ (bzw. für das ganze Innere eines Gebietes $\mathfrak{G}$) definiert sind und die Reihe $\sum f_n(z)$ dort auch überall konvergiert, daß diese Konvergenz aber nur in einem *kleineren Kreise* $|z - z_0| < \varrho$ *mit* $\varrho < r$ (bzw. einem *kleineren Teilgebiete* $\mathfrak{G}_1$, das *einschließlich seines Randes* dem Innern von $\mathfrak{G}$ angehört) eine gleichmäßige ist.

2. Hat die Potenzreihe $\sum a_n (z - z_0)^n$ den Radius r und ist $0 < \varrho < r$, so ist die Reihe in dem (abgeschlossenen) Kreise $|z - z_0| \leq \varrho$ gleichmäßig konvergent. Beweis: wörtlich wie S. 343.

3. Ist r der genaue Konvergenzradius von $\sum a_n (z - z_0)^n$, so braucht die Reihe in dem Kreise $|z - z_0| < r$ *nicht* gleichmäßig zu konvergieren. Beispiel: Die geometrische Reihe; Beweis: S. 343.

4. Genau wie damals erkennt man, daß unsere Definition mit der folgenden völlig gleichen Inhalt hat:

3. Form. $\sum f_n(z)$ *heißt in* $|z - z_0| \leq \varrho$ *(oder in der Punktmenge* $\mathfrak{M}$*) gleichmäßig konvergent, wenn nach Wahl einer ganz beliebigen, diesem Kreise (oder dieser Punktmenge) entnommenen Zahlenfolge* (z_n) *die zugehörigen Reste* $r_n(z_n)$ ***stets*** *eine Nullfolge bilden.*

Auch die 4. und 5. Form der Definition (S. 345) bleiben völlig ungeändert, und es erübrigt sich darum wohl, sie hier besonders zu formulieren.

Dagegen ist eine so eindrucksvolle geometrische Veranschaulichung der gleichmäßigen bzw. ungleichmäßigen Konvergenz einer Reihe wie im Reellen hier leider nicht möglich.

Nunmehr können wir schon den angedeuteten Hauptsatz formulieren und beweisen:

249. **WEIERSTRASSscher Doppelreihensatz**[2]. *Es sei die Reihe*

$$\sum_{k=0}^{\infty} f_k(z)$$

vorgelegt. Jedes ihrer Glieder $f_k(z)$ *sei* ***mindestens für*** $|z - z_0| < r$ ***analytisch****, so daß die Entwicklungen*[3]

$$\begin{array}{l}
f_0(z) = a_0^{(0)} + a_1^{(0)}(z - z_0) + \cdots + a_n^{(0)}(z - z_0)^n + \cdots \\
f_1(z) = a_0^{(1)} + a_1^{(1)}(z - z_0) + \cdots + a_n^{(1)}(z - z_0)^n + \cdots \\
\cdots\cdots\cdots\cdots\cdots\cdots\cdots\cdots\cdots\cdots \\
f_k(z) = a_0^{(k)} + a_1^{(k)}(z - z_0) + \cdots + a_n^{(k)}(z - z_0)^n + \cdots \\
\cdots\cdots\cdots\cdots\cdots\cdots\cdots\cdots\cdots\cdots
\end{array}$$

[1] Dabei bezeichnet man die Menge der Punkte eines Kreises (oder kurz: diesen Kreis) als *abgeschlossen* oder *offen*, je nachdem man die Punkte seiner Peripherie hinzurechnet oder nicht.

[2] Werke, Bd. 1, S. 70. Der Beweis stammt aus dem Jahre 1841.

[3] Der obere Index an den Koeffizienten $a_n^{(k)}$ gibt also die Nummer der Funktion in der vorgelegten Reihe, der untere seine Stellung in der Entwicklung derselben an.

existieren und sämtlich mindestens für $|z - z_0| < r$ *konvergieren. Endlich sei die Reihe* $\sum f_k(z)$ *gleichmäßig konvergent im Kreise* $|z - z_0| \leqq \varrho$, *und zwar für jedes* $\varrho < r$, *so daß die Reihe insbesondere überall im Kreise* $|z - z_0| < r$ *konvergiert und dort eine wohlbestimmte Funktion* $F(z)$ *darstellt. Dann läßt sich zeigen:*

1. *Die spaltenweis untereinanderstehenden Koeffizienten liefern konvergente Reihen:*

$$\sum_{k=0}^{\infty} a_n^{(k)} = A_n, \qquad (n \text{ fest}, = 0, 1, 2, \ldots).$$

2. $\sum_{n=0}^{\infty} A_n (z - z_0)^n$ *ist für* $|z - z_0| < r$ *konvergent.*

3. *Für* $|z - z_0| < r$ *ist die Funktion*

$$F(z) = \sum_{k=0}^{\infty} f_k(z)$$

wieder analytisch, und zwar ist

$$F(z) = \sum_{n=0}^{\infty} A_n (z - z_0)^n.$$

4. *Für* $|z - z_0| < r$ *und für jedes (feste)* $\nu = 1, 2, \ldots$ *ist*

$$F^{(\nu)}(z) = \sum_{k=0}^{\infty} f_k^{(\nu)}(z),$$

d. h. die Ableitungen von $F(z)$ *können durch gliedweise Differentiation der vorgelegten Reihe gewonnen werden, und jede dieser neuen Reihen konvergiert wieder gleichmäßig in jedem Kreise* $|z - z_0| \leqq \varrho$ *mit* $\varrho < r$.

Bemerkungen.

1. Richtet man sein Augenmerk in erster Linie auf die Potenzreihenentwicklungen, so besagt der Satz einfach: *Unter den oben genauer präzisierten Voraussetzungen „darf" man unendlich viele Potenzreihen gliedweis addieren.* Richtet man dagegen sein Augenmerk mehr auf den analytischen Charakter der einzelnen Funktionen, so haben wir den folgenden

Satz. *Ist jede der Funktionen* $f_k(z)$ *für* $|z - z_0| < r$ *regulär und die Reihe* $\sum f_k(z)$ *für jedes* $\varrho < r$ *in* $|z - z_0| \leqq \varrho$ *gleichmäßig konvergent, so stellt diese Reihe eine im Kreise* $|z - z_0| < r$ *reguläre Funktion* $F(z)$ *dar. Deren Ableitungen* $F^{(\nu)}(z)$ *werden für jedes* $\nu \geqq 1$ *daselbst durch die Reihen* $\sum f_k^{(\nu)}(z)$ *dargestellt, die man aus* $\sum f_k(z)$ *durch* ν*-malige gliedweise Differentiation erhält. Diese Reihen konvergieren wieder gleichmäßig in jedem Kreise* $|z - z_0| \leqq \varrho$ *mit* $\varrho < r$.

2. Die Voraussetzung, $\sum f_k(z)$ solle für jedes $\varrho < r$ in $|z - z_0| \leqq \varrho$ gleichmäßig konvergieren, ist z. B. für jede Potenzreihe $\sum c_k (z - z_0)^k$ erfüllt, die den Konvergenzradius r hat. Ebenso auch z. B. für die Reihe $\sum \frac{z^k}{1 - z^k}$ mit $r = 1$; vgl. dazu § 58, C.

3. Die erste unserer vier Behauptungen zeigt an, daß der jetzige Satz nicht etwa einfach als Anwendung der MARKOFFschen Reihentransformation bewiesen werden kann; denn bei dieser wurde die Konvergenz der Spalten *vorausgesetzt*, hier wird sie aus den übrigen Voraussetzungen *gefolgert*.

Beweis. 1. Es werde ein Index m, ein positives $\varrho < r$ und ein $\varepsilon > 0$ *fest* gewählt. Dann gibt es nach Voraussetzung ein k_0, so daß für alle $k' > k > k_0$ und alle z in $|z - z_0| \leq \varrho$ stets

$$|s_{k'} - s_k| < \varepsilon' = \varepsilon \varrho^m$$

bleibt, wenn $s_k = s_k(z) = f_0(z) + \cdots + f_k(z)$ gesetzt wird. Die Funktion $s_{k'}(z) - s_k(z)$ ist aber eine bestimmte Potenzreihe, deren m^{ter} Koeffizient

$$= a_m^{(k+1)} + a_m^{(k+2)} + \cdots + a_m^{(k')}$$

ist. Nach der CAUCHYschen Abschätzungsformel **235** gilt für diesen die Abschätzung

$$|a_m^{(k+1)} + a_m^{(k+2)} + \cdots + a_m^{(k')}| \leqq \frac{\varepsilon'}{\varrho^m} = \varepsilon .$$

Nach **81** ist also die Reihe

$$\text{(a)} \qquad a_m^{(0)} + a_m^{(1)} + \cdots + a_m^{(k)} + \cdots \equiv \sum_{k=0}^{\infty} a_m^{(k)}$$

konvergent. Ihre Summe heiße A_m. Da m ein beliebiger Index sein durfte, so ist hiermit die erste unserer Behauptungen schon bewiesen.

2. Es sei jetzt M' das Maximum von $|s_{k_0+1}(z)|$ längs der Peripherie[1] $|z - z_0| = \varrho$. Dann ist für alle $k > k_0$ längs dieser selben Peripherie

$$|s_k(z)| \leqq |s_{k_0+1}(z)| + |s_k(z) - s_{k_0+1}(z)| \leqq M' + \varepsilon' = M .$$

Nach der CAUCHYschen Abschätzungsformel ist also für jedes einzelne $n = 0, 1, 2, \ldots$

$$|a_n^{(0)} + a_n^{(1)} + \cdots + a_n^{(k)}| \leqq \frac{M}{\varrho^n},$$

und dies ohne Rücksicht auf den Wert von k. Daher ist auch

$$|A_n| \leqq \frac{M}{\varrho^n},$$

und folglich $\sum_{n=0}^{\infty} A_n (z - z_0)^n$ für $|z - z_0| < \varrho$ konvergent. Da aber ϱ nur der Beschränkung, $< r$ zu sein, unterworfen war, so muß diese Reihe sogar für $|z - z_0| < r$ konvergieren. (Denn wenn z ein *bestimmter* der Bedingung $|z - z_0| < r$ genügender Punkt ist, so kann man sich das ϱ stets so genommen denken, daß auch noch $|z - z_0| < \varrho < r$ ist.) Die durch sie dargestellte Funktion heiße für den Augenblick $F_1(z)$; sie ist der Definition gemäß eine in $|z - z_0| < r$ analytische Funktion.

3. Wir haben nun zu zeigen, daß $F_1(z) \equiv F(z)$ ist, daß also auch $F(z)$ eine für $|z - z_0| < r$ reguläre analytische Funktion ist. Dazu werde, ähnlich wie im ersten Teil des Beweises, je ein positives $\varrho' < r$,

[1] $|s_{k_0+1}(z)|$ ist längs der genannten Peripherie eine stetige Funktion der *reellen* Veränderlichen $\operatorname{arc} z = \varphi$ und besitzt dort also ein wohlbestimmtes Maximum.

ein positives ϱ in $\varrho' < \varrho < r$ und ein $\varepsilon > 0$ fest gewählt. Dann gibt es wieder ein k_0, so daß für alle $k' > k > k_0$ und alle z in $|z - z_0| \le \varrho$

$$|s_{k'} - s_k| < \varepsilon' = \varepsilon \cdot \frac{\varrho - \varrho'}{\varrho}$$

ist. Nach der CAUCHYschen Abschätzungsformel folgt hieraus wieder, daß für $k' > k > k_0$ und *für jedes* $n \geqq 0$

$$|a_n^{(k+1)} + a_n^{(k+2)} + \cdots + a_n^{(k')}| < \frac{\varepsilon'}{\varrho^n}$$

bleibt. Läßt man $k' \to +\infty$ rücken, so sieht man. daß für jedes $k > k_0$ und für jedes $n \geqq 0$

$$|A_n - (a_n^{(0)} + a_n^{(1)} + \cdots + a_n^{(k)})| \le \frac{\varepsilon'}{\varrho^n}$$

ist. Der hier abgeschätzte Wert ist aber der n^{te} Koeffizient der Entwicklung von $F_1(z) - \sum_{\nu=0}^{k} f_\nu(z)$ nach Potenzen von $(z - z_0)$. Daher ist für $|z - z_0| < \varrho$

$$\left| F_1(z) - \sum_{\nu=0}^{k} f_\nu(z) \right| \leqq \varepsilon' \cdot \left[1 + \frac{|z - z_0|}{\varrho} + \frac{|z - z_0|^2}{\varrho^2} + \cdots \right].$$

Für $|z - z_0| \leqq \varrho'$ ist dies aber seinerseits

$$\leqq \varepsilon' \cdot \left[1 + \frac{\varrho'}{\varrho} + \left(\frac{\varrho'}{\varrho}\right)^2 + \cdots \right] = \varepsilon' \cdot \frac{\varrho}{\varrho - \varrho'} = \varepsilon .$$

Nach Wahl von $\varepsilon > 0$ und $\varrho' < r$ läßt sich also k_0 so bestimmen, daß für alle $k > k_0$ und alle $|z - z_0| \leqq \varrho'$ stets

$$\left| F_1(z) - \sum_{\nu=0}^{k} f_\nu(z) \right| < \varepsilon$$

bleibt. Das besagt aber, daß für diese z

$$F_1(z) = \sum_{\nu=0}^{\infty} f_\nu(z), \quad \text{also} \quad = F(z)$$

ist. Da aber ϱ' nur der Bedingung $0 < \varrho' < r$ unterworfen war, so muß (s. o.) diese Gleichung sogar für jedes z des Kreises $|z - z_0| < r$ richtig sein.

4. Auch in dem Schema

$$\begin{array}{l} f_0'(z) = a_1^{(0)} + 2\,a_2^{(0)}(z - z_0) + 3\,a_3^{(0)}(z - z_0)^2 + \cdots \\ f_1'(z) = a_1^{(1)} + 2\,a_2^{(1)}(z - z_0) + 3\,a_3^{(1)}(z - z_0)^2 + \cdots \\ \cdots\cdots\cdots\cdots\cdots\cdots\cdots\cdots\cdots\cdots \\ \hline \qquad\quad A_1 + 2\,A_2(z - z_0) + 3\,A_3(z - z_0)^2 + \cdots \end{array}$$

konvergieren die spaltenweis untereinanderstehenden Koeffizienten gegen die darunterstehenden Werte; und ganz ähnlich wie unter 3 (man braucht die Abschätzungen nur mit $\varepsilon' = \left(\frac{\varrho - \varrho'}{\varrho}\right)^2 \cdot \varepsilon$ zu beginnen) ist hiernach für alle z in $|z - z_0| \leqq \varrho' < \varrho < r$ *und alle* $k > k_0$

$$\left|F'(z) - \sum_{\nu=0}^{k} f'_\nu(z)\right| \leqq \varepsilon'\left[1 + 2\frac{\varrho'}{\varrho} + 3\frac{\varrho'^2}{\varrho^2} + \cdots\right] = \varepsilon' \cdot \frac{\varrho^2}{(\varrho - \varrho')^2} = \varepsilon.$$

Also ist dort

$$F'(z) = \sum_{k=0}^{\infty} f'_k(z),$$

und die rechts stehende Reihe ist dort gleichmäßig konvergent. Aus denselben Gründen wie soeben konvergiert sie für *alle* z in $|z - z_0| < r$ und für *jedes* $\varrho < r$ gleichmäßig in $|z - z_0| \leqq \varrho$.

Macht man den entsprechenden Ansatz mit den ν^{ten} Ableitungen, so erhält man ganz ebenso, daß für $|z - z_0| < r$

$$F^{(\nu)}(z) = \sum_{k=0}^{\infty} f_k^{(\nu)}(z), \qquad (\nu = 1, 2, \ldots \text{fest}),$$

ist, d. h. daß die durch gliedweise ν-malige Differentiation gewonnene Reihe $\sum f_k^{(\nu)}(z)$ in dem ganzen Kreise $|z - z_0| < r$ konvergiert (und zwar gleichmäßig in jedem Kreise $|z - z_0| \leqq \varrho < r$) und dort die ν^{te} Ableitung von $F(z)$ liefert.

Bemerkungen.

1. Der Ausführung einiger besonders wichtiger Beispiele ist der übernächste Paragraph gewidmet.

2. Daß die Gleichmäßigkeit der Konvergenz gerade für ein Kreisgebiet vorausgesetzt wurde, ist für den wesentlichsten Teil des Satzes gleichgültig: Ist G ein irgendwie geformtes Gebiet[1] und läßt sich um jeden Punkt z_0 desselben ein Kreis $|z - z_0| \leqq \varrho$ so angeben, daß er auch noch zum Gebiete gehört, daß die Glieder der Reihe $\sum f_k(z)$ in ihm analytisch sind und daß die Reihe selbst in ihm gleichmäßig konvergiert, so stellt sie ebenfalls eine in jedem Punkte des betreffenden Gebietes analytische Funktion $F(z)$ dar, deren Ableitungen durch gliedweise Differentiation gewonnen werden können. — Auch hierfür werden in § 58 Beispiele ausgeführt werden.

§ 57. Produkte mit komplexen Gliedern.

Wir haben die Ausführungen im VII. Kapitel so gehalten, daß alle Definitionen und Sätze, die sich auf Produkte mit „beliebigen“ Gliedern beziehen, unverändert ihre Gültigkeit behalten, wenn die Faktoren *komplexe* Werte haben dürfen. Insbesondere bleiben also die Definition **125** der Konvergenz und die anschließenden Sätze 1, 2 und 5 einschließlich der Beweise völlig ungeändert bestehen. Auch an der

[1] Vgl. S. 416, Fußn. 2.

Definition **127** der absoluten Konvergenz und den anschließenden Sätzen 6 und 7 ist nichts zu ändern. Ein Zweifel bezüglich der wörtlichen Übernahme ins Komplexe könnte dagegen bei Satz 8 aufkommen. Doch kann auch hier alles „komplex gelesen" werden, wenn wir nur übereinkommen, unter $\log(1 + a_n)$ den *Hauptwert* des Logarithmus zu verstehen, sobald n hinreichend groß ist. Da man hier etwas vorsichtig schließen muß, führen wir den Beweis aus:

Satz. *Das Produkt* $\Pi(1 + a_n)$ *ist dann und nur dann konvergent, wenn die hinter einem passenden Index* m *begonnene Reihe* **250.**

$$\sum_{n=m+1}^{\infty} \log(1 + a_n),$$

deren Glieder die ***Hauptwerte*** *von* $\log(1 + a_n)$ *sein sollen, konvergiert. Hat sie die Summe* L_m, *so ist überdies*

$$\prod_{n=1}^{\infty} (1 + a_n) = (1 + a_1)(1 + a_2) \ldots (1 + a_m) \cdot e^{L_m}.$$

Beweis. a) *Die Bedingungen sind hinreichend.* Denn ist die mit den Hauptwerten angesetzte Reihe $\sum_{n=m+1}^{\infty} \log(1 + a_n)$ konvergent, so streben ihre Teilsummen s_n, $(n > m)$, gegen einen bestimmten Grenzwert L_m und folglich, da die Exponentialfunktion an jeder Stelle stetig ist,

$$e^{s_n} = (1 + a_{m+1})(1 + a_{m+2}) \ldots (1 + a_n) \to e^{L_m},$$

also insbesondere gegen einen Wert, der $\neq 0$ ist. Also ist das Produkt gemäß Definition **125** konvergent und hat den angegebenen Wert.

b) *Die Bedingungen sind notwendig.* Denn ist das Produkt konvergent, so kann nach Wahl eines positiven ε, das wir uns < 1 denken, n_0 so bestimmt werden, daß für alle $n \geqq n_0$ und alle $k \geqq 1$ stets

$$\text{(a)} \qquad |(1 + a_{n+1})(1 + a_{n+2}) \cdots (1 + a_{n+k}) - 1| < \frac{\varepsilon}{2}$$

bleibt. Dann ist insbesondere für alle $n > n_0$ stets $|a_n| < \frac{\varepsilon}{2} < \frac{1}{2}$ und die Ungleichung $|a_n| < \frac{1}{2}$ also gewiß von einer passenden Stelle m an stets erfüllt. Nun läßt sich weiter zeigen, daß bei Benutzung der Hauptwerte des Logarithmus[1] für dieselben n und k stets

$$\text{(b)} \qquad \left| \sum_{\nu=n+1}^{n+k} \log(1 + a_\nu) \right| < \varepsilon$$

bleibt und also die Reihe $\sum_{n=m+1}^{\infty} \log(1 + a_n)$ konvergiert. Denn da für

[1] Die Logarithmen sollen im folgenden stets die *Hauptwerte* bedeuten.

$\nu > n_0$ stets $|a_\nu| < \frac{\varepsilon}{2}$ war, so ist für diese ν auch[1]

(c) $$|\log(1 + a_\nu)| < \varepsilon$$

und ebenso nach (*a*) für alle $n \geqq n_0$ und alle $k \geqq 1$

$$|\log[(1 + a_{n+1}) \cdots (1 + a_{n+k})]| < \varepsilon.$$

Folglich ist für eine jedesmal passende ganze Zahl[2] q

(d) $$|\log(1 + a_{n+1}) + \log(1 + a_{n+2}) + \cdots + \log(1 + a_{n+k}) + 2q\pi i| < \varepsilon,$$

und es bleibt nur zu zeigen, daß q immer $= 0$ genommen werden muß. Halten wir ein bestimmtes $n \geqq n_0$ fest, so ist dies aber für $k = 1$ nach (c) gewiß der Fall. Dann muß es aber auch für $k = 2$ so sein. Denn da in

$$\log(1 + a_{n+1}) + \log(1 + a_{n+2}) + 2q\pi i$$

jeder der beiden ersten Summanden nach (c) seinem Betrage nach $< \varepsilon$ ist und nach (d) auch der Betrag der ganzen Summe $< \varepsilon$ sein soll, so kann q wegen $\varepsilon < 1$ nicht eine von 0 verschiedene ganze Zahl sein. Aus den entsprechenden Gründen folgt nun ebenso, daß auch bei $k = 3$ die ganze Zahl $q = 0$ sein muß, und man bestätigt dies für jedes k dann leicht durch Induktion. Damit ist alles bewiesen.

Auch der auf die absolute Konvergenz bezügliche Teil des Satzes **127**,8, *daß also*

die Reihe $\sum_{n=m+1}^{\infty} \log(1 + a_n)$ *und das Produkt* $\prod_{n=m+1}^{\infty}(1 + a_n)$

stets gleichzeitig absolut oder nicht absolut konvergieren, läßt sich ganz unmittelbar ins Komplexe übertragen, und ebenso bleiben die Sätze 9—11 in § 29 und 30 gültig, denn auch für komplexe a_n, die ihrem Betrage nach $< \frac{1}{2}$ sind, bleibt die Tatsache bestehen, daß in

$$\log(1 + a_n) = a_n + \vartheta_n \cdot a_n^2$$

die ϑ_n eine beschränkte Zahlenfolge bilden, — denn es ist für $|z| < \frac{1}{2}$

$$\log(1 + z) = z + \left[-\frac{1}{2} + \frac{z}{3} - \frac{z^2}{4} + - \cdots\right] \cdot z^2,$$

und hierin bleibt für die genannten z der Betrag der eckigen Klammer ersichtlich < 1.

---

[1] Denn für $|z| < \frac{1}{2}$ ist

$$|\log(1 + z)| \leqq |z| + \frac{|z|^2}{2} + \cdots \leqq |z| + |z|^2 + \cdots = \frac{|z|}{1 - |z|} \leqq 2|z|.$$

[2] Denn der Hauptwert des Logarithmus eines Produktes braucht nicht gleich der Summe der Hauptwerte der Logarithmen der Faktoren zu sein, sondern diese kann sich um ein Vielfaches von $2\pi i$ von jenem unterscheiden. So ist z. B. $\log i = \frac{\pi i}{2}$, aber $\log(i \cdot i \cdot i \cdot i) = \log 1 = 0$, wenn überall die Hauptwerte genommen werden.

Endlich bleiben auch die Bemerkungen über den allgemeinen Zusammenhang zwischen Reihen und Produkten — weil rein formaler Natur — ungeändert bestehen.

Beispiele.

1. $\prod\left(1+\frac{i}{n}\right)$ ist divergent, denn da $\sum|a_n|^2 \equiv \sum\frac{1}{n^2}$ konvergiert, so sind 251.
nach § 29, Satz 10 die Teilprodukte

$$p_n = \left(1+\frac{i}{1}\right)\left(1+\frac{i}{2}\right)\cdots\left(1+\frac{i}{n}\right) \sim e^{i\left(1+\frac{1}{2}+\cdots+\frac{1}{n}\right)};$$

die rechte Seite liefert aber für $n = 1, 2, \ldots$ eine Punktfolge, die auf der Peripherie des Einheitskreises liegt und diese in immer kleineren Schritten unaufhörlich umkreist. p_n strebt also keinem Grenzwert zu. (Vgl. S. 442.)

2. $\prod\limits_{n=0}^{\infty}\frac{n(n+1)+(1+i)}{n(n+1)+(1-i)} = -1$, denn man findet für das n^{te} Teilprodukt sofort den Wert $\frac{1+(n+1)i}{1-(n+1)i}$, was $\to -1$ strebt.

3. Für ein $|z| < 1$ ist $\prod\limits_{n=0}^{\infty}\left(1+z^{2^n}\right) = \frac{1}{1-z}$, denn die (absolute) Konvergenz des Produktes steht nach **127**, 7 außer Frage, und für das n^{te} Teilprodukt hat man

$$(1-z)\cdot(1+z)(1+z^2)(1+z^4)\cdots(1+z^{2^n}) = 1 - z^{2^{n+1}},$$

was $\to 1$ strebt.

Bei Produkten, deren Glieder Funktionen einer komplexen Veränderlichen sind und die also die Form

$$\prod_{n=1}^{\infty}(1+f_n(z))$$

haben, beschränken wir uns, wie im vorigen Paragraphen bei den Reihen, wieder auf den einfachsten, aber auch wichtigsten Fall, daß alle $f_n(z)$ in ein und demselben Kreise $|z-z_0| < r$ analytisch sind (d. h. eine dort konvergente Potenzreihenentwicklung besitzen) und daß das Produkt in diesem Kreise konvergiert. Es stellt dann in demselben eine wohlbestimmte Funktion $F(z)$ dar, von der man auch umgekehrt sagt, sie sei *in das Produkt entwickelt* worden.

Wir fragen nach brauchbaren Bedingungen, unter denen die durch ein solches Produkt dargestellte Funktion $F(z)$ in dem Kreise $|z-z_0| < r$ sich wieder analytisch verhält. Für die weitaus meisten Anwendungen genügt hier der folgende

Satz. *Wenn die Funktionen $f_1(z)$, $f_2(z)$, ..., $f_n(z)$, ... sämtlich mindestens in dem (festen) Kreise $|z-z_0| < r$ analytisch sind, wenn ferner die Reihe* 252.

$$\sum_{n=1}^{\infty}|f_n(z)|$$

für jedes positive $\varrho < r$ *in dem kleineren Kreise* $|z - z_0| \leqq \varrho$ *gleichmäßig konvergiert, so ist auch das Produkt* $\Pi\,(1 + f_n(z))$ *in* $|z - z_0| < r$ *konvergent und stellt eine dort wieder analytische Funktion* $F(z)$ *dar.*

Der Beweis geht fast wörtlich wie der Beweis des Stetigkeitssatzes **218, 1**. Um nämlich die Konvergenz und den analytischen Charakter des Produktes in dem Kreise $|z - z_0| < r$ zu zeigen, greifen wir ein $\varrho < r$ heraus und zeigen beides zunächst für alle z des Kreises $|z - z_0| < \varrho$. Da aber $\sum |f_n(z)|$ für alle $|z - z_0| \leqq \varrho$ gleichmäßig konvergiert, so ist das Produkt $\Pi\,(1 + f_n(z))$ dort gewiß auch konvergent (sogar absolut). Wir wählen nun m so groß, daß für alle $n > m$ und alle $|z - z_0| \leqq \varrho$ stets

$$|f_{m+1}(z)| + |f_{m+2}(z)| + \cdots + |f_n(z)| < 1$$

und also

$$|p_n(z)| = |(1 + f_{m+1}(z)) \cdots (1 + f_n(z))| \leqq e^{|f_{m+1}(z)| + \cdots + |f_n(z)|} < 3$$

bleibt. Genau wie S. 394/95 ergibt sich nun, daß die Reihe

$$p_{m+1} + (p_{m+2} - p_{m+1}) + \cdots + (p_n - p_{n-1}) + \cdots$$

in $|z - z_0| \leqq \varrho$ *gleichmäßig* konvergiert. Und da alle Glieder dieser Reihe in $|z - z_0| < r$ analytisch sind, so stellt sie selbst nach **249** eine in $|z - z_0| < r$ analytische Funktion $F_m(z)$ dar. Dann ist aber auch

$$F(z) = \prod_{n=1}^{\infty}(1 + f_n(z)) = (1 + f_1(z)) \cdots (1 + f_m(z)) \cdot F_m(z)$$

eine in diesem Kreise reguläre analytische Funktion.

Aus diesen Entwicklungen können wir noch zwei Sätze entnehmen, die uns ein Analogon zum WEIERSTRASSschen Doppelreihensatz liefern:

253. **Satz 1.** *Unter den Voraussetzungen des vorigen Satzes kann die Potenzreihenentwicklung von* $F(z)$ *durch gliedweise Ausmultiplikation des Produktes gewonnen werden.* Oder genauer: *Da* $f_1, f_2, \ldots$ *sämtlich in Potenzreihen von* $(z - z_0)$ *entwickelbar sind, die für* $|z - z_0| < r$ *konvergieren, so ist dasselbe auch mit dem (endlichen) Produkt*

$$P_k(z) = \prod_{\nu=1}^{k}(1 + f_\nu(z))$$

der Fall. Es sei dort etwa

$$P_k(z) = A_0^{(k)} + A_1^{(k)} \cdot (z - z_0) + A_2^{(k)} \cdot (z - z_0)^2 + \cdots + A_n^{(k)} \cdot (z - z_0)^n + \cdots$$

Dann existiert für jedes (festgehaltene) $n = 0, 1, 2, \ldots$ *der Grenzwert*

$$\lim_{k \to +\infty} A_n^{(k)} = A_n,$$

und es ist

$$F(z) = \prod_{k=1}^{\infty}(1 + f_k(z)) = \sum_{n=0}^{\infty} A_n (z - z_0)^n.$$

Beweis. Mit der beim vorigen Beweise gebrauchten Reihe

$$p_{m+1} + (p_{m+2} - p_{m+1}) + \cdots$$

ist auch die Reihe

$$P_1(z) + [P_2(z) - P_1(z)] + \cdots + [P_k(z) - P_{k-1}(z)] + \cdots$$

nach § 46, Satz 2 in $|z - z_0| \leqq \varrho$ gleichmäßig konvergent[1]. Die Anwendung des WEIERSTRASSschen Doppelreihensatzes auf diese Reihe gibt aber genau den obigen Satz.

Endlich können wir hier auch einen ganz ähnlichen Satz, wie **218**, 2, über die Ableitung von $F(z)$ beweisen:

Satz 2. *Für jedes z in $|z - z_0| < r$, für das $F(z) \neq 0$ ist, ist*

$$\frac{F'(z)}{F(z)} = \sum_{n=1}^{\infty} \frac{f_n'(z)}{1 + f_n(z)},$$

d. h. die rechtsstehende Reihe ist für jedes solche z konvergent und liefert den linksstehenden Quotienten, also die logarithmische Ableitung von $F(z)$.

Beweis. Es war die Darstellung

$$F(z) = P_1(z) + (P_2(z) - P_1(z)) + \cdots$$

im Kreise $|z - z_0| \leqq \varrho < r$ gleichmäßig konvergent. Nach **249** ist für alle $|z - z_0| < r$

$$F'(z) = P_1'(z) + (P_2'(z) - P_1'(z)) + \cdots,$$

d. h. aber es strebt dort

$$P_n'(z) \to F'(z).$$

Ist nun in einem speziellen Punkte $F(z) \neq 0$, so sind dort auch alle $P_n(z) \neq 0$, und nach **41**, 11 strebt daher

$$\frac{P_n'(z)}{P_n(z)} \to \frac{F'(z)}{F(z)}.$$

Wegen

$$\frac{P_n'(z)}{P_n(z)} = \sum_{\nu=1}^{n} \frac{f_\nu'(z)}{1 + f_\nu(z)}$$

ist dies aber genau der Inhalt unserer Behauptung.

Beispiele.

1. Ist $\sum a_n$ irgendeine *absolut* konvergente Reihe mit konstanten Gliedern, **254.**
so stellt das Produkt

$$\prod_{n=1}^{\infty} (1 + a_n z)$$

[1] Denn ihre Reste unterscheiden sich von denen der vorigen Reihe nur durch den gemeinsamen Faktor $P_m(z)$, der für alle z des Kreises $|z - z_0| \leq \varrho$, als eine in diesem abgeschlossenen Kreise stetige Funktion, beschränkte Werte hat.

nach **252** eine in der ganzen Ebene reguläre Funktion dar. Ihre beständig konvergente Potenzreihenentwicklung lautet nach **253**

$$1 + A_1 z + A_2 z^2 + A_3 z^3 + \cdots + A_k z^k + \cdots,$$

wenn

$$A_1 = \sum_{\lambda=1}^{\infty} a_\lambda, \qquad A_2 = \sum_{\lambda_1<\lambda_2}^{\infty} a_{\lambda_1} \cdot a_{\lambda_2}, \qquad A_3 = \sum_{\lambda_1<\lambda_2<\lambda_3}^{\infty} a_{\lambda_1} \cdot a_{\lambda_2} \cdot a_{\lambda_3}, \ \ldots.$$

$$A_k = \sum_{\lambda_1<\cdots<\lambda_k}^{\infty} a_{\lambda_1} \cdot a_{\lambda_2} \cdots a_{\lambda_k}, \ \ldots$$

gesetzt wird. Hierbei sollen die Indizes $\lambda_1, \lambda_2, \ldots, \lambda_k$ unabhängig voneinander alle natürlichen Zahlen durchlaufen, nur der Bedingung gehorchend, daß $\lambda_1 < \lambda_2 < \cdots < \lambda_k$ bleibt. Die Existenz der mit $A_1, A_2, \ldots$ bezeichneten Reihenwerte ist dabei durch den Satz **253** selbst gesichert; auch überzeugt man sich leicht, daß es dabei auf die Reihenfolge der Summanden nicht ankommt. — Die Anwendung dieses Satzes hat schon EULER[1] und später C. G. J. JACOBI[2] zu einer Fülle der merkwürdigsten Formeln geführt.

2. Es ist

$$\sin \pi z = \pi z \cdot \prod_{n=1}^{\infty} \left(1 - \frac{z^2}{n^2}\right),$$

und das rechtsstehende Produkt ist in der ganzen Ebene konvergent. Der Beweis ist wörtlich derselbe wie der **219**, 1 für reelle Veränderliche gegebene.

3. Setzt man im vorigen sin-Produkt $z = i$, so erhält man

$$\pi i \prod_{n=1}^{\infty} \left(1 + \frac{1}{n^2}\right) = \sin \pi i = \frac{e^{-\pi} - e^{\pi}}{2i}$$

oder also

$$\prod_{n=1}^{\infty} \left(1 + \frac{1}{n^2}\right) = \frac{e^{\pi} - e^{-\pi}}{2\pi}.$$

(Vgl. dagegen die sehr leichte Berechnung von $\prod \left(1 - \frac{1}{n^2}\right)$ in **128**, 6.)

4. Die Folge der Funktionen

$$g_n(z) = \frac{z(z+1)(z+2)\cdots(z+n)}{n!\, n^z}, \qquad (n = 1, 2, \ldots),$$

konvergiert für jedes z der ganzen Ebene. In der Tat ist

$$g_n'(z) = z\left(1 + \frac{z}{1}\right)\left(1 + \frac{z}{2}\right)\cdots\left(1 + \frac{z}{n}\right) \cdot n^{-z}.$$

Nach **127**, Satz 10 ist nun

$$\left(1 + \frac{z}{1}\right)\left(1 + \frac{z}{2}\right)\cdots\left(1 + \frac{z}{n}\right) \sim e^{z\left(1 + \frac{1}{2} + \cdots + \frac{1}{n}\right)}$$

Da aber nach **128**, 2 die Zahlen $\gamma_n = \left(1 + \frac{1}{2} + \cdots + \frac{1}{n}\right) - \log n$ für $n \to +\infty$ gegen die EULERsche Konstante C streben, so ist dieser letzte Ausdruck

$$= e^{z(\log n + \gamma_n)} = n^z \cdot e^{\gamma_n z},$$

---

[1] Introductio in analysin inf. Bd. 1, Kap. 15. 1748.

[2] Fundamenta nova, Königsberg 1829.

so daß er, durch n^z dividiert, in der Tat für $n \to +\infty$ einem bestimmten Grenzwerte zustrebt. Damit ist die Behauptung schon bewiesen. Der Grenzwert, wir wollen ihn $K(z)$ nennen, ist überdies dann und nur dann $= 0$, wenn z einen der Werte $0, -1, -2, \ldots$ hat. Schließt man diese Werte aus, so ist für alle übrigen z auch

$$\lim_{n\to+\infty} \frac{1}{g_n(z)} = \lim_{n\to+\infty} \frac{n!\, n^z}{z(z+1)(z+2)\cdots(z+n)} = \frac{1}{K(z)} = \Gamma(z)$$

vorhanden. Die durch diesen Grenzwert dargestellte Funktion der komplexen Veränderlichen z, welche nur $\neq 0, -1, -2, \ldots$ gehalten werden muß, ist die sog. ***Gammafunktion* $\Gamma(z)$**, die wir S. 398 schon für reelle Argumente definiert haben.

Wir wollen noch zeigen, daß $K(z)$ eine in der ganzen Ebene analytische (also *ganze*) Funktion ist. Dazu genügt es zu zeigen, daß die Reihe

$$K(z) = g_1(z) + (g_2(z) - g_1(z)) + \cdots + (g_n(z) - g_{n-1}(z)) + \cdots$$

in jedem Kreise $|z| \leq \varrho$ gleichmäßig konvergiert. Nun ist aber

$$g_n(z) - g_{n-1}(z) = g_{n-1}(z)\cdot\left[\left(1 + \frac{z}{n}\right)\left(1 - \frac{1}{n}\right)^z - 1\right],$$

und da es eine Konstante A geben muß, so daß für alle $\nu = 1, 2, 3, \ldots$ und alle $|z| \leq \varrho$ stets $|g_\nu(z)| \leq A$ bleibt[1], da ferner (s. S. 292 und 457, Fußnote 1)

$$\left(1 - \frac{1}{n}\right)^z = 1 - \frac{z}{n} + \frac{\vartheta_n(z)}{n^2}$$

---

[1] Es sei $|z| \leq \varrho$ und $n > m \geqq 2\varrho$. Dann ist

$$g_n(z) = z\left(1 + \frac{z}{1}\right)\cdots\left(1 + \frac{z}{m}\right)\cdot\left(1 + \frac{z}{m+1}\right)\cdots\left(1 + \frac{z}{n}\right)\cdot n^{-z}$$

$$= z\left(1 + \frac{z}{1}\right)\cdots\left(1 + \frac{z}{m}\right)\cdot e^{z\left(\frac{1}{m+1} + \cdots + \frac{1}{n} - \log n\right)}\cdot e^{\frac{\eta_{m+1}}{(m+1)^2} + \cdots + \frac{\eta_n}{n^2}},$$

wenn $\log\left(1 + \frac{z}{\nu}\right) = \frac{z}{\nu} + \frac{\eta_\nu}{\nu^2}$ gesetzt wird. Da nun hierin wegen $\left|\frac{z}{\nu}\right| < \frac{1}{2}$ (vgl. S. 450) stets $|\eta_\nu| \leq |z|^2 \leq \varrho^2$ ist, so bleibt der letzte Faktor stets (d. h. für alle $|z| \leq \varrho$ und alle $n > m$) $< e^{\varrho^2\cdot\frac{\pi^2}{6}} = A_3$, ebenso bleibt der zweite Faktor (s. S. 304) stets unter einer festen Schranke A_2. Und da auch der erste Faktor stets unterhalb einer festen Schranke A_1 bleibt, so bleibt für alle $|z| \leq \varrho$ und alle $n > m$ auch stets $|g_n(z)| \leq A_1\cdot A_2\cdot A_3$. Da nun die Funktionen $|g_1(z)|, \ldots, |g_m(z)|$ für alle $|z| \leq \varrho$ ihrerseits beschränkt bleiben, so ist die oben behauptete Existenz von A gesichert.

Wird z auf einen Kreis $\mathfrak{K}$ beschränkt, in dessen Innern und auf dessen Rande $z \neq 0, -1, -2, \ldots$ und überdies $|z| \leq \varrho$ ist, so ist für $n > m$

$$\frac{1}{g_n(z)} = \frac{1}{z\left(1 + \frac{z}{1}\right)\cdots\left(1 + \frac{z}{m}\right)}\cdot e^{-z\left(\frac{1}{m+1} + \cdots + \frac{1}{n} - \log n\right)}\cdot e^{-\frac{\eta_{m+1}}{(m+1)^2} - \cdots - \frac{\eta_n}{n^2}}$$

Und hieraus liest man genau ebenso ab, daß auch eine Konstante A' existiert, so daß in $\mathfrak{K}$ stets $\left|\frac{1}{g_n(z)}\right| < A'$ bleibt für alle $n = 1, 2, \ldots$

gesetzt werden kann und hierbei $\vartheta_n(z)$ für alle genannten z und alle $n = 2, 3, \ldots$ unterhalb einer festen Konstanten B bleibt, so ist für alle diese z und n

$$|g_n(z) - g_{n-1}(z)| \leq A \cdot \left| -\frac{z^2}{n^2} + \frac{\vartheta_n(z)}{n^2} + \frac{z \cdot \vartheta_n(z)}{n^3} \right| \leq \frac{M}{n^2},$$

wenn unter M eine passende Konstante verstanden wird. Nach **197** folgt hieraus aber die *gleichmäßige* Konvergenz der Reihe für $K(z)$ im Kreise $|z| \leq \varrho$, ja sogar die gleichmäßige Konvergenz der Reihe der absoluten Beträge $\sum |g_n(z) - g_{n-1}(z)|$, und nach **249** auch der analytische Charakter von $K(z)$ in der ganzen Ebene.

§ 58. Spezielle Klassen von Reihen analytischer Funktionen.

A. DIRICHLETsche Reihen.

Unter einer *DIRICHLETschen Reihe* versteht man eine Reihe der Form[1]

$$\sum_{n=1}^{\infty} \frac{a_n}{n^z}.$$

Hier sind die Reihenglieder — als Exponentialfunktionen — in der ganzen Ebene analytisch. Es wird sich also hauptsächlich darum handeln festzustellen, ob und wo die Reihe konvergiert bzw. gleichmäßig konvergiert. Hierüber gilt der

255. **Satz 1.** *Jeder DIRICHLETschen Reihe entspricht eine reelle Zahl λ — die sog.* ***Konvergenzabszisse*** *der Reihe — mit der Eigenschaft, daß die Reihe konvergiert oder divergiert, je nachdem*

$$\Re(z) > \lambda \quad \text{oder} \quad \Re(z) < \lambda$$

ist. Dabei kann auch $\lambda = -\infty$ oder $= +\infty$ sein, in welchen Fällen die Reihe beständig bzw. nirgends konvergiert. Liegt der letztere Fall nicht vor und ist $\lambda' > \lambda$, so ist die Reihe sogar in jedem Kreise gleichmäßig konvergent, der in der Halbebene $\Re(z) \geq \lambda'$ liegt, und sie stellt also nach dem WEIERSTRASSschen Satze **249** *eine in jedem solchen Kreise und folglich in jedem Punkte der Halbebene $\Re(z) > \lambda$ reguläre analytische Funktion dar*[2].

Der Beweis geht ähnlich vor wie bei den Potenzreihen (vgl. **93**). Wir zeigen zunächst, daß, wenn die Reihe im Punkte z_0 konvergiert,

---

[1] Allgemeiner bezeichnet man als *DIRICHLETsche Reihe* auch jede Reihe der Form $\sum \frac{a_n}{p_n^z}$ oder der Form $\sum a_n e^{-\lambda_n z}$, in der die p_n *positive*, die λ_n *beliebige reelle, monoton gegen* $+\infty$ *wachsende* Zahlen bedeuten.

[2] Die Existenz der *Konvergenzhalbebenen* bewies J. L. W. V. JENSEN (Tidskrift for Mathematik (5) Bd. 2, S. 63. 1884); die Gleichmäßigkeit der Konvergenz und damit den analytischen Charakter der dargestellten Funktion zeigte E. CAHEN: Ann. Éc. Norm. sup. (3) Bd. 11, S. 75. 1894.

sie auch in jedem Punkte konvergieren muß, für den $\Re(z) > \Re(z_0)$ ist. Da aber

$$\sum \frac{a_n}{n^z} = \sum \frac{a_n}{n^{z_0}} \cdot \frac{1}{n^{z-z_0}}$$

ist, so genügt es nach **184**, 3a, zu zeigen, daß die Reihe

$$\sum_{n=1}^{\infty} \left| \frac{1}{n^{z-z_0}} - \frac{1}{(n+1)^{z-z_0}} \right| = \sum_{n=1}^{\infty} \frac{1}{(n+1)^{\Re(z-z_0)}} \cdot \left| \left(1 + \frac{1}{n}\right)^{z-z_0} - 1 \right|$$

konvergiert. Setzt man aber (bei *festem* Exponenten)

$$\left(1 + \frac{1}{n}\right)^{z-z_0} = 1 + \frac{\vartheta_n}{n},$$

so bedeuten die ϑ_n eine jedenfalls *beschränkte* Zahlenfolge, — denn sie streben, wie man sofort erkennt[1], $\to (z - z_0)$. Ist etwa stets $|\vartheta_n| < A$, so sind die Glieder der letzten Reihe

$$< \frac{A}{n^{1+\Re(z-z_0)}}.$$

Wenn also $\Re(z - z_0) > 0$ ist, so ist sie tatsächlich konvergent.

Durch Umkehrung folgt aus diesem Satze: Wenn eine DIRICHLETsche Reihe für $z = z_1$ divergiert, so divergiert sie auch in jedem Punkte mit kleinerem reellen Teil. Und wenn nun die vorgelegte DIRICHLETsche Reihe weder überall noch nirgends konvergiert, so ergibt sich die Existenz der Grenzabszisse λ (ähnlich wie bei **93**) folgendermaßen: Ist z' ein Divergenzpunkt und z'' ein Konvergenzpunkt der Reihe, so wähle man eine reelle Zahl $x_0 < \Re(z')$ und eine zweite reelle Zahl

---

[1] Allgemeiner bemerken wir gleich: Ist $|z| \leq \frac{1}{2}$ und $|w| \leq R$, und setzt man den Hauptwert von

$$(1 + z)^w = 1 + z\,w + \vartheta \cdot z^2,$$

so bleibt der Faktor ϑ, welcher von z und w abhängt, für alle zugelassenen z und w unterhalb einer *festen* Konstanten. — Beweis: Es ist

$$(1 + z)^w = e^{w \log(1+z)} = e^{w(z + \eta \cdot z^2)} \quad \text{mit} \quad \eta = -\frac{1}{2} + \frac{z}{3} - \frac{z^2}{4} + - \cdots.$$

Für alle $|z| \leq \frac{1}{2}$ ist also $|\eta| \leq 1$, und in

$$e^{w(z+\eta z^2)} = 1 + w\,z\,(1 + \eta\,z) + \frac{w^2 z^2 (1 + \eta\,z)^2}{2!} + \cdots$$

$$= 1 + w\,z + \left[w\,\eta + \frac{w^2 (1 + \eta\,z)^2}{2!} + \frac{z\,w^3 (1 + \eta\,z)^3}{3!} + \cdots\right] \cdot z^2$$

ist daher der Wert der vorhin mit ϑ bezeichneten eckigen Klammer

$$|\vartheta| \leq e^{2R},$$

wie man sofort sieht, wenn man in dieser eckigen Klammer alle Größen durch ihre Beträge, sodann $|\eta|$ und $|z|$ durch 1 und endlich $|w|$ durch R ersetzt.

$y_0 > \Re(z'')$. Dann wird die Reihe für $z = x_0$ wieder divergieren, für $z = y_0$ konvergieren. Auf das auf der reellen Achse gelegene Intervall $J_0 = x_0 \ldots y_0$ wende man nun wörtlich wie in **93** die Halbierungsmethode an, — der dadurch erfaßte innerste Wert λ wird die gesuchte Grenzabszisse sein.

Ist nun weiter $\lambda' > \lambda$ (für $\lambda = -\infty$ darf also λ' irgendeine reelle Zahl sein) und wird z auf ein Gebiet G beschränkt, in dem $\Re(z) \geqq \lambda'$ und $|z| \leqq R$ ist (G wird also im allgemeinen die Form eines Kreissegmentes haben), so ist unsere Reihe dort sogar *gleichmäßig* konvergent. Wählen wir nämlich, um dies zu zeigen, einen Punkt z_0, für den $\lambda < \Re(z_0) < \lambda'$ ist, so ist zunächst wieder

$$\sum \frac{a_n}{n^z} \equiv \sum \frac{a_n}{n^{z_0}} \cdot \frac{1}{n^{z-z_0}}.$$

Da nun $\sum \frac{a_n}{n^{z_0}}$ eine konvergente Reihe mit konstanten Gliedern ist, so genügt es nach **198**, 3a, zu zeigen, daß

$$\sum_{n=1}^{\infty} \left| \frac{1}{n^{z-z_0}} - \frac{1}{(n+1)^{z-z_0}} \right|$$

für alle z des genannten Gebietes gleichmäßig konvergiert und die Faktoren $\frac{1}{n^{z-z_0}}$ in G gleichmäßig beschränkt bleiben. Es ist aber, wenn wir noch $\lambda' - \Re(z_0) = \delta \ (> 0)$ setzen,

$$\left| \frac{1}{n^{z-z_0}} - \frac{1}{(n+1)^{z-z_0}} \right| \leqq \frac{1}{n^\delta} \cdot \left| \left(1 + \frac{1}{n}\right)^{z-z_0} - 1 \right|.$$

Auf Grund der in der letzten Fußnote gegebenen Abschätzung [oder auch direkt, indem man $\left(1 + \frac{1}{n}\right)^{z-z_0} = e^{(z-z_0)\log\left(1+\frac{1}{n}\right)}$ nach Potenzen von $(z - z_0)$ entwickelt] erkennt man nun, daß es eine Konstante A gibt, so daß für alle z unseres Gebietes und alle $n = 1, 2, 3, \ldots$ die rechter Hand zwischen den Absolut-Zeichen stehende Differenz ihrem Betrage nach

$$< \frac{A}{n}$$

bleibt. Da dann die ganze rechte Seite der letzten Ungleichung

$$< \frac{A}{n^{1+\delta}}$$

bleibt und da wegen $\left| \frac{1}{n^{z-z_0}} \right| \leqq \frac{1}{n^\delta}$ die Faktoren $\frac{1}{n^{z-z_0}}$ in G gleichmäßig beschränkt bleiben, so ist damit nach **198**, 3a die gleichmäßige Konvergenz der DIRICHLETschen Reihe in dem behaupteten Umfange dargetan und also insbesondere allgemein bewiesen, daß die DIRICHLETschen Reihen Funktionen darstellen, die in jedem Punkte im Innern ihrer Konvergenzhalbebenen analytisch sind.

Aus

$$\sum \left|\frac{a_n}{n^z}\right| = \sum \left|\frac{a_n}{n^{z_0}}\right| \cdot \left|\frac{1}{n^{z-z_0}}\right|$$

ergibt sich sofort: wenn eine DIRICHLETsche Reihe im Punkte z_0 *absolut* konvergiert, so tut sie es auch in jedem Punkte z, für den $\Re(z) > \Re(z_0)$; und umgekehrt: wenn sie in z_0 *nicht* absolut konvergiert, so kann sie auch in keinem Punkte z mit $\Re(z) < \Re(z_0)$ absolut konvergieren. Hieraus ergibt sich nun ganz ähnlich wieder der

Satz 2. *Es gibt eine bestimmte reelle Zahl l (die auch $= +\infty$ oder $= -\infty$ sein kann), so daß die DIRICHLETsche Reihe zwar für $\Re(z) > l$, aber nicht mehr für $\Re(z) < l$ absolut konvergiert.*

Es ist selbstverständlich $\lambda \leqq l$; darüber hinaus gilt aber über die gegenseitige Lage der Geraden $\Re(z) = \lambda$ und $\Re(z) = l$ der

Satz 3. *Es ist stets $l - \lambda \leqq 1$.*

Beweis. Ist $\sum \frac{a_n}{n^{z_0}}$ konvergent und $\Re(z) > \Re(z_0) + 1$, so ist $\sum \frac{a_n}{n^z}$ absolut konvergent, da $\left|\frac{a_n}{n^z}\right| = \left|\frac{a_n}{n^{z_0}}\right| \cdot \frac{1}{n^{\Re(z-z_0)}}$ und $\Re(z-z_0) > 1$ ist. Damit ist schon alles bewiesen.

Bemerkungen und Beispiele.

1. Wenn eine DIRICHLETsche Reihe weder überall noch nirgends konvergiert, so ist die Situation im allgemeinen die, daß auf eine Halbebene $\Re(z) < \lambda$ der Divergenz *ein Streifen* $\lambda < \Re(z) < l$ *bedingter Konvergenz* folgt. Die Breite dieses Streifens ist aber höchstens $= 1$, und auf ihn folgt eine Halbebene $\Re(z) > l$, in der die Reihe absolut konvergiert. **256.**

2. Leichte Beispiele lehren, daß $l - \lambda$ jeden Wert zwischen 0 und 1 (beide einschließlich) haben kann, und daß das Konvergenzverhalten auf den Grenzgeraden $\Re(z) = \lambda$ und $\Re(z) = l$ je nach Lage des Falles verschieden sein kann.

3. Die beiden Reihen $\sum \frac{1}{2^n \cdot n^z}$ und $\sum \frac{2^n}{n^z}$ bieten einfache Beispiele für eine beständig konvergente und eine nirgends konvergente DIRICHLETsche Reihe.

4. $\sum \frac{1}{n^z}$ hat die Konvergenzabszisse $\lambda = 1$ und stellt also eine in jedem Punkte der Halbebene $\Re(z) > 1$ reguläre analytische Funktion dar. Sie wird als die RIEMANNsche ζ-Funktion bezeichnet (s. **197**, 2, 3) und in der analytischen Zahlentheorie wegen ihres Zusammenhanges mit dem Problem der Verteilung der Primzahlen (s. u. Bem. 9) verwendet[1].

5. Ähnlich wie sich bei den Potenzreihen der Radius aus den Koeffizienten ablesen läßt (Satz **94**), kann man auch bei den DIRICHLETschen Reihen die Lage

---

[1] Eine eingehende Untersuchung dieser merkwürdigen Funktion (wie auch beliebiger DIRICHLETscher Reihen) findet man in E. LANDAU: *Handbuch der Lehre von der Verteilung der Primzahlen*, 2 Bände. Leipzig 1909, in E. LANDAU: Vorlesungen über Zahlentheorie, 3 Bände, Leipzig 1927, und in E. C. TITCHMARSH: The Zeta-Function of Riemann, Cambridge 1930.

der beiden Grenzgeraden aus den Koeffizienten ablesen. Es gilt darüber der

Satz. *Die Konvergenzabszisse λ der* DIRICHLET*schen Reihe* $\sum \frac{a_n}{n^z}$ *wird stets durch die Formel geliefert*

$$\lambda = \overline{\lim_{x \to +\infty}} \frac{1}{x} \log |a_{u+1} + a_{u+2} + \cdots + a_v|,$$

in der x stetig über alle Grenzen wachsen soll und zur Abkürzung

$$[e^{[x]}] = u \quad \textit{und} \quad [e^x] = v$$

gesetzt ist. Ersetzt man die a_n durch ihre Beträge $|a_n|$, so liefert dieselbe Formel die Grenzabszisse l der absoluten Konvergenz[1].

6. Eine gedrängte Übersicht über die wichtigsten Ergebnisse der Theorie der Dirichletschen Reihen findet man bei G. H. Hardy u. M. Riesz: The general Theory of DIRICHLET's Series, Cambridge 1915.

7. Die durch gliedweise Differentiationen aus einer DIRICHLETschen Reihe $F(z) = \sum \frac{a_n}{n^z}$ entstehenden neuen DIRICHLETschen Reihen

$$(-1)^\nu \sum_{n=1}^{\infty} \frac{a_n \log^\nu n}{n^z}, \qquad (\nu \text{ fest}),$$

können — als unmittelbare Folge des WEIERSTRASSschen Doppelreihensatzes — keine größere und wegen der hinzugetretenen Faktoren $\log^\nu n$ offenbar auch keine kleinere Konvergenzabszisse haben als die ursprüngliche Reihe. Im Innern der Konvergenzhalbebene stellen sie die Ableitung $F^{(\nu)}(z)$ dar.

8. Nach **255** kann die durch eine DIRICHLETsche Reihe dargestellte Funktion um jeden innerhalb der Konvergenzhalbebene gelegenen Punkt als Mittelpunkt in eine Potenzreihe entwickelt werden. Die Entwicklung selbst liefert der WEIERSTRASSsche Doppelreihensatz. Soll z. B. $\zeta(z) = \sum_{k=1}^{\infty} \frac{1}{k^z}$ um $z_0 = +2$ entwickelt werden, so hat man für $k = 2, 3, \ldots$

$$\frac{1}{k^z} = \frac{1}{k^2} \cdot \frac{1}{k^{z-2}} = \frac{1}{k^2} \cdot e^{-(z-2)\log k} = \frac{1}{k^2} \sum_{n=0}^{\infty} (-1)^n \frac{\log^n k}{n!} (z-2)^n, \quad (k \text{ fest}),$$

und dies gilt auch noch für $k = 1$, falls man unter $\log^0 1$ die Zahl 1 versteht. Daher ist für $n \geq 0$

$$A_n = \frac{(-1)^n}{n!} \sum_{k=1}^{\infty} \frac{\log^n k}{k^2}, \qquad (n \text{ fest}),$$

was nun die gewünschte Entwicklung

$$\zeta(z) = \sum_{n=0}^{\infty} \left[\frac{(-1)^n}{n!} \sum_{k=1}^{\infty} \frac{\log^n k}{k^2} \right] (z-2)^n \equiv \frac{\pi^2}{6} - \left(\sum_{k=1}^{\infty} \frac{\log k}{k^2} \right)(z-2) + - \cdots$$

liefert.

---

[1] Bezüglich des Beweises muß auf die Note des Verfassers „*Über die Abszisse der Grenzgeraden einer* DIRICHLET*schen Reihe*" in den Sitzungsberichten der Berliner Mathematischen Gesellschaft (Jg. 10, S. 2. 1910) verwiesen werden.

9. *Für* $\Re(z) > 1$ *haben*

$$\textit{die Reihe} \quad \sum_{n=1}^{\infty} \frac{1}{n^z} \quad \textit{und das Produkt} \quad \prod \frac{1}{1 - p^{-z}},$$

in welch letzterem p die Folge der Primzahlen 2, 3, 5, 7, ... *durchlaufen soll, stets denselben Wert, stellen also beide die* RIEMANN*sche ζ-Funktion $\zeta(z)$ dar* (EULER: 1737; s. Introd. in analysin, S. 225).

Beweis. Es sei z ein bestimmter Punkt mit $\Re(z) = 1 + \delta > 1$. Dann steht die absolute Konvergenz von Reihe und Produkt in diesem Punkte nach Bem. 4 und **127**, 7 außer Frage. Es handelt sich nur darum, die Gleichheit ihrer Werte darzutun. Nun ist aber

$$\frac{1}{1 - p^{-z}} = 1 + \frac{1}{p^z} + \frac{1}{p^{2z}} + \frac{1}{p^{3z}} + \cdots,$$

und wenn man diese Entwicklungen für alle Primzalen $p \leqq N$ miteinander multipliziert — unter N eine vorläufig feste natürliche Zahl verstanden —, so ist dies (endliche) Produkt

$$= \prod_{p \leqq N} \frac{1}{1 - p^{-z}} = \sum_{n=1}^{N} \frac{1}{n^z} + \sum_{n=N+1}^{\infty}{}' \frac{1}{n^z},$$

wenn hier durch den Akzent am $\sum$ angedeutet werden soll, daß von der hingeschriebenen Reihe nicht alle, sondern nur gewisse Glieder auftreten. Hierbei haben wir von dem elementaren Satz Gebrauch gemacht, daß sich jede natürliche Zahl $\geqq 2$ auf eine und nur eine Art als Produkt von Potenzen verschiedener Primzahlen darstellen läßt (wofern man als Exponenten nur ganze Zahlen > 0 zuläßt und von der Reihenfolge der Faktoren absieht). Hiernach ist

$$\left| \prod_{p \leqq N} \frac{1}{1 - p^{-z}} - \sum_{n=1}^{N} \frac{1}{n^z} \right| \leqq \sum_{n=N+1}^{\infty} \frac{1}{n^{1+\delta}};$$

und da hier rechter Hand der Rest einer konvergenten Reihe steht, so strebt dies $\to 0$ für $N \to +\infty$, womit die Gleichheit der Werte des *unendlichen* Produktes und der *unendlichen* Reihe schon bewiesen ist.

10. Nach der vorigen Nummer ist für $\Re(z) > 1$

$$\frac{1}{\zeta(z)} = \prod_p (1 - p^{-z}) = \prod_p \left(1 - \frac{1}{p^z}\right) = \sum_{n=1}^{\infty} \frac{\mu(n)}{n^z},$$

wenn hierin $\mu(1) = 1$, $\mu(2) = -1$, $\mu(3) = -1$, $\mu(4) = 0$, $\mu(5) = -1$, $\mu(6) = +1, \ldots$ und allgemein $\mu(n) = 0$, $+1$ oder -1 gesetzt wird, je nachdem n durch das Quadrat einer Primzahl teilbar ist oder nur aus einer geraden oder nur aus einer ungeraden Anzahl *verschiedener* Primzahlen besteht. Die Produktdarstellung der ζ-Funktion lehrt zugleich, daß für $\Re(z) > 1$ stets $\zeta(z) \neq 0$ ist. Die eigentümlichen Koeffizienten $\mu(n)$ heißen die *MOBIUSschen Koeffizienten*. Die Aufeinanderfolge der Ziffern 0, $+1$, -1 in der Folge dieser Zahlen $\mu(n)$ gehorcht keiner oberflächlichen Gesetzmäßigkeit.

11. Da $\zeta(z) = \sum \frac{1}{n^z}$ für $\Re(z) > 1$ absolut konvergiert, so kann man durch Ausmultiplizieren $(\zeta(z))^2$ bilden. Ordnet man (was nach **91** erlaubt ist) die Produkte der Glieder wieder nach wachsenden Nennern an so erhält man

$$\zeta^2(z) = \sum_{n=1}^{\infty} \frac{\tau_n}{n^z},$$

wenn man mit τ_n die *Anzahl der Teiler von n* bezeichnet. — Diese Beispiele mögen genügen, um die Bedeutung der ζ-Funktion für zahlentheoretische Probleme erklärlich zu machen.

B. Fakultätenreihen.

Unter einer *Fakultätenreihe* (*erster Art*) versteht man eine Reihe der Form

$$\text{(F)} \qquad \sum_{n=1}^{\infty} \frac{n!\, a_n}{z(z+1)\ldots(z+n)},$$

die natürlich nur dann eine Bedeutung hat, wenn $z \neq 0, -1, -2, \ldots$ ist. Die Konvergenzfragen, zunächst geklärt von JENSEN, werden vollständig erledigt durch den folgenden

258. **Satz von LANDAU**[1]. *Die Fakultätenreihe* (F) *konvergiert — von den Punkten* $0, -1, -2, \ldots$ *abgesehen — überall da und nur da, wo die „zugeordnete" DIRICHLETsche Reihe*

$$\sum_{n=1}^{\infty} \frac{a_n}{n^z}$$

konvergiert. Und sie konvergiert in jedem Kreise gleichmäßig und nur in solchen, in denen diese es tut, wofern weder im Innern noch auf dem Rande dieser Kreise einer der Punkte $0, -1, -2, \ldots$ *gelegen ist.*

Beweis. 1. Wir zeigen zunächst, daß aus der Konvergenz der DIRICHLETschen Reihe in einem bestimmten von $0, -1, -2, \ldots$ verschiedenen Punkte z die Konvergenz der Fakultätenreihe in demselben Punkte folgt. Da aber

$$\frac{n!\, a_n}{z(z+1)\ldots(z+n)} = \frac{a_n}{n^z} \cdot \frac{1}{g_n(z)}$$

ist, wenn $g_n(z)$ dieselbe Bedeutung hat wie in **254**, Beisp. 4, so genügt es nach **184**, 3a zu zeigen, daß die Reihe

$$\sum_{n=1}^{\infty} \left| \frac{1}{g_n(z)} - \frac{1}{g_{n+1}(z)} \right| = \sum_{n=1}^{\infty} \frac{|g_{n+1}(z) - g_n(z)|}{|g_n(z) \cdot g_{n+1}(z)|}$$

konvergent ist. Da aber $\frac{1}{g_n(z)}$ mit wachsendem n einem endlichen Grenzwerte, nämlich dem Werte $\Gamma(z)$ zustrebt, so ist die Folge dieser Faktoren (bei festem z) *beschränkt*, und es genügt daher die Konvergenz der Reihe

$$\sum_{n=1}^{\infty} |g_n(z) - g_{n+1}(z)|$$

zu beweisen. Das ist aber schon in **254**, Beisp. 4 geschehen.

[1] Über die Grundlagen der Theorie der Fakultätenreihen. Münch. Ber. Bd. 36, S. 151—218. 1906.

2. Daß umgekehrt aus der Konvergenz der Fakultätenreihe die der DIRICHLETschen folgt, ergibt sich genau so, da es nach **184**, 3a wieder nur auf die eben benutzte Konvergenz von $\sum |g_n(z) - g_{n+1}(z)|$ ankommt.

3. Es sei jetzt $\mathfrak{K}$ ein Kreis, in dem die DIRICHLETsche Reihe gleichmäßig konvergiert und der keinen der Punkte 0, -1, -2, ... in seinem Innern oder auf seinem Rande enthält. Dann soll gezeigt werden, daß dort auch die Fakultätenreihe gleichmäßig konvergiert. Nach **198**, 3a kommt dies wieder darauf hinaus zu zeigen, daß

$$\sum_{n=1}^{\infty} \left| \frac{g_{n+1}(z) - g_n(z)}{g_n(z) \cdot g_{n+1}(z)} \right|$$

in $\mathfrak{K}$ gleichmäßig konvergiert und die Funktionen $1 : g_n(z)$ dort gleichmäßig beschränkt bleiben. Von $\sum |g_{n+1}(z) - g_n(z)|$ ist uns dies nach **254**, 4 schon bekannt. Und da in der dortigen Fußnote auch gezeigt ist, daß eine Konstante A' existiert, so daß für alle z in $\mathfrak{K}$ und alle n

$$\left| \frac{1}{g_n(z)} \right| < A'$$

bleibt, so ist schon alles Erforderliche dargetan. (Vgl. § 46, Satz 3.)

4. Daß umgekehrt die DIRICHLETsche Reihe in einem Kreise $\mathfrak{K}$ gleichmäßig konvergiert, in dem die Fakultätenreihe es tut, folgt nach **198**, 3a sofort aus der daselbst gleichmäßigen Konvergenz der Reihe $\sum |g_{n+1}(z) - g_n(z)|$ und der dort gleichmäßigen Beschränktheit der Funktionen $g_n(z)$, die in **254**, 4 bewiesen wurden.

Beispiele.

1. Die Fakultätenreihe

$$\sum_{n=1}^{\infty} \frac{1}{2^{n+1}} \frac{n!}{z(z+1)\dots(z+n)}$$

konvergiert in *allen* (von 0, -1, ... verschiedenen) Punkten der ganzen Ebene, da die DIRICHLETsche Reihe

$$\sum_{n=1}^{\infty} \frac{1}{2^{n+1} \cdot n^z}$$

ersichtlich beständig konvergent ist.

Wegen

$$\Delta \frac{1}{x} = \frac{1}{x} - \frac{1}{x+1} = \frac{1}{x(x+1)},$$

$$\Delta^2 \frac{1}{x} = \frac{2!}{x(x+1)(x+2)}, \quad \dots, \quad \Delta^k \frac{1}{x} = \frac{k!}{x(x+1)\dots(x+k)}$$

entsteht die vorgelegte Fakultätenreihe einfach durch die EULERsche Transformation **144** aus der Reihe

$$\sum_{n=0}^{\infty} \frac{(-1)^n}{z+n} = \frac{1}{z} - \frac{1}{z+1} + \frac{1}{z+2} - + \cdots$$

2. Ganz leicht findet man auch (vgl. S. 274), daß für $\Re(z) > 0$

$$\frac{1}{z^2} = \frac{0!}{z(z+1)} + \frac{1!}{z(z+1)(z+2)} + \cdots + \frac{(n-1)!}{z(z+1)\ldots(z+n)} + \cdots,$$

also

$$\frac{1}{z^2} = \sum_{n=1}^{\infty} \frac{1}{n} \cdot \frac{n!}{z(z+1)\ldots(z+n)}$$

ist. Zum Beweise hat man nur die Glieder der rechten Seite *nacheinander* von der linken abzuziehen. Nach dem n^{ten} Schritt erhält man

$$\frac{n!}{z^2(z+1)(z+2)\ldots(z+n)} = \frac{1}{z \cdot n^z} \cdot \frac{n!\, n^z}{z(z+1)\ldots(z+n)},$$

was für $\Re(z) > 0$ nach **254**, Beisp. 4 gegen 0 strebt, falls $n \to \infty$ wächst. (STIRLING: Methodus differentialis, London 1730, S. 6ff.)

C. LAMBERTsche Reihen.

Als LAMBERTsche Reihe[1] bezeichnet man eine Reihe der Form

$$\sum_{n=1}^{\infty} a_n \frac{z^n}{1-z^n}.$$

Fragen wir hier wieder zunächst nach dem genauen Konvergenzbereich der Reihe, so ist dabei zu beachten, daß für jedes z, für das $z^n - 1 = 0$ sein kann, unendlich viele Glieder der Reihe sinnlos werden. Die Peripherie des Einheitskreises soll daher für die Konvergenzfrage ausscheiden[2], und wir müssen getrennt die Punkte innerhalb und außerhalb des Einheitskreises untersuchen. Hier gilt nun der die Konvergenzfrage schon vollständig erledigende

259. Satz. *Wenn $\sum a_n$ konvergiert, so konvergiert die LAMBERTsche Reihe für jedes z, dessen absoluter Betrag von 1 verschieden ist. Ist dagegen $\sum a_n$ nicht konvergent, so konvergiert die LAMBERTsche Reihe in genau denselben Punkten wie die „zugehörige" Potenzreihe $\sum a_n z^n$ — wofern nach wie vor $|z| \gtrless 1$ gehalten wird.*

In jedem Kreise $\mathfrak{K}$, der einschließlich seines Randes in einem der Konvergenzgebiete der LAMBERTschen Reihe liegt und keinen Punkt vom Betrage 1 enthält, ist die Konvergenz überdies eine gleichmäßige.

Beweis. 1. Es sei $\sum a_n$ *divergent*. Dann ist der Radius r von $\sum a_n z^n$ notwendig ≤ 1, und wir haben zunächst zu zeigen, daß die LAMBERTsche Reihe und die zugehörige Potenzreihe für jedes $|z| < 1$ beide

[1] Eine ausführlichere Behandlung dieser Reihenart findet man in der Arbeit des Verfassers: Über LAMBERTsche Reihen. J. reine u. angew. Mathem. Bd. 142, S. 283—315. 1913.

[2] Hiermit soll nicht gesagt sein, daß die Reihe nicht trotzdem in einigen Punkten z_1 jener Peripherie konvergieren könne, falls für sie für alle $n \geq 1$ stets $z_1^n \neq +1$ ist. Das ist tatsächlich möglich; doch wollen wir hiervon absehen.

konvergieren oder beide divergieren und daß die LAMBERTsche Reihe auch für $|z| > 1$ divergiert. Nun ist

$$\sum a_n z^n \equiv \sum a_n \frac{z^n}{1 - z^n} \cdot (1 - z^n)$$

und

$$\sum a_n \frac{z^n}{1 - z^n} \equiv \sum a_n z^n \cdot \frac{1}{1 - z^n}.$$

Nach **184**, 3a genügt es also, die Konvergenz der beiden Reihen

$$\sum |(1 - z^{n+1}) - (1 - z^n)| = \sum |z^n - z^{n+1}| = |1 - z| \cdot \sum |z^n|$$

und

$$\sum \left| \frac{1}{1 - z^{n+1}} - \frac{1}{1 - z^n} \right| = |1 - z| \cdot \sum \frac{|z^n|}{|(1 - z^n)(1 - z^{n+1})|}$$

für $|z| < 1$ zu beweisen. Hiervon ist aber das erste evident und das zweite eine Folge der Bemerkung, daß für $|z| < 1$ von einer Stelle an $|1 - z^n| > \frac{1}{2}$ ist.

Würde aber die LAMBERTsche Reihe für ein z_0 mit $|z_0| > 1$ konvergieren, so hieße dies, daß die Potenzreihe

$$\sum \frac{a_n}{1 - z_0^n} z^n$$

für $z = z_0$ konvergiert. Sie müßte dann nach **93**, Satz 1 auch für $z = +1$ konvergieren, was dann auch die Konvergenz der Reihe

$$\sum \frac{a_n}{1 - z_0^n} - \sum a_n \frac{z_0^n}{1 - z_0^n} = \sum a_n$$

zur Folge hätte, die doch nach unserer jetzigen Annahme divergiert.

Daß endlich für alle $|z| \leqq \varrho < r$ die Konvergenz der LAMBERTschen Reihe eine gleichmäßige ist, folgt sofort aus der Abschätzung

$$\left| a_n \frac{z^n}{1 - z^n} \right| \leqq \frac{1}{1 - \varrho} |a_n z^n|$$

und der entsprechenden Eigenschaft der Reihe $\sum |a_n z^n|$.

Damit ist für den Fall einer divergenten Reihe $\sum a_n$ schon alles bewiesen.

2. Ist nun $\sum a_n$ konvergent, hat $\sum a_n z^n$ also einen Radius $r \geqq 1$, so ist die LAMBERTsche Reihe jedenfalls für jedes $|z| < 1$ konvergent, und sogar gleichmäßig für alle $|z| \leqq \varrho < 1$.

Ist aber $|z| \geqq \varrho' > 1$, so ist

$$\sum a_n \frac{z^n}{1 - z^n} = -\sum a_n - \sum a_n \frac{\left(\frac{1}{z}\right)^n}{1 - \left(\frac{1}{z}\right)^n};$$

und da $\left|\frac{1}{z}\right| \leqq \frac{1}{\varrho'} < 1$ ist, so sind die weiteren Behauptungen auf die vorigen zurückgeführt und somit alle Teile des Satzes bewiesen.

Da hiernach im Falle der Konvergenz von $\sum a_n$ ein äußerst einfacher Zusammenhang zwischen der Reihensumme in einem Punkte z außerhalb des Einheitskreises und derjenigen in dem Punkt $\frac{1}{z}$ innerhalb desselben besteht, genügt es, wenn wir uns weiterhin mit dem innerhalb des Einheitskreises gelegenen Konvergenzgebiet beschäftigen. Dieses ist also der Kreis $|z| < r$ oder der Einheitskreis $|z| < 1$, je nachdem $\sum a_n z^n$ einen Radius $r < 1$ oder $\geqq 1$ besitzt. Der Radius dieses wohlbestimmten Konvergenzkreises heiße r_1.

Da nun weiter die Glieder der LAMBERTschen Reihe für $|z| < r_1$ reguläre analytische Funktionen sind und da für jedes positive $\varrho < r_1$ die Reihe in $|z| \leqq \varrho$ gleichmäßig konvergiert, so können wir den WEIERSTRASSschen Doppelreihensatz benutzen, um die Potenzreihenentwicklung der durch die LAMBERTsche Reihe in $|z| < r_1$ definierten Funktion zu bekommen. Es ist

$$\begin{array}{llllllll}
a_1 \frac{z}{1-z} = a_1 z & + a_1 z^2 & + a_1 z^3 & + a_1 z^4 & + a_1 z^5 & + a_1 z^6 & + a_1 z^7 & + \cdots \\
a_2 \frac{z^2}{1-z^2} = & a_2 z^2 & & + a_2 z^4 & & + a_2 z^6 & & + \cdots \\
a_3 \frac{z^3}{1-z^3} = & & a_3 z^3 & & & + a_3 z^6 & & + \cdots \\
a_4 \frac{z^4}{1-z^4} = & & & a_4 z^4 & & & & + \cdots \\
\cdots & & & & & & &
\end{array}$$

und alle diese Potenzreihen dürfen wir gliedweis addieren. Nun tritt eine bestimmte Potenz z^n in der k^{ten} Zeile dann und nur dann auf, wenn n ein Vielfaches von k oder also k ein Teiler von n ist. Daher wird der Koeffizient von z^n gleich der Summe aller derjenigen a_ν sein, deren Index ν ein Teiler von n ist (einschließlich 1 und n selbst). Wir drücken dies durch die Symbolik[1] aus:

$$A_n = \sum_{d/n} a_d,$$

so daß nun für $|z| < r_1$

$$\sum_{n=1}^{\infty} a_n \frac{z^n}{1-z^n} = \sum_{n=1}^{\infty} A_n z^n$$

ist.

Beispiele.

260. 1. $a_n = 1$. Dann ist A_n gleich der *Anzahl* der Teiler von n, die wir (wie in **257**, Beisp. 11) mit τ_n bezeichnen wollen, und

$$\sum_{n=1}^{\infty} \frac{z^n}{1-z^n} = \sum_{n=1}^{\infty} \tau_n z^n \qquad (|z| < 1),$$

$$= z + 2z^2 + 2z^3 + 3z^4 + 2z^5 + 4z^6 + 2z^7 + 4z^8 + \cdots$$

[1] Sprich: Summe aller a_d, für die d ein Teiler von n ist.

In dieser merkwürdigen Potenzreihe sind die Glieder z^n, deren Exponent eine *Primzahl* ist, dadurch ausgezeichnet, daß ihr Koeffizient $= 2$ ist. Wegen dieser verführerisch nahen Beziehung zu den Primzahlproblemen hat diese spezielle LAMBERTsche Reihe (meist schlechtweg als *die LAMBERTsche Reihe*[1] bezeichnet) früher eine große Rolle beim Angriff auf jene Probleme gespielt. Doch hatte sich auf diesem Wege lange Zeit nichts wesentliches ergeben. Erst in neuerer Zeit hat N. WIENER[2] auf ihm den berühmten Primzahlsatz bewiesen.

2. $a_n \equiv n$. Dann wird A_n gleich der *Summe* aller Teiler von n, die wir mit τ'_n bezeichnen wollen, so daß also für $|z| < 1$

$$\sum_{n=1}^{\infty} n \frac{z^n}{1-z^n} = \sum_{n=1}^{\infty} \tau'_n z^n \equiv z + 3z^2 + 4z^3 + 7z^4 + 6z^5 + 12z^6 + \cdots$$

3. Die Beziehung $A_n = \sum_{d/n} a_d$ ist eindeutig umkehrbar, d. h. bei gegebenen A_n lassen sich die a_n auf eine und nur eine Weise diesen Bedingungen gemäß bestimmen. Und zwar ist

$$a_n = \sum_{d/n} \mu\left(\frac{n}{d}\right) \cdot A_d,$$

wenn $\mu(k)$ die in **257**, Beisp. 10 definierten MÖBIUSschen Koeffizienten bedeutet, die nur die Werte 0, $+1$ und -1 haben können. Diese Tatsache hat zur Folge, daß nicht nur jede LAMBERTsche Reihe in eine Potenzreihe entwickelt werden kann, sondern daß auch das Umgekehrte stets auf eine und nur eine Weise möglich ist, wenn die Potenzreihe für $z = 0$ verschwindet, wenn also $A_0 = 0$. Doch ist dabei zu beachten, daß eine auf diese Weise gewonnene Beziehung der Form $\sum A_n z^n = \sum a_n \frac{z^n}{1-z^n}$ für $|z| > 1$ nicht mehr richtig zu sein braucht, auch wenn beide Reihen daselbst noch konvergieren sollten.

4. Ist z. B. $A_1 = 1$ und sind alle übrigen $A_n = 0$, so ist

$$a_n = \mu(n),$$

und man hat die merkwürdige Identität

$$z = \sum_{n=1}^{\infty} \mu(n) \frac{z^n}{1-z^n}, \qquad |z| < 1.$$

5. Ebenso findet man die für $|z| < 1$ gültige Darstellung

$$\frac{z}{(1-z)^2} = \sum_{n=1}^{\infty} \varphi(n) \frac{z^n}{1-z^n},$$

wenn $\varphi(n)$ die — von EULER eingeführte — Bedeutung hat, die Anzahl der zu n teilerfremden Zahlen unter den Zahlen $1, 2, 3, \ldots, n$ anzugeben.

6. Wird $\sum_{n=1}^{\infty} a_n \frac{z^n}{1-z^n} = f(z)$ und $\sum_{n=1}^{\infty} a_n z^n = g(z)$ gesetzt, so wird, wenn man in dem Entwicklungsschema der LAMBERTschen Reihe auf S. 466 (was erlaubt ist) nach *Schräglinien* zusammenfaßt:

$$f(z) = g(z) + g(z^2) + \cdots = \sum_{m=1}^{\infty} g(z^m).$$

7. Für $a_n = (-1)^{n-1}, \ = n, \ = (-1)^{n-1} n, \ = \frac{1}{n}, \ = \frac{(-1)^{n-1}}{n}, \ = \alpha^n, \ldots$

[1] LAMBERT, J.: Anlage zur Architektonik Bd. 2, S. 507, Riga 1771.

[2] WIENER, N.: A new method in Tauberian theorems. J. Math. Massachusetts, Bd. 7. S. 161—184. 1928 und: Tauberian theorems. Ann. of Math. (2), Bd. 33, S. 1—100. 1932.

erhält man so der Reihe nach die folgenden für $|z| < 1$ gültigen merkwürdigen Identitäten, bei denen die Summation stets von $n = 1$ an zu erstrecken ist:

$$\text{a)}\quad \sum (-1)^{n-1} \frac{z^n}{1 - z^n} = \sum \frac{z^n}{1 + z^n}$$

$$\text{b)}\quad \sum n \frac{z^n}{1 - z^n} = \sum \frac{z^n}{(1 - z^n)^2}$$

$$\text{c)}\quad \sum (-1)^{n-1} \cdot n \frac{z^n}{1 - z^n} = \sum \frac{z^n}{(1 + z^n)^2}$$

$$\text{d)}\quad \sum \frac{1}{n} \frac{z^n}{1 - z^n} = \sum \log \frac{1}{1 - z^n}$$

$$\text{e)}\quad \sum \frac{(-1)^{n-1}}{n} \cdot \frac{z^n}{1 - z^n} = \sum \log(1 + z^n)$$

$$\text{f)}\quad \sum \alpha^n \frac{z^n}{1 - z^n} = \sum \frac{\alpha z^n}{1 - \alpha z^n}, \qquad (|\alpha| < 1),$$

usw.

8. Da bei den letzten Identitäten in d) und e) rechts eine Reihe von Logarithmen (für die hier natürlich die Hauptwerte zu nehmen sind) aufgetreten ist, so ergibt sich von hier aus ein leichter Zusammenhang zwischen gewissen LAMBERTschen Reihen und unendlichen Produkten. So ist

$$\Pi(1 - z^n) = e^w \quad \text{mit} \quad w = -\sum \frac{1}{n} \frac{z^n}{1 - z^n},$$

$$\Pi(1 + z^n) = e^w \quad \text{mit} \quad w = \sum \frac{(-1)^{n-1}}{n} \frac{z^n}{1 - z^n}.$$

9. Als interessantes numerisches Beispiel sei noch dieses erwähnt: Setzt man $u_0 = 0$, $u_1 = 1$ und für $n > 1$ stets $u_n = u_{n-1} + u_{n-2}$, so erhält man die sog. FIBONACCIsche Zahlenfolge (vgl. **6**, 7)

$$0,\ 1,\ 1,\ 2,\ 3,\ 5,\ 8,\ 13,\ 21,\ 34,\ 55,\ \ldots$$

Es ist dann

$$\sum_{k=1}^{\infty} \frac{1}{u_{2k}} = 1 + \frac{1}{3} + \frac{1}{8} + \frac{1}{21} + \frac{1}{55} + \cdots = \sqrt{5}\left[L\left(\frac{3 - \sqrt{5}}{2}\right) - L\left(\frac{7 - 3\sqrt{5}}{2}\right)\right],$$

wenn mit $L(x)$ die Summe der LAMBERTschen Reihe $\sum \frac{x^n}{1 - x^n}$ bezeichnet wird[1]. Der Beweis beruht auf der leicht zu beweisenden Tatsache, daß

$$u_\nu = \frac{\alpha^\nu - \beta^\nu}{\alpha - \beta}, \qquad (\nu = 0, 1, 2, \ldots),$$

gesetzt werden kann, wenn α und β die Wurzeln der quadratischen Gleichung $x^2 - x - 1 = 0$ sind. (Vgl. Aufgabe 114.)

Aufgaben zum XII. Kapitel[2].

174. Es strebe $z_n \to \zeta$ und $b_n \to b \neq 0$. In welchem Ausmaße kann dann auf $b_n^{z_n} \to b^\zeta$ geschlossen werden?

---

[1] LANDAU, E.: Bull. de la Soc. math. de France Bd. 27, S. 298. 1899.

[2] Hier sind, wenn das Gegenteil aus dem Zusammenhang nicht unzweideutig hervorgeht, alle Zahlen als *komplex* anzusehen.

175. Es strebe $z_n \to \infty$ (d. h. also $|z_n| \to +\infty$). In welchem Ausmaße kann dann auf

a) $\left(1 + \frac{z}{z_n}\right)^{z_n} \to e^z$,

b) $z_n \left(z^{\frac{1}{z_n}} - 1\right) \to \log z$

geschlossen werden?

176. Der Hauptwert von z^i liegt für alle z seinem Betrage nach unterhalb einer festen Schranke.

177. Ist

$$z_n = \sum_{\nu=0}^{n} (-1)^\nu \binom{z}{\nu},$$

so strebt $z_n \to 0$ oder $\frac{1}{z_n} \to 0$, je nachdem $\Re(z) > 0$ oder < 0 ist. Wie verhält sich (z_n) für $\Re(z) = 0$?

178. Es seien a, b, c, d vier Konstante, für die $ad - bc \neq 0$ ist, und es sei z_0 beliebig. Man untersuche die Zahlenfolge $(z_0, z_1, z_2, \ldots)$, die rekursiv durch die Formel

$$z_{n+1} = \frac{a z_n + b}{c z_n + d}, \qquad (n = 0, 1, 2, \ldots)$$

definiert ist. Welches sind die notwendigen und hinreichenden Bedingungen dafür, daß (z_n) oder $\left(\frac{1}{z_n}\right)$ konvergiert? Und wenn keine von beiden Folgen konvergiert, unter welchen Bedingungen kann für einen Index p wieder $z_p = z_0$ sein? Wann ist die Folge identisch konstant?

179. Es sei $a \neq 0$ gegeben, z_0 beliebig gewählt und für $n \geq 0$

$$z_{n+1} = \frac{1}{2}\left(z_n + \frac{a}{z_n}\right)$$

gesetzt. Dann konvergiert die Folge (z_n) dann und nur dann, wenn z_0 nicht auf dem Mittellot derjenigen Strecke liegt, die die beiden Werte von $\sqrt{a}$ verbindet. Ist diese Bedingung erfüllt, so konvergiert z_n gegen den *nächst*gelegenen dieser beiden Punkte. Welches Verhalten zeigt (z_n), wenn z_0 *auf* dem genannten Mittellot liegt?

180. Die Reihe $\sum \frac{1}{n^{1+i\gamma}}$ konvergiert für *kein* reelles γ, die Reihe $\sum \frac{1}{n^{1+i\gamma} \cdot \log n}$ für *jedes* reelle $\gamma \neq 0$.

180a. Die in der Fußnote 3, S. 412 erwähnte Ergänzung des Weierstrassschen Satzes **228** läßt sich im Anschluß an die vorige Aufgabe folgendermaßen beweisen: Aus den Voraussetzungen folgt zunächst, daß mit beschränkten B_n

$$\frac{(n+1)^\alpha a_{n+1}}{n^\alpha a_n} = 1 + \frac{B_n}{n^{\lambda'}}, \qquad (\lambda' = \mathrm{Min}(\lambda, 2) > 1),$$

gesetzt werden kann; hieraus wiederum, daß

$$a_n = \frac{c}{n^\alpha}\left(1 + \frac{C_n}{n^{\lambda'-1}}\right)$$

mit konstantem c und beschränkten C_n gesetzt werden kann. Die Faktoren $b_n = \left(1 + \frac{C_n}{n^{\lambda'-1}}\right)^{-1}$ erfüllen nun die Voraussetzungen des Kriteriums **184**, 3.

Würde also $\sum a_n$ konvergieren, so müßte auch $\sum a_n b_n = \sum \frac{c}{n^\alpha}$ konvergieren, was nach der vorigen Aufgabe (und Satz **255**) für $\Re(\alpha) \leqq 1$ nicht der Fall ist.

181. Hat bei festem z und geeigneter Bestimmung des Logarithmus

$$\left[\frac{1}{z+1} + \cdots + \frac{1}{z+n} - \log(z+n)\right]$$

für $n \to +\infty$ einen Grenzwert?

182. Für jedes feste z mit $0 < \Re(z) < 1$ ist

$$\lim_{n\to\infty}\left[1 + \frac{1}{2^z} + \frac{1}{3^z} + \cdots + \frac{1}{n^z} - \frac{n^{1-z}}{1-z}\right]$$

vorhanden. (Vgl. Aufgabe 135.)

183. Die Funktion $(1-z)\cdot\sin\left(\log\frac{1}{1-z}\right)$ läßt sich für $|z| < 1$ in eine Potenzreihe $\sum a_n z^n$ entwickeln, wenn für den Logarithmus der Hauptwert genommen wird. Man zeige, daß diese Reihe für $|z| = 1$ noch absolut konvergiert.

184. Wenn z aus dem Innern des Einheitskreises „im Winkelraum" gegen $+1$ strebt, so strebt

a) $1 - z + z^4 - z^9 + z^{16} - + \cdots \to \frac{1}{2}$;

b) $(1-z)\,[1 + z + z^4 + z^9 + \cdots]^2 \to \frac{\pi}{4}$;

c) $\dfrac{1}{\log\frac{1}{1-z}}\,[z + z^p + z^{p^2} + z^{p^3} + \cdots] \to \dfrac{1}{\log p}$;

d) $(1-z)^{p+1}\,[z + 2^p z^2 + 3^p z^3 + \cdots] \to \Gamma(p+1)$;

e) $\dfrac{\sum a_n z^n}{\sum b_n z^n} \to \lim \dfrac{a_n}{b_n}$,

falls der rechtsstehende Grenzwert existiert, die b_n positiv sind und $\sum b_n$ divergiert.

185. Man untersuche das Konvergenzverhalten der folgenden Potenzreihen auf dem Rande des Einheitskreises:

a) $\sum \frac{(-1)^{[\sqrt{n}]}}{n} z^n$; b) $\sum \frac{z^n}{n^{\alpha+i\beta}}$, $\alpha > 0$;

c) $\sum \frac{z^n}{(n+a)^{\alpha+i\beta}}$; d) $\sum \frac{z^n}{n \log n}$;

e) $\sum \frac{\varepsilon_n}{n \log n} z^n$, wenn ε_n dieselbe Bedeutung wie in Aufgabe 47 hat.

186. Ist $\sum a_n z^n$ für $|z| < 1$ konvergent und ist für alle diese z die Summe der Reihe ihrem Betrage nach $\leqq 1$, so ist $\sum |a_n|^2$ konvergent und $\leqq 1$.

187. Die folgenden Potenzreihen

a) $\sum \frac{z^n}{n}$, b) $\sum \frac{z^{2k-1}}{2k-1}$,

c) $\sum (-1)^{k-1} \frac{z^{2k-1}}{2k-1}$, d) $\sum (-1)^{n-1} \frac{z^n}{n}$,

e) $\sum (-1)^n \frac{z^n}{(n+1)(n+2)}$, f) $\sum (-1)^n \binom{-\frac{1}{2}}{n} z^n$,

g) $\sum \frac{z^n}{(n-1)\cdot(n+1)}$, h) $\sum \frac{z^{2n}}{(2n-1)\cdot 2n}$

haben sämtlich den Einheitskreis zum Konvergenzkreis. Auf dem Rande desselben sind sie im allgemeinen, d. h. mit eventuellem Ausschluß einzelner Punkte, auch noch konvergent. Man suche ihre Summe mit Hilfe der elementaren Funktionen geschlossen darzustellen, trenne Reelles und Imaginäres, indem man $z = r(\cos x + i \sin x)$ setzt, und schreibe die gewonnenen trigonometrischen Entwicklungen nieder, und zwar getrennt für $r < 1$ und $r = 1$. Für welche x sind diese konvergent? Welchen Wert hat ihre Summe? Sind es die Fourierreihen dieser ihrer Summe?

188. Welche Summen haben hiernach die Reihen

a) $\sum \frac{\cos n x \cos n y}{n}$, b) $\sum \frac{\cos n x \sin n y}{n}$,

c) $\sum \frac{\sin n x \sin n y}{n}$

und die weiteren drei Reihen, die man erhält, wenn man den hingeschriebenen Reihengliedern das Vorzeichen $(-1)^n$ gibt?

189. Verfährt man mit der geometrischen Reihe $\sum z^n$ wie in Aufgabe 187, jedoch $r < 1$ lassend, so erhält man die Darstellungen

a) $$\sum_{n=0}^{\infty} r^n \cos n x = \frac{1 - r\cos x}{1 - 2r\cos x + r^2};$$

b) $$\sum_{n=1}^{\infty} r^n \sin n x = \frac{r \sin x}{1 - 2r\cos x + r^2}.$$

Man leite aus ihnen die weiteren Entwicklungen her

c) $$\sum_{n=1}^{\infty} \frac{\cos n x}{(2\cos x)^n} = \cos 2x.$$

d) $$\sum_{n=1}^{\infty} \frac{\sin n x}{(2\cos x)^n} = \sin 2x$$

und gebe die genauen Gültigkeitsintervalle derselben an.

190. Bei Aufgabe 187a wird man u. a. die Darstellung

$$\sum_{n=1}^{\infty} \frac{r^n}{n} \sin n x = \operatorname{arctg}\left(\frac{r \sin x}{1 - r\cos x}\right)$$

erhalten. Aus ihr leite man die Entwicklungen

a) $$\sum_{n=1}^{\infty} (-1)^{n-1} r^n \sin^n x \cdot \sin n x = \operatorname{arctg}(r + \operatorname{ctg} x) - \left(\frac{\pi}{2} - x\right),$$

b) $$\sum_{n=1}^{\infty} \frac{\cos^n x \sin n x}{n} = \frac{\pi}{2} - x$$

her und bestimme die genauen Gültigkeitsintervalle.

191. Man stelle die genauen Konvergenzgebiete der folgenden Reihen fest:

a) $\sum \frac{(-1)^n}{z+n}$, b) $\sum \frac{1}{1-z^n}$,

c) $\sum \frac{z^n}{p_n^n}$, d) $\sum \frac{1}{p_n^z}$,

e) $\sum\left[\frac{1}{z-p_n}+\frac{1}{p_n}+\frac{z}{p_n^2}+\cdots+\frac{z^{n-1}}{p_n^n}\right]$,

f) $\left(\frac{z}{p_n}\right)^{[\log n]}$, g) $\sum\left(\frac{z}{p_n}\right)^{[\log\log n]}$,

bei denen (p_n) eine positive, monoton ins Unendliche wachsende Zahlenfolge sein soll.

192. Man beweise die Gleichungen

a) $\sum\frac{z^n}{1-z^n}=\sum z^{n^2}\cdot\frac{1+z^n}{1-z^n}$;

b) $\sum(-1)^{n-1}\frac{z^{2n-1}}{1-z^{2n-1}}=\sum\frac{z^n}{1+z^{2n}}$,

bei denen die Summation mit $n=1$ beginnen soll.

193. Dem Satz von LANDAU (258) entsprechend gilt der folgende: Die DIRICHLETsche Reihe $\sum(-1)^{n-1}\frac{a_n}{n^z}$ einerseits und die sog. Binomialkoeffizientenreihe $\sum a_n\binom{z-1}{n}$ andrerseits sind entweder beide konvergent oder beide divergent, wenn man von den Punkten $z=1, 2, 3, \ldots$ absieht.

194. Für welche z gilt die Gleichung

$$\sum_{n=0}^{\infty}(-1)^n\binom{z}{n}=0?$$

195. Man stelle das genaue Konvergenzgebiet der folgenden Produkte fest:

a) $\prod\left(1-\frac{1}{n^z}\right)$, b) $\prod\left(1-\frac{(-1)^n}{n^z}\right)$,

c) $\prod(1+z^{2n+1})$, d) $\prod(1+n^2z^n)$,

e) $\prod\left(1-\frac{z^n}{1-z^n}\right)$, f) $\prod\left[\left(1+\frac{z}{n}\right)\left(1-\frac{1}{n}\right)^z\right]$,

g) $\prod\left[\left(1-\frac{z}{z_n}\right)e^{\frac{z}{z_n}+\frac{1}{2}\left(\frac{z}{z_n}\right)^2+\cdots+\frac{1}{n}\left(\frac{z}{z_n}\right)^n}\right]$, wenn $|z_n|\to+\infty$ strebt,

h) $\prod\left(1-\frac{z}{n}\right)$, i) $\prod\left(1-\frac{(-1)^n}{n}z\right)$,

k) $\prod\left(1-\frac{(-1)^n}{2n+1}z\right)$.

196. Man bestimme mit Hilfe des sin-Produktes die Werte der Produkte

a) $\prod\left(1+\frac{x^2}{n^2}\right)$, b) $\prod\left(1+\frac{x^4}{n^4}\right)$, c) $\prod\left(1+\frac{x^6}{n^6}\right)$

für reelle x. Das zweite von ihnen hat den Wert

$$\frac{1}{2\pi^2x^2}\left[\operatorname{coshyp}(\pi x\sqrt{2})-\cos(\pi x\sqrt{2})\right].$$

Gilt dies auch noch für komplexe Werte von x?

197. Die Werte der Produkte 195 i) und k) lassen sich mit Hilfe der Γ-Funktion geschlossen angeben.

198. Es ist für $|z| < 1$

$$\frac{1}{(1-z)(1-z^3)(1-z^5)\cdots} = (1+z)(1+z^2)(1+z^3)\cdots$$

199. Mit Hilfe des sin-Produktes bzw. der ctg-Partialbruchzerlegung lassen sich die folgenden Reihen und Produkte geschlossen auswerten, in denen x und y reell sein sollen und das Symbol $\sum\limits_{n=-\infty}^{+\infty} f(n)$ die Summe der beiden Reihen $\sum\limits_{n=0}^{+\infty} f(n)$ und $\sum\limits_{k=1}^{+\infty} f(-k)$ bedeuten soll:

a) $\displaystyle\sum_{n=-\infty}^{+\infty} \frac{1}{(n+x)^2+y^2}$, b) $\displaystyle\sum_{n=-\infty}^{+\infty} \frac{1}{n^4+x^4}$,

c) $\displaystyle\sum_{n=-\infty}^{+\infty} \frac{1}{(x-n)^3}$, d) $\displaystyle\sum_{n=-\infty}^{+\infty} \left(1 - \frac{4x^2}{(n+x)^2}\right)$.

XIII. Kapitel.

Divergente Reihen.

§ 59. Allgemeine Bemerkungen über divergente Zahlenfolgen und die Verfahren zu ihrer Limitierung.

Die Auffassung von dem Wesen unendlicher Zahlenfolgen, wie wir sie in allem Vorangehenden, so vor allem in §§ 8—11, dargelegt haben, ist vergleichsweise neuen Datums; denn ein strenger und einwandfreier Aufbau der Theorie war erst möglich, nachdem der Begriff der reellen Zahl geklärt war. Aber selbst wenn man es gelten läßt, daß dieser Begriff und mit ihm irgendein allgemeines Konvergenzkriterium für Zahlenfolgen, etwa unser 2. Hauptkriterium, als von fast axiomatischer Natur ohne Beweis einfach anerkannt wird, so ist immer noch die Konvergenztheorie der unendlichen Zahlenfolgen, insbesondere der unendlichen Reihen, viel jüngeren Datums als ihr ausgiebiger Gebrauch und als die Entdeckung ihrer schönsten Resultate etwa durch Euler und seine Zeitgenossen, oder gar schon durch Leibniz, Newton und deren Zeitgenossen. Diesen boten sich die unendlichen Reihen in der natürlichsten Weise als Rechnungsergebnisse dar, drängten sich ihnen sozusagen auf, wie z. B. die geometrische Reihe $1 + x + x^2 + \cdots$ als nicht abbrechendes Divisionsergebnis von $1 : (1 - x)$, die Taylorsche Reihe und mit ihr fast alle Reihen des VI. Kapitels durch das Prinzip der Koeffizientenvergleichung oder aus geometrischen Erwägungen heraus. In ähnlicher Weise stellten sich auch die unendlichen Produkte, Kettenbrüche und alle sonstigen Näherungsverfahren ein. Es wurde also nicht, wie wir es in unserer Darstellung getan haben, *das Symbol der unendlichen Zahlenfolgen geschaffen* und nun mit ihm gearbeitet, sondern diese *waren da*, und es galt sich mit ihnen auseinanderzusetzen.

Daher lagen Konvergenzfragen im heutigen Sinn diesen Mathematikern zunächst noch ganz fern[1]. Und so ist es nicht zu verwundern, daß z. B. EULER die geometrische Reihe

$$1 + x + x^2 + \cdots = \frac{1}{1 - x}$$

auch für $x = -1$ oder $x = -2$ noch gelten läßt und also unbedenklich[2]

$$1 - 1 + 1 - 1 + - \cdots = \tfrac{1}{2}$$

oder

$$1 - 2 + 2^2 - 2^3 + - \cdots = \tfrac{1}{3}$$

setzt, und entsprechend etwa aus $\left(\frac{1}{1 - x}\right)^2 = 1 + 2x + 3x^2 + \cdots$ die Gleichung

$$1 - 2 + 3 - 4 + - \cdots = \tfrac{1}{4}$$

herleitet und vieles andere mehr. Freilich hielt die meisten Mathematiker jener Zeiten eine instinktive Scheu von solchen Ergebnissen ab und ließ sie nur solche Resultate anerkennen, die auch in unserm heutigen Sinn richtig sind[3]. Aber eine klare Einsicht in die Gründe, warum das eine Ergebnis anerkannt wurde, das andere nicht, fehlte ihnen damals noch.

Es ist hier nicht der Raum, auf die sehr lehrreichen Auseinandersetzungen zwischen den Mathematikern des 17. und 18. Jahrhunderts über diesen Punkt einzugehen[4]. Wir müssen uns damit begnügen, etwa bezüglich der unendlichen Reihen festzustellen, daß EULER sie stets dann gelten ließ, wenn sie sich auf natürliche Weise durch Entwicklung eines analytischen Ausdrucks einstellten, der seinerseits einen bestimmten Wert besaß[5]. Dieser letztere wurde dann in jedem Falle als Summe der Reihe angesehen.

---

[1] Vgl. die Bemerkungen am Anfang des § 41.

[2] Diese Gleichung tritt schon bei JAK. BERNOULLI (Posit. arithm., 3. Teil, Basel 1696) auf und wird von ihm als „paradoxon non inelegans" bezeichnet. Näheres über die heftige Fehde, die sich hieran anschloß, findet man in dem unter **69**, 8 genannten Buche von R. REIFF.

[3] So sagt D'ALEMBERT (Opusc. Mathem. t. 5, 1768, 35. Mémoire, p. 183): „Pour moi, j'avoue que tous les raisonnements et les calculs fondés sur des séries qui ne sont pas convergentes ou qu'on peut supposer ne pas l'être, me paraîtront toujours très suspects".

[4] Näheres in R. REIFF: a. a. O.

[5] In einem Briefe an GOLDBACH (7. VIII. 1745) sagt er geradezu: „. . . so habe ich diese neue Definition von der Summe einer jeglichen seriei gegeben: Summa cujusque seriei est valor expressionis illius finitae, ex cujus evolutione illa series oritur."

Es ist klar, daß diese Übereinkunft keine strenge Grundlage hat. Wenn z. B. die Reihe $1 - 1 + 1 - 1 + - \cdots$ auch in der einfachsten Weise aus der Division von $1 : (1 - x)$ für $x = -1$ entsteht (s. o.) und also $= \frac{1}{2}$ zu setzen wäre, so ist doch nicht einzusehen, warum nicht *dieselbe* Reihe auch aus ganz andern analytischen Ausdrücken sollte entstehen können und auf Grund solcher anderweitigen Entstehung nun auch einen andern Wert erhalten müßte. In der Tat entsteht die obige Reihe auch aus der Funktion $f(x)$, die für $x > 0$ durch die DIRICHLETsche Reihe

$$f(x) = \sum_{n=1}^{\infty} \frac{(-1)^{n-1}}{n^x} = 1 - \frac{1}{2^x} + \frac{1}{3^x} - \frac{1}{4^x} + - \cdots$$

dargestellt wird, für $x = 0$, oder aus

$$\frac{1 + x}{1 + x + x^2} = \frac{1 - x^2}{1 - x^3} = 1 - x^2 + x^3 - x^5 + x^6 - x^8 + - \cdots$$

für $x = 1$. Auf Grund der letzteren Entstehung müßte $1 - 1 + \cdots = \frac{2}{3}$ gesetzt werden, und bei der andern ist nicht ohne weiteres zu sehen, was $f(0)$ für einen Wert haben mag. Er *könnte* jedenfalls von $+\frac{1}{2}$ verschieden sein.

Das EULERsche Prinzip ist also jedenfalls unsicher, und nur der ungewöhnliche Instinkt EULERS für das mathematisch Richtige hat ihn trotz der ausgiebigen Benutzung solcher divergenten Reihen im allgemeinen davor bewahrt, falsche Ergebnisse zu zeitigen[1]. Erst CAUCHY und ABEL klärten den Konvergenzbegriff und verwarfen alle nicht konvergenten Reihen; CAUCHY in seiner *Analyse algébrique* (1821), ABEL in seiner Arbeit über die Binomialreihe (1826), die sich schon ausdrücklich auf das CAUCHYsche Werk stützt. Beide haben sich erst zögernd zu diesem entscheidenden Schritte entschlossen[2], doch erschien er schließlich beiden unvermeidlich, um ihre Schlüsse zu lückenlos scharfen zu machen.

Wir sind heute in der Lage, das Problem sozusagen von oben her zu übersehen; und da werden die Dinge sofort klar, wenn wir uns erinnern, daß das Symbol einer unendlichen Zahlenfolge — in welcher Form sie uns gegeben sein mag, als Folge, Reihe, Produkt oder anders — *von sich aus* keinerlei Bedeutung hat noch haben kann, sondern

---

[1] Vgl. dagegen S. 134, Fußnote 1.

[2] Bezüglich CAUCHY vgl. man hierzu das Vorwort zur *Analyse algébrique*, wo es u. a. heißt: Je me suis vu forcé d'admettre plusieurs propositions qui paraîtront peut-être un peu dures, par exemple qu'une série divergente n'a pas de somme. Und bezüglich ABEL seinen Brief an HOLMBOE (16. I. 1826), in dem es heißt: Les séries divergentes sont, en général, quelque chose de bien fatal, et c'est une honte qu'on ose y fonder aucune démonstration. — Daß schon viel früher J. D'ALEMBERT 1768 sich in ähnlichem Sinne geäußert hat, wurde schon oben erwähnt (s. S. 474, Fußnote 3).

daß ihm eine solche erst von uns durch freie Übereinkunft gegeben wurde. Und diese Verabredung bestand *erstlich* darin, daß wir nur *konvergente* Zahlenfolgen zuließen, d. h. nur solche, deren Glieder in einem ganz präzis definierten Sinne sich einer eindeutig bestimmten Zahl annäherten, und *zweitens* darin, daß wir diese Zahl der unendlichen Folge als ihren *Wert* zuordneten oder die Folge geradezu nur als ein anderes Zeichen (vgl. **41**, 1) für diese Zahl ansahen. So naheliegend und naturgemäß nun diese Festsetzung auch ist und so eng sie sich auch an die Entstehung der unendlichen Zahlenfolgen (etwa als schrittweise Annäherung an ein Ergebnis, das nicht mit einem Schlage erhalten werden kann) anschließen mag, so ist eine solche Festsetzung doch unter allen Umständen *als eine willkürliche* zu bezeichnen, und sie könnte auch durch ganz andere ersetzt werden. Nur die Zweckmäßigkeit und der Erfolg ist hier entscheidend, ob die eine oder die andere Festsetzung vorzuziehen ist; in der Natur der Sache selbst, d. h. in dem Symbol (s_n) einer unendlichen Zahlenfolge[1], liegt kein *bindender* Anhalt dafür vor.

Daher ist die Frage sehr wohl berechtigt, ob die (wenigstens stellenweis) beträchtliche Kompliziertheit unserer Theorie nicht etwa darauf zurückzuführen ist, daß unsere — wenn auch scheinbar noch so naheliegende — Deutung des Symbols (s_n) als *Limes* der als *konvergent* angenommenen Folge doch eine ungünstige ist. Denn in der mannigfachsten Weise könnte man andere Festsetzungen treffen, unter denen dann — vielleicht wenigstens — sich noch zweckmäßigere fänden. So
261. aufgefaßt ist das allgemeine *Problem*, das sich hier bietet, das folgende: *In irgendeiner Weise — durch unmittelbare Angabe ihrer Glieder, als Reihe, Produkt oder sonstwie — ist uns eine bestimmte Zahlenfolge (s_n) vorgelegt. Ist es möglich, ihr in vernünftiger Weise einen „Wert" s zuzuordnen?*

„*In vernünftiger Weise*" könnte hier einmal heißen, daß die Zahl s auf einem Wege gewonnen wird, der *in naher Beziehung zu dem bisherigen Konvergenzbegriff*, also zur Bildung von $\lim s_n = s$, steht, der sich in allem Vorangehenden so hervorragend bewährt hat, daß wir uns nicht ohne zwingenden Grund erheblich von ihm entfernen werden.

„*In vernünftiger Weise*" könnte andrerseits auch dahin ausgelegt werden, daß der Folge (s_n) ein Wert s solcherart zugeordnet werden soll, *daß, wo immer diese Folge als Endergebnis einer Rechnung auftreten sollte, diesem Endergebnis stets oder wenigstens im allgemeinen der Wert s zu geben ist.*

---

[1] Unter (s_n) mag man sich eine irgendwie gegebene Zahlenfolge, insbesondere also die Teilsummen einer unendlichen Reihe $\sum a_n$ oder die Teilprodukte eines unendlichen Produktes vorstellen. Wir benutzen den an „Summe" erinnernden Buchstaben s, weil die unendlichen Reihen bei weitem das wichtigste Mittel sind, durch das Zahlenfolgen definiert werden.

Wir erläutern diese allgemeinen Andeutungen zunächst an einem **262.**
Beispiel. Die Reihe

$$\sum (-1)^n = 1 - 1 + 1 - 1 + - \cdots,$$

also die geometrische Reihe $\sum x^n$ für $x = -1$ oder die Folge

$$(s_n) \equiv 1, 0, 1, 0, 1, 0, \ldots$$

wurde bisher als divergent verworfen, weil ihre Glieder s_n sich keinem bestimmten Zahlenwerte annäherten. Sie pendeln vielmehr zwischen 1 und 0 unaufhörlich hin und her. Gerade dies legt aber den Gedanken nahe, die arithmetischen Mittel

$$s_n' = \frac{s_0 + s_1 + \cdots + s_n}{n+1}, \qquad (n = 0, 1, 2, \ldots),$$

zu bilden. Und da $s_n = \frac{1}{2}(1 + (-1)^n)$ ist, so findet man, daß

$$s_n' = \frac{(n+1) + \frac{1}{2}[1 + (-1)^n]}{2(n+1)} = \frac{1}{2} + \frac{1 + (-1)^n}{4(n+1)}$$

ist und daß also s_n' sich (im bisherigen Sinne) dem Werte $\frac{1}{2}$ nähert:

$$\lim s_n' = \tfrac{1}{2}.$$

Wir haben also durch diese sehr naheliegende Mittelbildung in einer ganz exakten Weise der paradoxen EULERschen Gleichung $1 - 1 + 1 - + \cdots = \frac{1}{2}$ einen Sinn unterlegen, der links stehenden Reihe den „Wert" $\frac{1}{2}$ zuordnen oder diesen aus der Reihe herausholen können. Ob nun, wo immer diese Reihe $\sum(-1)^n$ als Endergebnis einer Rechnung auftreten sollte, diesem Endergebnis der Wert $\frac{1}{2}$ zu geben ist, kann natürlich nicht ohne weiteres entschieden werden. Bei der Entwicklung $\frac{1}{1-x} = \sum x^n$ für $x = -1$ ist es gewiß der Fall; bei $\sum \frac{(-1)^{n-1}}{n^x}$ für $x = 0$ ist es, wie man ziemlich leicht zeigen kann (vgl. Aufgabe 200), ebenfalls richtig, — und so ließen sich noch viele Belege dafür anführen, daß die Zuordnung des auf die beschriebene Weise erhaltenen Wertes $\frac{1}{2}$ zur Folge 1, 0, 1, 0, 1, ... eine „vernünftige" ist[1].

Man könnte daher versuchsweise definieren: Dann und nur dann, wenn die Folge der Zahlen

$$s_n' = \frac{s_0 + s_1 + \cdots + s_n}{n+1}$$

im bisherigen Sinne einem Grenzwert s zustrebt, soll die Folge (s_n) bzw. die Reihe $\sum a_n$ „konvergent" mit der „Summe" s heißen.

---

[1] Auch aus der Reihe (s. o.) für $\frac{1+x}{1+x+x^2}$ läßt sich hiernach bei $x = 1$ der Wert $\frac{2}{3}$ herausholen. Man hat dazu nur zu beachten, daß die Reihe, etwas sorgfältiger geschrieben, $1 + 0 \cdot x - x^2 + x^3 + 0 \cdot x^4 - x^5 + + - \cdots$ und für $x = 1$ also $1 + 0 - 1 + 1 + 0 - 1 + + - \cdots$ lautet.

Ihre Zweckmäßigkeit hätte diese neue Definition schon an der Reihe $\sum(-1)^n$ erwiesen, die nun eine „im neuen Sinne" konvergente Reihe mit der Summe $\frac{1}{2}$ wäre, — was uns durchaus sinnvoll erscheint. Noch zwei weitere Bemerkungen sollen die Vorteile dieser neuen Festsetzung beleuchten:

1. Jede im bisherigen Sinne konvergente Folge (s_n) mit dem Grenzwerte s ist nach dem CAUCHYschen Satze **43**, 2 so beschaffen, daß sie auch „im neuen Sinne" konvergent genannt werden müßte und daß sie dabei denselben Wert hat. Die neue Festsetzung würde also jedenfalls mindestens dasselbe leisten, wie die bisherige, würde aber, wie das Beispiel der Reihe $\sum(-1)^n$ eben zeigte, mehr zu leisten imstande sein.

2. Wenn man zwei (im alten Sinne) konvergente Reihen $\sum a_n = A$ und $\sum b_n = B$ nach der CAUCHYschen Regel miteinander multipliziert und so die Reihe $\sum c_n \equiv \sum(a_0 b_n + a_1 b_{n-1} + \cdots + a_n b_0)$ bildet, so wissen wir, daß diese Reihe nicht wieder (im alten Sinne) konvergent zu sein braucht. Und die Frage, wann $\sum c_n$ nun doch konvergiert, bietet sehr erhebliche Schwierigkeiten und ist bis heute noch nicht befriedigend geklärt. Der zweite Beweis des Satzes **189** lehrt aber, daß in jedem Falle

$$\frac{C_0 + C_1 + \cdots + C_n}{n+1} \to A\,B$$

strebt, wenn mit C_n die Teilsummen der Reihe $\sum c_n$ bezeichnet werden. Das bedeutet aber jetzt gerade, daß $\sum c_n$ *in jedem Falle* eine *im neuen Sinne* konvergente Reihe mit der Summe $A\,B$ ist. Hier ist der Vorteil der neuen Festsetzung offenbar: Ein Sachverhalt, dessen Klärung bei strengem Festhalten am alten Konvergenzbegriff unüberwindliche Schwierigkeiten bietet, läßt sich durch Einführung eines etwas allgemeineren Konvergenzbegriffes in einfachster Weise erschöpfend erledigen.

Gleich nachher werden wir noch weitere Untersuchungen dieser Art kennenlernen (s. besonders § 61); vorerst aber wollen wir noch über einige prinzipielle Dinge Festsetzungen treffen:

Neben der Bildung der arithmetischen Mittel werden wir noch eine ganze Anzahl anderer Verfahren kennenlernen, durch die man, statt durch den bisherigen Konvergenzbegriff, mit gutem Erfolge einer Zahlenfolge (s_n) einen Wert s zuordnen kann. Alle diese Verfahren müssen wir durch passende Benennungen voneinander unterscheiden; und es empfiehlt sich dabei folgendermaßen vorzugehen: Der bisherige Konvergenzbegriff war so naturgemäß und hat sich so bewährt, daß er durch eine besondere Bezeichnung auch weiterhin ausgezeichnet bleiben soll. Unter der *Konvergenz* einer unendlichen Zahlenfolge (einer Reihe, eines Produktes, ...) soll darum nach wie vor nichts anderes verstanden werden, als was bisher darunter verstanden worden ist.

Und wenn nun auf Grund neuer Festsetzungen, wie z. B. durch die vorhin beschriebene Bildung der arithmetischen Mittel, einer Folge (s_n) eine Zahl s zugeordnet wird, so wollen wir die Folge (s_n) als durch dieses Verfahren *limitierbar*, die zugehörige Reihe $\sum a_n$ als durch dasselbe *summierbar* und s als ihren *Wert* (bei einer Reihe wohl auch als ihre *Summe*) bezeichnen.

Sobald wir aber, wie es gleich nachher geschehen wird, *mehrere* Verfahren dieser Art benutzen, so unterscheiden wir sie durch vorgesetzte Initialen A, B, . . ., V, . . . und sprechen also etwa von einem V-Verfahren[1]. Die Folge (s_n) soll dann *V-limitierbar*, die Reihe $\sum a_n$ *V-summierbar* heißen, und die Zahl s werden wir als den V-Limes der Folge bzw. als die V-Summe der Reihe bezeichnen, in Zeichen:

$$V\text{-}\lim s_n = s \qquad \text{bzw.} \qquad V\text{-}\sum a_n = s.$$

Wenn kein Mißverständnis zu befürchten ist, wollen wir die erste der beiden Aussagen auch durch die Symbolik

$$V(s_n) \to s$$

bezeichnen, was also genauer besagen soll, daß die durch das V-Verfahren aus der Folge (s_n) hergestellte *neue Folge* gegen s strebt.

Läßt das Verfahren, wie dies im folgenden des öfteren der Fall sein wird, eine k-malige Iterierung oder eine Abstufung in verschiedenen Ordnungen zu, so setzen wir k als Index hinzu und sprechen also von einer V_k-*Limitierung*, V_p-*Summierung*, usw.

Bei der Aufstellung und Auswahl solcher Verfahren werden wir nun natürlich nicht absolute Willkür herrschen, sondern uns von Zweckmäßigkeitsgründen leiten lassen. Als Grundforderung, die hier zu erheben wäre, muß man wohl an die Spitze stellen, daß die neue Festsetzung mit der alten nicht in Widerspruch steht. Von jedem etwa einzuführenden Verfahren V fordern wir daher zunächst, daß die folgende *Permanenzbedingung* erfüllt sei: **263.**

I. *Eine im bisherigen Sinne konvergente Zahlenfolge (s_n) mit dem Grenzwerte s soll auch V-limitierbar zum Werte s sein.* Oder: *Aus* $\lim s_n = s$ *soll stets auch* V-$\lim\ s_n = s$ *folgen*[2].

Damit nun weiter die Einführung eines solchen Verfahrens nicht überflüssig sei, fordern wir, daß auch die folgende *Erweiterungsbedingung* erfüllt ist:

---

[1] Bei dem Begriff der *Integrierbarkeit*, wo etwas Ähnliches vorliegt, ist diese Bezeichnungsweise wohl zuerst eingeführt worden. So spricht man von Funktionen, die *R-integrierbar*, und solchen, die *L-integrierbar* sind, je nachdem man Integrierbarkeit im RIEMANNschen oder im LEBESGUEschen Sinne meint.

[2] Man könnte sich auch schon damit zufrieden geben, wenn das betreffende Verfahren wenigstens einen Teil der konvergenten Folgen zu unverändertem Werte zu limitieren vermag. Ein solcher Fall tritt z. B. bei dem weiter unten besprochenen E_p-Verfahren ein, falls der Index p komplex ist.

II. *Es soll mindestens* ***eine*** *im bisherigen Sinne divergente Folge* (s_n) *geben, die sich nach dem neuen Verfahren als limitierbar erweist.*

Bezeichnen wir die Gesamtheit derjenigen Folgen, die durch ein bestimmtes Verfahren limitierbar sind, als dessen ***Wirkungsfeld,*** so bedeutet die Forderung II, daß wir nur solche Verfahren zulassen wollen, deren Wirkungsfeld umfassender ist als dasjenige der gewöhnlichen Konvergenz. Gerade die Limitierung der bisher divergenten Folgen bzw. die Summierung der divergenten Reihen wird natürlich jetzt das Hauptinteresse beanspruchen.

Werden endlich mehrere Verfahren *nebeneinander* benutzt, etwa *gleichzeitig* ein V- und ein W-Verfahren, so würde eine völlige Verwirrung zu befürchten sein, wenn wir nicht auch forderten, daß noch die folgende *Verträglichkeitsbedingung* erfüllt sei:

III. *Ist ein und dieselbe Folge* (s_n) *nach zwei verschiedenen, gleichzeitig benutzten Verfahren limitierbar, so soll ihr durch beide stets* ***derselbe*** *Wert zugeordnet werden.* Oder: *Es soll stets* $V\text{-}\lim s_n = W\text{-}\lim s_n$ *sein, falls beide Werte existieren.*

Wir wollen nur solche Verfahren betrachten, die diese drei Forderungen erfüllen. Darüber hinaus aber bedarf es noch der Auslegung, ob die durch ein bestimmtes Verfahren V bewirkte Zuordnung des Wertes s zu einer Folge (s_n) in dem oben (S. 476) dargelegten Sinne eine *vernünftige* ist. Hier wird man sehr verschiedene Forderungen stellen können, und die Verfahren, die im Gebrauch sind, sind in dieser Beziehung sehr verschieden leistungsfähig. Zunächst wäre wohl zu fordern, daß die elementaren Regeln des Rechnens mit konvergenten Folgen (s. § 8) möglichst erhalten bleiben, also das gliedweise Addieren und Subtrahieren zweier Folgen, die gliedweise Addition einer Konstanten, die gliedweise Multiplikation mit einer solchen, die Beeinflussung durch endlich viele Änderungen (**27**, 4) usw. Weiter wird dann vielleicht zu fordern sein, daß, wenn etwa der divergenten Reihe $\sum a_n$ der Wert s zugeordnet wird und wenn diese Reihe z. B. aus der Potenzreihe $f(x) = \sum c_n x^n$ für einen speziellen Wert x_1 von x entsteht, daß dann die Zahl s zu $f(x_1)$ oder zu $\lim f(x)$ für $x \to x_1$ in sinngemäßer Beziehung steht, und daß Entsprechendes für andere Typen von Reihen (die DIRICHLETschen, FOURIERschen u. a.) der Fall ist; *kurz, daß, wo immer diese divergente Reihe als Endergebnis einer Rechnung auftreten sollte, diesem Endergebnis der Wert s zu geben ist.* Je mehr solcher und ähnlicher Forderungen — wir wollen sie, ohne auf eine
264. genaue Präzisierung derselben Wert zu legen, als die *Forderungen F* bezeichnen — ein bestimmtes Verfahren erfüllt und je größer zugleich sein Wirkungsfeld ist, als desto brauchbarer und wertvoller wird man es ansehen dürfen.

Wir gehen nun dazu über, einige solche Limitierungsverfahren anzugeben, die sich nach der einen oder andern Richtung hin bewährt haben:

1. Das C_1-, H_1- oder M-Verfahren[1]. Wir bilden, wie oben unter **262** beschrieben, aus den Gliedern einer Folge (s_n) die arithmetischen Mittel **265.**

$$\frac{s_0 + s_1 + \cdots + s_n}{n+1}, \qquad (n = 0, 1, 2, \ldots),$$

die wir mit c'_n, h'_n oder m_n bezeichnen. Streben diese nun für $n \to \infty$ im bisherigen Sinne einem Grenzwert s zu, so sagen wir, die Folge (s_n) sei ***C_1-, H_1-** oder **M-limitierbar*** zu diesem Werte s und schreiben kurz

$$M\text{-}\lim s_n = s \qquad \text{oder} \qquad M(s_n) \to s,$$

oder wir benutzen den Buchstaben C_1 oder H_1 an Stelle von M. Die Reihe $\sum a_n$, deren Teilsummen die s_n sind, *soll dann **C_1-, H_1-** oder **M-summierbar**, die Zahl s ihre C_1-, H_1- bzw. M-Summe heißen.*

Die Einheitsfolge 1, 1, 1, ... kann wohl als die denkbar einfachste konvergente Zahlenfolge angesehen werden. Das beschriebene Verfahren besteht dann darin, daß die Glieder s_n der zu untersuchenden Folge *im Mittel* mit denen der Einheitsfolge verglichen werden:

$$c'_n \equiv h'_n \equiv m_n = \frac{s_0 + s_1 + \cdots + s_n}{1 + 1 + \cdots + 1}.$$

Diesen „gemittelten" Vergleich der Folge (s_n) mit der Einheitsfolge werden wir auch bei den folgenden Verfahren wiederfinden.

Die Brauchbarkeit dieses Verfahrens haben wir schon oben an einigen Beispielen erläutert. Auch daß es die Forderungen **263**, I und II erfüllt, haben wir schon gesehen, und III kommt im Augenblick noch nicht in Betracht. Die §§ 60 und 61 endlich werden zeigen, daß auch die Forderungen F (**264**) in weitem Ausmaße erfüllt sind.

2. Das Höldersche oder H_p-Verfahren[2]. Gehen wir bei einer gegebenen Folge (s_n) von den eben gebildeten Mitteln h'_n erneut zu deren arithmetischen Mitteln

$$h''_n = \frac{h'_0 + h'_1 + \cdots + h'_n}{n+1}, \qquad (n = 0, 1, 2, \ldots),$$

über und hat die Folge der h''_n einen Grenzwert im gewöhnlichen Sinne, $\lim h''_n = s$, *so sagen wir, die Folge (s_n) sei **H_2-limitierbar**[3] zum Werte s.*

---

[1] Die Wahl der Buchstaben C und H findet in den beiden nächsten Nummern ihre Erklärung.

[2] Hölder, O.: Grenzwerte von Reihen an der Konvergenzgrenze. Math. Ann. Bd. 20, S. 535—549. 1882. Hier werden zu einem speziellen Zweck zum ersten Male arithmetische Mittel der beschriebenen Art eingeführt.

[3] Die übrigen analog gebildeten Bezeichnungen, H_2-$\lim s_n = s$, H_2-$\sum a_n = s$, $H_2(s_n) \to s$ usw. führen wir nun nicht mehr besonders an.

Nach **43**, 2 ist jede H_1-limitierbare (und also auch jede konvergente) Folge stets auch H_2-limitierbar zum gleichen Werte. Das neue Verfahren erfüllt also die Forderungen **263**, I, II und III. Sein Wirkungsfeld ist auch umfassender als das des H_1-Verfahrens, denn z. B. die Reihe

$$\sum_{n=0}^{\infty} (-1)^n (n+1) \equiv 1 - 2 + 3 - 4 + - \cdots$$

ist H_2-summierbar mit der Summe $\frac{1}{4}$, aber nicht H_1-summierbar oder gar konvergent. In der Tat ist hier

$$(s_n) \equiv 1, \ -1, \ 2, \ -2, \ 3, \ -3, \ldots$$

und

$$(h_n') \equiv 1, \ 0, \ \tfrac{2}{3}, \ 0, \ \tfrac{3}{5}, \ 0, \ldots$$

Diese Folgen sind also noch nicht konvergent. Aber, wie man leicht nachrechnet, streben die $h_n'' \to \frac{1}{4}$, d. h. gerade gegen den Wert, den man nach

$$\left(\frac{1}{1-x}\right)^2 = \sum_{n=0}^{\infty} (n+1)\, x^n$$

für $x = -1$ erwarten würde.

Geht man auch bei den h_n'' noch nicht zur Grenze über, sondern bildet erst

$$h_n''' = \frac{h_0'' + h_1'' + \cdots + h_n''}{n+1}, \qquad (n = 0, 1, 2, \ldots),$$

und für $p \geqq 2$ allgemein[1]

$$h_n^{(p)} = \frac{h_0^{(p-1)} + h_1^{(p-1)} + \cdots + h_n^{(p-1)}}{n+1}, \qquad (n = 0, 1, 2, \ldots),$$

und strebt bei einem bestimmten p nun $h_n^{(p)} \to s$, so sagen wir analog: *Die Folge* (s_n) *sei* ***H_p-limitierbar*** *zum Werte* s.

Man kann sich leicht Folgen bilden, die für ein bestimmtes p, aber für keinen kleineren Wert dieses Index, H_p-limitierbar sind[2]. Dies lehrt in Verbindung mit **43**, 2 nicht nur, daß die H_p-Verfahren die Forderungen **263**, I—III erfüllen, sondern weiter, daß ihr Wirkungsfeld für jedes bestimmte $p \geqq 2$ umfassender ist als für die kleineren Werte dieses Index. Bezüglich der Forderungen F sei wieder auf die §§ 60 und 61 verwiesen.

---

[1] Oder schon für $p \geqq 1$, falls man übereinkommt, $h_n^{(0)} \equiv s_n$ zu setzen und unter dem H_0-Verfahren also die gewöhnliche Konvergenz zu verstehen, wie wir dies hier und in allen analogen späteren Fällen tun wollen.

[2] Man setze etwa $(h_n^{(p-1)}) \equiv 1, 0, 1, 0, 1, \ldots$ und errechne sich daraus rückwärts die s_n. Andere Beispiele finden sich in den folgenden Paragraphen.

3. Das CESÀROsche oder C_k-Verfahren[1]. Hier setzt man zunächst $s_n \equiv S_n^{(0)}$ und dann weiter für $k \geqq 1$

$$S_0^{(k-1)} + S_1^{(k-1)} + \cdots + S_n^{(k-1)} = S_n^{(k)}, \qquad (n = 0, 1, 2, \ldots),$$

und untersucht dann für ein bestimmtes k die Folge[2]

$$c_n^{(k)} = \frac{S_n^{(k)}}{\binom{n+k}{k}}.$$

Strebt bei festem k die Folge $c_n^{(k)} \to s$, so sagen wir, *die Folge* (s_n) *sei* ***C_k-limitierbar*** *zum Werte s.*

Während man bei dem H-Verfahren nicht zu übersichtlichen Formeln gelangt, wenn man die $h_n^{(p)}$ für größere Werte von p unmittelbar durch die s_n ausdrücken will, ist dies für das C-Verfahren in einfachster Weise möglich, denn es ist

$$S_n^{(k)} = \binom{n+k-1}{k-1} s_0 + \binom{n+k-2}{k-1} s_1 + \cdots + \binom{k-1}{k-1} s_n$$

oder

$$= \binom{n+k}{k} a_0 + \binom{n+k-1}{k} a_1 + \cdots + \binom{k}{k} a_n,$$

wenn man auf die Reihe $\sum a_n$ mit den Teilsummen s_n zurückgehen will. Man beweist dies ganz leicht durch Induktion oder auch mit Hilfe der Bemerkung, daß nach **102**

$$\sum_{n=0}^{\infty} S_n^{(k-1)} x^n = (1 - x) \sum_{n=0}^{\infty} S_n^{(k)} x^n$$

und also für jedes ganze $k \geqq 0$

$$\sum_{n=0}^{\infty} S_n^{(k)} x^n = \frac{1}{(1-x)^k} \sum_{n=0}^{\infty} s_n x^n = \frac{1}{(1-x)^{k+1}} \sum_{n=0}^{\infty} a_n x^n$$

ist, woraus nach **108** die Behauptung folgt[3].

Auch auf dieses Verfahren, das für den Index 1 mit dem vorigen identisch ist $(h_n' \equiv c_n')$, werden wir in den folgenden Paragraphen genau eingehen.

---

[1] CESÀRO, E.: Sur la multiplication des séries. Bull. des sciences math (2) Bd. 14, S. 114—120. 1890.

[2] Die Nenner auf der rechten Seite sind genau die Werte, die man für $S_n^{(k)}$ erhält, wenn man von der Folge $(s_n) \equiv 1, 1, 1, \ldots$ ausgeht, d. h. sie geben an, wieviel Teilsummen s_ν in $S_n^{(k)}$ zusammengefaßt sind. Es handelt sich bei dem C_k-Verfahren also wieder um einen „gemittelten" Vergleich einer vorgelegten Folge (s_n) mit der Einheitsfolge.

[3] Diese letzten Formeln legen es ziemlich nahe, für den Index k auch *nicht-ganze* Zahlen > -1 zuzulassen. Solche Limitierungen von nicht-ganzzahliger Ordnung sind zuerst vom Verfasser (Grenzwerte von Reihen bei der Annäherung an die Konvergenzgrenze, Inaug.-Diss. Berlin 1907) eingeführt und untersucht worden. Wir werden hierauf indessen weder bei dem C-Verfahren noch bei den weiterhin behandelten Verfahren eingehen.

4. Das Abelsche oder A-Verfahren. Ist $\sum a_n$ mit den Teilsummen s_n vorgelegt, so betrachten wir die Potenzreihe

$$f(x) = \sum a_n x^n = (1 - x) \sum s_n x^n.$$

Ist deren Radius $\geqq 1$ und ist der (für reelle x genommene) Grenzwert

$$\lim_{x\to 1-0} \sum a_n x^n = \lim_{x\to 1-0} (1 - x) \sum s_n x^n = s$$

vorhanden, so sagen wir, *die Reihe* $\sum a_n$ *sei* ***A-summierbar***[1]*, die Folge* (s_n) *sei* ***A-limitierbar*** *zum Werte* s; *in Zeichen*:

$$A\text{-}\sum a_n = s \quad \text{bzw.} \quad A\text{-}\lim s_n = s.$$

Infolge des Abelschen Grenzwertsatzes **100** erfüllt auch dieses Verfahren die Permanenzbedingung I, und einfache Beispiele lehren, daß es die Erweiterungsbedingung II erfüllt, denn z. B. für die schon oben benutzte Reihe $\sum (-1)^n$ ist für $x \to 1 - 0$ der Grenzwert

$$\lim \left(\sum (-1)^n x^n\right) = \lim \frac{1}{1 + x} = \frac{1}{2}$$

vorhanden. Auch nach diesem Verfahren also ist die paradoxe Eulersche Gleichung (s. S. 474) gerechtfertigt. Schreiben wir dafür jetzt präziser

$$A\text{-}\sum (-1)^n = \tfrac{1}{2} \quad \text{oder} \quad C_1\text{-}\sum (-1)^n = \tfrac{1}{2},$$

so sind damit ganz bestimmte Verfahren angedeutet, durch die der Wert $\frac{1}{2}$ aus der Reihe $\sum (-1)^n$ herausgeholt werden kann.

5. Das Eulersche oder E-Verfahren. In **144** sahen wir: Wenn von den beiden Reihen

$$\sum_{n=0}^{\infty} (-1)^n a_n \quad \text{und} \quad \sum_{k=0}^{\infty} \frac{\Delta^k a_0}{2^{k+1}}$$

die *erste* konvergiert, so konvergiert auch die *zweite* und liefert dieselbe Summe. Nun zeigen aber einfache Beispiele, daß die zweite Reihe sehr wohl konvergieren kann, wenn die erste es nicht tut:

1. Wenn $a_n \equiv 1$, so ist $a_0 = 1$ und $\Delta^k a_0 = 0$ für $k \geqq 1$. Die beiden Reihen lauten also

$$1 - 1 + 1 - 1 + - \cdots \quad \text{und} \quad \tfrac{1}{2} + 0 + 0 + 0 + \cdots,$$

deren zweite mit der Summe $\frac{1}{2}$ konvergiert.

---

[1] Schreibt man das Produkt $(1 - x) \sum s_n x^n$ in der Form

$$\frac{\sum s_n x^n}{\sum x^n},$$

so sieht man, daß es sich auch hier um einen, wenn auch in etwas anderer Weise „gemittelten" Vergleich der gegebenen Folge mit der Einheitsfolge handelt.

2. Ist für $n = 0, 1, 2, \ldots$

$$a_n = \quad 1, \quad 2, \quad 3, \quad 4 \ldots,$$

so ist

$$\Delta a_n = -1, \ -1, \ -1, \ -1, \ldots$$

und für $k \geqq 2$

$$\Delta^k a_n = \quad 0, \quad 0, \quad 0, \quad 0, \ldots$$

Die beiden Reihen lauten also

$$1 - 2 + 3 - 4 + - \cdots \quad \text{und} \quad \tfrac{1}{2} - \tfrac{1}{4} + 0 + 0 + \cdots,$$

deren zweite mit der Summe $\frac{1}{4}$ konvergiert.

3. Ähnlich findet man für $a_n = (n+1)^3$, daß $\Delta a_0 = -7$, $\Delta^2 a_0 = 12$, $\Delta^3 a_0 = -6$ und für $k > 3$ stets $\Delta^k a_0 = 0$ ist. Die beiden Reihen lauten hier also

$$1 - 8 + 27 - 64 + - \cdots \quad \text{und} \quad \tfrac{1}{2} - \tfrac{7}{4} + \tfrac{12}{8} - \tfrac{6}{16} + 0 + 0 + \cdots,$$

deren zweite mit der Summe $-\frac{1}{8}$ konvergiert.

4. Für $a_n = 2^n$ ist $\Delta^k a_0 = (-1)^k$. Die beiden Reihen lauten also:

$$1 - 2 + 4 - 8 + - \cdots \quad \text{und} \quad \tfrac{1}{2} - \tfrac{1}{4} + \tfrac{1}{8} - \tfrac{1}{16} + - \cdots,$$

deren zweite mit der Summe $\frac{1}{3}$ konvergiert, d. h. mit einer Summe, die man wegen $\frac{1}{1-x} = \sum x^n$ für $x = -2$ auch erwarten möchte.

5. Für $a_n = (-1)^n z^n$ ist $\Delta^k a_0 = (1+z)^k$. Die beiden Reihen lauten also

$$\sum_{n=0}^{\infty} z^n \quad \text{und} \quad \sum_{k=0}^{\infty} \frac{(1+z)^k}{2^{k+1}},$$

deren zweite mit der Summe $\frac{1}{1-z}$ konvergiert, wofern nur $|z+1| < 2$ ist.

Gehen wir von einer *nicht* alternierend geschriebenen beliebigen Reihe $\sum a_n$ aus, so hätten wir

$$\sum_{n=0}^{\infty} a_n' \quad \text{mit} \quad a_n' = \frac{1}{2^{n+1}}\left[\binom{n}{0} a_0 + \binom{n}{1} a_1 + \cdots + \binom{n}{n} a_n\right]$$

als Eulersche Transformation derselben anzusehen, zu der man auch folgendermaßen gelangt: Die Reihe $\sum a_n$ entsteht aus der Potenzreihe $\sum a_n x^{n+1}$ für $x = 1$ und also aus der Reihe

$$\sum_{n=0}^{\infty} a_n \left(\frac{y}{1-y}\right)^{n+1}$$

für $y = \frac{1}{2}$. Entwickelt man nun diese letztere erst nach Potenzen von y, ehe man $y = \frac{1}{2}$ setzt, so erhält man genau die Eulersche Transformation. In der Tat ist

$$\sum_{k=0}^{\infty} a_k x^{k+1} = \sum_{k=0}^{\infty} a_k \left(\frac{y}{1-y}\right)^{k+1} = \sum_{k=0}^{\infty} a_k \sum_{\lambda=0}^{\infty} \binom{k+\lambda}{k} y^{k+\lambda+1}$$

$$= \sum_{n=0}^{\infty} \left\{ \sum_{\nu=0}^{n} \binom{n}{\nu} a_\nu \right\} y^{n+1} = \sum_{n=0}^{\infty} a'_n (2y)^{n+1}.$$

Um dies Verfahren für beliebige Zahlenfolgen (s_n) nutzbar zu machen, setzen wir die Teilsummen der beiden Reihen $\sum a_n$ und $\sum a'_n$ etwas abweichend von der üblichen Bezeichnung

$$a_0 + a_1 + \cdots + a_{n-1} = s_n \quad \text{für} \quad n \geqq 1 \quad \text{und} \quad s_0 = 0,$$

sowie

$$a'_0 + a'_1 + \cdots + a'_{n-1} = s'_n \quad \text{für} \quad n \geqq 1 \quad \text{und} \quad s'_0 = 0.$$

Dann rechnet man leicht nach, daß für $n \geqq 0$

$$s'_n = \frac{1}{2^n}\left[\binom{n}{0} s_0 + \binom{n}{1} s_1 + \cdots + \binom{n}{n} s_n\right]$$

ist[1]. Demgemäß setzen wir fest: *Eine Folge* (s_n) *soll* $\boldsymbol{E_1}$***-limitierbar heißen zum Werte*** *s,* falls die eben definierte Folge $s'_n \to s$ strebt[2]. Setzt man, ohne das Konvergenzverhalten von (s'_n) zu prüfen,

$$s''_n = \frac{1}{2^n}\left[\binom{n}{0} s'_0 + \binom{n}{1} s'_1 + \cdots + \binom{n}{n} s'_n\right]$$

und allgemein für $r \geqq 1$

$$s_n^{(r)} = \frac{1}{2^n}\left[\binom{n}{0} s_0^{(r-1)} + \binom{n}{1} s_1^{(r-1)} + \cdots + \binom{n}{n} s_n^{(r-1)}\right], \quad (n = 0, 1, 2, \ldots),$$

so werden wir analog die Folge (s_n) als E_r*-limitierbar* bezeichnen und

---

[1] Aus $\sum a_n x^{n+1} = \sum a'_n (2y)^{n+1}$ folgt durch Multiplikation mit $\frac{1}{1-x} = \frac{1-y}{1-2y}$ zunächst

$$\sum_{k=0}^{\infty} s_k x^k = (1-y) \sum_{n=0}^{\infty} s'_n (2y)^n.$$

Es ist also

$$\sum_{n=0}^{\infty} s'_n (2y)^n = \frac{1}{1-y} \sum_{k=0}^{\infty} s_k \left(\frac{y}{1-y}\right)^k = \sum_{k=0}^{\infty} \sum_{\lambda=0}^{\infty} \binom{k+\lambda}{k} s_k y^{k+\lambda}$$

$$= \sum_{n=0}^{\infty} \frac{1}{2^n}\left[\binom{n}{0} s_0 + \binom{n}{1} s_1 + \cdots + \binom{n}{n} s_n\right] (2y)^n,$$

woraus die Beziehung abzulesen ist.

[2] Auch hier wird der Nenner 2^n aus dem Zähler $\left[\binom{n}{0} s_0 + \cdots + \binom{n}{n} s_n\right]$ erhalten, indem man alle $s_n = 1$ setzt. Es handelt sich also wieder um einen in bestimmter Weise „gemittelten" Vergleich der Folge (s_n) mit der Einheitsfolge.

s als ihren E_r-Limes ansehen, falls für ein bestimmtes r die $s_n^{(r)} \to s$ streben.

Unser früherer Satz **144** (s. auch **44**, 8) lehrt dann jedenfalls, daß dies E-Verfahren der Permanenzbedingung I genügt, und die dazu gegebenen Beispiele zeigen, daß auch die Erweiterungsbedingung II erfüllt ist. Wir werden auf dies Verfahren in § 63 genauer eingehen.

6. Das RIESZsche oder $R_{\mu k}$-Verfahren[1]. Es liegt nahe, das Prinzip des gemittelten Vergleichs der Folge (s_n) mit der Einheitsfolge, das, wie wir sahen, allen bisherigen Verfahren zugrunde lag, dadurch leistungsfähiger zu gestalten, daß man den Gliedern s_n *irgendwelche* Gewichte beilegt. Ist also etwa $\mu_0, \mu_1, \mu_2, \ldots$ irgendeine Folge positiver Zahlen, so ist

$$s_n' = \frac{\mu_0 s_0 + \mu_1 s_1 + \cdots + \mu_n s_n}{\mu_0 + \mu_1 + \cdots + \mu_n}$$

eine solche allgemeinere Mittelbildung. In dem besonderen Fall, daß $\mu_n = 1 / (n+1)$ ist, spricht man von *logarithmischen Mitteln.*

Nach dem Vorbilde des H-, C- oder E-Verfahrens kann man diese natürlich sogleich iterieren, indem man, etwa im Anschluß an das C-Verfahren,

$$\sigma_n^{(0)} = s_n \quad \text{und} \quad \lambda_n^{(0)} = 1$$

und dann für $k \geqq 1$

$$\sigma_n^{(k)} = \mu_0 \sigma_0^{(k-1)} + \mu_1 \sigma_1^{(k-1)} + \cdots + \mu_n \sigma_n^{(k-1)}$$

sowie

$$\lambda_n^{(k)} = \mu_0 \lambda_0^{(k-1)} + \mu_1 \lambda_1^{(k-1)} + \cdots + \mu_n \lambda_n^{(k-1)}$$

setzt und nun für ein festes $k \geqq 1$ die Quotienten

$$\varrho_n^{(k)} = \frac{\sigma_n^{(k)}}{\lambda_n^{(k)}}$$

für $n \to +\infty$ untersucht. Streben sie einem Grenzwerte s zu, so könnte man sagen, die Folge (s_n) sei $R_{\mu k}$-limitierbar[2] zum Werte s. Diese Definition ist indessen nicht in Gebrauch; das Verfahren hat vielmehr erst dadurch seine große Bedeutung bekommen, daß es folgendermaßen in eine analytisch besser zu handhabende Form gebracht worden ist: Definiert man die (komplexe) Funktion $s(t)$ der reellen Veränderlichen $t \geqq 0$ durch die Festsetzungen

$$s(t) = s_\nu \quad \text{in} \quad \lambda_{\nu-1}^{(1)} < t \leqq \lambda_\nu^{(1)}, \qquad (\nu = 0, 1, 2, \ldots; \lambda_{-1}^{(1)} = 0),$$

und setzt noch $s(0) = 0$, so ist

$$\mu_0 s_0 + \mu_1 s_1 + \cdots + \mu_n s_n = \int_0^{\lambda_n^{(1)}} s(t)\, dt,$$

[1] RIESZ, M.: Sur les séries de Dirichlet et les séries entières. Comptes rendus Bd. 149, S. 909—912. 1909.

[2] Wir fügen hier der Bezeichnung R_k des Verfahrens noch den Index μ an, um an die zur Mittelbildung verwendete Folge (μ_n) zu erinnern. Für $\mu_n \equiv 1$ haben wir genau das C_k-Verfahren vor uns.

und es liegt nahe, die bei der Bildung der $\sigma_n^{(k)}$ und $\lambda_n^{(k)}$ benutzte iterierte Summation jetzt durch iterierte Integration zu ersetzen. Nach k-maliger Integration[1] erhält man

$$\int_0^\omega d t_{k-1} \int_0^{t_{k-1}} \cdots \int_0^{t_1} s(t)\, dt = \frac{1}{(k-1)!} \int_0^\omega s(t) \cdot (\omega - t)^{k-1}\, dt$$

als Ersatz für die Größen $\sigma_n^{(k)}$. Entsprechend hat man statt der $\lambda_n^{(k)}$ diejenigen Werte zu nehmen, die man aus dem eben aufgestellten Integral für $s_n \equiv 1$ erhält, also die Werte

$$\frac{1}{(k-1)!} \int_0^\omega (\omega - t)^{k-1}\, dt = \frac{\omega^k}{k!}.$$

Dann würde es sich (bei festem k) um den Grenzwert

$$\lim_{\omega \to +\infty} \frac{k}{\omega^k} \int_0^\omega s(t)\,(\omega - t)^{k-1}\, dt$$

handeln. Ist er vorhanden und $= s$, *so soll nun die Folge* (s_n) *als* $\boldsymbol{R}_{\mu k}$***-limitierbar*** *zum Werte s bezeichnet werden.*

Auf eine genauere Untersuchung darüber, ob sich die beiden eben gegebenen Definitionen des R-Verfahrens wirklich genau decken, sowie auf die schönen und tiefgehenden Anwendungen des Verfahrens in der Theorie der DIRICHLETschen Reihen können wir hier nicht näher eingehen. (Literaturangaben s. 266.)

7. Das BORELsche oder *B*-Verfahren. Wir sahen eben, wie das RIESZsche Verfahren die Leistungsfähigkeit des H- oder des C-Verfahrens dadurch zu erhöhen strebte, daß es die bei diesen vorgenommene Mittelung des Vergleiches der Folge (s_n) mit der Einheitsfolge in allgemeinerer Weise ansetzte als bei diesen. In ähnlicher Weise kann man das Wirkungsfeld des ABELschen Verfahrens dadurch zu vergrößern versuchen, daß man statt der geometrischen Reihe, die dort zum Vergleich benutzt wurde, andre Reihen heranzuziehen sucht. Nimmt man speziell die Exponentialreihe und betrachtet demgemäß den Quotienten der beiden Reihen

$$\sum_{n=0}^\infty s_n \frac{x^n}{n!} \quad \text{und} \quad \sum_{n=0}^\infty \frac{x^n}{n!}$$

oder also das Produkt

$$F(x) = e^{-x} \cdot \sum_{n=0}^\infty s_n \frac{x^n}{n!}$$

[1] Die Übereinstimmung beider Seiten beweist man leicht induktiv durch partielle Integration.

für $x \to +\infty$, so erhalten wir das von E. BOREL[1] eingeführte Verfahren. Demgemäß definieren wir: Ist eine Folge (s_n) so beschaffen, daß die Potenzreihe $\sum s_n \frac{x^n}{n!}$ beständig konvergiert und daß die eben erklärte Funktion $F(x)$ für $x \to +\infty$ einem Grenzwerte s zustrebt, *so soll die Folge (s_n) als* ***B-limitierbar*** *zum Werte s bezeichnet werden.*

Nehmen wir etwa, um dieses Verfahren ein wenig zu erläutern, zunächst wieder $\sum a_n \equiv \sum (-1)^n$, so ist $s_n = 1$ oder $= 0$, je nachdem n gerade oder ungerade ist. Also wird

$$\sum s_n \frac{x^n}{n!} = 1 + \frac{x^2}{2!} + \frac{x^4}{4!} + \cdots = \frac{e^x + e^{-x}}{2},$$

und es handelt sich um den Grenzwert

$$\lim_{x \to +\infty} e^{-x} \cdot \frac{e^x + e^{-x}}{2},$$

der offenbar $= \frac{1}{2}$ ist. $\sum (-1)^n$ ist also auch B-summierbar mit der Summe $\frac{1}{2}$. **Nimmt man allgemein $\sum a_n \equiv \sum z^n$, so ist, falls nur $z \neq +1$,**

$$s_n = \frac{1 - z^{n+1}}{1 - z},$$

also

$$F(x) = e^{-x} \cdot \sum s_n \frac{x^n}{n!} = \frac{1}{1-z} - \frac{z}{1-z} e^{(z-1)x},$$

und für $x \to +\infty$ strebt dies $\to \frac{1}{1-z}$, wofern $\Re(z) < 1$ ist. *Die geometrische Reihe $\sum z^n$ ist also in der Halbebene $\Re(z) < 1$ allenthalben B-summierbar*[2] *zur Summe* $\frac{1}{1-z}$.

Dies Verfahren erfüllt auch die *Permanenzbedingung*; denn es ist

$$\left(e^{-x} \cdot \sum s_n \frac{x^n}{n!}\right) - s = e^{-x} \cdot \sum (s_n - s) \frac{x^n}{n!}.$$

Strebt also im bisherigen Sinne $s_n \to s$, so kann man bei gegebenem $\varepsilon > 0$ ein m so groß wählen, daß für $n > m$ stets $|s_n - s| < \frac{\varepsilon}{2}$ bleibt. Dann ist aber der Betrag des letzten Ausdrucks für positive x

$$\leqq e^{-x} \cdot \sum_{n=0}^{\infty} |s_n - s| \cdot \frac{x^n}{n!} \leqq e^{-x} \cdot \sum_{n=0}^{m} |s_n - s| \cdot \frac{x^n}{n!} + \frac{\varepsilon}{2}.$$

---

[1] Sur la sommation des séries divergentes. Comptes rendus Bd. 121, S. 1125. 1895, — und in vielen anschließenden Noten. Eine zusammenfassende Darstellung gab er in seinen Leçons sur les séries divergentes. 2. Aufl. Paris 1928.

[2] Durch die C-Verfahren ist, wie in **268**, 8 gezeigt wird, die geometrische Reihe, außer für $|z| < 1$, nur noch in den von $+1$ verschiedenen *Randpunkten* des Einheitskreises summierbar, durch das EULERsche Verfahren in dem Kreise $|z + 1| < 2$, der den Einheitskreis weit umschließt, durch das BORELsche Verfahren sogar in der ganzen Halbebene $\Re(z) < 1$ und stets zum Werte $\frac{1}{1-z}$.

Da aber für $x \to +\infty$ das Produkt von e^{-x} mit einem Polynom m^{ten} Grades $\to 0$ strebt, so kann ξ so groß gewählt werden, daß für $x > \xi$ dies Produkt $< \frac{\varepsilon}{2}$ ist. Für diese x ist dann der Betrag des ganzen Ausdrucks $< \varepsilon$ und somit unsre Behauptung bewiesen.

8. Das B_r-Verfahren. Das Wirkungsfeld des eben beschriebenen Verfahrens wird in gewissem Sinne dadurch vergrößert, daß man statt der Reihe $\sum \frac{x^n}{n!}$ andere heranzieht, zunächst etwa $\sum \frac{x^{rn}}{(rn)!}$ für ein festes ganzzahliges $r > 1$. *Wir nennen eine Folge* (s_n) *demgemäß* ***B_r-limitierbar*** *zum Werte* s, falls der Quotient der beiden Funktionen

$$\sum_{n=0}^{\infty} s_n \frac{x^{rn}}{(rn)!} \quad \text{und} \quad \sum_{n=0}^{\infty} \frac{x^{rn}}{(rn)!}, \quad \text{also das Produkt } r\,e^{-x} \sum_{n=0}^{\infty} s_n \frac{x^{rn}}{(rn)!}$$

für $x \to +\infty$ dem Grenzwert s zustrebt. (Dabei muß natürlich wieder angenommen werden, daß die erste der genannten Reihen beständig konvergent ist.) So ist z. B. das B-Verfahren auf die Folge $s_n = (-1)^n n!$ gar nicht anwendbar, weil für sie $\sum s_n \frac{x^n}{n!} = \sum (-1)^n x^n$ nicht für alle x konvergiert. Dagegen ist $\sum s_n \frac{x^{rn}}{(rn)!}$ schon für $r = 2$ beständig konvergent[1].

9. Das Verfahren von LE ROY. Wir haben die Verfahren meist so gedeutet, daß durch sie ein „gemittelter" Vergleich zwischen der vorgelegten Folge (s_n) und der Einheitsfolge $1, 1, 1, \ldots$ vorgenommen wird. Man kann die Dinge auch ein klein wenig anders ansehen. Sind die s_n die Teilsummen der Reihe $\sum a_n$, so ist z. B. beim C_1-Verfahren der Grenzwert von

$$\frac{s_0 + s_1 + \cdots + s_n}{n+1}$$

$$= a_0 + \left(1 - \frac{1}{n+1}\right) a_1 + \left(1 - \frac{2}{n+1}\right) a_2 + \cdots + \left(1 - \frac{n}{n+1}\right) a_n$$

zu untersuchen. Den Gliedern der Reihe $\sum a_n$ erscheinen hier *variable Faktoren* zugeteilt, die die Reihe zu einer endlichen, also jedenfalls zu einer im alten Sinne konvergenten machen. Durch diese Faktoren wird der Einfluß der fernen Glieder ausgeschaltet oder herabgedrückt; mit wachsendem n aber steigen die Faktoren gegen 1 und ziehen so schließlich doch alle Glieder zur vollen Wirksamkeit heran. Ähnlich liegt es bei dem ABELschen Verfahren, wo es sich um den Grenzwert von $\sum a_n x^n$ für $x \to 1 - 0$ handelt; hier sind es die Faktoren x^n, die den eben beschriebenen Einfluß haben, für $x \to 1 - 0$ aber gegen 1 steigen. Am deutlichsten ist dies Prinzip zur Grundlage des folgenden

[1] Das B_r-Verfahren, $(r > 1)$, ist aber nicht für jede Folge (s_n) günstiger als das B-Verfahren. Vielmehr gibt es Folgen (s_n), die zwar B-, aber nicht B_2-limitierbar sind.

Verfahrens gemacht[1]. Es sei die Reihe

$$\sum_{n=0}^{\infty} \frac{\Gamma(n x + 1)}{n!} a_n$$

für $0 \leqq x < 1$ konvergent. Strebt dann die daselbst durch sie definierte Funktion für $x \to 1 - 0$ einem Grenzwert s zu, so soll $\sum a_n$ etwa R-summierbar genannt werden mit dem Werte s.

Die Methode ist aber analytisch weniger leicht zugänglich und darum von geringerer Bedeutung.

10. Allgemeine Formen der Limitierungsverfahren. Man wird bemerkt haben, daß alle bisher beschriebenen Verfahren im wesentlichen auf zwei Arten zustande kommen:

1. Bei der ersten Art wird aus einer Folge (s_n) mit Hilfe einer *Matrix* (vgl. den Satz von TOEPLITZ **221**)

$$T = (a_{k\,n})$$

durch Komposition der Folge $s_0, s_1, \ldots, s_n, \ldots$ mit den aufeinanderfolgenden Zeilen $a_{k\,0}, a_{k\,1}, \ldots, a_{k\,n}, \ldots$ die *neue Folge* der Zahlen

$$s'_k = a_{k\,0}\, s_0 + a_{k\,1}\, s_1 + \cdots + a_{k\,n}\, s_n + \cdots, \quad (k = 0, 1, 2, \ldots),$$

gebildet, — wobei natürlich vorausgesetzt werden muß, daß hier auf der rechten Seite ein bestimmter Wert, also eine (im alten Sinne) konvergente Reihe steht[2]. Die Folge $s'_0, s'_1, \ldots, s'_k, \ldots$ nennen wir kurz die *T-Transformation*[3] der Folge (s_n) und bezeichnen, wo kein Mißverständnis zu befürchten ist, ihr n^{tes} Glied auch kurz mit $T(s_n)$. Ist nun die gestrichene Folge (s'_k) konvergent mit dem Grenzwerte s, *so wird die gegebene Folge* ***T-limitierbar*** *zum Werte* s genannt. In Zeichen:

$$T\text{-}\lim s_n = s \quad \text{oder} \quad T(s_n) \to s\,.$$

---

[1] LE ROY: Sur les séries divergentes, Annales de la Fac. des sciences de Toulouse (2), Bd. 2, S. 317. 1900.

[2] Hat jede Zeile der Matrix T nur endlich viele Glieder — man nennt sie dann *zeilenfinit* —, so ist diese Voraussetzung von selbst erfüllt. Dies ist bei den Verfahren 1, 2, 3, 5 der Fall.

[3] Die Reihe $\sum a'_k$, deren Teilsummen die s'_k sind, wird man entsprechend die T-Transformation der Reihe $\sum a_n$ mit den Teilsummen s_n nennen. So ist z. B. die Reihe

$$a_0 + \frac{a_1}{1\cdot 2} + \cdots + \frac{a_1 + 2a_2 + \cdots + n a_n}{n(n+1)} + \cdots$$

die C_1-Transformation der Reihe $\sum a_n$. Bei dieser Auffassung liefern alle T-Verfahren mehr oder weniger bemerkenswerte Reihentransformationen, die sehr häufig für die *numerischen Berechnungen* von Vorteil sein können. (Letzteres ist besonders bei dem E-Verfahren der Fall.) Natürlich kann man auch die Reihentransformation als das *Primäre* ansehen und von ihr zur Transformation der Folge der Teilsummen übergehen. So wurden wir ja gerade auf das E-Verfahren hingeführt.

Man sieht sofort, daß die Verfahren 1, 2, 3, 5 und das in 6 zuerst beschriebene unter diesen Typus fallen. Sie unterscheiden sich nur durch die Wahl der Matrix T. Der Satz **221**, 2 sagt uns dann auch sofort, bei welchen Matrizen wir sicher sind, daß das damit angesetzte T-Verfahren die Permanenzbedingung erfüllt[1].

2. Bei der zweiten Art wird aus einer Folge (s_n) mit Hilfe einer *Funktionenfolge*

$$(\varphi_n) \equiv \varphi_0(x), \quad \varphi_1(x), \quad \ldots, \quad \varphi_n(x), \ldots$$

durch Komposition die *Funktion*

$$F(x) = \varphi_0(x)\, s_0 + \varphi_1(x)\, s_1 + \cdots + \varphi_n(x)\, s_n + \cdots$$

gebildet, — wobei wir etwa annehmen, daß eine jede der Funktionen $\varphi_n(x)$ für alle $x > x_0$ definiert ist und daß für jedes solche x die Reihe $\sum \varphi_n(x)\, s_n$ konvergiert. Dann ist auch $F(x)$ für alle $x > x_0$ definiert, und wir können nach dem Grenzwert

$$\lim_{x \to +\infty} F(x)$$

fragen. Ist er vorhanden und $= s$, *so soll die Folge* (s_n) *nun* ***φ-limitierbar***[2] *heißen zum Werte* s.

In Analogie zu **221**, 2 wird man sofort Bedingungen angeben können, unter denen ein solches Verfahren die Permanenzbedingung erfüllen wird. Das wird sicher der Fall sein, wenn a) für jedes feste n

$$\lim_{x \to +\infty} \varphi_n(x) = 0$$

ist, wenn es b) eine Konstante K gibt, so daß für alle $x > x_0$ und alle n

$$|\varphi_0(x)| + |\varphi_1(x)| + \cdots + |\varphi_n(x)| < K$$

bleibt und wenn c) für $x \to +\infty$

$$\lim \left(\sum \varphi_n(x)\right) = 1$$

ist. Man sieht, daß die Bedingungen genau den Voraussetzungen a), b) und c) des Satzes **221**, 2 entsprechen[3]. Den ganz analog vorgehenden Beweis dürfen wir daher wohl dem Leser überlassen.

---

[1] Die Bedeutung des Satzes **221**, 2 liegt vor allem darin, daß die bei ihm gemachten Voraussetzungen a), b), c) nicht nur *hinreichend*, sondern sogar *notwendig* für seine allgemeine Gültigkeit sind. Wir können darauf nicht näher eingehen (s. S. 75, Fußnote 1), bemerken aber, daß auf Grund dieser Tatsache diejenigen T-Verfahren, deren Matrix die genannten Voraussetzungen erfüllt, die *einzigen* sind, die der Permanenzbedingung genügen.

[2] Dies ist im wesentlichen das Schema, unter dem O. PERRON (Beiträge zur Theorie der divergenten Reihen, Math. Zschr. Bd. 6, S. 286—310. 1920) die Summierungsverfahren zusammenfaßt.

[3] Sie sind gleich diesen nicht nur *hinreichend*, sondern sogar *notwendig* für die allgemeine Gültigkeit des Satzes. Näheres hierüber bei H. RAFF: Lineare Transformationen beschränkter integrierbarer Funktionen. Math. Z. Bd. 41, S. 605—629. 1936

Unter dies Schema fällt unmittelbar das BORELsche Verfahren mit $\varphi_n(x) = e^{-x} \cdot \frac{x^n}{n!}$. Das Gleiche erkennt man auch für das ABELsche Verfahren, wenn man zuvor das bei diesem benutzte Intervall $0 \ldots 1$ in das Intervall $0 \ldots +\infty$ verwandelt, also statt der Reihe $(1-x)\sum s_n x^n$ die Reihe

$$F(x) = \frac{1}{1+x} \sum_{n=0}^{\infty} s_n \left(\frac{x}{1+x}\right)^n$$

ansetzt und für $x \to +\infty$ untersucht. — In ähnlich einfacher Weise erkennt man, daß auch das Verfahren von LE ROY unter dies Schema fällt.

Die an zweiter Stelle beschriebene Art von Limitierungsverfahren umfaßt natürlich die erste, die man erhält, wenn man x nur die ganzen Zahlen $\geqq 0$ durchlaufen läßt $(\varphi_n(k) = a_{kn})$. Es ist eben nur das eine Mal ein kontinuierlicher, das andere Mal ein diskontinuierlicher Parameter benutzt. Umgekehrt kann man auch gemäß § 19, Def. 4a den kontinuierlichen Grenzübergang durch einen diskontinuierlichen ersetzen, also die φ-Verfahren unter die T-Verfahren subsumieren. Doch stiften diese Bemerkungen wenig Nutzen; in den weiteren Untersuchungsmethoden bleiben die Verfahren beiderlei Art doch wesentlich verschieden.

Es ist nun nicht unsere Absicht, die Gesamtheit der hiernach in Betracht kommenden Verfahren unter den angedeuteten allgemeinen Gesichtspunkten zu untersuchen. Nur die folgenden Bemerkungen mögen hier Platz finden: Welche Voraussetzungen die Matrix T bzw. die Funktionenfolge (φ_n) erfüllen muß, damit das darauf gegründete Limitierungsverfahren die Permanenzbedingung **263**, I erfüllt, hatten wir schon oben hervorgehoben. Ob auch die Forderungen **263**, II und III erfüllt sind, wird von weiteren Annahmen über die Matrix T bzw. die Folge (φ_n) abhängen; diese Frage überläßt man daher vorteilhafter der Einzeluntersuchung. Auch die Prüfung, in welchem Ausmaße die Forderungen F (**264**) erfüllt sind, wird man nicht generell in Angriff nehmen können, sondern bei jedem Verfahren einzeln anstellen müssen. Nur eine wichtige Eigenschaft ist allen T- und φ-Verfahren gemeinsam, ihr *linearer Charakter*: Sind zwei Folgen (s_n) und (t_n) nach ein und demselben dieser Verfahren limitierbar zu den Werten s und t, so ist auch die Folge $(a s_n + b t_n)$ für Konstante a und b nach diesem Verfahren limitierbar, und zwar zum Werte $as + bt$. Der Beweis ergibt sich unmittelbar aus der Struktur der Verfahren. Auf Grund dieses Satzes bleiben die einfachsten Regeln über das Rechnen mit konvergenten Zahlenfolgen (gliedweise Addition einer Konstanten, gliedweise Multiplikation mit einer solchen, gliedweise Addition oder Subtraktion zweier Folgen) formal erhalten. Dagegen betonen wir ausdrücklich, daß der Satz über den Einfluß endlich vieler Änderungen (**42**, 7) *nicht* erhalten zu bleiben braucht[1].

Wollten wir nun einen einigermaßen vollständigen Überblick über den gegenwärtigen Stand der Theorie der divergenten Reihen geben, so müßten wir jetzt in eine genaue Untersuchung der beschriebenen Verfahren eintreten. Diese hätte sich zunächst darauf zu beziehen, ob und inwieweit die einzelnen Verfahren nun doch den Forderungen **263**, II, III und **264** genügen; sie hätte notwendige und hinreichende Kriterien dafür anzugeben, daß eine Reihe durch ein bestimmtes dieser Verfahren summiert werden kann; sie hätte die Beziehungen aufzudecken, die zwischen den Wirkungsweisen der verschiedenen Verfahren bestehen, hätte ferner die allgemeinen in Nr. 10 angedeuteten Gesichtspunkte zu vertiefen, u. v. a. m. Auf alles das einzugehen verbietet natürlich der Raum. Wir müssen uns damit begnügen, einige der Verfahren — wir wählen das H-, C-, A- und E-Verfahren — genauer zu untersuchen. Dabei werden wir die Auswahl der Gegenstände so treffen, daß möglichst alle Fragestellungen und ebenso alle Beweismethoden wenigstens angedeutet werden können, die in der gesamten Theorie eine Rolle spielen.

266. Im übrigen müssen wir auf die Originalliteratur verweisen, aus der, außer den in den Fußnoten dieses und der folgenden Paragraphen genannten Arbeiten, noch die folgenden Stellen aufgeführt seien:

1. Über den allgemeinen Problemenkreis orientieren

Borel, É.: Leçons sur les séries divergentes, 2. Aufl. Paris 1928.

Bromwich, T. J. I'A.: An introduction to the theory of infinite series. London 1908.

Hardy, G. H., and S. Chapman: A general view of the theory of summable series. Quarterly Journ. Bd. 42, S. 181. 1911.

Chapman, S: On the general theory of summability, with applications to Fourier's and other series. Ebenda Bd. 43, S. 1. 1911.

Carmichael, R. D.: General aspects of the theory of summable series. Bull. of the American Math. Soc. Bd. 25, S. 97—131. 1919.

---

[1] Hierfür gab G. H. Hardy zuerst das folgende einfache Beispiel, das sich auf das B-Verfahren bezieht: Die Folge s_n sei durch die Entwicklung

$$\sin(e^x) = \sum_{n=0}^{\infty} s_n \frac{x^n}{n!}$$

definiert. Wegen $e^{-x}\cdot\sin(e^x) \to 0$ für $x \to +\infty$ ist also die Folge $s_0, s_1, s_2, \ldots$ B-limitierbar zum Werte 0. Durch Differentiation der angesetzten Gleichung erhält man

$$\cos(e^x) = e^{-x}\cdot\sum_{n=0}^{\infty} s_{n+1}\frac{x^n}{n!};$$

und dies lehrt, da $\cos(e^x)$ für $x \to +\infty$ keinem Grenzwert zustrebt, daß die Folge $s_1, s_2, s_3, \ldots$ *nicht* B-limitierbar ist!!

KNOPP, K.: Neuere Untersuchungen in der Theorie der divergenten Reihen. Jahresber. d. Deutschen Math.-Ver. Bd. 32, S. 43—67. 1923.

2. Eine eingehendere Untersuchung des in den folgenden Paragraphen *nicht* genauer behandelten $R_{\mu k}$-Verfahrens geben

HARDY, G. H., and M. RIESZ: The general theory of Dirichlet's series. Cambridge 1915.

Ebenso ist das B-Verfahren außer in den unter 1. genannten Büchern von BOREL und BROMWICH eingehender behandelt in

HARDY, G. H.: The application to Dirichlet's series of Borel's exponential method of summation. Proceedings of the Lond. Math. Soc. (2) Bd. 8, S. 301 bis 320. 1909.

HARDY, G. H., and J. E. LITTLEWOOD: The relations between Borel's and Cesàro's methods of summation. Ebenda (2) Bd. 11, S. 1—16. 1913.

HARDY, G. H., and J. E. LITTLEWOOD: Contributions to the arithmetic theory of series. Ebenda (2) Bd. 11, S. 411—478. 1913.

HARDY, G. H., and J. E. LITTLEWOOD: Theorems concerning the summability of series by Borel's exponential method. Rend. del Circolo Mat. di Palermo Bd. 41, S. 36—53. 1916.

DOETSCH, G.: Eine neue Verallgemeinerung der Borelschen Summabilitätstheorie. Inaug.-Diss., Göttingen 1920.

3. Ein ausführliches Referat über die Theorie der divergenten Reihen findet man außer in den unter 1. genannten Arbeiten noch in

BIEBERBACH, L.: Neuere Untersuchungen über Funktionen von komplexen Variablen. Enzyklop. d. math. Wissensch. Bd. II, Teil C, Heft 4. 1921.

4. Die allgemeinen Fragen endlich der Klassifikation der Limitierungsverfahren behandeln die folgenden Arbeiten:

PERRON, O.: Beitrag zur Theorie der divergenten Reihen. Math. Zeitschr. Bd. 6, S. 286—310. 1920.

HAUSDORFF, F.: Summationsmethoden und Momentenfolgen I und II. Math. Zeitschr. Bd. 9, S. 74ff. und S. 280ff. 1920.

KNOPP, K.: Zur Theorie der Limitierungsverfahren. Math. Zeitschr. Bd. 31; 1. Mitteilung S. 97—127, 2. Mitteilung S. 276—305. 1929.

§ 60. Das C- und H-Verfahren.

Unter allen Summierungsverfahren, die wir im vorangehenden kurz angegeben haben, sind die C- und H-Verfahren — und besonders die bei beiden identische Limitierung durch arithmetische Mittel erster Ordnung — durch ihre große Einfachheit ausgezeichnet; auch haben sie sich für die mannigfachsten Anwendungen als sehr bedeutungsvoll erwiesen. Wir wollen daher zunächst auf diese Verfahren etwas näher eingehen.

Für die H-Verfahren lehrte schon der CAUCHYsche Satz **43**, 2, daß für $p \geqq 1$ aus $h_n^{(p-1)} \to s$ auf $h_n^{(p)} \to s$ geschlossen werden kann[1], daß also das Wirkungsfeld der H_p-Limitierung dasjenige der H_{p-1}-Limitierung umfaßt. Das Entsprechende gilt auch für die C-Verfahren:

[1] Vgl. S. 482, Fußnote 1. Als 0te Stufe einer Transformation, bei der höhere Stufen eingeführt sind, soll also die ursprüngliche Folge verstanden werden.

267. **Satz 1.** *Ist eine Folge C_{k-1}-limitierbar zum Werte s, $(k \geqq 1)$, so ist sie auch C_k-limitierbar zum gleichen Werte s.* In Zeichen: *Aus $c_n^{(k-1)} \to s$ folgt stets $c_n^{(k)} \to s$. (Permanenzsatz der C-Verfahren.)*

Beweis. Definitionsgemäß ist (s. **265**, 3)

$$c_n^{(k)} \equiv \frac{S_n^{(k)}}{\binom{n+k}{k}} = \frac{S_0^{(k-1)} + \cdots + S_n^{(k-1)}}{\binom{k-1}{k-1} + \cdots + \binom{n+k-1}{k-1}} = \frac{\binom{k-1}{k-1} c_0^{(k-1)} + \cdots + \binom{n+k-1}{k-1} c_n^{(k-1)}}{\binom{k-1}{k-1} + \cdots + \binom{n+k-1}{k-1}},$$

woraus nach **44**, 2 unmittelbar die Behauptung folgt.

Hiernach entspricht jeder Folge, die für einen passenden Index p überhaupt C_p-limitierbar ist, eine *bestimmte* (ganze) Zahl k derart, daß die Folge zwar C_k-, aber nicht C_{k-1}-limitierbar ist. (Ist die Folge von vornherein konvergent, so setzen wir natürlich $k = 0$.) Wir sagen dann, die Folge sei *genau* von der k^{ten} Ordnung limitierbar.

268. Beispiele für C_k-Limitierung[1].

1. $\sum_{n=0}^{\infty} (-1)^n$ ist C_1-summierbar zum Werte $\frac{1}{2}$. Beweis s. o. **262**.

2. $\sum_{n=0}^{\infty} (-1)^n \binom{n+k}{k}$ ist genau C_{k+1}-summierbar zum Werte $s = \frac{1}{2^{k+1}}$.

Denn für $a_n \equiv (-1)^n \binom{n+k}{k}$ ist nach **265**, 3

$$\sum S_n^{(k)} x^n = \left(\frac{1}{1-x}\right)^{k+1} \cdot \sum (-1)^n \binom{n+k}{k} x^n = \left(\frac{1}{1-x}\right)^{k+1} \cdot \left(\frac{1}{1+x}\right)^{k+1}$$

$$= \left(\frac{1}{1-x^2}\right)^{k+1} = \sum_{\nu=0}^{\infty} \binom{\nu+k}{k} x^{2\nu}.$$

Es ist also

$$S_n^{(k)} = \binom{\nu+k}{k} \text{ oder } = 0, \text{ je nachdem } n = 2\nu \text{ oder } = 2\nu+1 \text{ ist.}$$

Folglich ist für $n = 2\nu$ *und* $n = 2\nu + 1$

$$S_n^{(k+1)} = \binom{k}{k} + \binom{1+k}{k} + \cdots + \binom{\nu+k}{k} = \binom{\nu+k+1}{k+1},$$

woraus man nun sofort die Behauptung ablesen kann.

3. Die Reihe $\sum (-1)^n (n+1)^k \equiv 1 - 2^k + 3^k - 4^k + - \cdots$, die für $k = 0$ nach dem 1. Beispiel C_1-summierbar ist zum Werte $\frac{1}{2}$, ist für $k \geqq 1$ genau C_{k+1}-summierbar zur Summe $s = \frac{2^{k+1}-1}{k+1} B_{k+1}$, wenn B_ν die ν^{te} Bernoullische Zahl bedeutet. Die *Tatsache* der Summierbarkeit folgt nämlich ohne weiteres aus dem 2. Beispiel. Denn bezeichnet man für den Augenblick die dort sum-

[1] Auf Grund des gleich nachher bewiesenen Äquivalenzsatzes gelten diese Beispiele unverändert auch für die H_k-Limitierungen. Wegen der in **265**, 3 gegebenen expliziten Formeln für die $S_n^{(k)}$ bzw. $c_n^{(k)}$, denen kein Analogon beim H-Verfahren zur Seite steht, wird diesem das C-Verfahren gewöhnlich vorgezogen.

mierten Reihen mit Σ_k, so erkennt man wegen des linearen Charakters unserer Verfahren (s. S. 493) sofort, daß auch jede aus den Σ_k durch gliedweise Addition entstandene Reihe der Form $c_0 \Sigma_0 + c_1 \Sigma_1 + \dots + c_k \Sigma_k$ genau C_{k+1}-summierbar ist, falls $c_0, c_1, \dots, c_k$ irgendwelche Konstanten bedeuten und $c_k \neq 0$ ist. Man kann nun offenbar die c_ν so wählen, daß man gerade die Reihe $\sum (-1)^n (n+1)^k$ erhält. — Der Wert s errechnet sich am leichtesten durch A-Summierung; s. **288**, 1.

4. Die Reihe $\frac{1}{2} + \cos x + \cos 2x + \cdots + \cos nx + \cdots$ ist C_1-summierbar mit der Summe 0, falls $x \neq 2k\pi$ ist.

Beweis. Nach **201** ist für $n = 0, 1, 2, \dots$

$$s_n = \tfrac{1}{2} + \cos x + \cos 2x + \cdots + \cos nx = \frac{\sin\left(n + \frac{1}{2}\right) x}{2 \sin \frac{x}{2}}$$

und also

$$s_0 + s_1 + \cdots + s_n = \frac{1}{2 \sin \frac{x}{2}} \left(\sin \frac{x}{2} + \sin 3 \frac{x}{2} + \cdots + \sin(2n+1) \frac{x}{2}\right) = \frac{\sin^2 (n+1) \frac{x}{2}}{2 \sin^2 \frac{x}{2}}$$

und folglich

$$\left| \frac{s_0 + s_1 + \cdots + s_n}{n+1} \right| \leq \frac{1}{n+1} \cdot \frac{1}{2 \sin^2 \frac{x}{2}}.$$

Bei festem $x \neq 2k\pi$ strebt aber der letzte Quotient mit wachsendem n gegen 0, womit schon alles bewiesen ist. — Hier haben wir ein erstes Beispiel einer summierbaren Reihe mit veränderlichen Gliedern. Die durch ihre „Summe" dargestellte Funktion ist $\equiv 0$ in jedem Intervall, das keinen der Punkte $2k\pi$ enthält. In den ausgeschlossenen Punkten ist die Reihe *bestimmt divergent* gegen $+\infty$!

5. Die Reihe $\sin x + \sin 2x + \sin 3x + \cdots$ ist für $x = k\pi$ ersichtlich konvergent mit der Summe 0. Für $x \neq k\pi$ ist sie nicht mehr konvergent, wohl aber C_1-summierbar, und ihre „Summe" ist dann[1] $\frac{1}{2} \operatorname{ctg} \frac{x}{2}$, was mit der Gleichung übereinstimmen würde, die aus **214** durch eine (nicht erlaubte) gliedweise Differentiation sich ergäbe.

Beweis. Es ist $s_n = \sin x + \cdots + \sin nx = \frac{1}{2} \operatorname{ctg} \frac{x}{2} - \frac{\cos (2n+1) \frac{x}{2}}{2 \sin \frac{x}{2}}$, woraus dann ähnlich wie in 4 der Beweis folgt.

6. $\cos x + \cos 3x + \cos 5x + \cdots$ ist C_1-summierbar mit der Summe 0, falls $x \neq k\pi$ ist.

7. $\sin x + \sin 3x + \sin 5x + \cdots$ ist ebenfalls C_1-summierbar und hat die Summe $\frac{1}{2 \sin x}$, falls $x \neq k\pi$ ist.

8. $1 + z + z^2 + \cdots$ ist für $|z| = 1$ noch C_1-summierbar mit der Summe $\frac{1}{1-z}$, falls nur $z \neq +1$ ist. (Die Beispiele 4 und 5 ergeben sich hieraus durch Trennung von Reellem und Imaginärem.) Denn es ist hier

$$s_n = \frac{1}{1-z} - \frac{z^{n+1}}{1-z}, \quad \text{also} \quad \frac{s_0 + s_1 + \cdots + s_n}{n+1} = \frac{1}{1-z} - \frac{1}{n+1} \frac{z(1 - z^{n+1})}{(1-z)^2},$$

woraus die Behauptung schon abgelesen werden kann.

---

[1] Das Bild dieser Funktion weist also an den Stellen $2k\pi$ „unendlich große Sprünge" auf.

9. Die Reihe für $\frac{1}{(1-z)^k} = \sum_{n=0}^{\infty} \binom{n+k-1}{k-1} z^n$ ist für $|z| = 1$ noch C_k-summierbar mit der Summe $\frac{1}{(1-z)^k}$, falls nur $z \neq +1$ ist. Denn die zugehörigen Größen $S_n^{(k)}$ sind nach **265**, 3 die Koeffizienten von x^n in der Entwicklung von

$$\frac{1}{(1-x)^{k+1}} \cdot \frac{1}{(1-xz)^k} = \frac{a}{(1-x)^{k+1}} + \cdots,$$

bei der auf der rechten Seite die Partialbruchzerlegung der linken Seite angedeutet sein soll. Alle auf den hingeschriebenen Bruch folgenden Partialbrüche haben höchstens die k^{te} Potenz von $(1-x)$ oder $(1-xz)$ im Nenner. Für a findet man daher durch Multiplikation mit $(1-x)^{k+1}$ für $x \to 1$ sofort den Wert $a = \frac{1}{(1-z)^k}$. Daher ist

$$\sum_{n=0}^{\infty} S_n^{(k)} x^n = \sum_{n=0}^{\infty} \left[\frac{1}{(1-z)^k} \binom{n+k}{k} + \cdots\right] x^n,$$

und hierbei genügt es, von den in der eckigen Klammer noch zu ergänzenden endlich vielen Gliedern zu wissen, daß der in ihnen auftretende Binomialkoeffizient bezüglich n höchstens die Ordnung n^{k-1} hat. Daher strebt für $n \to +\infty$

$$\frac{S_n^{(k)}}{\binom{n+k}{k}} \to \frac{1}{(1-z)^k}, \quad \text{w. z. b. w.}$$

Da das H-Verfahren mit dem C-Verfahren äußerlich eine gewisse Verwandtschaft aufweist, so liegt die Frage nahe, ob sich beide in ihrer Wirksamkeit unterscheiden oder nicht. Wir werden sehen, daß ihre Wirkungsfelder völlig miteinander identisch sind, denn es gilt der folgende vom Verfasser[1] und W. SCHNEE[2] herrührende

269. **Satz 2.** *Ist eine Folge (s_n) für ein bestimmtes k H_k-limitierbar*[3] *zum Werte s, so ist sie für dieses k auch C_k-limitierbar zum gleichen Werte s, und umgekehrt. In Zeichen: Aus*

$$h_n^{(k)} \to s \quad \textit{folgt stets} \quad c_n^{(k)} \to s$$

und umgekehrt. (*Äquivalenzsatz des C- und H-Verfahrens.*)

Für diesen Satz sind viele Beweise gegeben worden[4], unter denen

---

[1] Vgl. die S. 483, Fußnote 3 genannte Arbeit.

[2] SCHNEE, W.: Die Identität des CESÀROschen und HÖLDERschen Grenzwertes. Math. Ann. Bd. 67, S. 110—125. 1909.

[3] Da für $k = 1$ der Satz trivial ist, darf für das Folgende $k \geqq 2$ gedacht werden.

[4] Ausführliche Literaturangaben über diesen Satz und seine zahlreichen Beweise findet man in den Arbeiten des Verfassers: 1. Zur Theorie der C- und H-Summierbarkeit. Math. Zeitschr. Bd. 19, S. 97—113. 1923. 2. Über eine Klasse konvergenzerhaltender Integraltransformationen und den Äquivalenzsatz der C- und H-Verfahren, ebenda Bd. 47, S. 229—264. 1941. 3. Über eine Erweiterung des Äquivalenzsatzes der C- und H-Verfahren und eine Klasse regulär wachsender Funktionen, ebenda Bd. 49, S. 219—255. 1943.

wohl derjenige von I. SCHUR[1] am durchsichtigsten und dem Wesen des Problems am besten angepaßt ist. In Verbindung mit einer geschickten Wendung von A. F. ANDERSEN[2] wird er besonders einfach.

Wir zeigen zunächst, daß der Äquivalenzsatz in dem folgenden, einfacher erscheinenden Satze enthalten ist:

Satz 2a. *Ist* (z_n) *eine beliebige Folge, die* C_k*-limitierbar ist* $(k \geqq 1)$ **270.** *zum Werte* ζ, *so ist die Folge der arithmetischen Mittel* $z_n' = \frac{z_0 + z_1 + \cdots + z_n}{n+1}$ *schon* C_{k-1}*-limitierbar zum Werte* ζ *und umgekehrt.*

Nach diesem Satze wäre in der Tat jede der k Beziehungen

$$\begin{aligned} c_n^{(k)} \equiv C_k(s_n) &\to s \\ C_{k-1}(h_n') &\to s \\ \cdots\cdots\cdots \\ C_2(h_n^{(k-2)}) &\to s \\ C_1(h_n^{(k-1)}) \equiv h_n^{(k)} &\to s \end{aligned}$$

eine Folge der übrigen, insbesondere die erste eine Folge der letzten und umgekehrt. Das ist aber der Inhalt des Äquivalenzsatzes.

Es genügt also, den Satz 2a zu beweisen. Dieser ist seinerseits unmittelbar aus den folgenden beiden Relationen abzulesen, die die C_k- bzw. C_{k-1}-Transformationen der beiden Folgen (z_n) und (z_n') miteinander in Verbindung setzen:

$$\text{(I)} \qquad C_k(z_n) = k\, C_{k-1}(z_n') - (k-1)\, C_k(z_n'),$$

$$\text{(II)} \qquad C_{k-1}(z_n') = \frac{1}{k}\, C_k(z_n) + \left(1 - \frac{1}{k}\right) \frac{C_k(z_0) + C_k(z_1) + \cdots + C_k(z_n)}{n+1}.$$

Strebt nämlich *erstlich* $C_{k-1}(z_n') \to \zeta$, so strebt nach Satz 1 auch $C_k(z_n') \to \zeta$. Nach der Beziehung (I) strebt also

$$C_k(z_n) \to k\zeta - (k-1)\zeta = \zeta.$$

Strebt aber *umgekehrt* $C_k(z_n) \to \zeta$, so streben nach **43**, 2 auch die arithmetischen Mittel

$$\frac{C_k(z_0) + C_k(z_1) + \cdots + C_k(z_n)}{n+1} \to \zeta,$$

[1] SCHUR, I.: Über die Äquivalenz der CESÀROschen und HÖLDERschen Mittelwerte. Math. Ann. Bd. 74, S. 447—458. 1913, sowie: Einige Bemerkungen zur Theorie der unendlichen Reihen, Sitzber. d. Berl. Math. Ges., Jahrg. 29, S. 3—13. 1929.

[2] ANDERSEN, A. F.: Bemerkung zum Beweis des Herrn KNOPP für die Äquivalenz der CESÀRO- und HÖLDER-Summabilität. Math. Zeitschr. Bd. 28, S. 356 bis 359. 1928.

und die Beziehung (II) liefert nun ebenso einfach, daß auch

$$C_{k-1}(z'_n) \to \frac{1}{k}\zeta + \left(1 - \frac{1}{k}\right)\zeta = \zeta$$

strebt[1].

Hiernach kommt alles auf die Verifikation der beiden Beziehungen (I) und (II) hinaus, die man etwa folgendermaßen durchführen kann:

In **265**, 3 wurden zur Definition der C_k-Transformation einer Folge (s_n) die iterierten Summen $S_n^{(k)}$ gebildet. Für diese werde jetzt etwas genauer $S_n^{(k)}(s)$ geschrieben, und eine entsprechende Bezeichnung werde benutzt, wenn von andern Zahlenfolgen ausgegangen wird. Aus der Identität

$$\frac{1}{(1-y)^k}\sum_{n=0}^{\infty} z_n y^n = \frac{1}{(1-y)^{k-1}}\sum_{n=0}^{\infty}(z_0 + z_1 + \cdots + z_n)\, y^n$$

$$= \frac{1}{(1-y)^{k-1}}\sum_{n=0}^{\infty}(n+1)\, z'_n y^n$$

folgt dann, daß

$$S_n^{(k)}(z) = \binom{n+k-2}{k-2} 1 \cdot z'_0 + \cdots + \binom{n+k-2-\nu}{k-2}(\nu+1)\, z'_\nu + \cdots$$
$$+ \binom{k-2}{k-2}(n+1)\, z'_n$$

ist. Setzt man hierin

$$\nu + 1 = (n+k) - (n+k-1-\nu)$$

und beachtet, daß

$$\binom{n+k-2-\nu}{k-2}(n+k-1-\nu) = (k-1)\binom{n+k-1-\nu}{k-1}$$

ist, so folgt weiter

$$(*) \qquad S_n^{(k)}(z) = (n+k)\, S_n^{(k-1)}(z') - (k-1)\, S_n^{(k)}(z').$$

Durch Division mit $\binom{n+k}{k}$ ergibt sich hieraus unmittelbar die Beziehung (I).

Andrerseits ist nach Definition der Größen $S_n^{(k)}$

$$S_n^{(k-1)} = S_n^{(k)} - S_{n-1}^{(k)}, \qquad (n = 0, 1, \ldots;\ S_{-1}^{(k)} = 0).$$

---

[1] Bedeutet M die Bildung der arithmetischen Mittel einer Folge, so lassen sich die obigen Beziehungen I und II noch kürzer und prägnanter in der Form

$$\text{(I)} \qquad C_k = k\, C_{k-1} M - (k-1)\, C_k M\,,$$

$$\text{(II)} \qquad C_k = k\, C_{k-1} M - (k-1)\, M\, C_k$$

schreiben, von denen die eine aus der andern hervorgeht, sobald man weiß, daß die C_k-Transformation und die Bildung der arithmetischen Mittel zwei *vertauschbare* Operationen sind.

Setzt man dies in (*) ein, so erhält man

$$(**)\qquad S_n^{(k)}(z) = (n+1)\, S_n^{(k)}(z') - (n+k)\, S_{n-1}^{(k)}(z')$$

und hieraus durch Division mit $\binom{n+k}{k}$

$$C_k(z_n) = (n+1)\, C_k(z'_n) - n\, C_k(z'_{n-1}).$$

Setzt man hier für n der Reihe nach $0, 1, \ldots, n$ ein und addiert, so erhält man schließlich

$$\frac{C_k(z_0) + C_k(z_1) + \cdots + C_k(z_n)}{n+1} = C_k(z'_n),$$

was in Worten besagt, daß die arithmetischen Mittel der C_k-Transformation einer Folge gleich der C_k-Transformation ihrer arithmetischen Mittel sind, daß also, wie man kurz sagt, die C_k-Transformation und die Bildung der arithmetischen Mittel zwei *vertauschbare* Operationen sind[1].

Setzt man aber in (I) für $C_k(z'_n)$ den eben gewonnenen neuen Ausdruck ein, so erhält man unmittelbar die Beziehung (II). Damit ist der Beweis des Äquivalenzsatzes vollendet.

Nachdem so die völlige Äquivalenz zwischen dem C- und dem H-Verfahren festgestellt ist, brauchen wir uns nur noch mit einem von beiden zu beschäftigen. Da sich das C-Verfahren wegen der expliziten Formeln **265**, 3 für die $S_n^{(k)}$ rechnerisch leichter handhaben läßt, so pflegt man dieses zu bevorzugen.

Wir fragen nun zunächst nach der *Ausdehnung seines Wirkungsfeldes*, also nach den notwendigen Bedingungen, die eine Folge erfüllen muß, wenn sie C_k-limitierbar sein soll. Drücken wir, wie es durch E. LANDAU allgemein üblich geworden ist, durch die Gleichung $x_n = O(n^\alpha)$, α reell, aus, daß die Folge $\left(\frac{x_n}{n^\alpha}\right)$ *beschränkt* ist, und durch die Gleichung $x_n = o(n^\alpha)$, daß die Folge $\left(\frac{x_n}{n^\alpha}\right)$ eine *Nullfolge* ist[2], so kann man den folgenden Satz beweisen, welcher etwa besagt, daß Folgen mit gar zu stark anwachsenden Gliedern für die C-Limitierung nicht mehr in Betracht kommen:

Satz 3. *Ist* $\sum a_n$ *mit den Teilsummen* s_n *eine* C_k*-summierbare Reihe, so ist* **271.**

$$a_n = o(n^k) \qquad \textit{und für } k \geqq 1 \textit{ auch} \qquad s_n = o(n^k).$$

Beweis. Für $k = 0$ ist die Behauptung schon durch den Satz **82**, 1 bewiesen, um dessen Verallgemeinerung es sich hier handelt. Für

---

[1] Vgl. die letzte Fußnote.

[2] Das erste besagt also etwa, daß die $|x_n|$ *höchstens* von derselben Ordnung, wie konst. $\cdot\, n^\alpha$, das zweite, daß sie von *kleinerer* Ordnung als n^α sind.

$k \geqq 1$ ist mit den Bezeichnungen von **265**, 3 die Folge der Zahlen

$$\frac{S_n^{(k)}}{\binom{n+k}{k}} = \frac{S_0^{(k-1)} + \cdots + S_n^{(k-1)}}{\binom{n+k}{k}}$$

konvergent. Mit dem gleichen Grenzwert konvergiert dann wegen $\binom{n+k-1}{k} \cong \binom{n+k}{k}$ auch die Folge

$$\frac{S_0^{(k-1)} + \cdots + S_{n-1}^{(k-1)}}{\binom{n+k}{k}},$$

so daß die Differenz beider Quotienten, also $S_n^{(k-1)} : \binom{n+k}{k}$, eine Nullfolge bildet. Es ist also wegen $\binom{n+k}{k} \sim n^k$ zunächst $S_n^{(k-1)} = o(n^k)$. Dann ist auch

$$S_n^{(k-2)} = S_n^{(k-1)} - S_{n-1}^{(k-1)} = o(n^k) + o(n^k) = o(n^k)$$

und ebenso[1]

$$S_n^{(k-3)} = o(n^k), \quad \ldots, \quad S_n' = o(n^k), \quad s_n = o(n^k), \quad a_n = o(n^k).$$

Das soeben beim Beweise erhaltene Zwischenergebnis, daß auch $S_n^{(k-1)} = o(n^k)$ ist, läßt sich als eine noch prägnantere Verallgemeinerung des Satzes **82**, 1 deuten. In der Tat besagt es, daß

$$\frac{\binom{n+k-1}{k-1} a_0 + \binom{n+k-2}{k-1} a_1 + \cdots + \binom{k-1}{k-1} a_n}{\binom{n+k}{k}} \to 0$$

strebt. Wir haben also das folgende schöne Analogon zu **82**, 1:

272. **Satz 4.** *Bei einer C_k-summierbaren Reihe $\sum a_n$ muß notwendig*

$$C_k\text{-}\lim a_n = 0$$

sein.

Aber sogar der KRONECKERsche Satz **82, 3** hat hier sein genaues Analogon, bei dem wir uns indessen auf den Fall $p_n = n$ beschränken wollen:

273. **Satz 5.** *Bei einer C_k-summierbaren Reihe $\sum a_n$ muß notwendig*

$$C_k\text{-}\lim \frac{a_1 + 2a_2 + \cdots + n a_n}{n+1} = 0$$

sein.

---

[1] Die sehr einfachen, hier und im folgenden benutzten Rechenregeln für die Ordnungssymbole O und o wird sich der Leser ganz leicht selbst zurechtlegen können.

In der Tat folgt nach dem Zusatz zu **270** aus $C_k(s_n) \to s$ zunächst, daß $C_{k-1}\left(\frac{s_0+s_1+\cdots+s_n}{n+1}\right) \to s$, und folglich nach dem Permanenzsatz, daß auch $C_k\left(\frac{s_0+s_1+\cdots+s_n}{n+1}\right) \to s$ strebt. Subtrahiert man dies von $C_k(s_n) \to s$, so folgt unmittelbar die Behauptung

$$C_k\text{-}\lim\left(s_n - \frac{s_0+s_1+\cdots+s_n}{n+1}\right) = C_k\text{-}\lim \frac{a_1+2a_2+\cdots+n a_n}{n+1} = 0.$$

Durch diese einfachen Sätze ist das Wirkungsfeld des C_k-Verfahrens sozusagen *nach außen* abgesteckt, denn sie sagen etwas darüber aus, wie weit sich das Wirkungsfeld *höchstens* in das Gebiet der divergenten Reihen hinein erstreckt. Sehr viel feiner ist die Frage, wo dies Wirkungsfeld im eigentlichen Sinne *beginnt*. Damit ist dies gemeint: Jede im gewöhnlichen Sinne zum Werte s konvergente Reihe ist auch C_k-summierbar (und zwar für jedes $k \geqq 0$) zum gleichen Werte s. Wo liegt nun innerhalb der Gesamtheit aller C_k-summierbaren Reihen die Scheidelinie zwischen den konvergenten und den divergenten Reihen? Darüber gilt zunächst der folgende einfache, sich nur auf das C_1-Verfahren beziehende

Satz 6. *Ist die Reihe* $\sum a_n$ *C_1-summierbar zur Summe s und strebt* $\delta_n = \frac{a_1+2a_2+\cdots+n a_n}{n+1} \to 0$, *so ist* $\sum a_n$ *sogar konvergent mit der Summe s.* Denn es ist (s. o.) **274.**

$$s_n - \frac{s_0+s_1+\cdots+s_n}{n+1} = \frac{a_1+2a_2+\cdots+n a_n}{n+1} = \delta_n,$$

woraus der Beweis der Behauptung abgelesen werden kann[1]. Der letzte Ausdruck strebt insbesondere $\to 0$, wenn $a_n = o\left(\frac{1}{n}\right)$ ist. Sehr viel tiefer liegt die Tatsache, daß es hier schon genügt, wenn $a_n = O\left(\frac{1}{n}\right)$ ist:

Satz 6a. *Wenn eine Reihe* $\sum a_n$ *C_k-summierbar ist und wenn ihre Glieder a_n der Bedingung*

$$a_n = O\left(\frac{1}{n}\right)$$

genügen, so ist $\sum a_n$ *sogar konvergent.* (O-$C_k \to K$-Satz[2].)

---

[1] Mit Rücksicht auf **262**, 1 (bzw. **43**, Satz 2) und **82**, Satz 3 kann der Satz auch so ausgesprochen werden: *Eine Reihe Σa_n ist dann und nur dann konvergent, wenn sie C_1-summierbar ist und $\delta_n \to 0$ strebt.*

[2] HARDY, G. H.: Theorems relating to the convergence and summability of slowly oscillating series. Proc. Lond. Math. Soc. (2) Bd. 8, S. 301—320. 1909. Vgl. auch die S. 498, Fußnote 4, genannte Arbeit des Verfassers. — Der Satz schließt von einer C-Summierbarkeit auf die Konvergenz. Wir nennen ihn darum einen $C \to K$-Satz, und zwar genauer, weil die entscheidende Voraussetzung ein O (also die Beschränktheit einer gewissen Zahlenfolge) benutzt, einen O-$C \to K$-Satz. Ein Umkehrsatz dieser Art ist zuerst von A. TAUBER, und zwar

Auf einen Beweis dieses Satzes kann hier verzichtet werden, da er sich als einfaches Korollar aus dem LITTLEWOODschen Satze **287** ergeben wird. Sein direkter Beweis würde nicht wesentlich einfacher sein als der dieses späteren Satzes.

Anwendung. Die Reihe $\sum_{n=1}^{\infty} a_n = \sum_{n=1}^{\infty} \frac{1}{n^{1+\alpha i}}$, $\alpha \gtrless 0$, ist *nicht* konvergent, da man nach dem Muster von S. 457, Fußnote 1, leicht bestätigt, daß für $n = 1, 2, \ldots$

$$\frac{1}{n^{1+\alpha i}} = \frac{1}{i\alpha}\left[\frac{1}{n^{i\alpha}} - \frac{1}{(n+1)^{i\alpha}}\right] - \frac{\vartheta_n}{n^2}$$

mit *beschränkten* ϑ_n gesetzt werden kann. Da ferner für unsere Reihe $(n\,a_n)$ beschränkt ist, so kann sie auch von keiner Ordnung C_k-summierbar sein.

In naher Beziehung zum letzten Satze steht der folgende, bei dem wir uns der Einfachheit halber auf die Summierung *erster* Ordnung beschränken wollen.

275. Satz 7. *Eine notwendige und hinreichende Bedingung für die C_1-Summierbarkeit der Reihe $\sum a_n$ mit den Teilsummen s_n zur Summe s besteht darin, daß*

(A) *die Reihe* $\sum_{\nu=0}^{\infty} \frac{a_\nu}{\nu+1}$ *konvergiert*

und daß für ihre Reste $\varrho_n = \frac{a_{n+1}}{n+2} + \frac{a_{n+2}}{n+3} + \cdots$, $(n = 0, 1, 2, \cdots)$, *die Beziehung*

(B) $$s_n + (n+1)\,\varrho_n \to s$$

besteht[1]. — Bezeichnet man die Teilsummen und die Summe der Reihe (A) mit σ_n und σ, so besagt (B), daß

(B') $$s - s_n - (n+1)(\sigma - \sigma_n) \to 0$$

strebt, daß also die Fehler $(s - s_n)$ bis auf zu 0 abnehmende Unterschiede n-mal so groß sind, wie die Fehler $(\sigma - \sigma_n)$.

---

für das A-Verfahren bewiesen worden (s. **286**); darum bezeichnet HARDY alle Sätze, die von einer Summierbarkeit auf gewöhnliche Konvergenz zurückschließen, als „Tauberian theorems". Wir wollen sie als *Umkehrsätze*, genauer als Limitierungs- oder Mittelungs-Umkehrsätze bezeichnen.

[1] KNOPP, K.: Über die Oszillationen einfach unbestimmter Reihen. Sitzungsber. Berl. Math. Ges., Jg. 16, S. 45—50. 1917.

HARDY, G. H.: A theorem concerning summable series. Proc. Cambridge Philos. Soc. Bd. 20, S. 304—307. 1921.

Ein weiterer Beweis findet sich in der S. 498, Fußnote 4, genannten Arbeit des Verfassers, wieder ein anderer bei G. LYRA: Über einen Satz zur Theorie der C-summierbaren Reihen. Math. Zeitschr. Bd. 45, S. 559—572. 1939. Dieser letzten Arbeit ist der obige Beweis dafür entnommen, daß (A) und (B) für die C_1-Summierbarkeit von $\sum a_n$ *hinreichend* sind.

Beweis. I. *$\sum a_n$ sei C_1-summierbar zum Werte s.* Wegen $a_\nu = s_\nu - s_{\nu-1}$ ist nach **183**

$$\sum_{\nu=n+1}^{n+p} \frac{a_\nu}{\nu+1} = -\frac{s_n}{n+2} + \sum_{\nu=n+1}^{n+p} \frac{s_\nu}{(\nu+1)(\nu+2)} + \frac{s_{n+p}}{n+p+2}.$$

Wegen $s_\nu = S'_\nu - S'_{\nu-1}$ ist dies nach nochmaliger Anwendung der ABELschen partiellen Summation

$$= -\frac{s_n}{n+2} - \frac{S'_n}{(n+2)(n+3)} +$$

$$+ 2\sum_{\nu=n+1}^{n+p} \frac{S'_\nu}{(\nu+1)(\nu+2)(\nu+3)} + \frac{s_{n+p}}{n+p+2} + \frac{S'_{n+p}}{(n+p+2)(n+p+3)}.$$

Für $n \to \infty$ streben nun, und zwar ohne Rücksicht auf p, alle fünf Teile der rechten Seite einzeln $\to 0$, da wegen der vorausgesetzten C_1-Summierbarkeit von $\sum a_n$ nach Satz 3 $s_n = o(n)$ und $S'_n = O(n)$ ist. Also gilt (A). Gleichzeitig erhalten wir, wenn wir bei festem n jetzt $p \to \infty$ rücken lassen:

$$s_n + (n+2)\,\varrho_n = -\frac{S'_n}{n+3} + 2(n+2)\sum_{\nu=n+1}^{\infty} \frac{S'_\nu}{(\nu+1)(\nu+2)(\nu+3)}.$$

Wegen $\frac{S'_n}{n+1} \to s$ strebt dies nach **221** für $n \to \infty$ ebenfalls $\to s$. Folglich gilt, da $\varrho_n \to 0$ geht, auch (B). Also sind (A) und (B) notwendig.

II. Es seien nun umgekehrt die Bedingungen (A) und (B) erfüllt. Setzen wir dann die in (B) linkerhand stehenden Größen $= \tau_n$, so ist zunächst

$$\tau_{n+1} - \tau_n = a_{n+1} + (n+2)\,\varrho_{n+1} - (n+1)\,\varrho_n$$
$$= \varrho_n + a_{n+1} + (n+2)(\varrho_{n+1} - \varrho_n) = \varrho_n$$

und also

$$\tau_n = s_n + (n+1)(\tau_{n+1} - \tau_n).$$

Hiernach ist

$$s_n = 2\,\tau_n - [(n+1)\,\tau_{n+1} - n\,\tau_n]$$

und also

$$\frac{s_0 + s_1 + \cdots + s_n}{n+1} = 2\,\frac{\tau_0 + \tau_1 + \cdots + \tau_n}{n+1} - \tau_{n+1}.$$

Wegen $\tau_n \to s$ folgt hieraus aber die zu beweisende C_1-Limitierbarkeit[1] der Folge (s_n) zum Werte s.

Mit diesen allgemeinen Sätzen aus der Theorie der C-Summierung wollen wir uns begnügen[2] und nun noch zu einigen Anwendungen übergehen.

Schon bei den einleitenden Betrachtungen (S. 477/8) hatten wir hervorgehoben, daß das Multiplikationsproblem der unendlichen Reihen,

---

[1] Der Satz läßt sich analog für C_k-Summierbarkeit aufstellen; vgl. die S. 498, Fußnote 4 genannte Arbeit 1 des Verfassers.

[2] Eine recht vollständige Übersicht über die Theorie bietet A. F. ANDERSEN: Studier over Cesàro's Summabilitätsmethode. Kopenhagen 1921, und E. KOGBETLIANTZ: Sommation des séries et integrales divergentes par les moyennes arithmétiques et typiques. Mémorial des Sciences math., Fasc. 51. Paris 1931.

das bei ängstlichem Festhalten an dem alten Konvergenzbegriff einen sehr undurchsichtigen und schwierigen Sachverhalt bot, sich durch Zulassung des Summierbarkeitsbegriffes in einfachster Weise erschöpfend erledigen läßt. Denn der zweite Beweis des ABELschen Satzes (S. 331) liefert den

276. **Satz 8.** *Das CAUCHYsche Produkt* $\sum c_n \equiv \sum (a_0 b_n + a_1 b_{n-1} + \cdots + a_n b_0)$ *zweier konvergenter Reihen* $\sum a_n = A$ *und* $\sum b_n = B$ *ist stets* C_1*-summierbar zum Werte* $C = A \cdot B$.

Darüber hinausgehend beweisen wir jetzt den folgenden allgemeineren

277. **Satz 9.** *Ist* $\sum a_n$ *eine* C_α*- und* $\sum b_n$ *eine* C_β*-summierbare Reihe mit den Werten* A *bzw.* B (α *und* β *ganzzahlig* $\geqq 0$), *so ist auch ihr CAUCHYsches Produkt* $\sum c_n \equiv \sum (a_0 b_n + a_1 b_{n-1} + \cdots a_n b_0)$ *eine spätestens* C_γ*-summierbare Reihe mit dem Werte* $C = A \cdot B$, *wenn* $\gamma = \alpha + \beta + 1$ *gesetzt wird.*

Beweis. Bezeichnen wir die Größen, die bei der allgemeinen Beschreibung **265**, 3 des C-Verfahrens mit $S_n^{(k)}$ bezeichnet wurden, für unsere drei Reihen bezüglich mit $A_n^{(\alpha)}$, $B_n^{(\beta)}$, $C_n^{(\gamma)}$, so ist[1] für $|x| < 1$ wegen $\sum a_n x^n \cdot \sum b_n x^n = \sum c_n x^n$

$$\frac{1}{(1-x)^{\alpha+1}} \sum a_n x^n \cdot \frac{1}{(1-x)^{\beta+1}} \sum b_n x^n = \frac{1}{(1-x)^{\gamma+1}} \sum c_n x^n,$$

also nach **265**, 3

$$C_n^{(\gamma)} = A_0^{(\alpha)} B_n^{(\beta)} + A_1^{(\alpha)} B_{n-1}^{(\beta)} + \cdots + A_n^{(\alpha)} B_0^{(\beta)}.$$

Hieraus folgt aber nach dem Satze **43**, 6 unmittelbar die Behauptung. Man hat, um dies zu erkennen, in dem genannten Satze nur

$$x_n = \frac{A_n^{(\alpha)}}{\binom{n+\alpha}{n}}, \qquad y_n = \frac{B_n^{(\beta)}}{\binom{n+\beta}{n}}, \qquad a_{n\nu} = \frac{\binom{\nu+\alpha}{\nu}\binom{n-\nu+\beta}{n-\nu}}{\binom{n+\gamma}{n}}$$

zu setzen, so daß

$$\frac{C_n^{(\gamma)}}{\binom{n+\gamma}{n}} = \sum_{\nu=0}^{n} a_{n\nu} x_\nu y_{n-\nu}$$

wird. Nach den jetzigen Voraussetzungen strebt nämlich $x_n \to A$, $y_n \to B$, und die $a_{n\nu}$ erfüllen offenbar die 4 Voraussetzungen jenes Satzes. Also strebt der letzte Ausdruck für $n \to +\infty$ gegen $A B$.

[1] Wegen $a_n = o(n^\alpha)$, $b_n = o(n^\beta)$ sind die benutzten Potenzreihen für $|x| < 1$ absolut konvergent.

Beispiele und Bemerkungen.

1. Multipliziert man die Reihe $\sum(-1)^n$ wiederholt mit sich selbst, so erhält man die Reihen

$$(k-1)!\sum_{n=0}^{\infty}(-1)^n\binom{n+k-1}{k-1}, \qquad (k=1,2,\ldots).$$

Da die Ausgangsreihe ($k=1$) nach **262** C_1-summierbar ist, so ist ihr Quadrat (spätestens) C_3-summierbar, die dritte Potenz (spätestens) C_5-summierbar usw. Nach **268**, 2 wissen wir aber, daß die k^{te} unserer Reihen schon (genau) C_k-summierbar ist.

2. Diese Beispiele zeigen, daß die durch den Satz 9 angegebene Ordnung der Summierbarkeit der Produktreihe nicht die *genaue* Ordnung zu sein braucht und in speziellen Fällen wirklich zu hoch sein kann. Das ist insofern nicht überraschend, als wir ja schon wissen, daß das Produkt zweier konvergenter Reihen ($k=0$) wieder konvergent ausfallen kann. Die Bestimmung der genauen Ordnung der Summierbarkeit der Produktreihe erfordert spezielle Untersuchungen.

Zum Abschluß wollen wir noch auf einen anderen Satz eingehen, der durch Einführung der Summierbarkeit an Stelle der Konvergenz erheblich verallgemeinert werden kann, den ABELschen Grenzwertsatz **100** bzw. dessen Erweiterung **233**:

Satz 10. *Hat die Potenzreihe $f(z)=\sum a_n z^n$ den Radius 1 und ist sie in dem Randpunkte $+1$ des Einheitskreises noch C_k-summierbar zum Werte s, so strebt auch* **278.**

$$\sum a_n z^n = f(z) \to s$$

für jede Annäherung von z an $+1$, bei der z auf einen Winkelraum beschränkt bleibt, der von irgend zwei festen Strahlen gebildet wird, die von $+1$ in das Innere des Einheitskreises dringen (s. Fig. 10, S. 419).

Beweis. Wir wählen wie beim Beweise von **233** eine beliebige, im Innern des Einheitskreises und im Winkelraum liegende, gegen $+1$ strebende Punktfolge $(z_0, z_1, \ldots, z_\lambda, \ldots)$ und haben nur zu zeigen, daß $f(z_\lambda) \to s$ strebt. Wenden wir aber den TOEPLITZschen Satz **221** auf die nach Voraussetzung $\to s$ konvergierende Zahlenfolge $\sigma_n = S_n^{(k)} : \binom{n+k}{k}$ an[1] und benutzen die Matrix $(a_{\lambda n})$ mit

$$a_{\lambda n} = \binom{n+k}{k}(1-z_\lambda)^{k+1}\cdot z_\lambda^n,$$

so liefert er sofort, daß auch die transformierte Folge

$$\sigma'_\lambda = \sum_{n=0}^{\infty} a_{\lambda n}\sigma_n = (1-z_\lambda)^{k+1}\cdot\sum_{n=0}^{\infty} S_n^{(k)}\cdot z_\lambda^n \to s$$

strebt. Wegen $\sum S_n^{(k)} z^n = \frac{1}{(1-z)^{k+1}} f(z)$ ist dies aber genau der Inhalt der Behauptung. Damit wäre also schon alles bewiesen, wenn wir noch zeigen, daß die gewählte Matrix $(a_{\lambda n})$ die Voraussetzungen (a),

[1] Es ist k jetzt die *feste* Ordnung der vorausgesetzten Summierbarkeit!

(b) und (c) der Sätze **221** erfüllt. Wegen $z_\lambda \to 1$ ist dies für die Voraussetzung (*a*) evident; und wegen

$$A_\lambda = \sum_{n=0}^{\infty} a_{\lambda n} = (1 - z_\lambda)^{k+1} \sum_{n=0}^{\infty} \binom{n+k}{k} z_\lambda^n = (1 - z_\lambda)^{k+1} \cdot \frac{1}{(1 - z_\lambda)^{k+1}} = 1$$

ist auch (c) erfüllt. Die Bedingung (b) endlich verlangt die Existenz einer Konstanten K', so daß für alle λ

$$\sum_n |a_{\lambda n}| = \left(\frac{|1 - z_\lambda|}{1 - |z_\lambda|}\right)^{k+1} < K'$$

bleibt. Nach den Erwägungen von S. 420 leistet dies aber ersichtlich die Konstante $K' = K^{k+1}$, wenn K die dort festgelegte Bedeutung hat.

Für $k = 0$ haben wir hierin genau den S. 419/20 durchgeführten Beweis des ABELschen Grenzwertsatzes in der STOLZschen Verallgemeinerung. Für $k = 1$ ergibt sich eine zuerst von C. FROBENIUS[1] angegebene Verallgemeinerung dieses Grenzwertsatzes, und für $k = 2, 3, \ldots$ erhält man weitere Stufen der Verallgemeinerung, wie sie im wesentlichen von O. HÖLDER[2] herrühren — mit H_k- statt C_k-Summierbarkeit und mit radialer Annäherung statt solcher im Winkelraum — und wie sie in der bewiesenen Form (wenn auch mit ganz anderen Beweisen) zuerst von E. LASKER[3] und A. PRINGSHEIM[4] ausgesprochen worden sind.

Da nach diesem Satz 10 insbesondere für *reelle* gegen $+1$ wachsende x gleichfalls $\lim(\sum a_n x^n) = s$ ist, so können wir den wesentlichen Inhalt des Satzes auch durch folgende kurze Formulierung wiedergeben, durch die er sich noch besser in den jetzigen Zusammenhang einordnet:

279. **Satz 11.** *Aus der C_k-Summierbarkeit einer Reihe $\sum a_n$ zum Werte s folgt stets ihre A-Summierbarkeit zum gleichen Werte.*

Die weiteren Anwendungen der C_k-Summierbarkeit führen, von der im nächsten Paragraphen ausführlicher behandelten C_1-Summierbarkeit der Fourierreihen abgesehen, meist zu tief in die Funktionentheorie hinein, als daß wir hier ausführlicher darauf eingehen könnten. Doch möchten wir es uns nicht versagen, zum Schluß noch, ohne auf die Beweise einzugehen, über eine Anwendung zu berichten, die zu besonders schönen Ergebnissen geführt hat. Es ist dies die Anwendung der C_k-Summierbarkeit auf die Theorie der DIRICHLETschen Reihen.

---

[1] Journ. reine u. angew. Math. Bd. 89, S. 262. 1880.
[2] Vgl. die S. 481, Fußnote 2, genannte Arbeit.
[3] Philosoph. Transactions Bd. 196A, S. 431. London 1901.
[4] Acta mathematica Bd. 28, S. 1. 1904.

Die DIRICHLETsche Reihe

$$f(z) = \sum_{n=1}^{\infty} \frac{(-1)^{n-1}}{n^z}$$

ist für alle z konvergent, für die $\Re(z) > 0$ ist, für alle andern divergent[1]. Im Punkte 0 aber, wo es sich um die Reihe $\sum\limits_{n=1}^{\infty}(-1)^{n-1}$ handelt, ist sie C_1-summierbar mit der Summe $\frac{1}{2}$; im Punkte -1, wo es sich um die Reihe $\sum\limits_{n=1}^{\infty}(-1)^{n-1}n$ handelt, ist sie (vgl. S. 482) C_2-summierbar mit der Summe $\frac{1}{4}$; und die **268**, 3 gemachten Angaben lehren, daß die Reihe für $z = -(k-1)$ noch C_k-summierbar ist mit der Summe $\frac{2^k - 1}{k} B_k$, welchen ganzzahligen Wert $\geqq 2$ auch k haben mag.

Diese Eigenschaft nun, außerhalb ihres Konvergenzgebietes $\Re(z) > 0$ für ein passendes k noch C_k-summierbar zu sein, beschränkt sich nicht auf die genannten Punkte, sondern man kann mit verhältnismäßig einfachen Mitteln zeigen, daß unsere Reihe für alle z, für die $\Re(z) > -k$ ist, noch C_k-summierbar ist. Und zwar ist die Ordnung dieser Summierbarkeit *genau* $= k$ für alle der Bedingung

$$-k < \Re(z) \leqq -(k-1)$$

genügenden Punkte z, die einen leicht zu erkennenden Streifen der z-Ebene erfüllen. Der *Konvergenz*grenzgeraden gesellen sich also Grenzgeraden für die *Summierbarkeit* der verschiedenen Ordnungen zu, und zwar ist hiernach das Gebiet, in dem die Reihe von *spätestens* k^{ter} Ordnung summierbar ist, die Halbebene

$$\Re(z) > -k, \qquad (k = 0, 1, 2, \ldots).$$

Während also früher nur jedem Punkte der rechten Halbebene $\Re(z) > 0$ eine „Summe" der Reihe $\sum \frac{(-1)^{n-1}}{n^z}$ zugeordnet wurde, wird jetzt *jedem* Punkte der ganzen Ebene eine solche Summe zugeordnet, durch die Reihe also *in der ganzen Ebene* eine Funktion von z definiert. Ganz ähnlich nun, wie im *Konvergenz*gebiet unserer DIRICHLETschen Reihe, läßt sich nun weiter zeigen, daß diese Funktionswerte auch in dem Summierbarkeitsgebiete — also in der ganzen Ebene — eine analytische Funktion definieren. *Durch unsere Reihe wird also eine ganze Funktion definiert*[2].

---

[1] Es ist $f(z) = \left(1 - \frac{2}{2^z}\right) \cdot \zeta(z)$, wenn $\zeta(z) = \sum\limits_{n=1}^{\infty} \frac{1}{n^z}$ die RIEMANNsche ζ-Funktion bezeichnet. (Vgl. **256**, 4, 9, 10 u. 11.)

[2] Hieraus folgt dann ziemlich leicht über die RIEMANNsche ζ-Funktion das wichtige Ergebnis, daß auch die Funktion $\zeta(z) - \frac{1}{z-1}$ eine *ganze Funktion* ist.

Ganz ähnliche Summierbarkeitsverhältnisse weist nun im allgemeinen jede DIRICHLETsche Reihe

$$\sum_{n=1}^{\infty} \frac{a_n}{n^z}$$

auf[1]. Neben die *Konvergenz*gerade $\Re(z) = \lambda$ oder λ_0, wie wir nun lieber schreiben wollen, weil Konvergenz mit C_0-Summierbarkeit gleichbedeutend ist, treten noch die Grenzgeraden $\Re(z) = \lambda_k$ für die C_k-Summierbarkeit ($k = 1, 2, \ldots$). Sie sind charakterisiert durch die Bedingung, daß die Reihe für $\Re(z) > \lambda_k$ von spätestens k^{ter} Ordnung summierbar ist, während dies für kein z mit $\Re(z) < \lambda_k$ mehr der Fall ist. Es ist natürlich $\lambda_0 \geqq \lambda_1 \geqq \lambda_2 \geqq \ldots$, und die λ_k streben daher entweder $\to -\infty$ oder gegen einen bestimmten endlichen Grenzwert. Bezeichnen wir diesen in beiden Fällen mit Λ, so ist die vorgelegte DIRICHLETsche Reihe für jedes z mit $\Re(z) > \Lambda$ bei passender Wahl von k noch C_k-summierbar, und ihre Summe definiert eine in diesem Gebiete reguläre analytische Funktion. Ist Λ *endlich*, so wird die Gerade $\Re(z) = \Lambda$ als die *Summierbarkeits-Grenzgerade* bezeichnet.

Zur Untersuchung der allgemeineren DIRICHLETschen Reihen (s. S. 456, Fußnote 1)

$$\sum a_n e^{-\lambda_n s}$$

hat es sich als zweckmäßiger erwiesen, die RIESZsche $R_{\mu k}$-Summierbarkeit zu benutzen. Vgl. das **266**, 2 genannte Büchlein von HARDY und RIESZ.

§ 61. Anwendung der C_1-Summierung auf die Theorie der FOURIERschen Reihen.

Abgesehen von dem greifbaren Vorteil aller Summierungsverfahren, der darin besteht, daß viele unendliche Reihen, die wir bisher als sinnlos verwerfen mußten, nunmehr einen brauchbaren Sinn bekommen und daß dadurch also das Anwendungsfeld der unendlichen Reihen sehr erheblich erweitert wird, liegt das theoretisch außerordentlich Befriedigende dieser Verfahren darin, daß viele verworrene und undurchsichtige Sachverhalte durch ihre Einführung nun plötzlich von äußerster Einfachheit werden. Ein erstes Beispiel hierfür bot das Multiplikationsproblem unendlicher Reihen (s. S. 478, sowie 506). Aber die in diesem Sinne vielleicht schönste und auch praktisch bedeutungsvollste Anwendung der C_1-Summierung ist diejenige, die L. FEJÉR von ihr auf

[1] BOHR, H.: Über die Summabilität DIRICHLETscher Reihen, Gött. Nachr. 1909, S. 247 und: Bidrag til de Dirichletske Räkkers Theori, Dissert., Kopenhagen 1910.

die Theorie der Fourierreihen gemacht hat[1]. Hier sahen wir (S. 381/82), daß die Frage nach den notwendigen und hinreichenden Bedingungen, unter denen die Fourierreihe einer integrierbaren Funktion konvergiert und die gegebene Funktion darstellt, äußerst schwierig ist. Insbesondere weiß man z. B. nicht, was für notwendige und hinreichende Bedingungen eine an einer Stelle x_0 *stetige* Funktion dort noch zu erfüllen hat, damit ihre Fourierreihe in diesem Punkte konvergiert und den betreffenden Funktionswert darstellt. Wir haben in § 49, C verschiedene Kriterien dafür kennen gelernt; aber sie hatten alle nur den Charakter hinreichender Bedingungen. Lange vermutete man auch, daß *jede* in x_0 stetige Funktion $f(x)$ eine Fourierreihe besitzt, die dort konvergiert und die Summe $f(x_0)$ hat. Erst durch ein Beispiel von DU BOIS-REYMOND (s. **216**, 1) wurde diese Vermutung zuschanden. *Die Fourierreihe einer in x_0 stetigen Funktion kann dort tatsächlich divergieren.*

Noch schwieriger wird die Frage, wenn wir — als zunächst wohl geringstes Maß an Voraussetzungen über $f(x)$ — nur verlangen, daß die (integrierbare) Funktion $f(x)$ an der Stelle x_0 so beschaffen ist, daß

$$\lim_{t \to +0} \tfrac{1}{2}[f(x_0 + 2t) + f(x_0 - 2t)] = s(x_0)$$

existiert. *Was für notwendige und hinreichende Bedingungen muß die Funktion $f(x)$ darüber hinaus noch erfüllen, damit ihre Fourierreihe in x_0 konvergiert und die Summe $s(x_0)$ hat?*

Wie betont, ist die Frage noch keineswegs beantwortet. Aber dieser verworrene und undurchsichtige Sachverhalt wird nun aufs befriedigendste geklärt, wenn man an Stelle der Konvergenz die Summierbarkeit — und zwar genügt schon die C_1-Summierbarkeit — der Fourierreihen in Betracht zieht. Es gilt nämlich der folgende schöne

Satz von FEJÉR. *Ist für die in $0 \leqq x \leqq 2\pi$ integrierbare, mit 2π periodische Funktion $f(x)$ an einer Stelle x_0 dieses Intervalles der Grenzwert* **280.**

$$\lim_{t \to +0} \tfrac{1}{2}[f(x_0 + 2t) + f(x_0 - 2t)] = s(x_0)$$

vorhanden, so ist ihre Fourierreihe dort stets C_1-summierbar zum Werte $s(x_0)$.

Beweis. Ist

$$\tfrac{1}{2}a_0 + \sum_{n=1}^{\infty}(a_n \cos n x_0 + b_n \sin n x_0)$$

die Fourierreihe von $f(x)$ an der Stelle x_0, so hatten wir S. 367/71 für

[1] FEJÉR, L.: Untersuchungen über die FOURIERschen Reihen. Math. Ann. Bd. 58, S. 51. 1904.

die n^{te} Teilsumme derselben gefunden:

$$s_n = s_n(x_0) = \frac{2}{\pi}\int_0^{\frac{\pi}{2}} \tfrac{1}{2}[f(x_0+2t)+f(x_0-2t)]\,\frac{\sin(2n+1)t}{\sin t}\,dt, \qquad (n = 0, 1, \ldots).$$

Folglich ist für $n = 1, 2, \ldots$

$$s_0 + s_1 + \cdots + s_{n-1}$$
$$= \frac{2}{\pi}\int_0^{\frac{\pi}{2}} \tfrac{1}{2}[f(x_0+2t)+f(x_0-2t)]\,\frac{\sin t + \sin 3t + \cdots + \sin(2n-1)t}{\sin t}\,dt.$$

Nun war nach **201**, 5 für $t \neq k\pi$

$$\sin t + \sin 3t + \cdots + \sin(2n-1)t = \frac{\sin^2 nt}{\sin t},$$

und dies gilt auch noch für $t = k\pi$, wenn man dann unter dem rechter Hand stehenden Quotienten dessen Grenzwert für $t \to k\pi$ versteht, welcher ersichtlich 0 ist. Folglich ist[1]

$$\boldsymbol{\sigma_{n-1} = \frac{s_0 + s_1 + \cdots + s_{n-1}}{n}}$$
$$\boldsymbol{= \frac{2}{n\pi}\int_0^{\frac{\pi}{2}} \frac{1}{2}\,[f(x_0+2t)+f(x_0-2t)]\left(\frac{\sin nt}{\sin t}\right)^2 dt.}$$

In der Tatsache, daß in diesem Integral — man nennt es kurz das *Fejérsche Integral* — im Gegensatz zum Dirichletschen Integral der kritische Faktor $\frac{\sin nt}{\sin t}$ im *Quadrat* auftritt und also nur einerlei Vorzeichen haben kann und daß überdies der Faktor $\frac{1}{n}$ davor steht, liegt das Gelingen des weiteren Beweises begründet. Ist nun der Grenzwert

$$\lim_{t \to +0} \tfrac{1}{2}[f(x_0+2t)+f(x_0-2t)] = s(x_0) = s$$

vorhanden, so behauptet der Fejérsche Satz einfach, daß $\sigma_n \to s$ strebt.

Dazu bemerken wir zunächst, daß

$$\int_0^{\frac{\pi}{2}} \left(\frac{\sin nt}{\sin t}\right)^2 dt = n\,\frac{\pi}{2}$$

---

[1] Wir bezeichnen hier die arithmetischen Mittel der s_n mit $\sigma_n = \sigma_n(x)$ statt mit $s'_n = s'_n(x)$, um Verwechslungen mit der Ableitung auszuschließen.

ist[1], denn der Integrand ist seiner Entstehung nach

$$= \sum_{\nu=1}^{n} \frac{\sin (2\nu - 1) t}{\sin t},$$

und jeder Summand dieser Summe liefert, wenn man ihn von 0 bis $\frac{\pi}{2}$ integriert, den Wert $\frac{\pi}{2}$, denn es ist ja

$$\frac{\sin (2\nu - 1) t}{\sin t} = 1 + 2\cos 2t + 2\cos 4t + \cdots + 2\cos 2(\nu - 1) t.$$

Daher kann

$$s = \frac{2}{n\pi} \int_0^{\frac{\pi}{2}} s \cdot \left(\frac{\sin n t}{\sin t}\right)^2 dt$$

und also

$$\sigma_{n-1} - s = \frac{2}{n\pi} \int_0^{\frac{\pi}{2}} \left[\frac{f(x_0 + 2t) + f(x_0 - 2t)}{2} - s\right] \cdot \left(\frac{\sin n t}{\sin t}\right)^2 dt$$

gesetzt werden. Nach Voraussetzung strebt hier der Ausdruck, der in der eckigen Klammer steht, $\to 0$ für $t \to +0$. Damit also σ_{n-1} oder $\sigma_n \to s$ strebt, genügt es, dies zu zeigen:

Wenn $\varphi(t)$ in $0 \ldots \frac{\pi}{2}$ *integrierbar ist und der Bedingung* **281.**

$$\lim_{t \to +0} \varphi(t) = 0$$

genügt, so strebt bei wachsendem n

$$\frac{2}{n\pi} \int_0^{\frac{\pi}{2}} \varphi(t) \cdot \left(\frac{\sin n t}{\sin t}\right)^2 dt \to 0.$$

Das ergibt sich nun tatsächlich durch allereinfachste Abschätzungen. Wegen $\varphi(t) \to 0$ kann man nämlich, wenn $\varepsilon > 0$ gegeben wird, ein positives $\delta < \frac{\pi}{2}$ so bestimmen, daß für $0 < t \leqq \delta$ stets $|\varphi(t)| < \frac{\varepsilon}{2}$ bleibt. Dann ist

$$\left|\frac{2}{n\pi} \int_0^{\delta} \varphi(t) \cdot \left(\frac{\sin n t}{\sin t}\right)^2 dt\right| \leqq \frac{\varepsilon}{2} \cdot \frac{2}{n\pi} \int_0^{\delta} \left(\frac{\sin n t}{\sin t}\right)^2 dt < \frac{\varepsilon}{2},$$

da ja das letzte Integral einen positiven Integranden hat und also kleiner bleibt als das von 0 bis $\frac{\pi}{2}$ erstreckte Integral über denselben

[1] Man kann diesen Integralwert direkt aus dem FEJÉRschen Integral selbst ablesen, indem man es auf die Funktion $f(x) = 1$ anwendet, für die $a_0 = 2$ ist und alle andern Fourierkonstanten $= 0$ werden.

Integranden. Andrerseits gibt es eine Konstante M, so daß in $0 < t < \frac{\pi}{2}$ stets $|\varphi(t)| < M$ bleibt. Folglich ist

$$\left| \frac{2}{n\pi} \int_{\delta}^{\frac{\pi}{2}} \varphi(t) \cdot \left(\frac{\sin n t}{\sin t}\right)^2 dt \right| \leqq \frac{2M}{n\pi} \cdot \frac{\pi}{2} \cdot \frac{1}{\sin^2 \delta}.$$

Und da hier alles außer n feste Werte hat, so kann man n_0 so groß nehmen, daß für $n > n_0$ dieser Ausdruck seinerseits $< \frac{\varepsilon}{2}$ bleibt. Dann ist aber für diese n stets

$$|\sigma_{n-1} - s| < \varepsilon,$$

und es strebt also $\sigma_n \to s$. Damit ist der FEJÉRsche Satz in vollem Umfange bewiesen[1].

282. **Zusatz 1.** Ist $f(x)$ in dem abgeschlossenen Intervall $0 \leqq x \leqq 2\pi$ stetig und ist überdies $f(0) = f(2\pi)$, *so ist die Fourierreihe von* $f(x)$ *für jedes* x *stets* C_1*-summierbar mit der Summe* $f(x)$. Denn nun sind die Voraussetzungen des FEJÉRschen Satzes gewiß für jedes x erfüllt, und man hat stets $s(x) = f(x)$. Dabei denken wir uns wie immer die Funktion $f(x)$ in den Intervallen $2k\pi \leqq x \leqq 2(k+1)\pi$, $(k = \pm 1, \pm 2, \ldots)$, durch die Forderung der Periodizität $f(x) = f(x - 2k\pi)$ festgelegt.

Wir behaupten nun weiter:

Zusatz 2. *Unter den Bedingungen des vorigen Zusatzes ist die für alle* x *bestehende* C_1*-Summierbarkeit sogar eine für alle diese* x *gleichmäßige, d. h. die Folge der Funktionen* $\sigma_n(x)$ *strebt für alle* x *gleichmäßig gegen* $f(x)$, oder also: Nach Wahl von $\varepsilon > 0$ läßt sich *eine* Zahl N so angeben, daß für alle $n > N$ ohne Rücksicht auf die Lage von x stets

$$|\sigma_n(x) - f(x)| < \varepsilon$$

bleibt[2].

Beweis. Wir haben nur noch zu zeigen, daß man die Abschätzungen des vorigen Beweises so durchführen kann, daß sie für *jede* Lage von x gelten. Nun ist aber

$$\varphi(t) = \varphi(t, x) = \tfrac{1}{2}[f(x + 2t) - f(x)] + \tfrac{1}{2}[f(x - 2t) - f(x)];$$

und da $f(x)$ als durchweg stetige und periodische Funktion auch für alle x gleichmäßig stetig ist (vgl. § 19, Satz 5), so kann man, nachdem ε gegeben ist, *ein* $\delta > 0$ so bestimmen, daß für alle $|t| < \delta$

$$|f(x \pm 2t) - f(x)| < \frac{\varepsilon}{2}$$

[1] Beiläufig sei noch erwähnt, daß die Approximationskurven $y = \sigma_n(x)$ die GIBBSsche Erscheinung (s. **216**, 4) *nicht* aufweisen (FEJÉR, L.: Math. Ann. Bd. 64, S. 273. 1907).

[2] Das Entsprechende gilt übrigens auch in dem allgemeinen Satz von FEJÉR für jedes abgeschlossene Intervall, das einschließlich seiner Enden in einem offenen Intervall liegt, in dem $f(x)$ stetig ist.

bleibt, — und dies für *jede* Lage von x. Dann ist aber auch — ohne Rücksicht auf die Lage von x — für diese t stets

$$|\varphi(t)| = |\varphi(t, x)| < \frac{\varepsilon}{2}$$

und also wie vorhin

$$\left| \frac{2}{n\pi} \int_0^\delta \varphi(t) \left(\frac{\sin n t}{\sin t}\right)^2 dt \right| < \frac{\varepsilon}{2}.$$

Ferner ist $f(x)$ als durchweg stetige und periodische Funktion auch beschränkt. Ist etwa stets $|f(x)| < K$, so ist, wie man sofort sieht, *stets*, d. h. für *alle* t und *alle* x,

$$|\varphi(t)| = |\varphi(t, x)| < 2K$$

und also ganz ähnlich wie vorhin

$$\left| \frac{2}{n\pi} \int_\delta^{\frac{\pi}{2}} \varphi(t) \cdot \left(\frac{\sin n t}{\sin t}\right)^2 dt \right| \leqq \frac{1}{n} \cdot \frac{2K}{\sin^2 \delta}.$$

Nun kann man wirklich *eine* Zahl N so bestimmen, daß dieser letzte Ausdruck für alle $n \geqq N$ stets $< \frac{\varepsilon}{2}$ bleibt. Für diese n ist dann also $|\sigma_{n-1} - s| < \varepsilon$, so daß sich tatsächlich, wie behauptet, dem gegebenen ε *eine* Zahl N so zuordnen läßt, daß für alle $n > N$ und ohne Rücksicht auf die Lage von x stets

$$|\sigma_n(x) - f(x)| < \varepsilon$$

bleibt.

Als leichte Anwendung ergibt sich aus diesen Sätzen noch der wichtige

Weierstrasssche Approximationssatz. *Ist $F(x)$ eine in dem abgeschlossenen Intervall $a \leqq x \leqq b$ stetige Funktion und ist $\varepsilon > 0$ beliebig gegeben, so gibt es stets ein Polynom $P(x)$ mit der Eigenschaft, daß in $a \leqq x \leqq b$* **282a.**

$$|F(x) - P(x)| < \varepsilon$$

bleibt.

Beweis. Setzt man $F\left(a + \frac{b-a}{\pi} x\right) = f(x)$, so ist $f(x)$ in $0 \leqq x \leqq \pi$ definiert und stetig. In $\pi \leqq x \leqq 2\pi$ werde, wie in § 50, 2. Art, $f(x) = f(2\pi - x)$ gesetzt und für alle übrigen x durch die Periodizitätsbedingung $f(x + 2\pi) = f(x)$ definiert. Damit ist $f(x)$ durchweg stetig. Hat nun $\sigma_n(x)$ für diese Funktion $f(x)$ dieselbe Bedeutung wie im vorangehenden Satze, so läßt sich ein Index m so wählen, daß für alle x

$$|f(x) - \sigma_m(x)| < \frac{\varepsilon}{2}$$

bleibt. Dieses $\sigma_m(x)$ ist aber eine Summe endlich vieler Ausdrücke der Form $a \cos p x$ und $b \sin q x$ und läßt sich also unter Benutzung der Potenzreihen des § 24 durch eine beständig konvergente Potenzreihe, etwa durch

$$c_0 + c_1 x + \cdots + c_n x^n + \cdots$$

darstellen. Da diese in $0 \leqq x \leqq \pi$ gleichmäßig konvergiert, läßt sich endlich k so bestimmen, daß, wenn das Polynom

$$c_0 + c_1 x + \cdots + c_k x^k = p(x)$$

gesetzt wird, in $0 \leqq x \leqq \pi$ stets

$$|\sigma_m(x) - p(x)| < \frac{\varepsilon}{2}$$

und also

$$|f(x) - p(x)| < \varepsilon$$

bleibt. Setzt man nun noch

$$p\left(\frac{x-a}{b-a}\pi\right) = P(x),$$

so ist $P(x)$ ein Polynom der verlangten Art, da jetzt in $a \leqq x \leqq b$ stets

$$|F(x) - P(x)| < \varepsilon$$

bleibt.

§ 62. Das A-Verfahren.

Der letzte Satz des § 60 lehrte schon, daß das Wirkungsfeld des A-Verfahrens diejenigen *aller* C_k-Verfahren umfaßt. Insofern ist es den C- und H-Verfahren überlegen. Es ist auch nicht schwer, Beispiele von Reihen anzugeben, die zwar A-summierbar, aber von keiner noch so hohen Ordnung C_k-summierbar sind. Es genügt schon, die Potenzreihenentwicklung $\sum a_n x^n$ von

$$f(x) = e^{\frac{1}{1-x}}$$

an der Stelle $x = -1$ zu betrachten. Da offenbar $\lim f(x)$ für $x \to -1+0$ existiert und $= \sqrt{e}$ ist, so ist die Reihe $\sum (-1)^n a_n$ hiernach A-summierbar zum Werte $\sqrt{e}$. Wäre sie aber C_k-summierbar für ein bestimmtes k, so müßte nach **271** $a_n = o(n^k)$ sein. Einen bestimmten Koeffizienten a_n findet man nun, indem man die Koeffizienten von x^n in den Entwicklungen der einzelnen Glieder der für $|x| \leqq \varrho < 1$ gleichmäßig konvergenten Reihe

$$e^{\frac{1}{1-x}} = 1 + \frac{1}{1-x} + \frac{1}{2!}\frac{1}{(1-x)^2} + \cdots + \frac{1}{\nu!}\frac{1}{(1-x)^\nu} + \cdots$$

addiert (s. **249**). Da hierbei ersichtlich alle Entwicklungskoeffizienten positiv sind, so ist a_n jedenfalls größer als der Koeffizient von x^n in der Entwicklung eines einzelnen dieser Glieder. Greift man das $(k+2)^{\text{te}}$

heraus, so sieht man, daß

$$a_n > \frac{1}{(k+2)!}\binom{n+k+1}{k+1} > \frac{n^{k+1}}{(k+2)!\,(k+1)!}$$

ist. Bei festem k strebt also $a_n : n^k$ sicher *nicht* $\to 0$, sondern im Gegenteil $\to +\infty$.

Ist hiernach das A-Verfahren wirksamer als alle C_k-Verfahren zusammen genommen, so ist es doch durch die sehr einfache Feststellung begrenzt, daß seine Anwendung auf eine Reihe $\sum a_n$ die Konvergenz von $\sum a_n x^n$ bzw. $\sum s_n x^n$ für $|x| < 1$ erfordert.

Satz 1. *Ist die Reihe $\sum a_n$ mit den Teilsummen s_n A-summierbar, so ist notwendig* **283.**

$$\overline{\lim}\sqrt[n]{|a_n|} \leqq 1 \quad \textit{und} \quad \overline{\lim}\sqrt[n]{|s_n|} \leqq 1$$

oder also, was genau dasselbe besagt, für jedes noch so kleine $\varepsilon > 0$

$$a_n = O\left((1+\varepsilon)^n\right) \quad \textit{und} \quad s_n = O\left((1+\varepsilon)^n\right).$$

Hierin haben wir ein Gegenstück zu Satz 3 des § 60 zu sehen; aber auch dessen Sätze 4 und 5 haben hier genaue Analoga:

Satz 2. *Bei einer A-summierbaren Reihe $\sum a_n$ muß notwendig* **284.**

$$A\text{-}\lim a_n = 0 \quad \textit{und sogar} \quad A\text{-}\lim \frac{a_1 + 2a_2 + \cdots + n a_n}{n+1} = 0$$

sein.

Beweis. Die erste dieser Beziehungen besagt, daß $(1-x)\sum a_n x^n$ für $x \to 1-0$ gegen 0 streben soll. Das ist aber fast selbstverständlich, da nach Voraussetzung ja $\sum a_n x^n \to s$ strebt. Die Richtigkeit der zweiten Beziehung ergibt sich im Anschluß an den Beweis von **273** wieder aus den beiden Beziehungen

$$(^*)\quad (1-x)\cdot\sum s_n x^n \to s \quad \text{und} \quad (1-x)\cdot\sum \frac{s_0+s_1+\cdots+s_n}{n+1}x^n \to s$$

durch Subtraktion, von denen die erste lediglich die Voraussetzung der A-Summierbarkeit von $\sum a_n$ zum Ausdruck bringt, während die zweite sich ohne Schwierigkeit aus ihr folgern läßt. Denn aus

$$(1-x)\sum s_n x^n \to s \text{ folgt zunächst } (1-x)^2\sum(s_0+s_1+\cdots+s_n)x^n \to s$$

nach **102**. Und daß hieraus die zweite der Beziehungen $(^*)$ folgt, ist lediglich ein Spezialfall des folgenden einfachen Grenzwertsatzes:

Hilfssatz. *Wenn für $x \to 1-0$ eine in $0 \leqq x < 1$ integrierbare Funktion $f(x)$ der Beziehung* **285.**

$$(1-x)^2 f(x) \to s$$

genügt, so strebt auch

$$(1-x)\cdot\int_0^x f(t)\,dt = (1-x)\,F(x) \to s.$$

Der Beweis folgt unmittelbar aus der sog. Regel von de l'Hospital, nach der

$$\lim_{x \to 1-0} \frac{F(x)}{G(x)} = \lim_{x \to 1-0} \frac{F'(x)}{G'(x)}$$

ist, falls der rechtsstehende Grenzwert existiert, falls $G(x) > 0$ ist und für $x \to 1 - 0$ gegen $+\infty$ strebt. Man hat in ihr nur $G(x) = (1 - x)^{-1}$ zu nehmen. Direkt ergibt sich der Beweis so[1]:

Wir setzen $(1 - x)^2 f(x) = s + \varrho(x)$. Dann strebt $\varrho(x) \to 0$ für $x \to 1 - 0$, und wir können nach Wahl von $\varepsilon > 0$ ein x_1 in $0 < x_1 < 1$ so angeben, daß für $x_1 < x < 1$ stets $|\varrho(x)| < \frac{\varepsilon}{2}$ bleibt. Dann ist für diese x

$$|(1 - x) F(x) - s| \leq (1 - x)\,|s| + (1 - x)\left|\int_0^{x_1} \frac{\varrho(x)}{(1 - x)^2}\,dx\right| + \frac{\varepsilon}{2}\,.$$

woraus in üblicher Weise die Behauptung folgt.

Durch diese Sätze 1 und 2 haben wir das Wirkungsfeld des A-Verfahrens *nach außen* einigermaßen abgegrenzt. Sehr viel feiner ist wieder die Frage (vgl. die Ausführungen von S. 503), *wo* jenseits der ohnehin konvergenten Reihen seine Wirksamkeit *beginnt*. In dieser Richtung liegt der folgende von A. Tauber[2] herrührende

286. **Satz 3.** *Eine A-summierbare Reihe $\sum a_n$, für die $n a_n \to 0$ strebt, für die also*

$$a_n = o\left(\frac{1}{n}\right)$$

ist, ist schon im gewöhnlichen Sinne konvergent. (o-$A \to K$-Satz.)

Beweis. Ist $\varepsilon > 0$ gegeben, so wählen wir ein $n_0 > 0$ so, daß für $n > n_0$.

$$\text{a)}\ |n a_n| < \frac{\varepsilon}{3}, \qquad \text{b)}\ \frac{|a_1| + 2|a_2| + \cdots + n|a_n|}{n} < \frac{\varepsilon}{3},$$

$$\text{c)}\ \left|f\left(1 - \frac{1}{n}\right) - s\right| < \frac{\varepsilon}{3}, \qquad \left(f(x) = \sum a_n x^n\right),$$

bleibt. (Hiervon können a) und c) nach Voraussetzung und ebenso b)

---

[1] Der Beweis verläuft ganz analog wie bei **43**, 1 und 2. — Die Bedeutung des in Rede stehenden Schlusses von der ersten auf die zweite der Beziehungen (*) kann auch so formuliert werden: *Aus* A-$\lim s_n = s$ *folgt* $A\,C_1$-$\lim s_n = s$. Denn es handelt sich an zweiter Stelle um die sukzessive Anwendung erst des C_1-, dann des A-Verfahrens zur Limitierung von (s_n).

[2] Tauber, A.: Ein Satz aus der Theorie der unendlichen Reihen. Monatsh. f. Math. u. Phys. Bd. 8, S. 273—277. 1897. Vgl. hierzu S. 503, Fußnote 1.

in Verbindung mit **43**, 2 erfüllt werden.) Dann ist für diese n und für positive $x < 1$

$$s_n - s = f(x) - s + \sum_{\nu=1}^{n} a_\nu (1 - x^\nu) - \sum_{\nu=n+1}^{\infty} a_\nu x^\nu.$$

Beachtet man nun, daß in der ersten Summe

$$(1 - x^\nu) = (1 - x)(1 + x + \cdots + x^{\nu-1}) \leqq \nu (1 - x)$$

und in der zweiten $|a_\nu| = \frac{|\nu a_\nu|}{\nu} < \frac{\varepsilon}{3n}$ ist, so folgt, daß

$$|s_n - s| \leqq |f(x) - s| + (1 - x) \sum_{\nu=1}^{n} |\nu a_\nu| + \frac{\varepsilon}{3n(1 - x)}$$

ist, und zwar für alle positiven $x < 1$. Wählen wir speziell $x = 1 - \frac{1}{n}$, so folgt nach a), b) und c) weiter, daß für $n > n_0$

$$|s_n - s| < \frac{\varepsilon}{3} + \frac{\varepsilon}{3} + \frac{\varepsilon}{3} = \varepsilon$$

ist. Also strebt $s_n \to s$, w. z. b. w.

Versteht man bei diesem Beweise unter ε nicht eine *beliebig vorgeschriebene*, sondern eine *passend gewählte* (hinreichend große) positive Zahl, so lehrt er zugleich die Richtigkeit des folgenden Zusatzes:

Zusatz. *Eine A-summierbare Reihe $\sum a_n$, für die $(n a_n)$ beschränkt ist, für die also*

$$a_n = O\left(\frac{1}{n}\right)$$

ist, hat beschränkte Teilsummen.

Der sehr ähnlich lautende Satz 6 in § 60 legt die Vermutung nahe, daß hier auch ein O-$A \to K$-Satz gilt, der also die Konvergenz der Reihe $\sum a_n$ aus ihrer A-Summierbarkeit schon dann erschließt, wenn man bezüglich der a_n nur voraussetzt, daß sie $= O\left(\frac{1}{n}\right)$ sind. Dieser Satz gilt in der Tat und ist 1910 von J. E. LITTLEWOOD[1] bewiesen worden:

Satz 4. *Eine A-summierbare Reihe $\sum a_n$, für deren Glieder die Beziehung* **287.**

$$a_n = O\left(\frac{1}{n}\right)$$

gilt, für die also $(n a_n)$ beschränkt ist, ist schon im gewöhnlichen Sinne konvergent. (O-$A \to K$-Satz.)

Vorweg sei bemerkt, daß dieser Satz den Satz 6 des § 60, wie dort schon erwähnt, als Korollar enthält. Denn ist eine Reihe C_k-summierbar, so ist sie nach § 60, Satz 11, auch A-summierbar. Jede Reihe also, die

[1] The converse of Abel's theorem on power series. Proc. Lond. Math. Soc. (2) Bd. 9, S. 434—448. 1911.

den Voraussetzungen des Satzes 6 in § 60 genügt, erfüllt auch die Voraussetzungen des eben formulierten LITTLEWOODschen Satzes und ist also konvergent.

Die bisher bekannten Beweise dieses LITTLEWOODschen Satzes waren, obwohl sich viele Forscher damit beschäftigt hatten, recht kompliziert[1]; erst 1930 ist von J. KARAMATA[2] ein überraschend einfacher Beweis desselben gefunden worden. Seiner Darstellung schicken wir den folgenden fast selbstverständlichen Hilfssatz voraus:

Hilfssatz. *Es seien ϱ und ε beliebige positive reelle Zahlen und $f(t)$ die folgende in $0 \leqq t \leqq 1$ definierte und über dies Intervall (im RIEMANNschen Sinne) integrierbare Funktion*[3] (s. Fig. 13):

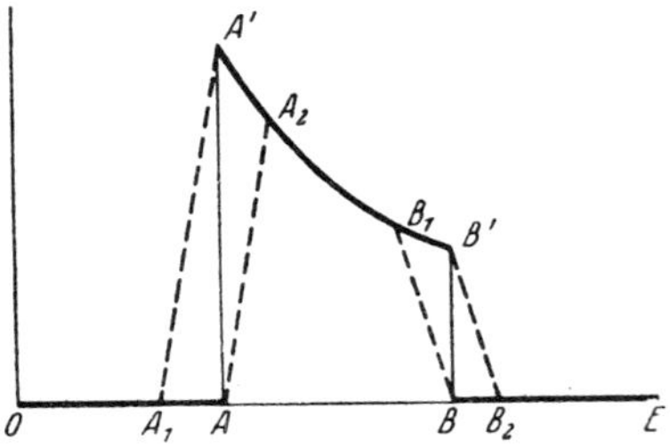

Fig. 13.

$$f(t) = \begin{cases} 0 \text{ in } 0 \leqq t < e^{-(1+\varrho)}, \\ \frac{1}{t} \text{ in } e^{-(1+\varrho)} \leqq t < e^{-1}, \\ 0 \text{ in } e^{-1} \leqq t \leqq 1. \end{cases}$$

Dann gibt es stets zwei Polynome $p(t)$ und $P(t)$, die den beiden Bedingungen

(a) $p(t) \leqq f(t) \leqq P(t)$ *in* $0 \leqq t \leqq 1$,

(b) $\int_0^1 (P(t) - p(t))\,dt < \varepsilon$

genügen.

Beweis. Es sei (vgl. die nur schematisch gezeichnete Fig. 13) $OAA'B'BE$ das Bild der Funktion $f(t)$, so daß A und A' die Abszisse $e^{-(1+\varrho)}$, B und B' die Abszisse e^{-1} haben. Man wähle nun ein positives δ, das kleiner als die Abszisse von A, kleiner als die halbe Differenz der Abszissen von A und B und überdies

$$< \frac{\varepsilon}{4} e^{-(1+\varrho)}$$

ist, und markiere die Punkte A_1, A_2 sowie B_1, B_2, die auf dem genannten Kurvenbilde von $f(t)$ liegen und die Abszissen $e^{-(1+\varrho)} \pm \delta$ bzw. $e^{-1} \pm \delta$ haben. Dann sind die Linienzüge OAA_2B_1BE und $OA_1A'B'B_2E$ (von denen die Stücke A_2B_1 bzw. $A'B'$ auf der Kurve $\frac{1}{t}$ liegen, alle übrigen geradlinig sein sollen) die Bilder je einer stetigen

[1] Vgl. neben der in der vorigen Fußnote genannten Arbeit etwa E. LANDAU: Darstellung und Begründung einiger neuerer Ergebnisse der Funktionentheorie. 1. Aufl. S. 45—56. 1916; 2. Aufl. S. 57—62. 1929.

[2] KARAMATA, J.: Über die HARDY-LITTLEWOODsche Umkehrung des ABELschen Stetigkeitssatzes. Math. Zeitschr. Bd. 32, S. 319—320. 1930.

[3] Der Satz gilt unverändert für *jede* im RIEMANNschen Sinne integrierbare Funktion.

Funktion $g(t)$ bzw. $G(t)$, die ersichtlich den Bedingungen

(a') $$g(t) \leqq f(t) \leqq G(t) \quad \text{in } 0 \leqq t \leqq 1,$$

(b') $$\int_0^1 (G(t) - g(t))\,dt < \frac{\varepsilon}{2}$$

genügen. Nach dem WEIERSTRASSschen Approximationssatze (**282a**) gibt es nun ein Polynom $p(t)$, das sich von der stetigen Funktion $g(t) - \frac{\varepsilon}{4}$ in $0 \leqq t \leqq 1$ um weniger als $\frac{\varepsilon}{4}$ unterscheidet:

$$\left| g(t) - \frac{\varepsilon}{4} - p(t) \right| < \frac{\varepsilon}{4} \quad \text{in } 0 \leqq t \leqq 1.$$

Ebenso gibt es ein Polynom $P(t)$, das sich von $G(t) + \frac{\varepsilon}{4}$ dort auch um weniger als $\frac{\varepsilon}{4}$ unterscheidet:

$$\left| G(t) + \frac{\varepsilon}{4} - P(t) \right| < \frac{\varepsilon}{4} \quad \text{in } 0 \leqq t \leqq 1.$$

Diese Polynome genügen dann offenbar den Bedingungen (a) und (b) des Hilfssatzes.

Beweis des LITTLEWOODschen Satzes.

I. Nach dem Zusatz zu Satz 3 bilden die (s_n) unter den jetzigen Voraussetzungen eine jedenfalls *beschränkte Zahlenfolge.*

Bei dem weiteren Beweise bedeutet es keine Einschränkung, wenn *die Glieder der Reihe* $\sum a_n$ *reell* vorausgesetzt werden. Denn aus der Gültigkeit des Satzes für reelle Reihen folgt er ohne weiteres auch für Reihen mit komplexen Gliedern, indem man diese in ihren reellen und imaginären Teil zerlegt.

II. *Es werde* $\varrho > 0$ *gegeben und* $[(1 + \varrho)\, n] = k(n) = k$ *gesetzt. Bedeuten dann wieder* s_n *die Teilsummen von* $\sum a_n$ *und wird für* $n > \frac{1}{\varrho}$

$$\operatorname*{Max}_{n < \nu \leqq k} |s_\nu - s_n| = \mu_n(\varrho) \qquad \textit{sowie} \qquad \overline{\lim_{n \to +\infty}}\, \mu_n(\varrho) = \mu(\varrho)$$

gesetzt[1], *so strebt* $\mu(\varrho) \to 0$ *für* $\varrho \to 0$.

In der Tat ist für $n < \nu \leqq k$

$$| s_\nu - s_n | = | a_{n+1} + a_{n+2} + \cdots + a_\nu |$$
$$\leqq (k - n) \operatorname{Max}(|a_{n+1}|, |a_{n+2}|, \ldots, |a_k|).$$

[1] Mit $\operatorname{Max}(c_1, c_2, \ldots, c_p)$ oder $\operatorname{Max} c_\nu$, $(1 \leqq \nu \leqq p)$, bezeichnet man die größte der (reell angenommenen) Zahlen $c_1, c_2, \ldots, c_p$.

Ist etwa $|a_r|$ dieses Maximum, so folgt weiter

$$|s_\nu - s_n| \leqq \frac{k-n}{r} \cdot r\,|a_r| \leqq \varrho \cdot r\,|a_r|.$$

Da es nun, weil $(n\,a_n)$ beschränkt sein sollte, eine Konstante K gibt, so daß stets $n\,|a_n| < K$ bleibt, so ist auch

$$\mu_n(\varrho) = \underset{n<\nu\leq k}{\mathrm{Max}}\,|s_\nu - s_n| \leq \varrho \cdot K$$

und folglich

$$\mu(\varrho) \leqq \varrho \cdot K,$$

woraus die Behauptung abzulesen ist.

III. *Die Folge* (s_n) *sei*

1. *einseitig beschränkt, etwa stets* $s_n \geqq -M$, $(M \geqq 0)$,
2. *A-limitierbar, etwa* $(1-x)\sum\limits_{\nu=0}^{\infty} s_\nu x^\nu \to s$ *für* $x \to 1-0$,

dann strebt, wenn $f(t)$ *die im Hilfssatz angegebene Funktion bedeutet*[1],

$$(*) \qquad (1-x)\sum_{\nu=0}^{\infty} s_\nu f(x^\nu)\cdot x^\nu \to s \cdot \int_0^1 f(t)\,dt, \quad d.\,h. = \varrho\, s\,.$$

Nach 2 strebt nämlich für jedes ganzzahlige $k \geqq 0$ bei $x \to 1-0$

$$(1-x^{k+1})\sum_{\nu=0}^{\infty} s_\nu \cdot (x^{k+1})^\nu \to s,$$

also

$$(1-x)\sum_{\nu=0}^{\infty} s_\nu \cdot (x^\nu)^k \cdot x^\nu \to \frac{s}{k+1}\,.$$

Ist nun $Q(x) = b_0 + b_1 x + \cdots + b_q x^q$ irgendein Polynom, so folgt hieraus sofort, daß

$$(**) \quad (1-x)\sum_{\nu=0}^{\infty} s_\nu Q(x^\nu)\cdot x^\nu \to s\left(\frac{b_0}{1} + \frac{b_1}{2} + \cdots + \frac{b_q}{q+1}\right) = s \cdot \int_0^1 Q(t)\,dt$$

strebt.

Es sei nun ε eine beliebige positive Zahl. Dann läßt sich nach dem Hilfssatz ein Paar von Polynomen $p(t)$, $P(t)$ angeben, die den Bedingungen

$$\text{(a)} \qquad p(t) \leqq f(t) \leqq P(t) \quad \text{in } 0 \leqq t \leqq 1,$$

$$\text{(b)} \qquad \int_0^1 (P(t) - p(t))\,dt < \varepsilon$$

genügen.

---

[1] Das ist der Hauptsatz von J. KARAMATA. — Satz und Beweis gelten, von dem speziellen Wert $\varrho\, s$ des Integrales $\int_0^1 f(t)\,dt$ abgesehen, unverändert für eine beliebige über $0 \leq t \leq 1$ im RIEMANNschen Sinne integrierbare Funktion.

Nimmt man jetzt zunächst an, daß $M = 0$, also stets $s_\nu \geqq 0$ ist, so ist

$$(1-x)\sum_{\nu=0}^{\infty} s_\nu\, p(x^\nu)\cdot x^\nu \leqq (1-x)\sum_{\nu=0}^{\infty} s_\nu\, f(x^\nu)\cdot x^\nu \leqq (1-x)\sum_{\nu=0}^{\infty} s_\nu\, P(x^\nu)\cdot x^\nu.$$

Für $x \to 1 - 0$ folgt hieraus nach (**)

$$s\cdot\int_0^1 p(t)\,dt \leqq \underline{\overline{\lim}}\,(1-x)\sum_{\nu=0}^{\infty} s_\nu\, f(x^\nu)\cdot x^\nu \leqq s\cdot\int_0^1 P(t)\,dt.$$

Die Integrale links und rechts unterscheiden sich nun nach (a) und (b) voneinander und ein jedes von $\int_0^1 f(t)\,dt$ um weniger als ε. Daher ist

$$\left|\underline{\overline{\lim}}\,(1-x)\sum_{\nu=0}^{\infty} s_\nu\, f(x^\nu)\cdot x^\nu - s\int_0^1 f(t)\,dt\right| \leqq s\cdot\varepsilon.$$

Da $\varepsilon > 0$ beliebig war, folgt hieraus die Behauptung (*) für nicht negative s_n.

Ist aber $M > 0$, so wende man den nun bewiesenen Satz auf die beiden Folgen $t_n \equiv s_n + M$ und $u_n \equiv M$ an Stelle von s_n an. Subtrahiert man die Ergebnisse, so erhält man die Behauptung (*) in ihrer vollen Allgemeinheit.

IV. Setzt man nun in der Beziehung III, (*) linker Hand $x = e^{-\frac{1}{n}}$ und geht auf die im Hilfssatz angegebene Bedeutung von $f(t)$ zurück, so folgt, wenn wieder $[(1+\varrho)\,n] = k(n) = k$ gesetzt wird, daß für $n \to +\infty$

$$\left(1 - e^{-\frac{1}{n}}\right)\sum_{\nu=n+1}^{k} s_\nu \to \varrho\, s$$

strebt. Wegen $n\left(1 - e^{-\frac{1}{n}}\right) \to 1$ und $\dfrac{k-n}{n} \to \varrho$ strebt dann

$$\frac{1}{k-n}\sum_{\nu=n+1}^{k} s_\nu \to s.$$

Setzt man also

$$\frac{1}{k-n}\sum_{\nu=n+1}^{k} s_\nu - s = \delta_n$$

so strebt $\delta_n \to 0$ und es ist

$$s - s_n = \frac{1}{k-n}\sum_{\nu=n+1}^{k} (s_\nu - s_n) - \delta_n.$$

Hiernach ist

$$|s - s_n| \leqq \operatorname*{Max}_{n<\nu\leqq k} |s_\nu - s_n| + |\delta_n| = \mu_n(\varrho) + |\delta_n|.$$

Für $n \to +\infty$ folgt hieraus

$$\overline{\lim} |s - s_n| \leqq \mu(\varrho);$$

und da dies für jedes $\varrho > 0$ gilt, so liefert dies nach II für $\varrho \to +0$

$$\overline{\lim} |s - s_n| = 0,$$

d. h.

$$s_n \to s.$$

Damit ist der Beweis vollendet.

288. Beispiele und Anwendungen.

1. Jede C-summierbare Reihe ist auch A-summierbar, und zwar zum gleichen Werte. Das gibt oft ein Mittel, um die Werte von C-summierbaren Reihen zu bestimmen. So sahen wir schon **268**, 3, daß die Reihen $\sum(-1)^n(n+1)^k$ C_{k+1}-summierbar sind. Jetzt können wir mit Hilfe der A-Summierung auch die *Werte* dieser Reihen ermitteln, die sich bequem als k^{te} Ableitung der geometrischen Reihe $\sum(-1)^n x^n$ ergeben, wenn man in dieser durch $x = e^{-t}$ die Exponentialfunktion einführt. Man erhält so die für $t > 0$ konvergente Reihe

$$e^{-t} - e^{-2t} + e^{-3t} - + \cdots.$$

Ihre Summe ist

$$= \frac{e^{-t}}{1 + e^{-t}} = \frac{1}{e^t + 1} = \frac{e^t - 1}{e^{2t} - 1} = \frac{e^t + 1 - 2}{e^{2t} - 1} = \frac{1}{e^t - 1} - \frac{2}{e^{2t} - 1}$$

$$= \frac{1}{t} \cdot \frac{t}{e^t - 1} - \frac{1}{t}\frac{2t}{e^{2t} - 1}.$$

Für hinreichend kleine $t > 0$ können wir nun die zuletzt erhaltenen Quotienten nach **105**, 5 in Potenzreihen entwickeln und erhalten, wenn wir sogleich die tiefsten Glieder bei beiden gegeneinander aufheben

$$e^{-t} - e^{-2t} + - \cdots + (-1)^n e^{-(n+1)t} + \cdots = -\sum_{n=0}^{\infty} \frac{2^{n+1} - 1}{(n+1)!} B_{n+1} t^n.$$

Differenzieren wir jetzt k-mal nach t, so erhalten wir weiter

$$e^{-t} - 2^k e^{-2t} + - \cdots + (-1)^n (n+1)^k e^{-(n+1)t} + \cdots$$

$$= (-1)^{k+1} \sum_{n=k}^{\infty} \frac{2^{n+1} - 1}{(n+1)!} B_{n+1} \cdot n(n-1)\cdots(n-k+1) \cdot t^{n-k}.$$

Lassen wir nun $t \to +0$ abnehmen, so erhalten wir rechter Hand ohne weiteres den Wert[1]

$$(-1)^{k+1} \frac{2^{k+1} - 1}{k+1} B_{k+1}.$$

Setzen wir linker Hand $e^{-t} = x$, so sehen wir, daß es sich um eine Potenzreihe mit dem Radius 1 handelt; und wenn t fallend $\to 0$ strebt, geht x wachsend $\to +1$. Der eben erhaltene Wert ist also definitionsgemäß die A-Summe der

[1] Nach S. 245, Fußnote, darf man hier für $k > 0$ das Vorzeichen $(-1)^{k+1}$ einfach weglassen.

Reihe $1 - 2^k + 3^k - + \cdots + (-1)^n (n+1)^k + \cdots$ für ganzzahlige $k \geq 0$. Und da wir diese Reihe in **268**, 3 schon als C_{k+1}-summierbar erkannt haben, so haben wir nach **279** auch ihre C_{k+1}-Summe ermittelt.

2. Ist die durch eine Potenzreihe $\sum c_n z^n$ mit dem Radius r dargestellte Funktion $f(z)$ in einem Randpunkte z_1 ihres Konvergenzkreises *regulär*, so ist für positive $\to +1$ wachsende x gewiß der Grenzwert $\lim f(x z_1)$ vorhanden und $= f(z_1)$. In jedem solchen Randpunkte ist also die Reihe $\sum a_n \equiv \sum c_n z_1^n$ noch A-summierbar, und ihre A-Summe liefert den Funktionswert $f(z_1)$.

3. Verbinden wir die vorige Bemerkung mit Satz 4, so haben wir: Ist $f(z) = \sum c_n z^n$ für $|z| < 1$ konvergent und ist $(n c_n)$ beschränkt, so konvergiert die Reihe (im gewöhnlichen Sinne) auch noch in jedem Randpunkte z_1 des Einheitskreises, in dem $f(z)$ regulär ist.

4. Daß das Cauchysche Produkt $\sum c_n \equiv \sum (a_0 b_n + \cdots + a_n b_0)$ zweier A-summierbarer Reihen $\sum a_n$ und $\sum b_n$ mit den Werten A und B wieder A-summierbar ist und zwar zum Werte $C = AB$, ist eine ganz unmittelbare Folge der Definition der A-Summierbarkeit.

5. Bezüglich der Reihen $\sum_{n=1}^{\infty} \frac{1}{n^{1+\alpha i}}$, $(\alpha \gtrless 0)$, hatten wir schon bei **274** festgestellt, daß sie *nicht* konvergieren und daß sie auch von keiner Ordnung C_k-summierbar sind. Jetzt können wir nach dem Littlewoodschen Satz 4 hinzufügen, daß sie auch nicht A-summierbar sein können.

§ 63. Das E-Verfahren[1].

Das E_1-Verfahren war auf Grund der Eulerschen Reihentransformation (**144**) eingeführt. Gehen wir von einer (*nicht* alternierend geschriebenen) beliebigen Reihe $\sum a_n$ aus, so hätten wir

$$\frac{1}{2^{n+1}}\left[\binom{n}{0} a_0 + \binom{n}{1} a_1 + \cdots + \binom{n}{n} a_n\right] = a'_n$$

zu setzen und $\sum a'_n$ als die E_1-Transformation von $\sum a_n$ anzusehen. Wir hatten verabredet, hier abweichend von der sonst üblichen Bezeichnungsweise $s_0 = 0$ und $s_n = a_0 + a_1 + \cdots + a_{n-1}$ für $n > 0$ zu setzen[2] — und entsprechend für die gestrichene Reihe. Dann ist (s. **265**, 5)

$$s'_n = \frac{1}{2^n}\left[\binom{n}{0} s_0 + \binom{n}{1} s_1 + \cdots + \binom{n}{n} s_n\right]$$

die E_1-Transformation der Folge (s_n). Eine erneute Anwendung liefert

[1] Eine eingehende Untersuchung dieses Verfahrens findet sich in zwei Arbeiten des Verfassers *Über das Eulersche Summierungsverfahren* (I: Mathem. Zeitschr. Bd. 15, S. 226—253. 1922; II: ebenda Bd. 18, S. 125—156. 1923). Hier finden sich vollständige Beweise aller im folgenden erwähnten Sätze.

[2] Man weist ohne große Schwierigkeit nach, daß beim E_1-Verfahren „endlich viele Änderungen" ebenso erlaubt sind wie bei konvergenten Reihen. (Ein Beweis, auf den wir hier nicht eingehen wollen, findet sich in der ersten der in der vorigen Fußnote genannten Arbeiten.) Die Indexverschiebung ist also ohne Einfluß auf die Wirkung des Verfahrens.

nach leichter Rechnung als E_2-Transformation die Reihe

$$\sum a_n'' \quad \text{mit} \quad a_n'' = \frac{1}{4^{n+1}}\left[\binom{n}{0} 3^n a_0 + \binom{n}{1} 3^{n-1} a_1 + \cdots + \binom{n}{n} a_n\right]$$

und mit den Teilsummen

$$\begin{aligned} s_n'' &= a_0'' + a_1'' + \cdots + a_{n-1}'' \\ &= \frac{1}{4^n}\left[\binom{n}{0} 3^n s_0 + \binom{n}{1} 3^{n-1} s_1 + \cdots + \binom{n}{n} s_n\right], \qquad (n > 0). \end{aligned}$$

Als E_p-Transformation findet man ebenso die Reihe

$$\sum a_n^{(p)}$$

mit den Gliedern

$$a_n^{(p)} = \frac{1}{(2^p)^{n+1}}\left[\binom{n}{0}(2^p - 1)^n a_0 + \binom{n}{1}(2^p - 1)^{n-1} a_1 + \cdots + \binom{n}{n} a_n\right]$$

und den Teilsummen[1]

$$\begin{aligned} s_n^{(p)} &= a_0^{(p)} + a_1^{(p)} + \cdots + a_{n-1}^{(p)} \\ &= \frac{1}{(2^p)^n}\left[\binom{n}{0}(2^p - 1)^n s_0 + \binom{n}{1}(2^p - 1)^{n-1} s_1 + \cdots + \binom{n}{n} s_n\right], \quad (n > 0). \end{aligned}$$

Die Wirksamkeit des E_1-Verfahrens ist schon durch die **265**, 5 gegebenen Beispiele beleuchtet, von denen das letzte bereits zeigte, daß das Wirkungsfeld des E_1-Verfahrens erheblich weiter reicht als das des C- oder H-Verfahrens. Bilden wir ähnlich wie dort die E_p-Transformation der geometrischen Reihe $\sum z^n$, so erhalten wir

$$\sum_{n=0}^{\infty}\left[\frac{1}{(2^p)^{n+1}} \sum_{\nu=0}^{n} \binom{n}{\nu} (2^p - 1)^{n-\nu} z^\nu\right] = \frac{1}{2^p} \sum_{n=0}^{\infty} \left(\frac{2^p - 1 + z}{2^p}\right)^n.$$

Sie fällt also dann und nur dann konvergent aus[2] und zwar mit der Summe $\frac{1}{1-z}$, wenn $|z + (2^p - 1)| < 2^p$ ist, wenn also z im Innern des Kreises um den Punkt $-(2^p - 1)$ mit dem Radius 2^p liegt. Ersichtlich kann *jeder* Punkt der Halbebene $\mathfrak{R}(z) < 1$ in das Innere eines solchen Kreises verlegt werden, wenn nur p groß genug gewählt wird. Wir können daher sagen: *Die geometrische Reihe* $\sum z^n$ *ist für jeden Punkt* z *im Innern der Halbebene* $\mathfrak{R}(z) < 1$ *noch* E_p*-summierbar, wenn die Ordnung* p *passend gewählt wird.* Die Summe ist jedesmal $\frac{1}{1-z}$, also die analytische Fortsetzung der durch die Reihe im Einheitskreise definierten Funktion.

---

[1] Die Formel dieser Transformation legt es nahe, für die Ordnung p die Beschränkung auf ganze Zahlen ≥ 0 aufzuheben. Auf diese nicht-ganzzahligen Ordnungen wollen wir indessen hier nicht eingehen. (Vgl. S. 483, Fußnote 3.)

[2] Sie ist dann sogar *absolut* konvergent.

Bei beliebigen Potenzreihen liegen die Dinge ganz ähnlich, doch erfordert die Durchführung der Beweise tieferliegende Hilfsmittel der Funktionentheorie. Wir begnügen uns daher mit der Angabe des greifbarsten Ergebnisses[1]:

Die Potenzreihe $\sum c_n z^n$ habe einen positiven endlichen Konvergenzradius. Die im Konvergenzkreise durch sie dargestellte Funktion heiße $f(z)$. Diese Funktion denken wir uns auf jedem einzelnen Nullstrahle $\operatorname{arc} z = \varphi =$ konst. analytisch fortgesetzt, bis wir auf den ersten auf ihm gelegenen singulären Punkt von $f(z)$ treffen, den wir ζ_φ nennen wollen. (Liegt auf dem betreffenden Halbstrahle überhaupt kein singulärer Punkt, so kann dieser Halbstrahl ganz außer acht gelassen werden.) Wir beschreiben nun für ein bestimmtes ganzzahliges $p > 0$ den Kreis

$$\left| \frac{z}{\zeta_\varphi} + 2^p - 1 \right| < 2^p,$$

der dem bei der geometrischen Reihe aufgetretenen entspricht und den wir K_φ nennen wollen. Die allen diesen Kreisen K_φ gemeinsamen Punkte werden in den einfachsten Fällen (d. h. wenn nur wenige singuläre Punkte da sind) ein Kreisbogenpolygon erfüllen und werden in jedem Falle eine gewisse Punktmenge bilden, die wir mit $\mathfrak{G}_p$ bezeichnen. Dann gilt der

Satz. *Bei jedem p ist $\sum c_n z^n$ in jedem inneren Punkte von $\mathfrak{G}_p$ noch E_p-summierbar, und die E_p-Transformation von $\sum c_n z^n$ ist dort sogar absolut konvergent. Die hierdurch den inneren Punkten von $\mathfrak{G}_p$ zugeordneten Zahlenwerte liefern die analytische Fortsetzung des Elementes $\sum c_n z^n$ in das Innere von $\mathfrak{G}_p$. Außerhalb von $\mathfrak{G}_p$ ist die E_p-Transformation von $\sum c_n z^n$ divergent.* **289.**

Nach diesen Beispielen fragen wir wieder allgemein nach den Grenzen des Wirkungsfeldes des E-Verfahrens; doch wollen wir uns bei diesen und den weiteren Untersuchungen auf die erste Ordnung, also das E_1-Verfahren, beschränken. Bei den höheren Ordnungen liegen die Dinge indessen ganz analog.

Da die E_1-Summierbarkeit einer Reihe $\sum a_n$ definitionsgemäß die Konvergenz ihrer E_1-Transformation $\sum \frac{1}{2^{n+1}} \left[\binom{n}{0} a_0 + \cdots + \binom{n}{n} a_n \right]$ bedeutet, so muß deren allgemeines Glied, also auch

$$\frac{1}{2^n} \left[\binom{n}{0} a_0 + \binom{n}{1} a_1 + \cdots + \binom{n}{n} a_n \right] \to 0$$

streben, wofür wir jetzt auch kürzer

$$E_1\text{-}\lim a_n = 0$$

schreiben können. In dieser Form haben wir dann wieder ein genaues Analogon zu **82**, 1 und **272** bzw. **284** vor uns. Auch der KRONECKERsche Satz **82**, 3 hat hier sein Analogon. Denn ist (s_n) eine E_1-limitierbare Folge mit dem Werte s, so streben ihre E_1-Transformierten $E_1(s_n) \equiv s'_n \to s$. Dann streben aber auch deren arithmetische Mittel $\frac{s'_0 + s'_1 + \cdots + s'_n}{n+1} \to s$, die wir hier, weil durch aufeinanderfolgende Anwendung erst der E_1-, dann der C_1-Transformation entstanden, auch kurz mit $C_1 E_1(s_n)$ bezeichnen können. Nun stellt man aber durch eine direkte Ausrech-

[1] Wegen des Beweises s. S. 525, Fußnote 1.

nung leicht fest — wir möchten das dem Leser überlassen —, daß man hier genau dasselbe erhält, wenn man *erst* die C_1- und dann die E_1-Transformation ausübt, also die Folge $E_1 C_1(s_n) = E_1\left(\frac{s_0 + s_1 + \cdots + s_n}{n+1}\right)$ bildet: *Es ist* $C_1 E_1(s_n) \equiv E_1 C_1(s_n)$; *die beiden Transformationen sind völlig identisch*[1]. Daher strebt auch die Folge

$$E_1\left(\frac{s_0 + s_1 + \cdots + s_n}{n+1}\right) \to s,$$

und subtrahiert man dies von

$$E_1(s_n) \to s,$$

so erhält man genau wie S. 503 die behauptete Beziehung

$$E_1\text{-}\lim \frac{a_1 + 2a_2 + \cdots + n a_n}{n+1} = 0$$

als notwendige Bedingung für die E_1-Summierbarkeit einer Reihe $\sum a_n$. Um nun noch festzustellen, was $E_1\text{-}\lim a_n = 0$ für die Größenordnung der a_n bedeutet, bilden wir aus

$$a'_n = \frac{1}{2^{n+1}}\left[\binom{n}{0} a_0 + \cdots + \binom{n}{n} a_n\right]$$

rückwärts

$$a_n = (-1)^n \cdot 2\left[\binom{n}{0} a'_0 - \binom{n}{1} 2 a'_1 + - \cdots + (-1)^n \binom{n}{n} 2^n a'_n\right],$$

woraus, da $a'_n \to 0$ strebt, nach **43**, 5 sofort folgt, daß

$$\frac{a_n}{3^n} \to 0 \quad \text{streben, oder also} \quad a_n = o(3^n)$$

sein muß. Rechnet man das Entsprechende für die s_n und s'_n durch, so findet man analog, daß auch $s_n = o(3^n)$ sein muß. Wir haben also zusammenfassend den

290. **Satz 1.** *Die vier Bedingungen*

$$E_1\text{-}\lim a_n = 0, \qquad E_1\text{-}\lim \frac{a_1 + 2a_2 + \cdots + n a_n}{n+1} = 0,$$

$$a_n = o(3^n) \quad \textit{und} \quad s_n = o(3^n)$$

sind notwendig für die E_1*-Summierbarkeit der Reihe* $\sum a_n$ *mit den Teilsummen* s_n.

---

[1] Die Rechnung führt sofort auf die Beziehung, daß für $0 \leq n \leq k$

$$\binom{k+1}{n+1} + \binom{k+1}{n+2} + \cdots + \binom{k+1}{k+1} = \binom{k}{n} + 2\binom{k-1}{n} + \cdots + 2^{k-n}\binom{n}{n}$$

ist, was man leicht als richtig erkennt. Wegen der genannten Eigenschaft sagt man auch, die E_1- und C_1-Transformationen seien miteinander **vertauschbar**. Das Entsprechende gilt für die Transformationen E_p und C_q beliebiger Ordnung; *es ist stets* $E_p C_q(s_n) \equiv C_q E_p(s_n)$. Vgl. hierzu S. 500, Fußnote 1 und S. 501.

Ein Vergleich dieses Satzes mit den Sätzen **271** und **283** und die Beispiele zu **265**, 5 zeigen, daß die Ausdehnung des Wirkungsfeldes des E_1-Verfahrens gegenüber dem C- und A-Verfahren erheblich größer, das E_1-Verfahren erheblich stärker ist als diese. Die Fragestellung aber, die beim C- und A-Verfahren uns zu den Sätzen **274** und **287** führte, wird hier sozusagen *eine geringere Feinheit* des Verfahrens offenbaren. Es gilt nämlich der

Satz 2. *Ist die Reihe $\sum a_n$ mit den Teilsummen s_n E_1-summierbar zum Werte s, streben also die Zahlen* **291.**

(A) $$s'_n = \frac{1}{2^n}\left[\binom{n}{0} s_0 + \binom{n}{1} s_1 + \cdots + \binom{n}{n} s_n\right] \to s$$

und ist überdies

(B) $$a_n = o\left(\frac{1}{\sqrt{n}}\right),$$

so ist die Reihe $\sum a_n$ konvergent mit der Summe s. (o-$E_1 \to K$-Satz.)

Beweis. Wir bilden die Differenz

$$s'_{4n} - s_{2n} = \frac{1}{2^{4n}} \sum_{\nu=0}^{4n} \binom{4n}{\nu} (s_\nu - s_{2n})$$

und zerlegen den rechter Hand stehenden Ausdruck in drei Teile: $T_1 + T_2 + T_3$. Und zwar soll T_1 den Teil des Ganzen bedeuten, der für $\nu = 0$ bis $\nu = n$ entsteht, T_3 den Teil von $\nu = 3n$ bis $\nu = 4n$ und T_2 den verbleibenden mittleren Teil. Wegen (B) gibt es dann — grob abgeschätzt — eine Konstante K_1, so daß stets $|s_n| \leqq K_1 \sqrt{n}$ bleibt. Also gibt es auch eine Konstante K, so daß für alle n

$$|s_\nu - s_{2n}| \leqq K\sqrt{n}$$

bleibt, wofern $0 \leqq \nu \leqq 4n$ ist. Daher sind $|T_1|$ und $|T_3|$ beide

$$< \frac{1}{2^{4n}} \cdot K \cdot \sqrt{n} \sum_{\nu=0}^{n} \binom{4n}{\nu} < \frac{K\sqrt{n}}{2^{4n}} (n+1) \binom{4n}{n}.$$

Nun ist aber[1] für jede natürliche Zahl $k > 1$

$$e\left(\frac{k}{e}\right)^k < k! < ek\left(\frac{k}{e}\right)^k$$

[1] Diese ziemlich grobe, aber oft nützliche Abschätzung von $k!$ ergibt sich in einfachster Weise, indem man die Ungleichungen (s. **46a**)

$$\left(1 + \frac{1}{\nu}\right)^\nu < e < \left(1 + \frac{1}{\nu}\right)^{\nu+1}$$

für $\nu = 1, 2, \ldots, k-1$ ansetzt und miteinander multipliziert.

und folglich[1]

$$\frac{1}{2^{4n}}\binom{4n}{n} < \frac{1}{2^{4n}}\cdot\frac{4n\,4^{4n}}{e\,3^{3n}} < 2n\left(\frac{16}{27}\right)^n.$$

Daher strebt sowohl T_1 wie T_3 mit wachsendem n gegen 0.

In T_2, d. h. für $n < \nu < 3n$, ist nach (B)

$$|s_\nu - s_{2n}| < \frac{\varepsilon_n}{\sqrt{n}}|2n - \nu|,$$

wenn wir mit ε_n den größten der Werte $|a_{n+1}|\sqrt{n+1}$, $|a_{n+2}|\sqrt{n+2}, \ldots$ bezeichnen, der mit wachsendem n noch gegen 0 streben muß. Daher ist

$$|T_2| \leqq \frac{\varepsilon_n}{\sqrt{n}}\frac{1}{2^{4n}}\sum_{\nu=n+1}^{3n-1}|2n-\nu|\binom{4n}{\nu} < \frac{2\varepsilon_n}{2^{4n}\sqrt{n}}\sum_{\nu=0}^{2n}(2n-\nu)\binom{4n}{\nu}.$$

Für die letzte Summe ergibt sich aber leicht, indem man $2n - \nu$ in $2n$ und $-\nu$ trennt, der Wert $n\binom{4n}{2n}$. Also ist $|T_2| \leqq \frac{2\varepsilon_n\sqrt{n}}{2^{4n}}\binom{4n}{2n}$.

Daher strebt mit wachsendem n wegen $\varepsilon_n \to 0$ und nach **219**, 3

$$T_2 \to 0.$$

Zusammen haben wir also

$$T_1 + T_2 + T_3 = s'_{4n} - s_{2n} \to 0.$$

Da nun nach Voraussetzung $s'_{4n} \to s$ strebt, so strebt auch $s_{2n} \to s$; und da nach (B) $a_\nu \to 0$ strebt, so folgt hieraus endlich die Beziehung

$$s_n \to s,$$

die zu beweisen war[2].

Zum Schluß wollen wir noch auf die Frage der E-Summierbarkeit des Produktes zweier E_1-summierbarer Reihen sowie auf die Frage nach dem Verhältnis des Wirkungsfeldes des E-Verfahrens zu dem des C-Verfahrens eingehen.

Bei dem Multiplikationsproblem gelten zwei Sätze, die genaue Analoga zu dem MERTENSschen Satz **188** und dem ABELschen Satz **189** darstellen. Wir begnügen uns mit der Durchführung des ersten und beweisen also den

---

[1] Man hat $\binom{4n}{n} = \frac{(4n)!}{n!\,(3n)!}$ zu setzen und im Zähler die obere, im Nenner die untere Abschätzung für $k!$ zu benutzen.

[2] Die Sätze **274** und **287** legen die Vermutung nahe, daß auch hier ein O-$E \to K$-Satz gilt, der also die Konvergenz von $\sum a_n$ aus ihrer E_1-Summierbarkeit schon dann zu erschließen gestattet, wenn $a_n = O\left(\frac{1}{\sqrt{n}}\right)$ ist. Das ist auch tatsächlich der Fall, doch ist der Beweis so erheblich viel schwieriger, daß wir hier auf seine Durchführung verzichten müssen. (Vgl. die zweite der S. 525, Fußnote 1, genannten Arbeiten.)

Satz 3. *Die beiden Reihen $\sum a_n$ und $\sum b_n$ seien E_1-summierbar, d. h. ihre E_1-Transformationen, die wir mit $\sum a'_n$ und $\sum b'_n$ bezeichnen wollen, seien konvergent. Wenn dann von den letzten Reihen wenigstens eine absolut konvergiert, so ist die* CAUCHY*sche Produktreihe* **292.**

$$\sum c_n \equiv \sum (a_0 b_n + a_1 b_{n-1} + \cdots + a_n b_0)$$

gleichfalls E_1-summierbar, und zwischen den E_1-Summen A, B, C der drei Reihen besteht die zu erwartende Beziehung $A \cdot B = C$.

Beweis. Nach **265**, 5 ist für $x = \frac{y}{1-y}$ und hinreichend kleine Werte dieser Variablen (s. Satz 1)

$$f_1(x) = \sum a_n x^{n+1} = \sum a'_n (2y)^{n+1},$$
$$f_2(x) = \sum b_n x^{n+1} = \sum b'_n (2y)^{n+1},$$
$$f_3(x) = \sum c_n x^{n+1} = \sum c'_n (2y)^{n+1}.$$

Da andererseits

$$f_1(x) \cdot f_2(x) = x \cdot f_3(x)$$

ist, so hat man die Identität

$$(2y) \cdot \sum (a'_0 b'_n + a'_1 b'_{n-1} + \cdots + a'_n b'_0)(2y)^{n+1} = \frac{y}{1-y} \sum c'_n (2y)^{n+1},$$

woraus sich neben $c'_0 = 2a'_0 b'_0$ allgemein für $n \geqq 1$

$$c'_n = 2(a'_0 b'_n + a'_1 b'_{n-1} + \cdots + a'_n b'_0) - (a'_0 b'_{n-1} + \cdots + a'_{n-1} b'_0)$$

ergibt. Da nun nach Voraussetzung wenigstens *eine* der beiden Reihen $\sum a'_n$ und $\sum b'_n$ *absolut* konvergiert, so ist nach **188** auch die CAUCHYsche Produktreihe $\sum (a'_0 b'_n + \cdots + a'_n b'_0)$ von beiden konvergent und $= A \cdot B$. Nach der letzten Darstellung von c'_n ergibt sich nun sofort die Konvergenz der Reihe $\sum c'_n$ und für ihre Summe C die Gleichung

$$C = 2AB - AB = AB,$$

die zu beweisen war[1].

Wir behandeln endlich noch die Frage nach dem Verhältnis zwischen dem C- und E-Verfahren. Da ist zunächst sehr leicht zu zeigen, daß sie die Verträglichkeitsbedingung **263**, III erfüllen; es gilt also der

Satz 4. *Wenn eine Reihe sowohl C_1- als auch E_1-summierbar ist, so wird ihr durch beide Verfahren der gleiche Wert zugeordnet.* **293.**

Beweis. Ist (c'_n) die C_1- und (s'_n) die E_1-Transformation von s_n, so sind diese beiden Folgen nach Voraussetzung konvergent. Es strebe

[1] Der Gang dieses Beweises läßt es zweckmäßig erscheinen, für gewisse Fälle den Begriff der *absoluten* Summierbarkeit einzuführen: Wir werden eine Reihe $\sum a_n$ *absolut* E_1-summierbar nennen, wenn ihre E_1-Transformation $\sum a'_n$ *absolut* konvergiert.

etwa $c'_n \to c'$, $s'_n \to s'$. Da nun beide Verfahren die Permanenzbedingung erfüllen, so strebt auch die C_1-Transformation von (s'_n), also

$$\frac{s'_0 + s'_1 + \cdots + s'_n}{n+1} \to s'$$

und ebenso die E_1-Transformation von (c'_n), also

$$\frac{1}{2^n}\left[\binom{n}{0}c'_0 + \cdots + \binom{n}{n}c'_n\right] \to c'.$$

Kürzer geschrieben, gelten also die beiden Beziehungen

$$C_1 E_1(s_n) \to s' \qquad \text{und} \qquad E_1 C_1(s_n) \to c'.$$

Da nun, wie wir schon S. 527/528 hervorgehoben haben, die beiden letzten Folgen völlig identisch miteinander sind, so ist notwendig $s' = c'$, w. z. b. w.

Wir sahen nun aber schon oben (S. 526) an der geometrischen Reihe $\sum z^n$, daß das E_1-Verfahren erheblich stärker ist als das C-Verfahren. Denn dieses summiert die geometrische Reihe nirgends außerhalb des Einheitskreises, während das E_1-Verfahren sie in jedem Punkte des Kreises $|z+1| < 2$ zu summieren vermag. Das ist indessen nicht so zu verstehen, daß das Wirkungsfeld des E_1-Verfahrens dasjenige des C_1-Verfahrens oder gar *aller* C_k-Verfahren umschließt. *Es läßt sich vielmehr leicht eine Folge* (s_n) *angeben, die zwar* C_1-, *aber nicht* E_1-*limitierbar ist.* Das leistet schon die Folge

$$(s_n) \equiv 0, 1, 0, 0, 2, 0, 0, 0, 0, 3, 0, \ldots,$$

bei der $s_{\nu^2} = \nu$ und sonst (d. h. für alle Indizes n, die keine Quadratzahlen sind) $s_n = 0$ ist.

Diese Folge ist C_1-limitierbar zum Werte $\frac{1}{2}$. Denn die höchsten Werte der arithmetischen Mittel $\frac{s_0 + s_1 + \cdots + s_n}{n+1}$ werden offenbar stets für $n = \nu^2$, die niedrigsten für $n = \nu^2 - 1$ angenommen. Da nun die letzteren $= \frac{\nu(\nu-1)}{2\nu^2}$, die ersteren $= \frac{(\nu+1)\nu}{2(\nu^2+1)}$ sind, so strebt $C_1(s_n) \to \frac{1}{2}$.

Wäre diese selbe Folge nun auch E_1-limitierbar, so müßte auch $E_1(s_n) \to \frac{1}{2}$ streben. Es ist aber für $n = \nu^2$ das $2n^{\text{te}}$ Glied der E_1-Transformation

$$= \frac{1}{2^{2n}}\left[\binom{2n}{0}s_0 + \cdots + \binom{2n}{n}s_n + \cdots + \binom{2n}{2n}s_{2n}\right] \geqq \frac{1}{2^{2n}}\binom{2n}{n}\sqrt{n}.$$

Der rechtsstehende Wert strebt nun nach **219**, 3 gegen $1 : \sqrt{\pi}$. Für alle hinreichend hohen n bleiben daher diese Glieder $> \frac{5}{9} > \frac{1}{2}$, und folglich kann $E_1(s_n)$ nicht $\to \frac{1}{2}$ streben. Die Folge (s_n) ist *nicht* E_1-limitierbar. Wir können also sagen:

Satz 5. *Von den Wirkungsfeldern des C_1- und E_1-Verfahrens umfaßt keines völlig das andere. Es gibt Reihen, die zwar durch das eine Verfahren, aber nicht durch das andere summiert werden können*[1]. **294.**

Diese Sachlage regt noch die Frage an, welche C_1-summierbaren Reihen nun doch auch durch das E_1-Verfahren summiert werden können. Hierüber ist noch nicht viel bekannt, und wir begnügen uns mit dem Beweis des folgenden Satzes:

Satz 6. *Ist $\sum a_n$ eine C_1-summierbare Reihe, für die* **295.**

$$\frac{s_0 + s_1 + \cdots + s_n}{n+1} = s + o\left(\frac{1}{\sqrt{n}}\right)$$

ist, so ist $\sum a_n$ auch E_1-summierbar. (o-$C_1 \to E_1$-Satz.)[2]

Beweis. Setzen wir $s_n - s = \sigma_n$, so ist nun die Folge (σ_n) C_1-limitierbar zum Werte 0. Setzen wir also

$$\frac{\sigma_0 + \sigma_1 + \cdots + \sigma_n}{n+1} = \sigma'_n,$$

so strebt nach den Voraussetzungen nicht nur $\sigma'_n \to 0$, sondern sogar $\sqrt{n}\,\sigma'_n \to 0$. Nun gilt aber ganz allgemein die folgende von Abel herrührende Abschätzung: Sind $\sigma_0, \sigma_1, \ldots, \sigma_n$ *irgendwelche* Zahlen, $\sigma'_\nu = \frac{\sigma_0 + \sigma_1 + \cdots + \sigma_\nu}{\nu + 1}$, $(\nu = 0, 1, \ldots, n)$, die zugehörigen arithmetischen Mittel, ist ferner τ eine Schranke aller $|\sigma'_\nu|$ für $\nu = 0, 1, \ldots, n$ und τ_k eine solche für die $|\sigma'_\nu|$ mit $k \leqq \nu \leqq n$, so ist

$$\left|\frac{\alpha_0\sigma_0 + \alpha_1\sigma_1 + \cdots + \alpha_n\sigma_n}{\alpha_0 + \alpha_1 + \cdots + \alpha_n}\right| \leqq \tau_m + \frac{\tau\, p\, \alpha_p + (\tau_p + \tau_m)\, m\, \alpha_m}{\alpha_0 + \alpha_1 + \cdots + \alpha_n},$$

falls $\alpha_0, \alpha_1, \ldots, \alpha_n$ beliebige positive Zahlen sind, die bis zum Gliede α_m monoton wachsen, hernach monoton fallen, und falls $0 < p < m < n$ ist[3].

---

[1] Die Aussage bleibt dieselbe, auch wenn die höheren Ordnungen der beiden Verfahren in Anspruch genommen werden.

[2] Ein entsprechender O-Satz gilt hier *nicht*, wie schon das zu Satz 5 gegebene Beispiel lehrt, bei dem die arithmetischen Mittel tatsächlich $= \frac{1}{2} + O\left(\frac{1}{\sqrt{n}}\right)$ sind.

[3] Es ist nämlich $\sigma_\nu = (\nu + 1)\sigma'_\nu - \nu\sigma'_{\nu-1}$ und also, wenn $\alpha_{n+1} = 0$ gesetzt wird,

$$\sum_{\nu=0}^{n} \alpha_\nu \sigma_\nu = \sum_{\nu=0}^{n} (\nu + 1)\, \sigma'_\nu\, (\alpha_\nu - \alpha_{\nu+1}) = \sum_{\nu=0}^{p-1} + \sum_{\nu=p}^{m-1} + \sum_{\nu=m}^{n}.$$

Berücksichtigt man nun, daß in der ersten und zweiten Summe $(\alpha_\nu - \alpha_{\nu+1})$ negativ, in der dritten positiv ist, so folgt

$$\left|\sum_{\nu=0}^{n} \alpha_\nu \sigma_\nu\right| \leqq \tau\, p\, \alpha_p + \tau_p\, m\, \alpha_m + \tau_m\, (m\,\alpha_m + \alpha_m + \alpha_{m+1} + \cdots + \alpha_n),$$

woraus die obige Beziehung abgelesen werden kann.

Wenden wir dies bei einem *festen* $n > 8$ auf unsere oben eingeführten σ_ν und σ'_ν an und wählen speziell $\alpha_\nu = \binom{n}{\nu}$, $(\nu = 0, 1, 2, \ldots, n)$, so kann für p die größte ganze Zahl $\leqq \frac{n}{4}$, also $p = \left[\frac{n}{4}\right]$ und ebenso $m = \left[\frac{n}{2}\right]$ gesetzt werden. Dann erhalten wir

$$\frac{1}{2^n}\left[\binom{n}{0}\sigma_0 + \binom{n}{1}\sigma_1 + \cdots + \binom{n}{n}\sigma_n\right] \leqq \tau_m + \frac{\tau}{2^n} p \binom{n}{p} + \frac{2\tau_p}{2^n} m \binom{n}{m},$$

und dies gilt um so mehr, wofern man unter τ jetzt eine Schranke *aller* $|\sigma'_\nu|$ und unter τ_k eine solche für *alle* $|\sigma'_\nu|$ mit $\nu \geqq k$ versteht. Nun gilt aber nach **219**, 3 für das Maximalglied $\binom{n}{m}$ der Werte $\binom{n}{\nu}$, daß

$$\frac{\sqrt{n}}{2^n}\binom{n}{m} \to \frac{1}{\sqrt{\pi}}$$

strebt, also jedenfalls von einer Stelle an < 1 ist. Da von einer Stelle an auch $\sqrt{n} < 3\sqrt{p}$ ist, so ist für alle hinreichend großen n

$$\frac{2\tau_p}{2^n} m \binom{n}{m} < \tau_p \sqrt{n} < 3\tau_p \sqrt{p}.$$

Da nun $\tau_p \sqrt{p} \to 0$ streben sollte, da ferner p und m zugleich mit $n \to +\infty$ rücken und hierbei endlich auch $\frac{p}{2^n}\binom{n}{p} \to 0$ strebt, so folgt. daß für $n \to +\infty$

$$\frac{1}{2^n}\left[\binom{n}{0}\sigma_0 + \binom{n}{1}\sigma_1 + \cdots + \binom{n}{n}\sigma_n\right] \to 0$$

oder

$$E_1(s_n) \to s$$

strebt, w. z. b. w.

Aufgaben zum XIII. Kapitel.

200. Man beweise mit Hilfe von Aufgabe 119 (S. 280) die auf S. 477 erwähnte Tatsache, daß

$$\lim_{x \to +0} \sum_{n=1}^{\infty} \frac{(-1)^{n-1}}{n^x} = \frac{1}{2}$$

ist. Welches dem A-Verfahren verwandte Summierungsverfahren ließe sich hieran anknüpfen? Man definiere es und gebe einige Eigenschaften desselben an!

201. Ist die bei **273** angegebene Bedingung

$$C_k\text{-}\lim \frac{a_1 + 2a_2 + \cdots + n a_n}{n+1} = 0$$

a) mit $C_{k+1}\text{-}\lim (n a_n) = 0$, b) mit $C_k\text{-}\lim \dfrac{a_1 + 2a_2 + \cdots + n a_n}{n} = 0$

sachlich gleichbedeutend?

202. Im Anschluß an die Beziehungen (*) bei **284** zeige man allgemein, daß aus A-lim $s_n = s$ stets AC_k-lim $s_n = s$ folgt, d. h. also, daß aus

$$(1-x)\sum s_n x^n \to s \qquad \text{stets} \qquad (1-x)\sum_{n=0}^{\infty} \frac{S_n^{(k)}}{\binom{n+k}{k}} x^n \to s$$

folgt (bei $x \to 1-0$).

203. Man zeige analog, daß aus B-lim $s_n = s$ stets BC_k-lim $s_n = 0$, d. h.

$$e^{-x} \sum_{n=0}^{\infty} \frac{S_n^{(k)}}{\binom{n+k}{k}} \cdot \frac{x^n}{n!} \to s$$

für $x \to +\infty$ folgt.

204. Sind die in den Aufgaben 202 und 203 genannten Schlüsse umkehrbar, folgt also z. B. aus $(1-x)\sum \frac{s_0+s_1+\cdots+s_n}{n+1} x^n \to s$ rückwärts, daß schon $(1-x)\sum s_n x^n \to s$ strebt?

205. Die Reihe $\sum_{n=0}^{\infty} \binom{n+k-1}{k-1} z^n$ ist für $|z| = 1$, $z \neq +1$ noch C_k-summierbar. Man setze $z = \cos\varphi + i\sin\varphi$, trenne Reelles und Imaginäres und gebe die dadurch summierten trigonometrischen Reihen sowie ihre Werte an. Es ist speziell

$$1 + 2\cos x + 3\cos 2x + 4\cos 3x + \cdots = \frac{1}{2} - \frac{1}{4\sin^2\frac{x}{2}}$$

$$\cos x + 2\cos 2x + 3\cos 3x + \cdots = -\frac{1}{4\sin^2\frac{x}{2}} \quad \text{u. a.}$$

206. Ist (a_n) eine positive monotone Nullfolge und wird

$$a_0 + a_1 + a_2 + \cdots + a_n = b_n$$

gesetzt, so ist

$$b_0 - b_1 + b_2 - b_3 + - \cdots$$

C_1-summierbar mit der Summe $s = \frac{1}{2}\sum(-1)^n a_n$.

207. Setzt man $1 + \frac{1}{2} + \frac{1}{3} + \cdots + \frac{1}{n} = h_n$, so findet man nach der vorigen Aufgabe die C_1-Summe

$$h_1 - h_2 + h_3 - h_4 + - \cdots = \tfrac{1}{2}\log 2$$

und ähnlich die C_1-Summe

$$\log 2 - \log 3 + \log 4 - + \cdots = \frac{1}{2}\log\frac{\pi}{2}.$$

208. Ist $\sum a_n$ konvergent oder C_1-summierbar mit der Summe s, so ist die folgende Reihe stets *konvergent* mit der Summe s:

$$a_0 + \sum_{n=1}^{\infty} \frac{a_1 + 2a_2 + \cdots + n a_n}{n(n+1)} = s.$$

209. Ist $\sum a_n$ als C_1-summierbar bekannt und ist $\sum n|a_n|^2$ konvergent, so ist auch $\sum a_n$ selbst konvergent.

210. Von dem FROBENIUSschen Satz (S. 508) gelten auch die folgenden Erweiterungen: Ist $\sum_{n=1}^{\infty} a_n$ C_1-summierbar mit der Summe s, so strebt für $z \to +1$ (im Winkelraum) auch

$$\sum_{n=1}^{\infty} a_n z^{n^2} \to s \qquad \text{und} \qquad \sum_{n=1}^{\infty} a_n z^{n^3} \to s$$

und allgemein für festes ganzzahliges $p \geq 1$

$$\sum_{n=0}^{\infty} a_n z^{n^p} \to s .$$

Dagegen braucht $\sum a_n z^{n!}$ nicht mehr $\to s$ zu streben, wie an dem Beispiel

$$\sum_{n=0}^{\infty} (-1)^n x^{n!}$$

für reelle $x \to 1 - 0$ gezeigt werden kann. (Anl.: Das Maximum von $t - t^n$ und der Wert von t, für den es eintritt, rücken mit wachsendem n beide von links her $\to +1$).

211. Für jede *reelle* Reihe $\sum a_n$, für die $\sum a_n x^n$ in $0 \leq x < 1$ konvergent ist, ist

$$\varliminf_{n \to +\infty} \frac{s_0 + s_1 + \cdots + s_n}{n+1} \leq \varlimsup_{x \to 1-0} (1-x) \sum_{n=0}^{\infty} s_n x^n \leq \varlimsup_{n \to +\infty} \frac{s_0 + s_1 + \cdots + s_n}{n+1} .$$

(Vgl. Satz **161**.)

212. In Anschluß an den FEJÉRschen Satz soll bewiesen werden, daß bei den dort betrachteten arithmetischen Mitteln $\sigma_n(x)$ die GIBBSsche Erscheinung nicht eintritt. (Vgl. S. 514, Fußnote 1.)

213. Das Produkt zweier E_1-summierbarer Reihen ist *stets* $E_1 C_1$-summierbar.

214. Ist $\sum a_n$ eine E_1-summierbare Reihe, so ist $\sum a_n x^n$ auch für jedes $0 \leq x < 1$ noch E_1-summierbar, und es ist

$$\lim_{x \to 1-0} (E_1\text{-}\sum a_n x^n) = E_1\text{-}\sum a_n .$$

215. Man beweise allgemein die Vertauschbarkeit des E_p-Verfahrens mit dem C_q-Verfahren.

216. Man beweise den o-$E_p \to K$-Satz (wie lautet er?) durch Induktion aus dem o-$E_1 \to K$-Satz.

XIV. Kapitel.

Die Eulersche Summenformel. Asymptotische Entwicklungen.

§ 64. Die Eulersche Summenformel.

A. Die Summenformel.

Das Wirkungsfeld aller Summierungsverfahren, die im letzten Kapitel betrachtet wurden, war begrenzt. Nur wenn die Glieder a_n der vorgelegten divergenten Reihe mit n nicht zu schnell anwuchsen, konnte die Reihe summiert werden. So war es im Falle des B-Verfahrens notwendig, daß $\sum \frac{a_n}{n!} x^n$ beständig konvergierte, daß also $\frac{1}{n} \sqrt[n]{|a_n|} \to 0$ strebte. Daher ist z. B. die Reihe

$$\sum_{n=0}^{\infty} (-1)^n n! = 1 - 1! + 2! - 3! + 4! - + \cdots + (-1)^n n! + \cdots$$

nicht B-summierbar. Reihen wie diese und noch stärker divergente Reihen traten aber schon früh bei den mannigfachsten Untersuchungen auf. Um sie nach den bisherigen Methoden zu beherrschen, müßten also noch stärkere Verfahren wie etwa das B_r-Verfahren herangezogen werden. Doch sind auf diesem Wege keine wesentlichen Resultate erzielt worden.

Ziemlich früh sind indessen schon andere Methoden angegeben worden, die in gewissen Fällen leichter zu theoretisch und praktisch brauchbaren Ergebnissen geführt haben. Bei der numerischen Auswertung der Summe einer alternierenden Reihe $\sum (-1)^n a_n$, in der die a_n eine positive monotone Nullfolge bilden, wurde schon hervorgehoben (s. S. 259), daß der Rest r_n immer dasselbe Vorzeichen wie das erste vernachlässigte Glied hat und daß er absolut genommen kleiner als dieses ist. Daher braucht man die Berechnung der Teilsummen nur so weit durchzuführen, bis die Glieder unter den gewünschten Genauigkeitsgrad gesunken sind. Ähnlich liegt es bei der Reihe

$$e^{-x} = 1 - x + \frac{x^2}{2!} - + \cdots + (-1)^n \frac{x^n}{n!} + \cdots, \quad (x > 0),$$

da die Glieder $\frac{x^n}{n!}$ für $n > x$ ebenfalls monoton abnehmen. Man darf daher für jedes $n > x$

$$e^{-x} = 1 - x + \frac{x^2}{2!} - + \cdots + (-1)^n \frac{x^n}{n!} + (-1)^{n+1} \vartheta \frac{x^{n+1}}{(n+1)!}$$

setzen, wenn ϑ einen nicht näher bekannten (von x und n abhängigen) Wert zwischen 0 und 1 bedeutet. Es ist aber praktisch unmöglich, für große x den Wert von e^{-x} hiernach zu berechnen. Denn z. B. für $x = 1000$ ist das tausendste Glied $= \frac{10^{3000}}{1000!}$; und da $1000!$ eine 2568-stellige Zahl ist (wegen der Berechnung vgl. S. 547), so ist das genannte Glied $> 10^{431}$ Die Berechnung der Reihensumme ist also praktisch undurchführbar. Theoretisch dagegen erfüllt die Reihe alles, was man nur wünschen kann, da ihre Glieder (die für große x zunächst stark anwachsen) schließlich doch zu Null abnehmen, und *zwar für jeden Wert von x*. Daher kann *jeder nur irgend gewünschte Genauigkeitsgrad* wenigstens theoretisch erreicht werden.

Genau umgekehrt liegen die Dinge, wenn z. B. der Wert einer Funktion $f(x)$ für jedes x und n durch die Formel

$$f(x) = 1 - \frac{1!}{x} + \frac{2!}{x^2} - + \cdots + (-1)^n \frac{n!}{x^n} + (-1)^{n+1} \vartheta \frac{(n+1)!}{x^{n+1}},$$

$$(0 < \vartheta < 1),$$

dargestellt wird. Die Reihe $\sum (-1)^n \frac{n!}{x^n}$, deren Teilsumme hier auftritt, *divergiert für jedes x*. Aber *im Gegensatz zu allen divergenten Reihen, die wir im vorigen Kapitel angetroffen haben*, nehmen (bei großem x) die Glieder dieser Reihe zunächst stark ab, die Reihe benimmt sich zunächst wie eine konvergente Reihe; erst später wachsen sie schnell und über alle Grenzen. Daher kann man z. B. $f(1000)$ leicht auf 10 Dezimalen genau berechnen. Man hat nur n so zu wählen, daß $\frac{(n+1)!}{1000^{n+1}} < \frac{1}{2} 10^{10}$ ist. Da dies schon für $n = 3$ der Fall ist, wird der gesuchte Wert durch

$$1 - \frac{1}{10^3} + \frac{2}{10^6} - \frac{6}{10^9}$$

mit der gewünschten Genauigkeit geliefert. Es liegt also so, daß hier eine Entwicklungsformel, die ins Unendliche fortgesetzt eine beständig divergente Potenzreihe liefern würde, trotzdem numerisch gut brauchbare Resultate ergibt, *weil in ihr ein Restglied auftritt.* Man ist aber nicht in der Lage — nicht einmal theoretisch —, aus ihr den Wert von $f(x)$ *mit beliebiger Genauigkeit* zu berechnen, da die Formel diesen Wert nur mit einem Fehler liefert, der von der Größenordnung eines der Glieder der Reihe ist. Die Genauigkeit kann daher nicht unter den Wert des *kleinsten* Gliedes der Reihe (das sicher existiert, da ja die Glieder schließlich anwachsen) herabgedrückt werden. Doch lehrt dies Beispiel, daß unter günstigen Umständen alle *praktischen* Bedürfnisse gleichwohl befriedigt sein können.

Entwicklungen der beschriebenen Art traten zum ersten Male im Zusammenhang mit der EULERschen Summenformel auf[1], der wir uns zunächst zuwenden wollen.

Wenn die Glieder $a_0, a_1, \ldots, a_n, \ldots$ einer Reihe[2] die Werte einer Funktion $f(x)$ für $x = 0, 1, \ldots, n, \ldots$ sind, so sahen wir schon beim Integralkriterium **176**, daß in gewissen Fällen die Teilsummen $s_n = a_0 + a_1 + \cdots + a_n$ und die Integrale

$$J_n = \int_0^n f(x)\, dx$$

in naher Beziehung zueinander stehen. Die EULERsche Summenformel klärt diesen Zusammenhang genauer. Hat $f(x)$ in $0 \leq x \leq n$ eine stetige Ableitung, so ist für $\nu = 0, 1, \ldots, n-1$

$$\int_\nu^{\nu+1} (x - \nu - \tfrac{1}{2}) f'(x)\, dx = \left[(x - \nu - \tfrac{1}{2}) f(x)\right]_\nu^{\nu+1} - \int_\nu^{\nu+1} f(x)\, dx.$$

Für jeden der Werte ν kann nun im Integranden links $\nu = [x]$ gesetzt werden, wenigstens für $\nu \leq x < \nu + 1$. Da es aber auf den einen Wert desselben für $x = \nu + 1$ nach § 19, Satz 17 nicht ankommt, so ist

$$\tfrac{1}{2}(f_\nu + f_{\nu+1}) = \int_\nu^{\nu+1} f(x)\, dx + \int_\nu^{\nu+1} (x - [x] - \tfrac{1}{2}) f'(x)\, dx.$$

(Um die Bezeichnungen zu vereinfachen, sollen die Werte der Funktion $f(x)$ und ihrer Ableitungen $f^{(k)}(x)$ für die ganzzahligen Werte $x = \nu$ kurz durch f_ν bzw. $f_\nu^{(k)}$ bezeichnet werden). Addiert man nun über die genannten Werte von ν und fügt beiderseits $\frac{1}{2}(f_0 + f_n)$ hinzu, so erhält man schließlich die Formel

296.

$$f_0 + f_1 + \cdots + f_n = \int_0^n f(x)\, dx + \frac{1}{2}(f_0 + f_n) + \int_0^n \left(x - [x] - \frac{1}{2}\right) f'(x)\, dx.$$

Das ist die EULERsche Summenformel in ihrer einfachsten Form[3]. Sie

---

[1] Bezüglich der Summenformel vgl. die nachfolgende Fußn. 3. Die beschriebene Erscheinung wurde zuerst von EULER (Commentarii Acad. sc. Imp. Petropolitanae, Bd. 11, Jg. 1739, S. 116, 1750) bemerkt. A. M. LEGENDRE nannte die Reihen der beschriebenen Art *semi-konvergent*. Diese Bezeichnung ist auch gegenwärtig, besonders in der astronomischen Literatur, noch in Gebrauch, doch wird sie neuerdings durch die Bezeichnung „*asymptotische Reihen*", die von H. POINCARÉ auf Grund einer andern Eigenschaft solcher Reihen eingeführt wurde, verdrängt.

[2] Im folgenden sollen zunächst alle Größen reell gedacht werden.

[3] Die Formel geht in ihrer allgemeinen Form **298** auf EULER zurück, der sie beiläufig in den Commentarii Acad. Petrop. Bd. 6 (Jg. 1732—33, 1738) erwähnt und an einigen Beispielen erläutert. In Bd. 8 (Jg. 1736), erschienen 1741, beweist er die Formel. C. MACLAURIN gebraucht die Formel mehrfach in seinem Treatise of Fluxions (Edinburgh 1742) und scheint sie unabhängig gefunden zu haben. Bekannt wurde die Formel hauptsächlich durch EULERS Institutiones calculi differentialis, in dessen fünftem Kapitel sie bewiesen und an Beispielen erläutert

liefert einen geschlossenen Ausdruck für die Differenz zwischen der Summe $f_0 + f_1 + \cdots + f_n$ und dem entsprechenden Integral $\int_0^n f(x)\,dx$.

Die Funktion, die in dem letzten Integranden auftritt, bezeichnen wir mit $P_1(x)$:

$$P_1(x) = x - [x] - \frac{1}{2}.$$

Es ist wesentlich dieselbe Funktion wie die, die uns als eines der ersten Beispiele für die Entwicklungen in FOURIERreihen begegnete (s. S. 361 u. 387). Sie ist periodisch mit der Periode 1, und für jedes nicht-ganze x ist

$$P_1(x) = -\sum_{n=1}^{\infty} \frac{\sin 2\,n\,\pi\,x}{n\,\pi}.$$

Ein einfaches Beispiel mag sogleich die Bedeutung der Formel illustrieren. Ist $f(x) = \frac{1}{1+x}$, so erhält man, wenn noch n durch $n-1$ ersetzt wird,

$$1 + \frac{1}{2} + \cdots + \frac{1}{n} = \log n + \frac{1}{2} + \frac{1}{2n} - \int_1^n \frac{P_1(x)}{x^2}\,dx.$$

Hierbei durfte das letzte Integral an Stelle von $\int_0^{n-1} \frac{P_1(x)}{(1+x)^2}\,dx$ gesetzt werden, weil $P_1(x+1) = P_1(x)$ ist. Da $P_1(x)$ für $x \geqq 1$ beschränkt ist, konvergiert das Integral offenbar für $n \to +\infty$. Man findet so:

$$\lim_{n\to\infty}\left(1 + \frac{1}{2} + \cdots + \frac{1}{n} - \log n\right) = C = \frac{1}{2} - \int_1^{\infty} \frac{P_1(x)}{x^2}\,dx.$$

Wir wissen bereits aus **128**, 2, daß dieser Grenzwert existiert. Jetzt haben wir nicht nur einen neuen Beweis für diese Tatsache, sondern darüber hinaus für die EULERsche Konstante C eine geschlossene Integraldarstellung, mit deren Hilfe man C numerisch berechnen kann.

Von der gewonnenen Formel **296**, d. h. von

$$(*)\qquad f_0 + f_1 + \cdots + f_n = \int_0^n f(x)\,dx + \tfrac{1}{2}(f_0 + f_n) + \int_0^n P_1(x)\,f'(x)\,dx$$

gelangt man durch partielle Integration zu günstigeren Darstellungen.

---

ist. Lange Zeit war sie als MACLAURINsche oder EULER-MACLAURINsche Formel bekannt. Erst neuerdings ist EULERS Priorität als unbestreitbar nachgewiesen.

Das Restglied — also ein sehr wesentlicher Teil der Formel — wurde erst von S. D. POISSON (s. Mémoires Acad. scienc. Inst. France, Bd. 6, Jg. 1823, erschienen 1827) hinzugefügt. Den besonders einfachen Beweis des Textes verdankt man W. WIRTINGER (Acta mathematica, Bd. 26, S. 255, 1902).

Eine ausführliche und auf alle Einzelheiten eingehende Darstellung, die dem heutigen Stande der Wissenschaft entspricht, findet man in N. E. NÖRLUND: Differenzenrechnung, Berlin 1924, besonders in den Kapiteln II—V.

Dazu müssen wir erstlich voraussetzen, daß $f(x)$ stetige Ableitungen all der Ordnungen besitzt, die im folgenden auftreten, und wir müssen zweitens ein unbestimmtes Integral von $P_1(x)$ auswählen, von diesem wiederum eines usw. Durch geeignete Wahl der dabei zur Verfügung stehenden Konstanten können die Rechnungen erheblich vereinfacht werden. Wir folgen W. WIRTINGER[1] und setzen

$$P_2(x) = +\sum_{n=1}^{\infty} \frac{2\cos 2n\pi x}{(2n\pi)^2}.$$

Für jeden nicht-ganzen Wert von x ist dann $P_2'(x) = P_1(x)$ und

$$P_2(0) = \frac{1}{2\pi^2}\sum_{n=1}^{\infty} \frac{1}{n^2} = \frac{1}{12}.$$

Überdies ist $P_2(x)$ durchweg stetig und hat die Periode 1. Wir setzen weiter

$$P_3(x) = +\sum_{n=1}^{\infty} \frac{2\sin 2n\pi x}{(2n\pi)^3},$$

so daß $P_3'(x) = P_2(x)$ für *jedes* x und $P_3(0) = 0$ ist. Allgemein setzen wir

$$\text{(a)}\quad \begin{cases} \boldsymbol{P_{2\lambda}(x) = (-1)^{\lambda-1}\sum_{n=1}^{\infty} \frac{2\cos 2n\pi x}{(2n\pi)^{2\lambda}},} \\ \boldsymbol{P_{2\lambda+1}(x) = (-1)^{\lambda-1}\sum_{n=1}^{\infty} \frac{2\sin 2n\pi x}{(2n\pi)^{2\lambda+1}}.} \end{cases}$$ **297.**

Für $\lambda = 1, 2, \ldots$ sind diese Funktionen sämtlich durchweg stetig und stetig differenzierbar; sie haben die Periode 1, und es ist für alle x

$$\text{(b)}\quad \begin{cases} P_{k+1}'(x) = P_k(x), \qquad (k = 2, 3, \ldots), \\ P_{2\lambda}(0) = (-1)^{\lambda-1}\sum_{n=1}^{\infty} \frac{2}{(2n\pi)^{2\lambda}} = \frac{B_{2\lambda}}{(2\lambda)!}, \qquad P_{2\lambda+1}(0) = 0 \end{cases}$$

für $\lambda = 1, 2, \ldots$ (vgl. **136**). Wie aus der Definition ferner hervorgeht, sind die $P_k(x)$ für $k \geqq 2$ in $0 \leqq x \leqq 1$ ganze rationale Funktionen. Neben $P_1(x) = x - \frac{1}{2}$ in $0 < x < 1$ hat man in $0 \leqq x \leqq 1$

$$P_2(x) = \frac{x^2}{2} - \frac{x}{2} + \frac{1}{12} \qquad = \frac{x^2}{2!} + \frac{B_1}{1!}\frac{x}{1!} + \frac{B_2}{2!},$$

$$P_3(x) = \frac{x^3}{6} - \frac{x^2}{4} + \frac{x}{12} \qquad = \frac{x^3}{3!} + \frac{B_1}{1!}\frac{x^2}{2!} + \frac{B_2}{2!}\frac{x}{1!},$$

$$P_4(x) = \frac{x^4}{24} - \frac{x^3}{12} + \frac{x^2}{24} - \frac{1}{720} = \frac{x^4}{4!} + \frac{B_1}{1!}\frac{x^3}{3!} + \frac{B_2}{2!}\frac{x^2}{2!} + \frac{B_4}{4!}.$$

[1] Vgl. die vorangehende Fußnote.

Allgemein ist, wie man durch vollständige Induktion leicht bestätigt,

$$P_k(x) = \frac{x^k}{k!} + \frac{B_1}{1!}\frac{x^{k-1}}{(k-1)!} + \frac{B_2}{2!}\frac{x^{k-2}}{(k-2)!} + \cdots + \frac{B_k}{k!}$$

$$= \frac{1}{k!}\left\{\binom{k}{0}x^k + \binom{k}{1}B_1 x^{k-1} + \binom{k}{2}B_2 x^{k-2} + \cdots \right.$$

$$\left. + \binom{k}{k-1}B_{k-1}x + \binom{k}{k}B_k\right\}$$

oder

(c) $$P_k(x) = \frac{1}{k!}(x+B)^k,$$

falls wir die schon in **105** eingeführte symbolische Bezeichnung benutzen. Das sind die sogenannten *Bernoullischen Polynome*[1], die in vielen Untersuchungen eine wichtige Rolle spielen[2]. Einige ihrer Eigenschaften werden wir alsbald kennen lernen.

Zuvor aber soll die Formel (*) mit Hilfe dieser Polynome verbessert werden. Partielle Integration liefert

$$\int_0^n P_1(x)f'(x)\,dx = [P_2 f']_0^n - \int_0^n P_2 f''\,dx$$

$$= \frac{B_2}{2!}(f'_n - f'_0) - [P_3 f'']_0^n + \int_0^n P_3 f'''\,dx$$

$$= \frac{B_2}{2!}(f'_n - f'_0) + \int_0^n P_3 f'''\,dx$$

und allgemein

$$\int_0^n P_{2\lambda-1}f^{(2\lambda-1)}\,dx = \frac{B_{2\lambda}}{(2\lambda)!}\left(f_n^{(2\lambda-1)} - f_0^{(2\lambda-1)}\right) + \int_0^n P_{2\lambda+1}f^{(2\lambda+1)}\,dx$$

für $\lambda \geqq 1$. Für jedes $k \geqq 0$ haben wir also, wenn nur die auftretenden Ableitungen von $f(x)$ existieren und stetig sind:

298. $$\boldsymbol{f_0 + f_1 + \cdots + f_n = \int_0^n f(x)\,dx + \tfrac{1}{2}(f_n + f_0)}$$

$$\boldsymbol{+ \frac{B_2}{2!}(f'_n - f'_0) + \frac{B_4}{4!}(f'''_n - f'''_0) + \cdots}$$

$$\boldsymbol{+ \frac{B_{2k}}{(2k)!}\left(f_n^{(2k-1)} - f_0^{(2k-1)}\right) + R_k,}$$

[1] Sie treten zuerst bei Jakob Bernoulli: Ars conjectandi, Basel 1713, auf. Dort erscheinen die Polynome als Ergebnis eines speziellen Summierungsproblems, das weiter unten in B, 1 behandelt wird.

[2] Manche Autoren bezeichnen das Polynom $\varphi_k(x) = (x+B)^k - B^k$ als k^{tes} Bernoullisches Polynom; andre wiederum bezeichnen damit das Polynom

$$\psi_k(x) = \frac{(x+B)^{k+1} - B^{k+1}}{k+1}.$$

Diese Abweichungen sind unwesentlich.

wo zur Abkürzung

$$R_k = \int_0^n P_{2k+1}(x) f^{(2k+1)}(x)\, dx$$

gesetzt wurde. Das ist die EULERsche Summenformel.

Bemerkungen.

1. Da bei der letzten partiellen Integration,

$$-\int_0^n P_{2k} f^{(2k)}\, dx = -\left[P_{2k+1} f^{(2k)}\right]_0^n + \int_0^n P_{2k+1} f^{(2k+1)}\, dx,$$

der ausintegrierte Teil verschwindet (denn es ist $P_{2k+1}(n) = P_{2k+1}(0) = 0$), so darf man für das Restglied der Summenformel auch

$$R_k = -\int_0^n P_{2k}(x)\, f^{(2k)}(x)\, dx$$

schreiben.

2. Setzt man $F(a + xh) = f(x)$, so erhält die Formel eine etwas allgemeinere Form, in der

$$F(a) + F(a+h) + \cdots + F(a + nh)$$

die linke Seite bildet. Die Formel kann daher unter sonst gleichen Annahmen zur Summierung irgendwelcher äquidistanter Funktionswerte benutzt werden.

3. Unter passenden Einschränkungen kann man in der Summenformel $n \to +\infty$ rücken lassen. Je nachdem $\sum f_n$ konvergiert oder divergiert, erhält man dadurch einen Ausdruck für die Summe der Reihe oder für das Anwachsen ihrer Teilsummen. Das Ergebnis ist für jeden Wert von k (rechter Hand) ein andres.

4. Für $k \to +\infty$ *kann* R_k gegen 0 streben. Man erhält dann rechts eine unendliche Reihe, in die die links stehende Summe transformiert worden ist. Indessen tritt dieser Fall nur selten ein, da die BERNOULLIschen Zahlen (s. S. 245, Fußnote) sehr schnell anwachsen. Tatsächlich fällt die Reihe

$$\sum_{k=1}^{\infty} \frac{B_{2k}}{(2k)!} \left(f_n^{(2k-1)} - f_0^{(2k-1)}\right)$$

bei fast allen in den Anwendungen auftretenden Funktionen $f(x)$, und zwar für jedes n, divergent aus. So legt die Formel *ein Summierungsverfahren für divergente Reihen* nahe. Vgl. jedoch das nachstehende Beispiel B, 3.

5. Wenn die Differenzen $\left(f_n^{(2\lambda-1)} - f_0^{(2\lambda-1)}\right)$ sämtlich dasselbe Vorzeichen haben, ist die eben erwähnte Reihe alternierend, da die Zahlen $B_{2\lambda}$ abwechselnde Vorzeichen haben. Es wird sich zeigen, daß in diesem Falle die in 4 erwähnte Reihe trotz ihrer Divergenz bezüglich der Restabschätzung sich wie eine konvergente, alternierende Reihe verhält (vgl. die einleitenden Absätze dieses §).

6. Die Formel wird nur dann brauchbar sein, wenn für ein passendes k der Rest $|R_k|$ unter dem gewünschten Genauigkeitsgrad liegt. Zunächst steht uns aber zu seiner Abschätzung nur die Ungleichung

$$|P_k(x)| \leqq \frac{2}{(2\pi)^k} \sum_{n=1}^{\infty} \frac{1}{n^k} \leqq \frac{4}{(2\pi)^k}$$

zur Verfügung ($k \geqq 2$). Daß diese auch für $k = 1$ gilt, ist klar, da ja stets $|P_1(x)| \leqq \frac{1}{2}$ ist. Nach **136** kann ihr für gerade k noch die schärfere Form $|P_k(x)| \leqq \frac{|B_k|}{k!}$ gegeben werden.

B. Anwendungen.

299. 1. Es ist klar, daß die Formel die günstigsten Resultate liefert, wenn die höheren Ableitungen von $f(x)$ sehr klein, besonders also wenn sie 0 sind. Daher wählen wir zuerst $f(x) = x^p$, ($p \geqq 1$ ganz). Die Formel liefert

$$1^p + 2^p + 3^p + \cdots + n^p = \int_0^n x^p\,dx + \frac{1}{2}n^p + \frac{B_2}{2!}p\,n^{p-1} + \cdots$$

Hier ist die Reihe rechter Hand bei der letzten *positiven* Potenz von n abzubrechen, denn $(f_n^{(k)} - f_0^{(k)})$ verschwindet nicht nur, wenn $f^{(k)}(x) \equiv 0$, sondern auch schon (nach **297**b) wenn es identisch konstant ist. Bringt man noch das Glied n^p nach rechts, so erhält man

$$1^p + 2^p + \cdots + (n-1)^p$$
$$= \frac{1}{p+1}\left\{n^{p+1} + \binom{p+1}{1}B_1 n^p + \binom{p+1}{2}B_2 n^{p-1} + \cdots\right\}$$

oder, da innerhalb der Klammer rechter Hand kein konstantes Glied auftritt,

$$\mathbf{1^p + 2^p + \cdots + (n-1)^p = \frac{1}{p+1}\{(n+B)^{p+1} - B^{p+1}\}.}$$

2. **Die behandelten Summen können auch auf dem folgenden, ganz** andersgearteten Wege gewonnen werden: Entwickelt man in der Summe

$$1 + e^t + e^{2t} + \cdots + e^{(n-1)t}$$

jedes Glied nach Potenzen von t, so ist der Koeffizient von $\frac{t^p}{p!}$ offenbar gleich

$$1^p + 2^p + \cdots + (n-1)^p.$$

Andrerseits ist — unter Benutzung der symbolischen Schreibweise (s. **105**, 5) — die erste Summe gleich

$$\frac{e^{nt}-1}{e^t-1} = \frac{e^{nt}-1}{t}e^{Bt} = \frac{e^{(n+B)t} - e^{Bt}}{t}.$$

Als Koeffizient von $\frac{t^p}{p!}$ und folglich als Wert der Summe

$$1^p + 2^p + \cdots + (n-1)^p$$

erhält man hiernach unmittelbar wieder den Ausdruck

$$\frac{1}{p+1}\{(n+B)^{p+1} - B^{p+1}\}.$$

3. Wird $f(x) = e^{\alpha x}$ und $n = 1$ genommen, so liefert die Formel

$$\frac{1}{2}(e^\alpha + 1) = \frac{e^\alpha - 1}{\alpha} + \sum_{\nu=1}^{k}\frac{B_{2\nu}}{(2\nu)!}\alpha^{2\nu-1}(e^\alpha - 1)$$
$$+ \alpha^{2k+1}\int_0^1 P_{2k+1}(x)\cdot e^{\alpha x}\,dx,$$

oder

$$\frac{\alpha}{e^{\alpha}-1} = 1 - \frac{\alpha}{2} + \sum_{\nu=1}^{k} \frac{B_{2\nu}}{(2\nu)!}\alpha^{2\nu} + \frac{\alpha^{2k+2}}{e^{\alpha}-1}\int_0^1 P_{2k+1}(x)\, e^{\alpha x}\, dx.$$

Da hier nach **298**, 6 sofort zu erkennen ist, daß das Restglied $\to 0$ strebt, wofern nur $|\alpha| < 2\pi$ ist, so hat man für diese α

$$\frac{\alpha}{e^{\alpha}-1} = 1 - \frac{\alpha}{2} + \sum_{\nu=1}^{\infty} \frac{B_{2\nu}}{(2\nu)!}\alpha^{2\nu} = \sum_{\lambda=0}^{\infty} \frac{B_\lambda}{\lambda!}\alpha^{\lambda},$$

eine Entwicklung, die wir in **105** auf ganz andrem Wege erhalten hatten.

Ähnlich erhält man die Entwicklung **115** für $\frac{\alpha}{2}\operatorname{ctg}\frac{\alpha}{2}$, wenn man $f(x) = \cos\alpha x$ und $n = 1$ nimmt.

4. Wählt man $f(x) = \frac{1}{1+x}$, so erhält man, wenn noch n durch $(n-1)$ ersetzt wird,

$$1 + \frac{1}{2} + \cdots + \frac{1}{n} = \log n + \frac{1}{2} + \frac{1}{2n} + \frac{B_2}{2}\left(1 - \frac{1}{n^2}\right) + \frac{B_4}{4}\left(1 - \frac{1}{n^4}\right) + \cdots$$
$$+ \frac{B_{2k}}{2k}\left(1 - \frac{1}{n^{2k}}\right) - (2k+1)!\int_1^n \frac{P_{2k+1}(x)}{x^{2k+2}}\, dx.$$

Da man hier, genau wie S. 540, $n \to +\infty$ rücken lassen darf, erhält man den folgenden verbesserten Ausdruck für die EULERsche Konstante:

$$\boldsymbol{C = \frac{1}{2} + \frac{B_2}{2} + \frac{B_4}{4} + \cdots + \frac{B_{2k}}{2k} - (2k+1)!\int_1^{\infty} \frac{P_{2k+1}(x)}{x^{2k+2}}\, dx.}$$

In diesem Falle strebt das Restglied für $k \to +\infty$ sicher *nicht* gegen 0. Die Reihe $\sum \frac{B_{2k}}{2k}$ divergiert sehr stark, — so stark, daß die zugehörige Potenzreihe $\sum \frac{B_{2k}}{2k} x^{2k}$ sogar beständig divergiert; nach **136** ist nämlich

$$|B_{2k}| = \frac{2(2k)!}{(2\pi)^{2k}}\eta \quad \text{mit} \quad 1 < \eta < 2.$$

Trotzdem kann C mit Hilfe des obigen Ausdrucks sehr genau berechnet werden (vgl. Bem. 6). Nimmt man z. B. $k = 3$, so hat man zunächst

$$\text{(a)} \qquad C = \frac{1}{2} + \frac{1}{12} - \frac{1}{120} + \frac{1}{252} - 7!\int_1^{\infty} \frac{P_7(x)}{x^8}\, dx.$$

Nimmt man nun von dem Integral nur den Teil von $x = 1$ bis $x = 4$, so ist der Betrag des Fehlers

$$\leqq 7!\,\frac{4}{(2\pi)^7}\int\limits_4^\infty \frac{dx}{x^8} = \frac{4\cdot 7!}{(2\pi)^7\cdot 7\cdot 4^7} < 10^{-6}.$$

Daher ist

$$C = \frac{1459}{2520} - 7!\int\limits_1^4 \frac{P_7(x)}{x^8}\,dx + \frac{\eta}{10^6} \quad \text{mit} \quad |\eta| < 1\,.$$

Der Wert des letzten Integrals wird nun wiederum von der Ausgangsformel geliefert, wenn man dort $n = 4$ setzt. Hiernach ist nämlich

$$-7!\int\limits_1^4 \frac{P_7(x)}{x^8}\,dx = 1 + \frac{1}{2} + \frac{1}{3} + \frac{1}{4} - \log 4$$
$$- \frac{1459}{2520} - \frac{1}{2\cdot 4} + \frac{1}{12\cdot 4^2} - \frac{1}{120\cdot 4^4} + \frac{1}{252\cdot 4^6}.$$

Also ist

$$0{,}5772146 < C < 0{,}5772168\,.$$

Auf diesem Wege kann man ersichtlich C mit viel größerer Genauigkeit berechnen als zuvor — theoretisch sogar *mit jeder beliebigen Genauigkeit*. Doch ist zu beachten, daß dieser günstige Umstand allein darin seinen Grund hat, daß wir die Logarithmen als bekannt ansehen durften.

5. Wählt man $f(x) = \log(1 + x)$, ersetzt wieder n durch $(n - 1)$ und verfährt im übrigen wie bei den bisherigen Beispielen, so liefert **298** zunächst für $k = 0$

$$\log 1 + \log 2 + \cdots + \log n = \int\limits_1^n \log x\,dx + \frac{1}{2}\log n + \int\limits_1^n \frac{P_1(x)}{x}\,dx$$

oder

$$\log n! = \left(n + \frac{1}{2}\right)\log n - (n - 1) + \int\limits_1^n \frac{P_1(x)}{x}\,dx\,.$$

Partielle Integration liefert

$$\int\limits_1^n \frac{P_1(x)}{x}\,dx = \left[\frac{P_2(x)}{x}\right]_1^n + \int\limits_1^n \frac{P_2(x)}{x^2}\,dx$$

und zeigt, daß das Integral für $n \to +\infty$ konvergiert. Daher dürfen wir setzen

(*) $$\log n! = \left(n + \frac{1}{2}\right)\log n - n + \gamma_n$$

und wissen, daß der Grenzwert

$$\lim_{n\to\infty} \gamma_n = \gamma$$

existiert. Sein Wert ergibt sich folgendermaßen: Nach (*) ist

$$\begin{aligned} 2\log(2\cdot 4\cdot\ldots 2n) &= 2n\log 2 + 2\log n! \\ &= 2n\log 2 + (2n+1)\log n - 2n + 2\gamma_n \\ &= (2n+1)\log 2n - 2n - \log 2 + 2\gamma_n \end{aligned}$$

und

$$\log(2n+1)! = \left(2n+\frac{3}{2}\right)\log(2n+1) - (2n+1) + \gamma_{2n+1}.$$

Durch Subtraktion erhält man hieraus

$$\begin{aligned} \log\frac{2\cdot 4\cdot 6\cdot\ldots 2n}{1\cdot 3\cdot 5\cdot\ldots 2n-1}\cdot\frac{1}{2n+1} &= (2n+1)\log\left(1-\frac{1}{2n+1}\right) - \frac{1}{2}\log(2n+1) \\ &\quad + 1 - \log 2 + 2\gamma_n - \gamma_{2n+1}. \end{aligned}$$

Bringt man nun noch das Glied $\frac{1}{2}\log(2n+1)$ nach links und läßt $n \to +\infty$ gehen, so folgt unter Benutzung des WALLISschen Produktes (s. **219**, 3), daß

$$\log\sqrt{\frac{\pi}{2}} = -1 + 1 - \log 2 + 2\gamma - \gamma,$$

also

$$\gamma = \log\sqrt{2\pi}$$

ist. Daher hat man schließlich

$$(**)\qquad \log n! = \left(n+\frac{1}{2}\right)\log n - n + \log\sqrt{2\pi} - \int_n^\infty \frac{P_1(x)}{x}\,dx.$$

Multipliziert man diese Gleichung mit dem Modul M der BRIGGSschen Logarithmen (s. S. 265) und bezeichnet diese letzteren mit Log, so hat man

$$\operatorname{Log} n! = \left(n+\frac{1}{2}\right)\operatorname{Log} n - nM + \operatorname{Log}\sqrt{2\pi} - M\int_n^\infty \frac{P_1(x)}{x}\,dx.$$

Dies liefert z. B. für $n = 1000$

$$\operatorname{Log} 1000! = 3001{,}5 - 434{,}29448\cdots + 0{,}39908\cdots - M\int_{1000}^\infty \frac{P_1(x)}{x^2}\,dx.$$

Da

$$\begin{aligned} \left|M\int_{1000}^\infty \frac{P_1(x)}{x}\,dx\right| &\le M\left[\frac{P_2(x)}{x}\right]_{1000}^\infty + \left|M\int_{1000}^\infty \frac{P_2(x)}{x^2}\,dx\right| \\ &\le \frac{4}{(2\pi)^2}\cdot\frac{M}{1000} + \frac{4}{(2\pi)^2}\cdot\frac{M}{1000} < \frac{1}{10000}, \end{aligned}$$

so ergibt sich, daß

$$\operatorname{Log} 1000! = 2567{,}6046\ldots$$

ist mit einem Fehler, der absolut genommen $< 10^{-4}$ bleibt. Hiernach ist $1000!$ eine Zahl, die mit 402 ... beginnt und 2568 Stellen hat.

Genau wie in den vorangehenden Beispielen läßt sich die Formel (**) noch durch partielle Integration erheblich verbessern. Da

$$\int_n^\infty \frac{P_\lambda(x)}{x^\lambda}\,dx = \frac{P_{\lambda+1}(0)}{n^\lambda} + \lambda\int_n^\infty \frac{P_{\lambda+1}(x)}{x^{\lambda+1}}\,dx, \quad (\lambda \geqq 1),$$

ist, erhält man nach $2k$ Schritten

$$\log n! = \left(n + \frac{1}{2}\right)\log n - n + \log\sqrt{2\pi} + \frac{B_2}{1\cdot 2}\cdot\frac{1}{n} + \frac{B_4}{3\cdot 4}\cdot\frac{1}{n^3} + \cdots$$

$$\cdots + \frac{B_{2k}}{(2k-1)\,2k}\cdot\frac{1}{n^{2k-1}} - (2k)!\int_n^\infty \frac{P_{2k+1}(x)}{x^{2k+1}}\,dx.$$

Da hier das Restglied (bei festem k) absolut kleiner ist als eine feste Konstante dividiert durch n^{2k}, so können wir dem Ergebnis auch die Form

$$n! = \left(\frac{n}{e}\right)^n \sqrt{2\pi n}\, e^{\frac{B_2}{1\cdot 2}\cdot\frac{1}{n} + \cdots + \frac{B_{2k}}{(2k-1)\,2k}\cdot\frac{1}{n^{2k-1}} + \frac{A_n}{n^{2k}}}$$

geben, in der die A_n immer (d. h. für jedes feste k) eine beschränkte Zahlenfolge bilden. In jeder der beiden Formen pflegt man das Ergebnis als *Stirlingsche Formel*[1] zu bezeichnen.

6. Wählt man etwas allgemeiner $f(x) = \log(y + x)$ mit $y > 0$, so liefert die Eulersche Formel zunächst für $k = 0$

$$\log y + \log(y+1) + \cdots + \log(y+n)$$

$$= (y+n)\log(y+n) - n - y\log y + \frac{1}{2}\left(\log(y+n) + \log y\right) + \int_0^n \frac{P_1(x)}{y+x}\,dx.$$

Hieraus kann man folgendermaßen einen entsprechenden Ausdruck für die Γ-Funktion herleiten (vgl. S. 398 und 455): Man subtrahiere diese Gleichung von der Gleichung (**) des letzten Beispiels und addiere beiderseits $\log n^y$. So erhält man

$$\log\frac{n!\,n^y}{y(y+1)\cdots(y+n)} = \left(y - \frac{1}{2}\right)\log y - \left(y + n + \frac{1}{2}\right)\log\frac{y+n}{n}$$

$$+ \log\sqrt{2\pi} - \int_0^n \frac{P_1(x)}{y+x}\,dx - \int_n^\infty \frac{P_1(x)}{x}\,dx.$$

Für $n \to +\infty$ liefert dies

$$\log\Gamma(y) = \left(y - \frac{1}{2}\right)\log y - y + \log\sqrt{2\pi} - \int_0^\infty \frac{P_1(x)}{y+x}\,dx.$$

---

[1] Stirling, J.: Methodus differentialis, S. 135. London 1730. Die Tatsache, daß die Konstante $\gamma = \log\sqrt{2\pi}$ ist, wurde indessen erst später gefunden.

Wird hier $2k$-mal partiell integriert (oder die EULERsche Formel sogleich für ein beliebiges k angesetzt), so erhält man hieraus die verallgemeinerte STIRLINGsche Formel[1]

$$\log\Gamma(y) = \left(y - \frac{1}{2}\right)\log y - y + \log\sqrt{2\pi}$$
$$+ \frac{B_2}{1\cdot 2}\cdot\frac{1}{y} + \frac{B_4}{3\cdot 4}\frac{1}{y^3} + \cdots + \frac{B_{2k}}{(2k-1)(2k)}\cdot\frac{1}{y^{2k-1}}$$
$$- (2k)!\int_0^\infty \frac{P_{2k+1}(x)}{(y+x)^{2k+1}}\,dx.$$

7. Es sei jetzt $f(x) = \frac{1}{(1+x)^s}$ mit $x > 0$ und beliebigem s. Da wir die Fälle $s = 1, -1, -2, \ldots$ schon behandelt haben und der Fall $s = 0$ trivial ist, dürfen wir s von diesen Werten verschieden voraussetzen. Ersetzt man in der EULERschen Formel wieder n durch $(n-1)$, so liefert sie

$$1 + \frac{1}{2^s} + \frac{1}{3^s} + \cdots + \frac{1}{n^s}$$
$$= \frac{1}{s-1}\left(1 - \frac{1}{n^{s-1}}\right) + \frac{1}{2}\left(\frac{1}{n^s} + 1\right) + \frac{B_2}{2}\binom{s}{1}\left(1 - \frac{1}{n^{s+1}}\right) + \cdots$$
$$+ \frac{B_{2k}}{2k}\binom{s+2k-2}{2k-1}\left(1 - \frac{1}{n^{s+2k-1}}\right) - (2k+1)!\binom{s+2k}{2k+1}\int_1^n \frac{P_{2k+1}(x)}{x^{s+2k+1}}\,dx.$$

Ist $s > 1$, so kann man hierin $n \to +\infty$ rücken lassen und erhält dann den folgenden bemerkenswerten Ausdruck für die RIEMANNsche ζ-Funktion (vgl. S. 356, 459/62 und 509):

$$\zeta(s) = \frac{1}{s-1} + \frac{1}{2} + \frac{B_2}{2}\binom{s}{1} + \cdots + \frac{B_{2k}}{2k}\binom{s+2k-2}{2k-1}$$
$$- (2k+1)!\binom{s+2k}{2k+1}\int_1^\infty \frac{P_{2k+1}(x)}{x^{s+2k+1}}\,dx.$$

Da hier die rechte Seite für $s \neq 1$, $s > -2k$ einen Sinn hat und da man sich für k jeden beliebigen positiven, ganzzahligen Wert genommen denken kann, so folgt hieraus unmittelbar — die Einzelheiten des Beweises gehören der Funktionentheorie an —, daß

$$\zeta(s) - \frac{1}{s-1}$$

eine ganze transzendente Funktion ist (vgl. S. 509, Fußnote 2). Über-

---

[1] STIRLING gibt l. c. die Formel für die Summe

$$\log x + \log(x+a) + \log(x+2a) + \cdots + \log(x+na).$$

dies liefert uns der erhaltene Ausdruck

$$\zeta(0) = -\frac{1}{2}$$

und für $s = -p$ (p positiv, ganz), falls man sich $2k > p$ denkt,

$$\zeta(-p) = -\frac{1}{p+1} - B_1 + \frac{B_2}{2}\binom{-p}{1} + \frac{B_4}{4}\binom{-p+2}{3} + \cdots$$

Die Reihe bricht hier von selbst ab, und man kann schreiben

$$\zeta(-p) = -\frac{1}{p+1}\left\{1 + \binom{p+1}{1}B_1 + \binom{p+1}{2}B_2 + \binom{p+1}{3}B_3 + \cdots\right\}$$

$$= -\frac{1}{p+1}(1+B)^{p+1} = -\frac{B_{p+1}}{p+1}.$$

Die letzte Gleichheit folgt hierbei aus $(1+B)^{p+1} - B^{p+1} = 0$ (s. **106**).

C. Restabschätzungen.

Die Abschätzung des Restes in der EULERschen Formel, die für praktische Zwecke besonders wichtig ist, wurde bisher noch vermieden. Doch drängt sich nun die Frage auf, ob man nicht allgemeine Aussagen über die Größe dieses Restes zu machen vermag. Wir werden sehen, daß dies möglich ist; und zwar wird sich zeigen lassen, daß in sehr allgemeinen Fällen *der Rest dasselbe Vorzeichen hat, aber seinem Betrage nach kleiner ist als das erste vernachlässigte Glied*, d. h. als dasjenige Glied, das in der Summenformel auftreten würde, wenn man dort k durch $k+1$ ersetzt. Dies wird u. a. immer dann eintreten, *wenn* $f(x)$ *für* $x > 0$ *ein festes Vorzeichen hat und wenn* $f(x)$ *und all seine Ableitungen für* $x \to +\infty$ *monoton gegen* 0 *streben.*

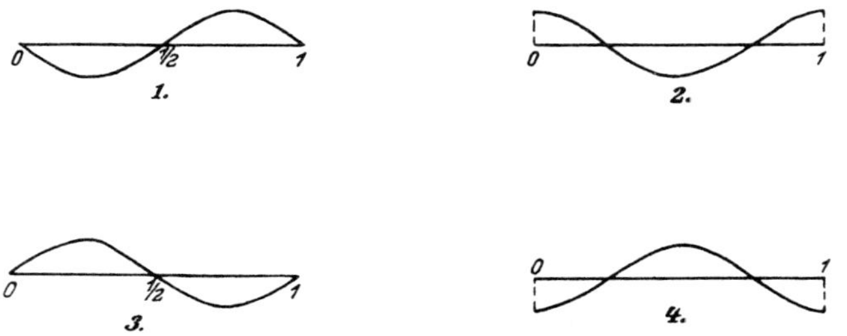

Fig. 14.

Um dies zu beweisen, müssen wir zunächst das Bild der Funktion $y = P_k(x)$, $(k \geqq 2)$, im Intervall $0 \leqq x \leqq 1$ genauer untersuchen. Wir werden zeigen, daß dies Bild den in den Fig. 14, 1, 2, 3, 4 dargestellten Typus hat, je nachdem k bei der Teilung durch 4 den Rest 1, 2, 3 oder 0 läßt.

Wir werden, schärfer gefaßt, zeigen, daß die Funktionen $P_k(x)$ mit ungerader Nummer drei Nullstellen erster Ordnung in 0, $\frac{1}{2}$, 1

haben, diejenigen mit gerader Nummer dagegen zwei Nullstellen erster Ordnung im Innern des Intervalls, und ferner, daß die Funktionen die aus den Figuren ersichtlichen Vorzeichen haben. Kurz also: die Funktionen $P_{2\lambda}(x)$ sind vom Typus der Kurven $(-1)^{\lambda-1}\cos 2\pi x$ und die Funktion $P_{2\lambda+1}(x)$ vom Typus der Kurven $(-1)^{\lambda-1}\sin 2\pi x$.

Diese Tatsachen kann man für die Nummern 2, 3 und 4 nach dem Muster der nachfolgenden Ausführungen direkt beweisen oder aus den expliziten Formeln von S. 541 ablesen. Wir dürfen daher annehmen, daß die Behauptungen bis zu $P_{2\lambda}(x)$ einschließlich ($\lambda \geqq 2$) schon bewiesen sind. Für $P_{2\lambda+1}(x)$ folgt dann aus **297** unmittelbar, daß es an den Stellen $0, \frac{1}{2}, 1$ verschwindet und daß

$$P_{2\lambda+1}(1-x) = -P_{2\lambda+1}(x),$$

daß also $P_{2\lambda+1}$ symmetrisch ist in bezug auf den *Punkt* $x=\frac{1}{2}$, $y=0$. Hätte nun $P_{2\lambda+1}(x)$ noch eine weitere Nullstelle, so müßte es deren mindestens zwei, im ganzen also fünf haben. Dann hätte aber entgegen unserer Annahme $P_{2\lambda}(x)$ nach dem ROLLEschen Theorem (§ 19, Satz 8) mindestens vier Nullstellen. Das Vorzeichen von $P_{2\lambda+1}(x)$ in $0<x<\frac{1}{2}$ ist nun das gleiche wie das von $P'_{2\lambda+1}(0) = P_{2\lambda}(0)$, d. h. das gleiche wie das von $B_{2\lambda}$, also das Zeichen $(-1)^{\lambda-1}$.

Da $P'_{2\lambda+2}(x) = P_{2\lambda+1}(x)$ ist, so hat $P_{2\lambda+2}(x)$ nur eine Extremstelle in $0<x<1$, nämlich in $x=\frac{1}{2}$. Der dortige Wert $P_{2\lambda+2}(\frac{1}{2})$ muß das entgegengesetzte Vorzeichen haben wie $P_{2\lambda+2}(0)$, da sonst $P_{2\lambda+2}(x)$ ein festes Vorzeichen in $0 \leqq x \leqq 1$ hätte und folglich

$$\int_0^1 P_{2\lambda+2}(x)\,dx = [P_{2\lambda+3}(x)]_0^1 \neq 0$$

wäre, was wegen der Periodizität der Funktionen gewiß nicht der Fall ist. Da schließlich $P_{2\lambda+2}(0)$ dasselbe Vorzeichen hat wie $B_{2\lambda+2}$, d. h. das Vorzeichen $(-1)^{\lambda}$, so sind alle Behauptungen bewiesen[1]. Wegen

$$P_{2\lambda}(1-x) = P_{2\lambda}(x)$$

ist übrigens $P_{2\lambda}(x)$ symmetrisch zur *Geraden* $x=\frac{1}{2}$.

Ist nun $h(x)$ eine für $x \geqq 0$ positive, monoton abnehmende Funktion, so hat

$$\int_p^{p+1} P_{2\lambda+1}(x)\,h(x)\,dx\,, \qquad (p \geqq 0,\ \text{ganz}),$$

offenbar dasselbe Vorzeichen wie $P_{2\lambda+1}(x)$ in $0<x<\frac{1}{2}$, d. h. das Zeichen $(-1)^{\lambda-1}$. Denn wegen der Symmetrie des Bildes von $P_{2\lambda+1}(x)$ und wegen des monotonen Fallens von $h(x)$ ist

$$\left|\int_p^{p+\frac{1}{2}} P_{2\lambda+1}(x)\,h(x)\,dx\right| \geqq \left|\int_{p+\frac{1}{2}}^{p+1} P_{2\lambda+1}(x)\,h(x)\,dx\right|.$$

[1] Daß nur Nullstellen erster Ordnung in Betracht kommen, folgt sofort aus der Beziehung

$$P'_{k+1}(x) = P_k(x).$$

Also hat auch

$$\int_0^n P_{2\lambda+1}(x)\, h(x)\, dx$$

das Vorzeichen $(-1)^{\lambda-1}$, so daß insbesondre für $\lambda = 0, 1, 2, \ldots$ diese Vorzeichen alternieren. Genau die umgekehrten Vorzeichen treten natürlich auf, wenn $h(x)$ stets negativ ist und monoton wächst.

Nimmt man nun an, daß die Funktion $f(x)$ für $x \geqq 0$ erklärt ist und daß sie selbst und alle ihre Ableitungen für $x \to +\infty$ monoton gegen 0 streben, so hat auch jede dieser Ableitungen ein festes Zeichen[1], und speziell haben $f^{(2k+1)}(x)$ und $f^{(2k+3)}(x)$ dasselbe Zeichen. Die Restglieder der EULERschen Formel

$$R_k = \int_0^n P_{2k+1}(x)\, f^{(2k+1)}(x)\, dx$$

haben daher für $k = 1, 2, \ldots$ alternierende Vorzeichen. Daraus folgt aber, daß R_k und $(R_k - R_{k+1})$ dasselbe Vorzeichen haben, und weiter, daß

$$|R_k| \leqq |R_k - R_{k+1}|$$

ist. Nach der EULERschen Formel ist nun

$$R_k = (f_0 + f_1 + \cdots + f_n) - \int_0^n f(x)\, dx - \cdots - \frac{B_{2k}}{(2k)!}\left(f_n^{(2k-1)} - f_0^{(2k-1)}\right)$$

und also

$$R_k - R_{k+1} = \frac{B_{2k+2}}{(2k+2)!}\left(f_n^{(2k+1)} - f_0^{(2k+1)}\right).$$

Dies ist aber gerade „das erste vernachlässigte Glied", dessen Vorzeichen hiernach also mit demjenigen von R_k übereinstimmt, während sein absoluter Wert mindestens so groß ist wie der von R_k. Damit haben wir den

300. **Satz.** *Ist die Funktion $f(x)$ für $x \geq 0$ erklärt und strebt sie ebenso wie alle ihre Ableitungen für $x \to +\infty$ monoton gegen 0, so läßt sich die* EULER*sche Formel in der einfacheren Form*

$$f_0 + f_1 + \cdots + f_n = \int_0^n f(x)\, dx + \frac{1}{2}(f_n + f_0) + \frac{B_2}{2!}(f'_n - f'_0) + \cdots$$
$$\cdots + \frac{B_{2k}}{(2k)!}\left(f_n^{(2k-1)} - f_0^{(2k-1)}\right) + \vartheta\, \frac{B_{2k+2}}{(2k+2)!}\left(f_n^{(2k+1)} - f_0^{(2k+1)}\right)$$

schreiben, in der $0 \leqq \vartheta \leqq 1$ ist.

Die unendliche Reihe, von der hier rechter Hand die ersten Glieder auftreten und die im allgemeinen divergent ist, hat also tatsächlich die einleitend S. 537 erwähnte, charakteristische Eigenschaft der alternierenden Reihen, die für numerische Zwecke besonders bequem ist.

[1] Hierin soll auch der Fall mit eingeschlossen sein, daß eine dieser Ableitungen (von einer Stelle ab) ständig $= 0$ ist.

Bemerkungen und Beispiele.

1. Wie schon CAUCHY bemerkt, hat die geometrische Reihe

$$\frac{1}{c+t} = \frac{1}{c} - \frac{t}{c^2} + \frac{t^2}{c^3} - + \cdots, \qquad (c > 0,\ t > 0),$$

die eben erwähnte Eigenschaft der alternierenden Reihen nicht nur im Falle der Konvergenz, sondern für beliebige (positive) c und t. Denn schreibt man die Entwicklung mit Restglied, also in der Form

$$\frac{1}{c+t} = \frac{1}{c} - \frac{t}{c^2} + - \cdots + (-1)^n \frac{t^n}{c^{n+1}} + (-1)^{n+1} \frac{t^{n+1}}{c^{n+2}} \cdot \frac{1}{1 + \frac{t}{c}},$$

so gilt sie in allen Fällen. Der links stehende Wert wird also für beliebige (positive) c und t durch die n^{te} Teilsumme der Reihe dargestellt bis auf einen Fehler, *der dasselbe Vorzeichen hat wie das erste vernachlässigte Glied, seinem Betrage nach aber kleiner ist.*

Benutzt man dies bei den Entwicklungen

$$\frac{2}{4\nu^2\pi^2 + t^2} = 2\left(\frac{1}{(2\nu\pi)^2} - \frac{t^2}{(2\nu\pi)^4} + \frac{t^4}{(2\nu\pi)^6} - + \cdots\right)$$

und addiert, so folgt, daß die Funktion

$$\sum_{\nu=1}^{\infty} \frac{2}{4\nu^2\pi^2 + t^2} = \left(\frac{1}{e^t - 1} - \frac{1}{t} + \frac{1}{2}\right)\frac{1}{t}$$

für jedes $t > 0$ auch durch den Ausdruck

$$\frac{B_2}{2!} + \frac{B_4}{4!} t^2 + \cdots + \frac{B_{2k}}{(2k)!} t^{2k-2} + \vartheta \frac{B_{2k+2}}{(2k+2)!} t^{2k}$$

dargestellt wird, bei dem über den Faktor ϑ allerdings nur bekannt ist, daß er zwischen 0 und 1 liegt.

Multipliziert man hier noch mit e^{-xt} und integriert über t von 0 bis $+\infty$, so folgt wegen

$$\int_0^\infty t^{2\lambda} e^{-xt}\, dt = \frac{1}{x^{2\lambda+1}} \int_0^\infty \tau^{2\lambda} e^{-\tau}\, d\tau = \frac{(2\lambda)!}{x^{2\lambda+1}},$$

daß

$$\int_0^\infty \left(\frac{1}{e^t - 1} - \frac{1}{t} + \frac{1}{2}\right) \frac{e^{-xt}}{t}\, dt = \frac{B_2}{1\cdot 2} \cdot \frac{1}{x} + \frac{B_4}{3\cdot 4} \cdot \frac{1}{x^3} + \cdots + \frac{B_{2k}}{(2k-1)(2k)} \cdot \frac{1}{x^{2k-1}}$$
$$+ \vartheta_1 \frac{B_{2k+2}}{(2k+1)(2k+2)} \cdot \frac{1}{x^{2k+1}}, \qquad 0 < \vartheta_1 < 1,$$

ist.

2. Nach B, 6 kann die Funktion

$$\log \Gamma(x) - \left\{\left(x - \frac{1}{2}\right) \log x - x + \log \sqrt{2\pi}\right\}$$

gleichfalls durch den Ausdruck dargestellt werden, den wir in 1. erhalten haben; denn das in B, 6 benutzte Restglied kann nach **300** in der eben erhaltenen Form geschrieben werden. Hieraus darf man aber ohne besondere Untersuchungen noch nicht schließen, daß

$$\log \Gamma(x) = \left(x - \frac{1}{2}\right) \log x - x + \log \sqrt{2\pi} + \int_0^\infty \left(\frac{1}{e^t - 1} - \frac{1}{t} + \frac{1}{2}\right) \frac{e^{-xt}}{t}\, dt$$

ist (vgl. **301**, 4). Denn wir haben nur bewiesen, daß die Differenz beider Seiten der Gleichung für *große x sehr klein* ist, doch kann daraus noch nicht geschlossen werden, daß sie für *irgendeinen* Wert von x einander gleich sind. (Tatsächlich ist die hingeschriebene Gleichung aber richtig.)

3. Genau wie oben kann auch bei den Beispielen B, 4, 5, 6, 7 der Rest sehr einfach durch die Feststellung abgeschätzt werden, daß er dasselbe Vorzeichen hat wie das erste vernachlässigte Glied, seinem Betrage nach aber kleiner als dieses ist. Denn man erkennt unmittelbar, daß die bei diesen Beispielen benutzten Funktionen $f(x)$ die Voraussetzungen des Satzes **300** erfüllen.

§ 65. Asymptotische Reihen.

Wir kehren nun zu den einleitenden Bemerkungen von § 64, A zurück. Die Reihen, die man in den Beispielen B, 4—7 erhält, wenn man sie ohne Ende fortsetzt, sind divergent. Soweit es sich dabei um Potenzreihen in $\frac{1}{x}$ oder $\frac{1}{n}$ handelt, kann man sogar genauer sagen, daß es beständig divergente Potenzreihen sind. Trotzdem können sie für numerische Zwecke nützlich sein, da die Untersuchung des Restes gezeigt hat, *daß er dasselbe Vorzeichen hat wie das erste vernachlässigte Glied, aber absolut genommen kleiner als dieses ist.* Diese Glieder nehmen aber zunächst ab und werden bei großen Werten der Veränderlichen sogar sehr klein; erst später wachsen sie wieder zu großen Werten an. Daher kann die Reihe trotz ihrer Divergenz für numerische Zwecke verwertet werden. Es ist dies zwar nur mit begrenzter, oft jedoch mit so großer Genauigkeit möglich, daß selbst den feinsten wissenschaftlichen Zwecken (etwa in der Astronomie) genügt wird[1]. Und dies ist um so eher der Fall, je größer die Variable ist; oder genauer: Wenn (wie in B, 5 und 6) die aus der EULERschen Formel gewonnene Entwicklung die Form

$$f(x) = g(x) + a_0 + \frac{a_1}{x} + \frac{a_2}{x^2} + \cdots$$

hat, so folgt daraus nicht nur für $x \to +\infty$ und jedes feste k die Beziehung

$$f(x) - \left(g(x) + a_0 + \frac{a_1}{x} + \cdots + \frac{a_k}{x^k}\right) \to 0,$$

[1] EULER, der nirgends Restglieder betrachtet, sieht z. B. ohne weiteres die linke Seite von **298** als die Summe der divergenten Reihe an, die rechts auftritt. So schreibt er wegen **299**, 4 unbedenklich $C = \frac{1}{2} + \frac{B_2}{2} + \frac{B_4}{4} + \cdots$. Das ist indessen nicht statthaft, auch nicht von dem allgemeineren Standpunkt des § 59 aus; denn die Untersuchungen des § 64 haben kein Verfahren geliefert, das die in Rede stehende Summe aus den Teilsummen der Reihe durch einen *konvergenten* Grenzprozeß herzuleiten gestattete. Das war aber im XIII. Kapitel stets der Fall.

sondern sogar die Beziehung

$$x^k\left[f(x)-\left(g(x)+a_0+\frac{a_1}{x}+\cdots+\frac{a_k}{x^k}\right)\right]\to 0\,.$$

Eine allgemeine Untersuchung dieser Eigenschaft unsrer Entwicklung wurde fast gleichzeitig von TH. J. STIELTJES[1] und H. POINCARÉ[2] durchgeführt. Dem älteren Sprachgebrauch folgend nannte STIELTJES unsere Reihen *semi-konvergent*, eine Bezeichnung, die die Tatsache unterstreicht, daß die Reihen für numerische Zwecke sich fast so benehmen wie konvergente Reihen. POINCARÉ dagegen spricht von *asymptotischen* Reihen und stellt so ihre zuletzt genannte Eigenschaft, die exakt definiert werden kann, in den Vordergrund. Dieser POINCARÉschen Bezeichnung wollen wir uns weiterhin anschließen und präzisieren nun den Sachverhalt durch die folgende

Definition. *Eine Reihe der Form* $a_0+\frac{a_1}{x}+\frac{a_2}{x^2}+\cdots$, *die für keinen* **301.**
Wert von x *zu konvergieren braucht, heißt eine asymptotische Darstellung oder Entwicklung der Funktion* $F(x)$, *die für alle hinreichend großen positiven* x *definiert sein soll, wenn für jedes feste* $n=0, 1, 2, \ldots$

$$\left[F(x)-\left(a_0+\frac{a_1}{x}+\frac{a_2}{x^2}+\cdots+\frac{a_n}{x^n}\right)\right]x^n\to 0$$

strebt für $x\to+\infty$. *Man schreibt dann symbolisch*

$$F(x)\sim a_0+\frac{a_1}{x}+\frac{a_2}{x^2}+\cdots$$

Bemerkungen und Beispiele.

1. Die Koeffizienten a_n sind hier keiner Beschränkung unterworfen, da die Reihe $\sum\frac{a_n}{x^n}$ nicht zu konvergieren braucht. Sie dürfen auch komplex sein, wenn $F(x)$ eine komplexe Funktion der reellen Veränderlichen x ist. Auch diese Variable darf komplex sein. Sie muß dann aber längs eines bestimmten Radius $\operatorname{arc} x = $ konst. gegen ∞ rücken; denn die asymptotische Entwicklung kann für jeden Radius eine andre sein. Im folgenden wollen wir diese Verallgemeinerungen beiseite lassen und betrachten weiterhin alle Größen als reell.

Andrerseits ist die Funktion $F(x)$ häufig nur für ganzzahlige Werte der Variablen definiert, wie etwa in den Fällen (vgl. § 64, B, 1 und 4)

$$1^p+2^p+\cdots+x^p,\qquad 1+\frac{1}{2}+\cdots+\frac{1}{x}\,.$$

In solchen Fällen werden wir die Variablen meist mit k, ν, n, ... bezeichnen. $F(x)$ bedeutet dann einfach eine Zahlenfolge, deren Glieder als Funktionen ihres Index asymptotisch dargestellt sind.

---

[1] STIELTJES, TH. J.: Recherches sur quelques séries semi-convergentes. Annales de l'Éc. Norm. Sup. (3), Bd. 3, S. 201—258. 1886.

[2] POINCARÉ, H.: Sur les intégrales irregulières des équations linéaires. Acta mathematica Bd. 8, S. 295—344. 1886.

2. *Wenn* eine Reihe der Form $\sum \frac{a_n}{x^n}$ für $x > R$ tatsächlich konvergiert und die Funktion $F(x)$ darstellt, so ist die Reihe offenbar gleichzeitig eine asymptotische Darstellung von $F(x)$. So liefert uns jede konvergente Potenzreihe auch ein Beispiel für eine asymptotische Darstellung.

3. Die Frage, ob eine Funktion $F(x)$ eine asymptotische Darstellung besitzt und welche Werte dann die Koeffizienten haben, läßt sich theoretisch unmittelbar dadurch beantworten, daß für $x \to +\infty$

$$F(x) \to a_0,$$
$$(F(x) - a_0)\,x \to a_1,$$
$$\left(F(x) - a_0 - \frac{a_1}{x}\right) x^2 \to a_2,$$
$$\cdots\cdots\cdots\cdots$$

streben muß. Indessen wird die Entscheidung nur selten auf diesem Wege möglich sein; doch zeigt diese Betrachtung immerhin, daß eine gegebene Funktion *höchstens eine* asymptotische Entwicklung besitzen kann.

4. Andrerseits können *verschiedene* Funktionen sehr wohl ***ein und dieselbe*** asymptotische Entwicklung haben. Denn für $F(x) = e^{-x}$, $(x > 0)$, sind die in 3 betrachteten Grenzwerte sämtlich vorhanden und sämtlich $= 0$. Es ist also

$$e^{-x} \sim 0 + \frac{0}{x} + \frac{0}{x^2} + \cdots$$

Ist also $F(x)$ irgendeine Funktion, die eine asymptotische Entwicklung besitzt, so haben z. B. die Funktionen

$$F(x) + e^{-x}, \quad F(x) + a e^{-bx}, \quad (b > 0), \; \ldots$$

genau dieselbe asymptotische Entwicklung. (Aus diesem Grunde durften wir in **300**, 2 nicht ohne weiteres schließen, daß die beiden dort betrachteten Funktionen identisch seien.)

5. In geometrischer Sprache kann man sagen, daß die Kurven

$$y = a_0 + \frac{a_1}{x} + \cdots + \frac{a_n}{x^n} \quad \text{und} \quad y = F(x)$$

im Unendlichen eine Berührung von mindestens n^{ter} Ordnung eingehen

6. Für die Anwendung ist es vorteilhaft, auch die Schreibweise

$$F(x) \sim f(x) + g(x)\left(a_0 + \frac{a_1}{x} + \frac{a_2}{x^2} + \cdots\right)$$

zu benutzen, in der $f(x)$ und $g(x)$ irgend zwei für alle hinreichend großen x definierte Funktionen bedeuten sollen, von denen die zweite dort niemals 0 ist. Diese Schreibweise soll dann lediglich besagen, daß

$$\frac{F(x) - f(x)}{g(x)} \sim a_0 + \frac{a_1}{x} + \frac{a_2}{x^2} + \cdots$$

ist. Einige der in § 64, B behandelten Beispiele können in diesem Sinne als die asymptotischen Entwicklungen der betreffenden Funktionen angesehen werden; denn wir dürfen jetzt schreiben:

a) $1 + \frac{1}{2} + \cdots + \frac{1}{n} \sim \log n + C + \frac{1}{2n} - \frac{B_2}{2} \cdot \frac{1}{n^2} - \frac{B_4}{4} \cdot \frac{1}{n^4} - \cdots;$

b) $\log n! \sim \left(n + \frac{1}{2}\right) \log n - n + \log \sqrt{2\pi} + \frac{B_2}{1 \cdot 2} \cdot \frac{1}{n} + \frac{B_4}{3 \cdot 4} \cdot \frac{1}{n^3} + \cdots;$

c) $\log (\Gamma(x)) \sim \left(x - \frac{1}{2}\right) \log x - x + \log \sqrt{2\pi} + \frac{B_2}{1 \cdot 2} \cdot \frac{1}{x} + \frac{B_4}{3 \cdot 4} \cdot \frac{1}{x^3} + \cdots.$

d) $1 + \frac{1}{2^s} + \cdots + \frac{1}{n^s} \sim \zeta(s) - \frac{1}{s-1} \cdot \frac{1}{n^{s-1}}$

$$+ \frac{1}{n^s}\left[\frac{1}{2} - \frac{B_2}{2} \cdot \binom{s}{1} \frac{1}{n} - \frac{B_4}{4} \cdot \binom{s+2}{3} \frac{1}{n^3} - \cdots\right].$$

Bei der letzten Formel muß $s \neq 1$ sein; für $s = 1$ handelt es sich um die unter a) gegebene Entwicklung.

Das Rechnen mit asymptotischen Reihen.

Mit asymptotischen Reihen läßt sich in mancher Hinsicht ebenso rechnen wie mit konvergenten Reihen. Ganz unmittelbar sieht man, daß, wenn die Funktionen $F(x)$ und $G(x)$ je eine asymptotische Entwicklung besitzen, etwa

$$F(x) \sim a_0 + \frac{a_1}{x} + \frac{a_2}{x^2} + \cdots$$

und

$$G(x) \sim b_0 + \frac{b_1}{x} + \frac{b_2}{x^2} + \cdots,$$

daß dann auch die Funktion $\alpha F(x) + \beta G(x)$ für beliebige Konstante α und β eine solche Entwicklung hat und daß

$$\alpha F(x) + \beta G(x) \sim \alpha a_0 + \beta b_0 + \frac{\alpha a_1 + \beta b_1}{x} + \frac{\alpha a_2 + \beta b_2}{x^2} + \cdots$$

ist. Fast ebenso leicht erkennt man, daß auch das Produkt $F(x)\,G(x)$ eine asymptotische Entwicklung besitzt und daß

$$F(x)\,G(x) \sim c_0 + \frac{c_1}{x} + \frac{c_2}{x^2} + \cdots$$

ist, wenn wie bei konvergenten Reihen

$$a_0 b_n + a_1 b_{n-1} + \cdots + a_n b_0 = c_n$$

gesetzt wird. Nach Voraussetzung dürfen wir nämlich (bei festem n)

$$F(x) = a_0 + \frac{a_1}{x} + \frac{a_2}{x^2} + \cdots + \frac{a_{n-1}}{x^{n-1}} + \frac{a_n + \varepsilon}{x^n},$$

$$G(x) = b_0 + \frac{b_1}{x} + \frac{b_2}{x^2} + \cdots + \frac{b_{n-1}}{x^{n-1}} + \frac{b_n + \eta}{x^n}$$

setzen, wenn mit $\varepsilon = \varepsilon(x)$ und $\eta = \eta(x)$ Funktionen bezeichnet werden, die für $x \to +\infty$ gegen 0 streben. Hieraus folgt dann, daß

$$\left[F(x) \cdot G(x) - \left(c_0 + \frac{c_1}{x} + \frac{c_2}{x^2} + \cdots + \frac{c_n}{x^n}\right)\right] x^n$$

$$= a_0 \eta + b_0 \varepsilon + \frac{a_1(b_n + \eta) + a_2 b_{n-1} + \cdots + (a_n + \varepsilon) b_1}{x} + \cdots + \frac{(a_n + \varepsilon)(b_n + \eta)}{x^n}$$

ist, was für $x \to +\infty$ offenbar gegen 0 strebt.

Durch wiederholte Anwendung dieser einfachen Ergebnisse folgt hieraus der

302. **Satz 1.** *Wenn jede der Funktionen $F_1(x)$, $F_2(x)$, ..., $F_p(x)$ eine asymptotische Entwicklung besitzt und wenn $g(z_1, z_2, \ldots, z_p)$ irgendein Polynom oder — wenn wir einen Teil des nachfolgenden Satzes vorweg nehmen — irgendeine rationale Funktion der Veränderlichen $z_1, z_2, \ldots, z_p$ bedeutet, so besitzt auch die Funktion*

$$F(x) = g(F_1(x), F_2(x), \ldots, F_p(x))$$

eine asymptotische Entwicklung. Diese berechnet sich genau so, als ob alle Entwicklungen konvergent wären, wofern nur der Nenner der rationalen Funktion nicht verschwindet, wenn für $z_1, \ldots, z_p$ die konstanten Glieder der asymptotischen Entwicklungen eingesetzt werden.

Darüber hinaus gilt der folgende

Satz 2. *Ist $g(z) = \alpha_0 + \alpha_1 z + \cdots + \alpha_n z^n + \cdots$ eine Potenzreihe mit dem positiven Radius r und besitzt $F(x)$ die asymptotische Entwicklung*

$$F(x) \sim a_0 + \frac{a_1}{x} + \frac{a_2}{x^2} + \cdots,$$

in der $|a_0| < r$ ist, so besitzt auch die Funktion

$$\Phi(x) = g(F(x))$$

(die wegen $F(x) \to a_0$ für $x \to +\infty$ und wegen $|a_0| < r$ ersichtlich für alle hinreichend großen x definiert ist) eine asymptotische Entwicklung, und diese errechnet sich wieder genau so, als ob die Reihe $\sum \frac{a_n}{x^n}$ konvergent wäre.

Beweis. Um die Entwicklungskoeffizienten von $\Phi(x)$ zu berechnen, setzt man $F(x) = a_0 + f$, $(f = f(x))$, und erhält — unter der alleinigen Voraussetzung, daß $|a_0| < r$ ist — zunächst

$$(*) \qquad g(F) = g(a_0 + f) = \beta_0 + \beta_1 f + \cdots + \beta_k f^k + \cdots,$$

wo zur Abkürzung

$$\frac{1}{k!} g^{(k)}(a_0) = \beta_k, \qquad (k = 0, 1, 2, \ldots),$$

gesetzt wurde. Die Reihe (*) konvergiert, sobald $|f(x)| < r - |a_0|$ ist, was für alle hinreichend großen Werte von x wegen $f(x) \to 0$ für $x \to +\infty$ sicher der Fall ist, — mag $\sum \frac{a_n}{x^n}$ konvergieren oder nicht. Nach dem schon vollständig bewiesenen Teil des Satzes 1 folgen nun aus

$$f(x) \sim \frac{a_1}{x} + \frac{a_2}{x^2} + \cdots$$

sofort die Entwicklungen

$$(**) \qquad (f(x))^k \sim \frac{a_k^{(k)}}{x^k} + \frac{a_{k+1}^{(k)}}{x^{k+1}} + \cdots$$

für $k = 1, 2, 3, \ldots$. Hierbei haben die Koeffizienten $a_n^{(k)}$ wohlbestimmte, nach der Regel über die Produktbildung zweier asymptotischer Entwicklungen (also wie bei konvergenten Reihen) zu berechnende Werte. Diese Entwicklungen (**) müssen nun in (*) eingesetzt und der gewonnene Ausdruck formal (d. h. wieder so, als ob die Reihen (**) konvergent wären) nach Potenzen von $\frac{1}{x}$ umgeordnet werden. Man erhält dann eine Entwicklung der Form

$$A_0 + \frac{A_1}{x} + \frac{A_2}{x^2} + \cdots,$$

für die sich die Koeffizienten aus

$$A_0 = \beta_0, \qquad A_1 = \beta_1 a_1, \qquad A_2 = \beta_1 a_2 + \beta_2 a_2^{(2)}, \ \ldots,$$
$$A_n = \beta_1 a_n + \beta_2 a_n^{(2)} + \cdots + \beta_n a_n^{(n)}, \ \ldots$$

errechnen. Es bleibt zu zeigen, daß $\sum \frac{A_n}{x^n}$ die asymptotische Entwicklung von $\Phi(x)$ ist, d. h. daß der Ausdruck

$$\left[\Phi(x) - \left(A_0 + \frac{A_1}{x} + \frac{A_2}{x^2} + \cdots + \frac{A_n}{x^n}\right)\right] \cdot x^n$$

bei festem n für $x \to +\infty$ gegen 0 strebt.

Bezeichnet man nun mit $\varepsilon_1 = \varepsilon_1(x)$, $\varepsilon_2 = \varepsilon_2(x)$, ... gewisse Funktionen von x, die für $x \to +\infty$ gegen 0 streben, so folgt aus (*) und (**), daß

$$\Phi(x) = \beta_0 + \beta_1\left(\frac{a_1}{x} + \cdots + \frac{a_n}{x^n} + \frac{\varepsilon_1}{x^n}\right) + \cdots + \beta_n\left(\frac{a_n^{(n)}}{x^n} + \frac{\varepsilon_n}{x^n}\right)$$
$$+ f^{n+1} \cdot [\beta_{n+1} + \beta_{n+2} f + \cdots]$$

ist. Hiernach ist, da f^{n+1} in der Form $\frac{\varepsilon_{n+1}}{x^n}$ geschrieben werden kann,

$$\Phi(x) - \left(A_0 + \frac{A_1}{x} + \cdots + \frac{A_n}{x^n}\right) = \frac{1}{x^n}[\beta_1 \varepsilon_1 + \beta_2 \varepsilon_2 + \cdots + \beta_n \varepsilon_n]$$
$$+ \frac{\varepsilon_{n+1}}{x^n}[\beta_{n+1} + \beta_{n+2} f + \cdots],$$

woraus die Behauptung abgelesen werden kann; denn der Ausdruck in der letzten eckigen Klammer strebt für $x \to +\infty$ gegen β_{n+1}, und die endlich vielen $\varepsilon_\nu(x)$ streben gegen 0.

Wählt man speziell $g(z) = \frac{1}{a_0 + z}$ und ersetzt $F(x)$ durch $F(x) - a_0$, so folgt aus diesem allgemeinen Ergebnis, wofern nur $a_0 \neq 0$ ist, daß

$$\frac{1}{F(x)} \sim \frac{1}{a_0} - \frac{a_1}{a_0^2}\frac{1}{x} + \frac{a_1^2 - a_0 a_2}{a_0^3}\frac{1}{x^2} + \cdots$$

ist. Man „darf" also durch eine asymptotische Entwicklung auch dividieren wie durch eine konvergente Potenzreihe, wofern nur das konstante Glied $\neq 0$ ist. Damit ist auch der Beweis von Satz 1 vervollständigt.

Für $g(z) = e^z$ erhält man — und zwar ohne jede Einschränkung —

$$e^{F(x)} \sim e^{a_0}\left[1 + \frac{a_1}{x} + \frac{\frac{1}{2}a_1^2 + a_2}{x^2} + \cdots\right].$$

Insbesondere gilt nach **299**, 5

$$n! \sim \left(\frac{n}{e}\right)^n \sqrt{2\pi n}\left[1 + \frac{1}{12n} + \frac{1}{288n^2} - \frac{139}{51840}\frac{1}{n^3} + \cdots\right].$$

Auch eine gliedweise Integration und Differentiation ist unter geeigneten Einschränkungen statthaft. Hierüber gilt der

Satz 3. *Ist* $F(x) \sim a_0 + \frac{a_1}{x} + \frac{a_2}{x^2} + \cdots$ *und ist* $F(x)$ *stetig für* $x \geqq x_0$, *so gilt*

$$\Psi(x) = \int_x^\infty \left(F(t) - a_0 - \frac{a_1}{t}\right) dt \sim \frac{a_2}{x} + \frac{a_3}{2x^2} + \cdots + \frac{a_{n+1}}{n x^n} + \cdots$$

Hat $F(x)$ *eine stetige Ableitung* $F'(x)$ *und weiß man, daß diese überhaupt eine asymptotische Entwicklung besitzt, so ergibt sich diese durch gliedweise Differentiation, d. h. es ist*

$$F'(x) \sim -\frac{a_1}{x^2} - \frac{2a_2}{x^3} - \cdots - \frac{(n-1)a_{n-1}}{x^n} - \cdots$$

Beweis. Da $t^2\left(F(t) - a_0 - \frac{a_1}{t}\right) \to a_2$ strebt für $t \to +\infty$, so existiert jedenfalls das die Funktion $\Psi(x)$ definierende Integral für $x \geqq x_0$. Nun darf weiter

$$F(t) - a_0 - \frac{a_1}{t} - \cdots - \frac{a_{n+1}}{t^{n+1}} = \frac{\varepsilon(t)}{t^{n+1}}, \qquad (n \geqq 1, \text{ fest}),$$

gesetzt werden mit $\varepsilon(t) \to 0$ für $t \to +\infty$. Hiernach ist

$$\Psi(x) - \frac{a_2}{x} - \cdots - \frac{a_{n+1}}{n x^n} = \int_x^\infty \frac{\varepsilon(t)}{t^{n+1}} dt.$$

Bezeichnet nun $\bar{\varepsilon}(x)$ das Maximum von $|\varepsilon(t)|$ in $x \leqq t < +\infty$, so strebt mit wachsendem x auch $\bar{\varepsilon}(x) \to 0$; und da das letzte Integral $\leqq \frac{\bar{\varepsilon}(x)}{n x^n}$ ist, so strebt es auch noch nach Multiplikation mit x^n ebenfalls $\to 0$ für $x \to +\infty$.

Wenn nun die für $x \geqq x_0$ stetige Ableitung $F'(x)$ eine asymptotische Enwicklung

$$F'(x) \sim b_0 + \frac{b_1}{x} + \frac{b_2}{x^2} + \cdots$$

besitzt, so ist

$$F(x) = \int_{x_0}^{x} F'(t)\,dt + C_1 = \int_{x_0}^{x}\left(b_0 + \frac{b_1}{t}\right)dt + \int_{x_0}^{x}\left(F'(t) - b_0 - \frac{b_1}{t}\right)dt + C_1$$

$$= b_0 x + b_1 \log x + C_2 - \int_{x}^{\infty}\left(F'(t) - b_0 - \frac{b_1}{t}\right)dt\,.$$

Hierbei bedeuten C_1 und C_2 gewisse Konstanten. Nach dem schon bewiesenen Teil des Satzes, und weil eine Funktion ihre asymptotische Entwicklung *eindeutig* bestimmt, folgt hieraus, daß $b_0 = b_1 = 0$ und daß für $n \geqq 2$ stets $b_n = -(n-1)\,a_{n-1}$ ist.

Die Entwicklung

$$F(x) = e^{-x}\sin(e^x) \sim 0 + \frac{0}{x} + \frac{0}{x^2} + \cdots$$

zeigt, daß $F'(x)$ keine asymptotische Entwicklung zu haben braucht, selbst wenn $F(x)$ eine solche besitzt.

Die Sätze 1—3 bilden die Grundlage für POINCARÉs sehr fruchtbare Anwendungen der asymptotischen Reihen zur Lösung von Differentialgleichungen[1]. Ein ausführliches Eingehen auf diese Dinge verbietet der Raum; wir müssen uns damit begnügen, im nächsten Paragraphen ein Beispiel dieser Anwendungsart zu geben.

§ 66. Spezielle asymptotische Entwicklungen.

Die Einführung asymptotischer Entwicklungen legt zwei Fragen nahe: Erstlich die Frage, ob eine vorgelegte Funktion überhaupt eine solche Entwicklung besitzt und wie sie gegebenenfalls gefunden wird (*Entwicklungsproblem*); zweitens wie eine Funktion gefunden werden kann, die eine vorgelegte asymptotische Entwicklung besitzt (*Summierungsproblem*). Auf beide Fragen sind die Antworten, die nach dem gegenwärtigen Stande der Wissenschaft gegeben werden können, nicht sehr vollständig; denn obwohl sie recht zahlreich und teilweise von großer Allgemeinheit sind, stehen sie etwas vereinzelt da und entbehren des methodischen Zusammenhangs. Dieser Paragraph wird daher weniger eine befriedigende Lösung der beiden Probleme als vielmehr eine Anzahl typischer Beispiele solcher Lösungen bringen.

A. Beispiele zum Entwicklungsproblem.

1. Theoretisch wird die Frage der Entwicklung einer gegebenen **303.**
Funktion vollständig durch **301**, 3 erledigt. Indessen werden die erforderlichen Grenzwertbestimmungen nur selten alle durchgeführt werden

[1] Einen sehr klaren Bericht über den wichtigsten Inhalt der POINCARÉschen Arbeiten gibt E. BOREL in seinen „Leçons sur les séries divergentes" (s. **266**).

können. Auch versagt die Methode, wenn $\lim F(x)$ für $x \to +\infty$ gar nicht existiert oder nicht endlich ist, wenn also nur eine asymptotische Entwicklung in dem allgemeineren Sinn von **301**, 6 in Betracht kommt. Erst wenn die dabei auftretenden Funktionen $f(x)$ und $g(x)$ bekannt sind, kann nach **301**, 3 verfahren werden.

2. Die EULERsche Formel führte mehrfach zu asymptotischen Entwicklungen. Doch handelt es sich hier weniger um die Entwicklungen beliebig gegebener Funktionen als darum, daß bei günstiger Wahl der dortigen Funktion $f(x)$ sich wertvolle Entwicklungen ergaben.

3. Wir hatten schon betont, daß die vielleicht wichtigste Anwendung der asymptotischen Entwicklungen von POINCARÉ zur Auflösung von Differentialgleichungen gemacht wurde (s. S. 561, Fußnote 1). Der einfache Grundgedanke ist dieser: Wenn $y = F(x)$ der Differentialgleichung n^{ter} Ordnung

$$\Phi(x, y, y', \ldots, y^{(n)}) = 0$$

genügt, in der Φ eine rationale Funktion ihrer Argumente bedeutet, und wenn man weiß, daß $F(x)$ und seine n ersten Ableitungen je eine asymptotische Entwicklung besitzen, so folgen die Entwicklungen der Ableitungen $y', y'', \ldots, y^{(n)}$ nach **302**, Satz 3 sämtlich aus derjenigen von $y = F(x)$, die etwa

$$y \sim a_0 + \frac{a_1}{x} + \frac{a_2}{x^2} + \cdots$$

lauten möge. Setzt man diese Entwicklung gemäß **302**, Satz 1 in die Differentialgleichung ein, so muß man die Entwicklung der Funktion 0 erhalten, d. h. alle Koeffizienten müssen einzeln verschwinden. Aus den so erhaltenen Gleichungen zusammen mit den Anfangsbedingungen lassen sich in vielen Fällen die Entwicklungskoeffizienten von $F(x)$ berechnen.

Es handle sich z. B. um die Funktion

$$y = F(x) = e^x \int_x^\infty \frac{e^{-t}}{t}\, dt.$$

Sie ist für $x > 0$ definiert, hat die Ableitung

$$y' = F'(x) = e^x \int_x^\infty \frac{e^{-t}}{t}\, dt - e^x \frac{e^{-x}}{x} = y - \frac{1}{x}$$

und genügt also für $x > 0$ der Differentialgleichung

$$y' - y + \frac{1}{x} = 0.$$

Man kann nun direkt beweisen — worauf indessen nicht näher eingegangen werden soll —, daß diese Gleichung nur *eine* Lösung y hat, die für $x > x_0 \geqq 0$ existiert und die zusammen mit ihrer ersten Ableitung eine asymptotische Entwicklung besitzt. Setzt man also

$$y \sim a_0 + \frac{a_1}{x} + \frac{a_2}{x^2} + \cdots, \quad \text{so daß} \quad y' \sim -\frac{a_1}{x^2} - \frac{2a_2}{x^3} - \cdots,$$

so ergeben sich die Gleichungen

$$a_0 = 0, \qquad a_1 = 1, \qquad a_2 = -a_1, \ldots, \qquad a_{n+1} = -n\,a_n, \ \ldots,$$

aus denen

$$a_0 = 0, \qquad a_1 = 1, \qquad a_2 = -1, \ldots, \qquad a_{n+1} = (-1)^n n!, \ldots$$

folgt. Daher ist

$$F(x) \sim \frac{1}{x} - \frac{1}{x^2} + \frac{2!}{x^3} - \frac{3!}{x^4} + - \cdots$$

4. Die im vorigen Beispiel behandelte Funktion kann noch auf einem andern, häufig gangbaren Wege asymptotisch entwickelt werden. Setzt man $t = u + x$, so hat man

$$F(x) = \int_0^\infty \frac{e^{-u}}{u + x}\,du.$$

Nach der CAUCHYschen Bemerkung (s. **300**, 1) können wir hier für alle positiven x und u

$$\frac{1}{u+x} = \frac{1}{x} - \frac{u}{x^2} + \frac{u^2}{x^3} - + \cdots + (-1)^n \frac{u^n}{x^{n+1}} + (-1)^{n+1}\vartheta\,\frac{u^{n+1}}{x^{n+2}},$$
$$(0 < \vartheta < 1),$$

setzen. Folglich ist

$$F(x) = \frac{1}{x} - \frac{1}{x^2} + \frac{2!}{x^3} - + \cdots + (-1)^n \frac{n!}{x^{n+1}} + (-1)^{n+1}\vartheta_1\,\frac{(n+1)!}{x^{n+2}},$$
$$(0 < \vartheta_1 < 1),$$

so daß wir die im vorangehenden Beispiel gewonnene Entwicklung erneut erhalten haben[1].

5. Ist $f(u)$ eine für $u \geqq 0$ definierte und dort positive Funktion und existieren die Integrale

$$\int_0^\infty f(u)\,u^{n-1}\,du = (-1)^{n-1} a_n$$

---

[1] Die Funktion $e^{-x}F(x) = \int_x^\infty \frac{e^{-t}\,dt}{t}$, die durch die Transformation $e^{-t} = v$ in $-\int_0^y \frac{dv}{\log v}$ übergeht, ist vom Vorzeichen abgesehen der sogenannte *Integrallogarithmus* von $y = e^{-x}$.

für jedes $n \geqq 1$, so erhält man ganz ähnlich in

$$F(x) \sim \frac{a_1}{x} + \frac{a_2}{x^2} + \frac{a_3}{x^3} + \cdots$$

die asymptotische Entwicklung für die Funktion

$$F(x) = \int_0^\infty \frac{f(u)}{u+x} du,$$

und es folgt genauer, daß die Teilsummen der Reihe die Funktion $F(x)$ mit einem Fehler darstellen, der dasselbe Vorzeichen hat wie das erste vernachlässigte Glied, aber absolut genommen kleiner ist als dieses. Entwicklungen dieser Art sind besonders von TH. J. STIELTJES[1] untersucht worden. (Näheres s. u. in B, S. 567/68.)

6. Andere von den Hilfsmitteln der Funktionentheorie stärker Gebrauch machende Methoden gehen auf LAPLACE zurück, sind aber neuerdings von E. W. BARNES[2], H. BURKHARDT[3], O. PERRON[4] und G. FABER[5] ausgebaut worden. Wir können hierauf nicht näher eingehen, müssen uns vielmehr mit den folgenden Angaben begnügen: BARNES gibt die asymptotische Entwicklung vieler ganzer Funktionen, wie z. B. $\sum \frac{x^n}{n!\,(n+\vartheta)}$, $(\vartheta \neq 0, -1, -2, \ldots)$, und ähnlicher Funktionen. PERRON gibt außer den Beispielen, die wir schon kennen, die asymptotische Entwicklung gewisser Integrale, die in der Theorie der KEPLER-Bewegungen auftreten, wie

$$A(n) = \int_{-\pi}^{+\pi} \frac{e^{n(t-\varepsilon\sin t)i}}{1-\varepsilon\cos t} dt, \quad (0 < \varepsilon \leqq 1,\ n \text{ ganz}),$$

$$C(n) = \int_{-\pi}^{+\pi} e^{n(t-\sin t)i} dt.$$

Von unserm Standpunkt aus ist es bemerkenswert, daß in diesen Beispielen die Entwicklung nicht nach ganzzahligen, sondern nach gebrochenen Potenzen von $\frac{1}{n}$ fortschreitet. So hat die Entwicklung von $C(n)$ die Form

$$C(n) \sim \frac{c_1}{n^{1/3}} + \frac{c_2}{n^{5/3}} + \frac{c_3}{n^{7/3}} + \frac{c_4}{n^{11/3}} + \cdots$$

[1] STIELTJES, TH. J.: Recherches sur les fractions continues. Ann. de la Fac. des Sciences de Toulouse Bd. 8 und 9, 1894 und 1895.

[2] BARNES, E. W.: The Asymptotic Expansions of Integral Functions defined by Taylor's Series. Phil. Trans. Roy. Soc., A, 206, S. 249—297. 1906.

[3] BURKHARDT, H.: Über Funktionen großer Zahlen. Sitzgsber. Bayer. Akad. Wiss. 1914, S. 1—11.

[4] PERRON, O.: Über die näherungsweise Berechnung von Funktionen großer Zahlen. Sitzgsber. Bayer. Akad. Wiss. 1917, S. 191—219.

[5] FABER, G.: Abschätzung von Funktionen großer Zahlen. Sitzgsber. Bayer. Akad. Wiss. 1922, S. 285—304.

Dies legt eine weitere Ausdehnung der Definition **301**, 6 nahe, auf die wir indessen nicht eingehen wollen.

Viele weitere Beispiele von asymptotischen Entwicklungen dieser Art, besonders solche von trigonometrischen Integralen, die bei physikalischen und astronomischen Untersuchungen auftreten, findet man in dem Artikel von H. BURKHARDT: „Über trigonometrische Reihen und Integrale" in der Enzyklopädie der mathematischen Wissenschaften, Bd. II, 1, S. 815—1354.

7. Eine Entwicklung, die zuerst von L. FEJÉR[1] angegeben und später von O. PERRON[2] eingehender studiert wurde, ist von speziellerer Natur. Es handelt sich bei ihr um eine asymptotische Darstellung der Koeffizienten der Potenzreihenentwicklung der Funktion $e^{\alpha\frac{x}{1-x}}$ und allgemeiner der Funktion $e^{\frac{\alpha}{(1-x)^\varrho}}$ mit $\varrho > 0$ und $\alpha > 0$. Man hat zunächst die Potenzreihenentwicklung

$$e^{\alpha\frac{x}{1-x}} = \sum_{k=0}^{\infty} \frac{1}{k!}\left(\alpha\frac{x}{1-x}\right)^k = 1 + c_1 x + c_2 x^2 + \cdots,$$

bei der die Koeffizienten c_n die Werte

$$c_n = \sum_{\nu=1}^{n} \binom{n-1}{\nu-1} \frac{\alpha^\nu}{\nu!}$$

haben. Für diese zeigte nun PERRON in einer späteren Arbeit[3], daß sie eine asymptotische Entwicklung der Form

$$c_n \sim \frac{\sqrt[4]{\alpha}\, e^{2\sqrt{\alpha n}}}{2\sqrt{\pi e^\alpha}\,\sqrt[4]{n^3}}\left(1 + \frac{a_1}{\sqrt{n}} + \frac{a_2}{\sqrt{n^2}} + \frac{a_3}{\sqrt{n^3}} + \cdots\right)$$

besitzen[4].

8. Endlich sei noch erwähnt, daß die asymptotische Darstellung gewisser Funktionen den Gegenstand vieler tiefgehender Untersuchungen der analytischen Zahlentheorie bildet. Schon die Beispiele **301**, 6 a, b

---

[1] FEJÉR, L., in einer ungarisch geschriebenen Arbeit des Jahres 1909.

[2] PERRON, O.: Über das infinitäre Verhalten der Koeffizienten einer gewissen Potenzreihe. Arch. d. Math. u. Phys. (3), Bd. 22, S. 329—340. 1914.

[3] PERRON, O.: Über das Verhalten einer ausgearteten hypergeometrischen Reihe bei unbegrenztem Wachstum eines Parameters. J. reine u. angew. Math. Bd. 151, S. 63—78. 1921.

[4] Ein elementarer Beweis der sehr viel weniger aussagenden asymptotischen Beziehung

$$\log c_n \sim 2\sqrt{\alpha n}$$

wurde vom Verfasser und I. SCHUR gegeben: Elementarer Beweis einiger asymptotischer Formeln der additiven Zahlentheorie. Math. Zeitschr. Bd. 24, S. 559—574. 1925.

und d gehören hierher, da die entwickelten Funktionen zunächst nur für ganzzahlige Werte der Veränderlichen einen Sinn haben, es sich also um zahlentheoretische Funktionen handelt. Nur um die Natur derartiger Entwicklungen anzugeben, seien hier ohne Beweis noch einige Beispiele dafür angeführt:

a) Wenn $\tau(n)$ die *Anzahl der Teiler von n* bedeutet, ist

$$\frac{\tau(1)+\tau(2)+\cdots+\tau(n)}{n} \sim \log n + (2C-1) + \cdots,$$

wobei C die EULERsche Konstante bedeutet[1]. Bezüglich des nächsten Gliedes[2] ist im wesentlichen nur bekannt, daß es von kleinerer Ordnung ist als $n^{-\frac{2}{3}}$, aber von nicht kleinerer als $n^{-\frac{3}{4}}$.

b) Wenn $\sigma(n)$ die *Summe der Teiler von n* bedeutet, ist

$$\frac{\sigma(1)+\sigma(2)+\cdots+\sigma(n)}{n} \sim \frac{\pi^2}{12} n + \cdots$$

c) Wenn $\varphi(n)$ die *Anzahl der unterhalb n gelegenen und zu n teilerfremden natürlichen Zahlen* bedeutet, ist

$$\frac{\varphi(1)+\varphi(2)+\cdots+\varphi(n)}{n} \sim \frac{3}{\pi^2} n + \cdots$$

d) Wenn $\pi(n)$ die *Anzahl der Primzahlen* $\leqq n$ bedeutet, ist

$$\pi(n) \sim \frac{n}{\log n} + \cdots$$

In all diesen und vielen ähnlichen Fällen ist nicht einmal bekannt, ob überhaupt eine asymptotische Entwicklung existiert. Daher bedeuten die hingeschriebenen Beziehungen lediglich, daß die Differenz zwischen der rechten und der linken Seite bezüglich n von kleinerer Größenordnung ist als das letzte rechter Hand hingeschriebene Glied.

e) Wenn $p(n)$ die *Anzahl der verschiedenen Zerfällungen von n* in eine Summe von (gleichen oder ungleichen) natürlichen Zahlen bedeutet[3], so ist

$$p(n) \sim \frac{1}{4n\sqrt{3}} e^{\frac{\pi}{3}\sqrt{6n}} + \cdots$$

In diesem besonders schwierigen Falle gelang es G. H. HARDY und S. RAMANUJAN[4] durch sehr tief liegende Untersuchungen die Entwicklung bis zu einem Gliede der Größenordnung $\frac{1}{\sqrt[4]{n}}$ fortzusetzen.

---

[1] LEJEUNE-DIRICHLET, P. G.: Über die Bestimmung der mittleren Werte in der Zahlentheorie. Werke Bd. 2, S. 49—66. 1849.

[2] HARDY, G. H.: On Dirichlet's Divisor Problem. Proc. Lond. Math. Soc. (2), 15, S. 1—15. 1915.

[3] Es ist z. B. $p(4) = 5$, da 4 die fünf Zerfällungen 4, 3 + 1, 2 + 2, 2 + 1 + 1 und 1 + 1 + 1 + 1 zuläßt.

[4] HARDY, G. H. und S. RAMANUJAN: Asymptotic Formulae in Combinatory Analysis. Proc. Lond. Math. Soc. (2), Bd. 17, S. 75—115. 1917. Vgl. hierzu: RADEMACHER, H.: A convergent series for the partition function. Proc. nat. Acad. Sci. USA, Bd. 23, S. 78—84. 1937.

B. Beispiele für das Summierungsproblem.

Hier handelt es sich um die umgekehrte Frage, nämlich eine Funktion $F(x)$ zu finden, deren asymptotische Entwicklung 304.

$$a_0 + \frac{a_1}{x} + \frac{a_2}{x^2} + \cdots$$

als beständig divergente Potenzreihe gegeben ist[1]. Die Antworten auf diese Frage sind noch vereinzelter und weniger allgemein als die des vorigen Abschnitts.

Hat man eine Funktion $F(x)$ der verlangten Art gefunden, so kann sie mit gewissem Rechte im Sinn von § 59 als „Summe" der divergenten Reihe $\sum \frac{a_n}{x^n}$ angesehen werden, da sie zu den Teilsummen der Reihe mit wachsendem Index in immer engere Beziehung tritt. Doch ist dies nur in eingeschränktem Maße richtig, da ja die Funktion gar nicht eindeutig durch die Reihe definiert wird. Inwieweit also $F(x)$ wirklich den Charakter einer „Summe" der divergenten Reihe hat, kann in jedem Einzelfall nur *a posteriori* festgestellt werden.

1. Den wichtigsten Fortschritt verdankt unser Problem den Untersuchungen von Stieltjes[2]. Wir sahen in A, 5, daß unter gewissen Voraussetzungen eine Funktion $F(x)$, die in der Form

$$F(x) = \int_0^\infty \frac{f(u)}{x+u}\,du$$

vorgelegt ist, eine asymptotische Entwicklung $\sum \frac{a_n}{x^n}$ besitzt, in der

$$(*) \qquad (-1)^{n-1} a_n = \int_0^\infty f(u)\, u^{n-1}\,du, \qquad (n = 1, 2, 3, \ldots),$$

ist. Wird umgekehrt eine Entwicklung $\sum \frac{a_n}{x^n}$ mit ganz willkürlichen Koeffizienten a_n vorgelegt und läßt sich eine positive in $u > 0$ definierte Funktion $f(u)$ angeben, für die das Integral in (*) für $n = 1, 2, 3, \ldots$ der Reihe nach die gegebenen Werte $a_1, -a_2, a_3, \ldots$ hat, so wird die Funktion

$$F(x) = \int_0^\infty \frac{f(u)}{x+u}\,du$$

nach A, 5 eine Lösung des vorgelegten Summierungsproblems sein. Das sich hier einstellende neue Problem, bei gegebenen a_n eine Funktion $f(u)$

[1] Falls die Potenzreihe konvergiert, ist die gesuchte Funktion durch die Reihe selbst definiert.

[2] L. c. (S. 555, Fußn. 1 und S. 564, Fußn. 1) sowie in seiner Arbeit: Sur la réduction en fraction continue d'une série procédant suivant les puissances descendantes d'une variable. Annales de la Fac. Scienc. Toulouse Bd. 3, H. 1—17. 1889.

zu finden, die die Gleichungen (*) erfüllt, wird jetzt das *Stieltjessche Momentenproblem* genannt. Stieltjes gibt unter sehr allgemeinen Voraussetzungen die notwendige und hinreichende Bedingung für seine Lösbarkeit und insbesondere für die Existenz genau einer Lösung. Wenn $f(u)$ und folglich $F(x)$ durch das Momentenproblem eindeutig bestimmt ist — in diesem Fall wird die Reihe $\sum \frac{a_n}{x^n}$ kurz eine *Stieltjessche Reihe* genannt —, ist man schon eher berechtigt, diese Funktion $F(x)$ als Summe, etwa als *S-Summe*, der divergenten Reihe $\sum \frac{a_n}{x^n}$ anzusehen.

Der Raum verbietet uns, näher auf diese sehr ausgedehnten Untersuchungen einzugehen. Einen alles Wesentliche enthaltenden Bericht darüber gibt E. Borel in seinen schon mehrfach erwähnten „Leçons sur les séries divergentes". Als Beispiel sei etwa die Reihe

$$(\dagger) \qquad \frac{1}{x} - \frac{1!}{x^2} + \frac{2!}{x^3} - \frac{3!}{x^4} + - \cdots$$

vorgelegt. Das Momentenproblem lautet hier

$$\int_0^\infty f(u)\, u^{n-1}\, du = (n-1)!, \qquad (n = 1, 2, \ldots).$$

Es hat ersichtlich die Lösung $f(u) = e^{-u}$. Da man in diesem Falle unschwer beweisen kann, daß dies die einzige Lösung ist, so haben wir in

$$F(x) = \int_0^\infty \frac{e^{-u}}{x+u}\, du$$

nicht nur eine Funktion $F(x)$ ermittelt, die die gegebene Reihe zur asymptotischen Entwicklung besitzt, sondern wir können auch $F(x)$ im Sinne des § 59 als S-Summe der beständig divergenten Potenzreihe (†) betrachten[1].

2. Die Theorie der Differentialgleichungen kann beim Summierungsproblem ebenso gute Dienste leisten wie beim Entwicklungsproblem (s. A, 3); denn man kann häufig eine Differentialgleichung angeben, die formal durch die vorgelegte Reihe befriedigt wird, und unter ihren Lösungen *kann* dann eine solche vorkommen, deren asymptotische

---

[1] So erhält man für $x = 1$ den Wert

$$s = \int_0^\infty e^{-u} \frac{du}{1+u} = 0{,}596'347 \ldots$$

als S-Summe der divergenten Reihe $\sum_{n=0}^{\infty} (-1)^n n!$ Diese Reihe wurde schon von Euler (der auch den gleichen Summenwert erhielt), Lacroix und Laguerre untersucht. Des letzteren Arbeiten bildeten den Ausgangspunkt der Stieltjesschen Untersuchungen.

Entwicklung durch die gegebene Reihe geliefert wird. Im allgemeinen aber liegen die Dinge nicht so und auch nicht wie in A, 3; sondern die Differentialgleichung ist das ursprüngliche Problem, und nur wenn diese formal (wie in A, 3 ausgeführt) durch eine asymptotische Reihe befriedigt werden kann und *wenn* diese direkt summiert werden kann, ist zu hoffen, daß auf diese Weise eine Lösung der Differentialgleichung gewonnen wird. Andernfalls muß man versuchen, die Eigenschaften der Lösung aus der asymptotischen Entwicklung abzulesen. Die Untersuchungen POINCARÉs[1], die später von A. KNESER und J. HORN[2] weitergeführt wurden, beschäftigen sich mit diesem Problem, das im übrigen nicht mehr im Rahmen dieses Buches liegt.

3. Bei dem STIELTJESschen Verfahren wurden die Koeffizienten a_n aus der vorgelegten Reihe $\sum \frac{a_n}{x^n}$ sozusagen ausgemerzt, indem die a_n durch

$$\int_0^\infty (-1)^{n-1} f(u)\, u^{n-1}\, du$$

und folglich die Reihe durch das Integral

$$\int_0^\infty f(u) \left(\frac{1}{x} - \frac{u}{x^2} + \frac{u^2}{x^3} - + \cdots\right) du$$

ersetzt wurde, in dem nunmehr die sehr einfache geometrische Reihe — allerdings mit dem Faktor $f(u)$ behaftet — auftritt. Zur Bestimmung von $f(u)$ ist nun freilich die Lösung des Momentenproblems erforderlich, die im allgemeinen nicht leicht ist. Indessen kann man dies Verfahren dadurch elastischer machen, daß man

$$\sum \frac{a_n}{x^n} = \sum c_n \left(\frac{a_n}{c_n}\right) \frac{1}{x^n}$$

setzt und hierin die Faktoren c_n so wählt, daß einerseits das Momentenproblem

$$c_n = \int_0^\infty f(u)\, u^n\, du$$

gelöst werden kann und daß andrerseits die Potenzreihe

$$\sum \frac{a_n}{c_n} \left(\frac{u}{x}\right)^n$$

eine bekannte Funktion darstellt. So erhält man z. B. Verbindung mit dem BORELschen Summierungsverfahren, wenn man $c_n = n!$ und folglich $f(u) = e^{-u}$ setzt. Wenn dann

$$\sum \frac{a_n}{c_n} \left(\frac{u}{x}\right)^n = \sum \frac{a_n}{n!} \left(\frac{u}{x}\right)^n = \Phi\left(\frac{u}{x}\right)$$

---

[1] POINCARÉ: l. c. S. 555, Fußnote 2.

[2] Einen ausführlichen Bericht hierüber gibt J. HORN: Gewöhnliche Differentialgleichungen, 2. Aufl. Leipzig 1927.

als eine bekannte Funktion angesehen werden kann, so ist

$$F(x) = \int_0^\infty e^{-u}\,\Phi\left(\frac{u}{x}\right) du$$

eine Lösung des vorgelegten Summierungsproblems[1]. Wir können hier nicht genauer auf die Voraussetzungen eingehen, unter denen diese Methode zum Ziel führt. Wir schließen mit einigen Beispielen für ihre Durchführung, bei denen allerdings, da wir keine allgemeinen Sätze hergeleitet haben, die Frage unerledigt bleiben muß, ob die gewonnene Funktion nun wirklich durch die gegebene Reihe asymptotisch dargestellt wird; doch ist dies a posteriori leicht zu verifizieren.

a) Für die Reihe

$$\frac{1}{x} - \frac{1!}{x^2} + \frac{2!}{x^3} - \frac{3!}{x^4} + - \cdots,$$

die wir schon in 1 betrachtet haben, ist

$$a_n = (-1)^{n-1}(n-1)!, \quad \text{also} \quad \Phi\left(\frac{u}{x}\right) = \log\left(1 + \frac{u}{x}\right)$$

und folglich

$$F(x) = \int_0^\infty e^{-u} \log\left(1 + \frac{u}{x}\right) du.$$

---

[1] Die Verbindung mit dem Borelschen Summierungsverfahren kann folgendermaßen hergestellt werden: Die Funktion

$$y = e^{-x} \sum_{n=0}^\infty s_n \frac{x^n}{n!},$$

die in § 59, 7 zur Definition des B-Verfahrens eingeführt wurde, hat die Ableitung

$$y' = e^{-x} \sum_{n=0}^\infty a_{n+1} \frac{x^n}{n!}.$$

Setzt man also wie oben $\sum_{n=0}^\infty \frac{a_n}{n!} t^n = \Phi(t)$, so ist $y' = e^{-x}\Phi'(x)$ und also

$$y = a_0 + \int_0^x e^{-t}\,\Phi'(t)\,dt.$$

Wenn daher die B-Summe von $\sum a_n$ existiert, so wird sie durch

$$s = a_0 + \int_0^\infty e^{-t}\,\Phi'(t)\,dt,$$

geliefert, — ein Ausdruck, der unter passenden Annahmen durch partielle Integration in das Integral $\int_0^\infty e^{-t}\,\Phi(t)\,dt$ übergeführt werden kann. Das entspricht aber genau dem oben für $F(1)$ hergeleiteten Werte.

Durch partielle Integration stellt man leicht fest, daß diese Funktion mit der in 1 angetroffenen identisch ist.

b) Wenn die asymptotische Reihe

$$1 - \frac{1}{2 \cdot x} + \frac{1 \cdot 3}{2^2 \cdot x^2} - + \cdots + (-1)^n \frac{1 \cdot 3 \cdot 5 \ldots (2n-1)}{2^n \cdot x^n} + \cdots$$

vorgelegt ist, hat man $\Phi\left(\frac{u}{x}\right) = \left(1 + \frac{u}{x}\right)^{-\frac{1}{2}}$ und folglich

$$F(x) = \sqrt{x} \int_0^\infty \frac{e^{-u}}{\sqrt{u+x}}\, du = 2\, e^x \sqrt{x} \int_{\sqrt{x}}^\infty e^{-t^2}\, dt.$$

Dies liefert noch die asymptotische Entwicklung

$$G(z) = \int_z^\infty e^{-t^2}\, dt = \frac{1}{2} e^{-z^2} \left(\frac{1}{z} - \frac{1}{2 z^3} + \cdots\right)$$

für das sog. Gausssche Fehlerintegral, das in der Wahrscheinlichkeitsrechnung von besonderer Bedeutung ist.

c) Ist die etwas allgemeinere Reihe

$$1 - \alpha \cdot \frac{1}{z} + \alpha(\alpha+1) \frac{1}{z^2} - + \cdots + (-1)^n \alpha(\alpha+1) \cdots (\alpha+n-1) \frac{1}{x^n} + \cdots$$

mit $\alpha > 0$ vorgelegt, so hat man $\Phi\left(\frac{u}{x}\right) = \left(1 + \frac{u}{x}\right)^{-\alpha}$ und folglich

$$F(x) = x^\alpha \int_0^\infty \frac{e^{-u}}{(u+x)^\alpha}\, du = \frac{1}{\alpha} x^\alpha e^x \int_{x^\alpha}^\infty e^{-t^{\frac{1}{\alpha}}}\, t^{\frac{1}{\alpha}-2}\, dt.$$

d) Für die Reihe

$$\frac{1}{x} - \frac{2!}{x^3} + \frac{4!}{x^5} - + \cdots$$

hat man $\Phi\left(\frac{u}{x}\right) = \operatorname{arctg}\left(\frac{u}{x}\right)$ und folglich

$$F(x) = \int_0^\infty e^{-u} \operatorname{arctg}\left(\frac{u}{x}\right) du = x \int_0^\infty \frac{e^{-u}}{x^2 + u^2}\, du.$$

Betrachtet man diese Funktion als die S-Summe der gegebenen divergenten Reihe, so erhält man z. B. den Wert

$$s = \int_0^\infty \frac{e^{-u}}{1 + u^2}\, du = 0{,}6214\ldots$$

als Summe der Reihe

$$1 - 2! + 4! - 6! + - \cdots$$

Aufgaben zum XIV. Kapitel.

217. Wenn symbolisch

$$\frac{2}{e^x + 1} = 1 + \frac{C_1}{1!}x + \frac{C_2}{2!}x^2 + \cdots + \frac{C_n}{n!}x^n + \cdots = e^{Cx}$$

gesetzt wird, hat man zunächst

$$C_n = \frac{(1 + 2B)^{n+1} - (2B)^{n+1}}{n+1} = -\frac{2(2^{n+1} - 1)B_{n+1}}{n+1}$$

und

$$(C + 1)^n + C^n = 0 \quad \text{für} \quad n \geq 1$$

und folglich

$$C_0 = 1, \quad C_1 = -\frac{1}{2}, \quad C_2 = 0, \quad C_3 = \frac{1}{4}, \quad C_4 = 0, \quad C_5 = -\frac{1}{2}, \ldots$$

Mit Benutzung dieser Zahlen hat man (wieder symbolisch)

$$1^p - 2^p + 3^p - + \cdots + (-1)^n n^p = \frac{1}{2}\{(-1)^{n-1}(C + 1 + n)^p - C^p\}.$$

218. Man verallgemeinere das Ergebnis in Aufg. 217 und leite eine Formel für die Summe

$$f(1) - f(2) + f(3) - + \cdots + (-1)^{n-1} f(n)$$

her, in der $f(x)$ ein Polynom bedeutet.

219. Nach dem Muster von **296** und **298** leite man eine „Summenformel" her für

$$f_0 - f_1 + f_2 - + \cdots + (-1)^n f_n.$$

220. a) Nach dem Muster von **299**, 3 leite man durch Anwendung der EULERschen Summenformel die Potenzreihenentwicklung für $\frac{x}{\sin x}$ her.

b) In der EULERschen Summenformel setze man

$$f(x) = x \log x, \quad x^2 \log x, \quad x^\alpha \log x, \quad x(\log x)^2, \ldots$$

und untersuche die dadurch gewonnenen Beziehungen (vgl. hierzu Aufg. 224).

221. Die EULERsche Summenformel **298** kann natürlich ebenso gut zur numerischen Auswertung von bestimmten Integralen ausgenützt werden wie für diejenige von Reihen. Man zeige so, daß (vgl. hierzu Aufg. 223)

$$\int_0^4 \frac{e^{-t}}{1 + t^2}\, dt = 0{,}620\ldots$$

ist.

222. a) Die Summe $1 + \frac{1}{2} + \frac{1}{3} + \cdots + \frac{1}{n}$ ist

$$= 7{,}485470\ldots \quad \text{für} \quad n = 1000$$

$$= 14{,}392726\ldots \quad \text{für} \quad n = 1000000.$$

Man beweise dies 1. unter Benutzung des Wertes von C, 2. ohne die Kenntnis desselben vorauszusetzen.

b) Man zeige, daß $n!$

$$\text{für } n = 10^5 \quad \text{den Wert} \quad 10^{456\,573} \cdot 2{,}8242\ldots,$$
$$\text{für } n = 10^6 \quad \text{den Wert} \quad 10^{5\,565\,708} \cdot 8{,}2639\ldots$$

hat.

c) Man zeige, daß $\Gamma(x + \frac{1}{2})$

$$\text{für } x = 10^3 \quad \text{den Wert} \quad 10^{2566} \cdot 1{,}2723\ldots,$$
$$\text{für } x = 10^6 \quad \text{den Wert} \quad 10^{5\,565\,705} \cdot 8{,}2639\ldots$$

hat.

d) Ohne die Kenntnis von π^2 vorauszusetzen, soll die Summe

$$\frac{1}{10^2} + \frac{1}{11^2} + \cdots + \frac{1}{n^2} \quad \text{für} \quad n = 10^3$$

ausgewertet und deren Grenzwert für $n \to +\infty$ berechnet werden. (Man erhält 0,104 166 83 ... bzw. 0,105 166 33 ...).

e) Unter Benutzung von d) zeige man, daß

$$\frac{\pi^2}{6} = 1{,}644\,934\,06\ldots$$

f) Man zeige, daß

$$\sum_{n=1}^{\infty} \frac{1}{n^3} = 1{,}202\,056\,90\ldots$$

und daß

$$\sum_{n=1}^{\infty} \frac{1}{n^{\frac{3}{2}}} = 2{,}612\,37\ldots$$

ist.

g) Man beweise, daß $1 + \frac{1}{\sqrt{2}} + \frac{1}{\sqrt{3}} + \cdots + \frac{1}{\sqrt{n}}$ für $n = 10^6$ den Wert

$$1998{,}540\,14\ldots$$

hat.

223. Nach dem Muster von § 66, B, 3d bestimme man für festes $p = 1, 2, \ldots$ die S-Summen der folgenden Reihen:

a) $\sum_{n=0}^{\infty} (-1)^n (pn)!$, b) $\sum_{n=0}^{\infty} (-1)^n (pn + 1)!, \ldots,$

c) $\sum_{n=0}^{\infty} (-1)^n (pn + p - 1)!$, d) $\sum_{n=0}^{\infty} \binom{-\frac{1}{2}}{n} n!\, x^n.$

(Vgl. hierzu Aufg. 221.)

224. Man beweise die folgende von GLAISHER herrührende Beziehung

$$1^1 \cdot 2^2 \cdot 3^3 \cdot \ldots \cdot n^n \cong A \cdot n^{\frac{n^2}{2} + \frac{n}{2} + \frac{1}{12}} e^{-\frac{1}{4} n^2}$$

in der A die Konstante

$$2^{\frac{1}{36}} \pi^{\frac{1}{6}} \exp\left[\frac{1}{3}\left(-\frac{1}{4} C + \frac{1}{3} s_2 - \frac{1}{4} s_3 + - \cdots\right)\right] = 1{,}282\,427\,1\ldots$$

bedeutet, bei der wiederum C die EULERsche Konstante und s_k die Summe $\sum_{n=0}^{\infty} \frac{1}{(2n+1)^k}$ sein soll. (Vgl. hierzu Aufg. 220, b.)

225. Für die Funktion

$$F(x) = \sum_{n=0}^{\infty} \frac{(-1)^n}{x+n}$$

soll die asymptotische Entwicklung

$$F(x) \sim \sum_{n=1}^{\infty} \frac{a_n}{x^n} \equiv \frac{1}{2x} + \frac{1}{4x^2} - \frac{1}{8x^4} + - \cdots$$

hergeleitet und gezeigt werden, daß in ihr a_n für $n \geqq 2$ den Wert $\frac{2^n - 1}{n} B_n$ hat.

Literatur.

(Einige grundlegende Abhandlungen, zusammenfassende Darstellungen und Lehrbücher.)

1. NEWTON, I.: De analysi per aequationes numero terminorum infinitas. London 1711 (verfaßt 1669).
2. WALLIS, JOHN: Treatise of algebra both historical and practical with some additional treatises. London 1685.
3. BERNOULLI, JAKOB: Propositiones arithmeticae de seriebus infinitis earumque summa finita, mit 4 Fortsetzungen. Basel 1689—1704.
4. EULER, L.: Introductio in analysin infinitorum. Lausanne 1748.
5. EULER, L.: Institutiones calculi differentialis cum ejus usu in analysi infinitorum ac doctrina serierum. Berlin 1755.
6. EULER, L.: Institutiones calculi integralis. Petersburg 1768/69.
7. GAUSS, C. F.: Disquisitiones generales circa seriem infinitam $1 + \frac{\alpha \cdot \beta}{1 \cdot \gamma} x + \frac{\alpha(\alpha+1) \cdot \beta(\beta+1)}{1 \cdot 2 \cdot \gamma(\gamma+1)} x^2 +$ etc. Göttingen 1812.
8. CAUCHY, A. L.: Cours d'analyse de l'école polytechnique. Ire Partie. Analyse algébrique. Paris 1821.
9. ABEL, N. H.: Untersuchungen über die Reihe $1 + \frac{m}{1} x + \frac{m(m-1)}{1 \cdot 2} x^2 + \cdots$. J. f. d. reine u. angew. Math. Bd. 1, S. 311—339. 1826.
10. DU BOIS-REYMOND, P.: Eine neue Theorie der Konvergenz und Divergenz von Reihen mit positiven Gliedern. J. f. d. reine u. angew. Math. Bd. 76, S. 61—91. 1873.
11. PRINGSHEIM, A.: Allgemeine Theorie der Divergenz und Konvergenz von Reihen mit positiven Gliedern. Math. Ann. Bd. 35, S. 297—394. 1890.
12. PRINGSHEIM, A.: Irrationalzahlen und Konvergenz unendlicher Prozesse. Enzyklopädie der mathematischen Wissenschaften Bd. **1**, 1, 3. Leipzig 1899.
13. BOREL, E.: Leçons sur les séries à termes positifs. Paris 1902.
14. RUNGE, C.: Theorie und Praxis der Reihen. Leipzig 1904.
15. STOLZ, O. und A. GMEINER: Einleitung in die Funktionentheorie. Leipzig 1905.
16. PRINGSHEIM, A. und J. MOLK: Algorithmes illimités de nombres réels. Encyclopédie des Sciences Mathématiques Bd. I, **1**, 4. Leipzig 1907.
17. BROMWICH, T. J. I'A.: An introduction to the theory of infinite series. London 1908, 2. Aufl. 1926.
18. PRINGSHEIM, A. und G. FABER: Algebraische Analysis. Enzyklopädie der mathematischen Wissenschaften Bd. II, C, 1. Leipzig 1909.
19. FABRY, E.: Théorie des séries à termes constants. Paris 1910.
20. PRINGSHEIM, A., G. FABER und J. MOLK: Analyse algébrique. Encyclopédie des Sciences Mathématiques Bd. II, **2**, 7. Leipzig 1911.
21. STOLZ, O. und A. GMEINER: Theoretische Arithmetik Bd. II, 2. Aufl. Leipzig 1915.
22. PRINGSHEIM, A.: Vorlesungen über Zahlen- und Funktionenlehre Bd. 1, Abt. 1, 2 und 3. Leipzig 1916 und 1921; 2. (unveränderte) Aufl. 1923.

Namen- und Sachverzeichnis.

Grundlehren der mathematischen Wissenschaften

A Series of Comprehensive Studies in Mathematics

A Selection

10. Schouten: Der Ricci-Kalkül
23. Pasch: Vorlesungen über neuere Geometrie
41. Steinitz: Vorlesungen über die Theorie der Polyeder
45. Alexandroff/Hopf: Topologie. Band 1
46. Nevanlinna: Eindeutige analytische Funktionen
57. Hamel: Theoretische Mechanik
63. Eichler: Quadratische Formen und orthogonale Gruppen
91. Prachar: Primzahlverteilung
102. Nevanlinna/Nevanlinna: Absolute Analysis
114. Mac Lane: Homology
127. Hermes: Enumerability, Decidability, Computability
131. Hirzebruch: Topological Methods in Algebraic Geometry
135. Handbook for Automatic Computation. Vol. 1/Part a: Rutishauser: Description of ALGOL 60
137. Handbook for Automatic Computation. Vol. 1/Part b: Grau/Hill/Langmaak: Translation of ALGOL 60
138. Hahn: Stability of Motion
139. Mathematische Hilfsmittel des Ingenieurs. 1. Teil
140. Mathematische Hilfsmittel des Ingenieurs. 2. Teil
141. Mathematische Hilfsmittel des Ingenieurs. 3. Teil
142. Mathematische Hilfsmittel des Ingenieurs. 4. Teil
143. Schur/Grunsky: Vorlesungen über Invariantentheorie
144. Weil: Basic Number Theory
145. Butzer/Berens: Semi-Groups of Operators and Approximation
146. Treves: Locally Convex Spaces and Linear Partial Differential Equations
147. Lamotke: Semisimpliziale algebraische Topologie
148. Chandrasekharan: Introduction to Analytic Number Theory
149. Sario/Oikawa: Capacity Functions
150. Iosifescu/Theodorescu: Random Processes and Learning
151. Mandl: Analytical Treatment of One-dimensional Markov Processes
152. Hewitt/Ross: Abstract Harmonic Analysis. Vol. 2: Structure and Analysis for Compact Groups. Analysis on Locally Compact Abelian Groups
153. Federer: Geometric Measure Theory
154. Singer: Bases in Banach Spaces I
155. Müller: Foundations of the Mathematical Theory of Electromagnetic Waves
156. van der Waerden: Mathematical Statistics
157. Prohorov/Rozanov: Probability Theory. Basic Concepts. Limit Theorems. Random Processes
158. Constantinescu/Cornea: Potential Theory on Harmonic Spaces
159. Köthe: Topological Vector Spaces I
160. Agrest/Maksimov: Theory of Incomplete Cylindrical Functions and their Applications
161. Bhatia/Szegö: Stability Theory of Dynamical Systems
162. Nevanlinna: Analytic Functions
163. Stoer/Witzgall: Convexity and Optimization in Finite Dimensions I
164. Sario/Nakai: Classification Theory of Riemann Surfaces
165. Mitrinović/Vasić: Analytic Inequalities
166. Grothendieck/Dieudonné: Eléments de Géometrie Algébrique I
167. Chandrasekharan: Arithmetical Functions
168. Palamodov: Linear Differential Operators with Constant Coefficients
169. Rademacher: Topics in Analytic Number Theory
170. Lions: Optimal Control of Systems Governed by Partial Differential Equations
171. Singer: Best Approximation in Normed Linear Spaces by Elements of Linear Subspaces
172. Bühlmann: Mathematical Methods in Risk Theory

173. Maeda/Maeda: Theory of Symmetric Lattices
174. Stiefel/Scheifele: Linear and Regular Celestial Mechanic. Perturbed Two-body Motion - Numerical Methods - Canonical Theory
175. Larsen: An Introduction to the Theory of Multipliers
176. Grauert/Remmert: Analytische Stellenalgebren
177. Flügge: Practical Quantum Mechanics I
178. Flügge: Practical Quantum Mechanics II
179. Giraud: Cohomologie non abélienne
180: Landkof: Foundations of Modern Potential Theory
181. Lions/Magenes: Non-Homogeneous Boundary Value Problems and Applications I
182. Lions/Magenes: Non-Homogeneous Boundary Value Problems and Applications II
183. Lions/Magenes: Non-Homogeneous Boundary Value Problems and Applications III
184. Rosenblatt: Markov Processes. Structure and Asymptotic Behavior
185. Rubinowicz: Sommerfeldsche Polynommethode
186. Handbook for Automatic Computation. Vol. 2. Wilkinson/Reinsch: Linear Algebra
187. Siegel/Moser: Lectures on Celestial Mechanics
188. Warner: Harmonic Analysis on Semi-Simple Lie Groups I
189. Warner: Harmonic Analysis on Semi-Simple Lie Groups II
190. Faith: Algebra: Rings, Modules, and Categories I
191. Faith: Algebra II, Ring Theory
192. Mal'cev: Algebraic Systems
193. Pólya/Szegö: Problems and Theorems in Analysis I
194. Igusa: Theta Functions
195. Berberian: Baer*-Rings
196. Athreya/Ney: Branching Processes
197. Benz: Vorlesungen über Geometrie der Algebren
198. Gaal: Linear Analysis and Representation Theory
199. Nitsche: Vorlesungen über Minimalflächen
200. Dold: Lectures on Algebraic Topology
201. Beck: Continuous Flows in the Plane
202. Schmetterer: Introduction to Mathematical Statistics
203. Schoeneberg: Elliptic Modular Functions
204. Popov: Hyperstability of Control Systems
205. Nikol'skii: Approximation of Functions of Several Variables and Imbedding Theorems
206. André: Homologie des Algèbres Commutatives
207. Donoghue: Monotone Matrix Functions and Analytic Continuation
208. Lacey: The Isometric Theory of Classical Banach Spaces
209. Ringel: Map Color Theorem
210. Gihman/Skorohod: The Theory of Stochastic Processes I
211. Comfort/Negrepontis: The Theory of Ultrafilters
212. Switzer: Algebraic Topology - Homotopy and Homology
213. Shafarevich: Basic Algebraic Geometry
214. van der Waerden: Group Theory and Quantum Mechanics
215. Schaefer: Banach Lattices and Positive Operators
216. Pólya/Szegö: Problems and Theorems in Analysis II
217. Stenström: Rings of Quotients
218. Gihman/Skorohod: The Theory of Stochastic Processes II
219. Duvaut/Lions: Inequalities in Mechanics and Physics
220. Kirillov: Elements of the Theory of Representations
221. Mumford: Algebraic Geometry I: Complex Projective Varieties
222. Lang: Introduction to Modular Forms
223. Bergh/Löfström: Interpolation Spaces. An Introduction
224. Gilbarg/Trudinger: Elliptic Partial Differential Equations of Second Order
225. Schütte: Proof Theory
226. Karoubi: K-Theory. An Introduction
227. Grauert/Remmert: Theorie der Steinschen Räume
228. Segal/Kunze: Integrals and Operators